U0416264

国家“十二五”规划重点图书

中　国　地　质　调　查　局
青藏高原1：25万区域地质调查成果系列

中华人民共和国

区域地质调查报告

比例尺　1：250 000

库郎米其提幅

(J46C003001)

项目名称：1：25万库郎米其提幅区域地质调查
项目编号：200113000058
项目主编：拜永山
编写人员：拜永山　常革红　谈生祥　马元明
郝　平　索生飞　王进寿　保广普
赵红菊
编写单位：青海省地质调查院
单位负责：杨站君　张雪亭

中国地质大学出版社
ZHONGGUO DIZHI DAXUE CHUBANSHE

内 容 提 要

报告共由8个章节组成，第一章简要介绍了测区自然地理概况、前人工作程度、项目开展及完成情况。第二章系统介绍了测区地层序列，涉及古元古界金水口（岩）群、中元古界到新元古界冰沟群和下古生界滩间山（岩）群3个群级地层单位，以及滩间山（岩）群中的碳酸盐岩岩组、火山岩岩组、碎屑岩岩组；上泥盆统黑山沟组（D_3hs）、哈尔扎组（D_3he），下石炭统石拐子组（C_1s）、大干沟组（C_1dg），上石炭统缔敖苏组（C_1d），石炭系—二叠系打柴沟组（CPd），上三叠统鄂拉山组（T_3e），始新统路乐河组（E_2l），渐新统干柴沟组（ENg），中新统—上新统油砂山组（$N_{1-2}y$），上新统狮子沟组（N_2sz），下更新统七个泉组（Qp^1q），以及中-上更新统、全新统不同成因类型的第四系堆积物等19个组级地层单位，详细介绍了各自的岩石地层、沉积环境、形成时代、相互接触关系等特征。第三章从基性—超基性侵入岩、中酸性侵入岩、火山岩等方面通过大量首次取得的高精度同位素测年数据，论述了祁漫塔格地区早古生代蛇绿岩带特征，以及调查区晋宁期、震旦期、加里东期、海西期、印支期、燕山期的岩浆活动特点。第四章介绍了区内作为造山带基本组成的不同类型变质岩的分布、变质作用等特征。第五章介绍了测区构造格架的划分方案，从不同构造单元的地质建造和改造特征方面叙述了各自的构造属性，明确指出区内主造山旋回为加里东期，构造演化主要经历了元古宙基底形成演化阶段、早古生代洋陆转化阶段、晚古生代陆表海阶段、中新生代叠覆造山阶段等。第六章叙述了新构造运动在测区的表现形式，并通过大量同位素年代学的研究，建立了祁漫塔格地区的新构造运动与生态环境地质事件序列，介绍了调查区首次发现的6处古人类活动遗迹。第七章简略分析了区内成矿地质背景。第八章归纳总结了项目取得的主要成果和存在的问题。

图书在版编目（CIP）数据

中华人民共和国区域地质调查报告·库郎米其提幅（J46C003001）：比例尺1∶250 000/拜永山等著.
—武汉：中国地质大学出版社，2015.8
ISBN 978-7-5625-3649-9

Ⅰ.①中…
Ⅱ.①拜…
Ⅲ.①区域地质调查-调查报告-中国 ②区域地质调查-调查报告-青海省
Ⅳ.①P562

中国版本图书馆CIP数据核字（2015）第106522号
审图号：GS（2012）1785号

中华人民共和国区域地质调查报告
库郎米其提幅（J46C003001） 比例尺1∶250 000 拜永山 等著

责任编辑：王凤林 责任校对：张咏梅

出版发行：中国地质大学出版社（武汉市洪山区鲁磨路388号） 邮政编码：430074
电 话：（027）67883511 传 真：67883580 E-mail：cbb @ cug.edu.cn
经 销：全国新华书店 http://www.cugp.cug.edu.cn

开本：880毫米×1 230毫米 1/16 字数：850千字 印张：23.75 插页：2 图版：16 附图：1
版次：2015年8月第1版 印次：2015年8月第1次印刷
印刷：武汉市籍缘印刷厂 印数：1—1 000册

ISBN 978-7-5625-3649-9 定价：450.00元

前 言

青藏高原包括西藏自治区、青海省及新疆维吾尔自治区南部、甘肃省南部、四川省西部和云南省西北部，面积达 $260\times10^4km^2$，是我国藏民族聚居地区，平均海拔 4500m 以上，被誉为地球第三极。青藏高原是全球最年轻、最高的高原，记录着地球演化最新历史，是研究岩石圈形成演化过程和动力学的理想区域，是“打开地球动力学大门的金钥匙”。

青藏高原蕴藏着丰富的矿产资源，是我国重要的战略资源后备基地。青藏高原是地球表面的一道天然屏障，影响着中国乃至全球的气候变化。青藏高原也是我国主要大江大河和一些重要国际河流的发源地，孕育着中华民族的繁生和发展。开展青藏高原地质调查与研究，对于推动地球科学研究、保障我国资源战略储备、促进边疆经济发展、维护民族团结、巩固国防建设具有非常重要的现实意义和深远的历史意义。

1999 年国家启动了“新一轮国土资源大调查”专项，按照温家宝总理“新一轮国土资源大调查要围绕填补和更新一批基础地质图件”的指示精神。中国地质调查局组织开展了青藏高原空白区 1∶25 万区域地质调查攻坚战，历时 6 年多，投入 3 亿多，调集了 25 个来自全国省(自治区)地质调查院、研究所、大专院校等单位组成的精干区域地质调查队伍，每年近千名地质工作者，奋战在世界屋脊，徒步遍及雪域高原，实测完成了全部空白区 $158\times10^4km^2$ 共 112 个图幅的区域地质调查工作，实现了我国陆域中比例尺区域地质调查的全面覆盖，在中国地质工作历史上树立了新的丰碑。

东昆仑西段“J46C003001(库郎米其提幅)1∶25 万区域地质调查”项目由青海省地质调查院承担完成。项目总体目标任务是：按照《1∶25 万区域地质调查技术要求(暂行)》和《青藏高原空白区 1∶25 万区域地质调查(暂行)》及其他相关规范、指南，运用造山带填图的新方法、新技术、新手段，以区域构造调查与研究为先导，合理划分测区的构造单元，对测区不同的构造单元、不同的构造-地层单位采用不同的填图方法进行全面调查。开展祁漫塔格构造带的构造组成与演化、新构造运动及青藏高原隆升与古气候古环境变迁关系研究；同时加强祁漫塔格铜、银、铅、锌、金等多金属成矿地质背景调查。

项目工作期限：2001—2003 年。累计完成地质填图面积为 14 818 km^2，实测剖面 106.88km。地质路线 2872.47km，采集各类样品 3231 件，各地层填图单位都有 1～2 条剖面控制，全面完成了设计工作量。取得的主要成果有：

1. 完善了调查区地层系统，重新厘定和划分了原志留纪到奥陶纪具体时代依据不足的滩间山(岩)群，在产出于其中的硅质岩中首次获得了微古疑源类化石，光面球藻(未定种)*Leiospaeridia* sp.，微刺藻(未定种)*Micrhystridium* sp.，波口藻(未定种)*Cymatiogalea* sp.，瘤面球藻(未定种)*Lophosphaeridium* sp.，波罗的海藻(未定种)*Baltisphaeridium* sp.，据其组合由南古所鉴定，确定时代属奥陶纪，反映其形成于晚奥陶世，并且认为该套硅质岩属蛇绿岩套组份。在阿达滩展布的第三系中首次发现假菊石型南方圆螺黄河亚种 *Australorbis pseudoammonius huanghoensis* Yu，和实椎螺(未定种) *Lymnea* sp.，化石和新近纪植物化石，把原先被笼统划为古近系的该套地层厘定为渐新世干柴沟组，结合不整合覆盖于其上的早更新世七个泉组地层综合分析，阿达滩盆地在渐新世之后大规模隆起。原中元古代冰沟群狼牙山组解体为狼牙山组和丘吉东沟两个组，并且在前者碳酸岩中发现典型栉壳构造，代表较长时间半干旱气候条件下极浅水的岩相古地理环境。另外在晚泥盆世和石炭纪、二叠纪地层中采获了大量的珊瑚、䗴科、腕足类等化石，对合理建立生物地层提供了依据。

2. 发现和确定了祁漫塔格蛇绿构造混杂岩带以及俯冲、碰撞花岗岩带的存在，据此重新厘定了调查区构造构架和构造属性。在属于蛇绿岩组份的枕状玄武岩中获 Sm－Nd 等时线测年值为 468±54Ma，辉绿岩中为 449±34Ma，辉长岩中为 466±35Ma。综合研究认为祁漫塔格小洋盆的裂解时期为早奥陶世。在石拐子一带发现弧花岗岩组合，在其中的花岗闪长岩中获得 U－Pb 测年值为 439.2±1.2Ma、445.4±0.9Ma，据此认为该小洋盆俯冲期为晚奥陶世。在具同碰撞特征的花岗岩中获 389.1±5Ma、410.2±1.9Ma、419.1±2.8Ma 等几组 U－Pb 测量值，结合区域地质资料确定晚志留世为碰撞期。同时在巴音郭勒呼都森构造岩中获得了两组同位素年龄测年值，其结果为 400.9Ma（$^{39}Ar-^{40}Ar$ 法，糜棱岩）；402Ma（$^{39}Ar-^{40}Ar$ 法，含堇青绿帘黑云母片岩）。间接说明测区在志留纪末期曾经发生过强烈的构造事件。

3. 解体出近 173 个中酸性侵入体，依据地质学、岩石学、岩石地球化学、包体以及接触关系特征结合大量高精度同位素测年资料，建立起了调查区火成岩岩石组合空间分布格架与演化序列，对研究测区及邻区的构造岩浆演化提供了新的资料。同时发现晋宁期变质侵入岩（体）存在，属地壳物质重熔的 MPG 型，是同碰撞构造环境下的产物，U－Pb 同位素年龄值为 831±51Ma，证明祁漫塔格地区在晋宁期存在大陆汇聚和增生作用。

4. 首次在测区第四系不同成因类型沉积物中采集了 40 个热释光、光释光、电子自旋共振、^{14}C 等测年样品，确定了测区 3 次沙化的历史；首次获得祁漫塔格山脉中新世快速抬升的裂变径迹测年数据，同时也取得了调查区主要河流阶地、三期冰期的同位素测年数据；在现今海拔高度达 4000 多米，已高度沙化的研究区首次发现了古人类活动的多处遗迹：2 处灰烬层、1 处牧羊遗址、2 处吐蕃文化遗迹、2 处石器遗迹，这对于开展青藏高原古人类的研究意义重大。

5. 新发现磁铁矿点 2 处，铁、铜矿化线索 1 处，赤铁矿化线索 1 处，铜矿化线索 4 处，冰洲石矿化线索 1 处。矿产和生态环境方面的研究资料对当地政府制订国民经济计划提供了大量详实的科学依据。

2001 年 12 月西北项目办在西安组织设计审查，本项目获得优秀级。2003 年 8 月经地调局西北项目办专家组野外验收，原始资料获优秀级。2004 年 3 月，中国地调局组织专家对项目进行最终成果验收，认为该成果报告资料齐全，工作量达到（部分超过）设计要求，所采用的技术手段、工作方法、样品测试质量符合有关规范要求。报告章节齐备、内容丰富、文图并茂，在前寒武系、第四系以及找矿方面和古人类研究方面取得了一大批重要成果。经评审委员会认真评议，最终成果报告被评为优秀级。

参加报告编写的主要有拜永山、常革红、谈生祥、马元明、郝平、许长青、索生飞、保广普、童海奎、王进寿。最终稿由拜永山编纂定稿。地质图、第四系地质地貌与生态环境图及各类过渡性图件由拜永山主编，数字制图为孟红。先后参加野外工作的还有逯积明、田琪、祁良志。后勤人员有徐宁、刘文忠、童金辉、楮志伟、王明祥、王浩岩等。

本报告是 3 年来项目组从事国土资源大调查的集体成果。项目实施过程中得到了各级领导、专家的精心指导和帮助，特别是国家地调局于庆文处长，西北项目办翟刚毅处长、李荣社处长，中国地质大学莫宣学、罗照华老师，青海省地调院张雪亭主管院长、技术办阿成业、张智勇主任等领导和专家多次亲临野外第一线指导工作，提供了许多好的建议和意见，对项目的顺利实施付出了巨大的心血，在此表示衷心感谢。同时也一并对数字制图人员孟红，技术人员祁良志，后勤人员刘文忠、徐宁、楮志伟、王明祥、王浩岩、童金辉等表示衷心感谢。

为了充分发挥青藏高原 1∶25 万区域地质调查成果的作用，全面向社会提供使用，中国地质调查局组织开展了青藏高原 1∶25 万地质图的公开出版工作，由中国地质调查局成都地质调查中心组织承担图幅调查工作的相关单位共同完成。出版编辑工作得到了国家测绘局孔金辉、翟义青、陈克强、王保良等一批专家的指导和帮助，在此表示诚挚的谢意。

鉴于本次区调成果出版工作时间紧、参加单位较多、项目组织协调任务重以及工作经验和水平所限，成果出版中可能存在不足与疏漏之处，敬请读者批评指正。

青藏高原 1∶25 万区调成果总结项目组

2010 年 9 月

目　　录

第一章 绪 言

第一节 目的与任务

根据中国地质调查局西北项目办《关于下发2001年部分地质调查项目任务书的通知》(中地调西北办发[2001]001号文),决定将位于东昆仑西段的"库郎米其提幅(J46C003001)1:25万区域地质调查"项目任务下达给青海省地质调查院完成,任务书编号:50101163017,项目编号:200113000058,项目工作期限:2001—2003年。填图面积:14 818km²,2003年12月最终成果验收。

项目总体目标任务是:按照《1:5万区域地质调查技术要求(暂行)》和《青藏高原空白区1:25万区域地质调查(暂行)》及其他相关规范、指南,运用造山带填图的新方法、新技术、新手段,以区域构造调查与研究为先导,合理划分测区的构造单元,对测区不同的构造单元、不同的构造-地层单位采用不同的填图方法进行全面调查。

开展祁漫塔格构造带的构造组成与演化、新构造运动及青藏高原隆升与古气候古环境变迁关系研究;同时加强祁漫塔格铜、银、铅、锌、金等多金属成矿地质背景调查。最终成果提交印刷地质图件及报告、说明书及专题报告,并提交以ARC/INFO.MAPGIS图层格式的数据光盘,以及图幅与图层描述数据、文字报告数据各一套。

第二节 交通位置及自然地理概况

库郎米其提幅(J46C003001)位于青海省西部与新疆维吾尔自治区东南部交界处,柴达木盆地西南缘,东昆仑山脉西段北坡。行政区划分别隶属于青海省海西蒙古族藏族自治州茫崖行委及新疆维吾尔自治区巴音郭勒蒙古族自治州若羌县,地理坐标:东经90°00′—91°30′,北纬37°—38°。

区内交通极为不便(图1-1),仅在东北部边缘有新青公路通过,测区南部沿那棱郭勒河有便道可达测区。区内北侧风成沙覆盖严重,车辆难以通行,只能以骆驼和马作为运输工具。祁漫塔格山最高峰滩北雪峰海拔5675m,平均海拔4000~5000m,山势险峻雄伟,切割剧烈,相对高差一般在1000m左右,北部为柴达木盆地西南边缘,地势相对低缓,海拔为3000~3500m,由低矮山包和沙漠组成。

区内水系不甚发育,属柴达木盆地内陆水系,长年流水的河流有阿达滩河,其余河流皆为近南北流向的时令河。从当年10月到第二年4月为冰冻期,元月最低气温为-27.2℃,8月最高气温为21.2℃,昼夜温差可达29℃。1~5月多西北风,6~9月多东北风,5000m以上的山峰常年积雪,属内陆高原干寒盆地的气候特征。

区内土壤和植被类型以高山漠土、高山草甸土、沙及沙土为主,牧草覆盖率仅占10%~30%。野生动物有野驴、野牦牛、棕熊、盘羊、岩羊、黄羊、藏狐、狼等。由于近几十年来气候恶化,加之人为

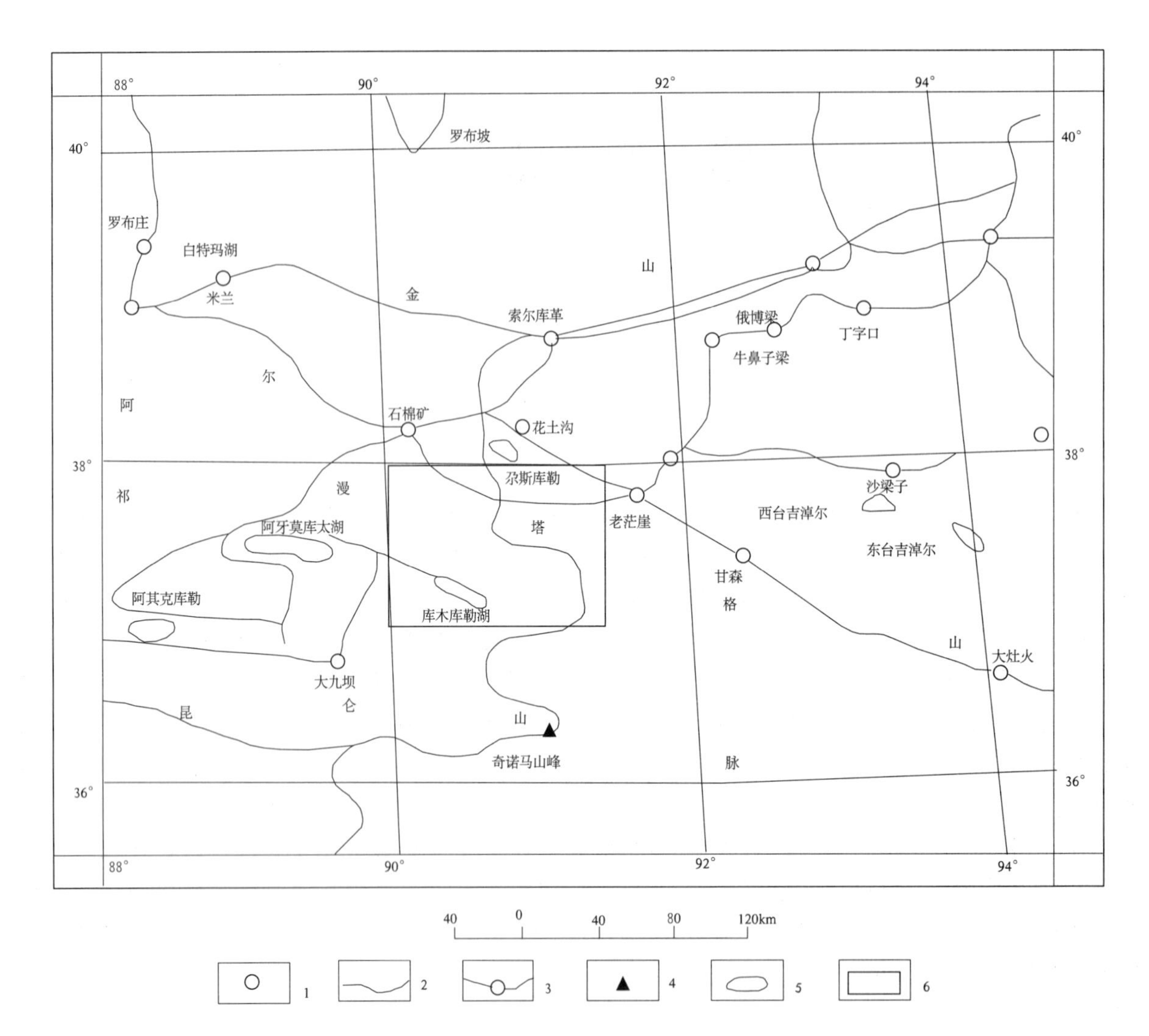

图 1-1　交通位置图

1. 村镇；2. 省界；3. 公路；4. 山峰；5. 湖泊；6. 调查范围

盗猎，致使野生动物日趋减少。

测区人烟稀少，无居民点，仅有少数游牧民在当地生活。青海境内为蒙古族，新疆境内为维吾尔族。生产生活方式以畜牧业为主。

第三节　地形图质量评述

一、1∶10万地形图(野外手图)

野外以1∶10万地形图作为本次填图工作的基本工作手图，所使用的1∶10万地形图是中国人民解放军总参谋部测绘局依据1957—1958年航摄(测区北部3幅1∶10万地形图)、1971年航摄(测区中南部6幅1∶10万地形图)，分别于1960年调绘(测区东北角大乌斯幅1∶10万地形图)及1973年调绘(其余8幅)，前者采用1958年版图式，后者采用1971年版图式，分别于1960年和1975年出版。地形图绘制采用了1954年北京坐标系、1956年黄海高程系，等高距均为20m。所使用的地形图地形、地物表达比较确切,可以满足 1∶25 万区调地质填图要求。

二、1∶25 万地形图

本次使用的 1∶25 万多色地形图是中国人民解放军总参谋部测绘局依据 1960 年出版的 1∶10 万地形图(大乌斯幅)和 1975—1976 年出版的 1∶10 万地形图于 1985 年编绘,于 1986 年出版,等高距为 100m。地形现势满足 1∶25 万地质制图要求。

第四节 地质调查历史及研究程度

一、各种比例尺填图概况

测区的地质工作最早始于 20 世纪 50 年代,其主要的地质工作及其成果见表 1-1,地质研究程度见图 1-2。

表 1-1 测区研究程度一览表

序号	性质	工作时间(年)	工作单位	工作内容	主要成果
1	基础地质调查	1958	青海石油勘探局 115 队、青海省地质局石油普查大队	1∶20 万区域地质调查,1∶50万水文地质调查	《东昆仑西段北坡路线地质概况报告》及找矿专题报告、各种简报及相关图件,《甘森大灶火地区地质——水文地质调查总结报告》及相关图件
2		1963—1965	地质部石油地质局综合研究队	编图	1∶100 万《柴达木幅》地质图说明书及 1∶100 万地质图
3		1969—1970	青海省区测队	条带性 1∶20 万区域地质调查	《东昆仑西段北坡地质报告》及相关图件
4		1976—1978	青海省地质局第一水文工程地质队	1∶20 万水文地质调查	《青海省柴达木盆地干森—老茫崖地区水文地质普查报告》及相关图件
5		1978—1979	青海省地质局物探队	1∶5 万和 1∶10 万磁法、化探普查	《磁法测量报告》及相关图件,《化探普查报告》及相关图件
6		1980	新疆区调队	1∶100 万区域地质调查	1∶100 万区域地质调查报告及图件
7		1981—1986	青海省地矿局区调综合地质大队	1∶20 万区域地质调查	《1∶20 万茫崖、土窑洞幅区域地质调查报告》(地质部分、矿产部分两册)及相关图件
8		1978—1985	青海省地矿局区调综合地质大队	1∶20 万区域地质调查	《伯喀里克幅、那陵郭勒幅、乌图美仁幅区域地质调查报告》(共两册)及相关图件
9		1997	青海省地矿局地球化学勘查院	1∶20 万区域化探扫面	1∶20 万土窑洞幅、茫崖幅等 7 幅地球化学图说明书及相关图件
10		1998—1999	青海省区调综合大队	化探异常Ⅱ级查证	《青海省茫崖镇小盆地地区 Au 异常Ⅱ级查证说明书》及相关图件
11	矿产地质	1954—1956	地质部柴达木石油普查大队	石油普查	《1955 年初步地质总结》及相应图件
12		1954—1958	青海石油管理局、地质部物探局	石油物探地质普查	著有相应的地质物探报告、简报、钻探查证报告及相关图件
13		1955	青海石油普查大队、青海石油管理局等	地质调查、石油普查	《1955 年初步地质总结》
14		1957	青海石油普查大队	石油普查、地质调查(含矿点检查)	《1957 年地质工作报告》及相关图件
15		1969	二机部 182 队	铀矿地质普查	相应的普查报告及相关图件
16		1980 至今	青海石油管理局	石油勘探及详查、石油开采	《1983 年底油气田储油年报》
17		1998—1999	青海省区调队	化探异常Ⅲ级查证	查证报告及图件

续表 1-1

序号	性质	工作时间(年)	工作单位	工作内容	主要成果
18	专项研究	1958	张文堂等	科研、1∶50 万地质普查	《柴达木盆地西部边缘地区的地层》
19		1981	刘广才等	科研	《地质科技动态》第三期《青海西部哈尔扎地区上泥盆统地层的新认识》
20		1984	刘广才、徐桂荣	科研	《青海西部哈尔扎地区上泥盆统腕足动物群》地球科学——武汉地质学院学报第 3 期
21		1987	青海省地质科学研究所	科研	《祁漫塔格晚古生界地层》
22		1997	孙崇仁等	科研	《青海省岩石地层》

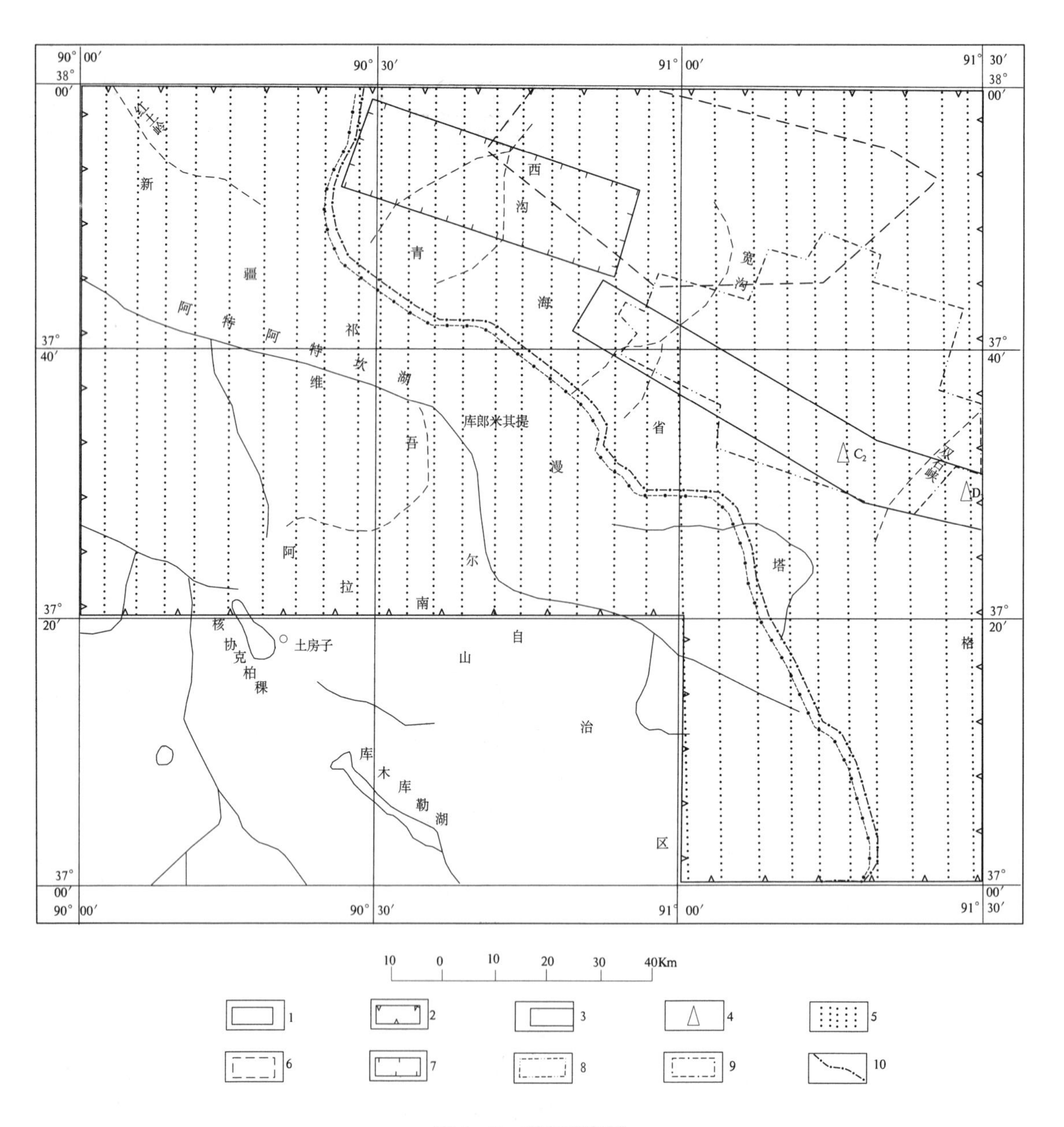

图 1-2 研究程度图

1. 1∶100 万地质普查区；2. 1∶20 万地质普查区；3. 地层专题普查区；4. 代表性剖面；5. 1∶20 万区域普查区；6. 重力物探普查区；7. 1∶100 万航磁普查区；8. 1∶5 万航磁普查区；9. 矿产专题普查区；10. 省界

主要区域性的工作有以下两项。

(1)1∶100万幅地质图是1963年11月—1964年2月编制完成，修编资料均来自于青海石油普查资料，该资料中提出了对测区地层、构造、岩浆岩的初步划分方案和认识，但填图单位划分简单，图面表达精度较差，内容简单。

(2)涉及测区的1∶20万的区域地质调查包括《茫崖—土窑洞幅》(为联测图幅，其中茫崖幅为西半幅)面积共9692km^2；《伯咯里克幅》《那陵郭勒幅》《乌图美仁幅》3幅联测(本幅内所涉及的为伯咯里克幅的西北角)面积为1600 km^2。《茫崖—土窑洞幅》线距为4～5km，点距为2～3km，第四系覆盖区为6～10km；《伯咯里克幅》《那陵郭勒幅》《乌图美仁幅》3幅联测图幅线距为4～5km，点距为1～3km。总体路线控制较好，但接触关系依据局部不确切，一些重要的地质信息被遗漏，如早古生代、新生代地层以及测区内广泛出露的岩浆岩大多缺乏年代学资料。填图单位划分、图面结构以及表达精度均符合当时填图要求，评审验收均一次性通过。

二、地层单位和地层序列建立的依据及其合理性

前人在测区划分出的金水口(岩)群的白沙河(岩)组、小庙(岩)组缺乏古生物资料及年代学依据，二者的接触关系由于后期岩浆作用、构造破坏未见直接接触关系，出露零星，顶底不全，相变较大，地层对比有一定困难。呈岩片产出的地质体有待年代学资料的约束和岩石组合、变质、变形特征的进一步研究。

滩间山(岩)群(OST)原1∶20万资料划分为铁石达斯群，在《青海省岩石地层》中认为二者宏观岩性特征及岩石组合方式基本一致，所处相对层位相当，滩间山(岩)群虽分布于柴达木盆地北缘，铁石达斯群分布于柴达木盆地南缘，二者被第四纪沉积分隔，但为同一盆地之产物，故将二者合并。测区内滩间山(岩)群缺乏年代依据。

晚古生代地层的单位名称、定义由于未充分考虑其产出形态(构造岩片)和变质、变形现象，有些组级定义不很严谨，出现同物异名、同名异物的现象。

新生代地层的成因类型简单，划分均缺乏年代学依据。本次工作拟从新构造运动、高原隆升与沉积响应、环境生态变化的高度去研究它的岩石学、年代学、地貌学等特征。

三、测区地质构造格架与大地构造属性认识

前人填图工作中由于受到理论体系和填图方法的局限，地质构造格架也是采用不同构造观建立起来的，存在一定的局限性和不合理性，如测区北部地区以槽台学说理论为指导于20世纪80年代初完成的《茫崖—土窑洞幅》和以地质力学为指导于20世纪70年代末完成的测区东南角部分地区。对于能反映大地构造格架和属性的地质体认识不够，如作为洋陆格局的代表性产物蛇绿岩的产出状态以及年代学均缺乏相关资料。有关文献中以板块构造观划分的地质构造格架与大地构造属性，与实际资料有不符之处，如晚古生代该区为一套陆表海产物，但前人认为有海西弧盆系存在。

四、前人所采集的样品

(1)采集薄片约761块，限于当时的要求和分类命名方案与目前不一致，资料大多无法直接利用(特别是岩浆岩)。

(2)采集硅酸盐岩样约108件，分析项目12项，由于采用标准不一，绝大多数超差，只能作为参考利用。

(3)采集同位素年龄样16件，测试方法均限于K-Ar法，除晚三叠世火山岩中的少量样品能利用外，其余从研究方法和精度上均存在问题，无法利用。采集光谱样约2276块，属半定量分析，对测区成矿背景分析有一定参考价值。

(4)发现化石点 87 处，鉴定成果可靠，但仅局限于晚古生代地层，所控制地层远不能满足本次区调要求。

(5)采集自然重砂约 1680 件，分析项目为重矿物鉴定，精度、质量均达到当时标准要求，对本次工作有一定利用价值。

(6)采集化学简分析样约 60 个，主要分析了 Cu、Pb、Zn、Fe 等，少量分析了 Au、Ag。其分析精度、质量满足要求，本次工作可利用。

(7)人工重砂样约 40 个，分析精度、质量满足当时要求，本次工作可利用。

五、矿产地质调查

测区矿产的调查工作起始于建国初期的石油地质勘测与开发工作(局限于测区北部)，20 世纪 70 年代末到 80 年代的区域化探扫面和与区调工作同步进行的重砂测量、岩石微量元素半定量测量，从其当时的分析手段和分析项目来看，相关测量符合相应的技术要求，对本次工作有一定利用价值。主要存在的问题是所发现的大多异常未从地质角度进行全面的评述，原生矿的发现极少。在本次调查中地质路线与找矿同步进行，依据前人所发现的异常注意发现其原生矿露头。

第五节　完成任务情况

本项目 2001 年启动，2001 年 3 月完成项目初步设计并报送青海省地质调查院，通过 2001 年 5～9 月初的野外踏勘和试填图，于 9 月底完成了设计书的编写及设计图的修编，12 月通过了由中国地质调查局西北项目办公室组织的项目设计审查，并获得优秀成绩。根据设计审查意见，于 12 月底完成设计书、设计图的修改并提交中国地质调查局西北项目办进行认定。2002 年 4 月 28 日—9 月 29 日、2003 年 5 月 8 日—8 月 25 日进行了野外地质调查。野外总天数 352 天，设置大小基站 14 站，完成和超额完成了任务书下达的野外填图工作任务。测试工作量总体达到设计要求(表 1 - 2)，根据具体情况进行了适当调整。例如：104 个各类测年样使测区大面积分布的岩浆岩和第四纪地层得到了很好的年代学约束。为了很好地完成任务书下达的关于加强祁漫塔格铜、银、铅、锌、金等多金属成矿地质背景调查的任务，具体工作中加大了定量光谱、化学简项分析等样品的采集，前者设计书要求为 350 件但实际已完成 742 件。硅酸盐、稀土等样品设计中均为 180 件，实际已分别完成 253 件和 241 件，孢粉、电镜扫描、矿物对、试金分析等均未要求，但根据工作需要也进行了适当的采集，实际测试经费已超过设计经费。各地层填图单位都有 1～2 条剖面控制。野外路线的部署以穿越为主，结合追索路线，地质体得到良好控制。本院质检组 2001 年和 2002 年两次在野外进行了为期 20 天的质量检查，2001 年 10 月、2002 年 10 月、2003 年 12 月由青海省地调院组织进行了 3 次大规模院级质检。3 年来每一基站均进行自检、互检。检查记录共 41 份(本)。2003 年 8 月经中国地质调查局西北项目办专家组野外验收，成果获优秀级。生产与科研相结合，2001 年和 2002 年野外期间莫宣学、罗照华老师，张雪亭副院长等到达野外在现场对项目组进行指导工作。

项目取得的资料主要有：①设计阶段，立项设计各类文字、图件、批文等；②野外阶段，包括综合手图 1 套，野外手图 8 套，各类记录本 71 册，各类送样单 52 本，野外剖面草图 26 份，野外照片 6 册，年报等 13 份，航片 797 片，院检、队检、互检记录 37 本；③综合整理阶段，实测剖面图 39 条(计表、小结)，各类鉴定、分析报告 110 册，实际材料图 1 套，以及野外验收报告、地质图、第四纪地质环境生态图、遥感解译图、主要成果及认识简介、终审报告、专题报告、作者原图。在项目执行过程中，

《青海日报》等媒体对该项目所取得的成果进行了及时报道。针对测区重大地质问题，项目人员在《地质通报》等核心刊物上发表论文5篇，并多次参加国内有关青藏高原的学术交流会议。

表1-2　完成实物工作量一览表

项目		设计工作量	年度工作量			累计工作量	单位
			2001年	2002年	2003年		
地质填图总面积		14 818	7000	6400	1418	14 818	km^2
地质剖面测制		100	65.08	40.8	1	106.88	km
路线长度		2600	1269.45	1483.02	120	2872.47	km
地质点			705	664	70	1409	个
薄片鉴定		1200	478	694	30	1202	片
光片		10	6	11		17	片
大化石鉴定		350	332	38		370	件
微古鉴定		80	41	10		51	件
硅酸盐分析		180	90	141	10	241	件
稀土分析		180	100	146	7	253	件
定量分析		350	279	450	13	742	件
化学简项分析		50	27	60		87	件
同位素测年	K-Ar	5		6		6	件
	Sm-Nd	15	12	4		16	件
	Rb-Sr	12	10	5		16	件
	Ar-Ar	4	1	2		3	件
	U-Pb	20	12	6		8	件
	裂变径迹	20	9			9	件
粒度分析(薄片)		50	40			40	件
电子探针		6	2	6		8	件
岩组定向薄片		10	3	12		15	块
岩组测试		10	3	12		15	个
孢粉			25	26		51	件
电镜扫描				2		2	件
比零值		10	5	2		7	块
矿物对			3	4		7	块
试金分析			10	6		16	件
^{14}C		8	3	4		7	件
电子自旋共振		3		6		6	件
脊椎动物化石			6	5		11	处
热释光		35	29			29	件
光释光		5		4		4	件
^{18}O		2	1			1	件

参加本次区调工作的技术人员有：拜永山、常革红、谈生祥、马元明、郝平、索生飞、王进寿以及阶段性工作人员逯积明、童海奎、许长青、田琪、祁良志、保广普。后勤人员有徐宁、刘文忠、童金辉、

褚志伟、王明祥、王浩岩。

本报告是3年来项目组从事国土资源大调查的集体成果。报告第一章及结语由拜永山执笔，第二章由马元明执笔，第三章由谈生祥、常革红、保广普、童海奎等分节执笔，第四章由王进寿、许长青执笔，第五章由常革红执笔，第六章由郝平执笔，第七章由索生飞执笔，部分节由拜永山执笔。报告全文由拜永山审编定稿。地质图、第四纪地质地貌与生态环境图及各类过渡性图件由拜永山主编，数字制图由孟红负责。

本项目实施过程中，得到了各级领导、专家的精心帮助和指导，在此表示衷心感谢。特别是中国地质调查局西北项目办公室李荣社、王根宝老师，中国地质大学莫宣学、罗照华老师，青海省地质调查院张雪亭主管副院长、技术办阿成业、张智勇主任等专家多次亲临野外第一线指导工作，提供了许多好的建议和意见，对项目顺利实施付出了巨大的心血。

3年来除本报告编写人员外，数字制图人员孟红，技术人员祁良志，后勤人员刘文忠、徐宁、褚志伟等对项目的安全顺利实施做出了巨大贡献，在此一并表示衷心感谢。

第二章　地　层

测区位于东昆仑西段北坡、柴达木盆地西南缘，地层区划隶属于华北地层大区、秦祁昆地层区，东昆仑-中秦岭地层分区，柴达木南缘小区《青海省岩石地层》(1997年)。

区内出露古元古界金水口(岩)群中深变质岩；中元古界到新元古界冰沟群浅变质岩系碳酸盐岩和碎屑岩；下古生界滩间山(岩)群中浅变质岩、陆源碎屑岩、中基性—中酸性火山岩、碳酸盐岩；上古生界上泥盆统陆源碎屑岩、生物碎屑灰岩及中酸性火山岩；下石炭统碎屑岩、含生物碎屑碳酸盐岩；上石炭统和石炭系—二叠系含生物碎屑碳酸盐岩；中生代晚三叠世中酸性火山岩；新生界古近系、新近系陆相碎屑岩及广泛发育的第四纪地层。地层出露较齐全，时代跨度大，岩石类型复杂，包括3个群级地层单位，19个组级地层单位(表2-1)。

第一节　古元古代地层

一、地质概况

古元古界金水口(岩)群白沙河(岩)组(Ar_3Pt_1b)是区内最古老的地层体，主要分布于区内祁漫塔格山南坡中段和卡尔塔阿拉南山东段，宗昆尔玛西岸小黑山一带也见零星分布，区内出露面积约为252km^2。与各时代地层体呈断层接触。剖面均未见底，呈北西-南东向展布。该套地层总体经过了多期次的变质变形作用改造，原始面理及层序已被完全置换，现存构造面理为多期变形置换重建的结果，故具有层状无序的特点，属高级变质岩系。

二、岩石组合及岩性特征

该岩组岩石类型复杂，主要为一套片麻岩、大理岩、片岩、部分变粒岩、石英岩夹片岩、石英岩的岩石组合。主要岩性描述见表2-2。

三、剖面描述

1. 新疆若羌县铁木里克乡伊里木萨依沟金水口(岩)群白沙河(岩)组(Ar_3Pt_1b)实测剖面(IP_{13})

起点坐标：东经90°22′27″，北纬37°43′42″；终点坐标：东经90°22′22″，北纬37°41′56″。控制假厚度大于1602.28m，见图2-1。

该剖面测制对象为古元古界金水口(岩)群白沙河(岩)组(Ar_3Pt_1b)，剖面中未见顶底，层与层之间多为构造面理接触或断层接触，整体为副变质岩夹正变质岩类型。

表 2-1 测区地层填图单位划分表

地层分区			东昆仑-中秦岭地层分区		
地层小区			柴达木南缘小区		
地层单位＼构造分区			柴达木陆块	祁漫塔格构造混杂岩带	东昆仑陆块
新生界	第四系	全新统	洪冲积、沼泽、湖积、风积、河流沉积	洪冲积、沼泽、湖积、风积、冰碛、现代河流沉积	洪冲积、风积、现代河流沉积
		上更新统	洪冲积、风积	冰水堆积、洪冲积、风积	洪冲积、风积、冰水堆积
		中更新统	冰水堆积	冰水堆积	
		下更新统	七个泉组(Qp^1q)	七个泉组(Qp^1q)	河湖相沉积($Qp^{1/1}$) 河湖相沉积($Qp^{1/2}$)
	新近系	上新统	狮子沟组(N_2sz) 油砂山组($N_{1-2}y$)		
		中新统			
	古近系	渐新统	干柴沟组(EN*g*)	干柴沟组(EN*g*)	干柴沟组(EN*g*)
		始新统		路乐河组(E_2l)	路乐河组(E_2l)
中生界	白垩系				
	侏罗系				
	三叠系	上三叠统		鄂拉山组(T_3e)	鄂拉山组(T_3e)
上古生界	石炭系—二叠系			打柴沟组(CP*d*)	打柴沟组(CP*d*)
	石炭系	上石炭统		缔敖苏组(C_3d)	
		下石炭统		大干沟组(C_1dg) 石拐子组(C_1s)：上段(C_1s^2)、下段(C_1s^1)	大干沟组(C_1dg)
	泥盆系	上泥盆统		哈尔扎组(D_3he) 黑山沟组(D_3hs)	
下古生界	奥陶系—志留系			滩间山(岩)群(OS*T*)：碳酸盐岩岩组(OST_3)、火山岩岩组(OST_2)、碎屑岩岩组(OST_1)	
	寒武系				
新元古界	震旦系				
	南华系				
	青白口系				冰沟群：丘吉东沟组(Qb*qj*)
中元古界	蓟县系				冰沟群：狼牙山组(Jx*l*)
	长城系			金水口(岩)群：小庙(岩)组(Ch*x*)	金水口(岩)群：小庙(岩)组(Ch*x*)
古元古界				金水口(岩)群：白沙河(岩)组(Ar_3Pt_1b)	金水口(岩)群：白沙河(岩)组(Ar_3Pt_1b)

表 2-2　金水口(岩)群白沙河(岩)组(Ar_3Pt_1b)岩石特征一览表

岩石名称	结构	构造	粒径大小	岩性描述
灰褐色细粒含石榴黑云母斜长片麻岩	细粒鳞片变晶结构、交代残留结构	片麻状构造	各矿物粒径在0.15～0.74mm，石榴石粒径1.85mm左右	岩石由长石34%(以斜长石为主，少量钾长石)、石英40%、黑云母25%(呈鳞片状变晶)、石榴石1%(沿裂缝被黑云母化)和少量不透明矿物及微量鳞灰石、锆石组成。各矿物在岩石中均匀分布，明显呈定向排列，其长轴方向与岩石构造方向一致
灰褐色中一细粒角闪黑云斜长片麻岩	中一细粒鳞片粒状变晶结构	片麻状构造	斜长石粒径0.42～1.78mm，其他矿物粒径0.11～0.37mm	岩石由斜长石68%(具环带构造及聚片双晶，为中长石，分布均匀)、石英(围绕斜长石分布，具重结晶)、黑云母10%(呈鳞片状变晶均匀分布在斜长石边缘)、角闪石5%(呈柱状变晶，具绿色多色性)等组成。黑云母、角闪石具明显定向排列，长轴方向与岩石构造方向一致
浅灰色细粒白云母石英片岩	细粒鳞片粒状变晶结构	片状构造	粒径在0.17～0.59mm	岩石由石英50%(粒状变晶，相对集中分布)、白云母35%(鳞片状变晶，相对集中分布)、斜长石12%(粒状变晶，均匀分布)、钾长石(粒状变晶，均匀分布)和少量磷灰石及微量锆石等组成。石英、白云母具明显定向排列
灰绿色细粒斜长角闪片岩	细粒粒状纤状变晶结构	片状构造	粒径在0.08～0.96mm	岩石由角闪石78%(柱状、纤状，具绿色多色性)、斜长石15%(粒状变晶)、石英5%(粒状变晶)、榍石2%等组成。以上矿物在岩石中均匀分布，具明显定向排列，长轴方向与岩石构造方向一致，组成岩石的片状构造
浅灰绿色含橄榄石白云质大理岩	细粒鳞片粒状变晶结构	略具平行构造、条带状构造	粒径在0.15～0.72mm	岩石由方解石55%(粒状变晶，发育聚片双晶)、白云石38%(粒状变晶)、橄榄石5%(粒状变晶，全被绿泥石交代分布不均匀)、白云母2%(鳞片状变晶，分布均匀)等组成。方解石、白云石均匀分布，略具平行构造，长轴方向与岩石构造方向一致
浅灰色细粒状大理岩	细粒状变晶结构	平行构造		岩石全部由方解石100%组成，方解石为粒状变晶，聚片双晶发育，具明显定向排列，长轴方向与岩石构造方向一致，组成岩石的平行构造。平行构造裂隙中充填有暗色杂质，使岩石具条纹状、条带状
灰褐色花岗质糜棱岩	变余花岗结构	糜棱构造	碎斑粒径0.14～0.74mm	岩石由碎斑斜长石60%(半自形粒状、柱状均匀分布)和碎基40%[石英22%(碎粒化)、黑云母14%(碎粒化)、斜长石4%(碎粒化)]组成。以上矿物具明显定向排列，长轴方向与岩石构造方向一致
浅灰色花岗质碎斑岩	碎斑状结构、变余花岗结构	略具定向构造	碎斑粒长0.52～1.48mm，碎基粒径0.08～0.37mm	岩石由碎斑55%[斜长石47%(泥化、绢云母化)、钾长石8%(为微斜长石)]和碎基45%(石英30%、长石9%、黑云母5%、白云母1%)等组成。各矿物均匀分布，黑云母、白云母组成断续条带，定向排列

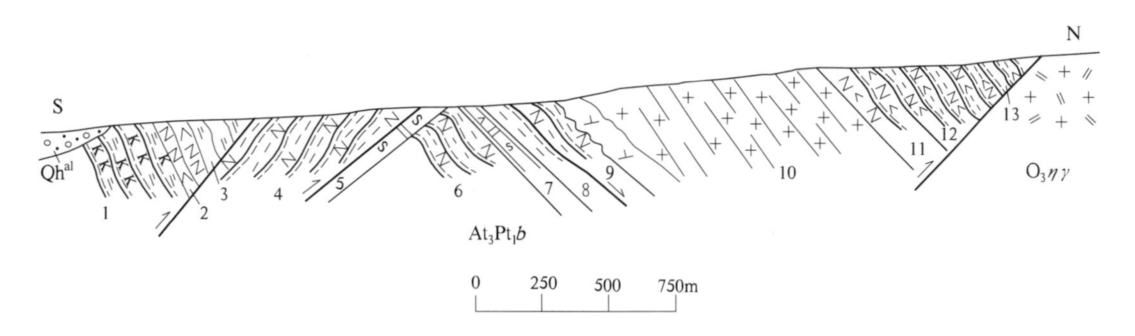

图 2-1　新疆若羌县铁木里克乡伊力木萨依沟金水口(岩)群白沙河(岩)组(Ar_3Pt_1b)实测剖面图(IP_{13})

上覆：晚奥陶世灰—浅灰色中—粗粒二长花岗岩($O_3\eta\gamma$)

══════ 断 层 ══════

13. 灰色糜棱岩化片麻岩	77.21m
12. 灰黑色中—细粒角闪黑云斜长片麻岩	110.73m
11. 深灰—灰黑色中—细粒角闪斜长片麻岩	81.33m
10. 灰—深灰色花岗质初糜棱岩	434.45m
9. 灰色蚀变细粒黑云母斜长片麻岩	31.43m

══════ 断 层 ══════

8. 浅灰色糜棱岩化片麻岩	68.66m
7. 浅灰绿色条带状细粒含橄榄石白云石大理岩	8.03m
6. 深灰色细粒黑云斜长片麻岩	39.24m
5. 浅灰色条带状细粒大理岩	49.31m

══════ 断 层 ══════

4. 浅灰色细粒蚀变黑云斜长片麻岩	315.13m

══════ 断 层 ══════

3. 浅灰色细粒白云母石英片岩	117.67m
2. 灰绿色细粒斜长角闪片岩	99.34m
1. 浅灰色细粒含白云母钾长片麻岩(未见底)	169.75m

2. 新疆若羌县铁木里克乡阿达滩沟脑金水口(岩)群白沙河(岩)组(Ar_3Pt_1b)实测剖面(IP_{28})

起点坐标：东经90°57′13″，北纬37°24′26″；终点坐标：东经90°57′55″，北纬37°23′22″。控制假厚度大于1229.46m，见图2-2。剖面中未见底，顶部与晚奥陶世二长花岗岩为侵入接触，层与层之间多为构造面理接触或断层接触，岩石类型以大理岩为主夹部分正变质岩。

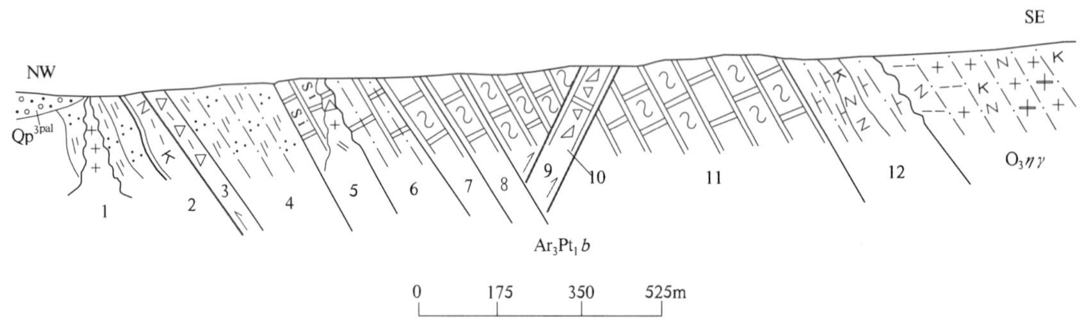

图2-2 新疆若羌县铁木里克乡阿达滩沟脑金水口(岩)群白沙河(岩)组(Ar_3Pt_1b)实测剖面(IP_{28})

上覆：晚奥陶世灰色蚀变斑状糜棱岩化黑云母二长花岗岩($O_3\eta\gamma$)

—————— 侵 入 ——————

12. 浅灰—灰白色闪长质糜棱岩夹深灰色二长角闪片岩	89.38m
11. 浅灰白色条带状大理岩夹灰色中—厚层状糖粒状大理岩	257.25m

══════ 断 层 ══════

10. 断层破碎带：灰—灰白色碎裂岩化大理岩及断层角砾岩	33.67m

══════ 断 层 ══════

9. 灰白色条纹条带状细粒糖粒状大理岩	177.97m
8. 灰白色条纹条带状大理岩夹灰绿色绿帘绿泥片岩	81.27m

7. 灰白色条纹条带状大理岩　82.20m

6. 灰白色条纹大理岩质初糜棱岩　79.35m

5. 灰白色厚—块层状硅化大理岩　53.87m

4. 浅灰色绢云长英质千糜岩　248.12m

══════ 断　层 ══════

3. 断层破碎带：深灰色黑云母二长片麻岩夹长英质糜棱岩　15.81m

══════ 断　层 ══════

2. 深灰色黑云母二长片麻岩　48.86m

1. 深灰色绢云石英片岩(未见底)　61.71m

3. 新疆若羌县铁木里克乡巴音格勒呼都森金水口(岩)群白沙河(岩)组(Ar_3Pt_1b)实测剖面(IP_{22})

剖面起点坐标：东经 91°13′36″，北纬 37°06′11″；剖面终点坐标：东经 91°12′38″，北纬 37°02′22″。控制假厚度大于 2284.73m，见图 2-3。剖面中未见顶底，岩石类型主要为副变质岩夹正变质岩，因受多期次叠加构造的影响变质、变形、变位十分强烈，层与层之间多为平行接触或断层接触。

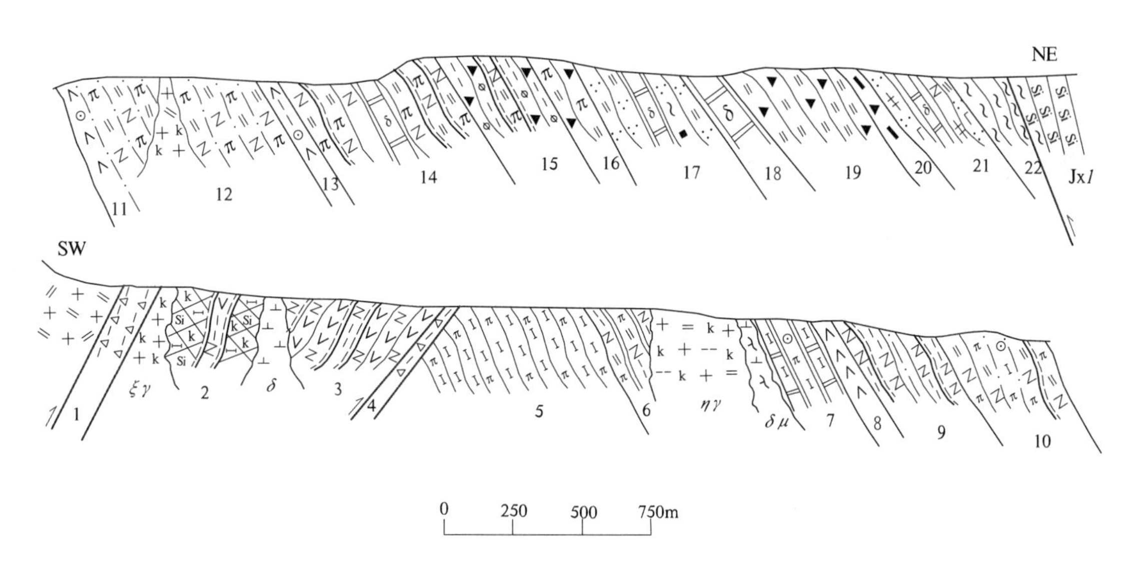

图 2-3　新疆若羌县铁木里克乡巴音格勒呼都森金水口(岩)群白沙河(岩)组(Ar_3Pt_1b)实测剖面(IP_{22})

上覆：冰沟群狼牙山组(Jxl)灰色中层状微粒状硅质岩夹灰白色条带状白云质灰岩

══════ 断　层 ══════

22. 灰绿色绿泥石片岩　95.43m

———— 平行接触 ————

21. 浅灰色细粒片状白云方解石石英岩夹灰绿色细粒钠长绿帘纤闪石片岩夹灰白色薄—中层状细粒片状大理岩　120.55m

———— 平行接触 ————

20. 灰绿色堇青阳起片岩　24.55m

———— 平行接触 ————

19. 浅灰褐色细粒堇青石白云母片岩　98.10m

———— 平行接触 ————

18. 浅灰色中—厚层条带状片状细粒大理岩　40.40m

———— 平行接触 ————

17. 灰白色绢云石英片岩夹灰绿色细粒状石榴绿泥石英岩及灰色中—厚层条带状片状细粒大理岩 100.85m

——————— 平行接触 ———————

16. 浅灰色堇青钾长白云母片岩 34.73m

——————— 平行接触 ———————

15. 深灰—灰黑色细粒含堇青绿帘黑云母片岩夹浅灰色细粒含白云母二长片麻岩 73.10m

——————— 平行接触 ———————

14. 浅灰色细粒含白云母二长片麻岩夹灰—灰白色薄—中层状条带状片状细粒大理岩 251.11m

——————— 平行接触 ———————

13. 灰绿色细粒含石榴黑云角闪片岩 16.05m

——————— 平行接触 ———————

12. 浅灰白色中—细粒片麻状白云母二长变粒岩 291.69m

——————— 平行接触 ———————

11. 灰绿色细粒含石榴石角闪片岩 19.31m

——————— 平行接触 ———————

10. 灰白色细粒白云母二长片麻岩夹浅灰绿色细粒含石榴透辉钾长变粒岩 252.61m

——————— 平行接触 ———————

9. 灰绿色蚀变细粒含黑云斜长片麻岩夹灰色细粒蚀变二长浅粒岩 311.37m

——————— 平行接触 ———————

8. 灰绿色角闪片岩 17.29m

——————— 平行接触 ———————

7. 灰白色中—厚层状蚀变细粒片理化金云透辉大理岩夹灰绿色条痕状含石榴钾长透辉石岩 91.88m

6. 浅灰色中—细粒二云二长片麻岩(其中有大量花岗岩侵入) 58.53m

5. 浅灰绿色中—厚层状细粒钾长透辉石岩 230.83m

——————— 断层接触 ———————

4. 断层灰色破碎带:断层角砾岩及断层泥等 12.36m

——————— 断层接触 ———————

3. 灰绿色中—细粒斜长角闪片岩夹灰色细粒黑云母二长片麻岩 59.66m

2. 浅灰白色不等粒含硅质透辉石钾长矽卡岩夹灰白色眼球状细粒含黑云母二长片麻岩 466.39m

═══════ 断　层 ═══════

1. 灰褐色断层破碎带:断层角砾岩及断层泥(未见底) 37.94m

四、微量元素特征

由表 2-3 中可知,不同岩类的微量元素平均值与泰勒的地壳丰度值对比,片麻岩中 Pb、Cr、Rb、Mn、Au、Zr、Th、La、Y 均不同程度地高出泰勒值,其中 Pb、Rb 高出 1 倍多,其他元素均低于或偏低于泰勒值。片岩中 Pb、Co、Rb、Mn、Au 高出此值,其中 Pb、Co、V 值高出 3 倍;大理岩中 Pb、Sr 高出此值 4 倍多,Au 高出 7 倍多;糜棱岩中 Mn、Au 高出此值,其中 Au 高出此值 4 倍多,碎斑岩中 Ba、Rb 高出此值,其中 Ba 高出此值 2 倍多,其他元素在各岩类中均表现为较低或偏低于泰勒值。高值元素的出现,表明元素在地壳中呈集中分布,大量低值元素表明元素一般呈分散状态出现。

五、区域对比及时代讨论

前人 1∶20 万区调将诺木洪南山一带的中高级变质岩系划分为“金水口组”,代表震旦系下统。王云山、庄庆兴等 1978 年将金水口组改称“金水口群”,并将 1∶20 万区调所划分的第一岩组为黑云斜长片麻岩,斜长角闪岩、大理岩互层组;第二岩组为大理岩与黑云斜长片麻岩组;第三岩组为黑云斜长片麻岩与片岩互层夹大理岩和少量斜长角闪岩组，归并称下岩组；第四岩组为片岩岩组称上岩组，时代归属长城纪。1982 年庄庆兴、孙广智等将东昆仑山野马泉白沙河一带金水口群下岩组变质岩系，由下而上划分为白沙河组、塔西尔组、胡热里格组。1986 年青海省地研所庄庆兴等在《青海省东昆仑山前寒武系》一文中，又将上述三组合并称“金水口群”。1997 年《青海省岩石地层》将其修订为白沙河（岩）组，并停用塔西尔组、胡热里格组，时代归属于古元古代。本文沿用白沙河（岩）组，根据变质、变形、变位非常强烈的特点，将金水口群修订为金水口（岩）群。对该套地层工作中我们在不同地段分别采取了两条（Sm－Nd）等时线同位素年龄样，其中一条 Sm－Nd 同位素测年值为 1879±64Ma，另一条为 2322±160Ma。依据岩石组合，区域对比及前人所获同位素测年值，Rb－Sr：1549.3Ma、1666.6Ma、1990Ma；Sm－Nd：1929±33Ma、1927±34Ma；U－Pb：1850Ma、2469Ma 等，将此时代归属于古元古代。1700～1600Ma 基本代表吕梁变质作用终了阶段的时间，而 Sm－Nb 等时线年龄值 2322±160Ma 可认为它是古元古代地层靠下部层位。

表 2－3　古元古界白沙河（岩）组（Ar_3Pt_1b）岩石微量元素特征表　（单位：10^{-6}）

岩类	样品数	Cu	Pb	Zn	Cr	Ni	Co	Ba	Sr	Rb	V	Mn	Au	Ta	Nb	Zr	Th	La	Ti	Y
片麻岩类	11	11.40	32.40	25.00	193.77	24.85	14.90	440.00	110.29	206.79	100.48	578.9	0.58	1.66	18.37	215.20	16.73	84.55	3377.60	48.75
标准离差		7.63	7.07	31.11	265.75	15.15	8.20	297.10	99.77	125.65	59.69	438.47	0.13	0.45	80.42	90.78	15.14	17.32	2533.73	33.51
变化系数（%）		65.38	21.82	124.50	137.15	60.93	55.04	67.52	90.46	60.76	59.40	75.74	21.88	27.20	43.78	42.18	90.50	20.49	75.50	68.74
片岩类	7	20.53	36.30	60.48	51.80	29.60	83.73	258.50	170.43	132.00	306.76	780.57	0.82	1.08	11.21	124.29	6.53	14.02	5171.00	21.50
标准离差		20.86	14.79	42.28	73.96	22.48	148.11	295.40	152.34	105.60	432.42	583.94	0.73	0.51	5.23	77.95	7.87	11.73	4568.59	7.20
变化系数（%）		101.60	40.73	69.91	142.78	75.96	176.69	114.31	89.39	80.00	140.96	74.81	88.53	46.94	46.59	62.27	120.56	83.63	88.35	33.47
大理岩类	6	11.28	30.50	13.50	5.43	12.42	6.42	340.50	1661.97	50.47	12.60	310.50	3.38	1.08	5.67	49.47	2.33	29.83	983.83	13.48
标准离差		5.35	15.81	3.00	3.19	6.63	2.23	236.06	1760.14	112.46	4.04	291.18	5.09	0.45	3.53	68.46	3.27	5.23	1238.79	20.54
变化系数（%）		47.75	51.85	22.22	58.88	53.35	34.76	69.33	105.91	222.85	32.03	96.58	150.93	41.04	62.26	138.41	140.34	17.52	125.91	152.37
糜棱岩类	2	12.65		56.50	74.85	29.65	19.15	372.00	166.45	136.00	102.50	900.50	1.40	2.25	15.40	125.50	12.05	28.60	4929.50	30.70
标准离差		6.44		13.44	31.61	11.53	4.46	243.25	113.92	41.01	6.36	229.81	0.99	0.78	11.88	156.27	8.27	8.20	1191.48	0.85
变化系数（%）		50.87		23.78	42.23	38.87	23.26	65.39	68.44	30.16	6.21	25.52	70.71	34.57	77.14	124.52	68.66	28.68	24.17	0.85
碎斑岩	1				7.00	7.10	4.70	1022.00	256.00	98.90	19.90	356.00		1.50	19.20	191.00	16.00		1977.00	24.60
泰勒值(1964)		55	12.50	70.00	100.00	75.00	25.00	425.00	375.00	90.00	135.00	950.00	0.43	2.00	20.00	165.00	9.00	30.00	5700.00	33.00

第二节　中元古代长城纪地层

一、地质概况

中元古界长城系小庙（岩）组（Chx）在区内出露较少，呈北西-南东向主要分布于阿尼亚拉克萨依沟脑北侧和阿达滩沟脑南侧及上游北侧一带，区内出露面积约为 61km^2。大部分地区被后期花岗岩体吞蚀，与区内大干沟组（C_1dg）、鄂拉山组（T_3e）及辉长岩体呈断层接触，与晚奥陶世二长花岗岩呈侵入接触，部分地段被第四纪地层覆盖。该套地层经受了多期次变质、变形作用改造，原始层理已被完全置换，现存面理为多期变形置换的构造面理，属有层无序的中高级变质地层。根据金水口（岩）群中变质、变形、变位非常强烈的特点，将前人所划小庙组修订为小庙（岩）组（Chx）。

二、岩石组合及岩性特征

1. 岩石组合特征

该岩组的岩石类型较复杂，主要为一套片岩、片麻岩、变粒岩、石英岩、硅质岩夹大理岩的岩石组合。因受到后期花岗岩侵入的吞蚀及断裂构造的破坏，地质体多为顶垂体和构造块（片）体，部分地段及断裂带中见有糜棱质岩石，其中发育条带眼球、旋转碎斑、剪切褶皱等构造形迹；岩石组合及矿物成分变化等反映出变质程度可达高绿片岩相，以中级变质为主。据岩组中的石英质岩石夹大理岩的宏观标志，该岩组原岩建造应是以石英砂岩、长石石英砂岩为主体的正常沉积碎屑岩夹碳酸盐岩建造。

2. 岩性描述

详细岩性描述见表 2-4。

表 2-4 长城系小庙（岩）组（Chx）岩石特征一览表

岩石名称	结构	构造	粒径大小	岩性描述
灰色黑云中长片麻岩	半自形鳞片粒状变晶结构	片麻状构造	中长石：0.1mm×0.077mm～0.52mm×0.185mm 石英：0.084mm×0.06mm～0.462mm×0.40mm	岩石由中长石60%（呈半自形柱状或粒状）、石英20%（呈它形，部分半自形）、黑云母20%（呈红褐色，多色性片状）及微量铁铝榴石等组成。以上矿物在岩石中均匀分布
灰色矽线石二云石英片岩	鳞片粒状变晶结构	片状构造	石英：0.154mm×0.046mm～1.00mm×0.37mm	岩石由石英48%（呈不规则它形或它形粒状晶）、矽线石18%（被绢云母集合体交代，局部偶见残留）、黑云母25%（呈红褐色，多色性片状）、白云母8%（呈片状）、金属矿物1%（分布在云母片集合体中）及少量斜长石、黑电气石等组成
灰色细粒含堇青黑云母变粒岩	细粒鳞片粒状变晶结构	块状构造	矿物粒径在0.74～0.15mm	岩石由主要矿物斜长石12%（更-钠长石）、钾长石43%（正长石）、石英35%（粒状变晶）和次要矿物黑云母6%（鳞片状变晶）、堇青石4%（呈不规则粒状变晶）及微量磷灰石组成
灰黑色片麻状角闪石英岩	斑状变晶结构，基质具它形粒状结构	片麻状构造	斑晶：0.25mm×0.462mm～0.55mm×1.01mm 基质：0.03～0.22mm	岩石由斑晶4%：普通角闪石（具绿帘化、绿泥石化）和基质96%：石英69%（呈不规则状它形粒状）、角闪石20%（普通角闪石）、黝帘石2%、白云母3%、金属矿物2%（呈粒状，分布均匀）及少量榍石、微量磷灰石组成
灰色薄层状透闪方解石大理岩	微细粒它形粒状变晶结构	块状构造	方解石：0.077～0.31mm； 透闪石：0.123～0.546mm； 金属矿物：0.012～0.092mm	岩石由方解石62%（呈它形或半自形粒状晶）、透闪石19%（呈柱状或粒状晶）、石英12%（呈不规则它形粒状或半自形晶、分布均匀）、金属矿物1%（呈稀疏浸染状分布）、绿帘石1%及少量镁橄榄石组成
灰色斑状条带状含粘土矿物硅质岩	显微隐晶状结构	斑状构造、条带状构造	金属矿物粒径一般在0.06mm以下	岩石由石英78%（显微隐晶状）、粘土矿物11%（部分重结晶为绢云母）、金属矿物1%（呈微粒状）、裂隙充填物10%（为结晶粒度大小不同、形态不同的脉石英）等组成。隐晶状石英及绢云母的排列方向一致，显示斑状构造特征及条带状构造特征

三、剖面描述

新疆若羌县铁木里克乡阿达滩上游北支沟长城系小庙(岩)组(Ch*x*)实测剖面(IP_{33})

起点坐标:东经 90°46′10″,北纬 37°33′58″;终点坐标:东经 90°45′08″,北纬 37°33′58″。控制假厚度大于 1369.09m,见图 2-4。

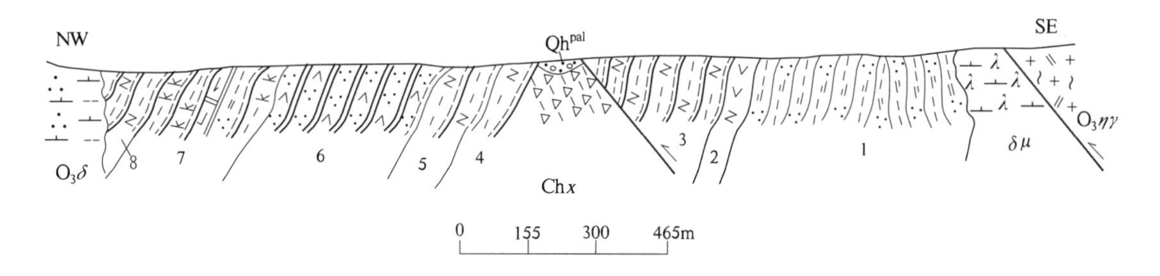

图 2-4 新疆若羌县铁木里克乡阿达滩上游北支沟长城系小庙(岩)组(Ch*x*)实测剖面(IP_{33})

剖面中未见底,顶部与晚奥陶世英云闪长岩为侵入接触。变质、变形强烈,上、下层关系完全被置换,大多为构造面理接触或断层接触,岩石类型以副变质岩为主夹正变质岩。地质体多为构造块(片)体,现存构造面理表明,阿达滩上游一带小庙(岩)组(Ch*x*)为一套向南倾斜的中、高级变质岩系。

上覆:晚奥陶世灰白色帘石化、粘土化、钾长石化中—细粒英云闪长岩($O_3\delta$)

——— 侵 入 ———

8. 灰色黑云中长片麻岩(未见顶)	95.30m
7. 灰色黑云母钾长片麻岩夹灰色二云石英片岩及灰白色薄层状透闪石方解石大理岩	193.22m
6. 灰色片麻状角闪石英岩	233.94m
5. 灰色黑云更长构造片麻岩	77.64m
4. 灰色块层状堇青石黑云母更长片麻岩	91.42m

═══ 断 层 ═══

3. 灰色黑云母中长片麻岩	325.23m
2. 灰绿色片状斜长角闪片岩	36.87m
1. 灰色矽线石二云母石英片岩(未见底)	315.47m

四、岩石化学特征

1. 微量元素特征

由表 2-5 中看出,不同岩类的微量元素平均值与泰勒的地壳丰度值相比较,片岩中除 Cu、Pb、Ba、Rb、Au、Ta、Nb、Zr、Th 不同程度地高出泰勒值外,其他元素均低于或偏低于泰勒值。变粒岩中 Pb、Ba、Sr、Rb、Mn、Au、Th 高出此值,其中 Pb 高出 2 倍多,Au 高出 7.8 倍;片麻岩中 Pb、Zn、Cr、Rb、V、Mn、Au、Zr、Th、Ti 高出此值,其中 Pb、Rb、Au 高出 2 倍多;大理岩中 Cu、Pb、Zn、Co、Sr、Au、Ta 高出此值,其中 Ta 高出 6 倍,Au 高出 3 倍,Pb 高出 1 倍;硅质岩中 Pb、Co、Ba、Au 高出此值,其中 Au 高出 3.8 倍,其他元素在各岩类中均表现为较低或偏低于泰勒值。

2. 稀土元素特征

通过对该组硅质岩中所采样品所做稀土分析结果(表 2-6)可见,其稀土总量∑REE=21.33×10^{-6},轻稀土较为富集,重稀土相对亏损,Ce 显示弱负异常,其特征表明了它是热水环境沉积的产物。

表 2-5　长城系小庙(岩)组(Chx)岩石微量元素特征表　(单位:10^{-6})

岩类	样品数	Cu	Pb	Zn	Cr	Ni	Co	Ba	Sr	Rb	V	Mn	Au	Ta	Nb	Zr	Th	Ag	Ti	Y
片麻岩类	4	17.00	30.65	110.75	116.8	48.10	2.40	419.50	102.00	214.00	152.00	1351.00	1.05	1.20	15.50	223.00	20.00	0.017	8352.50	34.35
标准离差		9.19	0.78	4.46	25.31	2.55	2.69	21.92	43.84	22.63	46.67	274.36	0.50	0.14	6.51	16.97	5.80	0.004	1364.00	1.91
变化系数(%)		540.70	2.54	4.02	2.17	5.29	11.20	5.23	42.98	10.57	30.70	20.31	47.14	11.79	41.97	7.61	28.99	24.96	16.33	5.56
片岩类	8	60.49	33.74	61.66	75.61	33.30	10.58	686.13	129.88	117.38	99.14	435.63	1.28	4.73	25.49	252.00	11.45	0.06	4211.75	28.49
标准离差		91.71	20.76	30.55	77.67	28.83	10.95	464.29	134.00	91.63	59.02	396.97	0.70	5.26	36.40	264.65	8.17	0.033	4122.06	11.80
变化系数(%)		151.62	61.55	49.55	102.72	86.56	103.55	67.67	103.18	78.06	59.54	91.13	54.62	110.02	142.81	105.02	71.34	53.87	97.87	41.42
变粒岩类	2	35.95	25.55	61.95	63.13	27.58	10.65	524.00	462.30	110.25	101.75	937.25	3.35	—	17.90	115.50	13.15	0.054	2656.00	24.30
标准离差		29.30	4.15	15.73	30.54	22.31	6.57	308.87	350.32	42.88	33.21	485.12	5.11	—	5.55	80.27	4.60	0.025	1585.26	5.56
变化系数(%)		81.50	16.25	25.39	48.38	4.48	61.69	58.94	75.79	38.89	32.64	51.76	152.61	—	31.01	69.50	34.98	47.35	59.69	22.87
大理岩类	2	105.70	25.60	72.20	54.30	66.20	27.35	335.00	478.00	44.00	72.90	1082.50	1.25	13.40	7.55	83.50	2.00	0.21	5401.50	17.65
标准离差		145.10	7.35	35.07	34.65	43.56	24.68	426.38	284.26	5.66	8.34	1259.40	1.49	0	0.07	41.72	1.27	0.03	7498.86	13.22
变化系数(%)		137.27	28.73	48.58	63.81	65.80	90.23	138.03	59.47	12.86	11.45	116.34	119.53	0	0.94	49.96	63.64	13.88	138.83	74.92
硅质岩类	2	6.80	21.35	30.00	41.30	8.50	6.55	653.00	112.00	61.50	58.65	269.00	1.65	0.95	8.50	16.33	8.95	0.098	2553.00	17.50
标准离差		0.71	7.99	32.53	42.99	7.92	8.70	48.08	89.10	54.45	33.73	336.58	1.63	0.64	7.92	14.68	7.28	0.099	2638.90	10.89
变化系数(%)		10.40	37.43	108.42	104.10	93.17	132.79	7.36	79.55	88.53	57.50	125.12	98.57	66.99	93.17	89.87	81.38	101.02	103.37	62.23
泰勒值(1964)		55.00	12.50	70.00	100.00	75.00	25.00	425.00	375.00	90.00	135.00	950.00	0.43	2.00	20.00	165.00	9.00	70.00	5700.00	33.00

表 2-6　小庙(岩)组(Chx)硅质岩稀土含量及参数特征表　(单位:10^{-6})

<table>
<tr><td>岩性</td><td>La</td><td>Ce</td><td>Pr</td><td>Nd</td><td>Sm</td><td>Eu</td><td>Tb</td><td>Dy</td><td>Ho</td><td>Er</td><td>Tm</td><td>Gd</td><td>Yb</td><td>Lu</td><td>Y</td></tr>
<tr><td rowspan="4">灰色条带状硅质岩</td><td>3.51</td><td>4.17</td><td>0.94</td><td>2.79</td><td>0.44</td><td>0.08</td><td>0.07</td><td>0.42</td><td>0.09</td><td>0.29</td><td>0.05</td><td>0.39</td><td>0.33</td><td>0.05</td><td>3.01</td></tr>
<tr><td colspan="15">稀土元素参数特征值</td></tr>
<tr><td colspan="2">∑REE</td><td colspan="2">LREE</td><td colspan="2">HREE</td><td colspan="2">LREE/HREE</td><td colspan="2">$(La/Yb)_N$</td><td colspan="2">δ(Ce)</td><td colspan="3">δ(Eu)</td></tr>
<tr><td colspan="2">21.33</td><td colspan="2">11.93</td><td colspan="2">4.7</td><td colspan="2">2.54</td><td colspan="2">1</td><td colspan="2">0.96</td><td colspan="3">0.88</td></tr>
<tr><td>标准化值</td><td>0.11</td><td>0.06</td><td>0.12</td><td>0.09</td><td>0.08</td><td>0.07</td><td>0.12</td><td>0.07</td><td>0.09</td><td>0.09</td><td>0.1</td><td>0.08</td><td>0.11</td><td>0.11</td><td>0.11</td></tr>
</table>

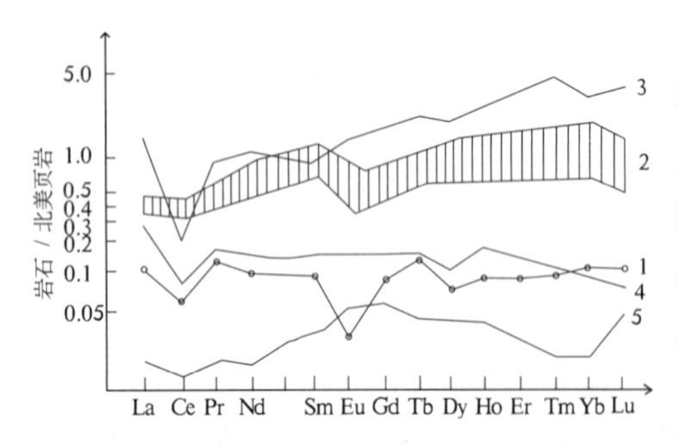

图 2-5　小庙(岩)组中硅质岩与北美页岩标位化后稀土配分形式图

1. 本区硅质岩;2. 洋壳型深海硅质岩(曾允孚,1993);3. 北大西洋深源海水(Fleot,1984);4. 抱球虫属的外骨骼(Spirn,1995);5. 青海拉鸡山寒武纪硅质岩

经与北美页岩标准化后的稀土元素配分形式(图 2-5)对比,其曲线呈微右倾斜的平滑形式。Pr、Th 显弱正异常,Eu 呈负异常,Ce 呈弱负异常。经对比其分布形式与洋壳型深海硅质岩、深海抱球虫属的外骨骼的形式基本相似;与青海省拉鸡山寒武纪硅质岩相比较,该组硅质岩稀土总量均比其高,其形式相似之处较多。

据 Murray(1993)对硅质岩的研究指出:洋中脊环境产物稀土 Ce 表现为负异常,δ(Ce)平均值为 0.3;大洋盆地环境中 Ce 负异常明显,δ(Ce)值为 0.55;而大陆边缘环境 Ce 一般为弱负异常,δ(Ce)值在 0.79～1.54 之间。该组硅质岩 Ce 是弱负异常,δ(Ce)值为 0.96,则与后者相当,此特征显示大陆边缘型沉积特点。

五、区域对比及时代讨论

1986年庄庆兴等在“青海省东昆仑山前寒武系”一文中将原金水口群上岩组重新命名为“小庙群”，建群于都兰小庙地区。1997年《青海省岩石地层》沿用并降群为组，修定为小庙组，隶属金水口岩群，时代归属于中元古代长城纪。本文沿用之，小庙（岩）组中的石英质岩石具有区域稳定性，是前人在省内各区进行岩石地层对比的重要标志，本区（IP_{33}）剖面上部层位中见有厚度较大的石英岩，除黑云母中长片麻岩出露较多外，其他特征与都兰县诺木洪层型剖面基本相符；但小庙（岩）组一直无可靠的地质时代依据。本次工作我们在侵入于白沙河（岩）组的新元古代变质侵入体中采取了铀-铅（U－Pb）同位素样，其测年值为831±51Ma，故将其时代定为中元古代长城纪。

第三节 中元古代蓟县纪地层

一、地质概况

中元古界蓟县系冰沟群狼牙山组（J*xl*）在区内分布较多，呈北西-南东向分布于阿达滩南侧地带和卡尔塔阿拉南山一带，区内出露面积约为164km^2。与区内丘吉东沟组（Qb*qj*）、鄂拉山组（T_3e）呈断层接触，部分地段被第四纪地层覆盖，剖面中未见底。

二、岩石组合及岩性特征

该套地层岩石类型十分复杂，岩石组合基本以中浅变质的镁质碳酸盐岩、硅酸盐岩、碎屑岩为主夹部分细碎屑岩、糜棱质岩石、片岩、石英岩。主要岩性描述见表2－7。

表2－7 蓟县系狼牙山组（J*xl*）岩石特征一览表

岩石名称	结构	构造	粒径大小	岩性描述
灰白色条带状含钙质白云石大理岩	细粒状变晶结构	略具平行构造条带状构造	粒径在0.07～0.16mm	岩石由白云石93%（粒状变晶）、方解石7%（粒状复晶及少量碳质质点状）组成。上述矿物在岩石中均匀分布，略具定向排列，使岩石具条带（条纹）构造
淡绿色细粒蛇纹石化橄榄石大理岩	细粒状变晶结构	块状构造	粒径在0.082～0.312mm	岩石由方解石76%（粒状变晶）、橄榄石24%（粒状变晶）组成。方解石、橄榄石（全蛇纹石化，无残留，呈假象）均匀分布在岩石中
灰色条带状细一微粒透辉石大理岩	细一微粒状变晶结构	略具平行构造条带状构造	粒径在0.04～0.25mm	岩石由方解石79%（粒状变晶）、透辉石20%（粒状变晶，呈微粒状集合体）、不透明矿物1%组成。方解石略具定向排列
浅灰白色亮晶砂屑白云岩	砂屑结构	块状构造基底式胶结	砂屑粒径0.14～1.85mm，微晶白云岩粒径0.011～0.006mm	岩石由白云岩97%和方解石3%组成。其中砂屑为55%（呈不规则均匀分布，局部略具走向排列），亮晶胶结物为45%。在砂屑（微晶白云岩）孔隙中充填了亮晶白云石及少量方解石，岩石呈基底式胶结
灰色条带状细一粉晶钙质白云岩	细一粉晶结构	条带状构造	细粒粒径0.008～0.023mm，粗粒粒径0.041～0.156mm	岩石由白云石75%和方解石25%组成。岩石中略粗粒级矿物和细一粉粒级矿物各自相对集中呈条带分布

续表 2-7

岩石名称	结构	构造	粒径大小	岩性描述
浅灰白色白云质粉晶灰岩	粉晶结构	条带状构造	方解石粒径 0.012～0.048mm，白云石粒径 0.09～0.47mm	岩石由方解石 82%(粉晶状，彼此紧密接触，多呈弯曲镶嵌状，均匀分布)、白云石 18%(呈它形粒状)组成。白云石相对集中呈条带状分布在方解石之中
灰白色亮晶生物碎屑灰岩	生物碎屑结构	块状构造孔隙式胶结、基底式胶结	粒径在 0.37mm 左右，生物碎片 12.44mm × 2.22mm × 0.74mm	岩石全部由方解石 100%组成。其中生物碎屑 68%(主要为有孔虫类和双壳类化石碎片及长条状纤柱状生物碎片)亮晶胶结物 32%
灰黑色碎裂含碳质硅质岩	隐晶结构、碎裂结构	无定向构造	石英粒径在 0.006mm 左右	岩石由石英 94%(隐晶状)、碳质 5%(呈支点状均匀分布，使岩石呈灰黑色)、不透明矿物 1%(微粒状，分布不均匀)组成。岩石破碎成不同方向的裂隙发育，其间充填了次生石英脉及少量绿泥石，岩石后期重结晶明显
灰褐色钙质粘土质板岩	显微鳞片粒状变晶结构、隐晶结构	板状构造	主要矿物粒径在 0.047～0.008mm，粉砂碎屑在 0.024mm 左右	岩石由粘土矿物 40%(隐晶状)、方解石 35%(微粒状变晶)、绢云母 25%(显微鳞片状变晶)及微量粉砂碎屑组成
深灰色千枚岩	显微鳞片粒状变晶结构	千枚状构造	粒径在 0.046～0.008mm	岩石由石英 44%(呈条带状)、长石 30%(粒长压扁状)、绿泥石 16%(微粒状、尘状碳质)、碳质 5%(粉末状)、绢云母 5%(显微鳞片状变晶)等组成。岩石中石英、长石分布均匀，其他分布较集中，具明显定向排列
灰绿色阳起绿帘石片岩	显微纤维状粒状变晶结构	片状构造	粒径在 0.036～0.012mm	岩石由绿帘石 60%(显微粒状、具条带)、阳起石 32%(纤维状、具条带)、方解石 8%(隐晶状)等组成。各矿物相对集中，呈层状分布，形成岩石的片状构造
浅灰白色片理化蚀变细粒斜长石英岩	细粒状变晶结构	平行定向构造	粒径在 0.59～0.08mm	岩石由石英 75%和斜长石 25%组成。石英为粒状变晶，具明显定向排列，长轴方向与岩石构造方向一致。斜长石呈粒状变晶，在岩石中均匀分布，具拉长、压扁状，全为绿泥石化、绢云母化，仅为保留假象
浅灰色糜棱岩	碎斑结构、糜棱结构	平行定向构造	斑晶粒径在 2.22～0.37mm，钾长石粒径达 5.18mm，碎基粒径为 0.09～0.03mm	岩石由碎斑 38%(钾长石 30%、石英 8%)、碎基 62%[绢云母 40%(鳞片变晶、大多变为白云)、长英质 18%(显微粒状变晶)、绿泥石 4%]等组成。岩石中碎斑为眼球状、透镜状

三、剖面描述

1. 新疆若羌县铁木里克乡水泉子沟蓟县系狼牙山组(Jx*l*)实测剖面(IP_{17})

起点坐标：东经 90°09′13″，北纬 37°33′17″；终点坐标：东经 90°12′38″，北纬 37°30′32″。控制厚度大于 2869.68m，见图 2-6。

剖面层序未见顶底，构造置换后的面理与部分残存的原始层面理基本保持一致，层与层之间多为整合接触，局部为断层接触。地层产状表明水泉子沟一带的狼牙山组(Jx*l*)为一套以碳酸盐岩为主夹硅质岩及少量碎屑岩的整体向北东倾斜的条带状地层体。

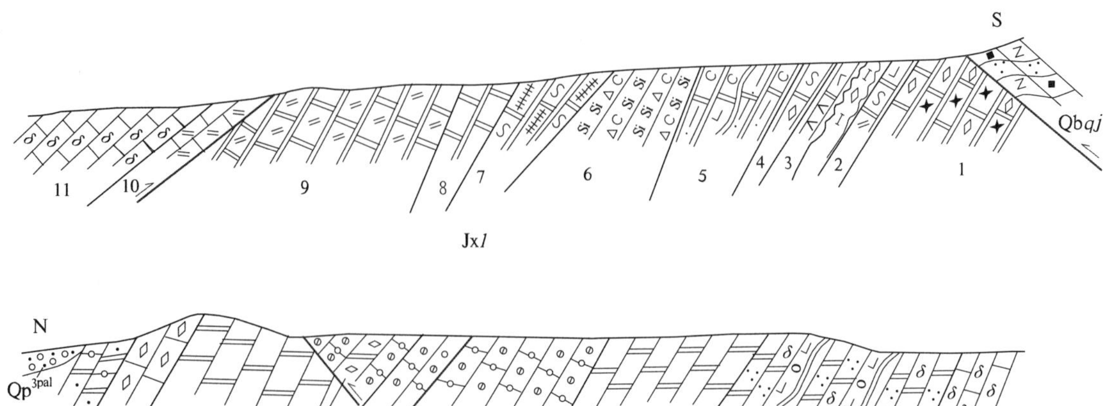

图 2-6　新疆若羌县铁木里克乡水泉子沟蓟县系狼牙山组(Jxl)实测剖面(IP_{17})

18. 浅灰白色厚层状亮晶砂屑白云岩(未见顶)	121.81m
17. 灰色中层状结晶灰岩	158.81m
16. 灰白色厚层状微晶白云岩	265.30m
═══════ 断　层 ═══════	
15. 灰白色厚层状亮晶生物碎屑灰岩夹灰黑色细—粉晶白云岩	146.77m
14. 灰白色厚层状亮晶生物碎屑灰岩	300.28m
13. 灰色巨厚层状粉晶白云岩	115.81m
12. 灰白色中—厚层状含砂屑粉晶白云岩夹少量深灰色微粒状含碳质钙质板岩	375.50m
11. 灰白色条带状细—粉晶灰岩	285.90m
10. 灰白色白云质粉晶灰岩	74.37m
═══════ 断　层 ═══════	
9. 灰白色厚层细粒白云质大理岩	359.59m
8. 灰黑色片理化微粒状大理岩	87.35m
7. 灰白色条带条纹状大理岩	238.48m
6. 灰黑色碎裂含碳质硅质岩	240.59m
5. 灰黑色糜棱岩化含碳质大理岩夹深灰色微粒状含碳质钙质灰岩	156.73m
4. 灰白色细粒条带状含钙质白云石大理岩夹灰色条带状细—微晶透辉石大理岩	48.52m
3. 乳白色厚层状细粒蛇纹石化橄榄石大理岩	35.13m
2. 灰白色细粒条带状含钙质白云石大理岩	30.45m
1. 灰白色含透闪石白云石大理岩(未见底)	93.59m

2. 新疆若羌县铁木里克乡巴音格勒呼都森蓟县系狼牙山组(Jxl)实测剖面(IP_{22})

起点坐标:东经 91°13′36″,北纬 37°6′11″;终点坐标:东经 91°20′58″,北纬 37°50′54″。控制厚度大于 2708.72m,见图 2-7。

剖面层序未见顶底,变质、变形强烈,层与层之间多为平行接触或断层接触。现存构造面理表明巴音格勒呼都森一带的狼牙山组(Jxl)为一套以碳酸盐岩及碎屑岩为主夹部分正变质岩的整体向北东(部分向南西)倾斜的中浅变质条带状地层体。

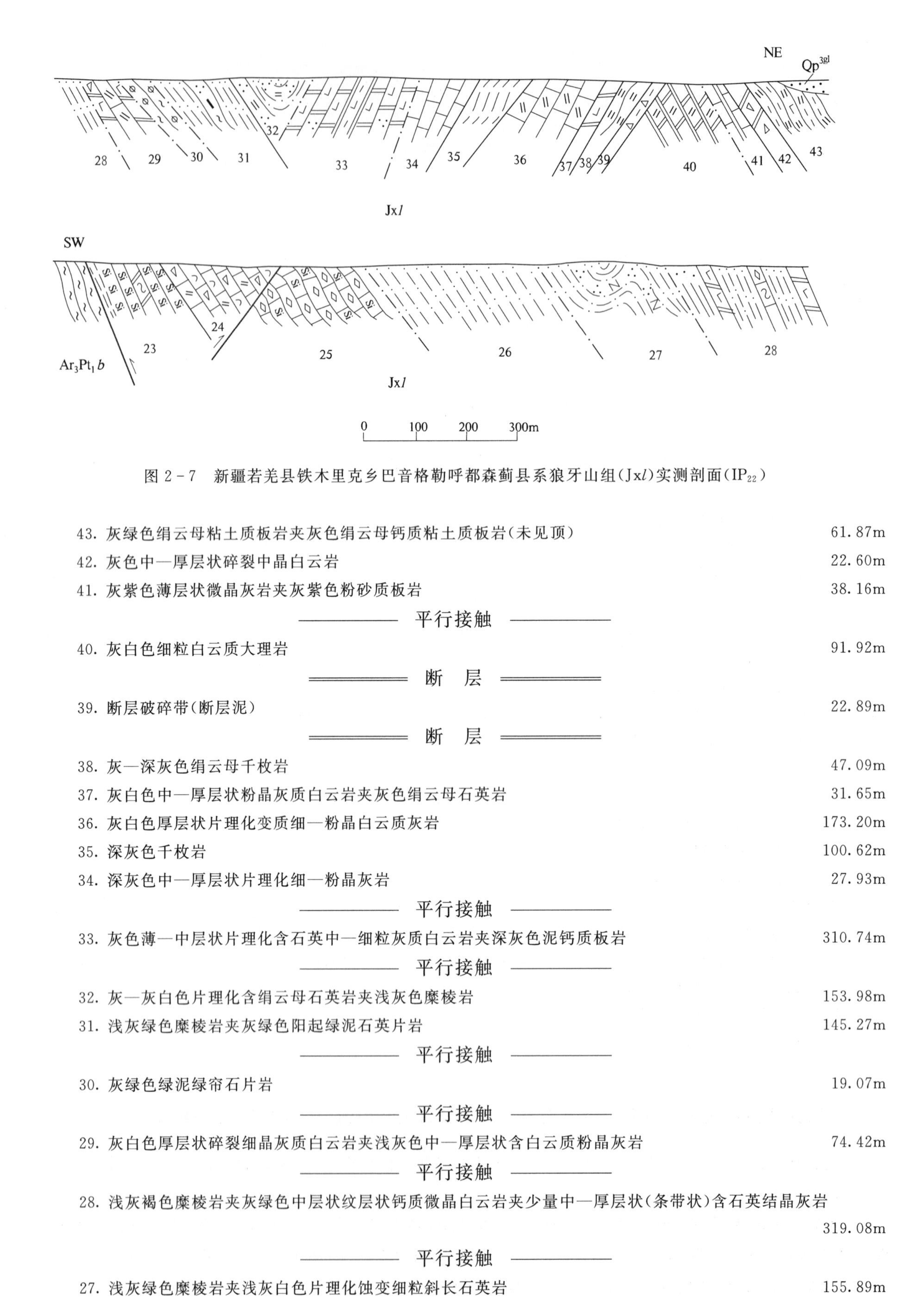

图 2－7　新疆若羌县铁木里克乡巴音格勒呼都森蓟县系狼牙山组(Jxl)实测剖面(IP_{22})

43. 灰绿色绢云母粘土质板岩夹灰色绢云母钙质粘土质板岩(未见顶)　61.87m

42. 灰色中—厚层状碎裂中晶白云岩　22.60m

41. 灰紫色薄层状微晶灰岩夹灰紫色粉砂质板岩　38.16m

——————　平行接触　——————

40. 灰白色细粒白云质大理岩　91.92m

══════　断　层　══════

39. 断层破碎带(断层泥)　22.89m

══════　断　层　══════

38. 灰—深灰色绢云母千枚岩　47.09m

37. 灰白色中—厚层状粉晶灰质白云岩夹灰色绢云母石英岩　31.65m

36. 灰白色厚层状片理化变质细—粉晶白云质灰岩　173.20m

35. 深灰色千枚岩　100.62m

34. 深灰色中—厚层状片理化细—粉晶灰岩　27.93m

——————　平行接触　——————

33. 灰色薄—中层状片理化含石英中—细粒灰质白云岩夹深灰色泥钙质板岩　310.74m

——————　平行接触　——————

32. 灰—灰白色片理化含绢云母石英岩夹浅灰色糜棱岩　153.98m

31. 浅灰绿色糜棱岩夹灰绿色阳起绿泥石英片岩　145.27m

——————　平行接触　——————

30. 灰绿色绿泥绿帘石片岩　19.07m

——————　平行接触　——————

29. 灰白色厚层状碎裂细晶灰质白云岩夹浅灰色中—厚层状含白云质粉晶灰岩　74.42m

——————　平行接触　——————

28. 浅灰褐色糜棱岩夹灰绿色中层状纹层状钙质微晶白云岩夹少量中—厚层状(条带状)含石英结晶灰岩　319.08m

——————　平行接触　——————

27. 浅灰绿色糜棱岩夹浅灰白色片理化蚀变细粒斜长石英岩　155.89m

26. 浅灰褐色糜棱岩　369.30m

——————　平行接触　——————

25. 深灰色片理化含硅质结晶灰岩　158.90m

══════　断　层　══════

24. 浅灰色中—厚层状变质碎裂滑石白云质灰岩　225.70m

23. 灰色中—厚层状微粒状硅质岩夹灰色条带状白云质灰岩　158.44m

══════　断　层　══════

下伏：古元古界金水口（岩）群白沙河（岩）组（Ar_3Pt_1b）

四、微量元素特征

由表 2-8 中可知，不同岩类的微量元素平均值与泰勒的地壳丰度值相对比，大理岩中除 Pb、Mn、Au 不同程度地高出泰勒值外，其他元素均较低或偏低于泰勒值。白云岩中 Pb 高出此值，灰岩中 Pb、Sr、Mn、Au 高出此值；片岩中 Pb、Zn、Ba、Rb、Th、Au 高出此值；板岩中 Pb、Ba、Mn、Au 高出此值，其中 Ba 高出 3 倍，Au 高出 6 倍，Mn 高出 2 倍多；其他元素在各岩类中较低或远低于泰勒值。少数高值元素反映了它们局部集中分布，大量低值元素说明它们均呈分散状态存在。

表 2-8　蓟县系狼牙山组（Jx*l*）岩石微量元素特征表　（单位：10^{-6}）

岩类	样品数	Cu	Pb	Zn	Cr	Ni	Co	Ba	Sr	Rb	V	Ta	Mn	Nb	Th	Zr	La	Au	Ti	Y
大理岩类	11	9.03	17.27	39.31	6.05	10.18	4.88	295.47	123.50	7.37	9.82	0.50	595.93	2.34	1.51	21.33	14.47	0.81	152.42	7.50
标准离差		8.20	4.14	29.41	2.24	4.20	2.73	402.98	61.99	9.65	7.04	0	577.90	0.54	0.80	1.16	4.34	0.16	95.58	5.28
变化系数（%）		90.91	23.99	74.83	37.12	41.21	55.92	136.39	50.19	130.92	71.72	0	96.97	23.08	52.72	54.13	29.97	19.21	62.71	70.36
白云岩类	11	4.70	19.38	10.43	5.36	12.19	5.24	40.25	67.67	3.00	8.93	0.50	283.84	3.27	1.31	14.50	12.51	0.85	138.84	3.00
标准离差		2.12	6.61	1.31	0.51	0.26	0.76	25.10	8.01	0	2.16	0	300.05	1.79	0.44	12.73	0.91	0.71	51.85	0.85
变化系数（%）		45.13	34.12	12.55	9.50	2.15	14.45	62.37	11.84	0	24.16	0	105.71	54.79	33.47	87.78	7.24	83.53	37.35	28.28
灰岩类	5	7.83	21.83	52.95	9.13	12.43	8.18	110.25	455.63	3.25	30.23	0.50	554.25	3.13	1.23	15.25	17.53	1.71	152.42	8.38
标准离差		3.74	8.20	79.23	3.60	6.23	6.70	123.04	197.46	0.35	34.86	0	804.84	1.52	0.45	6.72	7.98	1.12	95.58	6.62
变化系数（%）		47.84	37.95	149.64	39.47	50.14	81.98	111.60	43.34	10.88	115.30	0	145.21	48.65	36.74	44.05	45.52	65.34	62.71	79.02
片岩类	5	37.20	37.30	77.17	55.43	22.03	14.07	642.50	122.06	172.06	81.03	1.04	711.06	7.37	10.70	130.17	29.32	0.79	4751.20	31.37
标准离差		60.99	26.26	56.33	60.06	21.39	14.01	847.85	125.16	142.45	98.12	0.62	572.11	6.62	8.64	51.64	11.72	0.56	5652.90	12.86
变化系数（%）		163.95	70.39	73.00	108.34	97.08	99.57	131.96	97.52	82.97	121.09	59.22	80.46	89.82	80.72	39.67	39.97	70.21	118.60	40.90
板岩类	2	28.00	22.20	37.50	77.15	31.60	10.10	1320.50	63.50	75.50	87.25	0.50	699.00	4.85	5.65	61.00	18.20	2.80	1938.00	18.00
标准离差		31.11	5.23	9.62	81.11	19.80	3.39	383.96	65.76	57.28	43.77	0	663.27	3.18	3.61	45.26	10.75	2.97	134.50	7.35
变化系数（%）		111.12	23.57	25.64	105.13	62.66	33.61	29.08	103.56	75.86	47.63	0	94.89	65.61	63.83	74.19	59.06	106.07	69.32	40.86
粉砂岩	1	32.70	22.90	75.40	73.90	59.30	27.10	1740.00	208.00	77.00	103.90	0.50	1321.00	8.10	55.00	1.00	22.00	1.30	5223.00	17.30
泰勒值（1964）		55.00	12.50	70.00	100.00	75.00	25.00	425.00	375.00	90.00	135.00	2.00	950.00	20.00	9.00	165.00	30.00	0.43	5700.00	33.00

五、沉积环境综述

通过对剖面(IP_{17})的分析整理，根据岩石组合、微量元素特征、剖面中层系变化及其相互叠覆形式等，将狼牙山组碳酸盐岩分解为不同的体系域，按环境分为3个沉积相，结构上划为4个副层序，并确立了低水位域、海侵体系域和高水位体系域。

1. 台地前缘斜坡相

上部16～18层主要由含钙质微晶白云岩、亮晶砂屑白云岩、结晶灰岩堆积而成，碳酸盐岩中混入较多泥质、砂质、碳质充填其洞穴，并且注入岩脉裂缝，平行构造及条带状构造较发育。地层层序为加积-进积副层序，属碳酸盐岩台地前缘斜坡潮下高能环境。

2. 陆棚相

中部10～15层主要由粉晶灰岩、白云质粉晶灰岩、砂屑粉晶白云岩堆积而成。剖面中沉积厚度一般较大，向上增厚。岩石常呈灰色、灰白色和灰黑色相互交替的现象。局部出现厚度较大的硅质岩，又见有较多的蒸发岩(白云岩)。陆源混入物则主要为石英质粉砂、碳质等，属潮下较深水-陆棚低能环境。

3. 盆地边缘相

下部1～9层主要由白云质或白云石大理岩、含透辉石大理岩、结晶灰岩、亮晶生物碎屑灰岩、白云岩堆积而成。剖面中厚度一般较大，有向上增厚之趋势。岩石粒度有向上变细之趋势。陆源混入物较少，砂屑成分主要由亮晶或粉晶白云石组成，薄片中见有较多生物碎屑，主要为有孔虫、双壳类等，前者可能为正常海相生物，后者可能来自斜坡边缘含生物化石大理石碎片。岩层中发育条带状构造，一般不显层理，局部见纹层理，向上变细的正粒序发育。地层层序为加积-进积副层序，属潮下较深水-陆棚低能环境。

根据我们采集化石时发现的一种栉壳构造(crastal structure)，它的形成是一种较干旱气候环境的标志，是在碳酸盐岩台地抬升过程中经过地下水的渗透形成的。根据地层格架、结构、岩相层序等可大致反映出测区狼牙山组(J*xl*)碳酸盐岩建造的发育历史：蓟县纪早期到后期海水从西北方向侵入柴达木盆地，沉积了一套较稳定的台地碳酸盐岩建造。早期表现为中等规模的海侵，形成了一个碳酸盐岩缓坡；中期是海侵作用的强盛时期，逐渐由缓坡发育成碳酸盐岩盆地(陆棚)；后期褶皱回返发生海退，盆地边缘又被碳酸盐岩充填，便形成了台地边缘斜坡。

六、区域对比及时代讨论

青海省区测队(1971)将出露于都兰县冰沟地区金水口(岩)群之上的以碳酸盐岩为主夹碎屑岩的变质地层创名为“冰沟组”，代表上震旦统。青海省地研所、青海省第一地质队(1975)创名狼牙山组，暂时对应震旦系全吉群的砂页岩组和白云岩组。庄庆兴等(1978)将冰沟组改称“冰沟群”，时代归属蓟县纪。将狼牙山组改称“狼牙山群”，并划分石英岩、灰岩夹板岩组和碳酸盐岩组，归属震旦系。青海地层表编写小组(1980)将代表祁漫塔格地区的震旦系—青白口系划分为上岩组以碳酸盐岩为主，富含叠层石；中岩组以碎屑岩为主夹碳酸盐岩；下岩组以碳酸盐岩为主夹碎屑岩，产叠层石。庄庆兴、孙广智等(1980—1982)在研究东昆仑山野马泉—白沙河地区前震旦系剖面时，将狼牙山群与冰沟群对比，将其一分为二建立了“岩性库组”和“巴音郭勒组”。庄庆兴等(1986)重新测制都兰地区冰沟剖面时，查明了原冰沟群第二和第三岩组间的平行不整合关系，将平行不整合面以上的以碎屑岩为主的第三岩组重新命名为丘吉东沟组，将平行不整合面以下的第一、第二岩组称“冰沟群”，二者均归属中元古界。《青海省岩石地层》(1997)将“狼牙山群”降群为组，故将冰沟群第一、第二岩组归并于狼牙山组中，并将狼牙山组与丘吉东沟组合并称冰沟群，本文沿用狼牙山组。经对比，本区出露的该套地层与都兰县冰沟层型剖面特征基本相吻合。对该套地层我们在测制剖面时采取了部分叠层石化石，鉴定者认为其不是化石，是较干旱气候条件下形成的一种栉壳构造(crusral strucrure)。目前依据前人在邻区与之类似的地层中所获微古植物和叠层石化石，微古植物有：*Trematosphaeridium minutum*，*T.* sp.，*Quadratimorpha* sp.，*Lophosphaeridium* sp.，*Laminarites* sp.，*Ligunm*，*T* sp. *Taemiatuma* sp. 等；叠层石 *Anabaria* cf. *divergens*，*Boxoniade-tata*，*Chihsienella* cf. *nodosaria*，*Conicodomenia* cf.，*Jurusania* cf.，*Tungussia* cf. 等均属蓟县系的常见分子，故狼牙山组的地质时代为中元古代蓟县纪。

第四节　晚元古代青白口纪地层

一、地质概况

晚元古代青白口纪冰沟群丘吉东沟组(Qn*qj*)在区内分布不多，呈北西-南东向分布于卡尔塔阿拉南山及巴音格勒呼都森南岸一带，区内出露面积为 32km²。与古元古代白沙河(岩)组(Ar_3Pt_1b)、狼牙山组(Jx*l*)、鄂拉山组(T_3e)为断层接触。剖面中未见顶底，均与狼牙山组呈断层接触。该套地层普遍经受了中浅层次的区域及动力变质作用的改造，部分层位原始层理已被完全置换，但大多层位仍保留原始层理面貌，整体属千枚岩相-低绿片岩相产物。由于大面积花岗岩体的吞蚀，因受叠加的热变质作用影响，岩石普遍具硅化、角岩化特征，出现堇青石、透辉石、透闪石等热变质矿物，岩石中节理劈理、膝折构造等较发育，塑性流变特征较明显。部分层位及断裂带中出现糜棱质岩石，其中发育条带、眼球、旋转碎斑、剪切褶皱等构造形迹。

二、岩石组合及岩性特征

丘吉东沟组为一套浅变质的以碎屑岩为主的地层，整体出露延伸极不稳定。该套地层岩石类型较复杂，岩石组合为基本以砂岩、粉砂岩、板岩、千枚岩、角岩为主夹粉砂岩、糜棱岩。主要岩性描述见表 2-9。

表 2-9　青白口系丘吉东沟组(Qb*qj*)岩石特征一览表

岩石名称	结构	构造	粒径大小	岩性描述
灰褐色角岩化细粒岩屑杂砂岩	变余细砾砂状结构	块状结构、孔隙式胶结	粒径一般在 0.25～0.08mm，个别为 0.51mm 左右	岩石由变余碎屑 78%[石英 22%(单晶—变晶状)、长石 6%(斜长石和钾长石)、岩屑 50%(主要为酸性火山岩、少量板岩、千枚岩，少量不透明矿物，微量磷灰石和填隙物和杂基粘土矿物 22%(隐晶状、部分变为显晶鳞片状黑云母及微粒状石英)组成
深灰色片理化角岩化中—细粒长石岩屑砂岩	变余中—细粒砂状结构	片状构造	粒径一般在 0.15～0.52mm，个别达 0.74mm	岩石由变余碎屑 83%[石英 37%(以单晶为主)、长石 17%(斜长石、钾长石)、岩屑 29%(主要为酸性火山岩、次为变质岩、少量不透明矿物和变余填隙物]和粘土矿物 14%(隐晶状、大多变为显晶鳞片状绢云母和绿泥石)及胶结物碳酸盐 3%(晶粒状)组成。矿物具明显定向排列
深灰色角岩化粘土质粉砂岩	变余粉砂状构造	略具层状构造	粒径在 0.012～0.061mm	岩石由变余粉砂碎屑 60%(主要为石英、少量长石、不透明矿物、白云母、电气石、磷灰石等)和变余胶结物 40%(粘土矿物、鳞片状绢云母 28%、雏晶状黑云母 12%)组成

续表 2-9

岩石名称	结构	构造	粒径大小	岩性描述
灰黑色千枚状粉砂质板岩	显微粒状鳞片变晶结构	千枚状构造、纹层状构造	粉砂碎屑 0.024～0.056mm，绢云母 0.016mm 左右	岩石由绢云母 48%(显晶鳞片状变晶)、粉砂碎屑 32%(主要为石英，少量长石及不透明矿物)、粘土矿物(隐晶状，已变成雏晶状黑云母)、碳质 3%(呈交点状)组成
灰黑色角岩化绢云母千枚岩	显微粒状鳞片变晶结构	千枚状构造	粒径一般在 0.008～0.024mm	岩石由绢云母 57%(显晶鳞片变晶)、长英质 38%(石英大于长石，呈微粒状变晶)、碳质 2%(呈交点状)、黑云母 3%(鳞片状雏晶)组成
灰黑色堇青石黑云母角岩	显微鳞片粒状变晶结构	斑点状构造、变余层状构造	粒径在 0.028mm 左右，堇青石 0.54～2.59mm	岩石由变余粉砂碎屑 35%(主要为长英质，少量不透明矿物)、黑云母 45%(显微鳞片状变晶或雏晶状)、堇青石 20%(卵圆状斑点集合体)组成
深灰色条带状长英质板岩夹浅灰色变质岩屑砂岩	显微鳞片粒状变晶结构	条带状构造、板状构造	板岩粒径在 0.0～0.024mm	板岩与砂岩相间组成，深灰色条带和浅灰色条带。深灰色条带(宽 1.11～2.96mm)由长英质 85%(微粒状)、绿泥石和鳞片状绢云母 15% 组成。浅灰色条带(宽 0.15～0.74mm)由石英和长石 42%、板岩岩屑 40%、方解石 10%、绿帘石 5%、透辉石 3%组成

三、剖面描述

新疆若羌县铁木里克乡四干旦沟青白口系冰沟群丘吉东沟组(Qb*qj*)实测剖面(IP_{11})

起点坐标：东经 90°11′30″，北纬 37°29′07″；终点坐标：东经 90°08′44″，北纬 37°35′50″。控制厚度大于 2374.70m，见图 2-8。

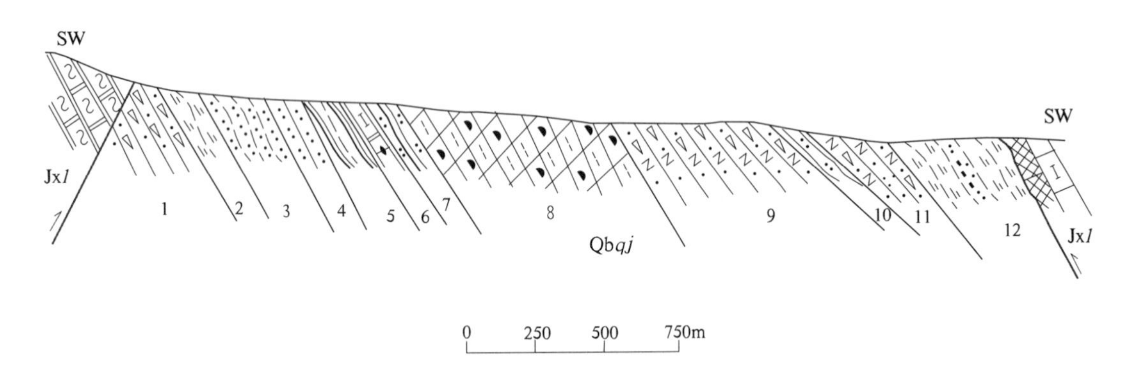

图 2-8　新疆若羌县铁木里克乡四干旦沟青白口系冰沟群丘吉东沟组(Qb*qj*)实测剖面(IP_{11})

剖面层序未见顶底，变质、变形较强，大多构造面理与部分残存的原始层理基本保持一致，层与层之间多为整合接触。现存构造面理表明四干旦沟一带的丘吉东沟组(Qb*qj*)为一套整体向北东(部分向南西)倾斜的中浅变质条带状地层体。

12. 灰黑色绢云母板状千枚岩，局部夹角岩化粉砂岩(未见顶)　348.20m
11. 灰黑色中层状片理化、角岩化中—细粒长石岩屑砂岩夹深灰色长英质糜棱岩　196.78m
10. 灰黑色千枚状粉砂质板岩　38.47m
9. 灰黑色中层状角岩化细粒岩屑长石砂岩　392.02m
8. 灰黑色堇青石黑云母角岩　516.61m

7. 灰黑色角岩化千枚状粉砂质板岩　　107.82m
6. 灰白色厚层状透闪透辉石大理岩　　76.30m
5. 深灰色硅化千枚状板岩　　121.50m
4. 灰黑色中层状角岩化硅化粉砂岩　　118.94m
3. 深灰色硅化千枚状变质粉砂岩　　246.84m
2. 灰黑色硅化、角岩化绢云母斑状千枚岩　　90.59m
1. 灰色中—薄层状角岩化细粒岩屑杂砂岩(未见底)　　120.63m

═══════ 断　层 ═══════

下伏:狼牙山组(Jx*l*)浅灰—灰白色条带状大理岩

四、微量元素特征

由表 2-10 中可知,不同岩类的微量元素平均值与泰勒的地壳丰度值相对比,砂岩中除 Cs、Ba、Cr、Ni、Zr、Hf 不同程度地高出泰勒值外,其他元素均较低或偏低于泰勒值。粉砂岩中 Rb、Cs、Ba、Cr、V、Ni、Th、Nb、Zr、Hf、Ta 高出此值,其中 Cr 高出 3.2 倍,Ba 高出 2.4 倍;板岩中 Rb、Cs、Ba、Cr、V、Ni、Th、Nb、Zr、Hf、Ta 高出此值,其中 Ba 高出 3.4 倍,Cr 高出 3.8 倍;角岩中 Rb、Cs、Ba、Cr、V、Th、Nb、Hf、Ta 高出此值,其中 Cs 高出 3.5 倍,Ba 高出 2.3 倍;千枚岩中 Rb、Cs、Ba、Cr、V、Th、Nb、Hf、Ta 高出此值,其中 Cs 高出 3.7 倍;其他元素在各岩类中较低或偏低于泰勒值。部分高值元素反映了它们局部呈集中分布,大量低值元素表明它们均呈分散状态出现。

表 2-10　青白口系丘吉东沟组(Qb*qj*)岩石微量元素特征表　　(单位:10^{-6})

岩类	样品数	Rb	Cs	Sr	Ba	Cr	Ti	V	Mn	Ni	Co	Th	U	Sc	Nb	Y	Zr	Hf	Ta
砂岩类	3	60.97	8.77	193.00	1453.00	145.67	5327.00	120.03	811.67	76.07	21.93	5.80	2.67	13.73	12.47	23.50	184.00	4.13	0.81
标准离差		37.65	2.30	93.05	1761.30	11.50	2572.50	47.08	765.64	26.90	11.99	4.36	1.22	7.03	2.37	6.40	19.08	0.45	0.29
变化系数(%)		61.76	26.24	48.21	121.22	7.90	48.29	39.22	94.33	35.37	54.69	75.09	45.83	51.20	19.01	27.24	10.37	10.91	35.04
粉砂岩类	2	138.00	9.60	95.15	1008.00	137.00	5682.00	166.50	509.00	95.80	22.65	13.25	5.15	16.95	25.40	26.35	184.00	4.15	2.20
标准离差		16.97	0.42	37.97	316.78	22.63	203.65	2.12	124.45	3.68	3.18	0.07	0.21	0.07	0.28	1.20	24.04	0.64	0.14
变化系数(%)		12.30	4.42	39.91	31.43	16.52	3.58	1.27	24.45	3.84	14.05	0.53	4.12	0.42	1.11	4.56	13.07	15.34	6.43
板岩类	3	150.67	11.40	130.17	1419.33	145.67	746.00	177.00	725.00	91.97	19.93	13.57	3.90	18.70	25.23	29.13	203.67	4.90	1.83
标准离差		20.31	1.38	50.33	433.64	1.16	127.17	18.03	123.65	11.08	1.93	2.15	0.30	1.04	3.32	3.15	18.50	0.56	0.25
变化系数(%)		13.48	12.06	38.66	30.55	0.79	17.05	10.19	17.06	12.04	9.68	15.85	7.69	5.58	13.16	10.82	9.09	11.36	13.73
角岩类	2	150.00	10.50	104.75	996.00	110.00	4559.00	293.00	460.50	62.20	16.85	10.65	6.90	14.95	24.40	25.90	142.00	3.45	2.20
标准离差		7.07	1.70	30.05	188.09	31.11	1643.30	268.70	31.82	53.46	8.42	3.61	2.69	2.90	0	1.41	55.15	0.78	0
变化系数(%)		4.71	16.16	28.69	18.89	28.28	36.05	91.97	6.91	85.94	49.94	33.86	38.94	19.39	0	5.46	38.84	22.55	0
千枚岩	1	126.00	11.10	72.20	576.00	122.00	5551.00	173.00	345.00	98.40	17.20	10.70	5.60	16.70	20.40	24.50	166.00	4.10	2.30
泰勒值(1964)		90.00	3.00	375.00	425.00	100.00	5700.00	135.00	950.00	75.00	25.00	9.00		22.00	20.00	33.00	165.00	3.00	2.00

五、沉积环境综述

通过剖面分析，根据上述岩石组合特征、微量元素比值变化等特征，该套沉积物由自下而上由粗变细的岩屑类、长石类砂岩和粉砂岩以及粉砂质板岩（千枚岩、大理岩）堆积而成，因陆源碎屑供给量充足，其沉积厚度一般较大，并且向上明显增厚。沉积物中砂岩碎屑磨圆差，分选差—较好，粉砂岩的磨圆、分选均较好，细粉级岩石一般是不等厚互层出现。层序较清楚，一般都显平行层理、平行纹层理。微观上粉砂岩、板岩普遍都具定向构造，砂岩具变余层状构造。地层层序表现为退积型沉积，从早到晚是一个海侵作用过程，属浅海-陆棚相沉积环境，为一套类复理石建造沉积。

由砂岩 Q－F－Rx 图（图 2－9）可看出：从早期到中后期由富岩屑贫长石向富石英方向演化，岩石的颗粒成熟度及结构成熟度也随之增高；中后期到晚期由富石英贫岩屑向富长石方向演化，岩石的颗粒成熟度及结构成熟度也随之降低。沉积物多形成于强烈构造隆起带附近的坳陷带中。

大量岩屑类砂岩的出现表明沉积物大部分来自陆源，由源区母岩剥蚀搬运堆积而成。同时也表明物源区气候较干旱，以物理风化为主，沉积物搬运具有路途短、坡降大、快速搬运、快速堆积的特点。构造环境极不稳定。

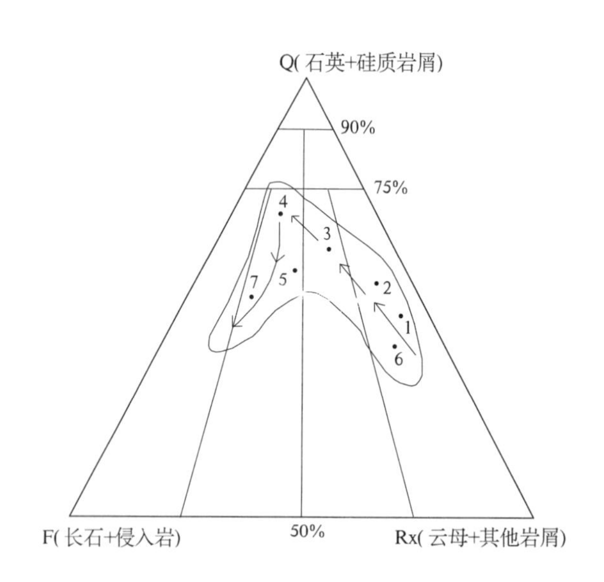

图 2－9　丘吉东沟组（Qb*qj*）砂岩 Q－F－Rx 图

1. IP_{11}Bb3－1；2. IP_{11}Bb6－1；3. IP_{11}Bb6－1；4. IP_{11}Bb4－1；
5. IP_{11}Bb13－1；6. I_{85}Bb3057－1；7. I_{85}Bb4064－1

六、区域对比及时代讨论

丘吉东沟组最先由庄庆兴等（1986）建群于都兰县丘吉东沟一带，首先见于庄庆兴等（1986）《青海省东昆仑山前寒武系》一文，指原冰沟组第三岩组，它是一套以碎屑岩为主的地层，厚约 1500m，其岩石组合可分 3 个岩组，即下岩组、中岩组、上岩组。3 个岩组为分别由砾岩（包括硅质岩、硅质板岩）、砂板岩、碳酸盐岩组成的层序，是本区前寒武系的最高层位。这一地方性年代地层单位，自建群后前人一直沿用。《青海省岩石地层》（1997）将丘吉东沟群降群为组。在本文中沿用丘吉东沟组，经对比，本区因受到后期热液变质，岩石除普遍具硅化、角岩化特征外，其他与都兰县丘吉东沟剖面特征基本相符。关于该套地层的时代，工作中尚未采到化石。目前依据前人在正层型剖面中所获的叠层石：*Spicaphyton qiuidoongguense* 及微古植物：*Trematosphaeridium* sp.，*Laminarites*，*Lignum* sp.，*Oscillatoriopsis* sp.，*Lignun* sp. 等及其 Rb－Sr 同位素等时线测年值 676±65Ma

等，此地层时代应属于新元古代青白口纪。

第五节　早古生代奥陶纪—志留纪地层

滩间山（岩）群（OST）：呈北西-南东向或近东西向主要分布于祁漫塔格山北坡地带，与区内大多地层呈断层接触。被晚奥陶世以后的花岗岩体侵入，部分地段为断层接触，在图幅东北边红柳泉附近与晚泥盆纪地层不整合接触；在水泉子沟与下石炭统石拐子组呈不整合接触，区内出露面积约为410km²。滩间山（岩）群地层在区内多组成大小不等的构造块体，断裂构造、褶皱构造十分发育，变质、变形、变位强烈，地质情况十分复杂，部分地段原始层理面貌全非，所测片理、板理及糜棱面理产状代表了构造置换或叠加构造产状，而所保存的原始层理产状不多，根据岩石地层单位划分准则及其造山带地区新理论和该套地层变质、变形强烈的特征，本次工作将滩间山群暂划为滩间山（岩）群。现依据地层分布、岩石组合等特征、结合区域上所划层位关系等，因地而宜暂定为3个非正式岩石地层单位，即下部碎屑岩岩组（OST_1）、中部火山岩岩组（OST_2）、上部碳酸盐岩岩组（OST_3）。碎屑岩岩组与火山岩岩组呈整合接触，火山岩岩组与碳酸盐岩岩组呈断层接触或未见直接接触。

一、碎屑岩岩组（OST_1）

（一）地质概况

碎屑岩岩组呈北西-南东向分布于祁漫塔格山北坡玉古萨依、小黑山、东沟、宽沟、水泉子沟、小盆地周边地带分布，区内出露面积约为336km²。在图幅东北边红柳泉附近与上泥盆统地层不整合接触；在水泉子沟与下石炭统石拐子组呈不整合接触。与区内晚奥陶世以后的花岗岩呈侵入关系或断层接触；与白沙河（岩）组（Ar_3Pt_1b）、滩间山（岩）群碳酸盐岩岩组（OST_3）、石拐子组上段（C_1s^2）、大干沟组（C_1dg）、鄂拉山组（T_3e）呈断层接触。剖面中未见顶底，公路沟西侧顶部为向斜核部。由于大面积花岗岩体的侵入叠加的热变质作用，大多岩石具硅化、角岩化特征，出现透辉石、透闪石、石榴石等热变质矿物。岩石中节理、劈理、膝折构造（图版12-4）、揉流褶皱等较发育，塑性流变特征明显。较多层位及断裂带中出现糜棱岩或糜棱质岩石，其中发育眼球、条带、剪切褶皱等构造形迹。

（二）岩石组合及岩性特征

该岩组岩石类型十分复杂，岩石名称繁多，整体为一以砂岩类、粉砂岩类、板岩类夹千枚岩类、灰岩类、硅质岩类、片岩类、角岩类、糜棱岩类及火山岩类为主的岩石组合。主要岩石特征见表2-11。

（三）剖面描述

1. 青海省海西州茫崖镇尕斯乡十字沟西岔奥陶系—志留系滩间山（岩）群碎屑岩岩组（OST_1）实测剖面（IP_6）

起点坐标：东经91°06′58″，北纬37°29′43″；终点坐标：东经91°06′41″，北纬37°30′52″。控制厚度大于1739.73m，见图2-10。

剖面层序底部为背斜轴部，顶部与晚奥陶世正长花岗岩是侵入接触，变质、变形强烈。大多构造面理与部分残存的原始层理基本保持一致，层与层之间多为整合接触。据现存构造面理判别十字沟一带的滩间山（岩）群碎屑岩岩组（OST_1）为一套整体向南西倾斜的浅变质强变形碎屑岩块层状地层体。

表 2-11 滩间山(岩)群碎屑岩岩组(OST_1)岩石特征一览表

岩石名称	结构	构造	粒径大小	岩性描述
灰绿色砾质不等粒岩屑砂岩	砾状结构、不等粒砂状结构	块状构造、孔隙式胶结	粒径在0.16～5.18mm	岩石由碎屑90%(砾石31.5%、砂碎屑58.5%)和填隙物粘土矿物10%组成。其中岩屑中石英占27%(多为单晶状、波状消光),长石占9%(斜长石和钾长石),岩屑占54%(成分为硅质岩、石英岩、酸性火山岩、千枚岩、板岩等)
灰褐色中—细粒岩屑长石砂岩	中—细粒砂状结构	块状构造、空隙式及再生式胶结	粒径在0.15～0.44mm	岩石由碎屑85%和填隙物15%组成。碎屑由石英21%(呈单晶状)、长石38%(斜长石和钾长石)、岩屑26%(主要为酸性火山岩、次为变质岩等)组成。填隙物由杂基粘土矿物4%(大多变为鳞片状绢云母、绿泥石)、胶结物硅质5%(呈再生式)、碳酸盐矿物5%、铁质1%(铁染状)组成
灰色片理化石英砂岩	变余中细粒状结构	定向构造	粒径在0.03～0.5mm	岩石由碎屑87%[石英80%(硅质岩、石英岩)、长石7%(斜长石和钾长石]、填隙物13%[绢云母4%(鳞片状)、方解石8%(粒状晶)、硅质1%(沿长石边缘生长、波状消光],少量黄铁矿、微量电气石和锆石组成
紫红色钙质粉砂岩	粉砂状结构	定向构造孔隙式胶结	粒径在0.024～0.062mm	岩石由粉砂碎屑76%[石英、长石(钾长石、斜长石)、岩屑(千枚岩、硅质岩、酸性火山岩)、白云母、黑云母、少量不透明矿物、绿泥石、微量电气石、磷灰石等)和胶结物24%(隐晶状粘土矿物8%、晶粒状方解石15%、铁质1%)等组成。粉砂状碎屑分布均匀
灰色细—微粒状绿帘云母长英质片岩	鳞片状变晶结构	片状构造	白云母粒径在0.312mm左右,其余矿物在0.03～0.01mm	岩石由长石和石英60%(微粒状变晶)、白云母20%、黑云母5%(鳞片状变晶)、绿帘石15%(微粒状变晶)组成
灰褐色含石榴黑云母片岩	细粒鳞片粒状变晶结构	片状构造	粒径在0.08～0.52mm	岩石由黑云母60%(鳞片状变晶)、石英30%(粒状变晶)、长石8%(粒状变晶)、石榴石1%(粒状变晶)、不透明矿物1%(微粒状零星分布)组成
灰色钙质石英岩	变余砂状粒状变晶结构	块状构造	粒径在0.07～0.59mm	岩石由石英92%(粒状变晶)、方解石8%(细粒状)、少量绿泥石、黑云母(鳞片状、雏晶状,零星分布)及微量锆石、电气石组成。岩石呈变余砂状结构,矿物不具定向排列,经热变质作用形成
灰色角岩化绢云母千枚岩	显微粒状鳞片变晶结构	层状构造、千枚状构造	绢云母粒径为0.024mm左右,长石、石英粒径为0.032～0.019mm	岩石由绢云母65%(鳞片状变晶)、长石、石英35%(微粒状变晶)、少量不透明矿物(零星分布)、微量锆石(零星分布)组成。绢云母、长石、石英相对集中分布在一定的层位中,具明显定向排列
深灰色绿泥绢云母千枚岩	显微粒状鳞片变晶结构	千枚状构造、层状构造	粒径在0.012～0.024mm	岩石由绢云母、绿泥石55%(鳞片状变晶)、长英质45%(长石、石英呈微粒状变晶)及少量碳质(交点状分布)组成
深灰色千枚状绢云母板岩	显微粒状鳞片变晶结构	板状构造千枚状构造	粒径在0.008～0.031mm	岩石由绢云母50%(鳞片状变晶)、不透明矿物(微粒状、质点状)4%、长英质粘土矿物46%(隐晶质)组成
灰色碎屑质糜棱岩	糜棱结构	眼球状构造	碎斑粒径在0.1～0.5mm,基质粒径在0.003～0.03mm	岩石由碎斑40%[石英37%(眼球状外形)、斜长石2%、钾长石1%]、基质60%[绢云母33%(显微鳞片状)、石英22%(显微粒状变晶)、方解石4%(粒状晶)、铁质1%(不规则粒状晶)]以及微量电气石、锆石组成
灰色眼球状硅质糜棱岩	变余砂状结构、糜棱结构	眼球状构造	矿物粒径在0.04～0.54mm,眼球粒径在0.292～0.814mm	岩石由石英90%(眼球状)、碳酸盐矿物7%、不透明矿物3%(微粒状)及少量绿泥石、微量磷灰石、电气石、锆石组成。石英具定向排列多为多晶状,次为单晶状,波状消光,长轴方向与岩石构造方向一致。眼球约占80%
灰褐色长英质角岩	变余砂状结构、糜棱结构	平行定向构造	石英粒径0.11～0.37mm,粘土矿物粒径0.012～0.036mm	岩石由石英15%(粒状变晶)、绢云母和黑云母50%(鳞片状变晶)、长英质35%(显微粒状)及微量不透明矿物组成
灰绿色绿帘石长英质角岩	变余砂状结构、显微鳞片状粒状变晶结构	略具层状构造	矿物粒径0.008～0.031mm,碎屑石英粒径0.11～0.37mm	岩石由石英和长石67%(微量状变晶)、绿帘石25%(微粒状变晶)、绿泥石8%(鳞片状变晶)及微量电气石、榍石、锆石组成

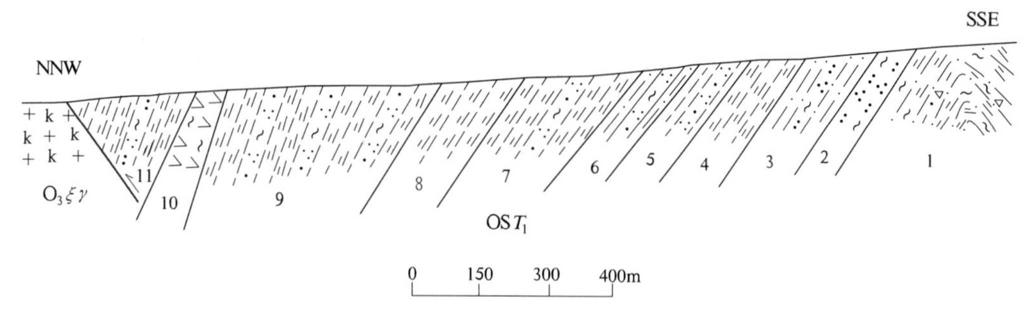

图 2-10　青海省海西州茫崖镇尕斯乡十字沟西岔奥陶系—志留系滩间山(岩)群碎屑岩岩组(OST_1)实测剖面(IP_6)

上覆:晚奥陶世—泥盆纪肉红色中细粒正长花岗岩

═══════ 断　层 ═══════

11. 深灰色绢云母千枚岩夹灰色薄层状片理化石英粉砂岩(未见顶)	125.90m
10. 浅灰绿色厚层状片理化安山岩(青磐岩化)	58.51m
9. 灰黑色绢云母千枚岩夹灰色片理化石英砂岩	572.17m
8. 深灰色绢云母千枚岩	140.50m
7. 灰黑色绢云母千枚岩夹灰色片理化石英砂岩	227.36m
6. 灰色碎屑质糜棱岩夹灰色薄—中层状片理化石英砂岩	144.95m
5. 深灰色砂屑质糜棱岩夹灰色片理化石英砂岩	70.94m
4. 灰黑色绢云母千枚岩	78.63m
3. 深灰色碎屑质糜棱岩夹灰色薄—中层状片理化石英粉砂岩(碎屑质糜棱岩)	194.97m
2. 灰色薄层状片理化石英粉砂岩夹灰色中—薄层状片理化细粒石英砂岩	45.02m
1. 灰色千糜岩(绢云母千枚岩)夹灰色碎屑糜棱岩(中薄层状石英砂岩)	80.78m

(底部为背斜轴部)

2. 新疆若羌县铁木里克乡玉古萨依奥陶系—志留系滩间山(岩)群碎屑岩岩组(OST_1)实测剖面(IP_{19})

起点坐标:东经 90°11′29″,北纬 37°54′38″;终点坐标:东经 90°11′14″,北纬 37°56′40″。控制厚度大于 1653.88m,见图 2-11。剖面层序未见底,顶部与晚三叠世黑云母英云闪长岩为侵入接触,变质、变形强烈,大多构造面理与部分残存的原始层理斜交或直交,层与层之间多为整合接触。现存构造面理表明玉古萨依一带的滩间山(岩)群碎屑岩岩组(OST_1)为一套整体向北倾斜的浅变强变形碎屑岩块层状地质体。

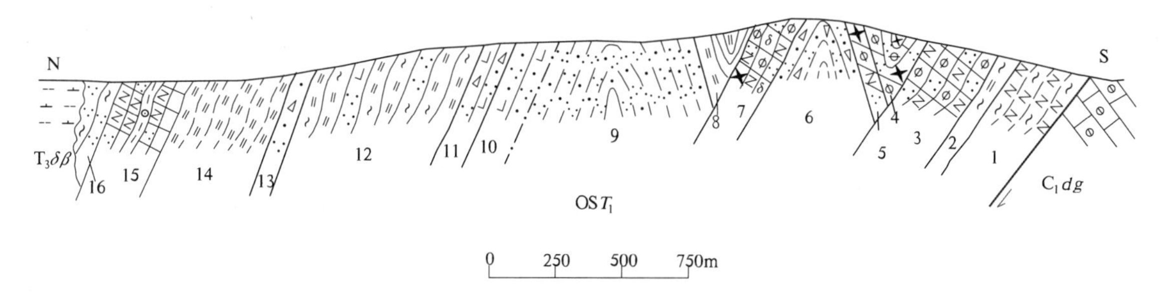

图 2-11　新疆若羌县铁木里克乡玉古萨依奥陶系—志留系滩间山(岩)群碎屑岩岩组(OST_1)实测剖面(IP_{19})

上覆：晚三叠世灰白色弱蚀变细粒黑云母英云闪长岩

———— 侵 入 ————

16. 深灰色薄—中层状角岩化绿泥石英片岩 124.57m

15. 灰色厚层状长英质角岩夹深灰色含石榴黑云母片岩夹深灰色角岩化绢云母千枚岩 71.72m

14. 浅灰色角岩化绢云母千枚岩 124.39m

13. 灰色中—厚层状细粒角岩化岩屑石英杂砂岩 32.62m

12. 灰—深灰色绿泥绢云母千枚岩夹灰色细粒钙质石英岩(角岩化含钙质石英砂岩) 263.09m

11. 灰色薄—中层状片理化角岩化钙质岩屑石英杂砂岩夹灰色细粒钙质石英岩(角岩化含钙质石英砂岩) 41.11m

10. 灰色中层状角岩化含钙质石英砂岩夹深灰色角岩化千枚岩(角岩化绢云母千枚岩) 40.84m

9. 灰色厚层状眼球状硅质糜棱岩(石英砂岩) 128.19m

8. 深灰色角岩化千枚岩(角岩化绢云母千枚岩)夹深灰色变晶糜棱岩 41.72m

7. 灰色中—厚层状条带状含透闪绿帘长英质角岩夹灰—深灰色薄—中层状细粒角岩化岩屑石英杂砂岩 138.30m

6. 灰色薄—中层状细粒角岩化岩屑石英杂砂岩夹灰—深灰色角岩化千枚岩(角岩化绢云母千枚岩) 74.73m

5. 灰—深灰色含透闪绿帘长英质角岩夹灰色薄—中层状细粒角岩化岩屑石英杂砂岩 27.94m

4. 灰白色中—薄层状绿帘石石英角岩夹灰色中—厚层状含绿帘透闪石石英角岩 91.82m

3. 灰色中层状绿帘石长英质角岩(含砂质粘土岩) 245.54m

2. 灰色绿泥石千枚岩夹灰色角岩化绢云母千枚岩 69.79m

1. 灰色绿泥斜长千枚岩(未见底) 137.51m

(四)岩石化学及地球化学特征

本节仅对滩间山(岩)群碎屑岩岩组(OST_1)岩石的微量元素特征和所夹硅质岩的稀土元素特征进行分析。

1. 微量元素特征

由表2-12中可知：滩间山(岩)群碎屑岩岩组中不同岩类的微量元素平均值与泰勒的地壳丰度值比较，砂岩、粉砂岩中Pb、Cr、Ba、Au、Zr、Th、La不同程度地高出泰勒值，其他元素均较低或偏低于泰勒值。灰岩、硅质岩中Pb、Zn、Au高出此值，其中Pb、Au高出4倍多；细砾岩中Pb、Au、Th、Zr、La高出此值；千枚岩中Pb、Zn、Ba、Rb、Mn、Th、Au、Ti高出此值，其中Pb高出近3倍，Mn高出2倍多；板岩中Pb、Cr、Ni、Ba、Rb、V、Mn、Th、Au高出此值，其中Th高出22倍多，Au高出88倍；角岩中Pb、Zr、Au高出此值，其中Pb高出近3倍；片岩中Pb、Zn、Ba、Rb、Nb、Zr、Th、La、Au高出此值，其中Pb高出3倍多，Rb高出2倍多；糜棱岩中Pb、Ba、Rb、Zr、La、Y高出此值，其他元素在各岩类中均较低或偏低于泰勒值。通过对公路沟IP_{29}剖面分析后所做的$t-Zr/Y$、$t-Sr/Ba$值图解(图2-12)中看出，Zr/Y比值大致随时间的推移逐渐变小再变大又变小，Sr/Ba值随时间的推移逐渐变小后又逐渐增大，反映了沉积作用过程中水体早期逐渐由浅变深再变浅后又变深趋势，而海水的盐度也随之有由大到小再增大的趋势。Zr/Y比值曲线总体表明早中期海侵、中后期海退、晚期又海侵的作用过程。Sr/Ba比值曲线反映了海水的盐度总体具有向较高方向演化的趋势。

2. 稀土元素特征

从滩间山(岩)群碎屑岩岩组(OST_1)中所采2个样品稀土分析结果(表2-13)可见，其稀土总量分别为$\sum REE=13.12\times10^{-6}$和$59.59\times10^{-6}$，轻稀土相对富集，重稀土相对亏损，Ce呈弱负异常。硅质岩稀土元素地球化学特征是区分热水沉积与非热水沉积的重要标志，热水沉积物$\sum$REE总量低，Ce呈负异常，HREE相对富集；而非热水沉积物$\sum$REE总量高，Ce呈正异常，HREE不富集。本区硅质岩似乎应与前者相当。

表 2-12 滩间山(岩)群碎屑岩岩组(OST_1)岩石微量元素特征表

(单位:10^{-6})

岩类	样品数	Cu	Pb	Zn	Cr	Ni	Co	Ba	Sr	Rb	V	Mn	Au	Ta	Nb	Zr	Th	La	Ti	Y
砂岩类	20	14.35	23.57	49.64	96.12	33.90	15.20	547.57	181.71	61.22	72.36	428.20	1.18	0.86	9.01	208.06	12.06	30.80	3313.00	24.01
标准离差		8.96	6.70	20.43	68.04	21.39	19.10	335.46	108.48	34.87	39.06	178.94	1.24	0.37	4.58	53.31	3.48	9.56	1165.90	8.32
变化系数(%)		62.47	28.44	41.16	70.79	63.11	125.69	61.26	59.70	52.66	53.98	41.79	104.36	43.10	50.80	25.62	28.89	31.05	35.19	34.66
粉砂岩类	8	13.38	25.29	61.91	132.75	60.63	12.71	506.63	193.50	81.55	86.35	414.25	1.20	1.30	14.10	180.63	12.38	32.73	3485.38	28.01
标准离差		6.58	4.03	21.19	112.69	51.87	8.90	234.25	69.43	30.20	44.31	201.75	0.81	0.39	3.26	53.07	3.55	7.90	1485.90	8.54
变化系数(%)		49.16	15.95	34.22	84.89	85.56	70.56	46.24	35.88	37.03	51.31	48.70	67.26	30.29	23.13	29.38	28.67	24.15	42.63	30.48
灰岩类	3	18.77	55.87	48.63	36.80	24.77	8.87	328.33	195.00	77.20	51.40	270.67	0.87	0.55	7.67	99.67	6.16	23.90	1529.00	20.55
标准离差		13.51	65.76	12.37	19.24	4.16	4.06	174.12	145.51	53.81	19.75	168.19	0.46	0.07	4.87	61.92	5.01	14.03	929.83	15.91
变化系数(%)		71.98	117.70	25.43	52.27	16.78	45.80	53.03	74.62	69.70	38.43	62.14	53.29	12.86	63.45	62.13	81.45	58.71	60.81	77.42
硅质岩类	2	13.35	17.40	107.50	21.50	15.90	3.55	187.00	53.00	15.00	36.35	279.50	1.85	0.90	7.60	72.50	5.50	14.40	983.50	15.65
标准离差		7.85	15.42	136.47	8.06	11.03	1.77	46.67	40.01	1.41	3.47	27.58	1.20	0.14	0	37.48	3.96	6.93	70.00	10.40
变化系数(%)		58.79	88.59	126.95	37.49	69.38	49.80	24.96	77.38	9.43	9.53	9.87	6.50	15.71	0	51.69	71.20	48.13	7.12	66.42
细砾岩	1	4.50	21.30	43.00	74.00	14.80	5.30	747.00	117.00	69.00	44.00	101.00	1.20	0.80	11.20	166.00	11.40	33.50	2411.00	22.80
泰勒值(1964)		55.00	12.50	70.00	100.00	75.00	25.00	425.00	475.00	90.00	135.00	950.00	0.43	2.00	20.00	165.00	9.00	30.00	5700.00	33.00
千枚岩类	8	34.99	34.54	97.00	118.84	39.31	14.35	498.67	80.90	125.98	134.57	1921.67	0.98	15.60	144.50	16.05	25.52	0.76	5890.83	23.90
标准离差		22.11	11.70	40.73	60.61	16.63	2.98	226.63	49.35	68.99	35.14	2227.33	0.67	5.66	2.38	8.46	6.83	0.24	2478.45	4.20
变化系数(%)		63.19	33.87	2.46	51.00	42.31	20.76	43.43	61.01	54.76	26.12	115.91	67.89	36.12	1.65	52.68	26.78	31.69	42.07	17.57
板岩类	3	35.50	22.87	62.83	182.33	102.43	20.50	687.00	328.33	93.10	135.77	698.67	0.83		14.83	200.67	13.60	37.90	4580.67	25.8
标准离差		13.17	7.71	55.96	169.82	89.42	11.31	204.44	326.98	54.91	42.66	347.07	0.12		1.65	22.94	0.80	10.18	1055.40	3.60
变化系数(%)		37.09	33.73	1.59	93.14	87.30	55.19	29.76	99.59	58.98	31.42	49.67	13.86		11.13	11.43	5.88	26.85	23.04	13.96
片岩类	1	34.80	39.00	75.00	89.90	66.10	22.50	796.00	72.00	214.40	107.9	633.00	1.00	24.10	218.00	17.10	45.90	0.80	6548.00	20.80
角岩类	6	13.67	34.53	62.17	40.42	22.95	7.65	280.17	75.17	75.25	61.47	743.17	0.50	9.92	199.67	4.40	21.18	0.83	2254.83	21.73
标准离差		15.86	14.43	43.64	22.87	21.50	5.68	248.14	38.83	64.51	53.22	472.43	0	5.23	81.29	1.81	11.17	0.45	1676.00	9.47
变化系数(%)		116.07	41.79	70.20	56.58	93.68	74.23	88.57	51.65	85.73	86.59	63.57	0	52.78	40.71	41.10	52.72	54.02	74.33	43.57
糜棱岩类	11	18.34	16.89	50.36	89.45	41.34	7.89	453.45	78.65	103.79	61.76	711.20	0.90	14.78	224.86	15.69	19.90	0.60	3583.14	23.34
标准离差		11.01	11.93	32.26	78.58	66.20	3.28	273.35	58.46	74.24	32.07	435.89	0.57	6.12	113.98	9.65	12.02	0.14	3421.14	7.33
变化系数(%)		60.03	70.66	64.06	87.86	160.12	41.60	60.28	7434.00	71.54	51.93	61.29	62.85	41.43	50.69	61.49	60.41	23.57	95.48	31.38
泰勒值(1964)		55.00	12.50	70.00	100.00	75.00	25.00	425.00	375.00	90.00	135.00	950.00	2.00	20.00	165.00	9.00	30.00	0.43	5700.00	33.00

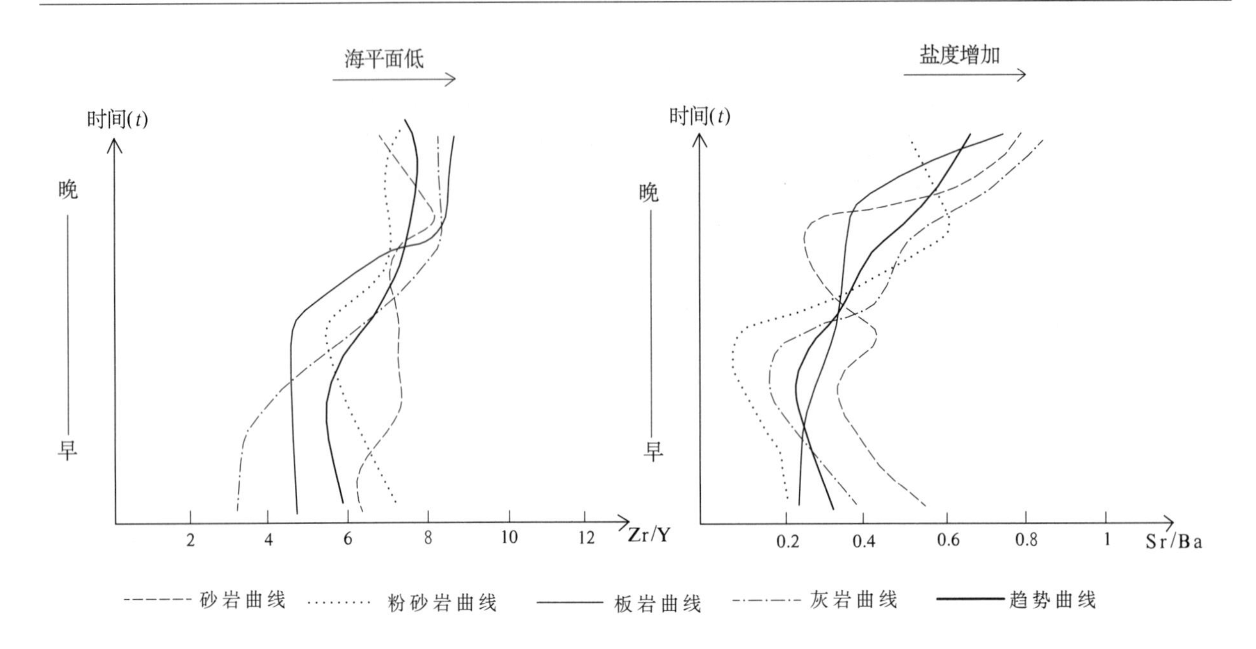

图 2-12 滩间山(岩)群碎屑岩岩组(OST_1)t-Zr/Y 与 t-Sr/Ba 值曲线示意图

经与北美页岩标准化后的稀土元素配分形式(图 2-13)对比,其曲线呈近平直或微右倾斜的平滑形式。Pr、Tb、Yb 显正异常或弱正异常。经对比,分布形式与洋壳型深海硅质岩、深海抱球虫属的外骨骼的形式基本相似;与青海拉鸡山寒武系硅质岩相比较,本区硅质岩稀土总量均比其高,但其形式比较相似;与青海门源阴沟群硅质岩和乌兰滩间山(岩)群硅质岩相比,除本区硅质岩的部分稀土含量较高外,其生物成因、稀土配分形式十分相似。

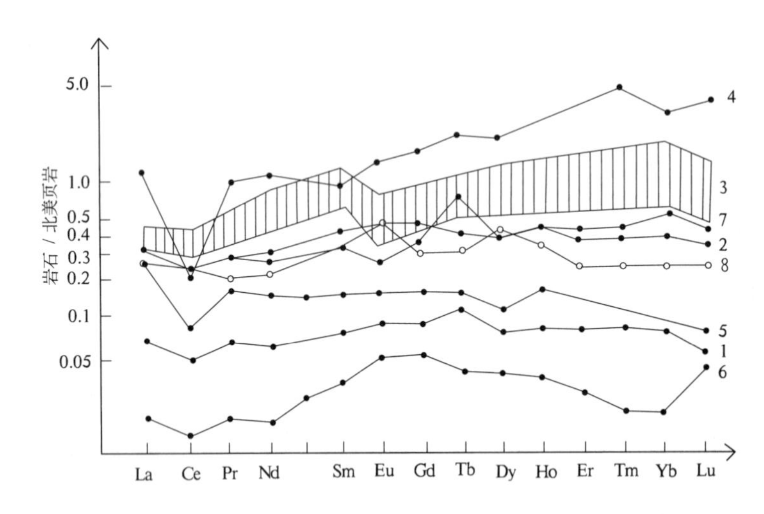

图 2-13 滩间山(岩)群中硅质岩与北美页岩标准化后的稀土元素配分形式

1、2. 本区硅质岩;3. 洋壳型深海硅质岩(曾允孚,1993);4. 北大西洋深源海水(Fleot,1984);5. 抱球虫属的外骨骼(Spirn,1995);6. 青海拉鸡山寒武纪硅质岩;7. 青海门源阴沟群硅质岩;8. 青海乌兰滩间山(岩)群硅质岩

(五)基本层序特征

滩间山(岩)群碎屑岩岩组的基本层序中,由于绝大多数的原始层理面已被后期构造作用所改造,露头尺度上所见到的均为片理、千枚理、糜棱面理等。只有在局部地段的局部层位中保留有原始层理面,如公路沟一带 IP_{29} 剖面的中下部层位部分地段是由糜棱岩化细砾岩、含砾粗砂岩、中细

粒长石岩屑砂岩及粉砂岩的自旋回沉积韵律性(准)层序构成。局部露头上仍保留有平行层理、水平纹层理及正粒序发育(图2-14)。它代表了沉积作用过程中不同阶段沉积物变化的特征,而每层沉积物是由不同成分、不同粒级的岩石单层叠置而成;总体自下而上由粗变细的自旋回对称性层序向上叠覆成高一级对称或不对称的旋回性层序。

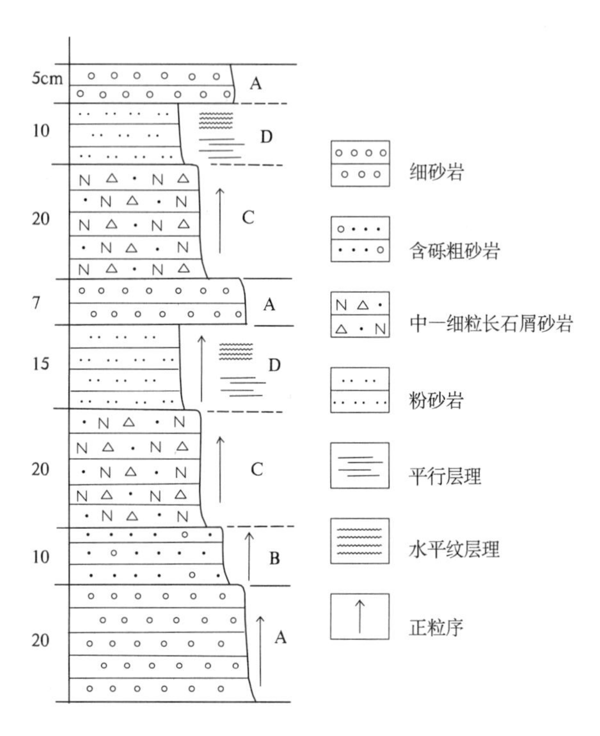

图2-14　滩间山(岩)群碎屑岩岩组基本层序
(据 IP_{29} 剖面)

(六)沉积环境综述

滩间山(岩)群碎屑岩岩组中,除石英砂岩、粉砂泥级的细碎屑岩沉积占一部分外,以大量的杂砂岩类为主,尤其岩屑砂岩的大量出现,表明沉积物很大一部分主要来于陆源,由源区母岩剥蚀搬运堆积而成。这种砂岩多形成于强烈构造隆起带附近的坳陷带及其边缘一带(其岩屑中见有大量的中酸性火山岩,说明该套地层沉积时祁漫塔格小洋盆已处于闭合阶段,此时可能存在岛弧性火山岩喷发活动)。由砂岩中石英、长石和云母矿物含量所做的Q-F-Rx图(图2-15)反映出:富岩屑贫长石和富石英区间均有分布,岩石的颗粒成熟度及结构成熟度有高有低。表明物源区极为复杂,沉积环境不近一致的特点。沉积物以悬浮或半悬浮搬运的各类砂岩、泥页、粉砂为主,夹有部分滚动搬运的砾岩以及灰岩。根据主要的沉积构造平行层

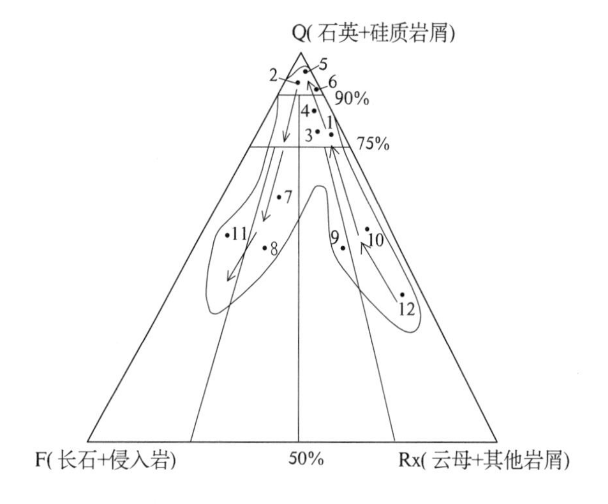

图2-15　滩间山(岩)群碎屑岩岩组(OST_1)
砂岩Q-F-Rx图

1. IP_{19}Bb5-2;2. IP_{19}Bb10-1;3. IP_{19}Bb11-1;4. IP_{19}Bb13-1;5. IP_6Bb2-1;6. IP_6Bb7-1;7. I_{73}Bb1020-1;8. I_{75}Bb3026;9. I_{75}Bb3026-1;10. I_{75}Bb3026-2;11. I_{75}Bb3027-2;12. I_{86}Bb15-2

理、平行纹层理、交错层构造及部分冲刷泥砾的出现等特征及岩石化学构造环境判别其为一套浅海浊积岩，局部地区少量含粉砂泥质岩、硅质岩的出现（十字沟附近的硅质岩呈块体状出现于糜棱岩化的上述碎屑岩中）表明其可能是较深水沉积的产物，同时具类复理石建造特征。

据 Murray(1993)对硅质岩的稀土元素特征研究指出：洋中脊环境产物稀土元素中 Ce 表现为负异常，δ(Ce)平均值为 0.3；大洋盆地环境中 Ce 负异常明显，δ(Ce)平均值为 0.55。而大陆边缘环境 Ce 一般为弱负异常，δ(Ce)值在 0.79～1.54 之间。该岩组硅质岩 Ce 呈弱负异常，δ(Ce)值分别为 0.72 和 0.85，平均值为 0.79，构造环境应属奥陶纪早期大陆边缘岛型环境，有向洋壳型过渡的特征（表 2-13）。

表 2-13 滩间山(岩)群(OST_1)硅质岩稀土含量及参数特征表 （单位：10^{-6}）

<table>
<tr><th>样号</th><th>岩性</th><th>La</th><th>Ce</th><th>Pr</th><th>Nd</th><th>Sm</th><th>Eu</th><th>Tb</th><th>Dy</th><th>Ho</th><th>Er</th><th>Tm</th><th>Gd</th><th>Yb</th><th>Lu</th><th>Y</th></tr>
<tr><td rowspan="4">IP_{29}XT12-1</td><td rowspan="4">深灰色微粒状硅质岩</td><td>2.28</td><td>3.48</td><td>0.55</td><td>2.02</td><td>0.43</td><td>0.11</td><td>0.07</td><td>0.47</td><td>0.09</td><td>0.26</td><td>0.04</td><td>0.45</td><td>0.24</td><td>0.03</td><td>2.71</td></tr>
<tr><td colspan="15">稀土元素参数特征值</td></tr>
<tr><td colspan="3">ΣREE</td><td colspan="2">HREE</td><td colspan="3">LREE</td><td colspan="2">LREE/HREE</td><td colspan="3">$(La/Yb)_N$</td><td>δ(Ce)</td><td>δ(Eu)</td></tr>
<tr><td colspan="3">13.20</td><td colspan="2">8.76</td><td colspan="3">4.36</td><td colspan="2">2.01</td><td colspan="3">0.88</td><td>0.72</td><td>1.06</td></tr>
<tr><td colspan="2">标准化值</td><td>0.07</td><td>0.05</td><td>0.07</td><td>0.06</td><td>0.08</td><td>0.09</td><td>0.12</td><td>0.08</td><td>0.09</td><td>0.08</td><td>0.08</td><td>0.09</td><td>0.08</td><td>0.06</td><td>0.10</td></tr>
<tr><td rowspan="4">IP_{29}XT23-1</td><td rowspan="4">深灰色条带状硅质岩</td><td>8.74</td><td>16.73</td><td>2.25</td><td>8.39</td><td>1.97</td><td>0.33</td><td>0.37</td><td>2.35</td><td>0.49</td><td>1.33</td><td>0.19</td><td>2.04</td><td>1.27</td><td>0.18</td><td>12.96</td></tr>
<tr><td colspan="15">稀土元素参数特征值</td></tr>
<tr><td colspan="3">ΣREE</td><td colspan="2">HREE</td><td colspan="3">LREE</td><td colspan="2">LREE/HREE</td><td colspan="3">$(La/Yb)_N$</td><td>δ(Ce)</td><td>δ(Eu)</td></tr>
<tr><td colspan="3">59.59</td><td colspan="2">38.41</td><td colspan="3">21.18</td><td colspan="2">1.81</td><td colspan="3">0.66</td><td>0.85</td><td>0.73</td></tr>
<tr><td colspan="2">标准化值</td><td>0.27</td><td>0.23</td><td>0.28</td><td>0.25</td><td>0.35</td><td>0.27</td><td>0.64</td><td>0.41</td><td>0.47</td><td>0.39</td><td>0.38</td><td>0.39</td><td>0.41</td><td>0.38</td><td>0.48</td></tr>
</table>

二、火山岩岩组(OST_2)

（一）地质概况

火山岩岩组区内出露局限，主要分布于东沟、宽沟、公路沟西侧及石拐子一带，被早二叠世、晚三叠世及早-中侏罗世侵入岩侵入，与碎屑岩岩组(OST_1)、碳酸盐岩岩组(OST_3)、大干沟组(C_1dg)为断层接触；东沟、宽沟地带与碎屑岩岩组(OST_1)为整合接触，十字沟一带底部与碎屑岩岩组呈整合接触，顶部与大干沟组(C_1dg)为断层接触，红柳泉一带底部与黑山沟组(D_3hs)呈角度不整合关系，呈断块状或夹层状、透镜状，出露于地层的上部碎屑岩中。区内出露面积约为 $18km^2$。该套火山岩主要出露于祁漫塔格主脊断裂以北，局部层位及断裂带中出现糜棱岩或糜棱质岩石，其中发育眼球、条带等构造变形。

（二）岩石组合及岩性特征

该岩组岩石类型十分复杂，岩石蚀变极为普遍，主要有绿泥石化、碳酸盐化、绢云母化、角岩化、次闪石化等，具片理化、弱片理化，为一套中浅变质的火山碎屑岩、火山碎屑熔岩、安山岩、英安岩、流纹岩、灰岩、砂岩夹板岩、硅质岩、千枚岩、片岩的岩石组合。主要岩石特征见表 2-14。

表2-14　滩间山(岩)群火山岩岩组岩石特征一览表

岩石名称	结构	构造	粒径大小	岩性描述
深灰绿色蚀变酸性熔岩角砾岩	深岩角砾状结构	块状构造	角砾:2~22mm	岩石由角砾(岩屑)95%组成。角砾由熔结玻屑凝灰岩、硅化珍珠岩、蚀变玄武岩、蚀变晶屑玻屑凝灰岩组成。其大小不等,呈棱角状和次棱角状,分选差,具绢云母绿泥石化特征。胶结物由酸性玻璃熔岩组成,脱玻化后被绢云母、绿泥石和硅质交代
深灰绿色蚀变凝灰角砾岩	凝灰角砾结构	块状构造	角砾:2~24mm	岩石由角砾含岩屑70%(成分为蚀变流纹岩、玻屑凝灰岩、花岗斑岩和部分碎屑,其大小不等,呈棱角状和次棱角状,分选差,分布不均匀)、胶结物30%(玻屑18%,呈弧面棱角状;晶屑6%,石英呈棱角状、更长石呈阶梯状,定向排列;火山尘1%,脱玻化变质后被隐晶状石英交代。磁铁矿少量,呈微粒状,已褐铁矿化)组成
深灰绿色熔岩角砾岩	角砾状结构	块状构造	角砾:2~15mm; 碎屑:0.1~2mm	岩石由角砾70%和胶结物30%组成。角砾成分单一,全由基性火山岩组成,呈棱角状,在岩石中分布杂乱,排列不具方向性,角砾被英安质胶结。胶结物成分为英安质熔岩,具斑状结构、基质隐晶—霏细结构。还有少量和角砾同成分的碎屑分布在胶结物中,岩石呈孔隙式胶结
灰绿色基性岩屑凝灰岩	凝灰结构	块状构造	岩屑:0.22~2.16mm; 晶屑:0.11~0.25mm	岩石由火山碎屑46%和胶结物54%组成。火山碎屑由岩屑40%和晶屑6%组成。岩屑主要为玄武岩,次为安山岩等,略具磨圆,杂乱分布,不具定向性,晶屑主要为斜长石,多呈棱角状,分布均匀,部分绿帘石化。胶结物为隐晶状火山尘,后期脱玻化部分变成显微粒状绿帘石。岩石呈基底式胶结、孔隙式胶结
灰绿色杏仁状玻基玄武岩	斑状结构、基质玻晶交织结构	杏仁状构造	斑晶:1.18~0.45mm; 基质:0.14mm左右	岩石由斑晶5%(基性斜长石自形板状、柱状,被钠长石化)和基质92%(斜长石35%呈长条状微晶,呈半平行排列)、玻璃质57%(呈隐晶状充填在岩石孔隙之间)及杏仁3%(呈不规则状、椭圆状、其内充填有石英的绿泥石、边缘为石英呈花边状)组成
灰绿色块层状弱蚀变玄武岩、安山岩	斑状结构,基质具玻基安山结构、间隙结构	块状构造	斑晶:0.37~1.48mm; 斜长石:0.016~0.024mm	岩石由斑晶8%和基质92%组成。斑晶全为斜长石(中-拉长石)、呈板状、柱状,双晶不发育,具绿泥石化、碳酸盐化及绢云母化。基质由斜长石52%(呈板条状、长条状,平行—半平行排列,局部呈格架状排列)和玻璃质40%(呈隐晶状充填在斜长石空隙之间)组成。以上矿物在岩石中均匀分布成相互穿插组成交织结构、间隐结构
灰色弱蚀变杏仁状石英质英安岩	微粒结构	杏仁状构造	基质:0.09~0.34mm; 杏仁:0.22~0.74mm	岩石由基质90%:斜长石64%(呈板条状、普通泥化、绢云母化)、暗色矿物22%(呈片状、鲕粒状)、石英4%(它形粒状,充填在其他矿物空隙中)、少量不透明矿物(显微粒状)和杏仁10%(呈不规则状,其内充填石英、锡铁矿、碳酸盐矿物)组成。以上主要矿物颗粒极细在岩石中均匀分布形成微粒结构
浅灰褐色流纹英安岩	斑状结构、基质具霏细结构、微粒结构	块状构造	斑晶:0.31~1.48mm; 基质:0.012~0.048mm	岩石由斑晶14%、石英5%(呈自形粒状、浑圆状)、斜长石6%(具简单双晶,为更长石)、钾长石3%(为正长石)和基质86%(长石和石英呈细粒和微粒状形成岩石的霏细结构、微粒结构)组成
灰紫色球粒状流纹岩	斑状结构、基质显微球粒结构	流纹构造	斑晶:0.6~4mm; 基质:0.04~0.1mm	岩石由斑晶13%和基质87%组成。斑晶由石英4%(半自形粒状、具熔蚀,裂纹发育,具方向性排列)、正长石5%(自形板状,聚片双晶发育,被含铁质的高岭石交代)、黑云母1%(呈板状)组成。基质由石英15%、正长石12%、更长石8%、黑云母2%(鳞片状)组成。上述矿物分布较均匀,定向排列,长轴方向与岩石构造方向一致
灰绿色千枚状板岩	隐晶结构、基质鳞片变晶结构	千枚状构造	粒径在0.008~0.023mm	岩石由绢云母35%(显微鳞片状变晶)、绿泥石25%(显微鳞片状变晶)、长英质40%(长石、石英及粘土矿物)组成。上述矿物在岩石中均匀分布,具明显定向排列,长轴方向与岩石构造方向一致,岩石呈千枚状构造
浅灰绿色绿泥片岩	显微鳞片状、粒状变晶结构	片状构造	粒径在0.08~0.39mm	岩石由绿泥石42%、黑云母15%(显微鳞片状变晶)、长石和石英35%(微粒状变晶)、方解石5%(微粒状变晶)、绿帘石3%(微粒状变晶)组成
浅灰白色条带状硅质岩	显微鳞片粒状变晶结构	条带状构造	粒径在0.08~0.023mm	岩石由石英92%(显微粒状、极不规则状,霏细状变晶结构)、碳酸盐5%(微粒状变晶)、绢云母3%(显微鳞片状变晶)组成

(三)剖面描述

青海省海西州茫崖镇尕斯乡石拐子沟东奥陶系—志留系滩间山(岩)群火山岩岩组(OST_2)实测剖面(IP_{39})

起点坐标:东经 91°13′39″,北纬 37°33′32″;终点坐标:东经 91°13′42″,北纬 37°36′24″。控制厚度大于 520.38m,见图 2-16。

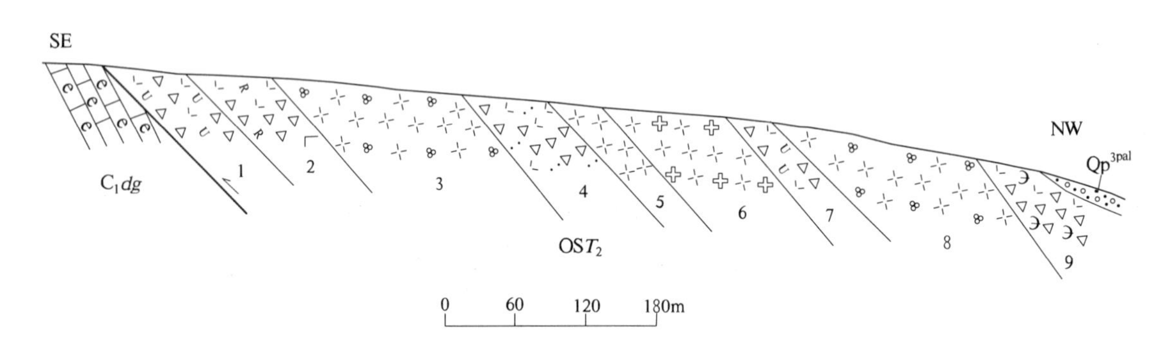

图 2-16 青海省海西州茫崖镇尕斯乡石拐子沟东奥陶系—志留系滩间山(岩)群火山岩岩组(OST_2)实测剖面(IP_{39})

剖面层序未见顶底,变质、变形强烈,层与层之间多为整合接触。自下而上大致构成角砾岩-流纹岩或角砾状流纹岩-流纹岩-英安岩的旋回性韵律性地层层序。地层产状表明石拐子沟东一带的火山岩岩组(OST_2)整体为一套向北西倾斜的浅变质中酸性火山岩块层状地质体。

9. 灰紫色流纹质熔结角砾岩(未见顶)	54.18m
8. 灰紫色蚀变球粒状流纹岩	117.76m
7. 深灰绿色蚀变酸性熔岩角砾岩	27.17m
6. 深灰绿色硅化流纹英安岩	52.00m
5. 灰紫色蚀变流纹岩	18.41m
4. 深灰绿色蚀变凝灰角砾岩	38.68m
3. 灰紫色球粒状流纹岩	118.14m
2. 灰绿、灰褐色蚀变酸性熔角砾岩	41.31m
1. 深灰绿色酸性熔岩角砾岩(未见底)	47.73m

(四)火山岩岩石化学、稀土元素特征

见第三章第三节火山岩部分。

(五)沉积环境综述

据剖面分析,地层层序自下而上反映出由粗变细的自旋回喷发沉积特点。从层系变化来看大致可划分出 7 个喷发岩相:底部 1～2 层由角砾岩构成的爆发相;下部 3 层由球粒状流纹岩组成的溢流相;中下部 4 层由凝灰角砾岩构成的喷发相;中部 5～6 层由英安岩和流纹岩组成的溢流相;中上部 7 层由熔岩角砾岩组成的喷发相;上部 8 层由球粒状流纹岩组成的溢流相;顶部 9 层由熔岩角砾岩组成的喷发相。它反映了每一次火山活动的强度、持续时间、空间厚度变化等截然不同。按火山岩物质喷发基性向酸性演化的系列微量元素特征以及由粗变细的喷发韵律等,自下而上可大致

构成一个不太完整的火山喷发旋回。由于被构造破坏未见其顶底界面。顶部在路线同层位凝灰岩中见陆源沉积物及碳酸盐岩成分的增多，大致表明火山作用接近晚期。

该套火山岩以大量的灰绿色为主，夹有部分灰—深灰色正常沉积岩石，成层性较好，层系清晰，见有杏仁状及枕状熔岩(图 2-17)，并伴有较多的火山碎屑岩。火山碎屑的分选性较好，并且相变不大；矿物特征是斜长石普遍具分叉组成网格状，并且空洞被玻璃质充填；岩石的脱玻化现象明显，部分硅质岩、板岩及少量灰岩、凝灰质砂岩夹层以及岩石中普遍含方解石、钙质、硅质等成分，具较低的岩石孔隙度，足以说明该套火山岩是海相喷发环境中形成的；属浅海-陆棚相喷发沉积环境，具火山硅质建造特征，我们所观察到的该套火山岩中的硅质岩特征与碎屑岩岩组中的硅质岩特征基本相吻合。

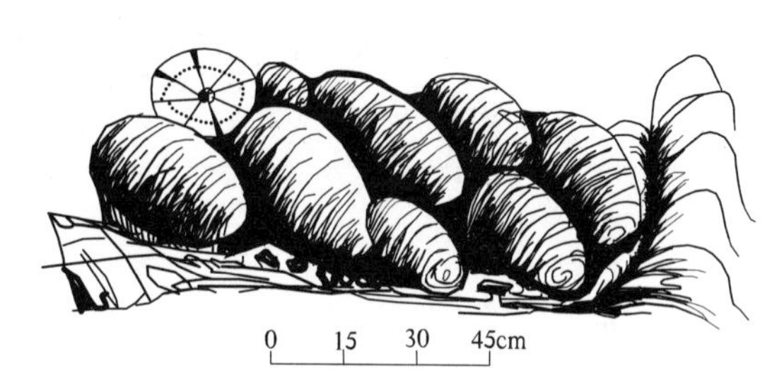

图 2-17 玄武岩中的枕状构造素描示意图

三、碳酸盐岩岩组(OST_3)

(一)地质概况

该岩组呈北西-南东向分布于东沟、小盆地周边地带、红土岭一带。与碎屑岩岩组(OST_1)、中基性—中酸性火山岩岩组(OST_2)、大干沟组(C_1dg)及花岗岩体为断层接触；区内出露面积约为 56km²。岩石中节理、劈理、揉流褶皱等较发育，塑性流变特征明显。在十字沟、红土岭出露的灰岩中可见到含丰富的海百合茎、少量单体珊瑚，但由于岩石高度塑性流变使得重结晶化石不能鉴定。局部层位中见有糜棱岩或糜棱质岩石，其中发育眼球、条带等构造变形。

(二)岩石组合特征

该岩组变质、变形、变位较强烈，岩石类型复杂。其岩性主要为一套大理岩、灰岩、白云岩、矽卡岩、板岩、粉砂岩的岩石组合。其岩性主要为灰色块层状石英大理岩、中层状大理岩、条带状糜棱岩化含石英大理岩、细粒大理岩，浅灰色块层状细粒石英质大理岩，深灰色块层状透闪石大理岩，灰白色细—粉晶白云质灰岩、不纯灰岩，深灰色片理化硅质结晶灰岩、条带状含石英结晶灰岩、含白云石粉晶灰岩，灰色片理化强绿泥石化白云岩，黄绿色含蚀变绿泥石白云岩，灰白色粉晶灰质白云岩。其次为灰绿色钙铝榴石矽卡岩、碎裂蛇纹石化石榴石矽卡岩，深灰色含粉砂钙质板岩、钙质板岩、含泥质钙质板岩，灰—深灰色片理化石英粉砂岩、钙质石英粉砂岩，以及灰褐色长英质糜棱岩等。大理岩的强形变特征见图版 12-3。

(三)剖面描述

新疆若羌县铁木里克乡玉古萨依奥陶系—志留系滩间山(岩)群碳酸盐岩岩组(OST_3)实测剖面(IP_{40})

起点坐标：东经 90°13′40.8″，北纬 37°54′09″；终点坐标：东经 90°13′32″，北纬 37°54′04″。控制厚度大于 169.33m，见图 2-18。

剖面层序未见顶底，变质、变形强烈，层与层之间多为平行接触。根据现存构造面理判别，玉古萨依一带的硫酸盐岩岩组(OST_3)整体为一套向北或北东倾斜的以大理岩为主的浅变质、强变形块层状地层体。

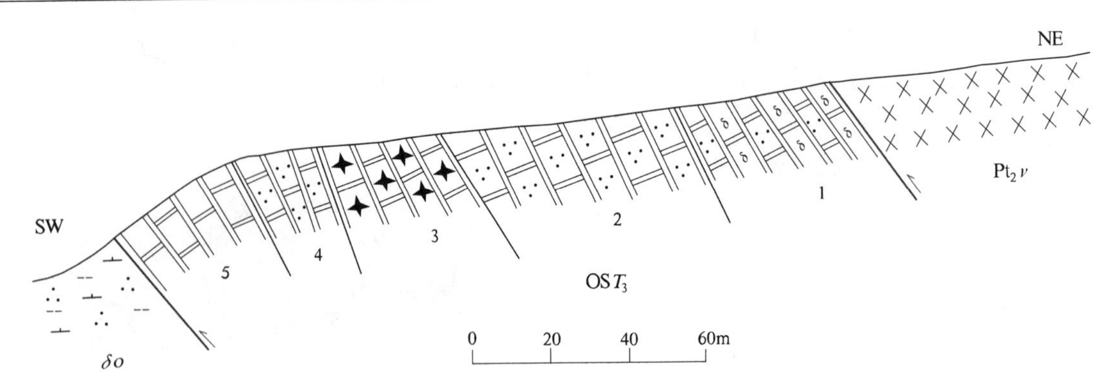

图 2-18　新疆若羌县铁木里克乡玉古萨依奥陶系—志留系滩间山(岩)群碳酸盐岩岩组(OST_3)实测剖面(IP_{40})

5. 灰色条纹状糜棱岩化含石英大理岩(未见顶)　21.80m

——— 平行接触 ———

4. 浅灰色块层状细粒石英质大理岩　21.03m

——— 平行接触 ———

3. 深灰色中层状透闪石大理岩　26.34m

——— 平行接触 ———

2. 灰色块层状石英大理岩　33.41m

——— 平行接触 ———

1. 灰色中—厚层状大理岩(未见底)　66.75m

(四)微量元素特征

由表 2-15 中可知,滩间山(岩)群碳酸盐岩岩组(OST_3)中不同岩类的微量元素平均值与泰勒的地壳丰度相比较,灰岩、白云岩中 Pb、Sr、Au 不同程度地高出泰勒值,其他元素均较低或偏低于泰勒值。大理岩中 Pb、Ba、Au 高出此值;片岩中 Pb、Zn、Ba、Rb、Au 高出此值;板岩中 Pb、Ba、Au 高出此值,Ba 高出 3 倍多,Au 高出 6 倍多;凝灰岩中 Cu、Pb、Zn、Cr、Co、Ba、V、Mn、Nb、Ti 高出此值,其中 Cu 高出近 3 倍,Zn 高出近 2 倍,V 高出 2 倍多,Ti 高出 2.5 倍;粉砂岩中 Pb、Co、Ba、Mn 高出此值,其中 Ba 高出 4 倍多;糜棱岩中除 Pb、Ba、Rb、V、La、Y 高出此值外,其他元素在各岩类中均较低或偏低于泰勒值。部分变化系数较大的高值元素出现,表明它仍局部呈集中分布,而其余低值元素则呈分散状态存在。

(五)沉积环境综述

测区晚奥陶世晚期—志留纪期间在祁漫塔格构造混杂带中堆积了一套以碳酸盐岩为主(大理岩、灰岩、白云岩)夹细碎屑岩(细—粉砂岩、板岩等)的沉积物。主要表现为沉积速率较快,能量平衡程度较高,杂基组分和泥晶组分含量较高的碳酸盐岩组合,以大量的含白云质大理岩、白云质灰岩、灰质白云岩的出现为特征。其中同生白云岩可能占很大比例,这种白云岩是广大陆棚上由无机作用形成的,这一环境不利于大多数海洋生物的生存。部分粉晶灰岩、粉晶白云岩、微晶灰岩及碳酸盐岩中硅质(石英)含量的增多以及细碎屑岩以石英粉砂、灰泥、钙质为主,它们是较深水盆地或海平面升高时期的沉积产物。结合本区滩间山(岩)群 3 个岩组总体特征,可以推断奥陶纪—志留纪时期,祁漫塔格裂谷拉张,自北极和中亚的海水从西北方向侵入柴达木盆地,沉积了下部类复理石建造、中部火山硅质建造及上部碳酸盐岩建造。尤其碳酸盐岩建造有向碳酸盐岩复理石建造过渡的特征,这种内源建造可能与洋壳形成发育程度有密切联系,主体为滨-浅海相环境下形成的一套沉积产物。

表 2-15 滩间山(岩)群碳酸岩岩组(OST_3)岩石微量元素特征表

(单位:10^{-6})

岩类	样品数	Cu	Pb	Zn	Cr	Ni	Co	Ba	Sr	Rb	V	Mn	Au	Ta	Nb	Zr	Th	La	Ti	Y
灰岩类	4	7.833	21.93	52.95	9.13	12.43	8.18	110.25	595.25	3.50	30.23	554.25	0.50	2.05	10.50	1.23	17.53	2.50	220.00	8.38
标准离差		3.74	8.20	79.23	3.60	6.23	6.70	123.04	1006.03	1.00	34.86	804.84	0	0.10	6.76	0.45	7.98	3.61	225.17	6.62
变化系数(%)		47.84	37.59	149.64	39.47	50.14	81.98	111.60	169.01	28.57	11.57	145.21	0	4.88	64.36	36.74	45.52	144.48	102.35	79.02
白云岩类	2	6.20	14.70	11.53	5.00	12.00	4.70	58.00	62.00	3.00	10.45	496.00	0.50	2.00	5.50	1.00	13.15	0.90	175.50	3.00
标准离差		1.41	0.71	7.00	0	2.12	0.28	0	11.31	0	0.50	219.20	0	0	0.71	0	0.07	0.14	92.63	0.85
变化系数(%)		22.81	4.81	61.68	0	17.68	6.02	0	18.25	0	4.74	44.19	0	0	12.86	0	0.54	15.71	52.78	28.28
片岩类	2	37.20	37.30	77.17	55.43	22.03	14.07	642.50	122.06	172.06	81.03	711.06	1.04	11.13	130.17	10.70	29.32	0.79	4751.16	12.86
标准离差		60.99	26.26	56.33	60.06	21.39	14.01	847.85	125.16	142.45	98.12	572.11	0.62	7.37	51.64	8.64	11.72	0.56	5652.88	40.99
变化系数(%)		163.95	70.39	73.00	108.34	97.08	99.57	131.96	97.52	82.79	121.09	80.46	59.22	66.16	39.67	80.72	39.97	70.21	118.57	18.00
板岩类	2	28.00	22.20	37.50	77.15	31.60	10.10	1320.50	63.50	75.50	87.25	699.00	0.50	4.85	61.00	5.65	18.20	2.80	1938.00	7.35
标准离差		31.11	5.23	9.62	81.11	19.80	3.39	383.96	65.76	57.28	43.77	663.27	0	3.18	45.26	3.61	10.75	2.97	1343.50	40.86
变化系数(%)		111.12	23.57	25.64	105.13	62.66	33.61	29.08	103.56	75.86	47.63	94.89	0	65.61	74.19	63.83	59.06	106.07	69.32	28.00
凝灰岩	1	150.50	20.60	117.40	130.90	65.90	35.20	605.00	247.00	62.00	315.30	1662.00	1.40	15.50	145.00	1.80	23.30	0.40	14 344.00	17.30
粉砂岩	1	32.70	22.90	75.40	73.90	59.30	27.10	1740.00	208.00	77.00	103.90	1321.00	0.50	8.10	55.00	1.00	22.00	1.30	5223.00	17.30
糜棱岩	1	5.50	32.10	42.10	5.07	7.60	4.00	733.00	99.00	365.00	23.00	485.00	0.70	10.00	160.00	20.20	48.30	0.40	1874.00	39.30
泰勒值(1964)		55.00	12.50	70.00	100.00	75.00	25.00	425.00	375.00	90.00	135.00	950.00	2.00	20.00	165.00	9.00	30.00	0.43	5700.00	33.00

四、区域对比及时代讨论

朱夏等(1964)将出露于柴达木西南缘铁石达斯一带的碳酸盐岩称铁石达斯群。1980 年青海省地层表编写小组将分布在祁漫塔格山东北侧、铁石达斯山、契盖苏河至乌图美仁河一带的碳酸盐岩、绿色岩系夹火山岩的地层称铁石达斯群。将分布于赛什腾山万洞沟及滩间山一带,主要为一套浅变质的碎屑岩夹火山岩和变砂屑生物碎屑灰岩的地层称滩间山群,时代为中-晚奥陶世。而对赛石腾山中、西部的变质火山碎屑岩夹大理岩含有海百合茎及珊瑚化石的地层称"赛什腾群",时代定为志留纪。青海省第一区调队(1981)在 1∶20 万马海幅区调报告中,将海合沟的"赛什腾群"据所含珊瑚化石对比并入滩间山群。1991 年《青海省区域地质志》中,将滩间山群的涵义进一步扩大,除包含"赛什腾群"外,还包含了前人所称的代表震旦系的"阿尔扎组""锡铁山组",奥陶系—志留系的沙柳河群上亚群及泥盆系的阿哈提群等,用以代表柴达木盆地北缘的一套由碎屑岩、中性—基性火山岩夹少量大理岩的浅变质的"绿色岩系"。在《青海省岩石地层》(1997)中采用滩间山群代表铁石达斯群上述诸群的含义,并停用以上提到的岩石地层名称。在文中我们沿用滩间山群,根据该区变质、变形、变位较强的特点,将滩间山群修订为滩间山(岩)群。综合上述滩间山(岩)群 3 个岩组特征分析及区域对比,本区特征与大柴旦海合沟组合剖面及格尔木市拉陵灶火河东侧剖面相符,尤其是碎屑岩岩组(OST_1)与后者基本相吻合。结合我分队在凝灰岩中所获钐-钕等时线(Sm - Nd)同位素年龄值 469±54Ma 及其在碎屑岩中所获藻类微古化石:光面球藻(未定种)*Leiospaeridia* sp.,微刺藻(未定种)*Micrhystridium* sp.,波口藻(未定种)*Cymatiogalea* sp.,瘤面球藻(未定种)*Lophosphaeridium* sp.,波罗的海藻(未定种)*Baltisphaeridium* sp.,硅质岩中获微古藻类化石:*Beiosphacridia* sp.,*Micrhystidum* sp.,*Cymatogalea* sp.,*Lophoshosphaerdilln* sp.?,*Balrsphar-idinm* sp.;据其组合由南京古生物研究所鉴定,确定时代属奥陶纪,也产出有腕足类化石(因保存不完整未能鉴定出结果)。前人在区域上在该群灰岩中所获珊瑚 *Plasmoporella* sp.,*Agetolites* sp.,*Catenipora* sp.,*Fauistella* sp.,*Heliolies* sp.,*Rhabdotetradium qinghaiense*;藻类 *Epiphyton* sp.,*Girvanella* sp.;角石 *Clinocras* sp.,*Whiteavesites* sp.,*Jiangxceras* sp.,*Armenocras* sp.;腕足、头足、海百合茎和含泥砂质板岩中所获微古植物 *Tremtosphaeridjum* sp.,几丁壳 *Sphaerochitina* sp. 等,鉴定成果表明时代为上奥陶世—志留纪。

第六节　晚古生代泥盆纪地层

测区泥盆纪地层分布局限,只在红柳泉一带有少量出露。据其地质特征划分为黑山沟组(D_3hs)和哈尔扎组(D_3he)。

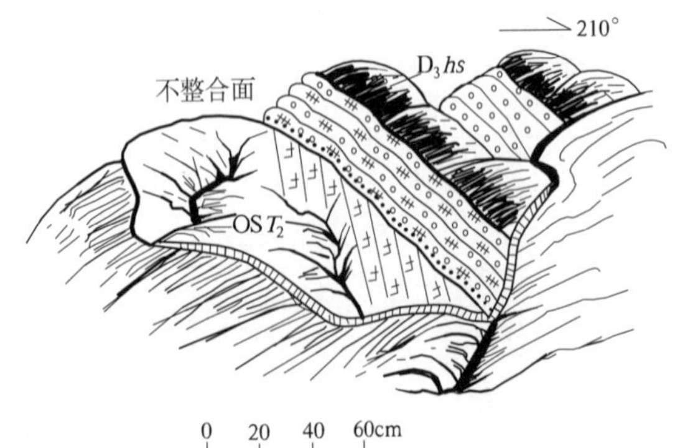

图 2-19　黑山沟组(D_3hs)与滩间山(岩)群火山岩岩组(OST_2)角度不整合关系素描示意图

一、上泥盆统黑山沟组(D_3hs)

(一)地质概况

黑山沟组零星分布于区内红柳泉、双石峡北侧及玉古萨依北侧。区内出露面积约 6.7km²。底部与滩间山(岩)群中基性—中酸性火山岩岩组(OST_2)为角度不整合关系(图 2-19),顶部与哈尔扎组(D_3he)中酸性火山岩的出现的界面呈整合接触;其他地段被第四纪地层覆盖。该套岩石受后期叠加构造影响节理、劈理及揉流褶皱较发育,塑性流变特征明显,岩石中大多原生沉积构造均被破坏。部分层位中出现糜棱岩或糜棱质岩石,造成地层出现不同程度的韧性变形。

(二)岩石组合及岩性特征

该岩组岩石类型复杂。主要岩性为:底部为灰紫色、灰绿色复成分砾岩、细砾岩、含砾中粗砾岩屑砂岩、钙质中粗粒岩屑砂岩、变中细砾长石砂岩;中部为浅灰绿色板状粉砂质泥岩(或粉砂质板岩),含粉砂含生物碎屑泥岩、含生物碎屑泥质长石粉砂岩、含细砂长石石英粉砂岩、粉砂质粘土岩,夹长石石英粉砂岩、粉砂质粉晶、微晶灰岩透镜;中上部为灰色含生物碎屑含粉砂细粉晶灰岩、浅灰绿色粉砂质粉晶微晶灰岩、灰绿色糜棱岩化含粉砂微晶灰岩;上部为灰绿色石英绢云母千糜岩、灰色钙质含细砂粉砂状长石砂岩、灰色泥钙质板岩、灰色绢云方解石糜棱岩,夹灰色绢云母千糜岩。

沉积特点以中粗粒级、中细粒级、细粒粒级和灰泥粒级相互交替的韵律性沉积为特点,颜色以灰色、灰绿色为特征,夹部分灰紫色(表2-16)。

表2-16 上泥盆统黑山沟组(D_3hs)岩石特征表

岩石名称	结构	构造	粒径大小	岩性描述
灰紫色含砾中—粗粒岩屑砂岩	含砾中粗粒砂状结构	块状构造	粒径在0.31～8mm	岩石由碎屑88%[岩屑49%(以花岗岩为主,次为千枚岩、闪长岩等)、石英36%、长石3%]和杂基8%(为绢云母及绿泥石集合体)及胶结物4%(钙质)组成。碎屑中砾石18%、粗砂44%、中砂26%,无定向排列。杂基粘土矿物呈鳞片变晶,岩石为接触式胶结
深灰色含细砂粉砂状钙质长石砂岩	含细砂粉砂状结构	块状构造	粒径在0.03～0.123mm	岩石由碎屑68%(石英29%、长石39%)、少量白云母、微量电气石和胶结物32%(钙质22%、粘土矿物10%)及少量氧化铁组成。碎屑呈棱角状、次棱角状,分选好,分布杂乱。胶结物中部分钙质已结晶成方解石,岩石为基底式或孔隙式胶结
灰色含生物碎屑泥质胶结长石粉砂岩	粉砂状结构	略具定向构造	粒径在0.012～0.096mm,大多在0.06mm以下	岩石由碎屑60%(石英24%、长石36%、少量白云母)、胶结物39%(钙质8%,分布较均匀,粘土矿物31%重结晶为绢云母)及生物碎屑1%(单晶方解石)组成。岩石中碎屑呈棱角状、次棱角状,分选好。胶结物略具定向排列
浅灰绿色含生物碎屑粉砂质粘土岩	含生物碎屑粉砂泥质结构	略具定向构造	碎屑粒径在0.012～0.072mm,大多在0.06mm以下	岩石由粘土矿物51%(其中重结晶绢云母、绿泥石占8%)、砂屑35%和生物碎屑10%(腕足动物门类碎片)及方解石4%组成。岩石中碎屑呈棱角状,成分为长石、石英。粘土矿物具定向排列,组成岩石的定向构造
灰色含粉砂含生物碎屑泥岩	含粉砂含生物碎屑泥质结构	块状构造	粉砂屑:0.012～0.06mm	岩石由粘土矿物74%(少数已结晶为绢云母、鳞片状杂乱排列)、粉砂屑10%(石英、长石、电气石等分布较均匀)、生物碎屑10%(腕足动物)及方解石4%(泥晶状)及呈质点状不透明矿物2%组成
灰绿色砂粉质粉晶微晶灰岩	砂粉质粉晶微晶结构	定向构造	方解石晶:0.008～0.06mm;砂屑:0.018～0.06mm	岩石由方解石65%(不规则它形粒状晶)、砂屑27%(绢长石、石英)、绢云母8%(鳞片状)组成。方解石以<0.03mm的微晶方解石为主,方解石、砂屑与绢云母分布在一起,具明显定向排列,组成岩石的定向构造
灰色含生物碎屑含粉砂细粉晶灰岩	含生物碎屑含粉砂细粉晶结构	定向构造	方解石晶:0.03～0.154mm;砂屑:0.09～0.13mm	岩石由方解石73%(它形晶,以粒径<0.06mm的粉粒级为主)、砂屑20%(主要为棱角状、次为次棱角状,以石英为主,次为长石、白云母、绿泥石)、生物碎屑4%(以方解石为主,种属难定),绢云母3%(分布聚集)组成。各矿物分布均匀,具明显定向排列,组成岩石的定向构造

（三）剖面描述

青海省海西州茫崖镇尕斯乡红柳泉上泥盆统黑山沟组(D_3hs)实测剖面(IP_1)

起点坐标：东经 90°29′09″，北纬 37°33′38″；终点坐标：东经 91°28′36″，北纬 37°32′49″。控制厚度大于 1268.45m，见图 2-20。

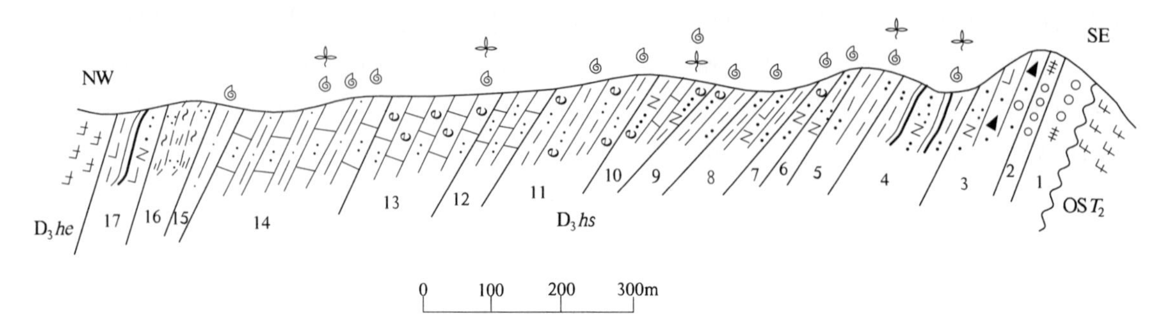

图 2-20 青海省海西州茫崖镇尕斯乡红柳泉上泥盆统黑山沟组(D_3hs)实测剖面(IP_1)

剖面层序底部与滩间山(岩)群火山岩岩组(OST_2)为一角度不整合面，顶部与哈尔扎组(D_3he)为整合接触，层与层之间为整合接触，自下而上可分出：1～3 层、4～10 层、11～14 层、15～17 层 4 个旋回性韵律层，(准层序层)产丰富的腕足类、腹足、双壳及植物化石。地层产状表明红柳泉一带的黑山沟组(D_3hs)整体为一套向北西倾斜的浅变质富含生物碎屑岩夹碳酸盐岩的块层状地层体。

上覆：哈尔扎组(D_3he)灰色中酸性火山岩

——— 整　合 ———

17. 灰色中层状钙质含细砂粉砂状长石砂岩与泥钙质板岩互层　66.04m

16. 灰绿色中—厚层状石英绢云母千糜岩　74.29m

15. 灰色中层状绢云方解石糜棱岩夹灰色石英绢云母千糜岩，产腕足：*Cyrtospirifer streptorhychus* Tan.，*Punctospirifer* cf. *kusbassicus* Besnossova；植物：*Sullapidodeudian* sp.　18.73m

14. 灰绿色中—薄层状糜棱岩化含粉砂微晶灰岩，产腕足：*Cyrtospirifer minghsiangensis* Tien.，*Cyrtospirifer minor* Tan.，*Cyrtospirifer streptorhychus* Tan.，*Tenticospirifer vilis* Var.，*Kwangsiensis* Tien.；腹足：*Donalevospira* ? sp.　188.56m

13. 灰色中层状含生物碎屑含粉砂细粉晶灰岩，产腕足：*Cyrtospirifer vilis* Var.，*Kwongsiensis* Tien.，*C. sinensis Cgrabauj*.，*Platyspirifer* sp.　123.24m

12. 浅灰绿色粉砂质粉晶微晶灰岩　128.58m

11. 灰绿色中层状含粉砂含生物碎屑泥岩，产双壳类：*Limipecten* ? sp.，*Edmondia* ? sp.，*Pterinopcten(s. e)* sp.，*Pterinopecen(pterinopcinella)* sp.　168.20m

10. 灰色中—薄层状含生物碎屑泥质长石粉砂岩夹灰色含生物碎屑粉砂质粉晶微晶灰岩透镜，产腕足：*Ptychomaletoehia plenroden* (*semenovet.* Modller).，*Cyrtospirfer minor* Tan.；植物：*Sutlepideudnan* ?　59.85m

9. 灰绿色中层状含生物碎屑粉砂质粘土岩　28.27m

8. 浅灰绿色中层状粉砂质粘土岩夹深灰色钙质细砂粉砂状长石砂岩　60.31m

7. 浅灰绿色薄—中层状含生物碎屑泥质细砂粉砂状长石砂岩，产双壳 *Ptariropecten*-(*Pterinopcten*) sp.，植物 *Leptophloeum*　74.50m

6. 灰绿色薄—中层状泥质含细砂长石石英粉砂岩。产植物：*Leptophloeum rhombicum* Dawson　25.97m

5. 浅灰绿色薄—中层状板状粉砂质泥岩(或粉砂质板岩)。产腕足:*Cyrtiopsis Dovidsoni Graball*,*Cyrtozpirifer chaoi* Graball 44.01m

4. 浅灰绿色薄—中层状板状(或粉砂质板岩)夹少量浅灰绿色中层状钙质含细粒长石石英粉砂岩。产双壳类:*Pdldeolimd* ? sp.,*Aviculopecten* ? sp.,*Pteropecten*(*Pterinop-cten*) sp.;植物:*Leptophloeam rhombicum* Dawson;腕足类:*Cyrtiopsis spirferoides* Grabaw,*Cytiopsis gracious* Grabau,*Juresamia subpunctata*(Nikitin),*Cyrtospirfer archiaciformis*(Grabau),*C. chaoi*(Grabau),*Cyrtiopsis kunlunensis* Wang 110.48m

3. 灰紫色中—厚层状含砾中—粗粒岩屑砂岩与灰绿色钙质中—粗粒岩屑砂岩及灰紫色变中—细粒长石砂岩互层。产双壳:*Pseudaviculopecten* sp. 151.39m

2. 灰紫色厚层状细砾岩 9.32m

1. 灰紫色厚层状复成分砾岩 51.26m

~~~~~~~~~~ 角度不整合 ~~~~~~~~~~

下伏:滩间山(岩)群中基性—中酸性火山岩岩组(OST_2):灰紫色钠长英安岩

(四)微量元素特征

由表2-17中可知,黑山沟组中不同岩性的微量平均值与泰勒的地壳丰度值对比,砂岩粉砂岩中Hf、Zr、Th、Rb、Ga、Co、Cu不同程度地高出泰勒值,其他元素较低或偏低于泰勒值。粘土岩中除Hf、Th、Pb、Ga、Zn、Ba高出此值,泥岩中Hf、Th、Rb、Ga、Zn高出此值,灰岩中Hf、Zr、Th、Rb、Ga、Pb、Zn高出此值外,其他元素在各岩类中均较低或偏低于泰勒值。变化系数较大的高值元素表明元素局部呈集中分布,大多低值元素则反映了元素呈分散状态赋存于地壳中。通过对剖面分析后所做的t-Sr/Ba值图解(图2-21)中看出,Sr/Ba值随时间的推移逐渐增大又逐渐变小,它反映了从早到晚水体的盐度随之增大又逐渐减小。在板岩(粘土岩或泥岩)中,部分Sr/Ba值大于1,而大多数Sr/Ba值在0.2~0.8之间。前者是海相沉积的标志,后者反映了为大陆滨湖沉积的特点。

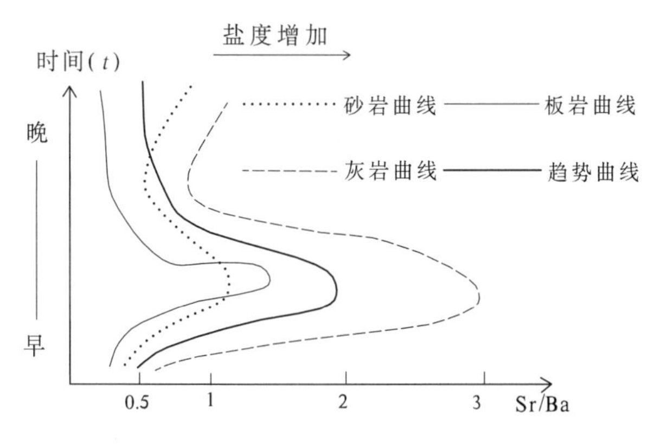

图2-21 黑山沟组(D_3hs)比值曲线示意图

(五)基本层序特征

黑山沟组的基本层序是由细砾岩、含砾粗砂岩、中—粗粒岩屑砂岩、中—细粒岩屑长石砂岩及长石石英细砂岩的自旋回沉积韵律性层序构成。平行层理及正粒序发育(图2-22)。它代表了沉积作用过程中不同阶段沉积物的变化特征,而每层沉积物是由不同成分、不同粒级的岩石叠置而成。总之,自下而上由粗变细的自旋回对称性层序向上叠覆成高一级对称或不对称的旋回性层序。

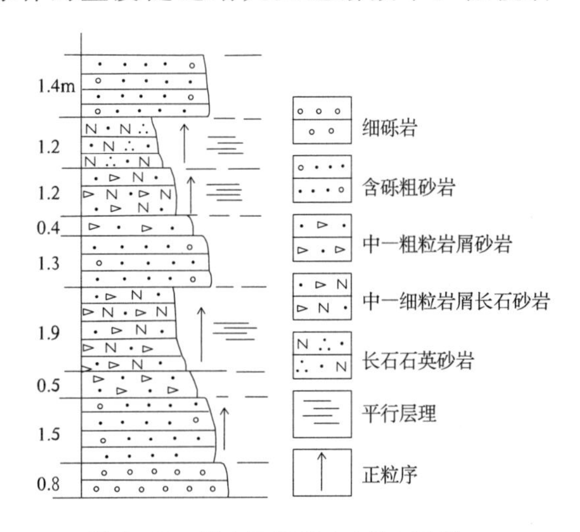

图2-22 黑山沟组(D_3hs)基本层序
据(IP_1剖面)
~~~~~~~~~~

表 2-17　上泥盆统黑山沟组(D_3hs)岩石微量元素特征表

(单位:10^{-6})

岩类	样品数	Hf	Zr	Sc	Th	Rb	Pb	Nb	Cr	Ga	Zn	Co	Ni	Ba	V	Cu	Sr	U
砂岩类	1	5.60	175.00	9.70	14.20	113.00	8.20	17.90	89.20	13.10	114.00	13.80	37.20	325.00	82.90	154.80	116.00	4.00
粉砂岩类	2	4.85	146.00	10.35	10.75	148.50	10.65	18.4	98.15	16.05	112.00	15.10	39.95	391.50	92.75	45.20	98.00	4.05
标准离差		7.07	5.66	0.50	1.34	12.02	2.19	1.41	11.38	2.76	19.80	1.70	3.04	58.69	4.03	42.43	35.36	0.21
变化系数(%)		1.46	3.88	4.78	12.50	8.10	20.58	7.69	11.60	17.18	17.68	11.24	7.61	14.99	4.35	93.86	36.08	5.24
粘土岩类	2	5.45	164.00	12.25	12.95	184.00	33.50	19.90	95.75	20.15	109.00	16.00	43.65	479.50	102.00	13.85	68.50	4.25
标准离差		0.50	29.70	0.50	1.06	12.73	35.50	0.57	8.13	0.35	50.91	3.25	2.48	26.16	3.82	5.30	12.02	0.21
变化系数(%)		9.08	18.11	4.04	8.19	6.92	105.96	2.84	8.49	1.76	46.71	20.33	5.67	5.46	3.74	38.29	17.55	4.99
泥岩类	2	5.10	151.00	11.65	12.20	162.50	9.75	19.30	79.85	13.30	95.00	14.90	40.40	406.00	87.65	19.25	161.50	4.10
标准离差		0.42	12.73	0.07	0.57	20.51	4.46	0.71	4.03	0.71	12.73	2.12	0.42	29.70	6.29	12.09	82.73	0.14
变化系数(%)		8.32	8.43	0.61	4.64	12.62	45.69	3.66	5.05	5.32	13.40	14.24	1.05	7.32	7.18	62.81	51.23	3.45
灰岩类	4	5.80	179.00	9.13	11.03	99.00	24.90	15.58	72.45	12.80	75.5	13.00	31.48	285.00	70.83	35.88	195.75	3.53
标准离差		1.54	54.72	3.67	3.71	46.94	16.07	4.05	29.74	7.43	36.09	3.64	11.67	109.46	27.47	44.03	163.68	0.87
变化系数(%)		26.60	30.57	41.17	33.67	47.71	64.53	26.02	41.05	58.08	47.80	27.49	37.06	38.41	38.78	122.74	83.62	24.77
泰勒值(1964)		3.00	165.00	22.00	9.00	90.00	12.50	20.00	100.00	4.00	70.00	25.00	75.00	425.00	135.00	55.00	375.00	2.00

（六）沉积环境综述

1. 地层层序特征

黑山沟组地层层序顶界面以哈尔扎组中酸性火山岩的出现为划分岩组标志，二者为整合接触。底界面为一角度不整合，直接超覆于滩间山（岩）群火山岩岩组（OST_2）之上，界面上、下岩性各异，表现为一沉积间断面上具冲刷侵蚀特征，属Ⅱ型不整合。它是在全球海平面下降期间下降速率小于（沉积滨线坡折处）海底下降速率的条件下形成的。按沉积环境分为以下 4 个沉积相。

（1）滨海砂岩粉砂岩相。上部 15～17 层主要由石英绢云母千糜岩、绢云方解石糜棱岩、含细砂粉砂状长石砂岩与泥钙质板岩呈不等厚互层堆积而成。下层糜棱岩中产有腕足、植物化石及其碎片；上层砂岩中逆粒序发育，地层层序为进积型副层序，属潮下高能环境的产物。

（2）滨-浅海泥灰岩相。中上部 11～14 层主要由含粉砂微晶灰岩、含生物碎屑含粉砂细粉晶灰岩、粉砂质粉晶微晶灰岩及含粉砂含生物碎屑泥岩堆积而成。沉积厚度一般较大，并且向上有增厚的趋势。产有大量的腕足、腹足、双壳类及含有较多的生物化石碎片。灰岩中发育有水平层理，含有钙质结核，地层层序表现为加积型副层序，属潮下低能环境的产物。

（3）滨-浅海砂岩粉砂岩相。中下部 4～10 层，主要由板状粉砂质泥岩（或粉砂质板岩）、含生物碎屑长石石英粉砂岩、含生物碎屑泥质细粒粉砂状长石砂岩、含生物碎屑粉砂质粘土岩等堆积而成。沉积厚度一般都不大，有向上变薄之趋势。产有大量的腕足、双壳类化石、植物化石及含有大量生物化石碎片，发育有平行层理、水平层理，砂岩中正粒序发育，含有砂质结核和钙质结核；地层层序表现为退积型副层序，属潮下中低能环境下的产物。

（4）滨海相砾岩、粗砂岩相。下部 1～3 层主要由复成分砾岩、细砾岩、含砾中粗粒砂岩与钙质中—粗粒砂岩及中—细粒长石砂岩互层的自下而上由粗变细的韵律性层序堆积而成。砂岩中含有双壳类化石及生物化石碎片以及正粒序发育；海进层位的最底部为一侵蚀间断面，不整合面之上为底砾岩，其中除含有大量陆缘碎屑质外，还含有部分下伏地层的凝灰质成分，底砾岩之上各层的底层面上都见有冲刷面构造，并且沉积物中见有较多的冲刷泥砾。地层层序为退积型副层序，属潮下高能环境的产物。

2. 环境分析

测区黑山沟组中除砾岩、细砾岩粗碎屑物和含粉砂泥级细碎屑岩及灰岩占一部分外，以大量砂岩类岩石为主，尤其是岩屑砂岩的出现表明沉积物很大一部分来于陆源区，由源区母岩风化剥蚀搬运堆积而成。这种砂岩多形成于强烈构造隆起带附近的坳陷带边缘一带。由砂岩石英、长石和云母所做的 Q－F－Rx 图（图 2－23）明显反映出从早期至中期由富岩屑贫长石向富石英方向演化，岩石的颗粒成熟度及结构成熟度也随之增高，中期到晚期由富石英贫岩屑向富长石方向演化，岩石的颗粒成熟度及结构成熟度也随之降低。同时也表明了物源区具有气候较干旱，以物理风化为主，生物及化学风化次之，沉积物搬运不远的特点。

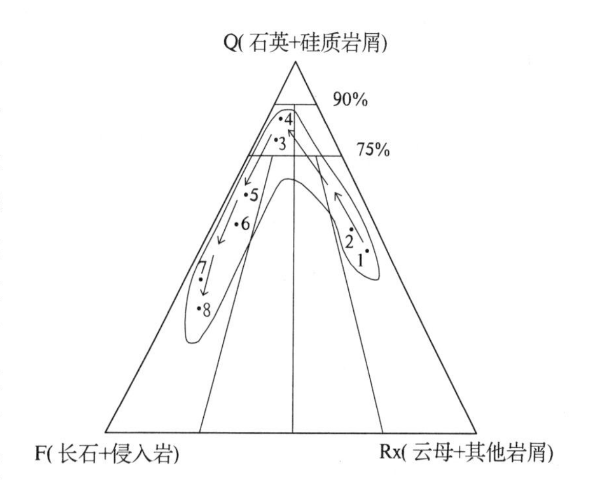

图 2－23 黑山沟组（D_3hs）砂岩 Q－F－Rx 图

1. IP_1Bb3-1；2. IP_1Bb3-2；3. IP_1Bb4-2；4. IP_1Bb6-1；5. IP_1Bb7-1；6. IP_1Bb8-2；7. $IP_1Bb10-1$；8. $IP_1Bb17-1$

(七)区域对比及时代讨论

黑山沟组是青海区调综合地质大队(1986)在 1∶20 万土窑洞幅和茫崖幅区调报告中创名。稍后出版的《青海省祁漫塔格晚古生代地层》(刘广才,1987)一书中指出:这套地层与划入铁石达斯群,后归并为滩间山(岩)群下伏火山岩系为不整合接触,不整合面以上第 1~4 层称哈尔扎组,第 5~9层称黑山沟组。其上以生物为依据划分了年代地层界线,主要是以腕足类组合的消亡和出现火山岩作为组的分界线。在《青海省岩石地层》(1997)中沿用此名,并将两岩组的界线确定在第 6 层与第 7 层之间,上组称哈尔扎组,下组称黑山沟组。本文沿用黑山沟组,底以角度不整合于滩间山(岩)群之上,顶以中酸性火山岩的始现为依据作为与哈尔扎组整合接触分界。经对比本区地层总体特征与茫崖镇哈尔扎层型剖面特征完全相吻合。在对该套地层的工作中我们采获了大量的腕足类化石 *Cyrtospirfer streptorhychus* Tan,*Minghsiangensis*(Tien)*minor*,*Tanstreptorhychus* Tan *vilis* var *kwongsiensis tienarchiaciformis*(Graball),*C. sinansis* Cgrobouj,*Cyrtospsisdovidsonigraball - spirfaroides*,*G. rabawgracious* Gracious,*Cyrtozpirifer chaoi* Graball,*C. chaoi* (Grabau),*Cyrtiopsis kunlbnensis* Wang,*Punctospirifer kusbassicus*,*Bosnossoua vilis* Var *Kwangsiensistien*,*Ptychomaletoehia plenradan*(*semenovet. modller*),*Pterinopecen*(*pternopcinella*) sp.(图版 1 图 1~4;图版 2)双壳类:*Limipecten* sp. ,*Edmondia* sp. ,*Pterinocten*(*s. e*)sp. ,*Pterinopecen* (*ptevrnopcinella*) sp. ,*Pseudaviculopecten* sp. ;腹足类:*Donalevospirn* sp. 及植物:*Sullapidodeudian* sp. ,*Leptophloeum*,*Leptophloeum rhombicum* Dawson 等化石,大致可与刘广才等建立的 4 个非正式生物地层单位对比:①*Cyrtospirifer sinensis - Fenticospirifer tenticum* 腹足类组合;②*Leptophloeum rhombicum - Crclosigma riltor Rense* 植物组合;③*Ptrchomaletoechia hsiruanensis*,*Schizophoria heishanens* 腕足类组合;④*Gorizdronia profunda*,*Profunda - Amplexocarinia qinghense* 珊瑚组合。据上述剖面中本分队采获的动植物化石,通过与前人所建立的非正式生物地层单位进行对比,黑山沟组地质时代为晚泥盆世中期。

二、上泥盆统哈尔扎组(D_3he)

(一)地质概况

哈尔扎组仅分布于区内红柳泉及其南侧四道沟东侧,与大干沟组(C_1dg)呈断层接触,剖面中底部与黑山沟组(D_3hs)为整合接触,未见顶,被第四纪地层覆盖,区内出露面积约为 2.4km²。该套浅变质火山岩地层,因受到后期叠加构造的影响,岩石中节理、劈理及揉流褶皱较发育,塑性流变特征明显,岩石中的原生沉积构造均被破坏,难以观察。

(二)岩石组合及岩性特征

该岩组岩石类型也较复杂,主要为一套中酸性凝灰岩、集块岩、砾岩、英安岩、流纹岩、霏细岩夹复成分砾岩、粉砂岩、板岩的岩石组合。主要见有灰绿色英安质熔结浆屑玻屑凝灰岩、英安质熔结晶屑浆屑角砾凝灰岩、变质中酸性含浆屑玻屑凝灰岩,灰褐色晶屑玻屑凝灰岩,浅灰绿色英安质熔结浆屑集块岩,灰色强硅化中酸性火山岩,灰色强硅化英安岩,浅黄褐色流纹英安岩,浅灰褐色流纹岩,浅黄褐色球粒霏细岩夹灰绿色复成分砾岩,灰绿色轻变质钙质粘土质粉砂岩,深灰色粘土质板岩等。沉积特点以中—粗粒级与中—细粒级相互交替的韵律性沉积为特点,颜色以灰色、灰绿色为特征,夹部分杂色。岩性描述见表 2-18。

表 2-18　上泥盆统哈尔扎组(D_3he)岩石特征表

岩石名称	结构	构造	粒径大小	岩性描述
浅灰绿色英安质熔结浆屑集块角砾岩	熔集集块角砾状结构	假流纹构造	浆屑[(0.31×1.25)～(7.49×18.72)]～(32×80)mm之间；岩屑0.31mm×3.12mm；晶屑0.09～1.17mm	岩石由火山碎屑75%和填隙物25%组成。火山碎屑中集块30%、角砾25%、凝灰质5%，由浆屑70%、岩屑40%及晶屑1%组成。填隙物由隐晶状长英质23%和绿泥石2%组成。火山碎屑中岩屑为酸性玻屑凝灰岩，晶屑以钠长石为主含石英，浆屑是透镜状或火焰状，长轴排列方向一致，形成显著的假流纹构造
灰绿色变质中酸性含浆屑玻屑凝灰岩	玻屑凝灰结构	层状构造	玻屑：0.123～0.31mm；晶屑：0.06～043mm	岩石由火山碎屑37%：玻屑30%(管状及弧面棱角状)、晶屑1%(斜长石、石英)、浆屑60%(呈饼状，含斑晶)和火山尘变质产物63%：长英质44%(隐晶状)、绢云母3%、碳酸盐6%、绿泥石10%组成
灰色硅化具流纹构造英安岩	斑状结构、基质具微粒—隐晶结构	流纹构造	斑晶：0.39mm×0.47mm～1.48mm×2.73mm；基质：0.03～0.23mm	岩石由斑晶11%和基质89%组成。斑晶由钠长石1%、暗色矿物假像10%(为角闪石变质产物)组成。基质由微粒状石英40%、隐晶状长英质33%、粘土矿物14%、绢云母2%组成。石英与粘土矿物与绢云母集合体构成暗色条带
浅灰褐色流纹岩	斑状结构、微粒、隐晶结构	流动构造、块状构造	斑晶：0.22～1.85mm；基质：0.012～0.094mm	岩石由斑晶13%：钾长石5%(板状、柱状)、酸性斜长石3%、石英5%(熔蚀状、浑圆状)和基质87%：长石、石英(微晶状和隐晶状)组成。各矿物分布均匀，具定向排列趋势，使岩石呈流动构造
浅黄褐色隐球粒霏细岩	斑状结构、隐球粒结构、隐晶结构	气孔状构造、块状构造	斑晶：0.29～1.48mm；球粒：0.078mm左右；气孔：0.37～1.48mm	岩石由斑晶长石13%[斜长石8%(更长石，板状、柱状)、钾长石5%(正长石，板状、柱状)]和基质87%[长英质83%(微晶状长石、石英)及气孔4%(极不规则状)]组成。斑晶、气孔在岩石中分布均匀排列，基质中部分矿物呈隐晶霏细状分布
深灰色粉砂质粘土质板岩	显微鳞片变晶结构、变余粉砂结构	平行构造、板状构造	粉砂碎屑粒径为0.036mm左右	岩石由粉砂碎屑20%(主要为石英，少量长石、云母、不透明矿物)、粘土质矿物74%(隐晶状，部分变为显微鳞片状绢云母)、碳酸盐矿物6%(晶粒状)组成。粘土矿物显定向排列，长轴方向与岩石构造方向一致，组成岩石的平行构造、板状构造

(三)剖面描述

青海省海西州茫崖镇尕斯乡红柳泉上泥盆统哈尔扎组(D_3he)实测剖面(IP_1)

起点坐标：东经91°29′09″，北纬37°33′38″；终点坐标：东经91°38′36″，北纬37°32′49″。控制厚度大于324.72m，见图2-24。

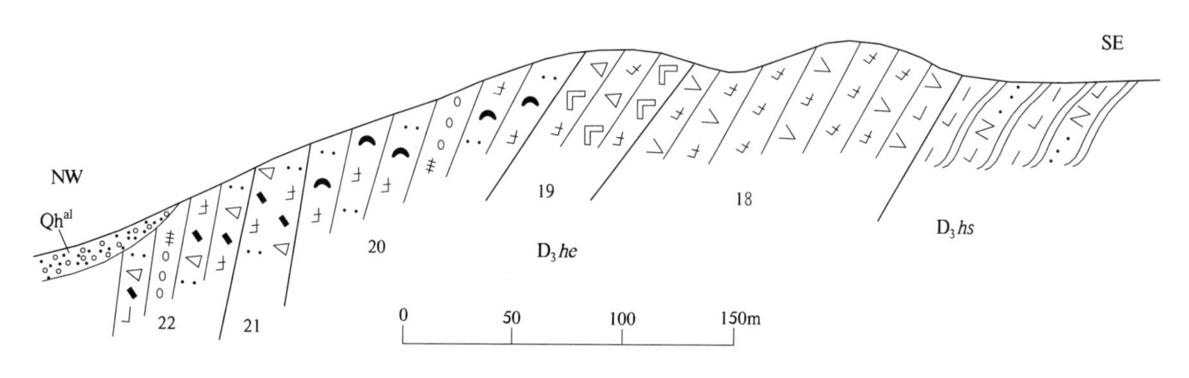

图2-24　青海省海西州茫崖镇尕斯乡红柳泉上泥盆统哈尔扎组(D_3he)实测剖面(IP_1)

红柳泉一带的上泥盆统哈尔扎组(D_3he)整体为一套向北西倾斜的中酸性火山碎屑岩夹复成分砾岩的浅变质块层状地质体。剖面层序未见顶,底部与黑山沟组(D_3hs)为整合接触,层与层之间为整合接触。自下而上可分为5个旋回性韵律(准)层序层。

22. 灰绿色厚层状英安质熔结晶屑浆屑角砾凝灰岩夹灰绿色中层状复成分砾岩(未见顶)　28.65m

21. 灰绿色厚层状变质中酸性含浆屑玻屑凝灰岩　19.10m

20. 灰绿色厚层状变质英安质熔结浆屑玻屑凝灰岩夹灰绿色中—厚层状复成分砾岩　115.21m

19. 浅灰绿色中层状英安质熔结浆屑集块砾岩　41.21m

18. 灰色中—厚层状强硅化中酸性火山岩夹灰色厚层状硅化英安岩　120.55m

———— 整　合 ————

下伏:黑山沟组(D_3hs)灰色中层状钙质含细砂粉砂状长石砂岩与灰色泥钙质板岩互层

(四)微量元素特征

由表2-19中可知,哈尔扎组中不同岩类的微量元素平均值与泰勒的地壳丰度值比较,凝灰岩中Hf、Rb、Ga不同程度地高出泰勒值,其他元素均较低或偏低于泰勒值。除集块砾岩中Zn高于此值,英安岩中Ga、U高出此值,砂岩中Hf、Sc、Th、Ga、U、Zn高出此值,千糜岩中Hf、Th、Rb、Pb、Ga、U、Ba高出此值外,其他元素在各类岩中均较低或偏低于泰勒值。变化系数低反映了大多低值元素呈分散状态赋存于地壳中,个别高值元素显示元素局部呈集中分布。

表2-19　上泥盆统哈尔扎组(D_3he)岩石微量特征表　(单位:10^{-6})

岩类	样品数	Hf	Zr	Sc	Th	Rb	Pb	Nb	Cr	Ga	Zn	Co	Ni	Ba	V	Cu	Sr	U	Ti	Y
集块砾岩	1	2.60	82.00	1.50	6.20	45.00	2.80	7.30	10.60	8.40	97.00	3.40	3.90	189.00	9.50	7.00	54.00	2.10		
英安岩类	2	2.90	87.50	1.35	8.05	57.50	4.50	8.05	5.35	9.50	50.00	1.65	27.00	295.50	7.70	2.55	99.00	2.80		
标准离差		0.42	6.36	0.71	0.64	9.19	1.98	0.71	4.46	0.28	12.73	0.50	0.28	54.45	0.28	0.78	29.70	0.28		
变化系数(%)		14.63	7.27	5.24	7.91	15.99	44.00	0.88	83.27	2.98	25.46	30.00	10.48	18.43	3.67	30.50	30.00	11.10		
凝灰岩类	3	4.27	132.00	2.47	8.80	96.33	8.33	9.53	9.53	14.85	55.33	3.07	4.60	327.33	8.64	5.47	76.33	3.25	765.00	17.70
标准离差		1.04	42.00	0.80	1.32	5.13	6.13	1.66	1.86	3.89	3.06	0.35	0.87	52.81	6.06	2.34	61.44	0.07	0	0
变化系数(%)		24.40	31.82	32.52	15.03	5.33	73.60	17.44	19.49	26.19	5.52	11.45	18.95	16.14	70.13	42.87	80.48	2.18	0	0
砂岩	1	4.60	144.00	7.50	9.10	89.00	12.10	14.50	43.80	11.50	74.00	11.80	25.30	317.00	59.70	17.50	178.00	2.70		
千糜岩类	3	4.97	147.67	4.47	18.70	159.00	13.73	17.67	27.20	15.43	69.33	5.20	12.47	617.33	34.63	12.63	138.33	4.67		
标准离差		1.00	29.30	4.10	13.18	69.42	3.93	8.13	39.26	2.95	30.01	3.40	10.23	282.86	31.03	6.60	142.74	2.16		
变化系数(%)		20.17	19.84	91.88	70.49	43.66	28.59	46.01	144.34	19.12	43.28	65.30	82.08	45.82	89.60	52.25	103.19	46.18		
泰勒值(1964)		3.00	165.00	22.00	9.00	90.00	12.50	20.00	100.00	4.00	70.00	25.00	75.00	425.00	135.00	55.00	375.00	2.00	5700.00	33.00

（五）沉积环境综述

1. 火山岩相特征

根据剖面综合分析，将该套中酸性火山岩大致划分为 5 个喷发岩相，即：下部第一层中酸性火山岩夹英安岩为喷发喷溢相；中下部第二层集块砾岩为喷发-爆发相；中部熔结浆屑玻屑凝灰岩夹复成分砾岩为间歇喷发相；中上部含浆屑玻屑凝灰岩为喷发相；上部熔结晶屑浆屑角砾凝灰岩夹复成分砾岩为间歇喷发相。它反映了火山活动的强度是由弱→强→弱→强→弱的特点。火山活动的时间表现为早期喷发相较长，中后期较短；中期间歇喷发相较长，而后期较短的特征。空间上所形成的厚度各不相同，剖面层序的对称性也截然不同。

2. 火山岩建造特征

该套火山岩与喷发作用有关的火山物质主要为固态的火山灰、火山碎屑，次为液态的火山物质如中酸性熔岩出现在剖面下部层位，部分气态的火山物质均出现在沉积岩夹层之中。在喷发沉积作用过程中，主要的细碎屑物和部分沉积夹层中粗碎屑物出现在凝灰岩集中分布的间歇喷发相中，而喷发相中的火山物质分选性一般较好，说明前者在水动力作用影响下物质运动较弱，后者则较强。根据该套火山岩中成层性较好的凝灰岩一般都出现不同程度的熔结性，这种特征可以说是具陆上喷发之特点，而下部层位整合于黑山沟组（D_3hs）海相地层之上，岩石中出现较多的陆源碎屑物。因此，该套火山岩应属海相火山碎屑岩建造。

3. 环境分析

该套火山岩系颜色以灰绿色、灰色、灰褐色为主，夹少量的黄褐色，与下伏岩层呈整合接触，沿火山岩走向与倾向一般变化不大，沉积岩夹层中含有大量碳酸盐岩物质。熔岩一般层理清晰，较厚。凝灰岩的成层性及分选性较好，火山碎屑岩中常混入不同程度的化学沉积物。矿物特征斜长石普遍具分叉状并组成网格，岩石的脱玻化作用及较低的岩石孔隙度等，无疑是水下沉积的产物，属滨-浅海相喷发的沉积环境。

（六）区域对比及时代讨论

朱夏（1959）在撰写《柴达木地质志》时，于茫崖哈尔扎红柳泉地区将该套下部大套中酸性火山岩系，以及上部碎屑岩夹砾岩、中酸性火山岩夹碎屑岩的地层创建为“哈尔扎统”。青海省地质局石油普查大队（1962）在《祁连山、阿尔金山、昆仑山地质概况》一文中介绍，曾命名该地层为“鱼北沟群”，时代归属寒武纪。青海省地层表编写组将此改为元古宇“达肯大坂群”。青海省地矿局（1991）在《青海省区域地质志》编写过程中，对该套地层进行了实地核查，并重测剖面。在《青海省岩石地层》（1997）中将该剖面厘定为“哈尔扎组”，并将由青海省区调综合地质大队 1986 年测制的格尔木市老茫崖红柳泉剖面选定为层型剖面。本书沿用哈尔扎组，经对比本区地层特征与层型剖面特征完全相吻合。对该套地层，我们在工作中未采获化石，根据与黑山沟组（D_3hs）的整合接触关系，时代下限不会早于晚泥盆世。结合前人在该套地层中所获的床板珊瑚、苔藓虫，以及少量海百合茎、腹足类、腕足类等化石碎片，鉴定有 *Thamnopora* ? sp. ，*Cladopora* ? sp. 等，综合分析其时代为晚泥盆世中到晚期。

第七节　晚古生代石炭纪地层

石炭纪地层在测区出露较多，主要为石拐子组（C_1s）、大干沟组（C_1dg）、缔敖苏组（C_3d）。

一、下石炭统石拐子组(C_1s)

石拐子组呈北西-南东向或近东西向分布于测区祁漫塔格山北坡中东段地带，与各时代地层呈断层接触，局部地段与滩间山（岩）群碎屑岩岩组(OST_1)为角度不整合关系（图 2－25），区内出露面积约为 $46km^2$。依据地层分布、岩石组合及宏观上的可分性，将石拐子组上部灰岩和下部碎屑岩分为上、下两段。

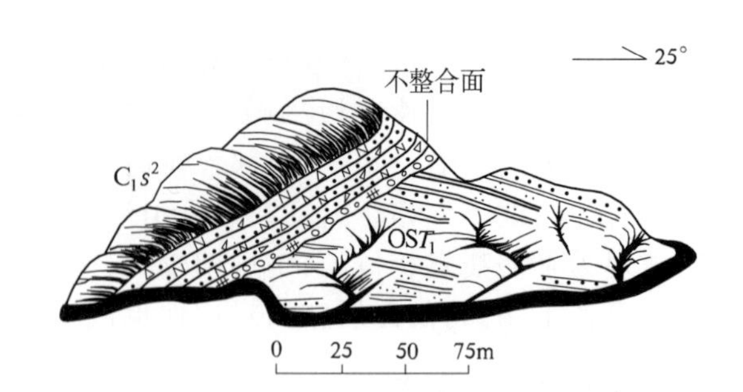

图 2－25　石拐子组上段(C_1s^2)与滩间山（岩）群碎屑岩岩组(OST_1)角度不整合关系素描示意图

（一）地质概况

1. 石拐子组下段(C_1s^1)

该组下段呈北西-南东向分布于三道沟—五道沟、石拐子、克克萨依北侧及宽沟东侧等地段。与滩间山（岩）群碳酸盐岩岩组(OST_3)、大干沟组(C_1dg)、打柴沟组(CPd)均呈断层接触，区内出露面积约为 $22km^2$。剖面中石拐子一带底部与晚奥陶世花岗闪长岩为不整合接触关系（图 2－26），顶部与本组上段(C_1s^2)为整合接触。

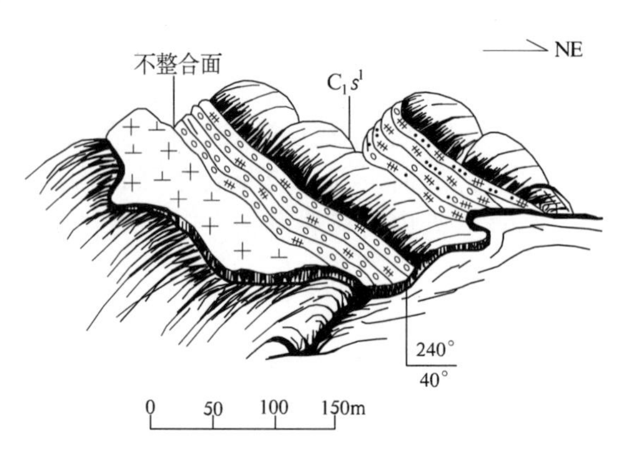

图 2－26　石拐子组下段(C_1s^1)不整合于晚奥陶世花岗闪长岩($O_3\gamma\delta$)之上素描示意图

2. 石拐子组上段(C_1s^2)

该组上段呈近东西向或北西-南东向分布于双石峡东侧、宽沟、东沟一带，与滩间山（岩）群碎屑岩岩组(OST_1)、大干沟组(C_1dg)呈断层接触，莲花石沟东侧与滩间山（岩）群碎屑岩岩组(OST_1)为角度不整合关系，区内出露面积约为 $24km^2$。剖面中石拐子一带底部与本组下段(C_1s^1)为整合接触，顶部与大干沟组(C_1dg)为整合接触。

（二）岩石组合及岩性特征

1. 石拐子组下段(C_1s^1)

主要为一套砾岩、含砾岩屑砂岩、岩屑砂岩及长石石英砂岩的岩石组合。主要岩性描述见表 2－20。

2. 石拐子组上段(C_1s^2)

主要岩性描述见表 2－20。

（三）剖面描述

青海省海西州茫崖镇尕斯乡石拐子下石炭统石拐子组(C_1s^{1-2})实测剖面(IP_2)

起点坐标：东经 91°14′13″，北纬 37°31′15″；终点坐标：东经 91°14′32″，北纬 37°31′26″。控制厚度大于 535.54m，见图 2－27。

表 2-20　下石炭统石拐子组(C_1s^{1-2})岩石特征一览表

岩石名称	结构	构造	粒径大小	岩性描述
灰黄色钙质胶结砾质粗砂状岩屑砂岩	砾质粗砂状结构	块状构造、孔隙式胶结	砾石长径:2.11～9.36mm;砂屑:0.31～1.79mm	岩石由砾石40%(次棱角状—次圆状,成分为中细粒花岗岩)和砂屑46%[岩屑23%(主要为花岗质,次为安山岩)、石英4%(单晶)、长石18%(以粘土化微粒长石为主,次为绢云母化斜长石)、其他1%(黑云母、电气石等)]及胶结物14%(钙质,重结晶为方解石)组成
深灰色钙质胶结细粒长石石英砂岩	细粒砂状结构	块状构造、基底式胶结	碎屑:0.025～0.084mm	岩石由碎屑64%和胶结物36%(钙质、重结晶)及少量生物碎屑组成。其中岩石碎屑(64%)为棱角—次棱角状,分选好,主要成分为石英48.5%(单晶为主)、长石11.5%(微斜长石具强粘土化、部分被粘土矿物及绢云母集合体取代)、岩屑3%(板岩、硅质岩、千枚岩等)、其他1%部分碎屑排列具方向性
深灰色玉髓质有孔虫硅质岩	生物结构	块状构造		岩石由生物64%(由玉髓组成,玉髓呈正突起,纤维状,多构成球粒,其中有孔虫49%、海绵骨针5%、介壳类10%)、胶结物35%(玉髓)及白云石1%组成。因含氧化铁使生物色泽呈浅褐色,胶结物玉髓比生物玉髓纤维相对长一些
浅灰色含生物碎屑微晶灰岩	含生物碎屑微晶结构	块状构造	方解石:0.012～0.03mm	岩石由生物碎屑24%(粉晶方解石或石英、有孔虫、棘皮类、介壳类)和微晶方解石73%(不规则它形粒状、凹凸不平,镶嵌接触)及砂屑3%(成分为长石、石英,分布较均匀)组成
深灰色定向构造泥晶生物屑灰岩	生物及生物碎屑结构	块状构造、定向构造	生物切面:0.06～0.49mm;生物碎屑:0.123mm×0.37mm～0.185mm×1.83mm	岩石由生物碎屑70%(多为单晶方解石,次为细晶方解石集合体,生物无完整形态)、泥晶方解石胶结物30%(具重结晶)及少量氧化铁组成
深灰色含硅质生物碎屑微晶灰岩	生物碎屑结构	块状构造		岩石由生物碎屑40%(以有孔虫、介壳类方解石为主,其中石英成分占5%)、胶结物60%[微晶方解石57%、石英3%(隐晶状)]组成

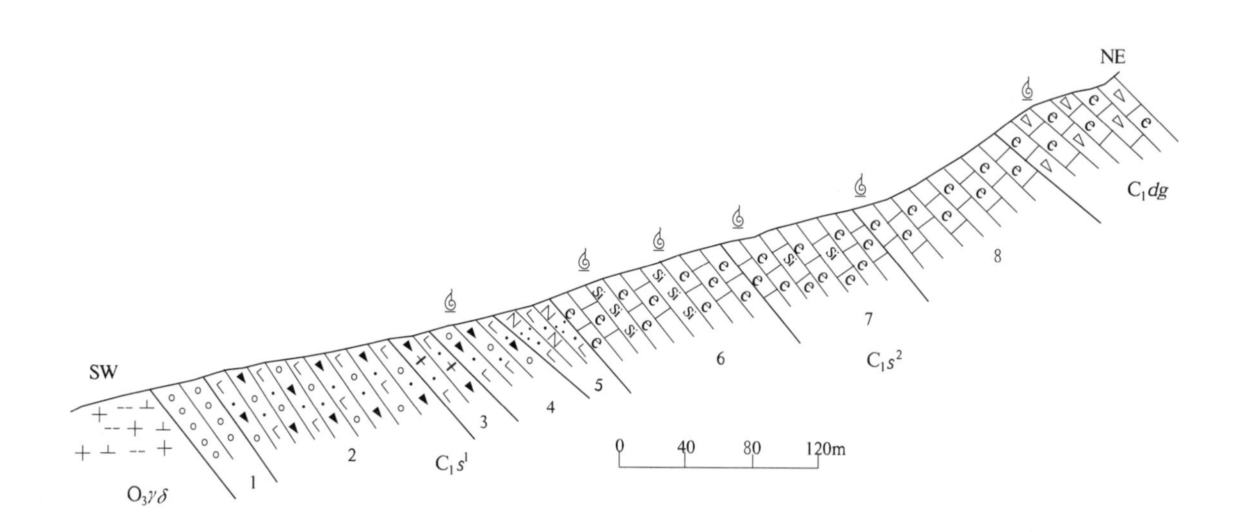

图 2-27　青海省海西州茫崖镇尕斯乡石拐子下石炭统石拐子组(C_1s^{1-2})实测剖面(IP_2)

剖面层序底部与晚奥陶世黑云母花岗闪长岩为角度不整合接触，顶部与下石炭统大干沟组(C_1dg)为整合接触，层与层之间为整合接触，自下而上可分出：1～5层、5～8层2个旋回韵律性(准)层序层，中上部层位中产有丰富的腕足、珊瑚、腹足化石。地层产状表明石拐子一带的石拐子组地层(C_1s)主要为一套整体向北东倾斜的浅变质碎屑岩、含生物碳酸盐岩夹硅质岩的块层状地层体。

上覆：下石炭统大干沟组(C_1dg)灰白色碎裂泥晶生物灰岩

———— 整 合 ————

石拐子组上段(C_1s^2)

8. 灰—深灰色中—厚层状泥晶生物碎屑灰岩，产有腕足 *Athyris expansa*(phillips) 117.99m
7. 深灰色中层状含生物碎屑微晶灰岩夹深灰色薄层状硅质生物碎屑微晶灰岩，产腕足 *Fusella mazartagensia* Wang，腹足 *Enomphalue plummeri*(Kmight)，*Palaeosmilia* sp. 78.54m
6. 深灰色中—薄层状泥晶生物屑灰岩夹深灰色中层状玉髓质有孔虫硅质岩，产腕足：*Schizophoria resupinnata*(Martin)，*Schizophoria* sp.，*Dictyoclostus crawfords villesis* Weller，*Ectohoristites ivanovae* Yang，*Echoristites* sp.；腹足：*Euomphalua* sp.，*Euomphalue planidorsatue*(Meek)，*Bellerophon* sp.，*Microltgchis* sp.；珊瑚：*Palaeosmitia* sp.，*Syrihyopora muetitabulata* 81.06m

———— 整 合 ————

石拐子组下段(C_1s^1)

5. 深灰色中—薄层状钙质细粒长石石英砂岩，产腕足：*Schizophoria* cf. *swallovi*(Hall)，*Marginatia hunanensis*(Tan)；腹足：*Bellerophun* sp.，*Holopea* sp.，*Ehomphalne planidorstue*(Etworlhen).；珊瑚：*Syriihyopora muetitabu lata*.，*Kizilia* cf. *planotabuluta* 46.26m
4. 灰黄色中层状钙质含砾中—粗砾岩屑砂岩夹灰黄色中—厚层状含砾粗砂状岩屑砂岩 34.39m
3. 灰黄色中层状钙质粗粒岩屑砂岩 21.42m
2. 灰黄色中—厚层状钙质含砾粗砂状岩屑砂岩 111.59m
1. 灰紫色厚层状砾岩 44.29m

~~~~~~ 角度不整合 ~~~~~~

下伏：晚奥陶世灰白色中—细粒黑云母花岗闪长岩

(四)微量元素特征

由表2-21中可知，石拐子组各岩类中微量元素平均值与泰勒地壳丰度值对比，岩屑砂岩中除Rb、Pb、Ba不同程度地高出泰勒值外，其他元素均较低或偏低于泰勒值。砾岩、角砾灰岩和大理岩中Pb高出此值，生物碎屑灰岩中U高于此值，结晶灰岩中Pb、U高于此值，其他元素在各岩类中均较低或低于泰勒值。变化系数普遍较低，反映大多数元素呈分散状态存在，个别高值元素显示元素局部呈集中分布。

(五)基本层序特征

1. 石拐子组下段(C_1s^1)

该岩组基本层序是由细砾岩、含砾粗粒岩屑砂岩、中—粗粒岩屑砂岩及细粒长石石英砂岩的自旋回沉积韵律性层序构成。层与层之间均见有冲刷面构造及自下而上由粗变细的正粒序发育(图2-28)。
~~~~~~

表 2－21　上石炭统石拐子组上段(C_1s^2)和下段(C_1s^1)岩石微量元素特征表　(单位:10^{-6})

岩类	样品数	Hf	Zr	Sc	Th	Rb	Pb	Nb	Cr	Ga	Zn	Co	Ni	Ba	V	Cu	Sr	U	Ti	Y
砾岩	1	2.80	88.00	2.10	8.50	58.70	28.50	11.20	15.40	3.00	20.00	4.10	8.70	240.00	19.80	15.40	163.00	1.50	494.00	35.70
角砾灰岩	1	1.50	39.00	1.90	3.50	31.50	22.20	3.60	10.80	1.00	21.00	4.10	7.60	97.00	17.20	83.10	204.00	2.70	277.00	20.40
生物碎屑灰岩	6	1.08	33.35	2.03	2.27	16.25	9.30	9.80	26.05	1.46	25.80	6.40	16.60	99.00	22.15	6.42	275.83	2.32	92.00	26.30
标准离差		0.53	18.05	1.14	1.05	12.49	6.29	5.85	13.44	0.92	10.92	1.55	5.43	69.83	10.76	2.04	216.24	1.20	0	0
变化系数(%)		48.99	54.11	55.87	46.41	76.86	67.59	59.66	51.60	63.32	42.33	24.23	32.70	70.54	48.57	31.76	78.39	51.97	0	0
结晶灰岩	4	0.65	18.75	1.03	1.35	3.00	21.50	15.28	21.25	1.00	18.75	4.05	10.55	28.00	10.30	5.58	150.50	5.78	126.00	15.45
标准离差		0.24	16.30	0.13	0.52	0	2.01	9.00	14.03	0	16.30	0.19	1.66	7.26	4.33	2.25	76.83	3.05	55.37	12.66
变化系数(%)		36.62	86.92	12.28	38.49	0	9.36	58.89	66.04	0	86.92	4.73	15.74	25.92	42.04	40.39	51.05	52.78	43.95	81.95
大理岩	1	0.50	13.00	0.50	1.00	3.00	12.60	2.00	5.20	1.00	19.00	4.20	11.60	39.00	5.60	3.80	62.00	—	74.00	11.10
岩屑砂岩	4	2.60	73.48	2.28	5.48	116.03	19.10	8.15	13.33	7.80	27.43	3.05	6.28	674.50	12.78	7.25	104.30	1.48	—	—
标准离差		0.55	16.8	1.29	2.37	26.21	1.88	1.91	7.76	4.89	21.93	1.01	2.00	108.93	8.23	7.08	11.68	0.28	—	—
变化系数(%)		21.07	22.87	56.68	43.33	22.59	9.84	23.38	58.24	62.63	79.97	33.06	31.80	16.15	64.40	97.61	11.20	18.67	—	—
石英砂岩	1	2.40	69.70	1.90	2.70	33.80	8.30	6.80	14.60	0.80	12.20	5.90	12.80	171.00	22.40	4.00	171.00	1.70	—	—
泰勒值(1964)		3.00	165.00	22.00	9.00	90.00	12.50	20.00	100.00	4.00	70.00	25.00	75.00	425.00	135.00	55.00	375.00	2.00	5700.00	33.00

2. 石拐子组上段(C_1s^2)

其基本层序是由含生物碎屑灰岩、砂屑生物碎屑灰岩与玉髓质有孔虫硅质岩的自旋回沉积韵律性层序构成。含有腕足类、腹足类、双壳类、苔藓虫、有孔虫等大量生物化石碎片;发育有平行层理及正粒序(图2-29)。上述基本层序代表了沉积作用过程中不同阶段沉积物的变化特征,而每个层序是由不同成分、不同粒级的岩石单层叠置而成。总之,自下而上由粗变细的自旋回对称性层序向上叠覆成高一级对称或不对称的旋回性层序。

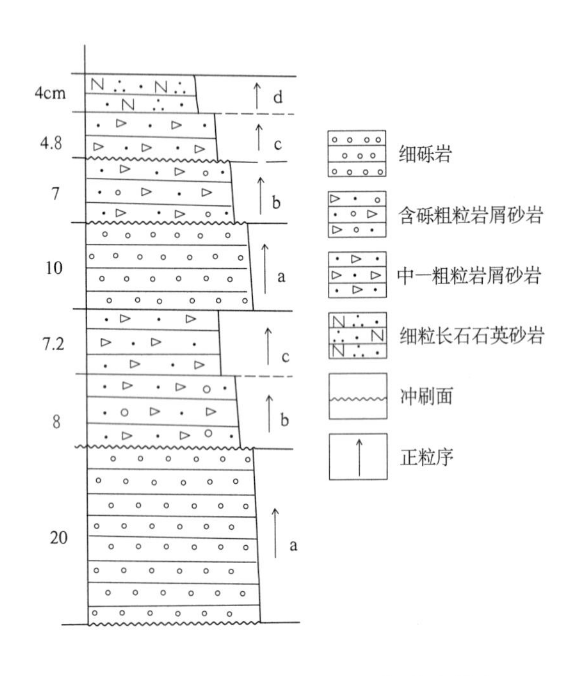

图2-28　石拐子组下段(C_1s^1)基本层序
(据IP_2剖面)

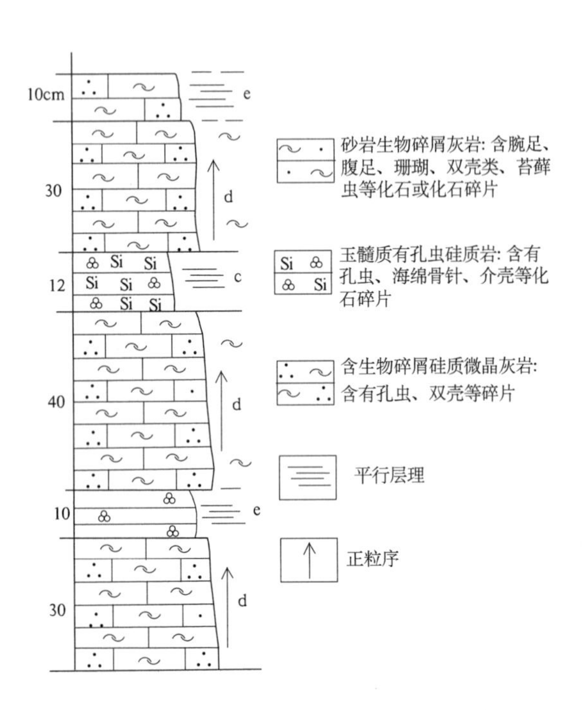

图2-29　石拐子组上段(C_1s^2)基本层序
(据IP_2剖面)

(六)沉积环境综述

1. 剖面层序特征

石拐子组上段顶界面与大干沟组(C_1dg)灰白色碎裂泥晶生物灰岩的始现为标志,二者为整合接触。底界面为一角度不整合直接超覆于晚奥陶世花岗闪长岩之上,界面上、下岩性各异,表现为一沉积间断面,具有冲刷侵蚀特征,属Ⅱ型不整合。它是在全球海平面下降期间下降速率小于(沉积滨线坡折处)海底下降速率的条件下形成的。根据层序的界面性质、层系变化及层面性质及空间上所形成的沉积物以及所含生物化石面貌等,将石拐子组上、下两段分别划为浅海砂岩相和浅海—陆棚碳酸盐相。

(1)浅海-陆棚碳酸盐相。剖面上部6~8层由含生物碎屑泥晶灰岩、微晶灰岩、硅质生物碎屑微晶灰岩夹玉髓质有孔虫硅质岩堆积而成。产腕足、腹足、珊瑚化石,含有大量腕足类、双壳类、腹足类、苔藓虫、有孔虫等生物化石碎片,发育有平行层理及正粒序。地层层序表现为退积—加积型沉积,环境属潮下较深水陆棚低能环境。

(2)浅海砂岩相。剖面下部1～5层由砾岩、含砾粗粒岩屑砂岩、含砾中—粗粒岩屑砂岩、粗粒岩屑砂岩及细粒长石石英砂岩堆积而成。上部层位中产有腕足、腹足、珊瑚等化石及其生物化石碎片。中下部层位中见有冲刷面构造，自下而上由粗变细的正粒序发育。地层层序表现为退积型沉积，环境属潮下浅水高能环境。

2. 生物面貌特征

石拐子组中所产腕足类大多属腕铰纲，部分为始铰纲，是海生底栖生物，与珊瑚、苔藓虫生物共生，它们基本生活在阳光充足的浅海中。部分腹足类属前鳃纲，以适应海生底栖爬行为主，少数则为浮游状态。部分珊瑚则属四射珊瑚类，以非群栖种类为主，它们常居于较深水环境。少量双壳类(大多为生物碎片)无脊椎动物其生活领域较广，但主要是海生底栖生活。有孔虫和苔藓虫大多都生活在海洋之中。除此之外，在本组上段下部层位中出现的玉髓质有孔虫硅质岩及其中所含有孔虫、海绵骨针介壳类等化石碎片，进一步确定了它们是较深水环境的产物。

3. 环境分析

石拐子组下段(C_1s^1)除底砾岩外，主要由砂岩组成，尤其是岩屑砂岩的大量出现表明沉积物很大一部分来源于陆源，由源区母岩风化剥蚀搬运堆积而成。这种砂岩多形成于强烈构造隆起带附近的坳陷带中。砂岩的石英、长石和云母Q－F－Rx图(图2－30)明显反映出从早到晚岩石由富岩屑贫长石向富石英方向演化，岩石的颗粒成熟度及结构成熟度也随之增高。同时也表明了物源区气候干旱、沉积物搬运路途短、坡降较陡及快速搬运、快速堆积之特点。根据剖面层序所反映的岩相变化特征，石拐子组从早期到中后期是一个海侵作用过程。其中中期是海侵作用的强盛时期，晚期可能为加积型沉积的特点。

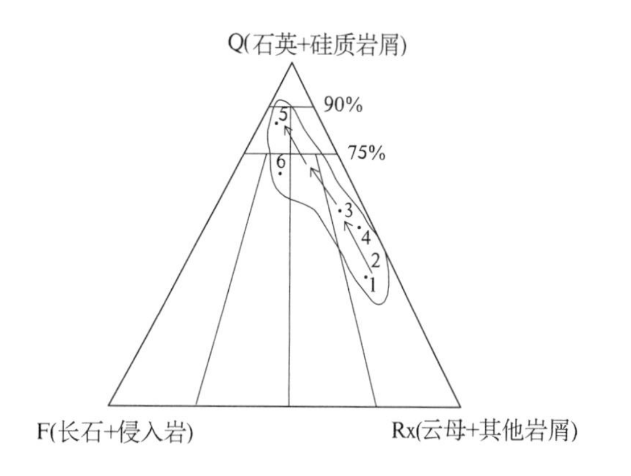

图2－30 石拐子组下段(C_1s^1)砂岩Q－F－Rx图

1. IP_2Bb2-1；2. IP_2Bb3-1；3. IP_2Bb4-1；4. IP_2Bb4-2；5. IP_2Bb5-1；6. $I_{87}Bb15-1$

(七)区域对比及时代讨论

1978年肖劲东于格尔木市五龙沟上游建立五龙沟组。1980年青海省地层表编写组将该组纳入《西北地区区域地层表(青海省分册)》。1980—1982年青海省第一区调队在1∶20万格尔木东农场幅、东温泉幅区域地质调查中，对五龙沟组提出质疑；经查核1983年在上述两幅报告中建议停用。1985年李庆凯发表了《对东昆仑五龙沟组的异议》，再次提出五龙沟组的化石产地不明，所列剖面不可靠，将五龙沟上游的石炭纪地层剖面归入缔敖苏组及四角羊沟组，停用五龙沟组。1985年刘广才创建石拐子组，将该组自下而上划分为砂砾岩段及灰岩段，用以代表祁漫塔格北坡 Tournaisan 期沉积。同年，青海省第一区调队在《1∶20万伯喀里克幅、那棱郭勒幅、乌图美仁幅区域地质调查报告》中引用石拐子组。1986年，该队在《1∶20万茫崖幅、土窑洞幅区域地质调查报告》中沿用石拐子组。1987年刘广才等公开发表石拐子组。1990年王增吉引用为穿山沟组。1991年青海省地矿局沿用五龙沟组。1997年，在《青海省岩石地层》中采用石拐子组，建议停用穿山沟组及五龙沟组，指定正层型为刘广才等(1982)测制的茫崖镇石拐子(大黄山)剖面。本文沿用石拐子组，并根据宏观特征及岩石组合，划分为上段(C_1s^2)和下段(C_1s^1)两个非正式段级单位。经对比，除阿木尼克一带石拐子组段上部出露较多砂质灰岩外，其他与区域特征完全相吻合，见图2－31。在对该套地层工作中我们采集了大量腕足、腹足、珊瑚等海相生物化石，大致上可划分为4种生物类型：①*Marginatia hunanensis*(Tan)，*Schigophoria* cf.

swallovi(Hall),*Schigophoria resupianta*(Martin),*Dictyoclostus crawfordsvillensis* Weller,腕足类组合(图版 3 图 5～8、图版 4 图 7～12、);②平背全脐螺 *Euomphalus planidorsatus* (Meek et Worthen),普氏全脐螺(比较种) *Euomphalus* cf. *plummeri* (Knight),全脐螺(未定种) *Euomphalus* sp.,圆口螺(未定种) *Straparollus* sp.,雅致土蜗(比较种) *Galba* cf. *elegans*(Ping),微褶螺(未定种) *Microptychis* sp.,神螺(未定种) *Bellerophon* sp.,假菊石型南方圆螺黄河亚种 *Australorbis pseudoammonius huanghoensis* Yu,普氏全脐螺比较种 *Euomphalus* cf. *plummeri* (Knight)腹足类组合(图版 9、图版 10);③*Ectohoristites ivanovae* Yang, *Eachoristites* sp.,腕足类组合;④基集尔珊瑚平板种(比较种)*Kizilia* cf. *planotabutata*珊瑚类组合(图版 8 图 5～6);结合前人在区域上采获的珊瑚 *Karwiphyllum qinghaiensis*,*Enygophyllum dubium*,*Humboldta tongkouensis*,*Keyserlingophyllum* sp.,*Amuniriphyllum grossinum*,*Siphonophyllia oppressa*,*Erusophyllum heijianshanense*;腕足 *Marginatia ferglenensis*;以及双壳类、海百合茎、海绵虫等化石。据鉴定成果及总体生物面貌特征表明,该套沉积物应为下石炭统在 Tournaisan 中晚期沉积物。

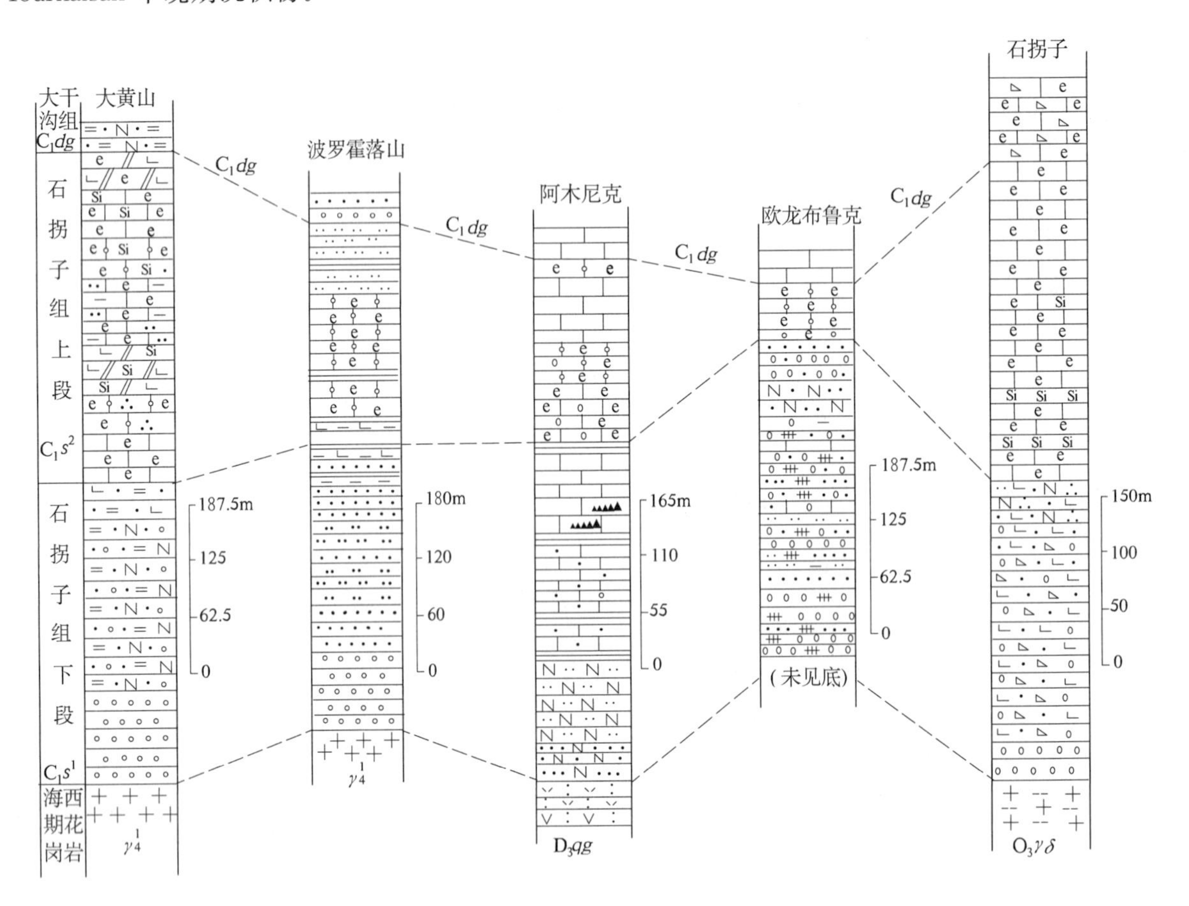

图 2-31 下石炭统石拐子组(C_1s^1)柱状对比图

二、下石炭统大干沟组(C_1dg)

(一)地质概况

大干沟组呈北西-南东向或近东西向分布于双石峡、石拐子、奶头山、宽沟、东沟、豹子沟、玉古萨依、巴音格勒呼都森以及阿达滩沟脑南侧一带。区内出露面积约为 176km²。与滩间山(岩)群碎屑岩组(OST_1)、石拐子组下段(C_1s^1)和上段(C_1s^2)、打柴沟组(CPd)、鄂拉山组(T_3e)及花岗岩体呈断层接触。石拐子一带出露不多，但顶底齐全，底部与石拐子组(C_1s^1)呈整合接触，顶部与缔敖苏组(C_3d)呈整合接触；云居萨依一带底部与晚奥陶世花岗闪长岩为断层接触关系，顶部与缔敖苏组(C_3d)呈整合接触；玉古萨依一带顶底不全，底部与滩间山（岩）群中基性—中酸性火山岩岩组(OST_2)呈断层接触，未见顶，被第四纪地层覆盖；巴音格勒呼都森一带呈断块状产出于古元古代白沙河岩组中（图版12-5）。因受后期构造叠加，部分地段及其断裂带中出现糜棱岩或糜棱质岩石，造成地层不同程度的韧性变形。但大多以出现较为宽缓的表浅部褶皱等构造形态为特征（图版12-6）。

（二）岩石组合及岩性特征

该岩组岩石类型较复杂，主要为一套含砂屑或不含砂屑的亮晶生物碎屑灰岩、粉屑生物碎屑灰岩、结晶灰岩、微晶灰岩、内碎屑灰岩、复成分砾岩夹硅质岩、糜棱岩及黑云母角岩的岩石组合。主要岩性描述见表2-22。

表2-22　下石炭统大干沟组(C_1dg)岩石特征一览表

岩石名称	结构	构造	粒径大小	岩性描述
灰白色灰岩（构造圆化）砾岩	砾状结构	块层状构造	角砾：2.03～5.85mm；胶结物：0.16～1.72mm	岩石由砾石40%（灰岩）和胶结物60%（方解石质碎块33%及碎粒方解石27%）组成。角砾形态主要为呈次棱角状，次为次圆状外形，成分以细晶灰岩为主，含泥晶胶结物内碎屑灰岩、砾石排布不显方向性
深灰色亮晶含砾屑团粒生物碎屑灰岩	含团粒、内碎屑生物碎屑结构	块状构造	生物碎屑：0.06～0.33mm；团粒：0.048～0.18mm；砾屑：0.78mm×2.03mm～1.79mm×5.97mm	岩石由碎屑53%和胶结物47%组成。其中碎屑由生物碎屑7%（有孔虫类、含介屑类）、内碎屑（砾屑）30%（球粒为重结晶微晶灰岩、形态呈椭圆状、排列不显方向性）、团粒16%（泥晶方解石、呈卵形）组成。胶结物由亮晶方解石37%、含泥晶方解石10%组成
深灰色亮晶砂屑生物碎屑灰岩	粒屑结构	略具定向构造，孔隙式胶结	生物碎屑：0.09～0.94mm；砂屑：0.12mm左右	岩石中的碳酸盐类矿物全部为方解石。岩石由粒屑70%（生物碎屑56%有有孔虫、介形虫及双瓣壳类，砂屑14%为微晶灰岩、不规则状、均匀分布）和亮晶胶结物30%（方解石）组成
深灰色微晶生物碎屑砂屑灰岩	粒屑结构	块状构造，基底式—孔隙式胶结	生物碎屑：0.33～1.56mm；砂屑：0.07～0.22mm	岩石中的碳酸盐类矿物全部为方解石。岩石中砂屑37%（微晶灰岩、不规则状、略具磨圆）、生物碎屑25%（有孔虫、介形虫及双瓣壳类，均匀分布）、亮晶胶结物13%、泥晶基质25%组成。方解石颗粒排列不具方向性，岩石为孔隙式胶结，局部基底式胶结
灰—深灰色生物碎屑灰岩	生物碎屑结构	块状构造	生物碎屑：0.1～0.925mm	岩石由生物碎屑颗粒65%（有孔虫、介形虫、腹足类、䗴、棘皮类等，均匀分布）和胶结物35%[方解石34%（晶体粗大，分布不甚均匀）、石英1%（次棱角状，零星分布）]组成。有孔虫被泥晶方解石交代，其他生物被亮晶方解石交代
深灰色变泥晶中—粗粒内碎屑灰岩	中粒砂状结构	块状构造	内碎屑：0.22～0.86mm；砂屑：0.03～0.22mm；胶结物：0.0078～0.012mm	岩石由碎屑68%和胶结物32%组成。碎屑（68%）由内碎屑65%（砂屑，呈次圆及次棱角状，由不等粒半自形方解石组成）、生物碎屑3%（有孔虫和棘皮类等）组成。胶结物为微晶方解石原岩可能为泥晶方解石，其内碎屑和胶结物均已重结晶

（三）剖面描述

1. 新疆若羌县铁木里克乡盖依尔南下石炭统大干沟组(C_1dg)实测剖面(IP_{32})

起点坐标：东经90°58′15″，北纬37°21′46″；终点坐标：东经：90°58′27″，北纬37°22′20″。控制厚度大于678.30m，见图2-32。

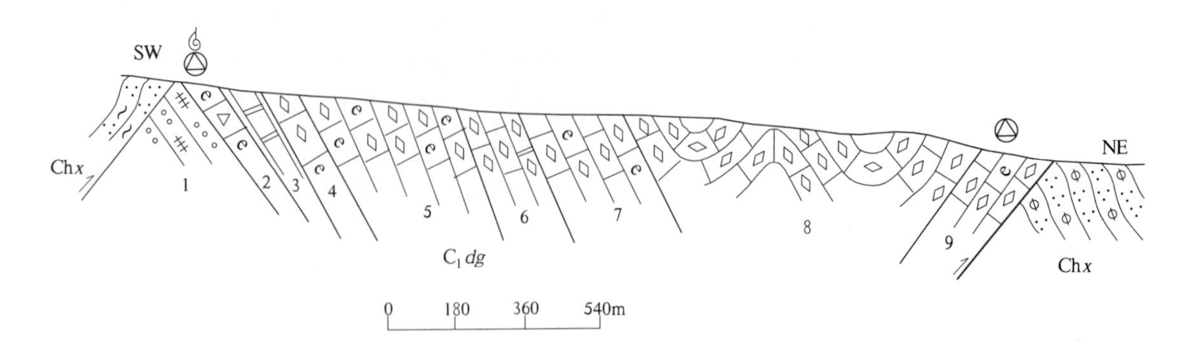

图 2-32 新疆若羌县铁木里克乡盖依尔南下石炭统大干沟组(C_1dg)实测剖面(IP_{32})

剖面层序未见顶，底部与长城系金水口(岩)群小庙(岩)组为角度不整合接触，层与层之间为整合接触，上部层位中褶皱强烈，下部层位含有腕足、珊瑚化石。地层产状表明盖依尔南一带的大干沟组(C_1dg)整体为一套向北东倾斜的浅变质碳酸盐岩夹砾岩的块层状地层体。

9. 深灰色中—厚层状棘皮微晶灰岩(未见顶) 78.96m

8. 浅灰白色块层状片状微晶方解石大理岩 224.67m

7. 浅灰白色中—厚层状方解石质糜棱岩，产大量海百合茎 97.00m

6. 浅灰白色中—厚层状初糜棱方解石大理岩夹灰色厚层状钙质胶结复成分砾岩 44.94m

5. 深灰色大理岩质糜棱岩夹浅灰白色厚层状方解石质大理岩 146.70m

4. 浅灰白色厚层状方解石大理岩质糜棱岩 33.92m

3. 浅肉红色块层状方解石大理岩 32.86m

2. 灰色中—厚层状初糜棱方解石大理岩夹灰色中—厚层状钙质胶结复成分砾岩，产腕足：*Schizophoria resupinata* (Martin), *Ambocoelia* sp.；珊瑚：*Koninckophyllum* sp. 20.87m

1. 灰色中—厚层状钙质胶结复成分砾岩含砾中—粗粒岩屑砂岩 7.38m

~~~~~~~~ 角度不整合 ~~~~~~~~

下伏：长城系金水口(岩)群小庙(岩)组(Chx)灰绿色绿泥石英片岩

2. 青海省海西州茫崖镇尕斯乡石拐子下石炭统大干沟组(C_1dg)实测剖面(IP_3)

起点坐标：东经 91°14′39″，北纬 37°33′21″；终点坐标：东经 91°15′24″，北纬 37°32′51″，控制厚度大于 1102.74m，见图 2-33。

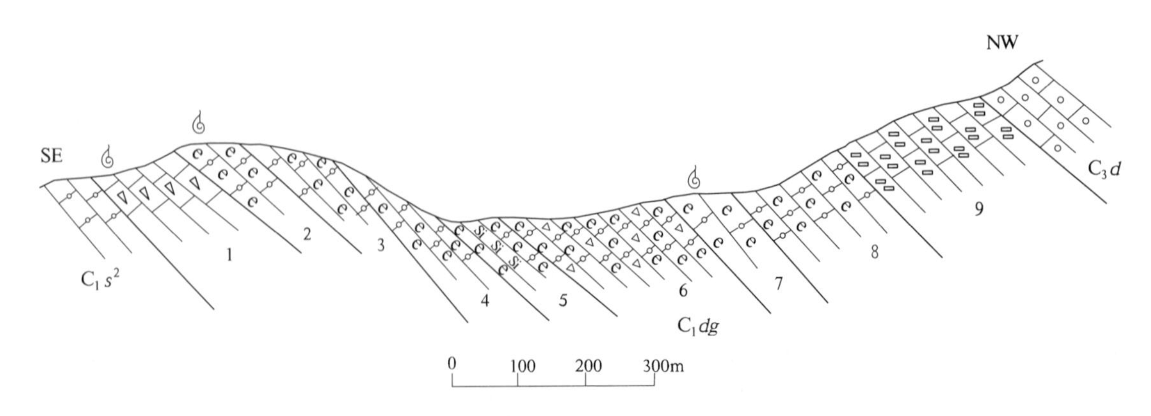

图 2-33 青海省海西州茫崖镇尕斯乡石拐子下石炭统大干沟组(C_1dg)实测剖面(IP_3)
~~~~~~~~

石拐子一带的大干沟组(C_1dg)整体为一套向北西倾斜的以生物碎屑灰岩为主夹硅质岩的浅变质块层状地层体。剖面层序未见顶底，层与层之间为整合接触，自下而上 1～4 层和 5～9 层可分为两个旋回性韵律性(准)层序层。底部和中部层位中产腕足、珊瑚、海绵虫等化石。底部与长城系金水口(岩)群小庙(岩)组为角度不整合接触。

上覆：上石炭统缔敖苏组(C_3d)灰白色灰岩砾岩

——————　整　合　——————

9. 深灰色中层状变泥晶(中—粗粒)生物屑内碎屑灰岩	104.11m
8. 深灰色中—厚层状亮晶生物碎屑灰岩，含有硅质条带	206.00m
7. 灰—深灰色块层状亮晶生物碎屑灰岩，产腕足：*Linoproductus cora* (*dotbigny*)，*Echinoconchus* cf. *fasciatus*(Kutorga)；珊瑚：*Paencloza phencoides* sp.	74.30m
6. 深灰色中层状亮晶含砾屑团粒生物碎屑灰岩	223.15m
5. 深灰色中—薄层状亮晶含生物内碎屑灰岩夹玉髓硅质岩	44.16m
4. 灰白色中层状亮晶生物灰岩	109.69m
3. 灰白色块层状亮晶生物碎屑灰岩	99.11m
2. 浅灰色中—厚层状亮晶生物灰岩，产腕足：*Productus gesuoensis* Yang，*Archonalaema* sp.；海绵虫：*Chaeteteorhomaoni*	127.93m
1. 灰—灰白色碎屑微晶灰岩，产海绵虫：*Cheateteo* sp.	114.29m

——————　整　合　——————

下伏：下石炭统石拐子组上段(C_1s^2)灰—深灰色碎屑亮晶含内碎屑生物灰岩

3. 新疆若羌县铁木里克乡玉古萨依下石炭统大干沟组(C_1dg)实测剖面(IP_{18})

起点坐标：东经 91°11′58″，北纬 37°54′28″；终点坐标：东经 90°11′28″，北纬 37°53′36″，控制厚度大于 1123.37m，见图 2-34。

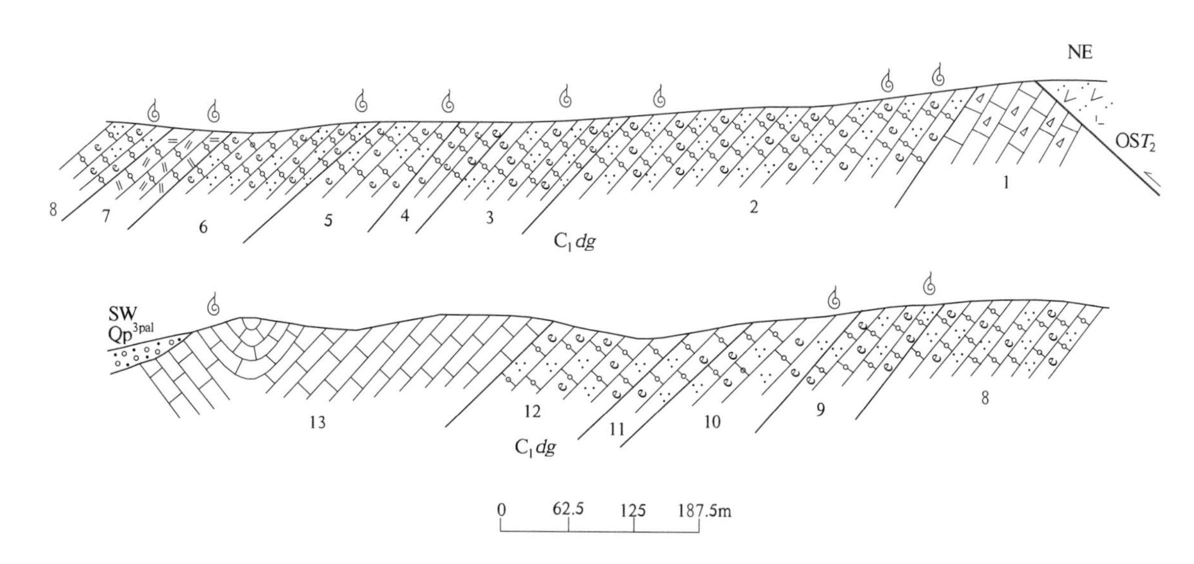

图 2-34　新疆若羌县铁木里克乡玉古萨依下石炭统大干沟组(C_1dg)实测剖面(IP_{18})

剖面层序未见底，顶部为向斜轴部，层与层之间为整合接触，主要为生物碎屑砂屑灰岩、亮晶生物碎屑灰岩及微晶灰岩的岩石类型，含有丰富的腕足、珊瑚。自下而上 1～4 层和 5～9 层可分为两个旋回性韵律性(准)层序层。底部和中部层位中产腕足、珊瑚、介形虫等化石。地层产状表明玉古萨依一带的大干沟组(C_1dg)整体为一套向南西倾斜的浅变质含物碎屑碳酸盐岩的块层状地层体。

13. 深灰色中—薄层状微晶灰岩(向斜轴部) 199.37m

12. 灰色厚—巨厚层状亮晶生物碎屑灰岩 102.02m

11. 浅灰色中—厚层状亮晶砂屑生物碎屑灰岩,产珊瑚:*Siphohderdron paucirdiale* 34.72m

10. 深灰色中层状亮晶生物碎屑灰岩,产珊瑚:*Siphohderdron paucirdiale* 43.72m

9. 深灰色中—薄层状亮晶粉晶生物碎屑灰岩,产腕足:*Ectochorstites ivauovae* Yang,珊瑚:*Siphohderdron* sp. 43.36m

8. 深灰色中层状亮晶生物碎屑灰岩,产腕足:*Datangia* cf. *ovatiformis* Yang,*Linoproductus* sp. 151.72m

7. 浅灰色中层状片理化含白云石亮晶生物碎屑灰岩,产腕足:*Productus gesuoansis* Yang,介形虫:*Chaetes* cf. *tenuissina* 37.80m

6. 深灰色中—厚层状亮晶砂屑生物灰岩,产腕足:*Gigantoroductus* cf. *jiangyouensisjiang*,珊瑚: *Siphohderdron* 77.51m

5. 深灰色中层状亮晶砂屑生物灰岩,产腕足:*Gigantoroductu sgiganteus* Sowerbr,*Datangia ovatiformis* Yang,*Productus gsuoesis* Yang,珊瑚:*Palaeosmilia* 60.22m

4. 深灰色中—薄层状亮晶砂屑生物屑灰岩夹深灰色薄层状亮晶生物碎屑灰岩 31.03m

3. 深灰色中层状微晶生物屑砂屑灰岩,产腕足:*Pseudaviculopecten* sp.,珊瑚:*Zaphriphyllum* sp. 68.32m

2. 深灰色中层状生物碎屑砂屑灰岩,产腕足:*Marginata farnglenensis* Weller,*Gigantoptoductus* sp.,*Datangia ovatiformis* Yang,*D weiningensis* Yang,珊瑚:*Siphonodendron*,*palaeosmilia* sp. 273.58m

1. 浅灰色中层状碎裂粉晶灰岩(未见底) 28.53m

═══════ 断 层 ═══════

下伏:上奥陶统滩间山(岩)群火山岩岩组(OST_2)灰绿色块层状安山质凝灰岩。

(四)微量元素特征

由表2-23中可知,大干沟组中各岩类的微量元素平均值与泰勒的地壳丰度值比较,角岩中Zr、Nb、Ga、Hf、Ba不同程度地高出泰勒值,其他元素均较低或偏低于泰勒值。生物碎屑灰岩中Au高于此值。砂屑灰岩中除Pb高出此值近3倍外,其他元素在各岩类中均较低或远低于泰勒值。变化系数较小表明绝大多数元素呈分散状态赋存于地壳中,个别高值元素反映了元素局部呈集中分布。

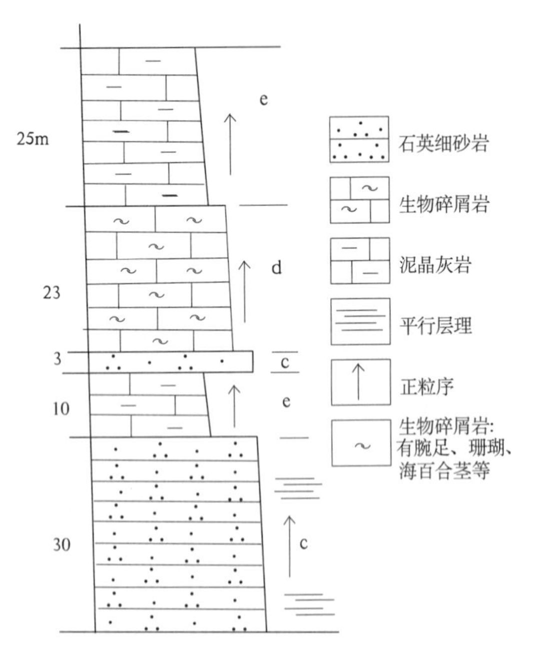

图2-35 大干沟组(C_1dg)基本层序

(据路线3023点间)

(五)基本层序特征

大干沟组(C_1dg)基本层序是由石英细砂岩、生物碎屑灰岩及泥晶灰岩的自旋回沉积韵律性层序构成。砂岩中发育有平行层理、正粒序,含有大量的腕足、珊瑚及海百合茎生物碎屑或碎片(图2-35)。它代表了沉积作用过程中不同阶段沉积物的变化特征,而每层沉积物是由不同成分、不同粒级的岩石单层叠置而成。总体具有自下而上由粗变细的自旋回层序向上叠覆成高一级的旋回层序的特征。

表 2-23 下石炭统大干沟组(C_1dg)岩石微量元素特征表

(单位:10^{-6})

岩类	样品数	Hf	Zr	Sc	Th	Rb	Pb	Nb	Cr	Ga	Zn	Co	Ni	Ba	V	Cu	Sr	U	Ti	Au
生物碎屑灰岩	16	0.31	13.33	0.36	1.28	1.75	10.46	4.84	5.07	0.50	10.63	6.24	13.00	26.71	6.31	4.60	313.15	1.30	59.67	0.48
标准离差		0.03	5.29	0.07	0.88	1.00	12.97	49.87	0.25	0	4.05	1.22	1.45	24.73	1.09	3.25	446.53	0.51	10.25	0.12
变化系数(%)		10.20	39.66	19.42	69.24	57.74	124.05	10.29	4.92	0	38.12	19.49	11.16	92.56	17.21	70.64	142.59	39.22	17.18	0.24
砂屑灰岩	4	—	19.00	—	2.90	3.00	36.75	5.15	5.00	—	16.00	4.88	11.18	10.75	7.65	3.18	414.75	1.13	62.25	0.023
标准离差		—	2.16	—	1.86	0	7.14	0.91	0	—	10.96	0.15	0.71	2.99	3.24	0.51	235.46	0.59	11.93	0.025
变化系数(%)		—	11.37	—	64.08	0	19.44	17.69	0	—	68.47	3.08	6.34	27.78	42.39	15.93	56.77	52.02	19.16	111.11
微晶灰岩	3	0.30	12.87	0.35	1.00	1.67	8.23	5.20	5.00	0.50	11.07	6.03	13.10	22.47	6.93	3.97	165.33	1.47	107.00	0.13
标准离差		0	7.93	0.07	0	1.16	12.71	0.52	0	0	2.34	1.64	2.50	5.41	3.42	1.33	90.67	0.40	0	0
变化系数(%)		0	61.60	20.20	0	69.28	154.35	9.99	0	0	21.10	27.25	19.07	24.06	49.66	33.57	54.84	27.56	0	0
构造灰岩	2	0.30	—	0.35	1.00	1.00	13.65	4.80	5.35	18.30	16.75	4.70	11.00	17.05	5.00	3.70	129.30	1.00	—	—
标准离差		0	—	0.07	0	0	0.50	0.85	0.50	12.30	1.91	0.99	4.24	1.49	0.14	0.14	44.83	0.57	—	—
变化系数(%)		0	—	20.20	0	0	3.63	17.68	9.25	67.23	11.40	21.06	38.57	8.71	2.83	3.82	34.67	56.57	—	—
硅质岩	1	0.30	10.70	0.60	1.00	1.00	2.30	4.10	12.90	0.50	13.70	6.70	13.10	48.30	10.30	4.80	179.00	2.00	—	—
角岩	1	4.90	191.00	18.10	15.10	169.00	6.30	22.30	75.10	15.40	21.50	—	14.50	427.00	20.00	3.60	158.00	—	4300.00	—
泰勒值(1964)		3.00	165.00	22.00	9.00	90.00	12.50	20.00	100.00	4.00	70.00	25.00	75.00	425.00	135.00	55.00	375.00	2.00	5700.00	0.43

(六)沉积环境综述

通过对剖面的分析,石拐子一带顶界面以缔敖苏组(C_3d)灰白色灰岩砾岩的出现为标志,二者为整合接触。底界面与石拐子组上段(C_1s^2)深灰色亮晶含内碎屑生物灰岩为连续沉积的整合接触。盖依尔一带未见顶,底界面为一角度不整合直接超覆于长城系金水口(岩)群小庙(岩)组(Chx)绿泥石英片岩之上,其上为复成分砾岩,具底砾岩特征,界面上下岩性各异,表现为一沉积间断面。根据石拐子组(IP_3)剖面所反映的界面性质、层系变化、层面性质及空间上所形成的沉积物以及生物化石面貌等,将大干沟组暂划为浅海碳酸盐岩相和浅海-陆棚碳酸盐岩相。

1. 浅海-陆棚碳酸盐岩相

剖面上部 5～9 层由亮晶含砾屑团粒生物碎屑灰岩、亮晶生物碎屑灰岩、变泥晶内碎屑灰岩及亮晶含生物内碎屑灰岩夹玉髓质硅质岩堆积而成。剖面中夹有较多硅质条带,含腕足类、珊瑚类化石及其生物化石碎片。沉积构造主要表现为平行层理及微纹层理。大量砾屑、团粒、亮晶及内碎屑颗粒显示存在侵蚀冲刷及水动力环境较强,而玉髓质硅质岩及较多硅质条带的出现则反映了潮下较深水有低能环境的产物。地层层序表现为退积-加积型沉积,具盆地边缘相特征。

2. 浅海碳酸盐岩相

剖面下部 1～4 层由亮晶生物碎屑灰岩及碎屑微晶灰岩堆积而成。含腕足类、海绵虫及珊瑚化石及其生物化石碎片。大量晶屑物质表明沉积物质地较纯、冲刷侵蚀作用明显,水动力环境较强。地层层序表现为退积型沉积,环境属潮下浅水高能环境,具台地边缘浅滩相特征。该岩相由灰—灰白色石英砂岩、砂砾岩、粉砂岩及灰岩组成,夹火山岩、火山碎屑岩等,含腕足、珊瑚等化石。与下伏石拐子组呈整合或假整合接触,与上覆缔敖苏组为假整合接触,时代为早石炭世晚期。

(七)区域对比及时代讨论

王增吉(1983)将格尔木市哈是托(缔敖苏)南山的碎屑岩灰岩沉积的大干沟组,另立为“西汉斯特沟组”。《青海省岩石地层》(1997)中沿用大干沟组,将此确立为前石炭纪地层或石拐子组之上、缔敖苏组之下的地层体。下部为杂色砾岩、砂岩及粉砂岩,上部为灰色泥晶、粉晶及亮晶生物碎屑灰岩。含丰富的珊瑚、腕足、䗴及苔藓虫、有孔虫及植物等化石,与前石炭纪地层为不整合关系,与下伏石拐子组、上覆缔敖苏组均为平行不整合接触。本文沿用大干沟组,经对比除玉古萨依下部层位出现较多的含生物碎屑砂质灰岩外,其他基本与区域特征较吻合,图 2－36 中对该套地层工作中我们采获的动物化石有腕足:圆凸线纹卡身贝 *Linoproductus cora* (d'Orbigny),费格连边脊贝 *Marginatia fernglenensis* Weller,细線线纹长身贝 *Linoproductus Lineata* (Waagen),簇状轮刺贝(比较种) *Echinoconchus* cf. *fasciatus* (Kutorga)? 细线细线贝? *Striatifera striata* (Fischen)(图版 4 图 1～3、13～19、图版 5 图 17～18);少辐射丛管珊瑚 *Sphonodendron pauciradiale*,库兹巴斯珊瑚(未定种) *Kushassophyllum* sp.,刺毛类极细种 *Chaetetes* cf. *tenuissina*,康宁珊瑚(未定种) *Koninckophyllum* sp.,(图版 8 图 1～4、9、图版 11 图 7～8);䗴:*Patrell* sp.,*Triticites dictyopharus* Rosovsuaya,*Zellia colamae* Kahler et Kahler,*Tritcites* sp.;海绵虫:*Chaeteteorhomaoni*,*Chaeteteo* sp.;介形虫:*Chaeteles* cf. *tenuissina*。结合区域上前人所采 *Tluctuaria undata*,*Schuhertella* cf. *magna*,*Striatifera striata*, *Gigantoproductus*, *Giganteus*, *G. edel -burgensis*, *G. ltissimus* 腕足类等;*Eostaffella hohsienica* 䗴带;*Yuaophyllus* sp.,*Arachnolasma sinensis*,*lithostrotion irregulare*,*Syringopora ramulosu* 等珊瑚;*Euompallua plummeri*(Kmigly),*Doualolina* sp., *Cleiofhyridina submabrauacea* Van *nucleospirospiroideo*(Chu) 等腹足类;*Globoentothraglobuilus* － *Cribrostomum* erimillm 有孔虫组合及苔藓虫等化石。从生物面貌分析大多为早石炭世晚期分子，不言而喻大干沟组的地质时代为 Visean 期沉积。

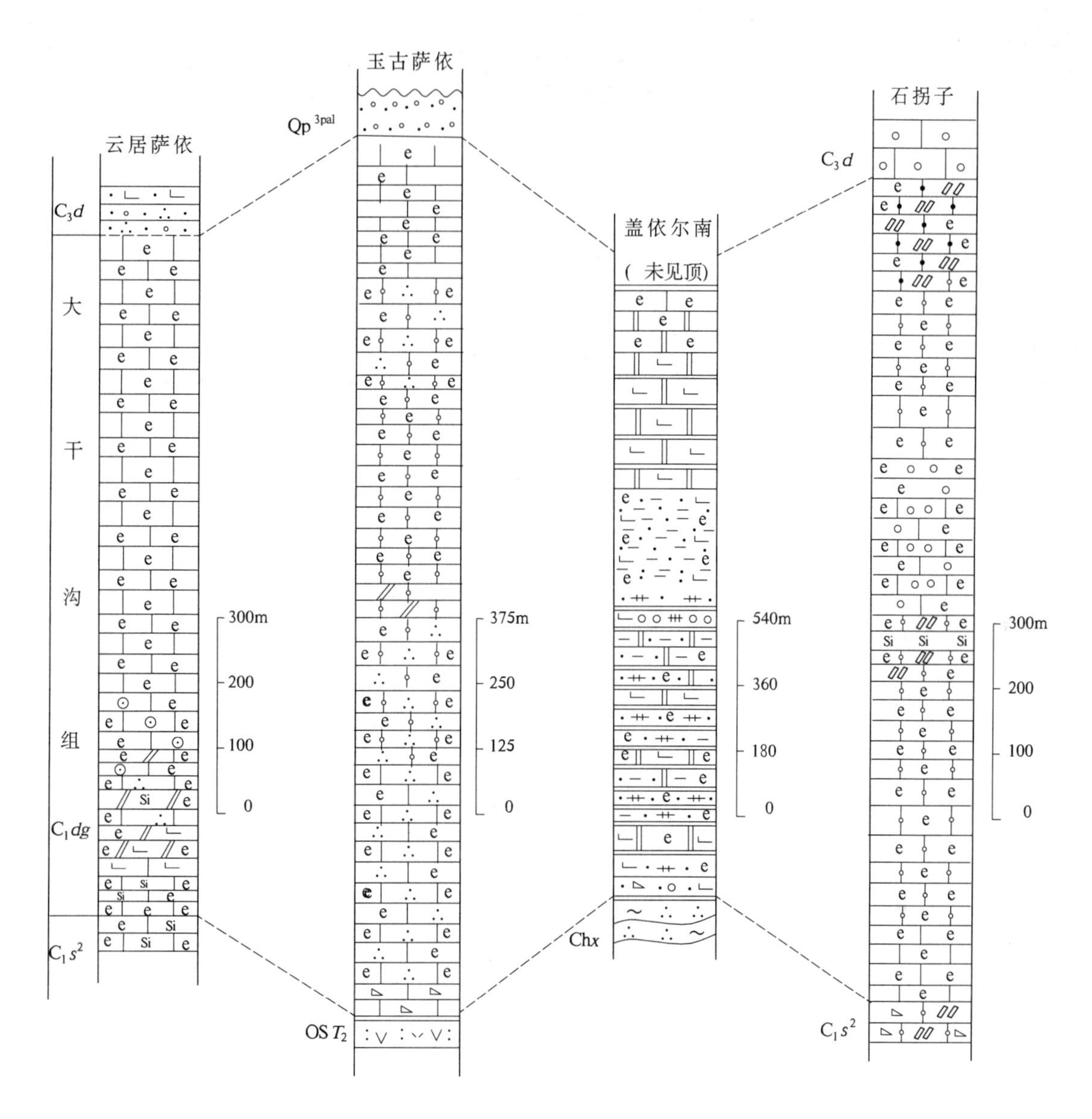

图 2-36　下石炭统大干沟组(C_1dg)柱状对比图

三、上石炭统缔敖苏组(C_3d)

(一)地质概况

缔敖苏组呈北西-南东向分布于云居萨依、石拐子、大沟一带，区内出露面积约为 24km^2。石拐子一带底部与大干沟组(C_1dg)为整合接触，顶部与打柴沟组(CPd)为断层接触；云居萨依一带底部为背斜轴部，顶部与打柴沟组为断层接触，其他地段被第四纪地层覆盖。

(二)岩石组合及岩性特征

该岩组主要为一套生物碎屑灰岩、亮晶生物碎屑灰岩的岩石组合。主要岩性有浅灰色块层状生物碎屑灰岩，浅灰色块层状亮晶生物碎屑灰岩，灰—深灰色中—厚层状生物碎屑灰岩，灰—深灰色亮晶生物碎屑灰岩，浅灰—灰白色厚层状含砂砾屑、生物碎屑灰岩，浅肉红色块层状生物碎屑灰岩等。沉积特点以砂砾屑、粉屑相互交替的韵律性沉积为特点，颜色以浅灰、灰—深灰色为特征，夹浅肉红色岩石。

浅肉红色块层状生物碎屑灰岩：为生物碎屑结构，块状构造，岩石由颗粒 60%（生物碎屑 55%、砂砾屑 5%）和胶结物 40%（方解石）组成，颗粒由生物碎屑（苔藓虫、有孔虫、藻类等）和含藻砂砾屑组成。生物碎屑形体除有孔虫较完整外其他均不完整，已被方解石交代。砂砾屑大小相近呈不规则状外形，色暗，富含有机质。碎屑粒径大小在 0.1～2.22mm 之间。胶结物由亮晶方解石组成，方解石呈粒状晶体，彼此紧密接触，不均匀分布在岩石中。胶结物粒径在 0.004～0.1mm 之间。

浅灰色块层状亮晶生物碎屑灰岩：为生物碎屑结构，块状构造，岩石由颗粒 75%（生物碎屑 69%、砂砾屑 6%）和胶结物 25%（方解石 23%、石英 1%、黄铁矿 1%）组成，颗粒由生物碎屑（䗴、有孔虫、介形虫、瓣鳃类壳、腹足类、腕足类等）及砂屑组成。生物碎屑形体小的较完整，大的不完整，碎屑外壳被泥晶方解石交代，壳内被亮晶交代，呈不均匀分布。砂屑呈不规则状外形，由微晶方解石交代，呈不均匀分布在生物碎屑之间。碎屑粒径在 0.1～1.8mm 之间。胶结物由亮晶方解石、石英、铁质构成。方解石呈粒状晶体，彼此紧密接触，呈不均匀分布在碎屑之间。胶结物粒径在0.03～0.2mm之间。

浅灰—灰白色中—厚层状含砂砾屑生物碎屑灰岩：含砂砾屑生物碎屑结构，块状构造。岩石由颗粒 75%（生物碎屑 57%、砂砾屑 18%）和胶结物 25%（方解石 25%，石英少量）组成。颗粒由生物碎屑（海胆碎片、苔藓虫、有孔虫、腕足类、腹足类、瓣鳃类等）和砂砾屑组成。生物碎屑大小不等，小者形体较整，大者不完整，已被泥晶和亮晶方解石交代。砂砾屑大小相近，边缘被泥晶方解石交代，内部被粒状方解石交代，部分被藻类泥晶方解石交代，个别被粗大方解石晶体取代。生物碎屑粒径在 0.1～3mm 之间，砂砾屑粒径在 0.2～5mm 之间。胶结物由亮晶方解石及石英组成。方解石具细粒结构，局部见有栉壳状胶结，粒径在 0.008～0.5mm 之间。

（三）剖面描述

青海省海西州茫崖镇尕斯乡云居萨依上石炭统缔敖苏组（C_3d）实测剖面（IP_5）

起点坐标：东经 91°16′59″，北纬 37°30′25″；终点坐标：东经 91°17′42″，北纬 37°31′50″。控制厚度大于 1057.74m，见图 2－37。

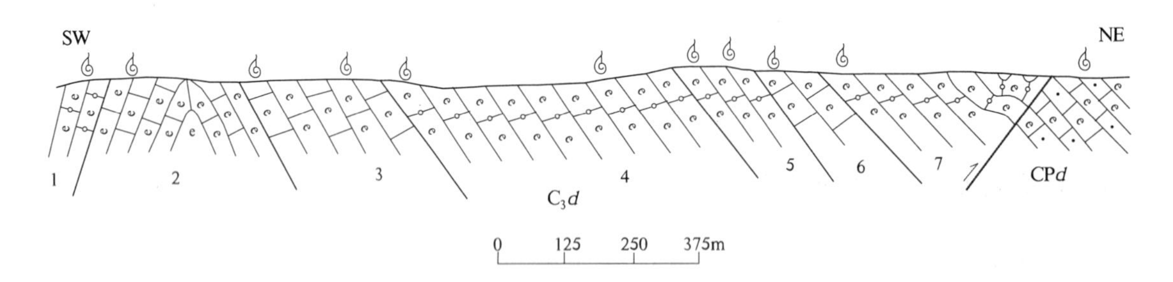

图 2－37　青海省海西州茫崖镇尕斯乡云居萨依上石炭统缔敖苏组（C_3d）实测剖面（IP_5）

云居萨依一带的大干沟组（C_1dg）整体为一套向北东倾斜的浅变质生物碎屑灰岩组成的块层状地层体。剖面层序未见顶，底部为背斜轴部，层与层之间为整合接触，含有丰富的腕足、珊瑚、䗴类等化石。

上覆：打柴沟组（CP*d*）浅灰色含砂屑生物碎屑灰岩

7. 浅灰色块层状亮晶生物碎屑灰岩，含腕足：*Choristites* sp.；䗴：*Rugosofusulina*

cf. *praevia sklylcova* - *iurmatensis suleimanov* 246.48m

6. 浅灰—灰白色厚层状含砂砾屑生物碎屑灰岩，含䗴：*Raraschuagerina inflata* Chang，*Pseudofusulina* sp. 64.71m

5. 灰—深灰色亮晶生物碎屑灰岩，含䗴：*Sphaeroschwagerina macleyi* Bensh，*Biuaella* sp.，*Rugosofusulina nangguenensis* Zhang cf. Bao；珊瑚：*Arctonhyllum* sp. 73.96m

4. 浅肉红色块层状生物碎屑灰岩，含腕足：*Duartea* cf. *quadrata*（Zhang），*Notothyris mucleolun* var *rugosa* Graball；珊瑚：*Syrinohura*（碎片） 341.47m

3. 浅灰色块层状生物碎屑灰岩，含腹足：*Neoplicatifera* cf. *huangi* (ustriski)，*Punctospirfer taiyuanesis* Fan，*Acosarina dorsisulcata cooper* & *Grant*；䗴：*Fusulina* cf. *pankouensis* Lea，*Fusulinelle* sp.，*Protriticites rarus* Sheng 239.93m

2. 灰—深灰色中—厚层状生物碎屑灰岩，含䗴：*Putrella* sp.，*Profusulinella Praetypica safonova*（底部为背斜轴部） 91.19m

1. 浅肉红色块层状生物碎屑灰岩，含腕足：*Duartea* cf. *quadrata*（Zhang），*Notothyris mucleolun* var *rugosa* Graball；珊瑚：*Syrinohura*（碎片） 341.47m

（四）微量元素特征

由表 2 - 24 中可知，缔敖苏组中生物碎屑灰岩平均值与泰勒的地壳中丰度值比较，各元素均较低或远低于泰勒值，表明元素一般呈分散状态赋存于地壳之中。Sr/Ba 比值变化在 5.39～10.06 之间，普遍都大于 1，表明是海相沉积。Sr/Ba 比值从早到晚随时间的推移逐渐增大→减小→增大→减小，反映了海水的盐度也具有相应变化的特点。

（五）沉积环境综述

根据上述岩石组合、剖面描述及微量元素特征等综合分析，缔敖苏组表现为浅海-陆棚碳酸盐岩相特征。其沉积物主要由生物碎屑灰岩、亮晶生物碎屑灰岩及含砂砾屑、生物碎屑灰岩堆积而成。含有大量腕足类、珊瑚类、䗴类及其生物碎屑或生物碎片，整体生物面貌反映了它们具浅海低栖生活特征，尤其较多䗴类化石的出现说明它们是生活在水深 100m 左右的热带或亚热带平静正常浅海中。而其生物碎屑灰岩中含有大量砾屑、砂屑，其磨圆度及分选性均较好，同时混入较多石英砂，沉积物质地较纯，表明冲刷侵蚀作用较明显，水动力环境较强。地层层序有底无顶，剖面层序则反映了由粗到细的退积-加积型沉积，属潮下浅水高能环境-较深水低能环境，具浅海-陆棚碳酸盐岩相（台地前缘斜坡相-盆地边缘相）特征。

（六）区域对比及时代讨论

1978 年青海省第一地质队于格尔木市哈是托（缔敖苏）创名缔敖苏组，同年该队于格尔木市四角羊沟创建四角羊沟组；青海省地层表编写小组（1980）介绍，原指“分布于祁漫塔格—布尔汗布达山的中晚石炭世地层，为海陆交互相沉积，以灰岩为主，下部为砾岩、砂岩及中酸性凝灰岩，含䗴及腕足化石，与下伏大干沟组、上覆四角羊沟组为假整合或整合为界”。1986 年青海省地层表编写小组介绍这两个组，并纳入《西北地区区域地层表（青海省分册）》。据所介绍缔敖苏剖面分析，缔敖苏组底部除出现不太圆的碎屑岩外，其余均为碳酸盐岩，四角羊沟组剖面虽被采用，但二者界限全靠化石或人为的划分，故建议停用。本文沿用缔敖苏组，经对比本测区因分布局限，底部未见碎屑岩沉积，其沉积物全为富含生物碎屑的碳酸盐岩组成。其他岩性特征、生物面貌等完全与区域特征相吻合，见图 2 - 38。对该套地层中我们采获了大量䗴类：近斜方原小纺锤 *Profusulinella rhomboicles* Lee et Chen，前标准原小纺锤 *Profusulinella praetypica* Safonova，松原麦 *protriticites rarus* Sheng，琵

表 2-24　上石炭统缔敖苏组(C_3d)地层微量元素特征表

(单位:10^{-6})

岩性	样品号	Sr	Rb	Ba	Th	Nb	Hf	Zr	V	Sc	Cr	Ni	Cu	Pb	Zn	Ga	U	Co	Sr/Ba
亮晶生物碎屑灰岩	IP_5Dy1-1	124.00	<1.00	21.40	<1.00	4.70	<0.30	11.00	7.50	0.50	<5.00	14.00	6.10	1.50	9.80	<0.50	2.20	6.30	5.79
生物碎屑灰岩	IP_5Dy2-1	163.00	<1.00	18.40	<1.00	6.00	<0.30	5.20	5.90	0.40	<5.00	13.00	4.00	1.00	13.40	<0.50	1.30	6.30	8.86
生物碎屑灰岩	IP_5Dy3-1	161.00	<1.00	16.00	<1.00	5.10	0.40	13.50	4.90	0.30	<5.00	10.00	3.60	1.50	11.00	<0.50	0.80	5.90	10.06
生物碎屑灰岩	IP_5Dy4-1	97.60	<1.00	18.10	<1.00	4.80	<0.30	10.40	5.10	<0.30	<5.00	12.60	3.80	1.00	8.80	<0.50	0.80	6.10	5.39
亮晶生物碎屑灰岩	IP_5Dy5-1	125.00	<1.00	21.10	<1.00	4.40	<0.30	6.00	6.40	0.40	8.20	13.00	4.70	2.70	16.30	<0.50	1.90	7.00	5.92
生物碎屑灰岩	IP_5Dy6-1	130.00	<1.00	18.40	<1.00	4.50	0.30	20.40	6.00	0.40	5.10	11.70	3.80	1.00	9.40	<0.50	0.90	6.10	7.07
亮晶生物碎屑灰岩	IP_5Dy7-1	122.00	<1.00	20.30	<1.00	5.00	<0.30	8.10	5.20	0.40	<5.00	11.70	4.40	1.50	8.20	<0.50	0.60	6.20	6.01
平均值		131.80	1.00	19.10	1.00	4.93	0.31	10.66	5.86	0.39	5.47	12.29	4.34	1.46	10.99	0.50	1.21	6.27	6.90
泰勒值(1964)		375.00	90.00	425.00	9.00	20.00	3.00	165.00	135.00	22.00	100.00	75.00	55.00	12.50	70.00	3.00	2.00	25.00	0.88

琶(未定种) *Biwaella* sp. ,小纺锤(新种?) *Fusulinella* sp. nov?,昂欠皱壁 *Rugosofusulina nangguenensis* Zhang cf. Bao,普德尔(未定种) *Putrella* sp. ,畔沟纺锤(比较种) *Fusulina* cf. *Panlcouensis* Lee,前皱壁(比较种)*Rugosofusulina* cf. *praevia* Shlyuova(图版 6 图 1～9);腕足:核形背孔贝皱纹变种 *Notothyris nucleolum* var *rugosa* Grateall?,太原疹石燕 ? *Punctospirifer taiyuanensis* Fan,中围刺腔贝(比较种) *Spinosteges* cf. *sinensis* Liang[注:原定为 *Neophlatifern huangi*(Usthski)](图版 5 图 2～6、11);珊瑚(图版 5)*Axoclisia* sp. ,*Arctonhyllun* sp. ,*Syrinohura*(碎片)等化石。结合前人在区域上所获鏟 *Profusulinella* 带,*Fusulina* - *Fusulinella* 带,*Montiparus* - *Friticites* 带及 *Pseudoschwagerina* 带。腕足 *Choristites* cf. *jingulensis*,*Dielasma mapingensis* 及珊瑚(赵嘉明,2000)、有孔虫等化石,所获成果表明其时代为晚石炭世中到晚期。

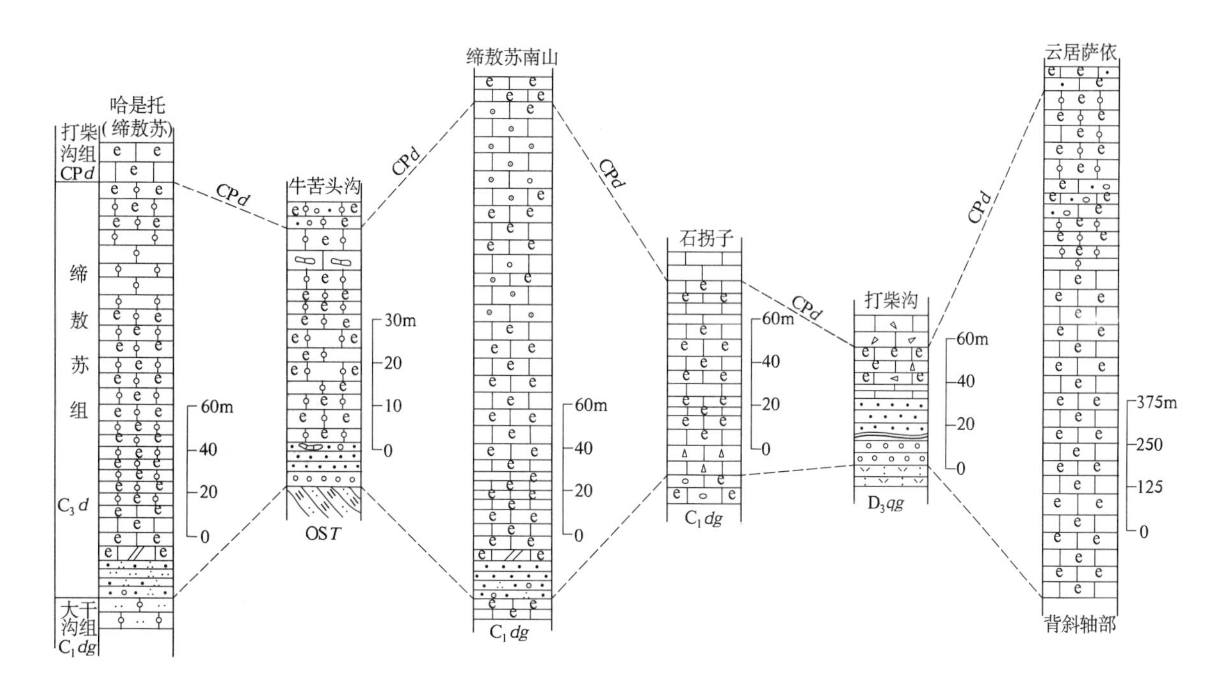

图 2-38 上石炭统缔敖苏组(C_3d)柱状对比图

第八节 石炭纪—二叠纪地层

一、地质概况

石炭系—二叠系打柴沟组(CP*d*),呈北西-南东向分布于区内大沟、云居萨依、石拐子、奶头山北、莲花石沟及巴音格勒呼都森一带,区内出露面积约为 27km²。未见顶底,与滩间山(岩)群碎屑岩岩组(OST_1)、石拐子组下段(C_1s^1)、大干沟组(C_1dg)、缔敖苏组(C_3d)、鄂拉山组(T_3e)均为断层接触,部分地段被第四纪地层覆盖。因受后期构造叠加,部分地段及其断裂带中出现糜棱岩或糜棱质岩石,造成地层不同程度的韧性变形。

二、岩石组合及岩性特征

该岩组岩石类型复杂,主要为一套粉晶灰岩、砂屑灰岩、生物碎屑砂砾屑灰岩、亮晶生物碎屑灰岩、泥晶灰岩夹长石石英砂岩的岩石组合。主要岩性描述见表 2－25。

表 2－25 石炭系—二叠系打柴沟组(CP*d*)岩石特征一览表

岩石名称	结构	构造	粒径大小	岩性描述
灰色生物碎屑砂砾屑灰岩	生物碎屑砾屑砂屑结构	块状构造	生物碎屑:0.1～2.22mm;砂砾屑:2～15mm;胶结物:0.01～0.4mm	岩石由颗粒 80%(生物碎屑 30%为有孔虫、䗴、腹足类、苔藓虫等),砂砾屑 50%大小不等、富含藻类和有孔虫等生物化石,色暗,不规则外形、不均匀分布)和胶结物 20%(由亮晶方解石组成,呈晶粒结构,不均匀分布)组成。生物碎屑被藻类及泥晶方解石交代
浅灰色含砂屑生物碎屑灰岩	含砂屑、砾屑生物碎屑结构	块状构造	生物碎屑:0.1～0.5mm;胶结物:0.01～0.4mm	岩石由颗粒 75%(生物碎屑 60%[(有孔虫、䗴、介壳类、苔藓虫等,大小不等,形体完整,被藻类及泥晶方解石交代),砂砾屑 15%(大小相近,被泥晶方解石交代,呈不均匀分布)];胶结物 25%(亮晶方解石具晶粒结构,彼此紧密接触,不均匀分布)组成
浅灰色亮晶生物碎屑灰岩	生物碎屑结构	块状构造	砂屑:0.1～0.95mm;胶结物:0.01～0.03mm	岩石由颗粒 70%(生物碎屑 66%为有孔虫、䗴、苔藓虫、介壳类、瓣鳃类等),砂屑 4%),胶结物 30%、[方解石 27%(呈微晶状,彼此紧密接触)、石英 3%(呈大小不等的粒状晶)]组成。以上矿物在岩石中呈不均匀分布,排列不具方向性
浅灰色叠层状亮晶灰岩	泥晶—细晶结构	叠层构造、纹层构造	方解石粒径:0.001～0.22mm	岩石由方解石 100%及少量磁铁矿组成。岩石中层纹呈穹状隆起,形成暗带(窄)和亮带(宽),前者由泥晶方解石组成,后者由亮晶方解石组成;层纹相互交替出现,并向上突起纹理,形成叠层状或纹层状构造。磁铁矿呈不规则粒状晶体零星分布
深灰色粉晶灰岩	粉晶结构	块状构造	方解石粒径:0.025～0.048mm;砂碎屑 0.06mm 左右	岩石由方解石 99%和砂碎屑 1%组成。方解石以粉晶状为主,彼此紧密接触,呈弯曲状镶嵌,不具方向性排列。砂碎屑成分是石英,呈棱角状,在岩石中呈零星分布
深灰色细晶灰质白云母	细晶结构	块状构造	白云石:0.013～0.028mm;方解石:0.03～0.06mm	岩石由白云石 62%(粉晶状)、方解石 38%(在白云石颗粒间分布有粒径较细的方解石,部分镶嵌在白云石之中)及少量铁质(呈尘状、支点状分布在方解石之中)组成。岩石呈细粒结构
浅褐黄色变质中—细粒长石石英砂岩	变余中—细粒砂状结构	略具平行构造	碎屑:0.15～0.54mm,其中石英达 0.76mm	岩石由碎屑 88%(磨圆差,以棱角状为主,呈中—细粒状,分布杂乱)和填隙物 12%组成。碎屑由石英 76%(呈单晶状)、长石 5%(斜长石、钾长石)、白云母 4%(片状)、岩屑 3%(主要为酸性火山岩)及少量不透明矿物(分布均匀)组成。填隙物为杂基粘土矿物,故变质全部呈显微鳞片状绢云母集合体

三、剖面描述

1. 青海省海西州格尔木市乌图美仁乡巴音格勒呼都森中游北支沟石炭系—二叠系打柴沟组(CP*d*)实测剖面(IP_{23})

起点坐标:东经 91°17′42″,北纬 37°07′33″;终点坐标:东经 91°17′59″,北纬 37°06′31″。控制厚度大于 974.57m,见图 2－39。

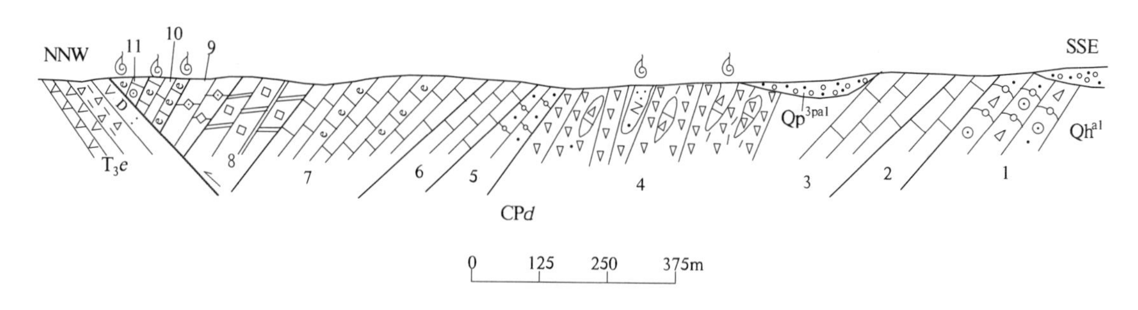

图 2-39　青海省海西州格尔木市乌图美仁乡巴音格勒呼都森中游北支沟石炭系—二叠系打柴沟组(CP*d*)实测剖面(IP_{23})

巴音格勒呼都森一带的石炭系—二叠系大柴沟组(CP*d*)整体为一套向南西倾斜的由含生物碎屑灰岩、白云岩组成浅变质块层状地层体。剖面层序未见顶底,层与层之间多为整合接触,部分为断层接触,中下部层位产苔藓虫化石,上部层位中产腕足、珊瑚化石,中部和上部层位中含有大量腕足类、珊瑚类及海百合茎等生物化石和生物碎片。与上三叠统鄂拉山组(T_3e)灰色硅化沉玻屑凝灰岩和灰绿色安山岩呈断层接触。

断　层

11. 深灰色中—厚层状含生物屑鲕粒微晶灰岩,含腕足:*Martinopsis* sp.(未见顶)　66.67m

10. 灰色薄层状生物碎屑灰岩夹灰色中—厚层状微晶灰岩,含腕足:*Martinia remota* Chao, *Marginifera* sp.,珊瑚:*Arctophyllum* sp.,*Meniscophyllum* sp.;灰岩碎块中见有帐篷构造,含有大量生物碎屑或碎片及较多海百合茎　78.77m

9. 深灰色中—厚层状泥晶砂屑灰岩夹深灰色中—厚层状生物碎屑灰岩,灰岩中见有较多5~10cm的硅质条带,含有腕足类、珊瑚及海百合茎等生物碎屑或碎片　58.92m

8. 深灰色巨厚层状细晶灰质白云岩　105.65m

7. 深灰色中—厚层状微晶灰岩夹深灰色中—厚层状生物碎屑灰岩,灰岩中含有大量腕足类、珊瑚类等生物碎屑或生物碎片,因重结晶不能鉴定其种属　169.23m

6. 深灰色薄层状微晶灰岩　36.43m

5. 深灰色薄层状砂屑亮晶灰岩,灰岩中含有大量腕足类、珊瑚类及海百合茎等生物碎屑或生物碎片,因重结晶不能鉴定　99.40m

断　层

4. 断层破碎带,岩性为深灰色碎裂状灰岩,局部夹褐黄色变质中—细长石石英砂岩,砂岩中含板苔藓虫 *Tabulipora* sp. ind　198.40m

断　层

3. 深灰色薄层状粉晶灰岩　67.71m

2. 深灰色厚—巨厚层状微晶灰岩　42.45m

1. 深灰色中—厚层状含屑鲕粒砂屑亮晶灰岩(未见底)　50.94m

2. 青海省海西州茫崖镇尕斯乡云居萨依石炭系—二叠系打柴沟组(CP*d*)实测剖面(IP_5)

起点坐标:东经91°16′59″,北纬37°30′25″,终点坐标:东经91°17′42″,北纬37°31′50″。控制厚度大于589.56m,见图2-40。

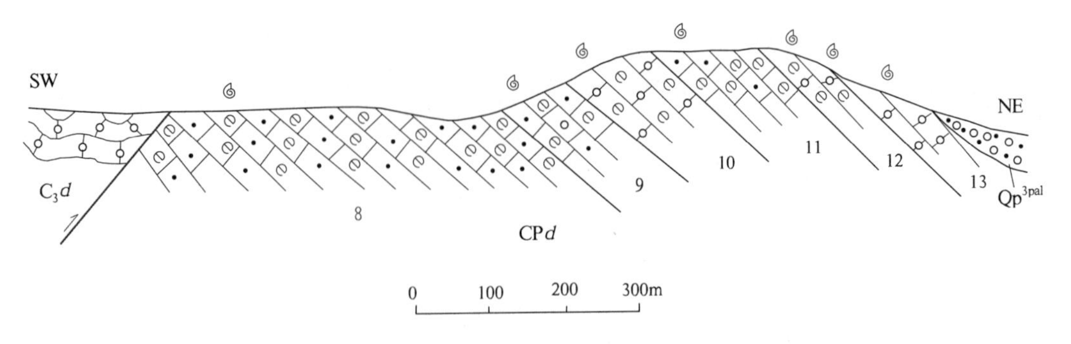

图 2-40　青海省海西州茫崖镇尕斯乡云居萨依石炭系—二叠系打柴沟组(CP*d*)实测剖面(IP_5)

云居萨依一带的石炭系—二叠系大柴沟组(CP*d*)整体为一套向北东倾斜的浅变质含砂屑、砂砾屑、亮晶生物碎屑灰岩和亮晶灰岩组成的块层状地层体。剖面层序未见顶底,自下而上可组成一个旋回性韵律(准)层序层,灰岩中产有大量䗴类及部分腕足等化石。

13. 浅灰色块层状亮晶灰岩,含䗴:*Quasifusulina cayeuxi* Deprat,*Zellia* sp. *Z. colanae kahler etkahler*(未见顶)　34.16m
12. 深灰色中—薄层状亮晶生物碎屑灰岩,含䗴:*Rugosofusulina nagguenensis* Zhang,*Pseudofusulina* sp.　37.46m
11. 深灰色中层状生物碎屑砂砾屑灰岩,含䗴:*Pseudofusulina kraffti magma* Toniyama,*Rugosafulina* sp.,*R. tobensis* Zhang,腕足:*Notothyris* sp.,*punctospirfer* sp.　84.34m
10. 浅灰色中—厚层状亮晶生物碎屑灰岩,含䗴:*Rugosofusulina firma* Suleimanov,*Quasifusulina* sp.　82.55m
9. 灰色中层状生物碎屑砂砾屑灰岩,含腕足:*Retimarginifera celeteria* Grant　85.68m
8. 浅灰色厚层状含砂屑生物碎屑灰岩,含腕足:*Trasennata gratiosa*(Wagen),*Echinoconchus punctatus*(Martin);䗴:*Rugosofusulina robusta* Chen,*Rugosofusulina alpina*(Schellwien),*Sphaeroschuagerina* sp.(未见底)　265.37m

═══ 断　层 ═══

下伏:上石炭统缔敖苏组(C_3d)浅灰色块层状亮晶生物碎屑灰岩

四、微量元素特征

由表 2-26 中可知,打柴沟组(CP*d*)中不同岩类的微量元素平均值与泰勒的地壳丰度值对比,砂屑灰岩中除 Sr、Pb、U 不同程度地高出泰勒值外,其他元素均较低或偏低于泰勒值。生物碎屑灰岩中 U 高于此值,粉晶灰岩中 Pb、U 高于此值,杂砂岩中 Pb 高出此值,其他元素在各类岩中均较低或远低于泰勒值。部分高值元素反映了元素局部呈集中分布,大多低值元素则表明元素呈分散状态赋存于地壳之中。

五、沉积环境综述

根据上述岩石组合、剖面描述、微量元素及生物化石面貌等综合分析,因地而异,打柴沟组表现为浅海碳酸盐岩相和浅海-陆棚碳酸盐岩相特征。

表 2-26　上石炭统打柴沟组(CP*d*)岩石微量元素特征表

（单位：10^{-6}）

岩类	样品数	Hf	Zr	Sc	Th	Rb	Pb	Nb	Cr	Ga	Zn	Co	Ni	Ba	V	Cu	Sr	U	Ti	Au
砂屑灰岩	4	0.75	39.00	0.60	0.55	3.00	19.10	1.00	4.00	0.30	5.65	4.10	10.10	28.50	6.80	3.85	633.00	4.75	62.00	0.35
标准离差		0.64	21.21	0	0.07	0	1.98	0	0	0	1.34	0.42	0.99	4.95	2.69	0.21	200.82	1.91	16.97	0.07
变化系数(%)		84.85	54.39	0	12.86	0	10.37	0	0	0	23.78	10.35	9.80	17.37	39.52	5.51	31.73	40.19	27.37	20.20
生物碎屑灰岩	7	0.48	26.10	0.52	0.82	1.80	7.78	3.18	6.38	0.42	25.98	5.22	12.08	21.76	8.46	5.24	286.40	3.00	104.50	0.50
标准离差		0.40	28.19	0.27	0.25	1.10	8.62	2.00	2.39	0.11	27.90	1.71	2.60	3.65	4.58	2.07	221.97	3.64	75.66	0.14
变化系数(%)		83.85	107.99	51.60	30.37	60.86	110.73	62.99	37.49	26.08	107.37	32.78	21.53	16.79	54.17	39.54	77.50	121.31	72.40	28.28
粉晶灰岩	5	0.66	31.40	0.70	0.62	3.00	21.26	4.70	4.00	0.30	31.40	4.10	10.82	23.6	7.24	4.34	1179.00	4.20	67.40	0.24
标准离差		0.42	3.51	0.16	0.16	0	2.07	8.27	0	0	3.51	0.31	2.41	3.36	2.18	0.65	262.91	1.84	39.58	0.15
变化系数(%)		63.92	11.17	22.59	26.50	0	9.72	176.03	0	0	11.69	7.52	22.25	14.24	30.14	14.90	22.30	43.74	58.73	63.19
杂砂岩		2.20	89.00	3.00	4.30	50.50	17.90	3.20	13.60	0.30	11.30	6.80	11.20	122.00	14.70	3.20	26.00	0.50	923.00	0.70
泰勒值(1964)		3.00	165.00	22.00	9.00	90.00	12.50	20.00	100.00	3.00	70.00	25.00	75.00	425.00	135.00	55.00	375.00	2.00	5700.00	0.43

1. 浅海碳酸盐岩相

云居萨依一带沉积物由含砂砾屑生物碎屑灰岩、生物碎屑砂砾屑灰岩、亮晶生物碎屑灰岩及亮晶灰岩堆积而成。含有较多䗴类、部分腕足类化石及其大量藻类、有孔虫、苔藓虫及腹足类生物或化石碎片。大量砾屑、砂屑、亮晶及生物碎屑的分选性、磨圆度均较好，填隙物中多为化学胶结，杂基含量很少，沉积物的矿物成熟度和结构成熟度均较高，表明沉积物质地较纯，冲刷侵蚀作用明显，水动力环境较强。地层层序未见顶底，剖面层序表现为由粗到细的退积型沉积，属潮下较高能沉积环境，具台地边缘浅滩相特征。

2. 浅海-陆棚碳酸盐岩相

巴音格勒呼都森一带沉积物有微晶灰岩、粉晶灰岩、砂屑灰岩、泥晶灰岩、白云岩、生物碎屑灰岩及砂岩堆积而成。含有腕足、珊瑚、苔藓虫、海百合茎化石及其大量腕足类、珊瑚类、有孔虫等生物碎屑或化石碎片。中上部层位中见有帐篷构造，夹有较多的硅质条带。沉积构造表现为平行层理及纹层理。沉积物中常混入陆缘石英砂及夹有陆缘碎屑岩，沉积碎屑物的分选性及磨圆度均较差，胶结物中杂基含量较高，沉积物的矿物成熟度及结构成熟度均较差，这些特征表明冲刷侵蚀作用不明显，水动力环境相对较弱。地层层序未见顶底，剖面层序表现为退积-加积型沉积，属潮下中能-低能沉积环境，具台地前缘斜坡相-盆地边缘相特征。

六、区域对比及时代讨论

1981 年乔金良等将格尔木市打柴沟组深灰色含泥质、硅质白云质碳酸盐岩称“下三叠统”。1985 年青海省第一区调队又自下而上划分为碳酸盐岩组、碎屑岩夹灰岩组(后者出露局限)。刘广才等(1987)将该套岩相稳定、层序清晰、化石丰富，于下伏上石炭统四角羊沟组二者相依，为连续过渡关系的地层创建为打柴沟组，以代表早二叠世沉积，青海省地矿局(1991)引用该组。《青海省岩石地层》(1997)修订后沿用打柴沟组，其含义指分布于祁漫塔格山北坡，位于缔敖苏组之上的地层体。主要由灰黑色—深灰色粒屑亮晶、粉晶、泥晶生物灰岩、白云质灰岩及白云岩偶夹碎屑岩组成，大多数灰岩含燧石结核(或条带)，富含䗴、苔藓虫、腕足类、珊瑚及牙形石等化石，以下伏缔敖苏组灰—灰白色巨厚层状灰岩的顶面为界，与本组整合接触，未见顶。本文中沿用打柴沟组，经对比，除地层层序未见顶底外，其他与上述特征完全相吻合，见图 2－41。对该套地层工作中我们采获了大量䗴类：阿尔卑皱壁 *Rugosofusulina alpine* Schellwien，皱壁(比较种)阿尔卑皱壁 *Rugosofusuline* sp. cf. *Ralpina* Schellwien 不完整的轴切面，×10。野外号：IP_5H8－2。时代：P_1^1，马克莱氏球希瓦格 *Sphaeroschuagerina maclayi* Bensh，妥坝皱壁 *Rugosofusulina tobensis* Zhang，凯祜氏似纺锤 *Quasifusulina cayeuxi* Deprat，车尔(比较种)柯兰妮氏车尔䗴 *Zellia* sp. cf. *Z. colaniae* (Kahler cf. Kahler)，网格麦(比较种) *Triticites* cf. *dictyopharus* Rosovsuaya，麦(未定种) *Triticites* sp.，柯兰妮氏车尔䗴 *Zellia colanae* (Kahler et Kahler)(图版 6 图 3、12、14，图版 7 图 1、5、8、11，图版 11 图 1～3)；腕足：隐藏网围脊贝？ *Retimarginifera celeteria* Grant(图版 5 图 12～14)，美丽网饰贝 *Trasennatia gratiosa* (Waagen)，簇状新石燕(比较种) *Neospirifer* cf. *fasciger* (Kayserling)，刺瘤轮刺贝 *Echinoconchus punctatus* (Martin)，(图版 5 图 10、12～16)；新月珊瑚(未定种) *Meniscophyllum* sp. (图版 11－9)；苔藓虫：板苔藓虫(未定种) *Tabulipora* sp. ind (图版 11－5、)等化石。结合区域上前人所获䗴 *Eoparafusulina contracta* 等、牙形石 *Sweetoguathus whitei*、珊瑚 *Kepingophyllum*、腕足类 *Kunlunia* cf. *tenuistricata*(图版 11 图 4～6)等化石综合分析，其地质时代为晚石炭世晚期—早二叠世早期。

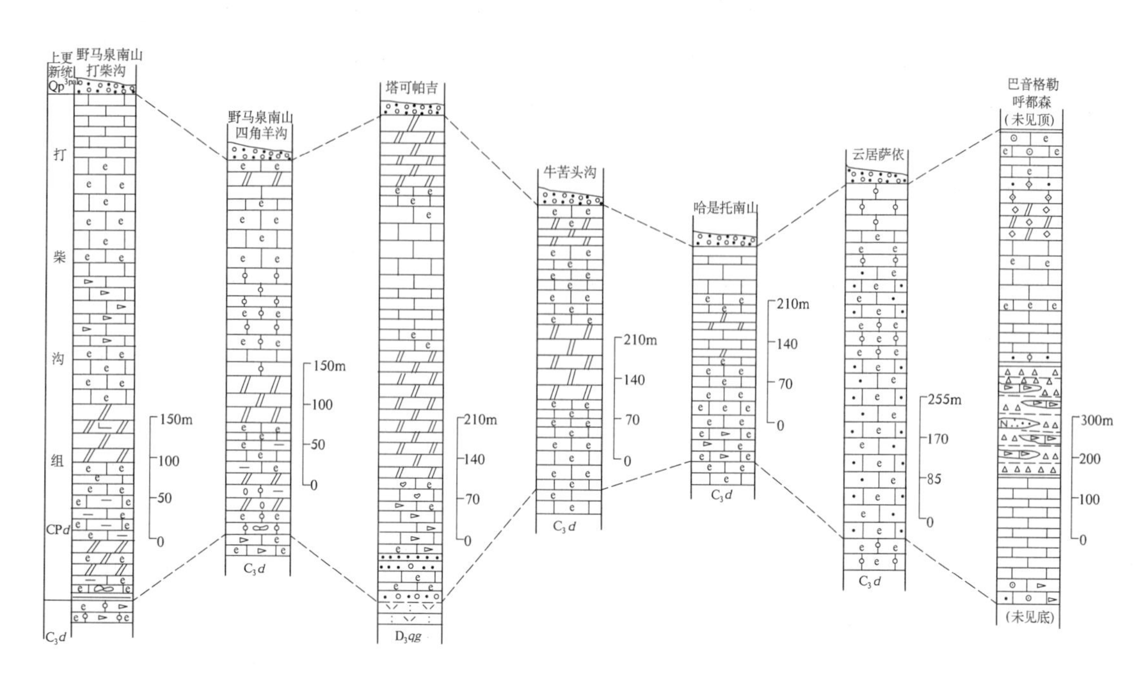

图 2-41　上石炭统打柴沟组(CP*d*)柱状对比图

第九节　晚三叠世地层(鄂拉山组)

一、地质概况

鄂拉山组呈北西-南东向集中分布于巴音格勒呼都森、冰沟、阿尼亚拉克萨依沟脑、伊仟巴达沟脑、卡尔塔阿拉南山南麓地带及库木俄乌拉孜、库木库里，以及宗昆尔玛西岸小黑山一带也见零星分布，区内出露面积约为 1260km²。与区内白沙河(岩)组(Ar_3Pt_1b)呈断层接触及角度不整合接触(图 2-42)，与小庙(岩)组(Ch*x*)、狼牙山组(Jx*l*)、丘吉东沟组(Qb*qj*)、滩间山(岩)群碎屑岩岩组(OST_1)、大干沟组(C_1dg)、打柴沟组(CP*d*)等及各时代花岗岩呈断层接触，局部地段与滩间山(岩)群碎屑岩岩组(OST_1)及打柴沟组(CP*d*)呈不整合接触。库木鄂乌拉孜地区见晚三叠世到早侏罗世钾长花岗岩侵入于火山岩中(图版 14-4)，剖面中均未见顶底，部分地段被第四系覆盖。

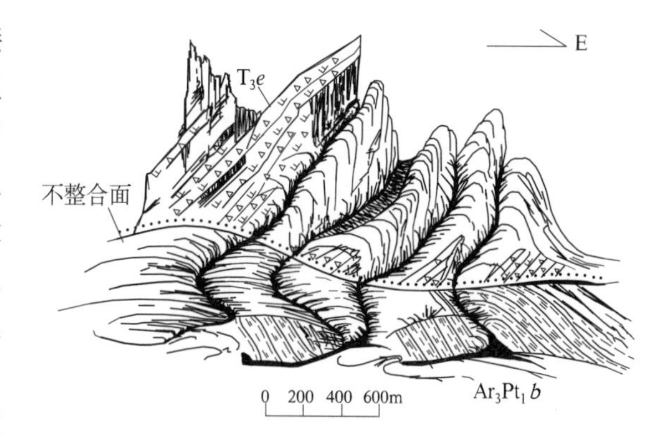

图 2-42　鄂拉山组(T_3e)陆相火山岩组不整合于金水口(岩)组(Ar_3Pt_1b)之上素描图

二、岩石组合及岩石特征

鄂拉山组(T_3e)陆相火山岩的岩石类型十分复杂，岩石名称繁多，基本以火山碎屑岩为主，伴有部分熔岩。宏观上因地而异所表现的岩石组合有差异，根据不同地段所测剖面，空间上所生成的火山岩的岩石类型、粒度变化及岩石特征等将此岩石组合分述如下。

(1)卡那达阿勒安达坂一带主要为一套以火山碎屑岩为主夹熔岩的中酸性火山岩的岩石组合。

(2)哈得尔干呼都森一带主要为一套含火山角砾熔结凝灰岩、流纹质熔岩、流纹岩、英安岩的中偏酸性的岩石组合。

(3)巴音格勒呼都森一带主要为一套火山碎屑岩夹熔岩的中酸性岩石组合。

主要岩性描述见表2-27。

表2-27　上三叠统鄂拉山组(T_3e)岩石特征一览表

岩石名称	结构	构造	粒径大小	岩性描述
灰绿色流纹质火山角砾岩	角砾结构、凝灰结构	块状构造	碎屑粒径在0.29～1.85mm,角砾在0.37～4.07mm	岩石由火山角砾85%[晶屑20%(石英、钾长石、少量斜长石)、岩屑65%(凝灰质、少量流纹岩、安山岩,其中角砾占20%)]和胶结物火山尘15%(隐晶状,后期重结晶)组成。晶屑、岩屑在岩石中分布均匀,不具方向性排列,呈棱角状。胶结物充填在碎屑孔隙之间,胶结紧密
深灰色安山质含角砾岩屑凝灰岩	含角砾凝灰结构	块状构造	粒径变化在0.37～5.18mm,晶屑为0.15～1.85mm,玻屑0.44～0.08mm	岩石由火山碎屑82%[岩屑57%(大于2mm的角砾约占15%)、晶屑10%、玻屑15%]和胶结物火山尘18%组成。火山碎屑以棱角状一次圆状为主,晶屑成分为石英、钾长石、斜长石,玻屑呈凹面棱角状,隐晶质火山尘充填在碎屑间隙之间。以上矿物在岩石中呈均匀分布,不具方向性排列
深灰色角砾状多屑凝灰岩	角砾状结构、凝灰结构	块状构造	火山碎屑在0.29～4.44mm,晶屑在0.15～1.48mm,玻屑0.22mm左右	岩石由火山碎屑85%[岩屑50%(大于2mm的角砾占15%)、晶屑13%(斜长石、钾长石、石英)、玻屑22%(呈弧面棱角状)]和胶结物火山尘15%组成。碎屑呈棱角状,被隐晶质火山尘胶结。以上矿物在岩石中分布均匀,不具方向性排列,岩石后期重结晶
深灰色含角砾英安质混合屑凝灰岩	凝灰结构	块状构造	碎屑在0.15～1.48mm,岩屑在0.37～2.12mm,玻屑在0.08～0.37mm	岩石由火山角砾75%[晶屑35%(钾长石、斜长石、石英)、玻屑30%(呈弧面棱角状)、岩屑10%(安山岩、凝灰岩)]和胶结物火山尘25%组成。碎屑呈棱角状,被隐晶质火山尘胶结,后期玻化明显以上矿物在岩石中均匀分布,不具方向性排列
灰绿色岩屑玻屑凝灰岩	凝灰结构	块状构造	玻屑在0.52～3.74mm,火山尘0.06～0.13mm,晶屑在0.09～0.31mm,岩屑在0.124～0.468mm	岩石由火山碎屑76%[玻屑55%(弧面棱角状及撕裂状两种)、岩屑15%(凝灰岩、流纹岩、安山岩等)、晶屑6%(钾长石,少量石英、斜长石)]和胶结物火山尘24%组成。火山碎屑呈棱角状,被隐晶质火山尘胶结。以上矿物在岩石中呈均匀分布,不具方向性排列,岩石后期重结晶现象明显
灰褐色杏仁状玄武安山岩	斑状结构、基质具间粒结构	杏仁状构造	斑晶在0.64～2.22mm,杏仁0.21～2.22mm,基质0.12～0.31mm	岩石由斑晶17%[斜长石10%(板状、柱状,环带构造,绢云母化、碳酸盐化,为基性斜长石)、杏仁7%(圆状、不规则状,充填物为方解石和绿泥石)]和基质83%[斜长石55%(板条状,呈格架状杂乱排列)、暗色矿物25%(充填斜长石格架间,具绿泥石化、碳酸盐化)、不透明矿物3%]组成。以上矿物在岩石中呈均匀分布,不具方向性排列
深灰绿色蚀变杏仁状安山岩	斑状结构,基质具微粒结构	杏仁状构造	斑晶在0.74～2.22mm,杏仁5.18mm×4.07mm,基质为0.06～0.21mm	岩石由斑晶25%[斜长石20%,板状、柱状,具环带构造,发生钠长石化、碳酸盐化]、杏仁1%(不规则状)和基质74%[斜长石57%(板状、柱状、具碳酸盐化、钠长石化,具环带构造,为中长石)、暗色矿物15%(柱状、粒状,绿泥石化、碳酸化)、不透明矿物2%(它形粒状)]组成。以上矿物在岩石中分布均匀,不具方向性排列
浅灰褐色流纹岩	斑状结构,基质具霏细结构	流动构造	斑晶在0.37～1.85mm	岩石由斑晶35%[钾长石18%(板状、柱状,表面略具风化)、斜长石7%(板状、柱状)、石英10%(自形粒状、浑圆状,见有熔蚀现象)],少量黑云母和基质65%(隐晶状长英质)组成。斑晶分布均匀、不具方向性排列。基质具定向排列,长英质组呈纤维状、球状均匀分布,岩石具流动构造

三、剖面描述

1. 新疆若羌县铁木里克乡巴音格勒呼都森上三叠统鄂拉山组(T_3e)实测剖面(IP_{24})

起点坐标：东经 91°11′39″，北纬 37°11′37″；终点坐标：东经 91°10′58″，北纬 37°10′24″。控制厚度大于 1716.05m，见图 2-43。

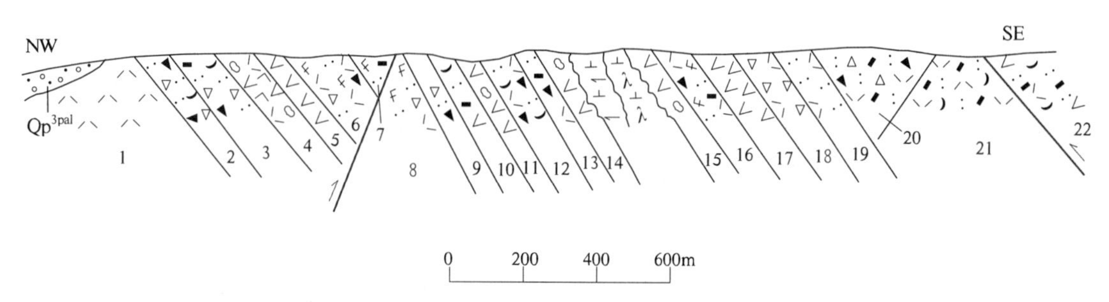

图 2-43　新疆若羌县铁木里克乡巴音格勒呼都森上三叠统鄂拉山组(T_3e)实测剖面(IP_{24})

剖面层序未见顶底，层与层之间为整合接触，局部地段为断层接触，自下而上 1～5 层、6～10 层、11～17 层、18～22 层可组成喷发韵律层，大致可构成一个不太完整的火山喷发旋回。地层产状表明巴音格勒呼都森一带的鄂拉山组(T_3e)整体为一套向南东倾斜的浅变质火山碎屑岩和熔岩组成的块状—块层状地层体。

22. 浅灰色(安山质)晶屑玻屑凝灰岩(未见顶)	37.25m
═══ 断　层 ═══	
21. 灰紫色(流纹质)晶屑玻屑凝灰岩	106.32m
20. 灰色角砾状晶屑岩屑凝灰岩	261.25m
19. 浅灰—褐色流纹质凝灰岩	60.87m
18. 灰绿色流纹质火山角砾岩	88.18m
17. 灰绿色弱蚀变安山岩	81.47m
16. 浅灰绿色英安质晶屑岩屑凝灰岩	76.05m
15. 灰色弱蚀变杏仁状安山岩	51.60m
14. 灰绿色蚀变杏仁状安山岩(次安山岩)	51.82m
13. 灰色流纹质岩屑晶屑凝灰岩	34.72m
12. 浅灰绿色岩屑玻屑凝灰岩	80.45m
11. 深灰绿色含杏仁安山岩	43.98m
10. 灰绿色流纹质晶屑玻屑凝灰岩	56.62m
9. 深灰绿色安山质含角砾岩屑凝灰岩	55.67m
8. 深灰色含角砾英安质混合凝灰岩	37.53m
7. 浅灰色英安质晶屑凝灰岩	55.12m
═══ 断　层 ═══	
6. 深灰色含角砾英安质混合凝灰岩	166.89m
5. 深灰色弱蚀变安山岩	55.37m
4. 灰褐色弱蚀变杏仁状玄武安山岩	72.98m
3. 灰绿色角砾状多屑凝灰岩	119.12m
2. 灰褐色角砾状多屑凝灰岩	51.85m
═══ 断　层 ═══	
1. 浅灰褐色流纹岩(未见底)	70.94m

2. 新疆若羌县祁漫塔格乡卡那达阿勒安达坂南上三叠统鄂拉山组(T_3e)实测剖面(IP_{36})

起点坐标:东经 90°44′20″,北纬 37°11′49″;终点坐标:东经 90°44′22″,北纬 37°10′27″。控制厚度大于 1661.20m,见图 2－44。

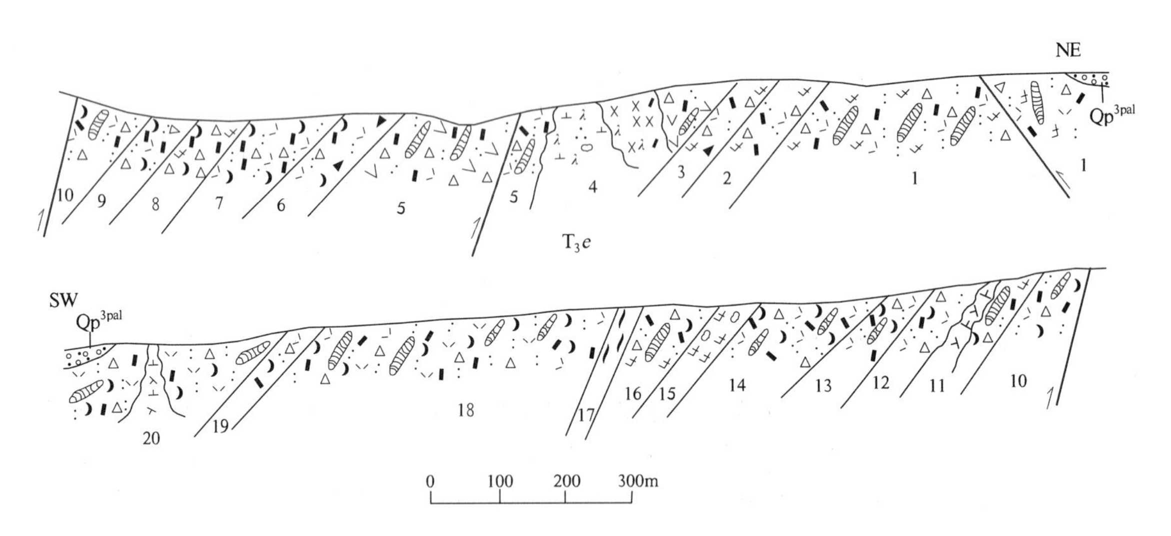

图 2－44　新疆若羌县祁漫塔格乡卡那达阿勒安达坂南上三叠统鄂拉山组(T_3e)实测剖面(IP_{36})

剖面层序未见顶底,层与层之间为整合接触,局部层间有断层出现,自下而上 1 层、2～4 层、5～7层、8～13 层、14～19 层、20 层可分为 6 个喷发韵律层,大致可构成一个火山喷发旋回。地层产状表明卡那达阿勒安达坂南一带的鄂拉山组(T_3e)为一套整体向南西倾斜的浅变质火山碎屑岩夹少量熔岩的块层状地层体。

20. 灰绿色含角砾晶屑玻屑凝灰岩(含火山弹)(未见顶)	194.54m
19. 灰色流纹质含角砾晶屑玻屑凝灰岩	45.06m
18. 灰绿色晶屑玻屑凝灰岩(含火山角砾、火山弹)	389.05m
17. 浅灰绿色条带状松脂岩	5.32m
16. 灰绿色英安质含角砾晶屑玻屑凝灰岩(含火山弹)	99.13m
15. 灰色杏仁状英安岩	47.17m
14. 灰绿色含角砾晶屑玻屑凝灰岩(含火山弹)	112.04m
13. 灰色含角砾晶屑玻屑凝灰岩(含火山弹)	41.17m
12. 深灰色含角砾复屑凝灰岩	46.49m
11. 灰色英安质含角砾晶屑玻屑凝灰岩(含火山弹)	39.62m
10. 深灰色含角砾晶屑玻屑凝灰岩(含火山弹)	42.83m
══════ 断　层 ══════	
10. 灰色含角砾晶屑玻屑凝灰岩(含火山弹)	90.57m
9. 灰色含角砾晶屑玻屑凝灰岩	75.62m
8. 深灰色英安质含角砾晶屑玻屑角砾岩	67.37m
7. 灰色含角砾晶屑玻屑凝灰岩	6.16m
6. 灰色安山质含角砾晶屑玻屑凝灰岩	119.52m
5. 灰色安山质含角砾晶屑玻屑凝灰岩(含火山弹)	88.61m
══════ 断　层 ══════	

5. 灰色安山质含角砾晶屑玻屑凝灰岩(含火山弹) 37.25m

4. 深灰色英安质含角砾复屑凝灰岩(含火山弹) 73.24m

═══════ 断 层 ═══════

3. 灰绿色英安质含角砾复屑凝灰岩 40.44m

2. 灰绿色英安质含角砾晶屑玻屑凝灰岩 35.13m

1. 灰绿色英安质含角砾晶屑玻屑凝灰熔岩(含火山弹) 63.36m

═══════ 断 层 ═══════

1. 灰绿色英安质含角砾晶屑玻屑凝灰熔岩(含火山弹)(未见底) 162.64m

3. 青海省海西州格尔木市乌图美仁乡哈得尔干呼都森上三叠统鄂拉山组(T_3e)实测剖面(IP_{26})

起点坐标:东经 91°26′47″,北纬 37°13′41″;终点坐标:东经 91°28′32″,北纬 37°14′29″。控制厚度大于 1814.72m,见图 2-45。

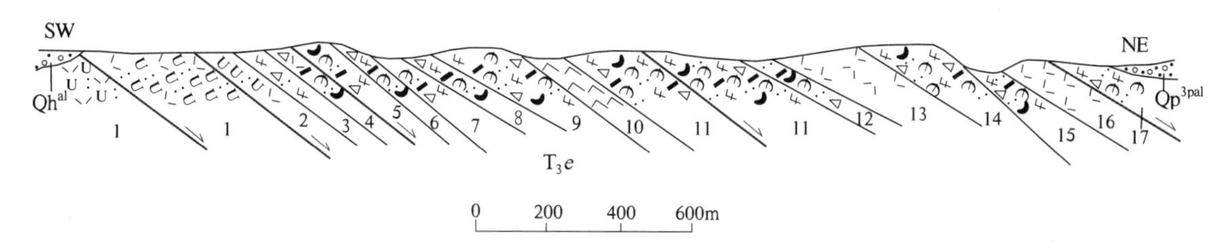

图 2-45 青海省海西州格尔木市乌图美仁乡哈得尔干呼都森上三叠统鄂拉山组(T_3e)实测剖面(IP_{26})

剖面层序未见顶底,层与层之间多为整合接触,局部为断层接触,自下而上 1～3 层、4～7 层、8～9层、10 层、11～12 层、13 层、14～15 层、16 层、17 层可大致分为 9 个喷发韵律层,可构成一个火山喷发旋回。地层产状表明哈得尔干呼都森一带的鄂拉山组(T_3e)为一套整体向北东倾斜的浅变质火山碎屑岩夹熔岩的块层状地层体。

17. 灰绿色蚀变含角砾英安质晶屑玻屑熔结凝灰岩(未见顶) 71.74m

═══════ 断 层 ═══════

16. 紫红色蚀变流纹岩 90.00m

15. 灰黄色蚀变含角砾英安质晶屑玻屑熔结凝灰岩 63.79m

14. 灰紫色蚀变含角砾英安质玻屑晶屑熔结凝灰岩 239.71m

13. 灰白色蚀变球粒状流纹岩(球粒霏细岩) 161.75m

12. 灰紫色蚀变含角砾晶屑玻屑熔结凝灰岩 43.82m

11. 灰紫色蚀变含角砾英安质晶屑玻屑熔结凝灰岩 286.20m

10. 土黄色蚀变玄武岩 65.11m

9. 暗紫色蚀变仿角砾英安质晶屑玻屑熔结凝灰岩 169.58m

8. 浅灰绿色蚀变含角砾英安质晶屑玻屑熔结凝灰岩 75.11m

7. 灰紫色蚀变含角砾英安质晶屑玻屑凝灰熔岩 45.47m

6. 灰绿色蚀变含角砾英安质晶屑玻屑凝灰熔岩 47.50m

5. 红褐色蚀变含角砾英安质晶屑玻屑凝灰熔岩 71.79m

═══════ 断 层 ═══════

4. 灰绿色蚀变含角砾流纹质晶屑玻屑凝灰熔岩 55.65m

3. 灰褐色含角砾凝灰质英安岩 51.86m

2. 灰绿色流纹质含凝灰熔岩(含凝灰质流纹岩) 51.86m

═══════ 断 层 ═══════

1. 灰绿色流纹质凝灰熔岩(未见底) 223.99m

四、微量元素特征

由表 2-28 中可知,鄂拉山组(T_3e)不同岩类的微量元素平均值与泰勒的地壳丰度值对比,集块岩中 Pb、Ce、Ba、Rb、Zr、Th、Hf 不同程度地高出泰勒值外,其他元素均较低或偏低于泰勒值。火山角砾岩中 Pb、Ce、Ba、Rb、Au、Th、Hf 高于此值;安山岩中 Pb、Zn、Ce、Ba、Sr、Rb、Au、Zr、Nb、Th、Hf 高于此值,其中 Ba 高出 2.7 倍;凝灰岩中 Pb、Zn、Ce、Ba、Rb、Au、Zr、Nb、Hf 高出此值,其他元素在各岩类中均较低或偏低于泰勒值。高值元素的出现表明元素局部呈集中分布,大多低值元素则反映了元素呈分散状态赋存于地壳中。Sr/Ba 比值除 IP_{24}剖面下部层位两个值(1.99、1.08)大于 1 外,其他比值在两剖面中均变化在 0.07～0.86 之间;大于 1 者为水下沉积,小于 1 者则为陆上沉积。

五、沉积环境综述

1. 火山岩相的划分

鄂拉山组(T_3e)火山岩在区内分布较广,火山岩的岩石类型、岩石组合、粒度及厚度变化差异较大的特点,根据不同地区所测剖面分析,大致将该岩组火山岩相划分如下。

(1)巴音格勒呼都森(IP_{24}剖面)一带,可大致划分为 4 个主要岩相,即:下部 1～5 层为角砾状多屑凝灰岩、安山岩及流纹岩组成的喷发-溢流相;中下部(6～10 层)为含角砾凝灰岩和晶屑及玻屑凝灰岩组成的喷发相;中部—中上部(11～17 层)为岩屑晶屑及玻屑凝灰岩和安山岩组成的喷发-溢流相;上部(18～22 层)为角砾状晶屑岩屑凝灰岩和火山角砾岩组成的爆发-喷发相。火山活动的强度为由弱→强→弱→强的喷发沉积特点。

(2)卡那达阿勒安达坂(IP_{36}剖面)一带,可以大致划分为以下 6 个相,即:底部(1 层)由含火山弹、火山角砾集块熔岩组成的爆发相;下部(2～4 层)由含火山角砾火山弹的晶屑玻屑凝灰岩和含角砾晶屑岩屑凝灰岩及复屑凝灰岩组成的喷发相;中下部(5～7 层)由安山质含火山角砾火山弹的晶屑玻屑凝灰岩组成的爆发相;中部和中上部(8～13 层)由含角砾晶屑玻屑凝灰岩、角砾岩、角砾岩复屑凝灰岩组成的喷发相;上部(14～19 层)由含火山角砾火山弹的晶屑玻屑凝灰岩和安山岩及松脂岩组成的喷发-喷溢相;顶部(20 层)由含火山角砾、火山弹的晶屑玻屑凝灰岩组成的喷发相。火山喷发活动的强度是由强→弱→强→弱→强的喷发沉积特点。

(3)哈得尔干呼都森(IP_{26}剖面)一带,可大致划分为 9 个喷发岩相,即:底部(1～3 层)为含角砾流纹质凝灰熔岩和含角砾凝灰质英安岩组成的喷发-溢流相;下部(4～7 层)为含角砾晶屑玻屑凝灰熔岩组成的喷溢相;中—中下部(8～9 层)为含角砾英安质晶屑玻屑熔结凝灰岩组成的喷发相;中部(10 层)为玄武岩组成的溢流相;中部(11～12 层)为含角砾晶屑玻屑熔结凝灰岩组成的喷发相;中上部(13 层)为蚀变球粒状流纹岩组成的溢流相;上部(14～15 层)为含角砾晶屑玻屑熔结凝灰岩组成的喷发相;上部(16 层)为流纹岩组成的溢流相;顶部(17 层)为含角砾熔结凝灰岩组成的喷发相。火山喷发活动的强度是由强→弱→强→弱→强→弱→强→弱→强的喷发沉积特点。

表 2-28 上三叠统鄂拉山组(T_3e)岩石微量元素特征表

(单位:10^{-6})

岩类	样品数	Cu	Pb	Zn	Cr	Ni	Ce	Ba	Sr	Rb	Au	Zr	Ta	Sc	Nb	Th	Co	Hf	Ti	Y
集块岩类	9	8.29	29.38	46.26	21.74	7.33	87.00	726.00	155.00	201.50	0.43	187.25	1.76	4.91	19.70	22.36	—	4.43	2209.88	30.03
标准离差		4.86	12.22	13.83	27.20	10.81	14.12	263.62	107.97	77.04	0.28	35.92	0.50	22.51	6.75	7.92	—	1.20	1701.59	8.94
变化系数(%)		58.60	41.58	29.90	125.11	147.53	16.57	36.31	69.66	38.23	66.25	19.18	28.28	45.82	34.25	35.42	—	27.06	77.00	29.78
火山角砾岩类	11	8.06	30.98	54.44	17.74	5.59	78.41	580.00	147.09	228.91	0.45	143.91	1.71	4.40	16.51	23.96	5.70	4.52	1741.27	30.13
标准离差		5.90	4.74	16.12	21.59	5.30	20.83	169.76	75.20	78.03	0.40	57.81	0.68	1.30	6.67	8.13	1.41	1.21	617.44	10.82
变化系数(%)		73.24	15.29	29.61	121.73	94.73	26.57	29.27	51.13	34.09	88.87	40.17	39.90	29.44	40.41	33.95	24.81	267.00	35.46	9.24
安山玄武岩类	2	19.05	34.15	94.00	56.45	25.75	109.45	950.00	160.50	106.5	0.35	311.00	1.40	12.70	26.25	14.25	15.30	7.70	5892.00	33.15
标准离差		9.83	2.62	2.83	7.85	27.93	11.38	289.91	132.23	116.67	0.07	77.78	0	3.39	0.35	8.98	9.76	2.26	1692.81	13.79
变化系数(%)		51.60	7.66	3.01	13.90	108.47	10.40	30.52	82.39	109.55	20.20	25.01	0	26.73	1.35	63.02	63.78	29.39	28.73	41.60
安山岩类	5	21.18	29.02	83.60	51.70	24.06	85.14	1144.80	394.60	124.00	0.56	214.00	1.86	10.84	29.10	11.90	15.20	4.50	658.54	26.54
标准离差		11.92	11.07	12.97	19.32	13.04	18.29	674.88	101.25	51.59	0.11	69.62	0.45	4.25	3.41	4.11	10.89	2.24	1517.33	6.43
变化系数(%)		56.27	38.14	15.52	37.37	54.20	21.48	58.95	25.66	41.61	20.36	32.54	24.22	39.22	11.71	34.50	71.64	49.74	23.04	24.22
凝灰岩类	7	19.54	37.29	142.49	17.29	11.97	81.30	647.00	221.64	152.50	1.04	215.14	1.35	7.07	20.77	—	12.50	20.35	2895.00	25.30
标准离差		23.30	12.61	204.30	23.18	13.11	36.75	401.34	132.35	85.88	1.77	30.28	0.50	4.72	7.42	—	7.88	6.42	2107.51	5.11
变化系数(%)		119.22	33.83	143.38	134.09	109.56	45.21	62.03	58.53	56.32	168.64	14.08	36.67	66.77	35.71	—	63.06	31.54	72.80	20.18
英安岩类	9	8.41	34.27	62.00	13.32	9.08	90.51	760.00	166.56	207.78	0.46	182.78	1.34	4.79	15.14	21.58	3.60	4.46	2208.22	24.78
标准离差		5.78	9.34	40.11	19.30	13.66	18.94	447.89	131.72	87.59	0.32	36.74	0.51	3.28	4.83	8.13	1.57	1.19	1855.67	8.84
变化系数(%)		68.72	27.25	64.69	144.83	150.46	20.92	58.93	79.09	42.16	70.15	20.10	39.41	68.48	31.89	37.67	43.69	26.80	84.04	35.69
流纹岩类	17	9.60	32.17	42.19	9.67	5.32	84.67	560.94	120.88	210.77	0.37	158.88	2.01	3.12	20.34	41.43	2.81	4.68	1170.18	29.81
标准离差		16.53	8.39	17.03	13.20	9.16	28.23	223.96	94.53	83.97	0.16	51.71	1.02	1.90	11.67	57.68	1.03	1.42	924.04	12.54
变化系数(%)		172.22	26.09	40.36	136.51	172.19	33.34	39.93	78.20	39.84	42.41	32.55	50.51	60.80	57.39	139.24	36.78	30.31	78.97	42.07
粗面岩类	2	7.15	31.85	44.70	5.10	3.80	83.25	576.50	139.00	261.50	0.15	186.50	1.55	4.50	15.25	26.50	—	5.25	1492.50	32.75
标准离差		0.64	0.50	10.18	0.14	0.85	8.27	50.21	49.50	60.10	0.07	13.44	0.21	0	0.92	4.38	—	0.35	3.54	2.33
变化系数(%)		8.90	1.55	22.78	2.77	22.33	9.94	8.71	35.61	22.98	47.14	7.20	13.69	0	6.03	16.54	—	6.73	0.24	7.13
凝灰熔岩	1	6.70	23.70	49.00	5.00	5.40	86.00	1328.00	99.00	196.00	0.30	287.00	1.30	6.60	13.70	14.10	3.20	8.10	1518.00	29.10
流纹斑岩	2	2.75	26.10	47.00	5.55	1.55	92.65	351.50	36.00	260.00	0.65	154.00	1.50	2.45	11.90	26.25	1.30	4.80	752.00	24.10
标准离差		1.06	3.25	19.80	0.78	0.50	20.58	127.99	4.24	32.53	0.07	2.83	0.99	0.07	5.52	4.17	0.99	0	302.64	4.81
变化系数(%)		38.57	12.46	42.13	14.02	31.93	22.21	36.41	11.79	12.51	10.88	1.84	66.00	2.89	37.02	15.89	76.15	0	40.25	19.95
凝灰质砂岩	1	7.10	28.80	57.00	5.70	4.10	95.90	726.00	105.00	192.00	0.50	396.00	1.20	8.60	14.60	17.40	1.90	9.70	1971.00	46.60
泰勒值(1964)		55.00	12.50	70.00	100.00	75.00	60.00	425.00	375.00	90.00	0.43	165.00	2.00	22.00	20.00	9.00	25.00	3.00	5700.00	33.00

2. 火山岩建造分析

该套火山岩为一套以碎屑岩为主的发育柱状节理的陆相火山岩，冰沟地区火山凝灰岩中的柱状节理特征明显(图版14-3)其中伴有大量凝灰熔岩、安山岩、流纹岩及英安岩等，很大一部分是通过水介质搬运堆积而成的。哈得尔干呼都森一带出现大量的熔结凝灰岩具有火山碎屑流沉积的特点，这些局部地段产出的碎屑流大多产在山麓及河谷地带，一般不受水介质的搬运。在陆上喷发陆上(或水下)沉积作用过程中，主要的粗细碎屑物的磨圆度较差，分选性粗细差别较大，这主要表现在冰沟地区出露的一套沉火山砾岩(图版14-2)，而喷溢-溢流相中的火山物质分选性一般较好，说明前者在水动力作用影响下物质运动较弱，后者则较强。岩石共生组合类型表现为中性的安山岩、集块岩、含角砾凝灰岩，中酸性的凝灰岩、熔岩、酸性的流纹岩及英安岩，夹有凝灰质长石石英砂岩；岩石组合反映了古地理为山间内陆河湖地带火山喷发沉积特点。岩相层序表现为粗细粒级相互交替的火山喷发韵律旋回结构；建造体态在平面图上表现为不规则条带状块体，古构造条件应当是陆壳上的断陷活动带，此特征具内陆盆地火山喷发沉积之特点，属火山复陆屑式建造特征。

3. 沉积环境分析

该套火山岩的颜色以灰色、深灰色、灰绿色、灰紫色为主，次为灰褐色，夹有部分杂色；粗粒级火山碎屑岩的成层性一般不好，细粒级火山碎屑岩及熔岩一般都能看到层理，横向上火山岩延伸不太稳定，并且相变较大，纵向上火山岩沉积一般较连续，但局部地段厚度变化较大，少数为延伸不远的透镜体，火山碎屑岩的粒度变化较大，分选性较差，部分岩石中火山角砾具定向排列(图2-46)，酸性岩石中斜长石一般呈板状或柱状，中性—中酸性(尤其是中性)岩石中斜长石大多分叉组成格架，其间被暗色矿物充填；部分层位中还见有砂质透镜体及泥质透镜体；矿物成分所表现的很大一部分岩石具有碳酸盐化、绿泥石化、绢云母化、钠长石化，以及岩石的熔蚀现象较明显；大多岩石的孔隙度为大—中等，而脱玻化岩石的孔隙度一般较小。据上述诸特征综合分析，该套火山岩具陆上喷发沉积及陆上喷发水下沉积双重成因的特点，属内陆湖沼盆地喷发沉积环境。

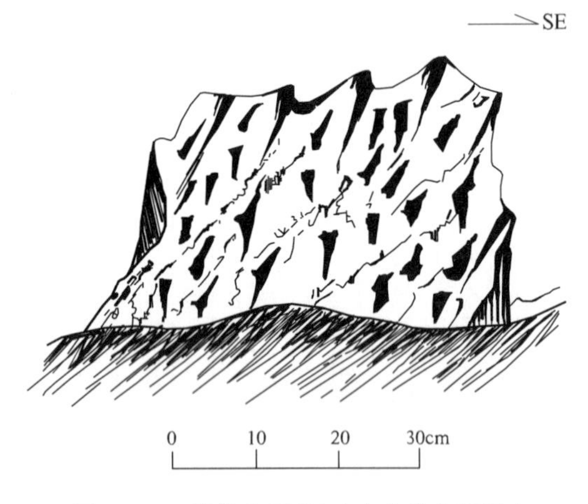

图2-46　鄂拉山组(T_3e)火山岩角砾岩中角砾定向特征素描图

六、区域对比及时代讨论

青海省地层表编写小组(1976)将分布于昆仑山、西秦岭分区以陆相火山岩为主的地层划分为鄂拉山群(1980年发表)，与此同时又称八宝山群也适用于西秦岭地区之的晚三叠世陆相沉积(两群相互套用，造成一定程度的混乱)。青海省地研所编图表(1981)将代表整合东昆仑-中秦岭地层分区的上三叠统称八宝山组。青海省第三地质队(1988)在兴海县的在日沟地区，将不整合于隆务河群之上的陆相火山岩依据“喷发旋回”自下而上划分为虎达组、德亥龙组、在日沟组。《青海省岩石地层》(1997)书中认为3个岩组在野外难以区别，且横向上变化无常，无法延伸；命名者将产状不协调称“喷发不整合”，并以其作为岩石地层单位的划分依据尚欠合理，依据不足；前人所称“鄂拉山群”“八宝山群”“多福屯群”，其宏观岩性特征、组合方式及相对层位方面基本一致，故将分布于柴达木盆地东缘、南缘，不整合于隆务河群及其以前地层之上的一套以火山碎屑岩为主夹熔岩及不稳定沉积碎屑岩的地层降群为组，称“鄂拉山组”。下部以中基性火山岩为主夹碎屑岩，上部以中性—中酸性火山岩为主夹碎屑岩，顶界不明。其指定层型为青海省第八地质队1988年测制的都兰县海寺南剖面。本文中沿用鄂拉山组，本测区哈得儿干呼都森和阿勒安达坂一带除火山碎屑岩的粒度较粗外，完全可与指定层型剖面进行对比，而测区巴音格勒呼都森一带的火山岩则与选层型所在地以东的兴海县在日沟一带中下部层位火山岩特征基本相同。关于该套火山岩的时代，工作中我们在该套地层中采取了2套铷-锶(Rb－Sr)等时线和1件钾-氩(K－Ar)同位素测年样，其测年值分别为204.4±1.8Ma(K－Ar)、203±18Ma(K－Ar)；209.2±1.8Ma(Rb－Sr)；204.6±2.6Ma(Rb－Sr)。结合前人在该套地层上部层位碎屑岩中所获植物化石 *Neocalamites*(cf. *Neocalamites merianii*)，N. *carrei*，*Equisetites* 等及所获5个钾-氩法(K－Ar)同位素值：222Ma、235Ma、224Ma、185Ma、2.25Ma 综合分析，将其时代归属于晚三叠世晚期。

第十节 古近纪—新近纪地层

测区古近纪—新近纪地层分布广泛，主要为内陆河湖相沉积类型。主体出露于测区东柴山、长尾台、清明山、存迹、破屋等地的山前洼地及河流两侧，阿达滩断陷盆地、豹子沟沟脑以及巴音郭勒沟脑也有零星露布。总体上分布范围较大，出露较为齐全。古近纪—新近纪的地层在测区中主要出露有始新统路乐河组(E_2l)、渐新统—中新统干柴沟组(ENg)、上新统油砂山组($N_{1-2}y$)、狮子沟组(E_2sz)，由浅灰色、灰色、灰绿色、灰黄色、土黄色及杂色碎屑岩组成，总体为一套内陆河湖相的沉积建造。1959—1997年由青海石油局、全国地层会议、西北地层表、1∶20万区调、青海省岩石地层等均对测区这些地层进行了多次研究及划分，由于各自认识的差异，划分也不尽一致(表2－29)实际工作中根据岩性组合、岩石类型、古生物组合及区域对比，沿用青海省岩石地层的划分。

表2－29 盆地(西部)古近系—新近系划分沿革对照表

<table>
<tr><th colspan="2">青海石油局地研所(1959)</th><th colspan="2">全国地层会议(1959)</th><th colspan="2">青海石油局勘探处(1963)</th><th colspan="3">青海石油局地研所(1967)</th><th colspan="2">西北区域地层表(1977)</th><th colspan="2">青海石油局地研所(1980)</th><th colspan="2">青海省岩石地层</th></tr>
<tr><td>狮子沟岩系</td><td>N_2^2</td><td>狮子沟组</td><td>N_2</td><td>狮子沟组</td><td>$N_2^3—N_2^2$</td><td rowspan="5">西岔沟系</td><td>宽沟统</td><td>N_2^3</td><td>狮子沟组</td><td>N_2^3</td><td>狮子沟组</td><td>N_2s^3</td><td>狮子沟组</td><td>N_2sz</td></tr>
<tr><td rowspan="3">油砂山岩系</td><td rowspan="3">$N_2^1—N_1$</td><td rowspan="3">油砂山组</td><td rowspan="3">N_1</td><td rowspan="3">油砂山组</td><td rowspan="3">N_2^1</td><td rowspan="2">红峡统</td><td>N_2^2</td><td>上油砂山组</td><td>N_2y</td><td>上油砂山组</td><td>N_2y^2</td><td rowspan="3">油砂山组</td><td rowspan="3">$N_{1-2}y$</td></tr>
<tr><td>N_2^1</td><td>下油砂山组</td><td>N_1y</td><td>下油砂山组</td><td>N_2y^1</td></tr>
<tr><td>千层山统</td><td>N_1</td><td>上干柴沟组</td><td>N_1g</td><td>上干柴沟组</td><td>N_1g</td></tr>
<tr><td>干柴沟岩系</td><td>E_3</td><td>干柴沟组</td><td>E_3</td><td>干柴沟组</td><td>$N_1—E_3$</td><td>马蹄山统</td><td>E_3</td><td>下干柴沟组</td><td>E_3g</td><td>下干柴沟组</td><td>E_3g</td><td>干柴沟组</td><td>ENg</td></tr>
</table>

一、始新统路乐河组(E_2l)

1956年朱夏在柴达木盆地东部嗷唠河地区创名“路乐和岩系”。原义指：“整合或局部不整合(盆地边缘)于大红沟岩系之下，不整合于白垩纪地层之上的一套由砖红色、灰褐色砾岩、紫红色组成的泥岩。”其为以上、下部砾岩占优势，中部泥岩增多为特征的地层。1964年裴文中等在《中国的新生界》一书中将“路乐和岩系”改称为路乐和组并沿用至今。现在定义是指平行不整合于犬牙沟组之上，整合或局部不整合于干柴沟组之下的一套由紫红色砾岩、砾状砂岩为主夹砂岩、泥钙质粉砂岩组成的地层序列。顶以不整合或砾岩的消失与干柴沟组分界。

本组主要分布于柴达木盆地中、东部地区，西部十分零星，在纵向和横向上岩性组合稳定，无明显变化。在沉积厚度上具中部厚向两端变薄的趋势，以山麓洪积相堆积为主，辅以河流相沉积。时代为古新世—始新世。本测区该套地层主要出露于阿达滩北部以及巴音郭勒呼都森沟脑海拔4300～5000m的地区，主要为一套山麓河湖相粗碎屑岩建造。目前大多以断块状形式产出，分布零星，面积小。地层展布严格受断陷盆地控制，呈北西西-南东东向带状展布，属断陷盆地型沉积。

主要岩性为：下部砖红色巨厚层状复成分砾岩夹黄褐色中层状含砾粉砂岩、中粒长石石英砂岩等；上部为砖红色巨厚层状含砾粗砂岩夹土黄色粉砂质粘土岩、细砾岩等。具下粗上细的正旋回沉积特征。

1. 剖面描述

新疆若羌县土窑洞乡阿达滩北古近系始新统路乐河组（E_2l）实测剖面（IP_{12}），厚度大于569.02m（图2-47）。

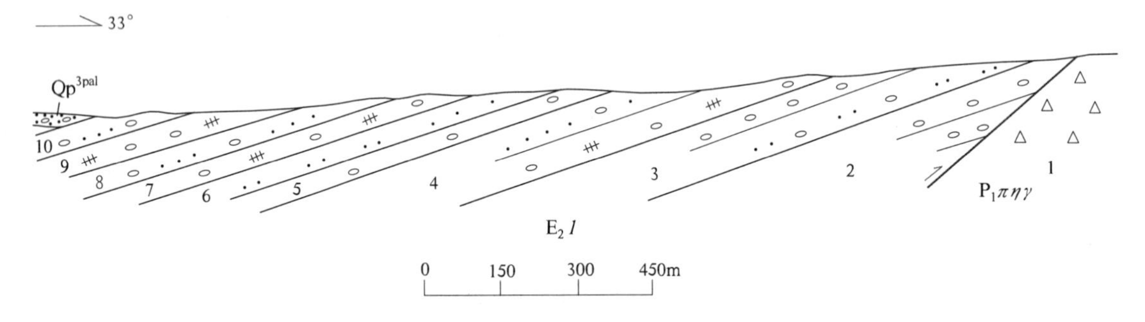

图2-47　新疆若羌县土窑洞乡阿达滩北古近系始新统路乐河组（E_2l）实测剖面（IP_{12}）

该剖面位于阿达滩北部无名小盆地，其底部与海西期浅肉红色蚀变不等粒似斑状二长花岗岩呈断层接触，西、东界与其为角度不整合接触；顶部被第四系全新统冲积砂砾石层覆盖。由于受后期抬升剥蚀等因素的影响，界线呈弯曲状。层序自上而下为：

第四系全新统冲积砂砾石层

～～～～～～～　覆　盖　～～～～～～～

10. 灰褐色厚层状含细砾粗砂岩夹灰紫色复成分砾岩透镜体	105.74m
9. 砖红色巨厚层状复成分砾岩	45.41m
8. 砖红色巨厚层状含细砾粗砂岩	47.62m
7. 灰黄色巨厚层状复成分砾岩夹灰紫色含砾粗砂岩	34.34m
6. 土黄色变质粉砂质粘土岩	56.78m
5. 灰黄色钙质含砾粗—中粒长石石英砂岩	29.11m
4. 紫红色含细砾粗砂岩夹砖红色复成分砾岩	115.52m
3. 黄褐色中层状细砾岩夹黄褐色中层状含砾粉砂岩	117.90m
2. 砖红色厚层状砾岩	17.90m
1. 断层破碎带	

══════　断　层　══════

0.（海西期）浅肉红色蚀变不等粒似斑状二长花岗岩

2. 岩石组合特征

路乐河组岩性组合表现为一套山麓河湖相粗碎屑岩建造，主要为砖红色—紫红色复成分砾岩、细砾岩夹含砾粗砂岩及少量粉砂质粘土岩。岩层中产少量孢粉化石。

3. 主要岩石类型

该套地层岩石类型单一，以砾岩、砂岩为主，少量粘土岩，分类描述如下。

复成分砾岩：砖红色、灰黄色，砾状结构，厚—巨厚层状，接触式—空隙式胶结。由砾石及填隙物组成，砾石含量较高，占60%～70%，砾石成分较复杂，由脉石英、二长花岗岩、片麻岩、大理岩、片岩等组成。砾石磨圆度不一，岩层底部为棱角状及次棱角状，上部呈次浑圆—浑圆状，球度一般。粒径0.5～8cm。填隙物为砂质粘土、铁质，含量20%～30%，充填于砾石孔隙之间。

细砾岩：黄褐色，砾状结构，中层状构造，砾石成分有石英、片麻岩、花岗岩等，磨圆度为次浑圆状，部分呈次棱角状，球度一般，最大粒径1cm，一般0.3～0.7cm，为接触式—孔隙式胶结。

砂岩类：包括含砾粗砂岩、长石石英砂岩、含砾粗砂岩。紫红色，含砾砂状结构，厚层状构造，砾石约10%，成分为石英、花岗岩、片麻岩等；粒径0.5～1cm，磨圆度为次圆状、浑圆状，球度一般。粗砂质约90%，成分为石英、长石、岩屑，粒径3～5mm，铁、钙质胶结，易风化，呈松散状。

粘土岩类：呈夹层产出，土黄色，隐晶结构，变余粉砂结构，显微鳞片变晶结构，粘土矿物70%，粉砂碎屑25%，雏晶状黑云母为5%。

4. 环境分析、时代讨论及古气候

该套地层以灰褐色、灰紫色、砖红色复成分砾岩、砾岩为主夹灰黄色粉砂质粘土岩及灰黄色长石石英砂岩的一套山麓河湖相粗碎岩建造。粒度由下向上由粗变细。砂岩中有平行层理、斜层理及楔状交错层理。碎屑物分选差、成熟度底。砾岩中叠瓦状构造较发育，砾石成分复杂，磨圆度较差，一般为次圆—次棱角状，具钙质基底式胶结的特征，反映沉积物来自近陆源，是强水动力条件下快速堆积的产物，属气候较干旱环境下形成的山麓-河湖相沉积。

据孢粉样品显示，路乐河组中木本植物花粉占孢粉总数的83.3%，针叶树种有松属(*Pinus*)、云杉属(*Picea*)；阔叶树种有栎树(*Quercus*)、胡桃属(*Juglans*)、椴属(*Tilia*)、漆树属(*Rhus*)、柳属(*Salix*)、灌木植物花粉有白刺属(*Nitraria*)、麻黄属(*Ephedra*)；草本植物花粉占13.2%，有黎科(*Chenopodiaceae*)、蒿属(*Artemisia*)、禾本科(*Gramineae*)、蓼属(*Polygonum*)、唇形科(*Lebiatea*)、等；蕨类植物可见石松属(*Lycopodium*)、水龙骨科(*Polypodiaceae*)。以上孢粉组合特征反映出针阔混交林—灌丛植被景观，气候温暖较干燥。总之，该套地层反映主要以针阔混交林—灌丛植被热带-亚热带干热气候为特征。孢粉的时代延续较长，但据孢粉组合特征及岩性特征，确定为古近纪较为客观。区域对比后，其特征亦与路乐河组类似。根据上述特征，我们将该套地层划归路乐河组，代表始新统在本区的沉积。

二、渐新统—中新统干柴沟组(ENg)

青海省石油管理局科学研究所1959年对干柴沟构造西岔剖面进一步研究时，命名为“干柴沟岩系”，指“整合或局部不整合(盆地边缘)于油砂山组之下代表中新世早期—渐新世沉积的一套由灰绿、黄绿、紫红色砂岩、粉砂岩、钙质页岩、砂质泥岩为主夹砾岩、砾状砂岩透镜体及疙瘩状灰岩，局部夹薄层石膏组合而成的地层”。

1964年裴文中、周明镇、郑家坚改称其干柴沟组。1979年赵秀玉、朱宗浩依据古生物化石，将干柴沟组进一步划分为上、下干柴沟组。1997年《青海省岩石地层》中又将上、下干柴沟组合并，恢

复干柴沟组。并且将其定义厘定为：系指整合或局部不整合于油砂山组之下，整合或局部不整合路乐组之上一套含油砂岩、泥钙质粉砂岩、页岩，砂质泥岩夹不稳定砾岩透镜体及灰岩等组成的地层。底以不整合面或粗碎屑岩的出现与路乐河组分界，顶以灰绿或黄绿色碎屑岩的消失或泥灰岩及泥岩的始现与油砂山组分隔。产介形类、腹足类化石。

本组广泛分布于柴达木盆地，而且东部出现相对更广。在纵向上总体表现为：由下而上粒度由粗变细；在横向上岩性和厚度变化较大，且具东、西部厚，中部薄的变化趋势，以湖相、滨湖相为主兼河流、山麓堆积相。地质时代为渐新世—中新世。

测区干柴沟组分布于东柴山、长尾台及红土岭等地，阿达滩亦有零星出露。东柴山—长尾台一带组成东柴山-存迹背斜之核部，未见底。据青海省石油管理局钻孔资料，其与下伏始新统路乐河组为整合接触，与上覆上新统油砂山组为连续沉积。岩性主要由一套灰—灰绿色细碎屑岩，由泥岩、泥晶灰岩组成，属内陆河湖相碎屑岩建造，分布多呈条带状，属断坳陷盆地型沉积。阿达滩、红土岭地区与其上第四系下更新统七个泉组呈角度不整合接触(图 2-48)。

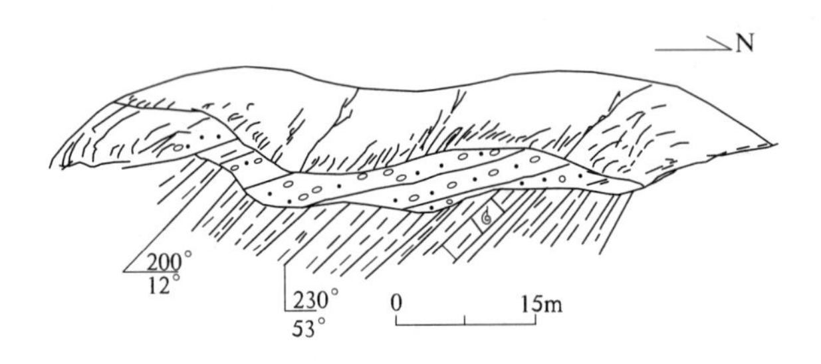

图 2-48　干柴沟组(ENg)与下更新统七个泉组(Qp^1q)呈角度不整合素描图

1. 剖面描述

青海省海西州茫崖行委尕斯乡东柴山渐新统—中新统干柴沟组实测剖面(IP_{20}，图 2-49)，总厚度为 1392.63m。

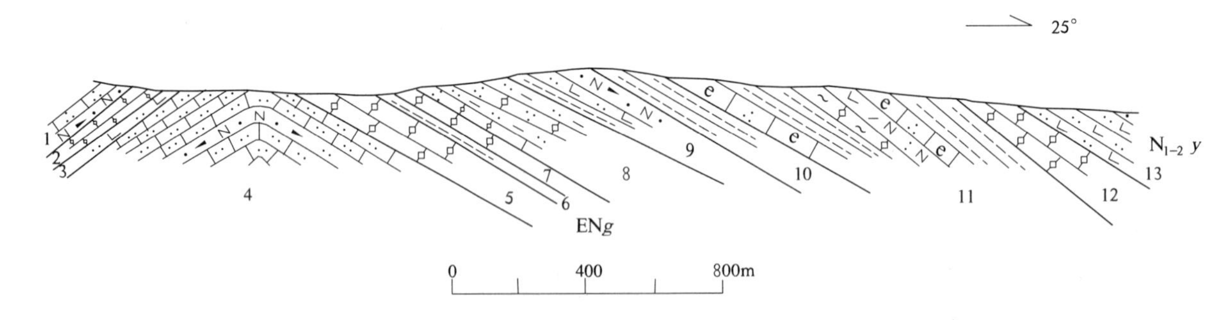

图 2-49　青海省海西州茫崖行委尕斯乡东柴山渐新统—中新统干柴沟组(ENg)实测剖面(IP_{20})

该剖面位于东柴山-存迹背斜附近，未见底，顶部与上新统油砂山组为整合接触。层序自上而下为：

13.(上新统油砂山组)浅灰绿色钙质粉砂岩

—————— 整　合 ——————

12. 浅灰色中—薄层状泥晶灰岩夹浅灰绿色薄层状细粒钙质岩屑长石砂岩　59.05m

11. 浅灰色中—薄层状含生物碎屑微晶砂屑灰岩夹浅灰色中—薄层状泥灰岩夹灰黄色薄层状泥钙质粉砂岩 (层序见图 2-50)　433.56m

10. 灰黄色中—薄层状泥晶粉屑灰岩夹浅灰色薄层状泥质粉砂岩夹浅灰色中—薄层中细粒长石石英砂岩夹少量灰色条带状含砂质不纯泥晶灰岩　81.43m

9. 浅灰绿色中—薄层状泥岩夹浅灰色薄层状泥质粉砂岩夹浅灰色中—薄层状中—细粒长石石英砂岩夹浅灰色条带状鲕粒砂屑泥晶灰岩夹 1～1.3cm 厚的石膏层　119.53m

8. 浅灰绿色中—薄层状泥晶灰岩夹砂屑泥晶灰岩夹青灰色薄层状细粒钙质长石岩

屑砂岩夹浅灰色中—薄层状中—细粒长石石英砂岩 196.18m

7. 浅灰绿色中—薄层状泥岩夹浅灰色薄层状钙质粉砂岩 44.71m

6. 浅灰色薄层状钙质粉砂岩夹青灰色薄—中层状粉砂质泥岩 20.00m

5. 浅灰绿色中—薄层状泥晶灰岩夹青灰色薄—中层状泥钙质粉砂岩(砂岩中发育对称波痕，图2-51) 118.79m

4. 浅灰绿色中—薄层状泥岩夹青灰色薄层状泥质粉砂岩夹浅灰色中层状中—细粒长石石英砂岩 126.56m

3. 浅灰色薄层状钙质粉砂岩 27.41m

2. 浅灰色薄层状隐晶灰岩 50.12m

1. 浅灰绿色中—薄层粉砂质隐—微晶灰岩夹浅灰色薄层状中—细粒钙质岩屑长石砂岩夹青灰色中层状亮晶砂屑灰岩 58.59m

出露不全

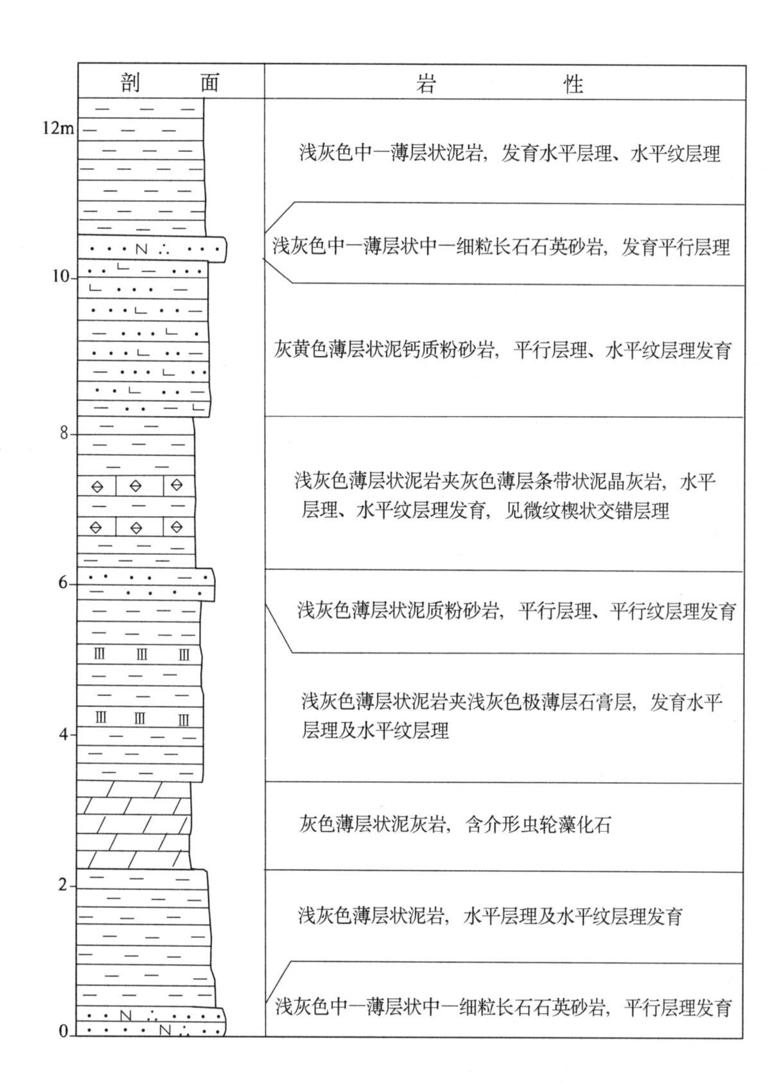

图2-50 干柴沟组地层层序

2. 岩石组合特征

该组岩石组合以各类砂岩、粉砂岩、泥岩、灰岩为主，偶夹1～3cm厚石膏层，为一套内陆湖相碎屑岩-碳酸盐岩建造。

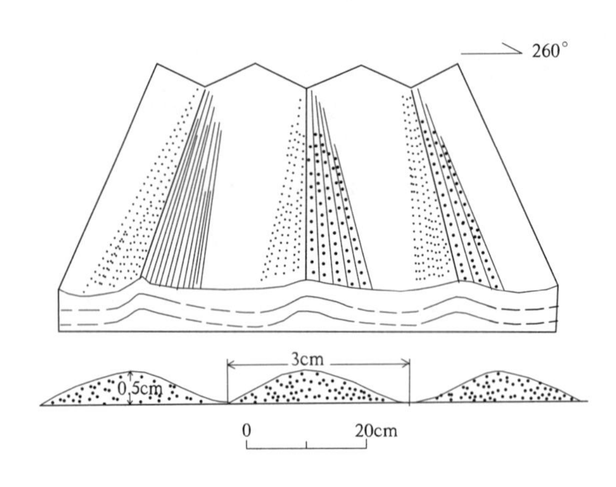

图 2-51　干柴沟组粉砂岩中的对称波痕素描

3. 主要岩石类型

岩石类型主要为砂岩、粉砂岩、泥岩、灰岩，局部夹薄层状石膏。总体沉积物粒度较细，说明形成时的水动力能量条件偏低。顶部薄层石膏的出现，代表强蒸发环境，总体表现为湖水由深向浅演化，气候由湿润向干燥转变的特征。

砂岩主要包括钙质岩屑长石砂岩、钙质岩屑砂岩、长石石英砂岩。细粒砂状结构，孔隙式胶结，磨圆度中等。碎屑含量 65%～77%，其中石英 35%左右，岩屑 20%～24%，长石 40%～45%，少量磷灰石、锆石、电气石、白云岩等。胶结物为方解石 23%～28%，少量杂基粘土矿物。

粉砂岩类：有钙质粉砂岩、泥质粉砂岩、泥钙质粉砂岩等，粉砂状结构，薄层状构造、块状构造，孔隙式胶结，个别基底式胶结。碎屑物占 60%～80%，其中石英 70%～75%，长石 21%～25%，岩屑 5%～8%，另有不透明矿物锆石、磷灰石(1%～2%)等；胶结物以方解石为主 12%～38%，少量粘土矿物 8%左右。

泥岩类：据成分可分为泥岩和粉砂质泥岩两种，主要成分以泥质和细粉砂为主，岩石风化强烈，常呈碎块和粉末松散状出露。

灰岩类：包括砂屑灰岩、隐晶灰岩、泥晶灰岩等，分别呈含粉砂隐晶—微晶结构、砂屑结构、粉屑结构，部分为孔隙式胶结，岩石成分主要为方解石 85%～100%，砂屑 3%～15%。

石膏岩类：具纤维状、针状结构，主要由石膏组成，厚 1～5cm。

4. 环境分析、时代讨论及古气候

该套地层总体为一套内陆河湖相碎屑岩-碳酸盐岩建造。自下而上构成粒度由细变粗(即由泥岩、泥灰岩到泥质或泥钙质粉砂岩)的沉积层序。砂岩中发育水平层理、斜层理，粉砂岩中发育交错层理、对称波痕，泥岩中发育不明显的水平层理，灰岩以砂屑灰岩、不纯灰岩为主，普遍有石英、长石、岩屑等陆源碎屑物混入，反映为一种滨浅湖相沉积环境。从颜色及岩性反映该套地层在沉积过程中气候多变，即从低温多雨到干旱炎热。地层中有薄层石膏层及泥裂构造的出现，反应气候一度出现过以干旱炎热为主的波动。在测制 IP_{20} 剖面时，采集了大量孢粉化石样品，经南京古生物地质研究所鉴定未发现孢粉。这可能说明此时具广湖的环境特点。

据 IP_{20} 剖面，地层中含量有较丰富的介形类化石 *Cypris* sp.，在阿达滩与此相对应的地层中采有假菊石型南方圆螺黄河亚种(*Ausfralorbis preuoloammonius huanghoeusis* Yu)及实椎螺(未定

种 *Ymnea* sp.)化石(据中国科学院南京地质古生物研究所鉴定),其时代为古近纪。

据青海省石油管理局钻孔资料,该地层与下伏古新统、始新统路乐河组为整合接触,产丰富的介形类、轮藻及腹足类化石。介形虫:*Mdedlerispndera cninensis*, *Eucypris lengnuensis*, *Austrocypris leris*, *Cyprois* sp., *Cyprinotus* sp., *Gangaigounia* sp., *Hemicyprinotus valreat-umidus*, *Mediocypris condonaeformir* 等;轮藻:*Cnayopnyta* sp. 等;腹足类:*Planorbis* sp., *Galbu* sp., *Cyrauls* sp. 等。

综上所述,孢粉组合特征及化石生物群面貌均反映其时代为渐新世—中新世。

该地层在柴达木盆地西部和马海地区,是主要储油层和含油层。

三、中新统—上新统油砂山组($N_{1-2}y$)

青海省石油管理局科学研究所1959年在柴达木盆地西部油砂山地区,将一套储油砂岩命名为"油砂山岩系"。原义指:"介于狮子沟岩系与干柴沟岩系不整合(盆地边缘)或整合面间,代表中新世晚期—上新世早期,以棕红色为主的泥质粉砂岩、砂质泥岩、含油砂岩夹砂砾岩透镜体及疙瘩状泥灰岩组成的地层。"1964年裴文中、郑家坚在《中国的新生界》一书中改称油砂山组。1973年青海省输油管理局地质研究所,依据古生物地质年代将油砂山组进一步划分为上、下油砂山组。1991年青海省地矿局在《青海省区域地质志》中,将上、下油砂山组合并为油砂山组。1997年《青海省岩石地层》沿用,且厘定其定义为指整合或局部不整合于干柴沟组之上、狮子沟组之下一套由棕红色、棕黄色泥质粉砂岩、含油砂岩、泥岩夹疙瘩状灰岩及少量砂砾岩透镜体,局部夹薄层石膏组成的地层序列。产轮藻、介形类及腹足类化石。时代为中新世—上新世早期。

本测区特征与区域上西岔沟一带相仿,岩石组合特征显示砾岩含量少,粉砂岩、砂岩和泥岩含量增多,局部偶夹薄层状泥晶灰岩,与上覆狮子沟组呈不整合接触,与下覆干柴沟组为连续沉积。本报告沿用油砂山组。

测区内出露于长尾台以北地区,东、西两端分别被第四系上更新统洪冲积砂砾石层(Qp^{3pal})、第四系全新统风成沙(Qh^{eol})所覆盖。整体上构成长尾台-东柴山背斜之北翼,底部与渐新统—中新统干柴沟组呈连续沉积,为整合接触,顶部与上新统狮子沟组呈角度不整合接触关系。主要岩性为砂岩、粉砂岩、泥岩,局部夹泥晶灰岩薄层。

1. 剖面描述

青海省海西州茫崖行委尕斯乡东柴山新近系干柴沟组—油砂山组(EN*g*—$N_{1-2}y$)实测剖面(P_{20}部分,图2-52),总厚度为1061.28m,其层序自上而下为:

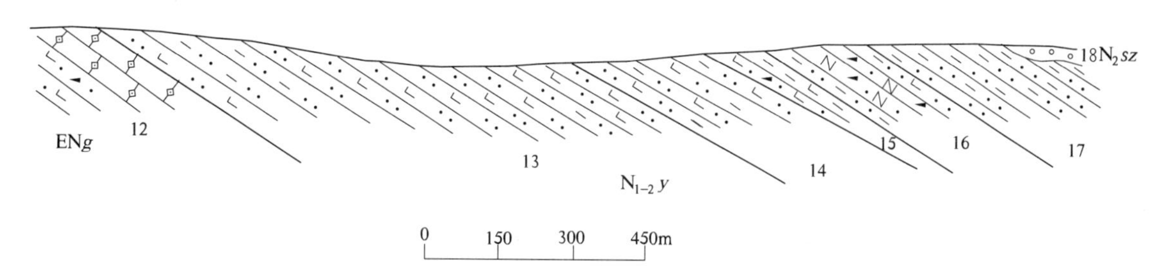

图2-52 青海省海西州茫崖行委尕斯乡东柴山新近系干柴沟—油砂山组(EN*g*—$N_{1-2}y$)实测剖面图(P_{20}部分)

上覆:灰色厚层状复成分砾岩(上新统狮子沟组)

~~~~~~~~~~ 角度不整合 ~~~~~~~~~~
~~~~~~~~~~

17. 土黄色中—薄层状中—细粒钙质长石岩屑砂岩与青灰色中—薄层状粉砂质泥岩不等厚互层 148.75m

16. 土黄色中—薄层状泥质粉砂岩夹青灰—浅灰绿色中—薄层状粘土质、钙质粉砂岩夹中—薄层状钙质粉砂岩 164.81m

15. 土黄色中—薄层状细粒钙质长石岩屑砂岩夹浅灰绿色中—薄层状细粒钙质岩屑砂岩夹泥晶灰岩薄层夹青灰色中—薄层状钙质泥岩(钙质粘土类) 68.16m

14. 灰黄色中—薄层状泥质粉砂岩与浅灰绿色中—薄层状泥岩互层 164.47m

13. 浅灰绿色钙质粉砂岩 514.34m

———— 整 合 ————

12. 浅灰色中—薄层状泥晶灰岩夹浅灰绿色薄层状细粒钙质岩屑长石砂岩(渐新统—中新统干柴沟组) 59.05m

2. 岩性组合特征

该组岩石类型:以粉砂岩、泥岩、砂岩为本组主要岩石类型,局部偶夹薄层状泥晶灰岩。测区内该组沉积物与渐新统—中新统具有明显的继承性关系。该套地层在其正层型所在地油砂山地区(长尾台东,出图区),地层发育完全,岩性具有代表性,以粗碎屑岩居多为特征。油砂山油田赋存于该套地层中。本测区缺失含油砂岩、砾岩等,说明该地层在横向上变化较大。

3. 主要岩石类型

粉砂岩、砂岩、泥岩为本组主要岩石类型,夹少量泥晶灰岩,地层岩石类型较为单一,分别叙述如下。

(1)砂岩类。包括钙质长石岩屑砂岩,钙质岩屑砂岩。

钙质长石岩屑砂岩:土黄色,浅灰褐色,中细粒—细粒砂状结构,块状构造,岩石由碎屑和胶结物组成。碎屑占70%~76%,以石英(25%~55%)、长石 (14%~35%)、岩屑(30%~40%)为主,次为不透明矿物少量;填隙物以方解石(胶结物)为主(24%~30%),为孔隙式胶结。

钙质岩屑砂岩:浅灰褐色,细粒砂状结构,薄层状构造,岩石由碎屑和胶结物组成,碎屑以岩屑为主(40%~50%),长石、石英少量;胶结物为方解石(约 3.5%),孔隙式胶结。

(2)粉砂岩类。以粘土质钙质粉砂岩为主,具粉砂状结构,中—薄层状构造,粉砂碎屑约占58%~60%,成分主要为石英(25%~55%)、长石(14%~35%)、岩屑(30%~40%)。另外为不透明矿物:云母、绿帘石、绿泥石,锆石等。碎屑磨圆度较差,石英、长石呈棱角—次棱角状,岩屑多为次圆状,分布均匀,粒径在 0.24~0.06mm 之间;胶结物为方解石,含 24%~40%,呈孔隙式、基底式胶结。

(3) 泥岩类。包括钙质泥岩、粉砂质泥岩,泥质结构,层状构造。主要由粘土质矿物(40%~55%)、微晶方解石(30%~45%)、粉砂碎屑(10%~20%)组成。粉砂碎屑主要为石英,磨圆度差,呈棱角状,粒径在 0.024mm 左右。

(4)灰岩类。该岩石为泥晶灰岩,成分主要为方解石,含 80%以上;粉砂碎屑 8%~15%,粉砂碎屑主要成分有石英、白云母、黑云母等。碎屑具明显定向排列,长轴方向与岩石构造方向一致,使岩石具层状构造。

4. 环境分析、时代讨论及古气候

该套地层总体为一套内陆湖相碎屑岩-碳酸盐岩建造。自下而上表现为由细变粗的沉积层序。风砂岩中发育水平层理、平行纹层理、局部发育泥裂构造及楔状交错层理。灰岩以泥晶灰岩为主,见有长石、石英、岩屑等陆源碎屑物质混入,反映为一种滨浅湖相沉积环境。岩性以浅灰绿、灰黄、土黄色粉砂岩、砂岩、泥岩为主,夹少量泥晶灰岩,偶夹有石膏层,反映当时环境较为动荡。本区长尾台一带可能处于湖盆边缘，沉积韵律较为发育，浅而富氧的环境下生物也多，故地层中含有丰富的化石。

本次区调在长尾台地区测制了一条1∶5000的地层剖面，采集了大量的孢粉及微古样品，由于种种原因，没有取得预期的效果，样品中普遍不含孢粉、化石，给时代讨论及古气候特征的分析带来了巨大困难，故暂据前人资料予以分析。据1∶20万《土窑洞幅》《茫崖幅》，该地层中含介形虫：*Hemicyprinotus ralraetclmialus*，*Mediocypris* sp.，*Leptocyneregingnaiensis*，*Mediocylnerideis hinae*，*Eucypris comcina cshncider*，*Hydrobia* sp.，*Yuosnasnania*；腹足化石：*Hydrobia* sp.。从上述古生物组合特征看，其中既含有中新统分子，也含有上新统分子，但不含有柴达木盆地中新统的标准分子——*Hemicyprinotas valraetumidus*，*Medioypris*，也不含干柴沟组中常见分子 *Canclconiella*-*Marcida*。据青海省石油管理局1983年资料，在南乌斯构造井下8100m和1160m处见有较多的 *Leptocytnere gingnaiensis*，*Mediocylnerideis hinae*，为上新统标准化石；而 *Eucypris concina schncider* 等种常见于苏联费尔干纳盆地的上新统、新疆准噶尔盆地的上新统独山子组及青海省共和盆地的曲沟群，而 *Cyplideis* 也是柴达木盆地西部油砂山组的标准化石，其时代为上新世无疑。

据以上分析，油砂山组时代为中新世—上新世。

四、上新统狮子沟组(N_2sz)

1958年徐仁等将该套地层称宽沟统。1964年裴文中、周明镇在《中国的新生界》一书中，改称狮子沟组。1959年青海省石油管理局科学研究所在冷湖镇狮子沟组创名“狮子沟岩系”。原指处于七个泉组不整合面之下，油砂山组整合面之上，代表上新世晚期，由土黄色砂质泥岩、泥质粉砂岩、砂岩、砾岩组成的地层。同时该所在柴达木盆地东部又将该套地层称“东丘陵岩系”。1997年《青海省岩石地层》依据岩石地层划分准则及优先权，沿用狮子沟组，指不整合(盆地边缘)或不整合于油砂组之上，不整合于七个泉组之下一套以粗碎屑岩为主的地层。岩性为砾岩、含砾砂岩、砾状砂岩夹砂岩、泥质粉砂岩。底以不整合为分隔，在盆地中心与下伏油砂山组整合接触，以土黄色、灰白色为主的含砾砂岩的出现与油砂山组分界，产介形类化石碎片。

该组分布广泛，几乎遍及柴达木盆地全区。纵横向岩性组合稳定，变化不明显，以冲洪积相为主兼河流相沉积，无或甚少化石。在本区长尾台一带岩石颗粒变粗，以砾岩、粗砂岩占优势，细碎屑岩含量较少。与上覆七个泉组为平行不整合接触。本报告沿用“狮子沟组”。

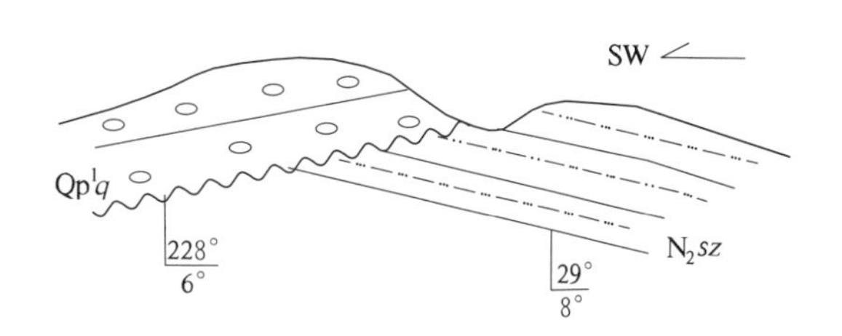

图2-53　上新统狮子沟组(N_2sz)下更新统七个泉组(Qp^1q)接触关系

区内狮子沟组出露于测区北东角长尾台、大乌斯北部地区，分别与下伏中新统—上新统油砂山组、上覆第四系下更新统七个泉组呈不整合接触(图2-53)，被第四系上更新统洪冲积所覆盖。地貌上构成较为平缓的丘陵地带。岩性主要为一套土黄色碎屑岩，为冲积相-河流相沉积，总厚度大于951.17m。

1. 剖面描述

青海省海西州茫崖镇尕斯乡大乌斯东上新统狮子沟组(N_2sz)实测剖面(IP_{21}，图2-54)。

剖面位于大乌斯东，顶部被第四系上更新统洪冲积层所覆盖(西部长尾台北相应部位，与下伏中—上新统油砂山组呈不整合接触)，顶部与第四系下更新统七个泉组为不整合接触。层序自上而下为：

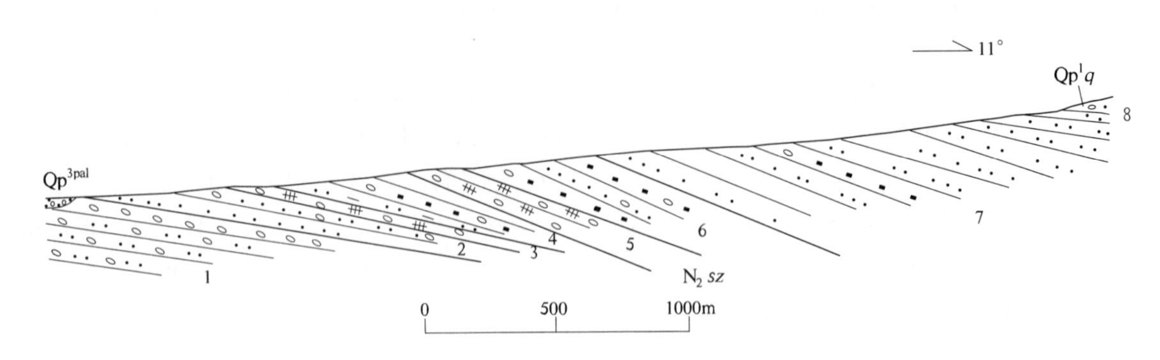

图 2-54 青海省海西州茫崖镇尕斯乡大乌斯东上新统狮子沟组(N_2sz)实测剖面图(IP_{21})

9. 灰色中—厚层状含砾粗砂岩与土黄色中—厚层状泥质粉砂岩互层夹灰色中层状砾岩 98.79m

平行不整合

8. 土黄色块层状泥质粉砂岩 36.80m
7. 土黄色巨厚层状含粗砂粉砂岩夹土黄色中—厚层状含砾粗砂岩 327.21m
6. 灰色中—厚层状含砾粗砂岩夹土黄色中层状含砾细砂岩(基本层序如图 2-55) 204.36m
5. 杂色巨厚层状复成分砾岩 85.67m
4. 土黄色巨厚层状泥质粉砂岩夹少量灰色中—薄层状含砾粗砂岩 184.14m
3. 杂色中—厚层状复成分砾岩夹灰色中—厚层状含砾粗砂岩及少量土黄色中层状泥质粉砂岩 30.81m
2. 土黄色巨厚层状含细粒粉砂岩夹灰色薄层状含砾粗砂岩 169.31m
1. 土黄色厚—巨厚层状含砾粉砂岩夹灰色中层状细砾岩、灰色中—薄层状含砾粗砂岩 8.53m

覆 盖

0. 第四系上更新统冲洪积砂砾石岩

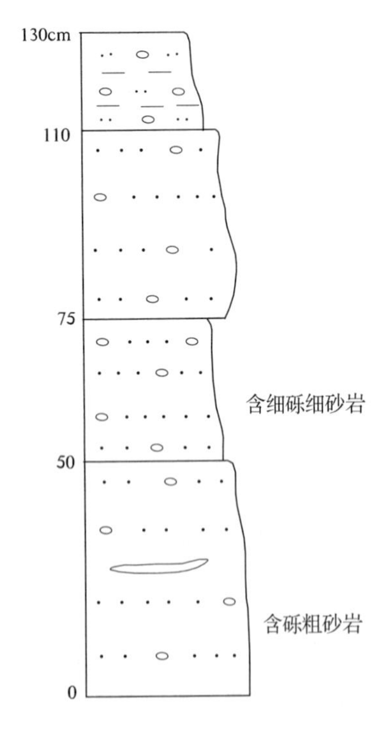

图 2-55 IP_{21}第七层基本层序

2. 岩性组合特征

该剖面岩性主要为一套土黄色粗砂岩、粉砂岩、砾岩。砂岩、粉砂岩中见有水平层理,含砾岩透镜体(图 2-56),局部夹长46cm,厚 5cm 的灰烬层,总体具洪冲积-河流相沉积特点。

3. 主要岩石类型

本组主要岩石类型有砂岩类、粉砂岩类和砾岩类。砂岩类主要岩性为含砾粗砂岩、含细砾细砂岩;粉砂岩类主要岩性为含砾粉砂岩、含细粒粉砂岩、泥质粉砂岩;砾岩主要岩性有粗砾复成分砾岩、细砾岩。

砾岩:砾状结构,中厚层状构造,接触式胶结。由砾石及胶结物组成,砾石 60%～80%,成分较为复杂,有花岗岩类、火山岩、灰岩、脉石英及少量变质岩,磨圆度一般为次棱角—次浑圆状,球度差,无分选性,粒径一般 0.3～1cm,偶见大者,粒径达30cm,砾石有时呈叠瓦状排列,排列方向 25°～30°胶结物为粘土质、砂质,含 20%～40%,具下粗上细的正粒序特征。

砂岩:土黄色,含砾、粉砂状结构、中厚层—巨厚层状构造,岩石中含砾粒 10%左右,成分为砂,以石英为主;砾以脉石

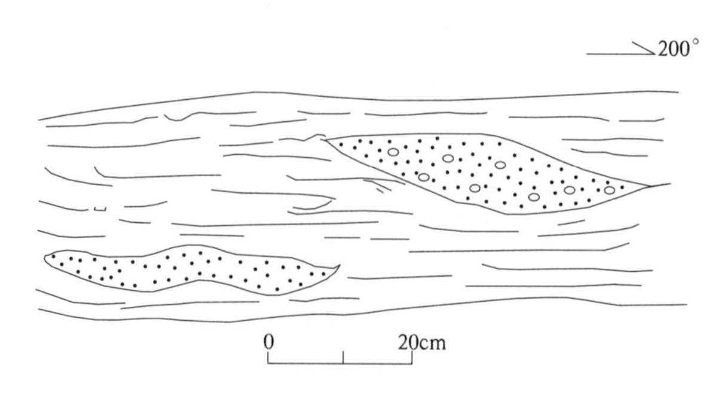

图 2-56　粉砂岩中的砂砾岩透镜素描图

英及灰岩为主，少量凝灰岩、花岗岩，粒径 0.4～1cm，磨圆度一般为次浑圆状，少数为次棱角状，球度差。胶结物以砂质为主，少量泥质，孔隙式胶结，夹有泥质透镜体[70cm×(1～4)cm，规模较小]。

粉砂岩：土黄色，粉砂结构，含砾粗砂粉砂结构，厚—巨厚—块层状构造，主要成分为粉砂质。砾石成分有灰岩、花岗岩、脉石英、火山岩等，磨圆度一般为次浑圆—次棱角状，球度差；砂质主要为石英、岩屑。粉砂岩中具水平层理及泥质透镜体。

4. 环境分析、时代讨论及古气候

结合区域资料，该套地层以灰黄色块层状复成分砾岩，紫红色含砾砂岩、砂岩、粉砂岩及泥岩，局部夹石膏薄层。从颜色及局部石膏层的出现看，应属干燥炎热气候即氧化环境下形成的一套山麓洪冲积-河流相沉积。

在测制 IP_{21} 剖面时，采取了大量孢粉样品，孢粉含量少，总体以草本植物花粉占优势，有蒿属(*Artemisia*)、藜科(*Chenopodiaceae*)、禾本科 (*Cramineae*)、菊科(*Compositae*) 等；木本植物花粉零星可见松属(*Pinus*)、云杉属(*Picea*)；灌木植物为麻黄属(*Epheolra*) 。此孢粉组合特征反映了灌丛草原环境，气候冷干。

在大乌斯北路线中所取样品，总体反映孢粉贫乏，以草本植物花粉为主，但在局部层位中发现有大量的植物茎干产出，有蒿属、藜科、禾本科、菊科、豆科(*Leguminosae*)、茄科(*Solanaceae*)等；木本植物花粉有松属、云杉属；孢粉组合特征反映为荒漠草原景观，气候冷干。

狮子沟组所含的介形类化石中，据青海省石油管理局资料，含有大量的 *Condo iellaformosa*，*Eucypris concinna rostrata*。此外，本组所含的轮藻 *Teotochara* sp. 也常见于中新统。所以，尽管在盆地内与本组相当的层位中所含腹足 *Valreta* 和 *Gyraucus* 等显示了新近系向第四系过渡的特征，但狮子沟组与第四系下部七个泉组之间存在着“角度不整合”这样一个自然界面，故此，将狮子沟组置于上新统是较合适的。

第十一节　第四纪地层

区内第四系分布较广，约占图区总面积的 40%，除柴达木盆地和山前平原广泛分布外，山区的各水系河谷地带均有分布，且具成因类型繁多(表 2-30)型的高寒山区沉积特点，区内皆为内流水系，冰川地貌极为发育，标志着本区为一个强烈的冰蚀作用地区。

表 2-30　第四纪地层划分表

地质年代	代号	成因类型	主要岩性组合	典型地形、地貌
全新世	Qh^{al}	现代河流沉积	砾石、砂、粘质砂土、砂质粘土	曲流河
	Qh^{2eol}	风积	土黄色风成砂，分选良好、松散，一般不具层理	活动沙丘、沙垄
	Qh^{1eol}		土黄色风成砂，分选良好、松散，可见弧形斜层理	半固定沙丘，一般呈孤包状及波状沙丘地产出
	Qh^{l}	湖积	矿质粘土、腐殖质，含芒硝、钠盐及黄褐色含矿钠盐	湖岸阶地、砂堤，出露海拔高 2881m
	Qh^{f}	沼泽沉积	腐殖质、粘土	湖岸阶地，出露海拔高 3889m
	Qh^{gl}	冰碛	以冰川漂砾、砂质碎屑为主	冰碛垄
	Qh^{pal}	洪冲积	总体以卵石、砾石为主，局部以砾石和砂为主。成分与物源区有关，分选差，磨圆一般，松散堆积	现代河床及河漫滩、河谷
晚更新世	Qp^{3eol}	风积	土黄色风成沙，分选良好、松散，见有弧形斜层理及交错层理	固定沙丘、呈孤包状产出，上有红柳灌木生长
	Qp^{3pal}	洪冲积	以砂砾石层为主，局部夹粉砂层，分选性较差，磨圆度较差、松散，具平行层理	河谷阶地、山前洪积扇
	Qp^{3fgl}	冰水堆积	杂色砂土及混杂的巨漂砾、泥砾。漂砾多为花岗岩，发育斜层理，无分选	冰水洪积扇
中更新世	Qp^{2gl}	冰碛	杂色含漂砾砾石及砂土，无层理、无分选	冰碛缓丘 前碛垄等
早更新世	Qp^{1l2}	河湖相沉积	浅灰色厚层状粗砾岩、细砾岩夹含砾粗砂岩	平缓台地倾角小于 5°
	Qp^{1l1}	河湖相沉积	浅灰色厚层状含砾砂岩、泥质粉砂岩	风蚀洼地 似雅丹地貌
	$Qp^{1}q$	河湖相沉积	砾岩、含砾粗砂岩夹泥质粉砂岩	

根据第四系沉积物的分布，堆积序列及构造地貌特点，图区内第四系沉积物分布主要在以下几个区，自北向南依次为柴达木盆地区、祁漫塔格山地区、阿达滩地区、卡尔塔阿拉南山地区和库木库里盆地区。现以时代为序，分不同地区将测区第四系特征分述于下。

一、下更新统七个泉组（$Qp^{1}q$）

早更新世沉积为河湖相、湖相堆积，出露于柴达木盆地、阿达滩两侧及其图区南部宗昆尔玛等地，地貌上为低矮的丘陵或平缓的台地，横向上变化明显，从盆地边缘向盆地中心岩性有变细的趋势。且柴达木盆地区、阿达滩地区与库木库里盆地区，其沉积特征有明显的差异，说明了本区早更新世沉积的空间分异性，表明在早更新世以前祁漫塔格山已经隆起的特点。

（一）地层描述

1. 柴达木盆地区

七个泉组在柴达木盆地区零星分布于长尾台及大乌斯北、宽沟东，其下部盆地中与新近系上新统狮子沟组呈角度不整合接触，在盆地边缘角度不整合覆盖于下石炭统石拐子组（C_1s）之上。其上被第四系上更新统洪冲积所覆。该区七个泉组主要为一套粗碎屑沉积物，主要岩性为灰色含砾粗砂岩，土色泥质粉砂岩、灰色砾岩等。该套地层在长尾台北东有剖面控制，长尾台、大乌斯北及赛尔克赛北东亦有路线控制，为该套地层的划分提供了较充分依据。剖面特征如下。

青海省海西州茫崖镇尕斯乡大乌斯东第四系下更新统七个泉组实测剖面（IP_{21}，图 2－57），自上而下为：

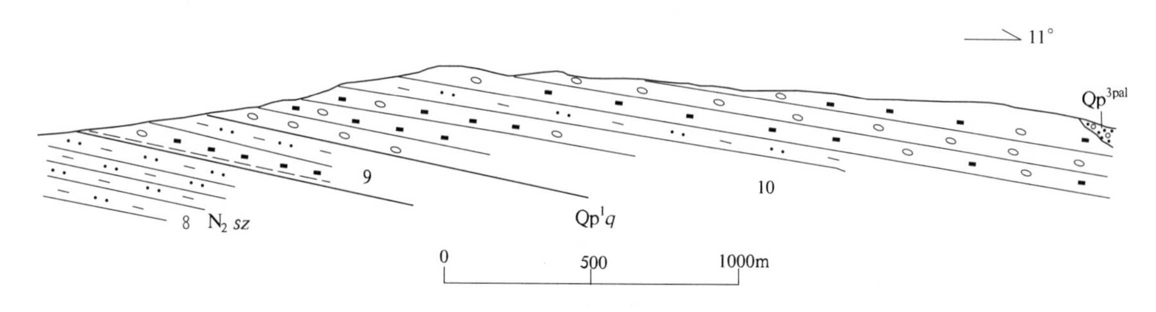

图 2－57 青海省海西州茫崖镇尕斯乡大乌斯东第四系下更新统七个泉组（Qp^1q）实测剖面（IP_{21}）

第四系上更新统洪冲积砂砾石层

覆 盖

10. 灰色中—厚层状含砾粗砂岩夹土黄色薄层状泥质粉砂岩、灰色中层状砾岩，见有板状交错层理（图 2－58）	400.68m
9. 灰色中—厚层状含砾粗砂岩与土黄色中—厚层状泥质粉砂岩互层夹灰色中层状砾岩	98.79m

平行不整合

8. 土黄色块层状泥质粉砂岩（N_2sz）	36.80m

由于西邻的七个泉剖面具有代表性，本区可与其对比，故将该套地层称为七个泉组（Qp^1q）。该岩石胶结较差，易风化，形成独特的风蚀雅丹地貌（图 2－59）。

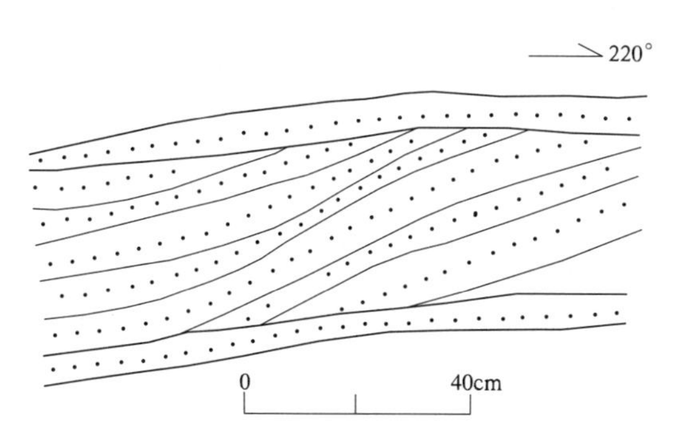

图 2－58 含砾砂岩中的板层交错层理

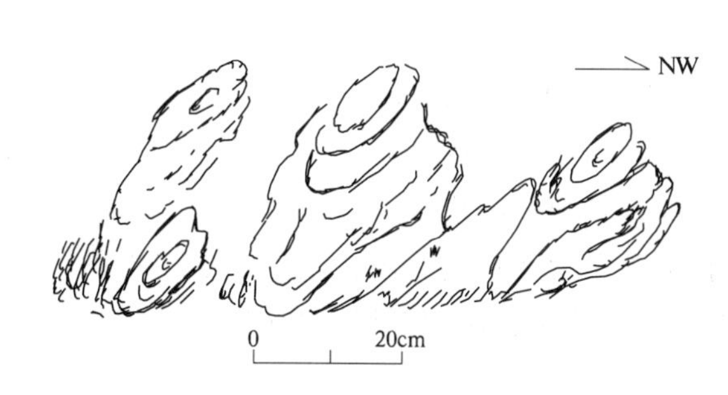

图 2－59 长尾台北七个泉组（Qp^1q）风蚀地貌素描图

2. 阿达滩地区

该组地层主要分布于阿达滩两侧。岩性以一套粗碎屑沉积为主，半胶结，碎屑成分复杂，据路线调查，与下伏地层和侵入岩为不整合接触，局部与古近系始新统路乐河组呈断层接触，上覆中更新统冰碛层（Qp^{2gl}）和上更新统洪冲积砂砾石层（Qp^{3pal}）。

新疆维吾尔自治区若羌县土窑洞乡阿达滩河南侧下更新统七个泉组实测剖面（IP_{15}，图 2－60）由上而下为：

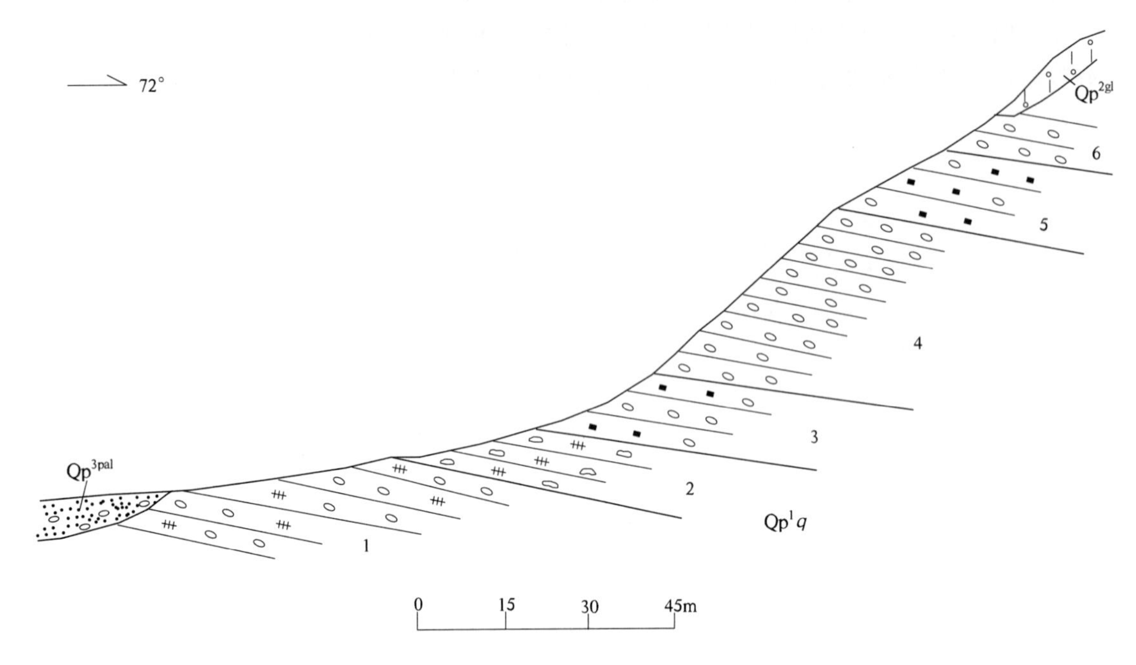

图 2-60　新疆维吾尔自治区若羌县土窑洞乡阿达滩河南侧下更新统七个泉组(Qp^1q)实测剖面图(IP_{15})

中更新世冰碛	12.31m
～～～～～～ 覆　盖 ～～～～～～	
6. 杂色厚层状复成份细砾岩	14.02m
5. 杂色厚一巨厚层状复成份粗砾岩	8.94m
4. 杂色厚层状细砾岩夹土黄色薄层状含细砾粉砂岩	5.57m
3. 杂色厚层状细砾岩	27.98m
2. 土黄色厚层状含巨砾粗砾岩夹透镜状土黄色薄层含砂质泥岩	20.99m
1. 土黄色厚层状粗砾岩	7.18m

在该剖面中沉积物颜色较杂，以土黄色、杂色为主，砾石成分复杂，有花岗岩、花岗闪长岩、二长花岗岩、大理岩、脉石英、火山岩、灰岩等。砾石磨圆度较好，粒径大小不一，且悬殊较大，一般为次圆状，最大者粒径可达 60cm，一般 3～20cm，具定向排列；砾石扁平面(60%)为平行层面，砂质胶结，胶结类型为孔隙式—接触式。岩层透镜体中水平层理、水平纹层理、波状纹层理及小交错层理极为发育。总体表现为上粗下细的反粒序特征。

3. 库木库里盆地区

该地层在库木库里盆地分布于珍珠坑、平湖、大黄山及宗昆尔玛等地，地貌上为平缓台地(倾角小于 5°)极似风蚀雅丹地貌。岩性为一套湖相沉积碎屑岩建造，产状平缓，未见底，顶部被第四系上更新统洪冲积砂砾石层所覆，在宗昆尔玛测有剖面如下(IP_{37}，图 2-61)。

11. 杂色中层状复成分砾岩(该层表面风化貌似冲洪积为顶)	0.78m
10. 土黄色薄—中层状钙质细砂岩夹土黄色薄层状粉砂质泥岩	20.68m
9. 土黄色厚层状粉砂质泥岩夹土黄色薄层状钙质细砂岩	9.31m
8. 灰褐色薄层钙质细砂岩夹土黄色粉砂质泥岩(10∶1)	3.28m
7. 黄褐色薄板状钙质细砂岩	6.37m

6. 黄褐色薄层状钙质细砂岩夹土黄色薄层状粉砂质泥岩,(5∶1)发育水平层理及小型交错层理　3.28m
5. 土黄色厚层状含泥砾、细砾细砂岩,发育大型交错层理、水平层理　2.83m
4. 土黄色中—厚层状泥质粉砂岩夹土黄色薄层状钙质粉砂岩透镜体,发育水平层理　4.71m
3. 土黄色中层状泥岩夹土黄色薄层状钙质粉砂岩(5∶1)发育小型水平层理及小型交错层理　3.76m
2. 土黄色薄—中层状含细砾长石砂岩,具平行层面的水平层理及交错层理　5.64m
1. 灰褐色薄层状长石粉砂岩,发育水平层理(未见底)　4.70m

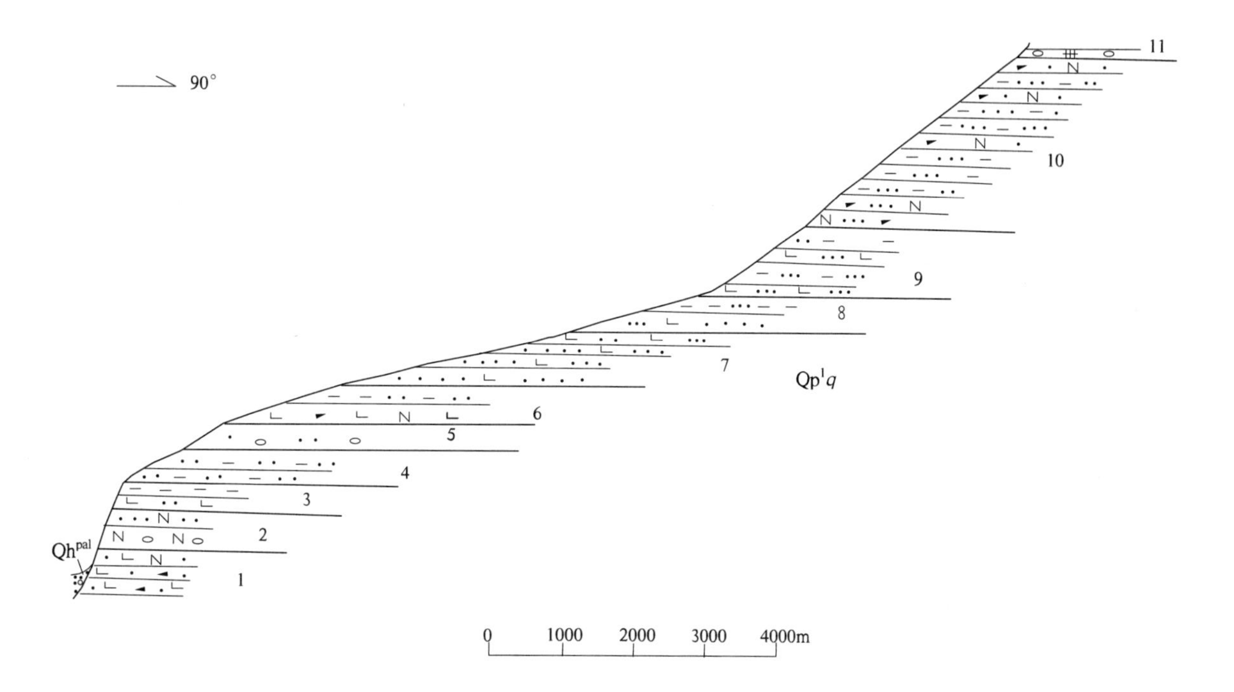

图 2-61　新疆维吾尔自治区若羌县祁漫塔格乡宗昆尔玛下更新统七个泉组(Qp^1q)实测剖面图(IP_{37})

该剖面具有明显的二分性,即下部由以土黄色、灰褐色为主的粉砂岩、细砂岩、泥岩等组成,其中发育水平层理及小型交错层理、小型对称波痕,总体具有明显的湖积特征;其上部为一套厚度不大的杂色中层状复成分砾岩,整体上组成下细上粗的反粒序。该砾岩层在该地区较为稳定,局部遭受风化,貌似洪冲积砂砾石层。该地层在后期差异隆升背景下,间歇抬升,河流下切,在宗昆尔玛河两侧表现为良好的Ⅲ级阶地特征。

(二)时代讨论及古气候

七个泉组在柴达木盆地依据与新近系狮子沟组(N_2sz)之间存在角度不整合这样一个自然界面。我们将不整合覆盖于上新统狮子沟组以上的地层划分为第四系,区域上该套地层含有大量的介形虫:*Cningnaicypris crassa* (Huang),*Leucocytntre mirabilis* Kdufm,*Eucyprris infcata* (G. o. Sdrs)等,其中的奇妙白花介在化石较多的共和盆地下更新统共和组和陕西渭河盆地的下更新统三门组为标准化石。在相当于七个泉组层位的柴达木西部盐湖构造中曾采到脊椎动物化石,经鉴定其为 *Steyodon oriehtslia oaen*,其时代为早更新世,可与脊椎动物化石较多、时代依据充足的共和组对比。据此,将该当套地层归属七个泉组,时代为早更新世是合适的。

早更新世地层在测区北部与下伏干柴沟组为断层接触,且具先不整合接触后断层接触的特征。阿达滩两侧被中更新统冰积所覆盖,故此,亦将该套地层时代定为早更新世,相当于柴达木盆地下更新统七个泉组。在该地层剖面中所取热释光(TL)样品年龄为 158.88～122.8ka(中国地质科学院环境地质开放实验室鉴定),时代明显偏新,不能作为时代依据。

库木库里盆地区该地层未见底,剖面中采集了电子自旋共振样品(ESR)样品年龄下部为1004.9ka,上部为1155.6ka,属早更新世的产物。但据其岩石组合特征及分布特征,笔者认为该地层与《新疆区域地质志》所述"西域组"有一定的可比性。综合分析后,将其时代归属为早更新世,且建立非正式岩石地层单位下部细碎屑岩段(Qp^{111})和上部砾岩段(Qp^{112})。

综上所述,分布在柴达木盆地、阿达滩地区及库木库里盆地区的该套地层其时代为早更新世,但岩性组合特征及岩石类型有较大差异。说明了本区早更新世地层在空间分布上的差异性。

另外,无论是柴达木盆地、阿达滩地区或库木库里盆地区,其地层有一个共同的特征,即都具有下细上粗的反粒序特征,说明其差异隆升的大背景是一致的。值得一提的是,在前两个地区,其河流阶地皆形成于上更新统洪冲积上;而库木库里地区,宗昆尔玛等河流,间歇性下切早更新世地层而形成明显的Ⅲ级阶地(剖面 IP_{37})充分说明该地区与上述两个地区在演化上的差异性。

在阿达滩 IP_{15} 剖面中,孢粉样品显示其含量较少,草本植物花粉占优势,有蒿属(*Artenisia*)、藜科(*Chenopodiaceae*)、禾本科(*Cranmineae*)、菊科(*Coinpositae*)等;木本植物花粉零星可见有松属(*Pinus*)、云杉属(*Picea*),灌木植物为麻黄属(*Ephedra*)。此孢粉组合特征反映为荒漠草原—灌丛草原环境,气候干燥。

宗昆尔玛 IP_{37} 剖面大量孢粉样品反映有明显的二分性:即早期,孢粉含量少,仅见草木植物花粉蒿属、藜科、禾本科、毛茛科(*Ranunculaceae*)、唐松草属(*Thalictram*)、豆科,孢粉特征反映为荒漠草原-草原植物被类型;晚期,草木植物花粉占孢粉总数96.6%~98.3%,以蒿属、藜科、伞形科(*Umbelliferae*)为主,还有禾本科、毛茛科、豆科、虎耳草科(*Saxifragaceae*)、唇形科(*Labiaceae*);木本植物花粉只见灌木麻黄属,占1.7%~3.4%。孢粉组合特征反映为灌丛草原-草原植被面貌,气候凉干。即反映出该地区在早更新世早期至晚期,气候出现了小的波动,即由"冷干"到"凉干"转变,植物特征也由早期的"荒漠草原-草原植被类型"发生了向"灌丛草原-草原植被面貌"的演变,出现了少量木本灌丛植物。

二、中更新世沉积

中更新世沉积包括冰川堆积(Qp^{2gl})和冰水堆积(Qp^{2fgl})。前者零星分布于祁漫塔格山、卡尔塔阿拉南山南北坡山间洼地,组成冰碛缓丘、冰碛垄等,出露海拔较高。后者集中分布于阿达滩两侧北部,呈残缺的冰水扇露布,其原始地貌形态可辨;在柴达木盆地亦有零星分布,其原始地貌形态消失殆尽。总之,冰水堆积物其分布海拔相对较低,卡尔塔阿拉南山南坡盆地边缘分布的冰积物,已被后期冲蚀改造为上更新统洪冲积物,具有洪冲积扇特征,但其中的冰川巨型漂砾分布较多。

(一)冰川堆积(Qp^{2gl})

冰川堆积主要分布在祁漫塔格山及卡尔塔阿拉南山主脊两侧山坡、山麓地带,地貌上构成高冰碛台地、冰碛垄,其上有较厚土层、草本植物较为茂盛。虽然受后期流水等外力地质作用的改造而支离破碎,但仍能看出其终碛、侧碛的垄岗地貌特征。冰积物粗细混杂,主要有漂砾、砾石及灰褐黄色砂、粘土等,漂砾成分与物源区有关。大小不一,大者2~3.5m,一般20~60cm,棱角—次棱角状,无分选,表面形态各异,少量漂砾表面具有冰川擦痕、冰臼、刨蚀坑,堆积厚度因地形而不等,据观察其厚50~250m,该冰积地层在滩北雪峰北特征最为明显,最具有代表性。

(二)冰水堆积(Qp^{2fgl})

冰水堆积主要分布于阿达滩地区,尤以阿达滩北为主,在柴达木盆地区有零星出露。地貌上为残损的冰水扇,虽然由于受后期外动力地质作用的破坏,但其原始地貌形态依然可辨。现为平缓台地、低缓的山包,由杂色砂土、巨漂砾、泥砾及砾组成,发育斜层理,无分选。漂砾最大者2m×3m,

一般0.2～1m。扇根部厚约100m，其上被大量黄土覆盖。

柴达木盆地：该地层出露零星，分布局限。卡尔塔阿拉南山南坡与库木库里盆地分界部位，该地层已完全被破坏改造为晚更新世洪冲积扇，除有冰川漂砾的显示特征外，其他特征消失殆尽。

以上冰川堆积、冰水堆积物热释光测年分别有230.61ka、169.59ka、118.59ka，时代属中更新世，另外，上述地层在阿达滩等地覆于下更新统七个泉组之上，亦为其时代确定提供了佐证（图2-62）。

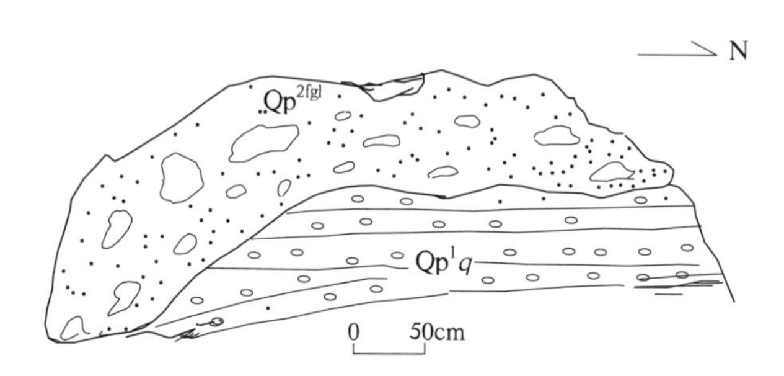

图2-62　滩北雪峰南中更新统冰水堆积物覆于下更新统七个泉组素描图

三、晚更新世沉积

测区晚更新世沉积在空间上具有分异性，不同构造地貌分区具有不同的沉积类型特征。

（一）柴达木盆地区

1. 洪冲积（Qp^{3pal}）

晚更新世柴达木盆地成因类型主要为洪冲积砂砾石层，地貌上构成山前大型洪冲积扇及山前倾斜平原，由砾石及砂质组成，砾石成分与物源有关，较为复杂，磨圆度一般，以次棱角状，次圆状为主，具有一定的分选性，表现为离物源区近，砾石较大；离物源区远，粒径有变小的趋势。为一具有水平层理及砂质透镜体（第四系上更新统洪冲积砂砾石层特征见图2-63）河谷高阶地。

青海省海西州茫崖行委尕斯乡东沟沟口第四纪河流阶地实测剖面（IP_{10}，图2-64）：

1. 现代河床冲积砂砾石堆积
2. 河漫滩、现代河流洪冲积砂砾石层
3. Ⅰ级阶地：第四系全新统冲积砂砾石层，其上被厚约15cm的亚砂土覆盖
4. Ⅱ级阶地：第四系全新统冲积砂砾石层，其上被厚度大于25cm的亚砂土覆盖
5. Ⅲ级阶地：第四系上更新统洪冲积砂砾石层，其上被厚度大于1m的亚砂土层覆盖，其中发育水平纹层理及砂透镜体
6. Ⅳ级阶地：第四系上更新统洪冲积砂砾石层，其上被厚约4m的亚砂土层覆盖

在西沟沟口、大乌斯所取样品热释光（TL）年龄分别为34.0ka、38.1ka和13.9ka、108.13ka（中国科学院环境地质开放实验室）属晚更新世晚期。

2. 冰水堆积（Qp^{3fgl}）

冰水堆积分布局限，仅小面积展布于双石峡以东地段，遭受后期水流冲蚀改造，现为河流Ⅲ级阶地，厚约30m（图2-65），由漂砾及砂质组成，漂砾粒径最大者0.8m，含5%～10%，一般粒径

35cm，磨圆度差，多呈次棱角状，分选差，成分以花岗岩为主，砂岩、灰岩及脉石英较少，其余为砂质，热释光测定年龄为 29.0ka，为晚更新世晚期的产物。

3. 风积（Qp^{3eol}）

风积小面积分布于小梁西等地，覆于上更新统洪冲积砂砾石层之上，厚度不等，地面低洼处可见波状沙纹、半固定沙丘，分布不均匀。沙丘为孤立沙包状，其上植被较发育，沙丘迎风坡 15°～25°，背风坡 15°～25°，沙丘高 0.5～2.5m，该地貌可能由后期风蚀所致，测区沙化的历史最早为 30.8±1.8ka，其次为 6.93±0.82ka（中国科学院环境地质开放实验室），近代为大面积沙化。

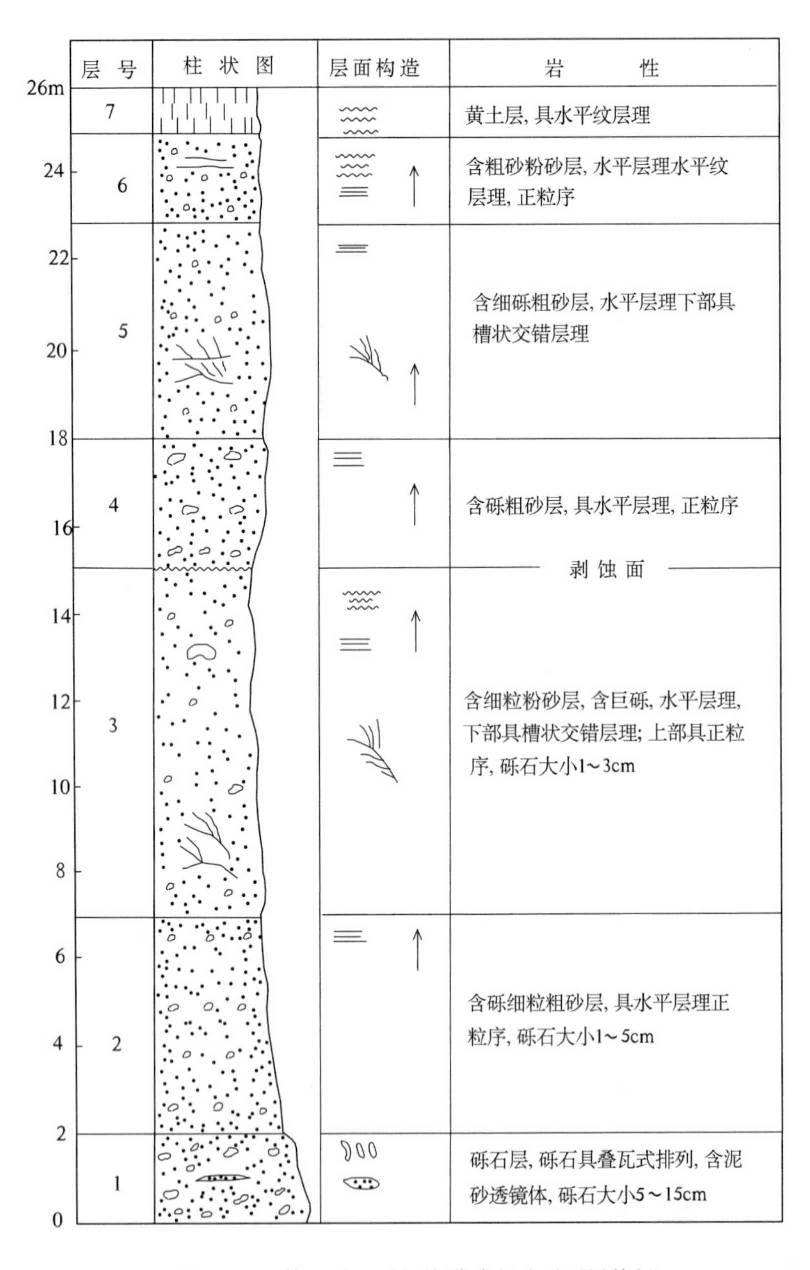

图 2-63　第四系上更新统洪冲积砂砾石层特征

（据 5034 点间）

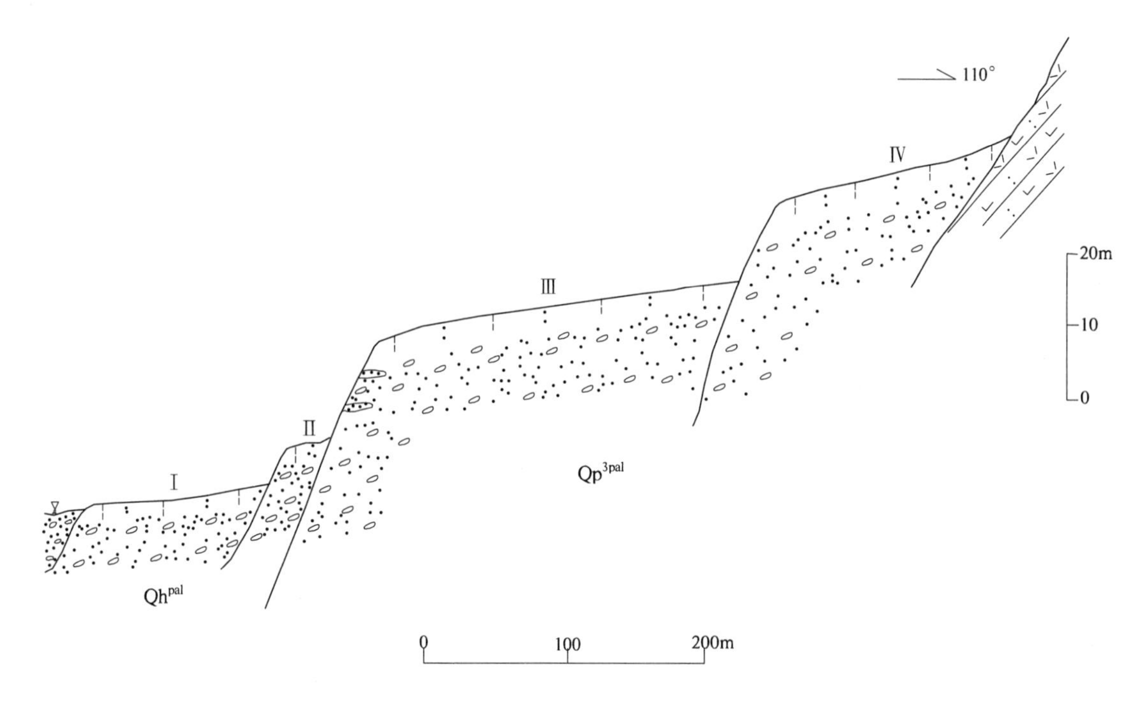

图 2-64　青海省海西州茫崖行委尕斯乡东沟沟口第四纪晚更新世—全新世河流阶地实测剖面(IP_{10})

(二)祁漫塔格山地区

晚更新世地层在该区仅出露洪冲积堆积,分布局限,主要沿沟谷两岸分布,如小盆地、宽沟、东沟、牙巴克勒等地,在地貌上沿河谷分布呈向河谷微倾斜的平台地,多构成河谷高阶地。

(三)阿达滩地区

该区主要分布于阿达滩河两侧,由上更新统洪冲积物组成,地貌上形成山前洪冲积扇(图 2-65)及倾斜平原,构成Ⅰ～Ⅲ级阶地。由于受后期河流侧蚀等外力地质作用的影响,河谷两侧不对称,分队在口子沟沟口进行了剖面测制。在阿达滩地区上更新统冲洪积物中可见沙楔,以及冰缘沉积地貌(图版 16-4)。

新疆若羌县土窑洞乡口子沟沟口上更新统实测剖面介绍如下。

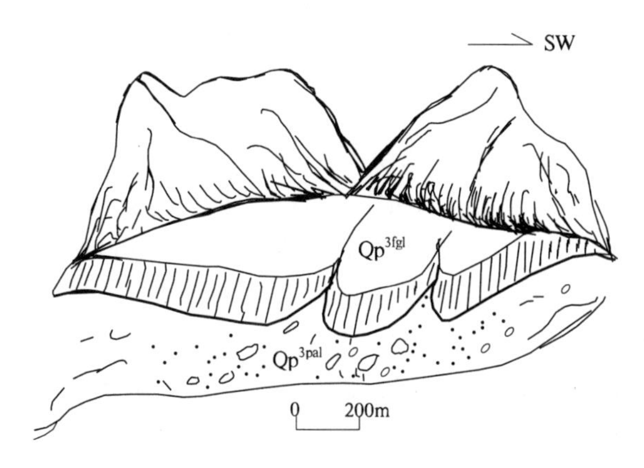

图 2-65　第四系上更新统冰水扇地貌特征素描图

1. 第四系全新统洪冲积砂砾石层

~~~~~~~~~~ 覆　盖 ~~~~~~~~~~

2. 第四系上更新统洪冲积砂砾石层(Ⅰ级阶地阶坡)
3. 亚砂土层(Ⅰ级阶地阶面)
4. 灰色含粗砾砂砾石层(Ⅱ级阶地阶坡)
5. 灰色含中砾细砾石层(Ⅱ级阶地阶坡)
6. 土黄色含砾亚砂土(Ⅱ级阶地阶坡)
7. 亚砂土层(Ⅱ级阶地阶坡)
8. 浅灰色含中砾细砾石层夹含砾粗砂层(Ⅲ级阶地阶坡,夹有灰烬层)
9. 土黄色亚砂土层
10. 亚砂土层(Ⅲ级阶地阶坡)

该剖面中Ⅲ级阶地所采热释光年龄为12.58ka,属晚更新世晚期。

(四)卡尔塔阿拉南山区

上更新统洪冲积砂砾石层分布狭窄,仅在该区主要水系河谷分布,如巴音郭勒呼都森、阿尼亚拉克萨依等地。地貌上沿河谷分布呈向河谷微倾的台地,倾角小于5°,构成河谷高阶地,具明显二元结构,其上植被发育。

(五)库木库里盆地区

该盆地分布于盆地边缘伊阡巴达及宗昆尔玛等地的上更新统洪冲积砂砾石层,地貌上表现为山前洪冲积扇连缀而成的倾斜平原,倾角5°~10°,扇根部较陡,为砂砾石层,占35%~55%,其余为砂质。砾石成分与物源区关系密切,砾石磨圆度较差,为次棱角—次圆状,分选性差,发育砂质透镜体及水平层理。其上植被稀疏,常组成河谷阶地。

(六)古气候特征

在路线调查及剖面研究中,采取了大量孢粉样。样品显示孢粉含量较少,且以草本植物的花粉为主,有蒿属、藜科、禾本科、毛茛科、茄科、豆科等;木本植物以灌木植物花粉麻黄属为主,还有松属,该孢粉组合特征反映为草原-灌丛草原环境,气候较干。

四、全新世沉积

全新统沉积遍布全区,在不同构造地貌区沉积物类型差异较大。

本区全新统地层成因较多,分布范围各不相同,冰碛(Qh^{gl}),主要分布在祁漫塔格山及卡尔塔阿拉南山等极高山地区,湖积(Qh^{l})主要分布在大小现代湖盆内,沼泽堆积(Qh^{f})主要分布于伊阡巴达地区,洪冲积(Qh^{pal})分布于各山前构成小型洪积扇及河漫滩,风积(Qh^{eol})有半固定风成沙及现代活动风成沙之分,主要分布于柴达木盆地区及库木库里盆地局部,形成舒缓波状沙地及新月形沙丘及断续分布的沙丘链、沙垄等。现代湖盆周缘,常有草沙地分布,背风地段形成微起伏的草丛沙包,冲积层(Qh^{al})常构成现代河床沉积,现分述如下。

(1)冰碛(Qh^{gl})。本区现代冰川集中分布于海拔5000m以上高山和极高山,冰碛物成分以冰川漂砾、砂质碎屑为主。岩性以花岗岩为主,因地而异,与物源区有关。

(2)湖积(Qh^{l})。湖积分布于尕斯湖、伊阡巴达地区,其典型地形地貌特征为湖岸阶地,出露海拔3889m。成分为腐殖质、粘土。

(3)沼泽沉积(Qh^{f})。其分布于尕斯湖、伊阡巴达等地区,地貌上为湖岸阶地,出露海拔2881m
~~~~~~~~~~

左右，成分为腐殖质、粘土。

(4)洪冲积(Qh^{pal})。其分布于区内主要河流，为现代河床及河漫滩。总体为卵石和砾石，局部以砾石和砂为主，其成分与物源区关系密切，分选性差，磨圆度较好，松散。

(5)风积(Qh^{eol})。其分布于大乌斯及伊阡巴达地区，特征有二：一为较老的半固定沙丘，一般呈弧包状产出，成分为土黄色风成砂，分选良好、松散，可见弧形斜层理(电子自旋共振样品年龄8.1ka)；二为活动沙丘、沙垄，土黄色风成沙，松散，一般不具层理。

(6)冲积(Qh^{al})。其分布于现代河床，成分为砾石、砂、粘质砂土、砂质粘土等。

第三章　岩浆岩

测区岩浆活动频繁，晋宁期、震旦期、加里东期、海西期、印支期及燕山期等均有岩浆岩形成，岩石类型众多从超基性到酸性岩均有分布。本章从基性—超基性侵入岩、中酸性侵入岩、火山岩等内容分别论述。

第一节　基性—超基性侵入岩

一、祁漫塔格奥陶纪蛇绿岩

本次区调填图中，首次在祁漫塔格发现了蛇绿混杂岩带，初步研究认为该蛇绿岩为大陆边缘小洋盆的洋壳在低温、低压的高应力作用下变质变形并混杂堆积而成。上部洋壳泥砂质岩石多已发生塑性变形，由千枚岩或糜棱岩等构成混杂岩的基质。下部洋壳块状岩石则呈构造块体位于基质中。该小洋盆经历了奥陶纪的扩张作用，在加里东造山运动时闭合，构造侵位。小洋盆的扩张和闭合受制于柴达木陆块与东昆仑中陆块的相互作用。

（一）地质特征

在东昆仑西段北部的祁漫塔格地区，沿祁漫塔格主脊断裂及其两侧的次级断裂分布有许多大小不同、无根无序并被不同程度改造的超镁铁质、镁铁质岩块(图 3-1)。其中以十字沟一带最为发育，其次在石拐子西沟、小盆地西、阿达滩一带均有不同程度的发育。其中大者几百米，小者几十米，该套块体位于千枚岩或长英质糜棱岩基质中。十字沟中游一带的蛇绿混杂岩块体以 IP_4 剖面为代表，包括辉绿岩块体、斜长岩块体、玄武岩块体、蛇纹石化辉橄岩。上述构造块体均位于构造千枚岩、糜棱岩化碳酸盐岩组成的糜棱岩带中(图 3-2、图 3-3)，蛇绿混杂岩块体本身也发生糜棱岩化、碎裂岩化。

十拐子西沟、十字沟东岔一带的蛇绿混杂岩块体包括蛇纹石化纯橄岩、橄辉岩、辉长岩、辉绿岩、硅质岩等构造块体，岩石发生碎裂岩化，产出于由长英质糜棱岩、千糜岩(原岩为洋壳上部层位的粉砂岩、泥岩)组成的基质中，并整体呈小岩片状产出于滩间山(岩)群糜棱岩化砂板岩组成的韧性剪切带中(图 3-4)。小盆地西蛇绿混杂岩块体包括蛇纹岩、辉橄岩、橄辉岩，现呈残留状存在于晚奥陶世十字沟单元花岗岩中。

阿达滩沟脑堆晶杂岩体呈 3 个岩块群产出，南侧岩块群位于阿达滩北缘断裂的南侧分支断裂中；东侧岩块群位于盖依尔南海西期二长花岗岩侵入体中，呈残留体状产出，岩性分别为纤闪石化辉长岩、纤闪石化橄辉岩、纤闪石化辉长岩，块体大小在 800m×200m～800m×80m 之间。西侧块体北与加里东期花岗岩呈断层接触，南与小庙(岩)组呈侵入接触，块体呈北西南东向展布，长 800m，宽 1000m。

由于后期构造活动、岩浆侵蚀等，蛇绿岩块体分布较局限，各单元岩石排列无序，组构复杂，难以获得连续剖面。

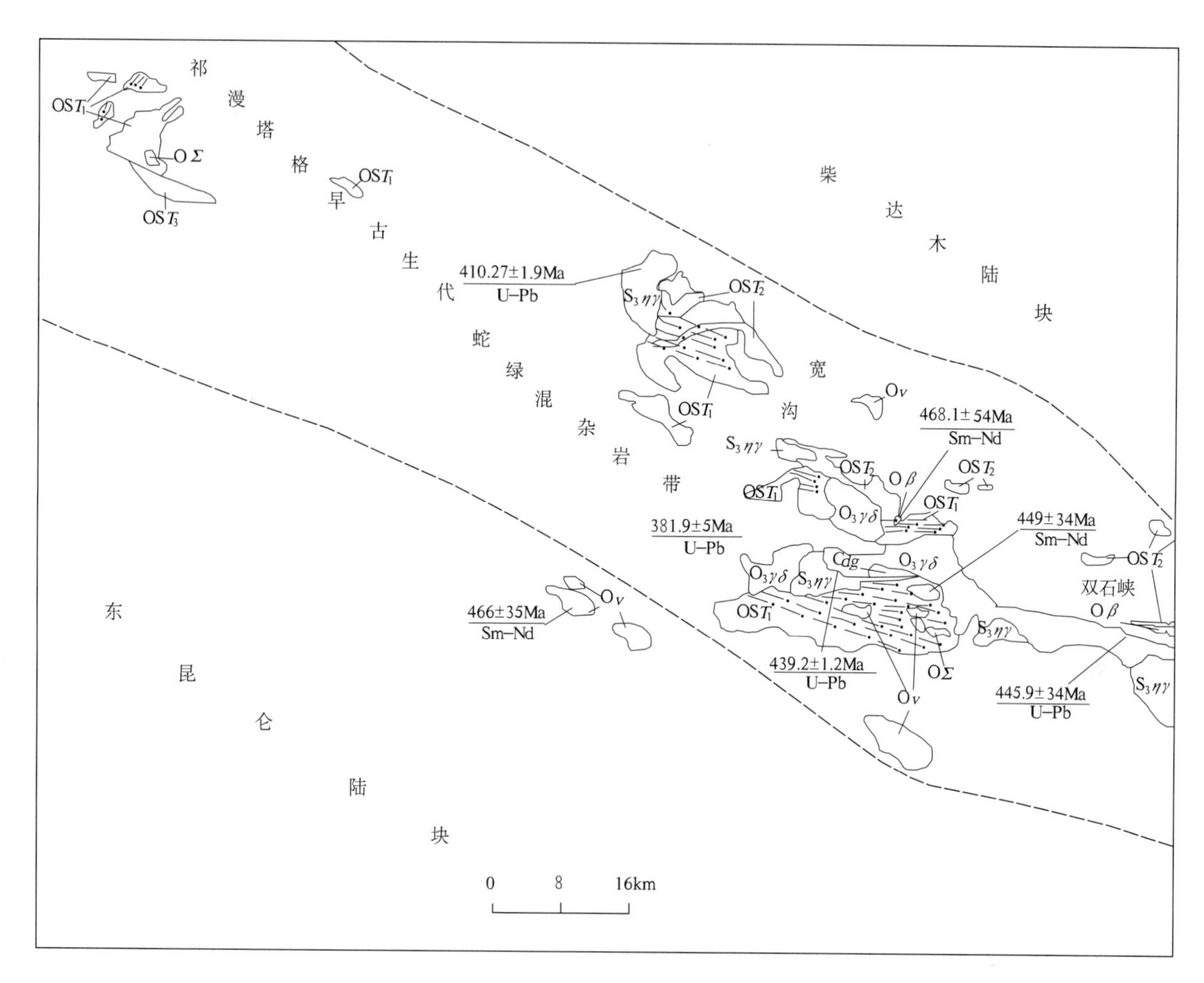

图 3-1 测区奥陶纪蛇绿岩套及加里东期侵入体分布略图

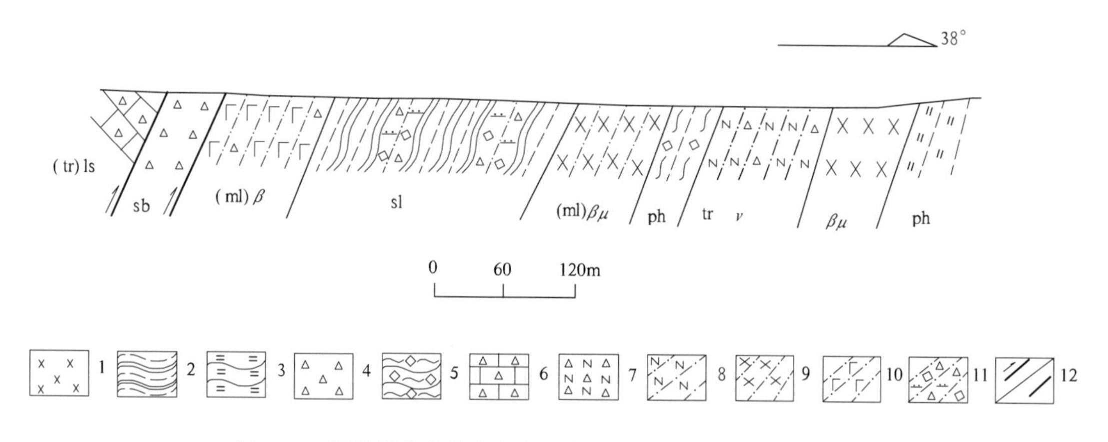

图 3-2 祁漫塔格北坡十字沟奥陶纪蛇绿混杂岩实测剖面图(IP_4)

1. 更长辉绿岩；2. 千枚状板岩；3. 绢云母千枚岩；4. 断层角砾岩；5. 绿泥石方解石构造千枚岩；6. 碎裂粉微晶灰岩；7. 强钠长石化碎裂斜长石；8. 强绢云母化初糜棱斜长岩；9. 透镜状初糜棱辉绿岩；10. 碎裂岩化初糜棱玄武岩；11. 碎裂岩化方解石石英质糜棱岩；12. 逆断层/性质不明断层

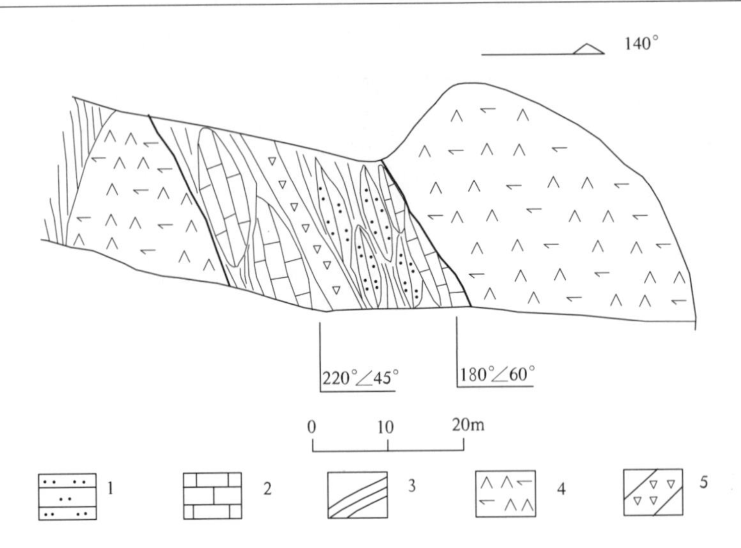

图 3-3　奥陶纪蛇绿混杂岩中蛇纹石化辉橄岩呈构造块体状冷侵位于滩间山(岩)群地层素描图

1.粉砂岩;2.结晶灰岩;3.板岩;4.蛇纹石化辉橄岩;5.构造角砾岩

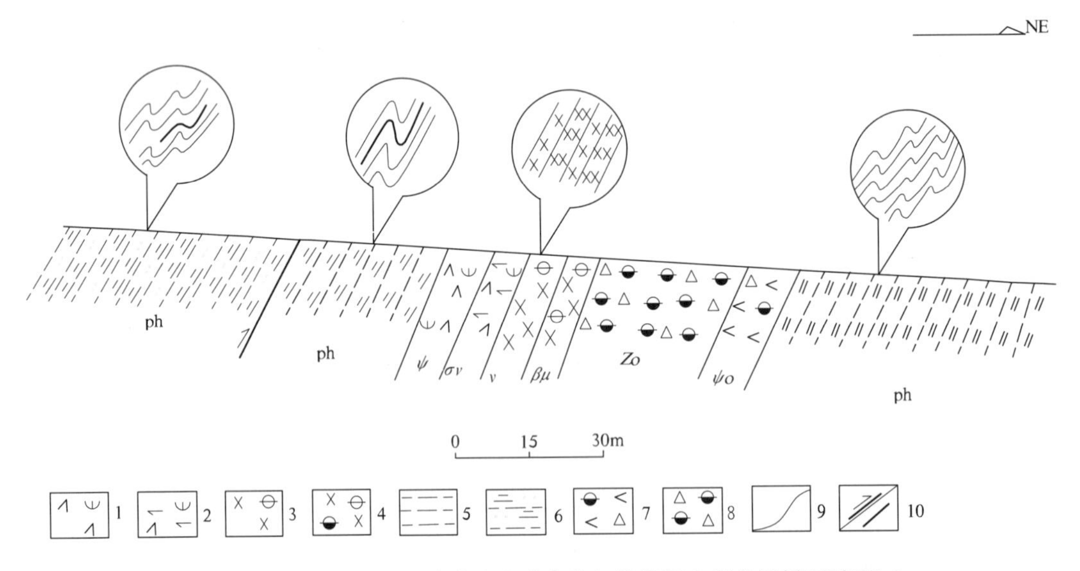

图 3-4　祁漫塔格北坡十字沟东岔奥陶纪蛇绿混杂岩实测剖面图(IP_8)

1.白云岩化蛇纹石化纯橄岩;2.蛇纹石化辉橄岩;3.绿泥石化辉长岩;4.绿帘石化辉绿岩;5.绢云母千枚岩;6.粉砂质绢云母千枚岩;7.碎裂岩化含斜黝帘角闪岩;8.碎裂岩化黝帘石岩;9.地质界线;10.逆断层/性质不明断层

(二)岩石特征

该蛇绿岩出露宽度较大,岩石组合齐全,主要有变质橄榄岩,堆晶杂岩,岩墙杂岩、枕状、块状玄武岩,硅质岩等,下面对各组分的岩石特征及产出状态进行简述。

变质橄榄岩:包括墨绿色全蛇纹石化细粒橄榄岩、墨绿色菱镁蛇纹石岩、墨绿色白云岩化蛇纹石化纯橄岩、墨绿色蛇纹石化斜辉橄榄岩等。岩石由橄榄石、紫苏辉石、辉石、铬尖晶石、磁铁矿等组成。岩石变形、变质组构发育,普遍为它形粒状、叶片状、纤维状变晶结构。岩石均发生蛇纹石化变质作用,橄榄石已部分或全部变成蛇纹石,呈橄榄石假象,局部能看到网格状结构,辉石多柱状,多变为次闪石等,岩石中尚见绿泥石、白云石、菱镁矿等蚀变矿物,并见少量铬尖晶石、磁铁矿。

变质辉橄岩多呈构造块体状产出于千枚岩基质中,少量呈残留体存在于加里东期—海西期花岗岩中。蛇纹石多呈平行纤维状变晶集合体,组成密集平行排列的细脉状分布,说明蛇纹石化与变形作用都是岩体在岩石圈中侵位时发生的。

堆晶杂岩:在测区出露比较齐全,为测区蛇绿岩的主体,尤以十字沟东沟上游 IP_8 剖面出露较多,现已呈构造块体产出于千枚岩中,该剖面同时控制了蛇绿岩中的另外两种组合。即底部的变质橄榄岩-墨绿色白云岩化蛇纹石化纯橄岩及岩墙杂岩-灰绿色蚀变辉绿岩,前者与堆积杂岩呈断层接触,后者呈岩床状侵入堆积杂岩中。

IP_8 剖面控制的堆积杂岩由下至上包括灰绿色全蚀变橄辉岩、灰绿色蚀变辉长岩、灰绿色碎裂岩化黝帘石岩(原岩应为斜长岩、灰绿色碎裂岩化含斜黝帘石角闪岩)。上述岩石组成完整的堆积杂岩,即由单斜辉石、斜方辉石、橄榄石、斜长石以及顶部少量角闪石组成的层状构造岩石。岩石见板状外形和隐层理、韵律层理,厚 20m。现存岩石是堆积岩在形成后发生绿片岩相变质形成的,因此,出现钠长石化、绿帘石化、绿泥石化等蚀变矿物。

蚀变辉橄岩由斜方辉石假象、橄榄石假象、磁铁矿组成,斜方辉石已完全被纤闪石、绿泥石、方解石交代。橄榄石已完全被纤维状蛇纹石和透闪石、绿泥石交代,并有少量磁铁矿析出。

蚀变辉长岩由基性斜长石假象、普通辉石假象组成。基性斜长石次生变化后已完全被钠长石、黝帘石交代。普通辉石已完全被绿泥石、纤闪石交代,变形明显。

该套堆晶杂岩呈断块体状产出于深灰色粉砂质绢云母千枚岩及绢云母千枚岩中,千枚岩受侧向挤压作用形成一系列小型揉皱构造。

另外,十字沟、十字沟西岔、东沟上游、阿达滩等地有许多堆积杂岩呈构造块体状产出,其中十字沟 IP_4 剖面见灰色强钠长石化碎裂斜长岩呈构造块体状位于千枚岩基质中,同时该剖面还控制了辉绿岩构造块体及玄武岩构造块体。

东沟上游及小沟上游的堆晶杂岩岩性主要为蚀变辉长岩,呈构造块体状侵位于千枚岩及绿泥片岩中。岩石具辉长结构、变余辉长结构,钠长石化、钠黝帘石化、绿帘石化,是基性斜长石。辉石含量 43%~53%,全部被纤闪石化,受盖依尔南 IP_{27} 剖面控制的堆晶杂岩成残留体状位于早石炭世花岗岩中,包括辉长岩、橄辉岩、辉石岩,岩石堆晶结构明显。

基性岩墙:辉绿岩、辉绿玢岩是组成基性岩墙的主要岩石,岩墙厚一般在几米至几十米。产状与区域构造线方向一致,多侵入于火山熔岩、堆晶杂岩中,后因被构造破坏,现与上述围岩多已呈构造接触或呈构造块体状产出,测区主要出露于十字沟、东沟、公路沟西等地。十字沟主要出露两个构造块体,分别为灰绿色透镜状初糜棱辉绿岩及灰绿色更长辉绿岩。东沟口产出于安山质凝灰岩中的构造块体为灰绿色强蚀变辉绿玢岩,东沟中游侵入于堆积杂岩中的为灰绿色蚀变辉绿岩,公路沟呈构造块体状产出于复理石中的是蚀变辉绿岩。岩石具辉绿结构或糜棱结构、斑状结构,块状构造、透镜状构造。岩石由斜长石、普通辉石或斜长石、普通辉石假象及少量黄铁矿等不透明矿物组成。斜长石大多或全部被钠长石化、绿帘石化,暗色矿物大多发生绿泥石化、纤闪石化、绿帘石化、阳起石化。

基性熔岩:为蛇绿岩套的重要组成部分,现也呈构造块体状产出于千枚岩及糜棱岩基质中,由枕状玄武岩及块层状玄武岩组成。典型枕状玄武岩见于五道沟一带(图版 12-1),岩性为灰绿色枕状杏仁状玻基玄武岩,岩石由斑晶和基质组成,另有少量杏仁。斑晶成分单一,由基性斜长石组成,全部被钠长石化,基质由斜长石和玻璃质组成。杏仁呈不规则状、椭圆状,其中充填有石英和绿泥石。有些玄武岩已遭受动力变质作用,形成碎裂岩化初糜棱玄武岩等。

硅质岩:组成蛇绿岩套的硅质岩多呈夹层状产于千枚岩中或与千枚岩一起产出于复理石中。岩石呈灰、灰白、灰黑色,岩石具显微粒状变晶结构、碎裂结构、平行结构,块层状构造、条带状构造。岩石由微粒状石英及少量绢云母、不透明矿物、碳质等组成。由于成岩后不同程度地受到动力作用的改造,常使石英、绢云母不透明矿物各自相对集中呈断续的条带状产出,使岩石具条带状构造,或使石英、绢云母定向排列而使岩石具平行结构。

（三）蛇绿岩的岩石化学和地球化学特征

1. 岩石化学特征

祁漫塔格蛇绿岩带岩石化学原始数据见表 3－1。从表 3－1 中可以看出变质橄榄岩 Fe_2O_3 含量比 FeO 高，H_2O 含量较高，为 7.5%～16.29%，反映出岩石具较强的蛇纹石化，与鉴定结果一致。$Mg^{\#}=Mg^{2+}/(Mg^{2+}+Fe^{2+})$摩尔数比值为 0.825～0.827，与 Coleman(1977)统计的其他地区蛇绿岩中方辉橄榄岩平均值(0.85)相近。这表明岩石的 MgO 含量高，Al_2O_3 含量为 0.56%～1.24%，CaO 含量低，为 1.92%～5.24%，岩石中 Na_2O 及 K_2O 含量很低，Na_2O 含量为 0.10%～0.98%，K_2O 含量为 0.06%～0.10%。M/F 值为 8.217～8.387，为镁质超基性岩。在 Mg/(Fe)-[(Fe)+Mg]/Si 图(张雯华等，1976)(图 3－5)中，均落入镁铁质区，为阿尔卑斯型超镁铁岩。固结指数 *SI* 为 79.630～80.976，反映其基性程度高。在蛇绿岩套中堆积岩的 AFM 图(Coleman，1977)(图 3－6)中，均落在变质橄榄岩区。在 Al_2O_3－CaO－MgO 图(Coleman，1977)(图 3－7)中，一个样品落在变质橄榄岩区，另一个样品由于碳酸盐化而落在超镁铁堆积岩区。上述岩石化学特征表明，它不是典型地幔超镁铁质岩，而是超镁铁岩的特殊类型，是比上覆的堆积岩和熔岩年代更老的残余地幔，由于构造作用使它们向上迁移，构成了蛇绿岩套的底部。

表 3－1　祁漫塔格晚奥陶世蛇绿岩岩石化学原始数据表　（单位：%）

岩性	样品号	SiO_2	TiO_2	Al_2O_3	Fe_2O_3	FeO	MnO	MgO	CaO	Na_2O	K_2O	P_2O_5	烧失量	H_2O^+	总计
蛇纹岩	IP_8Gs3-1	35.46	0.04	1.24	5.69	1.94	0.17	33.34	5.24	0.10	0.10	0.01	16.64	9.14	99.96
	$I_{87}Gs2013$	32.75	0.05	0.56	6.57	1.69	0.12	36.32	1.92	0.98	0.06	0.06	18.77	2.48	99.85
辉橄岩	$IP_{27}Gs8-1$	42.25	0.21	7.88	2.26	7.40	0.15	27.00	5.66	0.50	0.25	0.04	6.23	4.45	99.83
	$IP_{27}Gs11-1$	50.02	0.38	16.80	0.71	5.00	0.11	10.84	9.57	1.79	1.16	0.05	3.18	2.25	99.61
	$IP_{27}Gs12-1$	40.88	0.09	13.80	0.79	7.08	0.13	23.56	6.50	0.89	0.42	0.03	6.29	4.69	100.46
	$IP_{27}Gs12-2$	49.04	0.36	17.51	0.96	4.84	0.10	9.60	11.60	2.01	0.96	0.06	3.03	1.71	100.07
	$I_{86}Gs117-1$	40.93	0.22	6.91	3.43	6.48	0.14	29.95	3.75	0.25	0.25	0.04	7.35	6.16	99.70
	$I_{86}Gs2145^b$	40.67	0.08	2.53	7.24	3.20	0.12	33.25	1.04	0.21	0.36	0.02	11.11	10.87	99.83
	$I_{87}Gs3037^b$	40.63	0.10	3.89	3.75	5.20	0.11	33.61	0.77	0.08	0.06	0.04	11.12	5.08	99.36
橄辉岩	IP_8Gs4-1	44.41	0.17	17.15	1.94	3.56	0.15	13.18	8.12	1.00	2.94	0.01	6.76	3.68	99.39
	$I_{87}Gs2153$	46.36	0.35	18.72	1.19	5.84	0.11	12.13	8.87	2.03	0.47	0.04	3.58	3.06	99.69
辉长岩	IP_8Gs5-1	46.67	0.49	14.77	2.69	3.18	0.10	9.23	14.82	1.76	4.20	0.01	2.61	1.56	100.52
	$IP_{29}Gs11-1$	52.25	0.86	12.60	1.83	5.64	0.13	10.09	7.40	3.30	0.89	0.30	4.61	2.44	99.90
	$I_{87}Gs3036-1$	44.89	2.04	15.20	4.88	6.92	0.16	4.68	15.88	1.59	0.18	0.03	3.04	1.37	99.49
	$I_{87}Gs4027-1$	47.99	1.95	13.56	6.51	6.81	0.24	5.14	8.56	3.48	0.42	0.55	4.16	2.70	99.37
	$I_{87}Gs5126-1$	45.97	0.17	16.76	0.99	7.42	0.14	13.10	8.03	2.04	0.74	0.03	4.61	3.58	100.00
辉绿(玢)岩	$IP_6Gs10-1$	45.85	1.84	14.03	4.19	6.94	0.14	6.15	6.52	3.32	2.90	0.21	8.17	6.44	100.26
	IP_8Gs6-1	50.19	1.10	14.64	3.94	6.46	0.17	6.89	9.71	3.56	0.18	0.11	2.36	1.04	99.31
	$I_{87}Gs2029-1$	46.61	0.09	15.57	3.98	4.77	0.13	7.30	10.86	1.86	4.16	0.10	4.43	2.42	99.86
玄武岩	IP_4Gs2-1	49.22	1.12	13.85	3.82	5.47	0.14	7.48	8.56	4.28	1.72	0.14	4.13	3.66	99.93
	$I_{87}Gs2032$	48.60	1.10	12.69	3.97	5.97	0.17	5.69	13.87	2.60	1.72	0.16	3.04	1.52	99.79
	$I_{87}Gs7020$	46.74	2.24	14.50	4.28	6.84	0.17	7.16	8.24	3.64	1.02	0.34	4.20	3.08	99.37

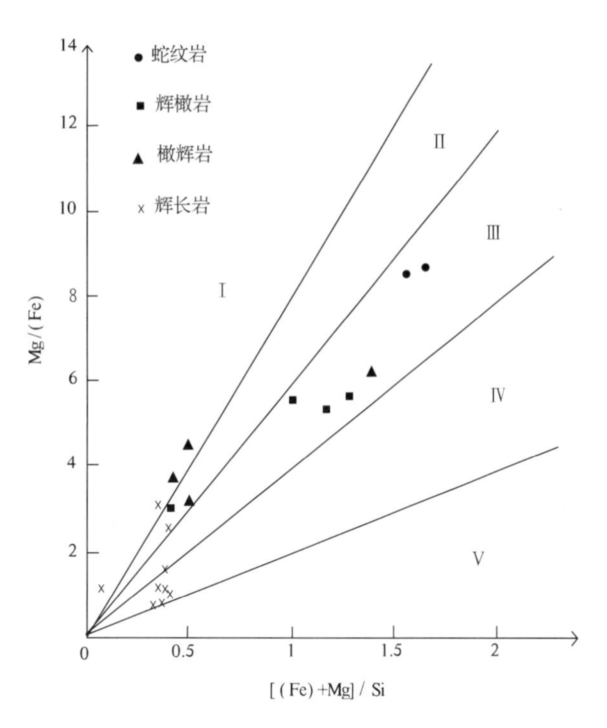

图 3-5　Mg/(Fe)-[(Fe)+Mg]/Si 关系图

(张雯华等,1976)

Ⅰ.超镁质区;Ⅱ.镁质区;Ⅲ.镁铁质区;Ⅳ.铁镁质区;Ⅴ.铁质区;(Fe)为 FeO、Fe_2O_3 原子数

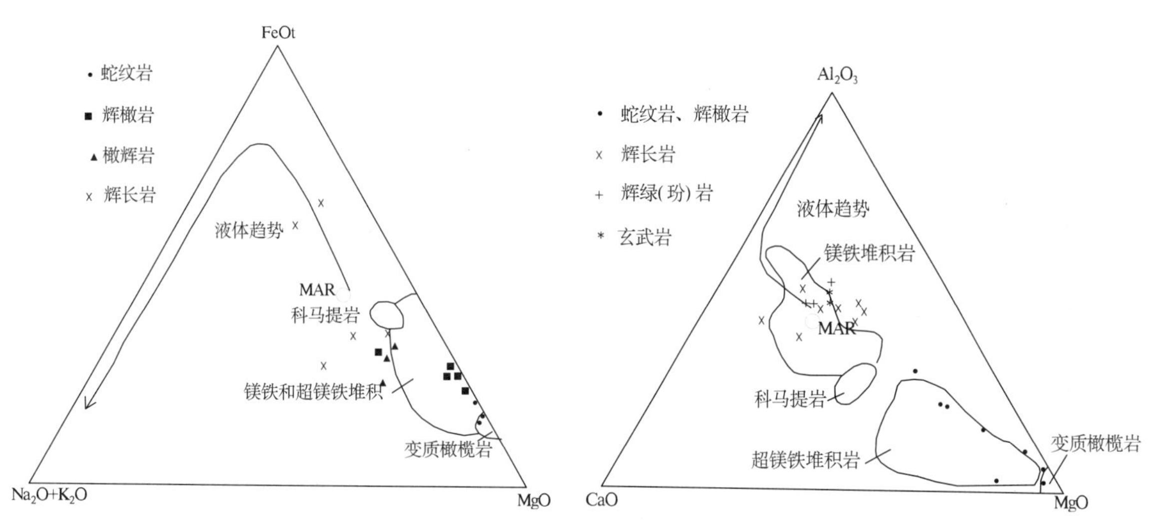

图 3-6　蛇绿岩套中堆积岩的 AFM 图

(Coleman,1977)

MAR 表示大洋玄武岩的平均成分

图 3-7　蛇绿岩 Ca-Al_2O_3-MgO 图

组成堆积杂岩的辉橄岩、橄辉岩、辉长岩,在 Mg/(Fe)-[(Fe)+Mg]/Si 图中(图 3-5),大多落入Ⅰ、Ⅱ、Ⅲ区,少数落入Ⅳ区,总体反映出阿尔卑斯型超镁铁岩-镁铁岩的特征,但不典型。其中辉橄岩化学成分总的特征是贫硅(SiO_2<41%)、贫碱、富镁铁。在 CIPW 标准矿物特征方面,主要是橄榄石、辉石、长石很少。橄辉岩、辉长岩化学成分的特点是 SiO_2 含量为 44%~53%,以富 CaO、Al_2O_3、MgO、FeO、Fe_2O_3,贫碱,(Na_2O+K_2O)含量约 4%为特征。标准矿物特征方面以基性斜长石和辉石为主,常见橄榄石,不含或少含石英及钾长石。在 Al_2O_3-CaO-MgO 图(图 3-7)中均落在超镁铁堆积岩及镁铁堆积岩区及其附近,而在蛇绿岩套中堆积岩的 AFM 图(图 3-6)中有些落

入镁铁和超镁铁堆积岩区及其附近，有些有所偏离，反映它们应属蛇绿岩的成员，但与经典地区蛇绿岩有所偏差。

玄武岩成分变化较小，SiO_2 含量为 46.74%～49.22%，在硅-碱图(图 3-8)中落入碱性系列，在火山岩化学定量分类图解(图 3-9)中，落入玄武岩和碱性玄武岩类区。在 TiO_2 - 10Mn - $10P_2O_5$ 图(图 3-10)中，落在洋脊玄武岩区及大洋岛弧碱性玄武岩区。

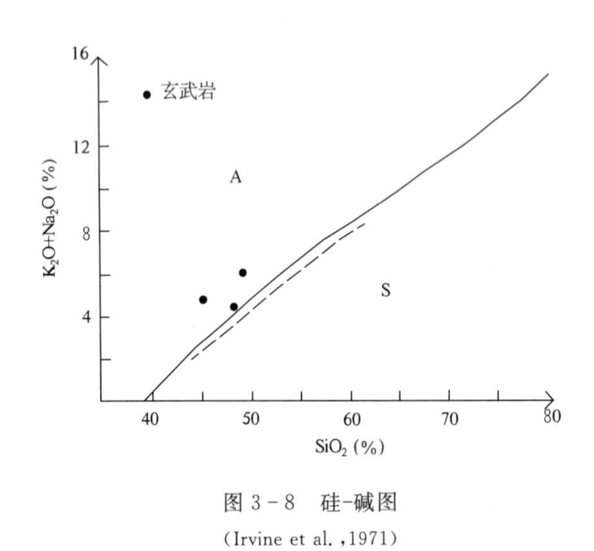

图 3-8 硅-碱图

(Irvine et al.，1971)

实线. Macdonald(1968)；A. 碱性系列；虚线. Irvine et al.(1971)；S. 亚碱性系列

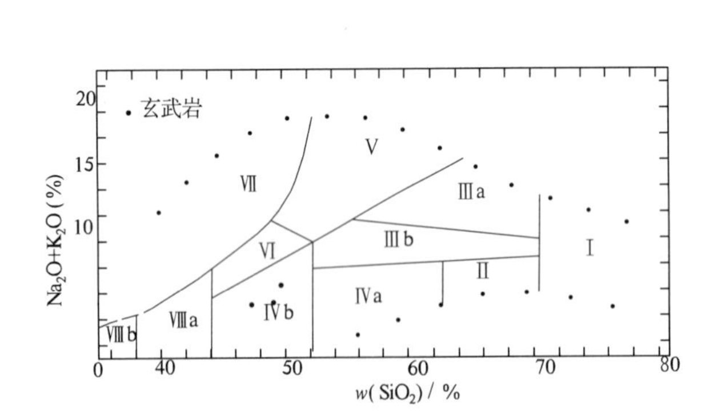

图 3-9 火山岩化学定量分类图解(基本大类名称)

(据李兆鼎等，1984)

Ⅰ. 流纹岩类；Ⅱ. 英安岩类；Ⅲa. 粗面岩类；Ⅲb. 安粗岩类；Ⅳa. 安山岩类；Ⅳb. 玄武岩和碱性玄武岩类；Ⅴ. 响岩类；Ⅵ. 碱玄武岩类；Ⅶ. 副长石岩类；Ⅷ. 超镁铁质岩类(点线为中国火山岩投影点的实际范围)

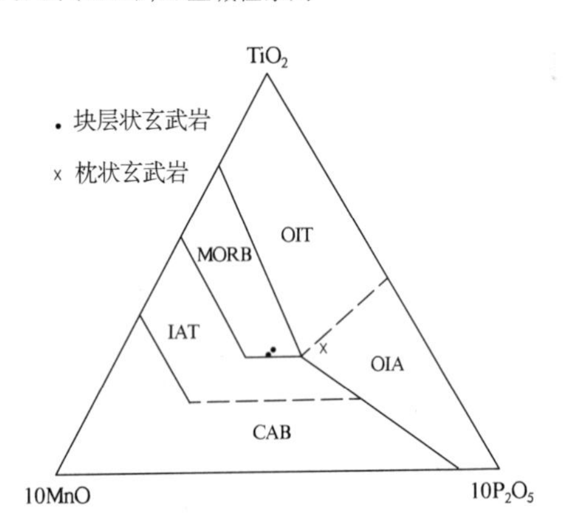

图 3-10 TiO_2 - 10MnO - $10P_2O_5$ 图

(底图据 Mullen，1983)

OIT. 大洋岛屿拉斑玄武岩；OIA. 大洋岛屿碱性玄武岩；MORB. 洋中脊玄武岩；IAT. 岛弧拉斑玄武岩；CAB. 钙碱性玄武岩

2. 地球化学特征

祁漫塔格蛇绿岩稀土元素含量见表 3-2，稀土特征参数见表 3-3，从表中可以看出，变质超镁铁岩稀土总量低，为 1.00×10^{-6}～1.23×10^{-6}，表明其为亏损型地幔或经高度部分熔融后的残余地幔。δ(Eu)为 0.86～5.78，铕显示弱的负异常至强的正异常，LREE/HREE＝3.10～4.56，$(La/Yb)_N$＝2.43～3.54，$(La/Sm)_N$＝1.62～2.20，反映了轻稀土的相对富集和重稀土亏损的特点。稀土元素配分曲线(图 3-11)为近平坦的弱右倾型，显示为轻稀土弱富集型。

表 3－2　祁漫塔格晚奥陶世蛇绿岩稀土元素分析结果　（单位：10^{-6}）

岩性	样品号	轻稀土元素						重稀土元素								
		La	Ce	Pr	Nd	Sm	Eu	Gd	Tb	Dy	Ho	Er	Tm	Yb	Lu	Y
蛇纹岩	IP$_{8}$XT3－1	0.21	0.30	0.04	0.12	0.06	0.09	0.03	0.01	0.04	0.01	0.03	0.01	0.04	0.01	0.20
	I$_{87}$XT2013	0.18	0.39	0.05	0.22	0.07	0.02	0.07	0.01	0.08	0.02	0.05	0.01	0.05	0.01	0.35
辉橄岩	IP$_{27}$XT8－1	5.55	16.04	1.65	5.80	1.39	0.41	1.44	0.25	1.42	0.27	0.81	0.13	0.80	0.12	7.80
	IP$_{27}$XT11－1	2.12	4.56	0.61	2.48	0.77	0.26	0.70	0.12	0.72	0.16	0.45	0.07	0.45	0.07	4.02
	IP$_{27}$XT12－1	5.16	14.85	1.75	6.47	1.71	0.64	1.90	0.33	1.95	0.39	1.16	0.17	1.14	0.16	10.86
	IP$_{27}$XT12－2	1.08	2.09	0.28	0.95	0.20	0.26	0.20	0.03	0.20	0.04	0.11	0.02	0.13	0.02	0.98
	I$_{86}$XT117－1	2.92	6.90	0.90	3.57	0.94	0.38	1.05	0.18	1.08	0.23	0.68	0.10	0.62	0.09	5.97
	I$_{86}$XT2145^{b}	1.45	2.80	0.35	1.30	0.35	0.09	0.31	0.05	0.35	0.07	0.23	0.04	0.26	0.04	2.02
	I$_{87}$XT3037^{b}	0.54	1.32	0.21	0.95	0.25	0.14	0.36	0.06	0.34	0.07	0.22	0.04	0.21	0.04	1.73
橄辉岩	IP$_{8}$XT4－1	0.78	2.12	0.34	1.49	0.46	0.29	0.57	0.10	0.66	0.13	0.37	0.06	0.32	0.05	2.94
	I$_{87}$XT2153	2.10	5.23	0.76	3.18	0.95	0.56	1.08	0.20	1.18	0.24	0.74	0.11	0.70	0.10	6.28
辉长岩	IP$_{8}$XT5－1	2.25	3.33	0.57	2.86	1.05	0.56	1.49	0.29	1.84	0.38	1.09	0.17	1.03	0.14	9.95
	IP$_{27}$XT14－1	6.55	14.14	1.89	7.48	1.90	0.78	2.13	0.36	2.22	0.43	1.28	0.21	1.20	0.17	11.72
	IP$_{29}$XT11－1	19.30	42.83	5.14	21.42	5.03	1.66	5.59	0.92	5.62	1.10	3.26	0.52	3.30	0.47	30.93
	I$_{87}$XT3036－1	1.86	4.69	0.67	2.81	1.00	0.66	1.48	0.29	1.79	0.34	1.05	0.17	0.96	0.14	9.35
	I$_{87}$XT4027－1	13.67	38.08	5.55	27.25	8.10	2.84	10.46	1.882	11.56	2.43	7.04	1.058	6.72	0.998	64.35
	I$_{87}$XT5126－1	1.34	3.09	0.43	1.66	0.45	0.57	0.47	0.08	0.51	0.10	0.31	0.05	0.32	0.05	2.66
辉绿岩	IP$_{6}$XT10－1	6.85	17.95	2.77	12.75	3.67	1.33	4.53	0.81	5.09	0.97	3.01	0.45	2.88	0.42	27.33
	IP$_{8}$XT6－1	2.97	11.85	1.12	4.25	1.33	0.60	1.84	0.35	2.23	0.49	1.48	0.23	1.49	0.22	12.73
	I$_{87}$XT2029－1	4.69	10.87	1.75	6.65	1.81	0.67	2.12	0.40	2.46	0.47	1.52	0.24	1.48	0.22	12.24
	I$_{87}$XT2143	20.31	43.57	5.08	18.39	4.36	0.84	4.45	0.79	4.59	0.97	2.82	0.41	2.69	0.39	25.98
玄武岩	IP$_{4}$XT2－1	2.68	7.16	1.26	5.48	1.76	1.35	2.22	0.422	2.61	0.51	1.58	0.241	1.52	0.221	14.61
	I$_{87}$XT2032	6.22	12.33	1.76	7.12	2.31	0.93	3.06	0.59	3.73	0.80	2.38	0.363	2.17	0.332	19.18
	I$_{87}$XT7020	12.63	33.80	4.54	19.86	5.27	1.45	6.29	1.112	6.75	1.39	3.96	0.596	3.82	0.553	37.00

表 3－3　祁漫塔格晚奥陶世蛇绿岩稀土元素特征参数表

岩性	样品号	ΣREE	LREE	HREE	LREE/HREE	La/Yb	La/Sm	Sm/Nd	Gd/Yb	$(La/Yb)_N$	$(La/Sm)_N$	$(Gd/Yb)_N$	δ(Eu)	δ(Eu)☆	δ(Ce)
		（10^{-6}）													
蛇纹岩	IP$_{8}$XT3－1	1.00	0.82	0.18	4.56	5.25	3.50	0.50	0.75	3.54	2.20	0.61	5.78	6.49	0.74
	I$_{87}$XT2013	1.23	0.93	0.30	3.10	3.60	2.57	0.32	1.40	2.43	1.62	1.13	0.86	0.87	0.97
辉橄岩	IP$_{27}$XT8－1	36.08	30.84	5.24	5.89	6.94	3.99	0.24	1.80	4.68	2.51	1.45	0.88	0.89	1.26
	IP$_{27}$XT11－1	13.54	10.80	2.74	3.94	4.71	2.75	0.31	1.56	3.18	1.73	1.26	1.06	1.08	0.95
	IP$_{27}$XT12－1	37.78	30.58	7.20	4.25	4.53	3.02	0.26	1.67	3.05	1.90	1.34	1.08	1.09	1.19
	IP$_{27}$XT12－2	5.61	4.86	0.75	6.48	8.31	5.40	0.21	1.54	5.60	3.40	1.24	3.94	3.97	0.90
	I$_{86}$XT117－1	19.64	15.61	4.03	3.87	4.71	3.11	0.26	1.69	3.18	1.95	1.37	1.17	1.17	1.02
	I$_{86}$XT2145^{b}	7.69	6.34	1.35	4.70	5.58	4.14	0.27	1.19	3.76	2.61	0.96	0.82	0.84	0.92
	I$_{87}$XT3037^{b}	4.75	3.41	1.34	2.54	2.57	2.16	0.26	1.71	1.73	1.36	1.38	1.43	1.43	0.94
橄辉岩	IP$_{8}$XT4－1	7.74	5.48	2.26	2.42	2.44	1.70	0.31	1.78	1.64	1.07	1.44	1.73	1.73	0.99
	I$_{87}$XT2153	17.13	12.78	4.35	2.94	3.00	2.21	0.30	1.54	2.02	1.39	1.25	1.69	1.69	1.00

续表 3-3

岩性	样品号	ΣREE	LREE	HREE	LREE/HREE	La/Yb	La/Sm	Sm/Nd	Gd/Yb	$(La/Yb)_N$	$(La/Sm)_N$	$(Gd/Yb)_N$	δ(Eu)	δ(Eu)☆	δ(Ce)
		(10^{-6})													
辉长岩	IP_8XT5-1	17.05	10.62	6.43	1.65	2.18	2.14	0.37	1.45	1.47	1.35	1.17	1.37	1.37	0.69
	$IP_{27}XT14-1$	40.74	32.74	8.00	4.09	5.46	3.45	0.25	1.78	3.68	2.17	1.43	1.18	1.19	0.96
	$IP_{29}XT11-1$	116.16	95.38	20.78	4.59	5.85	3.84	0.23	1.69	3.94	2.41	1.37	0.95	0.96	1.02
	$I_{87}XT3036-1$	17.91	11.69	6.22	1.88	1.94	1.86	0.36	1.54	1.31	1.17	1.24	1.66	1.66	1.01
	$I_{87}XT4027-1$	137.64	95.49	42.15	2.27	2.03	1.69	0.30	1.56	1.37	1.06	1.26	0.94	0.94	1.05
	$I_{87}XT5126-1$	9.43	7.54	1.89	3.99	4.19	2.98	0.27	1.47	2.82	1.87	1.19	3.76	3.79	0.97
辉绿岩	$IP_6XT10-1$	63.48	45.32	18.16	2.50	2.38	1.87	0.29	1.57	1.60	1.17	1.27	1.00	1.00	0.99
	IP_8XT6-1	30.45	22.12	8.33	2.66	1.99	2.23	0.31	1.23	1.34	1.40	1.00	1.17	1.17	1.56
	$I_{87}XT2029-1$	35.35	26.44	8.91	2.97	3.17	2.59	0.27	1.43	2.14	1.63	1.16	1.04	1.05	0.91
	$I_{87}XT2143$	109.66	92.55	17.11	5.41	7.55	4.66	0.24	1.65	5.09	2.93	1.33	0.58	0.58	1.01
玄武岩	IP_4XT2-1	29.01	19.69	9.32	2.11	1.76	1.52	0.32	1.46	1.19	0.96	1.18	2.09	2.09	0.93
	$I_{87}XT2032$	44.10	30.67	13.43	2.28	2.87	2.69	0.32	1.41	1.93	1.69	1.14	1.07	1.07	0.88
	$I_{87}XT7020$	102.02	77.55	24.47	3.17	3.31	2.40	0.27	1.65	2.23	1.51	1.33	0.77	0.77	1.07

注：δ(Eu)☆为放射性 Eu，后同。

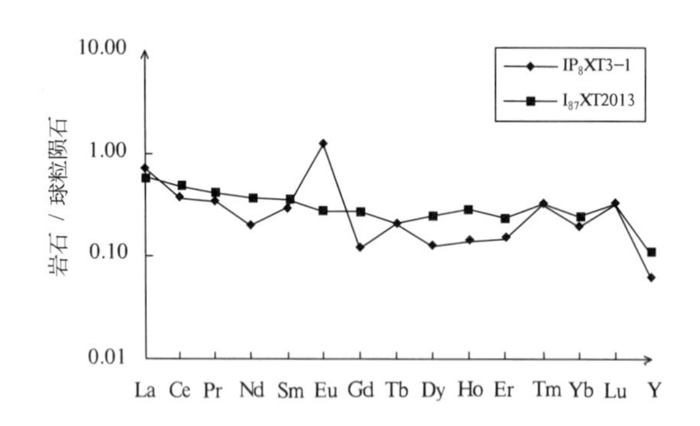

图 3-11　祁漫塔格晚奥陶世蛇绿岩套蛇纹岩稀土配分模式图

δ(Eu)异常特点反映了本区变质橄榄岩的不同亚类为稀土不同亏损程度的地幔残余，也代表了它们是经受不同程度部分熔融的地幔残余。堆积杂岩的不同类型，稀土丰度变化较大，ΣREE 为 $4.75\times10^{-6}\sim137\times10^{-6}$。δ(Eu)＝0.82～2.09，显示出弱的负铕异常及弱的正铕异常，Sm/Nd＝0.23～0.37，反映出 LREE 略富集至略亏损。$(La/Yb)_N$＝1.31～3.94，配分曲线（图 3-12）为轻稀土略亏损至略富集近平坦型，且曲线形态相似，反映出它们可能是同一堆积层序经分离结晶作用形成的。基性岩墙 3 个样品稀土总量 ΣREE 在 $30.45\times10^{-6}\sim63.48\times10^{-6}$ 间，δ(Eu)＝1.00～1.17，铕异常显示较弱。Sm/Nd＝0.27～0.31，反映出 LREE 微弱富集。LREE/HREE＝2.50～2.97，La/Yb＝1.99～3.17，均显示为轻稀土弱富集型。稀土配分曲线（图 3-13）为略向右倾，轻稀土弱富集型与玄武岩

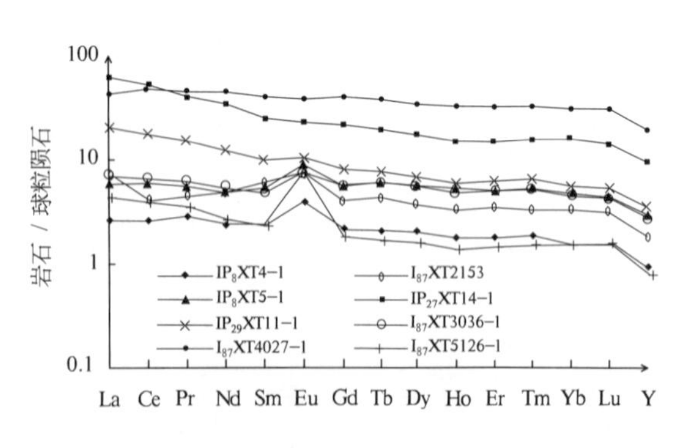

图 3-12　晚奥陶世蛇绿岩套辉橄岩、辉长岩稀土配分模式图

非常相似，反映了其同源性。玄武岩从稀土总量和铕的亏损程度上，可分为两类：一类稀土丰度较高，∑REE 在 $120.02\times10^{-6}\sim109.66\times10^{-6}$，$\delta(Eu)=0.58\sim0.77$，表现出负铕异常较为明显；另一类稀土丰度较低，∑REE 为 29.01×10^{-6}，$\delta(Eu)=2.09$，表现为较弱的正铕异常。二者的 HREE 较为接近，变化范围在 $9.32\times10^{-6}\sim24.47\times10^{-6}$ 之间，比较稳定，Sm/Nd＝0.24～0.32，表明 LREE 无富集至弱富集；LREE 变化较大，在 $19.69\times10^{-6}\sim92.55\times10^{-6}$ 间，∑REE 的变化主要由 LREE 的富集引起，$(La/Yb)_N=1.19\sim5.09$。稀土配分曲线（图 3－13）均为略向右倾的近平坦型，与夏威夷碱性玄武岩及洋岛碱性玄武岩稀土元素配分模式相近，并与本区地幔岩稀土配分曲线有相似之处，表明其继承了源区地幔的特征。从超镁铁岩-镁铁岩-玄武岩-辉绿岩，其稀土总量逐渐增加，稀土配分型式总体一致，超镁铁岩到辉绿岩，Eu 均为从略负异常到略正异常，证明了各岩石间的同源性。图 3－14 中配分曲线十分相似，大多微量元素与原始地幔相近，Ba、Th、Ta 表现为正异常，Y 表现为负异常。

堆积杂岩中的辉橄岩微量元素在原始地幔标准化比值蛛网图（图 3－14）中，微量元素表现为正异常，个别与原始地幔十分相近，尤其是 Th、Ta 表现为明显的正异常。

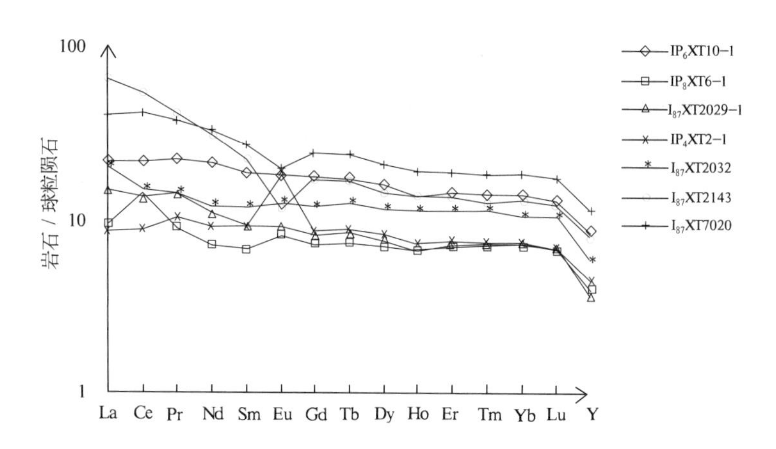

图 3－13　祁漫塔格晚奥陶世蛇绿岩套辉绿岩、玄武岩稀土配分模式图

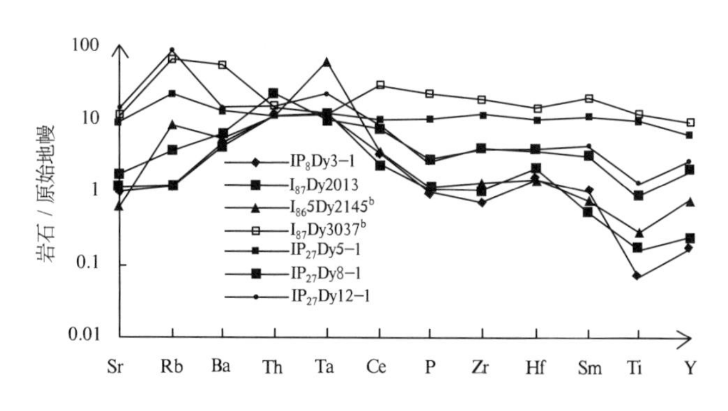

图 3－14　祁漫塔格蛇绿岩套超基性岩微量元素蛛网图

上述两类微量元素特征的差别，反映出它们为两期构造活动的产物。蛇绿岩镁铁质堆积岩、辉绿岩、玄武岩在 MORB 标准化比值蛛网图（图 3－15～图 3－17）中，微量元素配分曲线相似，配分曲线近于平坦型，与 MORB 接近，具 K 负异常，部分样品 Rb、Ba、Ta 表现出强烈的正异常（表 3－4），其特征与碱性的洋中脊玄武岩一致。

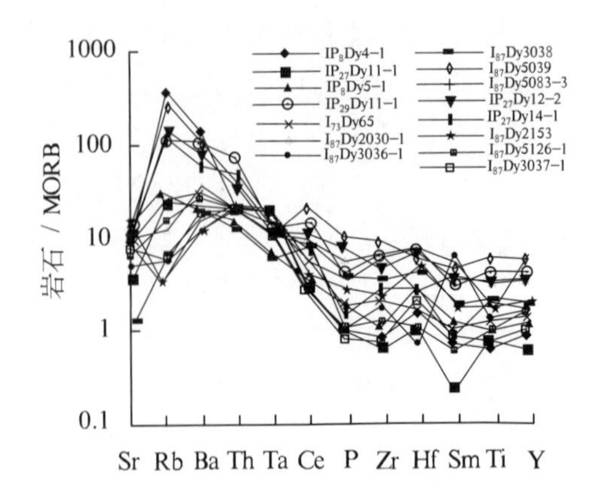

图 3-15　祁漫塔格蛇绿岩套橄辉岩、辉长岩微量元素蛛网图

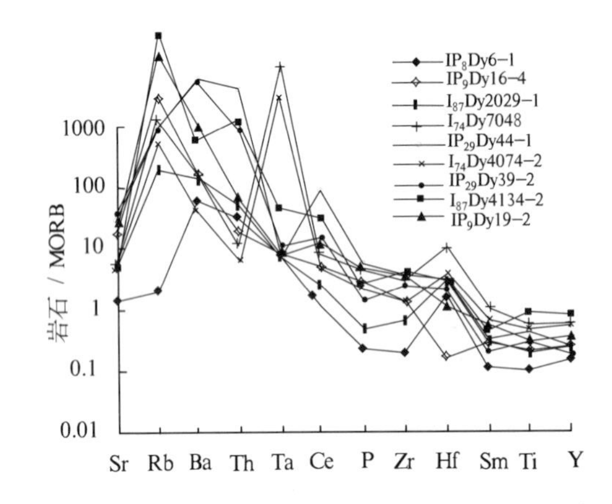

图 3-16　祁漫塔格蛇绿岩套辉绿(玢)岩微量元素蛛网图

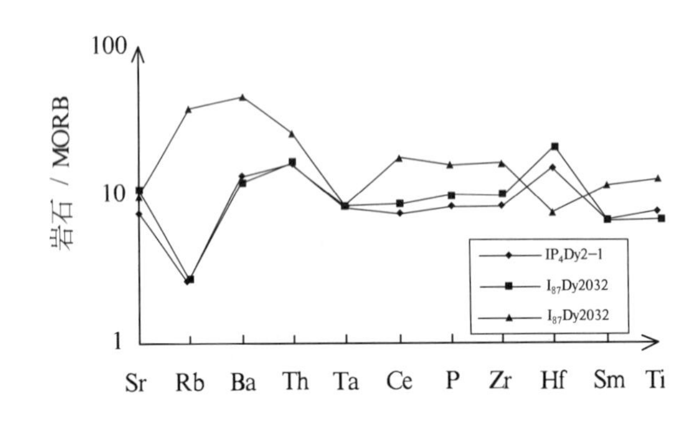

图 3-17　祁漫塔格蛇绿岩套玄武岩微量元素蛛网图

(四)蛇绿岩形成的环境

玄武岩与辉绿岩墙的化学成分极其相似,在 $Al_2O_3-CaO-MgO$ 图(图 3-7)上两者成分基本重叠,均位于堆晶杂岩成分区的上方。从堆晶杂岩、玄武岩到辉绿岩墙成分投点连续变化且成分区部分重叠,表现出同源岩浆演化的趋势。堆晶杂岩、玄武岩、辉绿岩墙稀土元素和微量元素的配分曲线相似。上述岩石化学和地球化学特征表明,蛇绿岩套的堆积杂岩、玄武岩及辉绿岩是同源的。

本区蛇绿岩各组分分布零散,无一剖面可见全部组分,各岩石单元间多为构造接触,发育程度差。上部玄武岩中硅质岩发育差,并伴有薄层状不纯灰岩、泥质岩沉积。

表 3－4　祁漫塔格晚奥陶世蛇绿岩套微量元素(全定量)原始分析成果表　（单位：K_2O 为%；其他：10^{-6}）

岩性	样品号	微量元素组合及含量													
		K_2O	Rb	Th	Ba	La	Ce	Sr	Zr	P	Ti	Sm	Y	Yb	V
蛇纹岩	IP$_{8}$Dy3－1	0.03	1.0	1.0	33.8	2.2	5.9	22.8	7.9	92.4	101.0	0.4	0.8	0.3	21.3
	I$_{87}$Dy2013	0.03	1.0	1.0	29.8	1.5	4.3	25.6	11.2	96.6	251.0	0.2	1.2	0.3	31.2
超基性岩	I$_{86}$Dy2145^{b}	0.14	7.0	1.0	38.0	2.5	6.5	14.0	14.0	101.0	437.0	0.3	3.8	0.5	58.2
	I$_{87}$Dy3037^{b}	0.36	18.1	1.0	91.4	3.8	17.6	198.0	124.0	857.0	14 220.0	3.9	28.9	3.4	288.0
	IP$_{27}$Dy5－1	1.42	56.0	1.3	412.0	—	55.4	242.0	194.0	1891.0	17 458.0	7.6	42.9	4.3	200.6
	IP$_{27}$Dy8－1	0.07	3.0	2.1	48.0	—	13.4	39.0	41.0	251.0	1310.0	1.1	9.2	0.9	56.8
	IP$_{27}$Dy12－1	0.77	71.4	1.5	108.0	—	15.4	314.0	38.0	221.0	1989.0	1.6	12.8	1.2	124.1
橄榄辉长岩	IP$_{8}$Dy4－1	3.56	145.0	1.0	489.0	1.6	5.3	152.0	12.8	135.0	1160.0	0.6	3.6	0.6	47.3
	IP$_{8}$Dy7－1	0.02	1.0	1.0	34.6	1.8	5.5	89.9	12.0	105.0	618.0	0.4	2.0	0.4	27.1
	IP$_{27}$Dy11－1	0.08	3.0	1.0	66.0	—	7.3	52.0	22.0	153.0	1094.0	0.6	7.0	0.7	76.8
辉长岩	IP$_{8}$Dy5－1	0.35	14.2	1.0	108.0	2.0	6.7	222.0	23.2	157.0	3107.0	1.1	9.7	1.2	166.0
	IP$_{29}$Dy11－1	0.97	35.0	4.3	353.0	23.5	39.7	375.0	150.0	1101.0	7394.0	4.3	29.1	2.9	169.4
	I$_{73}$Dy65	0.28	8.3	2.5	91.0	19.7	48.6	422.0	166.0	562.0	6234.0	6.7	33.8	3.7	181.9
	I$_{87}$Dy2030－1	0.21	2.4	1.0	97.2	9.2	24.2	307.0	162.0	881.0	8127.0	3.8	25.2	2.9	232.0
	I$_{87}$Dy3036－1	0.07	1.0	1.0	58.6	1.9	7.2	134.0	33.3	123.0	15 340.0	1.2	9.1	1.3	237.0
	I$_{87}$Dy3037a	0.03	1.0	1.0	47.5	1.5	5.1	239.0	10.9	102.0	1467.0	0.6	4.4	0.7	80.8
	I$_{87}$Dy3038	0.03	1.0	1.0	29.2	0.8	3.1	8.2	43.4	215.0	672.0	0.4	3.1	0.6	34.1
	I$_{87}$Dy4027－1	0.35	8.5	3.0	145.0	—	38.4	186.0	227.0	2553.0	13 220.0	7.8	—	6.4	58.0
	I$_{73}$Dy5039	1.60	103.0	2.1	380.0	25.8	65	277.0	223.0	1751.0	10 232.0	8.3	52.0	5.4	147.0
	I$_{73}$Dy5083－3	0.85	43.6	2.0	266.0	18.7	30.1	272.0	103.0	1282.0	7825.0	4.6	26.6	3.0	295.4
	I$_{87}$Dy7008	1.85	132	2.6	409.0	10.0	27.9	381.0	138.0	891.0	8167.0	3.6	28.7	3.3	220.0
	IP$_{27}$Dy12－2	0.21	5.4	1.0	54.0	—	5.6	90.0	10.0	129.0	285.0	0.3	4.5	0.4	17.9
	IP$_{27}$Dy14－1	0.64	33.7	2.7	181.0	—	18.3	331.0	54.0	181.0	1429.0	1.8	14.1	1.3	120.4
	I$_{87}$Dy2153	0.27	6.0	1.0	81.0	9.3	13.2	266.0	40.0	244.0	1847.0	0.9	8.2	1.0	56.3
	I$_{87}$Dy5126－1	0.18	3.0	1.0	66.0	7.8	21.6	187.0	22.0	147.0	956.0	1.5	6.1	1.2	34.4
辉绿岩、辉绿玢岩	IP$_{4}$Dy4－1	0.24	1.0	1.0	120.0	—	12.4	230.0	84.4	535.0	7696.0	2.5	—	2.4	20.2
	IP$_{6}$Dy10－1	0.23	6.2	1.0	71.2	—	20.8	149.0	141.0	820.0	11 640.0	3.8	—	3.1	26.9
	IP$_{8}$Dy6－1	0.13	1.0	1.0	72.9	3.4	9.8	132.0	38.5	288.0	2866.0	1.1	10.0	1.4	174.0
	IP$_{9}$Dy16－4	0.73	53.0	0.77	124.0	8.5	22.0	504.0	108.0	1092.0	4711.0	2.5	14.8	1.7	113.0
	IP$_{9}$Dy19－2	0.83	133.0	1.5	330.0	15.0	35.8	444.0	181.0	1473.0	6858.0	3.5	18.5	2.1	131.0
	I$_{87}$Dy2029－1	0.39	11.7	1.3	120.0	5.7	14.9	252.0	71.2	421.0	5138.0	2.0	14.2	1.8	216.0
	I$_{74}$Dy2056－1	—	22.9	1.3	150.0	—	—	415.0	212.0	—	—	—	—	—	163.0
	I$_{74}$Dy4074－2	0.46	20.7	0.43	61.3	6.6	21.7	267.0	108.0	966.0	7741.0	3.3	23.2	2.7	177.0
	I$_{74}$Dy5014－1	—	46.1	2.4	310.0	—	—	429.0	379.0	—	—	—	—	—	276.0
	I$_{74}$Dy7048	0.90	34.2	0.58	129.0	14.7	29.3	284.0	172.0	1463.0	9810.0	4.4	24.1	2.9	177.0
	IP$_{29}$Dy39－2	0.87	29.2	6.0	886.0	24.4	40.2	770.0	149.0	780.0	4041.0	3.5	17.8	1.5	111.0
	IP$_{29}$Dy44－1	1.18	29.8	13.6	923.0	49.6	108.1	698.0	190.0	1638.0	5619.0	7.7	21.9	1.8	156.5
	I$_{87}$Dy4134－2	2.33	193.0	7.0	257.0	28.9	57.8	260.0	201.0	1074.0	6108.0	5.8	33.5	3.3	143.0
玄武岩	IP$_{4}$Dy2－1	0.15	1.0	1.0	63.7	—	12.3	134.0	92.4	503.0	7863.0	2.8	—	2.7	22.4
	I$_{87}$Dy2032	0.15	1.0	1.0	58.5	—	14.5	199.0	113.0	603.0	7241.0	2.8	—	2.8	24.0
	I$_{87}$Dy7020	0.63	15.2	1.6	216.0	11.9	30.4	179.0	187.0	980.0	12 950.0	4.8	34.9	4.0	246.0

续表 3-4

岩性	样品号	微量元素组合及含量													
		Cr	Mo	Co	Cs	Hf	Ta	Nb	Sc	Pb	Ga	U	Zn	Ni	Cu
蛇纹岩	IP_{8}Dy3-1	2437.0	0.21	112.0	5.0	0.5	0.5	—	—	—	—	—	—	—	—
	I_{87}Dy2013	2733.0	0.20	100.0	4.0	0.7	0.5	—	—	—	—	—	—	—	—
超基性岩	I_{86}Dy2145[b]	3650.0	0.20	95.5	9.1	0.5	2.6	20.2	11.5	13.2	—	—	51.0	1250.0	54.0
	I_{87}Dy3037[b]	241.0	0.27	49.9	9.8	3.5	0.5	—	—	—	—	—	—	—	—
	IP_{27}Dy5-1	3.0	—	27.9	—	4.9	0.5	4.8	35.4	28.4	—	—	141.0	12.2	26.1
	IP_{27}Dy8-1	1109.0	—	70.8	—	1.2	0.4	2.0	11.7	11.9	—	—	67.0	548.6	105.0
	IP_{27}Dy12-1	390.0	—	30.2	—	1.3	0.9	15.8	26.1	17.0	—	—	50.0	131.8	22.7
橄榄辉长岩	IP_{8}Dy4-1	972.0	0.20	52.5	21.0	0.8	0.5	—	—	—	—	—	—	—	—
	IP_{8}Dy7-1	1504.0	0.20	54.9	9.0	0.6	—	—	—	—	—	—	—	—	—
	IP_{27}Dy11-1	1742.0	—	78.5	—	1.0	0.9	13.7	12.8	13.7	—	—	62.0	494.8	42.2
辉长岩	IP_{8}Dy5-1	193.0	0.20	43.1	15.0	1.1	0.5	—	—	—	—	—	—	—	—
	I_{73}Dy65	33.3	0.30	21.2	4.5	5.2	0.5	10.0	29.4	35.5		0.6	79.0	11.8	7.9
	I_{87}Dy2030-1	255.0	0.20	43.1	9.0	5.3	0.5	—	—	—	—	—	—	—	—
	I_{87}Dy3036-1	250.0	0.20	47.0	9.8	1.5	0.5	—	—	—	—	—	—	—	—
	I_{87}Dy3037[a]	391.0	0.20	50.3	10.0	0.3	0.5	—	—	—	—	—	—	—	—
	I_{87}Dy3038	3700.0	0.20	112.0	3.1	1.1	0.5	—	—	—	—	—	—	—	—
	I_{87}Dy4027-1	112.0	—	—	—	7.4	0.5	—	33.3	—	—	—	—	—	—
	I_{73}Dy5039	12.3	1.07	23.7	9.3	5.6	—	—	—	—	—	—	—	—	—
	I_{73}Dy5083-3	63.6	0.20	36.0	6.1	3.8	0.5	7.1	45.2	28.9		0.7	160.0	35.0	9.7
	I_{87}Dy7008	26.1	0.23	34.0	11.0	4.4	0.5	—	—	—	—	—	—	—	—
	I_{87}Dy6124-2	0.1	3.00	1.0	77.0	6.7	7.8	84.0	—	258.0	1947.0	0.9	5.9	1.1	69.6
	IP_{27}Dy12-2	181.0	—	68.6	—	0.5	1.0	16.7	3.7	12.7	—	—	54.0	311.0	83.2
	IP_{27}Dy14-1	508.0	—	31.8	—	1.5	0.7	13.4	21.1	17.3	—	—	54.0	68.8	26.4
	I_{87}Dy6124-2	218.7	0.20	94.5	3.7	0.8	0.5	2.0	17.2	16.9	—	—	88.0	462.5	31.4
	I_{87}Dy2153	66.4	0.30	44.0	6.1	0.5	0.5	2.0	11.4	15.0	—	—	62.0	150.7	39.0
	I_{87}Dy5126-1	59.1	2.30	56.7	4.9	1.2	0.5	4.4	6.6	17.5	—	—	57.0	142.7	48.5
辉绿岩、辉绿玢岩	IP_{4}Dy4-1	239.0	—	—	—	2.6	—	—	38.9	—	—	—	—	—	—
	IP_{6}Dy10-1	81.8	—	—	—	3.6	0.5	—	40.1	—	—	—	—	—	—
	IP_{8}Dy6-1	25.7	0.20	39.9	13.0	1.0	0.5	—	—	—	—	—	—	—	—
	IP_{9}Dy16-4	100.0	0.45	25.0	19.0	2.8	0.5	7.5	—	—	—	—	—	—	—
	IP_{9}Dy19-2	68.0	0.45	25.4	29.0	4.7	0.5	14.7	—	—	—	—	—	—	—
	I_{87}Dy2029-1	359.0	0.28	35.0	11.0	2.8	0.5	—	—	—	—	—	—	—	—
	I_{74}Dy2056-1	117.0	—	30.5	—	5.1	12.9	—	26.9	9.2	15.3	1.9	88.9	60.8	49.7
	I_{74}Dy4074-2	189.0	0.31	34.7	3.9	4.6	0.75	5.9	—	38.5	—	—	105.0	—	40.8
	I_{74}Dy5014-1	54.0	—	37.4	—	8.9	23.3	—	35.7	7.5	20.8	1.5	110.0	23.8	45.9
	I_{74}Dy7048	228.0	0.72	37.3	4.7	3.9	0.63	8.2	—	—	—	—	—	—	—
	IP_{29}Dy39-2	116.0	0.10	16.5	3.8	4.4	0.5	2.0	14.5	18.2	19.5	—	67.6	65.0	51.1
	IP_{29}Dy44-1	369.0	0.10	33.2	7.9	4.5	1.3	13.2	19.7	14.9	15.7	—	77.5	202.2	20.3
	I_{87}Dy4134-2	85.3	0.90	24.8	28.0	4.8	0.5	2.0	22.7	25.1	—	—	76.0	30.1	12.9
玄武岩	IP_{4}Dy2-1	254.0	—	—	—	2.7	0.5	—	43.0	—	—	—	—	—	—
	I_{87}Dy2032	257.0	—	—	—	3.9	—	—	51.9	—	—	—	—	—	—
	I_{87}Dy7020	170.0	0.32	33.2	12.0	5.3	0.5	—	—	—	—	—	—	—	—

本区玄武岩在碱度上为碱性玄武岩。硅质岩呈灰白色，与薄层状灰岩及泥质岩共生。所有这些特点都与陆缘初始小洋盆岩石组合特征相似。

本区蛇绿岩组分呈构造混杂岩块体产出在以大陆岛弧沉积基质的构造混杂岩带中，该套岛弧沉积建造为洋盆俯冲闭合时的弧前海盆的沉积，为滩间山（岩）群碎屑岩岩组，在不同构造环境沉积盆地杂砂岩的微量元素判别图（图 3－18）中，大多投点在大陆岛弧沉积盆地。岛弧特征的滩间山（岩）群中酸性火山岩及具陆缘弧岩浆岩特征的晚奥陶世十字沟单元Ⅰ型花岗岩共同构成了大陆岛弧地质建造组合，反映了洋盆俯冲闭合的存在，也从一个侧面反映了小洋盆的存在。

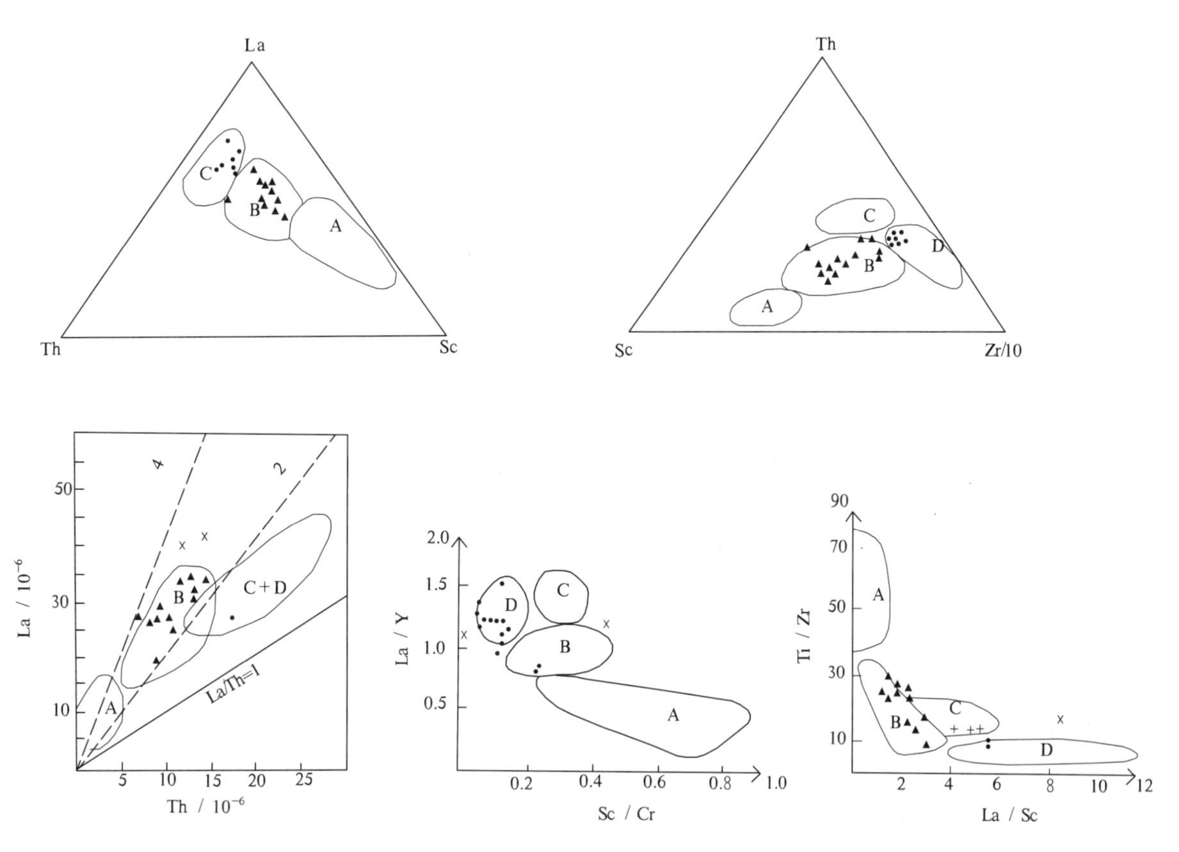

图 3－18　不同构造环境沉积盆地杂砂岩的微量元素判别

（据 Bhatia，1981）

A. 大洋岛弧；B. 大陆岛弧；C. 活动大陆边缘；D. 被动大陆边缘；图内不同的样品子图仅代表同一样品在不同判别图中投点于不同构造环境区

（五）蛇绿岩形成时代的讨论

蛇绿岩所赋存的滩间山（岩）群角度不整合在具有可靠化石依据的上泥盆统黑山沟组之下；滩间山（岩）群与有同位素依据的晚志留世红柳泉序列花岗岩及有同位素依据的晚奥陶世十字沟单元花岗岩呈侵入接触，反映其形成于晚奥陶世或之前。在滩间山（岩）群碎屑岩岩组的硅质岩夹层中所采孢粉样经南京古生物研究所鉴定，发现疑源类化石光面球藻、波口藻、瘤面球藻、波罗的海藻等，根据当前疑源类化石组合，应属奥陶纪，也反映其形成于晚奥陶世或之前。在十字沟一带组成蛇绿岩上部层位的块层状玄武岩中采集的 Sm－Nd 等时线年龄样品测定数据见表 3－5，从图 3－19 可以看出，所采 6 个样品均已成线，成岩年龄为 468±54Ma，大致相当于早中奥陶统之交。在小沟西蛇绿岩套的辉绿岩中采集的 Sm－Nd 等时线年龄样品测定数据见表 3－6，图 3－20 中 1、2、3、

4、6号样品已成线，成岩年龄为449±34Ma，其中未成线样品模式年龄为454Ma，表明该辉绿玢岩岩墙群形成于晚奥陶世中期。在盖依尔南组成蛇绿岩套的堆晶杂岩的辉长岩、橄辉岩中采集的Sm-Nd等时线年龄样品测定数据见表3-7，从图3-21上可以看出，所采4个样品均已成线，成岩年龄为466±3.3Ma，表明该堆晶岩形成于早中奥陶世之交。综上所述，祁漫塔格蛇绿岩形成时代应为中晚奥陶世。

表3-5 祁漫塔格十字沟早奥陶世蛇绿岩套玄武岩钐-钕(Sm-Nd)等时线丰度值及参数值特征表

样品号	含量(10^{-6})		同位素原子比率*	
	Sm	Nd	$^{147}Sm/^{144}Nd$	$^{143}Nd/^{144}Nd\langle 2\sigma\rangle$
I_{87}JD2032-1-1	2.7600	8.2601	0.2022	0.513 114〈6〉
I_{87}JD2032-1-2	2.9408	8.6042	0.2066	0.513 128〈6〉
I_{87}JD2032-1-3	2.2825	7.1548	0.1929	0.513 086〈7〉
I_{87}JD2032-1-4	2.6486	8.6037	0.1861	0.513 065〈5〉
I_{87}JD2032-1-5	2.9424	8.9105	0.1996	0.513 106〈6〉
I_{87}JD2032-1-6	3.8596	12.0017	0.1944	0.512 587〈7〉

注：* 括号内的数字2σ为实测误差，例如〈5〉表示±0.000 005；测试单位：天津地质矿产研究所实验测试室；分析者：张慧英，林源贤。

表3-6 祁漫塔格小沟西早奥陶世蛇绿岩套辉绿岩墙钐-钕(Sm-Nd)等时线丰度值及参数值特征表

样品号	含量(10^{-6})		同位素原子比率*	
	Sm	Nd	$^{147}Sm/^{144}Nd$	$^{143}Nd/^{144}Nd\langle 2\sigma\rangle$
I_{87}JD2029-1-1	2.3443	8.5729	0.1635	0.512 499〈7〉
I_{87}JD2029-1-2	1.3816	4.3782	0.1908	0.512 574〈6〉
I_{87}JD2029-1-3	1.2265	3.8039	0.1949	0.512 586〈7〉
I_{87}JD2029-1-4	1.8522	5.8035	0.1929	0.512 579〈6〉
I_{87}JD2029-1-5	1.2104	3.7302	0.1962	0.513 098〈8〉
I_{87}JD2029-1-6	2.2842	7.0841	0.1949	0.512 587〈6〉

注：* 括号内的数字2σ为实测误差，例如〈6〉表示±0.000 006；样品：I_{87}JD2029-1-5 T(d.m.)为454Ma；测试单位：天津地质矿产研究所实验测试室；分析者：张慧英，林源贤。

表3-7 奥陶纪蛇绿岩套堆晶杂岩体钐-钕(Sm-Nd)等时线丰度值及参数值特征表

样品号	含量(10^{-6})		同位素原子比率*	
	Sm	Nd	$^{147}Sm/^{144}Nd$	$^{143}Nd/^{144}Nd\langle 2\sigma\rangle$
IP_{27}JD12-1a	0.5014	1.8584	0.1631	0.512 250〈8〉
IP_{27}JD12-1b	0.6240	2.1315	0.1770	0.512 699〈8〉
IP_{27}JD12-1c	0.7332	2.6574	0.1668	0.512 689〈8〉
IP_{27}JD12-1d	1.0971	3.8774	0.1711	0.512 274〈5〉
IP_{27}JD12-1e	0.7672	2.4378	0.1903	0.512 332〈8〉
IP_{27}JD12-1f	0.5198	2.0228	0.1554	0.5122 25〈4〉
IP_{27}JD12-1g	0.6198	2.2325	0.1678	0.512 154〈8〉

注：* 括号内的数字2σ为实测误差，例如〈5〉表示±0.000 005；测试单位：天津地质矿产研究所实验测试室；分析者：张慧英，林源贤。

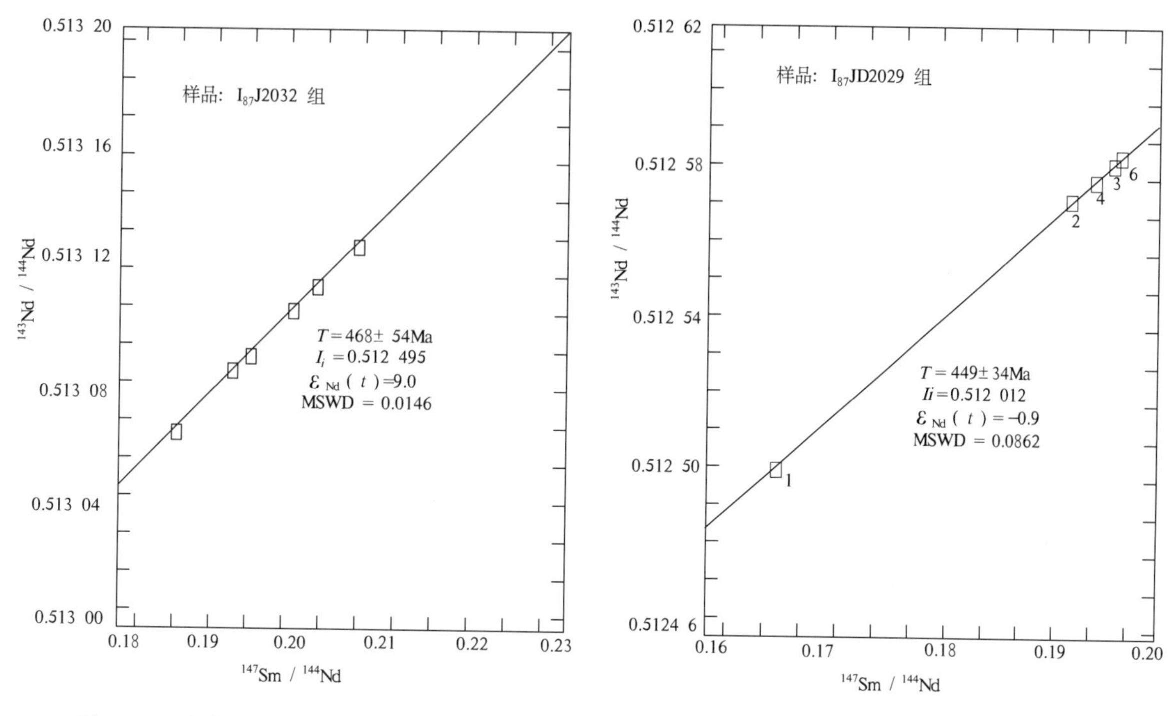

图 3-19　祁漫塔格奥陶纪蛇绿岩套玄武岩 Sm-Nd 等时线年龄

图 3-20　祁漫塔格奥陶纪蛇绿岩套辉绿岩岩墙 Sm-Nd 等时线年龄

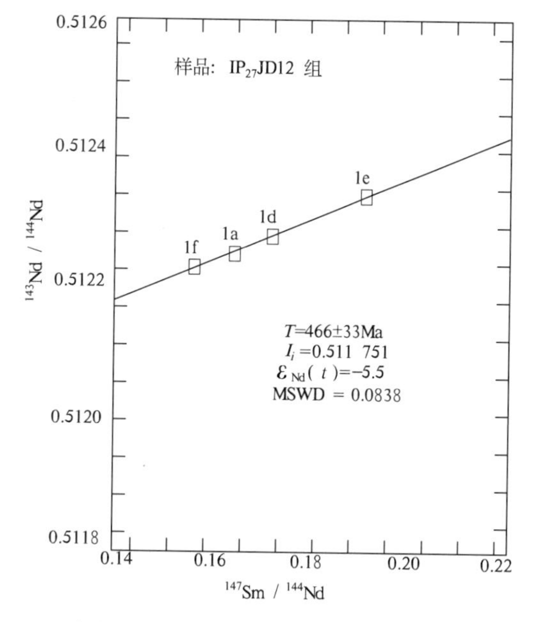

图 3-21　祁漫塔格奥陶纪堆晶杂岩 Sm-Nd 等时线年龄

二、中元古代镁铁—超镁铁质侵入岩

测区内的祁漫塔格造山带中零星分布有浅变质基性、超基性岩体，从西向东分别有红土岭辉长岩构造块体、滩北山辉长岩体，库木俄乌拉孜辉长岩、橄辉岩残留体群。除库木俄乌拉孜基性岩体群为新发现外，其他基性岩体在 1∶20 万区调中均已发现，但当时认为这些基性岩体均为海西期侵入体。本次区调中我们对该套基性、超基性侵入体进行了详细研究，从其与围岩接触关系看，上述岩体多呈残留体状存在于加里东期、晋宁期花岗岩侵入体中，与金水口（岩）群白沙河（岩）组、长城系小庙（岩）组呈侵入接触。在红土岭、库木俄乌拉孜基性岩体中采集了两个 Sm－Nd 等时线年龄样，其中红土岭辉绿岩体 Sm－Nd 等时线年龄为 1550±150Ma，库木俄乌拉孜辉长岩体 Sm－Nd 等时线年龄为 891±19Ma。基性、超基性岩作为地幔岩浆活动的产物，反应了古元古代结晶基底形成后，祁漫塔格地区在中元古代—新元古代早中期一直处于拉张伸展环境，为祁漫塔格前寒武纪构造岩浆活动提供了新证据，为研究祁漫塔格前寒武纪基底的性质，构造演化及其对成矿作用的影响提供了重要地质线索。

（一）地质特征

该变质镁铁-超镁铁质岩区位于东昆仑西北缘祁漫塔格造山带，西邻阿尔金造山带，为东昆仑陆块的组成部分，南以库木库里新生界断陷盆地与东昆南消减杂岩带相隔，呈北西向分布在多时代地质体中。该基性、超基性岩套呈北西向断续分布于测区三大主要断裂带——祁漫塔格主脊断裂、阿达滩北缘断裂、伊仟巴达断裂带中。

红土岭辉长岩体位于祁漫塔格主脊断裂北侧，根据 IP_{38} 剖面（图 3－22）及路线观察，南与滩间山（岩）群糜棱岩化灰岩呈韧性剪切接触，北与黑山沟组复成分砾岩呈角度不整合接触。现有野外岩石定名岩性分别为辉长岩、橄辉岩。岩体出露 800m，长 1200m。

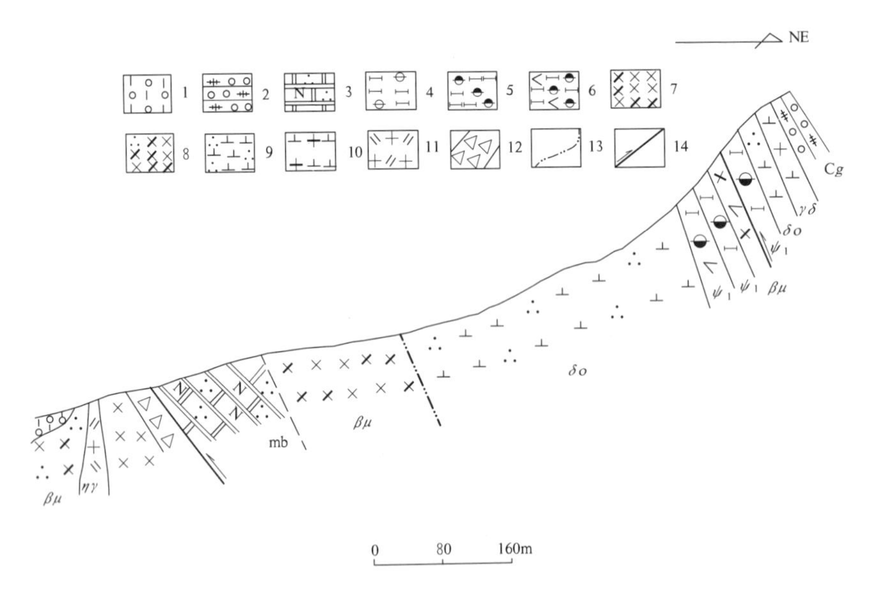

图 3－22　祁漫塔格北坡红土岭中元古代基性—超基性岩构造块体实测剖面图（IP_{38}）

1.冰碛；2.复成分砾岩；3.条带状含长石石英大理岩；4.绿帘透辉石岩；5.斜黝帘透辉石岩；6.含角闪斜黝帘透辉石岩；7.蚀变辉长辉绿岩；8.石英辉长辉绿岩；9.石英闪长岩；10.斑状花岗闪长岩；11.二长花岗岩；12.构造角砾岩；13.涌动侵入界线；14.逆断层

滩北山辉长岩体位于阿达滩北缘断裂北侧的分支断裂中，东与古元古界白沙河（岩）组呈侵入接触。地表出露呈三角形，宽 1300m，长 5500m。

库木俄乌拉孜基性岩体位于伊仟巴达断裂北侧的分支断裂中，呈残留体状产出于新元古代构造片麻岩中，残留体共有 3 个，岩性分别为蚀变辉长岩、蚀变辉橄岩，块体长 1000m 左右，宽 100～200m（图 3－23）。

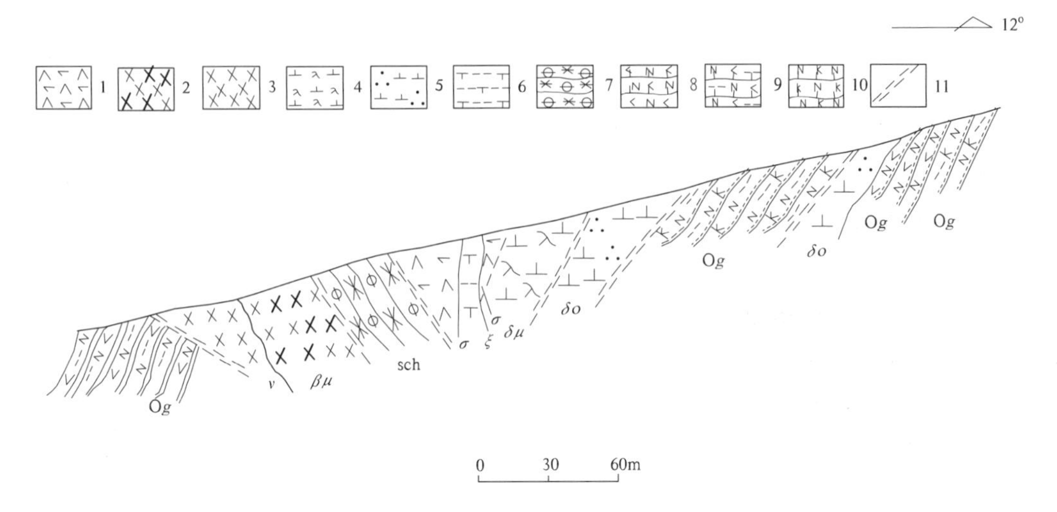

图 3-23　库木俄乌拉孜南新元古代基性—超基性岩残留体实测剖面图(IP_{34})

1.蚀变细粒辉橄岩;2.蚀变中细粒辉长辉绿岩;3.强蚀变中细粒辉长岩;4.条纹状蚀变闪长玢岩;5.蚀变石英闪长岩;6.片麻状细粒黑云正长岩;7.含绿帘阳起石岩;8.角闪斜长片麻岩;9.角闪黑云斜长片麻岩;10.黑云二长片麻岩;11.韧性剪切带

(二)岩石学特征

中元古代基性岩岩性主要为绿帘透辉石岩、斜黝帘透辉石岩、含角闪黝帘透辉石岩、蚀变角闪辉长辉绿岩、蚀变辉绿岩,新元古代基性岩主要为蚀变辉橄岩、蚀变橄辉岩、角闪透辉石岩、辉长岩、辉长辉绿岩等。

辉长岩,灰绿—暗绿色,中—细粒辉长结构,块状构造。矿物成分为斜长石 50%～68%,柱状、板柱状(An:54～62),部分变为粘土矿物绢云母或绿帘石的集合体;辉石 25%～43%,自形程度与斜长石相当,颗粒大者有斜长体,小者充填于斜长石空隙,个别岩石中橄榄石 4%,柱状,沿裂隙变为滑石、伊丁石;石英、不透明矿物、钛铁矿、榍石、金红石含量为微—少量。岩体有时具分异,粒度不等。透辉石岩类以含角闪斜黝帘透辉石岩为代表,岩石具灰绿色,显微柱粒状变晶结构,块状构造。矿物成分为透辉石 72%,呈显微粒状晶体,大小相近,解理发育,颗粒间界线平直,彼此镶嵌,紧密接触,均匀分布;斜黝帘石 18%,呈粒状晶体,解理发育,粒径在 0.2～0.8mm 之间,彼此镶嵌,紧密接触,呈集合体状不甚均匀分布;榍石呈微粒状集合体,不甚均匀分布在透辉石之间;少量磁铁矿零星分布。

辉长辉绿岩以混杂蚀变角闪辉绿岩为代表,岩石呈浅灰绿色,辉长辉绿结构,块状构造。矿物成分为基性斜长石 69%,呈半自形板柱状晶体,构成近三角空隙,聚片双晶发育,双晶带较宽,次生变化后完全发生绢云母化、高岭土化、黝帘石交代,只保留着晶体的假象;普通角闪石 29%,呈绿色柱状和微粒状晶体,解理发育,不甚均匀充填在其空隙中,局部微粒状普通角闪石成集合体状分布;石英呈它形微粒状晶体不甚均匀充填在其空隙中;磁铁矿呈微粒包裹在普通角闪石晶体中,微量磷灰石零星分布。

蚀变辉橄岩,灰绿色,网状结构、变余半自形粒状结构,块状构造。矿物成分有橄榄石占 57%,具网状结构,蛇纹石沿橄榄石裂缝蚀变,并析出细小尘点状,粒状磁铁矿,核部残留橄榄石,同时消光,显示原为同一颗粒,局部颗粒可见滑石化;辉石 40%,为半自形短柱状,轻微绿泥石化,假象纤闪石化,呈纤维状集合体状;副矿物为它形粒状磁铁矿,均匀分布。

（三）岩石化学、地球化学特征

1. 岩石化学特征

祁漫塔格变质基性—超基性岩岩石化学成分特征（表 3－8），反映出如下特征：辉橄岩贫硅（SiO_2），表明其分异差，橄辉岩固结指数（*SI*）较高，表明其分异较差。辉长岩固结指数（*SI*）中等，表明其分异中等。辉橄岩 Fe_2O_3 含量一般比 FeO 高，H_2O 含量高，为 9%～11%，反映出岩石具较强的蛇纹石化。在 Mg/(Fe)-[(Fe)＋Mg]/Si 关系图中（图 3－24，张雯华等，1976）大部分落在超镁质区，M/F＞7，具阿尔卑斯型超镁铁岩特征，反映了超镁铁岩富镁的特征。在蛇绿岩 CaO－Al_2O_3－MgO 图（Coleman，1977）（图 3－25）中，仅一个样品落入变质橄榄岩区，为（I_{98}Gs5152－2），其余均落入超镁铁堆积岩区，但有一个样品落在超镁铁堆积岩与变质橄榄岩界线附近，为（IP_{34}Gs4－1）。在蛇绿岩套中堆积岩的 AFM 图（Coleman，1977）（图 3－26）中，两个样品均落入变质橄榄岩区。橄辉岩、辉长岩在 Mg/(Fe)—[(Fe)＋Mg]/Si 关系图（图 3－24）中分散落在镁质岩区、镁铁质岩区及铁镁质岩区，反映了岩石中镁铁均富集，但相对富镁的特征。在蛇绿岩 CaO－Al_2O_3－MgO 图（图 3－25）中，多半落入超镁铁堆积岩及镁铁堆积岩区，少数落入其附近或斯科加尔德液体趋势线附近，反映出该套岩石组合符合蛇绿岩层序中玄武质液体分异的趋势，但同时反映出该套基性岩与经典蛇绿岩的差异。在蛇绿岩套中堆积岩的 AFM 图解（图 3－26）中，一半落入镁铁和超镁铁堆积岩附近，一半落入斯科加尔德液体趋势线的两个端元附近，反映出其可能符合蛇绿岩层序中玄武质液体分异趋势。从现有资料判断，该套基性—超基性岩不属于典型蛇绿岩套组合。考虑到尚未发现与其配套的海相火山岩，结合该基性—超基性岩体与围岩的接触关系，判断其以热侵位的方式出现在古老陆块边缘的断裂带中。但该套岩石中的超镁铁质岩有些特征，如 M/F＞7，属超镁质系列，在蛇绿岩的相关图解中落入变质橄榄岩区，对其成因解释造成困难。

表 3－8　祁漫塔格中元古代基性—超基性岩岩石化学原始数据表　（单位：%）

岩性	样品号	SiO_2	TiO_2	Al_2O_3	Fe_2O_3	FeO	MnO	MgO	CaO	Na_2O	K_2O	P_2O_5	烧失量	H_2O^+	总计
辉橄岩	IP_{34}Gs4－1	39.75	0.05	1.47	3.53	1.87	0.13	39.72	2.37	0.35	0.63	0.02	9.87	9.24	99.76
	I_{98}Gs5152－2	37.90	0.04	0.73	4.30	1.53	0.15	41.34	1.03	0.21	0.42	0.02	12.35	11.86	100.02
橄辉岩	IP_{34}Gs11－1	48.83	1.09	13.16	3.82	7.99	0.20	7.45	10.12	2.86	1.17	0.09	2.91	0.77	99.69
透辉石岩	IP_{34}Gs3－1	53.14	0.21	5.28	1.34	7.31	0.19	17.43	12.42	0.82	0.34	0.03	1.64	0.70	100.15
	IP_{38}Gs3－1	49.33	0.53	7.92	2.15	9.53	0.43	6.07	21.13	0.20	0.27	0.15	1.69	0.41	99.40
辉长岩	IP_{34}Gs1－1	46.64	2.07	15.31	2.24	5.87	0.19	6.58	16.86	1.46	0.65	0.32	1.44	0.85	99.63
	IP_{34}Gs2－1	48.41	2.61	14.79	2.80	9.30	0.20	7.00	8.50	2.88	1.02	0.50	1.61	0.97	99.62
	IP_{34}Gs8－1	63.97	0.46	15.02	1.77	2.49	0.11	1.37	3.55	3.55	3.43	0.13	4.47	2.25	100.32
	IP_{34}Gs10－1	65.28	0.43	14.76	1.60	2.17	0.19	1.08	3.11	2.73	4.42	0.14	3.89	1.96	99.80
	IP_{38}Gs2－1	51.86	1.43	15.58	1.08	8.61	0.22	4.85	10.19	3.50	0.53	0.22	2.03	0.58	100.10
	I_{73}Gs65	50.94	1.32	17.46	3.60	7.02	0.15	5.48	7.34	2.68	0.48	0.17	3.28	1.46	99.92
	I_{73}Gs5083－3	51.52	1.62	17.52	1.54	8.52	0.32	5.08	7.21	3.90	0.17	0.32	1.90	0.58	99.62

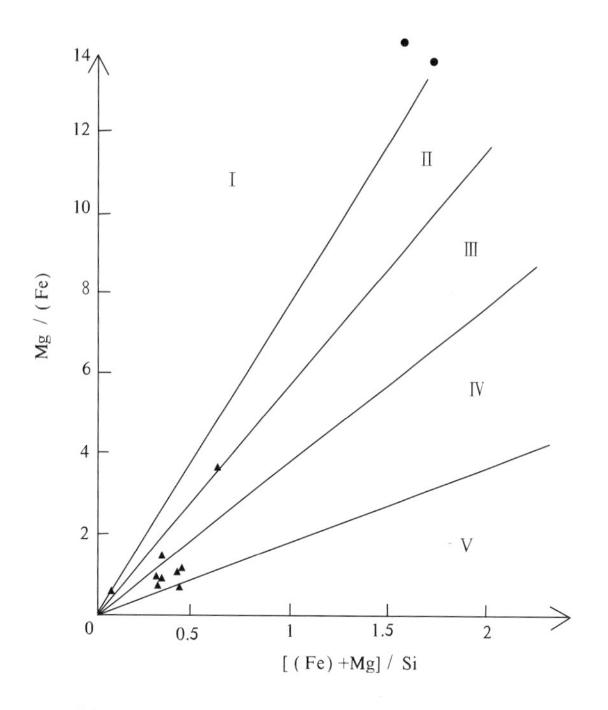

图 3-24 Mg/(Fe)-[(Fe)+Mg]/Si 关系图

Ⅰ.超镁质区;Ⅱ.镁质区;Ⅲ.镁铁质区;Ⅳ.铁质区;Ⅴ.铁质区;(Fe)为 FeO、Fe_2O_3 原子数

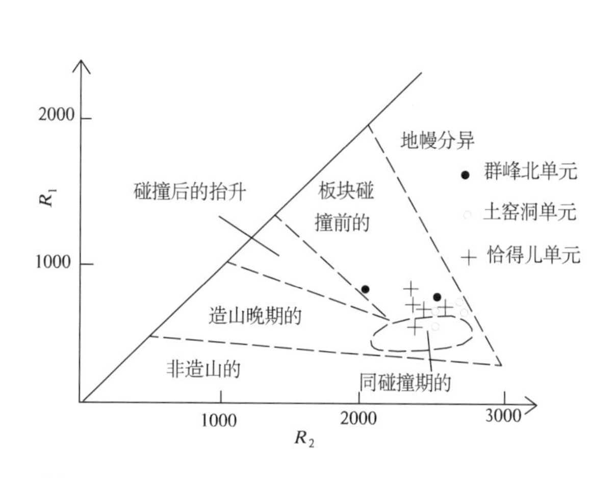

图 3-25 早石炭世盖依尔序列侵入岩 R_1-R_2 图解

(据 Bateher et al.,1985)

$R_1=4Si-11(Na+K)-2(Fe+Ti)$,$R_2=6Ca+2Mg+Al$

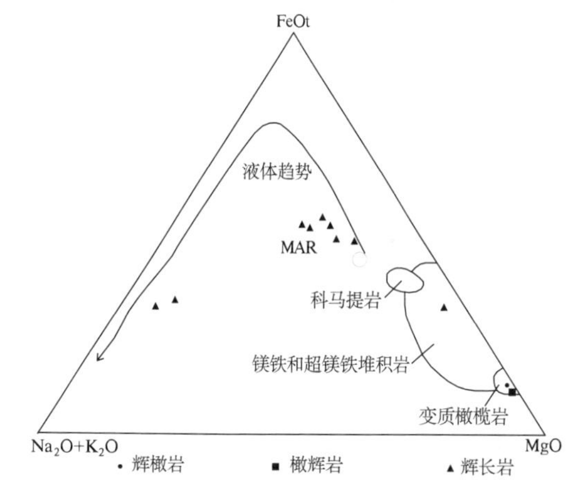

图 3-26 蛇绿岩套中堆积岩的 AFM 图

(Coleman, 1997)

MAR 为大洋中脊玄武岩的平均成分

2. 地球化学特征

该基性—超基性岩带稀土元素含量见表 3-9,稀土特征参数见表 3-10,测区内该套基性岩稀土总量虽有差异,但总体来说稀土总量ΣREE 均较低,一般都在 $5.61\times10^{-6}\sim86\times10^{-6}$ 之间,LREE/HREE 在 4~6 间,$(La/Yb)_N$ 值范围在 2~5.6 之间,$(La/Sm)_N$ 值在 1.4~3.4 之间,$(Gb/Yb)_N$ 在1.19~1.45 之间,说明轻重稀土元素分馏程度并不显著,轻稀土略富集,轻稀土元素与重稀土元素的分馏也较弱。稀土配分曲线(图 3-27、图 3-28)呈轻稀土略微富集,重稀土近球粒陨石分布类型。δ(Eu)值多在 0.9~1.7 之间,具弱的正异常,个别 δ(Eu)值在 3.8~4 之间,具明显的正异常(辉石岩)。δ(Ce)值在 0.9~1.26 之间,总体上受后期风化作用的影响较弱。

表 3 - 9　祁漫塔格中元古代基性—超基性岩稀土元素分析结果　　　(单位:10^{-6})

岩性	样品号	轻稀土元素						重稀土元素								
		La	Ce	Pr	Nd	Sm	Eu	Gd	Tb	Dy	Ho	Er	Tm	Yb	Lu	Y
超基性岩	IP$_{34}$ XT 4 - 1	0.40	0.96	0.13	0.56	0.16	0.06	0.18	0.04	0.22	0.05	0.13	0.02	0.12	0.02	1.58
	I$_{98}$XT5152 - 2	0.63	1.76	0.20	0.62	0.19	0.06	0.22	0.04	0.28	0.05	0.14	0.02	0.12	0.02	2.11
橄辉长岩	IP$_{34}$XT11 - 1	16.83	40.69	5.22	21.54	5.53	1.18	6.09	1.08	6.33	1.26	3.49	0.54	3.24	0.47	31.19
透辉石岩	IP$_{34}$XT3 - 1	4.66	9.77	1.38	6.09	1.68	0.74	1.97	0.36	2.21	0.47	1.34	0.22	1.34	0.21	11.62
	IP$_{38}$XT3 - 1	36.98	82.38	8.77	33.22	7.05	3.36	6.44	0.96	5.46	1.08	2.79	0.43	2.46	0.37	26.14
辉长岩	IP$_{34}$XT1 - 1	15.23	40.90	5.94	27.82	7.39	2.21	8.73	1.50	9.38	1.87	5.16	0.77	4.69	0.69	46.45
	IP$_{34}$XT2 - 1	22.37	52.40	7.26	31.84	7.64	2.29	8.52	1.41	8.72	1.75	4.81	0.76	4.59	0.71	42.39
	IP$_{34}$XT8 - 1	50.21	98.04	11.47	43.26	8.36	2.24	7.45	1.13	6.35	1.24	3.30	0.51	2.98	0.46	30.55
	IP$_{34}$XT10 - 1	55.50	100.80	10.36	34.93	5.72	1.17	4.79	0.74	4.23	0.86	2.38	0.40	2.58	0.41	22.23
	IP$_{38}$XT2 - 1	12.90	30.65	4.25	18.13	4.59	1.68	5.11	0.83	5.00	1.04	2.87	0.47	2.85	0.43	26.43
	I$_{73}$XT65	17.49	45.78	7.22	28.64	7.40	1.58	7.06	1.21	6.67	1.33	4.05	0.60	3.87	0.55	35.31
	I$_{73}$XT5083 - 3	11.84	27.99	4.03	16.91	4.90	1.48	5.22	0.92	5.33	1.05	3.22	0.49	3.03	0.44	28.65

表 3 - 10　祁漫塔格中元古代基性—超基性岩稀土元素特征参数表

岩性	样品号	ΣREE	LREE	HREE	LREE/HREE	La/Yb	La/Sm	Sm/Nd	Gd/Yb	$(La/Yb)_N$	$(La/Sm)_N$	$(Gd/Yb)_N$	δ(Eu)	δ(Eu)☆	δ(Ce)
		(10^{-6})													
超基性岩	IP$_{34}$XT4 - 1	3.05	2.27	0.78	2.91	3.33	2.50	0.29	1.50	2.25	1.57	1.21	1.08	1.08	1.01
	I$_{98}$XT5152 - 2	4.35	3.46	0.89	3.89	5.25	3.32	0.31	1.83	3.54	2.09	1.48	0.90	0.90	1.19
橄辉岩	IP$_{34}$XT11 - 1	113.49	90.99	22.50	4.04	5.19	3.04	0.26	1.88	3.50	1.91	1.52	0.62	0.62	1.04
透辉石岩	IP$_{34}$XT3 - 1	32.44	24.32	8.12	3.00	3.48	2.77	0.28	1.47	2.34	1.74	1.19	1.24	1.24	0.92
	IP$_{38}$XT3 - 1	191.75	171.76	19.99	8.59	15.03	5.25	0.21	2.62	10.13	3.30	2.11	1.50	1.52	1.07
辉长岩	IP$_{34}$XT1 - 1	132.28	99.49	32.79	3.03	3.25	2.06	0.27	1.86	2.19	1.30	1.50	0.84	0.84	1.03
	IP$_{34}$XT2 - 1	155.07	123.80	31.27	3.96	4.87	2.93	0.24	1.86	3.29	1.84	1.50	0.86	0.87	0.99
	IP$_{34}$XT8 - 1	237.00	213.58	23.42	9.12	16.85	6.01	0.19	2.50	11.36	3.78	2.02	0.85	0.87	0.95
	IP$_{34}$XT10 - 1	224.87	208.48	16.39	12.72	21.51	9.70	0.16	1.86	14.50	6.10	1.50	0.67	0.68	0.95
	IP$_{38}$XT2 - 1	90.80	72.20	18.60	3.88	4.53	2.81	0.25	1.79	3.05	1.77	1.45	1.06	1.06	0.99
	I$_{73}$XT65	133.45	108.11	25.34	4.27	4.52	2.36	0.26	1.82	3.05	1.49	1.47	0.66	0.67	0.98
	I$_{73}$XT5083 - 3	86.85	67.15	19.70	3.41	3.91	2.42	0.29	1.72	2.63	1.52	1.39	0.89	0.89	0.97

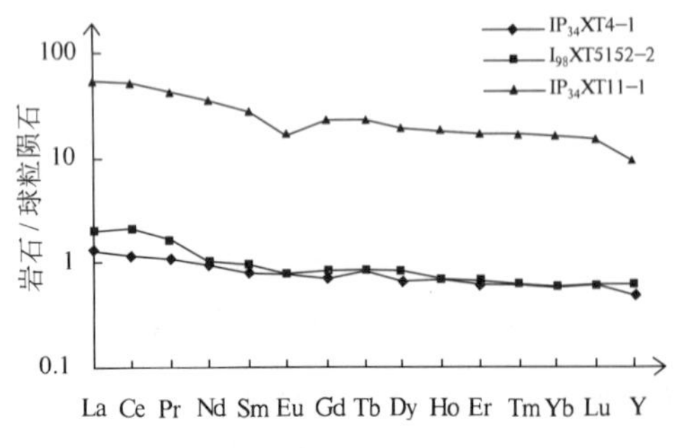

图 3 - 27　祁漫塔格中-新元古代辉橄岩、橄辉岩稀土配分模式图

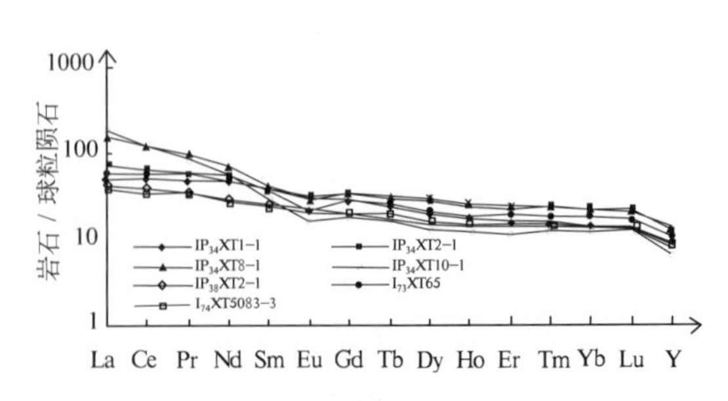

图 3 - 28　祁漫塔格中-新元古代辉长岩稀土配分模式图

基性—超基性岩微量元素测试结果见表 3 - 11。超基性岩在原始地幔标准化比值蛛网图(图 3 - 29)中,超基性岩微量元素总体富集,均比原始地幔要高。基性岩在原始地幔标准化比值蛛网图(图 3 - 30)中,微量元素总体富集,K 强烈亏损,类似于板内拉斑玄武岩的分布形式。

表 3 - 11　祁漫塔格中元古代基性—超基性岩微量元素(全定量)分析成果表　(单位:K_2O 为%;其他:10^{-6})

岩性	样品号	微量元素组合及含量													
		K_2O	Rb	Th	Ba	La	Ce	Sr	Zr	P	Ti	Sm	Y	Yb	V
超基性岩	IP$_{34}$Dy4 - 1	0.41	61.1	1.0	46.0	0.5	0.5	13	12	83	96	0.1	1.3	0.2	23.3
透辉石岩	IP$_{34}$Dy3 - 1	0.83	49.2	2.0	216	6.0	13.7	296	62	449	3159	1.7	16.5	2.0	241.1
橄榄辉长岩	IP$_{34}$Dy6 - 1	0.45	61.9	1.0	55	0.5	1.8	10	12	96	110	0.1	2.0	0.3	22.3
	IP$_{34}$Dy11 - 1	1.72	172.8	1.0	198	8.0	21.7	160	73	448	5180	4.5	33.5	3.5	284.0
	I$_{98}$Dy5152 - 2	0.11	14.1	1.0	36	0.2	0.4	20	5	97	172	0.1	0.8	0.2	18.6
辉长岩	IP$_{34}$Dy1 - 1	0.26	27.3	3.6	87	13.0	39.2	183	166	1246	8385	6.3	43.1	4.3	185.3
	IP$_{34}$Dy2 - 1	0.89	57.4	4.1	389	25.3	54.8	280	293	2010	11 549	7.2	43.9	4.4	185.3
	IP$_{34}$Dy8 - 1	3.75	173.0	21.6	1049	46.6	80.6	213	226	526	2634	4.8	24.8	2.7	61.1
	IP$_{34}$Dy10 - 1	4.72	236.8	25.5	1118	57.6	96.4	142	257	600	2291	5.7	24.2	2.4	39.0
	I$_{98}$Dy5152 - 1	0.78	58.3	1.9	256	17.0	38.8	325	176	1360	9602	5.2	30.7	3.1	176.9
岩性	样品号	Cr	Mo	Co	Cs	Hf	Ta	Nb	Sc	Pb	Ga	U	Zn	Ni	Cu
超基性岩	IP$_{34}$Dy4 - 1	3119	0.6	64.2	2.7	0.3	0.5	2.3	9.9	2.3	—	1.0	74.8	1 498.0	5.1
透辉石岩	IP$_{34}$Dy3 - 1	179	0.2	30.7	3.1	2.7	0.5	2.3	41.2	22.6	—	0.8	100.4	57.2	51.4
橄榄辉长岩	IP$_{34}$Dy6 - 1	3029	0.4	66.2	7.9	0.6	0.5	3.4	8.6	4.0	—	0.5	70.1	1 735.0	27.4
	IP$_{34}$Dy11 - 1	140	0.9	16.7	14.1	3.9	0.5	6.8	49.9	885.0	—	0.9	1721.0	8.1	60.3
	I$_{98}$Dy5152 - 2	2935.8	0.88	70.8	0.8	0.4	0.5	2.4	5.2	1.3	—	1.5	83.0	1 823.0	7.3
辉长岩	IP$_{34}$Dy1 - 1	107	0.7	17.8	9.6	5.2	1.0	12.1	36.5	22.0	—	2.0	89.6	58.8	15.0
	IP$_{34}$Dy2 - 1	126	1.4	38.5	12.5	7.7	1.0	14.9	29.8	10.1	—	1.5	156.6	71.4	49.1
	IP$_{34}$Dy8 - 1	12	1.4	7.3	4.9	6.9	1.2	18.5	8.1	11.3	—	5.2	81.8	10.8	5.6
	IP$_{34}$Dy10 - 1	11	3.1	5.9	4.9	7.9	1.8	24.7	5.3	27.9	—	4.8	127.3	9.1	7.2
	I$_{98}$Dy5152 - 1	170.8	1.2	31.6	8.6	5.1	0.5	9.6	32.2	11.9	—	1.4	85.0	61.3	21.0

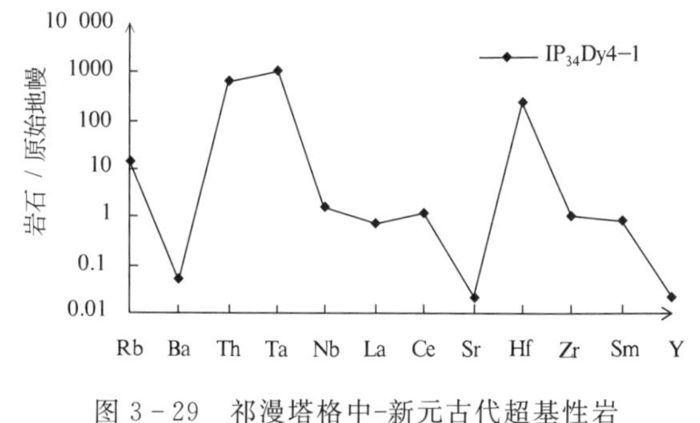

图 3 - 29　祁漫塔格中-新元古代超基性岩微量元素比值蛛网图

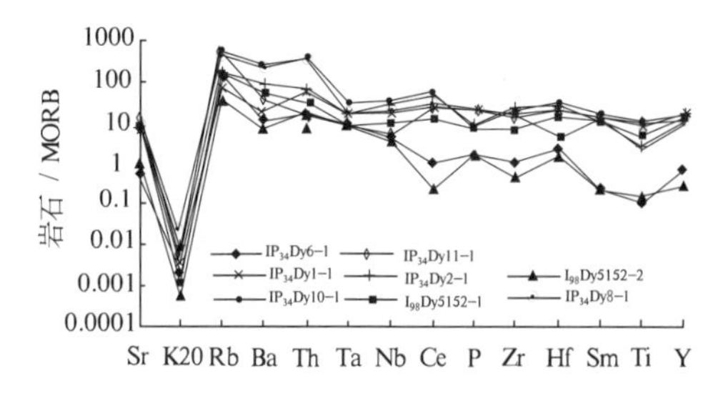

图 3 - 30　祁漫塔格中-新元古代基性岩微量元素比值蛛网图

(四)辉长岩的 Sm - Nd 等时线年龄

基性—超基性岩侵入的最新地质体为长城系小庙(岩)组,并在新元古代条带状黑云斜长片麻岩(原岩恢复为花岗闪长岩)中呈残留体产出判断,该套基性—超基性岩侵入体的时代为中-新元古代。填图中在红土岭、盖依尔及库木俄乌拉孜一带的该套基性岩中分别聚集了两套 Sm－Nd 等时线年龄样。其中红土岭辉长岩 Sm－Nd 同位素年龄测定数据见表 3－12。图 3－31 中 1、2、3、6 号样品成线较好，Sm－Nd 等时线年龄为 1550±150Ma，为长城纪晚期，反映了祁漫塔格造山带在中元古代中期存在着一次陆壳拉张及相应的上地幔基性岩浆侵入事件。未成线的 4、5、7、8、9 号样品的模式年龄分别为 2123Ma、1904Ma、3383Ma、1892Ma、2094Ma，与 1、2、3、6 号样品构成的等时线年龄 1550±150Ma 相差很大。对其进行分析可以看出，上述未成线样品的模式年龄分为两组，4、5、8、9 号样品的模式年龄在 2123～1892Ma 之间，明显反映出该组样品捕获了古元古代晚期物质信息的特征，而 7 号样品的模式年龄为 3383Ma，其意义更大，反映出该样品捕获了古太古代物质的信息，反映出祁漫塔格造山带曾经有古陆核存在的可能，也反映了吕梁运动在测区存在的信息。库木俄乌拉孜辉长岩 Sm－Nd 等时线年龄测定数据见表 3－13。其中 1、4、5、6、7 号样品成线较好，Sm－Nd 等时线年龄为 891±19Ma，为青白口纪（图 3－32），反映了祁漫塔格地区在新元古代早期仍存在一次强烈的地壳拉张及相应地幔岩浆侵入事件。结合长城系小庙（岩）组裂谷相沉积建造、蓟县系狼牙山组及青白口系丘吉东沟组浅海-陆棚相建造的存在，表明测区在中-新元古代一直处于拉张伸展的构造环境。

表 3－12　中元古代辉长岩体钐-钕（Sm－Nd）等时线丰度值及参数值特征表

样品号	含量（10^{-6}）		同位素原子比率*	
	Sm	Nd	$^{147}Sm/^{144}Nd$	$^{143}Nd/^{144}Nd\langle 2\sigma\rangle$
I_{73}JD5083－3－1	3.8068	14.1389	0.1628	0.152 630〈3〉
I_{73}JD5083－3－2	4.3188	16.2950	0.1602	0.512 604〈5〉
I_{73}JD5083－3－3	3.7216	14.0712	0.1599	0.512 601〈6〉
I_{73}JD5083－3－4	4.2654	16.2296	0.1589	0.512 384〈2〉
I_{73}JD5083－3－5	4.3588	17.0703	0.1544	0.512 407〈3〉
I_{73}JD5083－3－6	3.6274	13.8348	0.1585	0.512 586〈5〉
I_{73}JD5083－3－7	4.9789	19.4028	0.1551	0.511 839〈5〉
I_{73}JD5083－3－8	4.4535	17.1041	0.1574	0.512 449〈6〉
I_{73}JD5083－3－9	4.5857	18.4326	0.1504	0.512 277〈4〉

注：* 括号内的数字 2σ 为实测误差，例如〈5〉表示±0.000 005；测试单位：天津地质矿产研究所实验测试室；分析者：刘卉，林源贤。

I_{73}JD5083－3－4 T(d. m.)为 2123Ma；I_{73}JD5083－3－5 T(d. m.)为 1094Ma；I_{73}JD5083－3－7 T(d. m.)为 3383Ma；I_{73}JD5083－3－8 T(d. m.)为 1892Ma；I_{73}JD5083－3－9 T(d. m.)为 2094Ma

表 3－13　新元古代辉长岩体钐-钕（Sm－Nd）等时线丰度值及参数值特征表

样品号	含量（10^{-6}）		同位素原子比率*	
	Sm	Nd	$^{147}Sm/^{144}Nd$	$^{143}Nd/^{144}Nd\langle 2\sigma\rangle$
IP_{34}JD1－1	6.0928	22.3918	0.1645	0.512 855〈7〉
IP_{34}JD1－2	21.8625	95.2154	0.1388	0.512 269〈3〉
IP_{34}JD1－3	7.1442	27.8674	0.1550	0.512 363〈8〉
IP_{34}JD1－4	9.7699	35.3206	0.1672	0.512 876〈4〉
IP_{34}JD1－5	2.1112	7.8242	0.1631	0.512 853〈4〉
IP_{34}JD1－6	3.6449	10.1126	0.2179	0.513 169〈8〉
IP_{34}JD1－7	0.0776	0.3462	0.1354	0.512 687〈8〉

注：* 括号内的数字 2σ 为实测误差，例如〈7〉表示±0.000 007。

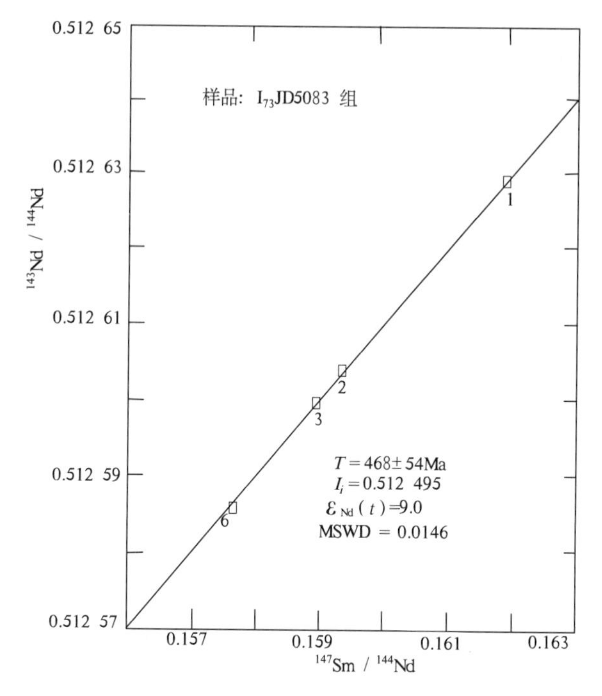

图 3-31　中元古代辉长岩体 Sm-Nd 等时线年龄图

注:图中数字表示样品序号。

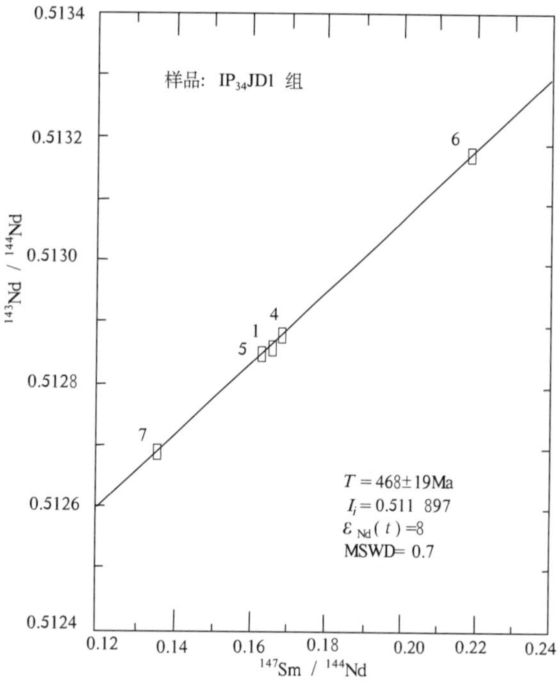

图 3-32　新元古代辉长岩体 Sm-Nd 等时线年龄图

注:图中数字表示样品序号。

三、白垩纪基性岩墙

柴达木盆地及其周边造山带中新生界以来的构造演化长期以来一直存在多种认识。一种看法认为现今柴达木盆地周边强烈挤压的构造面貌的形成是从中生界继承而来的;一些研究者(赵文智等,2000)通过对盆地沉积的综合研究认为,中生界以来柴达木盆地及周边处于多次强烈挤压碰撞及其之间的相对松弛伸展环境。1∶25 万库郎米其提幅区调,在柴达木盆地西南缘的祁漫塔格造山带发现大量早白垩世辉绿岩墙,从岩浆活动的角度为柴达木周边造山带燕山期构造-岩浆活动及构造演化提供了新的证据。

1. 地质特征

脉体呈岩墙状成群产出,主要分布于西沟—滩北山一带及冰沟—巴音格勒呼都森一带。侵入于燕山期及其以前的所有地质体中(图版 12-2),顺层理、断层贯入。走向以北东、北西向为主,个别呈南北向产出。一般宽 1～10m,长几十至上百米。倾角较大或呈近直立状产出。在冰沟一带的晚三叠世斑状二长花岗岩中由于差异风化,呈墙状耸立在山坡之上。滩北山一带,辉绿岩墙群一群可达 5 条以上。早白垩世辉绿岩墙产出特征表明此时测区为拉张伸展环境,拉张深度较大,已达上地幔。

2. 岩石学特征

基性岩墙岩性主要为辉绿岩,其次为辉绿玢岩,局部岩石蚀变较强,有绿泥石化、绿帘石化、次闪石化、绢云母化。

辉绿岩岩性有变化,岩石有辉绿岩、含黑云母辉绿岩、含石英辉绿岩、含钾长辉绿岩等,代表性岩性为辉绿岩,细粒辉绿结构,块状构造。岩石由斜长石、辉石、绿泥石、不透明矿物及磷灰石组成,粒径一般在1.85～0.29mm之间，呈细粒状。斜长石：52%，粒状，具不太清楚的环带构造，边缘钠长石化，呈净边结构，中心多被钠黝帘石化，推测是拉长石。斜长石在岩石中呈格架状杂乱分布。在格架空隙之间充填有辉石、不透明矿物、绿泥石及磷灰石等。辉石是单斜辉石含量8%，短柱状，多次闪石化；绿泥石7%，呈鳞片状集合体，其余矿物量少，分布均匀。

辉绿玢岩岩性有变化，岩石有辉绿玢岩，含石英辉绿玢岩、含黑云母辉绿玢岩、含钾长辉绿玢岩等。岩石呈辉绿色，斑状结构，基质主要为辉绿结构，局部为嵌晶含长结构，块状构造，岩石蚀变强烈。代表性岩石为蚀变辉绿玢岩，辉绿色，斑状结构，基质为辉绿结构，块状构造。岩石由斑晶和基质组成。斑晶成分是单斜辉石，含量占6%，呈短柱状，粒径一般在3.16mm左右，全部被阳起石化，边缘呈褐色。斑晶在岩石中分布均匀，不具有方向性排列。基质由斜长石和单斜辉石组成，粒径一般在1.48～0.52mm之间，另有少量不透明矿物、磷灰石等。斜长石占47%，柱状，普遍钠黝帘石化、绿泥石化。推测其是基性斜长石，在岩石中呈格架状杂乱分布，在格架空隙之间，充填有柱粒状单斜辉石，部分具褐色反应边，也有被纤闪石化。含不透明矿物及磷灰石少量，分布均匀。

3. 岩石化学、地球化学特征

测区该套辉绿岩、辉绿玢岩各地岩石化学成分(表3-14)相似，与中国辉长岩类及世界辉绿岩的平均化学成分比较接近，在CIPW标准矿物特征方面也相似。岩石中不含刚玉(Cs)分子，有的含少量石英(Q)标准矿物分子，有的样品含少量的橄榄石(Ol)分子。岩石的固结指数(*SI*)多数在20～30之间，表明其分异结晶程度中等偏低。分异指数(*DI*)多数在30～40之间，表明岩浆从玄武质向玄武安山质演化，但岩浆分异程度低。在FeOt-MgO-Al_2O_3图(Pearce，1977)(图3-33)中，所有样品均落入大陆板块内部。

辉绿岩、辉绿玢岩稀土元素含量见表3-15，稀土特征值参数见表3-16，从表中看出稀土总量∑REE多数较低，在79×10^{-6}～135×10^{-6}之间，个别样品可能因为蚀变较强造成∑REE偏高，达189×10^{-6}。LREE/HREE在3.20～5.98之间，$(La/Yb)_N$值范围为2.0～6.2，$(La/Sm)_N$为1.2～2.5，$(Gb/Yb)_N$为1.3～2.2，说明轻重稀土元素分馏程度并不显著，轻稀土与重稀土的分馏也较弱。辉绿(玢)岩稀土配分曲线(图3-34)具有轻稀土略微富集，近于平坦的特征。岩石的δ(Eu)值多在0.7～1.1之间，Eu异常不明显，总体上受后期风化作用的影响较弱。

基性岩微量元素分析结果见表3-17，根据上述分析结果经MORB标准化后做出的微量元素比值蛛网图(图3-35)可以看出，微量元素总体富集，强不相容元素尤其是Rb富集较强，其中K强烈亏损，类似于板内拉斑玄武岩的分布形式。

表3-14　祁漫塔格白垩纪辉绿(玢)岩岩石化学原始数据表　　(单位：%)

岩性	样品号	SiO_2	TiO_2	Al_2O_3	Fe_2O_3	FeO	MnO	MgO	CaO	Na_2O	K_2O	P_2O_5	烧失量	H_2O^+	合计
辉绿(玢)岩	IP_{22}Gs18-2	44.13	2.69	12.73	2.74	10.60	0.18	5.63	8.47	1.95	1.03	0.28	8.95	3.88	99.38
	I_{86}Gs120-4	49.55	2.87	14.78	2.35	8.52	0.18	6.25	8.05	1.80	1.82	0.52	2.95	1.94	99.64
	I_{74}Gs2056-1	45.98	1.77	14.02	3.51	5.23	0.15	5.23	9.24	3.52	0.52	0.42	10.58	0.20	100.17
	I_{74}Gs5014-1	47.30	2.66	14.82	4.94	6.22	0.16	5.16	10.16	3.74	1.58	0.68	2.64	1.96	100.06
	I_{86}Gs5136-1	47.02	1.65	16.48	2.88	8.30	0.20	6.64	8.99	3.19	0.93	0.26	3.08	2.30	99.62
	I_{74}Gs7048	46.34	2.19	16.36	1.59	8.60	0.40	7.32	7.92	3.60	1.10	0.40	4.24	1.70	100.06

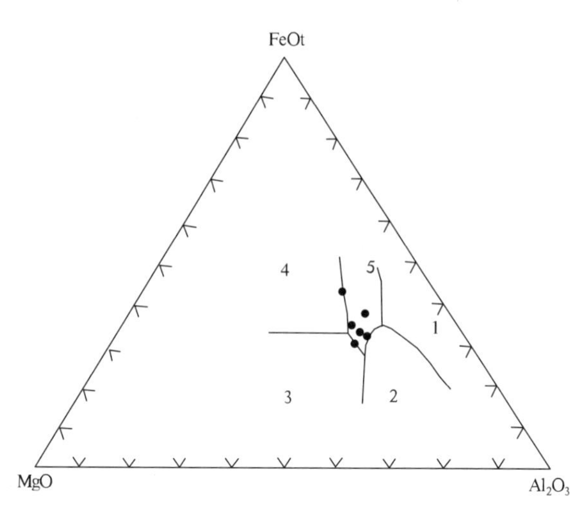

图 3－33　FeOt－MgO－Al_2O_3 图

（底图据 Pearce，1977）

1.扩张中心岛屿（冰岛）；2.造山带；3.洋中脊及大洋底部；4.大洋岛屿；5.大陆板块内部

表 3－15　祁漫塔格白垩纪辉绿（玢）岩稀土元素分析结果　（单位：10^{-6}）

岩性	样品号	轻稀土元素						重稀土元素								
		La	Ce	Pr	Nd	Sm	Eu	Gd	Tb	Dy	Ho	Er	Tm	Yb	Lu	Y
辉绿岩	IP$_{22}$XT18－2	15.18	36.15	4.61	18.86	4.29	1.61	4.66	0.73	4.49	0.87	2.62	0.41	2.58	0.37	24.76
	I$_{86}$XT120－4	20.72	46.34	6.47	25.81	6.14	2.62	6.17	0.95	5.11	1.02	2.74	0.38	2.25	0.31	24.07
	I$_{74}$XT2056－1	16.05	42.80	4.97	20.08	4.68	1.65	4.94	0.84	4.90	0.98	2.79	0.44	2.60	0.38	25.88
	I$_{74}$XT5014－1	31.62	74.33	9.15	37.04	7.87	2.44	7.88	1.29	7.37	1.50	4.09	0.64	3.81	0.57	38.70
	I$_{86}$XT5136－1	10.03	26.11	3.93	15.69	4.10	1.49	4.55	0.77	4.78	1.01	2.95	0.43	2.76	0.40	25.60
	I$_{74}$XT7048	13.48	36.45	5.80	26.25	6.72	2.23	7.63	1.26	7.68	1.50	4.55	0.69	4.43	0.67	42.93

表 3－16　祁漫塔格白垩纪辉绿（玢）岩稀土元素特征参数表

岩性	样品号	ΣREE	LREE	HREE	LREE/HREE	La/Yb	La/Sm	Sm/Nd	Gd/Yb	$(La/Yb)_N$	$(La/Sm)_N$	$(Gd/Yb)_N$	δ(Eu)	δ(Eu)☆	δ(Ce)
		（10^{-6}）													
辉绿岩	IP$_{22}$XT18－2	97.43	80.70	16.73	4.82	5.88	3.54	0.23	1.81	3.97	2.23	1.46	1.10	1.10	1.03
	I$_{86}$XT120－4	127.03	108.10	18.93	5.71	9.21	3.37	0.24	2.74	6.21	2.12	2.21	1.29	1.30	0.96
	I$_{74}$XT2056－1	108.10	90.23	17.87	5.05	6.17	3.43	0.23	1.90	4.16	2.16	1.53	1.04	1.05	1.15
	I$_{74}$XT5014－1	189.60	162.45	27.15	5.98	8.30	4.02	0.21	2.07	5.60	2.53	1.67	0.94	0.95	1.04
	I$_{86}$XT5136－1	79.00	61.35	17.65	3.48	3.63	2.45	0.26	1.65	2.45	1.54	1.33	1.05	1.05	1.00
	I$_{74}$XT7048	119.34	90.93	28.41	3.20	3.04	2.01	0.26	1.72	2.05	1.26	1.39	0.95	0.95	0.99

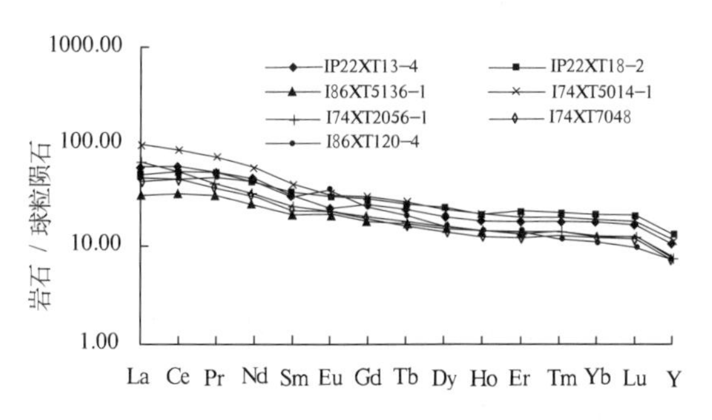

图 3－34　祁漫塔格白垩纪辉绿玢岩稀土配分模式图

表 3-17 祁漫塔格白垩纪辉绿(玢)岩微量元素(全定量)分析成果表 (单位:K_2O 为%;其他 10^{-6})

岩性	样品号	微量元素组合及含量													
		K_2O	Rb	Th	Ba	La	Ce	Sr	Zr	P	Ti	Sm	Y	Yb	V
辉绿岩、辉绿玢岩	IP$_{9}$Dy16-4	0.73	53.0	0.77	124.0	8.5	22.0	504	108	1092	4711	2.5	14.8	1.7	113
	IP$_{9}$Dy19-2	0.83	133	1.5	330	15.0	35.8	444	181	1473	6858	3.5	18.5	2.1	131
	IP$_{22}$Dy13-4	0.75	52	3.2	284	23.8	44.5	368	177	1579	7706	5.7	29.7	3.1	171.2
	IP$_{22}$Dy18-2	0.72	48	4.4	203	27.2	51.6	448	101	1058	3816	5.0	18.5	2.0	—
	IP$_{22}$Dy30-2	2.54	180	5.6	327	31.0	69.9	121	272	1781	6445	6.3	36.6	3.6	122.6
	I$_{74}$K$_{3}$Dy1	—	67.3	2.1	189	—	—	277	87.4	—	—	—	—	—	186
	I$_{74}$K$_{4}$Dy1	—	35.9	1.4	161	—	—	514	191	—	—	—	—	—	145
	I$_{74}$Dy5014-1	—	46.1	2.4	310	—	—	429	379	—	—	—	—	—	276
	I$_{74}$Dy2056-1	—	22.9	1.3	150	—	—	415	212	—	—	—	—	—	163
	I$_{74}$Dy4074-2	0.46	20.7	0.43	61.3	6.6	21.7	267	108	966	7741	3.3	23.2	2.7	177
	I$_{74}$Dy7048	0.90	34.2	0.58	129	14.7	29.3	284	172	1463	9810	4.4	24.1	2.9	177
	I$_{86}$Dy5136-1	0.54	15	2.0	193	17.8	47.2	265	146	1233	8567	5.4	32.5	3.5	234.1
	I$_{99}$Dy1079-1	0.26	20.8	1.0	129	7.5	20.4	251	104	928	6474	3.1	22.0	2.4	186.4
岩性	样品号	Cr	Mo	Co	Cs	Hf	Ta	Nb	Sc	Pb	Ga	U	Zn	Ni	Cu
辉绿岩、辉绿玢岩	IP$_{9}$Dy16-4	100.0	0.45	25.0	19.0	2.8	0.5	7.5	—	—	—	—	—	—	—
	IP$_{9}$Dy19-2	68.0	0.45	25.4	29.0	4.7	0.5	14.7	—	—	—	—	—	—	—
	IP$_{22}$Dy13-4	111.4	0.90	25.7	11.7	4.6	1.0	7.0	19.8	23.2	—	1.9	94.0	58.0	70.0
	IP$_{22}$Dy18-2	221.4	0.40	26.2	7.8	3.1	0.5	3.8	19.4	18.7	—	1.7	92.8	91.4	7.6
	IP$_{22}$Dy30-2	30.6	0.40	16.7	11.7	6.4	0.8	14.0	14.3	27.9	—	2.4	78.9	19.9	31.0
	IK$_{3}$Dy1	421.0	—	36.0	—	3.1	8.6	—	37.2	6.9	13.4	1.3	91.3	55.7	27.0
	IK$_{4}$Dy1	111.0	—	28.6	—	4.9	13.2	—	23.6	8.4	14.9	1.3	77.1	60.9	46.6
	I$_{74}$Dy5014-1	54.0	—	37.4	—	8.9	—	23.3	35.7	7.5	20.8	1.5	110	23.8	45.9
	I$_{74}$Dy2056-1	117.0	—	30.5	—	5.1	—	12.9	26.9	9.2	15.3	1.9	88.9	60.8	49.7
	I$_{74}$Dy4074-2	189.0	0.31	34.7	3.9	4.6	—	—	—	38.5	—	—	—	—	40.8
	I$_{74}$Dy7048	228.0	0.72	37.3	129.0	3.9	—	—	—	—	—	—	—	98.5	—
	I$_{86}$Dy5136-1	65.4	0.5	35.8	7.3	4.0	1.1	12.6	31.4	20.8	—	—	97.0	38.3	34.5
	I$_{99}$Dy1079-1	200.7	0.33	36.1	5.2	3.2	0.6	4.6	30.8	3.8	—	0.5	87.0	111.8	46.7

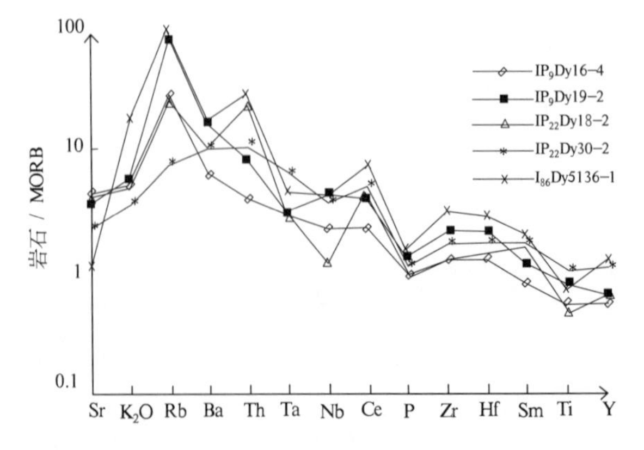

图 3-35 祁漫塔格白垩纪辉绿岩微量元素 MORB 比值蛛网图

4. 辉绿岩墙形成时代

从本期辉绿岩墙侵入的最新地质体为早侏罗世冰沟序列石英正长岩体判断，该期基性岩应形成于早侏罗世之后。另外，测区新生代尚无岩浆活动记录，因此，推断该基性岩形成于中侏罗世—晚白垩世之间。

在祁漫塔格山北坡的西沟中游该套辉绿(玢)岩中采集了 Sm－Nd 等时线年龄样。Sm－Nd 同位素年龄测定数据见表 3－18。表 3－18 中的 1、4、5、6 号样品 $\varepsilon_{Nd}(t)$值为 9.72～9.74，平均值为 9.725，其值均小于 120±83Ma 时的 $\varepsilon_{Nd}(t)$值 9.8，表明岩石来源于较密集的幔源区域或壳幔结合部。依据陆松年推荐的钐-钕(Sm－Nd)同位素参数的计算方法，由 1、4、5、6 号样品得出钕(Nd)同位素初始比值 $I_{Nd}(t)$均为 0.512 982，模式年龄 T_{MD}基本相等，为 120.1～120Ma。Sm－Nd 等时线年龄为 120±83Ma(图 3－36)，与 T_{DM}模式年龄接近。表明本次基性岩浆活动的时间大致为 120Ma 左右，为早白垩世。反映了祁漫塔格造山带在早白垩世存在着一次地壳拉张及相应上地幔岩浆侵入事件。年龄样中的 2、3 号样品构成的模式年龄与 T_{DM}为 120.1～120Ma 相差甚远；$\varepsilon_{Nd}(t)$值分别为 8.38、8.77，小于 120±83Ma 时的 $\varepsilon_{Nd}(t)$值 9.725；形成的模式年龄 T_{DM}为 573Ma，746Ma 则代表了辉绿玢岩脉上侵时捕获有震旦纪物质的信息。

表 3－18 早白垩世辉绿玢岩(脉)钐-钕(Sm－Nd)等时线丰度值及参数值特征表

样品号	含量(10^{-6})		同位素原子比率*		参数值		
	Sm	Nd	$^{147}Sm/^{144}Nd$	$^{143}Nd/^{144}Nd\langle 2\sigma\rangle$	T_{DM}(Ga)	I_{Nd}(t)	$\varepsilon_{Nd}(t)$
I_{74}JD2056－1－1	5.3359	22.2627	0.1449	0.513 096〈4〉	0.1200	0.512 982	9.72
I_{74}JD2056－1－2	4.1422	18.0545	0.1387	0.512 868〈3〉	0.5738	0.512 347	8.77
I_{74}JD2056－1－3	3.9123	17.3850	0.1360	0.512 770〈6〉	0.7460	0.512 105	8.38
I_{74}JD2056－1－4	4.6873	20.0833	0.1411	0.513 093〈3〉	0.1200	0.512 982	9.72
I_{74}JD2056－1－5	4.0905	16.9195	0.1462	0.513 097〈6〉	0.1200	0.512 982	9.72
I_{74}JD2056－1－6	3.5697	14.5033	0.1488	0.513 099〈6〉	0.1201	0.512 982	9.74

注：* 括号内的数字 2σ 为实验误差，例如〈4〉表示为±0.000 004；测试单位：天津地质矿产研究所实验测试室；分析者：刘卉，林源贤。I_{74}JD2056－1－2T(d.m.)为 573Ma，I_{74}JD2056－1－3T(d.m.)为 746Ma

5. 形成环境讨论

祁漫塔格造山带在白垩纪是否有过构造活动及活动性质一直是个未知数。本次在辉绿玢岩中取得的 120Ma 的 Sm－Nd 等时线年龄值，提供了一个重要的地质信息，即在早白垩世该造山带有构造岩浆活动，岩石化学和地球化学特征表明，基性岩墙为上地幔部分熔融的产物，基性岩浆的分异演化未受陆壳物质混染。该次上地幔岩浆的侵入暗示着祁漫塔格在早白垩世处于拉张伸展的构造环境，与其北侧柴达木盆地断陷处于同一构造环境中。

上述结论与赵文智等近年来通过对盆地沉积的综合研究结果殊途同归。赵文智等认为，早中侏罗世该区处于两次强烈挤压碰撞(即羌塘块体和拉萨块体分别向北拼贴于欧亚板块南缘)之间的相对松弛的伸展环境，形成侏罗纪盆地。白垩纪—古新世阶段，为伸展构造期，与新特提斯的构造演化有关；始新世—第四纪阶段，为挤压构造期，与印度-欧亚板块之间的碰撞作用直接相关。造成柴达木周边造山带重新活化、强烈隆升以及盆地的明显沉降，形成目前的构造地貌。早白垩世辉绿岩墙群的发现，从岩浆活动的角度证明了白垩纪为伸展构造期，为中新生代以来柴达木盆地及周边处于多次强烈挤压碰撞及其之间的相对松弛伸展环境这种构造演化观点提供了佐证。

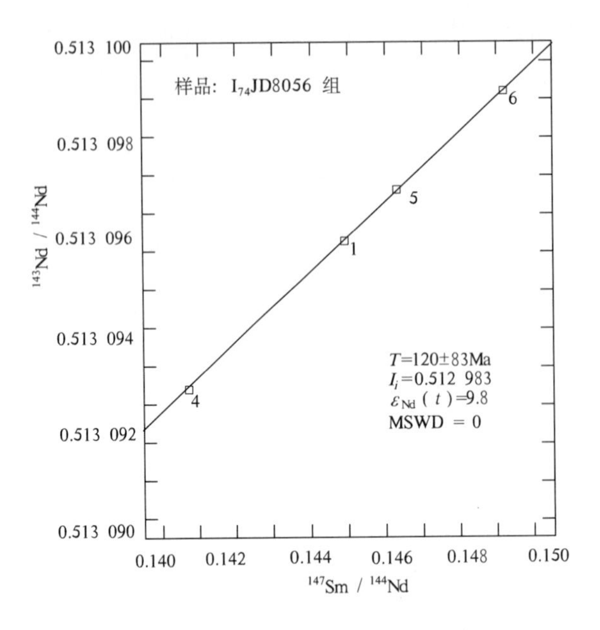

图 3-36　早白垩世辉绿玢岩(脉)Sm-Nd 等时线年龄

注：图中的数字表示样品序号

第二节　中酸性侵入岩

测区内中酸性侵入岩发育，主要分布于祁漫塔格构造混杂带和东中昆仑陆块中，出露面积 3 360km² 左右。在晋宁期、震旦期、加里东期、海西期、印支期及燕山期等均有中酸性侵入岩形成，岩石类型众多，见有闪长岩、石英闪长岩、花岗闪长岩类、二长花岗岩类、石英正长岩及正长花岗岩等，其中以花岗闪长岩类、二长花岗岩类分布范围最广。

据其各造山旋回中不同期次、不同岩石类型的侵入岩(体)的岩石学、岩石化学、岩石地球化学、同位素测年、包体特征、接触关系等方面的研究及区域构造关系的对比，将测区侵入岩划分两个构造岩浆带：加里东期构造岩浆带(叠加海西期构造岩浆带)及卡尔塔阿拉南山印支—燕山期构造岩浆带，两构造岩浆带处于昆北多旋回构造岩浆带中(图 3-37)。侵入岩野外填图以侵入体为基本填图单位，共解体出 173 个中酸性侵入体，归并、划分为 24 个单元及侵入体，进一步将 24 个单元及侵入体归并为 6 个岩浆序列、1 个独立变质侵入岩(体)单元及 1 个变质侵入体、2 个独立单元及 1 个独立侵入体。其中浆混花岗岩是按“造山带浆混花岗岩”的理论，结合区内浆混花岗岩的特点来划分的(表 3-19)。

对测区与侵入岩相关的岩脉和区域性岩脉进行了分布、规模、产状及岩石学特征方面的调查。岩石分类和命名采用国家质量技术监督局发布的《火成岩岩石分类和命名方案(1999)》，岩石化学计算采用 CIPW 标准矿物计算法，侵入岩调查的规范要求以中国地质调查局制订的《1∶25 万区域地质调查技术要求(暂行)(2001)》为准则。

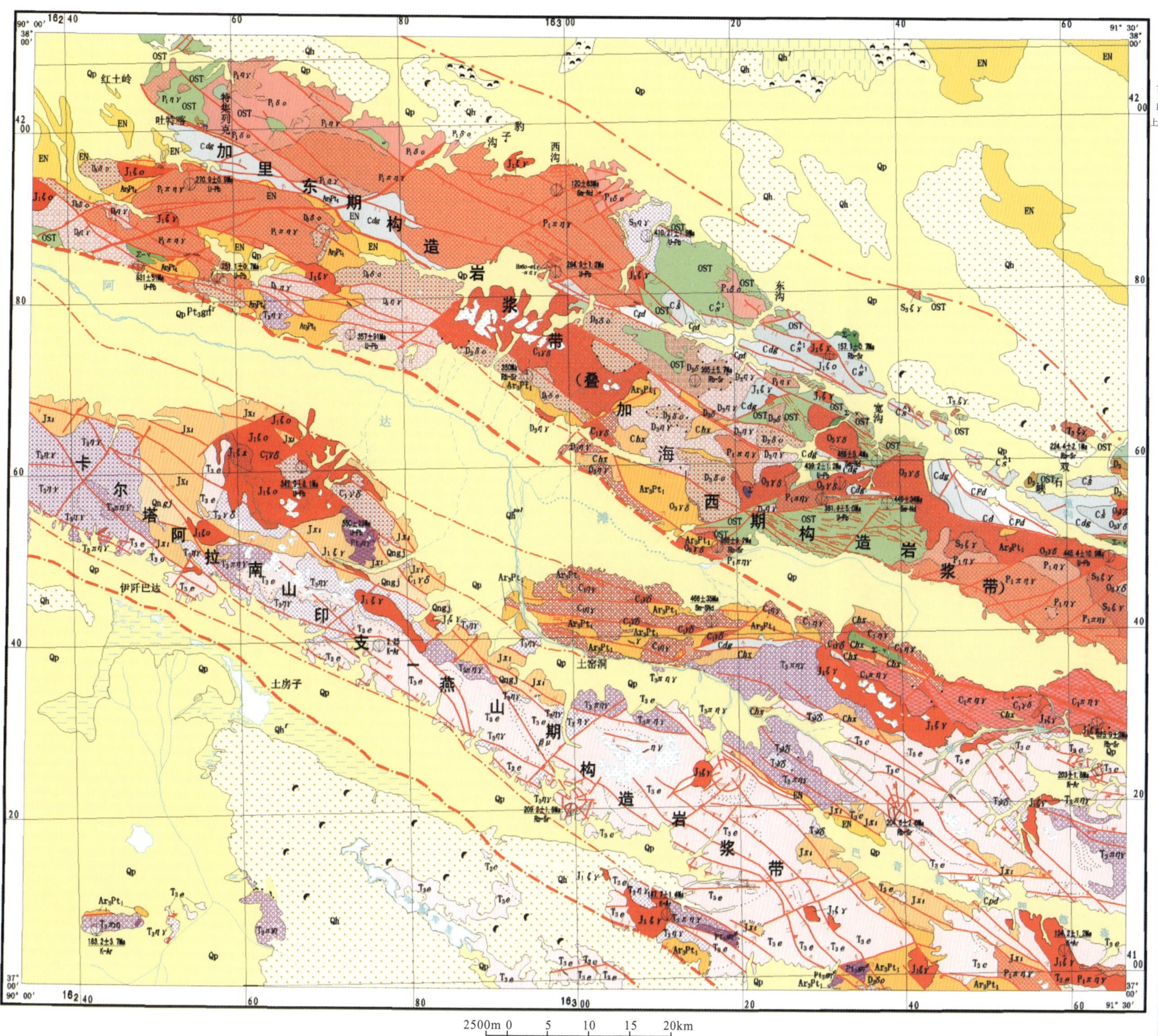

图 3-37 测区岩浆岩分布图

图例

- 第四系 Qh 全新统：湖、沼沉积和风积沙丘
- 第四系 Qp 下、中、上更新统：冲、洪积、冰积河湖沉积砂砾石层
- 古近系—新近系 EN 砂砾岩夹粉砂岩、泥灰岩、石膏层
- 上三叠统 T_3e 鄂拉山组：中酸性火山岩
- 石炭系—二叠系 CPd 打柴沟组：块状页岩、生物碎屑灰岩
- 石炭系—二叠系 C_3d 缔敖苏组：中层状生物碎屑灰岩
- 石炭系—二叠系 C_1dg 大干沟组：上部块层状砾屑灰岩；下部块层状生物灰岩
- 石炭系—二叠系 C_1s 石拐子组：上段生物碎屑灰岩；下段含砾粗砂岩、粉砂岩
- 上泥盆统 D_3 哈尔扎组：凝灰岩、长石石英砂岩、粉砂岩 黑山沟组：复成分砾岩、钙质粉砂岩夹灰岩
- 奥陶系—志留系 OST 滩间山（岩）群：灰岩、大理岩夹白云岩、安山岩 熔岩、凝灰岩夹碎屑岩、粉砂岩、板岩夹角岩
- 新—中元古界 Qbqj 丘吉东沟组：角岩化砂质板岩、粉砂岩夹大理岩
- 新—中元古界 Jxl 狼牙山组：条带状大理岩、白云岩、白云质灰岩夹板岩
- 中—古元古界 Chx 小庙（岩）组：石英片岩、石英岩夹大理岩
- 中—古元古界 Ar_3Pt_1 白沙河（岩）组：黑云母斜长片麻岩、混合岩、角闪片岩夹大理岩
- $\Sigma-\nu$ 超基性—基性岩
- 实测/推测正、逆断层
- 实测/推测性质不明和平移断层
- 实测/推测隐伏、复合断层
- 地质界线
- 实测/推测不整合界线
- 超动侵入界线
- 脉动侵入界线
- 角岩化
- 劈理/糜棱岩带

测区中酸性侵入岩填图单位划分及构造背景

时代	序列	单元（侵入体）	代号	岩性	同位素年龄值（Ma）	构造岩浆带	成因及构造背景
早侏罗世	冰沟序列	河南梁	$J_1\xi x$	细粒碱长花岗岩		昆北多旋回构造岩浆带；卡尔塔阿拉南山印支—燕山期构造岩浆带	大陆变薄破裂 PAG型
		多　登	$J_1\xi\gamma$	中细粒正长花岗岩	184（K-Ar）** 147.7±1.4(K-Ar)		
		口子山	$J_1\xi o$	中细粒石英正长岩	157.1±0.7(Rb-Sr)		
晚三叠世	独雪山序列	二道沟	$T_3\xi\gamma$	中细粒正长花岗岩	224.4±2.1(Rb-Sr)		
		景　忍	$T_3\pi\eta\gamma$	斑状二长花岗岩			KCG型
		石雪尖	$T_3\eta\gamma$	中细粒二长花岗岩			挤压 ACG型
		四千旦	$T_3\gamma\delta$	中细粒花岗闪长岩	216（K-Ar）**		
晚二叠世		石砬峰	$P_3\pi\xi\gamma$	斑状正长花岗岩	251.1±0.7（U-Pb）	加里东期构造岩浆带（叠加海西期构造岩浆带）	陆内伸展 KCG+ACG型
早二叠世	祁漫塔格序列	西　沟 浆混相	$H\pi\delta o-\pi\gamma\delta-\pi\eta\gamma$	斑状石英闪长岩-斑状花岗闪长岩-斑状二长花岗岩	284.3±1.2（U-Pb）		
		豹子沟	$P_1\pi\eta\gamma$	斑状黑云母二长花岗岩	270.9±0.9（U-Pb）		
		玉古萨依	$P_1\eta\gamma$	中细粒黑云母二长花岗岩	288±2.9(Rb-Sr)		
		红土岭	$P_1\delta o$	中细粒黑云母石英闪长岩			
早石炭世	盖依尔序列	恰得儿	$C_1\pi\eta\gamma$	斑状黑云母二长花岗岩	325.9±3（Rb-Sr）		
		土窑洞	$C_1\eta\gamma$	中细粒黑云母二长花岗岩			
		群峰北	$C_1\gamma\delta$	中细粒黑云母花岗闪长岩	342.9±8.1（U-Pb）		
晚泥盆世	宽沟序列	阿达滩	$D_3\eta\gamma$	中细粒二长花岗岩	357±91（U-Pb） 366±9.2(Rb-Sr)		陆内俯冲 MPG型
		土房子沟	$D_3\delta o$	中细粒石英闪长岩			陆内伸展 ACG型
		中间沟	$D_3\delta$	细粒角闪闪长岩	365±5.7(Rb-Sr)		
早泥盆世		喀雅	$D_1\pi\eta\gamma$	斑状二长花岗岩	407.7±7.5*（U-Pb）		早古生代祁漫塔格微洋盆俯冲碰撞造山 碰撞型
晚志留世	红柳泉序列	双石峡	$S_3\xi\gamma$	中细粒黑云母正长花岗岩	419.1±2.8（U-Pb）		
		东　沟	$S_3\eta\gamma$	中粗粒黑云母二长花岗岩	410.2±1.9（U-Pb）		
晚奥陶世		十字沟	$O_3\gamma\delta$	弱片麻状中细粒黑云母花岗闪长岩	439.2±1.2（U-Pb） 445±0.9（U-Pb）		俯冲型
新元古代		（群峰东）	$Pt_3gn^{\eta\gamma}$	片麻状中细粒二长花岗岩	550±23（U-Pb）		陆内俯冲
		（滩北山）	$Pt_3gn^{\xi\gamma}$	眼球状黑云钾长片麻岩（原岩恢复为钾长花岗岩）	831±51（U-Pb）		Rodinia（同碰撞型）
		阿　喀	$Pt_3gn^{\gamma\delta}$	条带状眼球状黑云斜长片麻岩（原岩恢复为花岗闪长岩）			

注：*为1∶25万布喀达坂峰幅资料；**为1∶20万土窑洞幅资料。

表 3-19　测区中酸性侵入岩填图单位划分表

造山旋回	时代	序列	单元（侵入体）	代号	侵入体个数	面积（km^2）	岩性	同位素年龄值（Ma）
燕山期	早侏罗世	冰沟序列	河南梁	$J_1\xi\chi$	2	20	细粒碱长花岗岩	
			多登	$J_1\xi\gamma$	21	186	中细粒正长花岗岩	184(K-Ar)*
			口子山	$J_1\xi o$	5	150	中细粒石英正长岩	157.1±0.7(Rb-Sr)
印支期	晚三叠世	独雪山序列	二道沟	$T_3\xi\gamma$	5	8	中细粒正长花岗岩	224.4±2.1(Rb-Sr)
			景忍	$T_3\pi\eta\gamma$	13	313	斑状二长花岗岩	
			石雪尖	$T_3\eta\gamma$	12	143	中细粒二长花岗岩	
			四干旦	$T_3\gamma\delta$	9	204	中细粒花岗闪长岩	216(K-Ar)*
海西期	晚二叠世		石砬峰	$P_3\pi\xi\gamma$	2	10	斑状正长花岗岩	251.1±0.7(U-Pb)
	早二叠世	祁漫塔格序列	西沟浆混相	$H\pi\delta o-\pi\gamma\delta-\pi\eta\gamma$	3	1.5	斑状石英闪长岩-斑状花岗闪长岩-斑状二长花岗岩	284.3±1.2(U-Pb)
			豹子沟	$P_1\pi\eta\gamma$	10	738	斑状黑云母二长花岗岩	270.9±0.9(U-Pb)
			玉古萨依	$P_1\eta\gamma$	11	213	中细粒黑云母二长花岗岩	288±2.9(Rb-Sr)
			红土岭	$P_1\delta o$	7	131	中细粒黑云母石英闪长岩	
	早石炭世	盖依尔序列	恰得儿	$C_1\pi\eta\gamma$	4	138	斑状黑云母二长花岗岩	325.9±3(Rb-Sr)
			土窑洞	$C_1\eta\gamma$	3	154	中细粒黑云母二长花岗岩	
			群峰北	$C_1\gamma\delta$	14	208	中细粒黑云母花岗闪长岩	342.9±8.1(U-Pb)
	晚泥盆世	宽沟序列	阿达滩	$D_3\eta\gamma$	6	155	中细粒二长花岗岩	357±91(U-Pb) 366±9.2(Rb-Sr)
			土房子沟	$D_3\delta o$	12	210	中细粒石英闪长岩	
			中间沟	$D_3\delta$	4	50	细粒角闪闪长岩	365±5.7(Rb-Sr)
	早泥盆世		喀雅	$D_1\pi\eta\gamma$	2	22	斑状二长花岗岩	407.7±7.5(U-Pb)**
加里东期	晚志留世	红柳泉序列	双石峡	$S_3\xi\gamma$	6	60	中细粒黑云母正长花岗岩	419.1±2.8(U-Pb)
			东沟	$S_3\eta\gamma$	2	5	中粗粒黑云母二长花岗岩	410.2±1.9(U-Pb)
	晚奥陶世		十字沟	$O_3\gamma\delta$	15	215	弱片麻状中细粒黑云母花岗闪长岩	439.2±1.2(U-Pb) 445±0.9(U-Pb)
震旦期	新元古代		群峰东	$Pt_3gn^{\eta\gamma}$	1	20	片麻状中细粒二长花岗岩	550±23(U-Pb)
晋宁期			滩北山	$Pt_3gn^{\xi\gamma}$	1	0.5	眼球状黑云钾长片麻岩（原岩恢复为钾长花岗岩）	831±51(U-Pb)
			阿喀	$Pt_3gn^{\gamma\delta}$	5	13	条带状眼球状黑云斜长片麻岩（原岩恢复为花岗闪长岩）	

注：*为 1∶20 万土窑洞幅资料；**为邻幅 1∶25 万布喀达坂峰幅资料。

一、晋宁期变质侵入岩

晋宁期变质侵入岩在区内出露不多，主要分布于滩北山、阿喀、盖依尔、库木俄乌拉孜等地区，为本次区调工作从前人所划分金水口（岩）群中解体出来的古老侵入岩（体），是区内已知最早一期中酸性岩浆侵入活动的产物，共解体出 6 个变质侵入体，出露面积约 13.5km^2。依据不同的岩石类型、地质特征及区域对比，将 6 个变质侵入体进一步划分为阿喀单元及滩北山变质侵入体。

在滩北山变质侵入体中获得铀-铅（U-Pb）法同位素年龄（表 3-20，图 3-38）：1～5 号样点上交点年龄值为 831±51Ma，下交点年龄值为 320±62Ma，其中 1 号样点表面年龄值为 826±10Ma，与上交点年龄值基本相当。表明变质侵入岩形成时代为新元古代早期 831±51Ma，形成后经历了多期(320±62Ma)变质变形作用。变质侵入岩(体)被晚泥盆世二长花岗岩(体)、晚三叠世花岗闪长岩(体)超动侵入,被上三叠统鄂拉山组火山岩不整合。变质侵入岩(体)时代确定为新元古代。

表 3-20 晋宁期变质侵入岩(正长花岗岩)铀-铅法同位素年龄测定结果(样品号:66)

样品情况			含量(10^{-6})		样品中普通铅含量(ng)	同位素原子比率*					表面年龄(Ma)		
点号	锆石特征	重量(μg)	U	Pb		$\frac{^{208}Pb}{^{204}Pb}$	$\frac{^{208}Pb}{^{206}Pb}$	$\frac{^{206}Pb}{^{238}U}$	$\frac{^{207}Pb}{^{235}U}$	$\frac{^{207}Pb}{^{206}Pb}$	$\frac{^{206}Pb}{^{238}U}$	$\frac{^{207}Pb}{^{235}U}$	$\frac{^{207}Pb}{^{206}Pb}$
1	浅黄色透明细长柱状自形	40	188	35	0.290	167	0.032 89	0.1366〈17〉	1.260〈51〉	0.066 89〈239〉	826	828	834
2	浅黄色透明细长柱状半自形	45	211	34	0.230	240	0.037 28	0.1306〈5〉	1.196〈48〉	0.066 44〈250〉	791	799	820
3	浅黄色透明细长柱状自形	35	191	33	0.220	170	0.005 57	0.1290〈4〉	1.187〈51〉	0.066 75〈271〉	782	795	830
4	黄色透明细长柱状半自形	30	434	64	0.240	292	0.015 69	0.1280〈3〉	1.177〈22〉	0.066 67〈117〉	776	790	827
5	浅黄色透明细长柱状自形	30	249	34	0.150	260	0.041 74	0.1140〈2〉	1.045〈13〉	0.066 50〈80〉	696	726	822

注:* $^{206}Pb/^{204}Pb$ 已对实验空白(Pb=0.050ng,U=0.002ng)及稀释剂做了校正。其他比率中的铅同位素均为放射成因铅同位素。括号内的数字为2σ绝对误差,例如:0.1366〈17〉表示0.136 6±0.0017(2σ);1号点 $^{206}Pb/^{238}U$ 表面年龄值:826±10Ma,1~5号数据点上交点年龄值:831±51Ma,下交点年龄值:320±62Ma;测试单位:天津地质矿产研究所实验测试室;分析者:左义成。

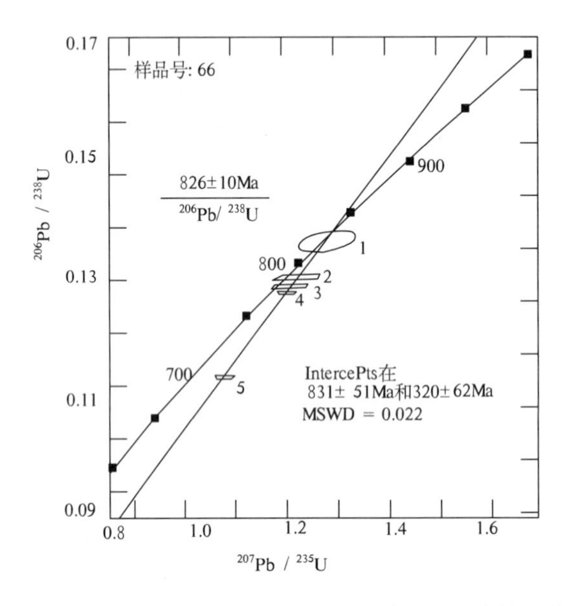

图 3-38 变质侵入岩锆石 U-Pb 同位素年龄测定结果谐和图

(一)单元及侵入体特征

1. 阿喀变质侵入岩单元($Pt_3gn^{\gamma\delta}$)

(1)地质特征。

阿喀单元变质侵入岩(体)分布于阿喀、盖依尔、库木俄乌拉孜等地区,由5个变质侵入体组成,出露面积约13km²。

变质侵入体平面形态呈不规则带状,长轴方向呈近北西向展布。岩性为一套灰色条带状二云斜长片麻岩、灰色眼球状黑云斜长片麻岩,原岩恢复为花岗闪长岩。围岩为古元古界金水口(岩)群灰黑色斜长角闪片岩、灰色大理岩等。受后期多期次变质变形(韧性剪切)作用影响,与围岩侵入接触特征不甚明显,但见有斜长角闪片岩以残留体形式存在于其中,是围岩包体无异。在库木俄乌拉孜南变质侵入岩体中,新元古代蛇绿岩套以构造块体形式产出,二者呈断层接触。

岩石片麻理方向与围岩片麻理方向一致,但其变形程度相对较弱。斜长石、钾长石斑晶形成的眼球状残斑,显示糜棱岩化特征。其中具有的伟晶岩脉、长英质岩脉是后期热液动力变质分异作用的产物,其延伸方向与寄主岩片麻理方向一致(图 3-39)。

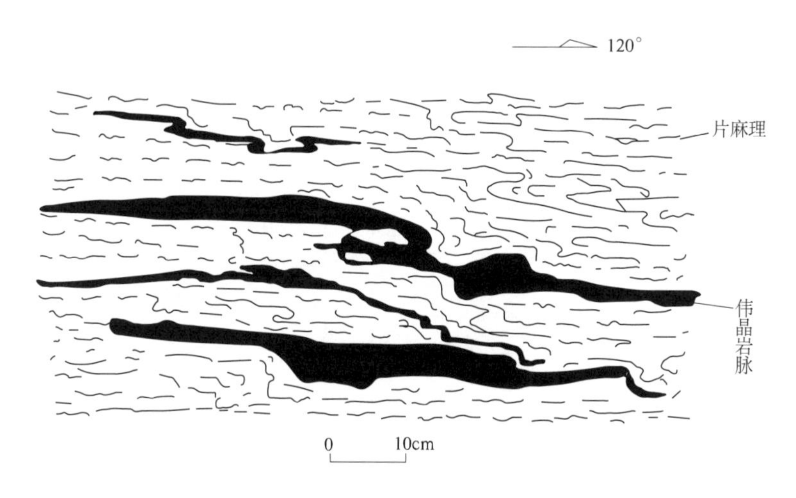

图 3-39　变质侵入岩中发育的微晶岩脉延伸方向与片麻理方向一致

(2)岩石学特征(表 3-21)。

岩石呈灰色、灰绿色,细粒鳞片粒状变晶结构、残留花岗结构,片麻状构造。

表 3-21　晋宁期变质侵入岩体岩石矿物特征表

单元(侵入体)及代号		阿喀($Pt_3gn^{\gamma\delta}$)	滩北山($Pt_3gn^{\xi\gamma}$)
岩石类型		灰色—灰绿色条带状眼球状黑云斜长片麻岩	灰褐色眼球状黑云钾长片麻岩
构造		条带状构造、眼球状构造、片麻状构造	
结构		细粒鳞片粒状变晶结构、残余花岗结构。 矿物粒径 0.19～2.62mm	中细粒鳞片粒状变晶结构,具碎裂结构。 矿物粒径 0.15～2.22mm
矿物特征及含量	斜长石	含量 30%,粒状变晶,泥化,双晶不明显,An24,为更长石	含量 5%,粒状变晶,聚片双晶发育,推测为更长石
	钾长石	少量,粒状变晶,为微斜长石	含量 45%,粒状变晶,为微斜条纹长石
	石　英	含量 45%,粒状变晶	含量 30%,粒状变晶,具强烈波状消光
	白云母	含量 5%,鳞片状变晶	含量 3%,鳞片状变晶
	黑云母	含量 20%,鳞片状变晶,多色性 Ng'=红褐色,Np'=近无光的淡黄色,绿泥石化,并析出不透明矿物	含量 17%,鳞片状变晶,呈褐色多色性,局部被矽线石化、绢云母化
	副矿物	少量榍石、电气石、磷灰石及不透明矿物	少量磷灰石、锆石
岩石后期变形特征		长石和石英分别相对集中分布,定向排列,黑云母定向分布在长石、石英之间,使岩石具片麻状构造	粒、片变晶矿物相对集中分布,定向排列,钾长石矿物局部呈眼球状,构成条带状构造、眼球状构造及片麻状构造
原岩恢复		花岗闪长岩	钾长花岗岩

(3)岩石化学特征(表 3-22,图 3-40)。

岩石 SiO_2 含量为 64.36%~73.40%,大多大于 70%;Al_2O_3 含量为 12.78%~16.17%,大部分略偏低;K_2O 含量为 3.58%~5.85%,均大于 Na_2O 含量 1.59%~2.01%;FeO 含量在 1.31%~4.46%间变化;岩石里特曼指数 δ=1.21~1.91,碱度指数=0.40~0.71。岩石属过铝或准过铝的高钾钙碱性系列。岩石固结指数 SI=3.10~25.76,分异指数为 68.14~86.90,说明岩石成岩时分异较好,但固结一般;其中氧化率 OX=0.56~0.87,值偏高,表明岩石自身后期氧化程度中等。

表 3-22 新元古代晋宁期变质侵入岩(体)岩石化学特征表 (单位:%)

单元(侵入体)	样品号	氧化物组合及含量													
		SiO_2	TiO_2	Al_2O_3	Fe_2O_3	FeO	MnO	MgO	CaO	Na_2O	K_2O	P_2O_5	H_2O^+	烧失量	合计
(滩北山)	66	68.82	0.62	15.11	1.22	3.38	0.06	1.25	1.46	2.44	4.08	0.12	1.59	0.68	100.15
阿喀	112-1	64.36	0.73	16.17	0.67	4.46	0.10	3.58	1.05	1.59	3.58	0.09	2.61	0.64	99.63
	2193-1	73.40	0.25	12.78	1.06	1.31	0.06	0.32	1.73	1.65	5.85	0.18	0.80	0.67	100.06
	3114-2	72.04	0.32	13.03	1.00	2.54	0.03	0.52	1.02	2.01	5.47	0.17	1.11	0.65	99.91

单元(侵入体)	样品号	参数值									
		δ	SI	OX	R_1	R_2	ASI	C(刚玉)	碱度指数	分异指数	FeOt/(FeOt+MgO)
(滩北山)	66	1.65	10.11	0.73	2 616	528	1.36	4.37	0.55	78.31	0.79
阿喀	112-1	1.21	25.76	0.87	2 720	616	1.89	8.28	0.40	68.14	0.59
	2193-1	1.84	3.10	0.56	2 836	446	1.05	1.04	0.71	86.90	0.88
	3114-2	1.91	4.51	0.72	2 714	386	1.18	2.40	0.71	86.32	0.82

测试单位:地质矿产部青海省地矿中心实验室;分析者:邢谦,郑民奇。

(4)稀土元素特征(表 3-23)。

岩石中 ΣREE=199.70×10^{-6}~227.28×10^{-6},LREE=167.75×10^{-6}~204.06×10^{-6},HREE=23.22×10^{-6}~31.95×10^{-6},LREE/HREE=5.25~8.79;La/Sm 比值 4.29~5.76,Sm/Nd 比值为 0.20~0.24,小于 0.333。岩石属轻稀土富集型。$(La/Yb)_N$ 值为 4.71~9.04,远大于 1,配分曲线轻稀土部分呈明显右倾斜,重稀土部分呈平滑曲线,Eu 处"V"字型谷明显(图 3-41)。δ(Eu)值为 0.37~0.52,Eu 中等亏损;δ(Ce)值为 0.99~1.00,基本无亏损;Eu/Sm 值为 0.12~0.24,无明显变化。其特征表明变质侵入岩岩浆源于上地壳物质的重熔。

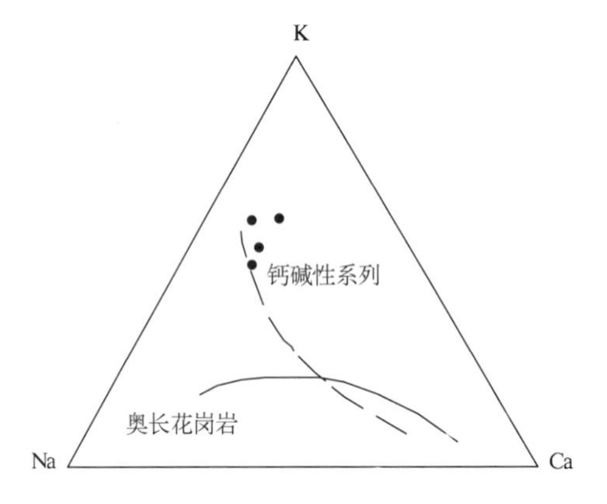

图 3-40 变质侵入岩 K-Na-Ca 三角图解
(据 Barker & Arth,1976)

表 3-23 新元古代晋宁期变质侵入岩(体)稀土元素特征表 (单位:10^{-6})

单元(侵入体)	样品号	轻稀土元素						重稀土元素								
		La	Ce	Pr	Nd	Sm	Eu	Gd	Tb	Dy	Ho	Er	Tm	Yb	Lu	Y
(滩北山)	66	20.41	44.86	6.11	21.77	5.35	1.29	5.05	0.89	4.80	0.95	2.96	0.45	2.91	0.42	26.32
阿喀	112-1	46.53	97.36	11.28	39.52	8.08	1.29	6.69	1.08	6.00	1.28	3.65	0.53	3.47	0.52	31.96
	3114-2	35.97	78.26	9.53	34.60	8.39	1.00	8.05	1.41	8.54	1.83	5.47	0.79	5.15	0.71	47.23

单元(侵入体)	样品号	稀土元素参数特征值									
		ΣREE	LREE	HREE	LREE/HREE	$(La/Yb)_N$	La/Sm	Sm/Nd	Eu/Sm	δ(Eu)	(δCe)
(滩北山)	66	144.52	99.79	44.73	2.23	4.73	3.81	0.25	0.24	0.75	0.96
阿喀	112-1	227.28	204.06	23.22	8.79	9.04	5.76	0.20	0.16	0.52	0.99
	3114-2	199.70	167.75	31.95	5.25	4.71	4.29	0.24	0.12	0.37	1.00

测试单位:地质矿产部武汉综合岩矿测试中心;分析者:柳建一,方金东。

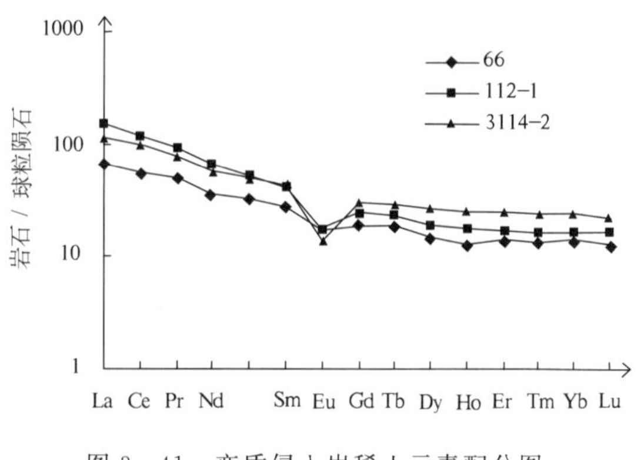

图 3-41　变质侵入岩稀土元素配分图

(5)微量元素特征(表 3-24,图 3-42)。

表 3-24　新元古代变质侵入岩(体)微量元素特征表　(单位:K_2O 为%;其他 10^{-6})

单元	样品号	K_2O	Rb	Ba	Th	Ta	Nb	Ce	Hf	Zr	Sm	Y	Yb	Cr	Co	Ti	Sr
滩北山	66	4.08	230	538	18.7	0.6	17.8	44.86	6.6	226	5.35	36.3	2.91	37.1	11.3	3978	118
阿喀	112	3.53	185	390	17.9	1.0	12.1	115.4	8.0	316	8.7	31.6	3.1	47.6	12.4	4593	74
	2193-1	1.83	80	400	9.3	0.5	2	40.7	4.6	186	3.6	20.1	2.3	143.1	12.9	4543	246
	3114-1	1.23	81	182	1.2	0.8	9.1	20.4	3.2	79	3.2	22.8	2.7	137.2	38.4	6953	175

测试单位:地质矿产部武汉综合岩矿测试中心;分析者:汪康康,张蕾。

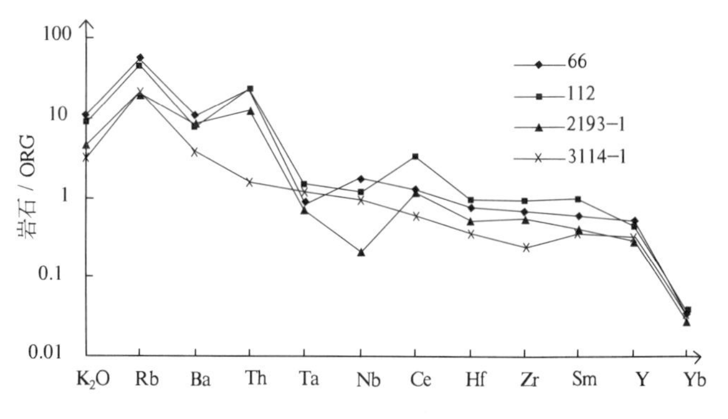

图 3-42　变质侵入岩微量元素 ORG 标准配分图

强不相容元素 K、Rb、Th 等强烈富集;Nb、Zr、Ce、Ta、Hf 等中等不相容元素富集一般;弱不相容元素 Y 弱亏损。岩石中其他有益元素大部分不显示或显低丰度值,无富集或矿化特征。在洋脊花岗岩(ORG)标准配分图中其特征与同碰撞花岗岩一致。

2. 滩北山变质侵入体($Pt_3gn^{\xi\gamma}$)

(1)地质特征。

变质侵入体仅分布于滩北山南侧,出露面积约 0.5km^2。受阿达滩北缘隐伏断裂控制,侵入体平面形态为不规则条带状,呈北西向展布。岩性为灰褐色条带状、眼球状黑云钾长片麻岩,原岩恢复为正长花岗岩(类)。岩石中的片麻理产状与围岩片麻理产状一致,其中发育的透入性强劈理其走向与阿达滩北缘隐伏断裂走向一致。

侵入体具醒目的球状风化地貌。与金水口(岩)群中的绿泥黑云母片岩、黑云斜长角闪片麻岩、大理岩呈侵入接触,绿泥黑云母片岩中有变质侵入岩脉穿切;被晚泥盆世二长花岗岩超动侵入,大部分超动界线被后期断层破坏,局部清楚,岩石裂隙中有二长花岗岩脉(枝)穿插,二长花岗岩脉中含有围岩(片麻岩)包体(图 3-43)。

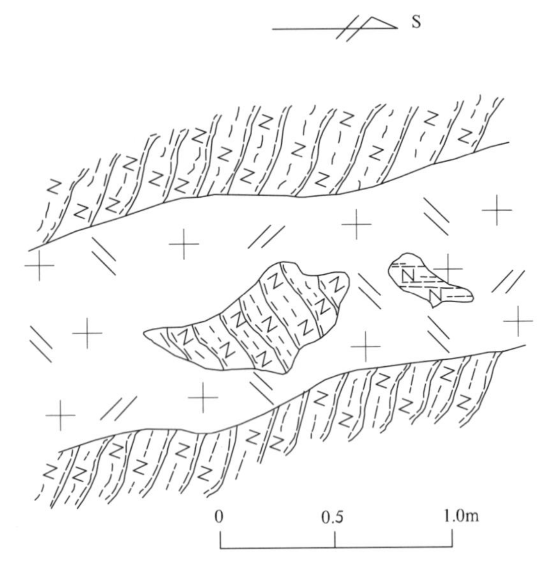

图 3-43　二长花岗岩脉中的围岩(片麻岩)包体素描图

(2)岩石学特征(表 3-21)。

岩石为灰褐色,中细粒鳞片粒状变晶结构、碎裂结构,条带状构造、眼球状构造、片麻状构造。

(3) 岩石化学特征(表 3-22)。

岩石中 SiO_2 含量 68.82%,Al_2O_3 含量 15.11%,FeO 含量 3.38%,K_2O 含量 4.08%,均显高值;K_2O 含量大于 Na_2O 含量;里特曼指数 δ=1.65,碱度指数为 0.53,Al_2O_3 大于 Na_2O+K_2O+CaO,岩石属铝过饱和的高钾钙碱性系列。固结指数 SI=10.11,分异指数(DI)为 78.31,偏高,说明岩石固结一般,但分异较完全;氧化率 OX=0.65,值偏低,岩石氧化程度一般。

(4)稀土元素特征(表 3-23,图 3-41)。

岩石中 $\sum$REE=144.52×10^{-6},LREE 含量 99.77×10^{-6} 大于 HREE 含量 44.73×10^{-6},LREE/HREE=2.23;Sm/Nd 比值 0.20~0.26,小于 0.333;配分曲线图中轻稀土部分呈右倾斜,Eu 处"V"字型谷;岩石属轻稀土富集型。δ(Eu)值 0.75,铕弱亏损;δ(Ce)值 0.96,铈基本无亏损;Eu/Sm 值 0.24;$(La/Yb)_N$ 值 4.73,大于 1,小于 10,其特征显示岩浆来源于上地壳物质的重熔。

(5)微量元素特征(表 3-24,图 3-42)。

Rb、Th、Ba 等强不相容元素较强烈富集,且丰度值较高;中等不相容元素 Sr、Nb、Zr 等中等富集;弱不相容元素 Y 虽显高点,但呈弱富集。岩石中大部分有益元素均显示低丰度值,无富集特征,未见矿化。微量元素 ORG 标准配分图显示其特征可与洋脊花岗岩(ORG)的同碰撞花岗岩类比。

(二)变质侵入岩(体)的组构、节理、岩脉及包体特征

原有的定向组构在晋宁期变质侵入岩(体)已不复存在,显示的是后期多次的叠加形变。岩石中条带状构造、眼球状构造、片麻状构造是岩石变质变形后矿物定向排列的结果,岩石片麻理方向主体呈北西向展布。其中阿喀单元岩石中的电气石矿物长轴方向以及后期热液动力变质分异作用形成的伟晶岩脉、长英质岩脉延伸方向与寄主岩片麻理方向一致,产状为 200°~215°∠45°~60°、45°∠50°,部分呈北东-南西向展布,产状为 160°∠10°~15°。

受北西向左旋斜冲及北东向左旋平移两组构造运动的影响,阿喀单元岩石中发育两组节理,主体节理为早期形成,产状为 15°~25°∠60°~65°、195°∠60°,节理发育密集区平均每 1m 内含 2~3 条,其走向与北西向构造方向一致;晚期节理产状为 130°∠50°、260°~265°∠60°~70°、340°∠40°~45°,其走向与北东向构造方向基本一致,大部分切割早期形成节理,但其发育程度相对较弱。在滩北山变质侵入体中靠近断裂的岩石发育与断层产状一致的透入性强劈理,走向北西向。

阿喀单元中发育的伟晶岩脉、长英质岩脉是后期热液动力变质分异作用形成的产物,其延伸方向与寄主岩片麻理方向一致,部分沿节理展布,大部分随片麻理扭曲。伟晶岩脉宽 10~50cm 不

等，延伸长度 5～20m；长英质岩脉出露宽 2～20cm，延伸长大于 2m。滩北山变质侵入体中见有晚泥盆世侵入岩的相关岩脉，脉体呈枝杈状、不规则状，规模不大。

变质侵入岩（体）中不存在同源包体。异源包体为灰黑色斜长角闪片岩，现呈残留体形式产出，呈不规则状，出露面积大于 $100m^2$，与寄主岩界线因多期次形变而不明显，片麻理、片理与寄主岩片麻理一致，但其变形程度较强。

（三）变质侵入岩（体）的侵入深度

后期的变质变形（韧性剪切）使变质侵入岩（体）与围岩的侵入接触关系不明显，未见原生的线理、叶理等内部定向组构，现存在的定向组构是后期形变叠加形成的片麻理构造、条带状构造、眼球状构造；阿喀单元中出露的围岩包体（残留体）出露面积较大。围岩为古元古界金水口（岩）群角闪岩相的片麻岩、片岩类；岩石中发育斜长石、钾长石斑晶形成的眼球状旋转碎斑；变质分异作用形成的伟晶岩脉、长英质岩脉具混合岩化特征。晋宁期变质侵入岩（体）侵入深度为中带。

（四）岩石成因与构造环境分析

晋宁期变质侵入岩（体）岩石花岗岩成因属 MPG 型地壳成因的过铝花岗岩类，其特征为：岩石色率浅，斜长石为更长石；特征矿物为白云母、黑云母、电气石；副矿物以锆石、磷灰石为主；标准矿物中 C（刚玉）含量在 1.043%～8.284%间变化。其中，在滩北山侵入体中黑云母含量高达 27%，白云母含量为 3%。岩石中 Al_2O_3 含量高达 12.78%～16.17%，K_2O 含量为 3.58%～5.85%，铝过饱和指数 ASI=1.05～1.89，岩石属高钾钙碱性过铝质岩石；FeOt + MgO + MnO = 2.75% ～ 8.81%；FeOt/（FeOt+MgO）=0.59～0.88，大多小于 0.8。未见与岩石配套的火山岩、基性岩类；包体以围岩包体为主，未见有镁铁质、长英质微粒包体。说明晋宁期岩浆来自地壳上部的部分熔融。

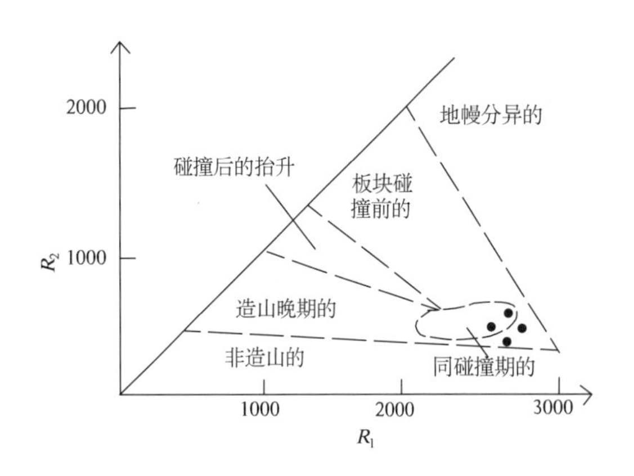

图 3-44　变质侵入岩 R_1-R_2 构造环境判别图解

（据 Batcher et al.，1985）

R_1-R_2 图解（图 3-44）及微量元素 ORG 标准配分图（图 3-42）中变质侵入岩主要显示同碰撞期的构造环境特征，是祁漫塔格地区晋宁期碰撞造山作用的产物。

二、震旦期群峰东侵入体（$Pt_3gn^{\gamma\gamma}$）

震旦期侵入岩区内仅圈定一个侵入体，分布于群峰东四周，由单一的片麻状中细粒黑云母二长花岗岩组成。

（一）地质特征

侵入体平面形态呈不规则椭圆状，面积 $20km^2$，长轴呈北北西向展布。与早石炭世侵入岩呈断层接触；侵入于中元古界冰沟群狼牙山组中，二者侵入界线清楚，界面外倾，呈波状弯曲不平，倾角 20°～40°；内接触带岩石混染明显，见有围岩包体、残留体分布，局部沿接触面分布由窄的暗色矿物组成的细小冷凝边。围岩包体呈不规则状、棱角状，最大见 3～5m，一般在 0.1～1m，侵入体内部包体少量；残留体最大见 30～50m，一般 10～20m，呈不规则状，分布于侵入体顶部。外接触带岩石硅化明显，裂隙中分布有与侵入体相关的呈团块状、不规则状岩枝。侵入体被早侏罗世石英正长岩超动侵入。岩石中暗色矿物定向排列，显示片麻状构造，片麻理方向北东东向，与区内北西向主构造方向有60°左右的夹角。其中发育的次生节理、裂隙走向主体方向为北西向，被相对不甚发育的北东向的节理错切。

侵入体中获得铀-铅（U－Pb）同位素年龄值（表3－25）：1～4号样点上交点年龄值为2046±254Ma，下交点年龄值为550±23Ma，5号样点表面年龄值为347±7Ma。在锆石铀-铅谐和图中（图3－45）5个样点集中于下交点年龄处，结合侵入体地质特征及地质背景分析认为：1～4号样点下交点年龄值550±23Ma应是侵入体成岩年龄，上交点年龄2046±254Ma可能是侵入体在形成过程中侵蚀古老结晶基底[金水口（岩）群]的结果，5号样点表面年龄值347±7Ma则可能是侵入体后期变质变形叠加的年龄或是与早石炭世群峰北单元的花岗闪长岩侵入有关。该侵入体时代确定为新元古代晚期。

表3－25　震旦期群峰东侵入体铀-铅法（U－Pb）同位素年龄测定结果（样品号：53）

样品情况			含量（10^{-6}）		样品中普通铅含量（ng）	同位素原子比率*					表面年龄（Ma）		
点号	锆石特征	质量（μg）	U	Pb		$^{208}Pb/^{204}Pb$	$^{208}Pb/^{206}Pb$	$^{206}Pb/^{238}U$	$^{207}Pb/^{235}U$	$^{207}Pb/^{206}Pb$	$^{206}Pb/^{238}U$	$^{207}Pb/^{235}U$	$^{207}Pb/^{206}Pb$
1	浅褐色透明短柱状	10	375	64	0.220	86	0.068 45	0.0899〈5〉	0.717〈57〉	0.0578〈44〉	555	549	522
2	浅褐色透明短柱状	15	206	57	0.380	49	0.097 94	0.0921〈6〉	0.799〈73〉	0.0629〈54〉	568	596	703
3	浅褐色透明短柱状	15	441	76	0.290	111	0.133 9	0.102〈4〉	1.00〈39〉	0.0709〈26〉	628	704	955
4	浅褐黄色半透明短柱状	15	282	45	0.150	145	0.056 32	0.111〈4〉	1.14〈5〉	0.0749〈31〉	676	773	1066
5	浅黄色透明长柱状	15	119	69	0.625	25	0.157 8	0.0552〈12〉	0.367〈146〉	0.0482〈181〉	347	318	111

注：* $^{206}Pb/^{204}Pb$已对实验空白（Pb＝0.050ng，U＝0.002ng）及稀释剂做了校正。其他比率中的铅同位素均为放射成因铅同位素。括号内的数字为2σ绝对误差，例如，0.0552〈12〉表示0.0552±0.0012（2σ）；5号数据点$^{206}Pb/^{238}U$表面年龄值：347±7Ma；1～4号数据点上交点年龄值：2046±254Ma，下交点年龄值：550±23Ma；测试单位：天津地质矿产研究所实验测试室；分析者：左义成。

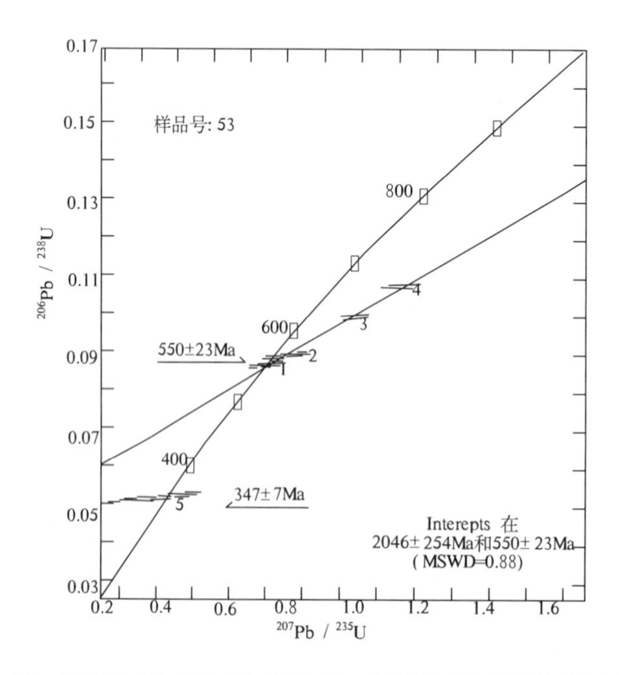

图3－45　震旦期群峰东侵入体锆石（U－Pb）同位素年龄测定结果谐和图

（二）岩石特征

岩石呈浅灰色、灰色，中细粒花岗结构、变余半自形粒状结构，块状构造、片麻状构造。矿物粒径0.74～3.33mm。成分为斜长石(40%)、钾长石(29%)、石英(25%)、黑云母(5%)、白云母(1%)及少量磷灰石。斜长石半自形板状、柱状，具聚片状双晶，普遍泥化、绢云母化，局部边缘被钠长石化，呈净边结构，推测为更长石；钾长石半自形板状、柱状，为正长石，少量微斜长石；石英它形粒状；黑云母、白云母呈板状、片状，黑云母呈褐色多色性。岩石中片状、粒状矿物相对集中定向排列，构成片麻状构造。受后期应力作用，石英具强烈波状消光，边缘碎粒化，后期动态重结晶；斜长石双晶弯曲；黑云母呈揉皱状。

（三）岩石化学特征(表3-26)

岩石中SiO_2含量73.45%，Al_2O_3含量13.64%，均显高含量点；FeO、Fe_2O_3含量均小于2%，K_2O含量3.12%大于Na_2O含量3.06%；里特曼指数δ=1.25，碱度指数为0.62，Al_2O_3含量大于Na_2O+K_2O+CaO含量，岩石属铝过饱和的钙碱性系列(图3-46)。固结指数SI=6.87，分异指数为83.51，显示岩石成岩固结一般，但分异较完全；氧化率OX=0.68，岩石氧化程度一般。标准矿物中Q(石英)=38.57%，较实际矿物含量偏高，出现C(刚玉)=3.122%。

表3-26　新元古代震旦期群峰东侵入体岩石化学特征表(样品号:53)

氧化物(%)	SiO_2	TiO_2	Al_2O_3	Fe_2O_3	FeO	MnO	MgO	CaO	Na_2O	K_2O	P_2O_5	H_2O^+	烧失量	合计
	73.45	0.29	13.64	0.79	1.70	0.04	0.64	1.85	3.06	3.12	0.07	0.36	0.56	99.57

参数值	δ	SI	OX	R_1	R_2	碱度指数	分异指数	FeOt/(FeOt+MgO)	C(%)	Q(%)
	1.25	6.87	0.68	3044	504	0.62	83.51	0.80	3.122	32.235

测试单位：地质矿产部青海省地矿中心实验室；分析者：邢谦，郑民奇。

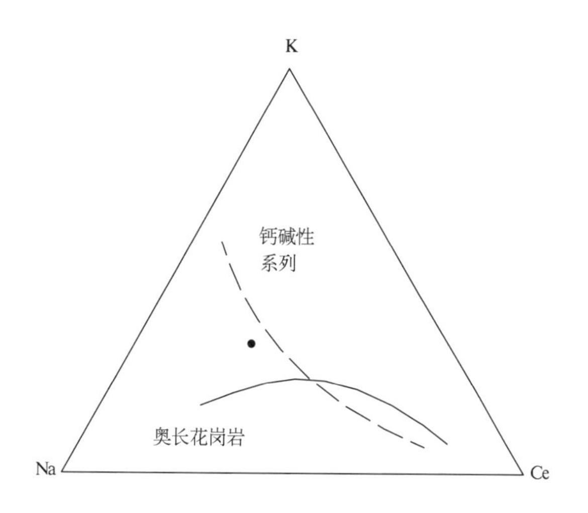

图3-46　震旦期侵入岩K-Na-Ca三角图解
(据Barker & Arth,1976)

（四）稀土元素特征(表3-27)

稀土元素总量∑REE=176.01×10^{-6}，轻稀土含量LREE=160.72×10^{-6}，重稀土含量HREE=15.29×10^{-6}，LREE/ HREE=10.51；Sm/Nd比值=0.19，小于0.333；La/Sm比值=7.07，岩石属轻稀

土富集型，见稀土元素配分曲线图(图 3－47)。δ(Eu)＝0.64，铕显负异常，中等亏损；δ(Ce)值为 0.97，铈极弱亏损。$(La/Yb)_N$ 值为 12.78，大于 10；Eu/Sm＝0.20。其特征显示岩石来源于下地壳。

表 3－27　新元古界震旦期群峰东侵入体稀土元素特征表(样品号:53)

轻稀土元素						重稀土元素								
La	Ce	Pr	Nd	Sm	Eu	Gd	Tb	Dy	Ho	Er	Tm	Yb	Lu	Y
38.87	76.85	8.75	29.66	5.50	1.09	4.65	0.75	4.16	0.79	2.24	0.35	2.05	0.30	23.28

稀土元素参数特征值									
ΣREE	LREE	HREE	LREE/HREE	$(La/Yb)_N$	La/Sm	Sm/Nd	Eu/Sm	δ(Eu)	δ(Ce)
176.01	160.72	15.29	10.51	12.78	7.07	0.19	0.20	0.64	0.97

测试单位:地质矿产部武汉综合岩矿测试中心;分析者:柳建一,方金东。

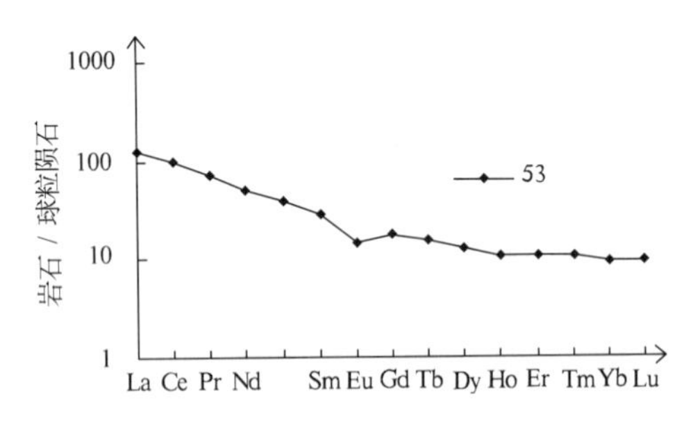

图 3－47　震旦期侵入岩稀土元素配分曲线图

(五)微量元素特征(表 3－28，图 3－48)

强不相容元素 K、Rb、Th、Ba 相对显高含量，富集程度较高；Ce、Zr、Hf、Nb、Sm 等中等不相容元素富集中等；Y 弱不相容元素虽显一定含量，但弱富集。岩石中亲铜元素 Cu、Pb、Zn 显低丰度值，不富集，无矿化特征。微量元素 ORG 标准配分图显示其特征可与洋中脊花岗岩(ORG)标准化的火山弧花岗岩进行对比。

表 3－28　新元古代震旦期群峰东侵入体微量元素全定量分析特征表　(单位:K_2O 为%;其他 10^{-6})

样品号	K_2O	Rb	Ba	Th	Ta	Nb	Ce	Hf	Zr	Sm	Y	Yb	Pb	Zn	Cu
53	3.2	89.3	1299	10.5	0.83	11.8	97.5	3.4	123	5.4	24.4	2.3	38.1	38.5	3.9
4067	3.1	128	1030	11.2	1.8	20.7	107	4.4	114	6.7	18.2	1.4	43	—	3.9

测试单位:地质矿产部武汉综合岩矿测试中心;分析者:汪康康,张蕾。

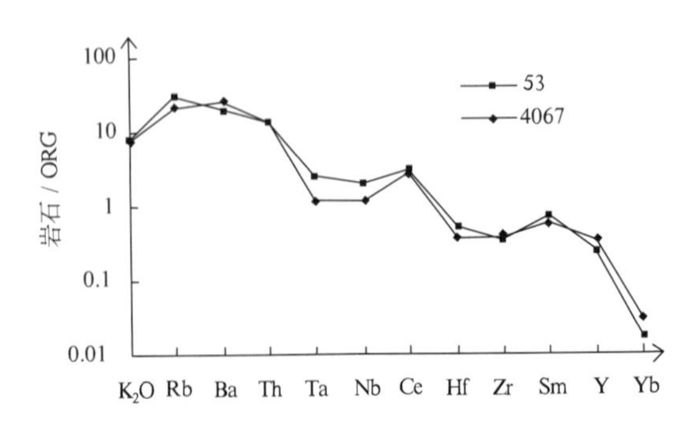

图 3－48　震旦期侵入岩微量元素 ORG 标准配分图

（六）侵入体内部组构、节理、岩脉、包体特征及侵位机制

侵入体缺乏原有的叶理、线理内部组构特征，现表现的条带、片麻理构造是后期变质变形的叠加，产状为 340°∠25°，走向方向与测区北西向总构造方向及侵入体长轴方向相交，与围岩构造方向部分一致，局部不协调。内接触带发育的冷凝边，其延伸方向与接触面一致。

侵入体发育两组节理。其中走向北西西—北西向节理较发育，产状 250°～270°∠50°～70°、80°∠60°；走向为北北东—北东向节理相对发育较弱，但切割北西西—北西向节理，产状为 320°～350°∠50°～ 65°、100°∠50°。在节理密集区 1m 内最多含 5 条，一般 1m 内含 1～2 条。两组节理与区内主要的北西向、北东向两组构造应力作用关系密切。

在岩石裂隙中见有后期的钾长花岗岩脉，脉体宽 10～20m，延伸长约 100m，产状 165°∠40°。与侵入岩相关的岩脉在围岩不多见，仅少量呈团块状、不规则状分布于外接触带中，规模不大。

发育围岩包体，最大直径见 5m，一般 0.1～1m；侵入体顶部部分围岩以残留体形式产出，呈不规则状，最大分布面积约 0.1km^2。

侵入体与围岩侵入界线协调；与围岩构造局部一致，大部分不甚协调；侵入体内部总体缺乏内部定向组构；内接触带发育棱角状、不规则状围岩包体，外接触带见有侵入体相关岩脉呈团块状、不规则状。其特征表明侵入体具被动侵位的特征。

（七）岩石成因及构造环境分析

侵入体岩石呈浅灰色，岩性为单一的二长花岗岩。岩石中 Al_2O_3 含量 13.64%，CaO 含量 1.85%，Na_2O 含量为 3.06%，K_2O 含量 3.12%，FeOt /(FeOt＋MgO)＝0.80，岩石属过铝的钙碱性系列；特征矿物以黑云母(5%)、白云母(1%)为主，副矿物以磷灰石为主，斜长石推测为更长石。侵入体中所含包体为围岩包体，未见同源包体。岩石中稀土元素 Eu/Sm 比值为 0.20；$(La/Yb)_N$ 比值＝12.79，大于 10 。上述特征表明岩浆源于下地壳，属 KCG 型花岗岩成因类型。

R_1-R_2 构造环境判别图（图 3－49）中样品投影于同碰撞区附近，结合岩石学特征（含岩浆成因白云母）微量元素特征（图 3－48）及区域地质背景，表明岩石形成时的构造环境具陆内俯冲特点。

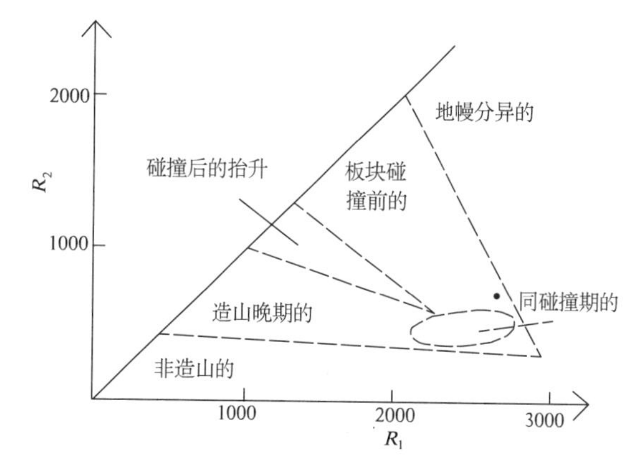

图 3－49　震旦期侵入岩 R_1-R_2 图解
（据 Batcher et al.，1985）

三、加里东期侵入岩

加里东期造山旋回是区内造山运动的主体。分队通过本次 1∶25 万区调工作，在测区冰沟、库郎米其提、红柳泉、小盆地、阿达滩、盖依尔及土窑洞等地区发现规模较大的以花岗闪长岩、二长花岗岩及正长花岗岩(类)的侵入岩。依据不同的地质特征、岩石组合、同位素年龄及接触关系，侵入岩分属于晚奥陶世十字沟单元及晚志留世红柳泉序列。

该序列侵入体集中分布，形成西大沟-小盆地岩石条带，解体 15 个侵入体，出露面积 215km^2，归并为十字沟单元($O_3\gamma\delta$)。岩石由单一的弱片麻状中细粒黑云母花岗闪长岩组成。

(一)晚奥陶世十字沟单元($O_3\gamma\delta$)

1. 地质特征

本单元侵入体群居性较好,集中分布于大沟—小盆地一带,受祁漫塔格主脊断裂控制明显,与古元古界金水口(岩)群、奥陶系—志留系滩间山(岩)群呈侵入接触关系。部分围岩具角岩化蚀变,蚀变带宽窄不一;侵入体内部见有围岩包体,大小在10～90cm间,少部分以残留体形式产出,出露最大面积见$40m^2$,围岩包体成分以片理化碎屑岩、变质火山岩为主,呈不规则状、棱角状。岩石发育球状风化地貌,受后期构造应力作用,发育次生节理(图版12-8)、裂隙,其中贯入有后期二长花岗岩脉、正长花岗岩脉及细晶岩脉等。岩石普遍发育弱片麻理构造,局部出现的眼球状构造、条带状构造及糜棱岩化特征是后期韧性剪切作用的叠加。片麻理总体方向与侵入体长轴方向、区域构造方向基本一致。岩石中含暗色闪长质包体,局部包体具定向,其方向与岩石片麻理方向部分一致,部分呈锐角相交。岩石中见有少量富黑云母包体,大小在3～5cm,无规律分布。

本项目在十字沟单($O_3\gamma\delta$)中获得铀-铅法(U-Pb)同位素年龄(表3-29,图3-50)为439.2±1Ma;另一个样品7019铀-铅(U-Pb)同位素年龄值为445.4±0.9Ma(表3-30,图3-51),确定其侵入岩时代为晚奥陶世。

表3-29　十字沟单元($O_3\gamma\delta$)铀-铅法(U-Pb)同位素年龄测定结果(样品号:3021)

样品情况			含量(10^{-6})		样品中普通铅含量(ng)	同位素原子比率*					表面年龄(Ma)		
点号	锆石特征	质量(μg)	U	Pb		$^{208}Pb/^{204}Pb$	$^{208}Pb/^{206}Pb$	$^{206}Pb/^{238}U$	$^{207}Pb/^{235}U$	$^{207}Pb/^{206}Pb$	$^{206}Pb/^{238}U$	$^{207}Pb/^{235}U$	$^{207}Pb/^{206}Pb$
1	浅黄色透明长柱状自形	35	314	28	0.140	220	0.064 37	0.070 57〈44〉	0.5444〈150〉	0.055 95〈143〉	439.6	441.3	450.5
2	浅黄色透明长柱状自形	35	389	33	0.120	303	0.078 50	0.070 49〈33〉	0.5345〈198〉	0.055 00〈191〉	439.1	434.8	412.2
3	浅黄色透明长柱状自形	30	286	28	0.160	173	0.080 67	0.070 48〈30〉	0.5124〈340〉	0.052 72〈330〉	439.1	420.0	316.9
4	浅黄色透明长柱状自形	30	245	25	0.120	220	0.057 70	0.081 44〈32〉	0.6466〈317〉	0.057 58〈265〉	504.7	506.4	514.0

注:* $^{206}Pb/^{204}Pb$已对实验空白(Pb=0.050ng,U=0.002ng)及稀释剂做了校正。其他比率中的铅同位素均为放射成因铅同位素。括号内的数字为2σ绝对误差,例如:0.070 57〈44〉表示0.070 57±0.004 4(2σ);4号数据点$^{206}Pb/^{238}U$表面年龄值:504.7±2.0Ma;1～3号数据点$^{206}Pb/^{238}U$表面年龄统计权重平均值439.2±1.2Ma;测试单位:天津地质矿产研究所实验测试室;分析者:左义成。

表3-30　十字沟单元($O_3\gamma\delta$)铀-铅法(U-Pb)同位素年龄测定结果(样品号:7019)

样品情况			含量(10^{-6})		样品中普通铅含量(ng)	同位素原子比率*					表面年龄(Ma)		
点号	锆石特征	质量(μg)	U	Pb		$^{208}Pb/^{204}Pb$	$^{208}Pb/^{206}Pb$	$^{206}Pb/^{238}U$	$^{207}Pb/^{235}U$	$^{207}Pb/^{206}Pb$	$^{206}Pb/^{238}U$	$^{207}Pb/^{235}U$	$^{207}Pb/^{206}Pb$
1	浅黄色透明长柱状自形	30	631	56	0.21	258	0.089 00	0.071 61〈20〉	0.545 4〈236〉	0.055 23〈225〉	445.9	442.0	421.8
2	浅黄色透明长柱状自形	35	532	44	0.15	354	0.076 93	0.071 56〈33〉	0.538 5〈155〉	0.054 58〈147〉	445.5	437.5	395.2
3	浅黄色透明长柱状自形	35	1 260	94	0.12	913	0.082 53	0.071 33〈31〉	0.549 0〈99〉	0.055 82〈92〉	444.2	444.3	445.2

注:* $^{206}Pb/^{204}Pb$已对实验空白(Pb=0.050ng,U=0.002ng)及稀释剂做了校正。其他比率中的铅同位素均为放射成因铅同位素。括号内的数字为2σ绝对误差,例如,0.071 61〈20〉表示0.071 76±0.002 0(2σ);1～3号数据点$^{206}Pb/^{238}U$表面年龄统计权重平均值445.4±0.9Ma;测试单位:天津地质矿产研究所实验测试室;分析者:左义成。

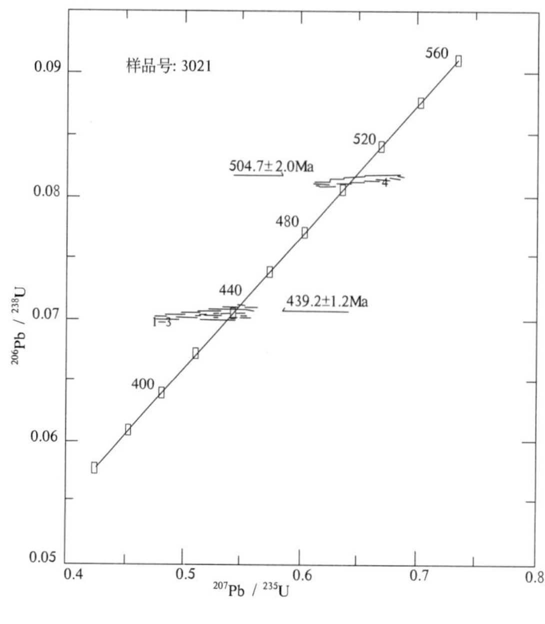

图 3-50 晚奥陶世十字沟单元锆石 U-Pb 同位素年龄测定结果谐和图

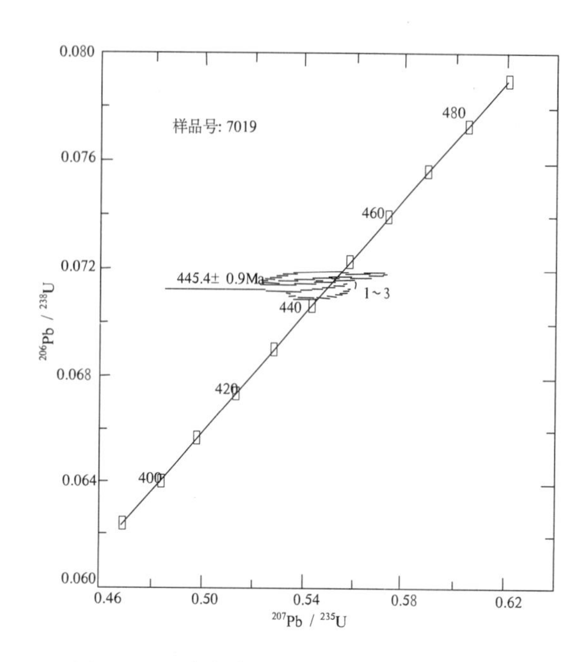

图 3-51 晚奥陶世十字沟单元锆石 U-Pb 同位素年龄测定结果谐和图

侵入体被晚志留世、晚泥盆世、早二叠世及早侏罗世侵入岩超动侵入，超动接触带宽窄不一，窄处 10～80cm，呈波状弯曲(图 3-52)，局部晚期侵入岩一侧界面可见 0.5～1cm 宽的灰白色细冷凝边，与石炭系石拐子组地层为不整合接触(图 3-53)。

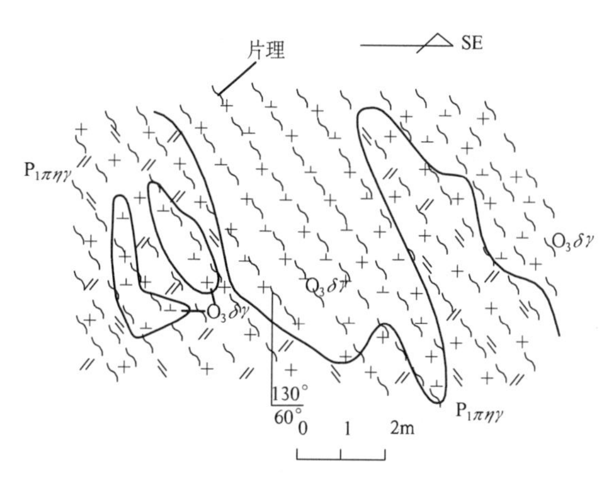

图 3-52 晚奥陶世十字沟单元($O_3\gamma\delta$)被早二叠世豹子沟单元($P_1\pi\eta\gamma$)超动侵入接触关系素描图

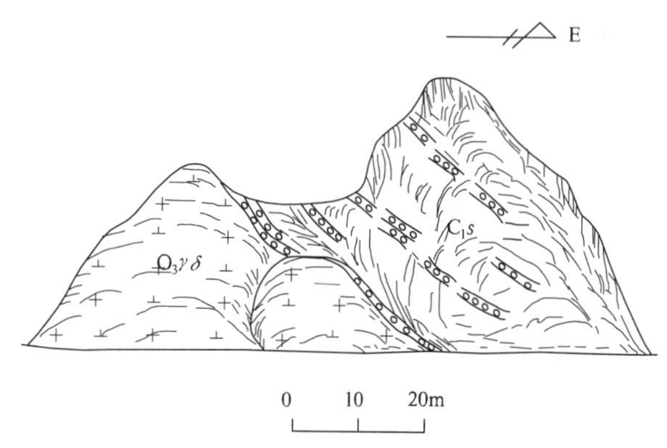

图 3-53 晚奥陶世十字沟单元($O_3\gamma\delta$)被石炭系石拐子组(C_1s)不整合素描图

2. 岩石学特征

岩石呈灰色、浅灰色，中细粒花岗结构，部分岩石具变余花岗结构，弱片麻状构造、块状构造。矿物粒径在 0.36～6.44mm 间，成分为斜长石(49%)、钾长石(8%)、石英(30%)、黑云母(10%)、角闪石(2%)及微量磷灰石，其中偶见有钾长石似斑晶。斜长石呈半自形板状或粒状晶，具简单环带构造，钠长石双晶常见，较强的绢云母化、帘石化，An26 为中长石；钾长石呈它形晶，发育波状消光弯形结构，伴有轻微粘土化；石英呈它形粒状，局部石英动态重结晶，晶内发育不规则镶嵌波状消光或带状消光变形结构，具细粒化；黑云母呈板状、片状，普遍被绿泥石化和葡萄石化，呈红褐色，多色性 Ng'=红褐色，Np'=淡黄色，解理膝折，发育缎带或波状消光变形结构；角闪石呈柱状，具绿色多色性；副矿物磷灰石、金属矿物、榍石、锆石以包体形式出现在主要矿物中。粒状、板柱状矿物具定向排列，使岩石具弱片麻状构造。局部岩石具碎斑结构，显平行构造，使岩石具糜棱岩化特征。

3. 岩石副矿物特征

岩石副矿物组合及含量见表 3-31。岩石副矿物类型为磷灰石-榍石型。岩石中的副矿物特征如下。

表 3-31　晚奥陶世十字沟单元岩石副矿物特征表　（单位：10^{-6}）

样品号	副矿物组合及含量								
	锆石	磷灰石	榍石	磁铁矿	萤石	硅铁矿	褐铁矿	黄铁矿	绿帘石
RZ434-1	4	0.1	少量	4	0.2	微量	少量	微量	微量
RZ463-1	25	470	1217	799	微量	微量	微量	微量	81

注：资料来源于 1：20 万土窑洞幅、茫崖幅

磁铁矿：八方体，不规则颗粒，黑色，金属光泽。磷灰石：六方柱状，无色、淡黄色，透明。榍石：楔形，褐色，不透明，油脂光泽。黄铁矿：不规则颗粒，黄铜色，金属光泽。锆石：正方双锥柱状，淡黄色、淡黄褐色、极淡黄色，透明—不透明。绿帘石：不规则颗粒，玻璃光泽，黄绿色。

4. 岩石化学特征（表 3-32）

岩石中 SiO_2 含量变化相对稳定，大多在 65.05%～67.11%，个别略偏低为 62.91%；Al_2O 含量 13.97%～15.63%；K_2O 含量 3.62%～4.82%大于 Na_2O 含量 1.92%～2.92%；部分岩石中 CaO、FeO 含量略偏高；岩石里特曼指数为 1.34～2.50；碱度指数为 0.50～0.63，小于 0.9；碱比铝值为 0.84～1.30；岩石属次铝—过铝的钙碱性系列（图 3-54）。岩石固结指数 SI=1.63～14.33，变化范围较大；分异指数为 68.65～74.75；氧化率 OX=0.53～0.84，其特征表明侵入体侵位时岩浆分异结晶程度较好，但其成岩固结一般，岩石自身氧化蚀变程度较强。

5. 稀土元素特征（表 3-33）

岩石稀土总量大多在 138.22×10^{-6}～230.89×10^{-6} 间，个别高达 328.27×10^{-6}；轻稀土含量 LREE=120.20×10^{-6}～206.85×10^{-6}，重稀土含量 HREE=18.02×10^{-6}～27.77×10^{-6}，LREE/HREE 比值=6.25～15.58；Sm/Nd 比值=0.17～0.23，小于 0.333；$(La/Yb)_N$ 均远大于 1；岩石属轻稀土富集型。δ(Eu)值大多在 0.46～0.62 间，稀土元素配分图中 Eu 处显“V”字型谷（图 3-55），岩石中铕大多强亏损，负铕异常明显；δ(Ce)值为 0.94～1.06，铈略有亏损；Eu/Sm 值在 0.15～0.18 间，变化不大。其特征显示岩石物质来源于下地壳物质的熔融。

6. 微量元素特征（表 3-34，图 3-56）

岩石中强不相容元素 K、Rb、Ba、Th 等强烈富集；Ta、Ce、Nb、Zr、Sr 等中等不相容元素富集中等；弱不相容元素 Y 富集一般。岩石中部分 Cu、Pb、Zn 显较高丰度值，但不富集或无矿化特征。微量元素 ORG 标准配分图中其特征可与洋脊花岗岩（ORG）标准的火山弧花岗岩相类比。

表 3-32　晚奥陶世十字沟单元岩石化学特征表　（单位：%）

样品号	氧化物组合及含量												
	SiO_2	TiO_2	Al_2O_3	Fe_2O_3	FeO	MnO	MgO	CaO	Na_2O	K_2O	P_2O_5	H_2O^+	烧失量	合计
3021	66.52	0.74	14.41	2.29	3.03	0.09	1.15	3.00	2.38	4.82	0.02	1.38	0.10	99.93
3039	67.11	0.59	14.50	1.45	2.74	0.07	0.18	4.41	2.32	4.34	0.14	1.50	—	99.35
7019	62.91	0.79	15.63	2.47	2.81	0.07	0.64	5.62	2.92	4.12	0.24	0.40	0.75	99.37
$P_7$3-1	65.96	0.82	13.97	2.36	3.90	0.09	1.72	3.44	1.92	3.62	0.16	1.09	1.01	100.06
P_{31}2-1	65.05	0.90	14.67	1.09	5.68	0.12	2.11	2.16	1.99	3.87	0.17	1.47	0.75	100.03

样品号	参数值特征								
	δ	SI	OX	R_1	R_2	分异指数	碱度指数	碱比铝值	FeOt/(FeOt+MgO)
3021	2.20	8.41	0.57	2340	673	74.75	0.63	0.99	0.82
3039	1.84	1.63	0.65	2562	783	74.19	0.58	0.88	0.96
7019	2.50	4.94	0.53	2072	959	68.84	0.53	0.84	0.89
$P_7$3-1	1.34	12.72	0.62	2739	744	68.65	0.50	1.05	0.78
P_{31}2-1	1.53	14.33	0.84	2571	638	68.80	0.50	1.30	0.76

测试单位：地质矿产部青海省地矿中心实验室；分析者：邢谦，郑民奇。

表 3-33　晚奥陶世十字沟单元稀土元素特征表　（单位：10^{-6}）

样品号	轻稀土元素						重稀土元素								
	La	Ce	Pr	Nd	Sm	Eu	Gd	Tb	Dy	Ho	Er	Tm	Yb	Lu	Y
3021	26.08	54.44	7.05	25.67	6.01	0.95	5.76	0.99	5.15	0.96	2.32	0.36	2.18	0.30	25.25
3039	36.92	84.15	9.43	34.00	7.54	1.12	7.33	1.297	7.64	1.54	4.42	0.704	4.19	0.59	42.10
7019-1	72.90	155.30	16.30	53.13	9.15	1.69	7.11	1.008	5.40	0.97	2.62	0.368	2.04	0.28	26.74
$P_7$3-1	41.98	91.40	10.35	37.69	7.98	1.18	7.34	1.23	7.16	1.34	4.16	0.65	4.01	0.59	38.33
P_{31}2-1	48.27	95.36	11.56	42.34	7.95	1.37	7.33	1.13	6.21	1.31	3.58	0.55	3.43	0.50	32.90

样品号	稀土元素参数特征值								
	ΣREE	LREE	HREE	LREE/HREE	$(La/Yb)_N$	Sm/Nd	Eu/Sm	δ(Eu)	δ(Ce)
3021	138.22	120.20	18.02	6.67	8.07	0.23	0.16	0.49	0.95
3039	200.87	173.16	27.77	6.25	5.94	0.22	0.15	0.46	1.06
7019-1	328.27	308.47	19.80	15.58	24.09	0.17	0.18	0.62	1.04
$P_7$3-1	217.06	190.58	26.48	7.20	7.06	0.21	0.15	0.46	1.03
P_{31}2-1	230.89	206.85	24.04	8.60	9.49	0.19	0.17	0.54	0.94

测试单位：地质矿产部武汉综合岩矿测试中心；分析者：柳建一，方金东。

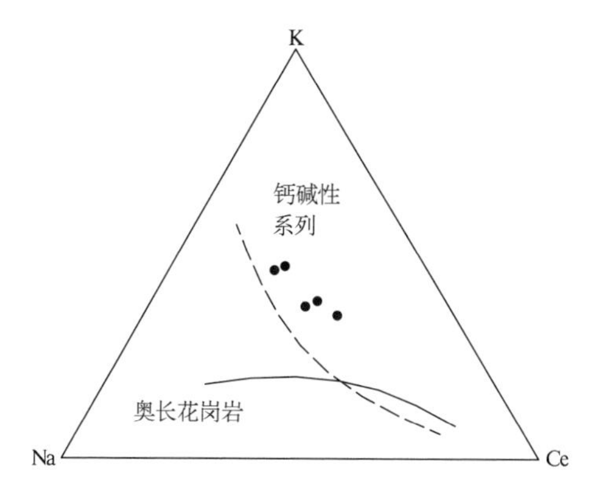

图 3-54　晚奥陶世十字沟单元 K-Na-Ca 三角图解
（据 Barker & Arth，1976）

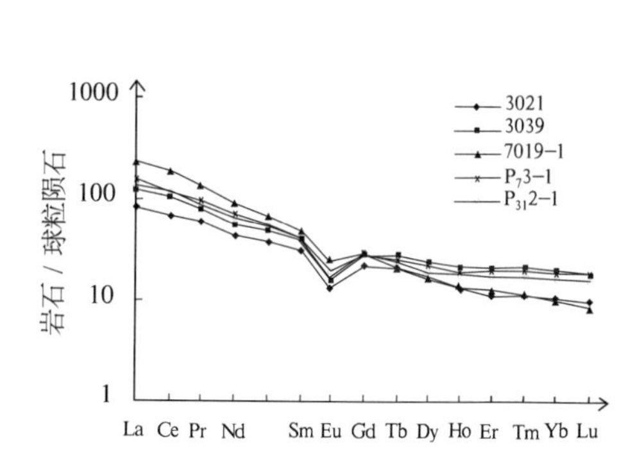

图 3-55　晚奥陶世十字沟单元稀土元素配分图

表 3-34　晚奥陶世十字沟单元微量元素特征表　　(单位:K_2O 为%;其他 10^{-6})

样品号	K_2O	Rb	Ba	Th	Ta	Nb	Ce	Hf	Zr	Sm	Y	Yb	Sr	Ni	Cu	Zn	Pb
5109-1	3.03	221	427	19.0	1.1	14.5	90.6	5.1	160	7.2	24.1	2.5	147	17.4	6.0	59	38.8
P_{31}2-1	4.05	223	858	20.6	1.6	14.1	96.9	7.7	270	7.2	29.3	3.1	138	16.5	20.0	89.6	36.5
P_{31}5-1	3.71	184	515	16.7	1.5	14.2	80.5	7.2	241	6.9	36.0	3.5	109	18.9	18.7	86.8	34.3

测试单位:地质矿产部武汉综合岩矿测试中心;分析者:汪康康,张蕾。

7. 侵入体组构、节理、岩脉、包体特征及侵位机制

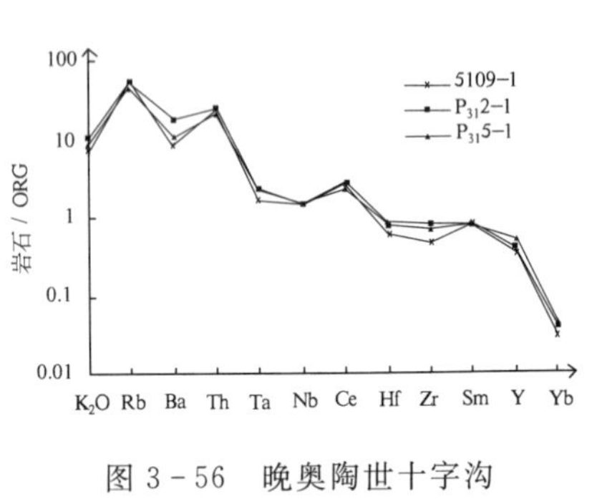

图 3-56　晚奥陶世十字沟单元微量元素蛛网图

岩石中发育的弱片麻状构造,是粒状、片状矿物定向排列的结果,片麻理产状主要为 0°~40°∠35°~70°、220°∠45°,次要为 280°~330°∠45°~50°。岩石具糜棱岩化特征,糜棱面理方向与岩石弱片麻理方向基本一致,部分切割片麻理呈锐角相交。岩石中分布有与糜棱面理同期形成的长英质岩脉及后期形成的辉绿岩脉。岩石中的暗色闪长质包体长轴方向与岩石弱片麻理方向相同,呈星散状分布。围岩包体大多沿内接触带无规律分布。

受北西向、近东西向及北东向构造应力作用,侵入体发育两组节理:第一组为早期节理,产状 145°~165°∠20°~35°、320°∠60°,密集区平均每 1m 内含 2~5 条;第二组节理切割第一组节理,产状 30°~45°∠70°~80°、350°∠30°,密集区平均每 1m 含 3 条左右。在靠近断裂附近发育破劈理带,破劈理带一般宽 1~2m,其中以产状 15°~30°∠60°~70°的破劈理带为主,沿破劈理带发育与其走向一致的长英质岩脉、石英脉。

侵入体中沿节理、裂隙及破劈理带贯入有与后期侵入岩相关的钾长花岗细晶岩脉,钾长花岗细晶岩脉宽 10m、长 40~50m,产状 170°∠60°。与本序列侵入岩相关的岩脉不甚发育,仅少量分布于侵入体外接触带中,脉岩类型以花岗闪长岩脉及二长花岗细晶岩脉为主,脉体呈不规则状、枝杈状,规模不大,一般宽小于 1m,长 2~10m。花岗闪长岩、二长花岗岩岩脉岩石化学、稀土元素、微量元素特征(表 3-35~表 3-37,图 3-57、图 3-58):脉岩岩石中 SiO_2 含量 71.93%~74.97%,Al_2O_3 含量 12.20%~13.68%,K_2O 含量 4.96%~5.57%,大于 Na_2O 含量 2.07%~4.05%;轻稀土元素含量大于重稀土元素含量,岩石为轻稀土富集型,Eu 亏损明显;微量元素特征显示岩石同洋脊花岗岩标准的火山弧花岗岩特征相当。上述特征与晚奥陶世石拐子序列侵入岩的岩石化学、稀土元素、微量元素特征近一致,脉体与侵入岩属同源岩浆形成。

岩石中含有同源包体及异源包体。同源包体为暗色闪长质包体,形态呈条状、液滴状、次浑圆状—浑圆状,大小在 1~10cm 间,最大 40cm,呈星散状分布,局部定向,方向 20°~30°,包体长轴方向与寄主岩弱片麻理方向一致,与寄主岩界线清楚;密集区 $1m^2$ 含 1~2 块,一般为 10~$30m^2$ 含 1 块。

表 3-35　相关性岩脉岩石化学特征表　　(单位:%)

时代	样品号	脉岩类型	SiO_2	TiO_2	Al_2O_3	Fe_2O_3	FeO	MnO	MgO	CaO	Na_2O	K_2O	P_2O_5	H_2O^+	烧失量	合计
J_1	4062-2	$\xi\gamma$ 脉	75.30	0.07	12.62	0.58	1.00	0.03	0.08	0.67	4.50	4.50	0.01	0.12	0.14	99.62
O_3	P_{22}30-3	$\eta\gamma$ 脉	74.60	0.22	12.43	2.34	1.14	0.03	0.34	0.46	2.07	5.33	0.15	—	0.81	99.92
	P_{22}32-3	$\gamma\delta$ 脉	74.97	0.18	12.20	1.66	1.30	0.04	0.23	0.76	2.10	5.57	0.16	—	0.78	99.95
	P_{22}38-3		71.93	0.22	13.68	1.80	1.42	0.07	0.27	0.96	4.05	4.96	0.06	—	0.45	99.87

测试单位:地质矿产部青海省地矿中心实验室;分析者:邢谦,郑民奇。

表 3-36 相关性岩脉稀土元素特征表 (单位:10^{-6})

时代	样品号	脉岩类型	轻稀土元素						重稀土元素								
			La	Ce	Pr	Nd	Sm	Eu	Gd	Tb	Dy	Ho	Er	Tm	Yb	Lu	Y
J_1	4062-2	ξγ 脉	21.83	64.16	8.54	32.87	9.36	0.09	9.44	1.78	11.18	2.48	6.96	1.13	7.73	1.12	70.34
D_3	P_{13}6-1	δ 脉	17.59	46.20	6.05	25.74	6.05	2.04	6.76	1.09	6.53	1.22	3.73	0.57	3.58	0.53	35.24
	P_{13}13-1		31.12	69.20	8.70	33.43	6.76	1.88	5.89	0.85	4.29	0.75	2.04	0.31	1.80	0.26	21.05
O_3	P_{22}30-3	ηγ 脉	10.48	27.21	3.33	11.52	3.81	0.12	5.12	1.27	9.40	2.03	6.11	0.95	6.14	0.92	57.89
	P_{22}32-3	γδ 脉	15.48	37.59	4.66	16.31	4.89	0.18	5.57	1.22	7.96	1.65	4.50	0.63	3.84	0.59	44.86
	P_{22}38-3		26.18	59.39	7.07	25.32	6.20	0.77	6.21	1.18	7.18	1.57	4.78	0.66	4.22	0.62	40.16

测试单位:地质矿产部武汉综合岩矿测试中心;分析者:柳建一,方金东。

表 3-37 相关岩脉微量元素全定量特征表 (单位:K_2O 为%;其他为 10^{-6})

时代	样品号	脉岩类型	K_2O	Rb	Ba	Th	Ta	Nb	Ce	Hf	Zr	Sm	Y	Yb
J_1	P_{22}13-3	花岗细晶岩脉	2.78	169.0	699.0	8.5	0.5	3.7	41.4	2.9	105	3.0	9.8	1.0
	2014-1	正长花岗岩脉	2.77	81.9	906.0	16.0	0.96	—	80.8	6.4	249	5.7	12.7	1.2
	3068		4.5	298.0	48.40	32.3	—	—	83.1	6.2	169	8.4	63.7	6.1
	$P_9$17-1		5.17	277.0	691.0	36.3	4.0	22.7	99.7	5.7	188	5.4	17.4	1.9
	P_{25}1-4		6.28	267.0	644.0	41.4	2.1	—	88.0	3.4	—	8.3	25.6	2.6
	3044-1	石英正长岩脉	7.89	375.0	1004.0	14.1	7.5	1.2	52.3	2.5	92.3	2.9	8.3	0.8
	4068-1		5.10	186.0	55.2	17.0	2.8	44.3	179.0	7.2	264	6.0	34.3	1.1
D_3	P_{13}7-1	二长花岗岩脉	—	—	—	25.8	1.6	19.7	—	5.8	248	—	22.9	—
	P_{13}3-1	石英闪长岩脉	—	—	—	9.7	1.2	12.5	—	4.8	188	—	31.3	—
	P_{13}6-1	闪长岩脉	—	—	—	1.4	0.87	12.1	—	4.8	223	—	35.1	—
	P_{13}13-1		—	—	—	9.7	1.0	11.1	—	4.2	188	—	31.3	—
O_3	P_{22}17-3	二长花岗岩脉	5.77	252	868	17.9	1.2	8.4	86.2	4.3	142	7.9	32.5	2.4
	P_{22}30-3	花岗闪长岩脉	5.92	408	112	18.8	1.6	10.2	40.6	3.0	88	4.3	61.1	5.4
	P_{22}32-3		5.72	427	142	18.6	1.5	9.4	53.3	3.5	107	5.5	59.5	5.1
	P_{28}6-1		4.61	234	357	18.6	1.3	20.5	49.8	3.4	117	3.9	21.5	2.0

测试单位:地质矿产部武汉综合岩矿测试中心;分析者:汪康康,张蕾。

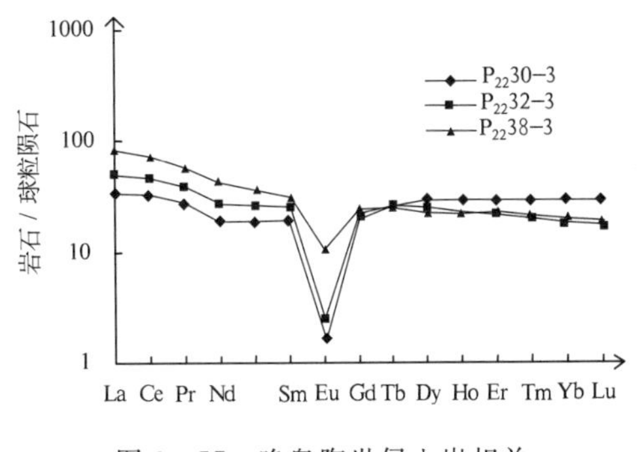

图 3-57 晚奥陶世侵入岩相关岩脉稀土元素配分图

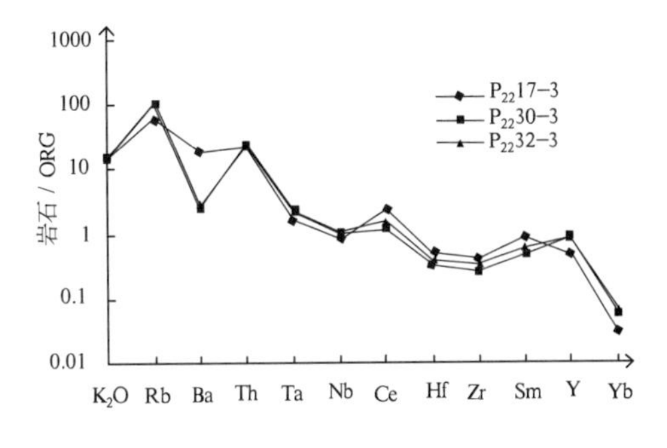

图 3-58 晚奥陶世侵入岩相关岩脉微量元素蛛网图

异源包体以围岩包体(捕虏体)为主,呈不规则状、棱角状,集中分布于侵入体内接触带,大小不等，一般在 2～15cm 间。

同源闪长质包体岩石化学、稀土元素、微量元素特征（表 3-38～表 3-40，图 3-59、图 3-60）：其中 SiO_2 含量为 65.28%，Al_2O_3 含量 14.60%，K_2O 含量 2.70%，Na_2O 含量 2.62%，CaO 含量 3.29%，FeOt 含量 6.16%；稀土元素特征显示岩石为轻稀土富集型，配分图中 Eu 处"V"字型谷明显，铕中强亏损；微量元素特征显示与洋脊花岗岩标准的火山弧花岗岩特征相当；上述特征与十字沟单元（$O_3\gamma\delta$）岩石化学、稀土元素、微量元素特征基本一致，表明二者属同源。

表 3-38 侵入岩同源闪长质包体岩石化学特征表 （单位：%）

时代	样品号	SiO_2	TiO_2	Al_2O_3	Fe_2O_3	FeO	MnO	MgO	CaO	Na_2O	K_2O	P_2O_5	H_2O^+	烧失量	合计
J_1	$P_{14}1-1$	54.58	1.22	16.69	2.07	5.90	0.13	4.78	5.80	3.95	2.25	0.55	0.60	1.35	99.87
P_1	5021-1	67.57	0.71	15.83	1.84	1.75	0.08	0.46	5.18	4.00	1.96	0.18	0.54	0.29	100.39
O_3	5144	65.28	1.15	14.60	1.03	5.13	0.11	2.26	3.29	2.62	2.70	0.29	1.00	0.69	100.15

测试单位：地质矿产部青海省地矿中心实验室；分析者：邢谦，郑民奇。

表 3-39 侵入岩同源闪长质包体稀土元素特征表 （单位：10^{-6}）

时代	样品号	轻稀土元素						重稀土元素								
		La	Ce	Pr	Nd	Sm	Eu	Gd	Tb	Dy	Ho	Er	Tm	Yb	Lu	Y
J_1	$P_{14}1-1$	44.76	90.12	10.76	37.41	6.82	1.93	5.76	0.82	4.24	0.77	2.13	0.34	1.96	0.29	21.71
P_1	5021-1	38.12	88.14	9.66	33.46	5.95	1.22	4.79	0.76	3.87	0.82	2.16	0.38	2.30	0.35	21.61
O_3	5144	35.09	78.10	9.62	34.90	8.41	1.62	8.18	1.24	5.96	1.10	2.69	0.37	2.17	0.32	26.13

测试单位：地质矿产部武汉综合岩矿测试中心；分析者：柳建一，方金东。

表 3-40 侵入岩同源闪长质包体微量元素全定量特征表 （单位：K_2O 为%；其他 10^{-6}）

时代	样品号	K_2O	Rb	Ba	Th	Ta	Nb	Ce	Hf	Zr	Sm	Y	Yb	Pb	Zn	Cu
J_1	$P_{14}1-1$	2.24	95	831	11.2	2.7	43.5	111.0	5.8	274	7.0	24.2	2.2	35.5	102	42.4
P_1	5021-1	3.26	219	635	19.9	19.6	0.9	86.9	8.0	299	6.2	19.8	2.1	—	—	—
O_3	5144	4.92	273	509	28.4	1.9	17.6	103.0	6.2	204	8.6	35.2	3.3	42.8	48	7.0

测试单位：地质矿产部武汉综合岩矿测试中心；分析者：汪康康，张蕾。

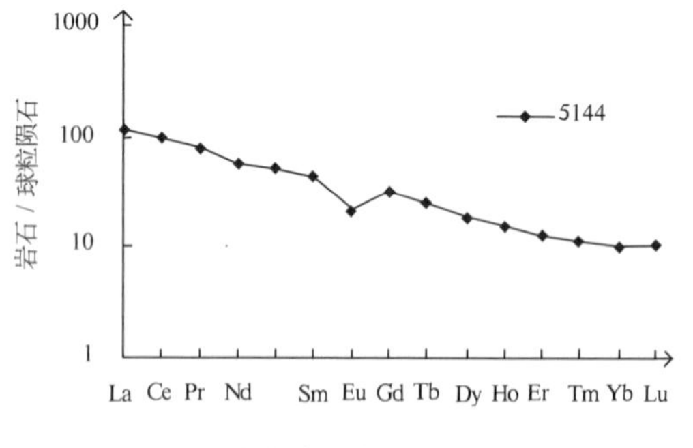

图 3-59 晚奥陶世侵入岩同源闪长质包体稀土元素配分图

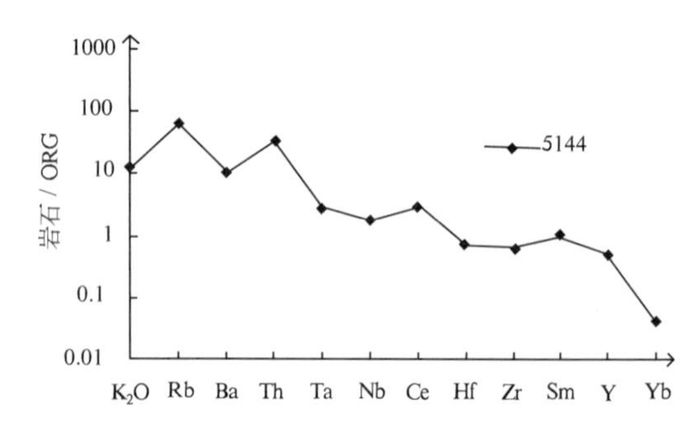

图 3-60 晚奥陶世侵入岩同源闪长质包体微量元素蛛网图

侵入体集中分布于阿达滩断裂带北缘，受该断裂及祁漫塔格主脊断裂控制明显，侵入体平面形态大多呈带状；闪长质包体分布无规律，但其长轴方向与岩石中的矿物颗粒等显定向排列；侵入体外接触带有侵入体相关岩脉、岩枝穿插，内接触带发育围岩包体。侵入岩具有被动就位的侵入机制特点。祁漫塔格主脊断裂影响使下地壳物质熔融形成岩浆，并诱发其沿断裂带上侵而就位。

8. 侵入体侵入深度、剥蚀程度

侵入体与围岩侵入接触关系基本协调且清楚；侵入体内接触带发育围岩包体及外接触带具侵入体相关岩脉(枝)；岩石中具矿物颗粒、包体定向等内部定向组构特征；成因上有与侵入岩有关的火山岩出现奥陶系—志留系滩间山(岩)群火山岩；岩石中 K_2O 含量在 3.62%～4.82%；其中分布与糜棱面理同期形成的长英质岩脉及后期形成的石英岩脉、基性岩墙(辉绿岩)。其特征表明侵入体侵入深度为中—表带，属中—浅剥蚀程度。

9. 花岗岩成因及构造环境分析

晚奥陶世侵入岩岩石类型为花岗闪长岩，具弱片麻状构造；Al_2O_3 含量在 13.97%～15.63%，K_2O 含量大于 Na_2O 含量，样品中 CaO 含量显高点，但岩石总体显示高 K 低 Ca 的特点；Fe_2O_3、FeO 含量偏高，FeOt/(FeOt+MgO)部分在 0.82～0.96 间，部分小于 0.8；特征矿物以黑云母为主，含量在 10%，含少量角闪石矿物；副矿物以锆石、磷灰石为主，岩石副矿物类型为磷灰石-榍石型；岩石分异指数在 68.65～74.75，显示岩浆分异结晶完全；岩石中未见长英质微粒包体，所含暗色闪长质包体呈星散状分布；分布有与之配套的流纹岩、安山岩及凝灰岩[奥陶系—志留系滩间山(岩)群火山岩]。上述特征表明晚奥陶世侵入岩花岗岩成因属下地壳物质熔融形成的具铝—钙—铁岩浆岩组合的 ACG 型花岗岩类。

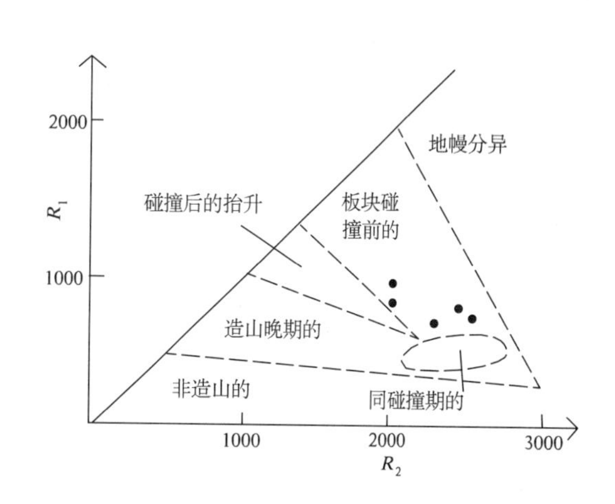

图 3-61　上奥陶统十字沟单元 R_1-R_2 图解
(据 Batcher et al.，1985)

在 R_1-R_2 图解(图 3-61)中样品均落入板块碰撞前的区间，微量元素蛛网图(图 3-56)特征显示岩石属火山弧花岗岩类。综合分析认为晚奥陶世侵入岩构造环境应属岛弧环境。

(二)晚志留世红柳泉序列

红柳泉序列侵入岩由东沟单元($S_3\eta\gamma$)、双石峡单元($S_3\xi\gamma$)组成，分布于祁漫塔格山主脊两侧的双石峡北，是被海西期、印支期及燕山期侵入岩侵蚀后的残留部分，区内共圈定 8 个侵入体，出露面积约 $65km^2$。侵入岩侵入于奥陶纪—志留纪地层，超动侵入于晚奥陶世十字沟单元($O_3\gamma\delta$)。本项目在东沟单元($S_3\eta\gamma$)中获得铀-铅法(U-Pb)同位素年龄值(表 3-41，图 3-62)：2～4 号样点 $^{206}Pb/^{238}U$ 表面年龄统计权重平均值 410.2±1.9Ma，是侵入体的形成年龄；其中 1 号样点 $^{206}Pb/^{238}U$ 表面年龄值 388.1±6.2Ma，则是岩石后期叠加的变质变形年龄。在双石峡单元($S_3\xi\gamma$)正长花岗岩中获得铀-铅法(U-Pb)同位素年龄值(表 3-42，图 3-63)：1 号样点 $^{206}Pb/^{238}U$ 表面年龄值 376.9±2.4Ma，2～4 号样点 $^{206}Pb/^{238}U$ 表面年龄统计权重平均值 389.1±5.0Ma，6 号样点 $^{206}Pb/^{238}U$ 表面年龄值 419.1±2.8Ma。其中 1 号样点、2～4 号样点年龄值与东沟单元 1 号样点年龄值基本相当，是岩石后期热动力叠加的变质变形年龄，而 6 号样点年龄值则与东沟单元 2～4 号样点表面年龄统计权重平均值相近，应是岩石的形成年龄无疑。原 1∶20 万茫崖幅在双石峡单元中获得铷-锶(Rb-Sr)等时线同位素年龄值 417Ma，与本单元中的铀-铅法(U-Pb)同位素年龄值一致。结合其接触关系、地质特征等，侵入岩时代确定为晚志留世。

表 3-41　东沟单元($S_3\eta\gamma$)铀-铅法(U-Pb)同位素年龄测定结果(样品号:6024-1)

样品情况			含量(10^{-6})		样品中普通铅含量(ng)	同位素原子比率*					表面年龄(Ma)		
点号	锆石特征	质量(μg)	U	Pb		$^{208}Pb/^{204}Pb$	$^{208}Pb/^{206}Pb$	$^{206}Pb/^{238}U$	$^{207}Pb/^{235}U$	$^{207}Pb/^{206}Pb$	$^{206}Pb/^{238}U$	$^{207}Pb/^{235}U$	$^{207}Pb/^{206}Pb$
1	近无色透明短柱状	10	180	32	0.150	52	0.1093	0.062 05〈76〉	0.4479〈941〉	0.052 36〈1036〉	388.1	375.8	301.3
2	近无色透明短柱状	15	256	25	0.068	160	0.1301	0.065 51〈47〉	0.5398〈621〉	0.059 26〈645〉	409.1	438.3	594.8
3	近无色透明长柱状	15	172	29	0.180	58	0.1083	0.065 58〈70〉	0.4696〈864〉	0.051 94〈904〉	409.4	390.9	282.6
4	近无色透明短柱状	15	204	25	0.120	92	0.09076	0.066 01〈55〉	0.4912〈688〉	0.053 97〈712〉	412.1	405.7	369.8

注:* $^{206}Pb/^{204}Pb$ 已对实验空白(Pb=0.050ng,U=0.002ng)及稀释剂做了校正。其他比率中的铅同位素均为放射成因铅同位素。括号内的数字为 2σ 绝对误差,例如:0.066 01〈55〉表示 0.066 01±0.000 55(2σ);1 号数据点 $^{206}Pb/^{238}U$ 表面年龄值:388.1±6.2Ma,2～4 号数据点 $^{206}Pb/^{238}U$ 表面年龄统计权重平均值 410.2±1.9Ma;测试单位:天津地质矿产研究所实验测试室;分析者:左义成。

表 3-42　双石峡单元($S_3\xi\gamma$)铀-铅法(U-Pb)同位素年龄测定结果(样品号:3019^b)

样品情况			含量(10^{-6})		样品中普通铅含量(ng)	同位素原子比率*					表面年龄(Ma)		
点号	锆石特征	质量(μg)	U	Pb		$^{208}Pb/^{204}Pb$	$^{208}Pb/^{206}Pb$	$^{206}Pb/^{238}U$	$^{207}Pb/^{235}U$	$^{207}Pb/^{206}Pb$	$^{206}Pb/^{238}U$	$^{207}Pb/^{235}U$	$^{207}Pb/^{206}Pb$
1	浅黄色透明短柱状	15	288	41	0.250	65	0.1577	0.060 20〈38〉	0.4496〈472〉	0.054 16〈538〉	376.9	377.0	377.7
2	浅黄色半透明短柱状	10	494	59	0.180	88	0.1590	0.061 85〈14〉	0.4792〈154〉	0.056 19〈170〉	386.9	397.5	459.7
3	浅黄色透明短柱状	15	309	52	0.320	57	0.1572	0.062 47〈39〉	0.4383〈478〉	0.050 89〈524〉	390.6	369.1	235.6
4	浅黄色半透明短柱状	15	410	38	0.120	156	0.1652	0.062 41〈27〉	0.4541〈343〉	0.052 77〈377〉	390.3	380.2	319.1
5	浅黄色半透明短柱状	15	725	104	0.580	71	0.1435	0.065 06〈17〉	0.4890〈214〉	0.054 50〈226〉	406.3	404.2	392.0
6	浅黄色透明短柱状	15	255	38	0.210	72	0.1903	0.067 16〈45〉	0.502 9〈558〉	0.054 31〈570〉	419.0	413.7	384.0

注:* $^{206}Pb/^{204}Pb$ 已对实验空白(Pb=0.050ng,U=0.002ng)及稀释剂做了校正;其他比率中的铅同位素均为放射成因铅同位素;括号内的数字为 2σ 绝对误差,例如,0.067 16〈45〉表示 0.067 16±0.000 45(2σ);1 号数据点 $^{206}Pb/^{238}U$ 表面年龄值:376.9±2.4Ma;2～4 号数据点 $^{206}Pb/^{238}U$ 表面年龄统计权重平均值 389.1±5.0Ma,6 号数据点 $^{206}Pb/^{238}U$ 表面年龄值为 419.1±2.8Ma;测试单位:天津地质矿产研究所实验测试室;分析者:左义成。

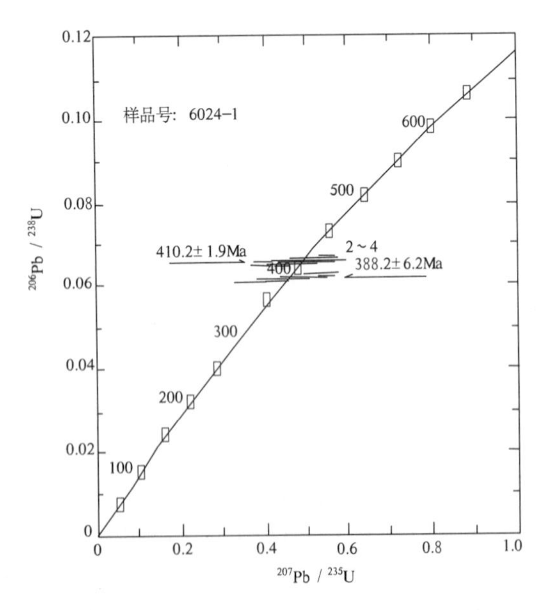

图 3-62　晚志留世东沟单元锆石 U-Pb 同位素年龄测定结果谐和图

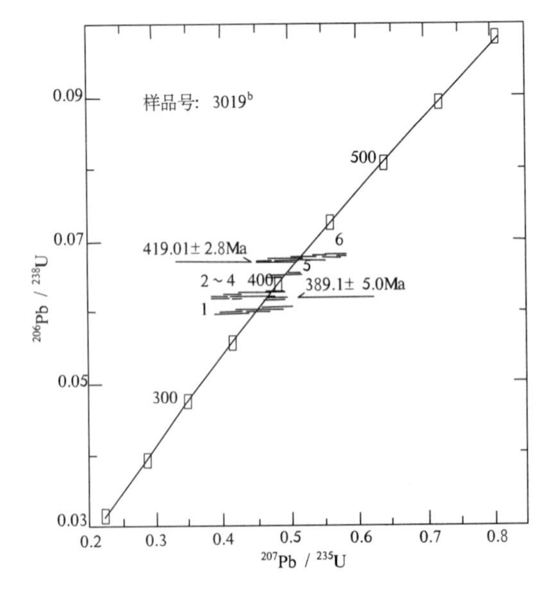

图 3-63　晚志留世双石峡单元锆石 U-Pb 同位素年龄测定结果谐和图

1. 东沟单元($S_3\eta\gamma$)特征

(1)地质特征。

本单元由2个侵入体组成,出露于东沟、小盆地地区,面积5km²。侵入体平面形态为不规则状、条带状,长轴方向北西向延伸,呈小岩株产出。侵入于奥陶系—志留系滩间山(岩)群地层,侵入接触关系清楚,界面外倾,呈波状弯曲不平;内接触带分布有围岩包体,呈不规则状、棱角状,部分围岩以残留体形式产出于侵入体顶部;外接触带岩石具硅化蚀变,见有与侵入体相关的岩枝、岩脉沿裂隙分布(图3-64)。侵入体超动侵入于晚奥陶世十字沟单元($O_3\gamma\delta$),超动界线明显,晚奥陶世十字沟单元侵入岩中见有本单元二长花岗岩脉穿插,靠近接触带因被二长花岗岩侵蚀岩石支离破碎。

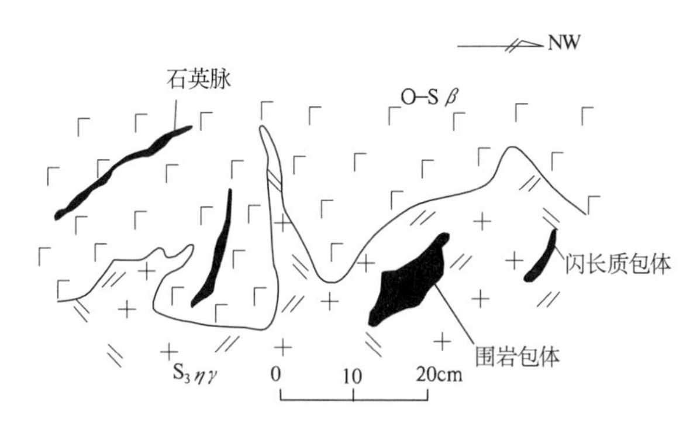

图3-64　东沟单元($S_3\eta\gamma$)侵入奥陶纪—志留纪玄武岩(O—Sβ)接触关系素描图

岩石中偶见有同源闪长质包体,包体呈椭圆状、棱角状。受后期构造应力作用,岩石中发育次生节理。地形地貌上岩石多形成陡峭山峰及悬崖。

(2)岩石学特征。

岩石呈浅肉红色、浅灰白色,中粗粒(变余)花岗结构,局部碎裂结构,块状构造,略具定向构造。矿物特征见表3-43。

表3-43　晚志留世红柳泉序列侵入岩岩石特征表

单元及代号		东沟($S_3\eta\gamma$)	双石峡($S_3\xi\gamma$)
岩石类型		浅肉红—浅灰白中粗粒黑云母二长花岗岩	灰—浅褐色中细粒黑云母正长花岗岩
构造		块状构造,略具定向构造	块状构造
结构		中粗粒(变余)花岗结构,局部碎裂结构。 矿物粒径2～6.42mm,少量0.59～2mm	中细粒花岗结构、文象结构。 矿物粒晶0.44～3.74mm
矿物特征及含量	斜长石	含量30%,半自形板状,聚片双晶发育,An26,为更长石,受压扭性动力作用,双晶弯曲、错断	含量20%,半自形板状、柱状,具环带构造、聚片双晶,An26,为更长石。具泥化蚀变
	钾长石	含量40%,为微斜长石,微斜条纹长石	含量51%,板状、粒状,为条长石、微斜长石
	石　英	含量23%,碎粒化,具后期动态重结晶	含量22%,它形粒状,充填在其他矿物之间,具波状消光
	黑云母	含量7%,揉皱状,呈鳞片状集合体分布在长石空隙之间	含量5%,绿泥石化蚀变
	白云母	含量0	含量:0
	角闪石	含量0	含量2%,柱状,具褐色多色形,绿帘石化蚀变
	副矿物	少量,为不透明矿物、磷灰石、锆石及绿帘石	少量,为磷灰石及不透明矿物
岩石后期变形特征		岩石中矿物略具定向排列。排列方向与侵入体长轴方向基本一致	

(3)岩石化学特征(表 3-44)。

岩石中 SiO_2 含量大多在 71.26%~76.10%,部分略偏低为 65.25%;Al_2O_3 含量 11.75%~14.74%,具一定的变化范围;K_2O 含量 3.36%~4.70%,Na_2O 含量 3.06%~4.46%,K_2O 含量总体大于 Na_2O 含量;岩石里特曼指数 δ=1.85~2.20;碱度指数大多在 0.60~0.82 间,部分为 0.95;碱比铝值为 0.84~0.90;岩石属次铝的钙碱性系列(图 3-65)。固结指数 SI=1.35~9.33,变化范围较大;分异指数为 69.86~93.88;显示岩石成岩固结一般,但分异结晶较完全;氧化率 OX=0.37~0.54,岩石氧化程度较弱。

表 3-44 晚志留世红柳泉序列岩石化学特征表 (单位:%)

单元	样品号	氧化物特征及含量													
		SiO_2	TiO_2	Al_2O_3	Fe_2O_3	FeO	MnO	MgO	CaO	Na_2O	K_2O	P_2O_5	H_2O^+	烧失量	合计
双石峡	3019b	75.85	0.14	12.31	1.17	0.81	0.02	0.28	0.83	3.76	3.92	0.02	0.18	0.33	99.62
	4013	66.71	0.85	14.02	2.12	2.93	0.18	1.19	2.88	3.16	3.56	0.15	1.04	0.87	99.66
	4020-1	73.61	0.33	13.02	1.71	1.52	0.03	1.24	0.15	3.96	2.72	0.06	0.62	0.33	99.30
	7018	71.25	0.45	12.85	1.51	1.17	0.04	0.09	2.75	3.08	5.08	0.10	0.28	0.75	99.40
	$P_7$2-2	75.05	0.10	12.00	1.74	0.96	0.02	0.23	0.89	3.84	4.00	0.01	0.52	0.15	99.51
东沟	2009-1	71.26	0.39	13.62	1.41	1.14	0.04	1.06	2.11	4.46	3.42	0.09	0.82	0.57	100.39
	6024-1	65.25	0.88	14.74	2.36	2.79	0.07	1.19	4.79	3.06	3.36	0.18	0.64	0.57	99.88
	$P_7$2-1	76.10	0.10	11.75	1.17	0.70	0.02	0.14	1.15	3.68	4.70	0.01	0.16	0.32	100.00

单元	样品号	参数值								
		δ	SI	OX	R_1	R_2	分异指数	碱度指数	碱比铝值	FeOt/(FeOt+MgO)
双石峡	3019b	1.53	4.51	0.29	3075	415	89.81	0.84	1.04	0.88
	4013	1.91	9.18	0.58	2391	658	75.42	0.66	0.96	0.81
	4020-1	1.46	11.12	0.47	2818	339	88.41	0.74	1.30	0.72
	7018	2.36	0.82	0.44	2426	560	87.70	0.83	0.82	0.97
	$P_7$2-2	1.92	2.14	0.36	2662	347	91.87	0.87	0.99	0.92
东沟	2009-1	2.20	9.23	0.45	2312	552	85.33	0.82	0.90	0.71
	6024-1	1.85	9.33	0.54	2351	874	69.86	0.60	0.84	0.81
	$P_7$2-1	2.12	1.35	0.37	2627	658	93.88	0.95	0.89	0.93

测试单位:地质矿产部青海省地矿中心实验室;分析者:邢谦,郑民奇。

(4)稀土元素特征(表 3-45,图 3-66)。

岩石轻稀土含量 LREE=111.12×10^{-6}~237.53×10^{-6},重稀土含量 HREE=6.13×10^{-6}~24.67×10^{-6},LREE/ HREE 比值=9.63~18.13;Sm/Nd 比值=0.17~0.18,小于 0.333;岩石属轻稀土富集型。δ(Eu)值大多在 0.64~0.87 间,岩石中铕中等亏损,负铕异常较明显;δ(Ce)值 0.90~0.98,铈略有亏损;$(La/Yb)_N$ 值大多大于 10,Eu/Sm 值在 0.20~0.25。其显示岩石物质来源于上地壳,有下地壳或地幔物质混入。

表 3－45　晚志留世红柳泉序列稀土元素特征表　　　　　　　　（单位：10^{-6}）

单元	样品号	轻稀土元素						重稀土元素								
		La	Ce	Pr	Nd	Sm	Eu	Gd	Tb	Dy	Ho	Er	Tm	Yb	Lu	Y
双石峡	3019[b]	40.46	89.34	10.40	38.09	8.85	0.47	8.78	1.636	10.07	2.19	6.32	1.054	6.70	0.989	57.52
	4013	23.68	56.12	6.95	28.55	7.05	1.34	7.40	1.252	7.24	1.41	3.89	0.595	3.69	0.512	36.93
	4020－1	80.40	172.70	19.33	68.25	13.77	0.66	13.05	2.25	13.13	2.61	4.18	1.096	6.64	0.921	70.96
	7018	62.98	133.60	13.74	45.65	8.10	1.15	6.99	1.197	6.66	1.42	3.98	0.65	3.93	0.59	37.10
东沟	2009－1	29.16	52.38	6.02	19.52	3.23	0.81	2.30	0.319	1.54	0.28	0.75	0.124	0.71	0.105	7.97
	6024－1	57.28	113.30	12.51	44.71	8.10	1.63	7.23	1.146	6.30	1.32	3.76	0.599	3.75	0.567	34.95

单元	样品号	稀土元素参数值特征								
		ΣREE	LREE	HREE	LREE/HREE	$(La/Yb)_N$	Sm/Nd	Eu/Sm	δ(Eu)	δ(Ce)
双石峡	3019[b]	159.42	110.59	48.83	2.27	1.33	0.30	0.05	0.16	1.09
	4013	98.62	89.13	9.49	9.39	23.15	0.17	0.19	0.56	0.93
	4020－1	398.99	355.11	43.88	8.09	8.16	0.20	0.05	0.15	1.02
	7018	290.64	265.22	25.42	10.43	10.80	0.18	0.14	0.46	1.05
东沟	2009－1	117.25	111.12	6.13	18.13	27.69	0.17	0.25	0.87	0.90
	6024－1	262.20	237.53	24.67	9.63	10.30	0.18	0.20	0.64	0.98

测试单位：地质矿产部武汉综合岩矿测试中心；分析者：柳建一，方金东。

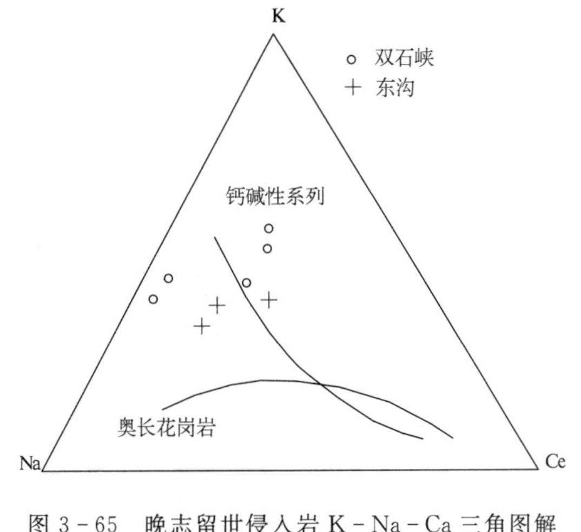

图 3－65　晚志留世侵入岩 K－Na－Ca 三角图解
（据 Barker & Arth，1976）

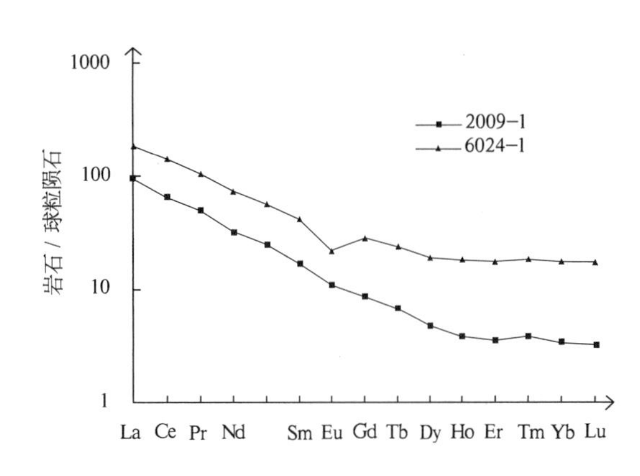

图 3－66　晚志留世东沟单元稀土元素配分图

（5）微量元素特征。

K、Rb、Ba、Th 强不相容元素等强烈富集；中等不相容元素 Ce、Hf、Zr、Sm 等富集程度中等，Nb 元素在部分样品中未见显示；弱不相容元素 Y 富集一般（表 3－46）。岩石中亲铜元素 Cu、Pb、Zn 未见显示，亲铁元素 Mo、Co、P 显示低丰度值，岩石无矿化特征。微量元素蛛网图显示特征可与洋脊花岗岩（ORG）标准的同碰撞花岗岩类比（图 3－67）。

表 3-46　晚志留世红柳泉序列微量元素全定量特征表　（单位：K_2O 为%；其他 10^{-6}）

单元	样品号	K_2O	Rb	Ba	Th	Ta	Nb	Ce	Hf	Zr	Sm	Y	Yb	Sr	Mo	Co	P
双石峡	4013	4.02	159	722	12.9	—	—	69.2	10.0	384	7.5	33.9	3.3	161	0.33	8.4	1038
	4020-1	2.95	150	258	24.5	0.94	—	154	7.7	289	13.2	62.2	5.7	84.0	0.27	6.3	336
	7018	5.31	201	548	27.3	1.40	—	124	10.1	392	8.4	38.0	4.2	115.0	0.61	2.7	461
	$P_7$2-2	4.35	257	65.4	35.9	2.90	—	51.4	5.2	130	6.6	56.7	5.6	23.4	0.76	1.8	129
东沟	6024-1	4.10	91.5	1057.0	12.0	21.00	1.1	66.6	14.1	533	6.2	32.8	3.7	69.5	1.29	9.1	778
	$P_7$2-2	4.35	257	65.4	35.9	3.20	—	51.4	5.1	130	6.6	56.7	5.6	23.4	0.20	2.2	129

测试单位：地质矿产部武汉综合岩矿测试中心；分析者：汪康康，张蕾。

2. 双石峡单元($S_3\xi\gamma$)特征

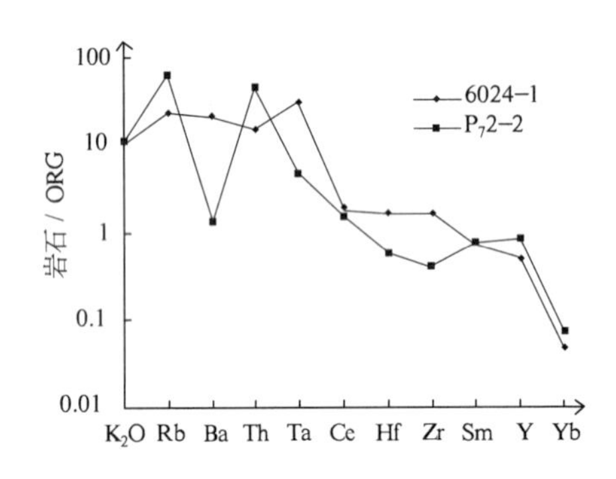

图 3-67　晚志留世东沟单元微量元素蛛网图

(1)地质特征。

本单元由 6 个侵入体组成，面积约 60km^2，平面形态呈似椭圆状，受祁漫塔格构造岩浆带北缘断裂控制，北西西向展布。侵入于奥陶系—志留系滩间山(岩)群片理化砂岩、变安山岩中，二者界线不甚明显；少量不规则状围岩包体无规律分布于侵入岩中；围岩岩石具硅化蚀变，裂隙中钾长细晶岩脉穿插。岩石具球状风化地貌，岩石表层经风化后矿物颗粒呈糖粒状。岩石中发育后期次生节理，节理走向与区域构造方向一致。

(2)岩石学特征。

岩石呈灰色、浅褐红色，中细粒花岗结构、文象结构，块状构造。矿物粒径在 0.44～3.74mm 间，矿物特征见表 3-43。

(3)岩石化学特征(表 3-44)。

岩石中 SiO_2 含量偏高，达 71.25%～75.85%，少部分偏低，为 66.72%；Al_2O_3 含量在 12.00%～14.02%；大部分岩石中 Na_2O 含量大于 K_2O 含量，少部分岩石中 K_2O 含量大于 Na_2O 含量；里特曼指数 δ=1.46～2.36，碱度指数为 0.66～0.84；碱铝比值为 0.82～1.30，变化范围较大；岩石属过一次过铝的钙碱性系列(图 3-65)。固结指数 SI=0.82～11.12，分异指数为 75.42～91.87，岩石固结一般，但分异完全；氧化率 OX=0.29～0.58，岩石氧化程度中等。

(4)稀土元素特征(表 3-45)。

岩石∑REE 值 98.62×10^{-6}～398.99×10^{-6}，LREE 值 89.13×10^{-6}～355.11×10^{-6}，HREE 值 9.49×10^{-6}～48.83×10^{-6}，LREE/ HREE=2.27～9.39；Sm/Nd 比值 0.17～0.30，小于 0.333；$(La/Yb)_N$ 值 1.33～23.15，均大于 1；岩石属轻稀土富集型。稀土元素配分图显示岩石重稀土元素部分分馏程度低(图 3-68)。δ(Eu)值 0.15～0.56，Eu 中强亏损，负铕异常明显；δ(Ce)值 0.93～1.09，铈略亏损；Eu/Sm 值在 0.05～0.19 间。其特征说明岩石物质来源于地壳上部。

(5)微量元素特征(表 3-46)。

强不相容元素 K、Rb、Ba、Th 等富集程度较好；中等不相容元素 Nb 未显示，Ce、Sm、Zr、Hf 等富集程度中等；弱不相容元素 Y 富集较差。岩石中亲铁元素 P 丰度值部分显高点，Mo、Co 元素相对偏低；亲铜元素 Cu、Pb、Zn 未见显示，岩石无矿化特征。微量元素特征显示与标准洋脊花岗岩

(ORG)的同碰撞花岗岩一致(图 3-69)。

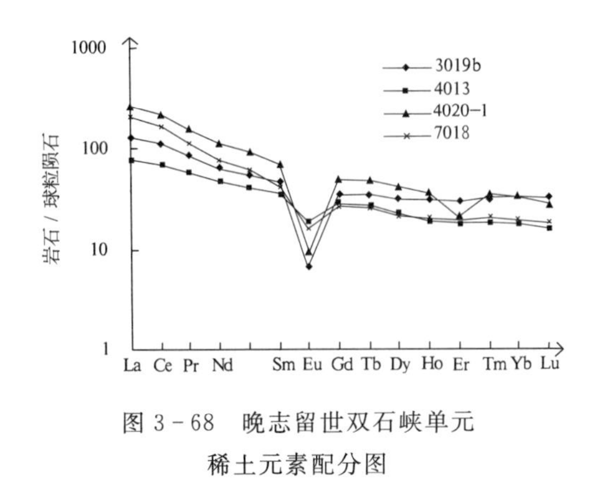

图 3-68　晚志留世双石峡单元稀土元素配分图

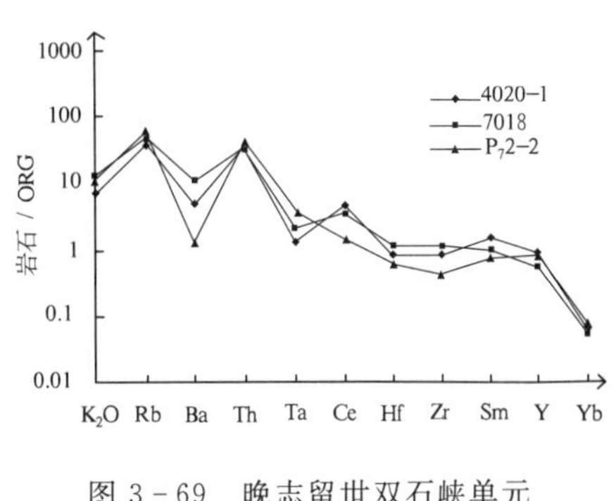

图 3-69　晚志留世双石峡单元微量元素蛛网图

3. 侵入岩的组构、节理、岩脉、包体特征及侵位机制

岩石呈中—中细粒花岗结构,矿物粒径在 3～6mm,部分在 2mm 左右;大部分矿物颗粒分布均匀,局部地段略具定向,方向 150°左右。岩石中次生节理发育。在东沟单元中发育的两组次生节理,产状分别为 30°∠75°、310°∠70°,其中前者为早期节理,密集区 10～50cm 含 1～2 条;后者为较晚期节理,切割早期节理,密集区 1m 内含 1 条。双石峡单元中节理走向以北西向为主。岩石发育多条破劈理带,产状分别为 270°∠10°、220°∠80°、130°∠45°,规模最大者出露宽约 30m,一般宽 0.4～1m,在密集区破劈理带相距 3～5m,一般相距 400～500m。沿破劈理带岩石破碎,具弱片麻状构造。与侵入岩相关的钾长细晶岩脉穿插在围岩及早期侵入岩中,呈不规则状、枝杈状,出露宽 3～10cm。岩石中的异原包体为围岩包体及早期侵入岩包体。围岩包体沿内接触带分布,呈不规则状、棱角状,最大 30～40cm,一般 5～10cm。东沟单元中偶见有同源闪长质包体,包体呈椭圆状、棱角状,密集区最多 $10m^2$ 含 1 块,大小在 3～10cm。

侵入岩主要在被动的侵位机制作用下形成,表现为侵入体平面形态呈不规则状、似椭圆状,侵入体内部总体缺乏定向组构,矿物颗粒分布均匀;内接触带分布的围岩包体为棱角状、不规则状,外接触带穿插的岩脉呈不规则状、网状。局部地段显示的矿物颗粒定向排列,石英具波状消光等特征使侵入岩略具强力就位的特点。

4. 侵入体的侵入深度、剥蚀程度

侵入体与围岩侵入界线基本协调,且大部分清楚;内接触带发育围岩包体;外接触带岩石具硅化蚀变,裂隙中有岩枝贯入;岩石中 K_2O 含量较高,为 2.72%～5.08%。侵入体中总体缺乏内部定向组构,未见与侵入岩相关的火山岩,侵入体边部矿物粒度较内部细,其中钾长石矿物大多为微斜条纹长石、条纹长石,斜长石矿物为更长石,不含钠长石矿物。侵入体侵入深度为中带,中等剥蚀程度。

5. 岩石成因与构造环境分析

该序列岩石组合为二长花岗岩-正长花岗岩类。岩石色率不高,黑云母含量在 5%～7%间,见有 2%的角闪石矿物;斜长石矿物 An=26,为更长石,发育环带构造,聚片双晶;钾长石为微斜长石、微斜条纹长石;石英普遍具波状消光;副矿物以磷灰石、锆石为主。包体以围岩包体为主。侵入体中矿物粒度从边部到内部逐渐变粗。岩石中 SiO_2 含量绝大部分大于 70%,部分高达 78.72%;

Al_2O_3 含量较高为 10.54%～14.74%；CaO 含量 0.15%～4.79%；K_2O 含量 2.72%～5.08%；K_2O 含量大多大于 Na_2O 含量；FeOt/(FeOt＋MgO)含量大部分在 0.81～0.97；岩石属准过铝—过铝的钙碱性系列。其特征表明岩石成因类型为 MPG 型，岩浆源于地壳上部的重熔，部分岩石具下地壳或上地幔物质混染特征。

微量元素蛛网图特征显示（图 3－67、图 3－69），R_1-R_2 构造环境判别图解中（图 3－70）样品投影于同碰撞期的区间，岩石是同碰撞构造环境下形成，是加里东造山运动在测区的具体表现。

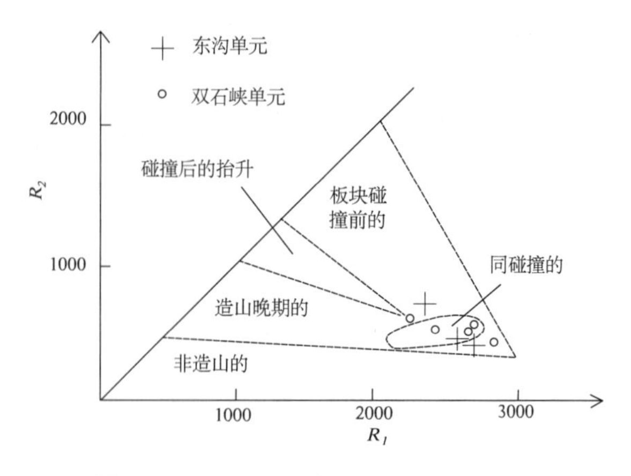

图 3－70　晚志留世侵入岩 R_1-R_2 图解
（据 Batcher et al.，1985）

四、海西期侵入岩

侵入岩集中分布于祁漫塔格地区，构成祁漫塔格山脉主体，在巴音格勒呼都森有少量分布。岩石类型以闪长岩类、二长花岗岩类为主，依据接触关系、地质时代、岩石组合可将其划分为早泥盆世喀雅单元、晚泥盆世宽沟序列、早石炭世盖依尔序列、早二叠世祁漫塔格序列及晚二叠世石砬峰单元。

（一）早泥盆世喀雅单元（$D_1\pi\eta\gamma$）

1. 地质特征

侵入体集中分布于东南图幅边喀雅克登塔格地区，大部分延伸至邻幅布喀达坂峰图幅中，测区共圈定 2 个侵入体，岩性为单一的斑状二长花岗岩，出露面积约 $22km^2$。

侵入体平面形态为不规则带状，展布方向近东西向、北西向，受近东西向、北西向断裂控制明显。海拔 4500m 以上发育现代冰川形成的冰斗、角峰等冰蚀地貌。

侵入体侵入于古元古界金水口（岩）群，与中元古界冰沟群呈断层接触；被上三叠统鄂拉山组火山岩不整合，且不整合界线清楚；被早侏罗世多登单元（$J_1\xi\gamma$）正长花岗岩超动侵入。邻幅布喀达坂峰幅在同类斑状二长花岗岩中锆石铀-铅（U－Pb）法同位素年龄值 407.7±7.5Ma。综合分析认为，该单元侵入岩时代为早泥盆世。

2. 岩石学特征

岩石呈浅肉红色，似斑状结构，基质为中细粒花岗结构，块状构造。似斑晶含量 10%，成分为微斜长石，大小在 1～2.2cm；基质大小在 0.468～3.90mm 间，含量约 90%，其中更长石 30%，石英 36%，微斜长石 21%，黑云母 3%，副矿物磷灰石微量。更长石 An25～27，呈板状半自形晶，较强粘土化、绢云母化；微斜长石呈板状半自形晶或它形晶，粘土化；石英呈不规则它形粒状；黑云母片状，被绿泥石交代，伴有碳酸盐化，析出榍石。

3. 岩石化学特征（表 3－47）

岩石 SiO_2 含量 70.37%，Al_2O_3 含量 13.43%，二者值偏高；K_2O 含量大于 Na_2O 含量；CaO 含量 1.38%，偏低；FeOt 含量 4.08%，其余氧化物含量均偏低；FeOt/(FeOt＋MgO) 比值＝0.84；岩石里特曼指数 δ=2.68，碱度指数为 0.73，碱比铝值为 1.05；岩石属铝钾质岩浆组合的过铝高钾的钙碱性系列（图 3－71）。岩石固结指数 SI=6.26，分异指数为 83.62，氧化率 OX=0.64，其岩石化学特征说明岩石形成时其岩浆分异结晶较好，成岩固结一般，后期自身氧化蚀变程度中等。

表 3-47　早泥盆世喀雅单元岩石化学特征表(样品号:5094)　(单位:%)

氧化物	SiO_2	TiO_2	Al_2O_3	Fe_2O_3	FeO	MnO	MgO	CaO	Na_2O	K_2O	P_2O_5	H_2O^+	烧失量	合计
	70.37	0.36	13.43	1.48	2.60	0.07	0.78	1.58	2.93	4.64	0.16	1.11	0.67	100.18
参数值	δ	SI	OX	R_1	R_2	分异指数		碱度指数		碱比铝值		FeOt/(FeOt+MgO)		
	2.68	6.26	0.64	2486	480	83.62		0.73		1.05		0.84		

测试单位:地质矿产部青海省地矿中心实验室;分析者:邢谦,郑民奇。

4. 岩石稀土元素特征(表 3-48)

稀土总量∑REE=204.48×10^{-6},轻稀土 LREE 含量=178.40×10^{-6},重稀土 HREE 含量=26.08×10^{-6},LREE/HREE 比值=6.84;Sm/Nd 比值 0.23,小于 0.333;$(La/Yb)_N$ 比值 6.56,大于 1;岩石属轻稀土富集型。稀土元素配分图(图 3-72)中轻、重稀土分馏程度差异明显,Eu 处"V"字型谷,δ(Eu)值 0.35,铕中强亏损;δ(Ce)值 1.00,铈无亏损;Eu/Sm 值 0.11。其特征显示岩浆源于中上地壳物质的熔融。

表 3-48　早泥盆世喀雅单元稀土元素特征表(样品号:5094)　(单位:10^{-6})

轻稀土元素						重稀土元素								
La	Ce	Pr	Nd	Sm	Eu	Gd	Tb	Dy	Ho	Er	Tm	Yb	Lu	Y
37.64	83.53	10.44	37.23	8.62	0.94	7.52	1.24	6.89	1.42	4.02	0.58	3.87	0.54	37.08

稀土元素参数特征值								
∑REE	LREE	HREE	LREE/ HREE	$(La/Yb)_N$	Sm/Nd	Eu/Sm	δ(Eu)	δ(Ce)
204.48	178.40	26.08	6.84	6.56	0.23	0.11	0.35	1.00

测试单位:地质矿产部武汉综合岩矿测试中心;分析者:柳建一,方金东。

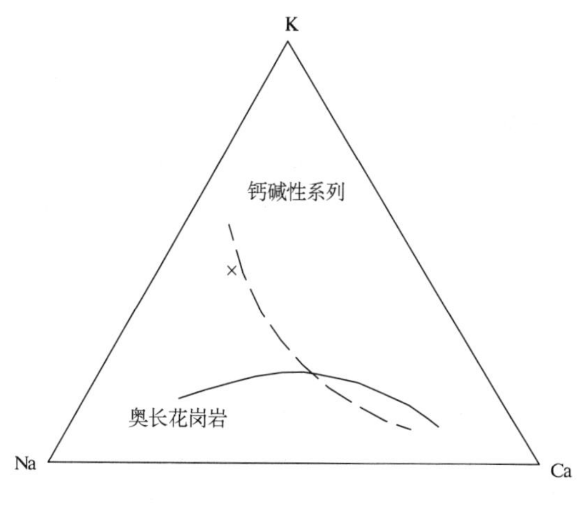

图 3-71　早泥盆世侵入岩 K-Na-Ca 三角图解
(据 Barker & Arth,1976)

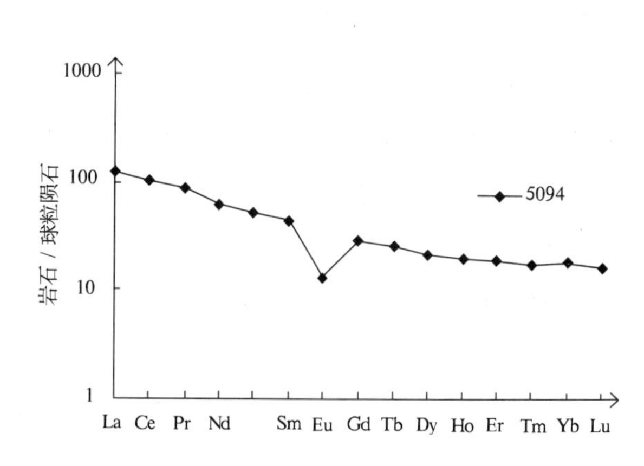

图 3-72　早泥盆世喀雅单元稀土元素配分图

5. 微量元素特征(表 3-49)

岩石中强不相容元素 K、Th、Rb、Ba 元素强烈富集;中等不相容元素 Ce、Zr 略强富集,Nb、Ta、

Sr 元素富集中等；弱不相容元素 Y 富集一般。岩石中亲铁元素 P 显高丰度值，Co 元素显低丰度值，均不富集，岩石中未见矿化。微量元素蛛网图（图 3-73）特征可与洋脊花岗岩（ORG）标准的同碰撞花岗岩相当。

表 3-49　早泥盆世喀雅单元微量元素全定量分析特征表（样品号：5094）　　（单位：K_2O 为%；其他 10^{-6}）

K_2O	Rb	Ba	Th	Ta	Nb	Ce	Hf	Zr	Sm	Y	Yb	Cr	P	Co	Cs	Sr
4.42	267	343	32.9	2.3	17.2	104.5	7.1	245	10.4	49.2	4.6	7.5	741	5.1	12.2	87

测试单位：地质矿产部武汉综合岩矿测试中心分析者：汪康康，张蕾。

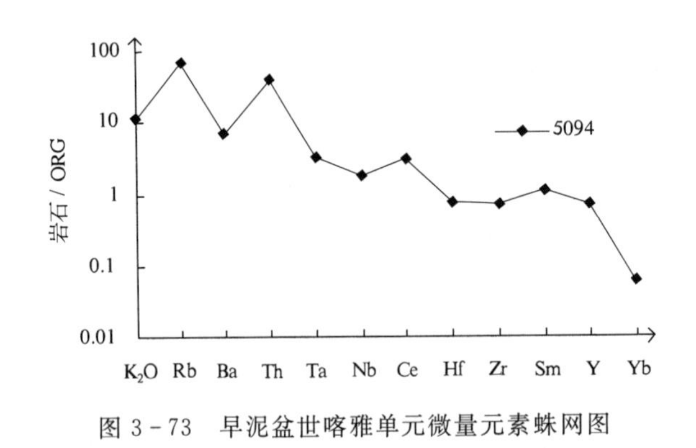

图 3-73　早泥盆世喀雅单元微量元素蛛网图

6. 侵入岩的组构、节理、岩脉、包体特征及侵位机制

侵入体中缺乏内部组构特征，岩石似斑晶、矿物粒分布均匀。受断裂带影响，断裂带附近岩石具片理化特征及发育次生节理，节理走向近北西向，与断裂带方向一致。未见有与侵入岩相关及后期形成的岩脉。岩石中未发现有同源或异源包体。

侵入体受北西向断裂控制明显，平面形态呈条带状，展布方向与断裂方向一致。侵入岩侵位机制应属被动的侵位机制。

7. 侵入体的侵入深度、剥蚀程度

侵入体呈条带状，与围岩接触关系不甚协调，大多为断层接触，部分被上三叠统火山岩不整合。岩石中 K_2O 含量较高，在 4.64%。岩石中似斑晶、矿物颗粒等级差异较明显，但分布均匀，侵入体中缺乏叶理、线理等内部定向组构。未见与侵入岩相关的火山岩出露，其中钾长石矿物为微斜长石，斜长石矿物为更长石，不含钠长石矿物。侵入体侵入深度为表带，属中等剥蚀程度。

8. 岩石成因与构造环境分析

喀雅单元侵入岩花岗岩成因是地壳做出贡献的 CPG 型花岗岩类，其特征表现为：岩石 SiO_2 含量 70.37%，Al_2O_3 含量 13.43%，均显高含量；K_2O 含量 4.64%，大于 Na_2O 含量 2.93%；FeOt/(FeOt+MgO) 比值为 0.84，碱度指数=0.73，碱比铝值=1.05；岩石属铝钾岩浆组合的过铝高钾的钙碱性系列。岩石组合为单一的斑状二长花岗岩类，岩石色率不高，特征矿物为黑云母，含量 3%，副矿物以磷灰石为主；斜长石为更长石，An=25～27；钾长石为微斜长石；似斑晶含量约 10%，成分为微斜长石，粒径均大于 1cm；岩石中未发现围岩包体。岩石分异指数为 83.62，显示岩石具较好的分异结晶特征。岩石轻、重稀土分馏程度差异明显，岩石属轻稀土富集型，δ(Eu) 值 0.35，铕中强亏损；Eu/Sm 值 0.11。岩浆源于中上地壳物质的重熔。

在 R_1-R_2 构造环境判别图解中(图 3-74)样品投影于同碰撞期的区间,微量元素蛛网图特征显示(图 3-50)特征与洋脊花岗岩(ORG)标准的同碰撞花岗岩相当。结合测区地质背景,早泥盆世侵入岩构造环境属同碰撞期的晚期阶段,构造背景处于加里东造山运动的滞后性碰撞阶段。

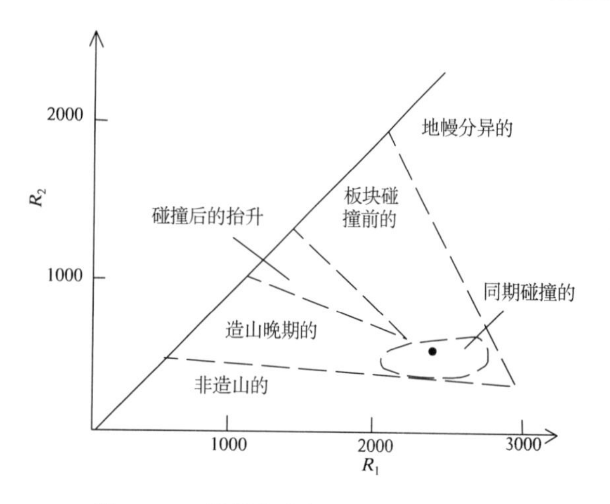

图 3-74　早泥盆世侵入岩 R_1-R_2 图解
(据 Batcher et al.,1985)

(二)晚泥盆世宽沟序列

侵入岩分布于阿达滩隐伏断裂以北,为祁漫塔格山主脊的一部分,以带状、不规则椭圆状延北西向展布,呈岩株、小型岩基产出,面积约 415km^2。共圈定 22 个侵入体,划分为中间沟单元($D_3\delta$)、土房子沟单元($D_3\delta o$)、阿达滩单元($D_3\eta\gamma$)等 3 个单元,岩石组合为细粒角闪闪长岩-中细粒石英闪长岩-中细粒二长花岗岩。

该序列岩石侵入于古元古界金水口(岩)群、中-新元古界冰沟群、奥陶系—志留系滩间山(岩)群地层,超动侵入于晋宁期变质侵入岩、加里东期侵入岩,被后期早二叠世、早侏罗世侵入岩超动侵入。中间沟单元($D_3\delta$)角闪闪长岩中获得铷-锶法(Rb-Sr)同位素年龄值(表 3-50,图 3-75):由 1、4、7 号样构成的等时线年龄值为 365±5.7Ma,2、3、5 号样构成的等时线年龄值为 397±5.8Ma,结合侵入体接触关系及区域地质背景认为,365±5.7Ma 是侵入体形成年龄,397±5.8Ma 则可能是侵入体侵蚀早期地质体的结果。阿达滩单元($D_3\eta\gamma$)中细粒二长花岗岩中获得铀-铅(U-Pb)法和铷-锶法(Rb-Sr)两个同位素年龄值。铷-锶法(Rb-Sr)同位素年龄值为(表 3-51,图 3-76):其中由 1、6、7 号样构成的等时线年龄值为 366±9.2Ma 是侵入岩形成年龄,而 2、3 号样及 4、5 号样构成的 263Ma、283Ma 年龄势则反映了侵入岩后期(岩浆)构造事件的叠加。铀-铅(U-Pb)法同位素年龄值为(表 3-52,图 3-77):1～5 号样点上交点年龄值为 884±313Ma,下交点年龄值为 357±91Ma;其中 1～2 号样点 $^{206}Pb/^{238}U$ 表面年龄统计权重平均值 376.9±3.0Ma,1～3 号样点 $^{206}Pb/^{238}U$ 表面年龄统计权重平均值 381±14Ma,接近于下交点年龄值。结合接触关系特征,下交点年龄值 357±91Ma 作为侵入岩形成的年龄是比较合理的;而上交点年龄值 884±313Ma 则反映了祁漫塔格地区具有晋宁期岩浆活动的信息特征,与划分的晋宁期变质侵入体相配套。本序列侵入岩时代确定为晚泥盆世。

表 3-50　中间沟单元($D_3\delta$)铷-锶法(Rb-Sr)同位素年龄测定结果

样品号	含量(10^{-6})		同位素原子比率*	
	Rb	Sr	$^{87}Rb/^{86}Sr$	$^{87}Sr/^{86}Sr\langle 2\sigma\rangle$
5011-1	102.8828	322.0518	0.9244	0.711 255⟨8⟩
5011-2	130.3678	320.1079	1.1784	0.711 971⟨5⟩
5011-3	96.7078	340.7229	0.8213	0.709 963⟨6⟩
5011-4	149.7463	312.7799	1.3853	0.713 643⟨3⟩
5011-5	130.0008	293.3858	1.2821	0.712 572⟨5⟩
5011-6	95.4640	317.6593	0.8696	0.711 216⟨8⟩
5011-7	101.7474	337.5669	0.8721	0.710 971⟨8⟩

注:* 括号内数字 2σ 为实测误差,例如,⟨5⟩表示±0.000 005;测试单位:天津地质矿产研究所实验测试室;分析者:张慧英,林源贤。

表 3-51　阿达滩单元($D_3\eta\gamma$)铷-锶法(Rb-Sr)同位素年龄测定结果

样品号	含量(10^{-6})		同位素原子比率*	
	Rb	Sr	$^{87}Rb/^{86}Sr$	$^{87}Sr/^{86}Sr\langle 2\sigma\rangle$
P_{31}3-1-1	740.8133	142.7117	15.0202	0.798 239〈6〉
P_{31}3-1-2	809.2306	58.9965	39.6892	0.876 035〈12〉
P_{31}3-1-3	795.8842	114.7479	20.0693	0.802 520〈8〉
P_{31}3-1-4	677.1399	117.5935	16.6618	0.798 360〈8〉
P_{31}3-1-5	731.0990	97.4887	21.6994	0.818 626〈12〉
P_{31}3-1-6	604.2949	98.3730	17.7746	0.812 804〈6〉
P_{31}3-1-7	659.5210	97.0414	19.6652	0.822 336〈4〉

注：* 括号内的数字 2σ 为实测误差，例如，〈4〉表示±0.000 004；测试单位：天津地质矿产研究所实验测试室；分析者：张慧英。

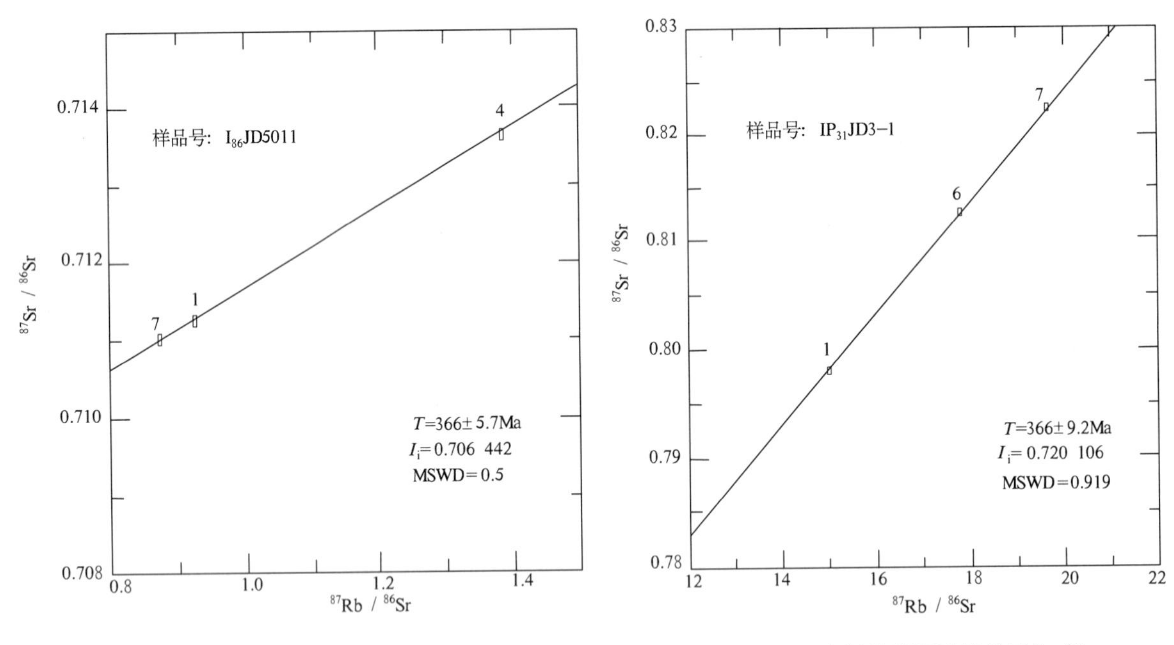

图 3-75　晚泥盆世中间沟单元铷-锶法(Rb-Sr)同位素等时线图

图 3-76　晚泥盆世阿达滩单元铷-锶(Rb-Sr)同位素等时线图

表 3-52　阿达滩单元($D_3\eta\gamma$)铀-铅法(U-Pb)同位素年龄测定结果(样品号:5058)

样品情况			含量(10^{-6})		样品中普通铅含量(ng)	同位素原子比率*					表面年龄(Ma)		
点号	锆石特征	质量(μg)	U	Pb		$\frac{^{208}Pb}{^{204}Pb}$	$\frac{^{208}Pb}{^{206}Pb}$	$\frac{^{206}Pb}{^{238}U}$	$\frac{^{207}Pb}{^{235}U}$	$\frac{^{207}Pb}{^{206}Pb}$	$\frac{^{206}Pb}{^{238}U}$	$\frac{^{207}Pb}{^{235}U}$	$\frac{^{207}Pb}{^{206}Pb}$
1	浅黄色透明长柱状	10	424	77	0.290	49	0.068 29	0.060 07〈60〉	0.4348〈661〉	0.052 50〈756〉	376.1	366.6	307.2
2	浅黄色半透明长柱状	10	206	42	0.210	44	0.016 23	0.060 48〈84〉	0.4439〈1065〉	0.053 23〈1208〉	378.6	373.0	338.5
3	浅褐色半透明长柱状	10	1088	106	0.270	119	0.050 48	0.061 82〈23〉	0.4774〈256〉	0.056 01〈285〉	386.7	396.3	452.7
4	浅褐色透明短柱状	15	687	66	0.170	201	0.075 47	0.073 26〈17〉	0.5978〈220〉	0.059 18〈205〉	455.8	475.8	573.8
5	浅褐色透明短柱状	15	541	63	0.250	129	0.053 02	0.077 47〈21〉	0.6399〈260〉	0.059 91〈230〉	481.0	502.3	600.3

注：* $^{206}Pb/^{204}Pb$ 已对实验空白(Pb=0.050ng，U=0.002ng)及稀释剂做了校正；其他比率中的铅同位素均为放射成因铅同位素；括号内的数字为 2σ 绝对误差，例如，0.077 47〈21〉表示 0.077 47±0.000 21(2σ)；1～2 号数据点 $^{206}Pb/^{238}U$ 表面年龄统计权重平均值：376.9±3.0Ma；1～3 号数据点 $^{206}Pb/^{238}U$ 表面年龄统计权重平均值：381.0±14.0Ma；1～5 号数据点：上交点年龄值 884±313Ma，下交点年龄值 357±91Ma；测试单位：天津地质矿产研究所实验测试室；分析者：左义成。

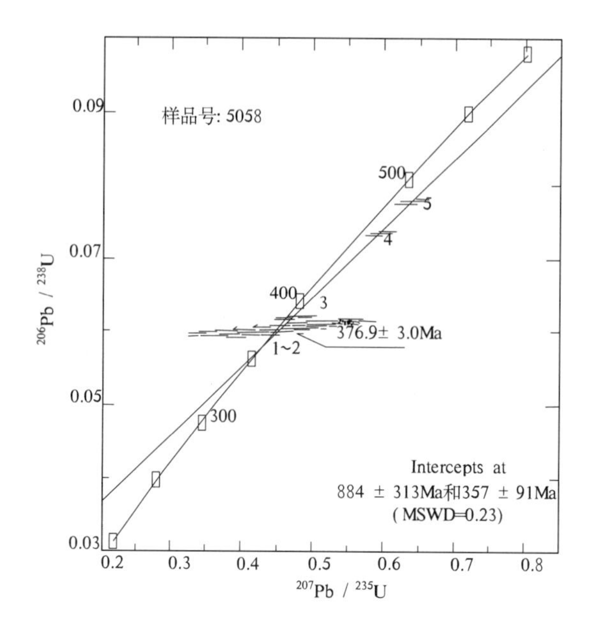

图 3-77　晚泥盆世中间沟单元锆石同位素侧年结果谐和图

1. 中间沟单元($D_3\delta$)特征

(1)地质特征。

侵入体集中分布于中间沟地区，大多被后期侵入岩侵蚀，平面形态为不规则状、不规则带状、不规则椭圆状，圈定 4 个侵入体，面积约 50km^2。侵入于古元古界金水口(岩)群、奥陶系—志留系滩间山(岩)群中，侵入界线清楚，界面波状弯曲，总体外倾，倾角中等；内接触带具围岩包体，呈不规则状、棱角状，部分围岩以残留体形式产出，接触面具窄的冷凝边；外接触带有闪长岩岩枝穿插，岩石具角岩化蚀变。超动侵入于晚志留世双石峡单元($S_3\xi\gamma$)，超动界线呈弯曲状，双石峡单元一侧岩石具烘烤蚀变，岩石呈褐紫色。被早二叠世玉古萨依单元($P_1\eta\gamma$)超动侵入，二者超动侵入特征清楚(图 3-78、图版 13-1、图版 13-2)。岩石中发育节理，其中一组近水平，沿北东方向延伸；另一组近直立，走向北西西向，与区域构造方向一致。发育的破劈理带具扭曲现象。

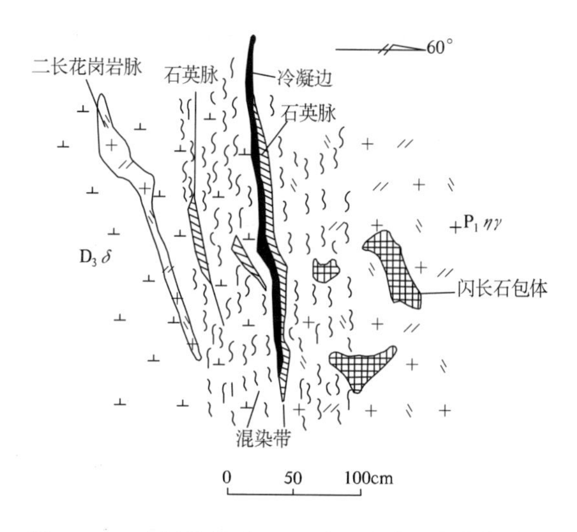

图 3-78　中间沟单元($D_3\delta$)晚二叠世玉方萨依单元($P_1\eta\gamma$)超动侵入接触关系特征素描

(2)岩石学特征。

灰绿—深灰绿色,细粒半自形粒状结构,块状构造,见表3-53。

表3-53 晚泥盆世宽沟序列侵入岩岩石特征表

单元及代号		中间沟($D_3\delta$)	土房子沟($D_3\delta o$)	阿达滩($D_3\eta\gamma$)
岩石类型		灰绿—深灰绿色细粒角闪闪长岩	灰—灰绿色中细粒石英闪长岩	灰—浅肉红色中细粒二长花岗岩
构造		块状构造		
结构		细粒半自形粒状结构。矿物粒径0.28~1.48mm	中细粒半自形粒状结构。矿物粒径0.44~2.12mm	中细粒花岗结构。矿物粒径0.76~4.62mm
矿物特征及含量	斜长石	含量60%,半自形板状、柱状,具聚片双晶及不明显的环带构造,推测为中长石	含量61%,半自形板状、柱状,具环带构造,推测为中长石	含量30%,半自形板状、柱状,具不太清楚的聚片双晶。An为25,为更长石
	钾长石	含量0	含量0	含量38%,板状、柱状,为条纹长石、微斜条纹长石,其间包有斜长石微粒
	石　英	含量0	含量14%,它形粒状,强烈波状消光。	含量26%,它形粒状,充填在其他矿物空隙之间,普遍波状消化。
	黑云母	含量0	含量15%,板状、揉皱状	含量6%,板状,局部含白云母3%~5%
	角闪石	含量36%,柱状,$C\wedge Ng'=14°$,分布均匀	含量10%,柱状,多色形明显,色调为绿色	含量0
	副矿物	含量4%,为白钛石、褐铁矿。前者为骸晶状,后者为它形粒状	少量,为不透明矿物及磷灰石	少量,由磷灰石、电气石及不透明矿物组成
岩石后期蚀变		具钠长石化、泥化及次闪石化	绢云母化、帘石化、绿泥石化、纤闪石化	具绢云母化、泥化及绿泥石化蚀变

(3)岩石化学特征(表3-54)。

SiO_2 含量51.54%~57.99%,具一定的变化范围;Al_2O_3 含量14.12%~17.97%,值偏高;Fe_2O_3、FeO、MgO、CaO含量均偏高,其中CaO含量最高达9.40%;K_2O 含量偏低,为0.66%~2.76%;Na_2O 含量在2.72%~4.40%,大于 K_2O 含量;FeOt/(FeOt+MgO)比值=0.65~0.81;里特曼指数 δ=1.89~2.53,个别达3.81;碱度指数为0.46~0.64;碱比铝值为0.63~0.99;岩石属次过铝的高钙低钾的钙碱性系列(图3-79)。岩石固结指数 SI=12.25~26.61,分异指数为38.19~60.57,氧化率 OX=0.51~0.66,说明岩石形成时其岩浆分异结晶中等,成岩固结一般,后期自身氧化蚀变程度中等。

表3-54 晚泥盆世宽沟序列岩石化学特征表 (单位:%)

单元	样品号	氧化物含量													
		SiO_2	TiO_2	Al_2O_3	Fe_2O_3	FeO	MnO	MgO	CaO	Na_2O	K_2O	P_2O_5	H_2O^+	烧失量	合计
阿达滩	4032-1	70.34	0.46	13.19	2.66	1.98	0.09	0.32	2.62	2.68	3.68	0.10	1.16	0.04	99.32
	5058	75.09	0.21	13.48	0.74	1.24	0.03	0.16	1.29	3.42	3.88	0.05	0.40	0.42	100.40
土房子沟	35-1	57.18	1.50	16.02	2.24	5.08	0.12	4.63	5.21	3.06	2.20	0.53	1.42	1.04	100.23
	48-1	68.45	0.54	14.38	1.18	2.72	0.08	1.42	1.72	2.78	3.68	0.14	0.97	1.33	99.39
	5009	58.68	0.82	17.04	2.96	3.34	0.08	3.33	3.13	6.04	1.01	0.16	2.00	1.10	99.69
	5020	56.03	1.16	15.05	4.22	4.69	0.14	4.04	9.07	1.68	1.10	0.22	1.82	0.96	100.18

续表 3-54

单元	样品号	氧化物含量												
		SiO_2	TiO_2	Al_2O_3	Fe_2O_3	FeO	MnO	MgO	CaO	Na_2O	K_2O	P_2O_5	H_2O^+	烧失量	合计
中间沟	9-2	52.24	1.30	14.12	3.59	6.43	0.15	5.28	8.69	2.72	1.82	0.19	1.56	1.24	99.33
	2024-1	51.54	2.31	17.97	2.91	5.54	0.16	3.90	9.40	3.36	0.66	0.56	1.33	0.47	100.11
	4032[a]	57.99	1.09	16.21	4.30	4.51	0.20	2.11	4.15	3.40	2.76	0.21	1.62	0.84	99.39
	5011	52.52	1.98	14.04	4.13	7.13	0.19	3.63	8.12	4.40	1.62	0.23	1.90	0.07	99.96

单元	样品号	参数值								
		δ	SI	OX	R_1	R_2	分异指数	碱度指数	碱比铝值	FeOt/(FeOt+MgO)
阿达滩	4032-1	1.48	2.83	0.43	2799	567	79.53	0.64	1.00	0.94
	5058	1.66	1.70	0.63	2835	412	89.09	0.73	1.11	0.93
土房子沟	35-1	1.95	26.90	0.69	2022	1129	52.06	0.46	0.95	0.61
	48-1	1.64	12.05	0.70	2673	553	78.86	0.60	1.24	0.73
	5009	3.17	19.96	0.53	1391	866	66.21	0.65	1.02	0.65
	5020	0.59	25.68	0.53	2693	1511	38.32	0.26	0.74	0.69
中间沟	9-2	2.23	26.61	0.64	1857	1527	39.63	0.46	0.63	0.65
	2024-1	1.89	23.82	0.66	1836	1583	38.19	0.35	0.77	0.68
	4032[a]	2.53	12.35	0.51	1812	898	60.57	0.53	0.99	0.81
	5011	3.81	17.36	0.63	1235	1357	48.67	0.64	0.59	0.76

测试单位：地质矿产部青海省地矿中心实验室；分析者：邢谦，郑民奇。

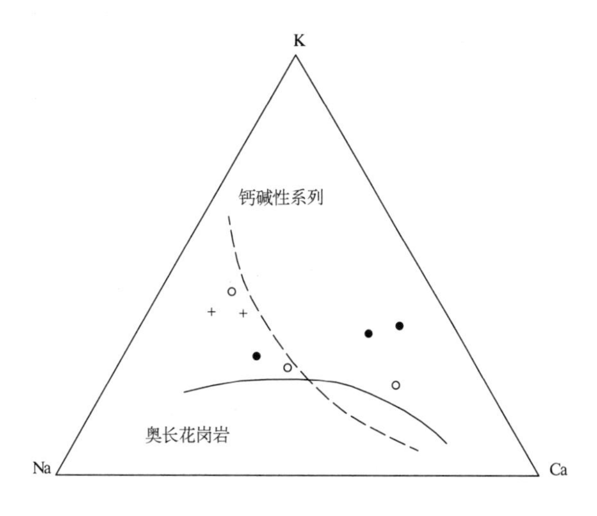

图 3-79 晚泥盆世侵入岩 K-Na-Ca 三角图解

（据 Barker & Arth，1976）

(4)稀土元素特征(表 3-55)。

稀土总量 $\sum$REE$=82.06\times10^{-6}\sim140.13\times10^{-6}$，轻稀土含量与重稀土含量比值$=3.43\sim6.93$；Sm/Nd 比值 0.21～0.25，小于 0.333；$(La/Yb)_N$ 比值 2.49～6.46，均大于 1；稀土元素配分图中(图 3-80)轻稀土部分分馏程度好于重稀土部分；岩石属轻稀土富集型。δ(Eu)值 0.92～1.08，铕极弱亏损或不亏损；δ(Ce)值 0.98～1.05，铈基本不亏损；Eu/Sm 值 0.32～0.35。其特征与来源和壳幔接合部或与下地壳物质的稀土特征相似。

表 3-55　晚泥盆世宽沟序列稀土元素特征表　(单位:10^{-6})

单元	样品号	轻稀土元素						重稀土元素								
		La	Ce	Pr	Nd	Sm	Eu	Gd	Tb	Dy	Ho	Er	Tm	Yb	Lu	Y
阿达滩	4032-1	52.86	108.60	11.89	41.58	8.09	1.23	7.25	1.202	6.95	1.47	3.95	0.628	3.86	0.564	36.93
	5058	29.68	59.90	6.82	23.78	5.20	0.81	5.30	0.99	5.96	1.06	2.96	0.42	2.43	0.32	33.84
土房子沟	48-1	28.66	55.73	7.17	25.36	5.06	0.96	4.36	0.74	4.07	0.80	2.34	0.36	2.34	0.32	24.90
	5009	43.77	96.18	11.22	38.80	7.12	1.56	5.42	0.87	4.35	0.84	2.11	0.32	1.90	0.28	23.04
	5020	29.33	65.93	7.76	29.00	6.15	1.24	5.50	0.91	4.97	1.02	2.91	0.48	2.91	0.44	26.65
中间沟	9-2	12.13	27.68	3.79	15.42	3.86	1.25	4.44	0.81	4.98	1.02	2.94	0.47	2.84	0.43	26.72
	4032[a]	27.70	57.79	6.57	23.69	4.98	1.74	4.76	0.80	4.53	0.98	2.80	0.46	2.89	0.44	25.43
	5011	13.87	34.17	4.41	18.45	4.57	1.50	5.46	0.99	6.04	1.28	3.76	0.61	3.75	0.56	34.02

单元	样品号	稀土元素参数特征值								
		ΣREE	LREE	HREE	LREE/HREE	$(La/Yb)_N$	Sm/Nd	Eu/Sm	δ(Eu)	δ(Ce)
阿达滩	4032-1	250.12	224.25	25.87	8.67	9.23	0.19	0.15	0.48	1.00
	5058	145.63	126.19	19.44	6.49	8.23	0.22	0.16	0.47	0.98
土房子沟	48-1	138.27	122.94	15.33	8.02	8.26	0.20	0.19	0.61	0.90
	5009	214.74	198.65	16.09	12.35	15.53	0.18	0.22	0.74	1.02
	5020	158.55	139.41	19.14	7.28	6.80	0.21	0.20	0.64	1.03
中间沟	9-2	82.06	64.13	17.93	3.58	2.88	0.25	0.32	0.92	0.98
	4032[a]	140.13	122.47	17.66	6.93	6.46	0.21	0.35	1.08	1.00
	5011	99.42	76.97	22.45	3.43	2.49	0.25	0.33	0.92	1.05

测试单位:地质矿产部武汉综合岩矿测试中心;分析者:柳建一,方金东。

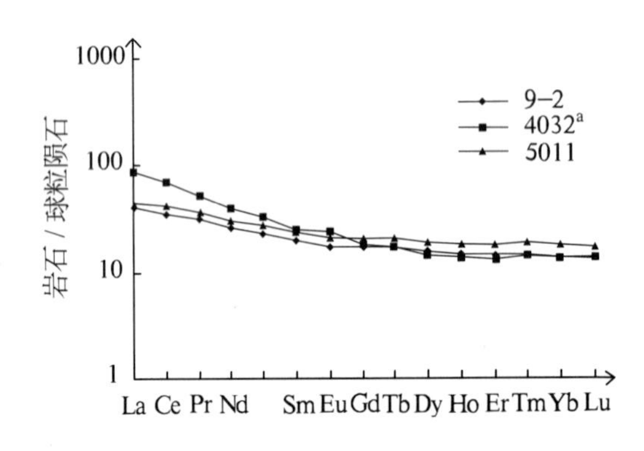

图 3-80　晚泥盆世中间沟单元稀土元素配分图

(5)微量元素特征(表 3-56)。

岩石中强不相容元素 K、Th 中等富集,Rb、Ba 元素强烈富集;Ce、Sm、Zr、Hf 中等不相容元素富集一般,Nb 元素未显示;弱不相容元素 Y 富集较差。其中 Ti 元素显高点,达 14 390×10^{-6}～17 110×10^{-6},但无矿化特征;岩石中亲铁元素 P 丰度值显高点,Mo、Co 元素显低丰度值,无富集或矿化特征,见微量元素蛛网图(图 3-81)。

岩石$^{87}Sr/^{86}Sr$初始值特征见表 3-50,初始值在 0.709 963～0.713 643 间变化,平均为 0.711 656,属中锶下段(0.706～0.712)的花岗岩范畴,显示岩浆来源于壳幔混熔或下地壳物质部分熔融。

表 3-56 晚泥盆世宽沟序列微量元素全定量分析特征 (单位:K_2O 为%;其他 10^{-6})

单元	样品号	K_2O	Rb	Ba	Th	Ta	Nb	Ce	Hf	Zr	Sm	Y	Yb	Ti	Sr	P	Mo	Co
阿达滩	4032-1	4.24	155.0	697	23.0	1.2	—	96.8	7.8	269	8.1	38.5	3.9	2319	134	458	0.22	3.9
	5058	4.50	144.0	770	13.0	1.7	16.9	77.8	4.6	112	5.1	36.0	2.7	1027	159	293	0.30	3.0
土房子沟	35-1	2.10	106.0	736	5.4	1.8	14.1	92.8	3.2	78.6	7.2	18.0	1.9	8710	894	4181	0.36	19.1
	48-1	3.90	162.0	490	11.6	1.7	14.0	64.5	4.0	123	5.2	30.8	3.1	3346	107	379	0.86	9.1
	5009	0.88	31.4	140	23.1	2.0	—	62.3	8.3	299	5.0	21.9	2.3	3831	80.1	767	0.48	16.0
	5020	1.44	67.8	522	12.5	20.1	0.5	68.1	5.3	173	6.9	30.3	3.5	6645	243	937	1.83	32.0
中间沟	9-2	2.70	137.0	448	2.4	0.5	—	27.3	3.9	131	3.8	24.4	2.9	7849	203	942	0.20	32.5
	2024-1	0.60	18.5	519	3.0	1.0	—	44.1	4.1	145	4.1	17.3	2.0	14 390	326	1619	0.20	29.4
	4032[a]	1.93	65.6	334	9.8	1.2	—	55.9	9.0	353	6.1	31.7	3.5	6197	189	980	0.32	9.5
	5011	0.73	28.1	184	4.0	0.5	—	42.6	5.5	153	5.4	34.5	4.0	17 110	204	1290	0.20	29.6

测试单位:地质矿产部武汉综合岩矿测试中心;分析者:汪康康,张蕾。

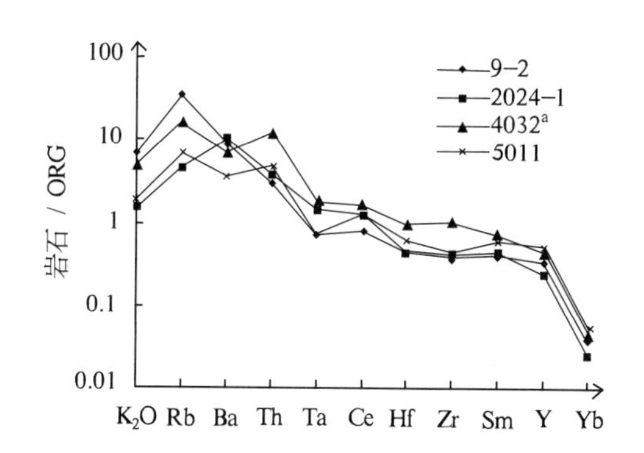

图 3-81 晚泥盆世中间沟单元微量元素蛛网图

2. 土房子沟单元($D_3\delta o$)特征

(1)地质特征。

侵入体呈带状、不规则椭圆状,沿祁漫塔格山主脊展布,面积约 210km²,以小型岩基及岩株产出,共划分出 12 个侵入体。侵入于古元古界金水口(岩)群、奥陶系—志留系滩间山(岩)群中;侵入界线清楚,界面波状弯曲、外倾,倾角中等;内接触带见围岩包体,包体为次浑圆状、不规则状、棱角状,部分以残留体形式产出,出露面积约 50m²;外接触带围岩具硅化蚀变及烘烤现象,裂隙中有岩枝穿插。超动侵入于新元古代变质侵入岩及晚奥陶世侵入岩,超动侵入界线清楚,内接触带见早期侵入岩包体。被早二叠世玉古萨依单元($P_1\eta\gamma$)、晚二叠世石砬峰单元($P_3\pi\xi\gamma$)、早侏罗世口子山单元($J_1\xi o$)超动侵入,超动侵入界面呈波状弯曲,总体倾向石英闪长岩一侧,接触面具窄的细冷凝边平行于界面延伸,晚期侵入岩中见有石英闪长岩包体(图 3-82,图版 13-2)。岩石大部分抗风化能力强,地貌上呈陡峭悬崖,局部地段具球状风化地貌,在海拔 4000~5000m 处发育冰斗地貌。岩石中节理、裂隙发育,节理走向大多以北西—北西西向为主,北东向其次,沿断裂带附近具破劈理带。

(2)岩石学特征。

灰—灰绿色,中—中细粒半自形粒状结构,块状构造。矿物粒径在 2.12~0.44mm 间。矿物特征见表 3-53。

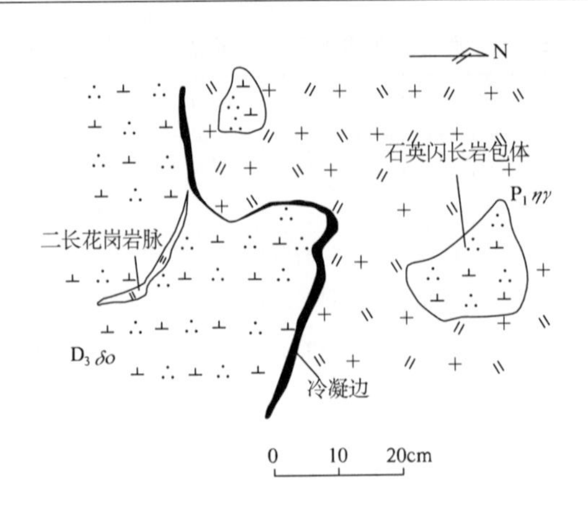

图 3-82　土房子沟单元($D_3\delta o$)被早二叠世玉古萨依单元($P_1\eta\gamma$)超动侵入接触关系特征素描图

(3)岩石化学特征。

SiO_2 含量大多在 56.03%～58.68%，少部分偏高达 68.45%；Al_2O_3 含量在 14.38%～17.04%；Fe_2O_3、FeO、MgO、CaO 含量均明显偏高，其中 FeOt 含量最高达 9.97%，CaO 含量最高达 9.07%；Na_2O 含量大于 K_2O 含量；FeOt/(FeOt＋MgO)比值＝0.61～0.73；里特曼指数 δ＝0.59～1.95，个别达 3.17；碱度指数为 0.76～0.65；碱比铝值为 0.74～1.24；岩石属次—过铝的高钙钠低钾的钙碱性系列(图 3-79)。分异指数为 38.32～78.86，变化范围大，岩石固结指数 SI＝12.05～26.90；其特征(表 3-54)显示岩石形成时其岩浆分异结晶较完全，成岩固结一般。氧化率 OX＝0.53～0.69，表明岩石后期自身氧化蚀变程度中强。

(4)稀土元素特征。

稀土总量∑REE＝138.27×10^{-6}～214.74×10^{-6}，轻稀土 LREE ＝122.94×10^{-6}～198.65×10^{-6}大于重稀土 HREE＝15.33×10^{-6}～19.14×10^{-6}，LREE/ HREE＝7.28～12.35；Sm/Nd 比值 0.18～0.21，小于 0.333；$(La/Yb)_N$ 值 6.80～15.53，均大于 1；稀土元素配分图中轻稀土部分分馏程度高于重稀土部分，Eu 处呈“V”字型谷(图 3-83)；岩石属轻稀土富集型。δ(Eu)值 0.61～0.74，铕中等亏损，显负异常；δ(Ce)值 0.90～1.03，铈弱亏损或不亏损；Eu/Sm 值 0.19～0.22。上述特征(表 3-55)显示岩浆物质来源于下地壳。

(5)微量元素特征。

强不相容元素 K、Rb、Th 富集中等，Ba 元素强烈富集；中等不相容元素 Ce、Sm、Zr、Hf 富集中等；弱不相容元素 Y 富集一般。岩石中亲铁元素 Mo、Co 元素显低丰度值，P 丰度值较高，但无富集趋势或矿化特征(表 3-56)。微量元素蛛网图特征见图 3-84。

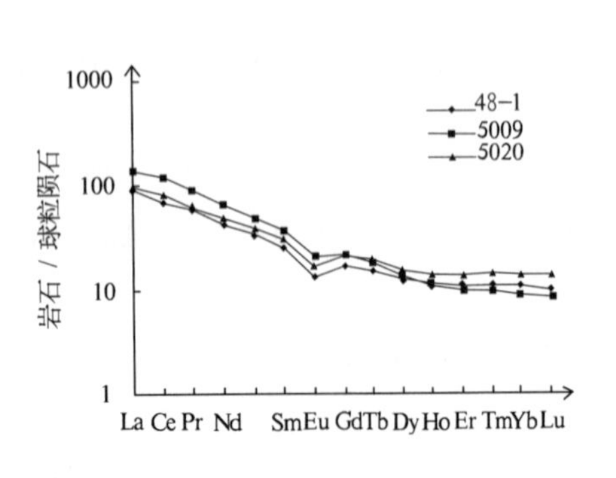

图 3-83　晚泥盆世土房子沟单元稀土元素配分图

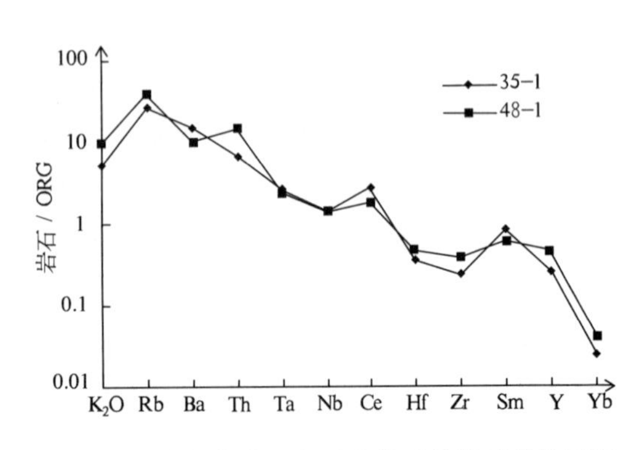

图 3-84　晚泥盆世土房子沟单元微量元素蛛网图

3. 阿达滩单元($D_3\eta\gamma$)特征

(1)地质特征。

本单元由6个侵入体组成，出露面积155km^2，呈岩株集中分布于祁漫塔格山脊两侧，平面形态为不规则带状、不规则椭圆状。侵入于古元古界金水口(岩)群、奥陶系—志留系滩间山(岩)群中，侵入接触关系清楚，界面呈弯曲状，内接触带见有围岩包体，外接触带围岩具角岩化蚀变，围岩裂隙中有与侵入体相关的岩枝穿插(图3-85)。侵入体被晚二叠世侵入岩、早侏罗世侵入岩超动侵入，大部分超动侵入特征明显，晚期侵入岩中有本单元二长花岗岩呈包体存在。与同序列中间沟单元($D_3\delta$)、土房子沟单元($D_3\delta o$)呈脉动接触。

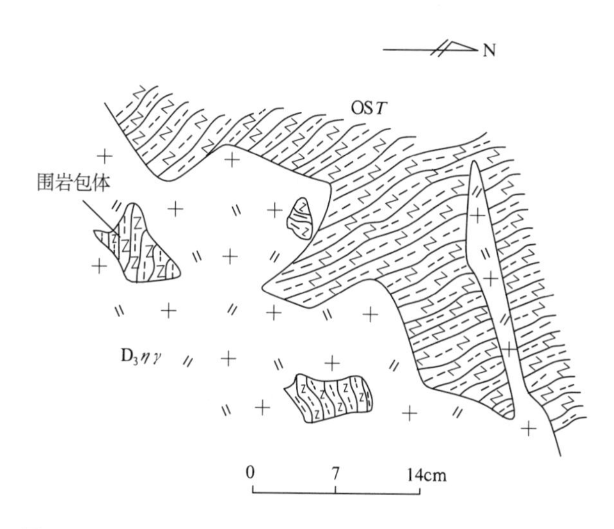

图3-85　晚泥盆世阿达滩单元($D_3\eta\gamma$)侵入滩间山(岩)群(OST)接触关系特征素描

局部岩石球状风化地貌明显。岩石发育节理、裂隙，其中以走向345°～10°的节理最为发育，节理密集区1m内可达30条；破劈理带局部地段发育，产状200°～310°∠40°，带宽一般为10～30cm。岩石中含暗色闪长质包体，含量少，呈似椭圆状、次浑圆状、不规则状、条带状，密集区平均5m^2含1块，一般20m^2含1块，大小在2～7cm，最大长轴为40cm。岩石总体缺乏内部定向组构，其中矿物颗粒、同源包体分布均匀。所含辉绿岩脉、闪长岩脉、石英岩脉均属区域性岩脉，规模不等，前两者走向近东西向、北西西向，石英岩脉呈不规则状、网状。

(2)岩石学特征。

岩石灰色、浅肉红色，中细粒花岗结构，块状构造。矿物粒径在0.76～4.62mm。岩石主要特征见表3-53。

(3)岩石副矿物特征。

岩石副矿物组合及含量见表3-57。岩石副矿物类型为锆石型，特征如下。

锆石：正方柱状，无色透明，金刚光泽，不发光，硬度大。

磷灰石：六方柱状，无色透明，少量黄色，个别晶体内含黑色包体。

磁铁矿：不规则碎块状、八方体，黑色，条痕黑色，金属光泽。

黄铁矿：碎块状、粒状，金属光泽，表面褐铁矿化，新鲜面为黄色。

电气石：碎块，茶褐色，半透明，条痕白色。

褐铁矿：立方体，褐色，条痕褐色。

萤石：不规则碎块状，无色、淡黄色、淡紫色、紫色，玻璃光泽，透明，硬度大。

黄铜矿：不规则粒状，黄铜色，金属光泽，表面有晕彩。

表 3-57 晚泥盆世阿达滩单元($D_3\eta\gamma$)岩石副矿物特征表 （单位：10^{-6}）

样品号	副矿物组合及含量								
	锆石	磷灰石	褐铁矿	磁铁矿	黄铁矿	电气石	褐帘石	萤石	黄铜矿
RZ475-1	1	个别	10	微量	—	个别	1	60	微量
RZ478-1	7	少量	微量	164	个别	—	1	63	2粒
RZ1210	微量	356	少量	2	少量	少量	—	—	—

注：资料来源于1：20万土窑洞幅、茫崖幅。

（4）岩石化学特征（表 3-54）。

岩石 SiO_2 含量 70.34%～75.09%；Al_2O_3 含量 13.19%～13.48%；Fe_2O_3、FeO、MgO、CaO 含量均显低值；K_2O 含量 3.68%～3.88%，值较稳定；Na_2O 含量 2.68%～3.42%，均大于 K_2O 含量；FeOt/(FeOt+MgO)比值为 0.93～0.94；里特曼指数 δ=1.48～1.66，碱度指数为 0.64～0.73，碱比铝值为 1.00～1.11；岩石属过铝的钙碱性系列（图 3-79）。岩石固结指数 SI=1.70～2.83，偏低；分异指数 79.53～89.09，指数较高；说明岩石分异完全，但成岩固结一般。氧化率 OX=0.43～0.63，岩石自身氧化蚀变程度中等。

（5）稀土元素特征（表 3-55）。

稀土总量∑REE=145.63×10^{-6}～250.12×10^{-6}，轻稀土 LREE =126.19×10^{-6}～224.25×10^{-6}，重稀土 HREE=19.44×10^{-6}～25.87×10^{-6}，LREE/ HREE 比值=6.49～8.67；Sm/Nd 比值=0.19～0.22，小于 0.333；$(La/Yb)_N$ 值=8.23～9.23；在稀土元素配分图中 Eu 处呈“V”字型谷（图3-86），轻稀土部分分馏程度明显；岩石属轻稀土富集型。δ(Eu)值 0.47～0.48，铕中强亏损，负铕异常明显；δ(Ce)值 0.98～1.00，铈基本不亏损；Eu/Sm 值 0.15～0.16。其特征可与下地壳物质的稀土特征类比。

（6）微量元素特征（表 3-56）。

岩石的微量元素特征显示：K、Rb、Ba、Th 等强不相容元素强烈富集，Nb 元素部分未显示，部分富集一般；中等不相容元素 Ce、Sm、Zr、Hf 富集中等；弱不相容元素 Y 弱富集，Ti 富集一般。岩石中亲铁元素 Mo、Co 丰度值低，P 丰度值较高，但无富集趋势；其他有益元素大部分不显示，岩石无矿化特征。微量元素蛛网图特征见图 3-87。

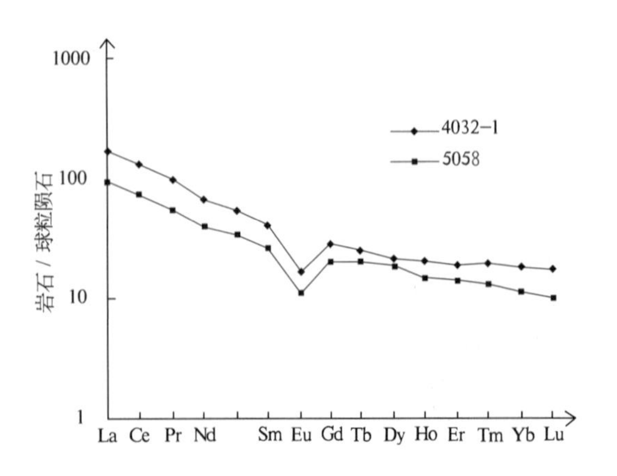

图 3-86 晚泥盆世阿达滩单元稀土元素配分图

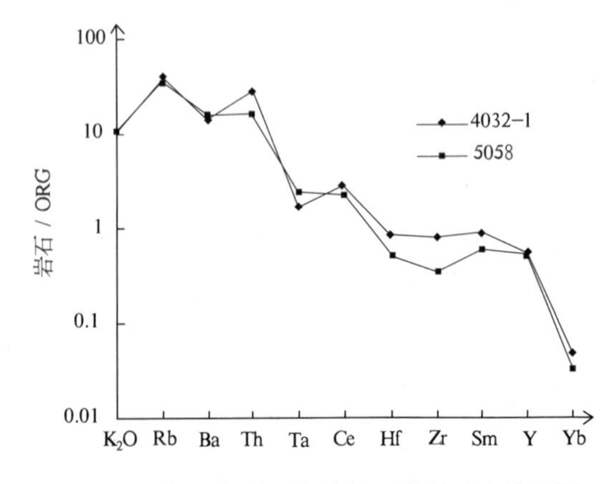

图 3-87 晚泥盆世阿达滩单元微量元素蛛网图

岩石$^{87}Sr/^{86}Sr$初始值特征见表3-52，其值大于0.719，在0.798 239～0.876 035间变化，岩石属高锶的花岗岩类，显示岩浆主要源于地壳物质的熔融。

4. 侵入岩的组构、节理、岩脉、包体特征及侵位机制

侵入岩内部总体缺乏定向组构，其中矿物颗粒、闪长质包体等分布均匀，局部略具弱片麻状构造。

受后期构造应力作用，侵入岩发育次生节理，产状分别为340°～20°∠30°～60°、40°～70°∠50°～65°、100°～135°∠60°～75°、160°～220°∠45°～60°、290°～320°∠40°～60°，其中以340°～20°∠30°～60°一组的节理最为发育，平均1m内含4～5条，密集区1m内含10～15条，最多达30多条。中间沟单元中发育的两组节理：一组近水平，延伸方向北东向；另一组近直立，走向北西向。发育的破劈理带大多分布于断裂带附近，产状为200°∠40°～50°、180°～190°∠30°～40°及走向130°～310°，规模不大。

侵入体中发育闪长岩脉、石英闪长岩脉及二长花岗岩脉等与侵入体相关的脉体，脉体大多分布于外接触带，同期侵入岩中也有分布，大部分呈不规则状沿裂隙贯入。闪长岩脉稀土元素、微量元素特征见表3-36、表3-37及图3-88，脉体岩石中轻稀土含量大于重稀土含量，Eu基本不亏损；微量元素中中等不相容元素与弱不相容元素富集程度同晚泥盆世侵入岩微量元素特征大同小异，大部分强不相容元素不显示。

侵入体中可见同源包体和异源包体两种。同源包体以闪长质包体为主，含量少，星散状分布在阿达滩单元中，中间沟单元及土房子沟单元中偶见，密集区平均5m²含1块，一般20m²含1块，呈不规则状、次浑圆状、条带状等，大小在2～7cm，最大长轴见40cm。异源包体以围岩包体为主，集中分布于侵入体内接触带，呈棱角状、不规则状，大小不一，最大见几米至十几米，一般10～40cm，部分以残留体形式产出，最大出露面积约0.2km²。阿达滩单元中见有土房子沟单元的石英闪长岩包体，包体呈不规则状、次棱角状，最大直径约80cm，一般2～10cm，无规律分布。

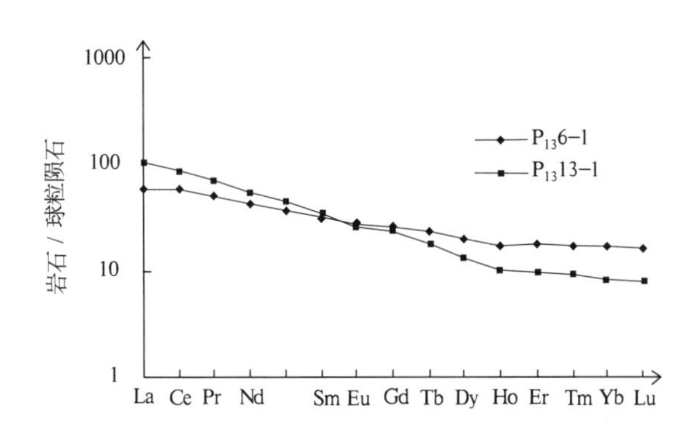

图3-88　晚泥盆世侵入岩相关岩脉稀土元素配分图

5. 侵入体的侵入深度、剥蚀程度

侵入体集中分布，以复式岩基产出，侵入体与围岩侵入接触关系基本协调—不协调；侵入体之间脉动接触关系协调，且界线较明显；侵入体内部基本无定向组构特征，缺乏叶理、线理等；岩石中FeOt+MgO显示有一定含量；斜长石矿物为中—更长石；钾长石为正长石、条纹长石。特征表明侵入体侵入深度为中带，属中等剥蚀程度。

6. 花岗岩成因及构造环境判别

该序列岩石中 SiO_2 含量在 51.54%～75.09%；Al_2O_3 含量 13.19%～17.97%，变化范围大；Fe_2O_3、FeO、MgO、CaO 含量在大多数岩石中均有较高的显示，部分岩石中 CaO 含量高达 8.12%～9.40%，MgO 含量在 5%左右；总体 Na_2O 含量大于 K_2O 含量；其岩石显示出铝—钙—铁—镁岩浆岩组合特征，属次—过铝的钙碱性系列。岩石组合以花岗闪长岩、二长花岗岩为主；地球化学(痕量元素)特征显示出火山弧花岗岩的特征；岩石中 $^{87}Sr/^{86}Sr$ 初始值角闪闪长岩中平均为 0.711 656，属中锶下段(0.706～0.712)的花岗岩范畴，显示岩浆来源于壳幔混熔或下地壳物质部分熔融；在二长花岗岩中 $^{87}Sr/^{86}Sr$ 初始值大于 0.719，在 0.798 239～0.876 035 间变化，岩石属高锶的花岗岩类，显示岩浆源于地壳物质的熔融。FeOt/(FeOt＋MgO) 比值大多为 0.61～0.76，小于 0.80，部分为 0.81～0.94，大于 0.80；岩石中特征矿物见有辉石、黑云母、角闪石等，部分岩石含有白云母矿物；副矿物见有锆石、磷灰石、磁铁矿、电气石等，岩石副矿物类型为锆石型；斜长石矿物为中—更长石。岩石分异指数 38.19～89.09，跨度较大，轻稀土部分分馏程度较好，其特征说明岩石分异结晶较完全。该期侵入岩花岗岩成因应属含角闪石的钙碱性的 ACG 型花岗岩类(低钾—高钙)。

R_1-R_2 图解中(图 3-89)岩石投影分散，部分投影于同碰撞区附近，部分投影于碰撞后的抬升区附近。结合本区的区域构造背景，构造环境应属陆内造山环境。构造体主要处于加里东造山晚期的构造松弛阶段，稍后有陆内俯冲事件发生。

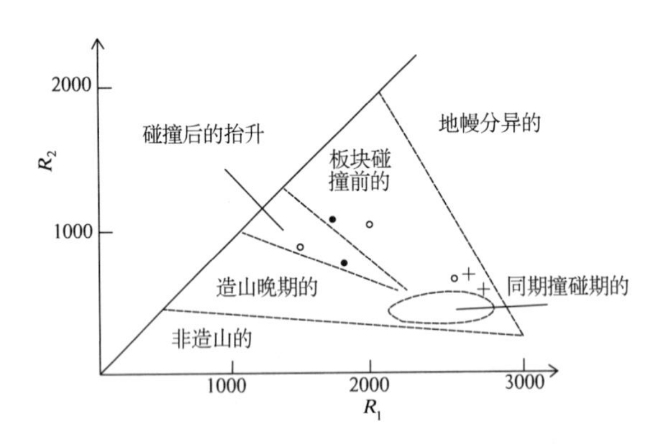

图 3-89　晚泥盆世侵入岩 R_1-R_2 图解

(据 Batcher et al.，1985)

(三)早石炭世盖依尔序列

本序列侵入岩集中分布于阿达滩隐伏断裂两测，形成恰得儿-土窑洞-群峰北及第三条沟-豹子沟脑岩石条带，共圈定 21 个侵入体，呈岩株状及岩基北西向展布，面积约 500km²。岩石组合为花岗闪长岩-二长花岗岩-斑状二长花岗岩，划分为群峰北单元($C_1\gamma\delta$)、土窑洞单元($C_1\eta\gamma$)及恰得儿单元($C_1\pi\eta\gamma$)，归并为盖依尔序列侵入体侵入于古元古界金水口(岩)群、中-新元古界冰沟群中，超动侵入于新元古代辉长岩(体)及晚泥盆世侵入岩中，被早二叠世、晚三叠世、早侏罗世侵入岩超动侵入，与下石炭统大干沟组呈断层接触。群峰北单元($C_1\gamma\delta$)花岗闪长岩中获得铀-铅(U-Pb)法同位素年龄(表 3-58，图 3-90)：2～4 号样点 $^{206}Pb/^{238}U$ 表面年龄统计权重平均值 342.9±81Ma，是侵入体形成年龄；5 号样点 $^{206}Pb/^{238}U$ 表面年龄值 366.6±0.5Ma，则可能是侵入岩侵蚀早期晚泥盆世地质体的结果。恰得儿单元斑状二长花岗岩中获得铷-锶(Rb-Sr)法同位素年龄值 325.9±3Ma(表 3-59，图 3-91)。结合区域地质背景、接触关系，本序列侵入岩确定为早石炭世。

表 3－58　群峰北单元($C_1\gamma\delta$)铀-铅法(U－Pb)同位素年龄测定结果(样品号:$P_{14}0-1$)

样品情况			含量(10^{-6})		样品中普通铅含量(ng)	同位素原子比率*					表面年龄(Ma)		
点号	锆石特征	质量(μg)	U	Pb		$\frac{^{208}Pb}{^{204}Pb}$	$\frac{^{208}Pb}{^{206}Pb}$	$\frac{^{206}Pb}{^{238}U}$	$\frac{^{207}Pb}{^{235}U}$	$\frac{^{207}Pb}{^{206}Pb}$	$\frac{^{206}Pb}{^{238}U}$	$\frac{^{207}Pb}{^{235}U}$	$\frac{^{207}Pb}{^{206}Pb}$
1	褐黄色不透明粗长柱状	15	2352	136	0.270	269	0.061 37	0.047 94〈8〉	0.3421〈67〉	0.051 76〈96〉	301.9	298.8	274.9
2	近无色透明细长柱状	15	1971	140	0.330	200	0.080 52	0.054 07〈9〉	0.3831〈86〉	0.051 39〈109〉	339.4	329.3	258.4
3	褐黄色半透明粗长柱状	15	2461	169	0.320	232	0.066 70	0.054 74〈8〉	0.4040〈74〉	0.053 52〈93〉	343.6	344.5	351.1
4	浅黄色透明粗长柱状	10	938	88	0.260	104	0.069 32	0.551 2〈23〉	0.4088〈239〉	0.053 80〈296〉	345.9	348.0	362.7
5	浅黄色透明长柱状	15	1945	137	0.270	300	0.091 19	0.058 52〈8〉	0.4358〈75〉	0.054 01〈88〉	366.6	367.3	371.5

注:* $^{206}Pb/^{204}Pb$ 已对实验空白(Pb＝0.050ng,U＝0.002ng)及稀释剂做了校正;其他比率中的铅同位素均为放射成因铅同位素;括号内的数字为 2σ 绝对误差,例如 0.058 52〈8〉表示 0.058 52±0.000 08(2σ);5 号数据点 $^{206}Pb/^{238}U$ 表面年龄值:366.6±0.5Ma;2～4号数据点 $^{206}Pb/^{238}U$ 表面年龄统计权重平均值:342.9±8.1Ma;测试单位:天津地质矿产研究所实验测试室;分析者:左义成。

表 3－59　恰得儿单元($C_1\pi\eta\gamma$)铷-锶法(Rb－Sr)同位素年龄测定结果

样品号	含量(10^{-6})		同位素原子比率*	
	Rb	Sr	$^{87}Rb/^{86}Sr$	$^{87}Sr/^{86}Sr$〈2σ〉
5109－1	342.1089	503.2666	1.9669	0.718 730〈5〉
5109－2	342.2128	601.8280	1.6453	0.717 255〈6〉
5109－3	319.4631	684.4094	1.3506	0.715 856〈3〉
5109－4	419.5039	415.5598	2.9210	0.723 138〈5〉
5109－5	347.3118	477.9119	2.1028	0.719 359〈4〉
5109－6	302.4411	439.9455	1.9890	0.714 641〈7〉
5109－7	519.8752	472.3028	3.1782	0.719 961〈5〉

注:* 括号内的数字 2σ 为实测误差,例如,〈5〉表示±0.000 005;测试单位:天津地质矿产研究所实验测试室;分析者:刘卉。

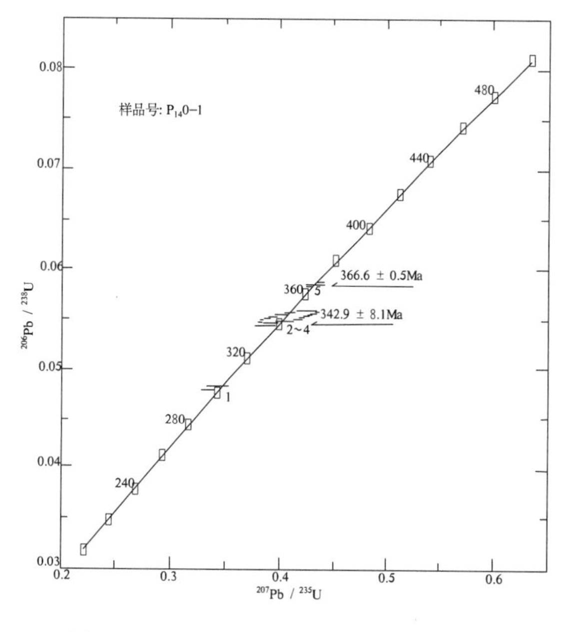

图 3－90　早石炭世群峰北单元锆石 U－Pb 同位素年龄测定结果谐和图

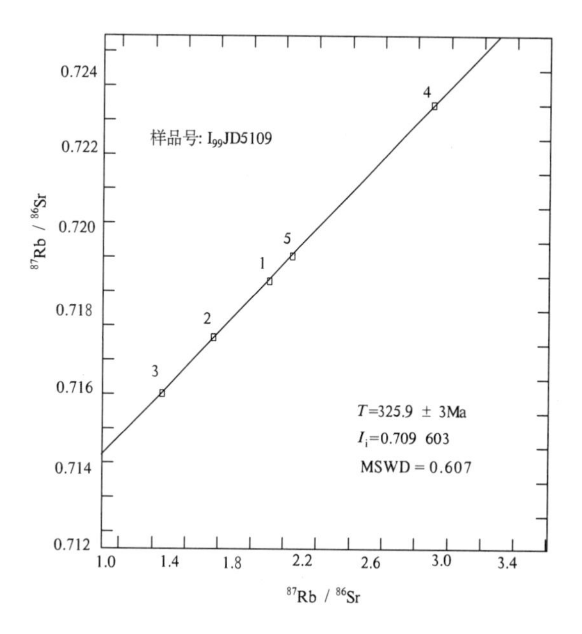

图 3－91　恰得儿单元($C_1\pi\eta\gamma$)铷-锶(Rb－Sr)法同位素等时线图

1. 群峰北单元($C_1\gamma\delta$)特征

(1)地质特征。

本单元圈定 3 个侵入体，面积约 35km²，集中出露于群峰北北坡，平面形态为不规则状、带状，呈岩株状产出，侵入于中-新元古界冰沟群中，侵入界线清楚，界面呈波状弯曲，总体外倾，倾角中等；内接触带见有围岩(片岩、大理岩)包体，为不规则状、次浑圆状，具明显的硅化特征，包体大小在 0.2～3m，部分呈小残留体形式存在，大小在 10～200m 间；外接触带围岩具角岩化、矽卡岩化蚀变，围岩裂隙中穿插有花岗闪长岩脉(枝)。被早侏罗世石英正长岩超动侵入，二者界线清楚，石英正长岩中见有花岗闪长岩包体，花岗闪长岩(体)边部岩石具烘烤边，其中裂隙中有钾长细晶岩脉贯入。发育的辉长岩脉、辉绿岩脉走向近 300°～320°，出露最宽 50m，一般 30m，最长 300m，一般 100m 左右，脉体被后期节理切错(图 3-92)。在海拔 4000m 以上，岩石地貌发育现代冰斗，海拔 4 000m 以下岩石具球状风化特征。受北西向逆冲断裂影响，岩石发育次生节理及破劈裂带，节理走向以北西向为主，破劈裂带在断裂附近特征明显，其性质与断裂性质基本一致，宽度在1～3m间。岩石中暗色闪长质包体少量，呈椭圆状、次浑圆状、不规则状，大小在 1～7cm，无规律分布。岩石总体缺乏内部定向组构特征，受韧性剪切作用，岩石糜棱岩化特征明显。

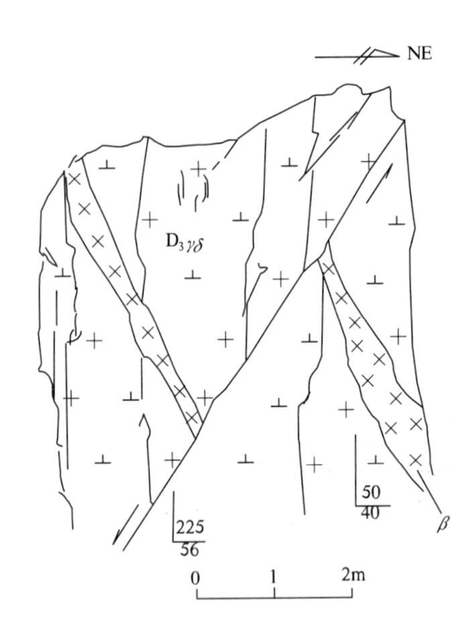

图 3-92　群峰北单元($C_1\gamma\delta$)中贯入有辉绿岩脉(β)被后期节理切错素描

(2)岩石特征。

岩石呈灰—灰白色，中细粒半自形粒状结构，块状构造。其矿物主要特征见表 3-60。

表 3-60　早石炭世盖依尔序列侵入岩岩石矿物特征表

单元及代号		群峰北($C_1\gamma\delta$)	土窑洞($C_1\eta\gamma$)	恰得儿($C_1\pi\eta\gamma$)
岩石类型		灰—灰白色中细粒黑云母花岗闪长岩	灰—浅肉红色中细粒黑云母二长花岗岩	灰—浅肉红色斑状黑云母二长花岗岩
构造		块状构造		
结构		中细粒半自形粒状结构，矿物粒径 0.59～2.96mm	中细粒花岗结构、具糜棱结构，矿物粒径 0.47～2.61mm	似斑状结构、基质中细粒花岗结构，似斑晶粒径 0.7～2cm，基质为 0.31～5mm
矿物特征及含量	斜长石	含量54%，半自形板状、粒状晶，具不太清楚的环带构造和聚片双晶，环带中心被钠黝帘石化，推测 An27，为更长石	含量 35%，半自性板状，An30-35，具较强粘土化，伴有绢云母化、帘石化	含量 37%，均为基质，板状半自形晶，自形晶，An27，为更长石
	钾长石	含量 10%，它形晶，为正长石，充填在斜长石空隙间	含量 28%，为微斜长石，其形态受孔隙制约	似斑晶含量 20%，基质含量 8%，均为微斜长石，粘土化明显。基质矿物形态受孔隙制约
	石　英	含量 30%，它形粒状	含量 30%，不规则它形粒状，晶内发育不规则镶嵌波状消光变形结构	基质含量 27%，少量为似斑晶，不规则的它形粒状晶，发育变形结构并细粒化
	黑云母	含量 6%，板状、片状，具褐色多色性，分布均匀，局部偶见绿泥石化蚀变	含量 5%，鳞片状，呈红褐色，多色性 Ng'=红褐色，Np'=淡黄色，解理弯曲，强绿泥石化	含量 6%，片状，呈黄褐色，多色性 Ng'=黄褐色，Np'=淡黄色，强绿泥石化，并析出榍石，解理弯曲
	角闪石	含量 0	含量 1%，粒、柱状，呈浅黄绿色	含量 2%，呈浅黄绿色，碳酸盐化
	副矿物	少量，为磷灰石、锆石、褐帘石，分布零星	少量，为磷灰石、褐帘石、榍石，以包体形式存在于其他矿物之中	微量，为磷灰石、榍石、锆石，以包体形式出现在其他矿物之中
岩石后期变形特征		岩石具糜棱岩化特征		

(3)岩石副矿物特征。

岩石副矿物组合及含量见表 3－61。岩石副矿物类型为锆石—磷灰石型,副矿物特征如下。

表 3－61　早石炭世侵入岩副矿物特征表　(单位:10^{-6})

单元	样品号	副矿物组合及含量									
		锆石	磷灰石	榍石	褐铁矿	磁铁矿	黄铁矿	萤石	硅铁矿	钛铁矿	石榴石
群峰北	RZ50－1	0.4	34	个别	—	微量	少量	微量	个别	—	少量
	RZ1140－4	3	6	—	微量	30	微量	个别	个别	—	—
土窑洞	RZ36－2	2	13	个别	506	4	1	少量	—	13	127

注:资料来源于 1∶20 万土窑洞幅、茫崖幅。

锆石:正方双锥柱状,极淡黄色透明、黄褐色半透明、褐色不透明,金刚光泽。

磷灰石:六方柱状、粒状,白色、淡黄色,半透明。

黄铁矿:不规则颗粒状,铜黄色、浅黄色,金属光泽,部分晶体表面具晕彩。

萤石:不规则颗粒状,浅紫色,玻璃光泽。

钛铁矿:碎块状,铁黑色,条痕黑色,金属光泽。

硅铁矿:粒状,钢灰色,金属光泽。

磁铁矿:八面体晶体、碎块状,铁黑色,条痕黑色,金属光泽。

石榴石:不规则粒状,粉色,玻璃光泽,无完整晶形。

(4)岩石化学特征(表 3－62)。

岩石化学特征(表 3－62)显示 SiO_2 含量变化不大,在 65.14%～69.55%间;Al_2O_3 含量在 14.86%～15.73%,相对稳定;K_2O 含量 1.85%～3.70%,低于 Na_2O 含量 3.78%～4.05%;CaO 含量略偏高,在 2.97%～3.33%间变化;FeO、MgO 变化不明显;岩石里特曼指数 δ=1.31～2.50;碱度指数=0.59～0.65,小于 0.9;铝饱和度=0.97～1.04,小于 1.1;岩石属次铝的钙碱性系列(图 3－93)。固结指数 SI=11.15～12.31,分异指数为 73.14～75.25,二者变化区间小;氧化率 OX=0.70～0.92,其值偏高。其特征显示侵入岩侵位时岩浆分异较完全,岩石成岩固结程度一般,后期自身氧化蚀变程度较强。

表 3－62　早石炭世盖依尔序列岩石化学特征表　(单位:%)

单元	样品号	氧化物组合及含量													
		SiO_2	TiO_2	Al_2O_3	Fe_2O_3	FeO	MnO	MgO	CaO	Na_2O	K_2O	P_2O_5	H_2O^+	烧失量	合计
恰得儿	5109	65.16	0.51	14.61	1.06	4.04	0.08	2.17	3.45	2.20	4.16	0.15	1.48	0.94	100.01
	5114－1	70.01	0.47	13.39	0.75	2.94	0.06	0.75	1.82	2.63	5.06	0.12	1.19	0.37	99.56
	5124－1	69.40	0.27	13.06	0.90	2.72	0.08	1.39	1.90	2.30	5.40	0.08	1.23	0.68	99.39
	P_{25}4－4	72.57	0.15	12.71	1.89	1.06	0.07	0.26	1.74	4.16	2.81	0.04	1.38	0.93	99.78
	P_{30}1－1	72.83	0.12	14.35	1.39	1.02	0.06	0.28	0.89	3.53	4.83	0.15	0.58	0.19	100.23
	P_{30}1－2	73.04	0.02	14.41	1.57	0.52	0.04	0.09	0.70	4.25	5.18	0.11	0.20	0.07	100.20

续表 3-62

单元	样品号	氧化物组合及含量													
		SiO_2	TiO_2	Al_2O_3	Fe_2O_3	FeO	MnO	MgO	CaO	Na_2O	K_2O	P_2O_5	H_2O^+	烧失量	合计
土窑洞	1077	74.08	0.12	13.92	0.32	1.72	0.10	0.41	1.42	3.41	3.44	0.08	0.53	0.25	99.80
	P_{30}8-1	72.34	0.21	14.35	1.33	1.92	0.06	0.70	3.17	3.92	1.68	0.08	0.47	—	100.23
	P_{30}10-1	73.57	0.06	14.52	1.41	0.80	0.18	0.24	0.80	3.70	4.25	0.09	0.49	0.18	100.29
	P_{30}12-1	66.19	0.54	14.04	1.68	4.18	0.10	2.16	4.18	1.94	2.65	0.11	0.77	0.73	99.26
	P_{30}14-1	73.51	0.13	13.64	1.94	1.20	0.06	0.46	1.64	3.53	3.14	0.07	0.82	0.25	100.39
群峰北	P_{14}0-1	69.55	0.46	14.86	0.29	3.13	0.06	1.17	2.97	4.05	1.85	0.12	0.45	0.68	99.64
	P_{30}6-1	65.14	0.62	15.73	1.30	3.10	0.08	1.67	3.33	3.78	3.70	0.23	0.54	0.26	99.46

单元	样品号	参数值								
		δ	SI	OX	R_1	R_2	碱比铝值	分异指数	碱度指数	FeOt/(FeOt+ MgO)
恰得儿	5109	1.78	15.90	0.79	2497	783	1.01	68.39	0.56	0.70
	5114-1	2.16	6.22	0.80	2485	505	1.02	82.57	0.73	0.83
	5124-1	2.21	10.97	0.75	2503	542	1.00	81.03	0.73	0.72
	P_{25}4-4	1.63	2.58	0.36	2691	461	0.98	87.65	0.78	0.92
	P_{30}1-1	2.34	2.52	0.42	2418	393	1.14	90.55	0.76	0.89
	P_{30}1-2	2.95	0.78	0.25	2095	363	1.03	93.80	0.88	0.95
土窑洞	1077	2.09	6.10	0.40	2559	452	1.17	86.87	0.67	0.83
	P_{30}8-1	1.07	7.32	0.59	2951	658	1.02	77.78	0.57	0.82
	P_{30}10-1	2.06	2.30	0.36	2546	384	1.18	90.50	0.75	0.90
	P_{30}12-1	0.90	17.13	0.71	2999	850	1.01	63.82	0.44	0.73
	P_{30}14-1	1.45	4.45	0.38	2847	470	1.13	85.73	0.67	0.87
群峰北	P_{14}0-1	1.31	11.15	0.92	2696	678	1.04	75.25	0.59	0.75
	P_{30}6-1	2.50	12.31	0.7	2026	759	0.97	73.14	0.65	0.72

测试单位：地质矿产部青海省地矿中心实验室；分析者：邢谦，郑民奇。

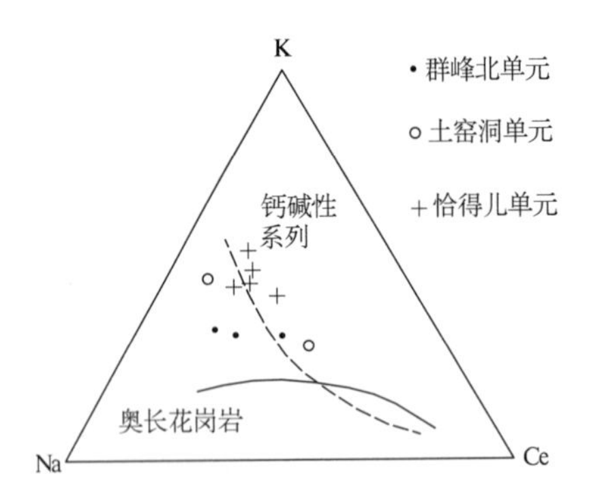

图 3-93 早石炭世侵入岩 K-Na-Ca 三角图解

（据 Barker & Arth，1975）

(5)稀土元素特征(表 3-63)。

稀土元素特征(表 3-36)显示：稀土总量$\sum$REE 在 $223.22\times10^{-6}\sim234.10\times10^{-6}$间；轻稀土含量 LREE$=210.62\times10^{-6}\sim217.90\times10^{-6}$，重稀土含量 HREE$=12.60\times10^{-6}\sim16.20\times10^{-6}$，LREE/HREE 比值$=7.49\sim16.72$；Sm/Nd 比值均为 0.16，小于 0.333；$(La/Yb)_N$ 均远大于 1；岩

石属轻稀土富集型。稀土元素配分图中轻重稀土分馏程度明显，Eu 处显“V”字型谷（图 3－94），δ(Eu)值在 0.48～0.85 间变化，铕中强亏损，负铕异常明显；δ(Ce)值 0.91～1.00，铈显极弱略有亏损；Eu/Sm 值在 0.14～0.26 间变化。其特征显示岩石物质来源于下地壳物质的熔融。

表 3－63　早石炭世盖依尔序列稀土元素特征表　（单位：10^{-6}）

单元	样品号	轻稀土元素						重稀土元素								
		La	Ce	Pr	Nd	Sm	Eu	Gd	Tb	Dy	Ho	Er	Tm	Yb	Lu	Y
恰得儿	5109	51.13	101.80	11.42	36.19	6.99	1.16	6.01	0.98	5.74	1.16	3.37	0.50	3.32	0.49	30.01
	5114－1	37.63	82.06	9.76	32.12	7.52	0.86	6.87	1.13	6.50	1.41	4.11	0.57	3.81	0.53	36.16
	5124	30.95	64.44	7.84	24.91	5.65	0.76	4.72	0.80	4.92	1.03	3.19	0.48	3.45	0.49	27.03
	P_{25}4－4	49.97	96.13	10.87	35.98	6.70	1.05	5.66	0.92	5.18	1.19	3.35	0.55	3.73	0.55	31.97
土窑洞	1077	10.56	22.03	2.63	8.35	1.87	0.36	1.78	0.34	2.23	0.50	1.50	0.22	1.55	0.24	12.70
	P_{30}8－1	37.18	74.67	7.97	27.48	6.14	0.51	5.50	0.96	5.77	1.17	3.05	0.46	3.01	0.41	29.87
	P_{30}14－1	33.27	65.40	7.51	26.73	5.27	1.04	4.90	0.80	4.68	0.91	2.67	0.43	2.76	0.39	25.72
群峰北	P_{14}0－1	50.30	103.00	11.45	38.69	6.29	0.89	4.63	0.68	3.04	0.56	1.58	0.26	1.60	0.25	15.79
	P_{30}6－1	54.24	99.95	11.85	43.03	7.01	1.82	5.85	0.85	4.19	0.77	2.06	0.32	1.89	0.27	21.61

单元	样品号	稀土元素参数特征值								
		ΣREE	LREE	HREE	LREE/HREE	(La/Yb)N	Sm/Nd	Eu/Sm	δ(Eu)	δ(Ce)
恰得儿	5109	230.26	208.69	21.57	9.68	10.38	0.19	0.17	0.53	0.97
	5114－1	194.88	169.95	24.93	6.82	6.66	0.23	0.11	0.36	1.01
	5124	153.63	134.55	19.08	7.05	6.05	0.23	0.13	0.44	0.97
	P_{25}4－4	221.83	200.70	21.13	9.50	9.03	0.19	0.16	0.51	0.95
土窑洞	1077	157.21	141.28	15.93	8.87	8.77	0.21	0.11	0.37	1.02
	P_{30}8－1	174.28	153.95	20.33	7.57	8.33	0.22	0.08	0.26	1.00
	P_{30}14－1	156.76	139.22	17.54	7.94	8.13	0.20	0.20	0.62	0.96
群峰北	P_{14}0－1	223.22	210.62	12.60	16.72	21.19	0.16	0.14	0.48	1.00
	P_{30}6－1	234.10	217.90	16.20	7.94	19.35	0.16	0.26	0.85	0.91

测试单位：地质矿产部武汉综合岩矿测试中心；分析者：柳建一，方金东。

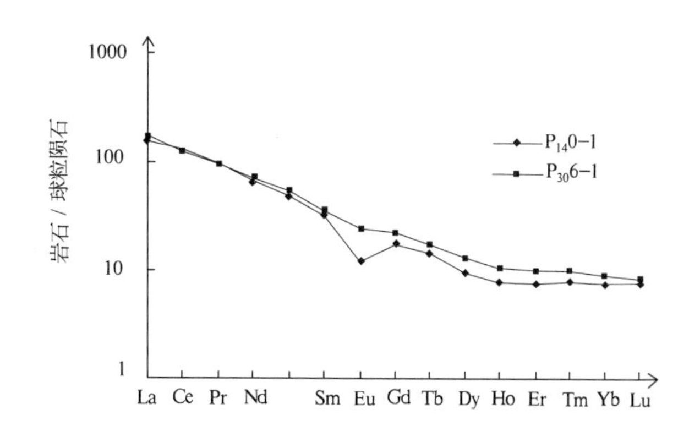

图 3－94　早石炭世盖伊尔序列群峰北单元稀土元素配分图

(6)微量元素特征（表 3－64）。

微量元素特征（表 3－64）显示：岩石中强不相容元素 K、Rb、Ba、Th 等强烈富集；中等不相容元素 Ce、Sr、Nb、Hf、Sm 富集中等；弱不相容元素 Y、Ti 弱富集。岩石中亲铜元素 Cu、Pb、Zn 丰度值低，无富集趋势，其他有益元素大部分不显示，岩石无矿化特征。微量元素蛛网图特征（图 3－95）与标准的洋脊花岗岩特征一致。

表 3-64　早石炭世石盖依尔序列微量元素全定量分析特征表　（单位：K_2O 为%；其他 10^{-6}）

单元	样品号	K_2O	Rb	Ba	Th	Ta	Nb	Ce	Hf	Zr	Sm	Y	Yb	Sr	Ni	Cu	Zn	Pb
恰得儿	5109	4.44	195	1081	15.4	1.6	16.3	93.2	4.0	131	5.3	22.9	2.6	290	12.8	9.0	51	38.4
	P_{25}1-1	6.87	236	770	7.8	13	—	28.0	2.6	—	2.9	19.4	3.2	240	5.2	6.2	15	42.8
	P_{25}1-5	4.28	175	789	21.5	1.5	—	108.0	4.3	—	7.1	21.4	1.9	242	11.8	6.8	63	37.9
	P_{25}4-1	4.55	211	666	33.9	2.3	—	148.0	5.4	—	9.7	46.9	4.4	245	9.5	6.6	47	46.1
	P_{30}1-1	4.64	258	245	10.4	2.4	3.5	35.7	13.0	51	675	2.3	19.7	51	5.2	1.9	34	43.8
	P_{30}2-1	4.96	292	238	13.2	2.6	16.2	42.1	2.4	62	3.6	24.7	1.9	44	3.8	1.8	31	43.8
土窑洞	P_{30}8-1	5.02	256	527	23.3	0.5	4.2	85.2	6.3	107	6.1	37.0	3.3	55	16.8	10.4	73	27.6
	P_{30}10-1	1.10	55	282	5.0	1.6	12	34.5	3.6	128	2.1	13.2	1.5	153	7.2	9.0	36	15.6
	P_{30}12-1	4.33	180	196	6.0	1.6	12.6	29.6	2.7	49	2.5	19.8	2.1	29	5.2	1.0	37	34.4
	P_{30}14-1	2.22	180	457	14.6	0.5	4.2	75.0	6.3	209	5.9	29.0	2.7	143	16.8	10.4	73	27.6
	P_{30}15-1	3.29	94	643	5.8	0.5	3.7	29.1	1.6	45	2.1	15.2	1.5	137	4.6	1.0	20	30.5
群峰北	5109-1	3.03	221	427	19.0	1.1	14.5	90.6	5.1	160	7.2	24.1	2.5	147	17.4	6.0	59	38.8
	P_{14}0-1	2.08	139	305	19.9	30.4	54.5	94.5	5.7	218	5.3	17.9	1.7	—	—	—	—	—
	P_{30}6-1	2.32	112	356	14.8	2.6	16.2	90.8	2.4	306	7.4	24.1	2.2	400	3.8	1.8	31	43.8
	P_{30}7-1	4.92	300	685	28.8	2.6	16.9	128.0	6.0	209	7.7	40.2	3.7	111	6.1	2.6	51	40.9

测试单位：地质矿产部武汉综合岩矿测试中心；分析者：汪康康，张蕾。

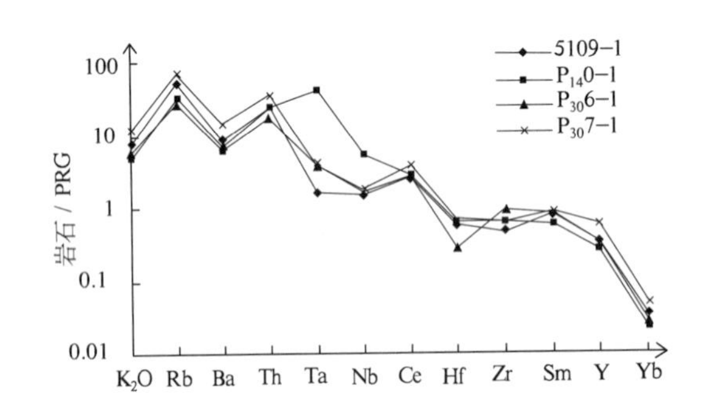

图 3-95　早石炭世盖依尔序列群峰北单元微量元素蛛网图

2. 土窑洞单元（$C_1\eta\gamma$）特征

（1）地质特征。

侵入体群居性较好，集中分布于阿达滩沟脑—土窑洞一线，由 3 个侵入体组成，面积约 154km²。侵入体平面形态呈不规则带状、不规则椭圆状，长轴方向呈近东西向、北西西向，与区域构造方向一致，大多呈岩株产出，在土窑洞地区呈一小型岩基。侵入体侵入于古元古界金水口（岩）群中，二者侵入界线清楚，界面呈波状弯曲，外倾，倾角 40°左右；内接触带见围岩（片麻岩）包体呈不规则状分布；外接触带见有二长花岗岩岩枝穿插，局部沿接触面具 1～3cm 宽的烘烤边断续分布。侵入体被晚三叠世、早侏罗世侵入岩超动侵入，超动侵入界线清楚，晚期侵入岩中见有片麻状二长花岗岩包体；与同序列群峰北单元（$C_1\gamma\delta$）呈脉动接触，二者界线不甚明显，大多为渐变过渡，局部见细粒边。

岩石球状风化地貌明显。受北西西向、北东向构造应力作用，岩石发育与构造方向一致的韧性剪切带、破劈理带及节理、裂隙，岩石中粒状、片状矿物大部分定向排列，使岩石具糜棱岩化特征，岩石糜棱面理方向与区域构造线方向一致。侵入体中含少量暗色闪长质包体，呈次浑圆状、长条状，长轴方向与岩石糜棱面理方向一致(图3-96)。沿节理、裂隙分布有后期侵入岩相关岩脉(花岗闪长岩脉、钾长花岗岩脉)及区域性岩脉(石英脉、长英质岩脉、伟晶岩脉、辉绿岩脉)，脉体分布规模不大。在阿达滩沟脑发现以残留体形式产出的辉长岩(体)、辉橄岩，与侵入体界线清楚，界面呈锯齿状弯曲不平，辉长岩一侧靠近接触面岩石具硅化蚀变。

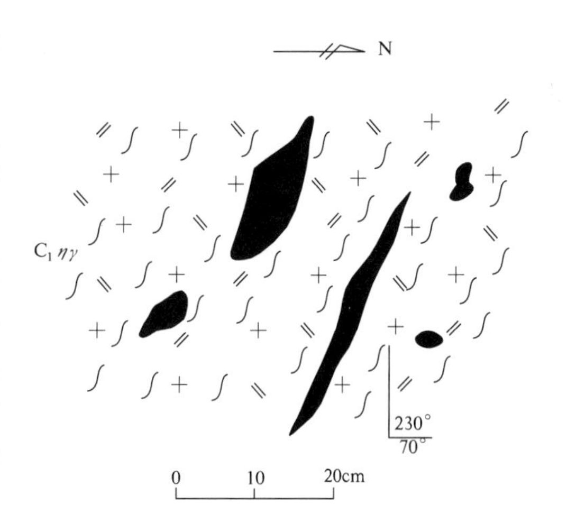

图3-96　土窑洞单元($C_1\eta\gamma$)中的闪长质包体形态素描图

(2)岩石学特征。

岩石呈灰色—浅肉红色，中细粒花岗结构，具糜棱结构，块状构造，具定向构造。其他特征见表3-60。

(3)岩石副矿物特征。

岩石副矿物组合及含量特征见表3-61。岩石副矿物类型为锆石-磷灰石型，各副矿物特征如下。

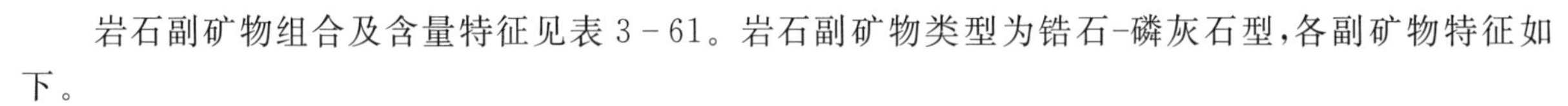

锆石：正方双锥柱状，淡黄色透明，黄褐色半透明，褐色不透明。

磷灰石：不规则碎块状、六方柱状、粒状，白色、浅黄色，半透明。

磁铁矿：不规则颗粒，黑色，金属光泽。

褐铁矿：不规则颗粒，褐色，条痕浅褐色，光泽暗淡。

黄铁矿：不规则颗粒，黄铜色、浅黄色，金属光泽。

萤石：不规则颗粒，浅紫色、白色，玻璃光泽。

钛铁矿：不规则颗粒，黑色，金属光泽。

石榴石：不规则颗粒，粉色，半透明，玻璃光泽。

(4)岩石化学特征(表3-62)。

岩石中SiO_2含量在66.19%～74.08%，变化范围较大；Al_2O_3含量在13.64%～14.50%，变化不大；K_2O含量大多在2.65%～4.25%，个别偏低，为1.68%，但总体大于Na_2O含量1.94%～3.92%；个别样品中CaO、FeO含量偏高，均达4.18%；岩石铝饱和度为1.02～1.18，大多大于1.1；碱度指数=0.44～0.75，小于0.9；里特曼指数δ=0.90～2.09；岩石属过铝的钙碱性系列(图3-93)。固结指数SI=2.30～17.13，分异指数为63.82～85.73，氧化率OX=0.36～0.85。其特征表明岩石分异结晶较完全，但成岩固结一般，岩石自身氧化蚀变程度中等。

(5)稀土元素特征。

岩石稀土含量及各稀土特征值(表3-63)变化不大。稀土总量在156.76×10^{-6}～174.28×10^{-6}，轻重稀土含量之比为7.57～8.87；Sm/Nd比值=0.20～0.22，小于0.333；$(La/Yb)_N$=8.13～8.71，无明显变化且远大于1；稀土配分曲线图中(图3-97)轻稀土部分呈右倾斜，重稀土部分则为较平缓的平滑曲线，Eu处"V"字型谷明显；岩石轻稀土分馏程度远高于重稀土部分，属轻稀土富集型。δ(Eu)值在0.26～0.62，岩石负铕异常明显，铕呈中强亏损；δ(Ce)值0.96～1.02，铈基本无亏损，大部分显正异常；Eu/Sm值在0.08～0.20间。上述特征可与下地壳物质的稀土特征对比，显示侵入岩岩浆来源于下地壳物质的熔融。

(6)微量元素特征。

从微量元素特征(表3-64，图3-98)中可以看出：岩石中K、Rb、Ba等强不相容元素较强烈富集，且具一定的高含量点；Ce、Sr、Nb、Ta、Hf 等中等不相容元素富集一般，Zr 元素富集略强；弱不相容元素 Ti、Y 虽有高含量点显示，但无富集趋势。亲铜元素 Cu、Pb、Zn 在部分样品中含量点偏高，但不富集或无矿化。微量元素蛛网图特征可与洋脊花岗岩(ORG)中的火山弧花岗岩类比。

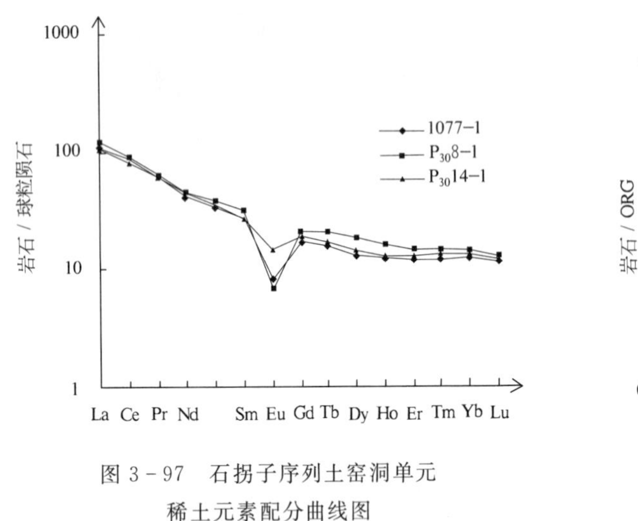

图 3-97　石拐子序列土窑洞单元
稀土元素配分曲线图

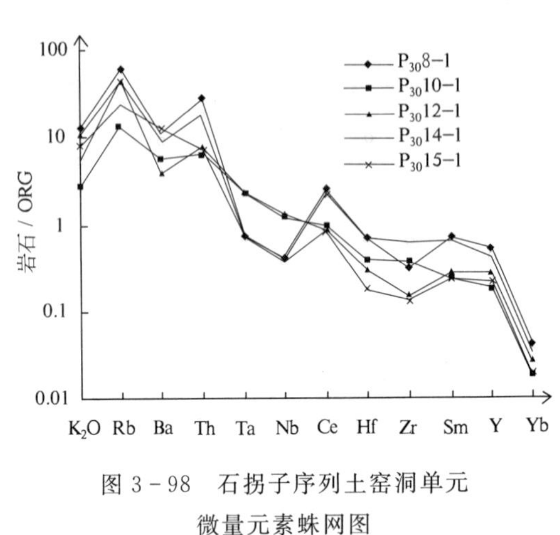

图 3-98　石拐子序列土窑洞单元
微量元素蛛网图

3. 恰得儿单元($C_1\pi\eta\gamma$)特征

(1)地质特征。

侵入体集中分布于恰得儿以北地区，呈岩株、小型岩基产出，在土窑洞、错那欧土吉地区少量分布，平面形态为不规则条带状、不规则椭圆状，圈定 4 个侵入体，面积约 138km^2。

侵入体侵入于古元古界金水口(岩)群中，二者侵入界线明显，界面呈波状弯曲不平，外倾，倾角 30°～60°；内接触带具片麻岩、片岩包体，包体呈不规则状、棱角状；外接触带裂隙中贯入有侵入体相关岩脉(枝)；内外接触带岩石混染明显，混染带宽 10～30m 不等。侵入体被晚三叠世、早侏罗世侵入岩超动侵入，超动界线大部分清楚，其中晚期侵入岩中见有斑状二长花岗岩包体。脉动侵入于群峰北单元($C_1\gamma\delta$)、土窑洞单元($C_1\eta\gamma$)，岩石中有这两个单元的岩石包体。

地貌上岩石具球状风化特征。受近东西向、北西向左旋斜冲断裂影响，岩石大部分发育糜棱岩化特征，其中部分钾长石似斑晶经韧性剪切作用后呈左行旋转椭球体；靠近断裂发育破劈理带，劈理带宽窄不一，其走向与区域构造方向一致，其中有贯入的后期石英脉；发育不同期次的节理、裂隙，节理主体走向与断裂走向一致，沿节理、裂隙见有规模不等的区域性岩脉(钾长花岗岩脉、长英质岩脉、石英脉、辉绿岩脉)及后期侵入岩相关岩脉穿插。局部岩石中似斑晶、矿物颗粒定向排列，排列方向与区域构造方向基本一致(图版 13-3)；所含暗色闪长质包体呈星散状分布，形态为长条状、次浑圆状，长轴方向与糜棱面理方向一致(图版 12-3、图版 13-4)。

(2)岩石学特征。

岩石为灰色、浅肉红色，似斑状结构，基质中—中细粒花岗结构，块状构造，主要特征见表 3-61。

(3)岩石化学特征(表 3-62)。

岩石化学特征(表 3-62)显示：SiO_2 含量绝大多数在 69.40%～73.04%，个别略偏低，为 65.16%；Al_2O_3 含量相对变化不大，在 12.71%～14.67%；K_2O 含量大多在 4.16%～5.18%间，大于 Na_2O 含量 2.20%～4.75%，个别样品中 Na_2O 含量大于 K_2O 含量；CaO、FeO 含量略偏高；岩石铝饱和度为 0.98～1.14，大多接近于 1.1；碱度指数＝0.56～0.88，小于 0.9；里特曼指数 δ＝1.63～

295；岩石属过铝的高钾钙碱性系列(图 3-93)。岩石固结指数 $SI=0.78\sim15.90$，值偏低；分异指数为 68.39～93.80，值偏高；表明岩石形成时岩浆分异结晶完全，但成岩固结较差。氧化率 $OX=0.25\sim0.80$，岩石自身氧化蚀变程度中强。

(4)稀土元素特征(表 3-63，图 3-99)。

岩石稀土总量 $\sum REE=157.21\times10^{-6}\sim230.26\times10^{-6}$，轻稀土 LREE 含量 $134.55\times10^{-6}\sim208.69\times10^{-6}$ 大于重稀土 HREE 含量 $15.93\times10^{-6}\sim24.93\times10^{-6}$，LREE/ HREE 比值=6.82～9.68；Sm/Nd 比值为 0.19～0.22，小于 0.333；$(La/Yb)_N$ 值=6.05～10.38，均大于 1；在稀土配分图中轻重稀土分馏程度差异明显，Eu 处具明显"V"字型谷。岩石均属轻稀土富集型。$\delta(Eu)$ 值 0.46～0.85，铕显负异常，中等亏损；$\delta(Ce)$ 值 0.91～1.06，铈部分略有亏损。Eu/Sm 值大多在 0.15～0.18间，个别为 0.26。其特征显示岩石物质来源于地壳。

(5)微量元素特征(表 3-64，图 3-100)。

强不相容元素 K、Rb、Ba 等强烈富集，Th 元素富集中强；中等不相容元素 Ce、Sr、Sm 等富集中等，Nb、Zr 元素富集一般；弱不相容元素 Ni、Y 富集较弱。岩石中亲铜元素 Cu、Pb、Zn 显一定丰度值，但不富集或无矿化特征。在微量元素蛛网图中所显示特征与标准的洋脊花岗岩特征基本相当。

岩石中 $^{87}Sr/^{86}Sr$ 初始值(表 3-59)4、5、7 号样大于 0.719，在 0.719 35～0.723 138 间，显示高锶花岗岩特征；1、2、3、6 号样的 $^{87}Sr/^{86}Sr$ 初始值在 0.714 641～0.718 730 间变化，显示中锶花岗岩特征；1～7 号样 $^{87}Sr/^{86}Sr$ 初始平均值为 0.718 42，岩石总体反映了中锶花岗岩特征，表明下地壳的岩浆在上升过程中受到上地壳物质的混染。

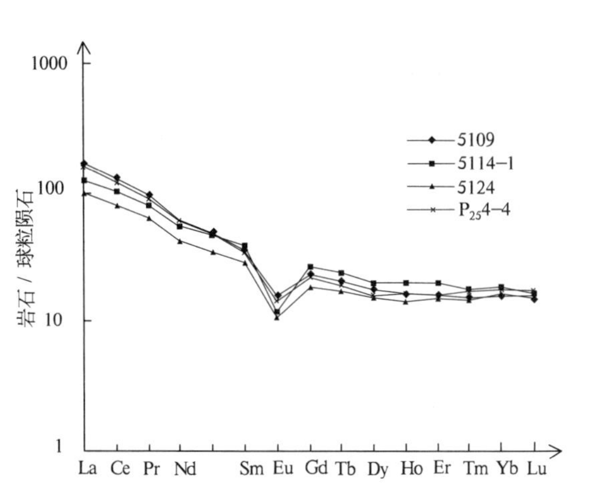

图 3-99　早石炭世盖依尔序列恰得儿单元稀土元素配分图

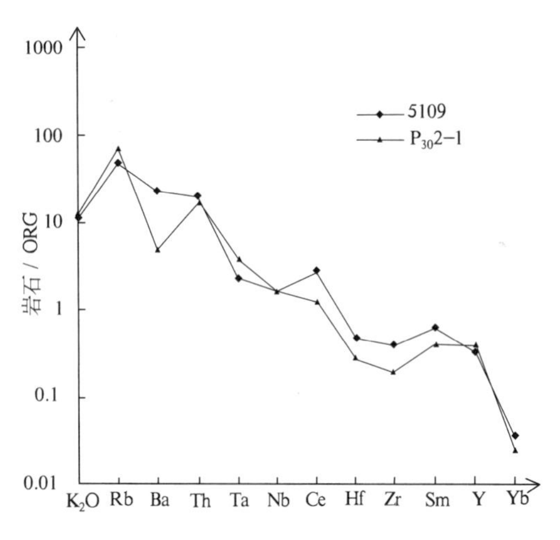

图 3-100　早石炭世盖依尔序列恰得儿单元微量元素蛛网图

4. 侵入体组构、包体特征及侵位机制

部分岩石中似斑晶、粒状、片状矿物定向排列，局部发育线理，线理产状为 35°∠55°。岩石糜棱岩化特征在土窑洞地区明显，而在恰得儿地区相对较弱(图版 12-4)，糜棱面理方向与区域方向基本一致，糜棱岩化带中发育有与走向一致同期形成的长英质岩脉。岩石中的暗色闪长质包体长轴方向与岩石线理方向相同，呈星散状分布。围岩包体大多沿内接触带无规律分布。

岩石中含有同源包体、异源包体及少量富黑云母包体。同源包体为暗色闪长质包体，形态呈条状、次浑圆状—浑圆状，粒径大小在 1～30cm 间，最大 50cm，呈星散状分布，局部定向，方向 200°左右，包体长轴方向与寄主岩线理方向一致，与寄主岩界线清楚。同源包体在群峰北单元($C_1\gamma\delta$)中含量少，一般为约 50m² 含 1 块；在土窑洞单元($C_1\eta\gamma$)及恰得儿单元($C_1\pi\eta\gamma$)中含量相对较少，密集区 1m² 含1～2 块，一般为 10m² 含 1 块左右。异源包体以围岩包体(捕虏体)为主，呈不规则状、棱角状，集中分布于侵入体内接触带，粒径大小不等，一般直径在 5～30cm 间，最大可见 10m²。富黑云母包体少量，呈次浑圆状，粒径大小为 3～5cm，仅分布于群峰北单元中。在恰得儿单元中见有少量群峰北单元花岗闪长岩包体，包体最大长轴约 40cm，一般 5～10cm，呈棱角状—次棱角状、不规则状，与寄主岩界线清楚(图 3 - 101)。同源闪长质包体岩石化学、稀土元素、微量元素特征(表 3 - 65～表3 - 67，图 3 - 102、图 3 - 103)：其中 SiO_2 含量为 65.28%(偏高)，Al_2O_3 含量 14.60%，K_2O 含量 2.70%，Na_2O 含量 2.62%，CaO 含量 3.29% ，FeOt 含量 6.16%；稀土元素特征显示岩石为轻稀土富集型，配分图中 Eu 处"V"字型谷明显，铕中强亏损；微量元素特征显示与洋脊花岗岩标准的火山弧花岗岩特征相当。上述特征同群峰北单元($C_1\gamma\delta$)岩石化学、稀土元素、微量元素特征基本一致，表明二者属同源。

侵入体集中分布于阿达滩断裂带南，受该断裂控制明显，侵入体平面形态大多呈带状；闪长质包体分布无规律，但其长轴方向与岩石中的似斑晶、矿物颗粒等显定向排列，发育线理等内部定向组构；侵入体外接触带有侵入体相关岩脉、岩枝穿插，内接触带发育围岩包体。侵入岩具有被动和强力就位的双重侵入机制特点，其中以被动的侵入机制为主。受阿达滩北缘断裂影响，使下地壳物质熔融形成岩浆，并诱发其沿断裂带上侵而就位。

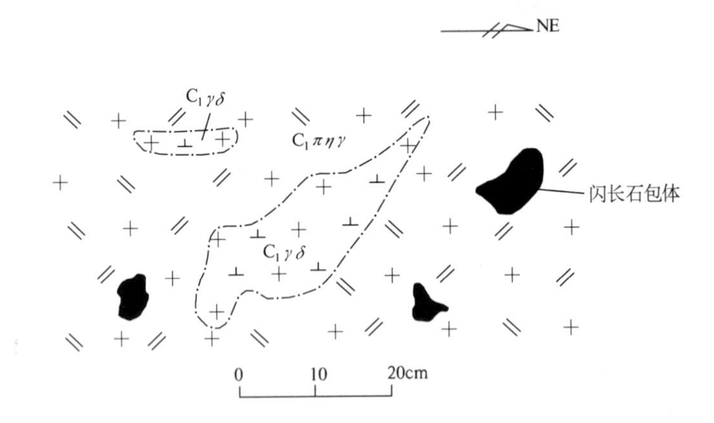

图 3 - 101　恰得儿单元($C_1\pi\eta\gamma$)中群峰北单元($C_1\gamma\delta$)包体及闪长质包体素描图

表 3 - 65　侵入岩同源闪长质包体岩石化学特征表　(单位：%)

时代	样品号	SiO_2	TiO_2	Al_2O_3	Fe_2O_3	FeO	MnO	MgO	CaO	Na_2O	K_2O	P_2O_5	H_2O^+	烧失量	合计
J_1	P_{14}1 - 1	54.58	1.22	16.69	2.07	5.90	0.13	4.78	5.80	3.95	2.25	0.55	0.60	1.35	99.87
P_1	5021 - 1	67.57	0.71	15.83	1.84	1.75	0.08	0.46	5.18	4.00	1.96	0.18	0.54	0.29	100.39
C_1	5144	65.28	1.15	14.60	1.03	5.13	0.11	2.26	3.29	2.62	2.70	0.29	1.00	0.69	100.15

测试单位：地质矿产部青海省地矿中心实验室；分析者：邢谦，郑民奇。

表 3 - 66　侵入岩同源闪长质包体稀土元素特征表　(单位：10^{-6})

时代	样品号	轻稀土元素						重稀土元素								
		La	Ce	Pr	Nd	Sm	Eu	Gd	Tb	Dy	Ho	Er	Tm	Yb	Lu	Y
J_1	P_{14}1 - 1	44.76	90.12	10.76	37.41	6.82	1.93	5.76	0.82	4.24	0.77	2.13	0.34	1.96	0.29	21.71
P_1	5021 - 1	38.12	88.14	9.66	33.46	5.95	1.22	4.79	0.76	3.87	0.82	2.16	0.38	2.30	0.35	21.61
C_1	5144	35.09	78.10	9.62	34.90	8.41	1.62	8.18	1.24	5.96	1.10	2.69	0.37	2.17	0.32	26.13

测试单位：地质矿产部武汉综合岩矿测试中心；分析者：柳建一，方金东。

表 3-67 侵入岩同源闪长质包体微量元素全定量分析特征表 （单位：K_2O 为%；其他 10^{-6}）

时代	样品号	K_2O	Rb	Ba	Th	Ta	Nb	Ce	Hf	Zr	Sm	Y	Yb	Pb	Zn	Cu
J_1	P_{14}1-1	2.24	95	831	11.2	2.7	43.5	111	5.8	274	7.0	24.2	2.2	35.5	102	42.4
P_1	5021-1	3.26	219	635	19.9	19.6	0.9	86.9	8.0	299	6.2	19.8	2.1	—	—	—
C_1	5144	4.92	273	509	28.4	1.9	17.6	103.0	6.2	204	8.6	35.2	3.3	42.8	48	7.0

测试单位：地质矿产部武汉综合岩矿测试中心；分析者：汪康康，张蕾。

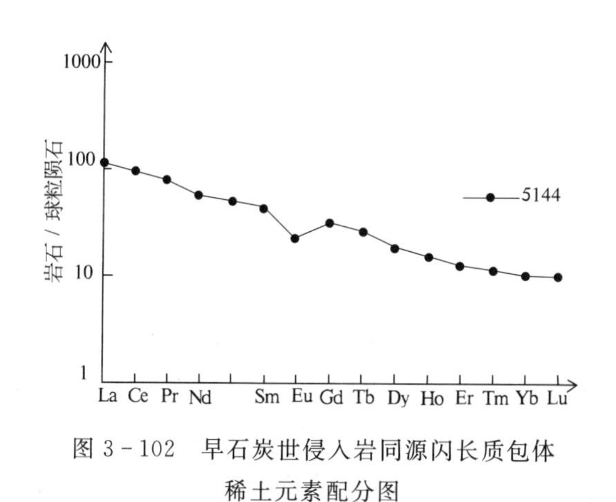

图 3-102 早石炭世侵入岩同源闪长质包体稀土元素配分图

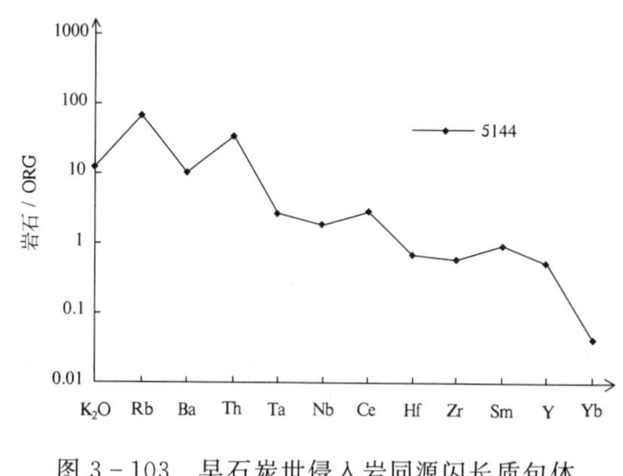

图 3-103 早石炭世侵入岩同源闪长质包体微量元素蛛网图

5. 侵入体侵入深度、剥蚀程度

侵入体与围岩侵入接触关系大部分协调，且清楚，各单元之间脉动接触界线协调；内接触带发育围岩包体及外接触带具侵入体相关岩脉(枝)；岩石中具矿物颗粒、包体定向及线理等内部定向组构特征；成因上未见有与侵入岩有关的火山岩出现；岩石中 K_2O 含量为 1.68%～5.40%；钾长石似斑晶含量为 20%～30%，且斑晶粗大；其中分布的伟晶岩脉稀少，晚期阶段的基性岩墙(辉绿岩)发育。其特征表明侵入体侵入深度为中—表带，属中—浅剥蚀程度。

6. 花岗岩成因及构造环境分析

早石炭世侵入岩岩石组合为花岗闪长岩-二长花岗岩，其中以二长花岗岩为主；岩石 Al_2O_3 含量绝大多数在 13.06%～15.73%，K_2O 含量大于 Na_2O 含量，虽然少部分样品中 CaO 含量显高点，但岩石总体显示高 K 低 Ca 的特点；FeOt/(FeOt + MgO)大多在 0.82～0.95 间，部分小于 0.8；岩石 $^{87}Sr/^{86}Sr$ 初始平均值为 0.718 42，反映了中锶花岗岩特征，是下地壳的岩浆在上升过程中受到上地壳物质的混染形成。岩石中钾长石似斑晶含量在 20%～30%，似斑晶粗大，最大似斑晶见 6cm；特征矿物以黑云母为主，含量在 5%～6%，不含或偶含角闪石矿物；副矿物以锆石、磷灰石为主，岩石副矿物类型为锆石-磷灰石型；岩石分异指数为 63.82～93.80，显示岩浆分异结晶完全；岩石中含少量镁铁质(富黑云母)包体，未见长英质微粒包体，所含暗色闪长质包体呈星散状分布；未见有与之配套的火山岩出露。上述特征表明早石炭世侵入岩花岗岩成因属下地壳物质熔融形成的 KCG 型。

在 R_1-R_2 图解(图 3-104)中样品大多落入靠近同碰撞期的区间，少部分落在同碰撞期的区间；微量元素蛛网图(图 3-95、图 3-98、图 3-100)特征显示岩石属壳性花岗岩类。综合分析认为早石炭世侵入岩的构造环境应属于陆内挤压向伸展体制过渡构造环境。

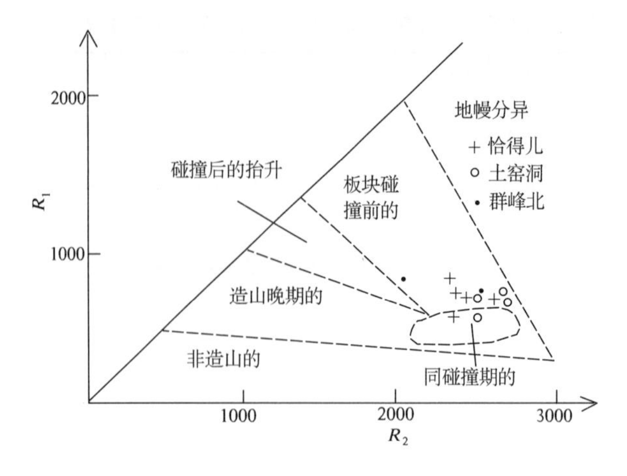

图 3-104　下石炭统盖依尔序列侵入岩 R_1-R_2 图解

（四）下二叠统祁漫塔格序列

该序列侵入岩是祁漫塔格构造岩浆带的主要组成部分，分布于红土岭、西沟、玉古萨依、西大沟及多登等地区，出露面积约 1106km²，共圈定 32 个侵入体，分别归并于红土岭单元（$P_1\delta o$）、玉古萨依单元（$P_1\eta\gamma$）、豹子沟单元（$P_1\pi\eta\gamma$）及西沟浆混相单元（$H\pi\delta o-\pi\gamma\delta-\pi\eta\gamma$）。岩石组合为黑云母石英闪长岩-黑云母二长花岗岩-斑状黑云母二长花岗岩及浆混相斑状黑云母石英闪长岩（相）-斑状黑云母花岗闪长岩（相）-斑状黑云母二长花岗岩（相），其中西沟浆混相单元是按"造山带浆混花岗岩"的理论，结合区内浆混花岗岩的特点来划分的。

侵入体与古元古代、奥陶纪—志留纪、石炭纪及晚三叠世地层呈侵入接触，超动侵入于新元古代、晚奥陶世、晚志留世、晚泥盆世及早石炭世侵入岩，被早侏罗世侵入岩超动侵入，被上三叠统鄂拉山组火山岩不整合。玉古萨依单元（$P_1\eta\gamma$）黑云母二长花岗岩获得铷-锶（Rb-Sr）法同位素年龄（表 3-68，图 3-105）：由 1、4、5 号样构成的等时线年龄值为 288.8±2.9Ma，而 2、3 号样显示的年龄分别为 345Ma 和 476Ma，综合分析认为 288.8±2.9Ma 是侵入岩形成年龄，345Ma 和 476Ma 则反映侵入岩有侵蚀早石炭世及晚奥陶世地质体的信息；在豹子沟单元（$P_1\pi\eta\gamma$）斑状黑云母二长花岗岩中获得铀-铅（U-Pb）法同位素年龄（表 3-69，图 3-106）：2～4 号样点 $^{206}Pb/^{238}U$ 表面年龄统计权重平均值 270.9±0.9Ma，偏新；在西沟浆混相单元（$H\pi\delta o-\pi\gamma\delta-\pi\eta\gamma$）斑状黑云母石英闪长岩（相）中获得铀-铅（U-Pb）法同位素年龄（表 3-70，图 3-107）：1～3 号样点 $^{206}Pb/^{238}U$ 表面年龄统计权重平均值 284.3±1.2Ma。原 1∶20 万土窑洞幅石英闪长岩中获了得钾-氩（K-Ar）位素年龄值 215Ma。结合测区侵入岩接触关系及区域地质背景，该序列侵入岩时代确定为早二叠世。

表 3-68　玉古萨依单元（$P_1\eta\gamma$）铷-锶法（Rb-Sr）同位素年龄测定结果

样品号	含量		同位素原子比率*	
	Rb	Sr	$^{87}Rb/^{86}Sr$	$^{87}Sr/^{86}Sr\langle 2\delta\rangle$
4032-1-1	330.4673	256.7559	3.7242	0.726 025〈6〉
4032-1-2	296.1642	240.6653	3.5608	0.728 271〈7〉
4032-1-3	387.4123	270.8492	4.1388	0.724 620〈6〉
4032-1-4	368.1082	183.6744	5.7990	0.732 774〈5〉
4032-1-5	364.4202	176.6310	5.9698	0.733 333〈7〉

注：* 括号内的数字 2δ 为实测误差，例如，〈5〉表示±0.000 005；测试单位：天津地质矿产研究所实验测试室；分析者：刘卉，林源贤。

表 3-69　豹子沟单元($P_1\pi\eta\gamma$)铀-铅法(U-Pb)同位素年龄测定结果(样品号:5073)

样品情况			含量(10^{-6})		样品中普通铅含量(ng)	同位素原子比率*					表面年龄(Ma)		
点号	锆石特征	质量(μg)	U	Pb		$\frac{^{208}Pb}{^{204}Pb}$	$\frac{^{208}Pb}{^{206}Pb}$	$\frac{^{206}Pb}{^{238}U}$	$\frac{^{207}Pb}{^{235}U}$	$\frac{^{207}Pb}{^{206}Pb}$	$\frac{^{206}Pb}{^{238}U}$	$\frac{^{207}Pb}{^{235}U}$	$\frac{^{207}Pb}{^{206}Pb}$
1	浅黄色透明长柱状	15	472	49	0.290	54	0.1205	0.036 92〈29〉	0.247 4〈344〉	0.048 60〈642〉	233.7	224.5	128.4
2	浅黄色透明长柱状	10	584	59	0.210	65	0.1359	0.042 64〈41〉	0.306 2〈496〉	0.052 09〈802〉	269.2	271.3	289.5
3	浅黄色透明长柱状	10	746	74	0.270	67	0.1288	0.042 91〈30〉	0.311〈307〉	0.052 56〈490〉	270.9	275.0	310.0
4	浅黄色透明长柱状	10	929	71	0.210	100	0.1174	0.042 97〈19〉	0.299 6〈233〉	0.050 58〈372〉	271.2	266.1	221.6
5	浅褐色透明短柱状	15	855	64	0.220	128	0.111 6	0.047 73〈15〉	0.321 8〈185〉	0.048 89〈267〉	300.6	283.3	142.7

注:* $^{206}Pb/^{204}Pb$ 已对实验空白(Pb=0.050ng,U=0.002ng)及稀释剂做了校正;其他比率中的铅同位素均为放射成因铅同位素;括号内的数字为 2σ 绝对误差,例如,0.047 73〈15〉表示 0.047 73±0.000 15(2σ);2～4 号数据点 $^{206}Pb/^{238}U$ 表面年龄统计权重平均值:270.9±0.9Ma;测试单位:天津地质矿产研究所实验测试室;分析者:左义成。

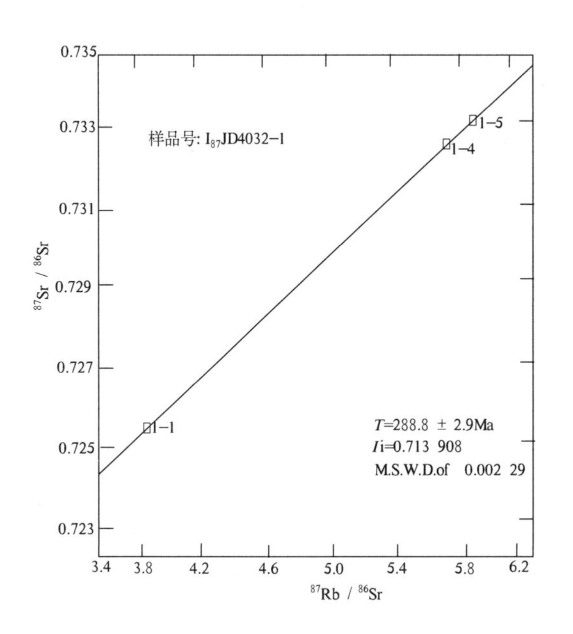

图 3-105　早二叠世玉萨依单元 Rb-Sr 法同位素等时线图

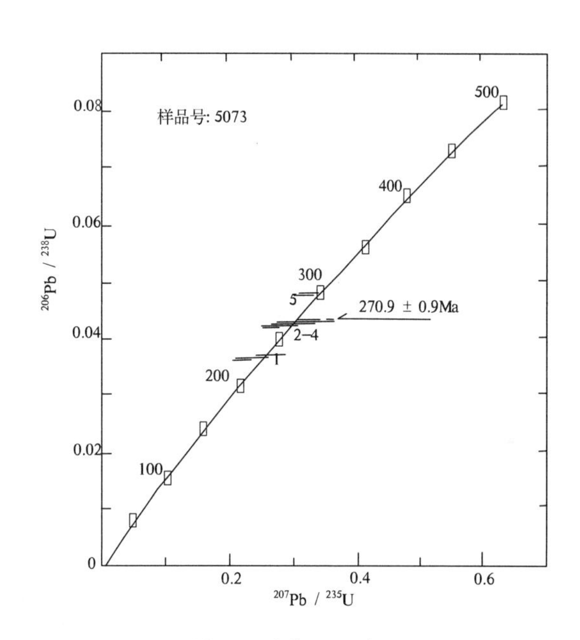

图 3-106　早二叠世豹子沟单元锆石 U-Pb 同位素测定结果谐和图

表 3-70　西沟浆混相单元($H\pi\delta o-\pi\gamma\delta-\pi\eta\gamma$)铀-铅法(U-Pb)同位素年龄测定结果(样品号:$P_9$5-1)

样品情况			含量(10^{-6})		样品中普通铅含量(ng)	同位素原子比率*					表面年龄(Ma)		
点号	锆石特征	质量(μg)	U	Pb		$\frac{^{208}Pb}{^{204}Pb}$	$\frac{^{208}Pb}{^{206}Pb}$	$\frac{^{206}Pb}{^{238}U}$	$\frac{^{207}Pb}{^{235}U}$	$\frac{^{207}Pb}{^{206}Pb}$	$\frac{^{206}Pb}{^{238}U}$	$\frac{^{207}Pb}{^{235}U}$	$\frac{^{207}Pb}{^{206}Pb}$
1	浅黄色透明长柱状	40	236	18	0.140	128	0.2443	0.045 15〈25〉	0.3238〈255〉	0.052 02〈387〉	284.7	284.8	286.3
2	浅黄色透明长柱状	45	205	14	0.100	184	0.2280	0.045 02〈35〉	0.3159〈258〉	0.050 88〈392〉	283.9	278.7	235.5
3	浅黄色透明长柱状	40	177	12	0.085	163	0.2253	0.044 91〈50〉	0.3245〈233〉	0.052 40〈351〉	283.2	285.3	302.7

注:* $^{206}Pb/^{204}Pb$ 已对实验空白(Pb=0.050ng,U=0.002ng)及稀释剂做了校正;其他比率中的铅同位素均为放射成因铅同位素;括号内的数字为 2σ 绝对误差,例如,0.045 15〈25〉表示 0.045 15±0.000 25(2σ);1～3 号数据点 $^{206}Pb/^{238}U$ 表面年龄统计权重平均值:284.3±1.2Ma;测试单位:天津地质矿产研究所实验测试室;分析者:左义成

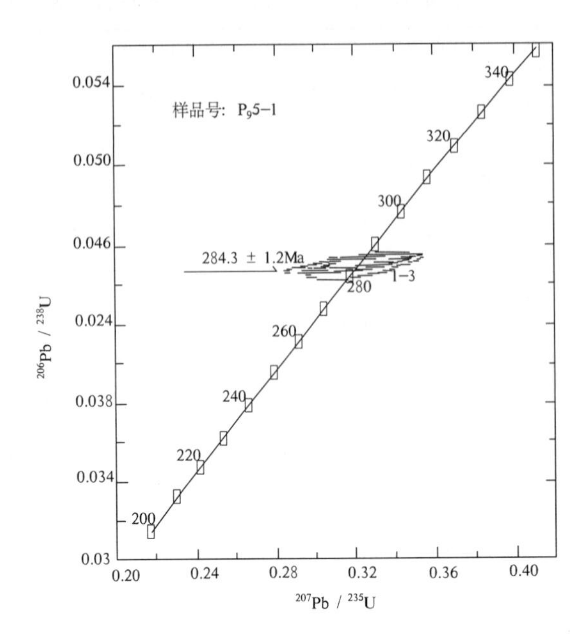

图 3－107　早二叠世西沟浆混相单元锆石 U－Pb 同位素测定结果谐和图

1. 红土岭单元($P_1\delta o$)特征

(1)地质特征。

侵入体受祁漫塔格主脊断裂控制，集中分布于红土岭—西沟一带，群居性较好，共圈定 7 个侵入体，面积 131km²。平面形态呈带状、似椭圆状，以岩株、小型岩基产出，呈北西向展布。

侵入于奥陶系—志留系滩间山(岩)群，侵入界线清楚，界面呈波状弯曲，外倾，倾角中等。内接触带接触面具 3.5cm 宽的暗色冷凝边，成分以角闪石为主；其中分布的围岩包体为棱角状、不规则状，最大直径 60cm，一般 1～20cm；侵入体顶部见围岩以残留体或残留顶盖形式产出，地表出露面积在 20～30km²(图 3－108)。外接触带岩石具角岩化蚀变，见 5～10cm 宽烘烤边，顺裂隙石英闪长岩脉体贯入。侵入体被豹子沟单元($P_1\pi\eta\gamma$)脉动侵入，界线明显。岩石发育球状风化地貌。发育两组节理，较早期节理以走向近东西向、北西西向为主，且规模较大；较晚期节理以北东走向为主，规模较小，但明显切割早期节理。沿节理、裂隙贯入有辉绿岩墙(图版 12－2)、辉长岩脉、细晶岩脉、石英岩脉等。

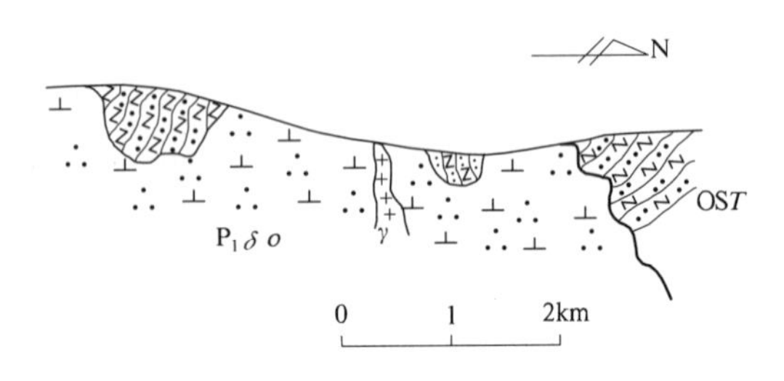

图 3－108　红土岭单元($P_1\delta o$)中见围岩残留体滩间山(岩)群 OST 剖面示意图

岩石中含有闪长质包体，呈透镜状、团块状、椭圆状，直径大小一般在 1～20cm，无规律分布。

(2)岩石学特征。

岩石呈浅灰色、灰白色，中细粒半自形粒状结构，块状构造，见表 3－71。

(3)岩石化学特征。

岩石中 SiO_2 含量 63.76%，Al_2O_3 含量 15.20%，CaO 含量 5.88%，Na_2O 含量大于 K_2O 含量，FeOt/(FeOt＋MgO)＝0.78。里特曼指数 δ＝2.26，碱度指数为 0.62，碱比铝值为 0.76，岩石属钙-铁-镁岩浆组合的次铝中钾钙碱性系列(表 3－72，图 3－109)。岩石固结指数 SI＝7.91，分异指数为 69.41，分异中等，固结一般；氧化率 OX＝0.51，岩石氧化程度较强烈。

表 3-71　早二叠世祁漫塔格序列侵入岩岩石特征表

单元及代号		红土岭($P_1\delta o$)	玉古萨依($P_1\eta\gamma$)	豹子沟($P_1\pi\eta\gamma$)
岩石类型		浅灰白色中细粒黑云母石英闪长岩	浅灰—浅肉红色中细粒黑云母二长花岗岩	浅肉红—浅灰白色斑状黑云母二长花岗岩
构造		块状构造		
结构		中细粒半自形粒状结构，矿物粒径0.74～4.40mm	中细粒花岗结构，矿物粒径0.74～5.18mm	似斑状结构，基质中细粒花岗结构；似斑晶0.6～1.5cm，最大8cm，基质0.74～2.96mm
矿物特征及含量	斜长石	含量65%，半自形板状、粒状，具环带构造，推测为中长石，具泥化蚀变	含量30%，半自形板状、柱状，聚片双晶发育，An28，为更长石	含量35%，全为基质，呈板状、柱状，具聚片双晶和环带构造，为中一更长石
	钾长石	含量4%，板状、粒状，为微斜长石	含量40%，为条纹长石	似斑晶含量10%，基质含量15%。基质呈板状、粒状，为微斜长石、微斜条纹长石
	石　英	含量16%，它形粒状，充填在其他矿物空隙之间，波状消光	含量25%，它形粒状	含量35%，少量为似斑晶，呈它形粒状
	黑云母	含量10%，板状	含量5%，板状，具褐色多色性	含量5%，板状，具褐色多色性
	角闪石	含量5%，柱状，菱形横切面，具绿色多色性	少量，呈菱形横切面，具绿色多色性	含量0
	副矿物	少量，由磷灰石、榍石、锆石、不透明矿物组成	少量，由磷灰石、不透明矿物组成，见少量白云母矿物	少量，由磷灰石、锆石、不透明矿物组成
其他特征		局部斜长石和石英交代形成交代蠕英结构	岩石中偶见有钾长石似斑晶	局部斜长石边缘和石英交代形成蠕英结构

表 3-72　早二叠世祁漫塔格序列岩石化学特征表　(单位：%)

单元	样品号	氧化物组合及含量													
		SiO_2	TiO_2	Al_2O_3	Fe_2O_3	FeO	MnO	MgO	CaO	Na_2O	K_2O	P_2O_5	H_2O^+	烧失量	总量
西沟浆混相	$P_9$5-1	60.53	1.23	15.54	2.45	3.09	0.08	0.46	7.03	3.56	2.74	0.42	1.68	1.76	100.39
	$P_9$16-3	71.81	0.34	14.19	0.84	1.00	0.03	0.46	2.11	3.40	5.20	0.09	0.54	0.43	100.44
豹子沟	5055	66.71	0.77	15.10	1.15	2.78	0.05	1.33	3.19	3.80	3.50	0.17	0.20	0.61	99.36
	5073	68.49	0.62	14.90	0.92	2.74	0.05	1.28	2.48	3.62	4.10	0.12	0.50	0.40	100.22
	5116-1	73.25	0.25	12.61	1.46	1.60	0.05	0.40	1.15	2.72	5.35	0.06	0.79	0.19	99.88
	$P_9$19-4	72.48	0.30	13.59	1.17	1.02	0.04	0.09	2.62	3.24	4.30	0.09	0.54	0.03	99.51
	$P_9$21-1	72.44	0.28	13.68	1.24	0.90	0.04	0.76	1.70	3.32	4.70	0.06	0.37	0.12	99.61
	$P_9$24-1	72.15	0.27	13.07	0.77	1.01	0.03	1.97	2.56	3.20	4.32	0.09	0.24	0.61	100.29
玉古萨依	4012	69.31	0.64	13.67	1.52	2.15	0.05	0.32	3.32	3.02	4.16	0.14	0.74	0.74	99.78
	4120-1	68.93	0.65	12.95	0.95	4.39	0.09	1.45	1.67	2.67	4.10	0.16	1.30	0.40	99.71
红土岭	$P_9$4-2	63.76	0.90	15.20	2.12	2.19	0.08	1.20	5.88	3.83	3.02	0.27	0.54	0.48	99.47

单元	样品号	参数值								
		δ	SI	OX	R_1	R_2	分异指数	碱度指数	碱比铝值	FeOt/(FeOt+MgO)
西沟浆混相	$P_9$5-1	2.26	3.74	0.56	2010	1114	67.02	0.57	0.72	0.92
	$P_9$16-3	2.57	4.22	0.54	2316	530	87.24	0.79	0.94	0.80
豹子沟	5055	1.66	1.70	0.63	2834	412	89.09	0.66	0.95	0.75
	5073	2.34	10.11	0.75	2220	626	78.74	0.70	0.99	0.74
	5116-1	2.14	3.43	0.53	2607	395	89.04	0.81	1.02	0.88
	$P_9$19-4	1.93	0.92	0.47	2637	558	85.52	0.74	0.92	0.96
	$P_9$21-1	2.19	6.96	0.42	2508	493	86.76	0.77	1.01	0.74
	$P_9$24-1	1.94	17.48	0.57	2621	632	82.30	0.77	0.89	0.47
玉古萨依	4012	1.96	2.87	0.59	2503	651	80.23	0.69	0.88	0.92
	4120-1	1.72	10.70	0.82	2575	515	88.41	0.69	1.08	0.79
红土岭	$P_9$4-2	2.26	9.71	0.51	2080	1000	69.41	0.62	0.76	0.78

测试单位：地质矿产部青海省地质矿产中心实验室；分析者：邢谦，郑民奇。

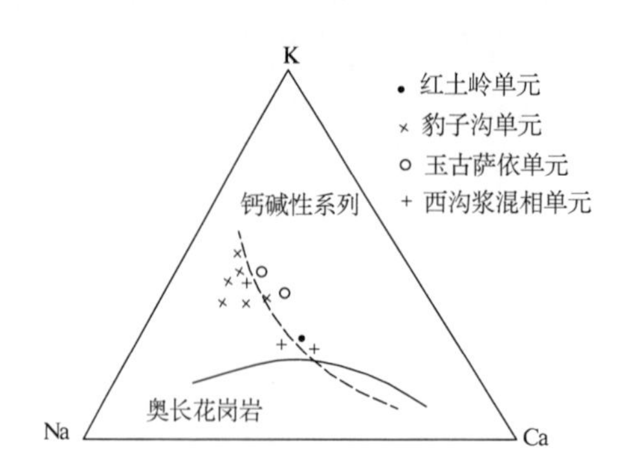

图 3-109　早二叠世侵入岩 K-Na-Ca 三角图解
(据 Barker & Arth,1975)

(4)稀土元素特征。

岩石中 LREE 值 264.20×10^{-6},HREE 值 19.87×10^{-6},LREE/ HREE=13.29; Sm/Nd 比值 0.17,小于 0.333;$(La/Yb)_N$ 值 17.30,大于 10;稀土元素配分图中(表 3-73,图 3-110)轻稀土部分分馏程度明显高于重稀土部分;岩石属轻稀土富集型。δ(Eu)值为 0.65,大于 0.50,Eu 基本不亏损;δ(Ce)值为 0.98,铈亏损不明显;Eu/Sm 值为 0.19。表明其岩浆来自地幔上部或与地壳的接合部。

表 3-73　早二叠世祁漫塔格序列稀土元素特征表　(单位:10^{-6})

单元	样品号	轻稀土元素						重稀土元素								
		La	Ce	Pr	Nd	Sm	Eu	Gd	Tb	Dy	Ho	Er	Tm	Yb	Lu	Y
西沟浆混相	P$_9$5-1	49.68	110.70	12.06	43.06	7.69	1.78	6.55	1.035	5.25	0.97	2.86	0.461	2.77	0.433	27.73
	P$_9$16-3	42.08	89.63	9.73	32.17	5.63	0.74	4.25	0.638	2.82	0.48	1.30	0.197	1.19	0.181	13.34
豹子沟	5055	64.39	153.40	17.18	59.12	11.20	1.72	8.89	1.360	7.24	1.33	3.75	0.56	3.36	0.470	36.91
	5073	62.56	127.5	15.19	48.20	9.39	1.34	7.13	1.070	5.70	1.15	3.32	0.520	3.22	0.460	31.12
	5116	58.53	121.60	14.74	44.88	9.50	0.60	7.88	1.280	6.58	1.32	4.24	0.610	4.14	0.610	37.70
	P$_9$19-4	44.19	93.14	10.02	34.94	6.73	0.65	6.03	1.040	5.65	1.13	2.90	0.468	2.86	0.402	30.54
	P$_9$21-1	47.01	97.97	10.72	36.99	7.47	0.63	6.42	1.067	5.50	1.11	2.85	0.458	2.84	0.400	29.37
	P$_9$24-1	50.62	101.10	10.20	33.18	5.63	0.73	4.44	0.689	3.44	0.61	1.76	0.263	1.67	0.248	18.21
玉古萨依	4012	26.76	54.53	6.28	22.36	4.49	1.20	4.18	0.684	3.66	0.70	2.15	0.337	2.06	0.309	21.01
	4120-1	21.28	42.70	5.54	19.15	4.46	0.89	4.35	0.780	4.63	0.99	2.88	0.410	2.74	0.390	25.64
红土岭	P$_9$4-2	59.53	127.40	15.64	51.10	8.82	1.71	6.88	1.004	5.22	0.96	2.75	0.380	2.32	0.360	24.67

单元	样品号	稀土元素参数特征值								
		ΣREE	LREE	HREE	LREE/HREE	$(La/Yb)_N$	Sm/ Nd	Eu/Sm	δ(Eu)	δ(Ce)
西沟浆混相	P$_9$5-1	245.30	224.97	20.33	11.07	12.09	0.18	0.23	0.75	1.06
	P$_9$16-3	191.04	179.98	11.06	16.28	23.84	0.18	0.13	0.44	1.03
豹子沟	5055	145.63	126.19	19.44	6.49	8.23	0.22	0.15	0.47	0.98
	5073	286.75	264.18	22.57	11.70	13.10	0.19	0.14	0.48	0.97
	5116	276.51	249.88	26.66	9.37	9.53	0.21	0.06	0.21	0.97
	P$_9$19-4	210.15	189.67	20.48	9.26	10.42	0.19	0.10	0.31	1.03
	P$_9$21-1	221.44	200.79	20.65	9.73	11.16	0.20	0.08	0.27	1.01
	P$_9$24-1	214.58	201.46	13.12	15.36	20.44	0.17	0.13	0.43	1.01
玉古萨依	4012	129.70	115.62	14.08	8.21	8.76	0.20	0.27	0.83	0.98
	4120-1	111.19	94.02	17.17	5.48	5.24	0.23	0.20	0.61	0.93
红土岭	P$_9$4-2	284.07	264.20	19.87	13.29	17.30	0.17	0.19	0.65	0.98

测试单位:地质矿产部武汉综合岩矿测试中心;分析者:柳建一,方金东。

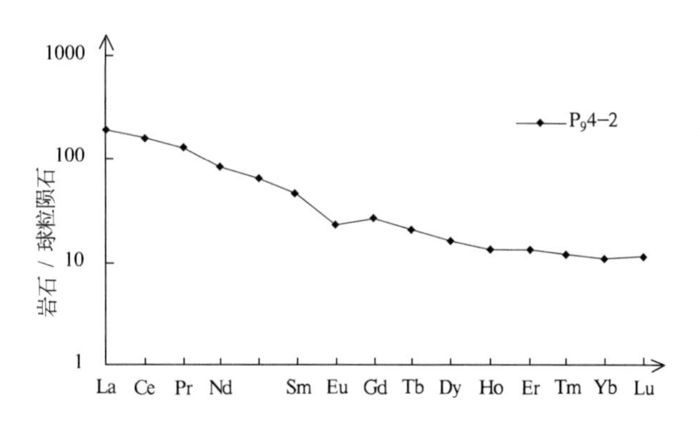

图 3-110　早二叠世红土岭单元稀土元素配分图

(5)微量元素特征。

岩石中强不相容元素 K 富集中强，Rb、Ba、Th 等元素强烈富集，Cs 元素丰度值偏低，富集程度一般；中等不相容元素 Sm、Ce、Sr、Zr、Hf 等元素富集中等；弱不相容元素 Y 富集较差(表 3-74)。不显示亲铜元素 Cu、Pb、Zn。亲铁元素 Co 丰度值低，P 丰度值略偏高。岩石无矿化特征。微量元素蛛网图(图 3-111)特征与洋脊花岗岩(ORG)标准的火山弧花岗岩相当。

表 3-74　早二叠世祁漫塔格序列微量元素全定量分析特征表　(单位：K_2O 为%；其他 10^{-6})

单元	样品号	K_2O	Rb	Ba	Th	Ta	Nb	Ce	Hf	Zr	Sm	Y	Yb	Cr	P	Co	Cs	Sr
西沟浆混相	$P_9$5-1	1.69	101	429	10.6	1.1	25.5	116.0	10.7	465	9.1	31.1	3.0	30.4	2517	13.6	9.0	402
	$P_9$6-1	4.23	240	448	30.2	2.8	22.4	67.2	5.4	176	4.6	25.3	2.7	19.1	495	5.3	20.0	157
	$P_9$7-1	3.37	142	804	14.4	1.1	23.6	111.0	8.3	312	8.5	27.2	2.7	50.1	1779	10.7	12.0	459
	$P_9$13-1	3.97	174	740	24.1	2.9	24.9	91.7	7.0	272	7.3	29.3	2.7	30.2	895	7.1	12.0	269
	$P_9$16-3	4.04	198	498	24.6	0.5	15.0	85.9	5.6	192	5.4	12.2	1.2	24.4	491	4.7	8.0	84
豹子沟	5055	3.70	126	948	17.9	1.9	22.0	168.0	10.4	400	10.0	36.7	3.5	22.0	1302	8.0	3.9	335
	$P_9$4-1	4.56	238	639	29.8	3.2	22.9	92.3	6.8	210	6.3	25.4	2.7	17.3	552	5.9	13.0	160
	$P_9$8-1	3.38	189	501	25.9	2.4	24.7	87.8	7.0	252	7.5	30.5	3.0	23.4	730	6.1	17.0	221
	$P_9$14-1	3.72	167	678	21.0	1.2	18.8	95.5	7.2	261	6.7	21.4	2.1	34.5	771	6.9	16.0	246
	$P_9$19-4	4.58	241	358	34.1	2.6	25.1	76.8	4.9	155	7.3	32.6	2.9	15.8	339	4.4	15.0	107
	$P_9$21-1	4.87	274	416	36.1	3.5	23.2	84.3	5.0	165	7.0	37.7	3.7	9.7	348	4.1	16.0	108
	$P_9$24-1	5.11	272	439	31.9	2.0	22.4	95.6	5.3	166	7.6	25.7	2.4	12.1	331	3.5	14.0	99
玉古萨依	1051	3.90	128	1089	25.0	1.1	30.1	106.3	7.1	259	7.4	24.1	2.6	106.0	1002	15.6	6.1	288
红土岭	4083	5.60	204.2	689	41.7	4.0	68.1	192.1	7.8	285	7.5	21.7	2.1	11.8	472	4.9	5.8	291

测试单位：地质矿产部武汉综合岩矿测试中心；分析者：汪康康，张蕾。

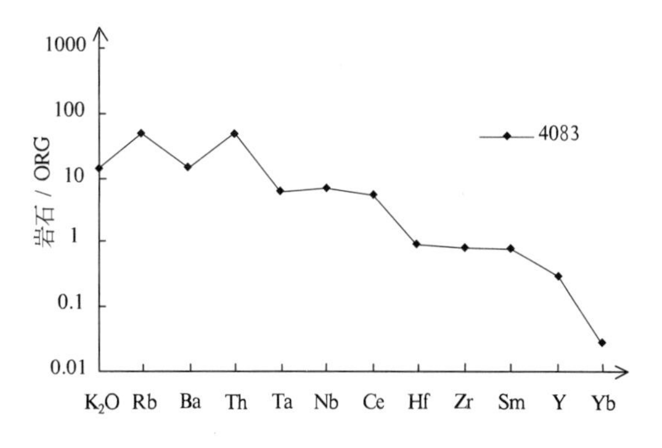

图 3-111　早二叠世红土岭单元微量元素蛛网图

2. 玉古萨依单元($P_1\eta\gamma$)特征

(1)地质特征。

侵入体分布于群峰东、玉古萨依、豹子沟等地区,出露面积约 213km²,共圈定 11 个侵入体,平面形态呈条带状、不规则椭圆状,长轴方向北西向展布。侵入体与奥陶系—志留系滩间山(岩)群及下石炭统大干沟组地层呈侵入接触,侵入界线清楚,界面呈波状弯曲不平,总体外倾。内接触带发育围岩包体,成分与其接触的围岩关系密切,呈棱角状、不规则状,直径大小不一,最大约 2m,一般 3~40cm,接触面具 1~2cm 宽的冷凝边(图 3-112);外接触带围岩具角岩化蚀变,蚀变带宽 100~200m,裂隙中见有侵入体相关脉体穿插。超动侵入于早石炭世群峰北单元($C_1\gamma\delta$)花岗闪长岩及晚泥盆世中间沟单元($D_3\delta$)角闪闪长岩中。被早侏罗世正长花岗岩侵入体超动侵入,其中见有后期正长花岗岩脉贯入。

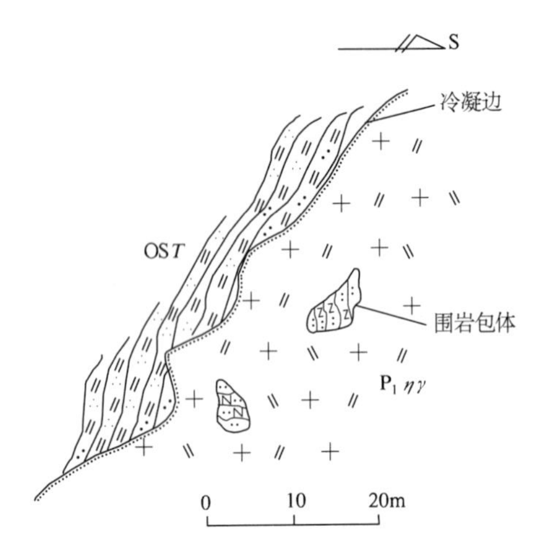

图 3-112　玉古萨依单元($P_1\eta\gamma$)与围岩滩间山(岩)群(OST)侵入接触关系特征素描

岩石具球状风化地貌,内部见有暗色闪长质包体分布,包体呈浑圆状、似椭圆状、长条状,直径大小在 1~8cm,最大 30cm,大多呈星散状无规律分布,局部包体长轴方向呈北西向。发育北西、北东向两组节理,其中以北西向节理为主。

(2)岩石学特征。

岩石呈浅灰色、灰色、浅肉红色,中细粒花岗结构,块状构造(表 3-71)。

(3)岩石副矿物特征。

岩石副矿物组合及含量见表 3-75。岩石副矿物类型为锆石—磷灰石型,部分为锆石-磷灰石-榍石型,各副矿物特征表现如下。

表 3-75　早二叠世侵入岩岩石副矿物特征表　　(单位:10^{-6})

单元	样品号	副矿物组合及含量										
		锆石	磷灰石	榍石	褐铁矿	磁铁矿	黄铁矿	钛铁矿	电气石	辉钼矿	萤石	石榴石
玉古萨依单元	RZ1055-1	2	17	117	少量	963	少量	—	几粒	—	几粒	—
	RZ1245-1	5	1	少量	少量	15	—	少量	—	—	—	个别
	RZ1000-2	11	11	—	微量	1	2	微量	—	—	—	—
	RZ696-3	4	21	个别	微量	少量	微量	微量	—	个别	—	少量
	RZ1033-1	25	23	微量	—	3	少量	个别	—	18 粒	—	个别
	RZ317-1	8	108	—	15	少量	少量	30.7	少量	—	个别	个别
	RZ316-7	2	149	—	微量	微量	少量	20	少量	2 片	1 粒	微量
豹子沟单元	RZ286-2	53	19	72	微量	1	微量	少量	微量	1 片	0.7	个别
	RZ287	13	0.5	—	少量	1	个别	微量	—	1 片	36	—
	RZ661-1	101	42	32	少量	个别	个别	微量	微量	个别	5	—
	RZ91-1	1	6	—	少量	少量	微量	个别	—	—	少量	个别
	RZ86-1	73	33	858	—	66	微量	—	个别	—	—	—
	RZ3-2	32	18	861	31	20	少量	个别	—	—	—	—
	RZ1678-1	13	0.4	370	少量	77	少量	少量	个别	—	—	—

注:资料来源于 1∶20 万土窑洞幅、茫崖幅。

锆石:正方柱状,浅褐色,透明至半透明,金刚光泽,发荧光。

磷灰石:六方柱状、碎块状,无色,透明,硬度中等,玻璃光泽。

榍石:褐色,油脂光泽,晶体偏平。

褐铁矿:黄铁矿矿化形成。

磁铁矿:金属光泽,铁黑色,碎块状,少部分圆球状,条痕黑色。

黄铁矿:碎块状,个别立方晶体,铜黄色,金属光泽。

钛铁矿:粒状,金属光泽,条痕黑色,硬度中等。

电气石:棱角状颗粒,柱状晶体少见,褐色,玻璃光泽。

辉钼矿:片状,钢灰色,金属光泽。

萤石:不规则颗粒,淡黄色,玻璃光泽。

石榴石:不规则颗粒,粉色,玻璃光泽。

(4)岩石化学特征。

岩石化学特征(表 3-72)显示:SiO_2 含量 68.93%～69.31%,变化不明显;CaO 含量 1.67%～3.32%,具一定变化范围;Al_2O_3 含量 12.95%～13.67%;MgO 含量 0.32%～1.45%;K_2O 含量 4.10%～4.16%,大于 Na_2O 含量 2.67%～3.02%;FeOt/(FeOt+MgO)=0.79～0.92;里特曼指数 δ=1.72～1.96;碱度指数为 0.69;碱比铝值=0.88～1.08;岩石属钙-铁-镁岩浆组合的、次铝—过铝的高钾钙碱性系列(图 3-109)。固结指数 SI=2.87～10.70,分异指数为 80.23～88.41,氧化率 OX=0.59～0.82,显示岩石分异结晶完全,固结一般,氧化程度中强。

(5)稀土元素特征。

稀土元素特征(表 3-73)显示:岩石 LREE 值 94.02×10^{-6}～115.62×10^{-6},HREE 含量 14.08×10^{-6}～17.17×10^{-6},LREE/ HREE 比值为 5.48～8.21;Sm/Nd 比值为 0.20～0.23,均小于 0.333;$(La/Yb)_N$=5.24～8.76,大于 1;岩石属轻稀土富集型。δ(Eu)值为 0.61～0.83,铕中强亏损,稀土元素配分图中(图 3-113)Eu 处略具“V”型谷,铕显负异常;δ(Ce)值为 0.93～0.98,铈基本无亏损;Eu/Sm 值 0.20～0.27。其特征显示岩浆源于下地壳,有幔源物质混入。

(6)微量元素特征。

微量元素特征(表 3-74)显示:强不相容 K、Th、Rb、Ba 元素强烈富集,且丰度值较高,Cs 元素富集一般;中等不相容元素 Nb、Ta、Sr、Ce 略强富集,Zr、Hf、Sm 等元素中等富集,部分丰度值显高点;弱不相容元素 Y 丰度值偏低,富集较差。亲铁元素 P 丰度值略偏高,最高达 0.001,Co 元素显低丰度值,岩石未见矿化。微量元素蛛网图中显示的特征与洋脊花岗岩(ORG)标准的火山弧花岗岩特征相似(图 3-114)。

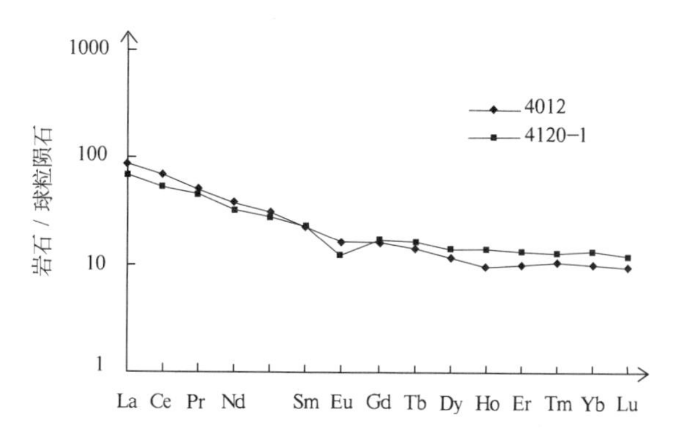

图 3-113　早二叠世玉古萨依单元稀土元素配分图

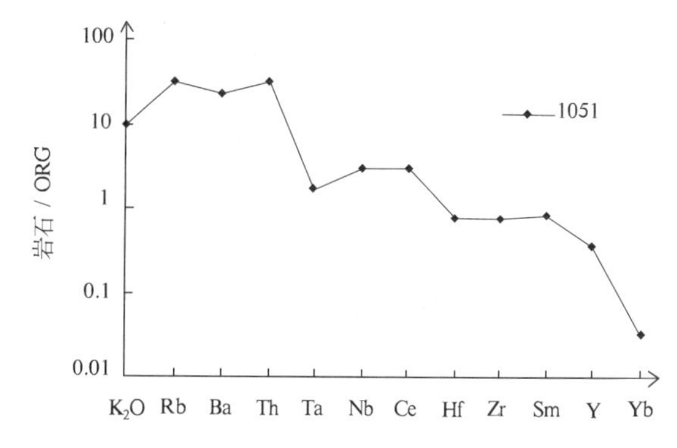

图 3-114　早二叠世玉古萨依单元微量元素蛛网图

岩石中$^{87}Sr/^{86}Sr$初始值(表 3-68)在 0.724 620～0.733 333 间,平均为 0.729 005,大于 0.719,属高锶花岗岩类,其特征表明岩石中有陆壳物质的熔融。

3. 豹子沟单元($P_1\pi\eta\gamma$)

(1)地质特征。

侵入体分布于西沟—豹子沟、红土岭南、西大沟沟脑等地区,共圈定 10 个侵入体,出露面积约 738km²。大部分以岩株形式出露,呈北西向、北西西向展布。

与古元古界金水口(岩)群、奥陶系—志留系滩间山(岩)群、下石炭统大干沟组呈侵入接触关系,侵入界线清楚;界面锯齿状,波状弯曲不平,总体外倾,倾角 10°～70°不等,接触面具 1～3cm 宽的暗色冷凝边。围岩包体为不规则状、棱角状,最大直径见 20m,一般 5～200cm,局部地段围岩以残留体形式产出,面积 0.5～1.5km² 不等;外接触带围岩具明显硅化、角岩化蚀变,蚀变带宽窄不一,最宽 300m,一般 2～50m,围岩裂隙中见侵入体相关岩脉(枝)呈不规则状穿插;局部接触带岩石混染明显。超动侵入于新元古代、晚奥陶世、晚志留世、早泥盆世侵入岩中,大部分超动侵入特征明显,局部可见早期侵入岩包体呈次浑圆状—次棱角状无规律分布,大小为 5～70cm。被早侏罗世正长花岗岩类超动侵入,界线清楚,正长花岗岩中见有斑状二长花岗岩包体,斑状二长花岗裂隙中钾长花岗细晶岩脉贯入。

侵入体球状风化地貌发育。受北西、北东向构造应力作用,岩石发育次生节理,节理走向大多呈北西向,与区域构造方向一致,沿该组节理、裂隙有后期细晶岩脉、钾长花岗岩脉贯入;沿北东向节理、破劈理带发育基性岩墙(图版 13-7)、花岗斑岩脉及闪长(玢)岩脉。岩石中发育暗色闪长质包体,包体呈浑圆状、条带状、扁状等,最大径 30cm,一般 2～7cm,最小者小于 1cm,大多呈星散状分布(图版 13-5)。侵入体与部分地质体呈断层接触,断层带岩石破碎具碎裂花岗结构。

(2)岩石学特征。

岩石为浅肉红色—浅灰白色,似斑状结构,基质花岗结构,块状构造。似斑晶含量 10%,粒径一般 6～15mm,最大见 8cm,以钾长石为主,少量石英(表 3-71)。

(3)岩石副矿物特征。

岩石副矿物组合及含量见表 3-75。岩石副矿物类型为锆石-磷灰石-榍石型。各副矿物特征如下。

锆石:正方双锥体,黄褐色、淡黄色、极淡黄色,半透明,金刚光泽。

磷灰石:六方柱状,白色、无色,透明—半透明,玻璃光泽。

榍石:信封状、不规则颗粒,黄褐色、黄色,半透明,树脂光泽。

褐铁矿:立方体,褐色,由黄铁矿矿化形成,个别颗粒保留有黄铁矿残骸。

磁铁矿:不规则颗粒,黑色,条痕黑色,金属光泽。

黄铁矿:不规则颗粒、棱角状,铜黄色,条痕黑绿色,金属光泽。

钛铁矿:不规则颗粒,黑色,条痕黑色,金属光泽。

电气石:不规则碎块,茶褐色,玻璃光泽。

辉钼矿:片状,铅灰色,金属光泽。

萤石:不规则碎块,紫色、白色,半透明,玻璃光泽。

石榴石:不规则碎块,浅粉红色,半透明,玻璃光泽。

褐帘石:板状,黄褐色,土状光泽。

(4)岩石化学特征(表 3-72)。

岩石中 SiO_2 含量 66.71%～73.25%,变化范围较大;Al_2O_3 含量 12.61%～15.10%;FeO 含量 0.90%～2.78%,含量基本相当;K_2O 含量 3.50%～5.35%大于 Na_2O 含量 2.72%～3.80%;

FeOt/(FeOt+MgO)=0.47～0.96；里特曼指数 δ=1.93～2.34；碱度指数为 0.66～0.81；碱比铝值为 0.89～1.02；岩石属钙—铁—镁岩浆组合的、次铝—过铝的高钾钙碱性系列(图 3-78)。固结指数 SI=0.92～17.48，变化范围大；分异指数较高为 78.74～89.09，且相对稳定；氧化率 OX=0.42～0.75，变化不明显；岩石分异结晶明显，固结较差，自身氧化蚀变中等。

(5)稀土元素特征(表 3-73)。

岩石中∑REE 含量高，达 210.15×10^{-6}～286.75×10^{-6}，少部分偏低为 145.63×10^{-6}；LREE 含量 126.19×10^{-6}～264.18×10^{-6}大于 HREE 含量 13.12×10^{-6}～26.66×10^{-6}，LREE/HREE=6.49～15.36；$(La/Yb)_N$比值为 8.23～20.44，大于 1；Sm/Nd 比值为 0.17～0.22，小于 0.333；岩石属轻稀土富集型。δ(Eu)值在 0.21～0.48 间，小于 0.5，稀土元素配分图中(图 3-115)Eu 处"V"字型谷清楚，显示铕负异常明显，铕亏损强烈；δ(Ce)值为 0.97～1.03，铈极弱亏损或无亏损，大多显示正异常。Eu/Sm 比值为 0.08～0.15 间，均小于 0.20。上述特征说明岩石物质来源于下地壳。

(6)微量元素特征(表 3-74)。

岩石中强不相容元素 K、Rb、Th、Ba、Cs 等元素显高丰度值，明显强烈富集；中等不相容元素 Nb、Ce、Sr、Zr、Hf、Sm 等中等富集；弱不相容元素 Y 含量相对偏低，显弱富集。岩石基本不显示亲铜元素 Cu、Pb、Zn；亲铁元素中少部分 P 元素含量高达 1302×10^{-6}，一般为 330×10^{-6}～770×10^{-6}，Co 元素显低丰度值。各元素均无矿化特征。图 3-116 显示微量元素特征可与洋脊花岗岩(ORG)标准的火山弧花岗岩特征类比。

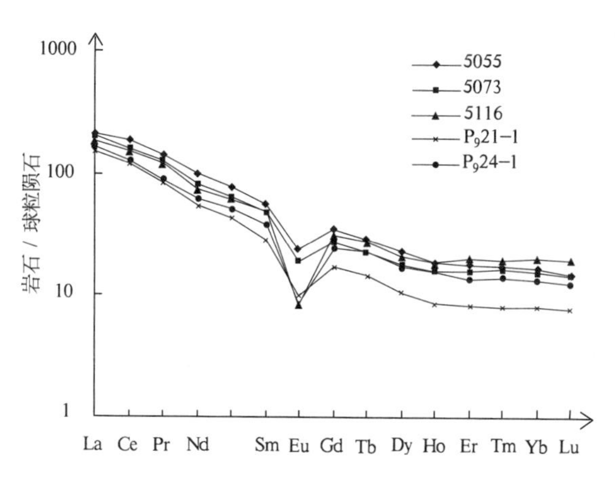

图 3-115　早二叠世豹子沟单元稀土元素配分图

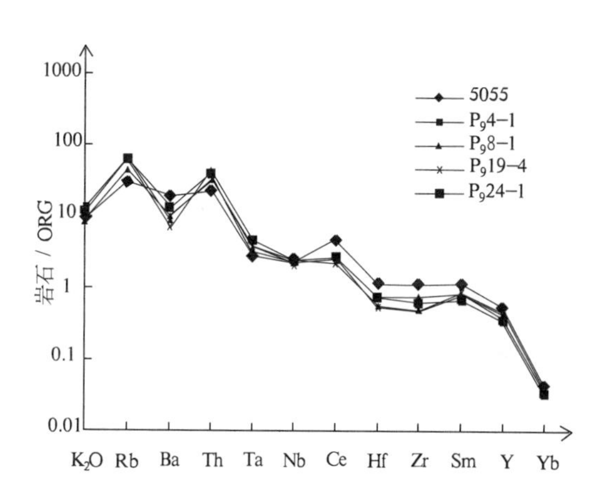

图 3-116　早二叠世豹子沟单元微量元素蛛网图

4. 西沟浆混相单元($H\pi\delta o-\pi\gamma\delta-\pi\eta\gamma$)特征

在野外平面露头上由基性和酸性端元相互穿切，无一定界线，由岩浆混合作用形成的浆混花岗岩在区内分布范围小，仅出露于西沟沟脑，面积约 1.5km²，圈定了 3 个浆混体。该浆混花岗岩是上地幔或更上部形成的基性岩浆底侵地壳下部形成的酸性岩浆，形成混合岩浆侵出地表。其特征表现如下：①出露的浆混体平面形态上斑状石英闪长岩(相)与斑状花岗闪长岩(相)、斑状二长花岗岩(相)间混合穿切，呈渐变过渡，大部分无明显界线，为液-液混合所致；部分偏基性岩浆形成的闪长岩呈不规则状、长条状残留于斑状二长花岗岩中，二者界线清楚，是液-半固混合形成。属"基性岩浆被圈闭入到酸性岩浆中，使基性岩浆团被逐渐撕碎、冲散变小而混合"，是机械混合的具体表现。②斑状二长花岗岩(相)中闪长岩、石英闪长岩呈包体形式密集分布，密集带宽 1～20m 不等，具一定的展布方向，并伴有基性岩墙(辉长辉绿岩、辉绿玢岩)产出，岩墙走向与包体密集带展布方向一致；斑状石英闪长岩(相)中二长花岗岩脉呈长条状密集产出，密集带宽 5～10m，延伸方向与包体密集带方向、基性岩墙走向基本一致。其是“较基性岩浆在岩浆房一侧，以团块状、长条状喷射方式，注入到酸性岩浆房中，较酸性岩浆由于扩散对流，使较基性岩浆形成包体与长带，并伴有基性岩墙产出”的结果。③斑状石英闪长岩(相)与斑状二长花岗岩(相)界线呈渐变过渡；在闪长岩包体、斑状石英闪长岩中有钾长石似斑晶；斑状花岗闪长岩(相)、斑状二长花岗岩(相)岩石中见有角闪石矿物晶体、暗色矿物微粒团块及暗色矿物形成的细微条带，使岩石混染，显示明显的晶体混合特征和扩散混合特征。④斑状石英闪长岩(相)中 Al_2O_3、K_2O 含量偏高，与红土岭单元石英闪长岩中的 Al_2O_3、K_2O 特征基本相当；斑状二长花岗岩(相)中 MgO 含量偏高，且部分岩石稀土元素 Eu 的亏损程度与斑状石英闪长岩中 Eu 的亏损程度一致。岩石具有化学扩散的特征。

(1)地质特征。

浆混体由斑状石英闪长岩(相)-斑状花岗闪长岩(相)-斑状二长花岗岩(相)组成，平面形态似椭圆状，总体北西向展布。共由 3 个浆混体组成，相互间距在 400～500m 间，赋存于豹子沟单元($P_3\pi\eta\gamma$)中，相互接触处无明显界线，为渐变过渡。

浆混体内斑状石英闪长岩(相)与斑状花岗闪长岩(相)、斑状二长花岗岩(相)间混合穿切，呈“浆动”型接触关系，之间界线不明显，形成混染过渡带，过渡带宽 1～10m。在过渡带中从基性岩石到酸性岩石，岩石结构变化为细粒半自形粒状结构→中细粒花岗结构和似斑状结构；岩石颜色由深灰色→浅灰色→浅肉红色变化；闪长质包体中石英含量从无到有、从偶见到少量到多。斑状石英闪长岩中不规则状二长花岗岩脉穿插，脉体最宽 40cm，一般 1～5cm；过渡带中二长花岗岩脉呈条带状组成密集带，密集带宽 5～10m，其中含脉体 30～40 条，脉体间相距 2～50cm，展布方向 120°(图 3-117)。斑状花岗闪长岩(相)与斑状二长花岗岩(相)二者界线清楚，具 14m 的混染带，呈脉动接触，斑状花岗闪长岩(相)中见有斑状二长花岗岩脉体(图 3-118)。

斑状二长花岗岩(相)中暗色闪长质包体以密集带形式产出，密集带宽 1～20m，其中包体形态为不规则状、棱角状、条带状、椭圆状，最大直径 2m，一般 2～10cm，具被寄主岩撕碎的特征，界线清楚(图 3-119，图版 13-6)。在 3km 的范围内共见 7 条闪长质包体密集带，之间相距 70～300m，密集带最宽出露 20m，一般 1～2m，展布方向自南向北分布为 150°、150°、160°、80°、90°、80°、30°。其中伴生的基性岩墙出露最宽 5m，一般宽 0.5～1.5m，窄处 0.1m 左右，由南至北展布方向为 120°、145°、20°，基性岩墙与寄主岩界线清楚。

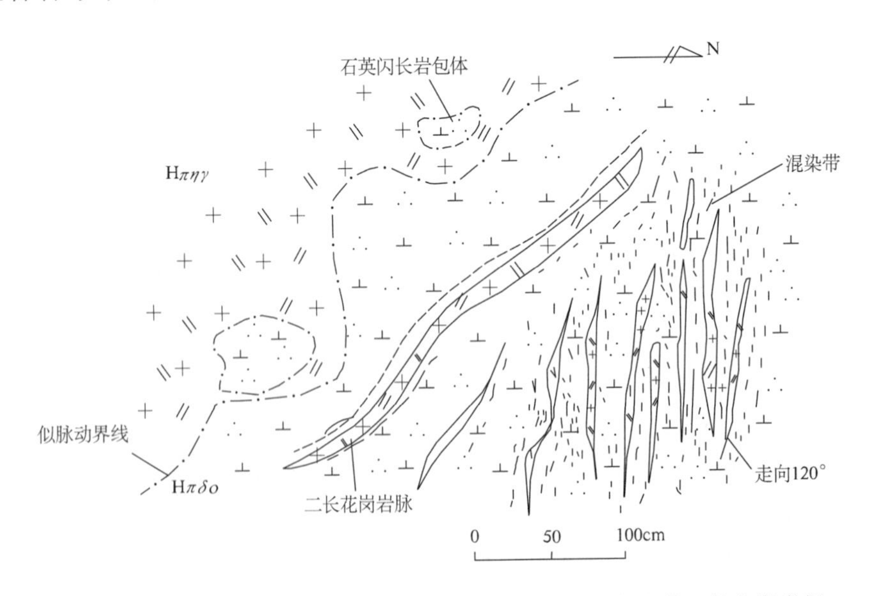

图 3-117　西沟浆混相单元中斑状石英闪长岩相 (Hπηγ)与斑状二长花岗岩相(Hπηγ)“浆动”型(似脉动)接触关系素描图

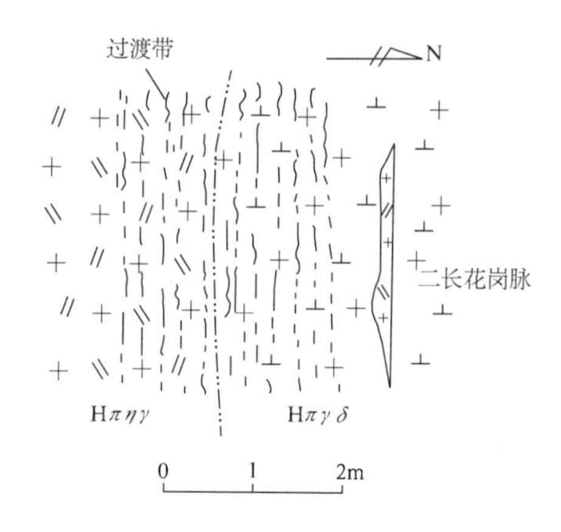

图 3-118　西沟浆混相单元中斑状花岗闪长岩相(Hπγδ)与斑状二长花岗岩相(Hπηγ)涌动接触关系素描图

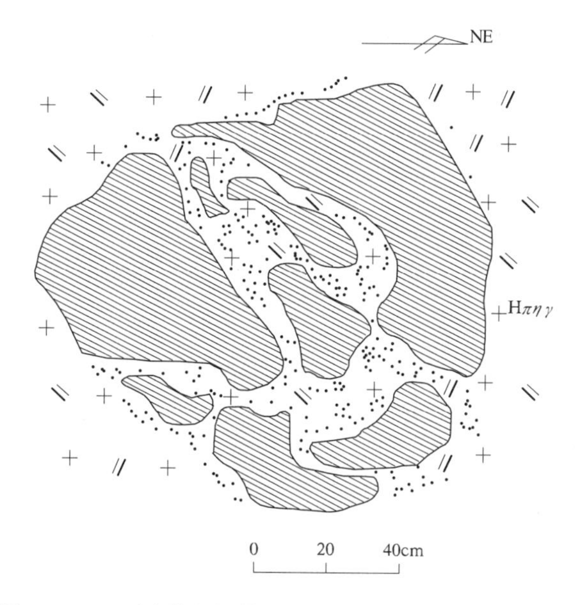

图 3-119　西沟浆混相单元中斑状二长花岗岩相(Hπηγ)中暗色闪长岩包体形态素描图

(2)岩石学特征。

本单元由斑状石英闪长岩(相)-斑状花岗闪长岩(相)-斑状二长花岗岩(相)形成3种不同相的岩石类型,之间相互穿切。不同岩石相之间虽有不同的岩石特征,但相互间有一定的关联(表3-76)。

斑状石英闪长岩(相)岩石:深灰色、灰绿色,色率15%,细粒半自形粒状结构—似斑状结构,块状构造。

斑状花岗闪长岩(相)岩石:灰色、深灰色,色率5%,局部达10%,细粒半自形粒状结构—似斑状结构,块状构造。

斑状二长花岗岩(相)岩石:灰色、浅肉红色,似斑状结构、基质细粒花岗结构,块状构造。

(3)岩石化学特征(表3-72)。

岩石中从基性端元到酸性端元岩石之间氧化物特征变化明显。

在偏基性的斑状石英闪长岩(相)中 SiO_2、K_2O 含量分别为60.53%、2.74%,明显低于酸性端元的斑状二长花岗岩(相)中 SiO_2、K_2O 含量,其含量值分别为71.81%、5.20%;而 TiO_2、Fe_2O_3、

FeO、CaO 等氧化物含量则明显偏高，其特征与红土岭单元侵入体的氧化物特征相当。斑状石英闪长岩(相)中 Na_2O 含量大于 K_2O 含量，斑状二长花岗岩(相)中则 K_2O 含量大于 Na_2O 含量。斑状石英闪长岩(相)与斑状二长花岗岩(相)中岩石化学参数里特曼指数 δ 分别为 2.26、2.57；碱度指数为 0.57、0.79，碱比铝值为 0.72、0.94；FeOt/(FeOt+MgO)=0.92、0.80；变化不大，岩石均属钙—铁—镁岩浆组合的、次过铝的中—高钾钙碱性系列(图 3-109)；固结指数 *SI* 分别为 3.74、4.22，分异指数为 67.02、87.24，具一定差异；显示岩石的不同源在同条件下形成的信息。氧化率 *OX* 值在基性端元和酸性端元岩石中相当，分别为 0.56、0.54，其特征表明岩石形成时氧化环境基本相当。

表 3-76　早二叠世祁漫塔格序列西沟浆混相侵入岩岩石特征表

岩相		斑状石英闪长岩(相)	斑状花岗闪长岩(相)	斑状二长花岗岩(相)
岩石类型		深灰—灰绿色斑状石英闪长岩	灰—深灰色斑状花岗闪长岩	灰—浅肉红色斑状二长花岗岩
构造		块状构造		
结构		细粒半自形粒状结构—似斑状结构。矿物粒径为 0.01～0.4mm	细粒半自形粒状结构—似斑状结构。矿物粒径为 0.1～1mm	似斑状结构，基质细粒花岗结构。似斑晶大小 2～4cm，基质为 0.05～1mm
矿物特征及含量	斜长石	含量 80%，为中长石，半自形粒状，具环带构造	含量 63%，为更长石，An27，呈半自形板柱状	含量 38%，板柱状，发育密而细的聚片双晶
	钾长石	含量 0	含量 6%，它形粒状，晶体内有石英、更长石、黑云母嵌晶，为微斜长石	似斑晶含量 10%，基质含量 25%。为微斜长石，呈板柱状—它形粒状，发育格子状双晶，晶体内有石英、斜长石、黑云母、磁铁矿包裹体
	石　英	含量 7%，它形粒状。不均匀的分布在中长石之间	含量 22%，它形粒状	含量 23%，它形粒状
	黑云母	含量 5%，片状，绿色	含量 6%，褐色，片状	深灰色，片状
	角闪石	含量 6%，柱状，具灰绿色多色性	含量 3%，柱状，具灰绿色多色性，解理发育	柱状，灰绿色多色性，解理发育，晶体边缘和解理被绿泥石、黑云母交代
	副矿物	由榍石(1%)、磷灰石(1%)及磁铁矿、锆石组成。磷灰石自形针状，包裹在中长石和石英晶体中	由榍石(1%)及少量磷灰石、磁铁矿、锆石组成	少量榍石(1%)、磁铁矿、磷灰石、锆石。磷灰石自形针状，包裹在石英、长石晶体中
其他特征		部分岩石中具酸性端元特征的似斑状结构，似斑晶成分为正长石、中长石及少量石英，局部似斑晶含量达 10%。岩石显示与酸性端元岩石混合特征。色率 15%	黑云母、角闪石矿物特征与斑状石英闪长岩(相)岩石中的黑云母、角闪石矿物特征基本一致；岩石中具微斜长石似斑晶，含量 5%～10%，似斑晶具格子状双晶。色率 5%，局部达 10%	黑云母、角闪石矿物与斑状石英闪长岩(相)岩石中的黑云母、角闪石矿物特征一致，是晶体混合作用的结果

(4)稀土元素特征(表 3-73)。

由基性端元岩浆形成的斑状石英闪长岩(相)，∑REE 值 245.30×10^{-6}，LREE 含量 224.97×10^{-6} 大于 HREE 含量 20.33×10^{-6}，LREE/HREE 值为 13.29；$(La/Yb)_N$ 比值 12.09，大于 10；Sm/Nd比值 0.18，小于 0.333；岩石属轻稀土富集型。δ(Eu) 值 0.75，大于 0.5，铕弱亏损，显负异常；δ(Ce) 值 1.06，铈基本无亏损，显示正异常；Eu/Sm 值 0.23，与地幔 Eu/Sm 比值 0.23 一致。高含量的∑REE 值及 Sm/Nd 特征值可与壳源花岗岩类对比，说明岩石具壳幔型花岗岩特征。

在酸性端元的斑状二长花岗岩(相)中：$\sum REE=191.04\times10^{-6}$，$LREE=179.98\times10^{-6}$，$HREE=11.06\times10^{-6}$，LREE/HREE=16.28；La/Yb 比值 35.36，大于 1；Sm/Nd 比值 0.18，小于 0.333；岩石属轻稀土富集型。δ(Eu)值 0.44，小于 0.5，铕中等亏损，负异常明显；δ(Ce)值 1.03，铈无亏损，为正异常；其特征与地壳花岗岩的稀土特征基本相当。Eu/Sm 值 0.13，表明岩石中有幔源物质混入，是壳幔混合的特征。

稀土元素配分图中(图 3-120)基性端元和酸性端元所显示的稀土特征基本一致,Eu 处均具明显的“V”字型谷,并可与红土岭单元、玉古萨依单元、豹子沟单元的稀土特征类比。

(5)微量元素特征(表 3-74)。

微量元素特征(表 3-74)显示不同的岩石相具有的微量元素特征基本相同。斑状石英闪长岩(相)岩石中 K、Rb、Th、Ba 等强不相容元素丰度值较高,富集较强烈;Ce、Sr、Zr 等中等不相容元素丰度值比酸性端元的岩石较高;Y 等弱不相容元素显高含量点,富集程度中等。

斑状花岗闪长岩(相)岩石中 K、Rb、Th、Ba、Y 等元素丰度值较偏基性的岩石偏高,与斑状二长花岗岩(相)比较偏低。K、Rb、Th 强不相容元素等富集较强烈;Ce、Sr、Zr 中等不相容元素中等富集;Y 弱不相容元素富集一般。

在酸性端元的斑状二长花岗岩(相)中 K、Rb、Th 等强不相容元素等富集较强烈;Ce、Sr、Zr 等中等不相容元素丰度值偏高,显富集中等;Y 等弱不相容元素弱富集。

各岩石相中均不显示亲铜元素 Cu、Pb、Zn,亲铁元素 Co 显低丰度值,P 元素丰度值略偏高。其他元素也无明显富集趋势,岩石中均无矿化特征。

微量元素蛛网图显示的特征相当(图 3-121),无明显差别。与红土岭单元($P_1\delta o$)、玉古萨依单元($P_1\eta\gamma$)、豹子沟单元($P_1\pi\eta\gamma$)所表现的特征一致,可与洋脊花岗岩(ORG)标准的火山弧花岗岩进行类比。

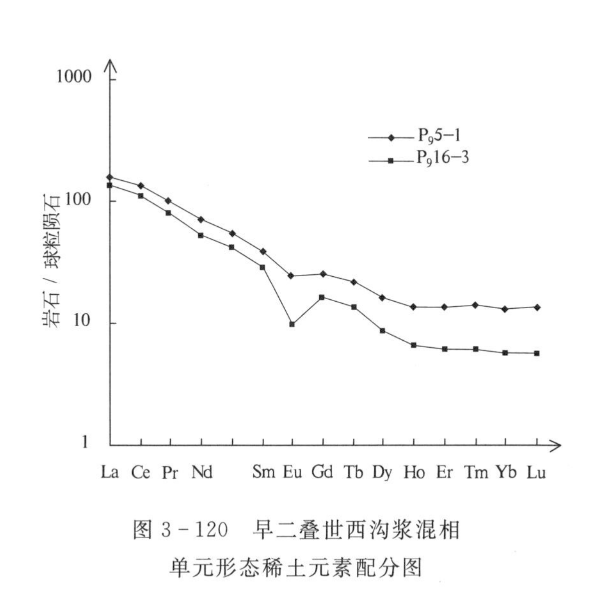

图 3-120　早二叠世西沟浆混相单元形态稀土元素配分图

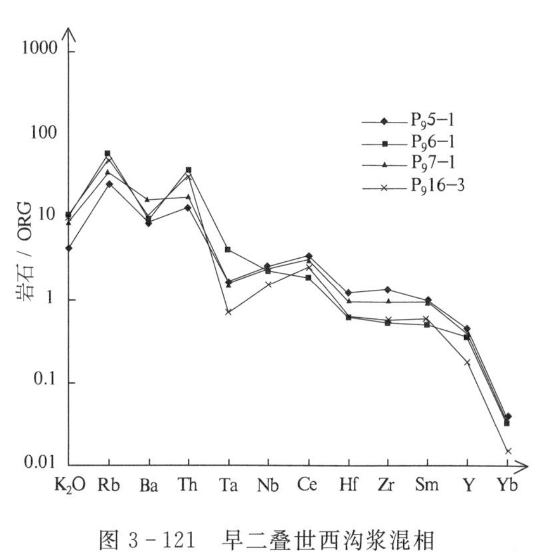

图 3-121　早二叠世西沟浆混相单元微量元素蛛网图

5. 侵入体内部组构、节理、岩脉、包体特征及侵位机制探讨

不同单元的侵入体具不同的内部组构特征。红土岭单元石英闪长岩缺乏内部定向组构特征,矿物颗粒分布均匀,所含暗色闪长质包体呈星散状分布,无定向。玉古萨依单元二长花岗岩、豹子沟单元斑状二长花岗岩总体缺乏内部定向组构,大部分矿物颗粒分布均匀,部分岩石中暗色闪长质包体及似斑晶略具定向排列特征,其中二长花岗岩中闪长质包体长轴方向为北西向,斑状二长花岗岩中似斑晶、闪长质包体略具定向排列,方向为 0°～10°。西沟浆混相单元中内部定向组构较发育,其中基性端元和酸性端元在平面露头上混合穿切,形成的浆混体与寄主岩形成混染过渡带,过渡带宽 1～10m,过渡带中从较基性端元到酸性端元,岩石结构变化特征总体表现为细粒半自形粒状结构→中细粒花岗结构及似斑状结构,显示不太明显的分带现象,其方向与浆混体长轴方向近一致,为北西向。在斑状二长花岗岩(相)中暗色闪长质包体以密集带形式产出,密集带宽 1～20m 不等,在 3km 的范围内共见 6 条,展布方向自南向北分别为 150°、160°、80°、90°、80°、30°,伴生的基性岩脉

(辉绿岩脉、辉绿玢岩脉)展布方向为120°、145°、20°,与闪长质包体密集带方向基本一致,其特征表现出浆混体、豹子沟单元侵入体具强力就位的特征。受后期多期次构造应力作用,侵入岩中发育不同规模、不同方向的次生节理、破劈理带。红土岭单元石英闪长岩、玉古萨依单元二长花岗岩中节理产状以北西向、北东向两组为主,其中北西向节理产状为30°～70°∠35°～80°、220°∠30°,属较早期节理;北东向节理产状为130°～140°∠20°～70°、310°～330°∠20°～60°,为晚期节理,并切割早期节理;部分节理走向近东西向;节理密集区1m内含4～5条,一般5～10m内含1～2条;破劈理带在断裂带附近发育,展布方向与断裂方向一致,走向大多为北西向、北西西向。豹子沟单元中节理、裂隙发育,其规模要大于前述两单元,近东西向、北西西向展布的节理为早期节理,产状分别为350°～355°∠30°～60°、0°～30°∠45°～60°、35°～50°∠60°～75°、180°～200°∠45°～60°、210°～240°∠40°～70°;近南北向、北东向展布的节理为较晚期节理,切割早期节理,产状分别为260°～275°∠50°～70°、310°～340°∠10°～65°;节理密集区1m内含10条,一般含1～3条;发育北西向、北西西走向破劈理带,破劈理带最宽见50m,一般1～10m不等,破劈理带中密集区1m内最多含70～80条,一般5～20条,产状为350°～10°∠60°～70°、30°～50°∠30°～70°、180°～220°∠50°～75°,少部分产状为240°∠35°、330°～350°∠50°～70°。

侵入岩中发育同期及后期贯入的岩脉。同期岩脉为侵入体侵位时伴生的稍晚形成的基性岩(墙)脉(辉绿岩脉、辉绿玢岩脉),主要分布于豹子沟单元及西沟浆混相单元中,走向为20°、120°、145°、250°,近直立,脉体宽一般0.5～2m,最宽5m,脉体与寄主岩界线清楚,在岩墙接触面见有3cm宽的冷凝边,其中见有寄主岩包体,显示二者具有“似脉动”接触的特征(图3-122,图版13-7),部分辉绿岩脉被后期节理切错。同期形成的岩脉还包括有同期侵入岩相关性岩脉,多以细晶二长花岗岩脉为主,分布于石英闪长岩及二长花岗岩中,与寄主岩大部分界线清楚,部分呈混染状,为渐变过渡关系。由后期侵入岩形成贯入的岩脉类型见有闪长岩脉、细晶岩脉、钾长花岗岩脉等,除闪长岩脉外,其余岩脉发育较广,在各侵入岩中均有分布;细晶岩脉呈不规则状,一般宽0.5～1m,最宽3m;钾长花岗岩脉产状为220°∠70°、85°∠45°及不规则状,最宽约20m,长100m,一般宽0.5～5m,长10～20m。

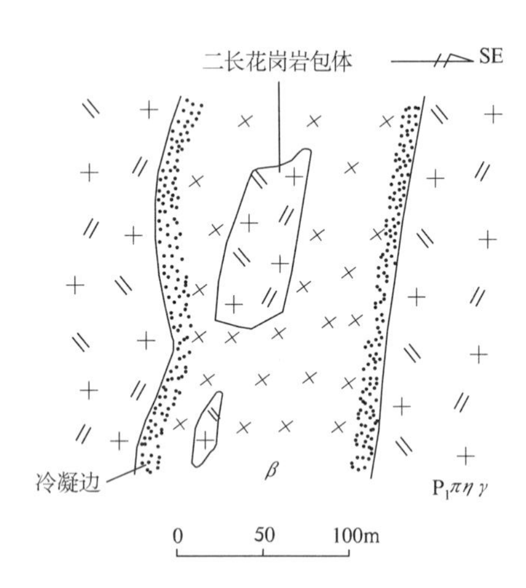

图3-122　豹子沟单元($P_1\pi\eta\gamma$)中贯入的辉绿岩脉(墙)素描图

异源包体和同源包体在侵入体中均有不同程度的发育。异源包体大多以围岩包体为主,集中分布于侵入体内接触带,其成分与接触的围岩关系密切,呈不规则状、棱角状,最大直径见2m,一般3～60cm,部分围岩以残留体形式存在,地表出露面积在20～30km²,主要分布于红土岭以北地区。同源包体为暗色闪长质包体,未发现其他类型的包体,闪长质包体主要分布在二长花岗岩及斑状二长花岗岩中,石英闪长岩中少量,西沟浆混相单元中大多属石英闪长岩(相)的主要组成部分。石英闪长岩中闪长质包体呈透镜状、脉状、团块状、椭圆状,密集区1m²内含1～2块,一般20m²含1块,最大60cm,一般1～20cm,与寄主岩关系突变;二长花岗岩中闪长质包体呈椭圆状、长条状、浑圆状,大小一般在1～25cm,最大30cm,密集区1m²内含2～3块,一般5～10m²含1块;斑状二长花岗岩中闪长质包体密集区1m²内含1～3块,平均10～50m²含1块,最大5m,一般2～30cm,呈长条状、不规则状,部分具定向排列;西沟浆混相单元的斑状二长花岗岩(相)中闪长质包体以密集带形式产出,密集带宽1～20m不等,是浆混花岗岩特征的具体表现。在豹子沟单元($P_3\pi\eta\gamma$)中的闪长质包体岩石化学、稀土元素、微量元素特征(表3-38～表3-40,图3-123、图3-124):包体中

SiO_2 含量较高达 67.57%，其他特征与红土岭单元（$P_1\delta o$）的石英闪长岩及西沟浆混相单元（$H\pi\delta o-\pi\gamma\delta-\pi\eta\gamma$）中的斑状石英闪长岩（相）的岩石化学、稀土元素、微量元素特征相当或一致，显示为同源岩浆形成。

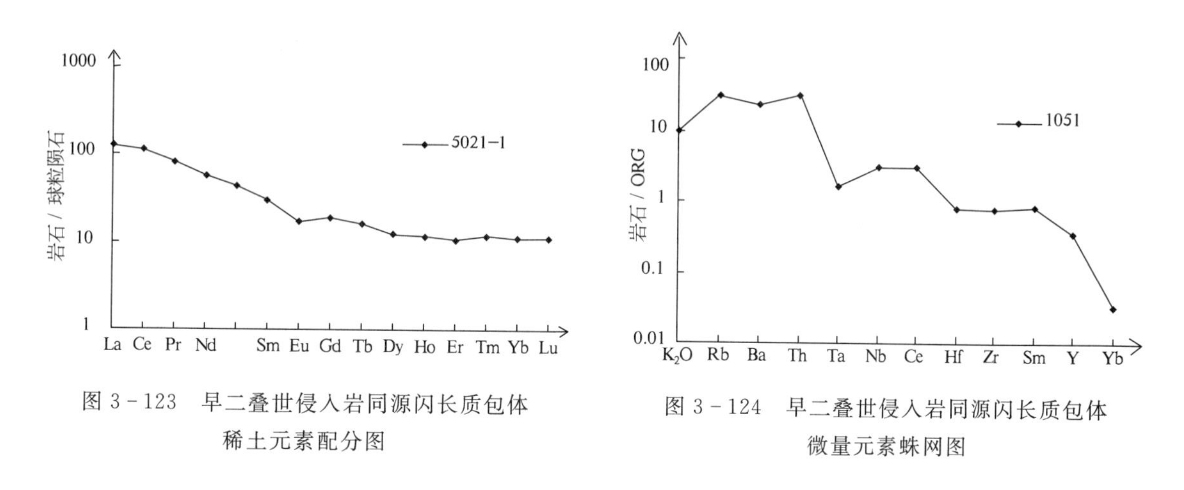

图 3－123　早二叠世侵入岩同源闪长质包体稀土元素配分图

图 3－124　早二叠世侵入岩同源闪长质包体微量元素蛛网图

祁漫塔格序列侵入岩早期的红土岭单元、玉古萨依单元以被动的侵位机制为主，而较晚期的豹子沟单元、西沟浆混相单元则具有强力就位的特征，是上地幔较基性岩浆底侵下地壳酸性岩浆后侵出地表而形成。

6. 侵入体的侵入深度、剥蚀程度

侵入体与围岩侵入界线清楚，且协调；内接触带发育围岩包体，部分围岩在红土岭地区以残留体形式存在，沿接触面发育冷凝边；外接触带接触变质晕十分发育，没有相关的火山岩出露；侵入体以岩基、大型岩株产出；斜长石为中—更长石，钾长石为微斜长石、条纹长石，二者共存；侵入体之间呈脉动接触关系，浆混体中基性端元和酸性端元物质相互穿切，无一定界线，浆混体与豹子沟单元之间无明显界线，为渐变过渡（脉动）。侵入体侵入深度为中带，属中—浅剥蚀程度。

7. 花岗岩成因及构造环境分析

该序列侵入岩花岗岩成因是为地壳和地幔都做出贡献的 KCG＋ACG 型花岗岩类，其特征为：在偏基性的石英闪长岩、斑状石英闪长岩（相）中 SiO_2 为 60.53%～63.76%，二长花岗岩类中为 66.71%～73.25%，基性端元物质和酸性端元物质之间变化明显；Al_2O_3 含量在各岩类中变化不明显；CaO 含量 1.15%～7.03%，较基性端元岩石中偏高；K_2O 含量为 2.74%～5.35%，Na_2O 含量为 2.67%～3.80%，FeOt/(FeOt＋MgO)＝0.47～0.96，具一定的变化范围；岩石中 $^{87}Sr/^{86}Sr$ 初始值（表 3－68）在 0.724 620～0.733 333 间，平均为 0.729 005，大于 0.719，属高锶花岗岩类，其特征表明岩石中有陆壳物质的熔融。特征矿物为黑云母、角闪石，其中角闪石含量一般为 2%～5%，较基性端元物质中偏高，最高达 10%；副矿物以磷灰石、锆石为主，不透明矿物以磁铁矿为主，岩石副矿物类型为锆石-磷灰石-榍石型；斜长石为中—更长石；豹子沟单元及西沟浆混相单元中似斑晶以钾长石为主，似斑晶大小一般 0.6～1.5cm，最大约 3cm；碱比铝值在 0.72～1.08 间，岩石均属钙-铁-镁岩浆组合的、次铝—过铝的、中-高钾钙碱性系列；分异指数在 67.02～89.09 间，均偏高，岩石具有强分馏结晶特征；西沟浆混相单元浆混特征明显，岩石组合为斑状石英闪长岩（相）-斑状花岗闪长岩（相）-斑状二长花岗岩（相）。

微量元素蛛网图（图 3－111、图 3－114、图 3－116、图 3－121）特征显示岩石与洋脊花岗岩（ORG）标准的火山弧花岗岩相当，在 R_1-R_2 构造环境判别图中（图 3－125），样点大多投影于同碰

撞区，部分投影于板块碰撞后的抬升。结合测区区域构造背景，祁漫塔格序列侵入岩构造环境属典型的后碰撞构造环境体制下的一种陆内造山环境。豹子沟单元岩石中可见似斑晶含量10%，粒径一般6～15mm，最大见8cm。岩石化学资料反映出为富钾钙碱性花岗岩类，高钾—低钙为地壳和地幔物质混合成因，地球动力学背景为由汇聚向离散转换。综上所述，结合区域资料认为，该套花岗岩的成因可能是受南部昆仑洋向北俯冲消减的远程效应在测区的具体表现。

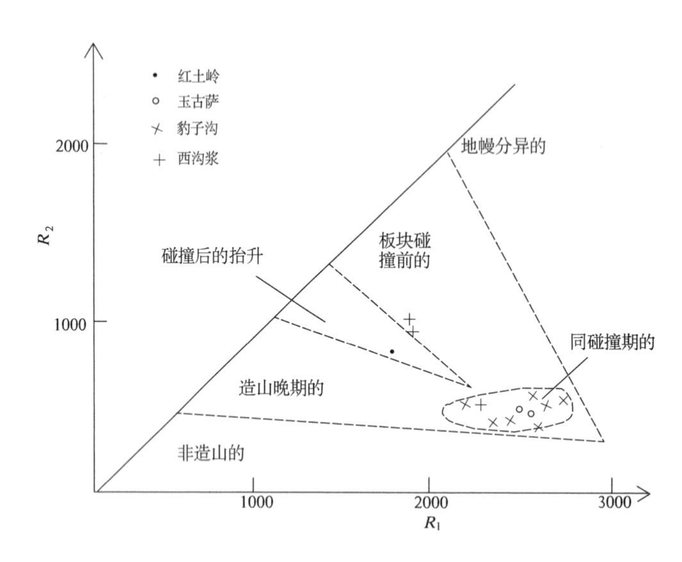

图3-125　早二叠世侵入岩 R_1-R_2 图解

(五)晚二叠世石砬峰单元($P_3\pi\xi\gamma$)

晚二叠世石砬峰单元侵入岩分布于石砬峰主脊南缘，由两个侵入体组成，面积10km²。岩石类型由单一的斑状正长花岗岩组成，侵入于古元古界金水口(岩)群、新元古界冰沟群，超动侵入于晚泥盆世土房子沟单元($D_3\delta o$)石英闪长岩中；本单元中获得铀-铅(U-Pb)法同位素年龄(表3-77，图3-126)：1～4号样点 $^{206}Pb/^{238}U$ 表面年龄统计权重平均值251.1±0.7Ma。侵入岩时代确定为晚二叠世。

表3-77　石砬峰单元($P_3\pi\xi\gamma$)铀-铅法(U-Pb)同位素年龄测定结果(样品号:34-1)

<table>
<tr><th colspan="3">样品情况</th><th colspan="2">含量(10^{-6})</th><th rowspan="2">样品中普通铅含量(ng)</th><th colspan="5">同位素原子比率*</th><th colspan="3">表面年龄(Ma)</th></tr>
<tr><th>点号</th><th>锆石特征</th><th>质量(μg)</th><th>U</th><th>Pb</th><th>$\frac{^{208}Pb}{^{204}Pb}$</th><th>$\frac{^{208}Pb}{^{206}Pb}$</th><th>$\frac{^{206}Pb}{^{238}U}$</th><th>$\frac{^{207}Pb}{^{235}U}$</th><th>$\frac{^{207}Pb}{^{206}Pb}$</th><th>$\frac{^{206}Pb}{^{238}U}$</th><th>$\frac{^{207}Pb}{^{235}U}$</th><th>$\frac{^{207}Pb}{^{206}Pb}$</th></tr>
<tr><td>1</td><td>浅黄色半透明细长柱状</td><td>40</td><td>789</td><td>44</td><td>0.310</td><td>177</td><td>0.1250</td><td>0.039 79〈8〉</td><td>0.2848〈54〉</td><td>0.051 91〈93〉</td><td>251.5</td><td>254.5</td><td>281.5</td></tr>
<tr><td>2</td><td>浅黄色透明细长柱状</td><td>40</td><td>768</td><td>40</td><td>0.240</td><td>225</td><td>0.1272</td><td>0.039 77〈24〉</td><td>0.2769〈91〉</td><td>0.0505 0〈155〉</td><td>251.4</td><td>248.2</td><td>218.3</td></tr>
<tr><td>3</td><td>浅黄色透明长柱状</td><td>40</td><td>1035</td><td>60</td><td>0.450</td><td>162</td><td>0.1369</td><td>0.039 62〈52〉</td><td>0.2756〈86〉</td><td>0.050 46〈135〉</td><td>250.5</td><td>247.2</td><td>216.2</td></tr>
<tr><td>4</td><td>浅黄色透明长柱状</td><td>40</td><td>1377</td><td>78</td><td>0.570</td><td>166</td><td>0.1194</td><td>0.039 62〈12〉</td><td>0.2778〈73〉</td><td>0.050 86〈126〉</td><td>250.5</td><td>248.9</td><td>234.4</td></tr>
</table>

注：* $^{206}Pb/^{204}Pb$ 已对实验空白(Pb=0.050ng，U=0.002ng)及稀释剂作了校正；其他比率中的铅同位素均为放射成因铅同位素；括号内的数字为2σ绝对误差，例如，0.039 79〈8〉表示0.039 79±0.000 08(2σ)；1～4号数据点 $^{206}Pb/^{238}U$ 表面年龄统计权重平均值：251.1±0.7Ma；测试单位：天津地质矿产研究所实验测试室；分析者：左义成。

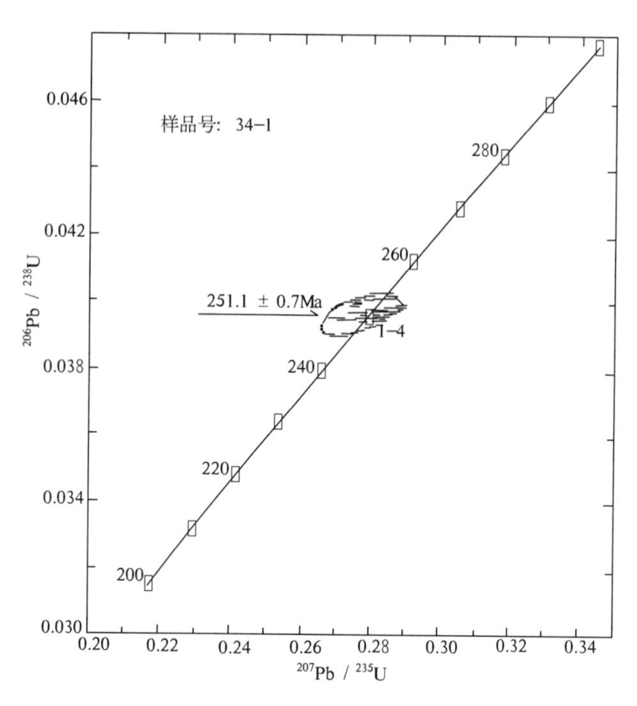

图 3-126 晚二叠世碰峰单元锆石 U-Pb 同位素年龄测定结果谐和图

1. 地质特征

侵入体平面形态呈不规则椭圆状，长轴呈北西向展布。与围岩侵入界线清楚，界面呈锯齿状、波状弯曲不平，总体外倾，倾角较陡。内接触带见围岩包体，呈不规则状、棱角状。与早期侵入岩超动界线明显，界面弯曲，倾向早期侵入岩一侧，侵入体中见有早期侵入岩包体，接触面出现细粒边（或冷凝边），早期侵入岩裂隙中有斑状正长花岗岩岩枝分布。

岩石中含有少量暗色闪长质包体，包体呈椭圆状、星散状分布。其中矿物颗粒、似斑晶略具定向排列，排列方向近东西向，局部显条带状构造。岩石中发育次生节理，走向以北西向为主，北东向其次。岩石裂隙中见有后期钾长花岗岩脉，多呈不规则状产出。

2. 岩石学特征

岩石呈浅肉红色，似斑状结构，基质中细粒花岗结构，块状构造。似斑晶含量约 35%，最大见 3cm，一般 0.5～1cm，成分为钾长石；基质粒径 0.74～4.07mm，成分有钾长石（15%）、斜长石（25%）、石英（20%）、黑云母（5%）及少量副矿物磷灰石、锆石、榍石。钾长石多呈似斑状，为条纹长石，少量正长石，其间常见有斜长石小晶体；斜长石半自形板状、柱状，分布均匀，表面普遍被泥化、绢云母化，具不太清楚的环带构造和聚片双晶，推测是更—中长石；石英它形粒状，充填在其他矿物空隙之间；黑云母板状、片状，大多具绿泥石化，在岩石中分布较均匀；副矿物少量，分布与黑云母有关。

3. 岩石化学特征（表 3-78）

SiO_2 含量 65.59%，Al_2O_3 含量 15.52%，CaO 含量 2.01%，K_2O 含量 5.88%大于 Na_2O 含量 3.46%，FeOt/(FeOt+MgO)＝0.72，里特曼指数 δ＝3.86，碱度指数为 0.78，碱比铝值为 0.98，岩石属铝钾质岩浆岩组合的次铝高钾的钙碱性系列（图 3-127）。岩石固结指数 SI＝10，分异指数为

81.20，氧化率 OX=0.62；岩石分异中等，固结一般，氧化程度中强。

表 3-78　晚二叠世石砬峰单元岩石化学特征表(样品号:34-1)　　(单位:%)

氧化物	SiO_2	TiO_2	Al_2O_3	Fe_2O_3	FeO	MnO	MgO	CaO	Na_2O	K_2O	P_2O_5	H_2O^+	烧失量	合计
	65.59	0.67	15.52	1.41	2.30	0.06	1.45	2.01	3.46	5.88	0.14	0.50	0.61	99.60
参数值	δ	SI	OX	R_1	R_2	分异指数		碱度指数		碱比铝值		FeOt/(FeOt+MgO)		
	3.86	10	0.62	1677	601	81.20		0.78		0.98		0.72		

测试单位:地质矿产部青海省地矿中心实验室;分析者:邢谦,郑民奇。

4. 稀土元素特征

稀土元素特征(表 3-79)显示稀土总量 ΣREE=183.39×10^{-6}，轻稀土 LREE =168.20×10^{-6}，重稀土 HREE=15.19×10^{-6}，LREE/HREE 比值=11.07；Sm/Nd 比值=0.18，小于 0.333；$(La/Yb)_N$ 值=12.21；在稀土元素配分图中轻稀土部分呈右倾斜，Eu 处呈“V”字型谷(图 3-128)；岩石属轻稀土富集型。δ(Eu)值 0.60，铕中等亏损，负铕异常较明显；δ(Ce)值为 1.03，铈不亏损，显正异常；Eu/Sm 值 0.19，小于 0.20。其岩浆来源于上地壳物质的重熔。

表 3-79　晚二叠世石砬峰单元稀土元素特征表(样品号:34-1)　　(单位:10^{-6})

轻稀土元素						重稀土元素								
La	Ce	Pr	Nd	Sm	Eu	Gd	Tb	Dy	Ho	Er	Tm	Yb	Lu	Y
38.02	83.05	9.31	31.09	5.67	1.06	4.83	0.76	3.96	0.74	2.17	0.33	2.10	0.30	21.04
稀土元素参数特征值														
ΣREE		LREE		HREE		LREE/HREE		$(La/Yb)_N$		Sm/Nd	Eu/Sm	La/Sm	δ(Eu)	δ(Ce)
183.39		168.20		15.19		11.07		12.21		0.18	0.19	6.71	0.60	1.03

测试单位:地质矿产部武汉综合岩矿测试中心;分析者:柳建一,方金东。

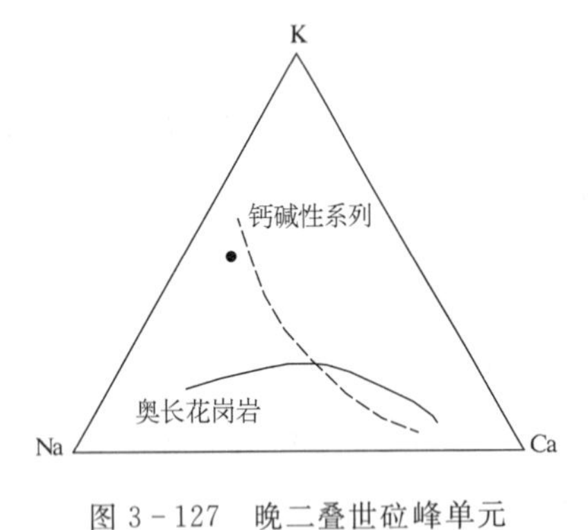

图 3-127　晚二叠世砬峰单元
K-Na-Ca 三角图解
(据 Barker & Arth,1975)

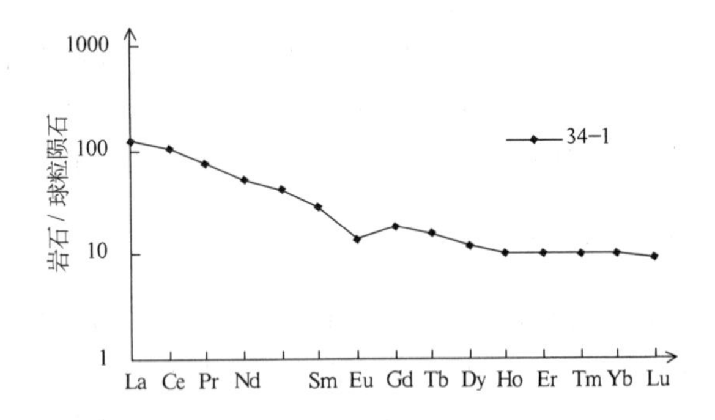

图 3-128　晚二叠世砬峰单元稀土元素配分图

5. 侵入体组构、节理、岩脉、包体特征及侵位机制

侵入体中矿物颗粒、似斑晶略具定向排列，排列方向近东西向，具条带状构造，局部测得流面产状 180°∠60°。少量暗色闪长质包体大多呈星散状分布，部分包体长轴方向与条带状构造方向近一致。侵入体内接触带沿接触面见细冷凝边。

岩石中发育两组次生节理。早期节理以北西向为主，产状 40°∠70°～75°，密集区 40cm 含 1～2 条；晚期节理走向北东向延伸，产状分别为 160°∠70°～75°、285°～290°∠80°，密集区 15～40cm 内含 1 条，切割较早期节理。

岩石裂隙中贯入有后期侵入岩形成的相关钾长细晶岩脉，脉体为不规则状，出露规模不大，最宽 20cm，一般 3～10cm，延伸长一般为 150cm。侵入体外接触带见侵入岩相关岩脉呈岩枝状穿插。

暗色闪长质包体在侵入体中少量发育，形态为呈椭圆状，直径大小一般为 5～10cm，最大见 25cm，星散状分布。围岩包体呈不规则状、棱角状，分布于侵入体内接触带，直径大小在 5～30cm，最大 40cm。

侵入体具有强力和被动侵位的双重特征。上地壳重熔物质形成的岩浆，受区域断裂构造影响，侵蚀断裂带周围较破碎岩石而上侵就位。

6. 侵入体侵入深度、剥蚀程度

侵入体与围岩侵入接触关系不甚协调，但界线清楚，围岩具不甚明显的接触变质晕，侵入体略具内部定向组构特征，沿接触面细冷凝边发育；钾长石为条纹长石，斜长石为更—中长石；脉体以细晶岩脉为主。侵入体内接触带围岩包体发育。

侵入体侵入深度为中—表带，属浅剥蚀程度。

7. 侵入岩花岗岩成因及构造环境分析

侵入岩中 SiO_2 含量 65.59%，Al_2O_3 含量 15.52%，K_2O 含量 5.88%，特征值均偏高，FeOt/(FeOt＋MgO)＝0.72，小于 0.80；岩石属铝钾质岩浆岩组合的岩石类型。特征矿物为黑云母，不含角闪石矿物；副矿物以磷灰石、锆石为主；斜长石为更—中长石，具环带构造和聚片双晶；未见与侵入岩有关的火山岩分布。岩石分异指数为 81.20，其中轻稀土元素分馏程度明显高于重稀土元素，显示岩石分馏结晶完全。侵入岩花岗岩成因应属为地壳做出贡献的 CPG 型，岩浆源于上地壳物质的重熔。

在 R_1-R_2 图解中样点投影于造山晚期的构造环境区（图 3－129），结合测区区域地质构造背景，晚二叠世侵入岩构造环境为造山晚期，其特征同 Liegeois 的后碰撞构造环境体制下的花岗岩类相当。

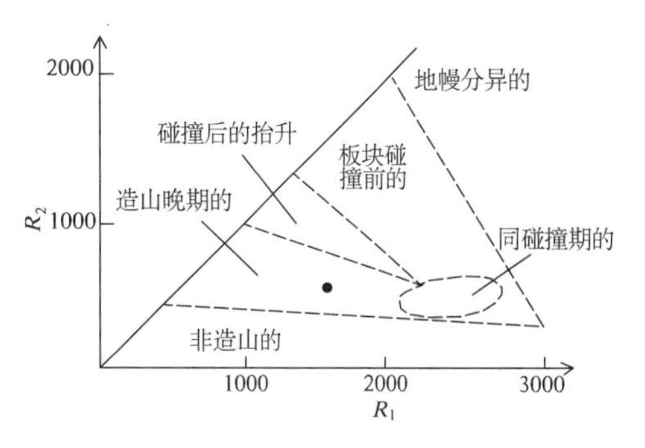

图 3－129　晚二叠世石砬峰单元 R_1-R_2 构造环境判别图解

五、印支期侵入岩

印支期侵入岩在测区集中分布于阿达滩南缘断裂以南地区，受该断裂控制呈北西向、北西西向展布，出露面积约 660km²，大部分以岩株状产出，在独雪山西、阿尼亚拉克萨依沟脑呈小型岩基产出。共解体出 34 个侵入体，岩石组合为花岗闪长岩-二长花岗岩-斑状二长花岗岩-正长花岗岩，划分为四干旦单元（$T_3\gamma\delta$）、石雪尖单元（$T_3\eta\gamma$）、景忍单元（$T_3\pi\eta\gamma$）及二道沟单元（$T_3\xi\gamma$），归并为独雪山序列。

侵入体侵入于古元古界金水口（岩）群、中-新元古界冰沟群、奥陶系—志留系滩间山（岩）群、上三叠统鄂拉山组中，被早侏罗世侵入岩超动侵入。原 1∶20 万土窑洞幅在四干旦单元（$T_3\gamma\delta$）花岗闪长岩中分别获得钾-氩（K－Ar）同位素年龄值 215Ma、216Ma；在二道沟单元（$T_3\xi\gamma$）正长花岗岩中获得铷-锶（Rb－Sr）等时线同位素年龄值（表 3－80，图 3－130）：其中 2、3、6 号样组成的等时线年龄值为 224.4±2.1Ma，4、5、7 号样组成的等时线年龄值为 308±13Ma，结合测区区域地质背景

及综合分析认为，岩石的224.4±2.1Ma年龄值是侵入岩形成年龄，而308±13Ma年龄值则反映了侵入体侵位时侵蚀早期地质体的信息。侵入岩时代确定为晚三叠世。

表3-80　二道沟单元($T_3\xi\gamma$)铷-锶法(Rb-Sr)同位素年龄测定结果

样品号	含量(10^{-6})		同位素原子比率*	
	Rb	Sr	$^{87}Rb/^{86}Sr$	$^{87}Sr/^{86}Sr\langle 2\sigma\rangle$
3035-1	320.8832	124.4650	7.4598	0.743 063〈5〉
3035-2	311.5338	109.2919	8.2479	0.740 365〈6〉
3035-3	343.0547	54.5954	18.1817	0.772 031〈6〉
3035-4	326.6960	134.2141	7.0432	0.738 457〈5〉
3035-5	331.9188	142.6049	6.7348	0.737 084〈6〉
3035-6	342.9718	115.5399	8.5892	0.741 375〈3〉
3035-7	259.6952	125.1123	6.0061	0.733 910〈6〉

注：* 括号内的数字 2σ 为实测误差，例如，〈5〉表示±0.000 005；测试单位：天津地质矿产研究所实验测试室；分析者：张慧英，林源贤。

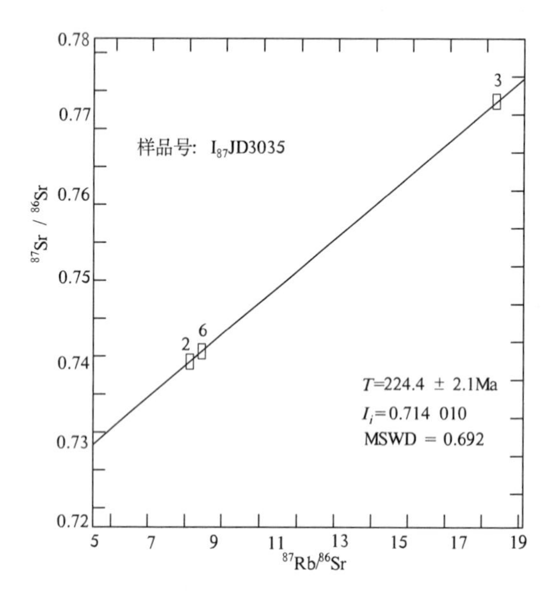

图3-130　晚二叠世二道沟单元铷-锶(Rb-Sr)法同位素等时线图

(一)晚三叠世独雪山序列

1. 四干旦单元($T_3\gamma\delta$)特征

(1)地质特征。

共圈定出9个侵入体，面积204km²。受阿达滩南缘断裂控制，分布于群峰北、冰沟等地区，平面形态为条带状、不规则椭圆状，呈北西向展布，与区域构造方向一致。

侵入体侵入于古元古界金水口(岩)群、中-新元古界冰沟群、上三叠统鄂拉山组地层中。与围岩侵入界线清楚，界面波状弯曲不平，总体外倾；侵入体边部矿物颗粒粒度较细，内部矿物粒度逐渐变粗，内接触面发育细冷凝边，内接触带发育围岩包体；外接触带岩石具硅化、角岩化蚀变，岩石裂隙中穿插侵入体相关岩脉。超动侵入于晚奥陶世土窑洞单元侵入体中，二者界线清楚；被同期景忍单元($T_3\pi\eta\gamma$)斑状二长花岗岩脉动侵入，花岗闪长岩中见有二长花岗岩岩枝穿插；被早侏罗世正长花岗岩超动侵入。岩石具球状风化地貌，发育走向北西、北东及东南向节理，沿节理贯入细晶岩脉、钾长花岗岩脉及基性岩脉。

(2)岩石学特征。

岩石为灰白色，中细粒半自形粒状结构，块状构造。矿物特征见表 3-81。

表 3-81　晚三叠世独雪山序列侵入岩岩石特征表

单元及代号		四干旦($T_3\gamma\delta$)	石雪尖($T_3\eta\gamma$)	景忍($T_3\pi\eta\gamma$)	二道沟($T_3\xi\gamma$)
岩石类型		灰白色中—细粒花岗闪长岩	灰—浅肉红色中—细粒二长花岗岩	灰—浅肉红色斑状二长花岗岩	灰—浅肉红色中—细粒正长花岗岩
构造		块状构造			
结构		中细粒半自形粒状结构，矿物粒径在 0.59～2.96mm	中细粒花岗结构，矿物粒径 0.74～5.18mm	似斑状结构，基质中细粒花岗结构；似斑晶粒径 0.8～3.5cm，基质粒径 1.00～4.10mm	中细粒花岗结构，矿物粒径 0.44～3.14mm
矿物特征及含量	斜长石	含量 30%，半自形板状、柱状，发育双晶，An28，为更长石	含量 42%，半自形板柱状，发育双晶，An24，为更长石	含量 58%，板状、柱状，具聚片双晶和环带构造。An35，为中长石	含量 20%，半自形板状、柱状，具不太清楚的环带构造。推测为更—中长石
	钾长石	含量 40%，中粒状，为条纹长石	似斑晶含量 15%，基质含量 8%。均为微斜条纹长石，基质部分呈它形粒状，充填在其他矿物之间	含量 10%，半自形板状、粒状，为正长石	含量 50%，板状、粒状，为条纹长石、微斜条纹长石
	石　英	含量 25%，它形粒状，充填在其他矿物空隙之间，形态受空隙制约	含量 30%，均为基质，它形粒状，发育波状、镶嵌状消光	含量 20%，它形粒状，充填在其他矿物空隙之间，普遍波状消化	含量 22%，它形粒状，充填在其他矿物空隙之间，普遍波状消化
	黑云母	含量 5%，板状，具褐色多色性	含量 5%，片状析出细小粒状榍石	含量 12%，板状、片状，褐色多色性，分布均匀	含量 6%，板状，分布均匀
	角闪石	少量，呈菱形切面，具绿色多色性，分布均匀	含量 0	含量 0	含量 2%，柱状局部相对集中出现，具褐色多色性
	副矿物	少量不透明矿物，分布与暗色矿物有关	少量，由磷灰石、锆石、榍石组成。均为柱粒状	少量，为不透明矿物及锆石	少量，由磷灰石及不透明矿物组成
岩石后期蚀变		具绿泥石化蚀变		具绢云母化、粘土化、绿泥石化蚀变	岩石具绢云母化、泥化及绿泥石化蚀变

(3)岩石化学特征。

SiO_2 含量 62.80%～67.46%，Al_2O_3、CaO 含量分别为 14.02%～16.31%、1.32%～3.30%，Na_2O 含量 3.13%～4.33%大于 K_2O 含量 3.12%～3.96%，FeOt/(FeOt+MgO)=0.78。里特曼指数 δ=2.03～2.76，碱度指数为 0.64～0.67，碱比铝值为 0.99～1.19，岩石属次铝的钙碱性系列(图 3-131、图 3-132)。固结指数 SI=10.34～11.52，分异指数为 69.57～80.15，氧化率 OX=0.58～0.77，显示岩石形成时分异结晶程度较好，固结一般，具中等氧化蚀变(表 3-82)。

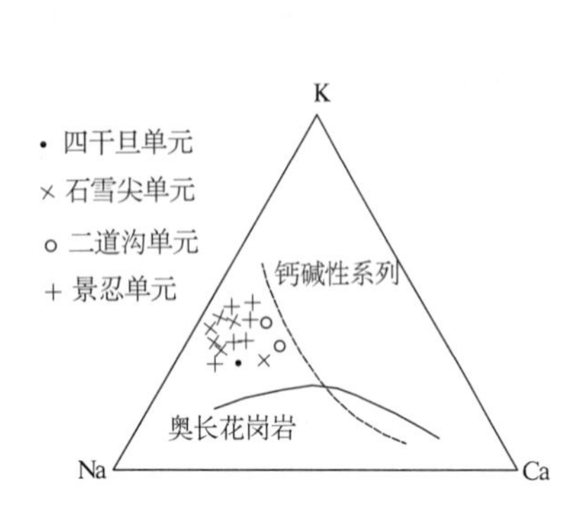

图 3-131　晚三叠世侵入岩
K-Na-Ca 三角图解
（据 Barker & Arth,1975）

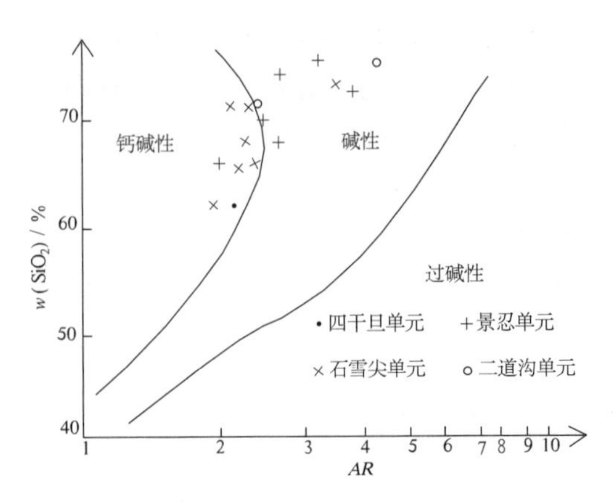

图 3-132　晚三叠世侵入岩
SiO_2-*AR* 关系图解
（据 Wright,1969）

表 3-82　晚三叠世独雪山序列岩石化学特征表　（单位：%）

单元	样品号	氧化物组合及含量												
		SiO_2	TiO_2	Al_2O_3	Fe_2O_3	FeO	MnO	MgO	CaO	Na_2O	K_2O	P_2O_5	H_2O^+	烧失量	总量
二道沟	3002	78.72	0.14	10.54	1.17	0.87	0.01	0.09	1.02	4.12	2.86	0.01	0.62	—	100.16
	3035	72.39	0.34	13.01	1.67	1.73	0.06	0.28	2.88	3.12	3.66	0.06	0.86	0.07	100.13
景忍	4113-2	66.24	0.39	15.91	0.95	3.10	0.07	0.73	3.12	3.80	4.05	0.10	1.19	0.28	99.92
	5091-1	70.28	0.39	13.57	0.70	2.94	0.06	0.69	1.51	2.94	4.77	0.15	1.28	0.53	99.80
	5106	67.11	0.29	14.58	0.49	2.92	0.06	0.50	2.51	3.61	4.32	0.08	1.44	2.06	99.97
	5167	72.96	0.24	13.27	1.23	0.81	0.05	0.66	1.37	4.24	4.27	0.05	0.59	0.26	99.98
	5183-1	71.25	0.48	13.38	1.40	2.35	0.05	0.50	0.76	2.98	5.06	0.11	1.04	0.37	99.71
石雪尖	138-1	66.75	0.56	15.45	2.69	1.15	0.06	1.51	4.17	3.80	3.07	0.16	0.54	0.30	100.18
	4117-1	75.08	0.08	12.24	0.77	1.56	0.03	0.17	0.82	3.53	4.48	0.02	0.52	0.26	99.56
	5026	74.34	0.24	12.74	0.93	1.13	0.03	0.50	1.28	3.30	4.58	0.08	0.67	0.15	99.97
	6037-1	70.24	0.28	14.05	1.25	2.10	0.12	0.61	1.70	3.55	4.00	0.12	0.32	2.30	100.64
	7104	68.94	0.36	14.49	1.10	2.38	0.09	0.78	2.48	4.11	4.08	0.12	0.64	0.25	99.80
四干旦	3157-1	62.80	0.52	16.31	1.42	4.70	0.15	1.77	3.30	4.33	3.12	0.26	0.78	0.20	99.66
	5168-1	67.46	0.84	14.02	2.24	3.10	0.06	1.50	1.32	3.13	3.96	0.23	1.69	0.54	100.07

单元	样品号	参数值								
		δ	*SI*	*OX*	R_1	R_2	分异指数	碱度指数	碱比铝值	FeOt/(FeOt+MgO)
二道沟	3002	1.36	1.00	0.43	3071	322	93.89	0.94	0.90	0.96
	3035	1.56	2.68	0.51	2785	583	82.32	0.70	0.90	0.92
景忍	4113-2	2.62	5.77	0.77	2029	693	76.50	0.67	0.98	0.85
	5091-1	2.16	5.70	0.81	2463	472	83.88	0.74	1.06	0.84
	5106	2.54	5.39	0.86	2154	601	80.76	0.73	0.96	079
	5167	2.41	5.92	0.40	2318	444	90.41	0.88	0.94	0.76
	5183-1	2.27	4.08	0.63	2436	375	87.97	0.78	1.13	0.88
石雪尖	138-1	1.98	12.34	0.30	2285	832	73.68	0.62	0.90	0.72
	4117-1	1.99	1.50	0.67	2669	341	91.94	0.87	1.02	0.93
	5026	1.98	4.79	0.55	2673	416	89.67	0.82	1.00	0.84
	6037-1	2.09	5.30	0.63	2437	498	84.24	0.72	1.06	0.85
	7104	2.56	6.28	0.69	2100	595	82.17	0.77	0.92	0.82
四干旦	3157-1	2.76	11.52	0.77	1762	772	69.57	0.64	0.99	0.78
	5168-1	2.03	10.34	0.58	2348	503	80.15	0.67	1.19	0.78

测试单位：地质矿产部青海省地矿中心实验室；分析者：邢谦，郑民奇。

(4)稀土元素特征。

岩石稀土总量$\sum$REE $=172.39\times10^{-6}\sim205.37\times10^{-6}$，轻稀土 LREE $=154.75\times10^{-6}\sim182.99\times10^{-6}$，远大于重稀土 HREE 含量 $17.64\times10^{-6}\sim22.38\times10^{-6}$，LREE/HREE＝8.17～8.77；Sm/Nd 比值 0.19～0.21，均小于 0.333；$(La/Yb)_N$ 值＝8.10～10.85；稀土元素配分图中轻重稀土分馏差异较明显，Eu 处略具"V"字型谷(图 3－133)；岩石属轻稀土富集型(表 3－83)。δ(Eu)值 0.42～0.80，铕亏损中强，显负异常；δ(Ce)值 0.93～1.02，铈无亏损，显正异常；Eu/Sm 值 0.14～0.25。其特征表明岩浆源于下地壳下部。

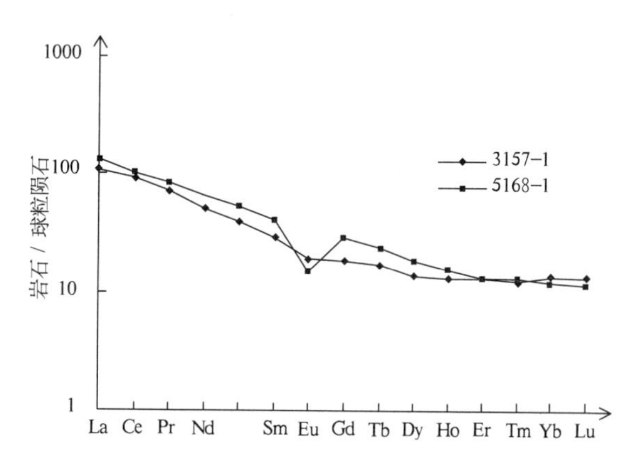

图 3－133　晚三叠世四千旦单元稀土元素配分图

表 3－83　晚三叠世独雪山序列稀土元素特征表　　(单位：10^{-6})

单元	样品号	轻稀土元素						重稀土元素								
		La	Ce	Pr	Nd	Sm	Eu	Gd	Tb	Dy	Ho	Er	Tm	Yb	Lu	Y
二道沟	3002	24.72	55.35	6.47	24.50	5.53	0.74	6.20	1.224	8.26	1.88	5.49	0.911	5.82	0.856	47.94
	3035	38.05	79.94	8.89	31.39	6.45	1.03	6.32	1.112	6.55	1.38	4.06	0.694	4.29	0.641	37.94
景忍	4113－2	51.80	92.12	8.94	26.36	4.10	1.15	3.250	0.510	2.64	0.57	1.58	0.250	1.48	0.220	14.23
	5091－1	48.77	86.28	8.37	24.56	3.80	1.14	2.97	0.460	2.46	0.52	1.46	0.220	1.51	0.230	13.69
	5106	47.16	82.91	8.22	23.38	3.62	0.93	2.86	0.460	2.56	0.51	1.50	0.230	1.57	0.240	13.18
石雪尖	5026	33.86	67.96	7.78	25.20	4.33	0.72	3.39	0.580	3.28	0.66	2.16	0.370	2.54	0.400	20.44
	6037－1	60.12	127.6	13.59	42.14	6.97	0.72	5.43	0.880	4.77	0.97	2.96	0.490	3.22	0.500	27.89
	7104	29.93	66.28	7.83	26.53	5.64	0.88	5.01	0.780	5.01	1.10	3.27	0.490	3.43	0.510	29.15
四千旦	3157－1	33.90	74.40	8.70	30.53	5.79	1.43	4.90	0.810	4.47	0.97	2.82	0.420	2.82	0.430	25.26
	5168－1	41.18	82.44	10.42	39.64	8.20	1.11	7.80	1.160	6.09	1.13	2.84	0.430	2.56	0.370	28.81

单元	样品号	稀土元素参数特征值								
		ΣREE	LREE	HREE	LREE/HREE	$(La/Yb)_N$	Sm/Nd	Eu/Sm	δ(Eu)	δ(Ce)
二道沟	3002	147.95	117.31	30.64	3.83	2.86	0.23	0.13	0.39	1.03
	3035	190.80	110.59	25.05	6.62	5.98	0.21	0.16	0.49	1.01
景忍	4113－2	194.97	184.47	10.50	17.57	23.60	0.16	0.28	0.93	0.95
	5091－1	147.05	135.29	11.76	11.50	12.37	0.19	0.30	0.78	1.02
	5106	176.15	166.22	9.93	16.74	20.25	0.15	0.27	0.85	0.93
石雪尖	5026	153.23	139.85	13.38	10.45	8.99	0.17	0.17	0.56	0.97
	6037－1	270.36	251.14	19.22	13.07	12.59	0.17	0.10	0.35	1.03
	7104	156.69	137.09	19.60	6.99	5.88	0.21	0.17	0.50	1.02
四千旦	3157－1	172.39	154.75	17.64	8.77	8.10	0.19	0.25	0.80	1.02
	5168－1	205.37	182.99	22.38	8.17	10.85	0.21	0.14	0.42	0.93

测试单位：地质矿产部武汉综合岩矿测试中心；分析者：柳建一，方金东。

(5)微量元素特征。

岩石中K、Th、Rb、Ba强不相容元素丰度值较高，且强烈富集；中等不相容元素Hf、Zr、Sm、Ce、Nb等富集中等；弱不相容元素Ti、Y丰度值虽偏高，但不富集。其他有益元素均无富集特征，岩石无矿化特征显示(表3－84)。微量元素蛛网图特征(图3－134)与洋脊花岗岩(ORG)标准的碰撞后花岗岩特征相当。

表3－84　晚三叠世独雪山序列微量元素全定量分析特征　(单位：K_2O为%；其他10^{-6})

单元	样品号	K_2O	Rb	Ba	Th	Ta	Nb	Ce	Hf	Zr	Sm	Y	Yb	Ti	V	Sr	Cs
二道沟	3002	1.40	47.4	288	17.0	0.5	—	96.6	8.5	237	9.2	55.6	5.8	664	11.2	2.8	6.0
	3035	3.60	132.0	893	14.5	1.4	—	69.0	5.4	184	5.8	34.1	3.8	2002	25.5	6.0	13.0
景忍	4113－2	4.22	146.0	1671	16.7	0.9	8.9	89.0	5.7	215	4.2	15.6	1.6	2070	28.4	271	6.0
	5091－1	4.05	149.0	1661	17.8	0.6	9.2	90.0	5.9	247	4.4	16.0	1.7	2213	25.5	271	8.3
	5106	4.39	184.0	1472	17.2	0.6	9.5	82.2	5.1	184	4.2	14.5	1.6	1913	23.7	221	13.0
石雪尖	5026	4.70	169.0	428	17.2	0.8	14.3	79.8	4.0	139	4.0	20.7	2.6	1429	18.6	122	3.9
	6037－1	3.90	169.0	543	25.8	1.3	17.8	159.0	9.4	339	7.3	33.2	3.9	2435	21.7	109	5.7
四千旦	3122	3.62	143.0	818	24.3	1.1	16.7	102.6	5.0	152	7.1	27.5	2.6	3332	90.4	220	9.1
	5168－1	3.74	190.2	45.3	32.4	0.9	17.4	103.4	8.1	284	8.9	31.4	2.6	3731	52.2	99	4.3

测试单位：地质矿产部武汉综合岩矿测试中心；分析者：汪康康，张蕾。

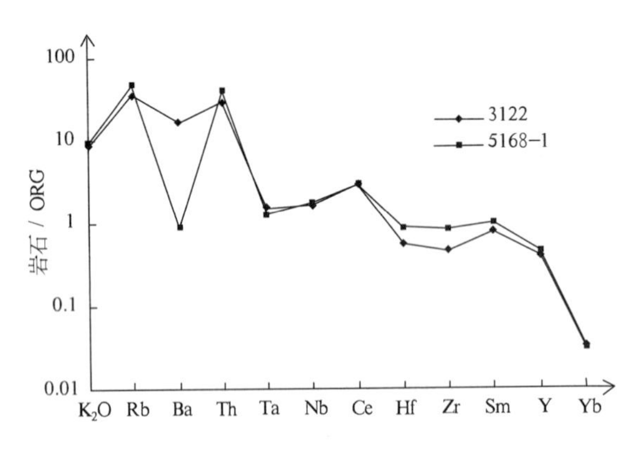

图3－134　晚三叠世四千旦单元微量元素蛛网图

2. 石雪尖单元($T_3\eta\gamma$)特征

(1)地质特征。

侵入体主要分布于卡尔塔阿拉南山山脉独雪山西、石雪尖地区，在卡那达阿勒安达坂、冰沟、库木俄乌拉孜等地区也有分布。共圈定12个侵入体，出露面积约143km²，大部分侵入体以岩株状产出，独雪山西以小岩基产出。侵入体平面形态为不规则椭圆状、不规则状、条带状，总体呈北西向、北西西向展布。

侵入体与中-新元古界冰沟群、上三叠统鄂拉山组呈侵入接触关系，侵入界线清楚，界面呈波状弯曲，总体外倾，倾角30°～70°不等；内接触带见有围岩包体，杂乱分布，为不规则状、棱角状，其成分与接触围岩关系密切，部分围岩呈残留体形式分布，内接触面分布有1～2cm宽的暗色冷凝边；外接触带围岩具角岩化蚀变，蚀变带宽100～200m，裂隙中有二长花岗细晶岩脉呈不规则状穿插。侵入体超动侵入于晋宁期变质侵入体、早石炭世二长花岗岩中，局部超动侵入特征明显；被早侏罗世多登单元($J_1\xi\gamma$)

正长花岗岩超动侵入，大部分超动界线清楚，二长花岗岩裂隙中分布有正长花岗岩脉。

岩石球状风化地貌明显，海拔4500m以上地区发育现代冰斗地貌。岩石中总体缺乏内部定向组构，所含包体、矿物颗粒分布均匀，局部地段受后期构造应力作用，矿物颗粒略具定向，方向北西向。宗昆尔玛地区岩石中含同类岩石圆形包体，成因复杂（图版13-8）。含暗色闪长质包体，大多为浑圆状—次浑圆状、条状、不规则状等，星散状分布。发育节理、破劈理等次生构造，节理以走向北西—北西西向一组为主，次为走向北东向节理，北东向节理切割北西西—北西向节理；破劈理带集中分布于断裂带附近，宽窄不一，一般宽大于5m，走向与区域构造方向一致。岩石中分布有辉绿岩脉、闪长岩脉、二长花岗细晶岩脉、正长花岗细晶岩脉等，前两个脉为区域性岩脉，后两个脉为晚期侵入岩相关性岩脉。

(2)岩石学特征。

灰色、浅肉红色，中细粒花岗结构，块状构造。岩石其他特征见表3-81。

(3)岩石化学特征。

二长花岗岩SiO_2含量66.75%～75.08%，Al_2O_3含量12.24%～15.45%，具一定变化范围；K_2O含量3.07%～4.58%，Na_2O含量3.30%～4.11%，K_2O含量大多大于Na_2O含量；岩石中Fe_2O_3、FeO、MgO含量相对稳定，变化不大；CaO含量少部分偏高，达4.17%，大多为1.28%～2.48%；FeOt/(FeOt+MgO)大多在0.82～0.95间，个别略偏低，为0.72%（表3-82）。岩石里特曼指数δ=1.98～2.56；碱度指数大多为0.62～0.87，小于0.90，个别为0.91；碱比铝值=0.90～1.06。岩石属次铝—过铝的钙碱性系列（图3-131、图3-132）。分异指数为73.68～91.94，岩石分异结晶完全；固结指数SI=1.41～12.34，岩石成岩固结较差；氧化率OX=0.59～0.82，岩石后期氧化程度中强。

(4)稀土元素特征。

岩石稀土总量（表3-83）$\sum$REE=153.23×10^{-6}～270.36×10^{-6}，轻稀土LREE =137.09×10^{-6}～251.14×10^{-6}，大于重稀土HREE含量13.38×10^{-6}～19.60×10^{-6}，LREE/HREE=6.99～13.07；Sm/Nd=0.17～0.21，小于0.333；$(La/Yb)_N$=5.88～12.59；稀土元素配分图中（图3-135）轻稀土部分分馏程度明显高于重稀土部分，Eu处具“V”字型谷，岩石为轻稀土富集型。δ(Eu)值0.35～0.56，负铕异常明显，中强度亏损；δ(Ce)值0.97～1.03，铈基本无亏损，大部分显正异常；Eu/Sm值=0.10～0.17。其特征可与下地壳物质的稀土特征进行类比。

(5)微量元素特征。

岩石中强不相容K、Th、Rb、Ba元素中强度富；Hf、Zr、Sm、Ce、Nb等中等不相容元素富集中等；弱不相容元素Ti、Y一般富集（表3-84）。岩石中未显示亲铜元素Cu、Pb、Zn等，其他有益元素未见很好的显示，无富集或矿化特征。微量元素蛛网图特征（图3-136）可与洋脊花岗岩(ORG)标准的碰撞后花岗岩特征类比。

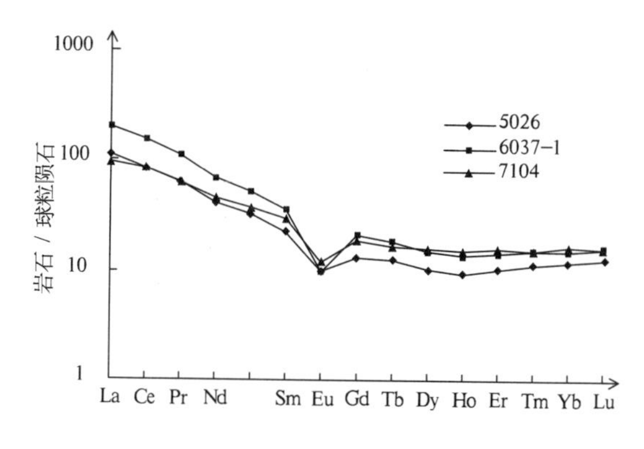

图3-135 晚三叠世石雪尖单元稀土元素配分图

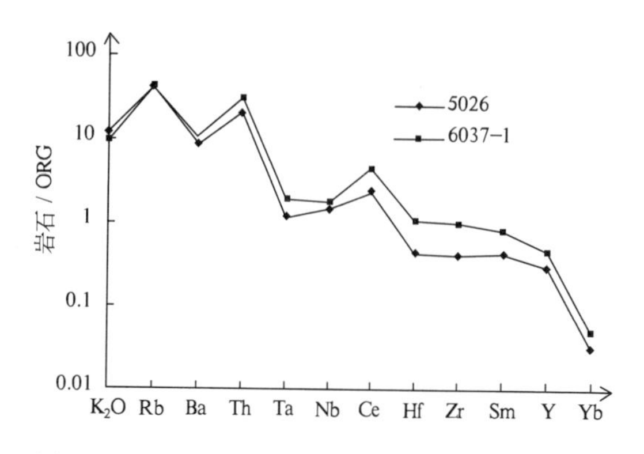

图3-136 晚三叠世石雪尖单元微量元素蛛网图

3. 景忍单元($T_3\pi\eta\gamma$)特征

(1)地质特征。

本单元区内由13个侵入体组成,分布于景忍、阿尼亚拉克萨依沟上游、独雪山、沙南梁等地区,平面形态为不规则状、不规则条带状、不规则椭圆状,长轴呈北西西向、北西向展布,与区域构造方向一致,出露面积约313km²。

侵入体侵入于古元古界金水口(岩)群、中-新元古界冰沟群及上三叠统鄂拉山组中,与围岩侵入接触关系明显,大部分侵入界线清楚,界面呈锯齿状、波状弯曲不平,总体外倾,倾角30°~60°;内接触带发育围岩包体,包体成分以火山岩为主,碎屑岩少量,呈棱角—次棱角状、不规则状,粒径大小一般在5~30cm,最大为3m,无规律分布,部分围岩以残留体形式存在,出露面积20~30m² 不等,与寄主岩接触处岩石混染明显,内接触面发育1~3cm宽的冷凝边;外接触带岩石具硅化、角岩化蚀变及烘烤现象,蚀变带宽一般大于2m,岩石裂隙中有与侵入体相关的岩枝呈不规则状穿插。超动侵入于晋宁期变质侵入体及早二叠世红土岭单元石英闪长岩中,大部分超动侵入特征明显。与同期四干旦单元花岗闪长岩、石雪尖单元二长花岗岩呈脉动接触关系,界线大部分不甚明显,呈渐变过渡,过渡带宽1~3m不等,斑状二长花岗岩中见有细粒二长花岗岩包体呈椭圆状状产出(图版13-8)。被早侏罗世多登单元($J_1\xi\gamma$)正长花岗岩超动侵入,超动界线大部分清楚,界面总体倾向斑状二长花岗岩一侧,倾角较陡,斑状二长花岗岩中分布有不规则状、团块状钾长花岗岩脉。

岩石球状风化明显,沿断裂带形成悬崖、碎石流等,在近海拔5000m处发育现代冰斗地貌。岩石中矿物颗粒、包体等分布均匀,局部略显定向,方向近东西向。暗色闪长质包体呈星散状无规律分布。发育的节理走向以北西向为主,北东向其次,断裂带附近同时还发育有破劈理带,破劈理带方向与断裂方向一致。辉绿岩脉、正长花岗岩脉、细晶岩脉沿裂隙分布,前者为区域性岩脉,后二者为早侏罗世侵入岩相关岩脉。

(2)岩石学特征。

灰—浅肉红色,似斑状结构(图版14-1),基质中细粒花岗结构,块状构造。矿物特征见表3-81。

(3)岩石副矿物特征。

岩石副矿物组合及含量见表3-85。岩石副矿物类型为锆石-磁铁矿型。

表3-85 晚三叠世景忍单元($T_3\pi\eta\gamma$)岩石副矿物特征表 (单位:10^{-6})

样品号	岩石副矿物组合及含量							
	锆石	磷灰石	磁铁矿	钛铁矿	褐帘石	硅铁矿	石榴石	钍石
RZ230-1	34	0.3	1111	个别	35	个别	个别	0.12
RZ1223	67	1	2112	少量	24	几粒	—	—

注:资料来源于1:20万土窑洞幅、茫崖幅。

岩石中各副矿物特征表现如下。

锆石:正方双锥柱状,黄褐色半透明、淡黄色透明、褐色不透明,玻璃光泽。

磷灰石:六方柱状、六方双锥柱状,透明,玻璃光泽。

磁铁矿:不规则颗粒,金属光泽,铁黑色。

黄铁矿:不规则颗粒,铜黄色,金属光泽。

钛铁矿:不规则颗粒,黑色,金属光泽。

褐帘石:板状,黑色、褐黑色,表面光泽暗淡,断口处为强沥青光泽。

钍石:不规则颗粒,黄色半透明,褐色—黄褐色不透明,油脂光泽。

(4)岩石化学特征。

岩石中 SiO_2 含量 66.24%～72.96%，Al_2O_3 含量 13.27%～15.91%，具一定变化区间；K_2O 含量在 4.05%～5.06%间变化，大于 Na_2O 含量 2.94%～4.24%的变化范围；CaO 含量大部分相对稳定，一般在 1.37%～2.51%间，最高为 3.12%，最低为 0.76%；岩石中 Fe_2O_3、FeO 含量基本相当，部分略偏低；MgO 含量在 0.50%～0.73%，变化范围小；FeOt/(FeOt＋MgO)在 0.76～0.88 间，与 0.80 相近(表 3-82)。岩石里特曼指数 δ=2.16～2.62，基本一致；碱度指数为 0.73～0.88，小于 0.90；碱比铝值＝0.94～1.13，接近于 1；岩石属次铝—过铝的钙碱性系列(图 3-131、图 3-132)。岩石固结指数 SI＝4.08～5.92，偏低；分异指数为 76.50～90.41，偏高；氧化率 OX＝0.40～0.86 数据特征。数据特征显示岩石成岩固结较差，分异结晶完全，后期氧化程度中强。

(5)稀土元素特征。

稀土总量∑REE＝147.05×10^{-6}～194.97×10^{-6}间变化，轻稀土 LREE＝135.29×10^{-6}～184.47×10^{-6}，大于重稀土 HREE 含量 9.93×10^{-6}～11.76×10^{-6}，LREE/HREE＝11.50～17.57；Sm/Nd＝0.15～0.19，小于 0.333；$(La/Yb)_N$＝12.37～23.60；稀土元素配分图中(图 3-137)轻稀土部分分馏程度强于重稀土部分，Eu 处“V”字型谷不明显；岩石为轻稀土富集型(表 3-83)。δ(Eu)值 0.78～0.93，铕弱亏损；δ(Ce)值 0.93～1.02，铈极弱亏损或不亏损；Eu/Sm 值 0.27～0.30。其特征表明岩浆物质源于下地壳，并有上地壳物质混入。

(6)微量元素特征。

微量元素蛛网图特征(图 3-138)显示，岩石中 K、Th、Rb、Ba 等中强不相容元素强烈富集；中等不相容元素 Hf、Zr、Sm、Ce、Nb 等中等富集；弱不相容元素 Y 弱富集。其特征同洋脊花岗岩(ORG)标准的碰撞后花岗岩相当(表 3-84)。岩石中未显示亲铜元素 Cu、Pb、Zn 等，其他元素显示的丰度值低，无富集或矿化特征。

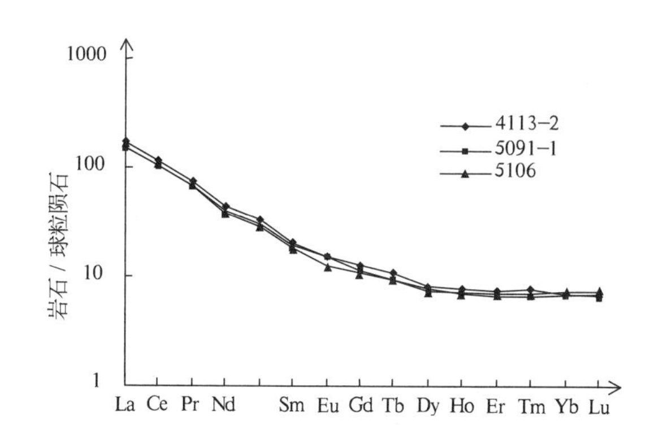

图 3-137　晚三叠世景忍单元稀土元素配分图

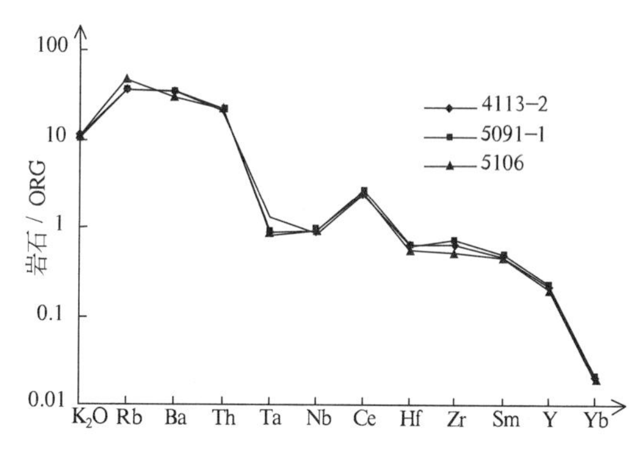

图 3-138　晚三叠世景忍单元微量元素蛛网图

4. 二道沟单元($T_3\xi\gamma$)特征

(1)地质特征。

侵入体分布于祁漫塔格北缘隐伏断裂南，受该断裂控制明显，平面形态呈椭圆状及不规则椭圆状，长轴方向与断裂方向一致，呈北西向展布，测区内圈定 5 个侵入体，面积约 $8km^2$。

侵入体侵入于奥陶系—志留系滩间山(岩)群，侵入界线清楚，界面呈波状弯曲，外倾，倾角中等；内接触带见有基性火山岩包体，呈棱角状；外接触带岩石具硅化蚀变，裂隙中有细晶钾长花岗岩脉。受断裂影响，侵入体地貌上呈孤立山丘，发育断层崖及陡峭山壁。岩石中的节理、破劈理带是后期脆性形变的结果，其走向与断裂走向一致。

(2)岩石学特征。

岩石呈灰—浅肉红色,中细粒花岗结构,部分岩石具文象结构,块状构造。主要特征见表 3-81。

(3)岩石化学特征(表 3-82)。

岩石中 SiO_2 含量 72.39%～78.72%,显高含量值;Al_2O_3 含量 10.54%～13.01%,K_2O 含量 28.6%～3.66%,均小于 Na_2O 含量 3.12%～4.24%的变化范围;其中 CaO 含量 1.02%～2.88%间,Fe_2O_3、FeO、MgO 含量均偏低,且变化不大;FeOt/(FeOt+MgO)=0.92～0.96(表 3-82)。岩石里特曼指数 δ=1.36～1.56,基本一致;碱度指数为 0.70～0.94;碱比铝值均为 0.90;岩石属次铝偏碱的钙碱性系列(图 3-131、图 3-132)。岩石固结指数 SI=1.00～2.68,偏低;分异指数为 82.32～93.89,偏高;氧化率 OX=0.43～0.51;其特征表明岩石成岩固结较差,分异结晶完全,后期氧化程度中强。

(4)稀土元素特征。

岩石稀土总量∑REE=147.95×10^{-6}～190.80×10^{-6},轻稀土 LREE 含量 117.31×10^{-6}～165.75×10^{-6},重稀土 HREE 含量 25.05×10^{-6}～30.64×10^{-6},LREE/HREE=3.83～6.62;Sm/Nd=0.21～0.23,小于 0.333;$(La/Yb)_N$=2.86～5.98,大于 1;岩石为轻稀土富集型(表 3-83)。稀土元素配分图中(图 3-139)轻重稀土分馏程度差异明显,Eu 处呈"V"字型谷。δ(Eu)值 0.39～0.49,铕中强亏损;δ(Ce)值 1.01～1.03,铈显正异常;Eu/Sm 值 0.13～0.16。其特征反映岩石岩浆源于下地壳,其中有上地壳物质混入。

(5)微量元素特征。

岩石中 K、Th、Rb、Ba 等强不相容元素富集程度较好;中等不相容元素 Hf、Zr、Sm、Ce 中等富集,Nb 元素不显示;弱不相容元素 Y 富集差;其他有益元素无富集趋势或矿化特征(表 3-84)。微量元素蛛网图特征(图 3-140)与洋脊花岗岩(ORG)标准的碰撞后花岗岩特征一致。

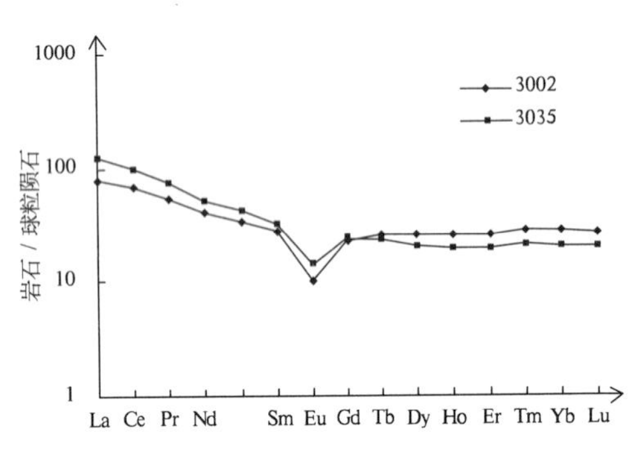

图 3-139 晚三叠世二道沟单元稀土元素配分图

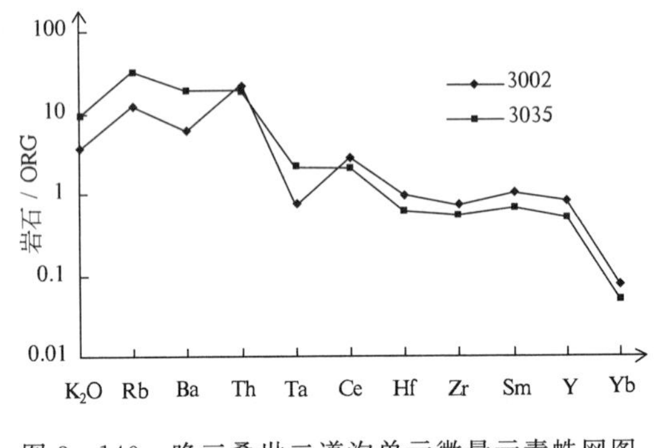

图 3-140 晚三叠世二道沟单元微量元素蛛网图

岩石$^{87}Sr/^{86}Sr$初始值(表 3-80)在 0.733 910～0.772 031 间变化,其值均大于 0.719,岩石属高锶的花岗岩类,其特征显示岩石中有一定量的上地壳物质存在。

5. 侵入体组构、节理、岩脉、包体特征及侵位机制探讨

侵入体中总体缺乏内部定向组构,矿物颗粒、似斑晶分布均匀,围岩包体分布在内接触带,同源闪长质包体呈星散状分布。在四干旦单元侵入体边部矿物颗粒较细,侵入体内部粒度逐渐变粗,沿内接触面具冷凝边。石雪尖单元中侵入体受构造应力作用,局部地段矿物颗粒略具定向排列,排列方向近 270°、320°。景忍单元中矿物颗粒、似斑晶、闪长质包体局部具定向排列,排列总方向 265°,与二长花岗岩中矿物颗粒排列方向基本一致。

节理、裂隙及破劈理带在侵入岩中发育。四干旦单元中发育两组节理:第一组节理产状为

200°～220°∠40°～62°；第二组产状为110°∠56°，后者节理不甚发育，但切割第一组节理。石雪尖单元、景忍单元中发育三组节理：第一组为主体节理，走向以近东西向、北西向为主，产状分别为350°～355°∠60°～70°、0°～15°∠30°～70°、30°～60°∠45°～80°、190°～215°∠50°～75°，密集区1m内含10条左右，一般1m内含2～3条；第二组节理走向近南北，产状为80°～100°∠35°～75°、250°～290°∠60°～70°，密集区1m内含5～7条，一般1m内含1～2条；北东向节理为第三组节理，产状为120°～150°∠25°～65°、310°～340°∠17°～65°，平均1m内含3～4条。近南北向、北东向节理形成较晚，切割近东西向、北西向节理（图3-141）。破劈理带沿断裂附近分布，产状为140°∠20°～30°的破劈理带主要分布于石雪尖单元中，宽度大于5m；景忍单元破劈理带产状以30°～50°∠40°～70°为主，宽度在1～10m不等，产状120°～135°∠20°～40°的破劈理带规模不大，宽度在1～2m间。

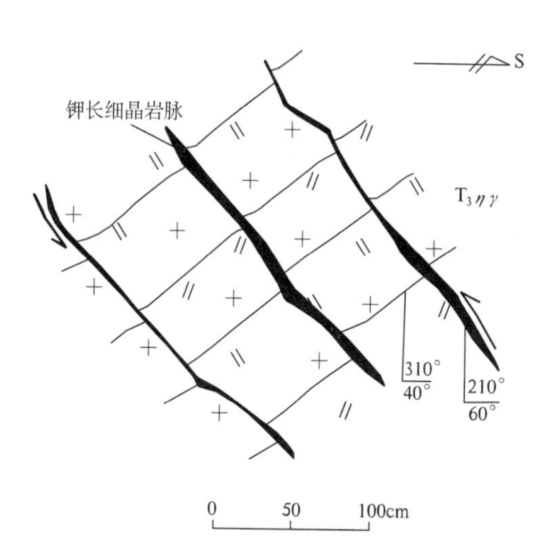

图3-141　石雪尖单元（$T_3\pi\eta\gamma$）中发育的两组节理素描图

岩脉沿裂隙、破劈理带分布，岩脉类型见有同期或后期侵入岩形成的相关正长花岗（细晶）岩脉、二长花岗岩脉等。正长花岗（细晶）岩脉部分产状为30°～50°∠40°～70°，走向为290°，宽2～3m，长10m，部分脉体呈不规则状，宽2～40cm，长0.1～1m。二长花岗岩脉体走向近东西向，宽50m，长200m，部分为不规则状。

岩石中发育同源包体和异源包体。异源包体主要为围岩包体，分布于侵入体内接触带，呈不规则状、棱角状，直径大小一般在5～30cm，最大见2m，部分围岩在侵入体中以残留体形式存在，出露面积20～30m²；包体、残留体与寄主岩界线不甚清楚，接触带混染明显。同源包体见有富黑云母包体、闪长质包体两种。富黑云母包体仅在景忍单元中偶见，呈不规则状、椭圆状，直径大小在1～7cm。闪长质包体在四干旦单元花岗闪长岩中偶见，呈浑圆状，大小为2～5cm；石雪尖单元中闪长质包体呈浑圆—次浑圆状、条状、不规则状、扁平状、星散状分布，直径大小一般为1～10cm，最大30cm，最小小于1cm，密集区1m² 内含2～3块，一般为5～10m² 内含1块；景忍单元中闪长质包体形态为次浑圆状—浑圆状、星散状分布，局部略具定向排列，排列方向265°，包体直径大小一般为2～20cm，最大26cm，最小小于1cm，最密集区1m² 内含6～10块，一般密集区1m² 内含1～2块，大部分地区5～20m² 内含2～3块，缺乏区平均100m² 内含1块。

晚三叠世侵入岩是一种以被动的顶蚀和岩墙扩张并存的侵位机制，主要是受北西向、北西西向推覆构造活动影响，下地壳熔融的岩浆沿构造活动带上侵而侵位。

6. 侵入体侵入深度、剥蚀程度

侵入体与围岩侵入接触关系明显，但侵入界线不甚协调；围岩热接触变质晕发育，其中有岩枝贯入；侵入体边部具冷凝边，内接触带发育围岩包体，部分围岩以残留体形式存在；侵入体之间接触关系基本协调，部分清楚，大部分呈渐变过渡。测区缺乏同期的区域变质作用，与侵入岩关系密切的上三叠统鄂拉山组火山岩在空间上与其紧密相伴。除侵入体边部发育的冷凝边外，侵入体内部缺乏定向组构。侵入体中所含闪长质包体呈星散状分布，局部集中，发育后期岩脉。

侵入体侵入深度为中—表带，大部分侵入体属浅剥蚀程度，局部地段达中剥蚀程度。

7. 花岗岩成因及构造环境分析

晚三叠世独雪山序列侵入岩花岗岩成因属下地壳花岗岩岩浆类型，其特征为：侵入岩岩石组合为花岗闪长岩-二长花岗岩组合；岩石 SiO_2 含量在 62.80%～75.08%，少部分含量达 78.72%；Al_2O_3 含量 10.54%～16.31%，变化范围大；K_2O 含量总体大于 Na_2O 含量；其中部分岩石中 CaO 含量偏高，最高达 4.17%；MgO 含量在 0.17%～1.77%间变化，均偏低；FeOt/(FeOt+MgO)＝0.72～0.96，大多在 0.80～1.00 的变化范围内。岩石属铝-钙-铁岩浆组合的次铝—过铝的钙碱性系列。岩石中特征矿物以黑云母为主，局部见少量角闪石；副矿物以锆石、磷灰石、磁铁矿为主，岩石副矿物类型为锆石-磁铁矿型；围岩包体、同源闪长质包体发育，局部含富黑云母包体；与侵入岩关系密切的火山岩(鄂拉山组火山岩)发育；岩石分异指数为 69.57～93.94，轻、重稀土分馏程度差异明显，显示岩浆分异结晶完全。岩石 $^{87}Sr/^{86}Sr$ 初始值(表 3-80)在 0.733 910～0.772 031 间变化，其值均大于 0.719，岩石属高锶的花岗岩类。上述特征表明岩浆源于下地壳物质的熔融，上侵过程中混入上地壳物质。

微量元素特征(图 3-134、图 3-136、图 3-138、图 3-140)显示岩石与洋脊花岗岩(ORG)标准的碰撞后花岗岩特征相同，在 R_1-R_2 构造环境判别图中(图 3-142)部分样点投影于同碰撞区，部分样点投影于碰撞后的抬升及其附近。结合测区区域地质构造背景，晚三叠世独雪山序列侵入岩构造环境属陆内造山环境。

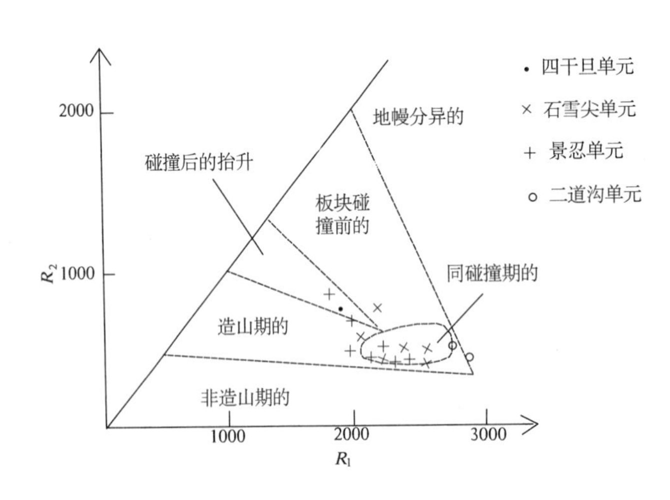

图 3-142　晚三叠世侵入岩 R_1-R_2 构造环境判别图解

六、燕山期侵入岩

燕山期侵入岩主要分布于多登、冰沟、口子山、河南梁、库木俄乌拉孜及西沟、东沟等地区，群居性较差，在口子山、冰沟地区相对较集中，均以岩株状产出。受北西向断裂控制，侵入体大多沿断裂带展布，出露面积近 360km²。区内共圈定大小不等的侵入体 28 个，岩石组合为中细粒石英正长岩-中细粒正长花岗岩-细粒碱长花岗岩，划分口子山单元($J_1\xi o$)、多登单元($J_1\xi\gamma$)及河南梁单元($J_1\xi\chi$)，归并为冰沟序列。

侵入体侵入或超动侵入于包括晚三叠世及其前的所有地质体中，被早白垩世辉绿(玢)岩墙(脉)穿插。原 1∶20 万土窑洞幅在多登单元($J_1\xi\gamma$)中细粒正长花岗岩中获得钾-氩法(K-Ar)同位素年龄值 184Ma；在口子山单元($J_1\xi o$)石英正长岩中获得铷-锶(Rb-Sr)等时线年龄值(表 3-86，图3-143)：其中由 1、2、3、4 号样构成的等时线年龄值为 157.1±0.75Ma，5、6 号样构成的等时线年龄值为 87.6 Ma，前者应属侵入体形成年龄，而后者则为后期地质事件的叠加，可能与早白垩世辉绿岩脉(墙)的侵入有关。结合区域地质特征、接触关系，该期侵入岩时代确定为早侏罗世。

表 3-86 口子山单元($J_1\xi o$)铷-锶法(Rb-Sr)同位素年龄测定结果

样品号	含量(10^{-6})		同位素原子比率*	
	Rb	Sr	$^{87}Rb/^{86}Sr$	$^{87}Sr/^{86}Sr\langle 2\sigma\rangle$
2016-1-1	291.4246	316.7540	2.6621	0.713 964⟨5⟩
2016-1-2	252.1316	404.3205	1.8044	0.712 030⟨6⟩
2016-1-3	638.6085	183.0989	10.0920	0.730 564⟨5⟩
2016-1-4	366.1977	165.4747	6.4034	0.722 283⟨7⟩
2016-1-5	348.6057	66.6893	15.1253	0.750 205⟨6⟩
2016-1-6	576.7600	235.5128	7.0861	0.740 199⟨7⟩

注：*⟨5⟩括号内的数字 2σ 为实测误差，例如，⟨5⟩表示±0.000 005；测试单位：天津地质矿产研究所实验测试室；分析者：林源贤。

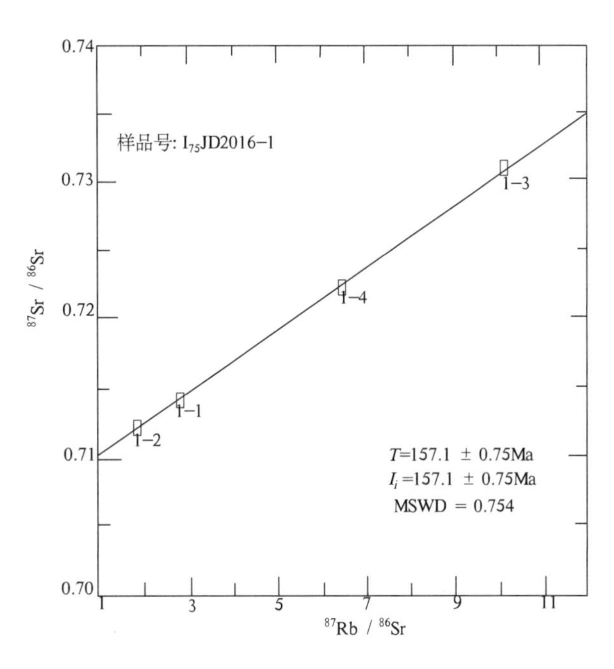

图 3-143 早侏罗世口子山单元铷-锶(Rb-Sr)法同位素等时线图

(二)早侏罗世冰沟序列

1. 口子山单元($J_1\xi o$)特征

(1)地质特征。

本单元由 5 个侵入体组成，以岩株形式主要分布于口子山、红土岭、东沟等地区，出露面积 $150km^2$，侵入体平面形态呈不规则状、不规则椭圆状，受北西向断层控制明显，大多沿断裂带展布。侵入于古元古界金水口(岩)群、中-新元古界冰沟群及奥陶系—志留系滩间山(岩)群中，与围岩侵入界线清楚，界面呈弯曲状；内接触带发育围岩包体；外接触带岩石具角岩化蚀变及烘烤现象，裂隙中见有钾长花岗岩脉穿插。超动侵入于震旦期群峰东侵入体($Pt_3\eta\gamma$)、晚泥盆世土房子沟单元

($D_3\delta o$)、滩北雪峰单元($D_3\gamma\delta$)、阿达滩单元($D_3\eta\gamma$)及早二叠世豹子沟单元($P_1\pi\eta\gamma$)中，大部分超动侵入接触关系清楚，界面弯曲，总体倾向于早期侵入岩一侧，早期侵入岩中见有不规则状钾长花岗细晶岩脉分布。

岩石具球状风化地貌。受后期构造应力作用，岩石发育次生节理、裂隙。节理以走向北西向及北东向两组为主，其中北西向节理为较早期形成，北东向节理为较晚期形成，且较北西向节理发育，并切割北西向节理。岩石中辉绿岩脉、二长花岗细晶岩脉、钾长花岗岩脉发育，辉绿岩脉为区域性岩脉，二长花岗细晶岩脉、钾长花岗岩脉为同期侵入体相关性岩脉。岩石中矿物颗粒分布均匀，无定向组构特征。岩石中含有少量暗色闪长质包体，呈次棱角状—棱角状、椭圆状，直径大小一般为1～5cm，最大30cm，与寄主岩部分界线清楚，部分界线不清楚。

(2)岩石学特征。

岩石呈灰白色、浅肉红色，中细粒花岗结构，局部不等粒—中粗粒花岗结构，块状构造。矿物特征见表3-87。

表3-87　早侏罗世冰沟序列侵入岩岩石特征表

单元及代号		口子山($J_1\xi o$)	多登($J_1\xi\gamma$)	河南梁($J_1\xi\chi$)
岩石类型		灰白—浅肉红色中细粒石英正长岩	浅肉红—肉红色中细粒正长花岗岩	浅肉红色细粒碱长花岗岩
构造		块状构造		
结构		中细粒花岗结构，局部不等粒—中粗粒花岗结构，矿物粒径0.52～2.96mm	中细粒花岗结构，局部不等粒花岗结构，矿物粒径在0.74～5.14mm	细粒文象结构，矿物粒径在0.59～2.12mm
矿物特征及含量	斜长石	含量23%，半自形板状、柱状，具聚片双晶，An=24，为更长石	含量24%，半自形板状，表面普遍泥化，具聚片双晶，An=22，为更长石	含量0
	钾长石	含量65%，呈板状、粒状，全为条纹长石	含量48%，半自形板状、柱状，部分呈中粒状，是微斜长石、微斜条纹长石	含量67%，普遍被泥化，是正长石、条纹长石。钾长石、石英相互交生，形成文象结构
	石　英	含量5%，它形粒状，充填在长石空隙之间，局部交代斜长石呈蠕英结构	含量22%，它形粒状，充填在其他矿物空隙之间，形态受空隙形态制约，波状镶嵌明显	含量32%，少量石英呈半自形粒状，不具有交生文象结构
	黑云母	含量4%，板状，具褐色多色性	含量6%，板状，具褐色多色性，大部分被绿泥石化，并析出铁质	含量1%，板状，量少，分布均匀，大部分被绿泥石化
	角闪石	含量3%，柱状，为普通角闪石，呈绿色多色性	含量0	含量0
	副矿物	不透明矿物、磷灰石、锆石等少量，分布零星	榍石微量，零星分布	由少量不透明矿物组成，零星分布

(3)岩石副矿物特征。

岩石副矿物组合及含量见表3-88。岩石副矿物类型为锆石型，各副矿物特征表现如下。

表3-88　早侏罗世侵入岩副矿物特征表　　(单位:10^{-6})

单元	样品号	岩石副矿物组合及含量									
		锆石	磷灰石	赤铁矿	磁铁矿	黄铁矿	钛铁矿	方铅矿	泡铋矿	褐帘石	萤石
口子山	RZ72-1	少量	个别	少量	少量	微量	微量	2粒	20粒	—	54
	RZ1069-1	251	5	个别	237	个别	154	个别	个别	462	—
多登	RZ10011-1	80	1	个别	2244	个别	微量	个别	—	—	—

注:资料来源于1∶20万土窑洞幅、茫崖幅。

锆石:短柱状，无色，个别浅红色，半透明—不透明，金刚光泽。包体有锆石、磷灰石，紫外灯下发荧光。

磷灰石：柱状，白色、浅黄色，半透明。

磁铁矿：不规则碎块状，黑色，金属光泽。

钛铁矿：不规则碎块状及厚板状，铁黑色，条痕黑色，金属光泽。

褐帘石：不规则颗粒，个别板状，黑色，断口呈强沥青光泽。

泡铋矿：不规则颗粒，淡黄色、土黄色，蜡状光泽。

萤石：不规则颗粒，无色透明，少量黄色、紫色，玻璃光泽，贝状断口。

(4)岩石化学特征。

岩石中 SiO_2 含量 66.15%～76.64%，变化范围大；Al_2O_3 含量 12.60%～15.41%，CaO 含量 0.28%～2.91%，二者具一定变化区间；其余氧化物含量及参数值变化不大(表 3-89)，其中 K_2O 含量偏高，在 4.45%～5.00%间，Na_2O 含量 3.48%～3.80%；FeOt/(FeOt+MgO)=0.83～0.95，均大于 0.80，小于 1。岩石里特曼指数 δ=2.19～2.81，基本一致；碱度指数为 0.78～0.90，等于或小于 0.90；碱比铝值 = 0.94～1.11，接近于 1 或大于 1。岩石属次铝—过铝的碱性系列(图 3-144)。岩石固结指数 SI=0.79～6.63，均偏低；分异指数为 78.23～95.56，显高指数；显示岩石成岩固结差，分异结晶完全。氧化率 OX=0.52～0.76，岩石后期氧化程度中强。

表 3-89 早侏罗世冰沟序列岩石化学特征表 (单位：%)

单元	样品号	氧化物组合及含量													
		SiO_2	TiO_2	Al2O3	Fe_2O_3	FeO	MnO	MgO	CaO	Na_2O	K_2O	P_2O_5	H_2O^+	烧失量	总量
河南梁	30-1	75.25	0.17	12.26	1.01	1.30	0.02	0.16	0.84	4.26	4.54	0.04	0.22	0.54	100.61
	5146-1	73.58	0.11	12.50	1.90	1.46	0.07	0.17	0.95	4.02	4.44	0.03	0.49	0.21	99.94
多登	80	61.99	0.80	12.66	1.39	3.62	0.15	1.11	4.99	2.31	5.14	0.33	1.58	3.40	99.47
	5173	74.03	0.14	12.97	0.76	0.25	0.04	0.21	1.44	4.39	4.38	0.03	0.49	0.61	99.73
	6163-1	75.89	0.07	12.30	1.08	0.50	0.04	0.09	0.61	3.86	4.72	0.02	0.30	0.09	99.56
	6176-1	64.91	0.48	16.52	1.90	1.69	0.09	0.57	1.61	5.09	5.01	0.12	1.03	0.64	99.66
	7044-3	73.44	0.27	13.57	0.61	1.45	0.10	0.41	1.27	3.30	5.05	0.10	0.56	0.30	100.41
口子山	P143-1	67.72	0.50	14.20	1.67	2.90	0.10	0.91	1.84	3.80	4.45	0.14	0.36	0.98	99.57
	P145-1	70.63	0.42	13.37	1.71	2.28	0.08	0.71	1.70	3.70	4.65	0.10	0.32	0.47	100.14
	3096-1	66.15	0.74	15.41	2.17	2.32	0.06	0.76	2.91	3.48	4.58	0.13	0.72	0.54	99.97
	4062-1	76.64	0.12	12.60	0.63	0.79	0.02	0.08	0.62	3.68	4.90	0.04	0.16	0.01	100.29
	5079-1	75.52	0.05	13.41	0.30	0.95	0.04	0.10	0.28	3.70	5.00	0.06	0.26	0.14	99.80

单元	样品号	参数值									
		δ	SI	OX	AR	R_1	R_2	分异指数	碱度指数	碱铝比值	FeOt/(FeOt+MgO)
河南梁	30-1	2.40	1.42	0.56	4.72	2378	339	94.24	0.97	0.92	0.93
	5146-1	2.33	1.41	0.44	3.97	2367	359	91.80	0.91	0.95	0.95
多登	80	2.75	8.15	0.72	1.71	2068	887	72.27	0.73	0.69	0.82
	5173	2.47	2.08	0.25	4.11	2351	425	94.41	0.93	0.89	0.83
	6163-1	2.23	0.87	0.31	3.97	2561	314	95.45	0.93	0.97	0.95
	6176-1	4.57	3.99	0.47	3.51	1266	536	86.16	0.83	0.99	0.86
	7044-3	2.29	3.79	0.70	2.60	2489	424	89.15	0.80	1.02	0.83
口子山	P143-1	2.75	6.63	0.64	2.80	2025	531	82.08	0.78	0.99	0.83
	P145-1	2.52	5.44	0.57	2.93	2204	483	85.58	0.84	0.94	0.85
	3096-1	2.81	5.71	0.52	2.23	1992	661	78.23	0.70	0.96	0.86
	4062-1	2.19	0.79	0.63	3.51	2337	325	95.56	0.90	1.01	0.95
	5079-1	2.33	1.00	0.76	3.35	2527	300	95.02	0.86	1.11	0.93

测试单位：地质矿产部青海省地质矿产中心实验室；分析者：邢谦，郑民奇。

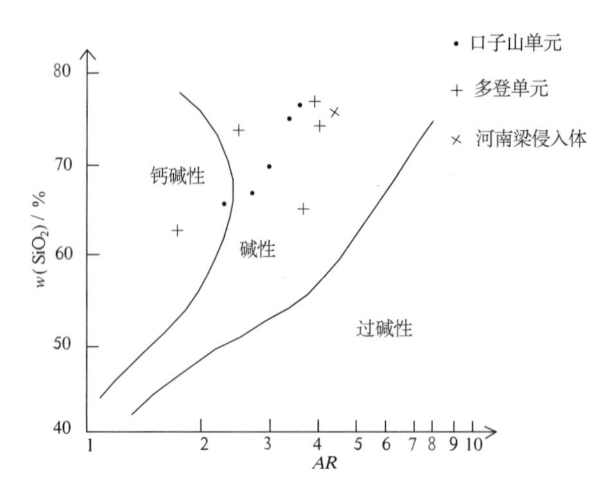

图 3-144　早侏罗世侵入岩 SiO_2-*AR* 关系图解

(5)稀土元素特征。

岩石稀土总量 ∑REE=267.29×10^{-6}～350.29×10^{-6}，显高含量；其中轻稀土含量 LREE=240.64×10^{-6}～320.96×10^{-6}，明显大于重稀土含量 HREE=26.65×10^{-6}～29.33×10^{-6}，LREE/HREE=9.03～10.94；Sm/Nd=0.18～0.21，均小于 0.333(表 3-90)；$(La/Yb)_N$=8.01～12.58，均大于 1；稀土元素配分图中(图 3-145)轻稀土部分分馏程度明显高于重稀土部分，Eu 处明显呈"V"字型谷；岩石均属轻稀土富集型。δ(Eu)值 0.16～0.33，铕强亏损，负铕异常明显；δ(Ce)值 0.99～1.08，铈无亏损；Eu/Sm 值 0.05～0.10。其特征显示岩浆来源于上地壳物质的重熔。

表 3-90　早侏罗世冰沟序列稀土元素特征表　(单位：10^{-6})

单元	样品号	轻稀土元素						重稀土元素								
		La	Ce	Pr	Nd	Sm	Eu	Gd	Tb	Dy	Ho	Er	Tm	Yb	Lu	Y
河南梁	30-1	19.42	49.62	7.05	28.01	7.98	0.08	8.91	1.54	9.22	1.72	5.27	0.83	5.42	0.77	53.20
	5146-1	31.33	75.80	8.45	27.84	6.02	0.14	4.93	0.87	5.11	1.14	3.38	0.56	4.23	0.63	29.07
多登	80	46.41	96.85	10.60	34.23	5.86	0.38	4.55	0.73	4.27	0.99	2.92	0.45	3.07	0.46	25.33
	5087-1	27.16	58.92	7.07	23.89	5.33	0.32	5.07	0.95	5.93	1.39	4.46	0.71	5.21	0.80	39.05
	7044-3	63.89	124.10	14.03	44.89	6.92	0.73	4.52	0.65	2.84	0.58	1.64	0.29	1.82	0.30	16.01
口子山	P_{14}3-1	74.83	154.90	17.65	61.42	11.05	1.11	9.26	1.43	7.77	1.57	4.07	0.64	4.01	0.58	40.94
	P_{14}5-1	71.10	148.1	15.21	55.41	9.90	0.99	8.72	1.35	7.22	1.35	3.90	0.62	3.88	0.57	38.80
	5079-1	49.75	120.2	14.04	46.50	9.67	0.48	7.68	1.36	6.75	1.34	4.08	0.64	4.19	0.61	34.69

单元	样品号	稀土元素参数特征值								
		∑REE	LREE	HREE	LREE/HREE	$(La/Yb)_N$	Sm/Nd	Eu/Sm	δ(Eu)	δ(Ce)
河南梁	30-1	145.84	112.16	33.68	3.33	2.42	0.28	0.01	0.03	1.02
	5146-1	170.43	149.58	20.85	7.17	4.99	0.22	0.02	0.08	1.10
多登	80	211.77	194.33	17.44	11.14	10.19	0.17	0.06	0.22	1.01
	5087-1	147.21	122.69	24.52	5.00	3.51	0.22	0.06	0.19	1.00
	7044-3	267.20	254.56	12.64	20.14	23.67	0.15	0.11	0.38	0.96
口子山	P_{14}3-1	350.29	320.96	29.33	10.94	12.58	0.18	0.10	0.33	0.99
	P_{14}5-1	328.32	300.71	27.61	10.89	12.35	0.18	0.10	0.32	1.04
	5079-1	267.29	240.64	26.65	9.03	8.01	0.21	0.05	0.16	1.08

测试单位：地质矿产部武汉综合岩矿测试中心；分析者：柳建一，方金东。

(6)微量元素特征。

岩石中强不相容元素K、Th、Rb、Ba等强烈富集；中等不相容元素Hf、Zr、Sm、Ce、Nb等富集中等；弱不相容元素Y富集一般。微量元素蛛网图特征(图3-146)可与洋脊花岗岩(ORG)标准的火山弧花岗岩特征进行类比(表3-91)。岩石中亲铁元素Mo、Co、P丰度值虽显高点，但不富集；亲铜元素Cu丰度值一般，虽然Pb、Zn元素丰度值偏高，也无富集特征。

岩石$^{87}Sr/^{86}Sr$初始值特征见表3-87，其中1、2号样$^{87}Sr/^{86}Sr$初始值在0.712 030～0.713 964间，具中锶花岗岩特征；3、4、5、6号样$^{87}Sr/^{86}Sr$初始在0.722 283～0.750 205间，显高锶花岗岩特征；构成等时线年龄值157.1±0.75Ma的1、2、3、4号样的$^{87}Sr/^{86}Sr$初始平均值为0.719 701，略大于0.719。其特征反映岩浆源于上地壳古老硅铝质物质的重熔，并有下地壳物质的存在。

表3-91　早侏罗世冰沟序列微量元素全定量分析特征　(单位：K_2O为%；其他10^{-6})

单元	样品号	K_2O	Rb	Ba	Th	Ta	Nb	Ce	Hf	Zr	Sm	Y	Yb	P	Mo	Co	Pb	Zn	Cu
河南梁	5146-1	4.43	324	86	29.5	0.5	2.0	62.3	5.5	169	5.3	25.4	3.8	106	1.80	1.7	35.6	35.0	2.1
多登	80	4.88	237	475	23.9	1.6	18.2	116.6	5.9	214	7.5	32.5	3.6	252	1.80	2.7	28.7	57.0	5.1
	3044-2	7.89	375	1004	14.1	7.5	1.2	52.3	2.5	92.3	2.9	8.3	0.8	216	0.46	2.3	—	—	—
	5087-1	4.07	210	417	30.9	2.4	20.2	76.2	6.4	157	6.5	55.5	6.2	184	0.80	1.6	20.6	28.0	3.1
口子山	22	5.47	194	322	31.4	16.4	2.4	67.5	4.7	147	4.8	22.3	2.2	310	0.26	2.3	—	—	—
	3096-1	4.17	149	1094	13.4	0.8	21.5	99.8	16.6	655	9.0	41.5	4.5	1160	0.80	11.1	40.9	105.0	9.2
	5079-1	5.49	201	188	18.3	0.5	9.6	—	5.3	170	—	—	—	132	0.60	2.5	30.9	34.0	4.1
	$P_{14}3-1$	4.72	201	533	24.7	3.3	47.8	165.0	8.0	354	9.8	40.4	3.6	573	0.97	6.1	30.0	73.0	6.1
	$P_{14}4-1$	4.47	209	518	37.0	4.3	64.8	235.0	10.0	422	14.1	55.3	4.8	706	2.33	7.0	36.4	91.3	6.4
	$P_{14}5-1$	4.63	221	488	29.4	3.4	49.1	168.0	8.0	352	10.4	44.0	4.0	539	0.51	7.0	37.0	78.9	6.3
	$P_{14}7-1$	4.17	189	593	21.6	3.9	54.4	184.0	8.6	395	12.2	51.2	4.3	819	0.35	8.5	35.2	88.7	6.9

测试单位：地质矿产部武汉综合岩矿测试中心；分析者：汪康康，张蕾。

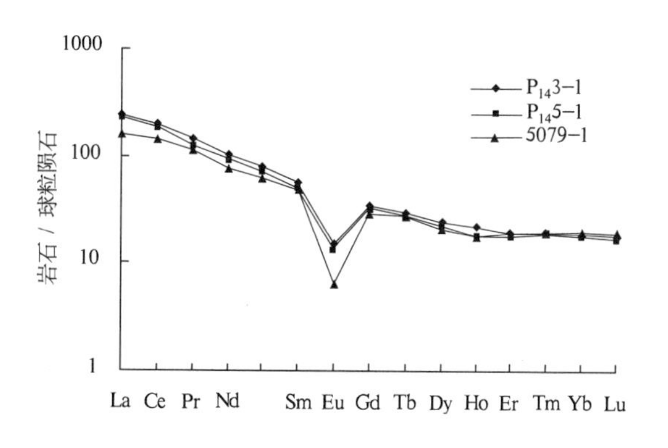

图3-145　早侏罗世口子山单元稀土元素配分图

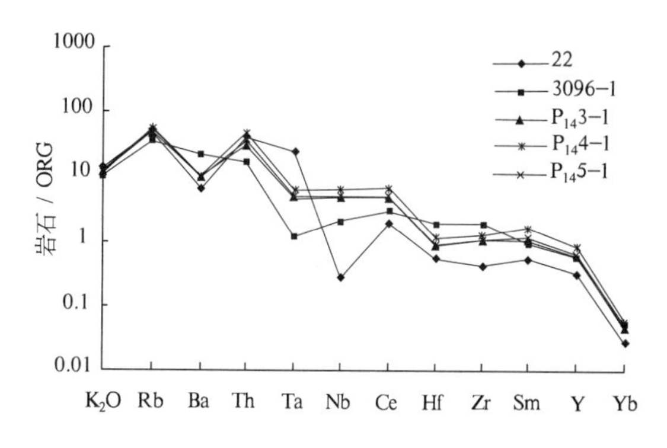

图3-146　早侏罗世口子山单元微量元素蛛网图

2. 多登单元($J_1\xi\gamma$)特征

(1)地质特征。

测区共圈定21个侵入体，平面形态呈条带状、似椭圆状、不规则状等，以岩株状产出，面积约186km²。侵入体群居性差，分布于多登、冰沟、库木俄乌拉孜、伊仟巴达北、红土岭、西沟沟口等地区。侵入于古元古界金水口(岩)群、中-新元古界冰沟群、奥陶系—志留系滩间山(岩)群、下石炭统石拐子组、上三叠统鄂拉山组等地层中。与围岩侵入接触关系清楚，大部分侵入界线明显，界面呈波状、锯齿状弯曲不平，总体外倾，倾角 30°～60°；内接触带发育围岩包体，包体呈棱角状、不规则状，直径大小 3～200cm 间，最大见出露面积约 $30m^2$，部分以残留体形式产出，其成分与所接触围岩关系密切；外接触带围岩具角岩化、硅化蚀变及烘烤现象，裂隙中见有不规则状正长花岗岩细脉穿插；内外接触带岩石混染明显。超动侵入于晚奥陶世、早石炭世、早二叠世、晚三叠世侵入岩中，大部分超动侵入特征明显，界面总体倾向早期侵入岩一侧；早期侵入岩裂隙中分布有钾长花岗岩脉，脉体呈不规则状、岩枝状，部分早期侵入体边部岩石具烘烤现象；钾长花岗岩中见有弱片麻状二长花岗岩、斑状二长花岗岩及花岗闪长岩包体，大小在 3～15cm，呈棱角状，部分呈残留体存在，最大出露面积 0.2～$0.3km^2$，接触面发育宽 20cm 的浅色细冷凝边；接触带两侧岩石混染明显。

岩石具球状风化地貌，在海拔近 5000m 的地区，地貌上发育冰斗、角峰、“U”字型谷等现代冰川地貌，如红土岭地区的冰水地貌(图版 16－3)。岩石中发育次生节理及破劈理带，次生节理大多以北西走向的一组为主，近南北向、北东向两组节理相对不甚发育；破劈理带仅在断裂带附近发育，规模不大，走向以北西向为主。岩石中未见有同源包体，异源包体以围岩包体及早期侵入岩包体为主。围岩包体大部分分布于侵入体内接触带，呈不规则状、棱角状，直径大小一般在 1～70cm 间，最大为 200cm，少部分呈残留体分布，面积约 $30m^2$；早期侵入岩包体大多在侵入体边部出露，侵入体内部则以残留体形式出露，包体直径大小 3～15cm。侵入体中发育后期区域性岩脉及同期侵入岩相关岩脉，区域性岩脉类型为辉绿(玢)岩脉，脉体走向近东西向、北西向，近直立，宽 1.5～3m，长 10～100m；同期侵入岩相关岩脉类型为钾长细晶岩脉，呈不规则状、岩枝状，部分走向为 300°，宽 15～30cm，最宽约 100m。岩石中缺乏内部定向组构特征，其中矿物颗粒等分布均匀，无定向排列。

(2)岩石学特征。

岩石呈浅肉红色、肉红色，中细粒花岗结构，局部不等粒花岗结构，块状构造，其特征见表 3－87。

(3)岩石副矿物特征。

岩石副矿物组合及含量见表 3－88。岩石副矿物类型为锆石型，各副矿物特征表现如下。

锆石：浅黄色，半透明—透明，金刚光泽。

磷灰石：柱状、碎块状，白色，玻璃光泽。

磁铁矿：棱角状碎块，个别保留八面体晶形，铁黑色，金属光泽。

钛铁矿：碎块状，铁黑色，条痕黑色，金属光泽。

黄铁矿：棱角状颗粒，铜黄色，金属光泽。

方铅矿：立方体解理完全，铅灰色，金属光泽。

(4)岩石化学特征。

岩石中 SiO_2 含量大部分在 73.44%～75.89%，含量高，部分含量偏低，为 61.99%～64.91%；Al_2O_3 含量除个别样品含量高达 16.52%外，大部分均在 12.30%～13.57%之间变化；CaO 含量一般在 0.61%～1.61%间，少数达 4.99%；K_2O 含量偏高且相对稳定，为 4.38%～5.14%；Na_2O 含量在 2.31%～5.09%间变化(表 3－89)；FeOt/(FeOt＋MgO)＝0.82～0.95，均在 0.80～1 的区间内。岩石里特曼指数 δ 大多为 2.29～2.75，个别为 4.57；碱度指数为 0.73～0.93，大部分大于 0.90；碱比铝值大多为 0.69～0.99，个别大于 1；岩石属次铝的碱性系列(图 3－144)。岩石分异指数为 86.16～95.45，固结指数 SI＝0.87～8.15，显示岩石分异结晶完全，成岩固结差；氧化率 OX＝0.25～0.72，部分岩石氧化蚀变程度中强，部分较弱。

(5)稀土元素特征。

岩石稀土总量∑REE＝147.21×10^{-6}～267.20×10^{-6}，变化明显，轻稀土含量 LREE＝122.69×10^{-6}～254.56×10^{-6}，重稀土含量 HREE＝12.64×10^{-6}～24.52×10^{-6}，LREE/ HREE＝5.00～20.14；Sm/Nd 比值＝0.15～0.22，均小于 0.333(表 3－90)；$(La/Yb)_N$＝3.51～23.67，均大于 1；稀土元素配分图中(图 3－147)轻稀土部分呈明显向右倾斜，重稀土部分则呈较平滑的略向右倾斜，

Eu 处"V"字型谷明显；岩石属轻稀土富集型。δ(Eu)值 0.19～0.38，铕强亏损，负铕异常明显；δ(Ce)值 0.96～1.01，铈基本无亏损；Eu/Sm 值 0.06～0.11。其特征可与上地壳的花岗岩类的稀土特征进行类比。

(6)微量元素特征。

岩石中 K、Th、Rb、Ba 等强不相容元素中强富集，Hf、Zr、Sm、Ce、Nb 等中等不相容元素中等富集；弱不相容元素 Y 富集一般(表 3-91)。岩石中亲铁元素 Mo、Co、P 显低丰度值，亲铜元素 Cu、Pb、Zn 丰度值也不高，各元素均无富集或矿化特征。微量元素蛛网图特征(图 3-148)与洋脊花岗岩(ORG)标准的火山弧花岗岩特征基本相当。

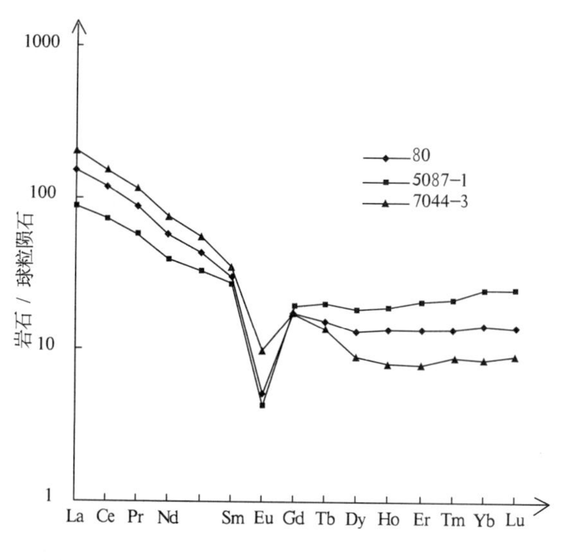

图 3-147　早侏罗世多登单元稀土元素配分图

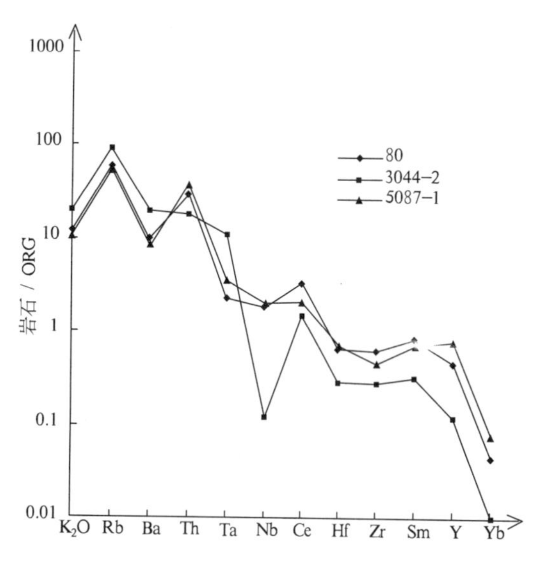

图 3-148　早侏罗世多登单元微量元素蛛网图

3. 河南梁单元($J_1\xi\chi$)特征

(1)地质特征。

测区圈定 2 个侵入体，分布于河南梁南及卡那达阿勒安达坂地区，平面形态为不规则椭圆—不规则条带状，呈岩株状产出，面积约 20km²。侵入体侵入于上三叠统鄂拉山组火山岩中，二者侵入接触关系明显，界面呈弯曲状不平，倾向围岩一侧，接触面产状为 210°∠70°；内接触带见有围岩包体及围岩残留体；外接触带岩石具硅化蚀变，裂隙中钾长花岗岩脉贯入，围岩产状零乱。涌动侵入于同期口子山单元($J_1\xi o$)石英正长岩中，二者呈渐变过渡关系，界线不甚明显。

受后期风化及构造应力作用，岩石地貌上呈陡峭山峰，碎石流发育。岩石次生节理走向与口子山单元岩石节理走向近一致，以北西向为主，北东向次之。岩石中除含有围岩包体外，未见同源包体，其中矿物颗粒等分布均匀，岩石中缺乏叶理、线理等内部定向组构。

(2)岩石学特征。

岩石呈浅肉红色，细粒文象结构，块状构造。其他特征见表 3-88。

(3)岩石化学特征。

SiO_2 含量 73.58%～75.25%，含量高；Al_2O_3 含量 12.26%～12.50%；K_2O 含量 4.44%～4.54%，大于 Na_2O 含量 4.02%～4.26%(表 3-89)；FeOt/(FeOt+MgO)＝0.93～0.95，岩石里特曼指数 δ＝2.33～2.40，碱度指数为 0.91～0.97，碱比铝值＝0.92～0.95，岩石属于次铝的碱性系列(图 3-144)。岩石分异指数为 91.80～94.24，显高指数，表明岩石分异结晶完全；固结指数 *SI*＝

1.41～1.42，偏低，显示岩石成岩固结差；氧化率 OX=0.44～0.56，显示岩石后期氧化程度中强。

(4)稀土元素特征(表 3-90)。

岩石稀土总量∑REE=145.84×10^{-6}～170.43×10^{-6}，轻稀土含量 LREE =112.16×10^{-6}～149.58×10^{-6}，重稀土含量 HREE=20.85×10^{-6}～33.68×10^{-6}，LREE/ HREE=3.33～7.17；Sm/Nd 比值=0.22～0.28，均小于 0.333；$(La/Yb)_N$=2.42～4.99；稀土元素配分图中(图 3-149)轻稀土部分呈缓的右倾斜，重稀土部分则呈较平滑的略右倾斜，Eu 处明显“V”字型谷；岩石属轻稀土富集型。δ(Eu)值 0.03～0.08，铕极强亏损；δ(Ce)值 1.02～1.10，铈无亏损；Eu/Sm 值 0.01～0.02。特征显示岩浆来源于上地壳物质的重熔。

(5)微量元素特征。

岩石中强不相容元素 K、Th、Rb、Ba 等强烈富集；中等不相容元素 Hf、Zr、Sm、Ce、Nb 等富集一般；弱不相容元素 Y 富集(表 3-91)。岩石中亲铁元素(Mo、Co、P)亲铜元素(Cu、Pb、Zn)均显低丰度值，各有益元素均无富集或矿化特征。微量元素蛛网图特征(图 3-150)与洋脊花岗岩(ORG)标准的火山弧花岗岩特征基本相当。

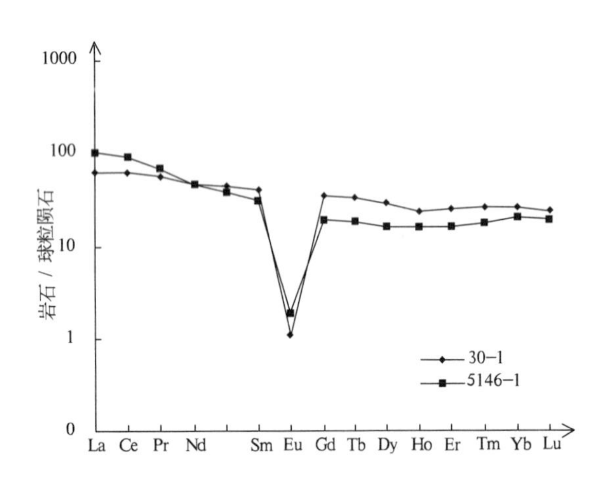

图 3-149 早侏罗世河南梁单元稀土元素配分图

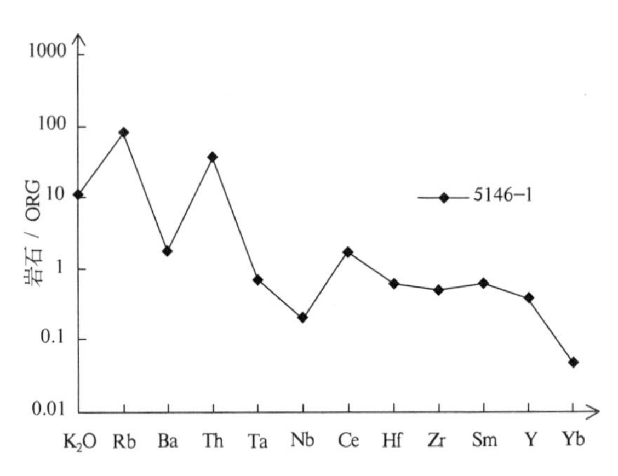

图 3-150 早侏罗世河南梁单元微量元素蛛网图

4. 侵入体组构、节理、岩脉、包体特征及侵位机制探讨

岩石中矿物颗粒分布均匀，缺乏叶理、线理等内部定向组构特征，侵入体内接触带发育的围岩包体无规律分布，内接触面具 20cm 宽的浅色冷凝边，局部地段矿物粒径从侵入体边部向内部有变粗的趋势特征，但无规律可循。节理、破劈理带等后期次生构造在口子山单元、多登单元中较为发育，河南梁单元中不甚发育。口子山单元、多登单元中次生节理走向为近东西向、北西向、近南北向及北东向。近东西走向节理产状为：170°～180°∠50°～69°、355°～5°∠25°～85°，密集区 1m 内含 10 条，一般 1m 内含 5～6 条；北西走向节理产状为：210°～240°∠30°～85°、35°～65°∠50°～80°，密集区 1m 内含 7 条，一般 1m 内含 2～4 条；近南北走向节理产状为：80°～95°∠58°～75°、270°∠73°，密集区 1m 内含 25～30 条，一般 1m 内含 10～15 条；北东走向节理产状为：130°～155°∠10°～70°、305°～340°∠25°～50°，密集区 1m 内含 20～30 条，一般 1m 内含 4～5 条；总体上近南北向、北东走向节理切割近东西走向、北西走向节理，局部北西走向节理切割北东走向节理。破劈理带在大多数侵入体中不甚发育，仅在断裂带附近有分布，以产状 15°∠69°及北西走向为主，产状 330°∠40°的破劈理带其次，所有破劈理带规模不大，与北西向及北东向构造应力作用有关。

侵入体中发育有同期的相关性钾长花岗(细晶)岩脉、(二长)花岗细晶岩脉。钾长花岗(细晶)岩脉走向为 300°、320°，部分为不规则状，一般宽 3～30m，最宽 200m，窄处 15～30cm，长 100～

400m，最长1000m；(二长)花岗细晶岩脉呈不规则状、岩枝状，宽2～7cm，长1.5m。(二长)花岗细晶岩脉中SiO_2含量75.30%，含量高，Al_2O_3含量12.62%，K_2O、Na_2O含量均为4.50%(表3-35)；稀土元素特征(表3-36，图3-151)显示岩石中轻稀土含量大于重稀土含量，稀土元素配分图中Eu处明显"V"字型谷，铕极强亏损；微量元素特征(表3-37，图3-152)显示与洋脊花岗岩标准的火山弧花岗岩特征相当。上述特征同早侏罗世侵入岩的岩石化学、稀土元素、微量元素特征一致。

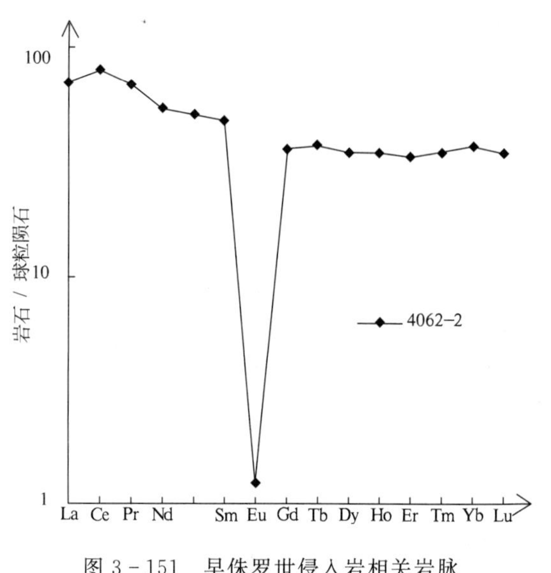

图3-151 早侏罗世侵入岩相关岩脉稀土元素配分图

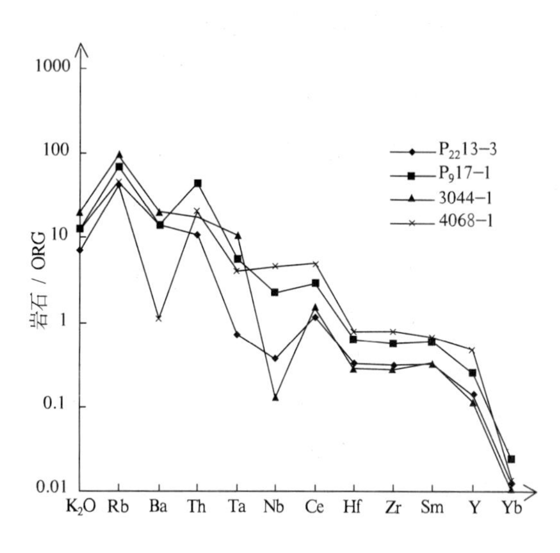

图3-152 早侏罗世侵入岩相关岩脉微量元素蛛网图

同源闪长质包体仅在口子山单元中含有少量，多登单元及河南梁单元中基本不含。以围岩包体和早期侵入岩包体为主的异源包体在几个侵入体中均有分布。同源闪长质包体呈次棱角状—棱角状、椭圆状，最大径30cm，一般为1～5cm，密集区$1m^2$内含2～3块，一般$10m^2$内含1～2块，包体与寄主岩部分界线清楚，部分界线不清楚。闪长质包体的岩石化学、稀土元素、微量元素(表3-39～表3-41，图3-153、图3-154)特征显示物质来源于下地壳或与上地幔的接合部位。围岩包体大多分布于侵入体内接触带，呈棱角状、不规则状，直径大小一般为1～70cm，最大2m，部分以残留体形式产出，出露面积$30m^2$；早期侵入岩包体呈不规则状，部分呈残留体，出露面积0.2～0.3km^2。

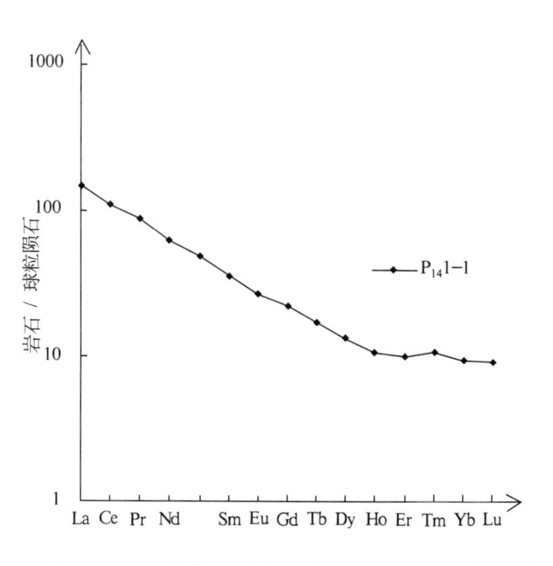

图3-153 早侏罗世侵入岩同源闪长质包体稀土元素配分图

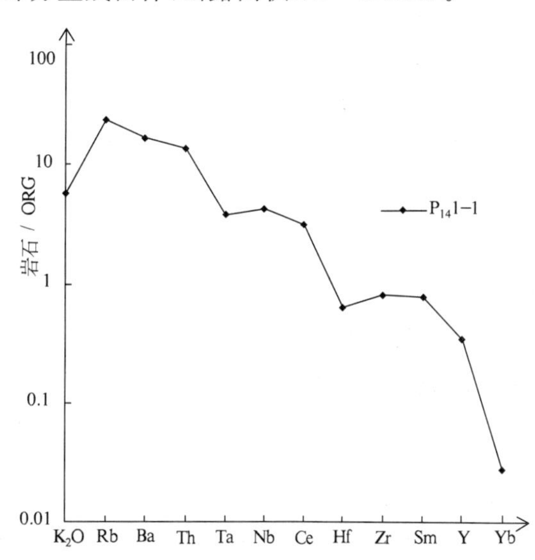

图3-154 早侏罗世侵入岩同源闪长质包体微量元素蛛网图

早侏罗世侵入岩侵位机制是一种被动的岩墙扩张机制：区域地质作用使得部分熔融的上地壳物质（岩浆），沿断裂裂隙上侵，并使裂隙进一步变宽（扩张）而侵位。

5. 侵入体侵入深度、剥蚀程度

侵入体与围岩侵入接触关系明显，且界线基本协调，内接触带发育围岩包体及早期侵入体包体，内接触面具窄的浅色冷凝边，外接触带围岩发育一定宽度的热变质晕。侵入体中不含有同源包体，缺乏叶理、线理等内部定向组构特征，岩石中基本不含钠长石，钾长石以条纹长石为主。侵入体切割和包容早期侵入体现象明显，没有与侵入岩相关的火山岩出露。

侵入体侵入深度为中—表带，属浅剥蚀程度。

6. 侵入岩花岗岩成因及构造环境判别

B·巴巴林对于碱性花岗岩类型的划分认为："碱性花岗岩类是在大陆壳变薄和破裂的过程中，巨大地堑的形成和地幔的上涌导致碱性岩浆沿着正断层上升以及碱性花岗岩（PAG 型）侵位。"测区该类碱性花岗岩稀土特征显示岩浆源于上地壳物质的重熔，Eu 亏损明显，但在岩石化学、岩石组合、特征矿物等信息显示该类花岗岩具有 PAG 型花岗岩特征。综合分析认为，早侏罗世侵入岩花岗岩成因为上地幔或下地壳物质形成的 PAG 型碱性花岗岩类，上侵过程中混入有上地壳物质，其表现特征为：岩石中 SiO_2、Al_2O_3 含量分别为 61.99%～76.64%及 12.26%～16.52%；CaO 含量 0.28%～4.99%，FeOt、MgO 含量均偏低，其特征可与下地壳物质形成的花岗岩 KCG 型成因类型进行对比；K_2O 含量 4.45%～5.14%间，Na_2O 含量 2.31%～5.09%，二者含量偏高，且变化不大；FeOt/(FeOt+MgO)＝0.82～0.95，均大于 0.80，小于 1；斜长石矿物为更长石，钾长石矿物为微条纹长石、微斜条纹长石；特征矿物以黑云母为主，见有角闪石矿物，黑云母具褐色多色性，角闪石具绿色多色性；副矿物以榍石、磷灰石及不透明矿物为主，岩石副矿物类型为锆石型；特征显示岩石具 PAG 型花岗岩特征。岩石固结指数 $SI=0.79\sim8.15$，均偏低；分异指数为 72.27～95.56，显高指数；侵入体中均含有围岩包体，同源闪长质包体仅在口子山单元中少量；未见与侵入岩有关的火山岩出现；特征与地壳花岗岩成因的 KCG 型花岗岩类相似。岩石中的 $^{87}Sr/^{86}Sr$ 初始平均值为 0.719 701，略大于 0.719，其特征反映岩浆源于上地壳古老硅铝质物质的重熔，并有下地壳物质的存在。

在 R_1-R_2 图解中（图 3－155），样点投影于非造山区及造山晚期的区域，结合测区区域地质背景特征（测区有大量早侏罗世辉绿岩墙产出，见相关章节），早侏罗世侵入岩属造山期后的伸展构造环境。

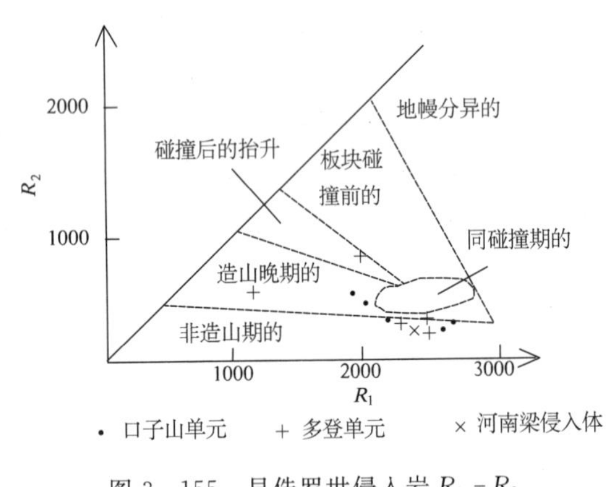

图 3－155 早侏罗世侵入岩 R_1-R_2 构造环境判别图解

七、区域性岩脉

测区内岩脉集中分布于祁漫塔格早古生代构造混杂带及卡尔塔阿拉南山岩浆带中，脉岩类型众多，从基性岩脉到酸性岩脉均有出露，时间上具多期次性。受区域构造应力作用和侵入岩影响，岩脉按成因类型可分为与侵入岩相关的岩脉和区域性岩脉两大类。

与侵入岩相关的岩脉特征在前述的各时代侵入岩中均有详细描述，本章节不再赘述。区域性岩脉类型见有辉长岩脉、辉绿（玢）岩脉、闪长（玢）岩脉、石英闪长岩脉、花岗斑岩脉、伟晶岩脉及长英质岩脉、方解石脉、石英脉等。其中区域性基性岩脉描述详见基性岩一节。

（一）中酸性岩脉

区域性中酸性岩脉在测区分布范围局限，规模不大，岩脉类型以闪长（玢）岩脉、石英闪长岩脉、花岗斑岩脉、伟晶岩脉为主。

1. 闪长（玢）岩脉、石英闪长岩脉

闪长岩类脉体分布在奥陶系—志留系滩间山（岩）群、上三叠统鄂拉山组及晚三叠世侵入岩中，与北东向构造关系密切。闪长（玢）岩脉走向大多呈北东向展布，出露宽度一般在 2～10 m 间，长度大于 20m；（石英）闪长岩脉产状 70°∠80°，部分走向为 290°，宽 2～15m，长 700～800m。脉体岩石微量元素特征见表 3－92 和图 3－156，其特征类似于洋脊花岗岩标准的火山弧花岗岩特征。脉体形成时代应属早白垩世。

2. 花岗斑岩脉

沿裂隙贯入于晚三叠世侵入岩及晚三叠世鄂拉山组火山岩中，走向以北东向为主，倾向不明，出露宽 5～10m，长度大于 20m。脉体走向与基性岩脉、闪长岩类脉走向一致，同处一构造体系，与北东向构造关系密切，形成时间上同闪长岩类一致，时代属早白垩世。

表 3－92　区域性岩脉微量元素全定量分析特征表　（单位：K_2O 为%；其他 10^{-6}）

样品号	脉岩类型	K_2O	Rb	Ba	Th	Ta	Nb	Ce	Hf	Zr	Sm	Y	Yb
$P_{22}7-2$	长英质岩脉	4.36	239	1230	13.6	0.9	10.7	90.6	6.4	257	7.4	35.5	3.4
$P_{22}32-2$		3.37	163	368	14	1.3	10.1	45.6	4	105	4.6	32.9	3.6
$P_{30}1-2$	伟晶岩脉	5.12	205	50	1	0.5	2.0	5.2	0.9	13	0.3	5.1	0.6
4031－1	闪长玢岩脉	2.37	107	226	1.1	0.5	—	13.2	3.0	84.8	2.4	20.2	2.4

测试单位：地质矿产部武汉综合岩矿测试中心；分析者：汪康康，张蕾。

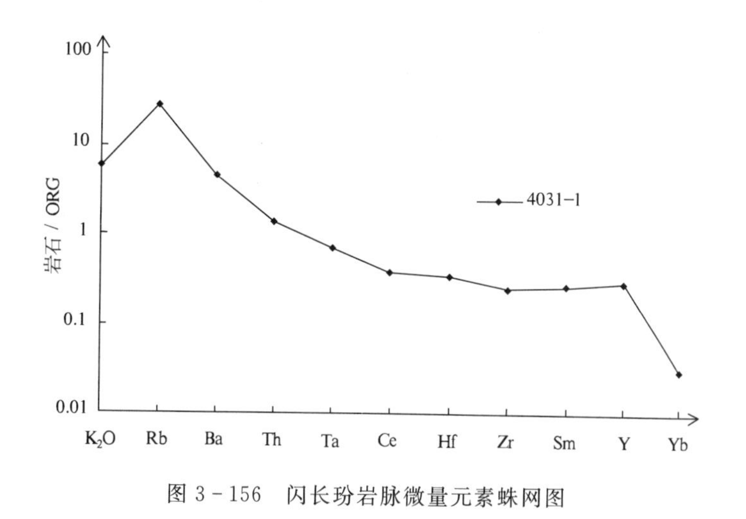

图 3－156　闪长玢岩脉微量元素蛛网图

3. 伟晶岩脉

主要分布于晚奥陶世、晚三叠世侵入岩中，呈团块状、不规则状，部分脉体走向北东向，一般宽 5～10m，长度不清。该脉体岩石 SiO_2 含量 73.04%，Al_2O_3 含量 14.41%，K_2O 含量 5.18%，Na_2O

含量4.25%(表3-94);稀土元素特征显示岩石中轻稀土含量略大于重稀土含量,稀土元素配分图中Eu处明显“V”字型谷,铕中等亏损(表3-93,图3-157);微量元素特征(表3-91,图3-158)可与洋脊花岗岩标准的火山弧花岗岩特征进行类比。伟晶岩脉时代可能属燕山期。

表3-93　区域性岩脉岩石化学特征表　　(单位:%)

样品号	脉岩类型	SiO_2	TiO_2	Al_2O_3	Fe_2O_3	FeO	MnO	MgO	CaO	Na_2O	K_2O	P_2O_5	H_2O^+	烧失量	总计
$P_{22}7-2$	长英质岩脉	70.50	0.36	13.47	1.50	2.37	0.04	0.56	1.05	1.94	5.50	0.15	0.99	1.10	99.53
$P_{30}1-2$	伟晶岩脉	73.04	0.02	14.41	1.57	0.52	0.04	0.09	0.70	4.25	5.18	0.11	0.20	0.06	100.01

测试单位:地质矿产部青海省地矿中心实验室;分析者:邢谦,郑民奇。

表3-94　区域性岩脉稀土元素特征表　　(单位:10^{-6})

样品号	脉岩类型	轻稀土元素						重稀土元素								
		La	Ce	Pr	Nd	Sm	Eu	Gd	Tb	Dy	Ho	Er	Tm	Yb	Lu	Y
$P_{22}7-2$	长英质岩脉	33.65	68.53	7.97	27.28	5.29	1.12	5.40	0.97	5.64	1.24	3.56	0.57	3.85	0.57	33.86
$P_{30}1-2$	伟晶岩脉	2.49	4.24	0.53	1.72	0.51	0.08	0.54	0.13	0.92	0.22	0.76	0.15	1.25	0.19	6.68

测试单位:地质矿产部武汉综合岩矿测试中心;分析者:柳建一,方金东。

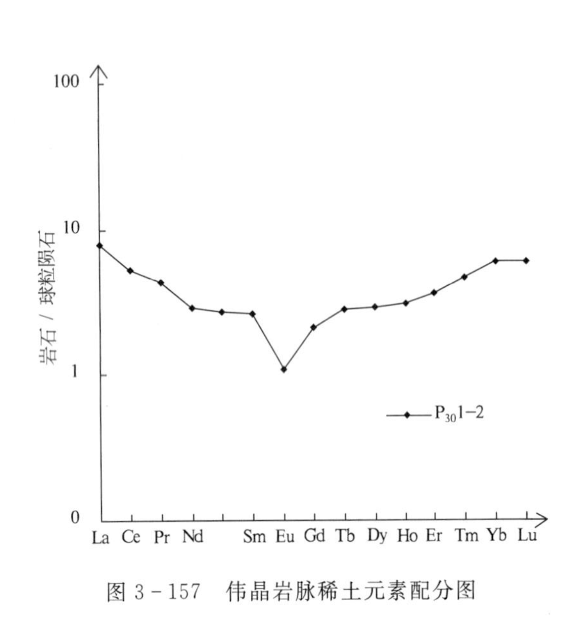

图3-157　伟晶岩脉稀土元素配分图

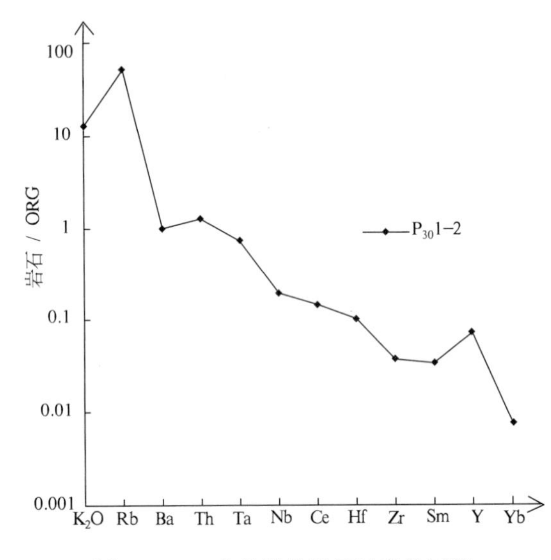

图3-158　伟晶岩脉微量元素蛛网图

(二)其他岩脉

该类性脉体见有长英质岩脉、石英脉及方解石脉,脉体出露规模不大,在包括侏罗纪及其前的地质体中均有分布,各脉体在时间上具多期次性。

1. 方解石脉

方解石脉在测区出露规模最小,呈囊状、不规则状,宽3～7cm,一般长8～10cm,最长大于1m。

2. 长英质岩脉

区内出露规模相对较强,大多呈不规则状、枝杈状,长度不清,部分长英质岩脉产状200°∠60°,宽1～10cm,长0.5～70cm。脉体微量元素特征、岩石化学、稀土元素特征显示(表3-92～

表 3-94,图3-159、图 3-160);岩石中 SiO_2 含量70.50%, Al_2O_3 含量13.47%, K_2O 含量5.50%, Na_2O 含量1.94%;稀土元素特征显示岩石中轻稀土部分分馏程度高于重稀土部分,稀土元素配分图中 Eu 处明显"V"字型谷,铕中等亏损;微量元素特征可与洋脊花岗岩标准的火山弧花岗岩特征进行类比。

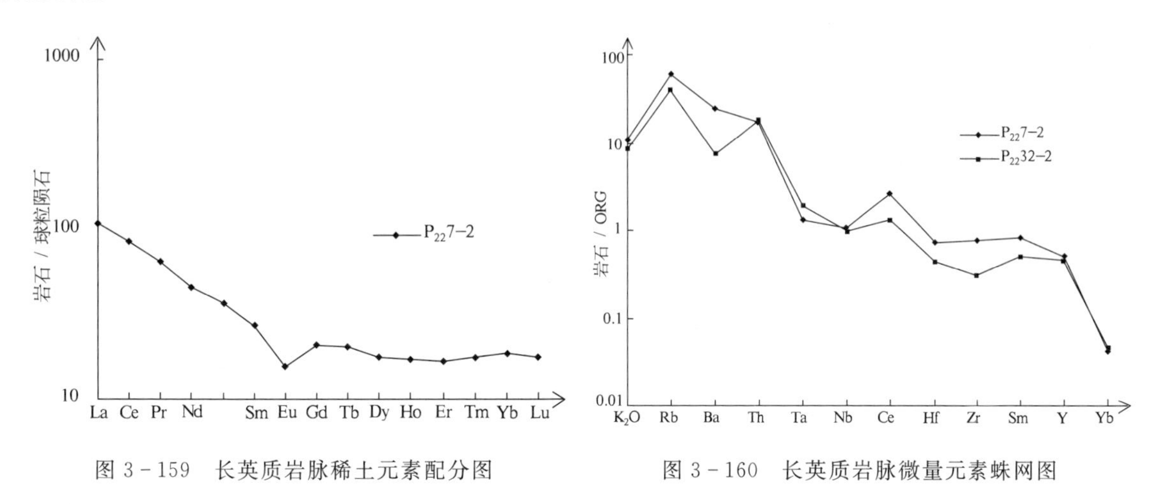

图 3-159　长英质岩脉稀土元素配分图　　图 3-160　长英质岩脉微量元素蛛网图

3. 石英脉

测区内石英脉在不同的地质体中发育规模不同,一般在侵入岩及断裂带中较为发育,其他地质体中发育相对较弱。石英脉呈不规则状、网状、线状、枝杈状等,宽窄不一,出露最宽 70cm,一般宽 1~5cm,长度不清。

八、岩浆岩演化规律

测区内的岩浆活动最早可追溯到古元古代,结束于中—晚燕山期,岩浆岩分布面积广,岩石类型众多。从超基性—基性岩类、中性—中酸性—碱性岩类,均有不同规模的出露。不同构造环境下的岩浆活动所表现出的岩浆岩岩石组合、岩石学、岩石化学特征均有较大差异,总体来看岩浆活动与构造关系密切。

(一)古元古代结晶基底及超大陆形成时的岩浆活动

作为区内最古老的结晶基底,古元古界金水口(岩)群白沙河(岩)组原为古陆边缘沉积的一套陆缘碎屑岩-碳酸盐岩夹中基性火山岩建造,经区域动热变质作用现为一套条纹条带状—眼球状黑云斜长片麻岩、角闪黑云斜长片麻岩、大理岩、黑云斜长角闪岩及黑云斜长角闪片岩等岩石组合。在已恢复为中基性火山岩的黑云斜长角闪片岩中获得钐-钕(Sm-Nd)等时线同位素年龄值为 2322±160Ma 和 1879±64Ma,后者地质信息反映了吕梁运动在区内的具体表现。

元古宙早期测区岩浆活动出现在红土岭、阿达滩、库木俄乌拉孜一带,呈构造块体或残留体产出的辉长岩、辉橄岩等岩石组合。辉长岩中获得钐-钕(Sm-Nd)等时线同位素年龄值为 1550±150Ma。所体现的构造背景可能处于一种伸展状态。在测区南部库木鄂乌拉孜发现一套超镁铁质岩组合:主要岩石类型有变质橄榄岩、辉长岩、辉绿岩等,岩石具极强的韧性形变特征,产出于元古宙花岗质片麻岩中,其中在辉长岩中测得 891±19Ma 的 Sm-Nd 地史事件年龄值,其地球化学特征与大洋岩石类似。

晋宁期变质侵入岩(体)沿阿达滩隐伏断裂带两侧及伊仟巴达隐伏断裂北侧分布,其岩浆成因表现为同碰撞构造环境。主要为来自地壳上部的部分物质熔融形成的过铝的 MPG 型花岗岩类,岩石类型为条带状、眼球状黑云斜长片麻岩及眼球状黑云钾长片麻岩，原岩恢复为花岗闪长岩-钾长花岗岩岩石组合。眼球状黑云钾长片麻岩中获得铀-铅（U－Pb）同位素年龄值831±51Ma。该期碰撞型花岗岩（类）的出现，说明晋宁期祁漫塔格地区与柴达木地块、祁连地块及阿拉善地块拼接在一起，成为Rodinia超大陆的一部分。

震旦期岩浆活动在测区较微弱，仅圈定出一个侵入体，沿阿达滩南缘隐伏断裂带分布，岩石类型为二长花岗岩，具片麻状构造，铀-铅（U－Pb）同位素年龄值550±23Ma，为下地壳物质熔融形成的KCG型花岗岩类。岩石中出现岩浆成因的白云母矿物。上述地质信息反映了新元古代超大陆形成后在震旦纪时期有陆内俯冲事件发生。

（二）早古生代洋陆转换时的岩浆活动

加里东期是以区内为主造山旋回时期，岩浆活动强烈，侵入岩集中分布于祁漫塔格主脊断裂带两侧，大部分侵入体被后期侵入岩所侵蚀，岩石特征具体表现为早奥陶世伸展体制下形成的镁铁—超镁铁岩系等蛇绿岩物质组合、俯冲汇聚体制下形成的中基性—中酸性火山岩及中酸性花岗岩类组合。其中玄武岩中钐-钕（Sm－Nd）等时线同位素年龄值为468±54Ma，辉绿岩墙中钐-钕（Sm－Nd）等时线同位素年龄值为449±34Ma。中基性—中酸性火山岩属奥陶系—志留系滩间山（岩）群火山岩岩组，是多岛洋盆俯冲消减形成，火山岩岩石组合主要为玄武岩、安山岩、英安岩、流纹岩、中酸性熔火山角砾岩及流纹质岩屑凝灰岩。侵入岩岩石组合为弱片麻状黑云母花岗闪长岩，组成晚奥陶世十字沟单元，花岗闪长岩中获得铀-铅（U－Pb）同位素年龄值439.2±1.2Ma、445±0.9Ma，侵入岩时代属晚奥陶世。

志留纪晚期到早泥盆世区内构造环境为碰撞造山阶段，岩浆活动主要为源于地壳上部物质的重熔，形成高钾过铝的MPG型花岗岩类，岩石组合为二长花岗岩、斑状白云母二长花岗岩及正长花岗岩，组成晚志留世红柳泉序列，二长花岗岩、正长花岗岩中分别获得铀-铅（U－Pb）同位素年龄值410.2±1.9Ma、419.1±2.8Ma，时代属晚志留世。

（三）海西期的岩浆活动

祁漫塔格地区晚泥盆世—早二叠世花岗岩极其发育，其形成构造环境较为复杂。据姜春发等（1992）对昆仑造山带开合构造的研究，石炭纪—二叠纪时曾存在昆仑洋，从东昆仑一直伸展到西昆仑。冯益民等（2002）认为该洋盆为板内的新生洋盆，其不同于洋-陆演化阶段的大洋盆地，其规模小，不具有大地构造上的分割意义。区域资料结合本测区实际资料分析认为祁漫塔格地区的早泥盆世形成的侵入岩处于加里东造山晚期的构造松弛阶段，但总体仍与同碰撞造山背景有关，岩石类型为单一的斑状二长花岗岩类，其铀-铅（U－Pb）同位素年龄值为407.7±7.5Ma（邻幅1∶25万布喀大坂峰幅资料）。地质学特征显示为同碰撞型花岗岩。

晚泥盆世岩浆活动表现为由板内裂陷作用形成的哈尔扎组中酸性火山岩及宽沟序列中酸性侵入岩。哈尔扎组火山岩岩石组合为凝灰岩、英安岩、集块火山角砾岩。宽沟序列侵入岩岩石组合为角闪闪长岩、石英闪长岩及二长花岗岩，前者属含角闪石的钙碱性系列的ACG型花岗岩类（低钾—高钙）。角闪闪长岩中获得铷-锶（Rb－Sr）等时线年龄值365±5.7Ma，二长花岗岩中分别获得两组铀-铅（U－Pb）同位素年龄值366.6±0.5Ma、357±91Ma。在二长花岗岩中见有白云母产出，岩石中$^{87}Sr/^{86}Sr$初始值角闪闪长岩中平均为0.711 656，属中锶下段（0.706～0.712）的花岗岩范畴，显示岩浆来源于壳幔混熔或下地壳物质部分熔融；在二长花岗岩中$^{87}Sr/^{86}Sr$初始值大于0.719，在0.798 239～0.876 035之间变化，岩石属高锶的花岗岩类，显示岩浆主要源于地壳物质的熔融。综上所述晚泥盆世早期区内构造体制主要处于加里东造山晚期的构造松弛阶段，稍后有陆内俯冲事件发生。

早石炭世侵入岩集中分布于阿达滩隐伏断裂两侧，是陆内造山环境机制，岩石组合为花岗闪长岩、二长花岗岩、斑状二长花岗岩，为盖依尔序列，岩石属过铝的钙碱性系列。斑状二长花岗岩中钾长石似斑晶含量20%～30%，最大6cm。花岗闪长岩、斑状二长花岗岩中分别获得铀-铅(U－Pb)同位素年龄值342.9±8.1Ma及铷-锶(Rb－Sr)等时线年龄值325.9±3Ma。岩石中$^{87}Sr/^{86}Sr$初始平均值为0.718 42，反映了接近高锶花岗岩的特征，显示岩浆主要源于地壳物质的熔融。结合该套岩石主要发育在阿达滩南界大型韧性剪切带中(下石炭统大干沟组中也有韧性剪切带发育)，认为早石炭世侵入岩是剪切深融作用的产物。

早二叠世区内岩浆活动频繁。在阿达滩断裂两侧形成以地壳和地幔都做出贡献的KCG＋ACG型花岗岩类，为祁漫塔格序列，岩石组合为石英闪长岩、二长花岗岩、斑状二长花岗岩及浆混相的斑状石英闪长岩(相)、斑状花岗闪长岩(相)、斑状二长花岗岩(相)。其中在斑状二长花岗岩中可见似斑晶10%左右，粒径在0.6～1.5cm，最大8cm。岩石化学以高钾、低钙为特征，是地壳和地幔物质混合形成，浆混体具有明显的岩浆机械混合、晶体混合和化学扩散混合的特征。二长花岗岩中获得铷-锶(Rb－Sr)等时线年龄值288±2.9Ma，岩石中$^{87}Sr/^{86}Sr$初始值在0.724 620～0.733 333间，平均为0.729 005，大于0.719，属高锶花岗岩类，其特征表明岩石来源为陆壳物质的熔融。斑状二长花岗岩及浆混相的斑状石英闪长岩(相)中分别获得铀-铅(U－Pb)同位素年龄值270.9±0.9Ma、284.3±1.2Ma。综上所述，结合区域资料认为该套花岗岩的成因可能是受南部昆仑洋向北俯冲消减的远程效应在测区的具体表现。

上二叠统陆内造山进入晚期阶段，岩浆活动相对较弱，区内在阿达滩断裂以北形成少量的由斑状正长花岗岩组成的石砬峰单元，其中获得铀-铅(U－Pb)同位素年龄值251.1±0.9Ma，花岗岩成因属于为地壳做出贡献的CPG型花岗岩类，岩浆源于上地壳物质的重熔。早泥盆世形成的侵入岩处于加里东造山晚期的构造松弛阶段，但总体仍与同碰撞造山背景有关，侵入岩主要分布于伊仟巴达隐伏断裂带北缘，部分延伸至邻幅1∶25万布喀大坂峰幅，岩石类型为单一的斑状二长花岗岩类，铀-铅(U－Pb)同位素年龄值为407.7±7.5Ma(邻幅1∶25万布喀大坂峰幅资料)。

(四)中生界陆内造山期的岩浆活动

晚三叠世晚期，区内北北西向逆冲逆掩造山运动初具规模，从而诱发了晚三叠世火山喷发活动，导致在阿达滩南缘隐伏断裂以南、独雪山—喀雅克登塔格一线形成大面积陆相钙碱性火山岩，火山岩同位素年龄值为204.4±1.8Ma、203±18Ma、209.2±1.8Ma、204.6±2.6Ma，形成一套中酸性熔岩及火山碎屑岩类，主要岩石类型为安山岩、英安岩、流纹岩、流纹质晶屑玻屑凝灰岩、流纹英安质火山角砾岩及流纹英安质火山角砾集块岩。晚三叠世晚期下地壳熔融岩浆由喷发型向侵入型递变，岩浆在上侵过程中不断顶蚀早期地质体，并有上地壳物质混入，形成一套铝—钙—铁岩浆组合的花岗岩类，岩石组合为花岗闪长岩、二长花岗岩、斑状二长花岗岩及正长花岗岩，归并为独雪山序列。侵入体群居性一般，主要分布于伊仟巴达隐伏断裂带两侧，少部分沿祁漫塔格主脊断裂带展布，花岗闪长岩中钾-氩(K－Ar)同位素年龄值为215Ma、216Ma(1∶20万土窑洞幅资料)，正长花岗岩中获得铷-锶(Rb－Sr)等时线年龄值224.4±2.1Ma。

早侏罗世测区为多机制造山作用晚期阶段，其中以走滑造山运动为主，火山喷发活动趋向停歇，大规模的岩浆活动已基本结束，但小规模的岩浆侵入活动仍沿断裂带活动，地壳加厚促使下地壳热能大量聚集，使下地壳形成的碱性花岗岩浆沿断裂带上侵，上侵过程中混入有上地壳物质，从而形成石英正长岩、正长花岗岩及碱长花岗岩岩石组合，归并为冰沟序列。侵入体主要分布于测区各断裂带上，群居性差。石英正长岩中获得铷-锶(Rb－Sr)等时线年龄值157.1±0.7Ma。正长花岗岩中钾-氩(K－Ar)同位素年龄值为184Ma(1∶20万土窑洞幅资料)。

区内沿北西向、北东向展布的辉绿(玢)岩墙是早白垩世时期的产物，钐-钕(Sm－Nd)等时线年龄值为 120±83Ma，是早白垩世时期区内处于伸展构造机制的具体表现。该期辉绿（玢）岩墙的形成是区内已知最晚一期岩浆活动的产物。表明了祁漫塔格在侏罗纪到白垩纪处于拉张伸展的构造环境，为其北侧柴达木盆地及其内部阿达滩等盆地断陷的序幕。

第三节　火山岩

测区内火山岩较为发育，主要分布在卡尔塔阿拉南山、巴音格勒呼都森两侧、景忍及库木俄乌拉孜南，另外在十字沟、红土岭、石拐子及红柳泉等地亦有零星出露，面积约 2000km²，占测区总面积的 13.5%。古元古代、奥陶纪—志留纪、泥盆纪及三叠纪地层中均有不同规模的出露。各期活动强度及喷发延续时间不同，喷发环境各异。在奥陶纪—志留纪及三叠纪时，区内火山活动最为强烈；泥盆纪火山活动相对较弱。岩石类型较复杂，有基性岩、中性岩、中酸性岩和酸性岩。

古元古代火山岩由于变质变形作用，火山岩特征已不复存在，放在变质岩中讨论。测区火山岩基本特征见表 3-95。

表 3-95　测区火山岩基本特征一览表

时代		赋存层位	岩相	岩石组合	喷发环境	系列
中生代	三叠纪	鄂拉山组	爆发相 溢流相	含角砾凝灰质英安岩、流纹质凝灰熔岩、英安质凝灰岩、蚀变含角砾流纹质晶屑玻屑凝灰岩、蚀变含角砾英安质晶屑玻屑凝灰岩、含角砾英安质晶屑玻屑熔结凝灰岩、蚀变玄武岩、蚀变球粒状流纹岩、蚀变流纹岩	陆相	钙碱性系列
晚古生代	泥盆纪	哈尔扎组	爆发相 溢流相	灰紫色钠长英安岩、灰色强硅化中酸性火山岩、灰色硅化流纹构造英安岩、浅灰绿色英安质熔结浆屑集块砾岩、灰绿色变质熔结浆屑玻屑凝灰岩、灰绿色变质中酸性含浆屑玻屑凝灰岩	海相	钙碱性系列
早古生代	奥陶纪—志留纪	滩间山（岩）群	爆发相 喷溢相	沉晶屑凝灰岩、蚀变凝灰角砾岩、蚀变英安岩、蚀变酸性熔岩、流纹岩及玄武岩		钙碱性系列

一、奥陶纪—志留纪火山岩

测区早古生代火山岩为上古生界滩间山（岩）群的组成部分之一。前人在测区部分地区的 1∶20 万填图工作中把该套地层划归为“铁石达斯群”，1996 年青海省岩石地层编写小组归为滩间山群。测区属于该套地层的火山岩受后期构造和岩浆破坏，出露非常局限，研究程度较低。本次工作据其变质变形特征、岩石组合、与周边地层和侵入岩的相互时序关系、同位素测年结果等划归为滩间山（岩）群。其中把分布非常局限具枕状构造，配套于蛇绿岩组合的基性火山岩划归为早古生代祁漫塔格蛇绿岩组合中；把分布较广具弧火山岩特征的一套中酸性火山岩划为中酸性火山岩组。现分别叙述其各自特征。

（一）基性火山岩

1. 地质特征

区内出露局限，主要分布于四道沟、十字沟、红土岭一带。与滩间山（岩）群碎屑岩岩组

(OST_1)、碳酸盐岩组(OST_3)、大干沟组(C_1dg)为断层接触，呈断块状产出。区内出露面积总共不到 $1km^2$。该套火山岩为祁漫塔格早古生代蛇绿岩的组成部分，岩石受后期构造的影响脆韧性形变较强。本次工作中在十字沟一带块层状玄武岩中采集的 Sm－Nd 等时线年龄样品测定数据见表 3－5，图 3－15。从图上可以看出，所采 6 个样品均已成线，成岩年龄为 468±54Ma，大致相当于早、中奥陶世之交。

2. 岩性特征

该岩石类型较单一，以玄武岩为主，岩石蚀变极为普遍，主要有绿帘石化、绿泥石化等，局部具糜棱面理。

枕状玄武岩：灰绿色，斑状结构，基质玻晶交织结构，枕状构造。岩石由斑晶和基质组成，另有少量杏仁，斑晶由斜长石 5%组成，呈自形板状、柱状，全部被钠长石化，分布均匀，粒径在 1.18～0.45mm 之间。基质由斜长石 35%和玻璃质 57%组成，斜长石呈条状微晶，粒径在 0.14mm 左右。杏仁约 3%，呈不规则状、椭圆状，粒径一般在 1.11～0.37mm 之间，分布均匀。

基性岩屑凝灰岩：灰绿色，凝灰结构，基底式、孔隙式胶结构造。火山碎屑成分是岩屑和晶屑，前者成分主要是玄武岩，其次有安山岩等，略具磨圆，粒径一般在 2.16～0.22mm 之间，在岩石中杂乱分布。晶屑由斜长石组成粒径一般在 0.25～0.11mm 之间，部分被绿帘石化。火山碎屑岩屑为 40%，晶屑 6%，胶结物火山尘 54%。

初糜棱玄武岩：灰绿色，糜棱结构，定向构造。原岩为具间粒结构的玄武岩。由于动力变质作用，现由碎斑和基质及裂隙充填物组成。碎斑(58%)为玄武岩块。基质(35%)：玄武岩块的碎裂化产物，绿帘石 7%，绿泥石 4%。后期裂隙充填物(7%)；方解石 6%，绿泥石 1%。

从该期火山岩 TAS 图(图 3－161)中看出，样品的投影点集中分布于粗面玄武岩和玄武岩区。

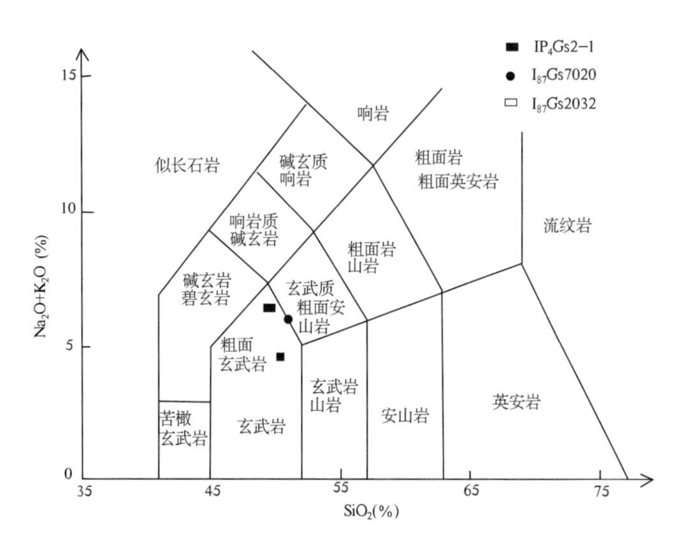

图 3－161　滩间山群基性火山岩 TAS 图

(Le Bas et al.，1986)

3. 岩石化学、稀土元素特征

(1)岩石化学特征。

基性火山岩的岩石化学特征(表 3－96)，从表中可看出基性凝灰岩：SiO_2 含量 46.74%～49.22%，K_2O 含量 1.02%～1.72%小于 Na_2O 含量 2.6%～4.23%；Al_2O_3 含量 12.69%～

14.50%均小于16%，CaO 含量 13.87%～8.56%，MgO 含量 5.69%～7.48%。里特曼指数 δ 值 4.61，大于 3.3。由上可知 $K_2O+Na_2O+CaO>Al_2O_3>K_2O+Na_2O$ 为正常类型，Al_2O_3 含量均小于16%，为拉斑玄武岩系列，标准矿物组合有一个样为 Or、Ab、An、Ol、Di、Hy，出现橄榄石为正常类型 SiO_2 低度不饱和；两个样为 Or、Ab、An、Ol、Di、Ne 的组合为正常类型 SiO_2 极度不饱和。有两个样有霞石(Ne)出现，其值均小于5，无石英矿物(Q)出现为碱性玄武岩系列。硅碱图(图3-162)中所有样品均投入碱性岩区。综上所述该套火山岩为碱性玄武岩系列，里特曼指数出现异常可能说明该区火山岩与典型地区火山岩有别。岩石的 $SI=28.56\sim32.85$，反映岩浆的演化程度不高，接近原始岩浆的性质。

(2)稀土元素特征。

奥陶纪的玄武岩稀土元素特征见下表(表3-97)，从表中可以看出 $(Ce/Yb)_N>1$，轻稀土略富集型。稀土总量较低，$\sum REE=29.09\times10^{-6}\sim44.10\times10^{-6}$，其中轻稀土含量比重稀土含量略高，$LREE=19.69\times10^{-6}\sim30.67\times10^{-6}$，$HREE=9.32\times10^{-6}\sim13.43\times10^{-6}$。

前人研究结果表明轻、重稀土的富集程度与岩石成因有一定的关系。轻稀土碱性较强，易在分异作用的晚期富集，当地幔岩部分熔融形成玄武岩浆时，易保留在残余固相中，使得玄武岩浆轻稀土富集而重稀土亏损。$\delta(Eu)$值$=1.07\sim2.09$ 铕具正异常。从其稀土配分模式图(图3-163)上可看出与正常洋中脊拉斑玄武岩稀土配分曲线相近。从表3-5可看出 $\sum Nd=9.0$，$^{143}Nd/^{144}Nd=0.5130\sim0.5131$，属 N-MORB。奥陶纪玄武岩是由轻稀土亏损的地幔源衍生而成的。

表3-96 奥陶纪基性火山岩岩石化学特征表 (单位：%)

岩性	样品号	氧化物组合及含量												
		SiO_2	TiO_2	Al_2O_3	Fe_2O_3	FeO	MnO	MgO	CaO	Na_2O	K_2O	P_2O_5	H_2O^+	烧失量	总量
基性岩屑凝灰岩	IP_4Gs2-1	49.22	1.12	13.85	3.82	5.47	0.14	7.48	8.56	4.28	1.72	0.14	3.66	4.13	99.93
枕状玄武岩	$I_{87}Gs7020$	46.74	2.24	14.50	4.28	6.84	0.17	7.16	8.24	3.64	1.02	0.34	3.08	4.20	99.37
初糜棱玄武岩	$I_{87}Gs2032$	48.60	1.31	12.69	3.97	5.97	0.17	5.69	13.87	2.60	1.72	0.16	1.52	3.04	99.79

岩性	样品号	CIPW 标准矿物组合及含量												
		Ap	Il	Mt	Or	Ab	An	Ol	Ne	Di	Hy		Fo	Fa	总量
											En	Fs			
基性岩屑凝灰岩	IP_4Gs2-1	0.37	2.22	5.74	10.64	28.72	14.08		4.94	23.4	2.49	2.49	7.55	2.40	100.0
枕状玄武岩	$I_{87}Gs7020$	0.79	4.46	6.24	6.32	32.41	21.23	12.4	Wo：8.09	15.54	0.57	0.27	8.21	4.19	100.2
初糜棱玄武岩	$I_{87}Gs2032$	0.37	2.56	5.48	10.52	16.59	18.47		3.35	41.67			0.65	0.33	99.98

岩性	样品号	岩石化学参数值										
		δ	SI	FL	ι	AR	Nk	OX	MF	M/F	n/k	SAL
基性岩屑凝灰岩	IP_4Gs2-1	4.61	32.85	41.22	8.54	1.73	6.27	0.59	0.55	0.57	3.77	3.55
枕状玄武岩	$I_{87}Gs7020$	3.92	31.23	36.14	4.86	1.52	4.9	0.63	0.61	0.47	5.44	3.22
初糜棱玄武岩	$I_{87}Gs2032$	2.76	28.56	23.76	7.73	1.39	4.47	0.63	0.64	0.41	2.30	3.83

表 3－97　奥陶纪—志留纪基性火山岩稀土元素含量及特征值表　（单位：10^{-6}）

岩性	样品号	轻稀土元素						重稀土元素								
		La	Ce	Pr	Nd	Sm	Eu	Gd	Tb	Dy	Ho	Er	Tm	Yb	Lu	Y
基性岩屑凝灰岩	IP$_4$XT2－1	2.68	7.16	1.26	5.48	1.76	1.35	2.22	0.422	2.61	0.51	1.58	0.241	1.52	0.221	14.61
初糜棱玄武岩	I$_{87}$XT2032	6.22	12.33	1.76	7.12	2.31	0.93	3.06	0.59	3.73	0.80	2.38	0.363	2.17	0.332	19.18
玄武岩	I$_{87}$XT2143	20.3	43.57	5.08	18.39	4.36	0.84	4.45	0.79	4.59	0.97	2.82	0.41	2.69	0.39	25.98
	I$_{87}$XT7020	12.60	33.80	4.54	19.86	5.27	1.45	6.29	1.112	6.75	1.39	3.96	0.596	3.82	0.553	37.00

岩性	样品号	稀土元素参数特征值										
		ΣREE	LREE	HREE	LREE/HREE	δ(Eu)	δ(Ce)	Sm/Nd	$(La/Yb)_N$	La/Sm	$(Gd/Yb)_N$	La/Yb
基性岩屑凝灰岩	IP$_4$XT2－1	29.01	19.69	9.32	2.11	2.09	0.93	0.32	1.19	1.52	1.21	1.76
初糜棱玄武岩	I$_{87}$XT2032	44.10	30.67	13.43	2.28	1.07	0.88	0.32	1.93	2.69	1.47	2.87
玄武岩	I$_{87}$XT2143	109.66	92.55	17.11	5.41	7.55	4.66	0.24	1.65	5.09	2.93	1.33
玄武岩	I$_{87}$XT7020	102.02	77.55	24.47	3.17	3.31	2,40	0.27	1.65	2.23	1.51	1.33

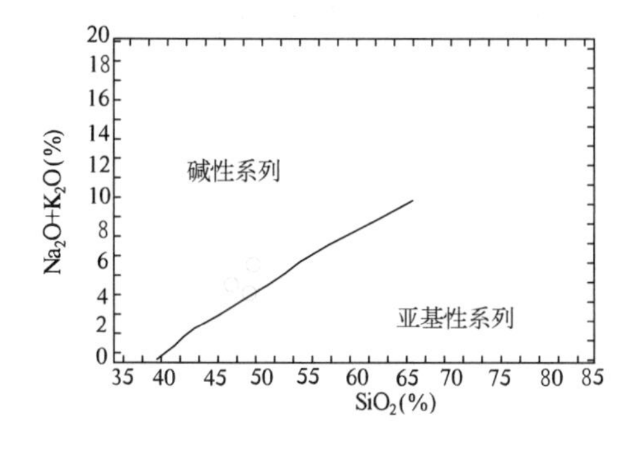

图 3－162　滩间山（岩）群玄武岩硅碱图

（Irvine et al.，1971）

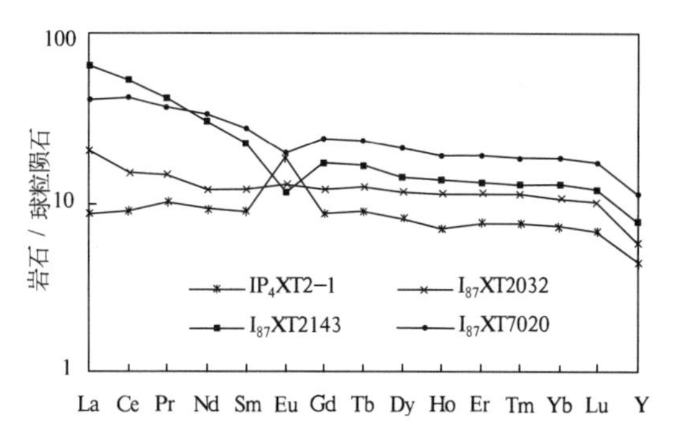

图 3－163　玄武岩稀土模式配分图

4. 微量元素特征

从表中可看出基性岩微量元素含量、亲石元素含量均大于地幔及球粒陨石中的丰度（表 3－98）。

表 3－98　滩间山（岩）群基性火山岩微量元素全定量分析特征表　（单位：K_2O 为％；其他 10^{-6}）

样品号	K_2O	Rb	Ba	Th	Sc	Nb	Ce	Hf	Zr	Sm	Y	Yb	Cr	P	Ti	Sr
IP$_4$Dy2－1	0.15	<1.0	63.7	<1.0	43.0		12.3	2.7	92.4	2.8	22.4	2.7	254	503	7 863	134
I$_{87}$Dy7020	0.63	15.2	216	1.6			30.4	5.30	187	4.8	34.9	4.0	170	980	12 950	179
I$_{87}$Dy2032	0.15	<1.0	58.5	<1.0	51.9		14.5	3.9	113	2.80	24.0	2.8	257	603	7241	199

5. 形成构造环境

加里东期是测区主造山旋回，蛇绿岩残片的出现是古生界洋壳存在的直接标志，从其有限的硅质岩分布与少量的基性岩岩墙的出现等显示出该洋盆是一个有限的小洋盆，从其玄武岩的地质学、岩石学、岩石化学、同位素$^{143}Nd/^{144}Nd$和$\sum Nd$特征来看该玄武岩形成环境有正常的洋脊玄武岩以及过渡类型。反映出早古生代祁漫塔格具小洋盆特征。

(二)中酸性火山岩

1. 地质特征

测区内主要分布于红土岭、宽沟、十字沟及巴音郭勒呼都森沟脑两侧,构成滩间山(岩)群主体,面积约150km²。受北西向祁漫塔格主脊断裂及阿达滩南缘断裂控制,呈近北西向—北西西向展布,为一套海相喷发的熔岩类、火山碎屑岩,夹于正常沉积碎屑岩、碳酸盐岩中。东沟、宽沟地带与碎屑岩岩组(OST_1)为整合接触,十字沟一带底部与碎屑岩岩组呈整合接触,顶部与大干沟组(C_1dg)为断层接触,红柳泉一带底部与黑山沟组(D_3hs)呈角度不整合关系,局部地区呈断块状或夹层状、透镜状,出露于地层的上部碎屑岩中,相变甚大,层序不清。由于后期构造作用和岩浆作用的破坏,滩间山(岩)群中的火山岩很不稳定,各地很难对比。从火山岩的出露部位来看,奥陶纪—志留纪的该套中酸性火山岩主要展布于祁漫塔格主脊断裂以北,在小盆地见有同位素(U－Pb)年龄为381.9±5.0Ma的早泥盆世正长花岗岩侵入于该套火山岩中。对应岩石地层单位为奥陶系—志留系滩间山(岩)群。

火山岩岩石类型主要为安山岩、英安岩、流纹岩、岩屑凝灰岩及沉晶屑凝灰岩等。从该期火山岩TAS图(图3－164)中看出这些样品的投影点集中在流纹岩类区、少量在英安岩区。岩石蚀变极为普遍,主要有绿帘石化、次闪石化等,具弱片理化。

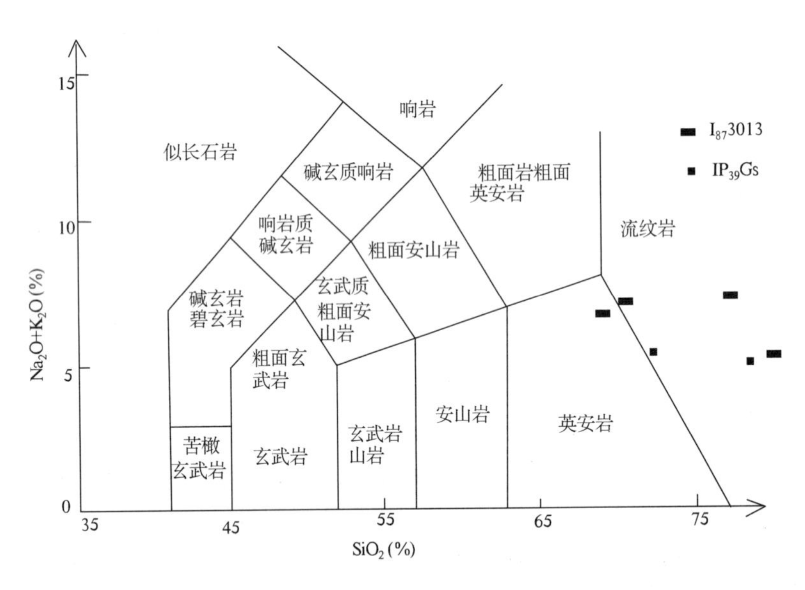

图3－164　滩间山(岩)群火山岩TAS图

(Le Bas et al.,1986)

该套火山岩的喷发韵律、火山岩相特征不甚清楚,局部可见喷溢相-爆发相相间的周期韵律,略显示由弱到强的喷发特点,其中夹有沉积相产物,表明火山喷发活动具不定期的停歇间断。

2. 岩石学特征

杏仁状玄武岩:灰绿色,斑状结构、基质玻晶交织结构,杏仁状构造。岩石由斑晶和基质组成,另有少量杏仁。斑晶由斜长石55%组成,呈自形板状、柱状,全部被钠长石化,分布均匀,粒径在

1.18～0.45mm之间。基质由斜长石35%和玻璃质57%组成，斜长石呈条状微晶，粒径在0.14mm左右。杏仁约3%，呈不规则状、椭圆状，粒径一般在1.11～0.37mm之间，分布均匀。

蚀变安山岩：灰褐色，斑状结构、基质交织结构，块状构造。斑晶3%，由斜长石组成，呈自形板状、柱状，粒径在1.11～0.37mm之间，分布均匀。基质由斜长石74%、暗色矿物20%、石英2%、不透明矿物1%组成，粒径在0.072～0.024mm之间。斜长石呈板条状，呈平行—半平行状排列，其间分布有纤状、柱状暗色矿物及少量微粒状石英、不透明矿物。局部地区石英含量增高，成为石英安山岩。

蚀变英安岩：灰绿色、灰褐色，斑状结构、基质微粒结构、霏细结构，块状构造，略具平行构造。斑晶由斜长石组成，约6%，呈自形板状、柱状，粒径一般在1.48～0.52mm之间，普遍被绢云母化、碳酸盐化。基质由斜长石56%和石英38%组成，粒径一般在0.094mm左右。斜长石呈板状、柱状均匀分布，略具定向排列，普遍被碳酸盐化、绢云母化。石英微粒状，局部呈集合体状。

霏细岩：浅灰红色，霏细结构，块状构造；由长石、石英组成，呈显微粒状、隐晶状，粒径一般在0.061～0.012mm之间。

基性火山角砾岩：灰绿色，火山角砾状结构，火山尘胶结。火山角砾含量75%，主要成分为强蚀变的基性火山岩，具斑状结构，杏仁状构造，另有少量安山岩。角砾形态呈棱角状杂乱分布，粒径一般在3.96～2mm之间，最大砾石达2.5cm×4.8cm，少量呈碎屑状充填在角砾空隙之间。胶结物火山尘25%，后期脱玻化变成隐晶状绿泥石和硅质。

岩屑凝灰岩：灰绿色，凝灰结构，基底式、空隙式胶结。岩石由火山碎屑和胶结物火山尘组成。火山碎屑成分是岩屑40%、晶屑6%，岩屑主要是玄武岩，其次为安山岩等，粒径一般在2.16～0.22mm之间，杂乱分布；晶屑由斜长石组成，多棱角状，粒径一般在0.25～0.11mm之间，分布均匀。胶结物为隐晶状火山尘54%，后期脱玻化变成显微状绿帘石。

沉晶屑凝灰岩：浅灰绿色，沉凝灰结构，空隙式胶结。岩石由火山碎屑和胶结物组成。火山碎屑成分为晶屑74%，其中石英10%，长石64%，长石是斜长石和钾长石，石英呈单晶状，粒径一般在1.85～0.22mm之间，分布均匀。胶结物由火山尘11%、方解石15%组成，火山尘隐晶状，方解石晶粒状。

蚀变球粒状流纹岩：灰紫色，斑状结构，流动构造。斑晶10%：更长石7%，正长石2%，石英1%；基质90%：石英48%，正长石22%，更长石18%，黑云母1%，磁铁矿1%，锆石微量。

3. 岩石化学、稀土元素特征

（1）岩石化学特征。

从表3-99中可以看出岩石化学特征。英安质岩中SiO_2含量均大于70.97%；TiO_2含量0.16%～0.3%；K_2O含量大多大于Na_2O含量；CaO、MgO含量均偏低；里特曼指数δ值小于3.3；Al_2O_3含量10.69%～12.97%，偏低；其余氧化物均显低含量。岩石属中—高钾，低钛的钙碱性系列。标准矿物组合与实际矿物组合一致。在硅碱图（图3-165）中所有的样品都投入亚碱性系列区，进一步在A-F-M（图3-166）中投点判别时所有样品落入钙碱性系列区。

（2）稀土元素特征。

表3-100显示$\sum$REE值107×10^{-6}～246.63×10^{-6}，属于中性岩$\sum$REE均值130×10^{-6}和花岗岩$\sum$REE均值250×10^{-6}之间（据赫尔曼，1970）；LREE值125.59×10^{-6}～193.98×10^{-6}，HREE值28.03×10^{-6}～44.96×10^{-6}；LREE/HREE值4.01～4.48；La/Sm值5.83～6.77，变化不大；La/Yb值14.85～17.47，略偏高。以上特征均表明岩石均为轻稀土富集型。稀土元素配分曲线（图3-167）均呈右倾较缓的平滑线，Eu处呈较明显的"V"字型谷。δ(Eu)值0.44～0.68，铕弱亏损，与岛弧火山岩相当。

表 3-99　奥陶纪—志留纪中酸性火山岩岩石化学特征表　　　　(单位:%)

岩性	样品号	氧化物组合及含量													
		SiO_2	TiO_2	Al_2O_3	Fe_2O_3	FeO	MnO	MgO	CaO	Na_2O	K_2O	P_2O_5	H_2O	烧失量	总量
流纹岩	I_{87}3013-3	77.27	0.16	10.69	0.86	0.37	0.07	0.23	1.62	4.46	2.14	0.03	0.04	0.79	98.73
英安质岩	I_{87}3013-2	73.24	0.30	12.97	2.12	0.73	0.03	0.49	0.86	2.98	4.12	0.05	0.08	1.25	99.22
蚀变酸性熔岩角砾岩	IP_{39}Gs1-1	70.97	0.26	14.42	1.07	2.28	0.06	1.05	0.82	3.81	3.15	0.04	1.25	1.68	100.8
蚀变酸性熔岩角砾岩	IP_{39}Gs2-1	71.99	0.25	14.32	1.25	2.15	0.07	0.85	0.51	4.44	2.40	0.04	0.27	1.44	99.98
球粒状流纹岩	IP_{39}Gs3-1	75.89	0.19	12.29	0.88	1.31	0.06	0.37	0.30	3.42	4.38	0.03	0.77	0.92	100.8
蚀变凝灰角砾岩	IP_{39}Gs4-1	77.10	0.18	10.93	1.16	2.40	0.08	0.85	0.28	1.85	3.62	0.03	1.29	1.50	101.3

岩性	样品号	CIPW 标准矿物组合及含量										
		Ap	Il	Mt	Or	Ab	An	Q	Di	Hy		总量
										En	Fs	
流纹岩	I_{87}3013-3	0.066	0.304	0.957	12.941	38.589	2.860	42.041	2.864	0.852	0.546	100.622
英安质岩	I_{87}3013-2	0.109	0.589	2.204	24.878	25.810	4.039	38.185		1.245	0.730	99.996
蚀变酸性熔岩角砾岩	IP_{39}Gs1-1	0.089	0.504	1.584	19.010	32.920	3.890	32.870	C:3.420	2.670	3.050	99.990
蚀变酸性熔岩角砾岩	IP_{39}Gs2-1	0.090	0.480	1.840	14.430	38.230	2.310	34.120	C:3.650	2.150	2.680	99.990
球粒状流纹岩	IP_{39}Gs3-1	0.070	0.360	1.290	26.110	29.190	1.300	37.790	C:1.460	0.930	1.490	99.990
蚀变凝灰角砾岩	IP_{39}Gs4-1	0.067	0.350	1.710	21.720	15.890	1.210	49.960	C:3.590	2.150	3.350	99.990

岩性	样品号	岩石化学参数值									
		δ	SI	FL	ι	AR	Nk	OX	LI	M/F	n/k	SAL
流纹岩	I_{87}3013-3	1.268	8.69	76.54	31.10	3.316	6.75	0.463	25.379	0.117	3.165	7.23
英安质岩	I_{87}3013-2	1.654	10.38	67.04	24.79	2.517	7.26	0.467	25.055	0.114	1.101	5.65
蚀变酸性熔岩角砾岩	IP_{39}Gs1-1	1.732	9.24	89.46	40.81	2.680	6.96	0.680	21.630	0.230	1.840	4.92
蚀变酸性熔岩角砾岩	IP_{39}Gs2-1	1.614	7.67	93.06	39.52	2.710	6.84	0.630	21.690	0.180	2.810	5.03
球粒状流纹岩	IP_{39}Gs3-1	1.850	3.57	96.29	46.68	3.380	7.80	0.590	26.850	0.120	1.190	6.18
蚀变凝灰角砾岩	IP_{39}Gs4-1	0.880	8.60	95.13	50.44	1.990	5.47	0.670	24.670	0.180	0.780	7.05

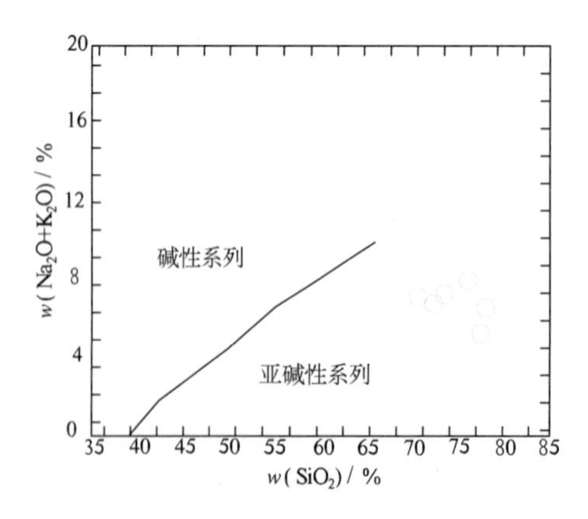

图 3-165　滩间山(岩)群中酸性火山岩硅-碱图

(Irvine et al.,1971)

表 3-100 滩间山(岩)群中酸性火山岩稀土元素特征表 (单位:10^{-6})

岩性	样品号	轻稀土元素						重稀土元素								
		La	Ce	Pr	Nd	Sm	Eu	Gd	Tb	Dy	Ho	Er	Tm	Yb	Lu	Y
流纹岩	I_{87}3013-3	30.40	59.70	6.29	23.50	4.83	0.87	3.08	0.54	3.46	0.66	1.81	0.28	1.74	0.26	16.20
英安质岩	I_{87}3013-2	40.70	76.30	8.97	35.70	6.98	1.37	4.92	0.85	5.40	1.06	2.92	0.44	2.74	0.39	23.70
蚀变酸性熔岩角砾岩	IP_{39}XT1-1	48.69	94.86	11.70	44.66	9.43	1.64	9.33	1.57	9.96	1.94	5.53	0.90	5.60	0.82	50.78
蚀变酸性熔岩角砾岩	IP_{39}XT2-1	46.01	91.36	10.92	41.78	8.80	1.39	8.83	1.46	8.91	1.81	5.25	0.84	5.45	0.82	47.42
球粒状流纹岩	IP_{39}XT3-1	18.46	38.46	4.66	17.22	3.94	0.77	4.71	0.97	6.47	1.41	4.22	0.66	4.39	0.66	37.78
蚀变凝灰角砾岩	IP_{39}XT4-1	32.78	59.9	7.42	29.17	6.89	1.30	7.19	1.20	7.13	1.46	4.22	0.68	4.39	0.67	39.94

岩性	样品号	稀土元素参数特征值										
		ΣREE	LREE	HREE	LREE/HREE	δ(Eu)	δ(Ce)	Sm/Nd	La/Yb	La/Sm	Ce/Yb	La/Yb
流纹岩	I_{87}3013-3	153.62	125.59	28.03	4.48	0.65	1.08	0.21	17.47	6.29	34.31	17.47
英安质岩	I_{87}3013-2	212.44	170.02	42.42	4.01	0.68	0.99	0.20	14.85	5.83	27.85	14.85
蚀变酸性熔岩角砾岩	IP_{39}XT1-1	246.63	210.98	35.65	5.92	0.53	0.93	0.21	5.86	5.16	1.67	8.69
蚀变酸性熔岩角砾岩	IP_{39}XT2-1	233.63	200.26	33.37	6.00	0.48	0.95	0.21	5.69	5.23	1.62	8.44
球粒状流纹岩	IP_{39}XT3-1	107.00	83.51	23.49	3.56	0.55	0.97	0.23	2.83	4.69	1.07	4.21
蚀变凝灰角砾岩	IP_{39}XT4-1	164.40	137.46	26.94	5.10	0.56	0.89	0.24	5.03	4.76	1.64	7.47

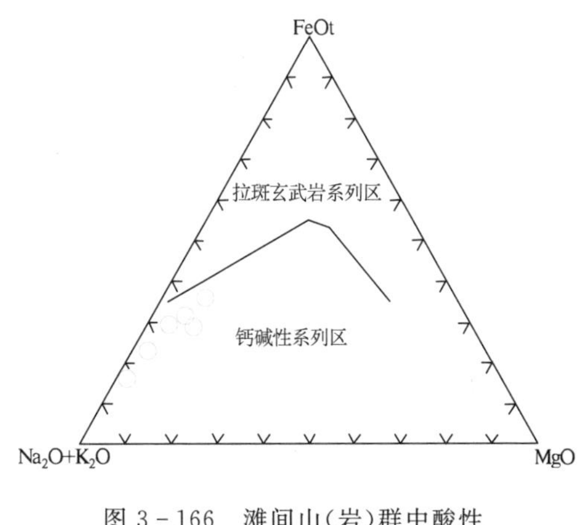

图 3-166 滩间山(岩)群中酸性火山岩 A-F-M 图 (Irvine et al.,1971)

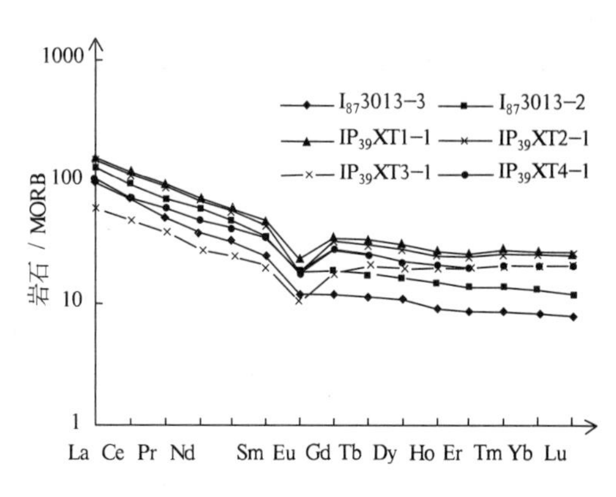

图 3-167 滩间山(岩)群火山岩组稀土配分模式图

4. 微量元素特征

利用原始地幔中的微量元素丰度值进行对比(表 3-101、表 3-102),Ba、Zr、Th、Rb、Ta、Nb 富集,Hf 相当,Sr、Cr、Sr 贫的特征显示出陆内喷发的中酸性火山岩的特征。在 MORB 标准化的蛛网图(图 3-168)上,都明显有 Zr、Ta、Nb、Yb 亏损,Ba、Th、Ce、Sm 等富集的特征。一般认为岛弧火山岩具有 Nb、Ta、Zr 等元素的亏损,据此认为该套火山岩具有岛弧火山岩特征。

表 3-101　滩间山(岩)群中酸性火山岩微量元素组合及含量全定量分析特征表

样品号	(全定量分析;单位:K_2O 为%,Au:ng/g,其他 10^{-6}																		
	K_2O	P	V	Rb	Ba	Th	Ta	Nb	Hf	Zr	Cu	Pb	Zn	Au	Ag	Cr	Co	Ti	Sr
IP_{39}Dy1-1	3.00	217	19.4	81	676	17.4	1.4	10.9	7.4	241	4.5	4.6	29	0.7	0.021	4.8	3.6	1 213	96
IP_{39}Dy2-1	3.26	206	15.7	132	561	18.8	1.7	13.8	8.3	276	3.9	6.2	42	0.7	0.025	3.5	3.0	1089	86
IP_{39}Dy3-1	5.47	160	11.4	115	682	11.2	0.8	9.1	5.4	168	7.1	4.1	42	1.1	0.031	5.5	2.7	779	32
IP_{39}Dy4-1	4.75	145	15.3	148	789	12.3	1.1	9.9	5.1	190	7.4	21.6	71	0.7	0.048	4.7	3.8	899	28
IP_{39}Dy5-1	2.72	151	13.7	93	401	12.5	0.9	9.3	5.9	201	7.6	6.6	60	1.0	0.033	4.5	2.9	937	57
IP_{39}Dy6-1	1.45	148	11.2	38	417	11.3	1.0	6.6	4.7	165	4.4	4.0	64	0.5	0.049	7.4	2.9	674	46
IP_{39}Dy7-1	2.71	157	13.0	108	577	12.5	0.5	9.5	5.5	193	9.6	16.6	86	0.9	0.037	4.9	3.4	842	42
IP_{39}Dy8-1	3.33	222	17.0	84	665	13.6	1.6	10.0	6.6	210	4.7	7.3	56	0.7	0.033	5.8	4.1	1 270	85
IP_{39}Dy9-1	2.63	156	11.0	87	590	11.5	1.0	8.3	5.3	172	4.1	8.3	17	0.8	0.032	4.9	2.6	881	36

表 3-102　火山岩微量元素 MORB 标准化微量元素　　(单位:K_2O 为%;其他 10^{-6})

样品号	Sr	K_2O	Rb	Ba	Th	Ta	Nb	Ce	Zr	Hf	Sm	Y	Yb
IP_{39} Dy1-1	0.80	7.50	20.25	13.52	21.75	2.00	1.09	2.30	0.71	0.82	0.84	0.56	0.05
IP_{39} Dy 2-1	0.72	8.15	33.00	11.22	23.50	2.43	1.38	2.38	0.81	0.92	0.86	0.59	0.06
IP_{39} Dy3-1	0.27	13.68	28.75	13.64	14.00	1.14	0.91	0.97	0.49	0.60	0.30	0.32	0.03
IP_{39} Dy4-1	0.23	11.88	37.00	15.78	15.38	1.57	0.99	1.55	0.56	0.57	0.54	0.60	0.05
IP_{39} Dy5-1	0.48	6.80	23.25	8.02	15.63	1.29	0.93	2.43	0.59	0.66	0.63	0.46	0.05
IP_{39} Dy6-1	0.38	3.63	9.50	8.34	14.13	1.43	0.66	2.01	0.49	0.52	0.64	0.67	0.05
IP_{39} Dy 7-1	0.35	6.78	27.00	11.54	15.63	0.71	0.95	2.41	0.57	0.61	0.78	0.57	0.05
IP_{39} Dy 8-1	0.71	8.33	21.00	13.30	17.00	2.29	1.00	1.98	0.62	0.73	0.66	0.57	0.05
IP_{39} Dy9-1	0.30	6.58	21.75	11.80	14.38	1.43	0.83	1.64	0.51	0.59	0.51	0.46	0.04

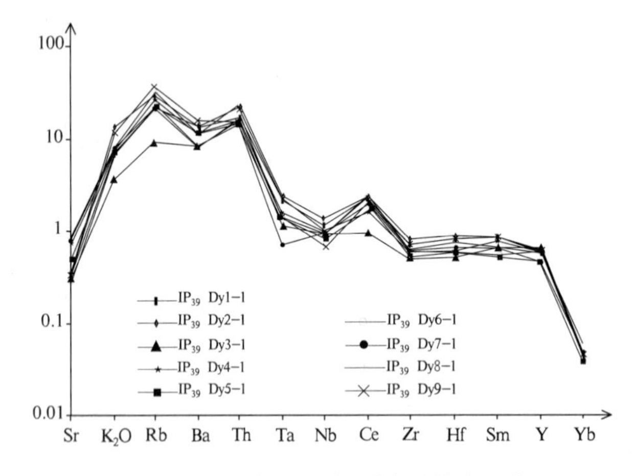

图 3-168　滩间山(岩)群中酸性火山岩
微量元素 MORB 比值蛛网图

5. 构造环境判别

该套火山岩以大量的灰绿色为主,夹有部分灰—深灰色正常海相沉积岩。成层性较好,层系清晰,岩石的脱玻化现象明显,具较低的岩石孔隙度,说明该套火山岩是海相喷发环境所形成的产物,属浅海-陆棚相喷发沉积环境。见有杏仁状熔岩，并伴有较多的火山碎屑岩，火山碎屑的分选性较好，并且相变不大。矿物特征是斜长石普遍具分叉组成网格状，并且空洞被玻璃质充填。岩石类型中发育数量较多的英安质和流纹质火山岩。从其岩石学、常量元素、微量元素、稀土元素以及地质学特征来看，该套火山岩具岛弧火山岩特征；从分布来看，大多出露于祁漫塔格山主脊断裂以北地区，结合与此有成因联系的具岛弧特征，形成时代为[获得两组铀-铅同位素年龄值，分别为439.2±1.2Ma(样品号3021)和445±0.9Ma]晚奥陶世，根据花岗闪长岩分析，该套火山岩是祁漫塔格微洋盆沿祁漫塔格山主脊断裂向北俯冲消减的产物。

二、泥盆纪火山岩

1. 地质特征

泥盆纪火山岩在测区出露规模不大，仅分布于红柳泉地区。平面上分布极为零星，厚度小，相变较大，层序不清，总体呈北西西向展布，赋存于哈尔扎组地层中，夹正常沉积岩夹层，主要为灰绿色中厚层状复成分砾岩，与下伏上泥盆统黑山沟组地层呈整合接触关系，与上覆石炭纪地层呈断层接触。岩石类型主要为一套浆屑玻屑凝灰岩、英安质集块火山角砾岩、英安岩，其主要特征如下。

灰紫色钠质英安岩：灰色，斑状结构，基质具微粒结构。斑晶(7%)由钠长石(6%)和暗色矿物(1%)组成，斑晶大小在0.34mm×0.43mm～0.624mm×1.01mm。基质(83%)由钠长石59%、石英28%、绿泥石6%和少量的副矿物组成，分布不均匀，微粒状石英(粒径在0.03 ～0.23mm)与隐晶状长英质构成浅色条纹；部分微粒状石英与粘土矿物及绢云母的集合体构成暗色条纹，两者相间分布。

灰色强硅化中酸性火山岩：变余斑状结构，略显定向构造。石英粒径0.092～0.22mm，集合体粒径0.185～0.46mm，部分石英粒径0.03～0.092mm。主要成分为石英77%、钠长石2%、绢云母5%、粘土矿物16%、金属矿物极微。

英安质集块火山角砾岩：浅灰绿色，熔结集块角砾结构，假流纹构造。岩石由火山碎屑(75%)和填隙物(25%)组成，火山碎屑按粒级划分为集块(30%)、角砾(40%)和凝灰(5%)；按成分划分为浆屑(70%)、岩屑(4%)、晶屑(1%)(主要为钠长石，石英少量)。其中浆屑呈透镜状或火焰状，大小在0.31mm×1.25mm～7.49mm×18.72mm～ 32mm×80mm，定向排列，形成显著的假流纹构造；岩屑呈棱角状，粒径在0.31～3.12mm间，成分为酸性玻屑凝灰岩、酸性火山岩、中酸性火山岩；晶屑大小在0.09mm×0.10mm～0.78mm×1.17mm间，成分以钠长石为主，含石英，前者呈棱角状或沿解理断裂呈阶步状，后者呈棱角状。填隙物成分为火山尘，经脱玻重结晶后被显微隐晶状长英质(23%)及绿泥石集合体(2%)取代。

浆屑玻屑凝灰岩：灰绿色，玻屑凝灰结构，层状构造，由火山碎屑(37%)和火山尘(63%)组成。火山碎屑为玻屑(30%)、浆屑(69%)及晶屑(1%)，玻屑呈多管状或弧面棱角状，排列略显定向性，其长轴方向与层理基本一致，其长径多在0.123～0.31mm间，脱玻后被显微隐晶状长英质集合体取代；浆屑呈条带状，粒级为角砾级，脱玻重结晶后被绿泥石及显微隐晶状长英质、绢云母集合体取代；晶屑大小在0.06～0.43mm间，成分为蚀变同塑性岩屑中斑晶的斜长石、石英。火山尘物质被显微隐晶状长英质44%、绢云母3%、碳酸盐6%、绿泥石1%集合体取代。

2. 岩石化学、稀土元素特征

(1)岩石化学特征。

从表3-103中可看出：SiO_2含量74.13%～78.43%；K_2O含量1.07%～2.95%大于Na_2O含量0.26%～1.84%；Al_2O_3含量8.50%～11.68%，均小于16%；CaO含量0.54%～0.71%；MgO

含量2.61%～3.45%。里特曼指数δ值0.33,小于3.3。由上可知$K_2O+Na_2O+CaO<Al_2O_3$,为铝过饱和类型,SiO_2高度饱和。硅碱图(图3-169)中所有样品均投入亚碱性岩区;进一步用A-F-M图(图3-170)解判别所有样品均投入钙碱性系列区。综上所述该套火山岩为钙碱性系列,岩石的*SI*值=23.63～35.75,反映岩浆的演化程度不高,接近原始岩浆的性质。

(2)稀土元素特征。

稀土元素特征(图3-171,表3-104)从表中可以看出:ΣREE为93.77×10^{-6}～207.91×10^{-6},均值为140×10^{-6};LREE/HREE为4.82、4.84、5.35;La/Sm为4.97、8.72、4.91;La/Yb为0.97、2.33、0.99;δ(Eu)为0.44、0.38、0.28,表现为负异常,轻重稀土分馏值较高,轻稀土富集。稀土配分模式图为一右倾"海鸥式"曲线,具有壳源特征。

表3-103　哈尔扎组火山岩岩石化学特征表　(单位:%)

岩性	样品号	氧化物组合及含量													
		SiO_2	TiO_2	Al_2O_3	Fe_2O_3	FeO	MnO	MgO	CaO	Na_2O	K_2O	P_2O_5	H_2O	烧失量	总量
玻屑凝灰岩	$IP_1GS21-1$	74.13	0.20	11.68	0.50	2.86	0.04	3.45	0.71	0.32	2.52	0.04	2.60	3.32	102.37
流纹质熔结角砾岩	$IP_1GS22-3$	74.65	0.18	10.72	0.81	3.92	0.07	2.61	0.58	0.26	2.95	0.03	2.20	2.99	101.00
蚀变晶屑玻屑凝灰岩	$IP_1GS22-4$	78.43	0.15	8.50	0.55	3.94	0.06	2.29	0.54	1.84	1.07	0.03	2.00	2.24	101.00

岩性	样品号	CIPW标准矿物组合及含量										
		Ap	Il	Mt	Or	Ab	An	Q	C	Hy		总量
										En	Fs	
玻屑凝灰岩	$IP_1GS21-1$	0.091	0.394	0.752	15.439	2.808	3.381	55.973	7.50	8.909	4.752	99.995
流纹质熔结角砾岩	$IP_1GS22-3$	0.068	0.394	1.213	18.012	2.273	3.381	55.700	6.32	6.720	6.570	99.997
蚀变晶屑玻屑凝灰岩	$IP_1GS22-4$	0.070	0.290	0.82	6.490	15.990	2.550	57.620	3.49	5.860	6.820	99.998

岩性	样品号	岩石化学参数值										
		δ	SI	FL	τ	AR	Nk	OX	LI	QU	*n/k*	AN
玻屑凝灰岩	$IP_1GS21-1$	0.259	35.75	80.00	56.8	1.59	2.84	0.85	19.72	9.86	0.193	3.27
流纹质熔结角砾岩	$IP_1GS22-3$	0.33	24.74	84.70	58.11	1.794	3.21	0.23	19.92	10.15	0.134	2.76
蚀变晶屑玻屑凝灰岩	$IP_1GS22-4$	0.24	23.63	84.35	44.40	1.95	2.91	0.88	19.89	11.71	2.614	1.92

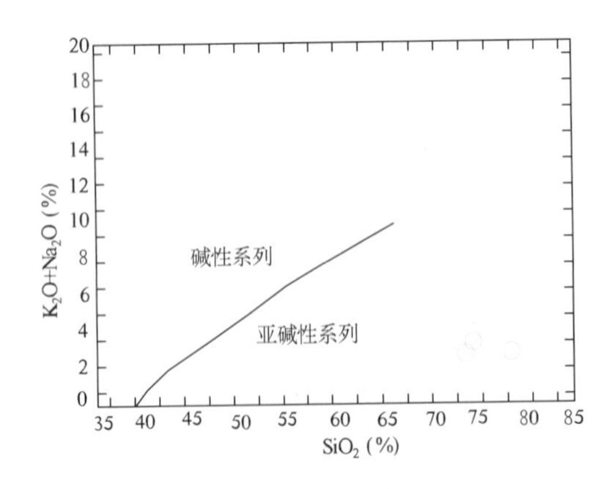

图3-169　哈尔扎组火山岩$K_2O+Na_2O-SiO_2$图

(Irvine et al.,1971)

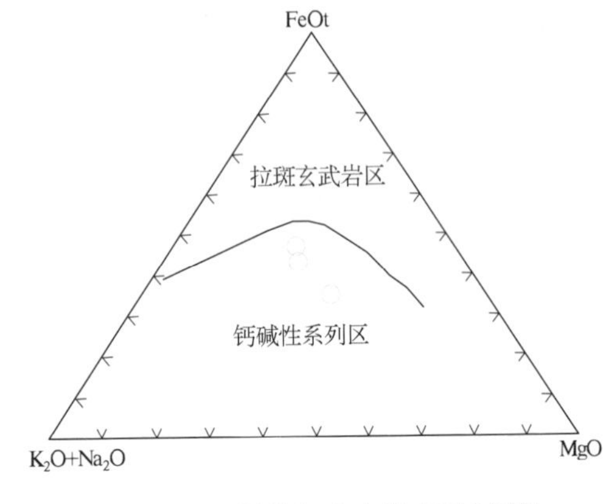

图3-170　泥盆纪火山岩AFM图解

(Irvine et al.,1971)

表 3-104　哈尔扎组火山岩稀土元素分析结果及特征值表　（单位：10^{-6}）

岩性	样品号	轻稀土元素						重稀土元素								
		La	Ce	Pr	Nd	Sm	Eu	Gd	Tb	Dy	Ho	Er	Tm	Yb	Lu	Y
玻屑凝灰岩	$IP_1XT21-1$	18.13	35.9	4.48	15.2	3.43	0.51	3.55	0.61	3.72	0.84	2.64	0.48	3.65	0.63	23.5
流纹质熔岩	$IP_1XT22-3$	35.91	83.7	9.59	36.32	8.50	1.14	9.60	1.72	9.97	1.70	4.40	0.65	4.12	0.59	41.64
凝灰岩	$IP_1XT22-4$	21.78	46.39	6.05	20.75	4.54	0.42	4.40	0.79	4.99	1.13	3.53	0.62	4.45	0.74	30.65

岩性	样品号	稀土元素参数特征值									
		ΣREE	LREE	HREE	LREE/HREE	δ(Eu)	δ(Ce)	Sm/Nd	$(La/Yb)_N$	La/Sm	Ce/Yb
玻屑凝灰岩	$IP_1XT21-1$	93.77	77.65	16.12	4.82	0.44	4.97	5.29	0.97	3.35	0.23
流纹质熔岩	$IP_1XT22-3$	207.67	175.16	32.75	5.35	0.38	8.72	4.22	2.33	5.88	0.23
凝灰岩	$IP_1XT22-4$	120.67	100.02	20.65	4.84	0.28	4.91	4.82	0.99	3.31	0.22

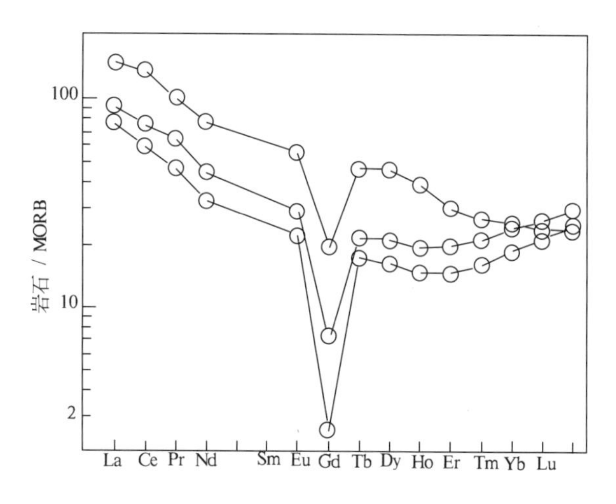

图 3-171　哈尔扎组火山岩稀土元素配分模式图

3. 微量元素特征

微量元素特征（表 3-105、表 3-106）：利用原始地幔中的微量元素丰度值进行对比，Hf、Rb、Nb 富，Zn 相当，Co、Ni、Ba、V、Cu、Sr、Ti 贫的特征，显示出陆内喷发的中酸性火山岩的特征。

表 3-105　哈尔扎组火山岩微量元素组合及含量特征　（单位：K_2O 为%；其他 10^{-6}）

样品号	K_2O	Sr	Rb	Ba	Th	Ta	Nb	Ce	Zr	Hf	Sm	Y	Yb
$IP_1Dy18-1$	7.98	1.00	16.00	6.68	9.50	0.00	0.81	0.02	0.24	0.29	0.61	0.19	0.01
$IP_1Dy18-2$	0.00	0.65	12.75	5.14	10.63	0.00	0.80	0.00	0.27	0.36	0.00	0.00	0.00
$IP_1Dy19-1$	10.08	0.45	11.25	3.78	7.75	2.43	0.73	2.60	0.24	0.29	0.76	0.30	0.03
$IP_1Dy20-1$	2.68	0.53	23.00	7.48	10.38	3.00	0.80		0.26	0.34	0.98	0.36	0.03
$IP_1Dy21-1$	4.08	0.18	25.50	5.40	9.75	2.14	0.93	0.84	0.39	0.51	0.29	0.25	0.04
$IP_1Dy22-1$	9.70	1.19	23.75	6.76	12.88	3.14	1.16	3.44	0.51	0.57	0.96	0.36	0.03
$IP_1Dy22-3$	5.55	0.30	27.75	12.88	6.88	1.29	0.92	1.35	0.43	0.42	0.50	0.34	0.03
$IP_1Dy22-4$	3.98	0.86	21.75	8.96	10.50	1.43	0.76	1.29	0.53	0.56	0.46	0.46	0.04

表 3-106　哈尔扎组火山岩微量元素含量特征表　（单位：10^{-6}）

岩性	灰色中酸性火山岩	灰色英安岩	英安质熔结浆屑集块岩	英安质凝灰岩	中酸性凝灰岩	英安质角砾凝灰岩	流纹质熔岩	凝灰岩
样品号	IP_1Dy18-1	IP_1Dy18-2	IP_1Dy19-1	IP_1Dy20-1	IP_1Dy21-1	IP_1Dy22-1	IP_1Dy22-3	IP_1Dy22-4
Hf	2.6	3.2	2.6	3.1	4.6	5.1	3.8	5.0
Zr	83	92	82	90	132	174	147	179
Sc	1.3	1.4	1.5	1.7	2.4	3.3	3.4	4.5
Th	7.6	8.5	6.2	8.3	7.8	10.3	5.5	8.4
Rb	64	51	45	92	102	95	111	87
Pb	3.1	5.9	2.8	7.6	14.8	2.6	12.5	6.9
Nb	8.1	8.0	7.3	8.0	9.3	11.6	9.2	7.6
Cr	8.5	2.2	10.6	7.4	10.8	10.4	12.1	7.6
Ga	9.3	9.7	8.4	12.1		17.6		
U	2.6	3.0	2.1	3.3		3.2		
Zn	41	59	97	58	52	56	68	74
Co	1.3	2.0	3.4	2.7	3.4	3.1	7.3	4.6
Ni	2.5	2.9	3.9	3.6	5.2	5.0	16.5	7.9
Ba	334	257	189	374	270	338	644	448
V	7.9	7.5	9.5	9.2	14.4	23.2	21.3	24.6
Cu	2.0	3.1	7.0	6.4	2.8	7.2	48.3	6.2
Sr	120	78	54	64	22	143	36	103
Au							1.2	1.2
Ag							0.095	0.065
Ti							779	856

在 MORB 标准化的蛛网图（图 3-172）上，哈尔扎组的岩石都明显地有 Rb、Ce、Th 等的正异常元素和 Ta、Zr、Hf、Y、Yb 所有金属元素亏损的特点。

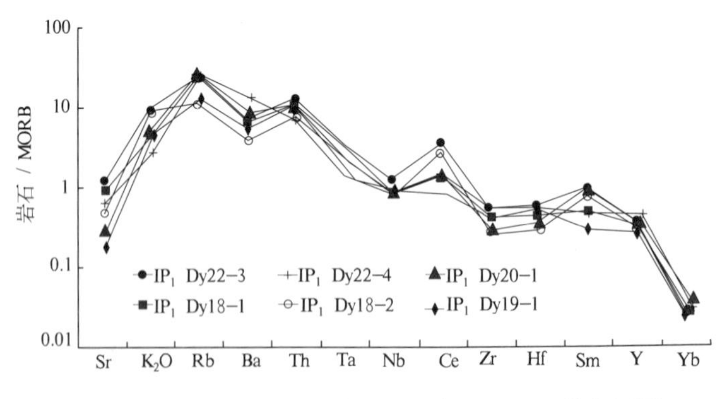

图 3-172　哈尔扎组火山岩微量元素 MORB 比值蛛网图

4. 构造环境判别

地质学特征显示晚泥盆世火山岩与含丰富化石的上泥盆统黑山沟组整合接触，喷发时代应属晚泥盆世。从其下部层位的黑山沟组沉积物从底部砾岩到碳酸盐岩的水体由浅到深的沉积序列来看，加里东期造山后晚泥盆世总体处于一种伸展构造背景体制，从该套火山岩的地质学、岩石学、岩石地球化学特征来看，具陆内裂陷火山岩的成因特点。

三、三叠纪火山岩

1. 地质特征

三叠纪火山岩是测区最后一期火山活动的产物，主要分布在卡尔塔阿拉南山，出露面积 1 500km^2，总体沿北西向展布，岩石类型主要以中酸性火山碎屑岩为主。冰沟地区有较大面积的中酸性熔岩出露，以裂隙式喷发为主，受后期大规模高原隆升构造作用的影响，鄂拉山组火山岩为中等程度剥蚀，阿尼亚拉克萨依南有较多的次火山岩出露，总体来看，巴音郭勒呼都森北、阿尼亚拉克萨依南侧一带呈线性出露一套正常沉积岩夹层。冰沟地区熔岩和火山碎屑岩中有复成分棱角状的巨砾岩出现，其成因可能为震积砾岩(图版 14－2)。该套火山岩从其岩石学特征来看，主要以火山碎屑岩为主，局部地方柱状节理发育(图版 14－3)，是一套陆相火山岩。该套火山岩在巴音郭勒呼都森角度不整合在上石炭统到下二叠统打柴沟组及一些老地层之上，局部地段被晚三叠世到早侏罗世造山期后花岗岩侵入(图版 14－4)；从该套火山岩分布来看，阿达滩拉分盆地以北祁漫塔格主峰一带均未见出露说明与原始地形和差异降升剥蚀有关。在该套火山岩出露的库木俄乌拉孜地区的 IP_{36} 剖面中获取一组 Rb－Sr 等时线测年样，其值为 209.2±1.8Ma；在冰沟地区 IP_{26} 剖面中获得一组 K－Ar 测年样，其值为 203.0±1.8Ma/K－Ar；在巴音郭勒呼都森 IP_{24} 剖面中获得一组 Rb－Sr 测年样，其值为 204.6±2.6Ma；在巴音郭勒呼都森沟脑获得一组 K－Ar 测年样，其值为204.4±1.8Ma；图幅南部宗昆尔玛获得一组 K－Ar 测年样，其值为 183.2±3.7Ma；等时线$^{87}Sr-^{86}Sr$(图 3－173、图 3－174)为 0.7053～0.7085 之间。同位素年龄测定数(表 3－107、表 3－108)据从年龄样来看总体上趋于早侏罗世，但是在这些火山岩中均见有早侏罗世的侵入岩侵入其中，结合区域前人资料时代归属于晚三叠世末。

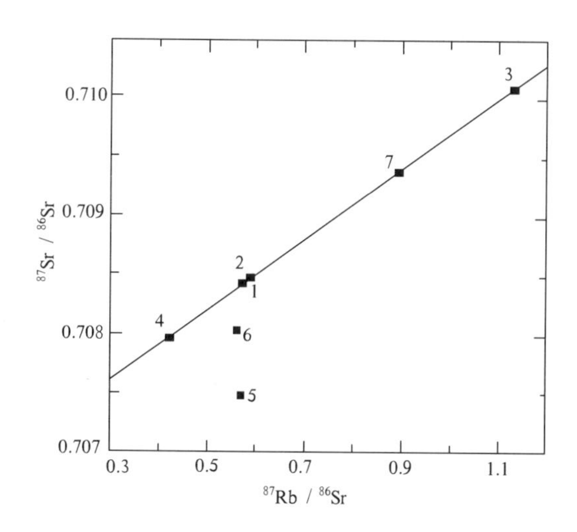

图 3－173　鄂拉山组火山岩灰绿玢岩等时线图

L 等时线年龄为 209.2±1.8Ma　I_i＝0.706 714

样号 IP_{36}JD5－1－5 的 T＝396Ma

样号 IP_{36}JD5－1－6 的 T＝487Ma

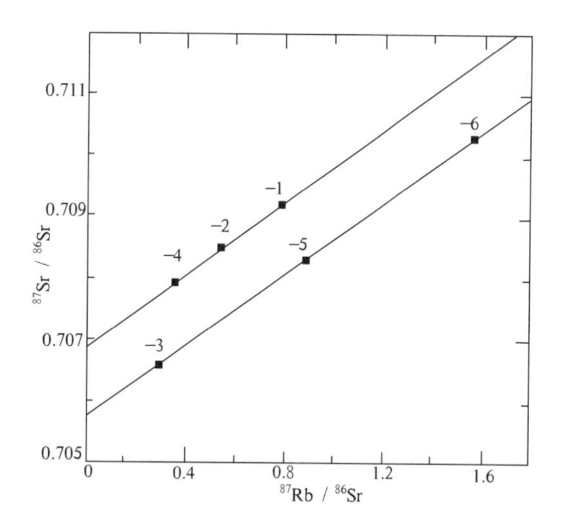

图 3－174　鄂拉山组火山岩安山岩等时线图

IP_{24}JD6－1－(－1－2－4) T＝204.6±2.6Ma，I_i＝0.706 936

IP_{24}JD6－1－(－3－5－6) T＝204.7±1.2Ma，I_i＝0.705 758

表 3－107　鄂拉山火山岩 Rb－Sr 同位素年龄测定数据表

样品号	岩石名称	含量(10^{-6})		同位素原子比率	
		Rb	Sr	$^{87}Rb/^{86}Sr$	$^{87}Rb/^{86}Sr<2\sigma>$
$IP_{36}JD5-1-1$	深灰绿色弱蚀变杏仁状灰绿玢岩	135.5965	657.9747	0.5804	0.708 436〈6〉
$IP_{36}JD5-1-2$		183.6540	926.3293	0.5737	0.708 422〈5〉
$IP_{36}JD5-1-3$		309.2593	794.2015	1.1267	0.710 067〈3〉
$IP_{36}JD5-1-4$		108.9544	774.3524	0.4071	0.707 927〈3〉
$IP_{36}JD5-1-5$		176.0623	893.7132	0.5700	0.707 423〈2〉
$IP_{36}JD5-1-6$		167.8763	865.0674	0.5615	0.707 995〈4〉
$IP_{36}JD5-1-7$		250.7488	891.6096	0.8137	0.709 136〈5〉

注：括号内的数字 2σ 为实测误差，例如，〈5〉表示±0.000 005。

表 3－108　鄂拉山火山岩 Rb－Sr 同位素年龄测定数据表

样品号	岩石名称	含量(10^{-6})		同位素原子比率	
		Rb	Sr	$^{87}Rb/^{86}Sr$	$^{87}Rb/^{86}Sr$〈2σ〉
$IP_{24}JD6-1-1$	灰绿色弱蚀变安山岩	174.0697	647.2251	0.7782	0.709 201〈5〉
$IP_{24}JD6-1-2$		140.2280	750.3957	0.5407	0.708 510〈5〉
$IP_{24}JD6-1-3$		98.5997	974.9413	0.2926	0.7066 05〈12〉
$IP_{24}JD6-1-4$		103.0551	837.2293	0.3562	0.707 973〈5〉
$IP_{24}JD6-1-5$		209.7115	687.1707	0.8830	0.708 318〈5〉
$IP_{24}JD6-1-6$		294.9556	542.6810	1.5727	0.710 311〈8〉

注：括号内的数字 2σ 为实测误差，例如，〈5〉表示±0.000 005。

卡尔塔阿拉南山裂隙—中心式喷发亚带主要分布在卡尔塔阿拉南山—喀雅克登塔格一线，呈北西向带状展布，西至独雪山，东端延伸出图。总体表现出由东向西火山喷发活动由强逐渐变弱的趋势，其上发育卡那达阿勒安达坂层状火山岩。依据《火山岩地区区域地质调查方法指南》《青海省区域地质志》，并结合区域火山岩分布特征和测区实际情况，对测区晚三叠世火山岩拟做Ⅲ级构造单元划分(表 3－109)。

表 3－109　三叠纪火山岩构造级别划分表

Ⅰ级火山构造	Ⅱ级火山构造	次级火山构造	
东昆仑晚三叠世火山带	乌图美仁-祁漫塔格鄂拉山火山喷发带	卡尔塔阿拉南山裂隙中心式喷发亚带及库木库勒裂隙中心式喷发亚带	卡那达阿勒安达坂层状火山 阿布拉斯赛阿特恩层状火山 巴音格勒呼都森层状火山 恰得尔干呼都森层状火山

库木库勒裂隙—中心式喷发亚带位于测区西南部库木库勒湖一线，呈北西—北西西向线状展布，分布极为局限，大部分被第四系洪冲积、风积物覆盖，出露岩性以英安质凝灰熔岩为主另有少量玄武岩出露。

2. 火山机构特征

通过火山地层-岩(性)相双重填图及地层、岩性、岩相、构造的研究，对测区古火山机构进行了调查与恢复。火山构造划分依据主要有:①岩相的划分,爆发—喷溢—喷发沉积—潜火山—沉积相,特别是爆发相围绕火口呈环状—半环状分布;②产状,一般火山岩的流面产状围绕火口或喷发中心呈环形,有围斜外倾、围斜内倾;③火山机构内部构造,在火山口附近的熔岩呈岩钟、岩针、岩碑形态,柱状节理十分发育;④火山断裂,火山机构往往在多组断裂交会地带发育,放射状、环状断裂沿火山口周围发育;⑤地貌特征,如火山洼地、环形和放射形山脉、水系、锥形山、馒头山或陡峻孤峰;⑥航、卫片环形影像特征明显;⑦岩性特征,如直接指示火山口的火山集块岩、火山弹的分布;⑧环状蚀变带,如黄铁矿化、褐铁矿化、绿帘石化、绿泥石化等发育,靠近火山口较强,远离火山口减弱,构成环状蚀变带。以上几条为古火山机构的恢复与确定提供了充分的依据。图幅内以卡那达阿勒安达坂层状火山机构及恰得尔干呼都森层状火山最为典型,现述之。

(1)卡那达阿勒安达坂层状火山机构(图版 14-5)。

该火山机构位于若羌县祁漫乡卡那达阿勒安达坂,处于伊阡巴达隐伏断裂与次级断裂交汇处。由上三叠统鄂拉山组中性—中酸性—酸性火山岩组成。其韵律为爆发相→喷溢相→爆发相→潜火山岩相,是熔岩与火山碎屑岩交互成层产出的陆相层状火山机构。

火山机构平面形态呈椭圆形,南北直径约 4.5km,东西直径约 2.5km。地貌上表现为中心低洼、内缓外陡的环形山体。中心洼地南北直径约 1km,东西直径 200～500m 不等。火山机构南侧有一隐伏深大断裂通过,受其影响,破坏、限制了外侧火山岩的分布,造成火山岩地层未见顶,并被第四系覆盖。从中心至边缘发育放射状、环状断裂,其形成一系列放射状水系、环状陡崖及单面山。火山机构中岩相、岩性界线清楚,火山口处形成中心洼地,为多条次级断裂的交会部位,层状火山机构特征保留较好。该火山机构经受中—浅程度剥蚀。

火山口被第四系冲洪积、残余的冰水堆积物覆盖,形成一中心洼地,其四周附近为略向内倾的火山集块、火山角砾、火山弹等无序堆积,外围则以凝灰熔岩、凝灰岩类为主,产状外倾,倾角 40°～70°,其中发育柱状节理,是由强烈火山活动使中酸性岩浆上升并交替爆发与喷溢形成的产物,属由强到弱的正韵律周期。

火山机构中心至边缘依次出露有:弱蚀变杏仁状辉绿玢岩、弱蚀变杏仁状石英闪长玢岩、英安质含角砾复屑凝灰岩、流纹质含角砾晶屑玻屑凝灰岩(火山弹)、英安质含角砾火山弹集块岩、英安质含角砾晶屑玻屑凝灰岩(火山弹)、安山质含角砾晶屑玻屑凝灰岩、条带状松脂岩、英安质火山角砾岩、杏仁状英安岩成层产出,且呈弧形或环带分布。

(2)火山喷发韵律、旋回及火山岩相的划分。

该层状火山机构划分为 4 个韵律(图 3-175),从早期到晚期火山喷发表现为由强到弱,岩性由中性→酸性过渡。第一、二韵律构成火山喷发早期,由爆发-喷溢相组成,喷发强度大,持续时间长,喷发厚度大,岩性为一套英安质含角砾晶屑玻屑凝灰岩(火山弹)、英安质含角砾复屑凝灰岩(火山弹)、流纹质凝灰熔岩,安山质含角砾晶屑玻屑凝灰岩(火山弹)依次出现;第三韵律构成火山喷发中期阶段,由爆发相组成,喷发时间、持续时间、喷发厚度均次于喷发早期,岩性为一套英安质角砾岩、流纹质角砾复屑凝灰岩(火山弹)、杏仁状英安岩、条带状松脂岩依次出现;第四韵律构成火山喷发晚期阶段,由爆发到停息,岩性为流纹质角砾晶屑玻屑凝灰岩(火山弹),该周期具时间短、火山厚度小的特点。

该火山机构划分总体上表现为火山活动强烈且喷发规模大,到晚期火山活动逐渐变弱至停息。

(3)恰得尔干呼都森层状火山机构。

该层状火山(图 3-176)分布于格尔木市乌图美仁乡恰得尔干呼都森南侧,处于该区一深大断裂与次级断裂交会处。在测制剖面过程中见有 3 处次火山物质产出,所以该火山机构的确定有一定困难,现就以总体特征叙述如下:岩浆爆发—喷溢交替,是熔岩与火山碎屑交互成层产出的层状火山机构。

旋回	韵律	野外层号	柱状图	厚度(m)	岩性	岩相
鄂拉山火山岩喷发旋回	4	6 15 25		> 68.81		潜火山岩相
		5		> 66.13	蚀变辉绿岩	
		26		> 52.43	灰绿色英安质含火山角砾(火山弹)集块岩	爆发相
	3	23 24		186.29	灰绿色英安质含火山角砾(火山弹)晶屑玻屑凝灰岩	
		22		389.05	流纹质含火山角砾(火山弹)集块岩	
	2	21		5.32	灰绿色英安质含火山角砾(火山弹)集块岩	喷发相
		19 20		146.3	浅灰色条状松脂岩	
		16 17 18		199.72	浅灰色流纹质角砾复屑凝灰岩	爆发相
		11 12 13 14		271.88	灰色英安质含火山角砾晶屑玻屑凝灰岩	
		10		47.26	英安质含火山角砾岩	
	1	7 8 9		233.68	安山质含角砾晶屑玻屑凝灰岩	
		3 4		113.68	英安质含角砾复屑凝灰岩	
		1 2		261.15	英安质含角砾(火山弹)晶屑玻屑凝灰岩	

图 3－175　卡那达阿勒达坂层火山机构韵律柱状图

旋回	韵律	野外层号	柱状图	厚度(m)	岩性	岩相
鄂拉山火山岩喷发旋回	5	19		>71.47	蚀变含角砾英安质晶屑玻屑凝灰岩	爆发相
	4	18		90	蚀变流纹岩	喷溢相
		17		63.79	含角砾英安质晶屑玻屑凝灰岩	
		16		239.71	含角砾英安质晶屑玻屑凝灰岩	爆发相
	3	15		161.75	蚀变球粒状流纹岩	喷溢相
		14 13 12 11		328.02	含角砾英安质晶屑玻屑凝灰岩	爆发相
	2	10		65.11	蚀变玄武岩	喷溢相
		9 8 6 5 7 4		465.1	含角砾英安质晶屑玻屑凝灰岩	爆发相
	1	3		51.68	含角砾凝灰质英安岩	
		2 1		275.85	流纹质凝灰熔岩	喷溢相

图 3－176　恰得儿干呼都森上三叠统鄂拉山组火山岩旋回韵律柱状图

火山机构总体平面形态呈椭圆形，南北直径约4.5km，东西直径约7km。地貌上表现为中心低洼，为内较缓外陡的环形山体。中心洼地直径约1.5km，火山口直径约300m，并被第四系覆盖。

火山机构北侧有阿达滩南缘隐伏深大断裂通过，且次级断裂十分发育，受其影响，破坏、限制了外侧火山岩的分布，造成火山岩地层未见顶，并被第四系覆盖。从中心至边缘发育放射状、环状断裂，并形成一系列放射状水系、环状陡崖。火山机构中岩相、岩性界线大部分清楚且协调，火山口处形成中心洼地，层状火山机构特征保留较好。该火山机构经受中—深程度剥蚀。

火山口被残坡积覆盖，形成一中心洼地，洼地内发育岩钟地貌，其四周附近为略内倾的火山集块、火山弹等无序堆积，外围则以凝灰熔岩、熔岩类为主，产状外倾，倾角40°～70°，是中酸性岩浆上升并交替爆发—喷溢形成的产物，属由强到弱的正韵律周期。

火山机构中心至边缘总体岩性依次为：含角砾英安质晶屑玻屑熔结凝灰岩、蚀变流纹岩、含角砾流纹质晶屑玻屑凝灰熔岩、含角砾凝灰质英安岩、含角砾流纹质凝灰熔岩、含角砾、火山弹流纹质凝灰熔岩和少量的蚀变玄武岩等，它们交替成层产出，且呈弧形或环带分布。该层状火山分布于格尔木市乌图美仁乡恰得尔干呼都森南侧，处于该区一深大断裂与次级断裂交会处。火山岩由爆发→喷溢、再爆发→喷溢相间的正韵律序组成，局部见正常沉积碎屑岩夹层，火山活动由强到弱至停歇。岩石化学特征在各类岩石中变化不大，属钙碱性系列。

(4)火山喷发韵律、旋回及火山岩相的划分。

该层状火山机构划分为5个韵律，从早期到晚期火山喷发表现为由弱到强，岩性由中性—酸性过渡。第一韵律构成火山喷发早期，由喷溢相组成，持续时间较长，喷发厚度较大，岩性为一套流纹质凝灰熔岩、含角砾凝灰英安岩依次出现；第二、三、四韵律构成火山喷发中期阶段，由爆发相—喷溢相交替组成，喷溢时间短，火山岩厚度小，爆发持续时间长，喷发厚度大，岩性为一套蚀变流纹质晶屑玻屑熔结凝灰岩、蚀变含角砾英安质晶屑玻屑熔结凝灰岩、蚀变玄武岩、含角砾英安质晶屑玻屑熔结凝灰岩、球粒状流纹岩、含角砾英安质晶屑玻屑熔结凝灰岩、含角砾英安质晶屑玻屑凝灰岩、蚀变流纹岩依次出现；第五韵律构成火山喷发晚期阶段，由爆发到停息，该周期有时间短、火山厚度小的特点。

该火山机构划分总体上表现为火山活动强烈且喷发规模大，到晚期火山活动逐渐变弱至停息。

3. 岩石类型

上三叠统鄂拉山组火山岩岩石类型以中酸性岩类为主，酸性岩类少量；按火山岩相可分为爆发相的集块岩、火山角砾岩类及凝灰岩类，喷溢相的安山岩类、英安岩类及流纹岩类，潜火山相的蚀变杏仁状石英闪长玢岩、蚀变杏仁状辉绿玢岩、蚀变闪长玢岩。各岩类、岩相间界线大部分清楚。主要岩石特征见地层有关章节所述。

(1)英安质含角砾集块岩(图版14-6)。

该岩呈灰绿色、深灰色，集块结构，块状构造(图版14-6)。集块成分为凝灰质、英安质，直径15～40cm，呈次圆、椭圆状，含量50%；火山弹粒径大小在3～10cm，呈次球状，含量10%；少量呈次棱角状火山角砾，粒径大小1～5cm。集块胶结物为凝灰质熔岩、火山灰及细小的火山碎屑，含量10%～50%。

(2)英安质含火山角砾晶屑玻屑凝灰岩(图版14-7)。

该岩呈灰绿色、灰紫色、深灰色，角砾状凝灰晶屑玻屑结构，块状构造(图版14-7)。火山碎屑以岩屑(80%)为主，岩屑包括晶屑(30%)、玻晶(25%)、浆屑(10%)、岩屑(15%)。岩屑为英安岩，晶屑为长石、石英暗色矿物，粒径为0.03～5mm，以小于2mm的凝灰质为主。胶结物由火山灰组成，占20%，均脱玻化为长英质集合体，并次生显微鳞片状绿泥石、绢云母和少量的方解石，均匀分布在火山碎屑周围。

(3)流纹质含火山角砾晶屑玻屑凝灰岩(图版14-8)。

该岩呈深灰色、灰褐色,含角砾晶屑玻屑凝灰结构,假流动构造(图版14-8);成分主要为火山碎屑(85%),其由玻屑(42%)、晶屑(20%)、浆屑(8%)、岩屑(15%)组成;呈定向排列,形成假流动构造。其中玻屑为弧面棱角状,均脱玻化为隐晶长英质集合体;晶屑为长石阶梯状、棱角状,为中长石、正长石,为轻微粘土化混浊,石英棱角状,波状消光发育;浆屑为撕裂状,为表面长英质脊状的冷凝边,内部呈隐球粒状结构;岩屑由球粒状英安质流纹质角砾岩组成。该期火山岩TAS图(图3-177)中,这些样品的投影点集中分布于流纹岩、英安岩、粗面英安岩、粗面安山岩区,与野外岩石定名和室内岩石薄片鉴定结果有一定出入。

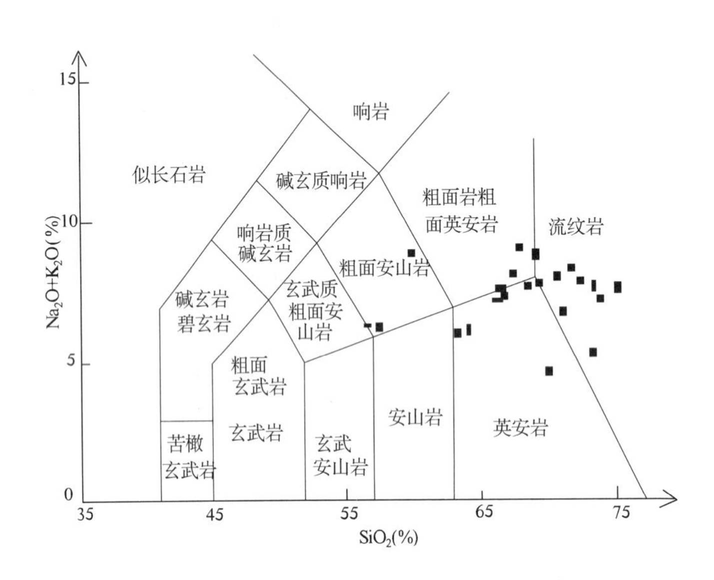

图3-177　上三叠统鄂拉山组火山岩TAS图

(Le Bas et al.,1986)

4. 火山岩岩石化学、稀土元素及微量元素特征

(1)岩石化学特征。

岩石化学特征表(表3-110~表3-112)显示:岩石SiO_2含量除一个样为48.68%外,其他在53.82%~74.21%,变化较大,Na_2O含量略小于K_2O,钠钾比值n/k=0.53~2.31。反映出晚三叠世火山岩随着SiO_2含量的增加,K_2O、Na_2O含量也随之增加,显正相关性,而FeO、Fe_2O_3、CaO、MgO、TiO_2、Al_2O_3等含量减少,显负相关性,表明岩浆演化向富硅、富碱、贫镁、贫铁方向演化。里特曼指数δ值0.40~3.13,均小于3.3;TiO_2含量大多在0.11%~0.92%,少部分大于1%;反映岩石为亚碱性区钙碱性系列的普通岩石,属低钛型。岩石标准矿物组合完全相同,含量变化不大,表明岩石来自同一岩浆房;长英指数FL=52.92~90.27,显示岩石属中酸性岩类;碱值n/k为0.184~7.80,变化范围小,岩石含碱相近;分异指数DI值53.57~92.19,表明岩浆分异演化彻底、酸性程度高,多介于石英安粗岩均值(68)和流纹岩均值(88)间;固结指数SI值大多小于10,在安山英安岩(SI=0~9)区间内,表明岩石分异较完全;氧化率OX值为0.455~0.994,岩石后期氧化蚀变强度中强。硅碱图(图3-178)中所有样品均投入亚碱性岩区。进一步用A-F-M图(图3-179)解判别,大多数样品投入钙碱性系列区。综上所述,本区晚三叠世火山岩以中—高钾、高钙、低钛为特征,属钙碱性系列。

(2)稀土元素特征。

从表(表3-113、表3-114)中可看出:$\sum$REE值117.22×10^{-6}~273.51×10^{-6},具地壳特征,

$(La/Nb)_N$ 为 5.09～17.12，$\delta(Eu)$ 值小于 1，为轻稀土富集型，铕弱亏损或亏损不明显。从 Sr^{87}/Sr^{86} 两个同位素的初始比值来看，均在 0.706～0.719 之间。稀土配分模式图（图 3－180）显示，玄武岩稀土配分模式图为一总体右倾曲线；安山岩稀土配分模式图为一轻稀土富集型，与高钾安山岩稀土配分模式一致，常量元素显示特征一致；流纹岩类稀土配分模式图均为一轻稀土富集型，Eu 亏损相对较强；英安质凝灰岩为轻稀土富集型，Eu 亏损相对较弱；辉绿玢岩稀土配分模式图为一右倾较陡的平滑曲线，轻稀土亏损明显。由上可知上三叠统鄂拉山组火山岩源岩为陆壳物质火山岩。

表 3－110　鄂拉山组火山岩常量元素一览表　（单位：%）

岩性	样品号	氧化物组合及含量													
		SiO_2	TiO_2	Al_2O_3	Fe_2O_3	FeO	MnO	MgO	CaO	Na_2O	K_2O	P_2O_5	H_2O^+	烧失量	总量
玄武岩	$I_{97}2201$	48.68	0.74	14.22	1.05	7.44	0.17	9.61	13.77	1.11	0.52	0.09	0.93	2.52	99.92
安山岩	$IP_{23}0-1$	68.88	0.24	13.71	0.01	1.70	0.03	1.42	2.74	0.59	4.89	0.06	2.10	5.27	99.54
流纹岩类	$I_{99}87-1$	70.83	0.32	13.82	1.03	2.74	0.08	0.35	1.22	3.81	4.77	0.06	1.07	0.67	100.10
	$I_{99}5108$	74.21	0.11	12.45	1.30	1.68	0.06	0.22	1.02	3.18	4.64	0.03	0.99	0.69	99.89
	$IP_{26}9-1$	62.56	0.67	14.95	1.28	4.70	0.10	2.47	4.25	1.92	4.31	0.24	2.16	1.71	99.61
英安岩类	$I_{99}4099-4$	72.31	0.29	12.29	0.35	3.00	0.07	0.69	1.56	3.01	4.48	0.05	1.47	0.62	99.57
	$I_{97}7142-1$	72.07	0.18	14.10	1.18	0.72	0.08	0.22	1.00	4.10	5.16	0.04	1.38	0.73	100.23
	$I_{97}7140$	60.42	0.70	16.52	1.15	3.68	0.10	2.27	4.40	3.42	2.56	0.18	4.12	2.58	99.52
	$I_{98}5138$	71.48	0.24	13.56	0.85	2.96	0.09	0.47	1.24	2.85	4.84	0.06	0.92	0.83	99.56
	$I_{99}5100-1$	65.16	0.31	15.94	0.81	2.76	0.07	0.86	4.42	3.56	3.84	0.07	1.91	0.99	99.71
含角砾凝灰岩	$IP_{36}3-1$	68.84	0.33	14.35	0.72	1.81	0.06	0.56	2.51	3.83	3.68	0.08	3.02	1.39	99.79
英安质凝灰岩	$I_{99}4115-1$	69.28	0.22	13.23	0.96	3.10	0.10	0.39	2.43	2.83	4.00	0.05	3.22	1.53	99.81
蚀变安山岩	$I_{98}4144-1$	65.71	0.41	15.79	2.04	2.76	0.09	1.20	3.86	3.08	3.63	0.10	1.04	0.95	99.71
安山质凝灰岩	$IP_{24}1-1$	53.82	1.11	15.75	1.31	5.82	0.31	3.47	5.53	3.29	2.92	0.51	6.33	2.00	100.17
集块岩	$IP_{24}3-1$	54.99	0.92	16.77	2.04	4.94	0.12	4.10	5.60	3.78	2.61	0.41	3.14	2.74	99.42
晶屑玻屑凝灰岩	$IP_{24}13-1$	66.22	0.46	15.59	0.93	3.24	0.07	0.68	1.45	3.90	4.10	0.14	1.97	2.73	99.51
集块岩	$IP_{24}23-1$	61.59	0.89	15.33	1.46	5.28	0.11	0.46	3.51	5.57	1.20	0.30	2.2	4.03	99.73
流纹质凝灰熔岩	$IP_{26}1-1$	70.09	0.23	13.64	1.23	2.14	0.08	0.54	2.06	3.39	4.37	0.07	1.56	2.65	100.49
凝灰质英安岩	$IP_{26}3-1$	69.65	0.24	13.62	0.49	2.96	0.08	0.56	2.05	3.41	4.39	0.07	2.62	1.37	100.14
英安质凝灰岩	$IP_{26}9-1$	62.56	0.67	14.95	1.28	4.70	0.10	2.47	4.25	1.92	4.31	0.24	2.16	1.71	99.61
英安质凝灰岩	$I_{85}5030b$	68.00	0.45	14.79	2.35	1.50	0.07	0.76	2.41	3.72	3.62	0.11	1.04	0.81	99.63
流纹质凝灰熔岩	$I_{98}5150-1$	69.93	0.21	14.25	1.67	0.96	0.07	0.82	1.33	3.22	4.99	0.06	2.06	1.36	99.57
含角砾凝灰熔岩	$I_{99}5099$	66.02	0.35	16.12	0.52	2.82	0.07	1.01	4.27	2.96	3.99	0.08	1.3	1.87	100.08
含角砾凝灰岩	$I_{98}4153-1$	66.41	0.47	15.18	1.94	1.88	0.10	1.06	2.10	4.98	3.21	0.12	1.47	2.55	100.00
角砾岩	$I_{99}5088$	65.70	0.36	16.12	1.34	2.74	0.06	0.70	2.70	3.95	3.97	0.11	1.76	1.25	99.51
英安质集块岩	$IP_{36}4-1$	68.97	0.31	14.61	0.33	2.25	0.07	0.52	2.29	3.33	3.72	0.08	3.22	1.62	99.70
英安质集块岩	$IP_{36}1-1$	67.03	0.33	15.42	1.29	1.36	0.07	0.57	2.07	4.66	3.91	0.08	1.63	2.96	99.75
灰绿玢岩	$IP_{36}5-1$	51.67	1.18	17.26	2.86	5.43	0.14	3.98	7.12	3.29	2.17	0.36	4.37	2.74	99.83
闪长玢岩	$IP_{36}15-1$	56.90	0.89	16.06	2.44	3.5	0.11	2.36	4.55	3.57	3.13	0.46	5.42	2.55	99.39

表 3-111　晚三叠世火山岩岩石化学特征表　　　(单位:%)

岩性	样品号	CIPW 标准矿物组合及含量										
		Ap	Il	Mt	C	Q	Or	Ab	An	Hy		总量
										En	Fs	
玄武岩	$I_{97}2201$	0.197	1.443	1.566	1.31	29.500	3.130	9.650	33.160	10.550	8.410	100.670
安山岩	$IP_{23}0-1$	0.130	0.480	0.010	2.74	39.890	30.670	5.330	14.050	3.760	2.940	99.990
流纹岩类	$I_{99}87-1$	0.131	0.608	1.508	0.317	25.940	28.482	32.580	5.710	0.872	3.848	99.995
	$I_{99}5108$	0.066	0.209	1.899	0.416	35.015	27.714	27.249	4.914	0.548	1.969	99.999
	$IP_{26}9-1$	0.546	1.310	1.899	—	20.321	26.119	16.671	19.960	6.294	6.807	99.960
英安岩类	$I_{99}4099-4$	0.109	0.570	0.522	—	31.937	27.005	25.980	6.912	1.669	4.746	100.006
	$I_{97}7142-1$	0.087	0.342	1.595	0.052	26.229	30.846	35.119	4.750	0.548	0.430	99.998
	$I_{97}7140$	0.415	1.386	1.754	0.603	17.051	15.837	30.295	21.630	5.928	5.069	99.969
	$I_{98}5138$	0.131	0.456	1.247	1.534	31.542	29.014	24.456	5.859	1.196	4.569	100.005
	$I_{99}5100-1$	0.153	0.608	1.203	—	18.927	23.223	30.803	16.530	1.382	2.581	100.004
含角砾凝灰岩	$IP_{36}3-1$	0.175	0.646	1.073	—	26.480	22.455	33.511	11.476	1.307	2.146	99.983
英安质凝灰岩	$I_{99}4115-1$	0.110	0.440	1.440	0.150	30.800	24.460	24.800	12.000	0.980	4.820	99.990
蚀变安山岩	$I_{98}4144-1$	0.219	0.798	3.001	0.014	23.130	21.746	26.403	18.745	3.039	2.905	100.000
安山质凝灰岩	$IP_{24}1-1$	1.180	2.241	2.030	—	5.414	18.378	29.703	20.845	8.207	7.920	99.926
集块岩	$IP_{24}3-1$	0.940	1.823	3.074	—	4.300	16.014	33.257	21.888	9.572	5.690	99.958
晶屑玻屑凝灰岩	$IP_{24}13-1$	0.940	1.823	3.074	—	4.300	16.014	33.257	21.888	9.572	5.690	99.958
集块岩	$IP_{24}23-1$	0.677	1.770	2.220	1.990	15.080	7.390	49.250	13.890	1.050	6.640	99.970
流纹质凝灰熔岩	$IP_{26}1-1$	0.150	0.456	1.827		28.170	26.410	29.280	9.304	1.269	2.531	100.000
凝灰质英安岩	$IP_{26}3-1$	0.153	0.475	0.725	—	26.636	26.591	29.618	9.118	1.336	4.615	99.994
英安质凝灰岩	$IP_{26}9-1$	0.546	1.310	1.899	—	20.321	26.119	16.671	19.960	6.294	6.807	99.960
英安质凝灰岩	$I_{85}5030^{b}$	0.240	0.874	2.929	0.630	26.578	21.864	32.242	11.536	1.943	1.154	99.989
流纹质凝灰熔岩	$I_{98}5150-1$	0.131	0.418	2.117	1.320	28.579	30.255	27.926	6.355	2.092	0.801	99.995
含角砾凝灰熔岩	$I_{99}5099$	0.175	0.680	0.768	1.500	21.940	23.990	25.470	19.270	2.290	3.810	99.980
含角砾凝灰岩	$I_{98}4153-1$	0.262	0.912	2.870		19.560	19.440	43.240	9.860	2.708	1.290	99.980
角砾岩	$I_{99}5088$	0.240	0.703	1.986	0.694	19.890	23.990	34.190	12.970	1.793	3.510	99.990
英安质集块岩	$IP_{36}4-1$	0.175	0.608	0.493	1.169	29.353	22.809	29.195	11.235	1.345	3.599	99.982
英安质集块岩	$IP_{36}1-1$	0.175	0.646	1.928	0.120	20.120	23.870	40.700	9.940	1.440	1.030	99.980
灰绿玢岩	$IP_{36}5-1$	0.830	2.355	4.350	—	3.016	13.414	29.195	27.143	8.554	5.107	99.974
闪长玢岩	$IP_{36}15-1$	1.071	1.804	3.770	—	11.683	19.678	32.157	19.740	5.976	3.190	99.940

表 3-112　鄂拉山组火山岩 CIPW 标准矿物组合及含量表

岩性	样品号	岩石化学参数值												
		δ	SI	FL	τ	AR	n/k	OX	LI	M/F	n/k	DI	logσ	logτ
玄武岩	I_{97}2201	0.400	48.720	10.560	17.710	1.123	1.670	0.631	-11.770	0.410	2.290	12.770		
安山岩	IP_{23}0-1	1.126	16.520	60.670	55.640	2.001	5.820	0.994	23.290	0.820	0.184	75.890		
流纹岩类	I_{99}87-1	2.636	2.728	87.576	31.594	3.056	8.670	0.727	23.294	0.071	1.214	87.000	0.421	1.500
	I_{99}5108	1.953	1.975	88.479	85.182	2.794	7.910	0.565	25.514	0.050	1.044	89.977	0.291	1.930
	IP_{26}9-1	1.926	16.811	59.442	19.377	1.500	6.390	0.786	12.831	0.336	0.677	63.110	0.285	1.287
英安岩类	I_{99}4099-4	1.901	5.952	82.774	31.533	2.539	7.640	0.895	23.396	0.182	1.021	84.921	0.279	1.499
	I_{97}7142-1	2.934	1.913	90.270	56.222	3.378	9.370	0.424	26.417	0.071	1.208	92.193	0.467	1.750
	I_{97}7140	1.928	17.360	57.590	18.822	1.799	6.260	0.761	11.751	0.373	2.030	63.182	0.285	1.275
	I_{98}5138	2.064	3.954	86.093	45.250	2.252	7.800	0.777	23.463	0.100	0.895	85.012	0.315	1.656
	I_{99}5100-1	2.425	7.273	62.614	39.562	2.075	7.570	0.773	17.103	0.193	1.408	72.953	0.385	1.597
含角砾凝灰岩	IP_{36}3-1	2.140	5.297	74.976	31.971	2.607	7.760	0.716	21.747	0.170	1.584	82.445	0.330	1.505
英安质凝灰岩	I_{99}4115-1	1.740	3.430	73.720	46.830	2.130	7.070	0.760	20.930	0.076	1.076	80.060		
蚀变安山岩	I_{98}4144-1	1.959	9.465	63.492	30.667	1.913	6.800	0.575	15.997	0.174	1.289	71.279	0.292	1.487
安山质凝灰岩	IP_{24}1-1	3.054	20.647	52.918	11.246	1.825	6.620	0.816	4.847	0.397	1.715	53.494	0.485	1.051
集块岩	IP_{24}3-1	3.125	23.471	53.291	14.052	1.800	6.640	0.708	4.509	0.449	2.204	53.571	0.495	1.148
晶屑玻屑凝灰岩	IP_{24}13-1	2.691	5.271	84.650	25.170	2.690	8.270	0.480	19.870	0.130	1.570	81.910		
集块岩	IP_{24}23-1	2.340	3.290	65.830	10.970	2.120	7.070	0.780	11.550	0.060	7.080	71.710		
流纹质凝灰熔岩	IP_{26}1-1	2.196	4.610	78.980	43.670	2.520	7.930	0.640	22.290	0.115	1.180	83.870		
凝灰质英安岩	IP_{26}3-1	2.252	4.707	79.208	41.880	2.544	8.000	0.859	22.067	0.138	1.182	82.846	0.353	1.622
英安质凝灰岩	IP_{26}9-1	1.926	16.811	59.442	19.377	1.500	6.390	0.786	12.831	0.336	0.677	63.110	0.285	1.287
英安质凝灰岩	I_{85}5030[b]	2.123	6.399	75.251	24.609	2.489	7.510	0.482	19.872	0.130	1.565	80.683	0.327	1.391
流纹质凝灰熔岩	I_{98}5150-1	2.468	7.035	86.094	51.455	2.407	8.420	0.455	24.226	0.200	0.980	86.760	0.392	1.711
含角砾凝灰熔岩	I_{99}5099	2.064	8.957	61.910	37.220	1.820	7.070	0.844	17.670	0.258	1.130	71.400		
含角砾凝灰岩	I_{98}4153-1	2.806	8.130	79.620	21.810	2.801	8.400	0.490	18.950	0.181	2.361	82.040		
角砾岩	I_{99}5088	2.710	5.543	74.586	33.649	2.447	8.100	0.671	18.890	0.129	1.512	78.0766	0.433	1.527
英安质集块岩	IP_{36}4-1	1.876	5.133	75.517	36.531	2.301	7.310	0.873	22.074	0.175	1.358	81.3581	0.273	1.563
英安质集块岩	IP_{36}1-1	2.984	4.844	80.530	32.710	2.920	8.850	0.515	21.72	0.140	1.810	84.700		
灰绿玢岩	IP_{36}5-1	2.940	22.443	43.399	11.798	1.577	5.720	0.655	0.143	0.352	2.310	45.6246	0.468	1.072
闪长玢岩	IP_{36}15-1	2.897	15.727	59.566	13.989	1.964	7.130	0.589	9.983	0.278	1.734	63.517	0.462	1.146

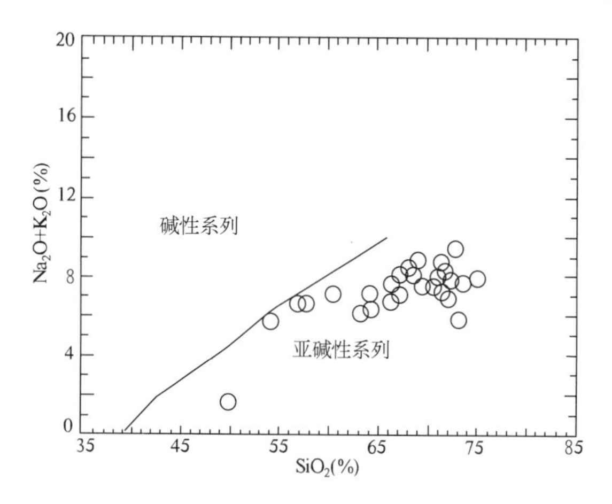

图 3-178　上三叠统鄂拉山组火山岩 $K_2O+Na_2O-SiO_2$ 图 (Irvine et al., 1971)

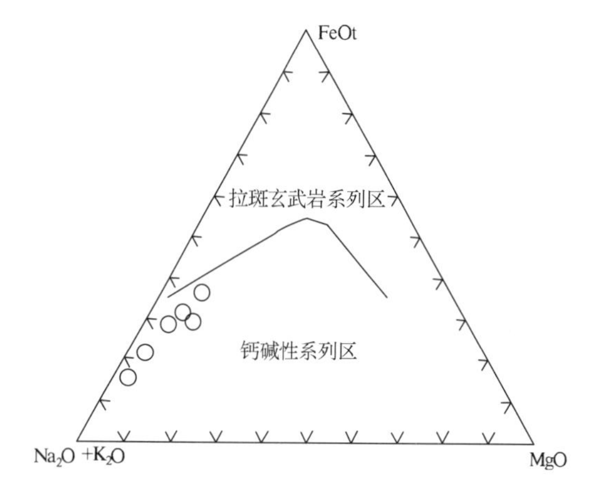

图 3-179　滩间山(岩)群中酸性火山岩组 A-F-M 图 (Irvine et al., 1971)

表 3-113　鄂拉山组火山岩稀土元素含量表　　　　(单位:10^{-6})

样品号	La	Ce	Pr	Nd	Sm	Eu	Gd	Tb	Dy	Ho	Er	Tm	Yb	Lu	Y
I_{97}2201	4.37	10.94	1.77	6.87	2.34	0.88	3.26	0.59	4.02	0.85	2.58	0.44	2.58	0.41	4.37
IP_{23}0-1	39.32	81.73	9.77	36.2	7.05	2.06	6.12	0.93	5.07	1.07	2.85	0.44	2.79	0.4	39.32
P_{24}6-1	56.18	107.6	12.9	44.81	8.04	2	6.86	1.01	5.06	0.98	2.73	0.42	2.59	0.38	56.18
I_{98}4144-1	31.4	60.31	6.41	22.1	4.27	0.99	3.74	0.6	3.6	0.75	2.03	0.33	2.17	0.33	31.4
I_{99}87	55.73	115070	13.47	48.55	9.57	1.99	8.16	1.36	7.39	1.63	4.45	0.65	4.23	0.63	55.73
I_{99}5108	28.76	53.93	5.58	16.27	2.83	0.41	2.31	0.4	2.27	0.5	1.57	0.25	1.86	0.28	28.76
IP_{36}15-1	56.7	106.5	11.58	420.05	7.29	1.95	5.96	0.87	4.64	0.92	2.39	0.39	2.32	0.35	56.7
4145-3	28.75	58.48	6.4	19.76	3.88	0.79	3.11	0.51	3.13	0.6	1.86	0.28	1.94	0.29	28.75
IP_{26}1-1	35.35	70.28	8.09	28.69	6.32	0.53	6.24	1.11	6.74	1.47	4.33	0.69	4.68	0.69	35.35
4118-1	34.37	66.83	7.69	25.18	5.19	0.55	4.45	0.74	4.05	0.85	2.42	0.36	2.37	0.53	34.37
I_{98}5150-1	60.4	106.9	11.3	37.23	6.27	0.89	5.07	0.81	4.59	0.94	2.61	0.43	2.81	0.43	60.4
IP_{24}1-1	33.58	70.48	8.83	30.32	6.48	0.29	6.02	1.04	5.94	1.25	3.5	0.56	3.86	0.56	33.58
IP_{36}3-1	39.56	77.81	8.52	30.02	5.45	0.91	4.82	0.8	4.42	0.9	2.58	0.42	2.75	0.42	39.56
IP_{26}3-1	36.32	73.45	8.45	29.37	6.64	0.5	6.24	1.11	6.65	1.43	4.2	0.66	4.25	0.64	36.32
IP_{26}9-1	38.61	75.92	8.49	28.34	5.74	0.62	5.3	0.9	5.11	1.11	3.14	0.51	3.46	0.51	38.61
I_{85}5030b	32.04	63.78	7.22	23.43	4.08	0.83	3.33	0.55	3.07	0.6	1.87	0.31	2.01	0.31	32.04
I_{99}4115-1	39.63	84.49	9.18	31.99	6.39	1.11	5.59	0.93	5.32	1.12	3.17	0.49	3.17	0.47	39.63
IP_{24}13-1	46.13	90.79	10.11	33.21	6.29	1.05	5.25	0.86	4.83	1.08	2.85	0.47	3.14	0.47	46.13
IP_{24}23-1	56.85	112.6	12.38	39.78	7.61	1.11	6.49	1.09	6.15	1.32	3.66	0.6	4.11	0.6	56.85
I_{99}5099	27.37	54.88	5.96	19.27	3.68	0.93	3.23	0.53	2.96	0.64	1.93	0.29	2.03	0.31	27.37
I_{99}5088	42.02	86.56	11.22	40.36	8.54	1.52	7.61	1.31	7.51	1.68	4.73	0.69	4.55	0.67	42.02
IP_{36}4-1	42.47	80.97	8.78	32.55	5.85	0.94	5.14	0.85	4.78	1.01	2.85	0.46	3	0.45	42.47
IP_{36}1-1	39.03	76.85	8.65	29.38	5.45	0.99	4.66	0.76	4.33	0.9	2.55	0.42	2.7	0.43	39.03
I_{99}4099-4	45.52	96.92	10.59	33.79	6.03	0.1	4.53	0.74	4.13	0.87	2.56	0.41	2.77	0.42	45.52
I_{97}7142-1	64.26	120.2	12.05	39.19	5.98	0.74	4.73	0.73	3.94	0.84	2.28	0.39	2.53	0.41	64.26
I_{97}7140	28.58	56.73	6.74	24.05	4.48	1.29	3.39	0.53	3.1	0.6	1.53	0.24	1.37	0.21	28.58
I_{98}5138	31.72	63.45	6.37	21.91	4.2	0.56	3.54	0.6	3.33	0.67	2.21	0.34	2.33	0.35	31.72
I_{99}5100-1	27.53	54.53	5.9	18.79	3.63	0.96	3.08	0.51	2.84	0.61	1.81	0.27	1.77	0.26	27.53
I_{99}5090	32.57	61.49	6.26	18.68	3.17	0.46	2.65	0.46	2.61	0.59	1.81	0.29	2.08	0.34	32.57
I_{98}4153-1	44.28	84.39	9.56	34.6	6.29	1.39	5.36	0.84	4.83	0.99	2.76	0.44	2.78	0.43	44.28
P_{24}3-1	32.34	53.04	5.99	18	3.25	0.57	2.75	0.4	2.44	0.49	1.53	0.26	1.72	0.26	32.34
IP_{36}5-1	31.07	63.32	7.57	30.82	5.45	1.83	5.58	0.85	4.68	0.92	2.42	0.38	2.23	0.34	31.07

表 3－114　鄂拉山组火山岩稀土元素参数表

样品号	ΣREE	LREE	HREE	LREE/HREE	La/Yb	La/Sm	Sm/Nd	Gd/Yb	$(La/Yb)_N$	$(La/Sm)_N$	$(Gd/Yb)_N$	δ(Eu)	δ(Eu)☆	δ(Ce)
I_{97}2201	41.90	27.17	14.73	1.84	1.69	1.87	0.34	1.26	1.14	1.17	1.02	0.97	0.97	0.95
IP_{23}0－1	195.80	176.13	19.67	8.95	14.09	5.58	0.19	2.19	9.50	3.51	1.77	0.94	0.96	0.98
P_{24}6－1	251.56	231.53	20.03	11.56	21.69	6.99	0.18	2.65	14.62	4.40	2.14	0.80	0.82	0.93
I_{98}4144－1	139.03	125.48	13.55	9.26	14.47	7.35	0.19	1.72	9.76	4.63	1.39	0.74	0.76	0.97
I_{99}87	273.51	245.01	28.50	8.60	13.17	5.82	0.20	1.93	8.88	3.66	1.56	0.67	0.69	0.99
I_{99}5108	117.22	107.78	9.44	11.42	15.46	10.16	0.17	1.24	10.42	6.39	1.00	0.48	0.49	0.96
IP_{36}15－1	243.91	226.07	17.84	12.67	24.44	7.78	0.17	2.57	16.48	4.89	2.07	0.88	0.90	0.95
31778	255.67	233.93	21.74	10.76	16.52	8.27	0.18	1.62	11.14	5.20	1.31	0.41	0.43	0.98
4145－3	129.78	118.06	11.72	10.07	14.82	7.41	0.20	1.60	9.99	4.66	1.29	0.67	0.70	1.00
IP_{26}1－1	175.21	149.26	25.95	5.75	7.55	5.59	0.22	1.33	5.09	3.52	1.08	0.26	0.26	0.96
4118－1	155.40	139.81	15.59	8.97	14.50	6.62	0.21	1.88	9.78	4.17	1.52	0.34	0.35	0.95
I_{98}5150－1	240.68	222.99	17.69	12.61	21.49	9.63	0.17	1.80	14.49	6.06	1.46	0.47	0.48	0.92
IP_{24}1－1	172.71	149.98	22.73	6.60	8.70	5.18	0.21	1.56	5.87	3.26	1.26	0.14	0.14	0.97
IP_{36}3－1	179.38	162.27	17.11	9.48	14.39	7.26	0.18	1.75	9.70	4.57	1.41	0.53	0.54	0.98
5088	218.88	190.13	28.75	6.61	9.24	4.97	0.21	1.67	6.23	3.13	1.35	0.57	0.58	0.94
IP_{26}3－1	179.91	154.73	25.18	6.14	8.55	5.47	0.23	1.47	5.76	3.44	1.18	0.23	0.24	0.98
IP_{26}9－1	177.76	157.72	20.04	7.87	11.16	6.73	0.20	1.53	7.52	4.23	1.24	0.34	0.34	0.97
$I_{85}5030^b$	143.44	131.39	12.05	10.90	15.94	7.85	0.17	1.66	10.75	4.94	1.34	0.67	0.69	0.97
I_{99}4115－1	189.05	168.79	20.26	8.33	12.50	6.20	0.20	1.76	8.43	3.90	1.42	0.56	0.57	0.98
IP_{24}13－1	206.53	187.58	18.95	9.90	14.69	7.33	0.19	1.67	9.90	4.61	1.35	0.54	0.56	0.97
IP_{24}23－1	254.35	230.33	24.02	9.59	13.83	7.47	0.19	1.58	9.33	4.70	1.27	0.47	0.48	0.98
I_{99}5099	124.01	112.09	11.92	9.40	13.48	7.44	0.19	1.59	9.09	4.68	1.28	0.81	0.82	0.99
I_{99}5088	218.97	190.22	28.75	6.62	9.24	4.92	0.21	1.67	6.23	3.10	1.35	0.57	0.58	0.94
IP_{36}4－1	190.07	171.53	18.54	9.25	14.16	7.30	0.18	1.71	9.54	4.59	1.38	0.51	0.53	0.96
IP_{36}1－1	177.10	160.35	16.75	9.57	14.46	7.16	0.19	1.73	9.75	4.50	1.39	0.59	0.60	0.97
I_{99}4099－4	209.38	192.95	16.43	11.74	16.43	7.55	0.18	1.64	11.08	4.75	1.32	0.06	0.06	1.03
I_{97}7142－1	258.27	242.42	15.85	15.29	25.40	10.75	0.15	1.87	17.12	6.76	1.51	0.41	0.43	0.97
I_{97}7140	132.78	121.23	11.55	10.50	20.86	6.38	0.19	2.87	14.06	4.01	2.31	0.92	0.94	0.96
I_{98}5138	142.18	128.81	13.37	9.63	13.61	7.55	0.19	1.52	9.18	4.75	1.23	0.43	0.44	0.98
I_{99}5100－1	122.49	111.34	11.15	9.99	15.55	7.58	0.19	1.74	10.49	4.77	1.40	0.86	0.88	0.98
I_{99}5090	132.83	122.63	10.20	12.02	15.66	10.27	0.17	1.27	10.56	6.46	1.03	0.47	0.49	0.97
I_{98}4153－1	198.91	180.51	18.40	9.81	15.93	7.04	0.18	1.93	10.74	4.43	1.56	0.71	0.73	0.94
P_{24}3－1	123.04	113.19	9.85	11.49	18.80	9.95	0.18	1.60	12.68	6.26	1.29	0.57	0.58	0.86
IP_{36}5－1	158.07	140.67	17.40	8.08	13.93	5.13	0.20	2.50	9.39	3.23	2.02	0.95	0.96	0.97

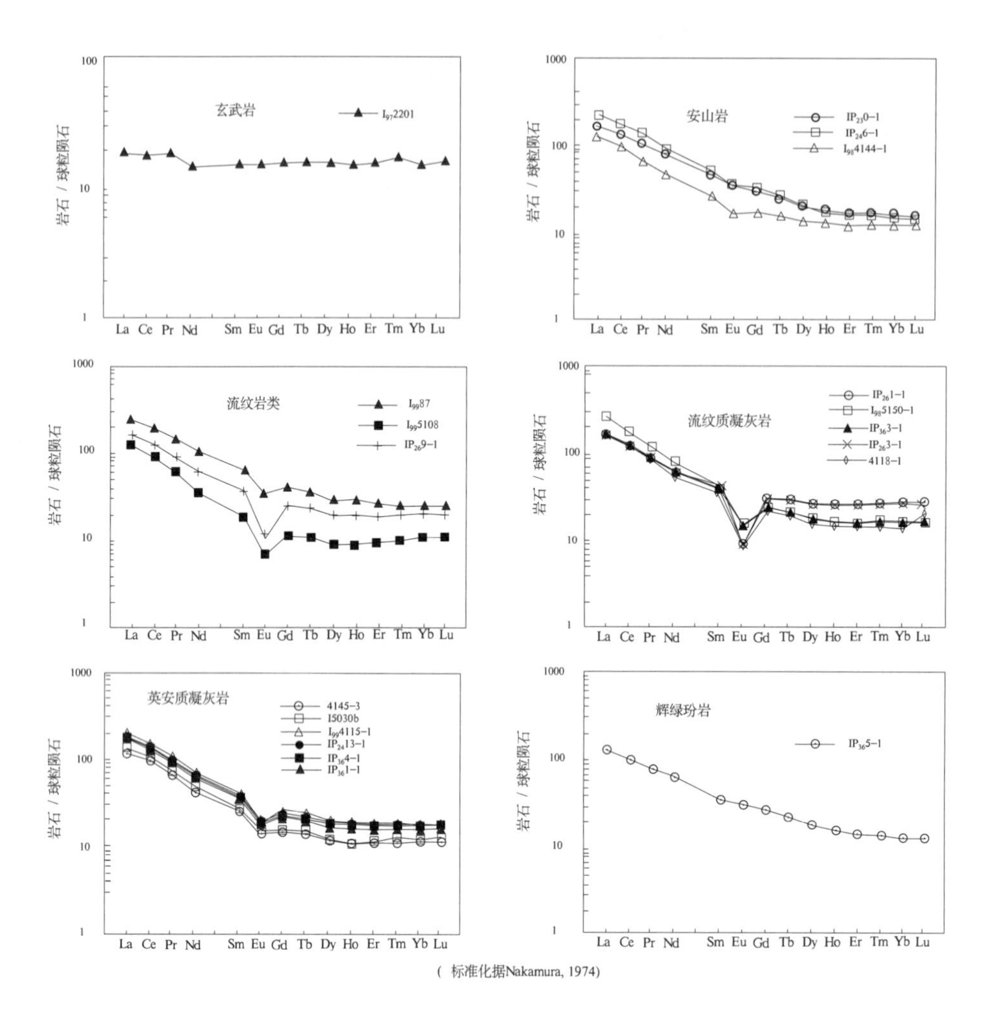

图 3－180　上三叠统鄂拉山组火山岩球粒陨石标准化稀土配分模式图
（标准化据 Nakamura，1974）

5. 微量元素特征

微量元素特征（表 3－115、表 3－116），利用原始地幔中的微量元素丰度值进行对比显示，K、Rb、Ba、Ce 等元素富集，Th、Ta、Nb、Zr、Hf、Y、Yb 等元素亏损的特征，表现出陆内喷发的中酸性火山岩的特征。在 MORB 标准化的蛛网图上，鄂拉山组的岩石都明显地有 K、Rb、Ba、Ce 等元素显示正异常特点，Sr、Sm 相当，Th、Ta、Nb、Zr、Hf、Y、Yb 亏损的特征，表明区内陆相火山岩形成于地壳加厚的挤压造山带环境（李福东，1993）。

6. 构造环境判别

综上所述，测区上三叠统鄂拉山组火山岩的岩石矿物组合、常量元素、稀土元素特征及微量元素特征以及地球化学特征总体上大多数表现为英安质火山岩为高钾和流纹质火山岩表现为富硅（64%～78%），K、Rb、Ba、Th 含量高，$\sum$REE 在 $140\times10^{-6}\sim250\times10^{-6}$ 之间，La/Yb 多数在 11～23 之间，$^{87}Sr/^{86}Sr$ 在 0.7053～0.7085 之间。以上特征与原自中、下地壳边界的中酸性和酸性火成岩组合特征一致，故测区上三叠统鄂拉山组火山岩来自中、下地壳边界。以上特征反映出该套火山岩形成于一个正常的陆壳或双倍陆壳的中上部，对于有可能生成钾钙碱性岩浆的构造环境主要有两种模式：第一种类似于客观存在安第斯山的大陆岛弧环境，在那里高钾岩石发生侵位并喷出；第二种构造模式认为这种岩石产于类似于加里东构造环境的碰撞后环境，在该环境中，源岩的熔融是地壳增厚后减压的结果(Roberts et al. ,1993)。根据前述火山岩的矿物学和岩石学及地球化学资料综合分析认为，本区晚三叠世是一个加厚的陆壳。结合火山带状分布的特征认为该套火山岩是陆内俯冲的产物。

表 3-115　鄂拉山组火山岩微量元素特征　　(单位：K_2O 为%；其他 10^{-6})

岩性	样品号	Sr	K_2O	Rb	Ba	Th	Ta	Nb	Ce	Zr	Hf	Sm	Y	Yb
λ	5030^{b}	231	3.50	169.0	646.0	14.8	0.93	11.9	60.7	197.0	5.0	3.7	16.5	2
玄武岩	$P_4$2-1	134	0.15	1.0	63.7	1.0	0.5	—	12.3	92.4	2.7	2.8	—	2.7
	7020	179	0.63	15.2	216	1.6	0.5	—	30.4	187.0	5.3	4.8	34.9	4.0
	5083-2	209	1.28	40.9	932	9.4	1.5	39.6	—	172.0	5.1	—	—	—
	IP$_{26}$Dy10-1	67	5.58	226	928	26.8	2.6	26.3	110.1	218	5.6	5.7	23.9	2.5
	6102-1	254	4.20	189	1155	20.6	1.4	26.5	117.5	366	9.3	9.9	42.9	4.4
安山岩	$P_6$10-1	119	0.06	1	328	1.0	0.5	—	7.1	38.9	1.6	1.3	—	2.1
	3048-1	158	3.52	169	427	15.1	—	—	76.0	191	4.9	6.3	30.9	3.4
	86^{B}	354	2.51	92	650	5.5	2.6	34.3	70.8	165	4.4	6.0	24.7	2.4
	87	334	5.92	211	2328.0	16.8	1.5	25.7	117.1	337	8.4	9.6	37.7	3.9
	5088	105	4.14	192	726	17.4	1.2	14.6	95.9	396	9.7	8.9	46.6	4.5
	IP$_{24}$Dy6-1	527	2.81	94	936	12.2	1.9	30.6	78.2	194	2.3	8.4	21.1	1.8
	IP$_{24}$Dy8-1	473	2.93	91	1001	13.4	1.8	27.7	78.1	186	3.2	7.9	24.9	2.2
	IP$_{24}$Dy11-1	285	3.29	132	809	11.6	1.5	27.2	81.5	188	3.2	7.5	24.3	2.2
	IP$_{24}$Dy20-1	389	1.07	62	196	13.1	2.1	28.6	115.8	220	4.0	8.8	25.1	2.1
	IP$_{24}$Dy21-1	484	0.97	44	449	7.6	1.5	24.2	108.2	231	3.9	8.5	25.8	2.2
基熔	4027-1	186	0.35	8.5	145	3.0	0.5	—	38.4	227	7.4	7.8	—	6.4
	P_{23}0-1	125	2.00	132	226	14.5	0.6	11.8	90.9	272	6.3	6.9	28.0	2.9
	4115-1	99	4.01	196	1328	14.1	1.3	13.7	86.0	287	8.1	5.5	29.1	3.2
酸熔	$P_1$18-1	120		64	334	7.6	—	8.1	—	83	2.6	—	—	—
	IP$_{26}$Dy1-1	122	4.12	317	381	36.7	2.5	22.4	82.9	115	5.0	7.5	46.2	4.8
	IP$_{26}$Dy2-1	71	4.69	346	415	36.0	2.4	21.8	87.8	176	5.5	7.8	45.8	4.8
英安	4100-2	67	4.82	279	603	26.8	1.5	13.5	70.0	158	4.7	4.7	24.3	2.4
	5100-1	269	3.62	168	598	19.3	0.9	7.0	56.8	136	3.9	3.7	18.5	1.8
	5104	96	5.25	275	808	22.1	0.7	9.1	70.2	116	4.1	3.5	16.6	1.8
	4118-1	144	4.24	185	564	26.6	0.7	12.3	76.3	159	4.6	5.6	24.9	2.4
	$P_1$18-2	78	—	51	257	8.5	—	8.0	—	92	3.2	—	—	—
	IP$_{26}$Dy3-1	122	4.12	302	437	32.8	2.3	20.8	84.3	170	5.5	7.1	43.0	4.5
流纹岩	1987-1	97	5.47	231	1021	25.7	2.4	25.7	122.9	221	6.0	7.5	31.6	3.3
	4079-1	76	2.92	125	561	41.4	3.7	39.3	140.7	260	7.0	8.4	38.0	4.2
	5090	97	4.45	218	611	28.9	1.0	10.2	70.2	133	3.9	3.6	17.8	2.0
	2113	96	3.97	189	565	27.4	1.1	9.4	62.2	92	3.2	3.2	18.1	1.9
	4113-1	119	4.58	224	641	25.2	1.3	9.1	69.0	120	3.7	3.5	16.2	1.8
	4114-1	95	4.66	249	623	25.9	1.3	10.3	68.5	109	3.9	3.5	17.9	1.9
	5108	92	4.55	239	459	25.9	1.7	9.3	65.3	92	3.5	3.0	16.6	1.9
	4116-2	54	4.22	179	495	39.8	3.5	36.2	122.8	220	6.7	6.5	33.0	3.8

续表 3-115

岩性	样品号	Sr	K_2O	Rb	Ba	Th	Ta	Nb	Ce	Zr	Hf	Sm	Y	Yb
流纹斑岩	4099-4	39	4.73	237	261	29.2	2.2	18.8	107.2	152	4.8	6.8	27.5	3.1
	90	33	6.14	283	442	23.3	0.8	11.0	78.1	156	4.8	4.4	20.7	2.1
	$IP_{26}Dy15-1$	45	4.93	294	540	29.2	3.8	33.4	27.4	83	3.6	4.0	41.2	4.5
	$IP_{26}Dy18-1$	58	5.37	456	450	44.2	3.1	27.0	100.5	170	5.7	8.9	61.9	6.3
	$IP_{24}Dy24-1$	216	4.04	156	976	18.9	1.2	8.5	85.4	155	2.8	4.2	15.4	1.2
凝灰岩	2029-2	137	0.93	23.9	290	9.5	0.58	—	44.3	190	5.2	3.7	—	1.9
	2032	199	0.15	1	58.5	1.0	0.5	—	14.5	113	3.9	2.8	—	2.8
	4039	256	0.47	19.3	75.6	0.8	—	—	16.0	109	3.0	3.0	22.3	2.6
	$P_1 20-1$	64	—	92	374	8.3	—	8.0	—	90	3.1	—	—	—
	$P_1 21-1$	22	—	102	270	7.8	—	9.3	—	132	4.6	2.6	17.7	—
	$P_1 22-1$	143	1.63	95	338	10.3	—	11.6	29.5	174	5.1	2.6	—	2.8
	1049	146	3.95	113	741	14.2	1.3	17.1	76.1	172	5.5	6.0	27.8	3.1
	4104-1	133	3.87	186	1037	23.3	1.0	11.7	86.9	215	5.6	5.7	25.4	2.6
	4105-1	416	2.75	94	1049	13.4	1.7	27.4	91.6	277	6.7	7.1	28.2	3.0
	$IP_{24}Dy13-1$	212	1.32	79	247	18.1	1.8	23.7	76.2	189	3.7	5.8	24.2	2.1
	$IP_{24}Dy12-1$	238	4.05	143	1878	13.6	1.3	18.2	123.2	229	2.5	6.6	14.2	1.1
	$IP_{24}Dy18-1$	190	3.19	126	942	12.6	0.6	8.9	98.2	170	3.1	5.5	13.2	1.0
	$IP_{24}Dy1-1$	74	2.70	166	262	22.7	1.6	15.2	79.3	170	6.1	7.4	38.7	3.8
	$IP_{24}Dy4-1$	99	2.93	142	580	24.1	1.1	15.5	68.2	207	5.2	6.4	30.0	3.4
	$IP_{24}Dy15-1$	132	3.33	127	987	24.0	3.0	42.8	116.6	128	2.9	9.0	35.2	3.0
	$IP_{24}Dy7-1$	155	3.23	141	681	15.6	0.6	10.6	52.4	104	2.3	4.9	15.1	1.5
	$IP_{24}Dy16-1$	143	3.35	156	895	16.5	1.9	25.0	91.2	141	3.3	7.2	24.4	1.3
	$IP_{24}Dy22-1$	137	3.88	171	724	15.1	1.8	24.5	120.5	219	5.0	8.6	24.9	2.2
	$IP_{24}Dy2-1$	155	3.13	160	927	20.2	1.4	14.1	105.3	229	6.1	6.4	30.5	3.4
	$IP_{24}Dy3-1$	71	5.04	215	986	24.6	0.8	9.4	70.2	151	4.3	4.3	20.6	2.6
	$IP_{24}Dy19-1$	111	4.03	168	1066	15.0	1.7	27.4	91.0	154	2.9	6.8	21.2	2.0
	$IP_{24}Dy23-1$	128	3.15	147	557	20.2	2.2	27.4	110.2	249	4.2	7.9	30.4	2.9
	$IP_{26}Dy4-1$	110	4.69	328	510	32.4	2.1	19.6	80.7	177	5.6	6.8	39.9	4.2
	$IP_{26}Dy5-1$	174	4.20	219	612	23.4	1.4	14.6	77.4	177	5.0	6.2	31.1	3.3
	$IP_{26}Dy6-1$	108	4.53	251	582	27.7	1.6	15.8	80.6	187	5.5	6.2	30.5	3.3
	$IP_{26}Dy7-1$	113	4.69	285	615	32.0	2.3	19.4	86.7	181	5.8	6.8	40.7	4.3
	$IP_{26}Dy8-1$	69	4.93	294	505	27.8	1.9	16.7	87.9	191	5.5	7.0	38.0	4.1
	$IP_{26}Dy9-1$	124	4.49	262	530	28.8	1.8	16.1	88.6	199	5.6	6.2	35.5	3.7
	$IP_{26}Dy13-1$	121	4.48	262	626	25.7	1.9	16.2	84.6	184	5.2	6.2	32.6	3.5
	$IP_{26}Dy14-1$	104	5.03	304	541	29.6	1.7	15.9	89.1	196	5.5	6.5	34.4	3.6
	$IP_{26}Dy16-1$	116	3.99	263	423	26.3	1.8	15.3	78.6	187	5.3	6.2	37.2	3.9
	$IP_{26}Dy17-1$	70	4.46	306	440	30.5	2.3	19.7	83.2	169	5.5	6.9	39.5	4.3
	$IP_{26}Dy19-1$	118	3.46	245	435	29.0	2.4	15.5	91.0	190	5.6	6.3	35.5	3.8
角砾	$P_1 19-1$	54	—	45	189	6.2	—	7.3	—	82	2.6	—	—	—
	5099	306	3.90	163	797	19.8	0.9	7.7	63.4	139	4.5	4.3	20.6	2.1
	$IP_{24}Dy5-1$	115	3.77	192	448	16.5	1.2	10.0	51.4	151	3.0	5.6	24.2	2.5
集块	4116-3	617	1.02	24	745	7.9	1.4	26.0	101.4	256	6.1	8.1	23.4	2.4

表 3-116 鄂拉山组火山岩微量元素 MORB 标准化值 （单位：K_2O 为%；其他 10^{-6}）

样品号	Sr	K_2O	Rb	Ba	Th	Ta	Nb	Ce	Zr	Hf	Sm	Y	Yb
λ	231	3.50	169.00	646.00	14.80	0.93	11.90	60.70	197.00	5.00	3.70	16.5	2.00
5030^{b}	1.93	8.75	42.25	12.92	18.50	1.33	1.19	1.73	0.58	0.56	0.41	0.24	0.03
$P_4$2-1	1.12	0.38	0.25	1.27	1.25	0.71	—	0.35	0.27	0.30	0.31	—	0.03
7020	1.49	1.58	3.80	4.32	2.00	0.71	—	0.87	0.55	0.59	0.53	0.50	0.05
5083-2	1.74	3.20	10.23	18.64	11.75	2.14	3.96	—	0.51	0.57	—	—	—
IP_{26}Dy10-1	0.56	13.95	56.50	18.56	33.50	3.71	2.63	3.15	0.64	0.62	0.63	0.34	0.03
6102-1	2.12	10.50	47.25	23.10	25.75	2.00	2.65	3.36	1.08	1.03	1.10	0.61	0.06
$P_6$10-1	0.99	0.15	0.25	6.56	1.25	0.71	—	0.20	0.11	0.18	0.14	—	0.03
3048-1	1.32	8.80	42.25	8.54	18.88	—	—	2.17	0.56	0.54	0.70	0.44	0.04
86^{B}	2.95	6.28	23.00	13.00	6.88	3.71	3.43	2.02	0.49	0.49	0.67	0.35	0.03
87	2.78	14.80	52.75	46.56	21.00	2.14	2.57	3.35	0.99	0.93	1.07	0.54	0.05
5088	0.88	10.35	48.00	14.52	21.75	1.71	1.46	2.74	1.16	1.08	0.99	0.67	0.06
IP_{24}Dy6-1	4.39	7.03	23.50	18.72	15.25	2.71	3.06	2.23	0.57	0.26	0.93	0.30	0.02
IP_{24}Dy8-1	3.94	7.33	22.75	20.02	16.75	2.57	2.77	2.23	0.55	0.36	0.88	0.36	0.03
IP_{24}Dy11-1	2.38	8.23	33.00	16.18	14.50	2.14	2.72	2.33	0.55	0.36	0.83	0.35	0.03
IP_{24}Dy20-1	3.24	2.68	15.50	3.92	16.38	3.00	2.86	3.31	0.65	0.44	0.98	0.36	0.03
IP_{24}Dy21-1	4.03	2.43	11.00	8.98	9.50	2.14	2.42	3.09	0.68	0.43	0.94	0.37	0.03
4027-1	1.55	0.88	2.13	2.90	3.75	0.71	—	1.10	0.67	0.82	0.87	—	0.08
P_{23}0-1	1.04	5.00	33.00	4.52	18.13	0.86	1.18	2.60	0.80	0.70	0.77	0.40	0.04
4115-1	0.83	10.03	49.00	26.56	17.63	1.86	1.37	2.46	0.84	0.90	0.61	0.42	0.04
IP_{26}Dy1-1	1.02	10.30	79.25	7.62	45.88	3.57	2.24	2.37	0.34	0.56	0.83	0.66	0.06
IP_{26}Dy2-1	0.59	11.73	86.50	8.30	45.00	3.43	2.18	2.51	0.52	0.61	0.87	0.65	0.06
4100-2	0.56	12.05	69.75	12.06	33.50	2.14	1.35	2.00	0.46	0.52	0.52	0.35	0.03
5100-1	2.24	9.05	42.00	11.96	24.13	1.29	0.70	1.62	0.40	0.43	0.41	0.26	0.02
5104	0.80	13.13	68.75	16.16	27.63	1.00	0.91	2.01	0.34	0.46	0.39	0.24	0.02
4118-1	1.20	10.60	46.25	11.28	33.25	1.00	1.23	2.18	0.47	0.51	0.62	0.36	0.03
1987-1	0.81	13.68	57.75	20.42	32.13	3.43	2.57	3.51	0.65	0.67	0.83	0.45	0.04
4079-1	0.63	7.30	31.25	11.22	51.75	5.29	3.93	4.02	0.76	0.78	0.93	0.54	0.05
5090	0.81	11.13	54.50	12.22	36.13	1.43	1.02	2.01	0.39	0.43	0.40	0.25	0.03
2113	0.80	9.93	47.25	11.30	34.25	1.57	0.94	1.78	0.27	0.36	0.36	0.26	0.02
4113-1	0.99	11.45	56.00	12.82	31.50	1.86	0.91	1.97	0.35	0.41	0.39	0.23	0.02
4114-1	0.79	11.65	62.25	12.46	32.38	1.86	1.03	1.96	0.32	0.43	0.39	0.26	0.02
5108	0.77	11.38	59.75	9.18	32.38	2.43	0.93	1.87	0.27	0.39	0.33	0.24	0.02
4116-2	0.45	10.55	44.75	9.90	49.75	5.00	3.62	3.51	0.65	0.74	0.72	0.47	0.05
4099-4	0.33	11.83	59.25	5.22	36.50	3.14	1.88	3.06	0.45	0.53	0.76	0.39	0.04
90	0.28	15.35	70.75	8.84	29.13	1.14	1.10	2.23	0.46	0.53	0.49	0.30	0.03
IP_{26}Dy15-1	0.38	12.33	73.50	10.80	36.50	5.43	3.34	0.78	0.24	0.40	0.44	0.59	0.06

续表 3-116

样品号	Sr	K_2O	Rb	Ba	Th	Ta	Nb	Ce	Zr	Hf	Sm	Y	Yb
$IP_{26}Dy18-1$	0.48	13.43	—	9.00	55.25	4.43	2.70	2.87	0.50	0.63	0.99	0.88	0.08
$IP_{24}Dy24-1$	1.80	10.10	39.00	19.52	23.63	1.71	0.85	2.44	0.46	0.31	0.47	0.22	0.02
2029-2	1.14	2.33	5.98	5.80	11.88	0.83	—	1.27	0.56	0.58	0.41	—	0.02
2032	1.66	0.38	0.25	1.17	1.25	0.71	—	0.41	0.33	0.43	0.31	—	0.04
4039	2.13	1.18	4.83	1.51	1.00	—	—	0.46	0.32	0.33	0.33	0.32	0.03
1049	1.22	9.88	28.25	14.82	17.75	1.86	1.71	2.17	0.51	0.61	0.67	0.40	0.04
4104-1	1.11	9.68	46.50	20.74	29.13	1.43	1.17	2.48	0.63	0.62	0.63	0.36	0.03
4105-1	3.47	6.88	23.50	20.98	16.75	2.43	2.74	2.62	0.81	0.74	0.79	0.40	0.04
$IP_{24}Dy13-1$	1.77	3.30	19.75	4.94	22.63	2.57	2.37	2.18	0.56	0.41	0.64	0.35	0.03
$IP_{24}Dy12-1$	1.98	10.13	35.75	37.56	17.00	1.86	1.82	3.52	0.67	0.28	0.73	0.20	0.01
$IP_{24}Dy18-1$	1.58	7.98	31.50	18.84	15.75	0.86	0.89	2.81	0.50	0.34	0.61	0.19	0.01
$IP_{24}Dy1-1$	0.62	6.75	41.50	5.24	28.38	2.29	1.52	2.27	0.50	0.68	0.82	0.55	0.05
$IP_{24}Dy4-1$	0.83	7.33	35.50	11.60	30.13	1.57	1.55	1.95	0.61	0.58	0.71	0.43	0.04
$IP_{24}Dy15-1$	1.10	8.33	31.75	19.74	30.00	4.29	4.28	3.33	0.38	0.32	1.00	0.50	0.04
$IP_{24}Dy7-1$	1.29	8.08	35.25	13.62	19.50	0.86	1.06	1.50	0.31	0.26	0.54	0.22	0.02
$IP_{24}Dy16-1$	1.19	8.38	39.00	17.90	20.63	2.71	2.50	2.61	0.41	0.37	0.80	0.35	0.02
$IP_{24}Dy22-1$	1.14	9.70	42.75	14.48	18.88	2.57	2.45	3.44	0.64	0.56	0.96	0.36	0.03
$IP_{24}Dy2-1$	1.29	7.83	40.00	18.54	25.25	2.00	1.41	3.01	0.67	0.68	0.71	0.44	0.04
$IP_{24}Dy3-1$	0.59	12.60	53.75	19.72	30.75	1.14	0.94	2.01	0.44	0.48	0.48	0.29	0.03
$IP_{24}Dy19-1$	0.93	10.08	42.00	21.32	18.75	2.43	2.74	2.60	0.45	0.32	0.76	0.30	0.03
$IP_{24}Dy23-1$	1.07	7.88	36.75	11.14	25.25	3.14	2.74	3.15	0.73	0.47	0.88	0.43	0.04
$IP_{26}Dy4-1$	0.92	11.73	82.00	10.20	40.50	3.00	1.96	2.31	0.52	0.62	0.76	0.57	0.05
$IP_{26}Dy5-1$	1.45	10.50	54.75	12.24	29.25	2.00	1.46	2.21	0.52	0.56	0.69	0.44	0.04
$IP_{26}Dy6-1$	0.90	11.33	62.75	11.64	34.63	2.29	1.58	2.30	0.55	0.61	0.69	0.44	0.04
$IP_{26}Dy7-1$	0.94	11.73	71.25	12.30	40.00	3.29	1.94	2.48	0.53	0.64	0.76	0.58	0.05
$IP_{26}Dy8-1$	0.58	12.33	73.50	10.10	34.75	2.71	1.67	2.51	0.56	0.61	0.78	0.54	0.05
$IP_{26}Dy9-1$	1.03	11.23	65.50	10.60	36.00	2.57	1.61	2.53	0.59	0.62	0.69	0.51	0.05
$IP_{26}Dy11-1$	1.13	10.93	67.00	8.50	34.25	2.43	1.58	2.40	0.56	0.61	0.70	0.48	0.05
$IP_{26}Dy12-1$	1.05	10.35	58.50	10.36	32.88	2.57	1.46	2.39	0.53	0.56	0.68	0.55	0.05
$IP_{26}Dy13-1$	1.01	11.20	65.50	12.52	32.13	2.71	1.62	2.42	0.54	0.58	0.69	0.47	0.04
$IP_{26}Dy14-1$	0.87	12.58	76.00	10.82	37.00	2.43	1.59	2.55	0.58	0.61	0.72	0.49	0.05
$IP_{26}Dy1-61$	0.97	9.98	65.75	8.46	32.88	2.57	1.53	2.25	0.55	0.59	0.69	0.53	0.05
$IP_{26}Dy17-1$	0.58	11.15	76.50	8.80	38.13	3.29	1.97	2.38	0.50	0.61	0.77	0.56	0.05
$IP_{26}Dy19-1$	0.98	8.65	61.25	8.70	36.25	3.43	1.55	2.60	0.56	0.62	0.70	0.51	0.05
$P_1 19-1$	0.45	—	11.25	3.78	7.75	—	0.73	—	0.24	0.29	—	—	—
5099	2.55	9.75	40.75	15.94	24.75	1.29	0.77	1.81	0.41	0.50	0.48	0.29	0.03
$IP_{24}Dy5-1$	0.96	9.43	48.00	8.96	20.63	1.71	1.00	1.47	0.44	0.33	0.62	0.35	0.03
4116-3	5.14	2.55	6.00	14.90	9.88	2.00	2.60	2.90	0.75	0.68	0.90	0.33	0.03

第四章　变质岩

测区主体位于东昆仑西段祁漫塔格山，北跨柴达木盆地，西邻阿尔金山。在区域上属柴达木变质区柴南缘变质带（王云山等，1987）。作为造山带基本组成的变质岩类，在测区出露较为广泛，是不同成因、不同期次、不同变质程度的变质岩石复合体，早期变质岩石普遍受后期变质作用不同程度的改造（表 4－1）。除新生代沉积虽有不同程度的构造变形，但没有变质作用发生，除非变质岩系外，变质岩在时间上从古元古代到晚三叠世均有产出。

表 4－1　本区各变质作用类型的主要特征一览表

变质作用类型	原岩建造	变质岩石	变质作用特征	主要变质地质体	主变质期
区域动力热流变质	灰岩、泥砂岩夹中基性火山岩-火山碎屑岩	大理岩类、片麻岩类、片岩类等	石榴石-矽线石型，递增变质带，低—高角闪岩相	古元古界白沙河（岩）组、小庙（岩）组	吕梁期
区域低温动力变质	泥砂质岩、碳酸盐岩	片岩、千枚岩、板岩、结晶灰岩、大理岩、白云岩、变质砂岩、透辉石岩	冰沟群为低绿片岩相-低角闪岩相，其他为绿片岩相	中新元古代—晚古生代各类地质体	晋宁期、加里东期、海西期
接触变质作用	碎屑岩＋碳酸盐岩	角岩、矽卡岩	绿帘钠长角岩相，角闪石角岩相	元古宙—中生代各类地质体，以中-新元古界冰沟群、下古生界滩间山（岩）群为主	海西期、印支期
埋深变质作用	以陆相火山岩为主	变质火山岩、变火山碎屑岩	板岩-千枚岩级绿片岩相	中生界鄂拉山组	印支期
动力变质作用		条纹条带状、眼球状片麻岩类、构造片岩、强片理化片岩、糜棱岩、碎裂岩、千糜岩、初糜棱岩等、糜棱岩化岩石	低—高绿片岩相 低—高角闪岩相	小庙（岩）组、滩间山（岩）群及其他地质体	加里东期、晋宁期

第一节　区域变质作用及其变质岩系

构成本区结晶基底的古-中元古界，由于上涌的地幔热流对地壳的作用，连同应力作用一起，使本区具有区域动力热流变质作用类型的特征；从中-新元古代开始持续到晚古生代，表现出以构造应力作用为主的区域低温动力变质作用类型为主；至中生代则呈造陆运动巨厚的沉积物下沉形成的埋深变质作用类型（表 4－1）。本区归纳出两种主要变质岩系：古-中元古代区域动力热变质作用形成的结晶基底多相中—高级变质岩系；中新元古代-晚古生代区域低温动力变质作用形成的单相浅变质岩系。

一、区域动力热变质作用及其变质岩系

区域动力热变质作用是以区域热流和构造应力作用产生的变质作用。热流来源于地壳以下上地幔的热流上涌，热流对地壳的作用往往不均匀，常形成多相变质和递增变质带，本区主要由角闪岩相组成。区域动力热变质作用形成的区域变质岩在测区由于受构造和岩浆破坏，只在局部地区见有分布。

（一）古元古界白沙河（岩）组（Ar_3Pt_1b）

1. 地质特征

该岩组主要沿测区北西-南东向于祁漫塔格山南部羊勒恰普—盖伊尔一带及卡尔塔阿拉南山北部阿尼亚拉克萨依—阿达滩沟脑一带断续分布，为元古宙残留陆块，构成测区古老的结晶基底。大部分被加里东期—印支期侵入岩吞蚀，呈大小不等的残留块体。加之受多期次的构造破坏，原有的空间分布规律基本被破坏殆尽，与相邻地层皆为断层接触。岩石组合以条纹条带状、眼球状黑云斜长片麻岩、角闪黑云斜长片麻岩、黑云斜长角闪岩、黑云斜长角闪片岩为主，各类大理岩次之，夹少量变粒岩、石英片岩。在本区白沙河（岩）组中碳酸盐组分较发育是较明显的特征。

2. 岩石组合

白沙河（岩）组（Ar_3Pt_1b）岩性以大套的大理岩、片麻岩为主，有较多的片岩夹石英岩及较少的变粒岩。羊勒恰普—盖依尔一带的主要岩性有大理岩、斜长阳起绿帘石片岩，被海西期黑云母二长花岗岩大片吞蚀，后期顺层囊状、透镜状长英质伟晶岩脉及酸性岩脉发育；阿尼亚拉克萨依—阿达滩一带的主要岩性有灰绿色细粒含黑云斜长片麻岩、二云二长片麻岩、含石榴黑云（角闪）片岩、堇青白云母石英片岩、片状细粒钠长绿帘纤闪石片岩、白云母二长变粒岩、石榴绿泥石石英岩、片状细粒大理岩。

3. 岩石学特征

详见第二章第一节中的古元古代地层部分。

4. 岩石化学和地球化学特征

白沙河（岩）组（Ar_3Pt_1b）各类变质岩的硅酸盐、微量元素及稀土元素分析结果和特征值（表 4-2～表 4-4），各类变质岩成分特征分述如下。

黑云斜（钾）（二）长片麻岩类

尼格里参数：氧化铝数 t=1.83～24.35，属铝过饱和类型；石英数 qz=66.88～203.95（>12），为 SiO_2 过饱和，表明岩石中有较多石英，与岩石镜下鉴定结果一致；k=0.4～0.72，暗色组分平均值 fm=27.98。由此可见，岩石以富铝为特征，故出现较多的云母矿物和石榴石及矽线石。

角闪斜长片麻岩类

（1）尼格里参数：氧化铝数 t=－6.49，属贫铝类型，低硅；石英数 qz=29.95，为 SiO_2 略过饱和类型；富钙 c=18.68，暗色组分 fm=43.12，说明岩石中镁铁质比例较高。

（2）稀土元素参数值：稀土总量 $\sum REE=246.93\times10^{-6}\sim254.77\times10^{-6}$，轻重稀土比值 LREE/HREE=2.12～3，$\delta(Eu)$=0.367～0.591，具 $\delta(Eu)$ 负异常，$(La/Yb)_N$=4.709～6.226。稀土元素配分模式见图 4-1，呈明显右倾，为轻稀土富集型。

表 4-2 白沙河(岩)组(Ar_3Pt_1b)岩石化学成分表

(单位:%)

岩性	样品号	SiO_2	TiO_2	Al_2O_3	Fe_2O_3	FeO	MnO	MgO	CaO	Na_2O	K_2O	P_2O_5	LOS	H_2O^+	总计
含石榴角闪黑云斜长片麻岩	$IP_{34}Gs0-1$	57.84	1.29	13.71	3.16	5.86	0.18	3.92	5.48	1.97	3.66	0.18	2.30	1.39	99.55
二云二长片麻岩	$IP_{22}Gs38-3$	71.93	0.22	13.68	1.80	1.42	0.07		0.96	4.05	4.96	0.06	0.45	0.60	99.87
二云钾长片麻岩	$I_{99}Bb2193-1$	73.40	0.25	12.78	1.06	1.31	0.06	0.32	1.73	1.65	5.85	0.18	1.47	0.80	100.06
含石榴二云二长片麻岩	$I_{99}Bb3114-2$	72.04	0.32	13.03	1.00	2.54	0.03	0.52	1.02	2.01	5.47	0.17	1.76	1.11	99.91
含石榴黑云钾长片麻岩	$I_{97}Bb5193$	71.18	0.44	13.56	1.32	1.80	0.05	0.55	1.16	2.36	5.84	0.15	1.04	0.61	99.45
矽线石片麻岩	$I_{73}Gs4072$	59.45	0.94	18.43	3.50	6.20	0.14	2.25	0.56	1.10	4.28	0.078	2.78	0.16	99.708
斜长阳起绿帘石片岩	$IP_{28}Gs9-1$	57.46	1.48	15.74	2.10	6.26	0.13	3.36	6.13	3.15	1.70	0.27	1.97	1.30	99.75
含堇青绿帘黑云母片岩	$IP_{22}Gs29-1$	64.80	0.72	12.85	2.30	3.92	0.08	2.17	3.46	1.24	5.00	0.16	2.99	1.64	99.69
堇青阳起石片岩	$IP_{22}Gs24-1$	62.84	0.84	12.99	2.30	4.51	0.09	2.54	4.10	1.21	4.73	0.16	3.34	1.50	99.65
斜长角闪片岩	$I_{99}Bb3114-1$	54.08	1.74	13.41	1.63	8.90	0.16	4.84	7.98	2.25	2.59	0.18	1.32	0.81	99.08
黑云斜长片麻岩	引自 1∶20 万资料	60.34	0.71	17.21	1.52	5.42	0.07	3.65	2.2	2.64	2.7	0.18	3.25	0.14	99.89
		66.44	0.88	13.72	0.91	5.36	0.11	1.60	2.78	2.22	3.96	0.23	1.98	0.04	100.19
岩性	样品号	尼格里参数													
		al	*fm*	*c*	*alk*	Si	Ti	P_2O_5	*h*	*mg*	*o*	*k*	*t*	*qz*	类型
含石榴角闪黑云斜长片麻岩	$IP_{34}Gs0-1$	25.69	42.13	18.68	13.50	183.94	3.09	0.24	14.74	0.44	0.18	0.55	−6.49	29.95	$al<alk+c$
二云钾长片麻岩	$I_{99}Bb2193-1$	43.95	14.12	10.81	31.11	428.41	1.09	0.44	15.47	0.20	0.33	0.70	2.03	203.95	$al>alk+c$
含石榴二云二长片麻岩	$I_{99}Bb3114-2$	42.96	20.53	6.13	30.38	403.09	1.34	0.40	20.74	0.21	0.21	0.64	6.46	181.57	$al>alk+c$
含石榴黑云钾长片麻岩	$I_{97}Bb5193$	42.94	18.08	6.67	32.30	382.69	1.76	0.34	11.00	0.25	0.29	0.62	3.97	153.48	$al>alk+c$
矽线石片麻岩	$I_{73}Gs4072$	40.92	42.51	2.27	14.30	224.06	2.67	0.12	1.95	0.30	0.23	0.72	24.35	66.88	$al>alk+c$
斜长阳起绿帘石片岩	$IP_{28}Gs9-1$	29.07	37.36	20.59	12.97	180.10	3.48	0.35	13.56	0.42	0.13	0.26	−4.49	28.20	$al<alk+c$
含堇青绿帘黑云母片岩	$IP_{22}Gs29-1$	31.58	34.66	15.46	18.29	270.25	2.25	0.28	22.83	0.39	0.21	0.73	−2.17	97.09	$al<alk+c$
堇青阳起石片岩	$IP_{22}Gs24-1$	29.90	36.56	17.15	16.39	245.56	2.47	0.26	19.49	0.40	0.18	0.72	−3.63	80.02	$al<alk+c$
斜长角闪片岩	$I_{99}Bb3114-1$	21.77	44.10	23.57	10.56	149.07	3.62	0.21	7.43	0.45	0.08	0.43	−12.36	6.83	$al<alk+c$
黑云斜长片麻岩	引自 1∶20 万资料	36.30	39.95	8.42	15.33	216.03	1.90	0.28	1.62	0.49	1.10	0.40	12.54	54.72	$al>alk+c$
		34.57	32.69	12.74	20.00	284.19	2.84	0.41	0.56	0.31	0.09	0.54	1.83	104.19	$al>alk+c$

表 4-3　白沙河(岩)组(Ar_3Pt_1b)变质岩微量元素含量表

(单位:10^{-6})

岩　性	样品编号	Cr	Ni	Co	Mn	V	Ti	Rb	Th	Ba	U	Sr	Zr	Y	Cs	Nb	Ta	Hf	Sc	La	Yb	Ce	Sm	Nb/Ta	Zr/Hf
黑云斜长片麻岩	$IP_{13}Dy7-2$	52.3	26.3	16.4	1014	78.7	3584	347	9.3	124	4.5	89	169	27.8	23.2	15.6	1.2	7.6	11.4					13.00	22.24
	$IP_{13}Dy12-1$	84.3	37.0	15.2	578	122.0	6569	85.6	16.1	285	2.7	200	276	36.9	5.3	19.2	2.5	6.6	17.6					7.68	41.82
	$IP_{22}Dy17-1$	<5.0	7.6	4.0	485	23.0	1874	365	20.2	733	3.1	99	160	39.3	19.6	10.0	0.7	5.0	4.3	48.3	3.1	91.2	8.8	14.29	32.00
	$IP_{22}Dy35-1$	20.3	13.3	6.8	485	51.9	2051	128	3.5	381	1.3	139	142	22.0	24.3	7.5	0.6	4.0	5.8	17.8	2.6	34.4	3.5	12.50	35.50
含石榴角闪黑云斜长片麻岩	$IP_{34}Dy0-1$	12.0	11.7	12.0	485	61.7	3269	183	14.1	440	2.6	184	152	76.1	10.8	19.0	2.1	6.2	29.0	28.9	9.0	61.3	8.7	9.05	24.52
白云母二长片麻岩	$IP_{22}Dy34-1$	<5.0	2.2	1.4	198	12.8	1087	365	15.2	227	2.6	26	97	43.5	15.6	9.6	0.6	3.4	3.3	21.3	4.2	51.0	4.4	16.00	28.53
	$IP_{22}Dy30-1$	7.3	3.3	2.6	204	20.3	1800	307	22.3	384	5.4	49	158	40.5	14.8	12.2	1.8	4.9	4.1	35.0	3.4	75.7	6.9	6.78	32.24
矽线石片麻岩	$I_{73}Dy4072$	114.0	3.2	2.4	195	12.6	1368	321	13.5	618	3.4	70	122	43.4	10.1	9.5	1.3	3.6	2.8	35.4	3.9	73.8	6.1	7.31	33.89
二云二长片麻岩	$IP_{22}Dy38-3$	6.9	43.9	22.3	1176	153.0	6924	238	16.5	969	2.3	72	197	46.3	14.1			6.2	27.8						31.77
角闪斜长片麻岩	$IP_{13}Dy4-1$	147.0	50.1	31.5	510	165.0	6903	234	20.9	332	4.1	63.9	211	57.4	34.7	19.2	1.9	5.2	33.0					10.11	40.58
二云钾长片麻岩	2193-1	5.8	4.8	3.5	213	17.0	1536	340	28.8	452	2.6	43	183	57.8	12.2	15.2	0.9	5.6	3.4	37.9	5.3	78.0	7.4	16.89	32.68
含石榴二云二长片麻岩	3114-2	8.1	4.4	3.6	361	15.6	1660	280	19.0	790	2.4	114	189	55.3	9.1	11.4	1.0	5.6	4.5	37.5	5.3	84.0	8.6	11.40	33.75
含石榴黑云钾长片麻岩	5193	19.3	7.0	6.2	293	30.9	2278	222	20.6	995	2.0	101	210	46.8	9.8	10.9	<0.5	7.1	5.6	61.7	5.6	120.6	10.6		29.58
角闪片岩	$IP_{22}Dy36-1$	162.1	40.7	36.6	1290	256.3	6898	61	1.0	182	1.8	198	69	19.8	9.3	6.1	<0.5	2.6	32.5	15.8	2.6	28.7	2.8		26.54
含石榴角闪片岩	$IP_{22}Dy33-1$	173.9	55.7	33.7	1681	305.3	20 369	40	1.8	113	2.6	164	196	38.1	15.6	27.6	2.0	6.1	30.1	29.0	4.5	60.9	7.6	13.80	27.70
石榴斜长角闪片岩	3114-1	137.2	44.4	38.4	1324	236.0	6953	81	7.2	182	0.6	175	79	22.8	11.4	9.1	0.8	3.2	36.2	13.8	2.7	20.4	3.2	11.38	24.69
斜长阳起绿帘石片岩	$IP_{28}Dy9-1$	189.3	106.5	31.9	1030	145.6	7023	28	1.7	215	1.9	372	137	24.1	4.7	18.2	1.2	3.4	25.1	12.4	2.6	19.9	3.0	15.17	40.29
绿泥石片岩	$IP_{22}Dy23-1$	170.3	71.9	35.6	1398	262.1	5343	<3	<1.0	203	1.3	159	50	18.0	8.5	3.2	<0.5	2.3	34.3	11.5	2.4	17.3	2.1		21.74
堇青白云母石英片岩	$IP_{22}Dy25-1$	<5.0	4.5	3.4	276	20.5	1506	372	15.4	483	2.0	50	128	37.5	14.8	9.1	1.1	4.1	3.7	35.2	2.8	72.2	7.3	8.27	31.22
白云母二长变粒岩	$IP_{22}Dy32-1$	<5.0	<2.0	1.6	199	10.7	815	484	22.1	72	5.1	18	90	53.8	24.3	9.8	1.2	3.3	2.2	14.6	4.6	46.7	4.7	8.17	27.27
二长浅粒岩	$IP_{22}Dy35-2$	11.9	7.7	4.9	535	31.3	1529	101	2.7	379	1.3	200	244	14.7	17.2	4.2	<0.5	6.0	2.8	20.6	1.8	31.5	2.2		40.67
石榴绿泥石石英片岩	$IP_{22}Dy27-1$	27.7	13.0	15.1	291	31.5	1315	<3	5.1	35	0.8	29	92	47.7	2.3	3.3	<0.5	2.7	4.7	22.4	4.1	52.3	6.1		34.07
含堇青绿帘黑云母片岩	$IP_{22}Dy29-1$	108.6	35.3	36.4	1175	222.7	9974	173	1.5	368	1.9	181	165	32.4	26.6	11.2	0.6	5.0	31.7	22.1	4.0	40.1	4.9	18.67	33.00
钠长绿帘纤闪石片岩	$IP_{22}Dy23-3$	46.0	35.9	32.3	1244	226.4	9615	32	3.4	222	1.7	545	164	27.5	17.2	27.1	2.3	4.9	28.4	30.5	3.1	50.4	5.7	11.78	33.47
堇青阳起石片岩	$IP_{22}Dy24-1$	130.9	65.9	35.2	1662	315.3	14 344	62	1.8	605	3.0	247	145	28.0	8.5	15.5	1.4	5.2	25.2	23.3	3.2	38.1	5.2	11.07	27.88

表 4－4　祁漫塔格白沙河(岩)组稀土元素分析结果　(单位：10^{-6})

岩性	样品号	轻稀土元素						重稀土元素								
		La	Ce	Pr	Nd	Sm	Eu	Gd	Tb	Dy	Ho	Er	Tm	Yb	Lu	Y
矽线石片麻岩	I_{73}XT4072	38.60	87.64	11.52	43.23	8.50	1.59	7.68	1.20	6.67	1.32	3.99	0.64	4.18	0.64	37.37
含石榴二云二长片麻岩	XT3114－2	35.97	78.26	9.53	34.60	8.39	1.00	8.05	1.41	8.54	1.83	5.47	0.79	5.15	0.71	47.23
石榴斜长角闪片岩	XT3114－1	15.43	36.54	4.79	20.38	5.28	1.71	5.83	1.01	6.19	1.30	3.73	0.51	3.17	0.44	31.55
斜长阳起绿帘石片岩	IP_{28}XT9－1	6.46	18.25	2.73	12.68	3.55	1.31	4.26	0.74	4.73	1.01	2.90	0.44	2.80	0.42	26.36
含堇青绿帘黑云母片岩	IP_{22}XT29－1	14.55	35.54	4.74	18.40	4.58	1.51	5.41	0.91	5.41	1.22	3.39	0.56	3.60	0.52	29.65
堇青阳起石片岩	IP_{22}XT24－1	17.50	45.05	5.96	26.23	6.78	2.23	7.50	1.19	6.89	1.34	3.53	0.51	3.09	0.43	33.35

岩性	样品号	岩石/球粒陨石														
		La	Ce	Pr	Nd	Sm	Eu	Gd	Tb	Dy	Ho	Er	Tm	Yb	Lu	Y
矽线石片麻岩	I_{73}XT4072	124.52	108.47	94.43	72.05	43.59	21.63	29.65	25.32	20.71	18.38	19.00	19.75	20.00	19.88	37.37
含石榴二云二长片麻岩	XT3114－2	116.03	96.86	78.11	57.67	43.03	13.61	31.08	29.75	26.52	25.49	26.05	24.38	24.64	22.05	47.23
石榴斜长角闪片岩	XT3114－1	49.77	45.22	39.26	33.97	27.08	23.27	22.51	21.31	19.22	18.11	17.76	15.74	15.17	13.66	31.55
斜长阳起绿帘石片岩	IP_{28}XT9－1	20.84	22.59	22.38	21.13	18.21	17.82	16.45	15.61	14.69	14.07	13.81	13.58	13.40	13.04	26.36
含堇青绿帘黑云母片岩	IP_{22}XT29－1	46.94	43.99	38.85	30.67	23.49	20.54	20.89	19.20	16.80	16.99	16.14	17.28	17.22	16.15	29.65
堇青阳起石片岩	IP_{22}XT24－1	56.45	55.75	48.85	43.72	34.77	30.34	28.96	25.11	21.40	18.66	16.81	15.74	14.78	13.35	33.35

岩性	样品号	稀土元素参数特征值												
		ΣREE	LREE	HREE	LREE/HREE	La/Yb	La/Sm	Sm/Nd	Gd/Yb	$(La/Yb)_N$	$(La/Sm)_N$	$(Gd/Yb)_N$	δ(Eu)	δ(Ce)
矽线石片麻岩	I_{73}XT4072	254.77	191.08	63.69	3.00	9.23	4.54	0.20	1.84	6.23	2.86	1.48	0.59	0.99
含石榴二云二长片麻岩	XT3114	246.93	167.75	79.18	2.12	6.98	4.29	0.24	1.56	4.71	2.70	1.26	0.37	1.00
石榴斜长角闪片岩	XT3114－1	137.86	84.13	53.73	1.57	4.87	2.92	0.26	1.84	3.28	1.84	1.48	0.94	1.02
斜长阳起绿帘石片岩	IP_{28}XT9－1	88.64	44.98	43.66	1.03	2.31	1.82	0.28	1.52	1.56	1.14	1.23	1.03	1.05
含堇青绿帘黑云母片岩	IP_{22}XT29－1	129.99	79.32	50.67	1.57	4.04	3.18	0.25	1.50	2.72	2.00	1.21	0.93	1.03
堇青阳起石片岩	IP_{22}XT24－1	161.58	103.75	57.83	1.79	5.66	2.58	0.26	2.43	3.82	1.62	1.96	0.95	1.06

(3)微量元素特征：Nb＝7.5×10^{-6}～19.2×10^{-6}，Nb/Ta＝7.31～16.89，Zr＝97×10^{-6}～276×10^{-6}，Hf＝3.4×10^{-6}～7.6×10^{-6}，Zr/Hf＝22.24～41.82。Ba＝(124～995)$\times10^{-6}$，Sr＝26×10^{-6}～200×10^{-6}，Ti＝1368×10^{-6}～6924×10^{-6}，Mn＝195×10^{-6}～1176×10^{-6}。

片岩类

(1)尼格里参数：氧化铝数 t＝－2.17～ －12.36，属铝不饱和类型。石英数分两类：一类 qz＝28.20～97.09，为 SiO_2 过饱和，表明岩石中含有大量石英；另一类石英数 qz＝6.83，为 SiO_2 饱和类型。富钙(c＝15.46～23.57)，碱含量较低，alk＝10.56～18.29(＜20)。暗色组分 fm＝34.66～44.10，说明镁铁质组分较高。

(2)稀土元素参数特征值：稀土总量 ΣREE＝88.64×10^{-6}～161.58×10^{-6}，轻重稀土比值 LREE/HREE＝1.030～1.794，δ(Eu)＝0.9259～0.9522，具铕弱负异常，其中一件样品 δ(Eu)＝1.03，稀土元素配分标准化模式图呈近平坦型(图 4－1)，基本无 Eu 异常，与岛弧拉斑玄武岩的稀土元素模式图相近。$(La/Yb)_N$＝1.556～3.818。稀土元素配分模式呈不明显右倾，为轻稀土弱富集型。

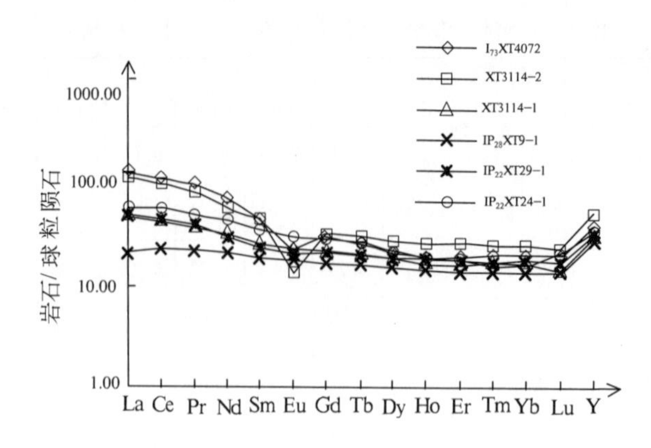

图 4－1　白沙河(岩)组稀土元素配分模式图

5. 原岩恢复

白沙河(岩)组(Ar_3Pt_1b)岩石组合中夹有较多大理岩，可推测原岩有正常沉积浅海相物质建造。岩石组合中其他岩性经历了较深层次的变质、变形，原岩结构、构造不复存在，只能通过岩石化学和地球化学特征恢复原岩。

利用西蒙南(1953)(图 4－2)、利克(1969)(图 4－3)、莫伊纳和罗谢(1968)(图 4－4)、巴拉邵夫(1972)(图 4－5)以及塔尼(1976)等多种图解互相配合对区内白沙河(岩)组典型变质岩石进行了原岩恢复(表 4－5)。据岩石野外宏观产状及原岩恢复结果可将岩石分为泥质、长英质变质岩，中基性火山岩和钙质变质岩 3 类，其中钙质变质岩为各类大理岩。在西蒙南(1953)图解中，将含石榴角闪黑云斜长片麻岩原岩恢复为中基性火山岩，矽线石片麻岩在 $c-mg$(利克，1964)图解中落入典型的泥质和半泥质岩石区，在 $\log(Na_2O/K_2O)-\log(SiO_2/Al_2O_3)$(佩蒂约翰，1972 简化)图解中，2 件黑云斜长片麻岩落入杂砂岩区，矽线石片麻岩落入长石砂岩区，说明矽线石片麻岩为粘土含量较高的长石砂岩，黑云斜长片麻岩为杂砂岩。其余片麻岩类投入泥质岩区和砂岩区；片岩类的尼格里值 $al<alk+c$(表 4－2)，均落入火山岩区，函数判别式 $DF>0$，归属中基性变质岩，$CaO+MgO<18\%$，TiO_2 在 0.75%～2.26%之间，$CaO>MgO$ 等，且 Cr、Ni、Co 和 Ti 等元素的含量较高，它们的稀土配分型式表现为平坦型，显示幔源物质的特征。在利克(1969)图解中得到了基本相似的结果。

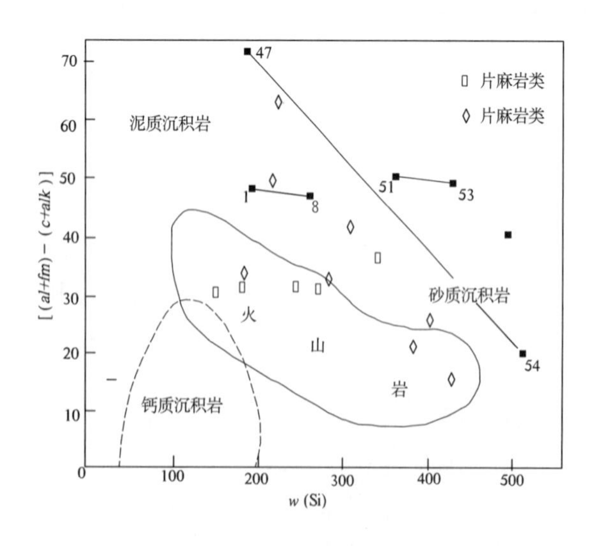

图 4－2　$[(al+fm)-(c+alk)]-w(Si)$图解

(据西蒙南，1953 简化)

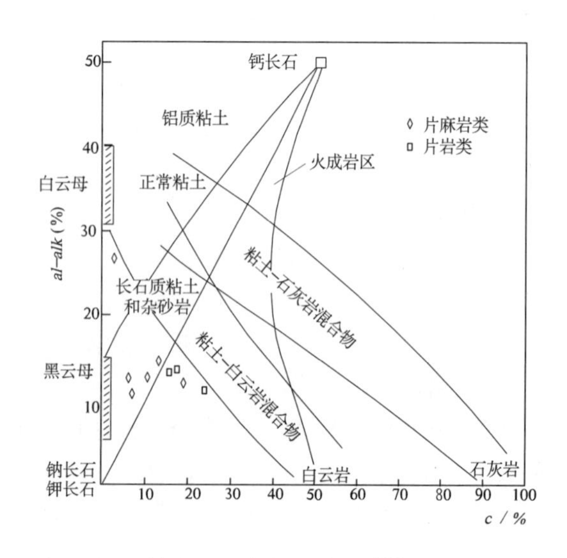

图 4－3　$(al-alk)-c$ 图解

(据利克，1969)

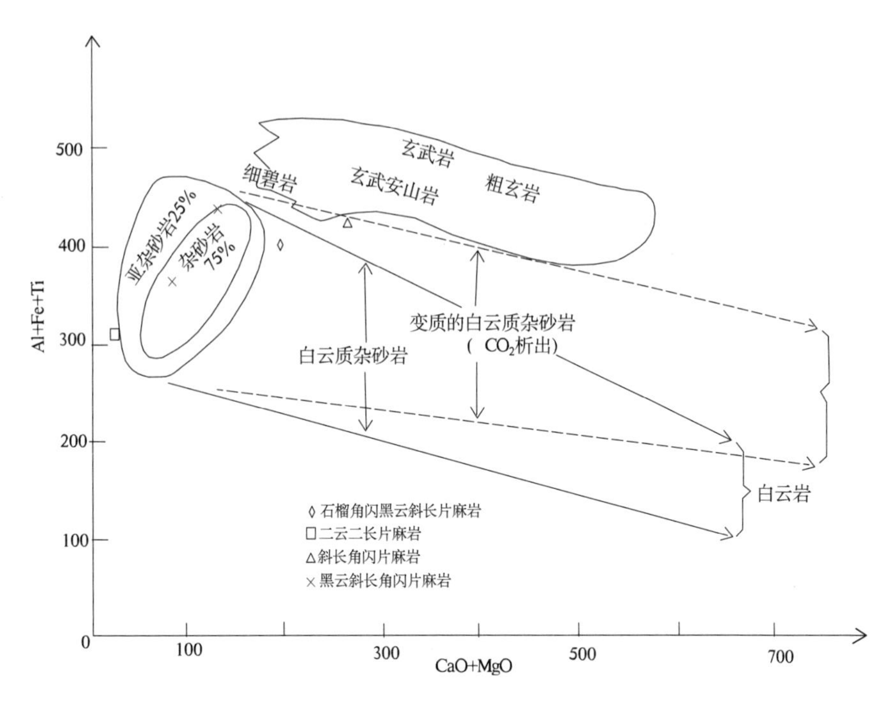

图 4-4 (Al+Fe+Ti)-(CaO+MgO)图解

(据莫伊纳和罗谢,1968)

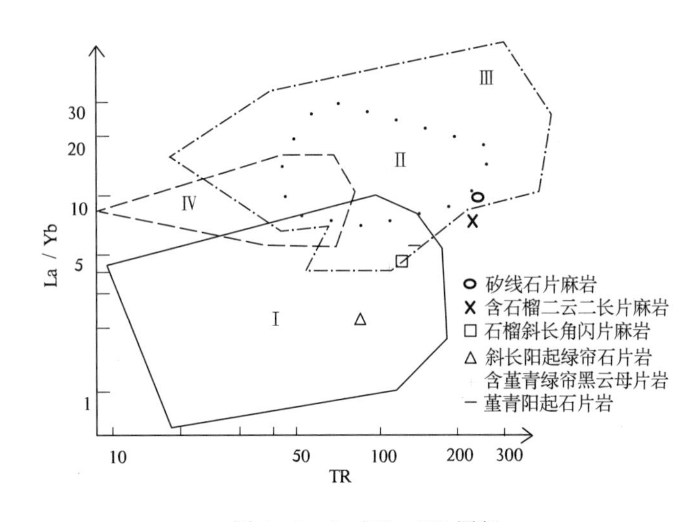

图 4-5 La/Yb-TR 图解

(据巴拉邵夫,1972)

塔尼(1976)图解因不同岩性 TiO_2 含量变化,出现了较大误差,部分杂砂岩及泥质岩因 TiO_2 含量低而落在了火成岩区,部分基性火成岩则因 TiO_2 含量高落入了沉积岩区。在泥质、长英质岩石中,Rb、Ba、Zr、Th、Nb 等不相容元素含量较高,Cr、Co、Ni、V、Ti 等相容元素含量较低,Ba 含量达 $368\times10^{-6}\sim1196\times10^{-6}$,Zr 含量达 $145\times10^{-6}\sim362\times10^{-6}$,Sr、Ti 和 Mn 在微量元素蛛网图上峰值较高,反映近源沉积特点。综上所述,本区白沙河(岩)组的原岩建造以灰岩和泥砂岩为主夹中基性火山岩-火山碎屑岩。

表 4-5 白沙河(岩)组(Ar_3Pt_1b)各类变质岩原岩恢复一览表

岩性	样品号	$(al+fm)-(c+alk)$	$al-alk-c$	TiO_2-SiO_2	A-F	综合判断
含石榴角闪黑云斜长片麻岩	$IP_{34}Bb0-1$	火山岩	火山岩	沉积岩		中基性火山岩
二云钾长片麻岩	$I_{99}Bb2193-1$	砂岩	杂砂岩	火成岩	石英砂岩	杂砂岩
含石榴二云二长片麻岩	$I_{99}Bb3114-2$	砂岩	杂砂岩	火成岩	长石石英砂岩	长石-石英砂岩
含石榴黑云钾长片麻岩	$I_{97}Bb5193$	砂岩	杂砂岩	沉积岩	长石石英砂岩	长石-石英砂岩
矽线石片麻岩	$I_{73}Bb4072$	泥质岩	粘土岩	沉积岩	长石砂岩	粘土质泥岩
斜长阳起绿帘石片岩	$IP_{28}Bb9-1$	火山岩	火山岩	沉积岩		中基性火山岩
含堇青绿帘黑云母片岩	$IP_{22}Bb29-1$	火山岩	火山岩	火成岩		中基性火山岩
堇青阳起石片岩	$IP_{22}Bb24-1$	火山岩	火山岩	沉积岩		中基性火山岩
斜长角闪片岩	$I_{99}Bb3114-1$	火山岩	火山岩	沉积岩		中基性火山岩
黑云斜长片麻岩	引自 1:20万资料	泥质岩	粘土岩	火成岩	亚杂砂岩	粉砂质泥岩
		砂岩	杂砂岩	沉积岩	长石砂岩	长石砂岩

(二)中元古界小庙(岩)组(Chx)

1. 岩石组合

小庙(岩)组在区内出露较少,呈北西-南东向分布于阿尼亚拉克萨依沟脑北侧和阿达滩南侧及上游北侧呈带状与不连续的狭长条带状或楔状。大部分被加里东期—印支期花岗岩吞蚀,呈大小不等的残留块体,原有的空间分布规律已基本不复存在。岩石组合为石英岩、二云母石英片岩、斜长角闪岩、黑云斜(钾)长片麻岩,夹少量薄层状大理岩。石英质岩石组分所占比例较高为该岩组的主要特征。

2. 主要岩石学特征

详见第二章第二节中元古代地层部分。

3. 岩石化学和地球化学特征

小庙(岩)组(Chx)各类变质岩的硅酸盐分析结果、稀土元素及微量元素分析结果见表 4-6。矽线石二云母石英片岩:①尼格里参数 $t=22.56$,属铝过饱和型,$qz=56.16$,暗色组分 $fm=44.88$;②稀土元素参数值$\sum REE=257.91\times10^{-6}$,LREE/HREE=1.03,$\delta(Eu)=1.03$,$(La/Yb)_N=1.56$,稀土分配形式曲线如图 4-6;③微量元素特征:Nb/Ta=9.91,$Zr=235\times10^{-6}$,Zr/Hf=35.61,$Ba=435\times10^{-6}$,$Sr=71\times10^{-6}$,$Ti=7388\times10^{-6}$,$Mn=1545\times10^{-6}$。

黑云斜(钾)长片麻岩:①尼格里参数 $t=11.97$,属铝过饱和型,$qz=115.71$,暗色组分 $fm=48.36$;②稀土元素参数值$\sum REE=192.56\times10^{-6}$,LREE/HREE=1.79,$\delta(Eu)=0.95$,$(La/Yb)_N=3.82$,稀土分配形式曲线如图 4-6,呈明显右倾型;③微量元素中 Nb/Ta=15.38,Zr/Hf=36.41,$Ba=516\times10^{-6}$,$Sr=85\times10^{-6}$,$Ti=4308\times10^{-6}$,$Mn=1010\times10^{-6}$。

表 4－6　小庙(岩)组(Chx)变质岩岩石化学、地球化学含量及其特征一览表

小庙(岩)组(Chx)变质岩硅酸盐分析结果　(单位:%)

岩性	样品号	SiO_2	TiO_2	Al_2O_3	Fe_2O_3	FeO	MnO	MgO	CaO	Na_2O	K_2O	P_2O_5	烧失量	H_2O^+	总计
矽线石二云母石英片岩	IP$_{33}$Gs2－1	57.98	1.11	18.1	1.62	7.84	0.19	2.96	0.65	1.04	4.34	0.13	3.89	2.85	99.85
斜长角闪岩	IP$_{33}$Gs3－1	47.19	2.35	17.06	2.1	11.18	0.19	6.26	5.61	4.16	0.65	0.37	3.21	2.63	100.33
堇青石黑云更长片麻岩	IP$_{33}$Gs5－1	64.79	0.82	12.96	1.87	5.66	0.16	3.58	1.41	0.96	3.64	0.22	3.48	2.07	99.55

小庙(岩)组(Chx)变质岩稀土元素分析结果　(单位:10^{-6})

岩性	样号	La	Ce	Pr	Nd	Sm	Eu	Gd	Tb	Dy	Ho	Er	Tm	Yb	Lu	Y	总计
矽线石二云母石英片岩	IP$_{33}$Gs2－1	48.17	91.57	10.75	38.7	7.24	1.39	6.52	1.06	6.24	1.37	3.92	0.62	3.9	0.58	35.88	257.91
斜长角闪岩	IP$_{33}$Gs3－1	14.98	33.63	5.02	21.19	5.12	2.07	5.79	0.94	5.39	1.13	3.08	0.47	2.8	0.41	28.93	130.95
堇青石黑云更长片麻岩	IP$_{33}$Gs5－1	32.32	65.68	7.74	27.9	5.31	1.06	5.07	0.88	5.29	1.18	3.48	0.56	3.79	0.55	31.76	192.57

小庙(岩)组(Chx)变质岩微量元素分析结果　(单位:10^{-6})

样品号	Cr	Co	Rb	Cs	Sr	Ba	Th	U	Sc	Ti	V	Mn	Nb	Y	Zr	Hf	Ta	Ni	Nb/Ta	Zr/Hf
IP$_{33}$Gs2－1	98.9	22.1	230	14.5	71	435	24.1	1.2	19.6	7388	119	1545	10.9	35.7	235	6.6	1.1	49.9	9.91	35.61
IP$_{33}$Gs3－1	56.2	34.4	19	4.1	413	823	1.2	0.7	23.3	13 891	196	1325	19.9	30.8	126	3.6	1.8	45.8	11.06	35.00
IP$_{33}$Gs4－1	134.7	25.9	198	13.0	133	404	15.9	1.3	25.1	9317	185	1157	20.1	33.0	211	5.9	1.3	46.3	15.46	35.76
IP$_{33}$Gs5－1	96.6	19.1	162	13.0	85	516	9.2	1.9	12.1	4308	119	1010	20.0	21.4	142	3.9	1.3	101.5	15.38	36.41
IP$_{33}$Gs6－1	58.4	2.9	83	5.6	242	663	24	4.7	6.2	2806	69	351	114.8	47.6	873	18.2	10.8	13.8	10.63	47.97
IP$_{33}$Gs7－1	81.3	14.6	129	6.3	266	191	9.3	4.1	11.1	3211	116	1582	15.7	32.4	122	3.7	1.7	48.1	9.24	32.97
IP$_{33}$Gs8－1	64.5	2.3	157	11.5	133	355	8.2	2.1	9.4	2984	99	360	15.6	20.3	116	3.1	1.6	6.4	9.75	37.42
IP$_{33}$Gs9－1	34.7	6.4	75	10.8	642	771	18.2	3.8	7.0	2569	52	461	11.5	20.1	162	4.5	1.5	15.3	7.67	36.00

小庙(岩)组(Chx)变质岩尼格里参数值、稀土特征参数值　(单位:10^{-6})

样品号	al	fm	c	alk	Si	k	mg	t	qz	c/fm	类型	LREE	HREE	LREE/HREE	δ(Eu)	$(La/Yb)_N$	δ(Ce)
IP$_{33}$Gs2－1	38.84	44.88	2.53	13.75	211.15	0.73	0.36	22.56	56.16	0.06	$al>alk+c$	44.98	43.66	1.03	1.03	1.56	1.05
IP$_{33}$Gs3－1	24.57	49.87	14.69	10.88	115.37	0.09	0.46	1.00	28.15	0.29	$al<alk+c$	79.32	50.67	1.57	0.93	2.72	1.03
IP$_{33}$Gs5－1	31.81	48.36	6.31	13.53	269.84	0.72	0.46	11.97	115.71	0.13	$al>alk+c$	103.75	57.83	1.79	0.95	3.82	1.06

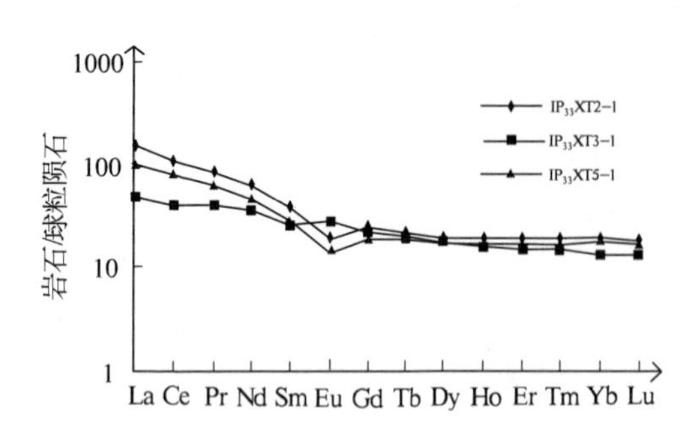

图 4-6　小庙(岩)组(Chx)稀土元素配分模式图

斜长角闪岩：①尼格里参数 $t=-1.00$，$qz=-28.15$，属铝、硅不饱和型，暗色组分 $fm=49.87$；②稀土元素参数值 $\sum REE=130.95\times10^{-6}$，LREE/HREE=1.57，$\delta Eu=0.93$，$(La/Yb)_N=2.72$，稀土分配形式曲线如图 4-6，呈明显右倾型；③微量元素特征：Nb/Ta=11.06，Zr/Hf=35，$Ba=823\times10^{-6}$，$Sr=413\times10^{-6}$，$Ti=13\ 891\times10^{-6}$，$Mn=1325\times10^{-6}$。

4. 原岩恢复

利用西蒙南(1953)(图 4-7)、利克(1969)(图 4-8)以及塔尼(1976)等多种图解互相配合对区内小庙(岩)组典型变质岩石进行了原岩恢复(表 4-7)。据岩石野外宏观产状及原岩恢复结果可将岩石分为泥质、长英质变质岩，中基性火山岩和钙质变质岩 3 类，其中钙质变质岩为各类大理岩。

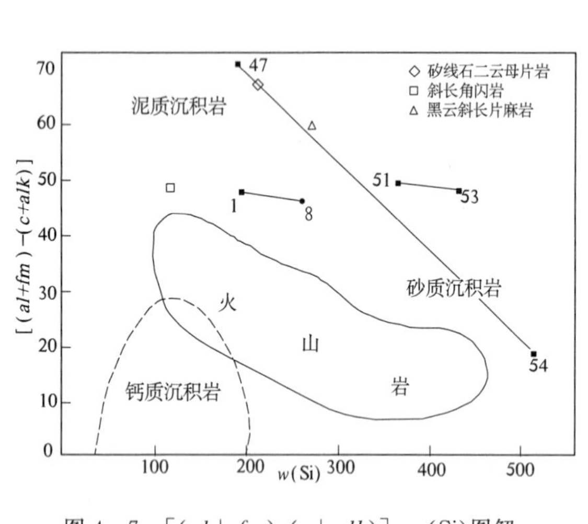

图 4-7　[$(al+fm)-(c+alk)$]-w(Si)图解
(据西蒙南，1953 简化)

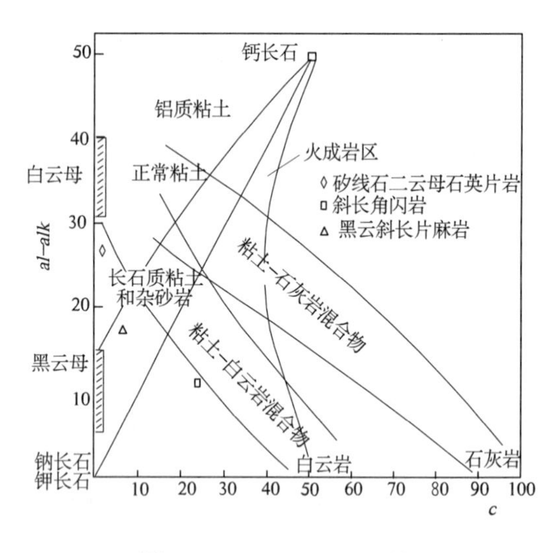

图 4-8　$(al-alk)-c$ 图解
(据利克，1969)

表 4-7　小庙(岩)组(Chx)各类变质岩原岩恢复一览表

岩性	样号	$(al+fm)-(c+alk)$	$al-alk-c$	TiO_2-SiO_2	综合判断
矽线石二云母石英片岩	$IP_{33}Bb2-1$	泥质岩	长石质粘土岩	沉积岩	泥岩
斜长角闪岩	$IP_{33}Bb3-1$	沉积岩	火成岩	沉积岩	泥质岩受到混合岩化
堇青黑云更长片麻岩	$IP_{33}Bb5-1$	泥质岩	砂岩	沉积岩	不纯砂质泥岩

利用微量元素特征，小庙(岩)组微量元素含量(见地层部分)中，Sr、Ba、Th、Nb、Ce、Zr 等不相容元素含量较高，Cr、Co、Ni、V、Ti 等相容元素含量较低，微量元素比值 Cr/V=0.29～0.83，Ni/Co=1.33～5.31。后太古宙沉积岩微量元素比值相近，在石英岩、石英片岩中，镜下可以观察到由不同粒级石英颗粒组成的粒级层，显示正常沉积特征，在露头上，可见石英岩-二云母石英片岩-大理岩的变质岩石组合，尤其是呈薄层状产出的大理岩夹层的存在，推断小庙(岩)组原岩应主要为正常沉积的碎屑岩和灰岩，根据岩石中石英含量较高的特点，原岩应为石英砂岩、长石石英砂岩、泥质砂岩和灰岩。说明原岩建造为以石英砂岩、长石石英砂岩为主体的正常沉积碎屑岩+碳酸盐岩建造。

二、区域低温动力变质作用及其变质岩

主要是在较低温度下由构造应力形成的变质作用，一般发生在地壳的浅深部位可进一步划为绿片岩相变质作用。常伴随有线形褶皱，劈理化、片理化发育，并具有明显受构造控制而与褶皱轴一致的密集分布的劈理。

（一）中-新元古界冰沟群变质岩地质特征及岩石组合

中-新元古界冰沟群变质岩呈北西-南东向分布于卡尔塔阿拉南山一带，岩石组合见表4-8及图4-9。

表4-8　中-新元古代绿片岩相区域变质岩石类型一览表

岩石分类	时代	变质地层		代号	岩石类型	岩性特征		
						岩性	结构构造	矿物成分
区域低温动力变质岩	青白口纪	冰沟群	丘吉东沟组	Qbqj	变质碎屑岩	角岩化岩屑杂砂岩、角岩化岩屑长石砂岩、绢云母千枚岩、变粉砂岩、角岩化粉砂岩、千枚状粉砂质板岩、角岩化粉砂质板岩	鳞片粒状变晶结构、变余砂状结构，千枚状构造、板状构造、片理化构造、变余层状构造	绢云母、绿泥石、石英、方解石、钠长石、粘土质矿物及少量黑云母
					碳酸盐岩	大理岩、硅化透闪石灰岩、透闪透辉石岩、矽卡岩化透辉石微晶灰岩	粒状变晶结构、粉晶结构，变余层状构造、片理化构造	方解石、白云石、石英、钠长石、绢云母等
	蓟县纪		狼牙山组	Jxl	变质碎屑岩	绢云母钙质粘土质板岩、含碳质钙质板岩、绢云母千枚岩、变质长石石英砂岩、变质粉砂岩、阳起绿帘石片岩、绿泥绿帘石片岩、硅质岩、含绢云母石英岩	变余泥状结构、变余粉砂状结构、变余砂状结构，千枚状构造、板状构造、变余层状构造	绢云母、绿泥石、绿帘石、石英、方解石、钠长石、粘土质矿物及少量黑云母
					碳酸盐岩	（含碳质）大理岩、透辉石大理岩、蛇纹石化橄榄石大理岩、结晶灰岩、滑石白云质灰岩、透辉石岩、细—粉晶白云岩	粒状变晶结构、细—粉晶结构，变余层状构造、块状构造、片理化构造、条带状构造	滑石、方解石、白云石、石英、钠长石、绢云母及少量黑云母

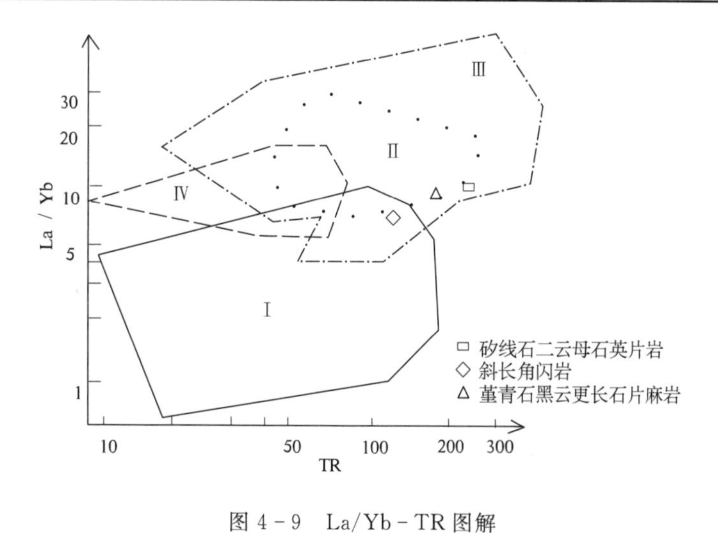

图4-9　La/Yb-TR图解

（据巴拉部夫，1972）

Ⅰ.斜长角闪岩区；Ⅱ.砂质岩和杂岩区；Ⅲ.页岩和粘土岩区；Ⅳ.碳酸盐岩区

该套变质岩在区内大片地段被不同时期花岗岩吞蚀，与鄂拉山组火山岩呈不整合或断层接触，与其他变质地层呈构造接触。其属稳定的盖层沉积，变质变形较弱。

(1)狼牙山组(Jxl):由大套变碳酸盐岩夹少量变质碎屑岩组成,叠加了印支期—燕山期较强的热接触变质作用,部分岩石遭受热接触交代反应形成角岩或角岩化、矽卡岩化等。主要岩石类型的变质岩石学特征如下。

滑石白云质灰岩:细—微粒状鳞片粒状变晶结构,块状构造。主要矿物为方解石和白云石,多呈不规则粒状镶嵌。方解石受蚀变表面浑浊,白云石表面干净,滑石显微鳞片状集合体。

绢云母钙质粘土质板岩:显微鳞片粒状变晶结构、隐晶结构,板状构造。主要矿物为隐晶状粘土矿物,微粒状方解石,绢云母和微量粉砂碎屑。

千枚岩:显微鳞片粒状变晶结构,千枚状构造。岩石组成矿物有石英、长石、粒状变晶,呈拉长或压扁状,略具定向排列,局部石英集中呈条带状,长轴方向与岩石构造线方向一致;绿泥石、绢云母显微鳞片状变晶,绿泥石相对聚集分布在一定层位中,沿此层位发育少量微粒状碳质。

(2)丘吉东沟组(Qbqj):主体岩性由一套强变形变质碎屑岩夹少量碳酸盐岩透镜体构成,叠加了较强的热接触变质作用,多数岩石均遭受不同程度的角岩化、矽卡岩化,主要岩石类型的变质岩石学特征详见第二章第四节。

(二)早古生代变质岩

早古生代变质岩在本区集中分布于公路沟—小盆地周缘,另于红土岭和红柳泉也有零散出露,区域上向南未能越过阿达滩北缘断裂,宏观空间展布多呈带状与不连续的狭长条带状或楔状。该套变质岩主要由滩间山(岩)群(OST)组成,其中赋存有超基性岩和基性岩,其上被泥盆系地层不整合覆盖,与下伏地层多呈断层接触。滩间山(岩)群归纳成3个岩组:下为碎屑岩岩组,中间为火山岩岩组,上为碳酸盐岩岩组,构造形态多为单斜,片理化强烈,韧性形变强烈,为一套低级变质的绿色片岩系,由海相中—基性火山岩、中—酸性火山岩与碎屑岩、结晶灰岩组成(表4-9)。

表4-9 早古生代低绿片岩相区域变质岩石类型一览表

<table>
<tr><th>岩石分类</th><th>时代</th><th colspan="2">变质地层</th><th>代号</th><th>岩石类型</th><th>岩石名称</th><th>结构、构造</th><th>变质矿物</th></tr>
<tr><td rowspan="9">区域低温动力变质岩</td><td rowspan="9">志留纪—奥陶纪</td><td rowspan="5">滩间山(岩)群</td><td>碳酸盐岩岩组</td><td>OST_3</td><td>结晶灰岩</td><td>细—粉晶白云质灰岩、片理化含硅质结晶灰岩、条带状含石英结晶灰岩、含白云质粉晶灰岩</td><td>变余粉晶结构,片理化构造、条带状构造、变余层状构造、块状构造</td><td>方解石、石英、钠长石、绢云母等</td></tr>
<tr><td rowspan="2">火山岩岩组</td><td rowspan="2">OST_2</td><td>变质火山碎屑岩</td><td>变质岩屑凝灰岩、变质晶屑凝灰岩、变质晶屑、玻屑凝灰岩</td><td>变余凝灰结构,片理化构造、块状构造</td><td>绢云母、绿泥石、绿帘石、钠长石</td></tr>
<tr><td>变质火山岩</td><td>英安岩、流纹质英安岩、安山岩、玄武岩(变质)</td><td>变余斑状结构,变余杏仁状构造、片理化构造、块状构造</td><td>纤闪石、黑云母、阳起石、绿帘石、石英、钠长石</td></tr>
<tr><td rowspan="2">碎屑岩岩组</td><td rowspan="2">OST_1</td><td>变质碎屑岩</td><td>绢云母千枚岩、泥钙质、粉砂质板岩、变质砂岩、变质粉砂岩</td><td>鳞片粒状变晶结构、变余泥状结构、变余砂状结构,千枚状、斑状构造、变余层状构造、块状构造</td><td>绢云母、方解石、绿泥石、钠长石、石英等</td></tr>
<tr><td>结晶灰岩</td><td>粉晶灰岩</td><td>变余粉晶结构,变余层状构造</td><td>方解石、钠长石</td></tr>
<tr><td colspan="2" rowspan="4">变质蛇绿混杂岩</td><td rowspan="4"></td><td>变超镁铁岩
变镁铁岩</td><td>变橄榄岩、变辉橄岩、变辉长岩</td><td>变余粒状结构、变余辉长结构、变余嵌晶含长结构,片理化构造、块状构造</td><td>绿帘石、纤闪石、绿泥石、方解石、钠长石、钠黝帘石、叶蛇纹石、阳起石</td></tr>
<tr><td>变基性岩墙</td><td>变辉绿岩、变辉绿玢岩</td><td>变余辉绿结构、变余斑状结构,块状构造、透镜状构造</td><td>钠长石、绿帘石、绿泥石、阳起石、纤闪石</td></tr>
<tr><td>变基性熔岩</td><td>变玄武岩</td><td>变余斑状结构,枕状构造、块状构造</td><td>绿泥石、绿帘石、方解石</td></tr>
<tr><td>变质硅质岩</td><td>变质条带状硅质岩、变质含碳质硅质岩</td><td>显微粒状变晶结构、平行结构,条带状构造、变余块层状构造</td><td>微粒状石英、绢云母、碳质</td></tr>
</table>

(三)晚古生代变质岩地质特征及岩石组合

晚古生代变质岩主要分布于祁漫塔格主脊两侧,其他地区则呈大小不等的断块零星分布。包括上泥盆统黑山沟组、哈尔扎组,下石炭统石拐子组、大干沟组,上石炭统缔敖苏组及石炭系—二叠系打柴沟组。岩石组合特征见表 4-10。

表 4-10 晚古生代低绿片岩相区域变质岩一览表

岩石分类	时代		变质地层	代号	岩石类型	岩石名称	结构、构造	变质矿物
区域低温动力变质岩	二叠纪	早二叠世	打柴沟组	CP*d*	结晶灰岩	亮晶—粉晶生物碎屑灰岩、含砂屑生物碎屑灰岩、亮晶—粉晶灰岩	粉晶结构、变余生物碎屑结构、变余砂状结构,层状构造	方解石、钠长石、绿泥石
	石炭纪	晚石炭世	缔敖苏组	C_3d	结晶灰岩	粉晶灰岩、砂屑灰岩、生物碎屑灰岩、泥晶灰岩	变余生物碎屑结构、粉晶亮晶结构、变余砂状结构,层状构造、块状构造	方解石、钠长石、绿泥石
		早石炭世	大干沟组	C_1dg	结晶灰岩	生物碎屑灰岩、含砂屑生物碎屑灰岩、砂屑灰岩、变质泥晶灰岩、结晶灰岩	变余生物碎屑结构、粉晶亮晶结构、变余砂状结构,层状构造、块状构造	钠长石、绿泥石、绢云母
			石拐子组	C_1s	结晶灰岩	泥晶生物碎屑灰岩、生物碎屑微晶灰岩、硅质生物碎屑微晶灰岩、	变余生物碎屑结构、粉晶亮晶结构、变余砂状结构,层状构造	方解石、钠长石、绿泥石
					变质碎屑岩	变砾岩、变钙质含中粗粒岩屑砂岩、钙质粗粒岩屑砂岩、变质长石石英砂岩、变质岩屑长石砂岩	变余砾状结构,变余砂状结构,变余层状构造	绿帘石、方解石、钠长石、绿泥石
	泥盆纪	晚泥盆世	哈尔扎组	D_3he	变质火山岩	变质浆屑玻屑凝灰岩、英安质熔结浆屑集块岩	变余凝灰结构,块状构造	方解石、钠长石、绢云母、石英
			黑山沟组	D_3hs	变质碎屑岩	变砾岩、变岩屑砂岩、变粉砂岩、变粉砂质泥岩、变钙质细砂岩、变石英砂岩	变余砾状结构、变余砂状结构,层状构造	钠长石、绿泥石、绢云母
					结晶灰岩	含生物碎屑粉晶灰岩、含粉砂微晶灰岩	粉晶结构、变余生物碎屑结构、变余层状构造	方解石、钠长石、绢云母

第二节 区域变质作用特征

依据变质岩中特征矿物、共生矿物组合的分布规律,测区内区域变质岩可划分为 3 个变质相带。白沙河(岩)组变质程度较高,具递增变质带,标型矿物有矽线石、堇青石、透辉石、镁橄榄石等,属低角闪岩相-高角闪岩相变质;小庙(岩)组为低角闪岩相;早古生代—晚古生代变质岩属低绿片岩相变质。

一、古元古界白沙河(岩)组(Ar_3Pt_1b)

1. 主要特征变质矿物

变质岩石组合中特征变质矿物有矽线石、堇青石、石榴石、角闪石、黑云母、斜长石、辉石等。各类变质矿物符号见表 4－11。

表 4－11　变质矿物名称符号表

矿物	符号	矿物	符号	矿物	符号	矿物	符号	矿物	符号
石英	Q	石榴石	Gt	镁橄榄石	Fo	绿泥石	Chl	铁铝榴石	Ald
钾长石	Kf	矽线石	Sil	金云母	Phl	绿帘石	Ep	滑石	Tc
斜长石	Pl	堇青石	Cor	硅辉石	Wl	绢云母	Ser	白云石	Do
角闪石	Hb	透辉石	Di	方解石	Cal	阳起石	Act	透闪石	Tr
黑云母	Bi	白云母	Mu	钠长石	Ab	黝帘石	Zo	微斜长石	Mi

矽线石：主要出现于泥质、长英质变质岩石中，平行消光，正延性，强定向排列，发育横裂纹。据其形态和组合可分为两种：一种呈毛发状、针束状变晶，与堇青石、白云母稳定共生；一种呈针状、柱状变晶与钾长石、石英稳定共生，这种矽线石一般出现于中高温的变质岩石中，可作为划分矽线石带高角闪岩相的标志。

堇青石：出现于长英质片岩、片麻岩中，呈等轴状、豆柱状变晶，与白云母、黑云母稳定共生，多被绢云母集合体式鳞片状黑云母、白云母、绿泥石取代而呈假象。

石榴石：出现于长英质片麻岩、片岩中、呈等轴粒状变晶、部分完全分解后呈角闪石＋斜长石集合体而呈假象，在变形岩石中多形成旋转碎斑或与绿泥石和云母一起构成压力影构造，其矿物成分见表 4－12。在石榴石成分与变质带图解中列于蓝晶石带(图 4－10)。

表 4－12　白沙河(岩)组矽线石片麻岩矿物对分析结果表

(单位：%)

矿物＼成分	Na_2O	MgO	Al_2O_3	SiO_2	K_2O	CaO	TiO	Cr_2O_3	MnO_2	Fe_2O_3	总计
Bi	0.44	7.06	20.67	35.47	8.56	0.05	1.55	0.06	0.17	24.01	98.04
Mica	0.73	0.39	38.04	46.58	10.08	0.01	0.67	0.02	0	0.98	97.50
q	0	0.03	0	99.35	0	0	0.06	0.03	0	0.11	99.58
Gar	0	1.60	21.49	36.39	0.02	1.66	0	0.08	4.9	32.16	98.30
Pl	6.29	0.17	25.22	60.01	0.14	7.28	0.07	0.04	0.09	0	99.31

样品号：I_{73}kw4072；岩性：矽线石片麻岩；分析单位：中国地质科学院矿产资源研究所

Bit	Si	AlⅣ	AlⅥ	Ti	Fe_2	Cr	Mn	Mg	Ca	Na	K	Cation	Fe－FeMg	Mg－FeMg	O
	5.643	2.357	1.516	0.185	2.875	0.008	0.023	1.674	0.009	0.136	1.737	16.163	0.63	0.37	20

Gar	TSi	AlⅥ	Cr	Fe_2	Mg	Mn	Ca	Fe－Fegnt	O
	3.088	2.148	0.005	2.054	0.202	0.352	0.151	10.168	12

Pl	以 24 个 O 原子为基准计算的阳离子数													
	Si	Ti	Al	Fe_2	Cr	Mn	Mg	Ca	Na	K	Cation	Mg－FeMg	Mgn	O
	7.372	0.006	3.649	0	0.004	0.009	0.031	0.958	1.498	0.022	13.549	1.00	100	24

角闪石：出现于斜长角闪(片)岩、角闪黑云斜长片麻岩等基性变质岩中，有两种角闪石：一种呈纤状、柱状变晶、具多色性；另一种呈放射状、针状变晶。角闪石常退变为纤闪石、绿帘石、绿泥石等。

斜长石：它形粒状、半自形短柱状变晶，片麻岩类中属更—中长石 An＝21～38，片岩类中属更一钠长石，变粒岩中皆为钠长石。普遍绢云母化退变质和绿帘石化蚀变。在变形岩石中多呈旋转碎斑。少量斜长石呈细粒等轴粒状，钠长石双晶发育，应为晚期变质矿物，矿物成分见表 4-12。

黑云母：广泛分布于各类变质岩中，呈较自形的鳞片变晶，Ng＝棕褐、粽红中高温相特征具多色性，边界平直，边部出现白云母、绿泥石或矽线石交代边，多数定向排列在部分岩石中、黑云母方向与条纹方向呈大角度斜交，表现为不同期产物，其矿物成分见表 4-12，在黑云母成分与变质相关系图解中落于角闪岩相区（图 4-11）。

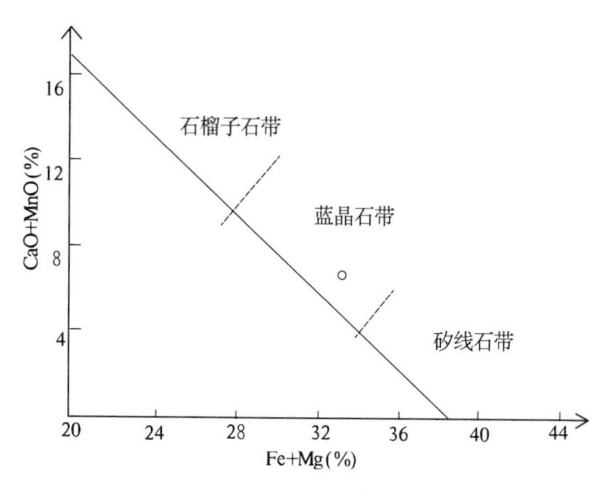

图 4-10　石榴石成分与变质带关系

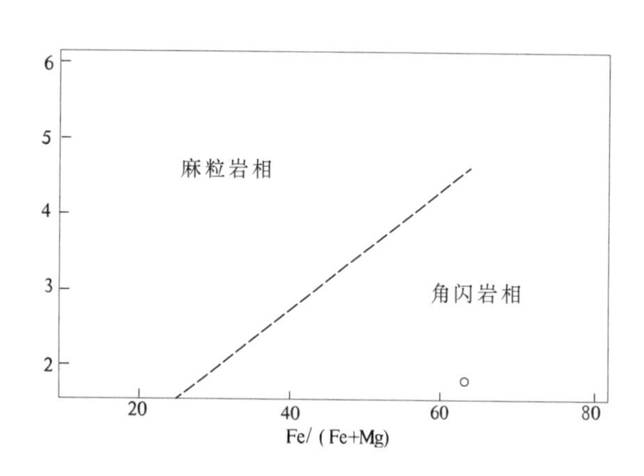

图 4-11　黑云母成分与变质相关系

普通辉石：仅见于基性变质岩中，短柱状或它形粒状变晶、后期常退变为角闪石而在角闪石集合体中呈残留状存在，在部分辉石周围有斜长石呈镶边状定向排列。

2. 变质矿物共生组合（表 4-13）及其变质相

据基性变质岩石中的普通角闪石＋斜长石矿物共生组合，推断其变质条件已达角闪岩相（图 4-12），另据泥质、长英质变质岩中出现特征变质矿物铁铝榴石、矽线石等和正长石稳定共生组合可确定其变质相属高角闪岩相。根据泥质岩石中出现堇青石并和黑云母稳定共生，出现毛发状、针束状矽线石、堇青石即 Cor＋Sil 的共生组合，出现针束状、长轴状矽线石和钾长石即 Sil＋Kp 的共生组合及石榴石的存在，可划分出角闪岩相石榴石带、蓝晶石带和矽线石带（第一矽线石带、第二矽线石带）3 个变质带。由于受后期构造、岩浆作用的破坏，加之 1∶25 万区调由于比例尺过小，地质路线精度不足以进行变质带的研究，因此对变质相带的分布规律未能做详细分析。

3. 变质作用的温压条件

根据变质岩石中的特征变质矿物共生组合，尤其是泥质变质岩石中出现 Alm＋Bit＋Mu、Cor＋Bit、Sil＋Cor＋Mu、Sil＋Kp 的特征矿物组合、其变质作用为低压相系。

为了有根据地确定变质相的温压条件，利用单矿物化学分析结果图解法计算古温度及图解法划分变质相在工作路线调查中采取了矿物对样品，分析结果（表 4-12）经矿物对 Bi-Gt 成分分析温压环境，石榴石成分显示其蓝晶石带，而黑云母成分则形成于角闪岩相环境，使用比尔丘克石榴石-黑云母温度计图解法投点于 T＝550～600℃之间（图 4-13），与上述用特征变质矿物划分的蓝晶石变质带及低角闪岩相的温度阶段相符合，说明白沙河（岩）组中基性岩变质作用形成于低角闪岩相环境。

表 4-13　白沙河(岩)组变质岩中的矿物共生组合一览表

岩性	变质矿物共生组合	后期变质矿物
泥质、长英质岩石类	Bit+Pl+Kp+Qz	Chl+Ab
	Bit+Mu+Pl+Qz	Ser+Chl
	Alm+Mu+Bit+Qz	
	Alm+Pl+Kp+Mu+Qz	Ser+Chl
	Cor+Mu+Bit+Pl+Qz	
	Cor+Bit+Pl+Qz	Chl+Mu
	Sil+Bit+Mu+Pl+Qz	
	Sil+Cor+Kp+Pl+Qz	
	Sil+Cor+Mu+Bit+Pl+Qz	
	Sil+Alm+Bit+Kp+Pl+Qz	Chl+Mu+Ab
基性变质岩类	Hb+Pl+(Ep)	Chl+Ep
	Hb+Pl+Bit+Qz+Mu	Chl+Ep+Alm+Mu+Bit
	Hb+Pl+Bit+Tr+Qz	
	Hb+Di+Pl+Qz	Chl+Ab
钙质变质岩类	Cal+Do+Qz	
	Cal+Di+Qz	
	Cal+Di+Tr	Tc+Di
	Cal+Ep+Tr	
	Cal+Fo+Tr	
	Cal+Mu+Bit+Qz	

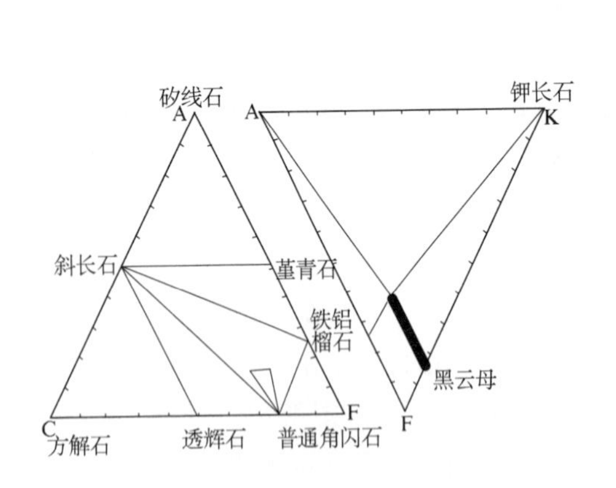

图 4-12　白沙河(岩)组变质岩高角闪岩相矿物共生图解

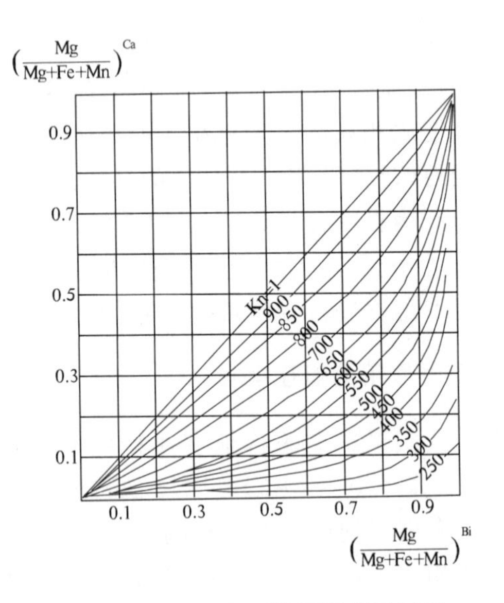

图 4-13　黑云母-石榴石温度计图解

4. 构造变形特征与变质期次的确定

白沙河(岩)组经历了强烈的变质、变形(图版 15-1)，发育透入性的区域面理置换，原始层理已荡然无存、总体显示层状无序，同等伴随多级平卧褶皱、顺层掩卧褶皱、塑性流褶及粘滞型石香肠，普遍发育“W”“N”“I”型脉褶，对测区白沙河（岩）组中片理与片麻理产状统计分析后确认其构造线方向多形成南北向与东西向，变质分异作用强烈，显示中深构造层次特征。变质期次的划分有助于研究变质作用的旋回性，而变质旋回往往与地壳主要发展阶段相吻合。划分鉴别不同的变质期次有诸多依据，其中依据每期变质作用所产生的变质矿物的同位素年龄值无疑是划分变质期次的重要方法。本次工作，在白沙河（岩）组石榴斜长角闪片岩和斜长角闪岩中各采集1套样品分别做钐-钕（Sm－Nd）等时线年龄测试（表4－14，图4－14）。测试结果表明，I_{99}JD3114－1号样7件样品中有4件样构成等时线年龄为2322±160Ma，I_{73}JD4073号样6件样品作Sm－Nd等时线年龄测试（表4－15，图4－15）。6件样品构成一条很好的等时线，年龄为1879±64Ma，岩石偏离球粒陨石钕同位素程度的$\varepsilon_{Nd}(t)$值为5.9，钕同位素初始比值$I_{Nd}(t)$均为0.5105，模式年龄TDM基本相等，为1.8801～1.8931Ga，组成的密集度D＝0.0097Ga，远于密集度上限值$D_{上限}$＝0.2Ga，构成的等时线年龄值1879±64Ma值是合理的，代表了斜长角闪岩的形成年龄。

表4－14　祁漫塔格古元古界白沙河（岩）组（Ar_3Pt_1b）斜长角闪片岩钐-钕（Sm－Nd）等时线丰度值及参数值特征表

样品号	含量（10^{-6}）		同位素原子比率*	
	Sm	Nd	$^{147}Sm/^{144}Nd$	$^{143}Nd/^{144}Nd\langle 2\sigma\rangle$
I_{99}JD3114－1－1	5.7652	18.4119	0.1893	0.511 759〈4〉
I_{99}JD3114－1－2	8.0343	21.4002	0.2270	0.512 304〈5〉
I_{99}JD3114－1－3	5.8869	23.0564	0.1544	0.512 152〈7〉
I_{99}JD3114－1－4	5.5455	22.3909	0.1497	0.512 084〈4〉
I_{99}JD3114－1－5	5.5499	21.3753	0.1570	0.512 201〈7〉
I_{99}JD3114－1－6	5.7935	20.9094	0.1675	0.512 676〈5〉
I_{99}JD3114－1－7	4.9712	21.1127	0.1423	0.511 973〈3〉

注：* 括号内的数字2σ为实测误差，例如，〈5〉表示±0.000 005；测试单位：天津地质矿产研究所实验室测试；分析者：刘卉。

表4－15　古元古代白沙河岩组（Ar_3Pt_1b）斜长角闪岩Sm－Nd等时线丰度值及参数特征表

样品号	含量		同位素原子比率*	
	Sm（μg/g）	Nd（μg/g）	$^{147}Sm/^{144}Nd$	$^{143}Nd/^{144}Nd(2\delta)$
4073－1	7.4037	29.2927	0.1454	0.512 305(5)
4073－2	3.7713	14.5934	0.1562	0.512 434(5)
4073－3	3.2739	12.7908	0.1547	0.512 415(3)
4073－4	5.1407	17.4066	0.1785	0.512 712(2)
4073－5	4.3180	17.9176	0.1457	0.512 304(5)
4073－6	4.7725	18.5630	0.1554	0.512 424(6)

由于全岩Sm－Nd的封闭温度为650℃左右（Dodson，1984），结合变质作用条件，可以确定首次变质作用类型为区域动力热流变质作用，发生于1.8～1.9Ga，是吕梁运动的产物。

在区域上，与白沙河（岩）组相当的中高级变质岩系在柴北缘、柴南缘、北祁连山分别被长城系、蓟县系、震旦系所不整合覆盖，作为一套独立的岩石地层单位，也是在同一种变质作用类型下产生的变质岩石组合，而中祁连长城系磨石沟组与下伏变质岩系之间被证实确有热事件发生（王云山、陈基娘，1987）。

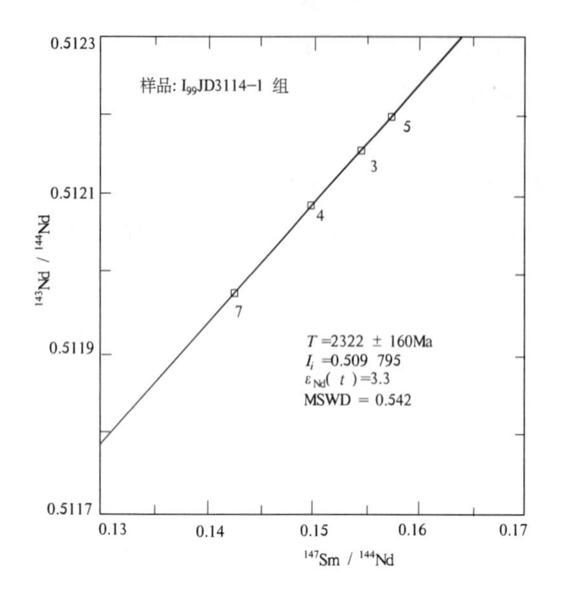

图 4-14　白沙河(岩)组斜长角闪片岩 Sm-Nd 等时线年龄模式图

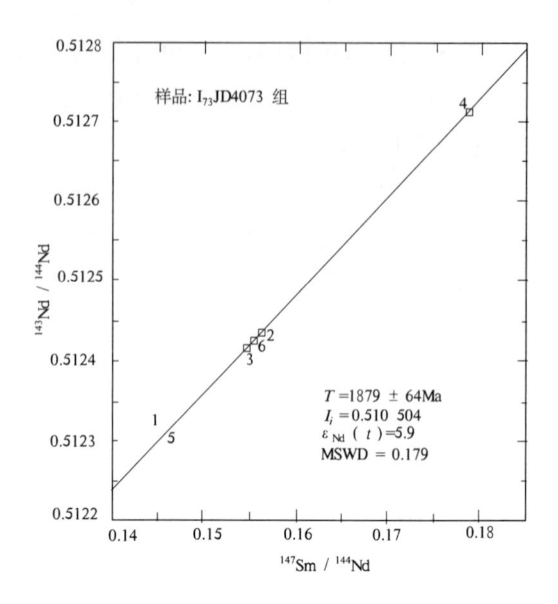

图 4-15　白沙河(岩)组斜长角闪岩 Sm-Nd 等时线年龄模式图

二、中元古界小庙(岩)组(Chx)

1. 变质作用特征

变质岩石中的矿物共生组合见表 4-16。

表 4-16　小庙(岩)组变质岩中的矿物共生组合一览表

岩性	峰期矿物组合	后期变质矿物
泥质、长英质变质岩	Ser+Q+Bi+Mu+Pl	Ser+Chl
	Q+Bi+Mu+Pl	重结晶矿物组合 Q+Bi+Mu+Pl
	Q+Pl+Bi+Mu+Cor	Ser+Chl
	Q+Bi+Kf+Ep	
	Q+Pl+Bi+Alm	Chl+Ep
基性变质岩	Q+Hb+Bi+Pl	
钙质变质岩	Cal+Q+Tr+Fo+Ep	
	Cal+Tr+Q	
	Cal+Di±Tr	
	Cal+Di±Q	

根据以上基性变质岩中出现普通角闪石和斜长石的共生标志及其他变质矿物共生组合，可以确定变质岩石属低角闪岩相(图 4-16)，相当于堇青石带。泥质变质岩石中出现特征变质矿物堇青石并和黑云母稳定共生，变质作用相当于低压相系，变质作用的温压条件应为：P=0.3～0.8GPa，T=575～640℃。

本次工作中对所采集样品(样品号：IP_{33}bo2-1，岩性为矽线石二云母石英片岩)做白云母单矿物晶胞参数分析，测得白云母单矿物 b_0=0.9012nm，略小于单斜晶系白云母的正常晶胞参数值

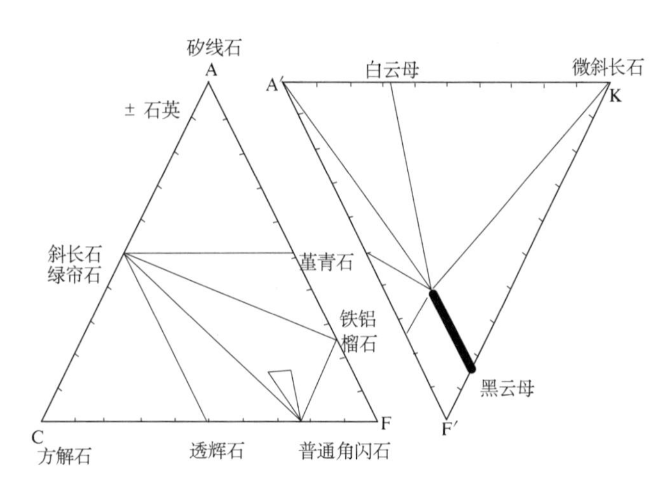

图 4-16 小庙(岩)组变质岩低角闪岩相矿物共生图解

b_0＝0.9030nm，这可能是矿物粒度过于细小，且受到绿泥石衍射峰的干扰所致，但也能作为参考依据之一，表明白云母矿物晶体生长是处于一种低压环境下。

2. 构造变形与变质期次的确定

小庙(岩)组经历了强烈的变质、变形，面理置换完全，形成透入分布的片理、片麻理，原始层理已荡然无存，总体显示层状无序，发育具褶皱叠层特征的顺层韧性剪切带和顺层掩卧褶皱，显示中深构造层次特征。

本次工作，在红土岭细粒辉长岩中采集 9 件样品做 Sm-Nd 等时线年龄测试(表 4-17，图 4-17)，4 件样品构成一条很好的等时线，年龄为 1550±150Ma，岩石偏离球粒陨石钕同位素程度的 $\varepsilon_{Nd}(t)$值为 6.3～6.68，1、2、3、6 号样品钕同位素初始比值 $I_{Nd}(t)$均为 0.510 97，模式年龄 TDM 基本相等，为 1.552 41～1.554 36，组成的密集度 D＝0.000 98，远小于密集度上限 $D_{上限}$＝0.2 的要求，显示 4 件样品为一很好的密集点群，构成的 1551±150Ma 等时线年龄合理，代表了细粒辉长岩的形成年龄。由于全岩 Sm-Nd 的封闭温度为 650℃左右(Dodson，1984)，结合变质作用条件，可以确定变质作用发生于 1.0～1.5Ga，这表明区内存在着构造热事件发生。

表 4-17 中元古界小庙(岩)组(Ch*x*)辉长岩钐-钕(Sm-Nd)等时线丰度值及参数特征表

样品号	含量(10^{-6})		同位素原子比率*	
	Sm	Nd	$^{147}Sm/^{144}Nd$	$^{143}Nd/^{144}Nd\langle 2\sigma\rangle$
I_{73}JD5083-3-1	3.8068	14.1389	0.1628	0.512 630〈3〉
I_{73}JD5083-3-2	4.3188	16.2950	0.1602	0.512 604〈5〉
I_{73}JD5083-3-3	3.7216	14.0712	0.1599	0.512 601〈6〉
I_{73}JD5083-3-4	4.2654	16.2296	0.1589	0.512 384〈2〉
I_{73}JD5083-3-5	4.3588	17.0703	0.1544	0.512 407〈3〉
I_{73}JD5083-3-6	3.6274	13.8348	0.1585	0.512 586〈5〉
I_{73}JD5083-3-7	4.9789	19.4028	0.1551	0.511 839〈5〉
I_{73}JD5083-3-8	4.4535	17.1041	0.1574	0.512 449〈6〉
I_{73}JD5083-3-9	4.5857	18.4326	0.1504	0.512 277〈4〉

注：* 括号内的数字 2σ 为实测误差，例如，〈5〉表示±0.000 005；测试单位：天津地质矿产研究所实验室测试；分析者：刘卉，林源贤。

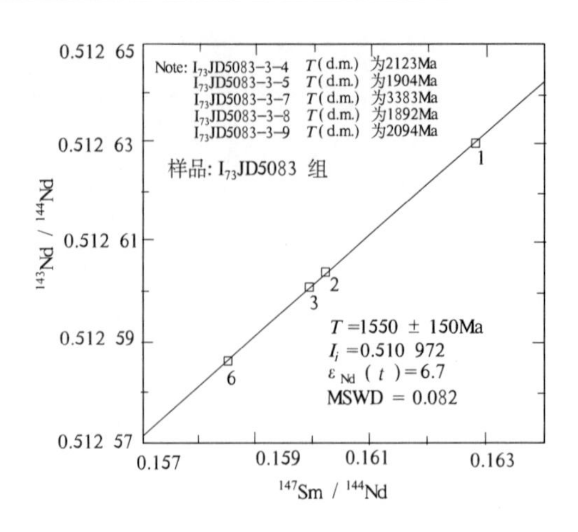

图 4-17　小庙(岩)组辉长岩 Sm-Nd 等时线年龄模式图

三、中-新元古代中浅变质岩系

1. 变质作用特征

岩石中变质矿物有绢云母、方解石、白云石、石英、钠长石、滑石、绿泥石、绿帘石等。变质矿物组合有下列几种。

变质碎屑岩类：Ser＋Chl＋Ab＋Qz、Ser＋Cal＋Ab＋Qz、Chl＋Ep＋Cal＋Qz、Ser＋Chl、Chl＋Ab＋Qz，Bit＋chl＋Ab＋Qz。

碳酸盐岩类：Cal＋Ab、Cal＋Ser＋Qz、Cal＋Do、Cal＋Do＋Qz、Tc＋Cal＋Do。

上述变质矿物组合特征反映中-新元古代变质岩主要变质作用为低绿片岩相，根据变质碎屑岩中出现黑云母雏晶，可确定其变质作用属低绿片岩相，变质程度为黑云母雏晶带；而据碳酸岩类中出现镁橄榄石特征矿物可推断变质作用达低角闪岩相(图 4-18)。在硅质白云质灰岩中有 Tc＋Cal 共生，说明变质温度高于变质反应 Do＋Qz＝Tc＋Cal 的条件；而在橄榄石大理岩及透辉石大理岩中存在镁橄榄石＋白云石矿物共生组合及整个岩系中未出现硅灰石(Wl)事实，则说明变质温度高于镁橄榄石出现的等变线，低于硅灰石反应的等变线，即 500℃$\leqslant T \leqslant$680℃。因此中-新元古代低绿片岩相变质岩形成的温压条件应为：P＝0.2～1.0GPa，T＝350～500℃；低角闪岩相变质岩形成的温度条件低于 680℃。

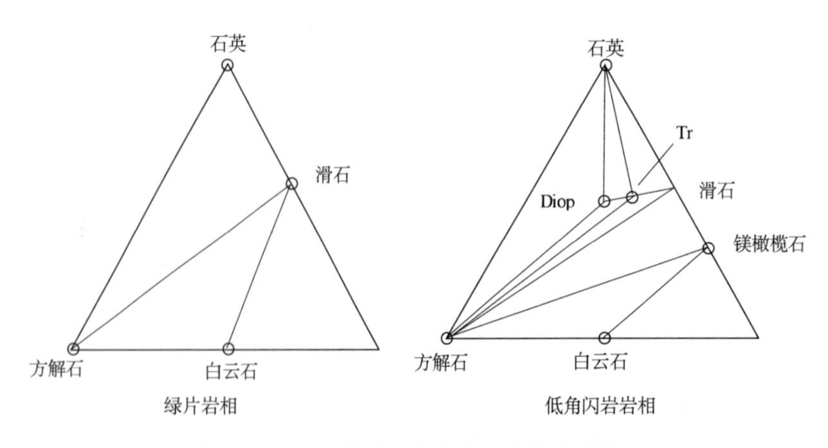

图 4-18　中-新元古代变质相矿物组合图解

2. 构造变形特征及变质期次

中-新元古界冰沟群变质岩属稳定的盖层沉积，变质、变形较强，塑性流褶（图版 15－2）及间隔劈理较为发育，常见紧闭褶皱、叠加褶皱（图版 15－3）、不对称歪斜褶皱、局部石英脉褶皱（图版 15－4）及薄层状大理岩呈石香肠状，透镜状。沿后期叠加的韧性剪切带，随糜棱岩化作用的增强而出现面理增强带。

综上所述，中-新元古界冰沟群变质岩主体是在较强应力变形、较低温压条件下区域低温动力变质作用形成的变质岩系。

依据不同岩石中特征矿物的共生组合特征明显存在两期变质作用，早期为较低温度下形成低绿片岩相变质作用，后期处于较高温度下达低角闪岩相变质，另在滩北山古元古界白沙河（岩）组中解体出的变质侵入体（岩性为眼球状黑云钾长片麻岩，原岩恢复为钾长花岗岩）中锆石 U－Pb 的上交点年龄 831±5Ma 是晋宁期变质的直接证据。晋宁期变质作用由于构造层次不同，在浅部构造层次表现为低绿片岩相区域低温动力变质，而在中深构造层次则表现为区域动热变质。且在变质侵入体中出现 Sil＋Mu 的特征变质矿物组合，结合锆石 U－Pb 的封闭温度高达 750℃（Dodson，1985）。因此，推断在中深构造层次的区域动力热变质作用达低角闪岩相。

四、低绿片岩相变质岩——早古生代中浅变质岩系

1. 早古生代变质作用特点

岩石中变质矿物有绢云母、绿泥石、绿帘石、钠黝帘石、阳起石、钠长石、石英、方解石等。

变质矿物共生组合有下列几类。

变质碎屑岩类：Ser＋Chl＋Ab＋Qz、Ser＋Cal＋Ab＋Qz、Ser＋Chl、chl＋Ab＋Qz。

变火山碎屑岩类：Ab＋Ser＋Qz、Chl＋Ser＋Qz、Ser＋Chl＋Qz。

变火山岩、变蛇绿岩类：Ab＋Act＋Chl、Chl＋Ser、Act＋Ep＋Bit＋Ab＋Qz、Act＋Ep＋Zo＋Ab、Chl＋Cal＋Ab、Ab＋Chl＋Ser、Ab＋Ep＋Str＋Qz。

钙质变质岩类：Cal＋Ab、Cal＋Ser＋Qz、Cal＋Bit＋Qz。

根据滩间山（岩）群变质火山碎屑岩中仅出现绿泥石、白云母（绢云母）、绿帘石和钠长石特征变质矿物共生组合，将变质带列为绿泥石带；变质火山岩中存在绿泥石、阳起石和钠长石（An＝8～10），将变质带划为阳起石带，另变质火山岩中出现黑云母雏晶，变质程度为黑云母雏晶带，相当于基性变质岩的钠长-阳起石带。依变质相的划分原则，早古生界中出现绿泥石带、阳起石带确定其变质作用应属低绿片岩相（图 4－19）。

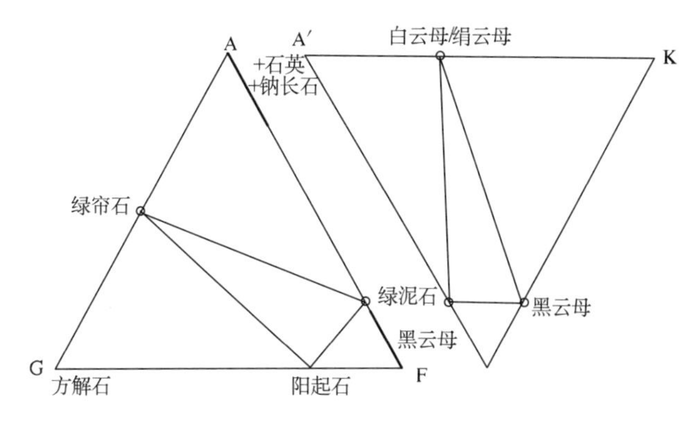

图 4－19 低绿片岩相的 ACF、A′KF 图解

变质基性岩中有 Act+Zo 共生，说明其变质温度高于变质反应 Cal+Chl+Qz⇔Zo+Act 的条件，即 $T=325\sim370℃$，$P=0.25\sim0.7GPa$。而岩石中出现阳起石，无石榴石和角闪石，说明变质温度低于石榴石形成线和角闪石出现的等变线 500℃。因此，推测早古生界低绿片岩相变质岩形成的温压条件为：$T=350\sim500℃$，$P=0.2\sim0.8GPa$。

2. 构造变形特征及变质期次

早古生代变质岩，构造变形强烈，岩石中变形组构发育，布丁化碎斑、"б""δ"旋斑、S-C 组构及塑性流褶较为发育，常见倾竖褶皱、A 型褶皱（图版 15-5）、膝折（图版 15-6）、紧闭褶皱、不对称歪斜褶皱，石英脉及薄层状灰岩常呈香肠状、透镜状或杆状。岩石中间板劈理发育，随糜棱岩化作用的增强而出现面理增强带。

矿物变形组构有：石英、斜长石、方解石旋斑中波状、带状消光强烈，旋斑周围具不对称压力影，影域内为重结晶的方解石、石英等矿物、方解石晶内产生一组或两组变形双晶，碎粒岩化作用强烈。

变质岩石中新生矿物较少，变质形成的糜棱面理和片理化面理、板劈理基本一致，沿面理、板劈理面出现新生变质矿物，表明变质和变形作用基本同时发生，具同构造期特点。

综上所述，早古生界变质岩是强应力变形、较低温压条件下区域低温动力变质作用形成的变质岩系。变质期次据变质地层时代（详见地层第二章第五节）和蛇绿混杂岩的时代（详见蛇绿岩第三章第一节）确定为加里东期。

五、低绿片岩相变质岩——晚古生代中浅变质岩

1. 变质作用特征

晚古生代变质岩变质程度轻微，变晶矿物较少，出现的变晶矿物有绿泥石、绿帘石、绢云母、钠长石、石英、方解石等。变质矿物共生组合有下列种类。

变碎屑岩类：Ser+Chl+Qz、Ser+Chl、Ser+Chl+Cal。

变火山碎屑岩类：Chl+Ser、Ser+Cal+Qz、Ser+Ab+Cal、Ab+EP+Ser+Qz。

结晶灰岩：Cal+Ser、Cal+Ab。

根据变质岩石中出现的特征变质矿物共生组合，其变质作用为低绿片岩相，且岩石中未出现雏晶黑云母、变质程度属绢云母-绿泥石级、相当于温克勒的钠长-阳起石-绿泥石带。根据特征变质矿物形成的条件，变质作用的温压条件约为：$P=0.2\sim0.8GPa$，$T=350\sim450℃$，相当于低温、低压条件。

2. 变形特征

晚古生代变质岩变形程度较轻微，原岩组构保留良好，基本层序清楚，褶皱变形较为强烈，局部可见轴面劈理 S_1 置换 S_0 的现象，总体上 $S_0 /\!/ S_1$，局部强应变域出现以钙质糜棱岩及糜棱岩化岩石为主体的韧性剪切带。总之，晚古生代变质岩总体表现为较强应力和较低温压条件的单相低绿片岩相（绢云母-绿泥石级）区域低温动力变质作用特点，属海西期变质作用产物。

六、古元古代变质岩形成的构造背景

本节主要根据正变质中基性火山岩的地球化学特征，探讨测区早元古代变质岩岩石形成的构造环境。由本章第一节可知，古元古代白沙河（岩）组由黑云斜长片麻岩-角闪黑云斜长片麻岩、黑云斜长角闪岩、黑云斜长角闪片岩夹长英粒岩、石英片岩和各类碳酸盐岩变质组成，其中片岩类原岩多为中基性火山岩。

利用 Irvine 和 Baragar(1971)的硅-碱图判别，基性变质岩均投在亚碱性玄武岩区，再用 Irvine

和 Baragar(1971)的 FeOt－Na_2O＋K_2O－MgO 图解判别，投点于钙碱性玄武岩区，结合考虑 Y/Nb＝1.81～5.1，判别基性变质岩的原岩属于钙碱性玄武岩系列的基性火山岩类。

利用 Pearce 和 Norry(1979)编制的 Zr/Y－Zr 变异图上，3 件样品投点均在板内玄武岩区(图 4－20)；TiO－10MnO－P_2O_5 图解上 4 件样品则投在了板内玄武岩区(图 4－21)；在 Ti－Zr 图解配合 Hf/3－Th－Ta 图解判断应属钙碱性火山岩区，其中两件样品投点落入板内玄武岩区，另两件则又落入 MORB 和板内玄武岩区，它们具有板内构造环境的地球化学特征(图 4－22～图 4－24)；在 V－Ti/1000 图解中投点较分散(图 4－23)；Ti/100－Zr－Sr/2 图解中主要投点于板内玄武岩区，个别点落入大洋底玄武岩区(图 4－25)；在 FeOt－MgO－Al_2O_3 图解中主要落于造山带与扩张性中央岛边界线处，而其中一件样品则投入大陆区(图 4－26)；在 MORB 标准化后的微量元素蛛网图上(图 4－27)，明显富集大离子亲石元素(LILE，如 Rb、Ba 等)。它们大多具有板内构造环境的地球化学特征。据这些判别结果，可推断古元古界白沙河(岩)组的基性变质岩的原岩形成主要类似于现代板内构造环境，个别相当于现今洋底构造环境。

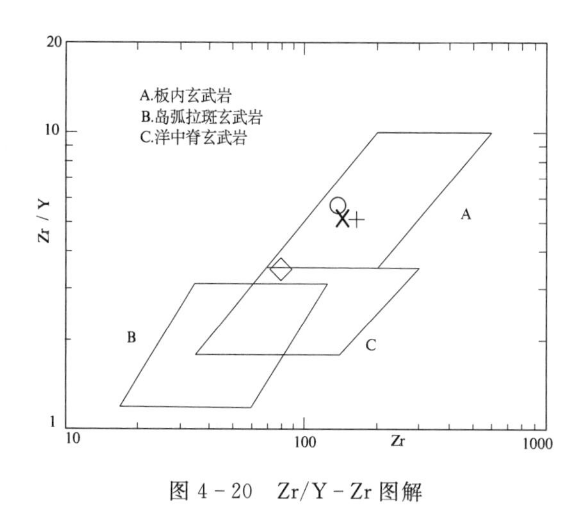

图 4－20　Zr/Y－Zr 图解

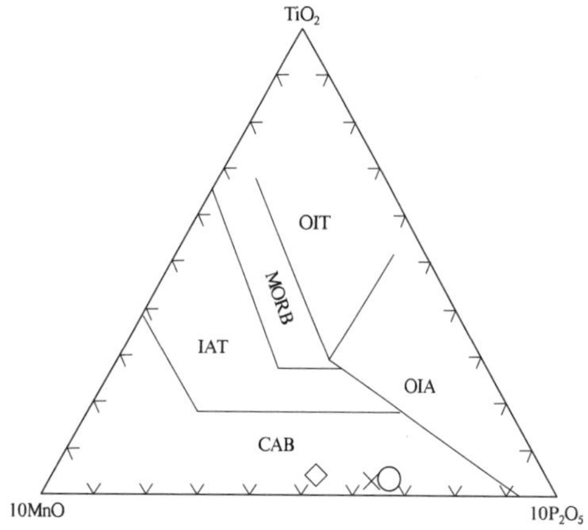

图 4－21　TiO_2－10MnO－$10P_2O_5$ 图

OIT. 大洋岛屿拉斑玄武岩；OIA. 大洋岛屿碱性玄武岩；MORB. 洋中脊玄武岩；IAT. 岛弧拉斑玄武岩；CAB. 钙碱性玄武岩

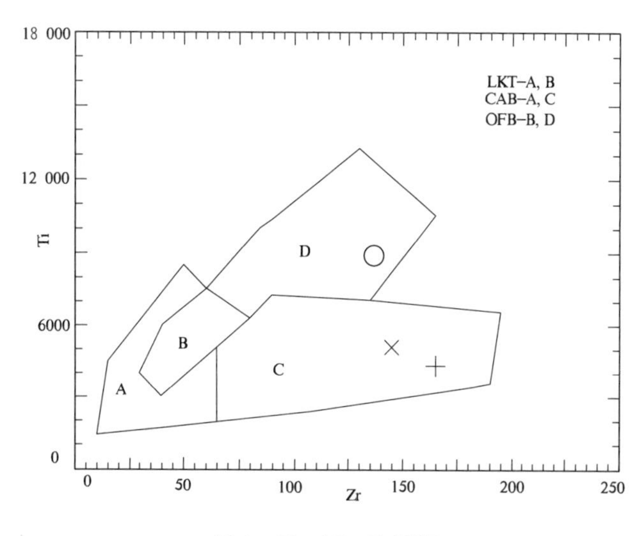

图 4－22　Ti－Zr 图解

OFB. 洋底玄武岩；CAB. 岛弧钙碱性玄武岩；LKT. 岛弧低钾玄武岩

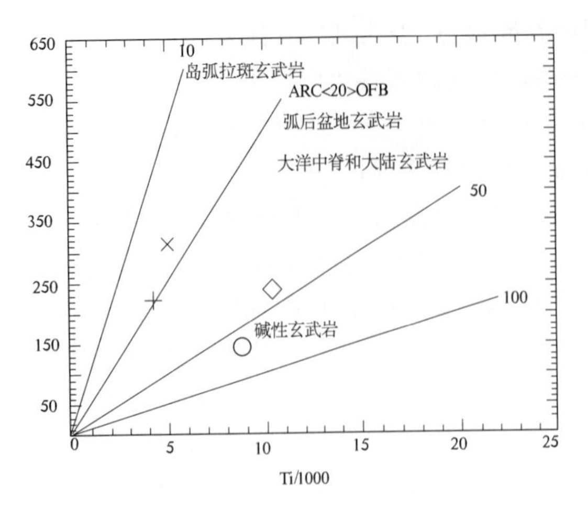

图 4 - 23　Ti/1000 - V 图解

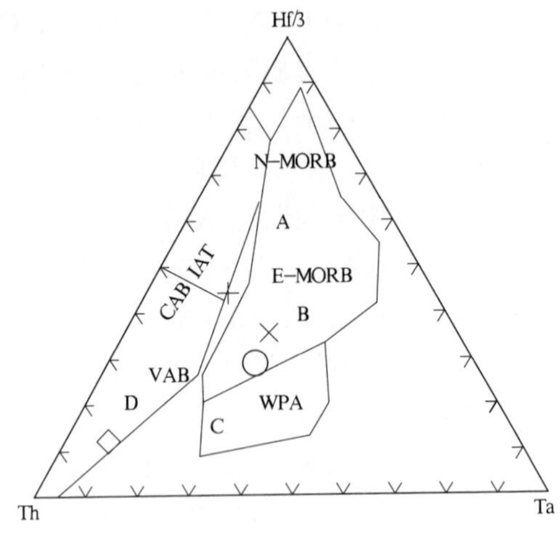

图 4 - 24　Hf/3 - Th - Ta 图解

N - MORB. 正常型洋脊玄武岩；WPB. 板内玄武岩；
E - MORB. 异常型洋脊玄武岩；IAT. 岛弧玄武岩；
CAB. 钙碱性玄武岩

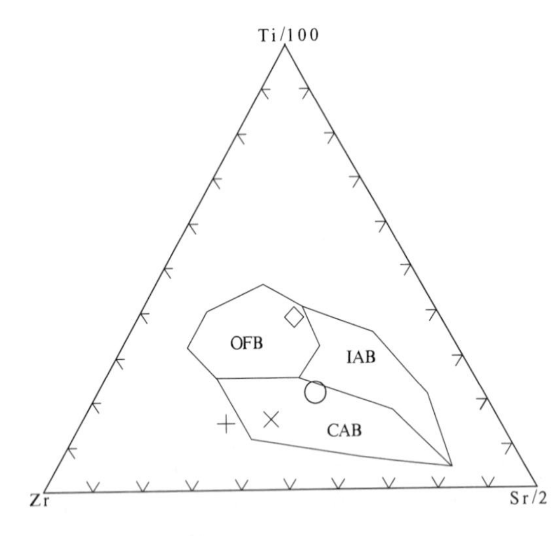

图 4 - 25　Ti/100 - Zr - Sr/2 图解

OFB. 洋底玄武岩；IAB. 岛弧拉斑玄武岩；
CAB. 岛弧钙碱性玄武岩

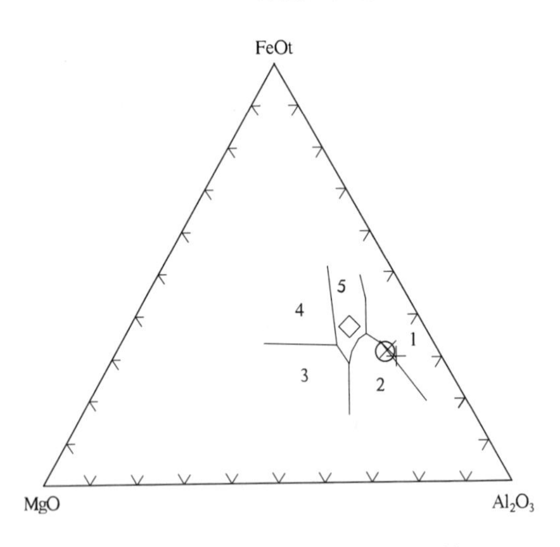

图 4 - 26　FeOt - MgO - Al_2O_3 图解

1. 扩张中心岛屿(冰岛)；2. 造山带；3. 洋中脊
及大洋底部；4. 大洋岛屿；5. 大陆板块内部

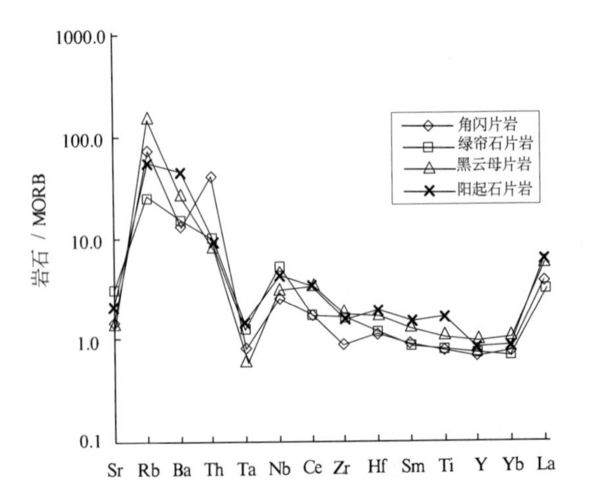

图 4 - 27　变质基性火山岩 MORB 标准化微量元素蛛网图

七、埋深变质作用——中生界上三叠统鄂拉山组变质岩

埋深变质作用是一种造陆运动由巨厚的沉积物下沉形成的变质作用，无明显的应力变形，常常只见有板状构造。以葡萄石-绿帘石为标志，以一套陆相中基性火山岩系为主，大地构造环境为山间盆地型。

上三叠统鄂拉山组集中出露于独雪山—喀雅克登塔格一线，受阿达滩南缘断裂控制，呈近北西—北北西向分布于阿达滩南缘隐伏断裂以南，为一套陆相火山岩，主要岩性为：安山岩、英安岩、流纹岩、霏细岩、英安质凝灰岩、流纹质晶屑玻屑凝灰岩、流纹英安质火山角砾岩、流纹英安质火山角砾火山集块岩。

变质作用特征：岩石变质程度轻微，岩石中变晶矿物很少、主要为细小鳞片状绿泥石、绢云母、微粒状钠长石、绿帘石、绿泥石、石英等。变质矿物共生组合有：Chl＋Ab（＋Qz）、Chl＋Ep＋Ab、Ab＋Chl＋Ser＋Qz、Chl＋Ser 等。据以上变质矿物组合，其变质作用为低绿片岩相的绢云母—绿泥石级，相当于绿泥石带。变质轻微程度均匀，岩层基本层序清楚，原岩组构保留良好，为印支期埋深变质作用条件下形成的单调均一的低绿片岩相单相浅变质岩系。

第三节　接触变质作用及其变质岩

测区岩浆作用强烈广泛，侵入岩在时间上从晋宁期到燕山期均有产出。晋宁期侵入岩与围岩接触关系由于后期区域变质作用和动力变质作用的叠加改造比较彻底，接触变质作用几乎无所保留、震旦期侵入岩与围岩（狼牙山组砂板岩）的接触变质带宽数米至数十米，接触变质作用轻微，主要表现为硅化、绿泥石化等蚀变。加里东期侵入岩的围岩主要为古元古界白沙河（岩）组及长城系小庙（岩）组中深变质岩、中-新元古界冰沟群浅变质岩，接触变质带数米至数百米不等，接触变质作用不太发育，主要表现为岩石中的部分矿物发生重结晶，据特征变质矿物组合其为低温接触变质作用。海西期侵入岩围岩主要为古元古界白沙河（岩）组、长城系小庙（岩）组中深变质岩、中-新元古界冰沟群及奥陶系—志留系滩间山（岩）群中浅变质岩和加里东期侵入岩，接触变质带宽数米至数百米不等。海西期侵入岩在与古-中元古代中深变质岩及加里东期侵入岩接触带，由于围岩主要为长英质变质岩和花岗岩而表现为岩石中的部分矿物发生重结晶，在与中-新元古界冰沟群、奥陶系—志留系滩间山（岩）群的浅变质岩外接触带上，形成热接触变质的角岩、角岩化带，据特征变质矿物组合，其为中—低温接触变质作用。印支期—燕山期接触变质作用最为强烈，接触变质带宽百余米至数百米不等。印支期—燕山期侵入岩在与冰沟群碳酸盐岩的外接触带形成热接触变质角岩化岩石和角岩；与中-新元古界冰沟群和奥陶系—志留系滩间山（岩）群变质碎屑的外接触带上则形成热接触交代成因的矽卡岩化岩石、矽卡岩。据特征变质矿物组合，其为中—低温接触变质作用。

一、岩石类型

1. 角岩化岩石

角岩化岩石其与区域正常岩石成过渡关系，围绕侵入体分布，各种变晶结构发育，新生矿物有绿泥石、绿帘石、绢云母、黑云母、白云母及阳起石等，主要岩石类型有角岩化碎屑岩、角岩化火山岩及角岩化火山碎屑岩，是区域热接触变质岩中分布最广的一类岩石。

2. 角岩

角岩围绕侵入体分布，呈角岩结构、斑状变晶结构，块状构造，重结晶形成的矿物有石榴石、透

闪石、透辉石、堇青石、黑云母、阳起石、斜长石及石英等。岩石类型有斑点状黑云母角岩、长英质角岩、黑云母长英质角岩、含阳起石黑云母长英质角闪岩、含石榴长英质角闪岩、堇青石长英质角岩、含透闪石长英角岩、黑云长英质堇青石角岩、黑云母堇青石角岩、透辉黑云阳起石角岩等。

3. 大理岩

侵入岩与碳酸盐岩接触处形成大理岩，粒状变晶结构、纤状粒状变晶结构，平行构造、条带状构造，主要重结晶矿物有方解石、透闪石、透辉石、白云石、橄榄石等。岩石类型有大理岩、透闪石大理岩、橄榄石大理岩等。

4. 透辉石岩

透辉石岩主要分布于印支期侵入岩与狼牙山组和丘吉东沟组接触处。岩石呈粒状变晶结构，斑杂构造，主要重结晶矿物有透辉石、透闪石、方柱石、白云石、方解石及石英等。岩石类型有透辉石岩、透闪透辉石岩、含方柱石透闪透辉石岩、含白云石透辉石岩等。

5. 矽卡岩及矽卡岩化岩石

该类岩石主要分布于印支期侵入岩与古元古界小庙(岩)组(Chx)及新元古界狼牙山组、丘吉东沟组碳酸盐岩接触带，多呈扁豆状、囊状、脉状、似层状产出。岩石呈粒状变晶结构、纤状粒状变晶结构，以块状构造为主，也有部分斑杂构造。主要变质矿物有方柱石、透闪石、透辉石、钙铝榴石、白云石、方解石、石英等。岩石类型主要有蚀变透辉石矽卡岩、透辉石榴矽卡岩、钙铝榴石矽卡岩等。

二、矿物共生组合及变质相带划分

由于侵入体外接触带出露宽度、原岩性质及离岩体距离(水平距离和垂直距离)的不同，形成不同类型的接触变质相带，部分接触带形成较为明显的变质分带现象，如水泉子沟在印支期侵入岩与冰沟群碳酸盐岩接触带形成含方柱石透辉石岩-透辉石大理岩-大理岩的递增变质分带(图4－28)。变质分布大部分以角岩化带为主，分带现象较明显。

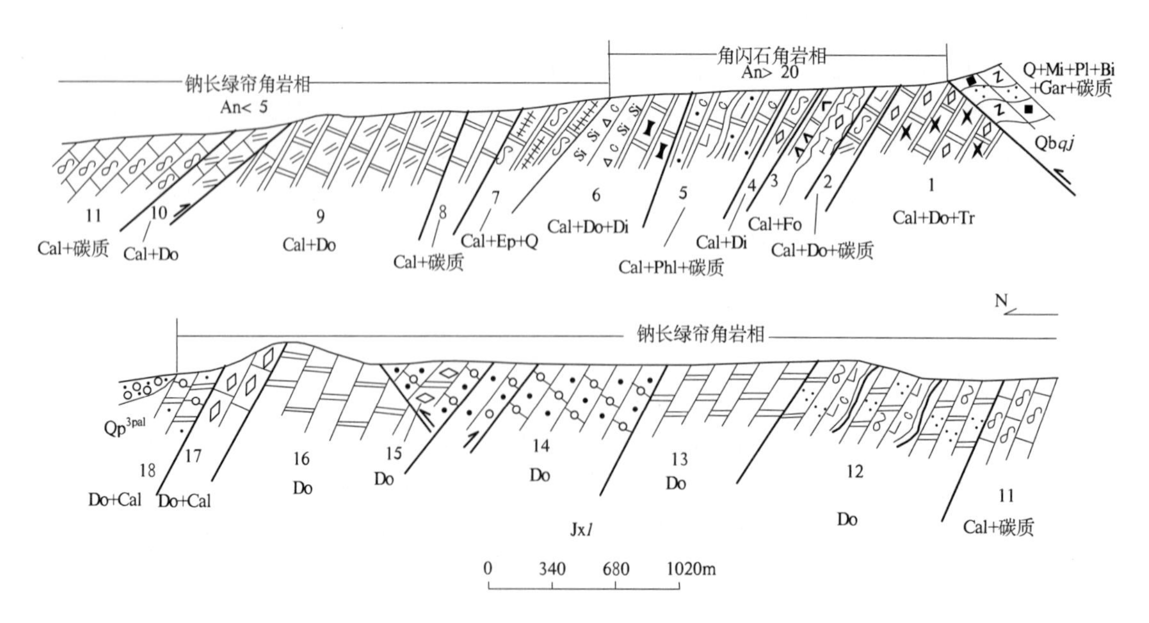

图4－28　水泉子沟蓟县系狼牙山组(Jxl)变质相划分剖面图(IP_{17})

根据接触变质岩石特点及矿物组合，测区接触变质作用可划分为钠长绿帘角岩相、普通角闪石岩相两个相。钠长绿帘角岩相为测区接触变质作用的主体相，震旦期—加里东期—海西期侵入岩周围的角岩(化)带都属于该相。普通角闪石角岩相多出现在印支期—燕山期侵入体外接触带。

1. 绿帘钠长角岩相

该岩相主要分布于角岩化带及部分角岩带，岩石结构未达平衡状态，矿物组合如下。

泥砂质、长英质变质岩类：Bit＋Chl＋Ab＋Qz、Ab＋Chl＋Act、Bit＋Ab＋Ser＋Qz、Cor＋Bit＋Chl＋Ser、Cor＋Bit＋Chl＋Qz、Bit＋Ep＋Qz、Bit＋Mu、Chl＋Ser＋Bit＋Qz、EP＋Bit＋Ab＋Qz。

基性变质岩类：Di＋Pl＋Qz、EP＋Bit＋Ab＋Qz、Act＋Bit＋Ep。

碳酸盐岩类：Cal＋Qz、Cal＋Do＋Qz、Cal＋Ser、Tr＋Cal，根据特征矿物组合 Ab＋Chl＋Act 特征及实验资料，钠长绿帘角岩相接触变质温压条件为 T＝300～400℃，P＝0.1～0.2GPa(王仁民，《变质岩石学》)。

2. 普通角闪石角岩相

该岩相主要由角岩、大理岩及矽卡岩化岩石组成，侵入体周围的大部分角岩带都属于该相，形成的变质矿物共生组合如下。

泥砂质、长英质岩类：Cor＋Bit＋Pl＋Qz、Pl＋Kf＋Bit＋Qz、Bit＋Pl＋Qz、Bit＋Mu＋Pl＋Qz。

基性变质岩类：Di＋Hb＋Bit＋Pl＋Qz、Di＋Pl＋Qz。

碳酸盐岩类：Di±Tr＋Ga＋Cal、Di±Tr＋Cal＋Do、Scp±Di＋Tr＋Cal、Cal＋Oi。

据特征变质矿物共生组合 Pl＋Hb＋Di，据实验资料，可确定该普通角闪石角岩相温压条件为 T＝400～600℃，P＝0.1～0.2GPa(王仁民，《变质岩石学》)。

第四节　动力变质作用及其变质岩

区内动力变质作用强烈，并具多期活动叠加的特点。根据动力变质岩石特征及新生变质矿物组合，结合变形特点，可分为中深构造层次韧性剪切作用形成的低角闪岩相动力变质岩、高绿片岩相-低角闪岩相动力变质岩、中部构造层次韧性剪切作用形成的低绿片岩相动力变质岩以及表部构造层次脆性断裂形成的葡萄石-绿纤石相动力变质岩。

一、低角闪岩相动力变质岩

该变质岩分布于中深构造层次的韧性剪切带中。该期韧性剪切带被卷入地层为古元古界白沙河(岩)组，主要变质岩石类型有条纹带状黑云(二云)斜长片麻岩、眼球状黑云(二云)斜长片麻岩、二云石英构造片岩、条纹条带状大理岩，少部分千糜岩、糜棱岩。岩石以具有强烈构造分异流动形成的条纹条带状构造、片状片麻状构造以及完全重结晶的变晶糜棱结构、矿物糜棱结构为特征。矿物变形组构发育，斜长石、钾长石、石英等以碎裂作用为主要变形，呈眼球状。斜长石部分具塑性应变，石英双峰式结构明显，矩形晶发育，并在动态重结晶基础上静态重结晶形成多晶条带而波状消光强烈，S-C组构及云母鱼构造发育，新生变质矿物有角闪石、堇青石、矽线石、白云母、黑云母、斜长石、钾长石、石英、透辉石、透闪石、方解石等。变质矿物共生组合有：Alm＋Bit＋Mu＋Pl＋Qz、Cor＋Mu＋Bit＋Pl＋Qz、Sil＋Bit＋Mu＋Pl＋Qz、Sil＋Cor＋Mu＋Bit＋Pl＋Qz、Bit＋Mu＋Pl±Kp＋Qz、Bit＋Pl＋Qz、Hb＋Ep＋Pl＋Qz、Hb＋Di＋Pl、Cal＋Di±Tr、Cal＋Qz。

据以上变质矿物组合，尤其是特征变质矿物组合 Sil＋Cor，可确定变质岩石属低角闪岩相。岩石变质变形较强，粘滞型石香肠、顺层掩卧褶皱、无根褶皱，“W”“N”“I”型脉褶十分发育，宏微观特征显示其为中深构造层次韧性剪切作用下形成的低角闪岩相构造片岩、片麻岩类岩石。

该期动力变质作用发生的时间据白沙河（岩）组所获 Sm－Nd 等时线年龄 1879±64Ma，在 1900～1800Ma 之间，是吕梁期动力变质作用产物。

二、绿片岩相-低角闪岩相动力变质岩

该变质岩分布于浅—中深构造层次韧性剪切带中，被卷入最新地层为冰沟群丘吉东沟组。主要岩石类型有初糜棱岩、糜棱岩、条纹条带状黑云（二云）斜长片麻岩、条纹条带状黑云（二云）石英片岩、黑云（二云）石英构造片岩、条纹条带状大理岩等。岩石以具有强烈构造分异流动形成的条纹条带状构造、片状片麻岩状构造及完全重结晶的变晶糜棱结构为特点，岩石中顺层掩卧褶皱群落、布丁化碎斑、粘滞型石香肠及不协调褶皱、无根褶皱、矿物拉伸线理常见，并在大褶皱两翼观察到“Z”型、“S”型、“M”型小褶皱，代表多期变形。薄片下可以观察到两期劈理的交切关系。矿物变形组构发育，其中斜长石、石英等以碎裂作用为主要变形，呈眼球状；斜长石具部分晶质塑性应变、石英双峰式结构明显，矩形晶发育，在动态重结晶基础上静态重结晶并形成多晶条带而波状消光强烈，S－C 组构、云母鱼构造发育，细粒残斑与基质构成“σ”残斑系，指示左行剪切运动动力学特征。综合微观特征，该期动力变质具正韧性剪切性质，是伸展体制作用下的中深构造层次水平分层韧性剪切带，新生变质矿物有角闪石、堇青石、绿帘石、绿泥石、白云母、黑云母、斜长石、钾长石、石英、方解石、透闪石、透辉石等。不同构造层次变质矿物共生组合有：Cor±Mu＋Bit＋Pl＋Qz、Bit＋Mu＋Pl＋Qz、Alm＋Bit＋Pl＋Qz、Cal＋Ep＋Qz、Cal＋Tr＋Qz、Cal±Tr＋Di、Do＋Cal＋Qz。

据以上不同构造层次变质矿物共生组合可以确定在浅部变质岩石属绿片岩相，而中深部变质程度达低角闪岩相，为浅—中深构造层次绿片岩相—低角闪岩相韧性剪切环境下形成的构造片岩、片麻岩。据被卷入变质地层冰沟群的时代，该期动力变质岩形成于晋宁期。

三、低绿片岩相动力变质岩

该变质岩分布于中部构造层次的韧性剪切带中。该类韧性剪切带规模大，多被后期脆性断裂所破坏，走向以北西向为主，宏观表现为狭长的退化变质带，形成的动力变质岩石主要有绢云母千糜岩、长英质糜棱岩、钙质糜棱岩、花岗质初糜棱岩及糜棱岩化岩石，岩石呈糜棱结构（图版 15－7）。矿物变形组构特征有石英、方解石、斜长石、角闪石、辉石等，均呈眼球状碎斑晶出现，并具不对称压力影，定向排列，长轴方向与岩石构造线方向一致。石英碎斑呈集合体状出现，集合体外形为透镜状，波状、带状消光强烈，方解石晶内产生一组或两组变形双晶，碎粒岩化作用强烈，显微鳞片状变晶矿物呈 S－C 组构及云母鱼构造发育。变质岩石中重结晶矿物较少，糜棱基质主要为微粒状方解石及长英质微粒状变晶集合体，具动态重结晶特点，新生矿物有绢云母、方解石、绿泥石、绿帘石、石英、钠长石，沿糜棱面理定向排列，新生变质矿物为早期矿物退化变质形成。退变质反应序列是黑云母→绿泥石，斜长石→绢云母，角闪石→绿泥石。特征变质矿物组合有：Ser±Chl＋Qz±Ab、Chl＋Ep±Ab，Cal＋Chl±Qz，根据特征变质矿物组合及变质岩中未出现雏晶黑云母的特点，可确定岩石属绢云母-绿泥石级低绿片岩相。变质岩石中布丁化碎斑、“σ”碎斑、S－C 组构、倾竖褶皱、不对称歪斜褶皱及紧闭竖棱褶皱发育，并随着糜棱岩化作用增强而出现面理增强带。变质作用形成的糜棱面理与板理、千枚理、片理化面理基本平行，具同构造期的特点。根据被卷入最新地质体时代，低绿片岩相变质岩形成时代可分为两期。

(1)加里东期：被卷入最新地质体为滩间山（岩）群及加里东期侵入岩，该期动力变质岩的形成与早古生代微洋盆的闭合有关。加里东构造运动表现十分强烈，本次工作在测制剖面时分别于白沙河岩组（Ar_3Pt_1b）含堇青绿帘黑云母片岩（结合野外宏观地质特征定名为构造片岩）和狼牙山组

(Jxl)糜棱岩中采获$^{40}Ar-^{39}Ar$法同位素样品，经地科院地质所测试分析，结果表明其年龄值分别为400.74±3.77Ma、404.0±4.61Ma。该组数据点线性极为良好，等时线是可靠的，其等值线年龄亦是可信的。这表明在加里东造山运动期间存在强烈的变形变质事件发生。

(2)海西期：海西期低绿片岩相动力变质岩分布于沿构造边界形成的以糜棱岩(图版15-8)、糜棱岩化岩石为主体的脆韧性剪切带中，被卷入最新地质体为早二叠世豹子沟单元似斑状二长花岗岩270.9±0.9Ma。该期动力变质岩的形成与海西晚期陆内造山作用有关。

四、葡萄石-绿纤石相动力变质岩

沿区内表部构造层次的棋盘格式脆性断裂带分布，变质作用以碎裂作用为主。主要变质岩石有构造角砾岩、碎裂岩、碎斑岩及碎裂岩化岩石，变质新生矿物极少，仅见有绢云母、绿泥石、钠长石。据新生矿物特征，岩石属葡萄石-绿纤石相。

第五节　变质作用与构造演化

东昆仑造山带经历了复杂的构造运动，与之相关的变质作用历史也必然是极为复杂的。尽管如此，通过不同区域构造单元的地质序列分析，通过对变质岩岩石和变质矿物相互关系以及变质变形关系的分析研究，还是有可能探索出地质发展演化历史上存在过的构造变质热事件及其规律(董申保等，1986)。总结以上有关变质岩系的变质作用特征，可以初步确定测区变质作用的发展演化大致可分为4个阶段：前寒武纪基底岩系形成阶段、加里东期洋陆转换阶段、海西期陆内造山阶段、印支期陆内造山阶段。

一、前寒武纪基底岩系形成阶段

据不同的研究资料看，古-中元古界地层[古元古界白沙河(岩)组、中元古界小庙(岩)组]早期形成克拉通化结晶基底，并构成硅铝质大陆地壳。在吕梁阶段1.8～1.9Ga普遍发生区域变质作用，据其他研究者认为，此期变质作用顶峰期大致位于1920Ma，可能是柴达木地块的边缘地壳增生的结果，形成了柴达木基底的雏形；在1.0～1.5Ga小庙(岩)组发生低角闪岩相变质作用，判断这一构造热事件是由四堡运动所引起。这两次变质作用在测区形成中—深变质的变质岩系。总体而言古元古代的变质作用十分强烈，来源于上地幔热流与放射性热能在地壳较薄的情况下，使活动带岩石变质程度表现为角闪岩相，并具递增变质带特点(都城秋穗，1979)，出现了矽线石、堇青石特征变质矿物，是一种面型动力热变质(陈能松等，1998)。变质岩系叠加了后期较强的动力变质作用和接触变质作用。主要分布于祁漫塔格山北坡及卡尔塔阿拉南山南部地区，大部分被加里东—印支期花岗岩吞蚀，呈大小不等的残留块体产出。一般认为中-新元古界冰沟群是稳定型盆地沉积，在830Ma左右的晋宁期区域低温动力变质作用条件下形成一套以绿片岩相为主的浅变质岩系，在区域上不整合于古-中元古代中—深变质岩系之上，构造比较简单，岩浆活动微弱，表明它们是稳定条件下的盖层沉积，但所查明的中新元古代花岗闪长岩、钾长花岗岩(锆石U-Pb同位素年龄为831±5Ma)等中酸性侵入体的存在的事实证明又有着同碰撞机制环境(见岩浆岩章节)，这表明在中新元古代本区变质作用环境的异常复杂。

二、加里东期洋陆转换阶段

前寒武纪结晶基底在早古生代拉张状态下形成祁漫塔格微洋盆，沉积物是以地幔物质和洋壳物质为主体的微洋盆沉积建造和岛弧型火山岩建造。拉张环境持续时间可能较长，持续的拉张为洋盆底的堆积物变质提供了热源。随着祁漫塔格微洋盆的收缩关闭，一方面伴随有黑云母花岗闪长岩、黑云母二长花岗岩等可能在时空上较为滞后的岛弧型岩浆岩的多期次侵位携带着大量的热能参与，另一方面构造俯冲碰撞带导致强大区域动力的产生。在两者共同的作用下出现了石英＋钠长石＋绿泥石＋白云母的变质矿物组合，其变质条件为绿片岩相浅变质作用。加里东期构造运动规模大，表现强烈已是公认事实，主要变质期发生在志留纪末期，脆韧性形变强烈。同位素年龄测年结果为 400Ma（$^{39}Ar-^{40}Ar$ 法，糜棱岩）、402Ma（$^{39}Ar-^{40}Ar$ 法，含堇青绿帘黑云母片岩），显示变质作用发生于距今 400Ma 左右，与本区和区域地质特征基本一致。

三、海西期陆内造山阶段

加里东期后，测区进入陆内造山阶段，随海西运动测区的晚古生代边缘海盆闭合隆起，形成了一套变质轻微、岩层基本层序清楚、原岩组构保留较好、褶皱变形较为强烈的变质岩系。局部强应变域出现糜棱岩、糜棱岩化石为主的韧性剪切带，较强应力和较低温压条件的低绿片岩相区域低温动力变质岩和低绿片岩相动力变质岩。另外从实际调查的情况看，在阿达滩中部分布有晚泥盆世斑状白云母二长花岗岩，经分析为典型的高铝质壳源物质重熔抬升到陆表的酸性岩体，推断加里东期造山运动有滞后性碰撞作用发生，期间有较大规模的动力变质变形作用。

四、印支期陆内造山阶段

在卡尔塔阿拉南山地区沉积了一套陆相中—酸性火山岩、火山碎屑岩。受陆内造山构造作用影响，形成了一套变形微弱、变质轻微、原岩基本层序清楚、原岩组构保存良好为特征的较低应力、较低温压条件绿片岩相埋深变质作用变质岩。

由于测区造山作用的多旋回、多体制的特点，自前寒武纪基底岩系形成以后，经加里东主造山期而固结成陆。成陆后并不稳定，在海西期、印支—燕山期仍有强烈构造活动。因此，区内变质作用是地壳热流异常、构造变形和构造演化、岩浆活动等综合事件的结果。

第五章　地质构造及构造发展史

第一节　构造单元划分

测区位于青藏高原东北缘，主体位于东昆仑西段祁漫塔格山，北跨柴达木盆地西南缘，西北邻近阿尔金山。昆北断裂呈北西向横贯测区，地壳结构复杂，构造演化历史悠久，至少经历了吕梁期至燕山期多旋回、多体制造山的影响，形成复杂的构造特征。在划分测区构造单元时，在综合前人对东昆仑构造单元划分方案的基础上，结合我们取得的资料，认为夹持于东昆中与东昆北断裂之间的构造带为东昆仑陆块；而位于东昆北断裂以北，祁漫塔格北缘隐伏断裂以南的祁漫塔格造山带为出现了洋壳物质（以古生代蛇绿岩套为代表）的古生代小洋盆，并受期后多期造山的叠加改造。需要说明的是，东昆仑陆块在测区南部大多已被后期上叠盆地覆盖，引起一些人对其在测区南部是否存在的怀疑。我们认为，昆北断裂及昆中断裂均自然延入测区及测区南图外，夹持于其间的东昆仑陆块的组成物质也逐渐被上叠盆地沉积物覆盖。因此，东昆仑带的组成物质存在于上叠盆地基底也是很合理的推断。基于以上认识，对测区构造单元暂做如下划分（表 5－1，图 5－1、图 5－2）。

表 5－1　测区构造单元划分表

<table>
<tr><td colspan="2">柴达木陆块（新生代断陷盆地）</td></tr>
<tr><td colspan="2">祁漫塔格早古生代构造混杂岩带</td></tr>
<tr><td rowspan="3">东昆仑陆块</td><td>阿达滩新生代拉分盆地</td></tr>
<tr><td>卡尔塔阿拉南山岩浆带</td></tr>
<tr><td>库木库里湖新生代断陷盆地</td></tr>
</table>

第二节　构造单元基本特征

（一）柴达木陆块

该陆块主体分布于测区东北图外，区内仅为其西南一隅，南以祁漫塔格北缘隐伏断裂为界与祁漫塔格早古生代构造混杂岩带分开。据区域地质资料，地块主要由古元古代深变质岩（片麻岩、麻粒岩、花岗片麻岩等）组成。陆块主体上叠中新生代断陷盆地，北西向及北东向两组断裂控制了盆地的形成、发展。测区处于祁漫塔格山前地带，断陷幅度较大，新生代地层发育较多，从渐新统到全新统沉积物均有出露。渐新统—上新统干柴沟组、油砂山组以湖相沉积为主，含大量低等生物化

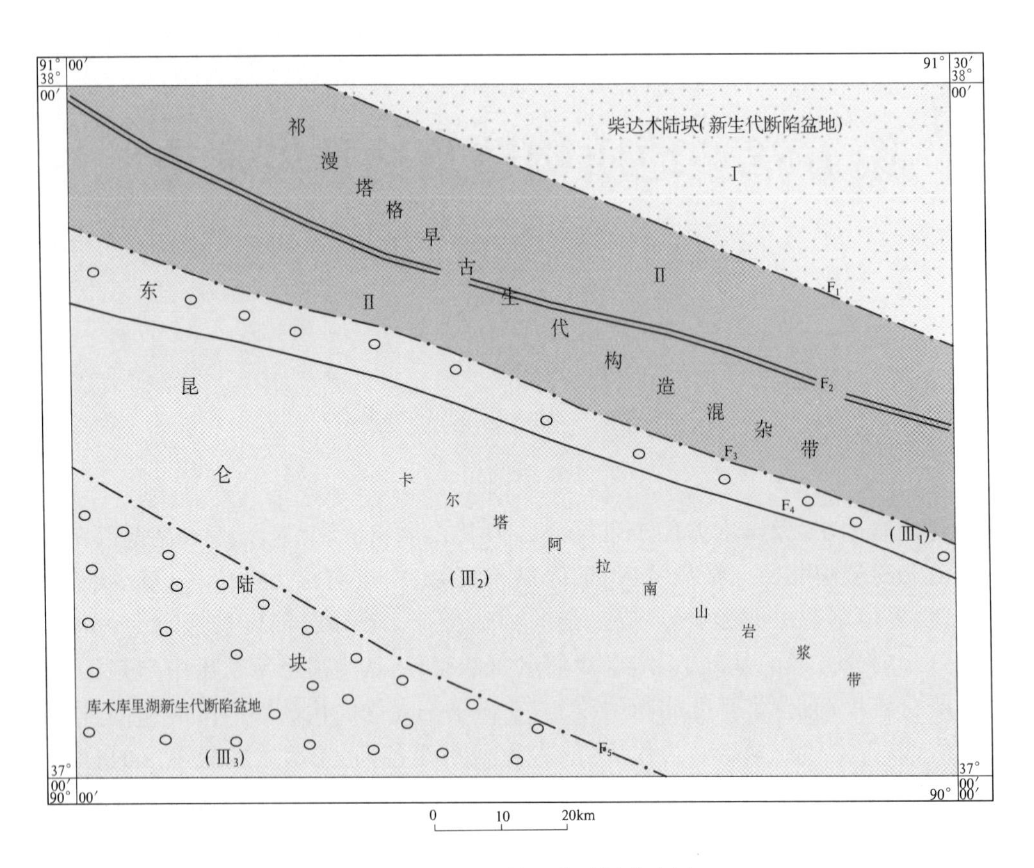

图 5-1　测区构造单元划分略图

F_1.祁漫塔格北缘隐伏断裂;F_2.祁漫塔格主脊断裂;F_3.阿达滩北缘活动断裂;F_4.阿达滩南缘断裂;F_5.伊阡巴达隐伏断裂

石,富含石油。上新世晚期的狮子沟组以河湖相沉积为主,更新世—全新世沉积物类型繁多,包括冲洪积、冰碛、冰水堆积、沼泽沉积、湖积、风积等。

该单元断裂构造甚微,褶皱构造十分发育,构造线方向以北西向为主。褶皱组合形态总体呈隔挡式,由一系列近乎平行的北西向背斜和向斜相间排列组成。一般背斜窄而紧密,形态较为完整,向斜多开阔平缓,形态残破不全。

(二)祁漫塔格早古生代构造混杂岩带

该混杂岩带呈北西-南东向展布于测区中北部,为测区最重要的构造单元。东北与柴达木陆块相邻,南以阿达滩北缘断裂(区域上称昆北断裂)为界与东昆仑陆块相邻。该带为早古生代祁漫塔格微洋盆裂谷带闭合的产物。其中包括前寒武纪残留陆块、奥陶纪蛇绿岩构造块体、微洋盆裂谷闭合期沉积建造,海西期上叠边缘海盆沉积建造及零星分布的小型新生代断陷盆地沉积建造。前寒武纪残留陆块由金水口(岩)群白沙河(岩)组和小庙(岩)组组成。前者为一套片麻岩、混合片麻岩夹石英岩及大理岩,后者为一套片岩夹石英岩、大理岩,它们呈孤立块体状残留于加里东期及海西期岩体中。奥陶纪蛇绿岩构造块体包括变质橄榄岩构造块体、堆晶杂岩、辉绿岩墙、枕状和块层状玄武岩、硅质岩等组成,均呈岩块状分布于滩间山(岩)群砂板岩基质中。

微洋盆裂谷闭合期沉积建造包括滩间山(岩)群碎屑岩岩组、碳酸盐岩岩组等残留海盆建造组合及中酸性火山岩岩组等岛弧型火山岩建造。

海西期上叠边缘海盆沉积建造包括上泥盆统黑山沟组、哈尔扎组,下石炭统石拐子组、大干沟组,上石炭统缔敖苏组,石炭系—二叠系打柴沟组,为一套碎屑岩、凝灰岩、灰岩建造组合。

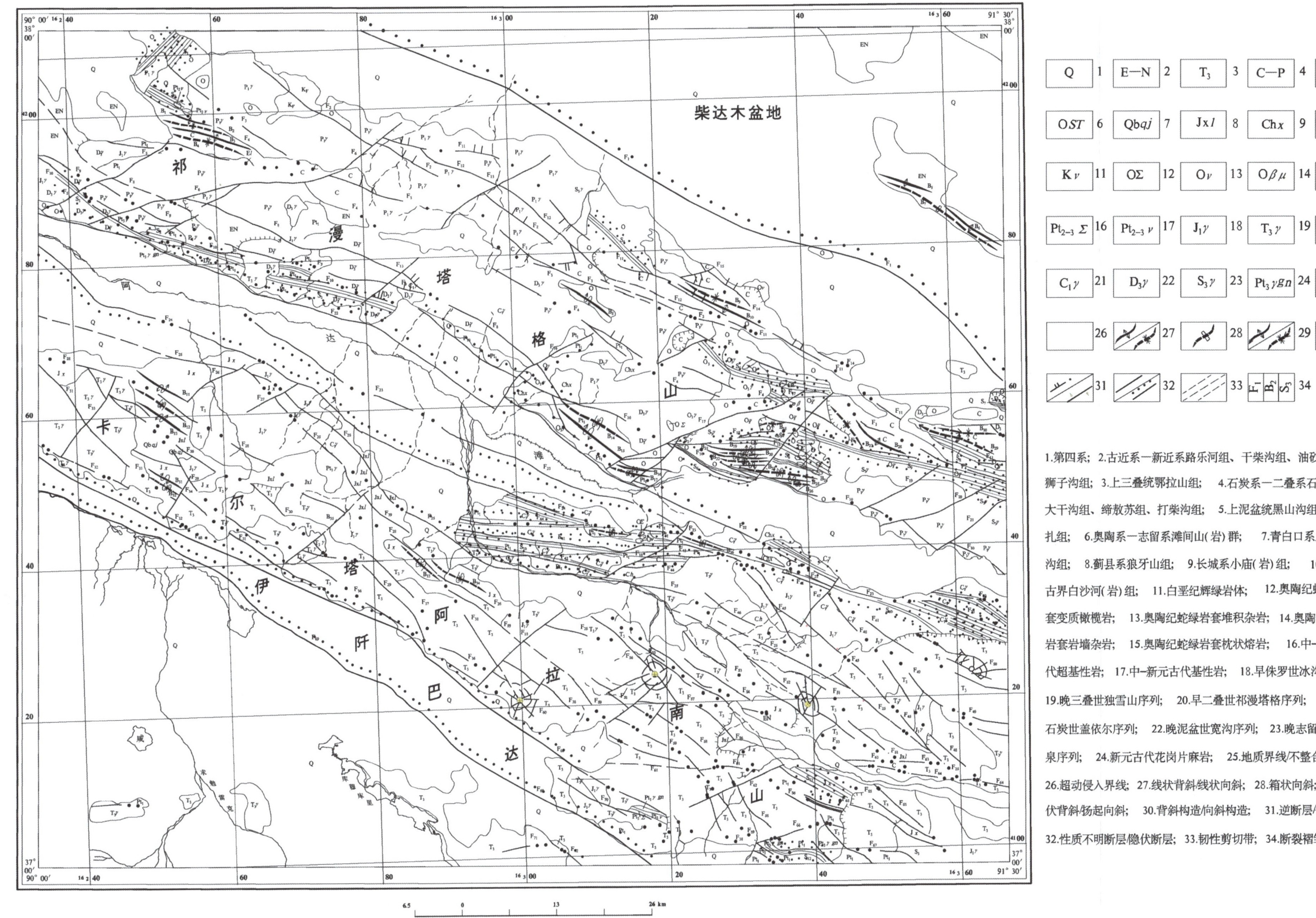

图 5-2 构造纲要图

1.第四系；2.古近系—新近系路乐河组、干柴沟组、油砂山组、狮子沟组；3.上三叠统鄂拉山组；4.石炭系—二叠系石拐子组、大干沟组、缔敖苏组、打柴沟组；5.上泥盆统黑山沟组、哈尔扎组；6.奥陶系—志留系滩间山(岩)群；7.青白口系丘吉东沟组；8.蓟县系狼牙山组；9.长城系小庙(岩)组；10.古元古界白沙河(岩)组；11.白垩纪辉绿岩体；12.奥陶纪蛇绿岩套变质橄榄岩；13.奥陶纪蛇绿岩套堆积杂岩；14.奥陶纪蛇绿岩套岩墙杂岩；15.奥陶纪蛇绿岩套枕状熔岩；16.中—新元古代超基性岩；17.中—新元古代基性岩；18.早侏罗世冰沟序列；19.晚三叠世独雪山序列；20.早二叠世祁漫塔格序列；21.早石炭世盖依尔序列；22.晚泥盆世宽沟序列；23.晚志留世红柳泉序列；24.新元古代花岗片麻岩；25.地质界线/不整合界线；26.超动侵入界线；27.线状背斜/线状向斜；28.箱状向斜；29.倾伏背斜/扬起向斜；30.背斜构造/向斜构造；31.逆断层/平移断层；32.性质不明断层/隐伏断层；33.韧性剪切带；34.断裂褶皱及韧性剪切带编号

小型新生代断陷盆地沉积建造包括始新统路乐河组及渐新统干柴沟组，为一套碎屑岩夹泥灰岩、泥质白云岩建造组合。

与多期次构造活动相匹配的岩浆活动在该构造带表现强烈，可划分出晋宁期条带状、眼球状黑云斜长片麻岩变质侵入岩体；震旦期群峰东单元片麻状二长花岗岩；加里东期晚奥陶世石拐子单元（弱片麻状花岗闪长岩）、晚志留世红柳泉序列（二长花岗岩-正长花岗岩）；海西期上泥盆统宽沟序列（闪长岩-二长花岗岩）、早石炭世盖依尔序列、早二叠世祁漫塔格序列（石英闪长岩-二长花岗岩）及西沟浆混花岗岩（斑状石英闪长岩-斑状花岗闪长岩-斑状二长花岗岩）等，其中加里东期、海西期花岗岩分布尤为广泛。前者为祁漫塔格微洋盆裂谷闭合造山产物，后者由海西期陆内造山引起。

本单元及其南部的东昆仑陆块单元内，大量发育一期辉绿玢岩脉，脉体走向为北东-南西、北西-南东两组，沿共轭剪切节理产生，该期节理侵入侏罗系及其以前的地质体，可能反映了燕山期测区的一次拉张，并已拉开地壳。本期拉张与形成柴达木盆地的拉张断陷应处于同一应力环境下。

本单元的构造变形极为复杂，不同构造层的主体构造特征有明显差异，白沙河（岩）组中发育一些中构造相韧性剪切带及塑性流变变形构造；小庙（岩）组中发育具褶皱叠层特征的顺层韧性剪切带及顺层掩卧褶皱等顺层固态流变构造群落；早古生代构造混杂岩呈一系列走向北西的构造块体产出，其中蛇绿岩块体位于千枚岩基质中；该构造层多数地质体已呈糜棱岩及糜棱岩化岩石产出，其上叠加北西向展布的背向斜构造及断裂构造；晚古生代以碳酸盐岩为主的地层中发育北西向较紧密褶皱及断裂构造，且多已呈断块状产出，沿断裂带断续有糜棱岩带产出。

本单元脆性断裂极其发育，主要有北西向断裂组及北东向断裂组，现存脆性断裂最早活动期为海西期，并以海西期及喜马拉雅期活动最强；早期以北西向断裂活动为主，北东向断裂活动证据不明显，新构造运动期北西、北东向断裂均强烈活动。

（三）东昆仑陆块

该陆块呈北西-南东向展布于测区中南部，为测区分布面积最大的构造单元。北以阿达滩北缘断裂为界与祁漫塔格早古生代构造混杂岩带分隔，东西南均延出图外。该单元最早是在前寒武纪结晶基底岩系基础上发展起来的，其在前寒武纪与柴达木盆地的基底为一整体，为加里东期从该华夏大陆克拉通南缘分裂出来的岛弧型微陆块，相当于前人所称的泛华夏大陆前峰弧（潘桂棠等，1978、2000）。海西期—燕山期，该带有大量的岩浆岩侵入，尤以印支期为甚，并有大量印支期火山岩的喷发。新生代，在本单元的南北两侧分别发生断陷、拉分，形成库木库里湖新生代断陷盆地及阿达滩新生代拉分盆地，进而使测区南北分野，形成3个次级构造单元。

1. 卡尔塔阿拉南山岩浆带

该岩浆带为加里东期岛弧型微陆块未被新生代盆地改造的部分，虽以前寒武纪基底岩系为其基本特征，但大量的加里东期—燕山期岩浆侵入及印支期火山喷发已将基底岩系侵蚀，使其呈孤立不规则状残留体分布于整个构造带中，而构造带的主体已被加里东期及期后岩浆岩占据。

前寒武纪基底岩系由金水口（岩）群白沙河（岩）组和小庙（岩）组组成。其岩性特征前已述及。盖层地层系统主要由中-上元古界冰沟群狼牙山组及丘吉东沟组组成，前者为条带状大理岩、白云岩、白云质灰岩夹少量灰岩，后者为粘砂质板岩、粉砂岩夹少量大理岩，其形成环境为陆表海。

海西期陆表海盆地地层系统包括下石炭统大干沟组及石炭系—二叠系打柴沟组，为一套结晶灰岩、生物碎屑灰岩等滨浅海相沉积组合，现呈断块状沿阿达滩南侧的错那欧土吉断裂组及巴音格勒断裂组产出。

印支期陆相火山沉积建造，主要为鄂拉山组中酸性火山岩组合，分布于卡尔塔阿拉南山—冰沟一带，为本单元的主要建造组合，由印支期陆内造山作用形成。

另外，在巴音格勒沟脑尚有少量新生界路乐河组沿小型拉分盆地产出。

本单元出露大量海西期至燕山期花岗岩，主要为早石炭世盖依尔序列，岩性为花岗闪长岩-二长花岗岩；晚三叠世独雪山序列，岩性为花岗闪长岩-二长花岗岩，均反映出陆内造山花岗岩的特点。另外，本单元尚出露早侏罗世冰沟序列，岩性为石英正长岩-碱长花岗岩，形成于非造山隆起环境。

本单元前加里东构造层构造变形复杂，加里东及期后构造变形相对简单，金水口（岩）群白沙河（岩）组及小庙（岩）组构造变形复杂，详细特征同上一单元所述。中-新元古界冰沟群狼牙山组、丘吉东沟组属盖层沉积，变质、变形均较弱，仅在脆性断裂带旁侧发育以糜棱岩为代表的浅构造相韧性剪切带，以及褶皱构造为走向北西的较紧密背向斜构造。单元北侧的海西期花岗岩发生糜棱岩化及弱片麻理化，反映出该带在海西早期—中期具浅构造相韧性剪切变形。海西期运动时，本单元的构造变形以发育脆性断裂为特征，主要发育北西向断裂，其次为北东向断裂，另外发育少量近东西向断裂。从断裂对地质体的改造及控制来看，该单元脆性断裂主活动期应为印支期及喜马拉雅期，其活动诱发并控制了大量鄂拉山组火山岩及印支期花岗岩的侵位，并以北西向断裂活动最强烈。喜马拉雅期断裂活动主要为本单元地质体的改造期，北西、北东向断裂活动性均较强，本期断裂活动是在青藏高原差异隆升的大背景下发生的，使本单元地质体特别是变质地体及侵入体抬升剥蚀露出地表。

2. 阿达滩新生代拉分盆地

该盆地由两个左行左阶式拉分盆地组成，呈北西向展布于测区中部，北与祁漫塔格早古生代构造混杂岩带为邻，南与卡尔塔阿拉南山岩浆带以断裂为界，是在一组雁列式左行走滑断层控制下发育形成的。该组雁列走滑断层以阿达滩北缘断层为主。从盆地内现有沉积建造判断，盆地形成于始新世晚期，发育干柴沟组、七个泉组河湖相碎屑建造，中更新世盆地中沉积了冰碛及冰水堆积物，晚更新世至全新世盆地中沉积了冲洪积堆积物。

3. 库木库里湖新生代断陷盆地

该盆地分布于测区西南部，为区域上所称阿牙克库木湖断陷盆地的北东一隅，北以那棱格勒-伊阡巴达隐伏断裂为界与卡尔塔阿拉南山岩浆带相隔。北西、南东延伸出图。据区域资料，盆地形成于新近纪，第四纪以来断陷范围有向东扩张的趋势。测区部分主要发育河湖相（Qp^1）砂砾岩及泥质粉砂岩、冲洪积（Qp^3）及湖积、沼泽沉积（Qh）等，局部出露基底岩系，可见古元古界白沙河（岩）组、上三叠统鄂拉山组及印支期花岗岩零星露头，与卡尔塔拉南山岩浆带岩性完全一致，反映出该盆地上覆于岩浆带之上。

第三节　主要分界断裂

1. 祁漫塔格北缘隐伏断裂

该断裂呈北西向斜穿测区西北部，两端延伸出图，因大面积被第四系覆盖，地表未见出露。航卫片影像特征显示较明显，断裂位于前新生代地质体出露线北侧，地貌反差较大。山岳与盆地对峙，界线平直，南侧发育断层残山，并发育多条次级断层，次级断层均表现为向北逆冲的特点，断裂带北侧七个泉组（Qp^1q）冲洪积沙砾岩的大面积出露，反映出下更新统以来，南侧剧烈抬升，并向北逆冲于柴达木盆地之上，断裂带在航磁及重力资料上有异常显示。在物探地质综合平面图上，沿断裂带方向连续有 3 个同一走向上的异常高值区，是大乌斯异常 30γ 等值线有一突出点，与以上 3 个异常的走向一致。沿断裂带新构造运动极为强裂，挽近时期以来，该带曾有多次5级以上的地震发生。断裂地质建造及改造不相同。断裂带南侧以前新生代地质体为主体，发育中构相至表构相的各种构造形迹，断裂带北侧仅发育新生界河湖相沉积建造及风成沙等，构造变形以表构相褶皱为主。

2. 阿达滩北界断裂

该断裂呈北西-南东向斜穿测区中部，西北沿阿达滩河北侧延伸出图，南东沿冰沟北侧延出图外。该断裂为祁漫塔格早古生代构造混杂岩带与东昆仑陆块之分界断裂。该断裂为一多期活动的复合断裂。断裂宏观标志明显，地貌上呈盆山分界线，断层三角面、断层残山多见。断带岩石破碎，并发生强劈理化、片理化。构造岩系列岩石发育，从长英质糜棱岩、碎裂岩、断层角砾岩到断层角砾、断层泥均发育，表明该断层具多期、多层次活动的特征。在加里东至青藏运动的多次构造活动中，该断裂均具有重要意义。加里东期该断裂为祁漫塔格微洋盆裂谷的南界，测区的奥陶纪蛇绿混杂岩组合及奥陶纪—志留纪岛弧型火山岩建造主要分布于该断裂以北及断裂带上；海西期的花岗岩建造主要分布于断裂带以北，表明该期断裂北侧的岩浆活动仍强于南侧；印支期断裂南北两侧的构造活动强度发生逆转，北侧构造活动变弱，未见岩浆活动迹象，断裂南侧岩浆活动强烈，形成卡尔塔阿拉南山岩浆弧带，发育大套鄂拉山组中酸性火山岩建造及花岗岩建造；燕山期断裂两侧的构造活动仍延续印支期的特点，南强北弱，南侧有大量正长花岗岩侵入，而北侧很少有燕山期建造出露；喜马拉雅期沿该断裂为主的断裂带发生走滑拉分，形成复合拉分盆地，盆地内沉积了湖积(Qp^1)、冰碛(Qp^2)、冰水堆积物(Qp^3)及冲洪积堆积物(Qh)。

3. 祁漫塔格主脊断裂

该断裂位于祁漫塔格主脊一带的土房子—红土岭，总体呈北西向展布，北西及南东延伸出图。断裂带航卫片影像及地貌特征明显。地貌上呈切割山脊的线性沟谷、对头沟，断裂带内断层残山发育，河流沿断裂带转弯，断裂带内糜棱岩、碎裂岩、断层角砾岩均发育。断裂带侧发育强劈理化带、构造透镜体及牵引褶皱(图5-3)，为一具多期次构造活动，并且构造层次是由深变浅的复合断裂。该断裂的重要意义还在于它是控制祁漫塔格早古生代构造混杂岩带分布的深大断裂，沿该断裂及其两侧的次级断裂内分布有蛇绿混杂岩构造块体，断裂北侧则发育大量的岛弧钙碱性系列火山岩建造，表明该断裂为微洋盆向北俯冲闭合的断裂。

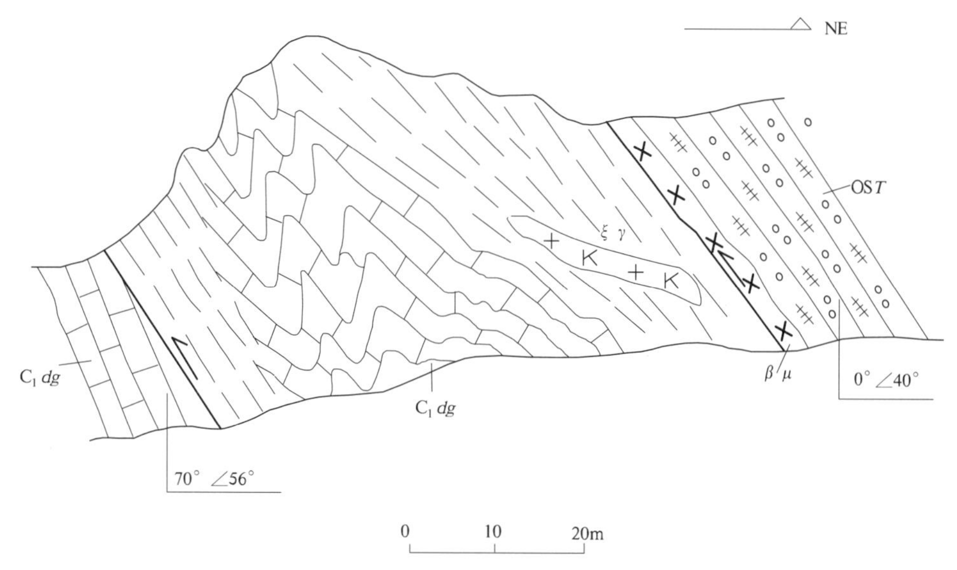

图5-3 玉古萨依断裂带内灰岩变形、岩脉侵入及岩石破碎特征素描图(3100点)

4. 伊阡巴达隐伏断裂

该断裂呈北西西向斜穿测区西南部，为卡尔塔阿拉南山岩浆带与库木库里湖新生界断陷盆地的分界。断裂大部被第四系覆盖。在航卫片上可见测区的伊阡巴达河，库木库里湖呈北西向直线延伸，断裂南北盆山对峙，并发育残山。据物探资料，断裂北侧地磁场强度横数 ΔT 呈相对稳定的低值，与该地段的布格重力异常相吻合。主断裂北侧次级断裂直切山脊，使卡尔塔阿拉南山南如刀切一般。从断裂两侧侏罗纪及其以前的地质建造基本相同看，该断裂具有分界性质，其构造活动应发生在燕山期以后，据区域资料，该断裂控制的库木库里湖新生代断陷盆地最早接受了新近纪的河湖相沉积，表明该断裂具分界性质的构造活动始于喜马拉雅期。

第四节　构造变形特征

测区的构造形迹在时空展布上具有分带、分层性、不均匀性，并具有多期次、多构造相的变形组合相叠加的特点。从空间分布上，测区东北部柴达木陆块单元内仅发育新生代浅部构造层次的线形褶皱构造。测区西南部库木库里湖新生代断陷盆地及测区中部阿达滩拉分盆地内全新世沉积地层无构造变形，仅在个别基底岩石出露区见脆性断裂构造。祁漫塔格造山带为测区多期、多相构造变形出露区，多数构造单元及地质体中都有多期多相变形的叠加。零星分布的古元古界金水口(岩)群白沙河(岩)组内部早期发育中构造相的顺层固态流变构造群落，吕梁运动时发育同斜倒转剪切褶皱及中构相韧性剪切带。中-新元古代地质体内早期发育浅构相顺层固态流变构造群落，晋宁运动时发育背向斜构造及切层韧性剪切带；加里东期形成祁漫塔格早古生代构造混杂岩带；海西期发生断褶造山，使晚古生代地层呈断块状散布于祁漫塔格造山带中；印支运动时发生壳内拆离滑脱推覆，形成北西向逆冲断裂组；燕山期及喜马拉雅早期，断层性质变为左旋走滑-逆冲，影响范围至测区全境；青藏运动时，测区整个活动断裂系统以伸展正断系统为主。测区的构造层次及构造变形相划分见表 5-2。

表 5-2　构造层次及构造变形相划分表

构造层次	影响地质体	变形样式	变形环境
表层次	全区各类岩系	脆性断裂	
浅表层次	狮子沟组、油砂山组、干柴沟组、路乐河组	断裂、褶皱	
浅表层次	鄂拉山组	断裂	低绿片岩相
浅构造层次	黑山沟组、哈尔扎组、石拐子组、大干沟组、缔敖苏组、打柴沟组	褶皱、断裂、板劈理化	低绿片岩相
浅构造层次	滩间山(岩)群、晚奥陶世蛇绿岩	早古生代构造混杂岩、浅构造相顺层固态流变构造群落、浅构造相韧性剪切带、背向形构造	绿片岩相
中浅构造层次	小庙(岩)组、狼牙山组、丘吉东沟组	中浅构造层次顺“层”固态流变构造群落、韧性剪切带、背向形构造	高绿片岩相-绿片岩相
中深层次	白沙河(岩)组	中浅构造层次顺“层”固态流变构造群落、韧性剪切带、背向斜构造	低角闪岩相

一、前寒武纪地质体构造变形特征

(一)白沙河(岩)组韧性剪切流变构造

该韧性剪切流变构造零星散布于测区的古元古界白沙河(岩)组构造线及岩层,展布均以北西向为主。构造变形的显著特点是以中深构造相的塑性变形为主。其构造形迹主要为早期顺层固态流变构造群落及叠加其上的韧性剪切带、剪切褶皱。现有变形记录表明,该岩组至少存在3期以上的褶皱变形。现分述如下。

(1)一期顺层固态流变构造群落:由于受到后期强烈的构造置换作用的破坏,现存由岩性层显示的保存程度不一的顺层掩卧褶皱存在于大理岩、斜长角闪岩中。主要发育在标本及露头尺度上,以 S_0 为变形面,形成紧闭同斜褶皱,倒向相同,为典型的被动褶皱。其轴面与赋存的大理岩、片岩层面基本平行,呈无根褶皱产出(图5-4,图版15-1),由该期构造变形形成测区的一期片麻理。

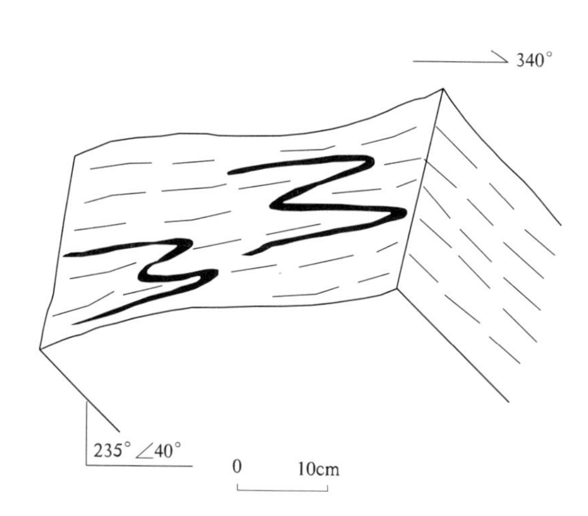

图5-4　盖伊尔北白沙河(岩)组条带状大理岩中的"M"型面理置换特征素描图

该构造群落是在地壳中深层次角闪岩相条件下,垂向压缩,侧向伸展,产生不同尺度的分层剪切流动而形成的。

(2)二期顺层固态流变构造群落:发生于吕梁运动时,构造形迹主要包括露头尺度的片理、片麻理褶皱及与其相间分布的中构造相顺层韧性剪切带,其最大特点是以片理、片麻理为变形面。变形面以呈紧闭同斜倒转、顶厚的不对称顺层剪切褶皱及塑性流褶皱为特点,其间分布有中构造相顺层韧性剪切带等(图5-5～图5-8)。在本期构造变形时,在斜长角闪片岩、英云构造片岩、构造片麻岩中发育有大量的同构造分泌结晶脉,主要为石英脉、长英质脉等。它们呈透镜状或复杂褶曲状产出,这些细脉的变形与周围岩层的褶皱变形协调一致。它们是在围岩发生固态流变时,由围岩分泌形成,并与围岩一起发生塑性流变的(图5-9～图5-12)。本期变形是在中构相剪切流动褶皱作用下形成的,具顺层韧性剪切变形特征,可能与韧性逆冲推覆作用有关,总体方向为北西-南东向。

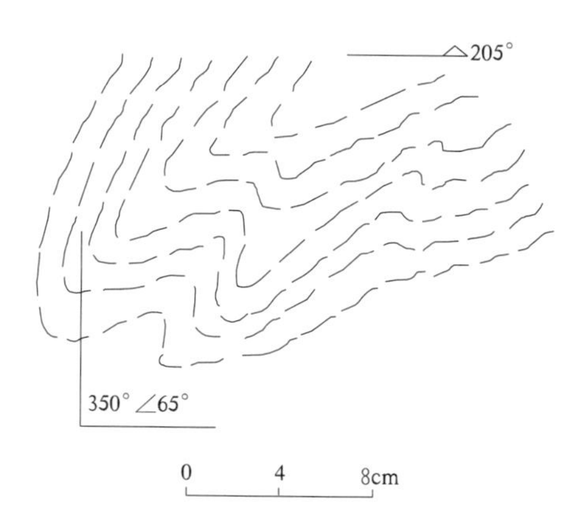

图5-5　阿达滩北白沙河(岩)组二云斜长片麻岩片理流褶皱素描图(IP_{33})

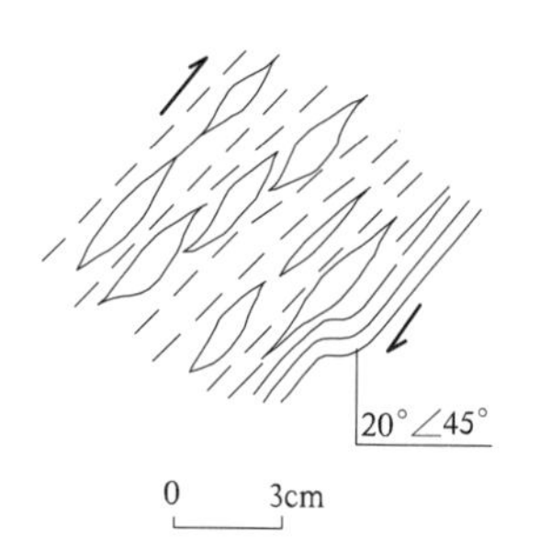

图5-6　喀雅克登塔格白沙河(岩)组白云母石英片岩中的长英质碎斑及片理褶皱(IP_{22})

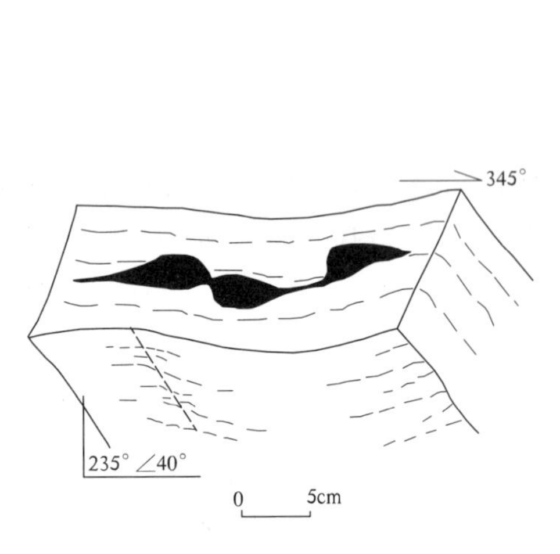

图 5-7　盖依尔北白沙河(岩)组条带状大理岩中暗色条带形的粘滞性石香肠素描图(6128 点间)

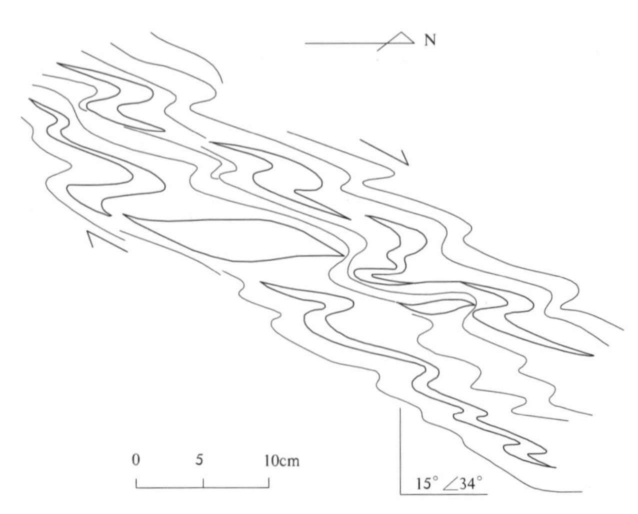

图 5-8　阿达滩北白沙河(岩)组片岩中的同构造长英质分泌脉与片理揉皱素描图(2068 点间)

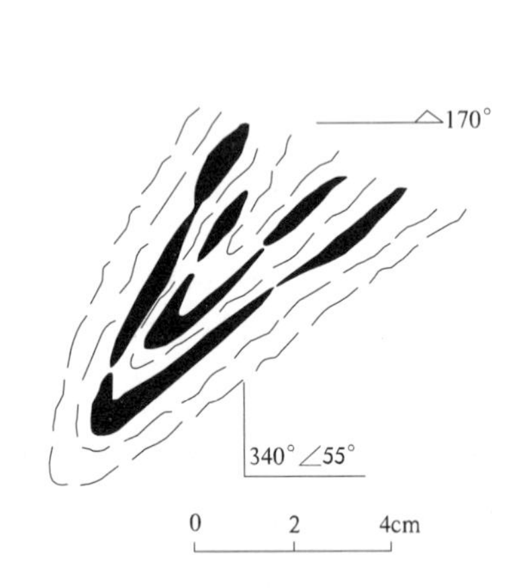

图 5-9　阿达滩北白沙河(岩)组二云斜长片麻岩中同构造分泌脉素描图(IP33)

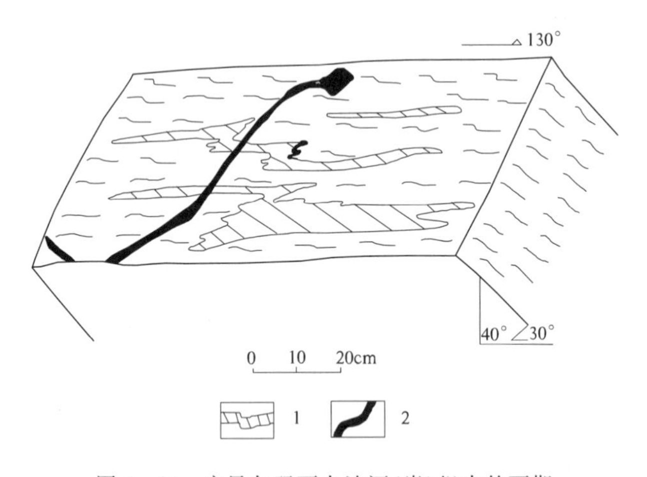

图 5-10　宗昆尔玛西白沙河(岩)组中的两期同构造分泌脉素描图(5193 点间)

1. 长英质脉体(已卷入构造变形);2. 石英脉

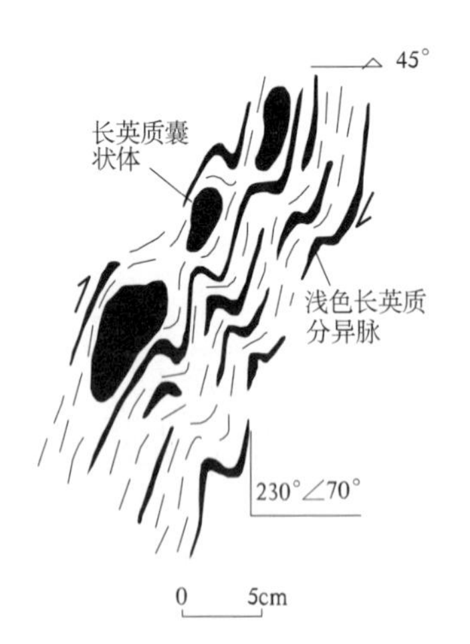

图 5-11　阿达滩北 IP33 剖面白沙河(岩)组二云斜长片麻岩中的塑性流褶皱素描图

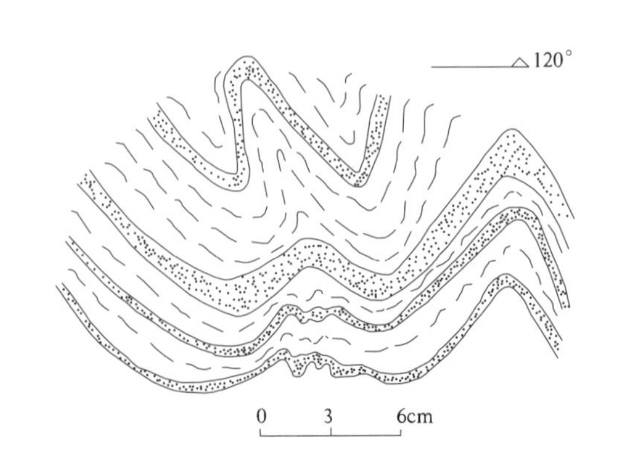

图 5-12　阿达滩北条带状片麻岩中同构造分泌脉及片麻理变形特征素描图(6052 点间)

(3)主期褶皱构造及韧性剪切带：主期褶皱主要表现为填图尺度上的背向斜构造，现填绘出的背向斜构造，主要分布在阿达滩南北两侧的白沙河(岩)组中，包括 B_{14}、B_{15}、B_{35}、B_{36}，见表 5-3。其轴面近直立，为线形紧闭褶皱，核部发育次级褶皱(图 5-13)。本期褶皱与强变形带的韧性剪切变形前后发生，另外，白沙河(岩)组局部在加里东期仍发生一期褶皱(图 5-14)。

表 5-3　测区主要褶皱特征一览表

编号	褶皱名称及基本形式	规模	褶皱基本特征	位态分类	发育时代
B_1	克斯恰普北西西-南东东向背斜	长约 2km，长宽比约 7∶1	分布于玉古萨依海西期断褶块体中，核部和翼部均由 C_1dg 组成，北翼产状 20°∠70°，南翼产状 220°∠42°，轴面产状 20°∠60°，向东延伸核部被风化剥蚀，向北西延伸，被 Qp^{3pal} 覆盖。该褶皱是在海西运动时，受南北向挤压应力作用形成的	斜歪水平褶皱	海西期
B_2	玉古恰勒北西西-南东东向向斜	长约 6.5km，长宽比约 12∶1	分布于玉古萨依海西期断褶块体中，核部和翼部均由 C_1dg 组成，北翼产状 220°∠42°，南翼产状 20°∠70°，轴面产状 200°∠55°，枢纽呈波状起伏。该褶皱成因同 B_1，中部被北东向断裂错移	斜歪水平褶皱	海西期
B_3	琼喀北西西-南东东向背斜	长约 5km，长宽比约 10∶1	分布于玉古萨依海西期断褶块体中，核部和翼部均由 C_1dg 组成，北翼产状 20°∠70°，南翼产状 210°∠48°，轴面产状 190°∠50°，枢纽波状弯曲	斜歪水平褶皱	海西期
B_4	恰勒干坦北西西-南东东向背斜	长约 5km，长宽比约 10∶1	分布于玉古萨依海西期断褶块体中，核部和翼部均由 C_1dg 组成，北翼产状 210°∠48°，南翼产状 20°∠68°，轴面产状 200°∠60°，枢纽波状弯曲。向斜轴部通过处地貌上形成较陡山峰，枢纽走向与 B_3 枢纽走向基本一致	斜歪水平褶皱	海西期
B_5	大乌斯北西-南东向向斜	长约 10.5km，长宽比约 10∶1	分布于测区东北部大乌斯西南东柴山一带，核部及翼部均由 ENg 组成。北翼产状 10°∠30°，南翼产状 190°∠35°，轴面产状 190°∠80°，枢纽呈波状起伏。各高点主褶皱轴线均为一小弧形，高点间轴线凹陷，构成多个短轴状穹隆构造。随着高点自西向东增高，出露地层由新变老，枢纽向西倾伏	直立倾伏褶皱	喜马拉雅晚期
B_6	东柴山北西-南东向背斜	长约 4km，长宽比约 8∶1	分布于测区东北部大乌斯西南东柴山一带，核部及翼部均由 ENg 组成。北翼产状 30°∠35°，南翼产状 255°∠20°，轴面产状 220°∠70°，枢纽波状起伏弯曲，枢纽总体向西倾伏	直立倾伏褶皱	喜马拉雅晚期
B_7	东柴山北西西—南东向箱状向斜	长约 4.5km，长宽比约 3∶1	分布于测区东北部东柴山一带，核部和翼部均由 ENg 组成，北翼产状 255°∠20°，南翼产状 15°∠45°，轴面产状 230°∠80°，平面形态为短轴状长圆形，开阔平缓，形态残破不全，由四周小山包岩层产状不一致表现出来	直立倾状褶皱	喜马拉雅晚期
B_8	第三条沟西北西-南东向背斜	长约 2.5km，长宽比约 5∶1	分布于第三条沟西一带，核部及翼部均由 OST_1 组成，北翼产状 35°∠60°，南翼产状 210°∠70°，轴面产状 30°∠80°，平面形态呈紧密线状，剖面形态似尖棱状	直立水平褶皱	加里东期
B_9	宋哈东北西西-南东东向向斜	长约 2km，长宽比约 4∶1	分布于宋哈东，核部和翼部均由 C_1s 组成，北翼产状 200°∠60°，南翼产状 20°∠56°，轴面近直立，枢纽水平。褶皱呈较紧密的线状，北翼次级小褶皱发育。该褶皱是在海西运动时，受南北向挤压应力作用形成的	直立水平褶皱	海西期
B_{10}	宋哈东北西-南东向背斜	长约 2km，长宽比 4∶1	分布于宋哈东，核部和翼部均由 C_1s 组成，北翼产状：220°∠50°，南翼产状：20°∠56°，轴面近直立，褶皱呈较紧密的线状，褶皱成因与 B_9 相同	直立水平褶皱	海西期
B_{11}	四干旦沟支沟东西向背形	长约 1.6km，长宽比约 7∶1	分布于测区西部四干旦沟一带，核部和翼部均由 Jxl 组成，北翼产状 0°∠52°，南翼产状 150°∠58°，轴面近直立，枢纽向西倾伏，整体构成一背形山，轴面劈理较为发育，翼部次级褶皱发育	直立倾伏褶皱	晋宁期
B_{12}	四干旦沟西北西-南东向向形	长约 2.5km，长宽比约 10∶1	分布于测区西部四干旦沟东侧，核部和翼部均由 Jxl 组成，北翼产状 230°∠55°，南翼产状 30°∠58°，枢纽走向 NW300°，轴面近直立，翼部次级褶皱发育。呈线形紧闭褶皱	直立水平褶皱	晋宁期
B_{13}	四干旦沟西北西-南东向背形	长约 2.8km，长宽比 10∶1	分布于测区西部四干旦沟东侧，核部和翼部均由 Jxl 组成，北翼产状 60°∠40°，南翼产状 205°∠50°，枢纽走向 NW295°，轴面近直立，为线形紧闭褶皱，翼部次级褶皱发育	直立水平褶皱	晋宁期

续表 5-3

编号	褶皱名称及基本形式	规模	褶皱基本特征	位态分类	发育时代
B_{14}	阿达滩北北西-南东东向向形	长约 9km，长宽比 9∶1	核部和翼部均由 Ar_3Pt_1b 组成，北翼产状 200°～230°∠30°～50°，南翼产状 35°～42°∠45°～54°，轴面产状 210°∠70°，枢纽向南东端翘起，转折端部位张节理十分发育，且有后期长英质脉沿裂隙贯入，两翼次级褶皱发育，为线形紧闭褶皱，地貌上呈向形山	斜歪倾伏褶皱	晋宁期
B_{15}	阿达滩北北西-南东东向背形	长约 9km，长宽比 9∶1	核部和翼部均由 Ar_3Pt_1b 组成，北翼产状 30°～50°∠30°～45°，南翼产状 240°～245°∠40°～67°，轴面产状 60°∠80°，枢纽向北西端倾伏，转折端部位发育张节理，由长英质岩脉及方解石脉充填，且较破碎，两翼次级褶皱发育	直立倾伏褶皱	晋宁期
B_{16}	盖依尔北西西-南东东向背形	长约 4km，长宽比约 6∶1	核部和翼部均由 Ar_3Pt_1b 组成，北翼产状 20°∠34°，南翼产状 220°∠40°，枢纽走向 NWW290°，轴面略向北倾，两翼发育次级褶皱，为线形紧闭褶皱	直立水平褶皱	晋宁期
B_{17}	盖依尔北西西-南东东向向形	长约 4km，长宽比约 6∶1	核部和翼部均由 Ar_3Pt_1b 组成，北翼产状 200°∠40°，南翼产状 20°∠38°，枢纽走向 NWW290°，轴面略向北倾，两翼发育次级褶皱，为线形紧闭褶皱	直立水平褶皱	晋宁期
B_{18}	十字沟西岔北东-南西向向斜	长约 2km，长宽比约 3∶1	核部和翼部均由 C_1dg 组成，北翼产状 155°∠50°，南翼产状 335°∠50°，轴面近直立，枢纽波状弯曲，走向 NE65°，并向南西翘起，为一较紧闭的线状褶皱	直立倾伏褶皱	海西期
B_{19}	十字沟西岔近东西向背形	长约 11km，长宽比 12∶1	核部和翼部均由 OST_1 组成，北翼产状 355°∠52°，南翼产状 175°∠54°，轴面近直立，枢纽呈波状弯曲，主体走向近东西向，为一线状紧闭褶皱	直立水平褶皱	加里东期
B_{20}	十字沟西岔近东西向向形	长约 2.5km，长宽比 5∶1	核部和翼部均由 OST_1 组成，北翼产状 355°∠54°，南翼产状 5°∠42°，轴面近直立，劈理发育，其中石英脉充填，枢纽波状弯曲，走向近东西	直立水平褶皱	加里东期
B_{21}	十字沟西岔沟脑北西西向背形	长约 6km，长宽比 9∶1	核部和翼部均由 OST_1 组成，北翼产状 10°∠42°，南翼产状 190°∠52°，轴面近直立，枢纽波状弯曲，走向 290°，轴面劈理发育，石英脉贯入其中	直立水平褶皱	加里东期
B_{22}	十字沟西岔沟脑近东西向向形	长约 5.5km，长宽比 8∶1	核部和翼部均由 OST_1 组成，北翼产状 190°∠50°，南翼产状 20°∠46°，轴面近直立，枢纽波状弯曲，走向 270°～290°，轴面劈理发育，其中石英脉充填，为线状紧密褶皱	直立水平褶皱	加里东期
B_{23}	公路沟西近东西向背形	长约 2km，长宽比 4∶1	核部和翼部均由 OST_1 组成，北翼产状 5°∠46°，南翼产状 185°∠50°，轴面近直立，劈理发育，其中有石英脉贯入，枢纽波状弯曲，走向近东西。为线状紧密褶皱	直立水平褶皱	加里东期
B_{24}	公路沟北西西-南东东向向形	长约 11km，长宽比约 13∶1	核部和翼部均由 OST_1 组成，北翼产状 185°∠50°，南翼产状 350°∠45°，轴面近直立，劈理发育，枢纽产状：100°∠15°，略向西翘起，为线状紧闭褶皱	直立倾伏褶皱	加里东期
B_{25}	阿达滩沟脑近东西向背形	长约 4km，长宽比约 6∶1	核部和翼部均由 OST_1 组成，北翼产状 5°∠40°，南翼产状 180°∠45°，枢纽产状 95°∠10°，轴面近直立，为一线状褶皱	直立水平褶皱	加里东期
B_{26}	阿达滩沟脑近东西向向形	长约 3km，长宽比 5∶1	核部和翼部均由 OST_1 组成，北翼产状 180°∠45°，南翼产状 335°∠50°，枢纽向西翘起，产状 85°∠15°，轴面近直立，为一线状紧闭褶皱	直立倾伏褶皱	加里东期
B_{27}	石拐子北北西-南南东向向斜	长约 4km，长宽比约 4∶1	核部和翼部均由 C_1dg 组成，北东翼产状 160°∠50°，南西翼产状 70°∠55°，轴面近直立，枢纽波状弯曲，走向 NNW-SSE，为一较紧闭的线状褶皱	直立水平褶皱	海西期
B_{28}	云居萨依北西-南东向背斜	长约 3km，长宽比约 3∶1	核部和翼部均由 C_1d 组成，北东翼产状 20°∠60°，南西翼产状 200°∠70°，轴面近直立，轴面劈理发育，枢纽波状弯曲，产状 290°∠20°，为一线状褶皱	直立倾伏褶皱	海西期
B_{29}	剪羊毛场北西西-南东东向背斜	长约 14km，长宽比约 9∶1	核部由 C_1s 组成，翼部由 C_1dg 组成，北翼产状 20°∠50°，南翼产状 210°∠68°，轴面近直立，节理发育，枢纽呈波状弯曲，向西倾伏，两翼次级褶皱发育，地貌上呈 NWW-SEE 向山脊	直立倾伏褶皱	海西期

续表 5-3

编号	褶皱名称及基本形式	规模	褶皱基本特征	位态分类	发育时代
B_{30}	四道沟近东西向向斜	长约 7.5km，长宽比约 4∶1	核部和翼部均由 C_1s 组成，北翼产状 185°∠44°～50°，南翼产状 5°～10°∠50°，轴面近直立，节理发育，沿节理贯入方解石脉。枢纽波状弯曲，向东翘起，产状：95°∠20°。地貌上呈向斜山	直立倾伏褶皱	海西期
B_{31}	卡尔塔阿拉南山南坡北西-南东向背形	长约 2.5km，长宽比约 5∶1	核部和翼部均由 Jxl 组成，北翼产状 20°∠68°，南翼产状 210°∠45°，轴面略南倾，两翼次级褶皱发育，枢纽波状弯曲，走向 NW295°。地貌上呈鞍部等负地形	斜歪水平褶皱	晋宁期
B_{32}	卡尔塔阿拉南山南坡北西-南东向向形	长约 2.5km，长宽比约 5∶1	核部和翼部均由 Jxl 组成，北翼产状 210°∠45°，南翼产状 350°∠78°，轴面略南倾，轴面劈理发育，两翼次级褶皱发育，枢纽波状弯曲，走向 NW295°～300°，地貌上呈向斜山	斜歪水平褶皱	晋宁期
B_{33}	卡尔塔阿拉南山北坡北西-南东向向形	长约 4.3km，长宽比约 8∶1	核部和翼部均由 Jxl 组成，北翼产状 180°∠64°，南翼产状 20°∠54°，轴面略向北倾，枢纽呈波状弯曲，并向 NW 缓倾，走向 NW310°左右。该向斜中部被 NW 向断裂错移	直立倾伏褶皱	晋宁期
B_{34}	卡尔塔阿拉南山北西-南东向向形	长约 2.5km，长宽比约 5∶1	核部和翼部均由 Jxl 组成，北翼产状 190°∠35°，南翼产状 80°∠45°，轴面近直立，枢纽波状弯曲，走向 NW280°～285°，轴面劈理发育	直立水平褶皱	晋宁期
B_{35}	盖依尔南北西西-南东东向向形	长约 2km，长宽比约 6∶1	核部和翼部均由 Ar_3Pt_1b 组成，北翼产状 200°∠78°，南翼产状：20°∠65°，轴面略向北倾，枢纽波状弯曲，走向 NWW280°，为紧闭线状褶皱	直立水平褶皱	晋宁期
B_{36}	阿达滩沟脑南近东西向向形	长约 2km，长宽比约 5∶1	核部和翼部均由 Ar_3Pt_1b 组成，北翼产状：205°∠50°，南翼产状：340°∠74°，轴面略向南倾，枢纽舒缓波状弯曲，走向近东西。两翼次级褶皱发育，为紧闭线形褶皱	直立水平褶皱	晋宁期

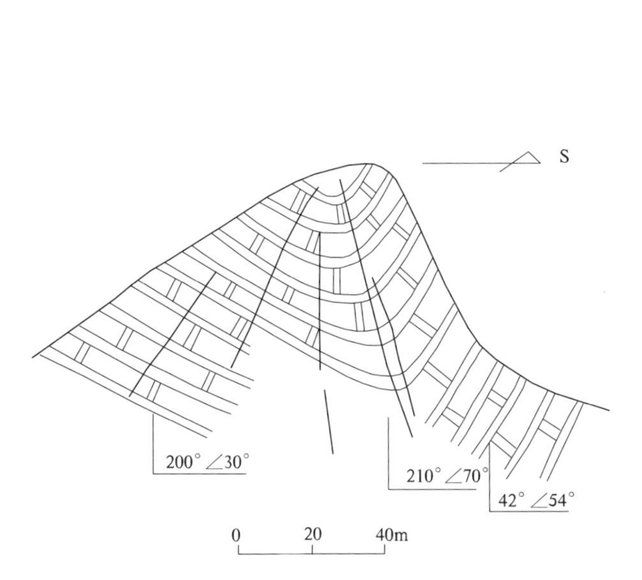

图 5-13　祁漫塔格南坡白沙河(岩)组大理岩中发育的向形核部素描图(7090 点间)

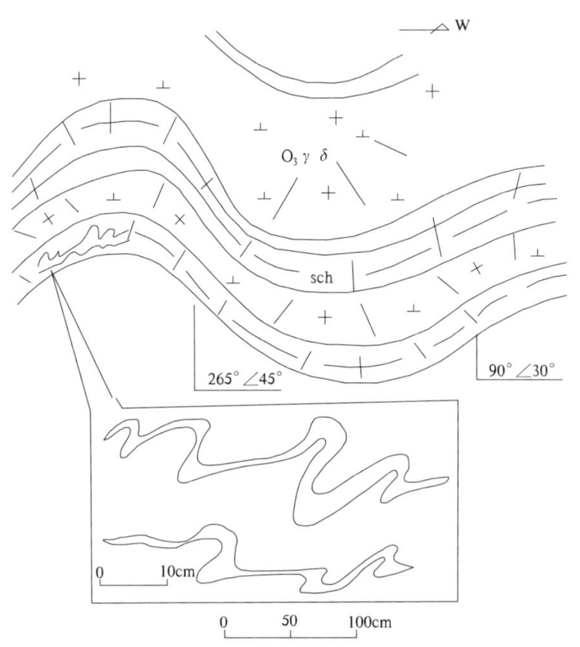

图 5-14　阿达滩北顺层侵入白沙河(岩)组片岩中的十字沟单元花岗闪长岩($O_3\gamma\delta$)与片岩同褶皱素描图(2067 点间)

滩北山南、盖依尔南白沙河(岩)群中的韧性剪切带,呈北西-南东向发育于白沙河(岩)组中,糜棱面理产状为10°∠40°,构造岩主要有条带状构造片麻岩、长英质构造片岩、斜长角闪质糜棱岩及含石墨条纹的细粒大理岩。岩石中发育透入性的片理、片麻理,具有十分明显密集的条纹、条带状构造。剪切流变褶皱发育,鞘褶皱多见(图5-15～图5-18)。伴随强烈的构造置换,先期面理(S_1)及褶皱、岩性层等被置换改造而产生新生的构造面理(S_2)。带内发育同构造长英质细脉的不对称褶皱。矿物拉伸线理产状为120°∠30°。构造片麻岩中长英质矿物沿面理平行排列明显而集中,呈条纹条带状构造有规律展布。岩石中的矿物发生被动定向,形成定向构造。岩石基质已全部静态重结晶,部分钾长石、斜长石呈残斑产出;构造片岩空间上呈近顺层展布,片理平行岩性层理,以黑云母沿片理面结晶粗大为特征。片状大理岩以含暗色矿物、粒度变细为特征。

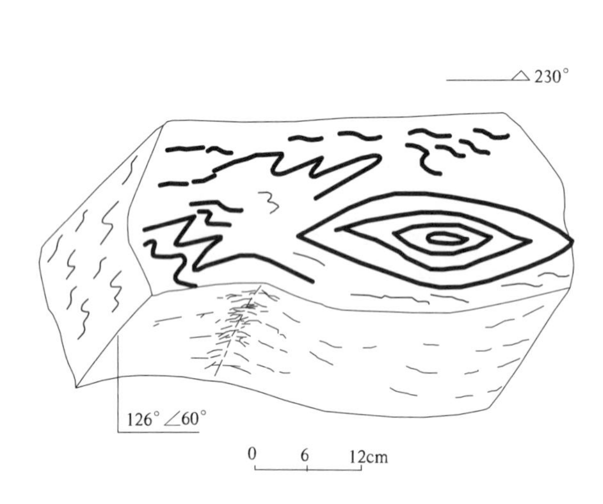

图5-15 阿达滩北白沙河(岩)组黑云斜长片麻岩中的无根褶皱及鞘褶皱素描图(4071点间)

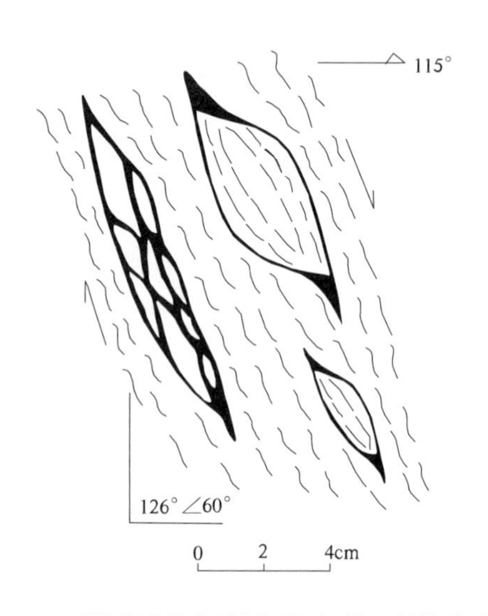

图5-16 阿达滩北白沙河(岩)组黑云斜长片麻岩中的长英质眼球状旋转碎斑素描图(4071点间)

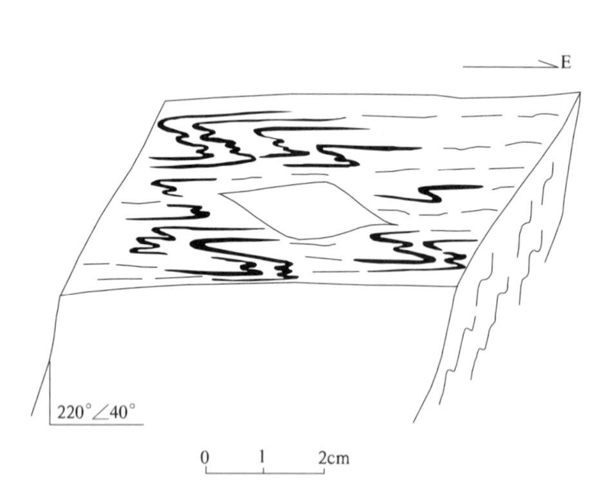

图5-17 阿达滩北白沙河(岩)组二云斜长片麻岩中"δ"型长英质碎斑及片麻理揉皱素描图(5044点南)

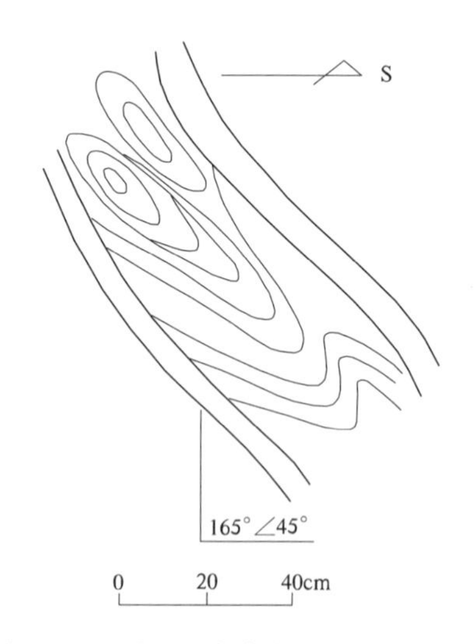

图5-18 滩北雪峰南白沙河(岩)组二云石英片岩中的鞘褶皱素描图(49点)

根据长英质旋转碎斑及小型"A"型褶皱、鞘褶皱判断,具左旋斜冲韧性剪切特征,其形成时代大致为晋宁期。证据为其被加里东期花岗岩侵蚀,其构造变形特征与新元古代花岗质片麻岩相同,该期韧性剪切带多被后期浅构相韧性剪切带叠加改造而成为后期韧性剪切带的组成部分,并具退变特征。

（二）中-新元古代地质体韧性剪切流变构造

该流变构造零星散布于祁漫塔格造山带的中元古界小庙（岩）组、狼牙山组、丘吉东沟组及新元古代花岗质片麻岩中，构造线及岩层展布以北西向为主，构造变形以中浅构造相的塑性变形和浅构造相脆韧性变形为主。后期表构造相脆性断裂处于次要地位。该构造层的3个岩组在四堡期及晋宁期早期构造变形主要为中浅构造相的壳内拆离、伸展滑脱，形成中浅构造相的顺层固态流变构造群落；晋宁运动时，南北挤压碰撞造山在中-新元古代3个岩组及新元古代花岗质片麻岩中发生逆冲剪切，形成大型背向形构造及浅构造相韧性剪切带。

（1）早期顺层固态流变构造群落，本阶段3个岩组由于形成及变形的构造环境及先后顺序不同，其构造变形的强度及层次有差异，但构造群落类型相同。

小庙（岩）组形成时代较早，为中元古代早期形成于裂谷环境，所受伸展构造变形层次为中深层次。顺层固态流变构造形迹主要有顺层掩卧褶皱、粘滞性香肠构造等。顺层掩卧褶皱主要发育于露头尺度，为一个以 S_0 为变形面，形态各异，倒向相同的褶皱系列，包括不协调顺层掩卧褶皱及协调顺层掩卧褶皱。前者发育在二云片岩及黑云斜长变粒岩中，为一种比较简单的层流条件下形成的剪切褶皱（图5-20～图5-23，图版15-2、图版15-3）。在石英片岩、二云斜长石英片岩及黑云斜长片麻岩中发育协调顺层掩卧褶皱，呈相似、顶厚褶皱，为典型的被动褶皱（图5-24～图5-26，图版15-4）。褶皱形态的差异是由岩性差异引起的。

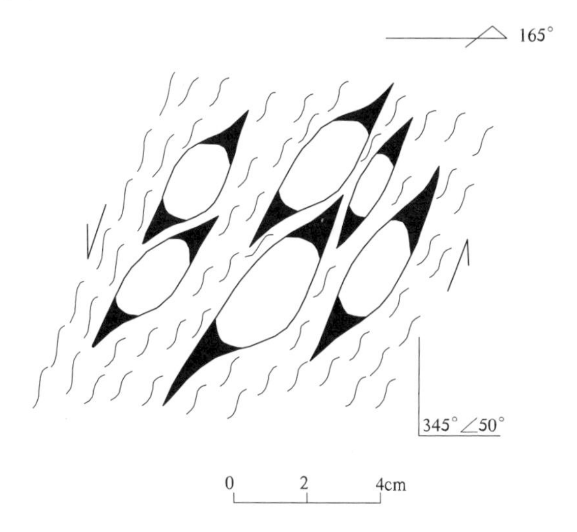

图5-19　巴音格勒呼都森南白沙河（岩）组中眼球状黑云斜长片麻岩据"σ"型旋转碎斑特征的眼球素描图（2111点）

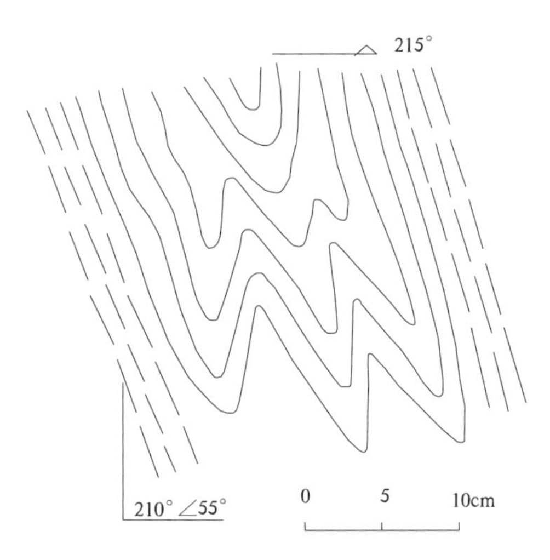

图5-20　阿达滩北小庙（岩）组黑云斜长变粒岩中的顺层掩卧褶皱素描图（IP_{33}）

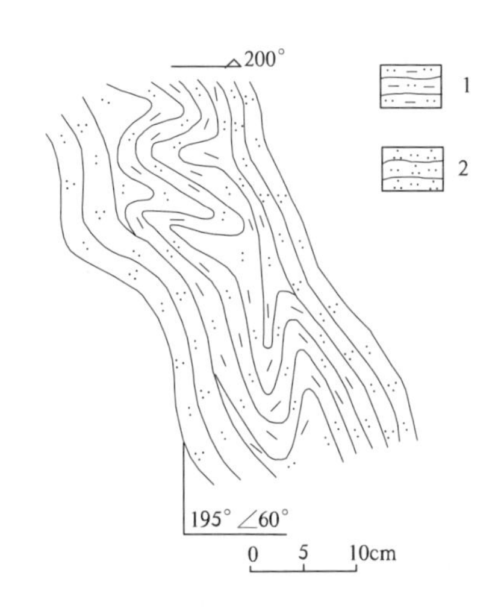

图5-21　阿达滩北小庙（岩）组不同岩性互层中发育的顺层揉皱素描图（IP_{33}）

1. 二云片岩；2. 黑云石英片岩

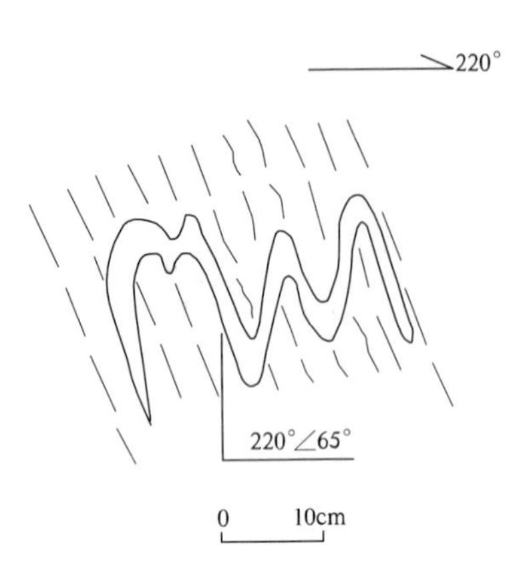

图 5-22 阿尼亚拉克萨依小庙(岩)组绢云石英片岩中的无根褶皱素描图(6171 点间)

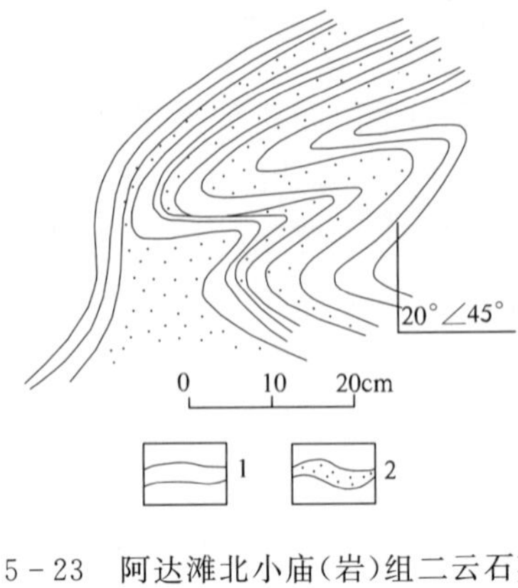

图 5-23 阿达滩北小庙(岩)组二云石英片岩揉皱及长英质分泌脉变形素描图(112 点)

1. 二云石英片岩;2. 长英质脉体

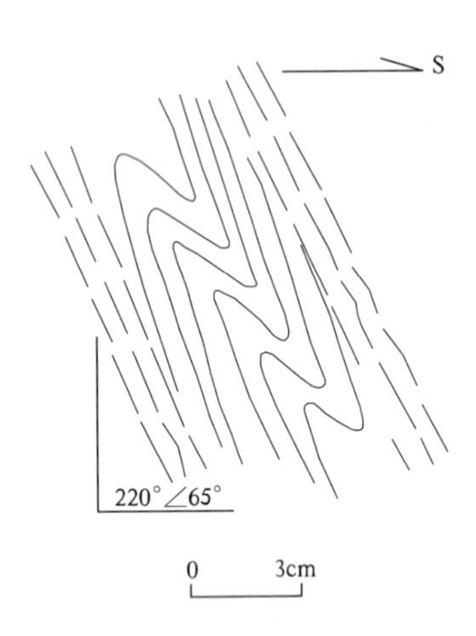

图 5-24 阿尼亚拉克萨依小庙(岩)组绢云石英片岩中的顺层塑性流皱素描图(6171 点间)

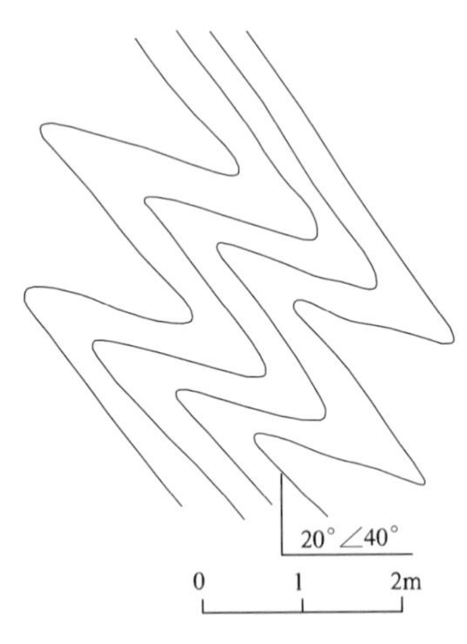

图 5-25 阿尼亚拉克萨依小庙(岩)组绢云石英片岩中的顺层揉皱素描图(2189 点间)

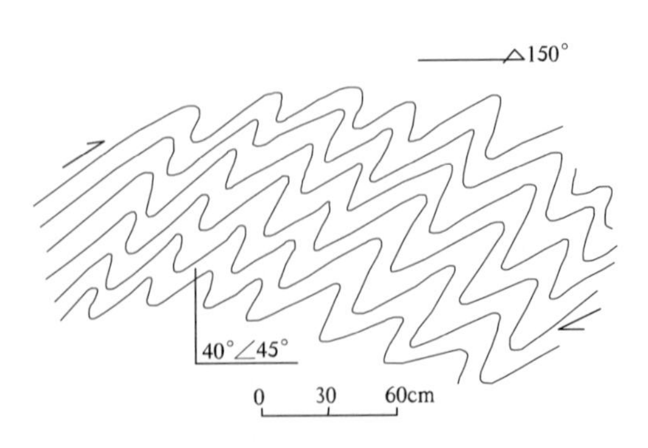

图 5-26 土房子沟脑小庙(岩)组绢云石英片岩中的顺层掩卧褶皱素描图(4030 点北)

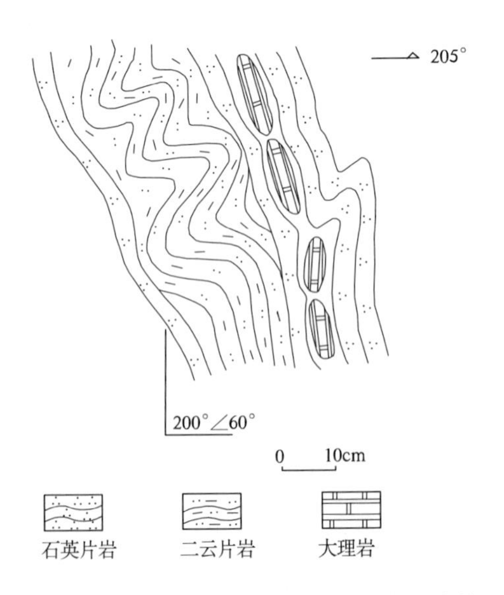

图 5-27 阿达滩北小庙(岩)组不同岩层中的顺层揉皱及石香肠构造素描图(IP_{33})

小庙(岩)组中尚发育粘滞性香肠体及楔入褶皱,两者紧密伴生,呈区域分布。其主要分布于片岩中的大理岩夹层形成的香肠体(图 5-27)及与其伴生的石英片岩形成的楔入褶皱。分隔顺层掩卧褶皱的为顺层韧性剪切带,岩性主要为各类构造片岩。由于该期构造变形,使小庙(岩)组层理变为一期片理。

中元古界狼牙山组及新元古界丘吉东沟组,形成于浅海陆棚及滨浅海环境,本期伸展构造变形相对较弱,层次相对较浅,为浅构造相。顺层固态流变构造群落构造形迹主要包括顺层掩卧褶皱及顺层韧性剪切带。

顺层掩卧褶皱主要发育于条带状结晶灰岩、糜棱岩化碎屑岩、千枚岩中,发育于露头尺度,包括不协调及协调顺层掩卧褶皱。不协调顺层掩卧褶皱发育在大理岩中(图 5-28~图 5-30)。协调顺层掩卧褶皱发育在糜棱岩化碎屑岩、千枚岩、大理岩中(图 5-31~图 5-39)。分隔顺层掩卧褶皱的顺层韧性剪切带,岩性主要为长英质糜棱岩,条纹状、片状大理岩、千糜岩,剪切带中矿物拉伸线理、蝌蚪状石英透镜体、同构造分异脉(图 5-40、图 5-41)、不对称褶皱(图 5-42)、鞘褶皱发育(图 5-43),指示剪切带具左旋正断层特征。

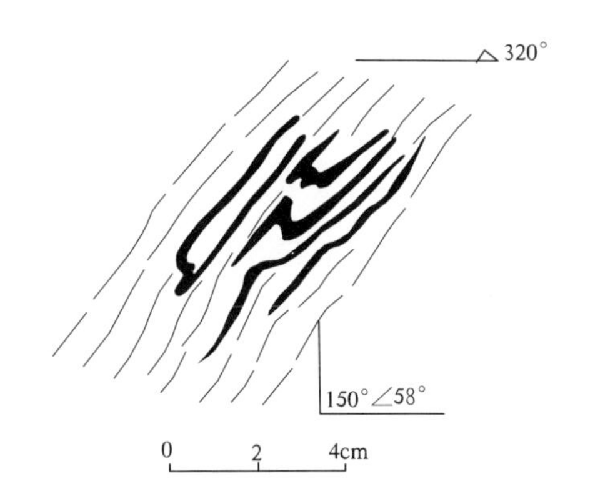

图 5-28 四干旦沟狼牙山组条带状大理岩中的无根褶皱素描图(6041 点间)

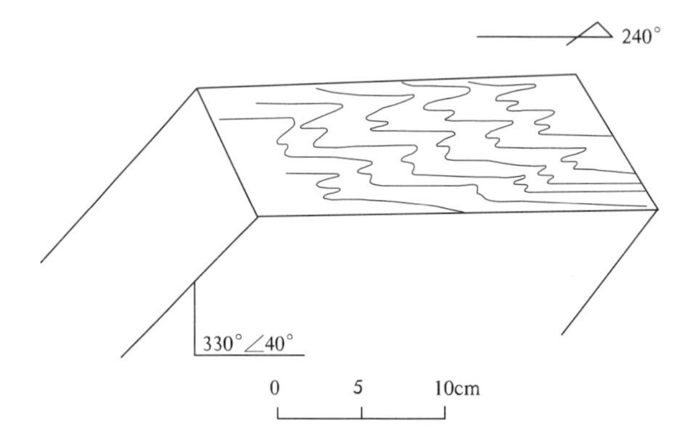

图 5-29 巴音格勒呼都森北狼牙山组条带状结晶灰岩顺层揉皱素描图(2106 点间)

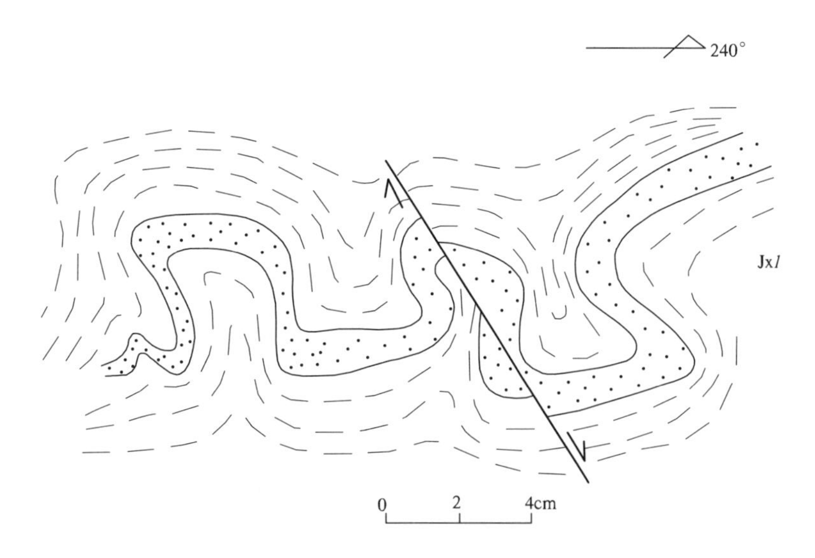

图 5-30 卡尔塔阿拉南山北坡狼牙山组条带状结晶灰岩中同构造石英、方解石分泌脉卷入岩层揉皱素描图(7104 点间)

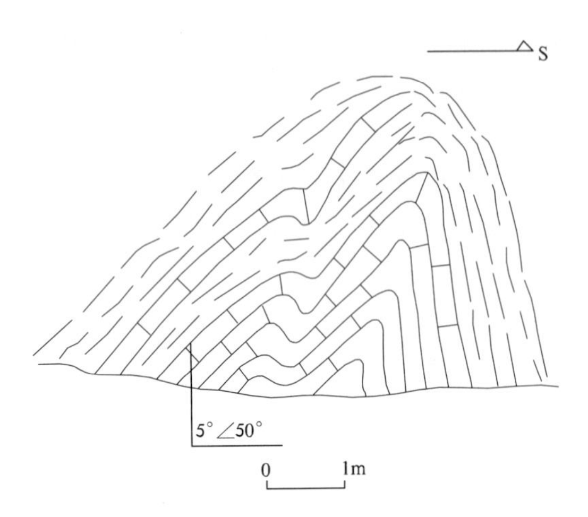

图 5-31　巴音格勒呼都森南狼牙山组结晶灰岩中的层内褶皱素描图(6107 点间)

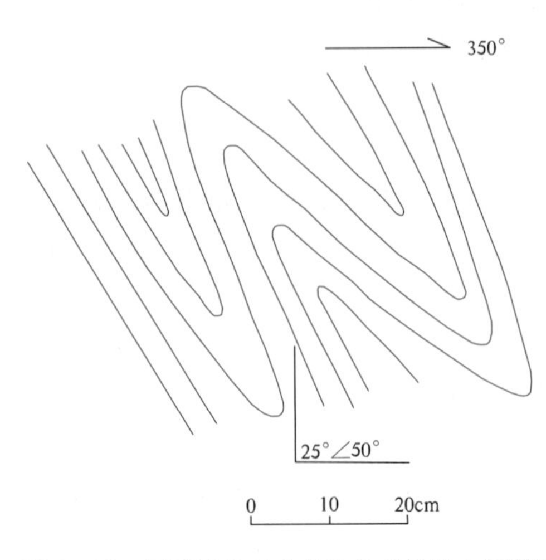

图 5-32　四干旦沟丘吉东沟组千枚岩中的顺层掩卧褶皱素描图(IP_{11})

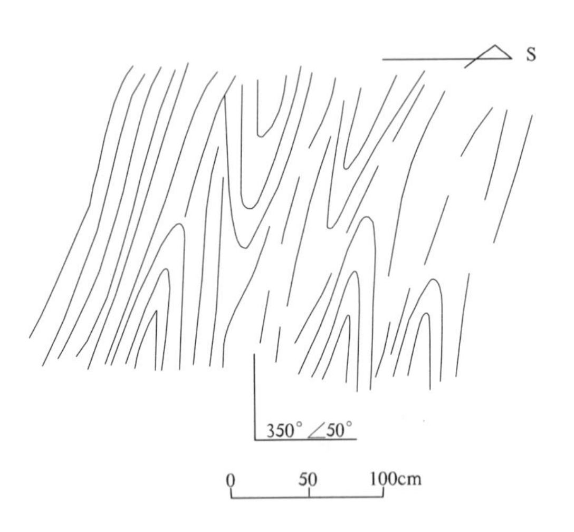

图 5-33　巴音格勒呼都森南狼牙山组板岩中的顺层掩卧褶皱素描图(1070 点间)

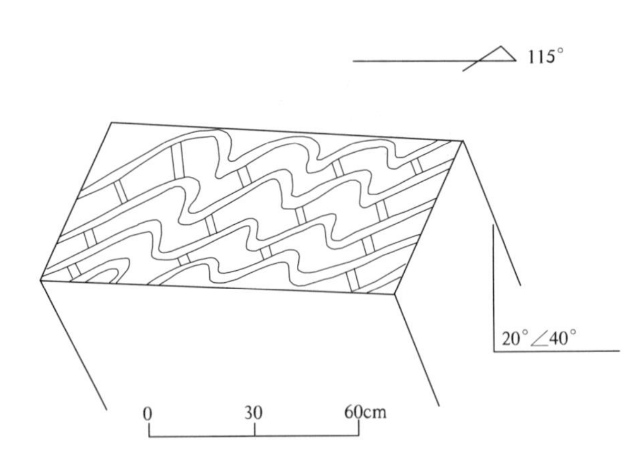

图 5-34　库木俄乌拉孜东狼牙山组片理化大理岩中的顺层揉皱素描图(2174 点间)

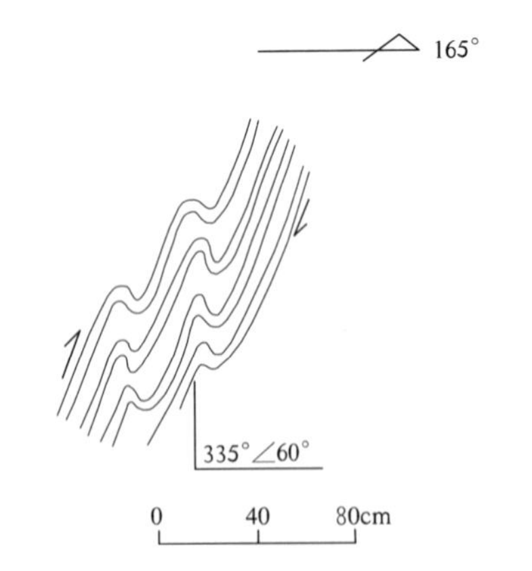

图 5-35　巴音格勒呼都森南狼牙山组条带状大理岩顺层揉皱素描图(2090 点间)

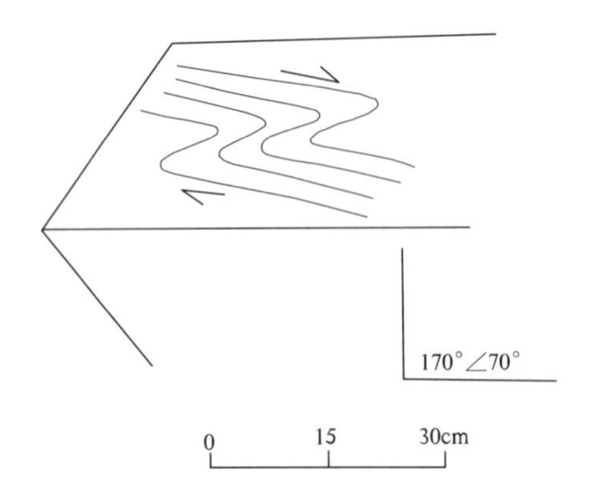

图 5-36　巴音格勒呼都森南狼牙山组片岩中的顺层揉皱素描图(2090 点间)

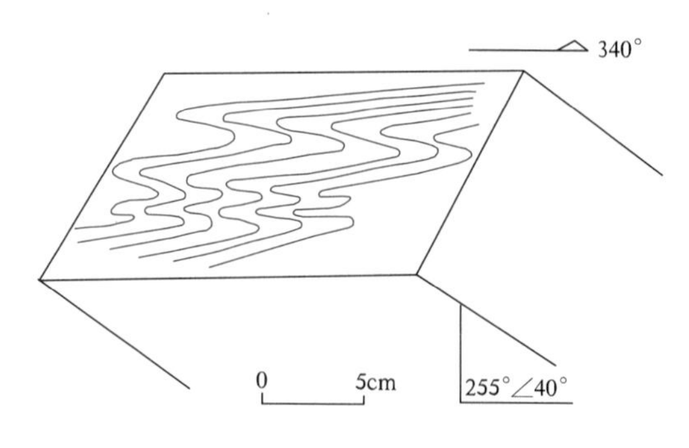

图 5-37 巴音格勒呼都森北狼牙山组结晶灰岩顺层褶皱素描图(2104 点间)

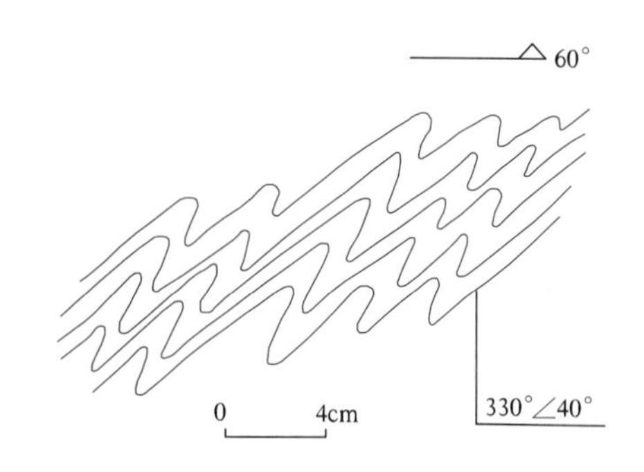

图 5-38 巴音格勒呼都森北狼牙山组结晶灰岩顺层褶皱素描图(2106 点间)

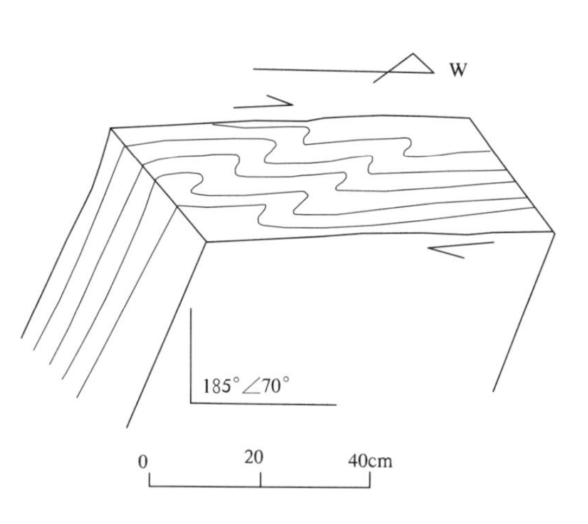

图 5-39 阿尼亚拉克萨依丘吉东沟组板岩中发育的顺层褶皱素描图(2169 点间)

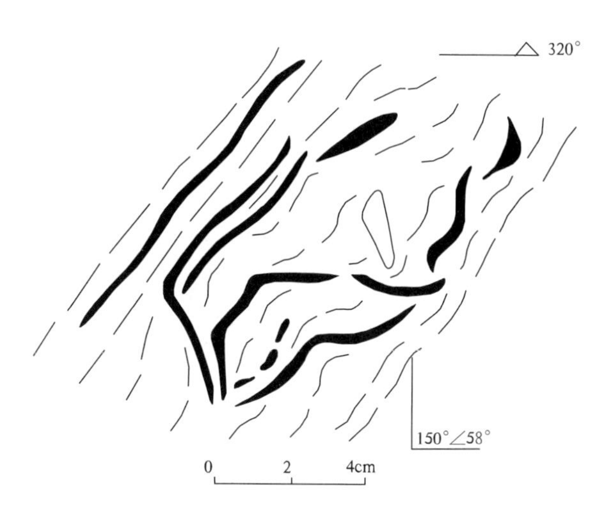

图 5-40 四干旦沟狼牙山组条带状大理岩中的同构造分泌脉变形特征素描图(6041 点间)

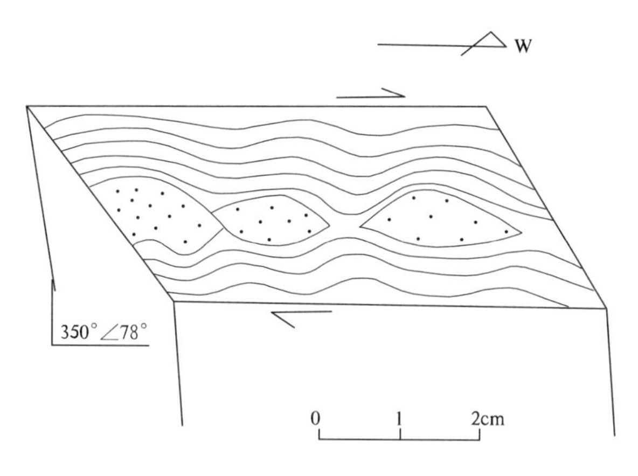

图 5-41 卡尔塔阿拉南山南坡狼牙山组条带状大理岩中的香肠化石英方解石脉素描图(7132 点间)

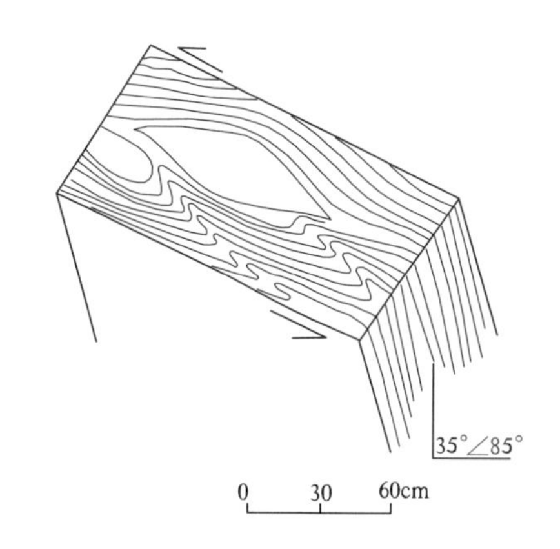

图 5-42 阿尼亚拉克萨依狼牙山组结晶灰岩中顺层褶皱(薄层)及构造透镜(中层)素描图(2171 点)

(2)主期褶皱及韧性剪切带，主期褶皱主要表现为填图尺度的背向形构造。主要发育在巴音格勒呼都森一带的狼牙山组、丘吉东沟组、水泉子沟一带的狼牙山组中，包括 B_{11}、B_{12}、B_{13}、B_{31}、B_{32}、

B_{33}、B_{34}，见表5-3。褶皱轴向以北西向为主，呈线形紧闭褶皱，延伸不远（图5-44）。褶皱均发育在单个岩组中，转折端附近次级褶皱发育。在巴音格勒呼都森北侧的狼牙山组结晶灰岩中发育的背形、向形构造由于东侧鄂拉山组火山岩喷发时火山口的挤压而呈近南北向产出。浅构造相韧性剪切带在小庙（岩）组、狼牙山岩组及丘吉东沟组中都有分布，在各（岩）组接触边界也有分布，呈北西-南东向产出。糜棱面理产状与岩层产状小角度相交。构造岩主要有二云石英构造片岩、长英质糜棱岩、碳酸盐质糜棱岩，岩石中发育透入性的片理、糜棱面理、矿物拉伸线理、剪切流变褶皱、鞘褶皱。矿物拉伸线理产状：110°～130°∠25°～40°。

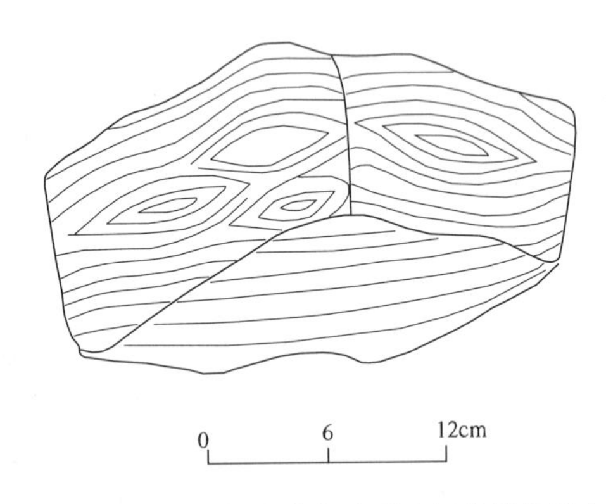

图5-43　阿尼亚拉克萨依狼牙山组结晶灰岩中的鞘褶皱素描图（2169点间）

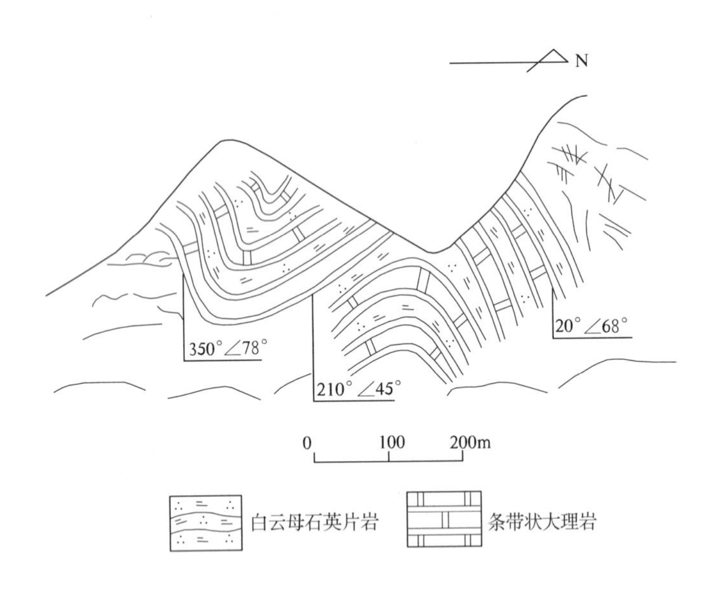

图5-44　卡塔尔阿拉南山南坡狼牙山组中的背形、向形构造素描图（7132点间）

糜棱岩具碎斑结构、糜棱结构，平行构造，岩石由碎斑和基质组成，碎斑由钾长石、石英等组成，具定向排列，长轴方向与岩石构造方向一致。钾长石碎斑中显微裂隙发育。石英碎斑呈集合体出现。集合体外形呈透镜状，波状消光明显。碎基中长英质微粒状变晶具动态重结晶，明显定向排列，长轴方向与岩石构造线方向一致。绢云母显微鳞片状变晶明显定向排列，长轴方向与岩石构造方向一致，局部见有S-C组构。

据“A”型牵引褶皱、鞘褶皱、旋转碎斑判断，剪切带具有左旋逆冲的特征。本期韧性剪切带规模较小，在构造图上无法表示。

在滩北山南、巴音格勒呼都森、库木俄乌拉孜、那棱格勒河北一带的新元古代花岗质片麻岩中，也有韧性剪切带发育，为中浅构造相韧性剪切带，以 S_{12} 为代表(表 5－3)。剪切带走向北西，由花岗质糜棱岩系列岩石组成，构造岩主要有条带状黑云斜长片麻岩、眼球状黑云斜长片麻岩、眼球状黑云钾长片麻岩、花岗质糜棱岩。岩石中条带构造、眼球构造、糜棱结构发育。构造面理走向北西-南东，产状 195°～210°∠50°～60°。典型构造岩为花岗质糜棱岩，碎斑状结构、基质糜棱结构，平行定向构造，岩石由碎斑和基质组成。碎斑成分是石英和钾长石，呈眼球状、透镜状，在岩石中具明显的定向排列，长轴方向与岩石构造方向一致。碎斑两端普遍具单斜对称的压力影，碎斑在岩石中分布均匀(图 5－45、图 5－46)。

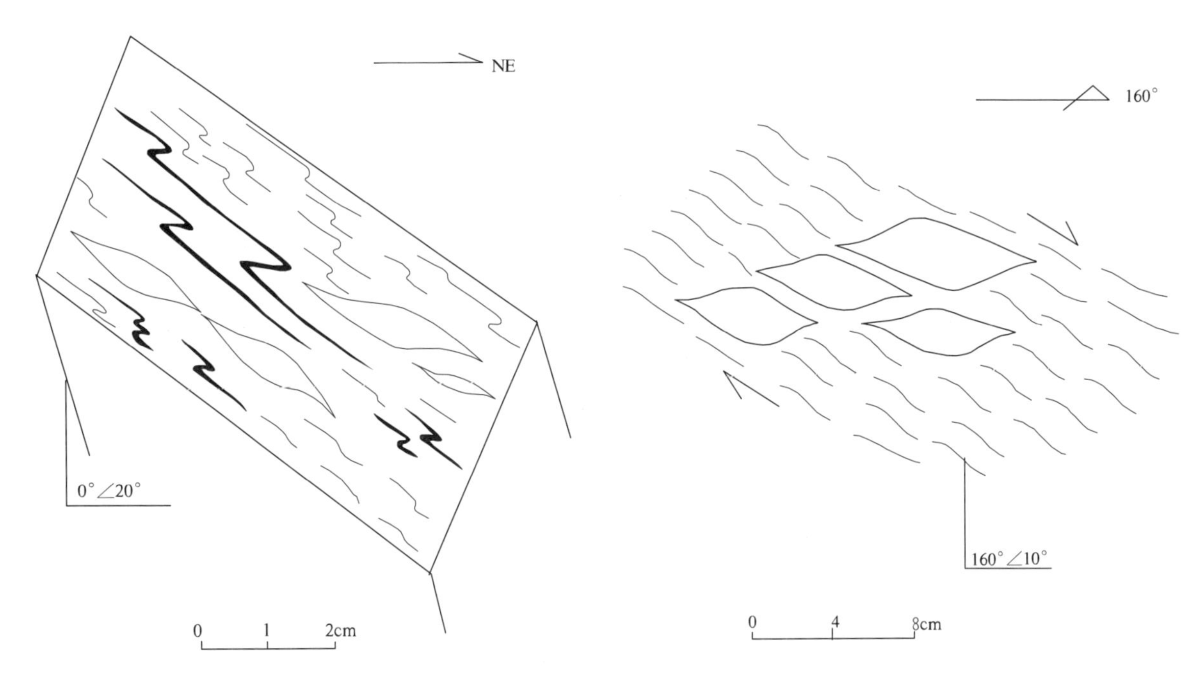

图 5－45　滩北山眼球状黑云钾长片麻岩长英质眼球及分泌脉背形特征素描图(5038 点间)

图 5－46　喀雅克登塔格阿喀单元含眼球二云斜长片麻岩中眼球变形特征素描图(2193 点间)

基质在岩石中呈平行定向排列，并围绕碎斑，其中石英呈动态重结晶，也有呈集合体状出现。结合糜棱面理产状推断，该花岗质糜棱岩构成的韧性剪切带具有由北向南左旋斜冲的特征。塑性变形的形态，集合体呈明显的定向排列。推测岩石原岩为花岗质岩石，经压扭性动力作用而成该类剪切带被华里西期早期花岗岩侵蚀，其变形特征又不同于加里东期韧性剪切带，因此，推测其形成于新元古代晚期的晋宁运动时。综上所述，本构造群落形成于晋宁运动时，具陆内斜向俯冲-碰撞造山的动力学特征。

另外，在巴音格勒呼都森沟脑的狼牙山组中，发育两条韧性剪切带，以 S_{11} 为代表，见表 5－4。这两条韧性剪切带构造岩通过 $^{40}Ar-^{39}Ar$ 年龄谱得出坪年龄值分别为 400.9±2.0Ma、402.3±4.4Ma，表明了加里东运动在测区活动强烈，波及范围广，已影响东中昆仑陆块的基底岩系，同时也表明基底岩系在加里东运动时处于浅部构造层次，尚未出露地表。

表 5-4　测区主要韧性剪切带一览表

编号	名称	产状	构造岩	变形特征	构造层次及变质相	指向标志	性质	发育地质体及产出特征	形成时代
S_1	小黑山北东-南西向韧性剪切带	糜棱面理产状：310°∠55°	糜棱岩	岩石发生强烈变形，“A”型褶皱发育，岩石碎斑为眼球状石英，含量少，粒径2.22mm左右，具明显定向排列。沿糜棱面理石英脉贯入，宏观呈石香肠状，镜下呈碎裂状并被揉皱，岩石受压扭性应力作用形成，推测原岩为云母石英片岩，受多期动力作用形成	浅部构造层次绿片岩相	“A”型褶皱、粘滞性石香肠	左旋斜冲韧性剪切带	发育在OST中，呈北东-南西向展布在测区西北角，大多被第四系松散堆积物覆盖或被$P_1\eta\gamma$侵蚀	加里东期
S_2	帕奇通北西-南东向韧性剪切带	糜棱面理产状：40°～50°∠70°	糜棱岩、眼球状硅质糜棱岩	剪切带岩石均为糜棱岩，由碎斑和基质组成，碎斑为石英，两端均具压力影，压力影呈单斜对称状。硅质糜棱岩中石英多组成眼球状，见核幔构造，石英具波状消光。基质具条纹条带构造。岩石由压扭应力作用形成，石英分泌脉顺层分布，岩石中“A”型褶皱发育	浅部构造层次绿片岩相	“A”型褶皱	右旋斜冲韧性剪切带	发育在OST中，呈北西-南东向展布，走向NW310°，宽800m，北西、南东被$P_1\eta\gamma$侵蚀	加里东期
S_3	滩北山南北西西-南东东向韧性剪切带	糜棱面理产状：40°∠60°	黑云钾长构造片麻岩、长英质糜棱岩	剪切带由黑云钾长构造片麻岩及花岗质糜棱岩组成，岩石具鳞片粒变晶结构、碎裂结构，眼球状构造、条带状构造。受应力作用，岩石具明显塑性变形，粒状矿物均被压扁拉长，钾长石局部呈眼球状，石英强烈波状消光。云母也呈揉皱状弯曲，波状消光。由于糜棱面理波状弯曲，所测产状与糜棱岩带产状有一定夹角	中部构造层次低角闪岩相	具“σ”型旋转碎斑特征的长石眼球及小揉皱	右旋斜冲	Ar_3Pt_1b、$D_3\gamma$剪切带走向NWW290°，呈波状弯曲，宽600～800m，长40km，北西、南东两侧被D_3花岗岩侵蚀	海西期
S_4	宽沟西北西-南东向韧性剪切带	糜棱面理产状：40°∠55°	长英质糜棱岩	剪切带由长英质糜棱岩组成，石英塑性变形呈条带状、扁透镜状，岩石具糜棱结构，片状构造。岩石由碎斑和基质组成，斜长石碎斑边缘普遍碎粒化，双晶弯曲、扭折，在斜长石颗粒中的显微裂隙中，也充填有碎粒化物质。基质由黑云母、石英组成，具明显的定向排列。由于糜棱面理波状弯曲，所测产状与糜棱岩带产状有一定夹角	浅部构造层次绿片岩相	“σ”型旋转碎斑及小揉皱	右旋斜冲	发育在OST中，剪切带走向NW300°～310°，呈波状弯曲，宽500～700m，长11km，北西S_3花岗岩侵蚀，南东与C_1s呈断层接触	加里东期
S_5	小盆地北北西-南东向韧性剪切带	糜棱面理产状：190°～230°∠60°～70°	花岗质糜棱岩、碎屑质初糜棱岩	花岗质糜棱岩具糜棱结构，平行构造，岩石由碎斑和基质组成。碎斑成分有斜长石、黑云母、角闪石，碎斑普遍被绿泥石化、绢云母化。碎斑略具定向排列。基质中石英、钾长石为它形粒状变晶，充填在碎斑空隙之间，具明显定向排列，局部石英动态重结晶。碎屑质糜棱岩碎斑为长石、石英，呈眼球状、透镜状，“A”型褶皱发育	浅部构造层次绿片岩相	“A”型褶皱、“σ”型旋转碎斑	左旋斜冲	发育在OST中，呈北东-南西向展布，走向：280°～315°，宽800～1000m，长17km	加里东期

续表 5-4

编号	名称	产状	构造岩	变形特征	构造层次及变质相	指向标志	性质	发育地质体及产出特征	形成时代
S_6	十字沟西岔北西西-南东东向韧性剪切带	糜棱面理产状：5°～20°∠50°～70°	角岩化碎屑质糜棱岩、眼球状长英质糜棱岩、中酸性火山碎屑质糜棱岩、基性火成岩质糜棱岩、绢云母方解石质糜棱岩	岩石具糜棱结构，眼球状构造。碎斑由石英、钾长石、更长石、岩屑、白云母等组成。石英呈眼球状，波状消光，周围动态重结晶细粒化。斜长石呈眼球状及不规则状外形，退变质为绢云母；钾长石呈不规则状和眼球状外形，具退变质为高岭土化现象；岩屑呈压扁拉长的不规则状外形，以上碎斑具"σ"型碎斑特征。基质石英动态重结晶成显微粒状变晶集合体，绢云母呈鳞片集合体，均定向排列，方解石呈压扁拉长粒状晶体不甚均匀定向分布在绢云母、石英之间	浅部构造层次绿片岩相	"A"型褶皱，"σ"型旋转碎斑	右旋斜冲	发育在 OST 中，呈北西-南东向展布，走向 275°～290°，由 6 条分支合并的韧性剪切带组成菱形网结状，单带宽 500～1000m，总体出露宽 3～5.5km，长 19km，为测区内出露的滩间山(岩)群	加里东期
S_7	红柳泉近东西向韧性剪切带	糜棱面理产状：175°～185°∠60°～75°	劈理化糜棱岩化含粉砂微晶灰岩、绢石方解石质糜棱岩、石英绢云母质千糜岩	岩石具显微粒状鳞片变晶结构，定向构造或褶皱千枚状构造，方解石斑晶晶内双晶弯曲，波状消光变形结构十分发育。在这种变形结构发育的方解石周围重结晶方解石分布，形成方解石质核幔构造。石英、钠长石呈它形粒状晶，部分晶内显波状消光变形结构，部分晶内包含细小的方解石。绢云母多呈条纹状或条痕分布在重结晶方解石及石英、钠长石矿物间，可能是受构造挤压而集中迁移所致。白云母形态呈眼球状，长轴排列方向与千枚面理延伸方向一致，但解理方向与千枚面理延伸方向近于垂直，为残留构造前产物	浅部构造层次低绿片岩相	"A"型褶皱及显微褶皱	逆冲	区内长 2.2km，宽 500m，西端被第四系松散堆积物覆盖，东延伸出图	海西期
S_8	剪羊毛场韧性剪切带	糜棱面理产状：195°∠55°～60°	糜棱岩化灰岩	剪切带由糜棱岩化灰岩组成，粗糜棱结构，平行构造，岩石由碎斑和基质组成。碎斑中方解石双晶弯曲，波状消光，边缘细粒化，有些呈眼球状，具明显定向排列，长轴方向与岩石构造方向一致，基质中方解石呈集合体状定向排列，长轴方向与岩石构造方向一致	浅部构造层次绿片岩相	"σ"型旋转碎斑及 A 型褶皱	右旋斜冲	C_1dg，剪切带走向北西 300°，宽 500m，长 12km，北西被第四系松散堆积物覆盖，南东被 OST 断块截切	海西期
S_9	依勒恰坡北西向韧性剪切带	糜棱面理产状：200°∠70°	花岗质初糜棱岩	剪切带由花岗质初糜棱岩组成，岩石具糜棱结构，平行构造，由碎斑和基质组成。碎斑成分是钾长石和斜长石，呈眼球状，定向排列，眼球边缘细粒化，在眼球裂隙中也充填了重结晶物质。在碎斑之间充填有细粒化的斜长石、钾长石及重结晶的细粒石英、黑云母等，其集合体具明显定向排列，长轴方向与岩石构造方向一致	浅部构造层次绿片岩相	"σ"型旋转碎斑及不对称褶皱	右旋斜冲	$O_3\gamma\delta$，剪切带走向北西 285°～295°，长 25.5km，宽 500～700m，北西被北东向断裂截切，南东延伸出图	加里东期

续表 5-4

编号	名称	产状	构造岩	变形特征	构造层次及变质相	指向标志	性质	发育地质体及产出特征	形成时代
S_{10}	阿达滩沟脑韧性剪切带	糜棱面理产状：5°～30°∠55°～70° 线理产状：310°∠65°	花岗质糜棱岩、闪长质糜棱岩、眼球状花岗质糜棱岩、初糜棱花岗岩、眼球状初糜棱花岗岩、眼球状方解石大理岩质糜棱岩、初糜棱方解石大理岩、绢云长英质千糜岩	花岗质糜棱岩具糜棱结构，平行构造及眼球状构造。岩石由碎斑和基质两部分组成，碎斑由花岗质岩石的岩块，微斜长石、斜长石、铁铝榴石组成，形态呈边界光滑的眼球状，碎斑短轴两端常分布着重结晶基质矿物组成的结晶尾，二者一起组成“σ”型碎斑系。其中钠长石聚片双晶弯曲，更长石波状消光，断裂并位错，微斜长石格状双晶发育。基质成分为石英、微斜长石、云母，集合体沿碎斑间或绕过碎斑定向分布，显示良好的流动构造特征。其中基质中的石英矿物即显示动态重结晶特征，又显静态重结晶特征。长石矿物以动态重结晶为主。微斜长石、斜长石单晶周围分布着动态重结晶同种矿物小晶粒，显示核幔构造，石英多为拉长的它形晶，为构造重结晶产物，其集合体呈条带状沿长石矿物间定向分布，且条带内石英单晶的排列方向与条带边界有一定角度，显示 S-C 组构；另外在此带中具变形结构发育的石英碎斑残留期间，又显核幔构造特征。云母部分呈云母鱼，解理弯曲，发育缎带式波状消光变形结构，部分呈细小鳞片状在长石矿物间断续定向分布，形成片麻状构造。有的岩石中长石有两种产态：一种为早期动态重结晶产物；一种为后期静态重结晶产物。大理岩质糜棱岩，糜棱结构、眼球状构造、平行构造，岩石由碎斑和基质两部分组成。碎斑由方解石单晶或集合体组成，其形态多呈边界较光滑的眼球状，呈定向排列，晶内发育波状消光和机械双晶，有的双晶具膝折现象。基质由方解石组成，其集合体沿碎斑间定向分布，显示流动构造。基质方解石一部分为动态重结晶产物，一部分为静态重结晶产物。与碎斑相比粒度分布呈双峰式。其间残留的方解石碎斑发育变形结构，二者一起组成方解石核幔构造。绢云长英质千糜岩具糜棱结构，千糜结构，眼球纹理状构造。碎斑由石英组成，呈眼球状外形，周围动态重结晶细粒化，定向排列，发育“σ”型碎斑构造。基质长英质矿物动态重结晶成显微粒状变晶集合体定向排列，云母呈细小鳞片状连续定向排列，碎斑与基质构成 S-C 组构	中部构造层次低角闪岩相	不对称褶皱，“σ”型旋转碎斑、拉伸线理	右旋斜冲	Ar_3Pt_1b、Chx、C_1dg、$C_1\gamma\delta$、$C_1\eta\gamma$、$C_1\pi\eta\gamma$，呈北西西-南东东向展布，走向 275°～295°，由 5 条分支合并的韧性剪切带组成菱形网结状，单带宽 1000～3000m，总体出露宽 2～8km，长 75km，北西被第四系松散堆积物覆盖，SE 延伸出图。为测区出露规模最大的韧性剪切带，并为测区两大构造单元分界断裂——阿达滩北缘断裂深层次活动的表现	海西期
S_{11}	巴音格勒南韧性剪切带	糜棱面理产状：30°∠50°	糜棱岩、条带状结晶灰岩	糜棱岩具糜棱结构，平行构造，岩石由碎斑和基质组成。碎斑成分是钾长石和石英，粒变化大，在岩中分布较均匀，呈眼球状、透镜状，明显定向排列，长轴方向与岩石构造方向一致。在碎斑边缘多细粒化，两端发育单斜对称压力影。在石英、长石碎斑中有交代穿孔现象，呈筛状变晶结构，石英有些呈聚斑晶，彼此平直接触，局部碎斑上和基质呈 S-C 组构。基质长英质矿物粒状变晶，动态重结晶明显，云母鳞片状变晶，粒状与鳞片状矿物相对集中分布在一定层位中，具明显定向排列，长轴方向与岩石构造一致。条带状结晶灰岩中方解石呈半自形—它形粒状，彼此紧密接触，粒度变化大，依据不同的粒度相对集中呈条带状分布。各条带中的方解石具明显定向排列，长轴方向与岩石构造方向一致，在岩石中呈互层状分布。剪切带内不对称剪切褶皱发育	浅部构造层次绿片岩相	不对称褶皱，“σ”型旋转碎斑	右旋斜冲	Jxl，呈北西-南东向展布，长 10km，宽1000～1200m，南东及中部被 T_3e 覆盖，北西被第四系松散堆积物覆盖	加里东期
S_{12}	喀雅克登塔格南坡韧性剪切带	糜棱面理产状：210°～160°∠45°～50°	条带状黑云斜长片麻岩、条纹状黑云二长片麻岩、眼球状二云钾长片麻岩	3 种构造片麻岩均具鳞片粒状变晶结构，眼球状、条纹状、条带状构造。长石具眼球状、扁透镜状，定向排列，波状消光。石英压扁拉长状，波状镶嵌状消光，颗粒边缘缝合线状，可见矩形条带，定向排列。石榴石为变斑晶，与更长石、石英呈眼球状集合体产出。剪切带中“A”型褶皱发育	中部构造层次角闪岩相	“σ”型旋转碎斑、不对称褶皱	右旋斜滑韧性剪切带	Ar_3Pt_1b，呈北西-南东向展布，走向 NW280°～290°，沿走向呈波状弯曲，长 19km，宽 1000～2000m，北西以 F_{66} 为界与 T_3e 相邻，中部被第四系松散堆积物覆盖，南东延伸出图	吕梁期

二、加里东期地质体构造变形特征

1. 加里东期构造混杂岩带的特征

测区加里东期构造变形以构造混杂为主要特征，形成祁漫塔格早古生代构造混杂岩带，该带北界为祁漫塔格北缘隐伏断裂，南界为阿达滩北缘断裂。该构造混杂岩带经历了晚奥陶世—早志留世俯冲造山，祁漫塔格微洋盆闭合时的构造混杂及期后晚志留世碰撞造山时的大陆岛弧盆地沉积与俯冲构造混杂带的再次混杂。构造混杂带的基质包括上部洋壳泥砂质岩石塑性变形形成的千枚岩、长英质糜棱岩及大陆岛弧盆地沉积岩动力变质形成的千糜岩、碎屑质糜棱岩、片理化碎屑岩等绿片岩相构造岩。总体呈一强弱变形带相间的浅构造相韧性剪切带。构造块体主要有两类：一类为蛇绿岩构造块体；一类为岛弧火山岩构造块体。蛇绿岩构造块体主要有玄武岩构造块体、堆晶杂岩构造块体、变质橄榄岩构造块体、辉绿岩构造块体、少量硅质岩构造块体等。岛弧火山岩构造块体由中酸性火山岩组成。另外，尚见有少量的结晶灰岩构造块体。该构造混杂岩带的基质组成一大规模的韧性剪切带群落，包括 S_1、S_2、S_4、S_5、S_6（表 5-3）。韧性剪切带内的糜棱岩中可见流动纹层及较平直的条纹状、条带状纹层，并可见旋转碎斑（图 5-47）。剪切带内发育有不对称片内褶皱，其褶皱轴面与碎斑的扁平面相平行，反映非共轴剪切的不稳定层流的流动方向，为“A”型褶皱。在与糜棱岩相间的千糜岩、板岩中，顺层揉褶发育，揉褶为不对称褶皱（图 5-48～图 5-51，图版 15-5、图版 15-6）。并平行揉褶发育破劈理，在板岩与灰岩互层中灰岩呈石香肠产出，板岩呈楔入褶皱（图 5-52），在剪切变形较弱地段的砂板岩中可见劈理置换层理的特征（图 5-53）。

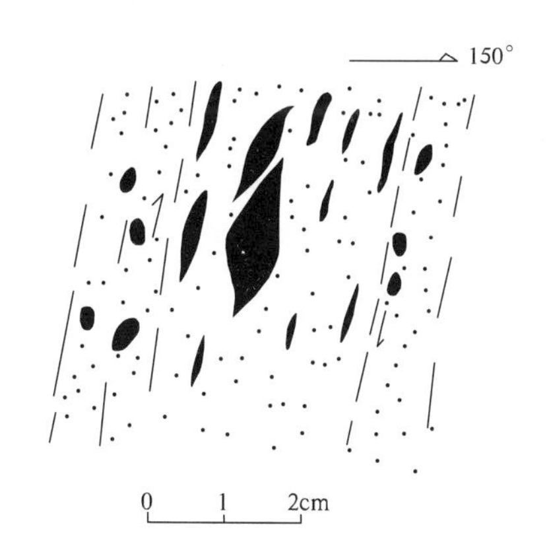

图 5-47　莲花石沟滩间山（岩）群碎屑岩组糜棱岩化含砾粗砂岩中的砾石韧性形变特征（23 点间）

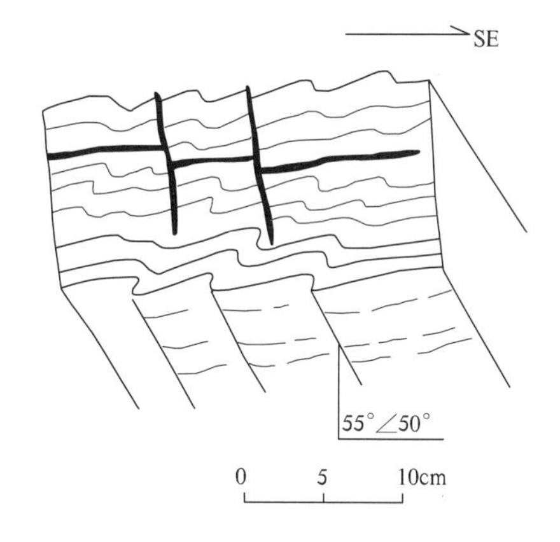

图 5-48　红土岭滩间山（岩）群板岩中的顺层揉皱及方解石分泌脉切错关系素描图（IP_{19}）

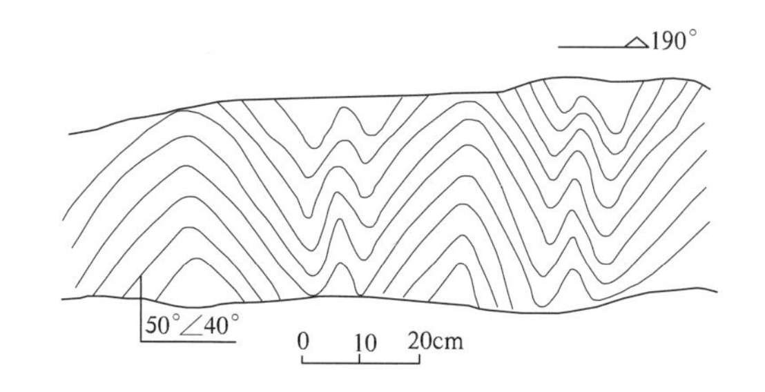

图 5-49　云居萨依沟北滩间山（岩）群安山质凝灰岩的揉皱素描图（4018 点）

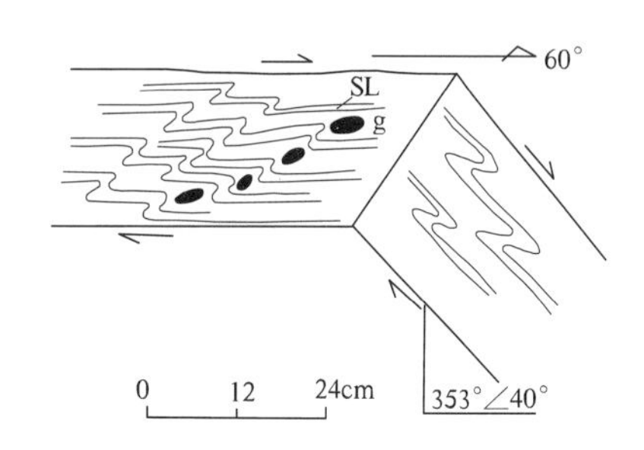

图 5-50　十字沟滩间山（岩）群千枚状板岩揉皱素描图（2030 点间）

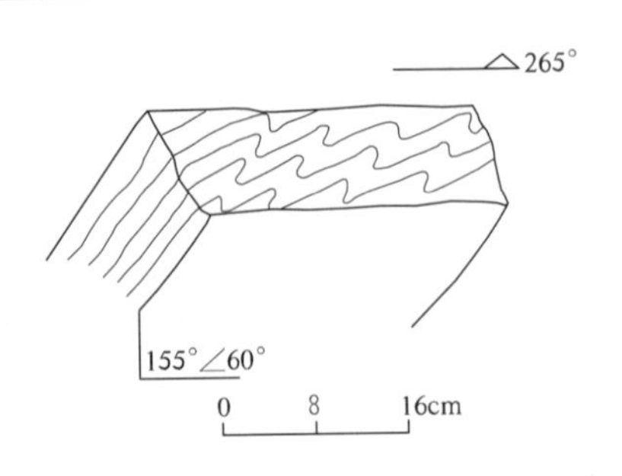

图 5－51 十字沟滩间山(岩)群绿泥片岩中的片理揉皱素描图(2030 点间)

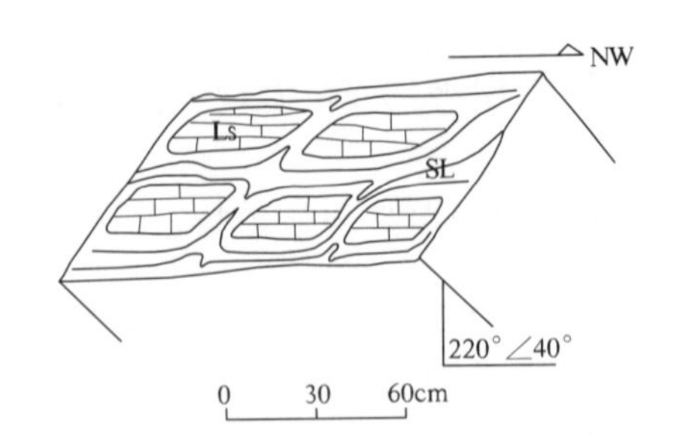

图 5－52 十字沟滩间山(岩)群板岩与灰岩互层中灰岩呈石香肠产出特征素描图(2010 点间)

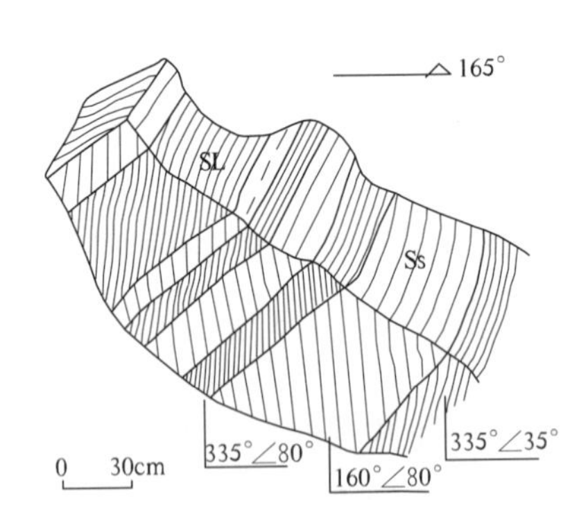

图 5－53 双石峡东滩间山(岩)群碎屑岩组砂板岩中的劈理折射素描图(2002 点间)

构成基质的碎屑质糜棱岩，肉眼观察具片状构造及揉褶现象，镜下观察具有糜棱结构(图版 15－7)，眼球状构造。岩石由碎斑和基质组成，碎斑由石英、钾长石、斜长石组成，石英呈眼球状、带状消光明显，周围动态重结晶细粒化，发育"δ"残斑构造，定向排列。钾长石呈眼球状外形，发育"δ"残斑构造，具退变为高岭土化现象，并呈定向排列。斜长石呈眼球状外形，具退变为绢云母化现象，并呈定向排列，组成 S－C 组构。基质矿物绢云母、石英等均定向排列，显示特征的流动构造，波状纹理发育。

构成基质的绢云千糜岩具显微粒状变晶结构、千糜结构，千枚状构造。岩石中含有 1%的石英碎斑，呈眼球状、浑圆状外形，带状消光明显，个别石英眼球中石英呈长纤维状，构成"δ"型残斑。基质中绢云母呈显微鳞片状集合体，密集分布，聚集成条带状分布。石英动态重结晶聚集成条带状定向分布，形成具不同颜色和成分的条带和条纹。

由糜棱岩带中的"A"型褶皱、拉伸线理等判断，该剪切带具有左旋平移-逆冲型韧性剪切的特征。在祁漫塔格主脊断裂南侧的加里东期侵入体中也有北西向韧性剪切带发育，以 S_9 为代表，详细特征见表 5－3。

2. 滩间山(岩)群中的褶皱

晚志留世的碰撞造山期，在祁漫塔格早古生界构造混杂岩带中的滩间山(岩)群发生逆冲剪切变形之后，由于受持续的南北向挤压力又使其发生褶皱变形，特别是在公路沟东的滩间山(岩)群大面积岩露区表现尤为明显，形成近东西向褶皱束，由 3 个背斜和 2 个向斜组成，形成褶皱的岩性以碎屑质糜棱岩及千糜岩、千枚岩为主，褶皱翼部产状北翼：5°～10°∠40°～55°，南翼：2°～5°∠50°～55°，褶皱长 3～15km。该褶皱束总体显示紧密线状特征，剖面形态似尖棱状。褶皱两翼次级褶皱发育(图 5－54)。

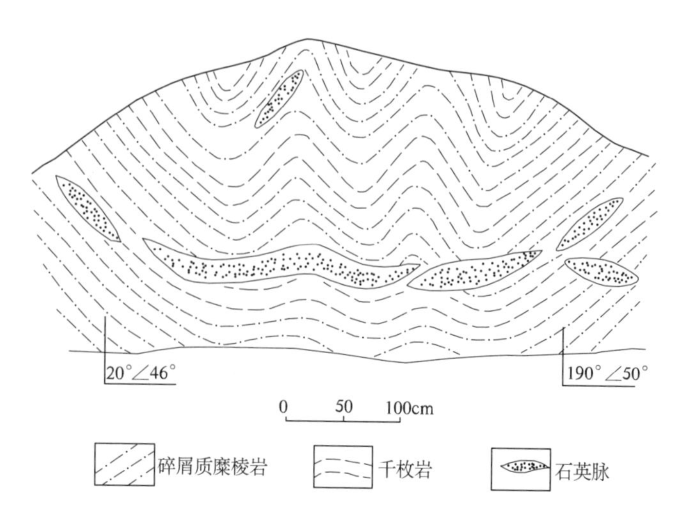

图 5-54　十字沟西岔滩间山(岩)群碎屑岩组小向斜核部素描图(3017 点)

三、海西期地质体构造变形特征

测区海西期构造形迹丰富,包括浅部构造层次的韧性剪切带、浅表构造层次的褶皱、断裂及由断裂围限的断褶块体。

(一)海西期韧性剪切带

测区海西期韧性剪切带发育,主要为早石炭世早期的韧性剪切带,其次为二叠纪末海西运动时的韧性剪切带。

晚泥盆世末期至早石炭世早期,在南北向挤压应力的作用下,发育在祁漫塔格的晚泥盆世裂陷槽闭合,并沿北西向断裂带发生大规模碰撞造山型花岗岩侵入,同时沿阿达滩北缘断裂及阿达滩南山—冰沟一带的晚泥盆世宽沟序列、早泥盆世盖依尔序列花岗岩中发育大规模浅构相韧性剪切带。剪切带呈北西向展布,为阿达滩北缘断裂带在海西期的表现形式,以 S_3、S_{10} 为代表,见表 5-3。强变形带的岩石为花岗质糜棱岩,弱变形带岩石为初糜棱岩化花岗岩,包括初糜棱岩化中细粒花岗岩、初糜棱中细粒含电气石花岗岩、初糜棱黑云母花岗岩、初糜棱中细粒英云闪长岩、片麻状二长花岗岩(图 5-55~图 5-58,图版 15-8)等。

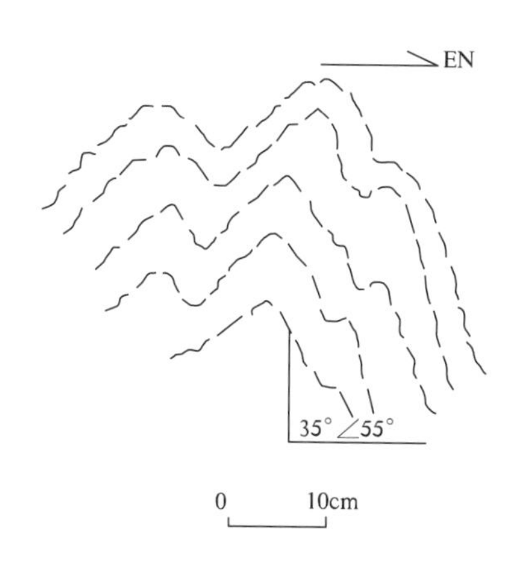

图 5-55　阿达滩南石拐子序列土窑洞单元片麻状二长花岗岩中的片麻理揉皱素描图(6144 点间)

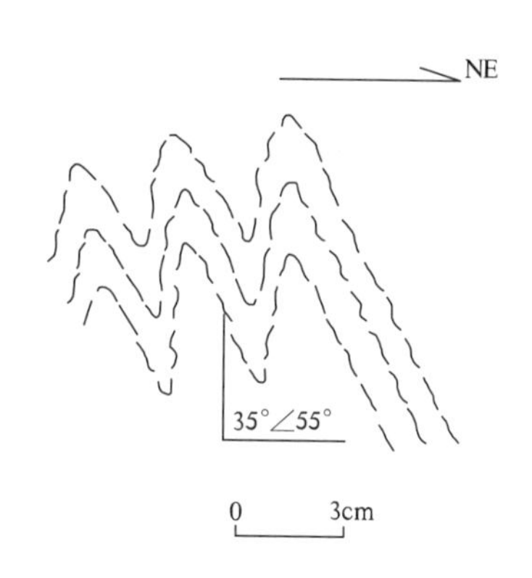

图 5-55　阿达滩南石拐子序列土窑洞单元片麻状二长花岗岩中的片麻理揉皱素描图(6144 点间)

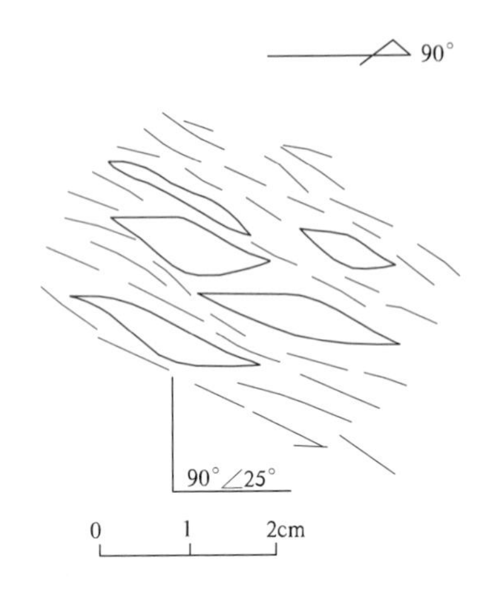

图 5-57　冰沟北韧性剪切带中的糜棱岩化似斑状二长花岗岩变形特征素描图(108 点)

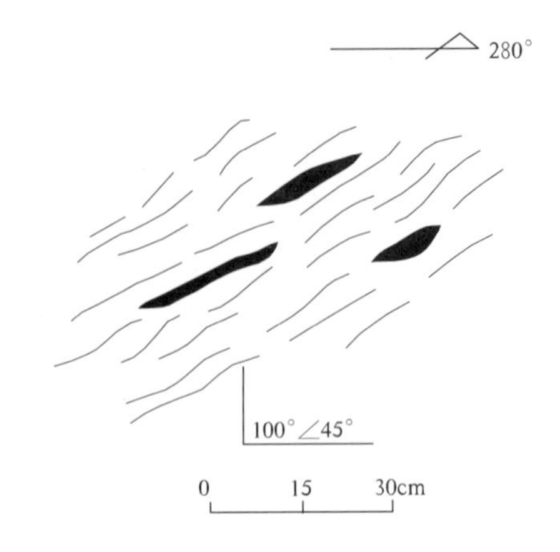

图 5-58　阿达滩北土窑洞单元弱片麻状二长花岗岩中的弱片麻理及变形包体素描图(111 点)

花岗质糜棱岩,碎斑结构,基质糜棱结构,平行定向构造,肉眼可见围绕长石碎斑拉长的石英条带,石英已细粒化,呈燧石状。碎斑成分主要为石英、长石,呈眼球状、透镜状,在岩石中定向排列。基质围绕碎斑分布,呈动态重结晶细小颗粒产出,主要为石英、云母。细粒化石英围绕长石碎斑形成核幔构造。

劈理化初糜棱岩化英云闪长岩,变余花岗结构、糜棱结构,流动构造、劈理构造。岩石中斜长石、钾长石圆化,呈残斑状,石英呈重结晶集合体,透镜体、长条状产出。暗色矿物结晶分异并定向呈糜棱面理。

糜棱面理的产状主要为 10°～30°∠40°～60°,线理产状为 110°～130°∠20°～30°,据上述面理、线理产状及旋转碎斑判断,该剪切带总体具左旋剪切-逆冲的特征。

另外,本期韧性剪切活动还引起上泥盆统哈尔扎组发生韧性剪切变形,形成浅构造相韧性剪切带 S_7。二叠纪的海西运动,在祁漫塔格主脊断裂带内发育浅构造相韧性剪切带,使石炭系灰岩发生糜棱岩化,剪切带以 S_8 为代表。

(二)断褶块体

断褶块体主要是由海西期板内裂陷海盆沉积地层在海西运动时断褶形成。中-晚二叠世,在南北向挤压应力的作用下,祁漫塔格造山带北西向断裂带复活并发生由北向南的逆冲,使晚泥盆世—早二叠世地层先褶后断,呈断褶块体产出。

测区现存海西期断褶块体主要沿祁漫塔格主脊断裂分布,东段分布于红柳泉至西沟东,西段分布于红土岭一带,南侧在阿达滩南断裂带及巴音格勒断裂带有少量分布。构造块体边界多为北西、北东向断裂围限,或被后期岩体侵蚀,局部残留有海西期地层与滩间山(岩)群及白沙河(岩)组之间的角度不整合接触关系或与加里东期侵入体之间的沉积接触关系。块体上部残留有与上覆鄂拉山组角度不整合接触关系。从各构造块体内岩层产状、下伏不整合面产状等判断,该期断裂活动具有由北东向南西逆冲的特点,并形成于海西运动时。

(三)褶皱

测区浅表层次褶皱主要分两个群体产出:一个为分布于海西期断褶块中的褶皱;一个为分布于渐新世—上新世地层中的褶皱。

1. 海西期褶皱

分布于海西期断褶块中的褶皱形成于海西运动时。主要分布于祁漫塔格主脊断裂带中,呈北西-南东向褶皱束发育，从西向东主要有克斯恰普褶皱束、奶头山北褶皱束、石拐子西褶皱束、红柳泉复背斜。下面对各褶皱束进行简述。

（1）红柳泉复背斜。该背斜位于红柳泉南，呈北西西向展布，区内长 13km，东延出图，由 B_{29}、B_{30} 组成，见表 5-3。背斜向西倾伏，核部由石拐子组粉砂岩、灰岩夹板岩组成，两翼由大干沟组块层状灰岩组成。北翼发育一次级向斜，核部、翼部均由大干沟组块层状灰岩组成，枢纽走向近东西。该复背斜南北均被第四系覆盖，出露不全。褶皱两翼次级褶皱发育（图 5-59、图 5-60，图版 12-6）。

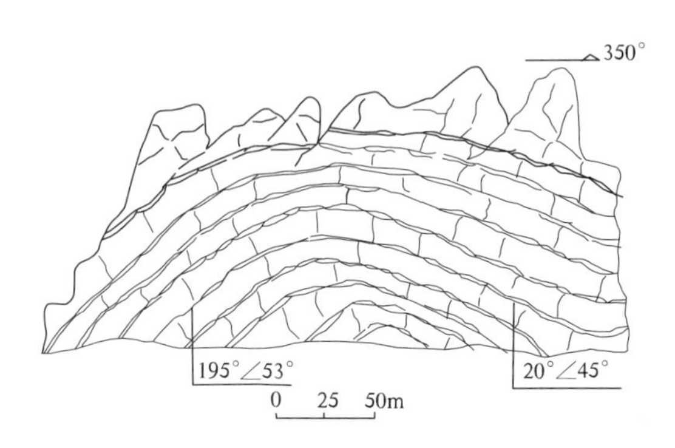

图 5-59　双石峡大干沟组厚层状灰岩中背斜核部素描图（4001 点间）

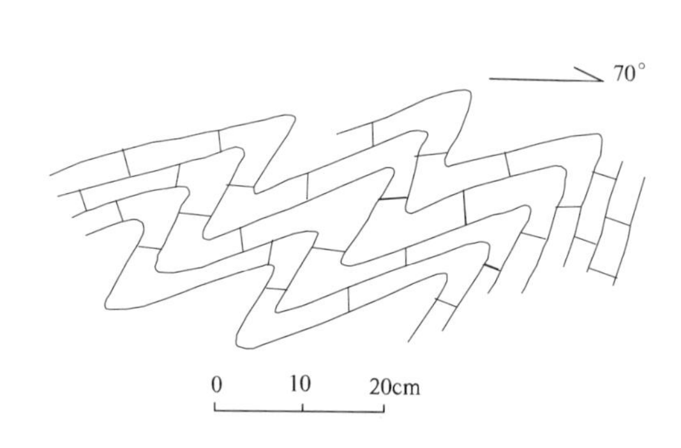

图 5-60　剪羊毛场大干沟组结晶灰岩斜歪褶皱素描图（3030 点间）

（2）石拐子东褶皱束。该褶皱束出露于石拐子、云居萨依一带，由出露于石拐子的向斜 B_{27} 和出露于云居萨依的背斜 B_{28} 组成，见表 5-3，均为紧闭线状褶皱。

（3）奶头山北褶皱。该褶皱位于宽沟西的石拐子组中，由 1 个背斜 B_9 和 1 个向斜 B_{10} 组成，枢纽走向北西-南东向，延伸长 10～13km，褶皱呈较紧密的线状。

（4）克斯恰普褶皱束。该褶皱束位于祁漫塔格主脊断裂以南的克斯恰普一带，呈北西西-南东东向展布。主褶皱由 2 个背斜和 2 个向斜组成，包括 B_1、B_2、B_3、B_4，见表 5-3。核部和翼部均由下石炭统大干沟组块层状灰岩组成，出露长 2～6km。向斜两翼倾角 28°～50°，背斜两翼倾角 60°～70°，反映出向斜相对开阔，背斜相对陡倾的特点，为较紧闭的线状褶皱（图 5-61、图 5-62）。另外，在该套灰岩中局部尚见有两期褶皱的叠加，表明在北西向主褶皱形成以后，红土岭一带曾受到北西-南东向挤压而形成枢纽走向北东-南西的褶皱，同时也表明测区西北角一带受阿尔金造山带的影响较为明显。

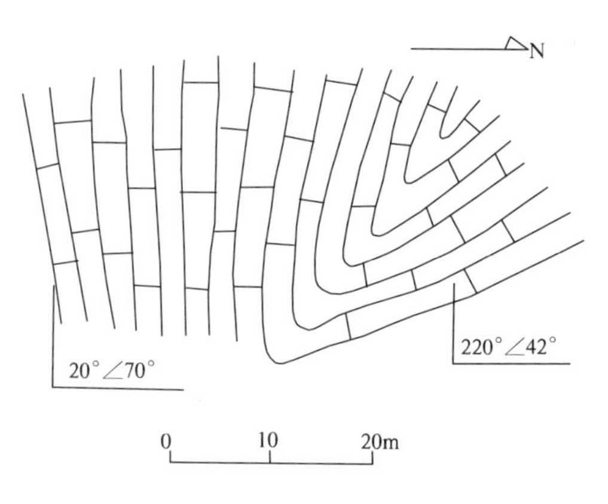

图 5-61　克斯恰普大干沟组灰岩中的斜歪褶皱核部素描图（3094 点间）

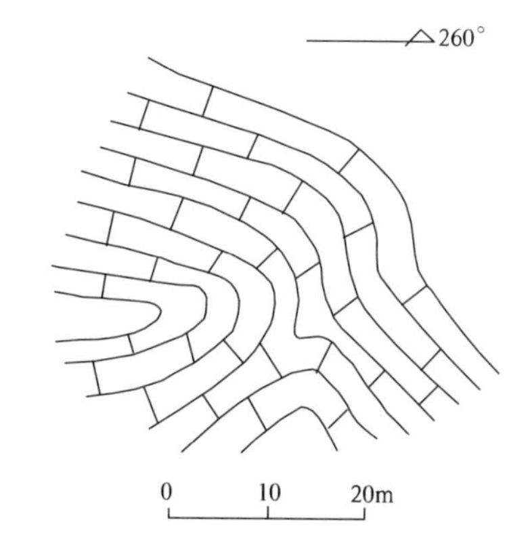

图 5-62　布亚鲁大干沟组灰岩中的平卧褶皱核部素描图（3095 点南）

四、浅表层次构造形迹群

测区自印支期以后的构造变形均属浅表层次，构造形迹主要包括褶皱(表5-3)、断裂(表5-4)。

(一)喜马拉雅晚期褶皱

其主要发育在测区东北部的柴达木盆地西南角东柴山一带，由近于平行的北西向背斜、向斜组成褶皱束(图5-63)。背斜为较紧闭的狭长型，以B_5、B_6为代表，见表5-3。总体呈300°方向延伸。自西向东有长尾台、东柴山西、东柴山3个高点，各高点主褶皱轴线均为一小弧形。高点间轴线凹陷，使背斜轴波状起伏，构成多个短轴状穹隆构造，背斜核部次级褶皱发育，见图5-63。随着高点自西向东增高，出露地层由新变老，加之轴线的波状起伏，使干柴沟组下部和上部地层间断出现。向斜B_7位于背斜以南，与背斜相伴出现，在背斜穹隆之间宽度较大，两端翘起，枢纽产状变化大。平面形态为短轴状长圆形，剖面形态呈开阔的圆弧形。

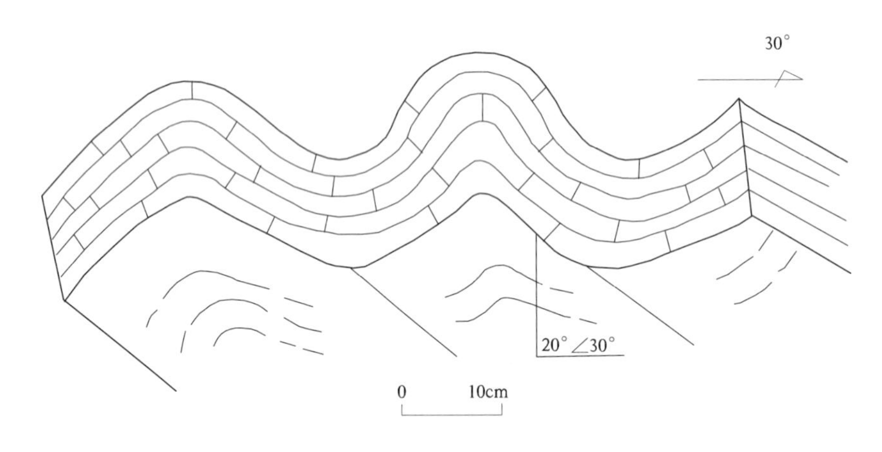

图5-63　长尾台一带干柴沟组泥晶灰岩中的小褶皱(IP_{20})

(二)脆性断裂

脆性断裂是测区最发育的构造形迹，也是控制测区现今构造格局的主要构造，见表5-5。脆性断裂在测区的分布是不均匀的，测区的柴达木新生代断陷盆地、阿达滩新生代拉分盆地、库木库里湖新生代断陷盆地单元内脆性断裂极不发育，但它们的形成却都受分界大断裂带的控制。测区的脆性断裂主要分布在祁漫塔格造山带的早古生代构造混杂岩带及卡尔塔阿拉南山岩浆带中。区内断裂按方向可分为3组，即北西向断裂组、东西向断裂组及北东向断裂组。其中北西向断裂组为测区的主断裂组，控制了测区的构造格架；东西向断裂组在测区东南部散布于北西向断裂组中，与北西向断裂组交切；北东向断裂组分布于整个祁漫塔格造山带中，其发育程度界于前两者之间。测区各组断裂的发育程度与测区所处的特殊构造部位有关，也是各造山带对测区构造影响的反映。测区处于东昆仑造山带西北部，西邻阿尔金造山带。因此，测区的北东向断裂为阿尔金造山带对测区影响的反映，东西向断裂带为东昆仑东西向断裂带在测区的反映，而北西向断裂则为上述两造山带对祁漫塔格造山带影响的综合反映。

北西向断裂对测区地层展布、岩浆活动、构造发展及成矿作用等起着重要的控制作用。东西向断裂及北东向断裂则对地质体起破坏和改造的作用。测区现存的前海西期强变形带构造形迹均为韧性剪切带。测区脆性断裂在各构造期的活动特征如下。

表 5-5　测区主要断裂特征一览表

编号	断裂名称	走向	断面倾向及倾角	位移方向	断裂规模		结构面特征	性质	切错地质体	展布特征	活动时代
					长(km)	宽(m)					
F_2	艾里木萨依断裂	NW 300°～305°	倾向：30°～35° 倾角：50°	S	>55	30～50	地貌上呈明显的线形沟谷等负地形，航片上线性影纹，断裂带岩石破碎，见断层角砾岩、断层泥。断裂带侧岩层中发育劈理化密集带，沿断裂带见白垩纪辉绿玢岩岩脉	逆冲	断裂切割 OST、C_1s、$T_3\eta\gamma$、$P_1\eta\gamma$、$P_1\delta$	被 F_5、F_{13} 等北东向断裂错切，分支断裂发育，北西、南东被第四系松散堆积物覆盖	P_1—K
F_3	豹子沟脑断裂	NW 290°～310°	倾向：30° 倾角：45°～50°	SSW	>101	50～100	地貌上呈线形垭口、沟谷等线形负地形，航片上线性影纹，断裂带岩石破碎裂岩化、绿泥石化、褐铁矿化，见断层角砾岩及构造透镜体。断带侧岩石中见断层擦痕。断裂带侧岩体中发育节理密集带	逆冲	断裂切割 OST、C_1s、C_1dg、C_3d、CPd、Qp^1q、$O_3\gamma\delta$、$S_3\eta\gamma$、$D_3\gamma\delta$、$D_3\delta$、$D_3\eta\gamma$、$C_1\gamma\delta$、$T_3\eta\gamma$、$P_1\eta\gamma$、$P_1\pi\eta\gamma$	被 F_5、F_{13}、F_{17} 等北东向断裂错切，在东沟脑、豹子沟脑见分支断层，北西及中部被第四系松散堆积物覆盖，南东交会于 F_4	Qp^3—Qp^1
F_5	羊勒恰普断裂	NE 65°～70°	倾向：335° 倾角：58°	SW	>24	20	断裂带岩石破碎，产状紊乱相顶，发育断层泥、构造角砾岩。断裂带侧岩石节理发育，局部断层两侧岩性不同。见断层泉，沿走向有断续分布的断层三角面	左行平移	切割 Ar_3Pt_1b、OST、C_1dg、$D_3\eta\gamma$、$D_3\delta o$、$P_1\pi\eta\gamma$、$J_1\xi$	南西被 Qp^2 松散堆积物覆盖，将 F_6、F_9、F_{10} 错开	K—N
F_6	窝头山断裂	NE 50°～70°	倾向：320°～340° 倾角：65°	SW	>45	30	地貌上呈一系列线形对头沟、垭口，且与主沟方向直交，沟谷北侧地形上为一明显陡坎，见断层三角面、航片上线性影纹，断裂带岩石破碎，见断层角砾、断层泥。断裂带侧发育节理密集带。次级断面擦痕、阶步发育	左行平移	切割 Ar_3Pt_1b、C_1dg、$P_3\eta\gamma$、$P_1\delta o$、$P_1\pi\eta\gamma$	北东、南西被 Qh、Qp^3 松散堆积物覆盖，将 F_2、F_3、F_4、F_9、F_{10} 错开	K—Qp^1
F_7	恰普逆冲推覆断裂	EW—SEE	倾向：340°～45° 倾角：25°	S	>19	300～500	断裂带呈波状弯曲状，沿断带发育断层三角面、断层残山，沿断裂带发育断层泉。断裂带岩石破碎，见断层角砾岩、碎裂岩、断层泥发育，断裂带岩石发育钾化、绿泥石化、绿帘石化、高岭土化、碳酸盐化。灰岩中有大量方解石脉发育，沿断裂带走向古近系—新近系砾岩呈断夹块大透镜形态产出。断裂带中见有片理化石英闪长岩脉，断裂带侧岩石中发育节理密集带。断层两侧地层形成时代、岩性、岩相相差极大，产状相顶，以老压新	逆冲推覆	切割 Ar_3Pt_1b、C_1dg、ENg、E_2l、$P_1\pi\eta\gamma$	西延被 Qp^3 冲洪积物覆盖，向东交会于 F_4，向西分成两支，被 F_5 错切	C—N

续表 5－5

编号	断裂名称	走向	断面倾向及倾角	位移方向	断裂规模		结构面特征	性质	切错地质体	展布特征	活动时代
					长(km)	宽(m)					
F_8		NW 300°～310°	倾向：210°～220° 倾角：40°～55°	N	50	50	断裂带呈波状弯曲，多处为两个地质体分界，断裂带岩石破碎，发育大量花岗质碎裂岩及黄褐色断层泥，断裂带侧岩体中发育节理密集带，断层三角面发育	逆断层	切割 Ar_3Pt_1b、$D_3\eta\gamma$、$D_3\delta o$、$C_1\gamma\delta$、$P_1\pi\eta\gamma$、$P_3\pi\xi\gamma$	断裂中部发育分支断裂，被 F_5、F_{13}、F_{16} 等北西向断裂切错，向东被 Qp^3 洪冲积覆盖，向西被 Qp^2 冰碛物覆盖	D_3—N
F_9	牙巴克勒南断裂	NW 290°～305°	倾向：200°～215° 倾角：40°～60°	N	56	50～100	地貌上沟谷、垭口呈线形排列，航片上线性影像特征明显，发育红黄相间的断层破碎带，断裂带碎裂岩、断层泥发育，沿断裂带细晶岩岩脉侵入	逆断层	切割 Ar_3Pt_1b、ENg、E_2l、$D_3\eta\gamma$、$D_3\delta o$、$C_1r\delta$、$P_1\pi\eta\gamma$、$P_3\pi\xi\gamma$	断裂北西止于 ENg 中，南东交会于 F_8，中部被 F_5、F_6、F_{13} 等北东向断裂截切，中段分支断裂发育	D_3—N
F_{10}	滩北山断裂	NW 290°～300°	倾向：200°～210° 倾角：40°～50°	N	＞145	80～100	地貌上呈明显的线形垭口、对头沟。河流沿断裂带拐弯，断层三角面发育，断裂带岩石破碎，见碎裂岩断层角砾、断层泥。沿断裂带见石英脉、细晶岩岩脉、闪长玢岩岩脉贯入，断裂带侧岩层产状紊乱，牵引褶皱发育，岩体中发育节理密集带，并见断层擦痕	逆断层	切割 Ar_3Pt_1b、OST、$Pt_3\nu$、$D_3\eta\gamma$、$D_3\delta$、$T_3\pi\eta\gamma$、$P_1\pi\eta\gamma$、$P_3\pi\xi\gamma$、$J_1\xi$	断裂带呈舒缓波状，北东、南西均延出图外，被 F_5、F_6、F_{13}、F_{16}、F_{17}、F_{18}、F_{19}、F_{20}、F_{21} 等北东向断裂错移	J—Q
F_{11}	奶头山断裂	NW 295°～320°	倾向：205°～230° 倾角：35°～50°	N	＞85	50～100	地貌上对头沟、垭口线形分布，灰岩呈孤峰状，散布于山前盆断裂带岩石破碎，碎裂岩、碎裂岩化岩石、断层泥发育，砂板岩中褶皱、破劈理发育，花岗岩中发育节理密集带，石英脉、细晶岩岩脉沿断裂带侵入	逆掩断层	切割 OST、C_1s、C_3dg、$S_3\eta\gamma$、$P_1\pi\eta\gamma$、$P_1\delta$	断裂带呈波状弯曲，北西被 Qp^3 冲洪积覆盖，南东延伸出图，北西被 F_{13} 等北东向断裂错切	P—N
F_{12}	东沟脑断裂	NW 290°～310°	倾向：20°～40° 倾角：40°～55°	N	52	30	地貌上呈线形负地形，断裂带岩石破碎，见断层角砾岩、断层泥，断裂带见断层泉。断裂带侧岩层发育密集破劈理，岩体中发育节理密集带，见断层擦痕	正断层	切割 OST、C_1s、C_1dg、CPd、$P_1\pi\eta\gamma$、$J_1\xi o$	北西、南东均交会于 F_{11}，被 F_{13} 等北东向断裂错切	P—N
F_{13}	西沟中部断裂	NE 50°～65°	倾向：140°～155° 倾角：70°～75°	SW	＞32	50	地貌上呈线形分布的沟谷、陡坎、垭口等，并切错祁漫塔格主脊，呈峡谷状。河流沿断裂带拐弯，航片上线性影纹清晰，断裂带岩石破碎，见断层角砾岩、断层泥，沿断裂带辉绿玢岩脉侵入。断裂带侧岩体中发育节理密集带，并见断层擦痕	左行	切割 $D_3\eta\gamma$、$D_3\delta o$、$P_1\delta o$、$P_1\pi\eta\gamma$	北东、南西及中部均被松散堆积物覆盖，将近 10 条北西向断裂错开	J—N

续表 5-5

编号	断裂名称	走向	断面倾向及倾角	位移方向	断裂规模		结构面特征	性质	切错地质体	展布特征	活动时代
					长(km)	宽(m)					
F_{14}	石拐子断裂	NW 290°～330°	倾向：20°～50° 倾角：50°～60°	SW	>24	30～50	地貌上呈线形负地形，岩石破碎，蚀变强烈，见断层角砾岩、碎裂岩。断裂带地层产状相顶，产状紊乱，并发育牵引褶皱，断裂带侧岩层中发育节理、劈理密集带及断层擦痕	逆冲	切割 OST、C_1s、C_1dg	北西、南东及中部均被第四系松散堆积物覆盖，北西被 F_{15} 错切，分支断裂发育	P—N
F_{15}	宽沟口断裂	NE70°	倾向：160° 倾角：70°	SW	>5	50	地貌上为北东向沟谷，地质体和北西向主断层被错移	左行平移	切割 OST、C_1s、C_1dg、$P_1\delta o$	北东、南西均被第四系松散堆积物覆盖，中部将 F_{14} 错移	J—N
F_{16}		NE65°	不明	SW	>16	>50	地貌上呈线形沟谷、垭口，航片上线性影纹清晰，断裂带岩石破碎，并发生褐铁矿化，见断层泥，断裂带侧见断层擦痕	左行平移	切割 Ar_3Pt_1b、$O_3\gamma\delta$	北东止于 $O_3\gamma\delta$，南西被第四系松散堆积物覆盖	J—N
F_{17}	小盆地南断裂	NE75°	倾向：160° 倾角：65°～75°	SW	>65	100	断裂带见灰黑色、褐黄色断层泥、断层角砾岩、碎裂石英脉，花岗细晶岩岩脉沿断裂带侵入。断裂带侧凝灰岩发生劈理化，岩体中发育节理密集带，并见断层擦痕，航片上线性影纹清晰	左行平移	切割 Ar_3Pt_1b、OST、C_1dg、$O_3\gamma\delta$、$S_3\xi\gamma$、$D_3\gamma\delta$	北东、南西均被第四系松散堆积物覆盖，将 F_4、F_{10} 等北西向断裂错移	J—N
F_{18}	公路沟断裂	NE 45°～50°	倾向：140° 倾角：60°	SW	61	100	地貌上形成一连串负地形，航片上线状特征明显。沿断裂带岩石极度破碎，同一套地层沿走向不连续，产状紊乱，沿断裂带辉绿岩脉、石英脉侵入。所取薄片多具碎斑结构的碎裂岩。镜下见斜长石双晶弯曲，折断等现象普遍，钾长石强烈变形，石英波状消光明显。岩石局部碎裂为大小不等的棱角状碎块，在靠近断裂处见有断层泥和断层角砾岩以及古泉华等	左旋平移	切割 Ar_3Pt_1b、OST、C_1dg、T_3e、$O_3\eta\gamma$、$T_3\eta\gamma$、$T_3\pi\eta\gamma$	北东、南西及中部断续被第四系松散堆积物覆盖，将 F_4、F_{22}、F_{25}、F_{28} 等北西向断裂错移	J—N
F_{19}	土房子南断裂	NE65°	不明	SW	13	>30	影像上明显呈线形负地形，对头沟，断裂带岩石破碎，见断层泥、断层擦痕	左旋平移	切割 $O_3\gamma\delta$、$P_1\eta\gamma$、$P_1\pi\eta\gamma$	北东、南西均被第四系松散堆积物覆盖，将 F_{10} 等北西向断裂错移	J—N
F_{20}		NE70°	倾向：340° 倾角：65°	SW	16	100	地貌上呈一系列线形分布的垭口、陡坎、对头沟，岩石破碎，见断层角砾及断层泥，岩石发生钾化，呈紫红色。断裂带侧岩体中发育节理密集带，见断层擦痕	左旋平移	切割 $O_3\gamma\delta$、$S_3\xi\gamma$、$P_1\eta\gamma$、$P_1\pi\eta\gamma$	北东、南西被第四系松散堆积物覆盖，将 F_{10} 等北西向断裂错移	J—N

续表 5-5

编号	断裂名称	走向	断面倾向及倾角	位移方向	断裂规模		结构面特征	性质	切错地质体	展布特征	活动时代
					长(km)	宽(m)					
F_{21}	西大沟断裂	NE60°	倾向:150° 倾角:50°	SW	>11	不明	地貌上呈明显的沟谷、垭口等线形负地形,局部见断层三角面,沿断裂带中岩石十分破碎,局部见有断层泥。航片上具线性显示	左旋平移	切割 $S_3\xi\gamma$、$P_1\pi\eta\gamma$	北东延伸出图,南西被第四系松散堆积物覆盖,将 F_{10} 等北西向断裂错移	J—N
F_{23}	阿达滩中部断裂	NE 280°~295	倾向: 190°~205° 倾角: 50°~60°	NE	>113	50~200	地貌上呈一系列线形对头沟直穿山体中央而过,见断层三角面,航片上地形、水系等反映出清晰的线性影像特征。断裂带岩石破碎,见断层角砾、断层泥挤压构造透镜体,断裂带通过 Qp^1q 组时,两侧产状相顶,南缓北陡,局部近直立,断带侧岩体中见节理密集带	逆冲	切割 Ar_3Pt_1b、Qp^1q、Chx、$Pt_3\nu$、$C_1\gamma\delta$、$C_1\eta\gamma$、$C_1\pi\eta\gamma$	北东段断续被第四系松散堆积物覆盖,南东端延伸出图,被 F_{42}、F_{47} 等北东向断裂错移 300m 以上	C_1—Qp^1
F_{24}	阿达滩南缘断裂	NE 285°~290°	倾向: 195°~200° 倾角:55°	NE	>85	30~100	地貌上呈线形陡崖、线形垭口,对头沟见断层三角面。断裂带岩石破碎,见断层角砾、断层泥,发育断层泉(图版 12-7)。岩石蚀变强烈,两侧岩性及产状截然不同,老地层覆于新地层之上,受牵引而呈弯曲状。断裂带侧岩体中发育节理密集带,并有岩脉顺断层走向贯入。该断层在新生代具左旋斜冲的特征	逆冲	切割 Jxl、Qp^1q、$C_1\gamma\delta$、$C_1\eta\gamma$、$J_1\xi$	北西段断续被第四系松散堆积物覆盖,SE 交会于 F_{39}	C_1—Qp^1
F_{25}	阿尼亚拉克萨依断裂	NW 285°~300°	倾向: 15°~30° 倾角: 45°~50°	SW	>133	50~100	地貌上见对头沟、垭口等线形负地形,河流沿断带拐弯,地貌、水系、色调等影像特征呈一明显的线性界限。断裂带岩石破碎,见构造透镜体,碎裂岩、断层角砾岩、断层泥,沿断裂带花岗细晶岩脉侵入断裂带侧岩层产状紊乱,相顶,倾角陡,局部近直立,断裂带侧岩体中发育节理密集带	逆冲	切割 Jxl、Qp^1q、T_3e、$C_1\gamma\delta$、$C_1\eta\gamma$、$T_3\eta\gamma$、$T_3\pi\eta\gamma$、$J_1\xi$	北西及中部多被第四系松散堆积物覆盖,断裂分支合并发育	C_1—Qp^1
F_{26}	口子山断裂	NE 65°~ 70°	倾向: 335°~340°	SW	9	80	地貌上呈线形沟谷、垭口,断裂带岩石破碎,见断层泥、断层角砾岩及构造透镜体,岩石发生碎裂岩化、钾化、褐铁矿化。岩层中发育牵引褶皱	左旋	切割 Jxl、T_3e、$J_1\xi$、$J_1\xi\chi$	北东、南西均止于 Jxl,将 F_{25} 错切 700m	J_1—N_1
F_{27}	群峰北断裂	NE65°	倾向:SE 倾角:70°	SW	8	不明	地貌上呈沟谷、垭口等线形负地形,断裂带岩石破碎,钾化,正长岩脉贯入。带侧岩体中发育节理密集带	左旋	$C_1\gamma\delta$、$J_1\xi$	北东被第四系松散堆积物覆盖,南西止于 $J_1\xi$,将 F_{25} 错移	J_1—N_1

续表 5-5

编号	断裂名称	走向	断面倾向及倾角	位移方向	断裂规模		结构面特征	性质	切错地质体	展布特征	活动时代
					长(km)	宽(m)					
F_{28}	卡尔塔阿拉南主脊断裂	NW 275°～290°	倾向：185°～200° 倾角：50°～60°	NE	＞87	50～200	地貌上呈对头沟、垭口等线形负地形，山脊被突然错断，且河流直角拐弯，断层崖、断层三角面发育。断裂带发育碎裂岩、构造角砾岩、断层泥，岩层产状紊乱，见断层擦痕，断裂带侧岩体中节理发育，岩层中破劈理发育	逆冲	切割 Jxl、$Qbqj$、T_3e、$T_3\gamma\delta$、$T_3\eta\gamma$、$T_3\pi\eta\gamma$、$J_1\xi_o$、$J_1\xi\gamma$	北西延伸出图，南东交会于 F_{57}，被 F_{35}、F_{18} 等北东向断裂错移	T_3—J_1
F_{29}	东水泉子沟断裂	NW 290°～330°	倾向：20°～60° 倾角：45°～60°	SW	＞60	50～100	断裂带岩石破碎，发生钾化、褐铁矿化、高岭土化，见碎裂岩、构造角砾岩、断层泥、断层镜面、断层擦痕发育，断裂带侧岩层中发育破劈理，岩体中发育节理密集带。断裂带地貌上呈对头沟、垭口，见断层三角面、断层崖		切割 Jxl、$Qbqj$、T_3e、$T_3\eta\gamma$、$T_3\pi\eta\gamma$、$J_1\xi$	北西交会于 F_{28}，南东交会于 F_{36}，中部被 F_{32}、F_{35} 断裂错移	T_3—J_1
F_{30}	西水泉子沟断裂	NW 285°～320°	倾向：195°～230° 倾角：40°～65°	SW	44	300	地貌上呈线形沟谷、垭口，见断层崖，航片上线性影纹清楚，断裂带见断层泥，构造角砾岩，带内岩石发生褐铁矿化，断裂带侧岩石中发育节理密集带及破劈理带，并发育牵引褶曲	逆冲	切割 Jxl、$Qbqj$、T_3e、$T_3\eta\gamma$、$T_3\pi\eta\gamma$、$J_1\xi$	北西交会于 F_{29}，南东止于 F_{30}，被 F_{29} 及 F_{35} 错移	T_3—J_1
F_{31}	独雪山南断裂	NW 300°～325°	倾向：30°～55° 倾角：40°～56°	SW	51	40～50	断裂带岩石破碎，发生绿泥石化等蚀变，见断层泥，两侧产状相顶，节理、破劈理发育，见断层擦痕，地貌上呈沟谷、垭口等负地形，发育断层三角面，航片上线性影纹清晰	逆冲	切割 Jxl、T_3e、$T_3\eta\gamma$、$T_3\pi\eta\gamma$、$J_1\xi\gamma$	北西延伸出图，南东被第四系松散堆积物覆盖，被 F_{33}、F_{34} 错移	T_3—J_1
F_{32}	伊阡巴达北断裂	NW 300°～305°	倾向：30°～35° 倾角：40°～60°	SW	23	30～60	断带地貌上呈垭口、断层崖，带内岩石破碎，见断层泥、构造角砾岩，并见破劈理带及断层擦痕	逆冲	切割 T_3e、$T_3\eta\gamma$、$T_3\pi\eta\gamma$	北西延伸出图，南东被第四系松散堆积物覆盖，被 F_{33}、F_{34} 错移	T_3—Qp^1
F_{33}	东水泉子断裂	NE40°	不明	SW	＞10		地貌呈北东-南西向延伸的线状沟谷，断裂带岩石破碎，节理发育，航片上线性影纹清晰	左旋	切割 $T_3\eta\gamma$、$T_3\pi\eta\gamma$	北东、南西均被第四系松散堆积物覆盖，被 F_{31}、F_{32} 错移	J_1—N
F_{34}		NE35°	不明	SW	＞5.5	20	断层附近岩石破碎，节理、劈理密集，蚀变加强，褐铁矿化蚀变，两侧地质体被切割错位明显。地貌上线状负地形，航卫片上线性影纹	左旋	切割 Jxl、T_3e、$T_3\eta\gamma$、$J_1\xi\gamma$	北东止于 $T_3\eta\gamma$，南西被第四系松散堆积物覆盖，被 F_{31}、F_{32} 错移	J_1—N

续表 5－5

编号	断裂名称	走向	断面倾向及倾角	位移方向	断裂规模		结构面特征	性质	切错地质体	展布特征	活动时代
					长(km)	宽(m)					
F_{35}		NE52°	不明	SW	>8.5		断层通过处，岩石破碎，劈理发育，沟谷、垭口等负地形线状排列，航片上具较明显的线性影像，山脊被错移	左旋	切割 Qbqj、T_3e、$T_3\eta\gamma$、$J_1\xi\gamma$	北东止于 Qbqj，南西被第四系松散堆积物覆盖，被 F_{29}、F_{30} 错移	J_1—N
F_{36}	喀勒拉断裂	NW305°	倾向：30°～35° 倾角：40°～60°	SW	32.5	80	断裂带岩石破碎，发生褐铁矿化、钾化、帘石化蚀变，发育构造角砾岩、断层泥，见断层擦痕，断带侧节理密集。地貌上沟谷、垭口等线形负地形排列，航片上线性影纹	逆冲	切割 T_3e、$T_3\eta\gamma$	南西、北东均被第四系松散堆积物覆盖，中部与 F_{29} 相交，南西部被 F_{18} 错移	T_3
F_{37}		NW 315°～350°	倾向：225°～260° 倾角：55°	SW	10	100	地貌上呈线状排列的对头沟、垭口，断裂带岩石破碎，褐铁矿化，见断层角砾岩，带侧发育破劈理密集带	逆冲	切割 T_3e、$T_3\pi\eta\gamma$	北西止于 $T_3\pi\eta\gamma$，南东交会于 F_{36}	T_3
F_{38}		NW328°	倾向：28° 倾角：50°～70°	SW	>13		断裂带岩石破碎，褐铁矿化蚀变，见碎裂岩、断层角砾、断层泥、断层擦痕，带侧发育节理密集带。地貌上沟谷、对头沟、垭口线形排列，见断层残山，断层切穿卡尔塔阿拉南山主脊	右旋	切割 Ar_3Pt_1b、Jxl、T_3e、$Pt_3gn^{\gamma\delta}$、$T_3\eta\gamma$、$T_3\pi\eta\gamma$	北西交会于 F_{28}，南东延伸出图，被 F_{18}、F_{64} 错移	T_3
F_{39}		NW 300°～320°	倾向：30°～50° 倾角：50°	SW	>23.5	75	地貌上呈线形沟谷、垭口、断层崖，断裂带见断层角砾、断层泥、岩石发生褐铁矿化蚀变，闪长玢岩岩脉沿断裂带侵入，断裂带侧火山岩中发育破劈理	逆冲	切割 Jxl、Qbqj、$C_1\gamma\delta$、$T_3\eta\gamma$	北西交会于 F_{25}，中部及东端均被第四系松散堆积物覆盖	C_1—T_3
F_{40}		NWW275°	倾向：5° 倾角：50°	S	28	30～80	断裂带岩石破碎，强烈蚀变，见断层泥，带侧岩体中节理发育，地层中发育破劈理，见断层擦痕、阶步。地貌上沟谷、垭口、对头沟线状排列，山脊错断，水系直角拐弯	逆冲	切割 Ar_3Pt_1b、$C_1\gamma\delta$、$C_1\eta\gamma$	东、西均被第四系松散堆积物覆盖，其向外伸展被北西向断裂限制	C_1—T_3
F_{41}	阿达滩沟脑南断裂	NW 280°～305°	倾向：190°～215° 倾角：40°～60°	N	>79	50～200	地貌上对头沟、垭口、鞍部等负地形线状排列，见断层三角面、断层崖、断层残山，河流沿断裂带拐弯，发育断层泉，山脊被突然错断。断裂带岩石破碎，发生褐铁矿化、硅化、钾化、绿泥石化，断层角砾岩、断层泥发育，见构造透镜体，岩层产状紊乱，牵引褶皱，断层擦痕发育，脉体沿断裂带贯入，断裂带侧岩体中发育节理密集带	右逆斜冲	切割 Ar_3Pt_1b、Chx、T_3e、$C_1\gamma\delta$、$C_1\eta\gamma$、$C_1\pi\eta\gamma$	北西、南东均被第四系松散堆积物覆盖。分支断层发育，被 F_{18}、F_{47} 等北东向断裂错移	C_1—T_3

续表 5-5

编号	断裂名称	走向	断面倾向及倾角	位移方向	断裂规模		结构面特征	性质	切错地质体	展布特征	活动时代
					长(km)	宽(m)					
F_{42}		近 EW	倾向：180°～185° 倾角：40°～50°	N	16.5	20～50	地貌上呈垭口、断层崖等线形负地形，见断层残山。断裂带岩石破碎，见构造角砾岩、断层泥，断裂带侧岩层中破劈理发育，见断层擦痕、阶步	逆冲	切割 Ar_3Pt_1b、$C_1\eta\gamma$	西被第四系松散堆积物覆盖，东止于 F_{18}	C_1
F_{43}		EW	倾向：N 倾角：60°	S	10.2	50	地貌上呈垭口等线形负地形，航片上线性影纹清晰，断层两侧岩性各异，产状相顶。沿断裂线岩石较破碎，石英脉发育	逆冲	切割 Ar_3Pt_1b、C_1dg	东止于 F_{40}，西止于 F_{18}	T_3
F_{44}		EW	倾向：0°～5° 倾角：50°	S	8	50	地貌上呈垭口、断层崖等线状排列的负地形，见断层三角面，岩石破碎，见断层角砾及构造透镜体	逆冲	切割 Chx、C_1dg、$C_1\eta\gamma$、$T_3\pi\eta\gamma$	东止于 $T_3\pi\eta\gamma$，西止于 F_{18}	C_1—T_3
F_{45}	冰沟沟脑断裂	NW320°	倾向：50° 倾角：50°～65°	S	36	40	地貌上呈线状排列的对头沟、垭口穿越山脊，南侧见断层三角面，航片上线性影纹清晰。断裂带见断层角砾岩、断层泥、断层擦痕、镜面，岩层产状紊乱，带侧岩石中发育破劈理带，节理密集带，花岗岩脉沿断裂带侵入	右旋斜冲	切割 T_3e、$T_3\gamma\delta$、$J_1\xi\gamma$	北西、南东分别交会于 F_{40}、F_{25}，中部被 F_{47} 错移	T_3—J_1
F_{46}		NW	倾向：倾角：	SW	25	50	地貌上呈线形排列的垭口、断层崖，断层两侧岩性各异，产状相顶，断裂带见断层角砾岩、断层泥。断裂带侧岩体中节理密集	逆冲	切割 Chx、T_3e、$T_3\pi\eta\gamma$	北西、南东均交会于 F_{25}	C_1—T_3
F_{47}		NE45°	倾向：135° 倾角：70°	SW	8	45	地貌上呈线形对头沟切穿主脊，断裂带见断层角砾岩、断层泥，断裂带侧岩体中节理密集	左旋切割	Chx、$C_1\eta\gamma$、$C_1\pi\eta\gamma$、$J_1\xi\gamma$	北东被第四系松散堆积物覆盖，南西止于 $J_1\xi\gamma$，将 F_{23}、F_{40}、F_{45} 错移	J—N
F_{48}	冰沟中游断裂	NW326°	倾向：56° 倾角：60°～75°	SW	36	20～70	地貌上呈一系列切穿主脊的对头沟、垭口，见断层三角面、断层泉，断裂带两侧岩性界线发生错动，节理密集。断裂带发育断层角砾岩、断层泥，岩石发生褐铁矿化、钾化、绿泥石化、高岭土化，发育斜向断层擦痕	右旋斜冲	切割 T_3e、$C_1\eta\gamma$、$C_1\pi\eta\gamma$、$T_3\gamma\delta$、$J_1\xi\gamma$	北西交会于 F_{40}，南东被第四系松散堆积物覆盖，北西被 F_{47} 错移，南东将 F_{68} 错开	C_1—J_1

续表 5-5

编号	断裂名称	走向	断面倾向及倾角	位移方向	断裂规模		结构面特征	性质	切错地质体	展布特征	活动时代
					长(km)	宽(m)					
F_{49}		NW 280°～320°	倾向：190°～230° 倾角：50°～65°	NE	20	40～50	地貌上见一系列切穿主脊的线形对头沟、垭口，见断层角砾岩、断层泥，岩石褐铁矿化蚀变，产状紊乱，节理密集，并发育断层擦痕	右旋斜冲	切割 T_3e、$T_3\pi\eta\gamma$、$J_1\xi\gamma$	北西止于 T_3e，南东延伸出图。北西、南东均发育分支断裂	T_3—J_1
F_{50}	哈得尔干呼都森火山机构断裂		放射状断裂产直立环形断裂外倾		3～10		放射状断裂呈由火山口向四周放射的线状沟谷、垭口、沟谷狭窄。环状断裂呈环状分布的陡崖、垭口等	正断	切割 T_3e	围绕火山口呈放射状及环状，该火山机构受 F_{41} 断裂控制	T_3
F_{51}	冰沟沟脑断裂	NW 310°～320°	倾向：40°～50° 倾角：50°～60°	SW	11	40～50	断裂带发育断层角砾岩、断层泥，岩石发生褐矿化蚀变，沿断裂带花岗细晶岩岩脉侵入，带侧岩体及火山岩中发育节理密集带，灰岩劈理化，岩层产状相顶。地貌上呈线形排列的对头沟、垭口、山脊被错断，见断层三角面	右旋斜冲	切割 Jxl、CPd、T_3e	北西、南东均被第四系松散堆积物覆盖	T_3
F_{52}	阿尼亚拉克萨依沟脑断裂	NW 300°～310°	倾向：30°～40° 倾角：45°	SW	22.5	100	断裂带岩石破碎，产状紊乱，岩石褐铁矿化，见碎裂岩、断层泥，沿断裂带辉绿玢岩岩脉侵入，地貌上呈线形沟谷、对头沟、垭口，山脊被错断，见断层泉，断裂中段发育火山机构，环状及放射状断裂发育	右旋斜冲	切割 T_3e	北西被第四系松散堆积物覆盖，南东交会于 F_{51}	T_3
F_{53}		NW300°	倾向：30° 倾角：45°～60°	SW	>47.5	50	地貌上呈对头沟、垭口等线形负地形，发育断层崖，断裂带岩破碎，见碎裂岩、断层角砾岩、酸性、基性岩脉沿断裂带侵入，断裂带侧岩性不一致，产状相顶，并发育节理密集带，见断层擦痕	右旋斜冲	切割 Jxl、T_3e、$T_3\gamma\delta$、$T_3\pi\eta\gamma$、$J_1\xi\gamma$	北西被第四系松散堆积物覆盖，南东延伸出图	T_3—J_1
F_{54}		NW 295°～300°	倾向：30° 倾角：45°	SW	>19.5		地貌上呈一系列线形排列的垭口，航片上线性影纹清晰，断裂带岩层破碎，见断层角砾、断层泥，岩石中节理密集	右旋斜冲	切割 Jxl、E_2l、$T_3\gamma\delta$、$T_3\pi\eta\gamma$	北西、南东均被第四系松散堆积物覆盖	T_3—E

续表 5-5

编号	断裂名称	走向	断面倾向及倾角	位移方向	断裂规模		结构面特征	性质	切错地质体	展布特征	活动时代
					长(km)	宽(m)					
F_{55}	巴音格勒沟脑断裂组	NW 305°～310°	倾向：35°～40° 倾角：40°～60°	SW	>53	100	断裂带岩石破碎，褐铁矿化蚀变，见碎裂岩、断层角砾、断层泥，发育破劈理带及节理密集带，岩层产状紊乱，灰岩中方解石脉发育，地貌上呈线状排列的对头沟、垭口，见断层三角面、断层岩，沿断带发育小型山间拉分盆地	右旋斜冲	切割 Jxl、$Qbqj$、CPd、T_3e、E_2l	北西及中段均被第四系松散堆积物覆盖，南东交会于 F_{53}。本断裂组在北西段呈3条平行排列的分支断裂产出	C—E
F_{56}		NW 310°～315°	倾向：40°～45° 倾角：50°～65°	SW	>50.5	50～100	断裂岩石破碎，褐铁矿化蚀变，发育断层泥，石英脉沿断带侵入，岩层中产状紊乱，牵引褶皱、节理、劈理极为发育，地貌上呈沟谷等线形负地形，河流直角拐弯，见断层三角面。在断裂北西段发育一火山机构	右旋斜冲	切割 Ar_3Pt_1b、Jxl、T_3e、$T_3\pi\eta\gamma$、$J_1\xi\gamma$	北西被第四系松散堆积物覆盖，南东延伸出图，中部被 F_{57}、F_{62} 错移	T_3—J_1
F_{57}		EW	倾向：5° 倾角：50°～60°	S	17.5	200	地貌上呈线形沟谷，河流直角拐弯，断裂带岩石破碎，蚀变强烈，节理、劈理发育	左旋斜冲	切割 Jxl、CPd、T_3e、E_2l	东端交会于 F_{54}，西止于 T_3e，中部将 F_{56} 错移	T_3—E
F_{58}	阿布拉斯赛阿特恩断裂	NW 310°～325°	倾向：40°～55° 倾角：45°～69°	SW	>37.5	100	断裂带岩石破碎，褐铁矿化蚀变，见断层角砾、断层泥，带侧节理、劈理发育，地貌上呈线形负地形，水系直角拐弯，发育断层泉、断层岩	右旋斜冲	切割 Ar_3Pt_1b、T_3e、$Pt_3gn^{\gamma\delta}$、$T_3\gamma\delta$、$J_1\xi\gamma$	北西端止于 T_3e，南东端延伸出图，中部被 F_{62}、F_{66} 错移，并将 F_{61} 错移	T_3—J_1
F_{59}	库木俄乌拉孜北断裂	NW 300°～320°	倾向：30°～50° 倾角：40°～50°	SW	38.5	50～150	地貌上呈线状排列的垭口，见断层三角面、断层崖、断层泉、直角沟。带内岩石破碎，褐铁矿化、高岭土化蚀变，见断层角砾岩、断层泥，岩石产状紊乱，节理、劈理密集发育	右旋斜冲	切割 Ar_3Pt_1b、T_3e、$Pt_3gn^{\gamma\delta}$、$T_3\gamma\delta$	北西端止于 T_3e，南东端延伸出图，中部被 F_{62}、F_{66} 错移，并将 F_{61} 错移	T_3—J
F_{60}		NW 300°～320°	倾向：30°～50° 倾角：60°～65°	SW	>13.75	50	地貌上呈线形排列的垭口、对头沟，断裂带见断角砾岩、断层泥，岩石发生褐铁矿化蚀变。断裂带侧岩石中节理密集发育，本断层于 F_{36}、F_{38} 断层交会处发育火山机构，环状断裂及放射状断裂发育	右旋斜冲	切割 T_3e、$T_3\eta\gamma$	北西、南东端均被第四系松散堆积物覆盖，被 F_{18} 断裂错移	T_3

续表 5－5

编号	断裂名称	走向	断面倾向及倾角	位移方向	断裂规模		结构面特征	性质	切错地质体	展布特征	活动时代
					长(km)	宽(m)					
F_{61}	库木俄乌拉孜断裂组	EW	倾向：355°～2° 倾角：50°	S	>14	100	该断裂组由两条近平行的东西向断裂组成，地貌上呈走向近东西的沟谷，将南北向沟谷、山脊截切，沿断裂带断层泉发育，岩石破碎，钾化、帘石化蚀变。见断层泥、断层角砾	逆冲	切割 T_3e	北西、南东均被第四系松散堆积物覆盖，被 F_{38}、F_{58}、F_{59} 断裂错移	T_3—Q
F_{62}		NE70°	倾向：340° 倾角：70°	SW	>14	30	沿断层走向，山脊被突然错断，对头沟、断层崖发育，带内岩石破碎，产状紊乱，小牵引褶皱发育	左旋	切割 Jxl、T_3e、$J_1\xi\gamma$	北东被第四系松散堆积物覆盖，南西止于 T_3e，将 F_{38}、F_{56}、F_{58}、F_{59} 错移	T_3—J_1
F_{63}		EW	倾向：5° 倾角：45°～55°	S	13.5	50	断裂带岩石破碎，见断层角砾岩、断层泥，结晶灰岩中方解石脉纵横贯布，断裂带侧岩层产状相顶，强片理化，牵引褶皱发育，并发育节理密集带。地貌上呈线状排列的沟谷、垭口，航片上见清晰的线性影纹	逆冲	切割 Jxl、CPd、T_3e	东止于 F_{25}，西被第四系松散堆积物覆盖，被 F_{51} 错移	C—T_3
F_{64}		EW	倾角：3°～8° 倾向：45°～50°	S	21.75	30～100	地貌上呈线状排列的对头沟、垭口、孤包，发育断层角砾岩、断层泥，石英脉沿断裂带侵入，见断层泉，带侧发育节理密集带	逆冲	切割 CPd、T_3e	西端被第四系松散堆积物覆盖，东延出图	C—T_3
F_{65}		NW 300°～310°	倾角：218°～220° 倾向：45°	SW	24	100	地貌上呈线形分布的对头沟，航片上线性显示明显。断裂带内岩石强烈破碎，发育劈理密集带，方解石脉穿插于结晶灰岩中，见断层泉	逆冲	切割 Jxl、T_3e、$P_1\pi\eta\gamma$	北西端被第四系松散堆积物覆盖，南东交会于 F_{53}	P_1—T_3
F_{66}		NE70°	倾角：340° 倾向：45°	SW	>9.8	不明	断裂带中见断层角砾及断层泥，带侧岩石发生劈理化，地貌上呈一系列线形沟谷、垭口、对头沟等线性负地形，切割山梁	左旋斜冲	切割 Ar_3Pt_1b、T_3e、$Pt_3gn^{\gamma\delta}$	北东止于 Ar_3Pt_1b 中，南西被第四系松散堆积物覆盖	J
F_{67}		NWW 280°～305°	倾角：190°～215° 倾向：50°	NE	>10	30～40	有土黄色破碎带及断层泥，地貌上呈负地形，航片上线性影纹清晰	左旋斜冲	切割 Ar_3Pt_1b、T_3e、$P_1\pi\eta\gamma$	西端交会于 F_{55}，东延伸出图	P_1—T_3

续表 5－5

编号	断裂名称	走向	断面倾向及倾角	位移方向	断裂规模		结构面特征	性质	切错地质体	展布特征	活动时代
					长(km)	宽(m)					
F_{68}	伊什巴达北断裂	NW295°	倾角:25° 倾向:40°～65°	SW	>109	100	断裂带主体被第四系松散堆积物覆盖,仅在南东端出露地表,地貌上呈沟谷、垭口等线状排列的负地形,见断层残包。断裂带发育碎裂岩、构造角砾岩、断层泥、岩石钾化、绿帘石化,带侧节理、劈理十分发育,见断层擦痕	逆冲	切割 T_3e、$Pt_3gn^{\gamma\delta}$、$T_3\pi\eta\gamma$、$J_1\xi\gamma$	断裂主体被第四系松散堆积物覆盖	T_3—J_1
F_{70}		NW 305°～310°	倾角:35°～40° 倾向:45°～65°	SW	>18.75	80	地貌上呈线状排列的对头沟、垭口、孤包,见断层崖、断层三角面、断层泉。带内见断层角砾岩、断层泥,岩石发生高岭土化、钾化,断裂带侧劈理、节理密集发育	逆冲	切割 T_3e、$T_3\eta\gamma$、$J_1\xi\gamma$	北西、南东均被第四系松散堆积物覆盖,断裂东段发育分支断裂	T_3—J_1
F_{71}	哈尼恰挂布拉贝希断层	NEE85°	倾角:355° 倾向:50°	S	>7	不明	断裂带岩石破碎、产状相顶,见断层擦痕。地貌上呈直线状负地形,航片上线性影纹清晰	逆冲	切割 T_3e	东止于 F_{72},西被第四系松散堆积物覆盖	T_3
F_{72}		NW300°	倾角:30° 倾向:64°	SW	>3	100	断裂带岩石破碎,蚀变较强,节理、劈理发育,见断层泉。地貌上呈线状分布的断层孤包,线形负地形,航片上线性影纹显示	逆冲	切割 T_3e	北西、南东均被第四系松散堆积物覆盖	T_3

海西运动，为测区脆性断裂的首期活动阶段。此时，阿达滩北缘断裂以南的东昆中陆块与北侧的加里东期构造混杂岩带相比，属固结程度高、稳定性相对较好的地区。因此，北侧构造混杂带内的脆性断裂相对昆中陆块的脆性断裂活动性强，并引起大量的海西期岩浆侵入。测区的海西期花岗岩带分布在祁漫塔格造山带北侧的早古生代混杂岩带单元中，并对其中的地质体及断裂带具焊接作用，使其各向异性减弱，并趋于稳定。本期断裂活动以北西向断裂为主，其次为东西向、北东向断裂的活动，沿北西、东西向两组断裂发生由北东向南西的逆冲，北东向断裂发生左旋走滑，调节块体运动的作用，其对地质体的最大改造作用表现在使海西期陆内裂陷海盆闭合，使海西期地层呈断褶块体产出于大的断裂带中。

印支运动时，测区进入陆内叠覆造山阶段。测区各组断裂复活，北西、东西向断裂发生由北向南的逆冲推覆，形成叠瓦状逆冲断裂系。北东向左旋走滑断裂起调节作用。本期断裂活动使处于浅部构造相的加里东期地质体及处于中浅部构造相的前寒武纪地质体沿北西向逆冲断裂拆离滑脱逆冲推覆至表部构造相。同时，大量的印支期火山岩及花岗岩也是在此拆离面形成并沿断裂上侵。本期断裂活动时，被海西期花岗岩焊接的祁漫塔格早古生代构造混杂岩带与南侧昆中陆块相比，更显刚性。因此，其中断裂活动与昆中陆块相比要显得弱些。此期昆中陆块内断裂活动的强度及深度都较大，引发了大规模的印支期中酸性火山岩的喷发及花岗岩侵入。

燕山期，祁漫塔格造山带转化为走滑造山，此时，测区的北西向及东西向断裂性质由北倾逆冲转化为左旋走滑兼逆冲。本期断裂活动影响深度较大，沿北西及北东向走滑断裂带发育大量的白垩纪辉绿玢岩脉，表明断裂活动已影响至上地幔。

喜马拉雅期，测区左旋走滑造山活动加强，北西、东西向断裂的左旋走滑活动形成了阿达滩拉分盆地。祁漫塔格北缘断裂带及伊迁巴达断裂带的走滑断裂形成正花状构造，即区域上大断裂显示走滑断层的特点，而分支断裂显示向柴达木盆地及库木库里盆地逆冲的特点，使盆地具压陷性特征。

第四纪的青藏运动，使测区发生隆升造山，祁漫塔格北缘断裂、阿达滩北缘断裂、阿达滩南缘断裂，伊迁巴达断裂等盆地边缘断裂再次复活，性质转变为正断层，使测区发生差异隆升。

1. 北西向断裂组

(1)祁漫塔格北坡北西向断裂组。

该断裂组分布于祁漫塔格北缘隐伏断裂与祁漫塔格主脊断裂之间，断裂共 20 条左右，断裂走向均呈北西向，断裂北西、南东多被第四系覆盖，断裂密集区位于西沟、奶头山一带。沿走向断裂分支合并发育，该组断裂多处被北东向左旋走滑断裂切割错移。主干断裂 3 条，从北向南依次为奶头山断裂、豹子沟脑断裂、莲花石断裂。断面呈舒缓波状，以北东倾为主，倾角 50°左右。该组断裂切割破坏的地质体主要有滩间山(岩)群、黑山沟组、哈尔扎组、石拐子组、大干沟组、缔敖苏组、打柴沟组、晚泥盆世宽沟序列花岗岩、早二叠世祁漫塔格序列花岗岩等。从断裂控制的地质体展布看，断裂对晚古生代地质体的形成具明显的控制作用，使该期地质体呈北西向展布。

该组断裂证据明显，地貌上呈与主沟斜交的线形沟谷、对头沟、线状盆地，航片上线性影纹清晰，不同时代的地质体线性接触，产状相顶，断裂带内岩石破碎，见碎裂岩、断层角砾岩，块状地质体中见节理密集带、劈理化带(图 5－64)。石泉子、宽沟一带见断层残山，滩间山(岩)群中见牵引褶皱(图 5－65)。

西沟一带平行密集的节理将岩层切割成似层状。从该断裂组控制、破坏地质体的情况看，该组断裂大致经历了以下几期活动。晚泥盆世早期，沿该组断裂拉张裂陷，形成黑山沟组和哈尔扎组滨浅海相沉积，标志着陆内裂陷海盆的形成，拉开了本组断裂活动的序幕，此期断裂裂陷较深，引发哈尔扎组中酸性火山岩的侵入。晚泥盆世晚期，该组断裂发生第二次活动，并具北倾逆冲的性质，使

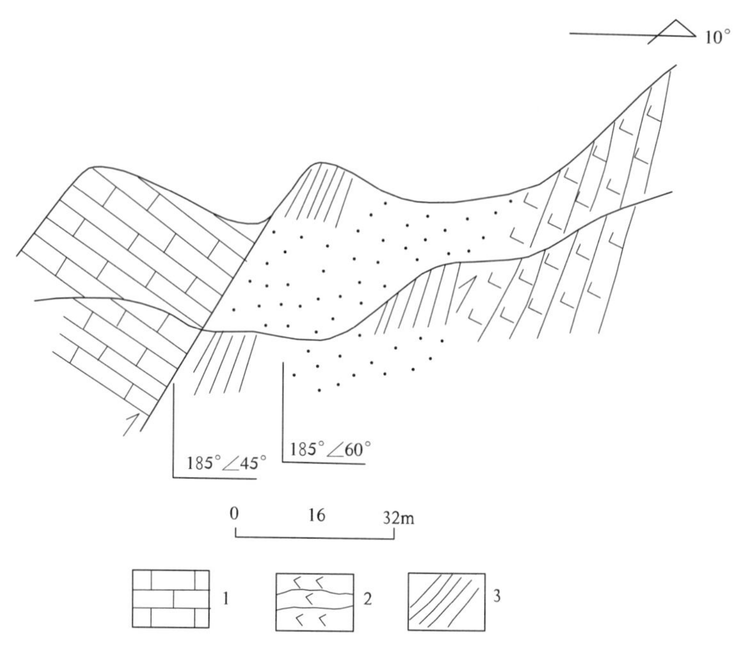

图 5－64　宽沟西石拐子组灰岩与滩间山(岩)
群火山岩断层接触素描图(2035 点间)
1. 灰岩;2. 玄武岩;3. 片理化凝灰岩

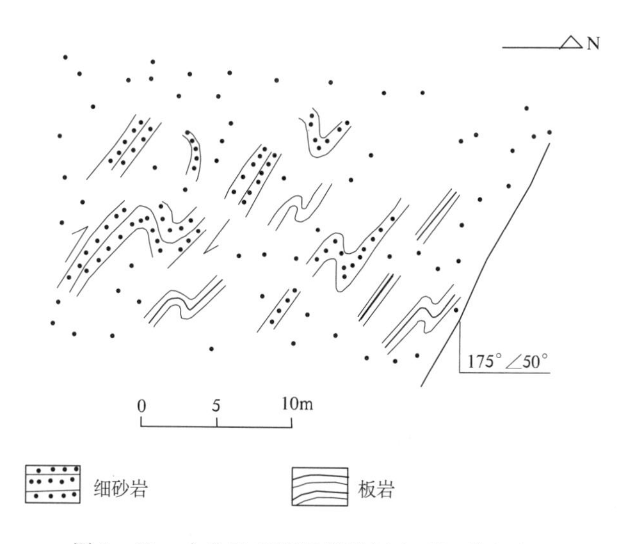

图 5－65　小盆地南断层带滩间山(岩)群内砂
板岩中断层牵引褶皱素描图(2024 点间)

晚泥盆世地层断褶隆起,海水退出本区,本次断裂活动影响较深,引发晚泥盆世宽沟序列后造山钙碱性花岗岩的侵入。早石炭世,本组断裂第三次活动,并具正断拉张伸展的特征,使陆内裂陷海盆再次出现,沉积了早石炭世—早二叠世滨浅海相沉积建造。早二叠世末的海西运动,引发断裂第四次活动,性质为由北向南的逆冲,使早石炭世—早二叠世沉积断褶隆起,海盆闭合,本次断裂活动强度大,影响深,引发大规模的早二叠世祁漫塔格序列花岗岩的侵入。印支运动时,该组断裂第五次活动,性质仍为由北向南的逆冲,沿断裂面的拆离滑脱逆冲,使早古生代地质体出露地表。燕山期—喜马拉雅期,本组断裂发生左旋斜冲,使断裂带内地质体隆升,从西沟断裂带内花岗岩节理密集带节理产状看，本期断裂断面产状较陡，产状为10°～35°∠60°～80°，表现出走滑断裂的特征。本期断裂活动影响深度较大，沿断裂带侵入的白垩纪辉绿玢岩脉表明断裂深度已达上地幔。

(2)祁漫塔格南坡北西向断裂组。

该断裂组分布于祁漫塔格南坡一线，呈北西向展布，北界为祁漫塔格主脊断裂，南界为阿达滩北缘断裂。由20多条断裂组成，主要分布在滩北山一带，主断裂两条，分别为牙巴克勒南断裂及滩北山断裂。断裂北西、南东延伸出图或被第四系覆盖，断裂分支合并发育，沿断裂带发育山间小盆地。该组断裂多处被北东向左旋平移断裂错移切断。加之断裂的分支合并，将地质体切割成菱形网格状。断面呈舒缓波状，南倾、北倾均有，以北倾为主。被断裂控制改造地质体主要有白沙河(岩)组、小庙(岩)组、滩间山(岩)群、大干沟组、路乐河组、干柴沟组、七个泉组。侵入岩主要为盖依尔序列、红柳泉序列、宽沟序列、祁漫塔格序列、冰沟序列，海西期侵入体为该带的主要地质体。

断裂证据明显，地貌上线形垭口、对头沟发育，河流沿断裂带拐弯，主断裂表现为横切山脊的沟谷。主断裂在航、卫片上呈清晰的线性影纹。断裂带岩石破碎，见碎裂岩、断层角砾岩，岩体中的断裂带两侧发育节理密集带、地层中的断裂带两侧牵引褶皱发育。断面产状北倾、南倾均有，以北倾为主，断层使不同时代、不同类型地质体线性接触，破坏了原有的沉积和侵入关系。

本组断裂具有多期活动的特点，活动期次也与祁漫塔格北坡断裂组相似，断层活动期次在5次以上，但断层在各期的活动强度和表现形式有所差异，现仅将其差异进行叙述。晚泥盆世末断裂带的第一次活动强度明显大于北坡断裂带，反映在该带内晚泥盆世宽沟序列花岗岩的大量侵入，形成该带的主体岩性之一。早石炭世—早二叠世断裂的第二次活动强度明显弱于北坡，使陆内裂陷海盆在该带深度浅，时间短，仅在断裂带所在区内保留的大干沟组沉积明显证明。早二叠世末的海西运动引起该带断裂的第三次活动，与北坡断裂带相比，活动性更强，祁漫塔格序列岩浆岩侵入规模更大。印支运动引发的断裂带第四次活动深度、强度均大于北坡带，除使浅构造相的滩间山(岩)群拆离逆冲到表构造相外，也使中部构造相的白沙河(岩)组、小庙(岩)组拆离逆冲到表构相。燕山期—喜马拉雅期，断裂带的第五次活动强度大于北坡带，表现在断裂带内古近纪、第四纪山间小盆地发育。

(3)卡尔塔阿拉南山北坡北西向断裂组。

该断裂组分布于卡尔塔阿拉南山北坡—冰沟一带，呈北西向展布，北界为阿达滩南缘断裂，南界为卡尔塔阿拉南山主脊断裂。由30多条断裂组成，主要分布在冰沟及卡尔塔阿拉南山一带，主断裂3条，分别为阿达滩南缘断裂、阿尼亚拉克萨依断裂、卡尔塔阿拉南山主脊断裂。主断裂北东、南西延伸出图或被第四系覆盖。断裂之间分支合并发育，并被北东向左旋走滑断裂错开。将断裂带内地质体切割成菱形断块状。主断裂断面呈舒缓波状，北倾、南倾都有，以北倾为主。断层产状：30°～40°∠40°～60°。断层控制改造地质体主要有白沙河(岩)组、小庙(岩)组、狼牙山组、丘吉东沟组、大干沟组、打柴沟组、鄂拉山组、路乐河组、七个泉组、盖依尔序列花岗岩、宽沟序列花岗岩、独雪山序列花岗岩、冰沟序列花岗岩。

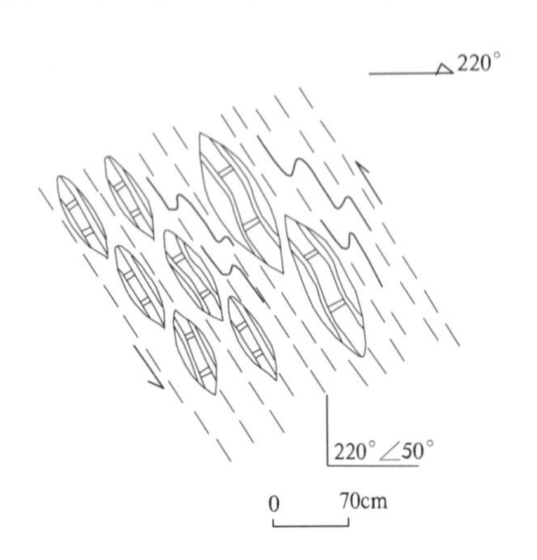

图5-66 巴音格勒呼都森断层破碎带中的构造透镜体及牵引褶皱素描图(IP_{22})

断层在地貌上表现为线形垭口、对头沟、河流沿断带拐弯，切割山脊的垭口、断层崖等，主断裂在航、卫片上线性影像清晰。不同类型、不同时代的地质体线性接触，失去了原有的沉积和侵入接触关系。断裂带岩石破碎，见碎裂岩、断层角砾岩，断裂带两侧岩石中发育节理密集带(图5-66)。

本组断裂具有多期活动的特点，各期活动强度及性质均有差异。该组断裂大致经历了以下几期构造运动。早石炭世末，本组断裂首次活动，该期活动的物质记录为沿阿达滩南山沉积的下石炭统大干沟组灰岩(图版 12-5)，本期断裂活动表现为南北向的拉张。从大干沟组的分布看，本期断裂活动仅影响到阿达滩南山一带的断裂。断裂带第二次活动为晚石炭世，主要表现为沿卡尔塔阿拉南山主脊断裂的拉张形成陆内裂陷海盆，沉积了上石炭统—下二叠统打柴沟组块层状生物碎屑灰岩，本期断裂活动强度不大，影响范围有限。断裂带第三次活动为海西运动时引起陆内裂陷海盆闭合并断褶抬升，使打柴沟组呈断块状位于断裂带中，本期断裂活动仅影响到卡尔塔阿拉南山主脊断裂等少数断裂，活动强度不大。断裂带第四次活动由印支运动引起，为本组断裂规模、强度最大的一次活动，本次活动为由北向南的拆离逆冲，使前寒武纪地质体从中浅构造相上升至表构造相，使海西期侵入体以浅构造相上升至表构造相，并引起鄂拉山组中酸性火山喷发及独雪山序列花岗岩的侵入。燕山期至喜马拉雅期，断裂发生第六次活动，断裂性质转为左旋斜冲，引起冰沟序列花岗岩的侵入及白垩纪辉绿岩墙的侵入，并在断陷带内的小型拉分盆地内沉积了路乐河组及七个泉组。

(4)卡尔塔阿拉南山南坡北西向断裂组。

该断裂组分布于卡尔塔阿拉南山南坡—喀亚克登塔格一带，呈北西向展布，北界为卡尔塔阿拉南山主脊断裂，南界为伊仟巴达隐伏断裂。由 30 多条断裂组成，主要分布在库木俄乌拉孜北及卡尔塔阿拉南山一带。主断裂两条，分别为库木俄乌拉孜北断裂及伊仟巴达北断裂，前者北东-南西向延伸出图；后者大部隐伏于卡尔塔阿拉南山山脚，在库木俄乌拉孜出露地表。断裂带之间分支合并发育，并被北东向左旋平移断裂错开，将带内地质体切割呈菱形块体。主断裂面舒缓波状，断面产状 25°～35°∠40°～50°。断层控制改造地质体主要有：白沙河(岩)组、狼牙山组、丘吉东沟组、鄂拉山组、独雪山序列花岗岩、冰沟序列花岗岩等。其中，鄂拉山组火山岩在本带最为发育。断裂带地貌上呈线形沟谷、对头沟、垭口，伊仟巴达断裂断层崖、断层残山发育。断裂带岩石破碎(图 5-67)，见碎裂岩、断层角砾岩、断裂带侧发育节理密集带。

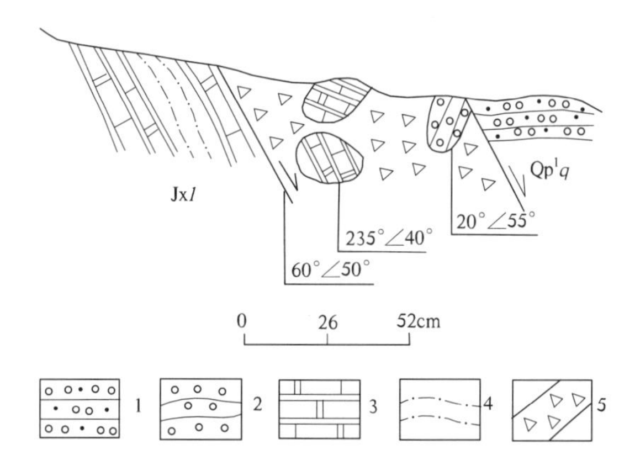

图 5-67 阿达滩南狼牙山组与七个泉组之间正断层断裂带素描图(2073 点)
1. 砂质砾岩；2. 砾岩；3. 结晶灰岩；4. 变粒岩；5. 构造角砾岩

本断裂带断层为多期活动断层，其活动特征如下：有物质记录的该组断裂最早活动期为印支期，印支运动引发该断裂带断裂首次活动。断层性质表现为由北向南的逆冲，本次活动引起壳内拆离滑脱逆冲，使中构造相的白沙河(岩)组及中浅构造相的狼牙山组、丘吉东沟组上升至表构造相，并引发壳内拆离面形成岩浆，沿该组断裂发生鄂拉山组中酸性火山喷发及独雪山序列花岗岩的侵入。燕山期至喜马拉雅期，断裂发生第二次活动，断裂性质表现为左旋走滑斜冲，引发独雪山序列花岗岩沿断裂带侵入，同时引发卡尔塔阿拉南山发生差异隆升。青藏运动时，该组断裂发生第三次活动，该断裂组一些断裂性质变为正断，造成祁漫塔格造山带新的差异隆升。

2. 东西向断裂组

东西向断裂组存在于测区的东南部，从北向南分别位于公路沟、土窑洞北、库木俄乌拉孜—巴音格勒呼都森一带。其对测区地质体的形成没有控制作用，只有改造和破坏的作用。该组断裂规模均较小，东西延伸多交会于北西向断裂，少数则自然尖灭，前已述及。现仅对其特征做以下简述。

(1)公路沟东西向断裂组。

该断裂组在公路沟一带东西向断裂共有5条，东西延伸多交会于北西向断裂，并被北东向左旋平移断裂错移。断裂长8～25km，切割地质体主要有：滩间山(岩)群、大干沟组、十字沟单元花岗岩。断面较平直，倾向南北均有，以南倾为主。南倾断层产状180°∠40°～50°，北倾断层产状355°～359°∠45°～50°。断裂带岩石破碎，见碎裂岩、断层角砾岩，断裂带侧产状紊乱，牵引褶皱发育，岩层发生劈理化。从断层改造地层看，断层形成于早二叠世晚期的海西运动时。

(2)土窑洞东西向断裂组。

该断裂组呈东西向分布于阿尼亚拉克萨依和土窑洞之间，由5条断裂组成，东西延伸交会于北西向断裂带中或自然尖灭，并被北东向左旋走滑断裂错移。断裂长7～38km，断面较平直，均北倾，产状0°～5°∠40°～50°。断裂带岩石破碎，见碎裂岩、断层角砾岩，断裂带侧岩石发生强片理化。断裂带切割改造地层主要有白沙河(岩)组、小庙(岩)组、大干沟组、盖依尔序列花岗岩，并被独雪山序列花岗岩侵蚀。从断层改造地层及被侵蚀地层看，断层形成于早二叠世末的海西运动时。

(3)巴音格勒东西向断裂组。

该断裂组分布于库木俄乌拉孜—巴音格勒呼都森一带，由5条断裂组成，东西向延伸交会于北西向断裂或被北西向断裂切割错移，一条东延出图。断裂长3～25km。断面较平直，均北倾，产状358°～5°∠40°～55°。断裂带地貌上呈线形沟谷、对头沟、垭口，航卫片上线性影纹清晰。断裂带岩石破碎，见断层角砾岩，断裂带侧岩层中发育节理密集带，沿断裂带断层泉发育。断裂带切割改造地质体主要有鄂拉山组、大干沟组、丘吉东沟组。从断层切割改造控制地层看，该组断层具多期活动性。首次活动期为海西运动时，表现为由北向南的逆冲；第二期活动时间为印支运动时，同样表现为由北向南的逆冲；第三期活动为新构造运动，性质为正断。

3. 北东向断裂组

测区北东向断裂组较发育，由40多条断裂组成，主要发育在祁漫塔格早古生代构造混杂岩带及卡尔塔阿拉南山岩浆带中。在两构造单元中，北东向断裂分布比较均匀。断层规模相对较小，长度在4～45km之间，一般长10～15km，断层断面平直，多向北西倾，产状30°～65°∠60°～80°。断裂带一般较窄，宽5～10m。断裂带多为左旋平移断层，切割错移北西向、东西向断裂，对测区地质体的形成均无控制作用，但对测区第四纪以前地质体均有改造破坏作用。断层地貌上多呈切割山脊的线形沟谷、对头沟。航卫片上线性影纹清晰，断裂带岩石极为破碎(图5-68)，见断层角砾岩、碎裂岩，同一套地层沿走向不连续，产状紊乱，将地质体界线明显错移，同时山脊也发生错移。该组断层也具多期活动性。最早活动期应为海西

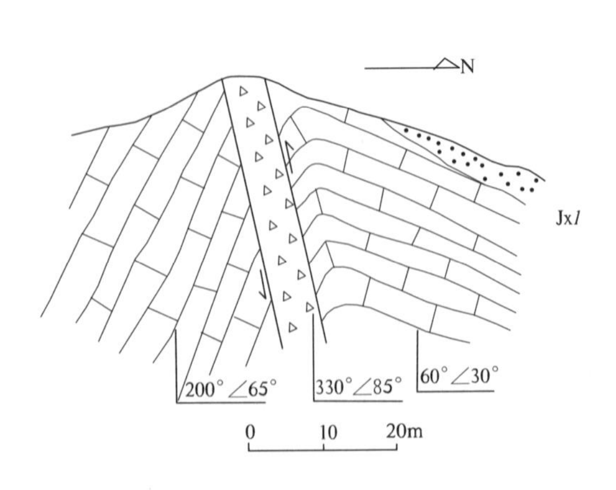

图5-68　口子山一带切割狼牙山组灰岩的北东向断层破碎带及牵引褶皱素描图(30点南)

运动时，断层的左旋走滑使晚古生代断褶块体与前海西期地质体断层接触；印支期该组断层发生第二期活动，对由北东向南西的拆离滑脱逆冲造山起调节作用，并使鄂拉山组与前印支期地质体呈断层接触。燕山期—喜马拉雅期的走滑造山期，该组断层发生第三期活动，对北西向左旋走滑断层起调节作用，本期断层影响深度已达上地幔，沿断裂带见白垩纪辉绿玢岩岩脉的侵入。青藏运动引发该组断裂的第四期活动，其主要表现在将北西向山脊错开，形成北东向线形沟谷、垭口、对头沟等。

（三）节理构造

区内节理构造发育，尤以分布在祁漫塔格山的花岗岩侵入体最为发育。节理面粗糙，单条节理延续性差，但节理群组延续较远，将岩石切割成不同形状和大小的块体。

我们在西沟及阿尼亚拉克萨依沟口东对节理进行了较详细的研究，在西沟海西期花岗岩中共发育3组区域节理（图5-69、图5-70），与测区的3个主构造线方向基本一致，分别为北西-南东向、北东-南西向及南北向。其中前两组节理延伸远，发育稳定，将岩石截割，远观似层状，区域上有与其同方向的断裂。南北向节理延伸不远，发育程度相对较差。3组节理的形成与区域构造应力场有关，与同期次活动的断裂为同构造应力场下变形强度不同在岩石中的反映，应力的强弱反映在岩石中依次为断层、节理密集带、区域节理。另外，沿走向北东及近南北向节理组中也有白垩纪辉绿玢岩脉的侵入，反映了测区一期较强的伸展活动。

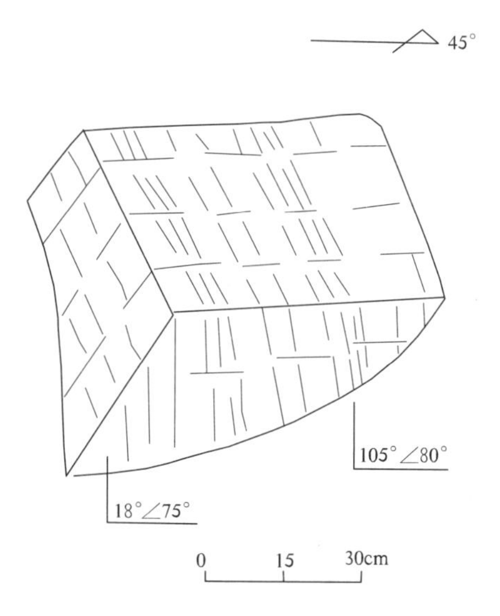

图5-69　西沟中部豹子沟单元二长花岗岩中两组主节理产出状态素描图（2055点）

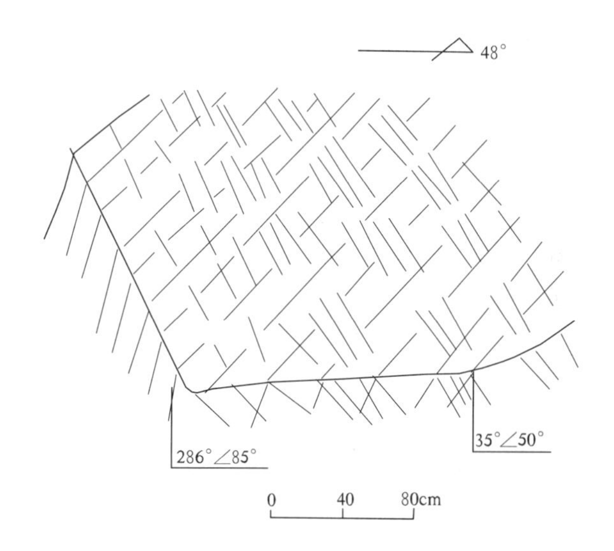

图5-70　西沟下游豹子沟单元二长花岗岩中两组垂直节理产出状态素描图（2056点）

第五节　构造变形序列

测区主要构造变形序列见表5-6。

表 5－6　主要构造变形序列简表

构造旋回和时期		构造时代	变形特征	变形机制	变质事件	岩浆事件	影响地质体	地壳运动	演化阶段
喜马拉雅期	Q	D_{14}	北东、北西向及近东西向断裂复活，发生左旋斜滑，形成断层泥、断层泉	左旋剪切及伸展			所有地质体	青藏运动	隆升造山
		D_{13}	更新世伸展正断系统，隆升造山，祁漫塔格山崛起	伸展			Qh^{al}、Qp^{3pal}、Qp^{2gl}、$Qp^{1}q$		
	E—N	D_{12}	南西向的挤压，形成北西向及北东向左旋走滑－逆冲断裂，山间拉分盆地及山两侧的压陷性盆地，后期盆内沉积地层褶皱	左旋剪切及挤压			N_2sz、$E_{1-2}y$、ENg、E_2l	喜马拉雅运动	走滑造山
燕山期	K—J	D_{11}	北西、北东向断裂复活，性质变为左旋走滑	左旋走滑		冰沟序列剪切拉张型花岗岩及白垩纪辉绿玢岩侵入	冰沟序列花岗岩	燕山运动	
印支期	T	D_{10}	北西向断裂复合，发生壳内拆离滑脱推覆，中下地壳滩间山(岩)群及前寒武纪沉积出露地表	拆离滑脱推覆		T_3e 中酸性火山喷发，独雪山序列陆内造山型花岗岩侵入	T_3e 独雪山序列花岗岩	印支运动	逆冲逆掩造山
海西期	P	D_9	中－晚二叠世沿北西向断裂发生由北向南的逆冲，晚泥盆世—早二叠世地层先褶后断，呈断褶块体产出	挤压		祁漫塔格序列碰撞造山 S 型花岗岩侵入	祁漫塔格序列花岗岩	海西运动	晚古生代板内伸展裂陷海盆演化阶段
	C—D	D_8	晚泥盆世—早二叠世，沿北西向断裂带伸展滑脱，形成板内伸展裂陷海盆体系	伸展	发生断陷变质作用，形成板岩－千枚岩级低绿片岩相变质岩	晚泥盆世中酸性火山喷溢，宽沟序列、盖依尔序列后碰撞期钙碱性花岗岩侵入	$C_1\gamma\delta$、CPd、C_3d、C_1dg、C_1s、D_3he、D_3hs 宽沟系列花岗岩、盖依尔序列花岗岩		
加里东期	S	D_7	以祁漫塔格主脊断裂为主的北西向断裂复活，发生向南的逆冲，使岛弧沉积与蛇绿岩组分混杂，并使滩间山(岩)群全部糜棱岩化，呈一个大的浅构造相韧性剪切带	挤压	区域低温动力变质作用，形成绿片岩相变质岩系，剪切带形成浅构造相动力变质岩	红柳泉序列 S 型花岗岩侵入	OST、红柳泉序列花岗岩	加里东运动	早古生代祁漫塔格微洋盆演化阶段
	O	D_6	沿祁漫塔格主脊断裂带的向北俯冲闭合，使洋壳组分呈构造混杂岩出现	挤压		OST 中酸性火山喷发，十字沟单元 I 型花岗岩侵入，构成陆缘岩浆弧	OST、OS 蛇绿岩、十字沟单元花岗岩		
		D_5	晚奥陶世早期，沿祁漫塔格主脊断裂带拉张形成祁漫塔格小洋盆，并出现相应的蛇绿岩组分	伸展	蛇绿岩中发生从沸石相到绿片岩相热液变质作用	基性熔岩的喷溢，层状辉长岩的侵位，辉绿岩墙的浅成侵入	O—S 蛇绿岩		
晋宁期	Pt_3	D_4	新元古代的碰撞造山，使前寒武纪地质体中发育韧性剪切带及背向形构造	挤压	剪切带中发生中浅构造相动力变质作用形成构造片麻岩、糜棱岩	新元古代 S 型花岗岩的形成	Pt_3gn、$\xi\gamma$、$Pt_3gn^{\gamma\delta}$、Qbgj、Jxl、Chx	晋宁运动	中－新元古代超大陆演化阶段
四堡期	Pt_2	D_3	中元古代早期，沿测区 3 条主要断裂带：祁漫塔格主脊断裂、阿达滩北缘断裂、伊仟巴达断裂正断拉张，基性、超基性岩侵入，并形成伸展裂陷海盆，进而使中新元古代地层发生伸展滑脱，形成中浅构造相顺“层”固态流变构造群落	伸展	区域低温动力变质作用，形成绿片岩相变质岩系	中－新元古代基性、超基性岩体侵入	Qbgj、Jxl、Chx、$Pt_2\nu$		
吕梁期	Pt_1	D_2	古元古代末，发生逆冲推覆造山，形成同斜倒转剪切褶皱及中构造相韧性剪切带	挤压	剪切带中发生中构造相动力变质作用形成构造片岩、片麻岩	古元古代混合岩化片麻岩的形成	Chx	吕梁运动	古元古代基底形成阶段
		D_1	拉张形成陆缘裂陷槽，继续拉张导致槽内岩层分层剪切，形成顺层固态流变构造群落	伸展	区域动力热流变质作用，形成角闪岩相区域变质岩	中基性火山喷溢	Chx		

第六节 地质发展史

通过对测区地质事件时空关系、演化阶段的分析，结合青藏高原、特别是东昆仑造山带的资料，探讨测区构造环境的变迁及构造演化的历程。

测区自古元古代陆缘海沉积记录出现以来，经历了五大构造发展阶段：古元古代基底演化、中新元古代超大陆的形成、早古生代祁漫塔格微洋盆演化、晚古生代板内伸展裂陷海盆体系演化、三叠纪陆内叠覆造山。现将测区构造演化史简述如下(图 5-71)。

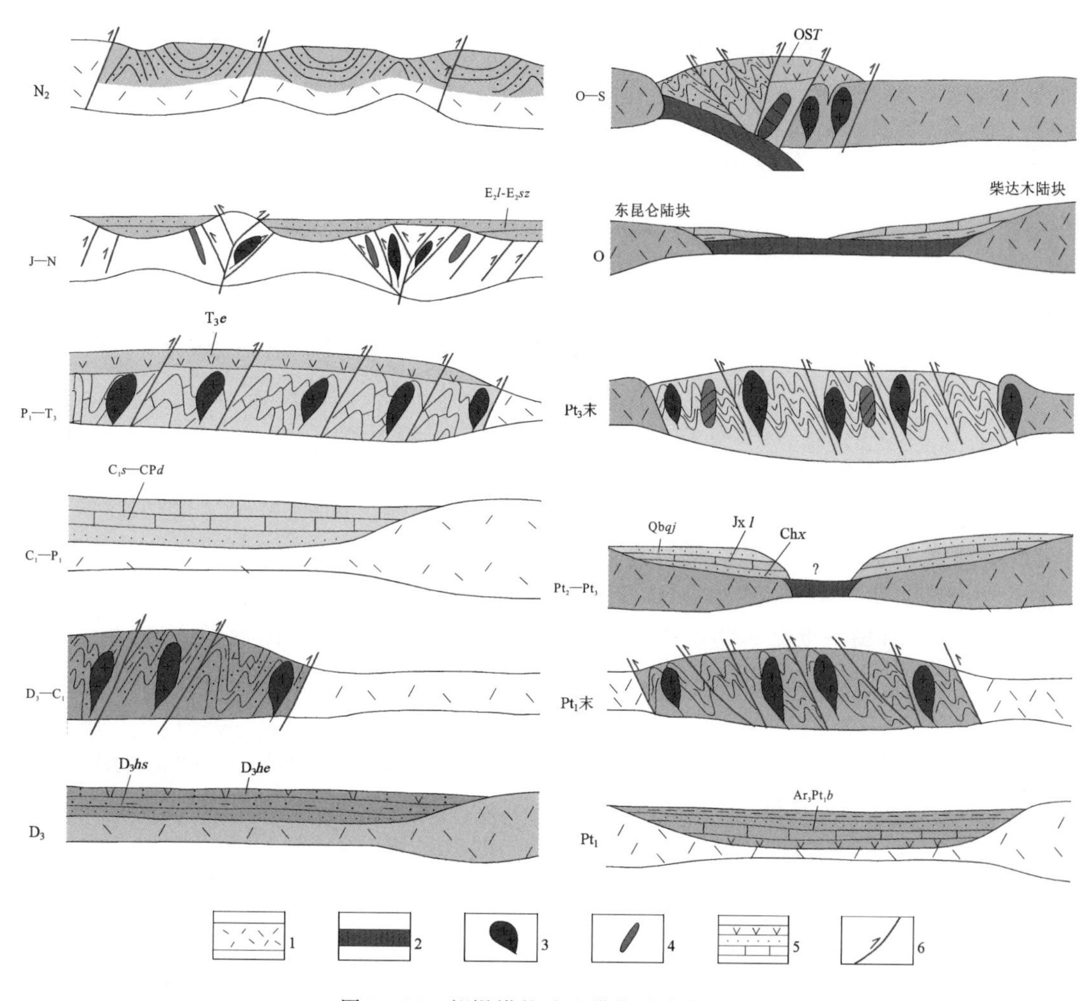

图 5-71 祁漫塔格造山带构造演化示意图

1. 陆壳；2. 洋壳；3. 花岗岩；4. 基性岩脉；5. 沉积物(火山岩、碎屑岩、碳酸盐岩)；6. 逆冲断裂带

一、古元古代基底演化

地质露头、地球物理及同位素测年数据都表明柴达木地块内部有太古宙结晶基底。这些由太古宙结晶基底构成的原始古陆边缘发育有古元古代大陆边缘沉积。包括测区在内的祁漫塔格地区处于柴达木原始古陆的西南缘，沉积了一套以金水口(岩)群白沙河(岩)组为代表的陆缘碎屑岩-碳酸盐岩夹中基性火山岩沉积建造。阿达滩斜长角闪片岩中获得的全岩 Sm-Nd 法等时线年代学数

据为 1879±64Ma(阿达滩斜长角闪片岩中所采一未成线全岩 Sm－Nd 法等时线年龄样中包含有 2753Ma 的信息,估计形成该片岩的年代为古元古代,其中包含有太古代陆核的信息。在巴音格勒呼都森白沙河(岩)组斜长角闪片岩中获得的全岩钐-钕法等时线年龄为 2322±160Ma,表明其形成于古元古代。在红土岭采集成岩年龄 1550±150Ma 的辉长岩 Sm－Nd 等时线样品时尚有 5 个未成线样品,模式年龄分别为:2123Ma、1904Ma、3383Ma、1892Ma、2094Ma,再次反映出测区有太古宙陆核存在的信息及古元古代地质体存在的信息。金水口(岩)群的沉积建造特征反映出活动型陆缘海构造环境,并经历了极其复杂的变质变形。从其变形变质分析,古元古代末的吕梁运动,使测区发生区域动力热流变质作用,形成以角闪岩相为主的多相变质岩系。同时,下地壳内部的拆离滑脱推覆,使白沙河(岩)组中发生固态流变变形相的水平分层剪切流变,形成片内无根褶皱、构造透镜体等组成的顺层固态流变构造群落。

综上所述,Sm－Nd 法测年样中 2322Ma、1879Ma 左右年龄的测定及多次出现的大于 1800Ma 的年龄信息,反映了结晶基底形成于古元古代,甚至更早。同时反映出 1800Ma 左右的一次构造热事件,即吕梁运动在测区的存在。

二、中-新元古代超大陆的形成

中元古代—新元古代早期,祁漫塔格地区位于柴达木地块的西南部,其上已出现稳定型沉积,进入盖层发展阶段。测区发育中元古界长城系小庙(岩)组及中古元古界冰沟群狼牙山组及丘吉东沟组。小庙(岩)组为钙砂泥质岩系;狼牙山组为碳酸盐岩夹泥质岩系;丘吉东沟组为砂泥质岩系,共同组成浅海陆盆稳定型沉积建造。另外,在测区的红土岭、阿达滩库木鄂乌拉孜一带,出现较多的中-新元古代镁铁质-超镁铁质构造块体或残留体,在红土岭的辉长岩中测得 1550±150Ma 的 Sm－Nd 年龄值。在库木俄乌拉孜辉长岩中测得 891±19Ma 的 Sm－Nd 年龄值。该套基性、超基性岩未见与其配套的同时代的海相火山岩等洋壳组分。因此,其并没有构成蛇绿岩套,而是以热侵位的方式出现在柴达木陆块的南缘断裂带中,其组合与侵位方式与中元古代德尔尼超基性岩类似,岩石组合以辉橄岩为主,缺少阿尔卑斯型超基性岩中常见的变质橄榄岩。据上述特征推测,在中元古代—新元古代早期位于柴达木地块西南缘的测区处于板内伸展环境。区域上,中元古代—新元古代,在柴达木地块与扬子克拉通陆块之间发育一个由大陆裂谷演化成的大洋盆地,测区东南昆中断裂与昆南断裂之间出露的新元古代万保沟群及新元古代蛇绿混杂岩即是该新元古代洋盆的反映。

大约在 1000Ma 前后发生的格林威尔造山运动,是一次全球范围内广泛发育的造山运动,它是形成 Rodinia 超大陆的一次碰撞造山运动(肖庆辉等,2000;于海峰等,2000;郭进京等,2000)。该次运动相当于晋宁运动,在祁漫塔格地区也有表现。测区发现一套成岩年龄 831±51Ma(U－Pb 法,2002 年)的花岗质片麻岩侵入于金水口(岩)群变质岩中,为碰撞造山作用的产物。表明本次造山运动使柴达木地块与扬子地块拼接在一起。

中-新元古代的地层组合特征研究结果表明,柴达木陆块南缘的东昆仑地区与扬子陆块西北部在地层结构上有一定的相似性。东昆仑地区中新元古代时期经历了在古元古代变质基底上由伸展裂陷发展成陆间裂谷→小洋盆→小洋盆闭合→碰撞造山的构造演化过程,测区由于处于柴南缘的东昆仑北部,地质记录仅反映出早期伸展裂陷及后期碰撞造山。小洋盆估计应位于测区以南。北祁连、柴北缘、祁漫塔格 1000～800Ma 的花岗质构造岩浆事件,说明此时有地块拼接作用发生,并作为一个整体位于新元古代 Rodinia 超大陆中。另外,中国西部众多的微地块上稳定分布有震旦纪的冰积层和早寒武世的含磷层,也说明中国西部各个微地块在早寒武世以前为一统一的陆块。

三、早古生代祁漫塔格微洋盆演化阶段

早古生代开始,东昆仑地区再次发生广泛的裂解作用,形成东昆仑多岛洋格局,奥陶纪为多岛

洋的全盛期，其主洋盆可能位于东昆中陆块以南，沿昆中断裂分布，洋壳组分以纳赤台群为代表，并出现镁铁、超镁铁岩系等蛇绿岩组合。测区北部的祁漫塔格蛇绿岩为该小洋盆的洋壳建造由于后期俯冲造山、碰撞造山等构造、岩浆活动的改造、破坏，多呈构造块体状产出于祁漫塔格早古生代构造混杂岩中，包括变质橄榄岩、堆晶杂岩、辉绿岩构造块体及辉绿岩墙。枕状、块层状玄武岩构造块体，硅质岩、碳酸盐岩构造块体。该洋盆为大陆边缘小洋盆。在组成蛇绿岩的块层状玄武岩中测得全岩 Sm－Nd 等时线年龄值为 468±54Ma；在辉绿岩墙中测得全岩 Sm－Nd 等时线年龄值为449±34Ma；在堆晶杂岩中测得全岩 Sm－Nd 等时线年龄值为 466±3.5Ma。

晚奥陶世—早志留世发生的加里东运动使秦祁昆造山带发生俯冲碰撞造山作用，形成秦祁昆加里东造山带。位于东昆仑西北部的祁漫塔格小洋盆也经历了俯冲造山到碰撞造山的演化过程。在祁漫塔格主脊断裂以北，发育滩间山(岩)群中火山岩组，为钙碱性岛弧火山岩，在岛弧火山岩带的南侧发育一套变质浅海相浊积岩建造，据岩石组合及微量元素特征分析，形成的构造环境为大陆岛弧沉积盆地；在祁漫塔格主脊北侧发育晚奥陶世石拐子序列 I 型花岗岩，也反映出陆缘岩浆弧的特征。以上从祁漫塔格小洋盆俯冲消减的物质记录分布来看，洋盆是由南向北俯冲消减的。在大陆岛弧沉积盆地中发育的硅质岩中所采孢粉样，经南京古生物研究所尹磊明鉴定，发现疑源类化石光面球藻、波口藻、瘤面球藻、波罗的海藻等，根据当前疑源类化石组合，时代应属奥陶纪。在陆缘岩浆岩的黑云母花岗闪长岩中测得两个 U－Pb 同位素年龄样分别为 439.2±1.2Ma、445±0.9Ma，反映出俯冲造山的时代为晚奥陶世末期。

祁漫塔格微洋盆在晚奥陶世末完成了大洋岩石圈板块的消减，到早志留世初完成了昆中陆块与柴达木陆块之间的对接。此时洋盆转化为陆表海性质的 B 型前陆盆地。区内部分地层可能由于柴达木盆地的中后期沉积物的覆盖等原因而缺失了该套沉积建造，在测区西邻阿牙克库木湖幅发现的下志留统白干湖组砂板岩组成的浊积岩沉积，即为 B 型前陆盆地的沉积，其中所产弓形汤尼笔石(比较种)*Torngnigraptus* cf. *arcuatus*(Barrade)，锯形单笔石 *Monoclimacis priodon*(Bronn)，单笔石(未定种)*Monograptus* sp.，贝克卷笔石(比较种)*Streptograptus* cf. *becki*(Barrande)。这些笔石的时代属早志留世晚期特里奇期。总体来看该前陆盆地的沉积物质由于后期的剥蚀及侵蚀覆盖，发育极不完全。

随着构造活动的持续，前陆盆地逐渐随前陆冲断带的扩展而封闭，在此之后，由于深部岩石圈板块俯冲作用(大洋岩石圈板块在深部继续下插拖曳着与它相连的大陆岩石圈板块也向另一个大陆岩石圈板块之下俯冲)，构造挤压力依然存在。前陆冲断褶皱带和前陆盆地沉积在挤压力的作用下产生强烈的构造变形和变质作用，使含蛇绿岩块体的构造混杂岩与滩间山(岩)群均发生绿片岩相的变质作用，并使该构造混杂带岩石发生浅构造相变形，形成各类糜棱岩，使整个构造混杂岩带变成一个大的韧性剪切带。与此同时，挤压力在地壳深部引起部分熔融，导致碰撞型花岗岩的侵位，测区的晚志留世红柳泉序列 S 型花岗岩即为碰撞型花岗岩。其中的黑云母二长花岗岩 U－Pb 同位素测年数据为 410.2±1.9Ma，黑云母正长花岗岩 U－Pb 同位素测年数据为 419.1±2.8Ma。碰撞型花岗岩的出现标志着碰撞造山作用的终结。

四、晚古生代板内伸展裂陷海盆体系的演化

祁漫塔格地区在经历了加里东末期的碰撞造山作用之后，柴达木陆块和昆中陆块已拼合在一起，构成一个新生的大陆地壳块体。但碰撞拼合并不等于焊接，因此，已拼合在一起的各大小陆块仍保持着运动学上的相对独立性。大致从中泥盆统晚期开始秦祁昆巨型造山带的南北邻区大陆动力学条件发生了根本的变化。北邻区的古亚洲洋从西到东开始收敛闭合(肖序常等 1991)，而南邻区的古特提斯洋则开始扩张(方念桥等，1996)，处在南北邻区这样一个大陆动力学背景条件下，秦祁昆造山带遭受全面的拉张，祁漫塔格地区也同样处于拉张的大陆动力学背景下，拉张的结果造成

板内伸展效应及裂陷海盆的形成。这种状态在祁漫塔格地区一直持续到二叠纪。

早-中泥盆世祁漫塔格地区处于隆升剥蚀阶段，从而缺失了该期地层。晚泥盆世开始，板内伸展作用首先在祁漫塔格山的东段形成板内裂陷盆地。盆地基底为祁漫塔格碰撞造山带，上泥盆统黑山沟组滨浅海相砂砾岩及灰岩地层角度不整合于滩间山(岩)群岛弧型火山岩之上。黑山沟组由砾岩→砂岩→灰岩的变化，反映了沉积盆地的逐渐加深。当时的构造环境较稳定，气候温暖、潮湿，动植物繁盛。上泥盆统哈尔扎组的中酸性凝灰岩夹砂岩沉积建造组合的出现，反映出测区此时处于海陆交互相的沉积环境，火山岩的出现反映出板内裂陷作用的增强。早石炭世早期群峰北单元黑云母花岗闪长岩的侵位也与板内深裂陷活动有关。从晚泥盆世海相沉积主要分布于祁漫塔格北坡一线，并且向东变为陆相沉积来看，当时海水由北西向南东渐浅，海侵次数变少，海岸线仅到测区东部的小狼牙山一带，再往东契盖苏地区即为陆相。

以往的地质文献中将黑山沟组及与其形成环境相当的上泥盆统牦牛山群称为磨拉石建造，而且作为造山作用的标志。我们认为此类粗碎屑沉积与磨拉石建造有一定的差异。首先，碰撞造山作用结束于志留纪碰撞期花岗岩侵位之时，而黑山沟组形成于晚泥盆世，两者之间存在一较长的隆升剥蚀期，因此，黑山沟组与碰撞造山作用已无直接联系；其二，黑山沟组碎屑岩沉积在沉积序列上由粗变细，存在山麓相河流相→滨海相→浅海相变化。而碰撞造山期磨拉石的沉积序列是从浅水浊积岩变为磨拉石，是一个由细变粗的序列；其三，此类粗碎屑岩之下存在一个清晰的区域性角度不整合面，该面上下，变质和变形程度都相差很大，其下，滩间山(岩)群岩石广泛糜棱岩化，并发生绿片岩相变质，其上，黑山沟组变形、变质均较弱。因此，我们认为这类粗碎屑岩是形成于板内伸展盆地中的板内伸展型粗碎屑岩建造，出现于盆地底部。从大地构造相角度分析，黑山沟组下部粗碎屑岩建造属于板内伸展型粗碎屑岩建造。其上部的细碎屑岩及海相碳酸盐岩属于板内裂陷盆地相中上部的沉积建造。而哈尔扎组海陆交互相的中酸性火山岩及中粗粒碎屑岩则与该盆地后期演化为板内深裂陷盆地相有关。

石炭纪—早二叠世板内伸展盆地体系进入成熟期，海水又一次由西北向南东浸没，途径中亚的古特提斯海水大量浸漫，陆表海范围在石炭纪中期达到最大。沉积盆地的基底是被夷平的新生的碰撞造山带。到早石炭世处于板内伸展动力学条件下的祁漫塔格地区，伸展盆地范围继续扩大，并加剧了碰撞造山期后盆山地形的差异。因此，在祁漫塔格北坡下石炭统石拐子组下岩段出现粗碎屑堆积，反映出当时剥蚀的速率和强度是比较大的，但盆地范围还局限于祁漫塔格北坡一线，沉积组合以陆棚浅海相碎屑岩和浅海相生物碳酸盐岩为主。到了早石炭世晚期，祁漫塔格地区已达到准平原化阶段，使下石炭统大干沟组的沉积范围已遍及被夷平的新生的祁漫塔格碰撞造山带。沉积物组合以浅海相生物碳酸盐岩为主。晚石炭世—早二叠世，整个祁漫塔格地区仍处于海侵区域，沉积环境相对稳定，为滨浅海环境，沉积物全为生物碳酸盐岩类。石炭系时，气候温暖潮湿，沉积环境有利于生物生长，珊瑚、腕足和䗴类大量繁殖。各类海洋动物迅速更新换代，新种新属层出不穷。

祁漫塔格地区早二叠世末—中二叠世花岗岩极其发育，为Ⅰ型花岗岩，其形成构造环境具陆缘弧特点。据姜春发等(1992)对昆仑造山带的研究，石炭世—二叠世时曾存在昆仑洋，从东昆仑一直伸展到西昆仑。冯益民等(2002)认为该洋盆为板内的新生洋盆，其不同于洋-陆演化阶段的大洋盆地，其规模小，不具有大地构造上的分割意义。祁漫塔格地区及昆北岩浆弧中的晚海西期Ⅰ型花岗岩均为该洋盆俯冲闭合时形成，并为陆缘弧的重要组分。早-中二叠世由于受南侧昆仑洋闭合后碰撞造山作用的影响，在近南北向的水平挤压应力作用下，测区主要断裂——北西西向断裂发生向南逆冲，使海西期伸展盆地的滨-浅海相碎屑岩、碳酸盐岩建造发生断褶抬升，海水退却测区结束海侵历史。

五、陆内叠覆造山

陆内叠覆造山是指板内伸展阶段所形成的陆表海沉积盆地结束后，在大陆环境所发生的所有造山作用的总和，包括逆掩逆冲造山、走滑造山和隆升造山，以及与这些造山作用相伴的构造岩浆事件等（冯益民等，2002）。

祁漫塔格地区的陆内叠覆造山大致可分为 3 期：①逆冲逆掩造山期；②走滑造山期；③隆升造山期。

（一）逆冲逆掩造山期

测区受到中-晚二叠世的碰撞造山的影响及早-中三叠世的隆升剥蚀以后，从晚三叠世开始发生陆内叠覆造山，首先表现为逆冲逆掩造山。这期陆内造山作用以大规模的地壳缩短为特征，在祁漫塔格地区产生壳内不同层次的构造拆离，形成厚皮构造。测区内发生壳内拆离的主断裂为祁漫塔格主脊断裂及伊纤巴达断裂。北侧沿祁漫塔格主脊断裂发生向北东的拆离伸展，其拆离伸展面为以滩间山群砂板岩组糜棱岩化后形成长英质糜棱岩及千糜岩构成的韧性剪切带，南侧沿伊纤巴达主脊断裂逆冲推覆，其推覆面为由金水口（岩）群白沙河（岩）组长英质片麻岩形成的构造片麻岩带构成的韧性剪切带。另外，沿该韧性剪切带构成的壳内拆离滑脱推覆面发生强烈的花岗质构造岩浆活动，发生大规模的印支期陆内造山花岗岩的侵入及晚三叠世中酸性火山岩的喷发。

（二）走滑造山期

早侏罗世—新近纪，祁漫塔格地区进入走滑造山期，逆冲逆掩造山期形成的边界断裂在这一时期都发生相应的走滑活动，并表现为左行走滑的特征。测区西邻阿尔金断裂带也表现为左旋走滑的特征，其共同作用导致了柴达木地块的顺时针旋转。祁漫塔格左行走滑断裂系的活动，导致了阿达滩走滑盆地的形成，并在其中形成了始新统路乐河组山麓河湖相紫红色碎屑岩建造，使祁漫塔格北缘断裂及伊纤巴达断裂在剖面上均表现为背冲式断层的特点，使柴达木盆地及库木库里盆地显示出压陷盆地的特征。测区西北部的柴达木盆地西南缘，在相对周边山系急剧下陷的同时，接受了始新统路乐河组、渐新统干柴沟组、中新统油砂山组、上新统狮子沟组砾岩、砂岩、泥岩、泥灰岩沉积。早期、中期以一套厚达 2000m 以上的深灰—灰色湖相泥砂质沉积为主。此时气候温和湿润，湖泊中生存着大量的低等植物，尤以介形类和腹足类为盛。晚期气候逐渐干旱，湖水盐碱度增高，出现白云质、泥钙质、石膏和盐类，生物大量死亡，上新世末期，湖水退缩，沉积了一套棕灰—土黄色及杂色粗碎屑岩。

走滑造山早期的侏罗纪—白垩纪，在祁漫塔格地区有零星的岩浆活动。早侏罗世，沿断裂带侵入冰沟序列石英正长岩-碱性正长岩侵入体。其中正长花岗岩中测得 K－Ar 同位素年龄 184Ma。反映了祁漫塔格造山带早侏罗世时陆内张裂特征。早白垩世沿北西、北东向断裂侵入的辉绿岩墙群，也反映了早白垩世祁漫塔格断裂带发生张裂的特征。并且裂陷深度较大，已至壳幔结合部，上述侏罗纪—白垩纪的张裂环境也反映了柴达木盆地差异断陷的动力学基础。

通过侏罗纪的大规模走滑造山，祁漫塔格造山带内部各块体之间及其同柴达木陆块、库木库里盆地之间才基本上达到动力学上的平衡，成为一个统一的整体。从测区古地貌、古地理的调查及古近纪以后沉积特征来看，测区保存着 3 级夷平面：Ⅰ级夷平面为测区的最高山顶面，海拔在 5200m 左右，准平原化阶段为古近纪的始新世早期；Ⅱ级夷平面即主夷平面位于测区的主要山顶面之上，海拔 4200～4800m 之间，由于后期构造降升的不均一性，测区主夷平面的高程具有盆岭地貌的特点，从南到北高低相间，应是更新世断块差异抬升，古夷平面解体的结果。Ⅱ级夷平面的解体时间大致为始新世末，反映出走滑造山活动的加强及差异升降活动的强烈，使祁漫塔格山强烈隆升，柴达木盆地、库木库里盆地、阿达滩盆地大量接受沉积。Ⅱ级夷平面的形成则标志着走滑造山向隆升造山的转变；Ⅲ级夷平面形成于早更新世晚期。

（三）隆升造山期

早更新世初期，晚期的喜马拉雅运动使测区短时期抬升，古近系和新近系及下伏地层在南北向挤压应力的作用下发生强烈的褶皱变形，形成穹隆、短轴背斜。其后，在大规模隆升基础上的差异升降一直持续到今，使祁漫塔格山体强烈隆升和柴达木、库木库里内陆盆地沉降。将古近系路乐河组红层沉积抬升到海拔5000m的高度，并使柴达木、库木库里、阿达滩盆地继续沉降，接受早更新世以来的河湖相沉积。山体隆升使山前发育隆升期磨拉石，以上更新统七个泉组为代表。中更新世时，测区气候寒冷，冰川发育，在祁漫塔格山区形成冰碛地貌和冰碛、冰水堆积物。中更新世以后，祁漫塔格山的抬升呈间歇状，河谷多次下切。沿阿达滩河、巴音格勒河、东沟、西沟等河谷的两侧，形成多级侵蚀阶地，最多可达4级。祁漫塔格北坡差异隆升幅度大，河流下切快，阶地面窄，阶面陡峻。从各级阶地高度看，早期上升速度快、幅度相对大，晚更新世地壳上升高度可达50m以上。

第六章　新构造运动及生态环境特征

第一节　新构造运动

一、新构造地貌分区

测区位于青藏高原东北部，主体位于东昆仑西段祁漫塔格山，北跨柴达木盆地西南缘，西部邻近阿尔金山南西段，该区新构造运动活跃，既具有青藏高原宏观构造格局特征，又具有自身独特的新构造运动的历程与表现。依据测区造山带物质组成与结构、新构造运动的特点、构造地貌以及新生代沉积建造特征，将其新构造分区划分为以下几个单元：一级单元两个，分别为柴达木盆地沉降区与祁漫塔格强起伏高山区，其中祁漫塔格强起伏高山区又可进一步划分为4个次级单元，自北向南依次有：自祁漫塔格北缘隐伏断裂以南至阿达滩北缘断裂以北区为祁漫塔格北缘隆升剥夷区；滩北山南断裂以南至阿达滩之南缘断裂以北地区为阿达滩拉分盆地；阿达滩南缘断裂以南至伊阡巴达隐伏断裂以北地区为卡尔塔阿拉南山隆升剥夷区；伊阡巴达隐伏断裂以南为库木库里断陷盆地北东一隅(表6－1)。

表6－1　测区构造地貌分区一览表

一级构造地貌单元	次级构造单元地貌
柴达木盆地沉降区	
祁漫塔格强起伏高山区	1. 祁漫塔格北缘隆升剥夷区
	2. 阿达滩拉分盆地
	3. 卡尔塔阿拉南山隆升剥夷区
	4. 库木库里断陷盆地

以上主要的两大新构造地貌分区其形成时限应为渐新世—中新世。依据有：本测区祁漫塔格山顶豹子沟、巴音郭勒呼都森一带，不整合覆于石炭纪岩体、石炭系打柴沟组地层之上的古近系始新统路乐河组，现海拔高度达4700～5000m，而分布于柴达木盆地的上新统狮子沟组，现海拔3231m左右，二者之差约1500m。

二、新构造运动形迹

(一)活动断裂

调查区内新构造运动表现强烈，形式多样，断裂活动，褶皱作用，地壳间歇抬升和地层掀斜等十分显著。新构造运动是铸成现代盆地格局及地貌景观的主要原因(外力地质作用的优化也是原因之一)。区内活动断裂包括新生代以来的活化古老断裂及新机制下形成的新生断裂,分述于下。

1. 祁漫塔格北缘隐伏断裂(F_1)

该断裂是柴达木盆地沉降区与祁漫塔格强起伏高山区两个一级构造地貌单元的分界隐伏断裂。推测为一断面向南西倾的逆断层,总体走向北西—北西西,斜切测区东北角,区内延伸约107km,两端分别延入邻区。由于被第四纪地层覆盖,直接证据不足,难以详细描述。该断裂为柴达木盆地西南缘控盆断裂,形成时代大致为古新世中晚期。现将一些间接依据及特征予以列述。

(1)航片、卫片线形影像特征较明显。断裂西侧山、盆呈现出两种截然不同的地貌景观。断层南侧为高山区,祁漫塔格山脉海拔一般在5000m以上(测区内最高山峰海拔达5675m),而断裂北侧为低山丘陵地貌区,海拔在3200m左右,相对高差达2000m,反映出断裂山峰的活动强度之高幅度之大。

(2)航磁及重力资料也有异常显示。在青海省物探队1980年10月所作1∶50万《青海省茫崖镇祁漫塔格地区物探地质综合平面图》上,沿断裂带方向连续有3个同一走向的异常高值区,且大乌斯异常30V等值线有一突出点,与以上3个异常的走向一致,说明可能存在隐伏的北西—北西西向构造。

(3)地震是断裂活动的具体表现。据青海省地震分布图及青海省地震局伍健平、丁良臣同志分别报道的有关资料反映,挽近地质时期曾有过多次5级以上地震发生。间接说明断裂有长期活动的特征。

(4)断裂控制地层的展布和矿产的分布。断裂以北为新生代地层分布区,以石膏、盐类和石油为主;断裂以南为老地层和后期岩体出露区,以内生铁、铜等金属和非金属矿产为特征。各地质体、长轴展布方向及次级断裂走向与该断裂走向近于一致。

2. 祁漫塔格主脊断裂(F_2)

该断裂呈北西-南东向展布于祁漫塔格主脊一带的布亚鲁—五道沟,西于干坦萨依及红土岭一带没入第四系之下,东于玉来达坂附近延入邻幅,长约120km。该断层形成时代较早,它的形成发展演化与本区早古生代祁漫塔格微洋盆系的形成发展演化息息相关,据此认为该断层的萌芽时期应在早古生代早期。新生代伴随着新构造运动的作用,断层被活化。该断层新构造运动迹象清楚,断层崖、断层三角面、断层残山等断层构造地貌发育。沿断裂带岩石极为破碎、负地形,对头沟明显,沿断层走向发育一宽100~150m的断层破碎带,带内灰岩多呈灰黑色粉末状断层泥。靠近断层的古近系始新统路乐河组红色岩系产状近于直立。且局部见有较为发育的小挠曲。沿断层形成较宽大的窄长谷地,沿线有现代地震发生。断层上升泉沿断裂走向呈线状分布,在豹子沟脑古近系始新统路乐河组红色岩系呈断块状夹于晚古生代灰岩与花岗岩之间,该断裂系的次级断裂中获得热释光年龄值91.1±4.8ka(TL)、68.1±0.1ka(TL),说明该断裂自新生代以来被活化且活动频繁。

综上所述,本断裂具有形成早,切割深,活动时间长的特点,为一个具有一定透入性的区域性长寿断裂。该断裂被后期北东-南西向左旋走滑断层所切,错距达200多米。

3. 阿达滩北缘活动断裂(F_{22})

该断裂位于测区中部滩北山南—盖伊儿一线。断裂总体走向呈北西西向,东西均延伸出图,测区内控制长度约160km。盖伊尔以西基本位于阿达滩拉分盆地北侧山体边缘,以东切穿晚奥陶世恰得尔单元弱片麻状斑状黑云母二长花岗岩岩体。局部地段严格控制了第四系下更新统七个泉组地层边界。该断裂盖伊尔以西由于被第四系覆盖而为隐伏断裂,以东表现较为明显,地貌上表现为一系列的负地形，断层沟、对头沟、断层崖明显，有一宽 50～100m 的断层破碎带，带内岩体极为破碎，或成断层泥，航卫片上表现尤为明显。总体上断裂两侧高差悬殊，地貌特征迥异。

该断裂多处被后期北东-南西向左旋断层所切，表现为一系列的河流直角拐弯现象。推测形成于古新世晚期。

4. 阿达滩南缘隐伏断裂(F_{24})

该断裂位于测区中部卡尔塔阿拉南山山体北缘，总体呈北西向、两端局部切穿第四系下更新统七个泉组地层后没入上更新统冲积物之下，东端在盖伊尔南与近东西向断层复合，图内延伸约83km。由于大部分被覆盖，故直接证据不足、特征不明显。

在航片、卫片及航磁异常图上略有显示。地貌上明显呈负地形，北西—北西西向河流(阿达滩河)大致平行断裂分布。河谷中的下更新统七个泉组地层受其影响产状较陡，沿断裂带有多处泉水分布、阿达滩河谷两侧发育有明显的 4 级阶地，可能与该断裂的活动关系密切。

由于阿达滩盆地的拉分性，及后期较发育具有左旋特征的小尺度断层，造成了阿达滩南北界断裂在图面上的不连续及复杂性，加之后期被沉积物覆盖，给断层性质及特征的研究带来了很大困难。总之，阿达滩盆地控盆断层不是一条或两条断层，而是由一系列特征相近或相似的在左旋剪切条件下形成的断裂系构成。该断裂可能形成于古新世晚期。

5. 伊仟巴达隐伏断裂(F_{71})

该断裂呈北西向分布于测区南部伊阡巴达—土房子一线，直接证据不足，但地表特征明显。上升泉沿断裂带呈断续密集出露，积水洼地、小型湖泊连成一线，形成明显的负地形带。该断裂南东端切穿上三叠统鄂拉山组，且具右旋特征。图内控制约 100km，西端延出图外。该断裂可能形成于古新世晚期，晚新生代以来活动明显，对现代地貌具有明显的控制作用；断层以北为卡尔塔阿拉南山隆升剥夷区，其南为库木库里断陷盆地。区域上沿盆地沉积最早见于古新世晚期，本测区内沉积物最早属早更新世。

6. 玉古萨依-奶头山断裂(F_{11})

该断裂位于祁漫塔格中部，呈北西—北西西向延伸，北西端没入第四系，东端在玉来达坂附近与祁漫塔格主脊断裂(F_1)趋于复合。断面呈舒缓波状，以南西倾为主，倾角 50°～70°，为一北盘上升的逆断层。地貌上呈连续负地形，航片上断层迹像明显。断层两侧岩石破碎，破碎带宽约 30m 左右。靠近断层附近次级褶皱发育，地层产状较乱。新生代以来具有明显活动显示。沿断裂局部有小型山间断陷盆地形成，且其中沉积了第四纪地层。

7. 以滩北山-窑头山断裂为代表的北东-南西向左旋断裂系

该断裂系在测区分布较广，特征明显，数量较多，规模不等，大小悬殊，大致平行。最大者公路沟断裂(F_{18})延伸长约 55km，一般 2～10km。据本次区调成果显示，该断裂系可能形成于侏罗纪早期，之后长期活动。该断裂系的形成可能与研究区西邻阿尔金大型左旋走滑断裂的演化有关。现以 F_6 及 F_{18} 为代表，其特征如下。

(1)窝头山断裂(F_6)：呈北东-南西向分布于测区北部窝头山一带，长约 74km，破碎带宽 30m 左右，断距 500m，倾向 300°～340°，倾角 65°，位移方向南西。地貌上呈一系列线形对头沟、垭口，且与主沟方向直交。沟谷北侧地貌上为一明显的陡坎，航片上具线性影纹，断裂带岩石破碎，出现角砾岩、断层泥、断层上升泉等，见图版 16－1。断层两侧发育节理密集带，次级断面擦痕、阶步发育。为一左行平移断层。其北东、南西部被第四系全新统及上更新统松散堆积物覆盖。将 F_2、F_3、F_4、

F_9、F_{70}等断裂错开。该断裂可能形成于白垩纪，之后长期活动。

(2)公路沟断裂(F_{18})：呈北东向展布公路沟一带，长约61km，破碎带宽100m左右，倾向60°，位移方向南西，断距300～500m。地貌上形成一连串负地形，航片上线状特征明显。沿断裂带岩石极度破碎，同一套地层沿走向不连续，产状紊乱，沿断裂带有辉绿岩脉、石英脉侵入。所取薄片多具碎斑结构和碎斑结构的碎裂岩，镜下斜长石双晶弯曲、折断的现象普遍，钾长石强烈变形，石英波状消光明显。岩石局部碎裂为大小不等的棱角状碎块。在靠近断裂处见有断层泥和断层角砾岩以及古泉华等。该断层为一左旋平移断层，将F_4、F_{22}、F_{25}、F_{28}等北西向断裂错移，中部断续被第四系松散堆积物覆盖，可能形成于侏罗纪，后长期活动。

(二)新构造褶皱

测区内新构造褶皱有两种形式，其分布范围及形成机制有较大差异，其一是在新构造运动时期区域性纵弯变形机制下形成的，分布于测区东北角。背斜较紧密、多呈短轴状，向斜较开阔，以东柴山背向斜为其代表。其二是由断层活动形成，系断层引起的牵引褶皱。所形成褶皱多呈短轴状，两翼产状往往较陡，轴迹弧形弯曲。多为不对称褶皱，规模较小、仅具露头尺度。测区内断裂群内发育的一系列短轴褶皱均为该种类型。

东柴山背斜：位于长尾台—东柴山一带，卷入地层为渐新统—中新统干柴沟组，总体呈约300°方向延伸，断续出露9～10km，南东、北西端分别被全新统风成沙及上更新统洪冲积物所覆盖。北东翼倾角15°～20°，南西翼倾角20°～40°，为一南西翼陡而北东翼较缓的不对称褶皱，枢纽舒缓波状，为一中小尺度背斜构造。

东柴山向斜：位于长尾台—东柴山一带，卷入地层为始新统—渐新统干柴沟组、总体走向301°左右，断续出露5～10km；北东翼倾角20°～40°，南西翼倾角30°～35°，为一不对称褶皱；枢纽舒缓波状，为小尺度向斜构造。

(三)夷平面特征

纵观区内地貌形态，可以看出具有明显的3层结构特征。山顶面是最高的Ⅰ级夷平面，由处于大致同一水平面的山峰构成，保留着最老的Ⅰ级夷平面的特征，保存面积较小，是现代冰川发育的中心和依托；Ⅱ级夷平面为山原面，虽已残破，但整个测区内均有较为明显的显示；Ⅲ级夷平面保存相对较好，地貌上构成低缓的山前丘陵或台地。

Ⅰ级夷平面：又称山顶面，分布于本区祁漫塔格山及卡尔塔阿拉南山山脉顶部，平均海拔5300m左右，局部海拔高达5675m。保存面积较少，多被后期构造或外应力侵蚀所破坏。该夷平面尤以石砬峰、滩北雪峰、独雪山、群峰北、石雪尖及卡尔塔阿力克达坂等地较为典型。该级夷平面发育区山顶多呈截顶的平台状，往往成为第四纪冰川和小型冰盖发育的地形依托，在其边缘冰斗、冰槽谷发育，覆盖物为寒冻风化岩屑坡。地貌特征显示，该级夷平面可能为测区最古老的一级夷平面。其剥蚀对象为古近纪以前的所有地质体。在山间盆地中堆积的古近纪河湖相建造、含膏盐层建造应为该级夷平面的相关沉积。结合区域资料分析，该级夷平面形成于渐新世—中新世早期，中新世中期以来抬升受切。渐新世—中新世记录反映了该级夷平面是在干热的热带、亚热带气候环境下发育起来的夷平面，推测形成时的高度在500m以下，而今却被抬升到5000多米高度；可见新构造运动以来高原隆升幅度是相当大的。由于隆升的掀斜性，致使夷平面总体以2°～4°的倾角向北西方向倾斜。

Ⅱ级夷平面：亦称主夷平面，分布较广、保存面积较大，呈破碎状，由一系列基本位于同一高度但相对于山顶面为低突的山梁、山峰构成、局部地段表现为谷坡平整形成的平坦面或较为平坦开阔的谷地(西沟沟脑等地)，该地又往往为中更新世冰川堆积的场所，其平均海拔4300m左右。该夷平面在测区其他地区均切割了古近纪以前的所有地质体。

该夷平面形成过程中，剥蚀的最新地层为古近系及Ⅰ级夷平面的相关沉积物，其相关沉积可能为新近系中新统—上新统油砂山组河湖相地层。油砂山组出现泥岩、泥灰岩，表明原有的地形起伏趋于消失，发生准平原化、最后因地壳上升结束于上新世，最终形成一个广阔的主夷平面。主夷平面形成时，青藏高原海拔高度不超过1500m(马宗晋，1998)。资料表明，主夷平面发育期，青藏高原北缘处于亚热带稀疏草原植被环境。该夷平面受3.4Ma以来新构造运动影响，抬升幅度3500～3700m，表明之后的新构造运动以垂直升降运动为主，且幅度大、速度快。

Ⅲ级夷平面：为区内最低的一级夷平面，在本区各地貌构造区中略有差异。在祁漫塔格隆升剥夷区以北，包括柴达木盆地沉降区，夷平面切割古近纪、新近纪及第四纪早更新世地层。其海拔高度平均约为3200m；在阿达滩拉分盆地中，该级夷平面切割地质体主要为第四纪早更新世七个泉组，其上局部有第四系中更新世冰水堆积物呈“帽状”残存(热释光年龄230.45ka)海拔高度平均为4000m左右；在卡尔塔阿拉南山隆升剥夷区及库木库里断盆区，该级夷平面特征不明显。该特征充分说明了本测区在同一时期差异隆升具有不同的特征。

据热释光年龄230.45ka等判断，该夷平面可能形成于早更新世晚期，相关沉积物为早更新世河湖相沉积物。中更新世晚期以来抬升受切。

上述3级夷平面显示区内间歇抬升的地壳运动是显著的，而且是构成新构造运动的主要表现形式。

(四)阶地、洪积扇

本区由于新构造断裂活动造成的地貌变化十分显著，不仅使Ⅲ级夷平面发生差异升降，而且形成较大的深陷谷，谷地低于Ⅲ级夷平面约100m，而且由于谷地发育的河流间歇性下切，致使两岸出现不对称的Ⅲ级阶地(局部达Ⅳ级)或古洪积扇。在阿达滩河谷一带，晚更新世地层构成山前洪积扇及河流Ⅲ级阶地，冲洪积扇由于后期大幅度抬升，扇前因河流强烈下切，形成前缘高度平均约12m的洪积扇阶地，而阿达滩谷地是较典型的地堑式谷地，阶地发育且较稳定。主要为3级阶地，其中最高一级阶地占据谷地主体，纵向延伸较为稳定，与Ⅱ级阶地间高差为14.0m。Ⅲ级阶地阶面坡度约1°，倾向河谷；Ⅱ级阶地阶面坡度约为2°，倾向沟谷，Ⅱ级阶地与Ⅰ级阶地间高差约为6m；Ⅰ级阶地阶面坡度约为2°，倾向沟谷。河谷两侧阶地发育呈不对称状，阶地级数亦因地而异，反映了谷地两侧断裂活动的不对称性及构造抬升的差异性。

内陆水系河流阶地时代，T_1(东沟 T_1 年龄为3.7±0.2kaBP，阿达滩沟口 T_1 年龄为4.00±0.22kaBP)；T_2(东沟 T_2 年龄为4.8±0.3kaBP，阿达滩沟口 T_2 年龄为6.48±0.44kaBP)；T_3(东沟 T_3 年龄为5.0±0.4kaBP，阿达滩沟口 T_3 年龄为12.58±0.87kaBP)。

山前冲洪积扇的形成时代。双石峡冲洪积扇(底部年龄为34.0±2.7kaBP，上部年龄为13.9±0.6kaBP)为上更新世晚期；石拐子附近扇体(下部3m处年龄为10.2±0.7kaBP)为上更新世晚期；西沟沟口扇体(下部约4m处年龄为38.1±2.2kaBP)为上更新世晚期；玉古萨依扇体(下部约4m处年龄为30.11±3.47kaBP)为上更新世晚期，阿达滩河北部扇体(上部年龄为34.11±3.47kaBP)；巴音河口扇体(下部年龄为19.30±1.97kaBP)为上更新世。

三、盆地沉积与成山作用

1. 盆地类型与构造运动特点

区域上自45Ma以来印度板块沿雅鲁藏布江缝合带俯冲的结果使高原周边隆起成山(翟裕生，1998)。持续的近南北向构造动力强烈的挤压作用，产生剧烈的地壳运动与复杂的构造变形，导致地壳巨量缩短与增厚，高原面逐步隆升(Dewey et al.,1988;Alsdorf et al.,1988)。在这一过程中，高原由整体缓慢隆升到快速隆升，致使高原内部新构造活动频繁而复杂。在空间上，包括本区在内的青藏高原北部及邻区形成了三山(北山、祁连山、昆仑山)两盆(柴达木盆地、河西走廊盆地)相间分布的盆-山构造景观，表现出良好的耦合关系。在时间上，高原的阶段性隆升，盆地相继沉积，北祁连山系阶段性上升，在河西走廊盆地沉积了38Ma、21Ma、3.4Ma及0.5Ma的砾岩(黄华芳等，1993;陈杰，1996)，新构造运动方式的转换，在青藏高原南部，从22Ma开始出现有22～14Ma两个拉伸作用为主的时期，形成南北向的伸展盆地与伸展断裂控制的山体。3Ma以后整个青藏高原三维变形逐渐转变成以伸展变形和向东挤出为主的运动体制(马宗晋，1998)。形成伸展体制下盆山格局。总之，青藏高原新构造运动表现出良好的整体性、阶段性、差异性及逆进演化发展的特征。

从测区具体情况而言，新生代不同阶段、不同部位的盆地边缘显示出不同构造背景下的不同盆地类型。如测区北部的柴达木盆地，其发展演化亦经历了多次伸、缩、走滑的动力机制的转换。其中更新世(近东西向盆山格局的形成)构造变形组合与地貌的匹配可能反映青藏高原东北缘的中更新世的分解趋势，而晚更新世以来的大规模左旋走滑则可能与青藏高原东部的向东挤出相联系。

2. 盆地沉积与构造运动关系

测区盆山格局受控于新构造运动的新生代盆地表现形式各异。

(1)柴达木盆地。

该盆地在测区仅为其西南缘一隅，分布于祁漫塔格隐伏断裂以北，盆地中沉积地层较为复杂。盆地中古新统—始新统路乐河组，为一套紫红色砂砾岩、砂岩，以山麓洪积相为主，表明山地隆起、盆地雏形已成。渐新统—中新统干柴沟组，其岩性为一套以灰绿—黄绿色、灰色粉砂砂岩、钙质页岩、泥岩为主夹疙瘩状泥灰岩及砾岩、砾状砂岩透镜体。地层中有大量有机生物(介形类、腕足、轮藻等)，代表了较为稳定的河湖环境、该期可能为高原山顶面的形成时期;中新统—上新统油砂山组由一套粉砂岩、砂质泥岩夹泥灰岩及砾岩、砂砾岩透镜体组成，区域上夹有含油砂岩，具较为明显的河流三角洲相沉积特征，此时，可能周围山体有不同程度隆升。上新统狮子沟组以粗碎屑岩为主夹砂岩及粉砂质泥岩，具冲洪积相-河流相沉积特征。表现出早期形成的盆地挤压变形逐渐开始收缩的特征。早更新世以河湖相沉积为主，分布局限，说明此时柴达木盆地处于不稳定阶段，局部拗陷成盆。中晚更新世和全新世盆内发育多种类型成因的沉积物，其间构造运动主要以差异隆升为主。

(2)阿达滩拉分盆地。

该盆地夹持于北部的祁漫塔格北缘隆升剥夷区与南部的卡尔塔阿拉南山隆升剥夷区之间，地貌上为一狭长的谷地，其形成于始新世晚期，地貌上呈串珠状具拉分盆地特征。其最早的沉积物为位于独立包(3857.02m)北部的极小面积的渐新统—中新统干柴沟组红色岩系，与其上覆的上更新统七个泉组呈明显角度不整合接触(图版16-2)。其间缺失油砂山组、狮子沟组地层，说明其在中新世—上新世处于隆升剥蚀的地质环境，上更新统七个泉组在该盆地分布广泛，佐证了早更新世早期该地区又一次塌陷成盆接受沉积的特征。其后的演化特征与柴达木盆地相仿。

(3)库木库里断陷盆地。

该盆地位于测区南西部，为库木库里盆地东北部一隅。形成于始新世早中期，为一伸展机制下断陷盆地，图区内沉积物最早为早更新世地层，分为下部细碎屑岩段和上部砾岩段，产状平缓，为河湖相沉积，中更新统冰水堆积物、上更新统冲洪积物、全新统沼泽沉积物及风成沙等，其气候环境亦经历多次突变，区域上最老地层为上新统狮子沟组。

四、新构造运动的裂变径迹证据

祁漫塔格山脉位于青藏高原东北缘东昆仑西段柴达木盆地的西南缘，西北邻近阿尔金山。昆中断裂、昆北断裂呈北西向在研究区南部通过，区内物质建造、改造极为丰富，至少经历了加里东、海西、印支期等多旋回、多体制造山的影响，形成了复杂的现今构造图案。受昆仑构造域和阿尔金构造域的影响，研究区新构造运动的表现形式复杂而强烈。研究区最高海拔5675m，最低海拔2800m，其中在海拔5000m的高程处发现有古近纪—新近纪地层的展布(豹子沟沟脑、巴音郭勒呼都森沟脑)，岩性主要为巨厚的复成分砾岩，为古近纪早期具磨拉石特征的一套沉积建造。而分布于柴达木盆地中的始新统路乐河组海拔高程为3200～3300m，两者高差大于1500m，说明祁漫塔格山脉的整体大规模抬升起始于新生代早期。另外前人研究成果表明本调查区西侧库木库里新生代盆地发育渐新统(E_3)、上新统(N_2)、中更新统—全新统(Qp^2—Qh)3套山间磨拉石建造，盆地沉积总厚度达7000多米，是青藏高原北缘快速隆升过程中山盆耦合的产物。如此建造方面的表达和解释到目前为止仍停留在大尺度的框架范围内，通过地质热演化历史记录的山脉隆升剥蚀、地质地貌变化的精细研究到目前依然不明。

近年来的研究表明利用磷灰石具有较低裂变径迹温度的所测出的年代数据可以灵敏地反映出岩体的热历史和上升历史。一般来讲，由于磷灰石保存裂变径迹的温度较低，所以能够比较灵敏地反映出岩体的热历史和上升历史。随着岩体的上升，愈接近地表温度愈低，因此比较早期上升的部分，裂变径迹稳定保存下来的时间也愈大。这样磷灰石裂变径迹年龄将会随着海拔高度的增加而增加(李吉均等，2001)。依此原理本文对祁漫塔格山脉的上升历史通过磷灰石裂变径迹测年进行了探讨。

研究所需的样品采之于东昆仑西段北坡祁漫塔格山脉的西沟地区。西沟沟脑最高海拔5675m，沟口最低海拔3200m，相对高差达2400m以上。4100m以上大多为第四系冰水堆积物以及更高地区的现代冰川所盖，所以更高海拔地区的样品所能显示出的更老时间段的资料未能取得。实验所用的样品均采自同一时代——早二叠世(U－Pb法测年数据为270.9±0.9Ma)，定位的同一侵入体中，其岩性为似斑状二长花岗岩。样品从海拔3200m到4100m，平均每上升100m取一个样。采样点的海拔高度及经纬度用GPS测得。

所用的磷灰石裂变径迹年龄数据由中国地震局地质研究所新构造年代学试验室裂变径迹试验室所测(表6－2)。据磷灰石裂变径迹退火特征研究表明，具有快速冷却的岩石其磷灰石裂变径迹一般保持较长的径迹长度，且具有窄而对称的正态分布；而缓慢冷却的岩石样品其磷灰石裂变径迹长度缩短，分布型式呈宽缓而不对称的正态分布；经过再次热干扰的岩石其磷灰石裂变径迹长度为双峰式分布型式。祁漫塔格山9个磷灰石样品的裂变径迹长度统计结果表明，平均长度从磷灰石裂变径迹长度分布图中可以看出大至分两类：一类磷灰石裂变径迹长度从12.21±0.20μm到13.75±0.30μm，径迹长度分布图基本上具有窄而对称的正态分布，反映样品快速通过其裂变径迹部分退火带(120～70℃)，即具有快的剥露冷却速率，并且未受到后期热事件干扰；另一类(13.2～17.9Ma的3个样品)磷灰石裂变径迹长度从11.88±0.33μm到13.32±0.27μm，相对而言较前一类具有稍慢的剥露冷却速率，并且受到了后期热事件干扰。需要说明的是受到后期热干扰的岩石样品采集地点有北西向大断层产出，故认为热干扰事件是由断层引起。从海拔4100m到海拔3200m不同海拔高度的测年值分别为22.1±1.9Ma；21.0±1.8Ma；20.4±1.6Ma；29.5±2.3Ma；18.3±1.8Ma；16.5±1.9Ma；21.2±1.7Ma；17.9±1.7Ma；13.2±2.1Ma。可看出除采自于海拔高度3400m、3500m、3700m处的3块样(4号、7号、8号)其测年值微有变化外，其余样品均显示出随着隆升与冷却作用的进行，位于相对上部的样品较早地抬高到脱离退火带的部位，故较早地开始计时，以致年龄较大；而位于下部的样品则相对较晚抬升到脱离退火带的地段，较晚开始计时，故显示年龄较小的总体特点。

表 6-2 裂变径迹数据表

样品号	海拔高度(m)	Nc	ρ_d(Nd)($\times10^5$cm^{-2})	ρ_s(Ns)($\times10^5$cm^{-2})	ρ_i(Ni)($\times10^5$cm^{-2})	U Concentration(10^{-6})	P(x^2)(%)	r	Fission track Age (Ma±1σ)	Mean track Length (μm±1σ)(Nj)	Standard deviation (μm)
4-1	4100	35	1.093(2709)	1.228(269)	1.068(2339)	12.0	99.90	0.961	22.1±1.9	12.21±0.21(39)	1.34
4-3	3900	32	1.117(2791)	1.262(289)	1.180(2702)	13.0	98.70	0.985	21.0±1.8	13.11±0.29(36)	1.74
8-1	3800	31	1.123(2779)	1.667(380)	1.618(3689)	17.7	99.9	0.958	20.4±1.6	12.58±0.26(52)	1.90
14-2	3700	29	1.111(2771)	2.236(427)	1.477(2822)	16.4	94.6	0.914	29.5±2.3	12.21±0.20(50)	1.45
16-1	3600	25	1.105(2737)	1.197(167)	1.273(1776)	14.2	100.0	0.993	18.3±1.8	13.32±0.27(51)	1.95
16-5	3505	24	1.116(2789)	0.844(116)	1.003(1379)	11.0	100.0	0.964	16.5±1.9	12.76±0.22(33)	1.29
16-3	3400	30	1.099(2723)	1.881(316)	1.712(2877)	19.2	99.90	0.977	21.2±1.7	13.75±0.30(19)	1.32
19-5	3300	26	1.119(2795)	1.265(196)	1.392(2158)	15.3	78.70	0.884	17.9±1.7	11.88±0.30(21)	1.52
24-2	3200	15	1.117(2765)	0.343(48)	0.510(714)	5.60	23.2	0.858	13.2±2.1	12.44±0.49(16)	1.99

根据“年龄-地形高差法”对同一山体进行上升速率的计算。$R=\Delta H/\Delta A$。式中 R 为上升速率，ΔH 为两个取样点之间的海拔高差，ΔA 为两个取样点同一个矿物的裂变径迹年龄差。计算结果表明祁漫塔格山体在中新统的早中期、早期隆升速率为 111m/Ma，晚期隆升速率为 98m/Ma，总体隆升速率为 100m/Ma。

鉴于青藏高原在新生代发生过多次隆升与夷平事件，因此本次数据（Ⅰ级夷平面以下所取样）显示出的现代昆仑山脉的定型时代并不代表昆仑山开始相对高原凸起即初始隆起的时代，而只是一级夷平作用发生后又一次大规模隆升事件的记录。

从本次所取得的数据来看磷灰石后期没有再进入退火带，地温史较简单。从裂变径迹数据表中和磷灰石裂变径迹年龄与海拔高度关系中可以看出我们在不同海拔高度所取的样品其磷灰石裂变径迹所测出的年代有两个样并不是随海拔高度的增加而增大，出现了异常。笔者认为出现这种异常的原因可能与（取样点附近有大断层通过）断裂带附近热作用较为强烈有关，因为相对强的热源可延迟样品脱离退火带温度的时间，进而导致较小的年龄；远离断裂带的样品年龄较大，是因为离热源较远，样品较快地脱离退火带温度，故样品具有较大的年龄。因此，断裂带可能是热源地，断裂带发生地构造热事件应是热源形成的主要因素。但总体来看除一个样记录是渐新世晚期外，其余样品测年结果均集中于中新世早中期。多个样品的基本一致冷却年龄的出现说明祁漫塔格山形成与构造导致的快速抬升有关，另外中新世中晚期本区既无岩浆作用又无变质作用，因此这个基本一致的冷却事件可以解释为本区的剥露和抬升作用。山脉的大规模隆升是在中新世早中期。从隆升时间上的阶段性来看为三阶段认识（李廷栋，1995）：俯冲碰撞隆升（K_2—E_2）、汇聚挤压隆升（E_3—N_1）和均衡调整隆升（N_2—Q）阶段的第二阶段或钟大赉和丁林（2006）四阶段认识所划分的（45～38Ma、25～17Ma、13～8Ma、3Ma 至今）第二个阶段。计算结果表明祁漫塔格山体在中新世的早中期、早期隆升速率为 111m/Ma，晚期隆升速率为 98m/Ma，总体隆升速率为 100m/Ma。

第二节 生态现状及古人类遗迹

一、生态趋势及可能的预防措施

本测区总体而言为生态极度恶化区，其引起环境恶化主因无疑是内力地质作用引起的高原隆升。从其小范围和直观的角度来说沙漠化是本区生态环境的最大天敌,寒冻风化作用、人类活动、无处不在的高原鼠害是其进一步恶化的促进因素。调查表明本测区的生态环境根据水资源、动植物资源、土壤资源。以及交通等因素可化分为以下几个大区:极差区、较差区、较好区、良好区。

1. 极差区

极差区主要分布于测区北部和西南部的盆地区,是现代风成沙分布区,无任何植被生长,其大多是由于3万年和6千年前形成的老沙丘活化所致,当然也有现代湖泊退缩后的沉积物以及周边山体的基岩风化堆积物。从其现代新月形沙丘的展布来看测区北部形成沙丘的季风为西北风;测区南部的风成沙较早以西北风为主,而现在的新月型沙丘的展布明显指示季风来自东北风,这可能是测区西南部一种小范围大气环流改变所引起。这极有利于控制西南部盆地的沙化面积进一步向东扩展。

2. 较差区

较差区为测区的岩漠区、戈壁区,占测区面积的60%以上,该区内植被稀少,植物类型主要为高寒针茅、苔草等,广布寒冻风化作用形成的碎石流、沙土、卵砾石等残积物或残坡积物,为高度风化的剥蚀区、泥石流频发区,局部为盐类水化学污染区。大多为极度缺水区,人类无法生存。

3. 较好区

较好区主要分布于阿达滩河流域、红土岭、土房子等地区,该区海拔平均3900m左右,冰川融水较丰富,有便道可通行,有少量牧草生长,局部地区有低矮灌丛出现,是大型野生动物生存的地区。发现有古人类生存的多处遗迹,说明1000年到5000多年前该区牧草丰美,生态环境良好古人类活动遗迹见表6-3。

4. 良好区

良好区分布于冰沟、红土岭、祁漫乡、巴音河沟口等地,所占面积极少。该区地下水较丰富,牧草丰美为季节性放牧的地区。由于超负荷放牧以及当地牧民的生活燃料全部来自于游牧区附近的所有能够燃烧的植物,所以测区仅有的一点植被目前退化日趋严重,有可能再次成为新的荒漠化地带。

本区总体而言为生态极度恶化区,恶化的原因有其自然因素也有加速其恶化的人为因素。所以,从人类力所能及的角度出发我们应采取退牧还草减少人类活动,大力发展太阳能、风能的利用等行之有效的办法,减缓生态环境的日趋恶化。

二、古人类活动遗迹

工作期间首次在测区发现2处灰烬层,1处牧羊遗址,2处吐蕃文化遗迹,2处石器。这些人类活动遗迹、遗物的发现对于讨论青藏高原远古人类活动及其生态环境变迁有着巨大的意义,现分别简述如下(表6-3)。

1. 阿达滩灰烬层

2001年7月在阿达滩(海拔3700m)发现一处保存于Ⅲ级河流阶地冲洪积堆积物中的灰烬层,该层长70cm,宽25cm,^{14}C测年为约1700a,该层稍进行发掘,发现9cm^2的大块木炭,见图版17-1。

2. 红土岭、宗昆尔玛地区吐蕃文化遗迹

2001年、2002年分别在新疆东南部若羌县红土岭、宗昆尔玛一带发现了藏传佛教藏文石刻——嘛呢堆,见图版17-2。该发现对研究该地区的民族变迁史及环境演化都有十分重要的意义。

表6-3 古人类活动遗迹一览表

发现地	地理坐标	遗迹	年龄	发现时间及发掘情况
阿达滩沟口	E90°11′34″ N37°41′31″ h:3700m	灰烬层(长70cm×宽25cm) 见有9cm² 木炭	1700a ^{14}C	2001年7月 稍挖掘
东沟沟口	E90°53′28″ N37°49′40″ h:3220m	呈孤包状残留的Ⅱ级扇阶地上部垮塌层中发现两件石器,一为磨砺器,一为保存火种拦隔板	2000a左右 (类比鉴定)	2001年6月 未挖掘
红土岭	E90°15′20″ N37°52′15″ h:4210m	"六字真言经"梵文石经50多块,大多为冲洪积物覆盖	1000a左右	2001年8月
宗昆尔玛	E90°14′40″ N37°06′30″ h:3900m	"六字真言经"梵文石经100多块,大多为残坡积物覆盖	1000a左右	2001年9月
库木鄂乌拉孜	E90°53′32″ N37°06′36″ h:4437m	灰烬层被2m厚固定沙丘所盖,有3块石器,数块烧烤过的骨头,一牙齿化石	30.8±1.8ka (热释光)	2002年8月 初步挖掘
珍珠坑	E90°04′34″ N37°12′35″ h:4001m	牧羊遗址(长21m×宽0.55m),为半固结成岩羊粪层,产出于1.8m厚的残坡积及冲洪积层之下,一枚石斧,一排鹿的牙齿,大量骨头	石斧为4000~5000a (类比鉴定) 牙齿为晚更新世	2002年9月 初步挖掘 大量保存

梵文经文石刻堆发现区地理上位于阿尔金山以东,东昆仑西段布喀达坂峰以北、柴达木盆地西南的祁漫塔格山区及库木库里盆地一带,该区现在为青新交界,新疆一侧为维吾尔族游牧区,青海一侧为蒙古族游牧区,而藏传佛教经文石刻的发现表明该区早年曾有藏族或其先民在本地区活动。

库木库里盆地一带发现的梵文经文石刻位于若羌县祁漫塔格乡一带,出露位置为宗昆尔玛西河岸上,东经90°14′28″,北纬37°06′07″。由于宗昆尔玛河为流沙河,其西岸很难到达,该地为砂砾地,气候干旱,牧草稀疏,只有少量野驴、野牛及黄羊活动,人迹罕至。所以,"嘛呢堆"得以保存。藏经文石刻所用石板为下更新统七个泉组细砂岩,其旁侧即有此种砂岩地层出露,因此为就地取材。现可见经文石刻共有3堆,约几十块。我们取回的一块经文石刻,长25cm,宽15cm,其上刻有藏传佛教经文。经青海省社会科学院著名民族宗教学教授谢佐鉴定,为藏文佛教《六字真言经》石刻,应是吐蕃时期文化遗存,距今1130~1150a。《六字真言经》汉文音译作"唵嘛呢叭咪吽",佛家认为一切佛典的根本在此六字,是佛教秘密莲花部之"根本真言",特别是藏传佛教把这六字看作是佛教经典的根源,主张信徒循环往复持涌思维,念念不忘,以积功德而得到解脱。已有研究成果表明,吐蕃占领青海后,其北界已达甘肃敦煌,但西北界现尚无从考证,本次藏文经文石刻的发现,印证了吐蕃占领青海后,其势力一度已扩展到新疆东南部阿尔金山东部一带。

1000多年前的吐蕃人能在本区留下石刻经文,表明当年本区还是水草较丰美,宜于放牧之地,而现在的若羌县祁漫塔格乡几千平方千米的辖区范围内仅有数十名牧民放牧,干旱缺水,牧草稀疏。当年的吐蕃文化遗存地现在已无人放牧。本区已成为荒漠化地区。1000多年来,本区气候在逐步干旱恶化。

3. 东沟沟口青海齐家文化遗址

2001年,青海地调院区调一分队在东昆仑西段祁漫塔格山东沟沟口发现两件石器(该发现已做报道),见图版17-3。该石器产出于祁漫塔格山北缘山前,呈残留孤丘状的全新统Ⅱ级冲洪积扇阶地上部垮塌层中,此冲洪积扇已被后期水流改造为河流阶地,海拔3220m。石器详细特征分别为,其一,外观呈青灰色,板状长方体,长28.5cm,宽23cm,厚2cm。正面一侧距边缘2cm处有一宽

0.4cm、深0.3cm，呈半圆形贯通表层的刻槽。正反两面中央部分较为光滑，四周密布大小不等的麻点状凹坑。总观之质地较粗糙；其二，呈现为青灰色，似铲形，铲前端宽18cm，铲柄长13cm，厚2.2cm。铲柄见有粗糙断痕，铲刃光滑。两件石器岩性均为火山岩，制作皆精美。从其产出组合及外观特点来判断，两者可能为一套组合，应共同使用。此两件石器经青海省社会科学院民族宗教学教授谢佐检阅相关资料初步鉴定出板状石器为古时保存火种的拦隔板，铲状石器为磨砺器，属青海省齐家文化(距今2000a左右)。该石器产出位置远离青海东部农业地区，放眼千里俱为荒漠戈壁，其处于当时的羌人部落政权辖地。产出地毗邻柴达木盆地西南缘尕斯湖地区，该区自然条件恶劣，山前扇体表面多分布有流动沙丘，不适宜于农耕和放牧。东沟沟谷内为一季节性河流，沿沟谷分布有多处断层泉，汇集成溪，但多不能流至沟口。这表明当时本区的气候有利于人类繁衍生息，且可能与东部文明有了一定的接触交流。

该石器的发现和进一步的研究将对揭示青藏高原腹地人类文明变迁历史与探讨高原千年精确尺度的古气候、古环境变化具有十分重要的意义。

4. 库木俄乌拉孜古人类遗迹

2002年8月在库木俄乌拉孜位于E90°53′32″，N37°06′36″，海拔4437m处发现古人类遗迹一处。该遗迹层位下部为河湖相沉积物，上部为2m厚的老风成沙，目前已成固定沙丘，其上有零星牧草发育。遗迹附近有8处断层上升泉，涌水量较大，其水质甘甜爽口。近代由于大面积沙化，遗迹附近方圆100km^{2}范围内已很少有植被发育。

该遗迹主要由灰烬层组成，其长6m，厚27～100cm不等。经初步挖掘发现灰烬层相对集中地两处。第一处长3m，共3层，其中在第一层灰烬层面以下50cm处发现一枚山羊的牙齿化石，经鉴定时代为中更新世—晚更新世，灰烬经^{14}C测年其形成年代为5240±100a。第二处长4m，宽30cm，灰烬经^{14}C测年其形成年代为5380±120a，见图版17中图4～6。

在其第一层顶面发现数块经烧烤过的骨头，且在距顶面30cm处发现3块直径分别为15cm、16cm、18cm的石块，这些石块均被灰烬所染黑，由于被火焚烧后冷却而有些碎裂、且变色为暗紫红色。估计是烧烤食物所用。该人类活动遗迹，据其埋藏深度和附近老风成沙测年资料；山羊的牙齿化石时代鉴定以及^{14}C测年成果(本区最早的沙化历史经2001年老风成沙热释光测年资料为距今3万年左右)认为形成时代可能在5000～10 000a之间，是本测区时代最古老的一处古人类活动遗迹。在该层位的不同部位取6处孢粉样，分析结果反映出当时为气候凉干的灌丛草原，木本植物含量在25%以上。

5. 珍珠坑古人类遗迹

2002年9月在阿牙克库木地区E90°04′34″，N37°12′35″，海拔4001m处发现牧羊遗址一处，主要由露头长度为21m，厚为55cm的半固结成岩的含大量羊粪颗粒化石的有机物层组成。该层内发现有大量骨头，经发掘发现一枚石斧及一排牙齿(图版17-7、图版17-8)。遗迹层底部为下更新统湖积砂砾石层(固结成岩)，上部为固结角砾状垮塌层，其厚度约1.3m。再上部为具平行层理的冲洪积砂砾石层，厚度约为50cm。现今该遗迹附近目力所及几乎寸草不生。石斧经青海省社科院谢佐先生类比鉴定，时代可能属青海省卡约文化时期的畜牧业生产工具，距今4000～5000a，主人应是古代羌人。牙齿经鉴定时代属中更新世到上更新世晚期。综合分析该遗迹时代应为5000a左右。

测区内这些古人类活动遗迹、遗物的首次发现，对于讨论已经高度沙化，海拔4000m以上的该地区的古人类活动、环境变迁无疑会有重大意义。

第七章　成矿地质背景

第一节　研究工作概况

根据中国地质调查局《关于下发2001年部分地质调查项目任务书的通知》和中国地质调查局西北项目办下发[2001]001号文件中着重提出“加强祁漫塔格铜、金、银、铅、锌等多金属成矿地质背景调查”的精神。本项目积极组建了专业矿产组来开展该项工作。在系统收集研究前人资料的基础上，按照设计要求矿产调查与地质调查同步进行，对以往研究程度较低地区和物化探异常反映较好地段作为矿产调查的重点，通过系统路线调查获得了一些矿产信息。

一、前人工作程度

20世纪50年代主要针对祁漫塔格北缘石油、天然气进行了普查和勘探工作，确定了一处小型石油矿产地和3处油气区；60年代进行了1∶100万地质调查、航磁(ΔT)测量；1978—1985年相继有原青海省区调队、区调综合地质大队对本项目东部地区的伯喀里克幅、土窑洞幅、茫崖幅等进行了1∶20万区域地质调查，发现了一批以铁为主的多金属矿和非金属矿(化)点19处(表7-1)，圈出重砂异常18处、高含量点36个，化探(半定量)异常31处；原青海省物探队在航磁异常区进行1∶5万、1∶10万Ⅱ级异常检查；1997—1999年首次由原青海地球化学勘查队对柴南缘和柴北缘(省内部分)均进行了1∶20万化探扫面工作，圈出Au、Ag、Pb、Cr、Br、W、Sb、Sn、Ni等异常6处，划出6个找矿靶区；后由原区调综合地质大队进行了部分异常查证，发现金、铜矿化4处。

表7-1　矿床、矿(化)点一览表　　(单位:处)

矿种	铁		铜		铅、锌、铜	金	硫	石墨	白云岩	石灰岩	冰洲石(新)	石油
	前	新	前	新								
小型油田												1
矿点	4	1			1		1	1	1	4		
矿化点	3											
矿化线索		2	2	4		3					1	

二、本次工作程度

通过本次矿产调查工作，采集化学样87件、定量光谱样品747件；发现磁铁矿点1处，铁、铜矿化线索1处，赤铁矿化线索1处，铜矿化线索4处，冰洲石矿化线索1处。检查前人矿(化)点(含路线检查)17处，检查率占70%～80%。对物、化探异常反映较好地段都有路线控制(具体矿点、矿化点、矿化线索特征略)。

第二节　铜、铅、锌、金、银等多金属成矿地质背景分析

一、构造与成矿背景关系

调查区属东昆仑西段祁漫塔格造山带，北跨柴达木盆地西南缘，西北与阿尔金山遥相呼应，昆北断裂呈北西向横贯测区。以此为基础将调查区分割为柴达木陆块、祁漫塔格蛇绿混杂岩带、东昆仑陆块等3个构造单元。各构造单元在岩浆活动、沉积建造、变质变形和控矿作用方面各有不同特点，均在矿产的形成和空间展布上起着控制作用。从已知的矿产资料和矿化信息反映出调查区各类矿产集中分布在3个构造单元内，涉及的矿种以铁为主，即铜、铅、锌、金、银、石墨、硫、石灰岩、白云岩、冰洲石、辉绿岩、石油、天然气、盐类等达到矿点以上的矿种多为外生矿产，而内生矿产多形成矿(化)点和矿化信息。柴达木陆块内以沉积型的石油、天然气、盐类矿产为主，多形成小型矿床，内生矿产少见；祁漫塔格构造岩浆带，以内生矿产为主，但未能形成规模，多为矿(化)点和矿化信息，区内的金属矿产均产于该带。外生矿产虽然较少，但大部分已达到矿点规模，极少部分为矿化信息；东、中昆仑陆块，只见有少量的褐铁矿化和盐类沉积，均为矿化信息。

区内北西-南东向深大断裂为成矿热液上升提供了通道，与此相配套的次级断裂和裂隙是导矿、储矿的良好地段，而成矿后期的断裂构造对矿体起着破坏的作用。

二、岩浆活动与内生成矿背景关系

调查区岩浆活动极为频繁，以侵入为主，喷发次之。岩浆活动为内生矿产的形成提供热液来源；侵入岩和火山岩主要分布在祁漫塔格构造带内，是组成祁漫塔格造山带的主体岩性之一。对以铁为主的铜、金、银、铅、锌等内生矿产的形成和空间展布起控制作用。

(一)喷出岩与成矿关系

岩浆喷出产物火山岩以喷溢相为主，爆发相次之，共发生有3次火山喷发事件。最早为晚奥陶世形成的喷出岩，为一套中基性火山岩，属碱质偏高的(Na_2O+K_2O在5.36%～12%)岩石类型。其微量元素Cu的含量为127×10^{-6}，Pb为5×10^{-6}，Zn为49×10^{-6}，其中Cr、Ni、Co元素含量较高。发现有金、铜矿化；晚泥盆世喷出岩为一套陆相喷发的中酸性凝灰熔岩，有少量的星点状黄铁矿化现象，微量元素Cu为23×10^{-6}，Pb为17×10^{-6}，Zn为35×10^{-6}，Au、Ag元素显示较低；晚三叠世喷出岩为一套中酸性陆相喷出岩，岩石化学组分中碱质含量K_2O为4.02%，Na_2O为3.48%，碱质总量为7.50%，属碱质含量偏高的岩石系列。

(二)侵入岩与成矿关系

区内岩浆侵入活动强烈，侵入岩分布广泛，期次繁多，岩石类型复杂，为测区内生矿产的生成提供直接或间接条件。由于岩石类型和酸碱度的差异，所形成的矿化也不同，虽然都有成矿显示，但强弱有别，各具特色，其岩石类型从超基性—基性—中酸性—酸性—碱性侵入岩都有分布。就所获资料总体趋势反映出海西期—燕山期成矿作用由弱到强，所形成的矿化类型由局部较单一的铁矿化到形成含多金属铁矿化。

1. 晋宁期变质侵入体成矿特征

阿喀单元($Pt_3gn^{\gamma\delta}$)、滩北山单元($Pt_1gn^{\xi\gamma}$)是较早形成的侵入岩，原岩为花岗闪长岩、钾长花岗

岩，后经区域变质作用，形成条带状眼球状黑云斜长片麻岩和眼球状黑云钾长片麻岩。从其岩石的化学成分特征得知，该单元的侵入岩属铝饱和或过饱和的高钾钙碱性岩石系列。岩石微量元素中的强不相容元素 K、Tb、Ba 等强烈富集，中等不相容元素 Nb、Zr、Sr、Ce、Ta、Hf 等富集程度一般，弱不相容元素 Y 属弱亏损。岩石中的成矿有益元素 Cu、Pb、Zn、Ni、Co、Au、Ag、Mn、Cr 均有显示，但丰值较低，很难富集成矿，因此，该单元的侵入岩在地表未发现有矿化现象。在前人资料中将该套岩石划为金水口(岩)群白沙河(岩)组(Ar_3Pt_1b)中，而微量元素 Cu、Pb、Zn 显示也较低。

2. 震旦期变质侵入体成矿特征

群峰东单元($Pt_3gn^{\gamma\delta}$)片麻状中细粒二长花岗岩在该期形成的侵入岩体只有群峰东一处，其原岩的岩性为中细粒二长花岗岩，后经区域变质作用形成片麻状中细粒二长花岗岩。从其化学特征得知里特曼指数 $\delta=1.25$，碱指数为 0.62，$Al_2O_3>Na_2O+K_2O+CaO$，属铝过饱和的碱性岩石系列。岩石微量元素特征反映出强不相容元素 K、Rb、Th、Ba 含量相对偏高，富集程度较好，中等不相容元素 Ce、Zr、Hf、Nb、Sm 等富集中等；弱不相容元素 Y 显示一定的含量，为偏弱富集；岩石中的成矿有益元素 Cu、Pb、Zn、Mo、Cr、Co、Au 含量显示较低，富集成矿的可能性较低，因此在区内的该套岩石中未发现矿化现象。该单元侵入岩在前人资料中也未发现矿化信息。

3. 加里东期侵入岩的成矿特征

中元古代基性、超基性岩分布较少，所见岩性有超基性岩、透辉石岩、橄榄辉长岩、辉长岩、辉绿岩、辉绿玢岩等，从其化学特征来看超基性岩贫硅($SiO_2<45\%$)、碱，富铁镁属硅酸不饱和的钙碱性岩石系列，基性岩富 CaO、Al_2O_3、MgO、FeO、Fe_2O_3，贫碱(K_2O+Na_2O 含量约为 4%)，属不饱和或饱和的钙碱性岩石系列。岩石的微量元素特征 Cr、Ni、Co 含量高，有益元素 Cu、Pb、Zn、Mo、Au、Ag，在个别岩石中有较弱的显示。在区内未见有矿化显示，但是在滩间(岩)山群(OST)地层中，超基性—基性岩在深大断裂附近有少量分布，范围较小，只能反映在特定的构造环境下，冷侵位及蛇绿岩套的配套岩石组合之一。在西沟、阿达滩中游北侧沿北南-南西向平推断裂附近基性岩脉呈复脉式或脉群产出，有的已达到建筑材料非金属矿化点，因此，区内 Cr、Ni、Co 元素异常是区内超基性—基性岩所引起，局部有 Cu 矿化现象。中酸性侵入体有：双石峡单元($S_3\xi\gamma$)中细粒黑云母正长花岗岩、豹子沟单元($P_1\pi\eta\gamma$)斑状白云母二长花岗岩、土窑洞单元($C_1\eta\gamma$)片麻状中细粒二长花岗岩、十字沟单元($O_3\gamma\delta$)弱片麻状中细粒黑云母花岗闪长岩。中酸性岩 Cu、Pb、Zn、Mo、Au、Ag、Mn 含量有一定显示，而在区域上未发现有成矿现象。

4. 海西期侵入岩成矿特征

该侵入体在测区分布面积较广，是构成祁漫塔格主脊的主要岩性，反映出本期岩浆活动的范围沿北西向的祁漫塔格主断裂分布，以中酸性侵入岩为主，超基性—基性岩次之。微量元素以 Pb、Zn 含量相对高为特征，而 Cu、Cr、Co、Au、Ag 在玉古萨依单元和土房子沟单元含量有偏高的趋势，尤其是 Cr、Ni、Co 元素仅在局部地段有反映，并有黄铁矿化形成，该期侵入岩成矿作用微弱，未能形成工业矿床。超基性—基性岩含量较突出，Cu、Pb、Zn 显示高含量，Au、Ag 元素偏低，Cu 元素的均值 34.5×10^{-6}、Pb 元素 54.9×10^{-6}、Zn 元素 156.6×10^{-6}，此外，Cr、Ni、Co 元素含量突出，均值分别在 146.9×10^{-6}、61.9×10^{-6}、30.4×10^{-6}，但未见成矿现象。

5. 印支期侵入岩成矿特征

该期岩浆活动相对较弱，所形成的侵入体多呈岩株状产出，主要分布在卡尔塔阿拉南山一带。从岩石化学特征可得知该序列的侵入岩均属次铝—过铝的钙碱性岩石系列，岩石的微量元素特征

(表 6-10)反映出强不相容元素 K、Th、Rb、Ba 等含量相对偏高,属中强—强烈富集,中等不相容的元素 Hf、Zr、Sm、Ce、Nb 等为中等富集,弱不相容元素 Ti、Y 为弱富集,成矿有益元素 Cu、Pb、Zn、Au、Ag、Mn、Cr、Mo、Ni 等含量有明显的反映,尤其是 Pb、Zn、Au、Mo 元素的含量显示更为突出,在区内与围岩(碳酸盐岩)接触形成矽卡岩型的矿(化)点或矿化信息,如伊仟巴达北磁铁矿点、水泉子沟磁铁矿化点、景忍东(图外)铜矿化点、铅锌矿点、磁铁矿点等,就是在该期侵入岩的成矿作用下形成,因此测区内的成矿作用由此而强烈起来。虽然成矿作用较好,但目前尚未发现工业型矿床。

6. 燕山期侵入岩成矿特征

该期岩浆活动弱,形成的侵入岩体小而分散,按岩石类型划为冰沟序列的 3 个单元,有河南梁单元($J_1\xi\chi$)细粒碱长花岗岩、多登单元($J_1\xi\gamma$)中细粒正长花岗岩、口子山单元($J_1\xi o$)中细粒石英正长岩。从其岩石化学特征得知,岩石中碱度指数在 0.73～0.93 间,大部分大于 0.9,碱指数明显偏高,碱大于铝值,属次铝的碱性岩石系列;就微量元素特征而言,强不相容元素 K、Th、Rb、Ba 等为中强—强烈富集,中等不相容元素 Hf、Zr、Sm、Ce、Nb 等为中等富集,弱不相容元素 Y 富集一般,以上元素含量变化不太明显,但该期侵入岩体的碱指数明显偏高,并伴有较强的钾化蚀变。由此可以推断,区内较强的钾化就是与该期侵入岩关系密切。而成矿有益元素 Pb、Zn、Au、Cr、Mo 含量明显偏高,Cu 元素在 3.1×10^{-6}～7.2×10^{-6} 内变化,含量不稳。从前人采集的人工重砂中以含黄金及多金属矿物高为特征,多金属矿物有铜、黄铁矿、铜矿物,铅矿物、辉钼矿、白钨矿、泡铋矿、变钍褐帘石等。在区内或区域上该期侵入岩多沿北西西向断裂带附近呈小岩柱状产出,各岩体的特征是岩体分布范围小、矽卡岩化较强,铁、多金属矿化较普遍。与围岩接触多形成以矽卡岩型为主,热液型次之的铁矿及多金属矿(化)点或矿化信息。如喀雅克登塔格北坡铁铜矿化点,四干旦沟赤铁矿点,群峰北坡磁铁矿化点伴有铜矿化。卡尔塔阿拉南山北坡,磁铁(伴有铜矿化)矿化点,冰沟南铅、锌、铜矿点等,均属燕山期侵入体形成。在测区东邻图幅内形成有工业型(肯得可克)铁矿床。由此可见该期侵入岩的成矿作用最好,是区内主要的成矿作用期。该期基性岩呈岩墙产出,在西沟和阿达滩一带,已形成铸石原料矿化点,主要沿北东-南西向平移断裂附近分布。燕山期侵入岩 Cr、Ni、Co 含量高。

7. 脉岩的成矿特征

区内脉岩发育,脉岩类型复杂,其岩性有辉长岩脉(υ)、辉绿岩-辉绿玢岩脉($\beta\mu$)、闪长岩脉(δ)、闪长玢岩脉($\delta\mu$)、花岗闪长岩脉($\gamma\delta$)、正长花岗岩脉($\xi\gamma$)、二长花岗岩脉($\eta\gamma$)、斜长花岗斑岩脉($\gamma\pi$)、花岗细晶岩脉($\gamma\iota$)、伟晶岩脉(ρ)、石英正长岩脉(ξo)、长英质岩脉(γ)、石英脉(q)等。在不同时代的地质体内发育的脉岩类型有所不同。元古宙地层中以花岗闪长岩脉为主,其次为闪长玢岩脉、石英闪长岩脉;早古生代地层中以石英脉最为发育,偶尔见有伟晶岩细脉分布;中生代火山岩地层中以二长花岗岩脉为主,其次为花岗细晶岩脉、石英正长岩脉等。区内的大部分辉绿岩-辉绿玢岩脉主要发育在加里东期恰得儿单元($C_1\pi\eta\gamma$)和海西期的豹子沟单元($P_1\pi\eta\gamma$)内。不同脉岩其形成的矿化各有较大差异,有的脉岩多呈脉群产出,如辉绿岩脉和辉绿玢岩脉在局部已形成化工原料、建筑材料非金属矿化点,微量元素以 Cr、Ni、Co 含量高为特征,Cu、Pb、Zn、Au 含量也有高的显示。所取 8 个样品平均含 Cu 为 27.09×10^{-6}、Pb 为 13.24×10^{-6}、Zn 为 66.38×10^{-6}、Au 为 0.48×10^{-9}。在局部有 Cu 矿化显示。在下古生界奥陶系—志留系滩间山(岩)群(OST)地层中的石英脉发现有 Cu 矿化多处,Au 矿化 4 处,如冰沟南含 Cu 石英脉含 Cu 为 0.93%,水泉子沟东岔含 Cu 石英脉中 Cu 为 0.97%,阿布拉斯赛阿特恩北西部含 Cu 石英脉中 Cu 为 1.42%,公路沟含 Cu 石英脉中 Cu 为 0.35%,宽沟西经化探异常查证时发现含 Au 石英脉 1 条,含 Au 大于 500×10^{-9},经常量分析,Au 品位为 2.61×10^{-6},小盆地南 Au 矿化是发育在断裂破碎带上石英脉型 Au 矿化,经 3 件样品化学分析结果含 Au 为 $0.28\times10^{-6}\sim1.56\times10^{-6}$。十字沟 Au 矿化也产于断裂破碎带中的含 Au 碎裂石英脉中，经 7 个化学样分析结果，有 2 件含 Au 分别为 1.68×10^{-6}、1.14×10^{-6}，其余含 Au 在 $0.08\times10^{-6}\sim0.14\times10^{-6}$之间。含矿石英脉长 5～10m，宽 0.5～1m。中酸性脉岩（二长花岗岩脉、石英正长岩脉、闪长玢岩脉、花岗细晶岩脉），微量元素中 Cu、Pb、Zn、Ag 也有一定的显示，但所形成的矿化较少，只有个别岩脉有 Cu 矿化显示，酸性岩脉中微量元素 Pb、Zn、Cr、Ba、Nb、Ag 等含量偏高，就现有资料证实有的脉岩还未发现有矿化显示。总之，有的脉岩在区域上具一定的找矿意义。

三、围岩条件与内生成矿的背景关系

岩浆活动是重要的成矿热液来源，而围岩条件对内生成矿起着决定性的作用。碳酸盐岩的化学性质活泼，是生成矽卡岩型矿产的一个重要因素，区内较多矽卡岩型矿产的形成，均与碳酸盐岩紧密相关。矽卡岩型成矿类型在区域上较为普遍，在图外多形成矽卡岩型中—小型矿床，而测区多形成矽卡岩型矿（化）点、矿化信息，多产于冰沟群狼牙山组（J*xl*）碳酸盐岩地层中。该套地层在区内呈残留体分布，局部侵入岩穿越隔挡层碎屑岩就有矽卡岩型的矿化形成。在区域上所形成的矽卡岩型工业矿床多产于上奥陶统滩间山（岩）群（OS*T*）碳酸盐岩中。石炭纪地层中的碳酸盐岩已形成较有规模的非金属矿床，在区域上与侵入岩呈侵入接触带也有形成矽卡岩型多金属矿产的范例，但在测区该套地层与侵入岩呈断层接触，未发现有矿化的形成。因此，碳酸盐岩是矽卡岩型成矿必备的围岩条件。

四、地层与外生矿产的关系

区内不同时代地层的形成严格受沉积岩相、古地理、古气候所控制，而形成的沉积和沉积变质矿产有所不同，微量元素含量上也有较大差异。古元古界金水口（岩）群属滨海—浅海相类复理石建造，为一套中深变质的碎屑岩夹碳酸盐岩地层，含碳质丰富，形成区域性动力变质石墨矿产，地层中的微量元素 Sr 含量高；中元古界冰沟群为一套滨海-浅海相沉积产物，由碎屑岩、碳酸盐岩两岩组组成，其中下岩组形成具有一定意义的白云岩矿点和沉积薄层状赤铁矿，微量元素显示出 Cu、Ti、V 含量较高；奥陶系—志留系滩间山（岩）群（OS*T*）为一套槽型滨海-浅海相沉积碎屑岩夹火山岩、碳酸盐岩，局部铁质增多，局部形成铁矿化，微量元素 Cu、Cr、Ni、Co、Mn、Ba 含量较高；上泥盆统为海陆交互相沉积的碎屑岩、火山岩两个岩组，地层出露较少，未发现有矿化现象，微量元素 Zn、Co、Ba、Sr、V、Pb、Cr、Ni 等含量相对偏高；石炭系为浅海-陆盆相沉积大套碳酸盐岩地层，共由 4 个岩组组成，并形成几处具有一定规模的工业意义的石灰岩矿点，微量元素相对较高，其他元素均低；古近系渐新统—新近纪上新统为一套湖海相沉积的碎屑岩，反映了当时的沉积环境适应低等生物大量繁殖，为盆地内石油及天然气的生成提供了丰富的物质基础，同时该套地层中含有石膏、盐类矿物，为现代盐湖成矿提供物质来源；尤其是古近纪—新近纪地层中青灰—浅灰色泥岩、粉砂岩中微量元素 Sr 含量明显高于其他地层几倍到数十倍，最高含 Sr 元素 9834×10^{-6}，平均在 1289.78×10^{-6}，区域上在大风山一带已形成特大型天堇石矿床，是找锶矿的较好地段。第四纪由于柴达木盆地内早更新世至全新世气候更趋炎热干燥，易于蒸发，有数量较多、规模不等的现代盐湖分布，尕斯湖盐类矿为该时期产物。

五、剥蚀程度对矿产的影响

祁漫塔格造山带属东昆仑造山带的西段，又是青藏高原隆升的一部分。随着盆地演化和成山作用的加快，使测区内的剥蚀程度日趋剧烈。剥蚀与隆升造山同步进行，因此研究隆升和探讨剥蚀对测区的矿产破坏影响有着重要意义。古生代以前就原有的资料反映滩间山（岩）群有洋壳物质、

岛弧型中酸性火山岩和海相类复理石建造出现，遭受的剥蚀以化学作用为主，对金属矿产影响相对较小。从晚新生代以来随着新特提斯海的消亡，青藏高原西部地区上升为陆地，剥蚀作用由弱变强。自20世纪60年代中国地质学者首次在希夏邦马峰北坡海拔5000m以上在上新统地层中发现高山栎以来，揭示了青藏高原隆升约在新近纪末的新观点，从而提出晚新生代以来高原隆升所经历了三大地质事件。在这3次事件中剥蚀程度由此变得强烈起来。

（一）青藏高原运动（3.4～1.7MaBP）

从3.4Ma开始，青藏高原开始整体隆起，使整体的高原夷平面开始解体，形成山间陆盆地貌，陆地开始遭受剥蚀，盆地接受沉积，剥蚀作用主要表现在强断裂、挤压、褶皱、火山活动，使完整的陆块开始解体风化，岩石崩塌破碎，再加上隆升导致古气候、古环境和古地理格局发生巨大变化，物理剥蚀作用强烈活跃起来，剥蚀物沿山前、山麓地带堆积。早期形成的矿产也遭受风化瓦解。

（二）昆仑-黄河运动（1.1～0.6MaBP）

青藏运动造就了青藏高原整体轮廓，隆升的初级阶段界定了后期特定的高原呈阶段性的抬升特点。就有关资料证实昆黄运动将隆升速率进一步加快，这次运动具有突然性和抬升幅度大的特点，再次使青藏高原抬升到一个新的高度，海拔约在3000m，区域性气候旋回环境发生剧烈变化，进入高寒性最大冰冻期，其高原特点由此而基本确定。隆升相伴的剥蚀作用由强烈活跃向剧烈转变，较早的古元古代—中生代地层剥蚀成支离岩片，同时造成部分的地层缺失现象，较新的侵入岩体也受到强烈的剥蚀，形成的金属矿产和非金属矿产遭受强烈破坏。

（三）共和运动（0.15Ma～Rec）

共和运动发生于0.15Ma，青藏高原又一次经历了剧烈隆升、切割阶段，使早-中更新世的河湖相地层褶皱变形，高原隆升已达海拔4000～5000m，侵蚀基准面下降和流域扩大，造成峡谷被前所未有的切割。从有关资料反映龙羊峡自150ka以来下切达800m左右。在该阶段隆升、切割已达到高峰。而剥蚀作用也在加剧，严重造成区内地层残缺不全，晚泥盆世地层零星分布，其余地层多呈较小的岩片和残留体断续分布，而较新的侵入体已构成祁漫塔格主体岩性，多分布在海拔3000～5000m以上。此阶段使地表的金属矿产基本被破坏得面目全非，有的矿种已经消失。就现有的金属矿种也寥寥无几，多呈矿（化）点或矿化信息产出，一些非金属矿产也在缩小。由于该运动在延续，就目前形成的Ⅱ～Ⅲ级洪积扇和多级（Ⅳ级）河流阶地，反映出测区仍处于显著的隆升期，而剥蚀作用同时也在显著加剧，现有的一些矿化也趋消失。因此，剥蚀作用对地表的金属矿产和非金属矿产破坏影响极大，所以造成调查区目前的这种矿产分布状况。

第八章 结束语

图幅工作三年来，在中国地质调查局、中国地质调查局西北项目办的支持下，在青海地质调查院的直接领导下，承担项目的青海地质调查院区调一分队全体员工在难以言表的恶劣自然环境下克服了重重困难，取得了一批可喜成果。

一、主要成果及进展

(1)通过测区地质调查和综合分析对比对祁漫塔格地区构造单元进行了重新核定，对构造单元性质给予了明确的时间限定。首次在祁漫塔格发现了蛇绿岩混杂岩带。

蛇绿岩所赋存的滩间山(岩)群角度不整合在具有可靠化石依据的上泥盆统黑山沟组之下；滩间山(岩)群地层被有同位素依据的晚志留世红柳泉序列花岗岩及有同位素依据的晚奥陶世石拐子序列花岗岩所侵入，反映其形成于晚奥陶世或之前。首次在滩间山(岩)群硅质岩夹层中获得了微古疑源类化石，光面球藻(未定种)*Leiospaeridia* sp.，微刺藻(未定种)，*Micrhystridium* sp.，波口藻(未定种)*Cymatiogalea* sp.，瘤面球藻(未定种)*Lophosphaeridium* sp.，波罗的海藻(未定种)*Baltisphaeridium* sp.，据其组合确定时代属奥陶纪，反映其形成于晚奥陶世或之前。另外玄武岩中的Sm-Nd等时线成岩年龄为468±54Ma，辉绿岩中的Sm-Nd等时线年龄样品显示成岩年龄为449±34Ma，辉长岩中的Sm-Nd等时线成岩年龄为466±35Ma。说明祁漫塔格洋的裂解时期为早奥陶世。另外首次取得了晚奥陶世俯冲型花岗闪长岩的U-Pb测年值为439.2±1.2Ma、445.4±0.9Ma；晚志留世到早泥盆世碰撞性花岗岩的U-Pb测年值为389.1±5Ma、410.2±1.9Ma、419.1±2.8Ma。在巴音郭勒呼都森构造岩中获得了两组同位素年龄测年值，其结果为400.9Ma($^{39}Ar-^{40}Ar$法，糜棱岩)；402Ma($^{39}Ar-^{40}Ar$法，含堇青绿帘黑云母片岩)。说明测区在志留纪末期曾有强烈的变形变质作用发生，从而首次用绝对年龄证明了加里东造山运动的存在。

(2)滩北峰及阿尼亚拉克萨依发现一套中元古代镁铁—超镁铁质侵入岩。

测区内从西向东分别有红土岭辉长岩构造块体、滩北山辉长岩体、阿达滩沟脑辉长岩、橄辉岩残留体群，库木俄乌拉孜辉长岩、橄辉岩残留体群。库木俄乌拉孜基性岩体位于伊仟巴达断裂北侧的分支断裂中，呈残留体状产出于新元古代构造片麻岩中，残留体共有3个，岩性分别为蚀变辉长岩、蚀变辉橄岩，块体长1000m左右，宽100～200m。其中在辉长岩中获Sm-Nd等时线年龄为891±19Ma，另外在红土岭基性岩体中采集了一条Sm-Nd等时线年龄样其测年值为1550±150Ma。基性、超基性岩作为地幔岩浆活动的产物，反映了古元古代结晶基底在中新元古代发生了一次强烈的拉张伸展运动，为祁漫塔格前寒武纪构造岩浆活动提供了新证据，为研究祁漫塔格前寒武纪基底的性质、构造演化及其对成矿作用的影响提供了重要地质线索。

阿达滩角闪斜长片岩中所采一未成线全岩Sm-Nd法等时线年龄样中包含有2753Ma模式年龄的信息，红土岭辉长岩中Sm-Nd等时线样品中有3383Ma的模式年龄，反映出测区有太古宙陆核存在的信息。

(3)祁漫塔格地区发现晋宁期变质侵入岩(体)。

东昆仑西段祁漫塔格地区首次发现的晋宁期变质侵入岩(体)，侵入于古元古界金水口(岩)群中，铀-铅同位素年龄值为 831±51Ma，时代为新元古代，岩浆成因属地壳物质重熔的 MPG 型，是同碰撞构造环境形成。该套变质侵入岩的发现，表明祁漫塔格在晋宁期可能存在一次大陆汇聚和增生作用，相当于格林威尔造山事件。表明柴达木陆块与华南陆块在晋宁期已经汇聚到一起，并作为一个整体位于新元古代 Rodinia 超大陆中。

(4)在古近纪—新近纪地层中首次发现假菊石型南方圆螺黄河亚种 *Australorbis pseudoammonius huanghoensis* Yu. 和实椎螺(未定种) *Lymnea* sp. 化石和新近纪植物化石。

干柴沟组(ENg)下部地层中淡水腹足类化石的首次发现以及其与第四系下更新统间的角度不整合接触关系的存在，首先说明阿达滩盆地在渐新世早期还处于稳定的湖相沉积环境，当时气候较炎热，其隆升剥蚀起始于渐新世早期之后；其次，现祁漫塔格山以北柴达木盆地内古近纪、新近纪地层发育齐全，说明祁漫塔格山体在渐新世早期已经形成，从而成为两盆地间的天然屏障，其后的阿达滩盆地与柴达木盆地是两个独立演化的盆地。由此可见整个青藏高原内部从渐新世早期以后就已存在强度较大的差异隆升。

(5)测区西沟及其他一些地区发现侏罗纪—白垩纪辉绿岩墙。

该辉绿岩墙大多产出于北东-南西向左旋走滑断裂带内，其走向与断裂走向一致。西沟辉绿玢岩 Sm－Nd 同位素年龄测定数据为 120±83Ma，为早白垩世；巴音郭勒呼都森辉绿玢岩 K－Ar 测年值为 176.2±3.5Ma 为中侏罗世。反映了祁漫塔格造山带在中侏罗世到早白垩世存在着一次地壳拉张及相应上地幔岩浆侵入事件。

祁漫塔格造山带作为东昆仑造山带的一个特殊组成部分，位于东昆仑西北部，以阿尔金造山带为界与西昆仑相隔，北邻柴达木陆块。其在侏罗纪到白垩纪是否有过构造活动及活动性质一直是个未知数。本次在辉绿玢岩中取得 Sm－Nd 和 K－Ar 测年值，表明了祁漫塔格在侏罗纪到白垩纪处于拉张伸展的构造环境。为其北侧柴达木盆地及其内部阿达滩等盆地断陷的序幕。另外一组倾向为 50°左右的系统节理和断裂(其最晚一次活动期限经热释光测年为 91.1±4.8ka、68.1±0.1ka)切割该组脉岩，正断层特征形态明显，说明可能上更新统祁漫塔格以及南部山体处于一种向盆地(柴达木)伸展滑塌的特点。在测区也首次发现多处正长岩、碱长岩物质，目前认为属 T_3—J 期侵入岩，这对于讨论特提斯洋闭合以后陆内壳幔物质交换有现实意义。

(6)获得了大量的测年结果、解体出了众多侵入体。

在野外工作中解体出近 173 个中酸性侵入体，依据地质学特征、岩石学特征、岩石化学特征、岩石地球化学特征、同位素特征、包体特征、接触关系特征及区域对比，归并了 23 个单元(侵入体)，进一步划分归并 5 个岩浆序列、4 个独立单元、2 个独立侵入体；首次解体出加里东期侵入体 33 个，现有如下年龄值确证：419.1±2.8Ma(U－Pb)、410.2±1.9Ma(U－Pb)、439.2±1.2Ma(U－Pb)、445±0.9Ma(U－Pb)。发现 3 处含白云母花岗岩，从而证明加里东期造山旋回有陆内俯冲事件发生。另外还取得了一大批海西期、印支期、燕山期的侵入岩测年成果。

(7)在测区西沟发现有混源岩浆存在。

在野外平面露头上由基性和酸性端元相互穿切，无一定界线，由岩浆混合作用形成的浆混花岗岩在区内分布范围小，仅出露于西沟沟脑，由斑状石英闪长岩(相)、斑状花岗闪长岩(相)、斑状二长花岗岩(相)组成，是上地幔或更上部形成的基性岩浆底侵与地壳形成的酸性岩浆混合侵出地表。其中在石英闪长岩中获得 U－Pb 年龄值为 284.3±1.2Ma；似斑状二长花岗岩中获得 U－Pb 年龄值为 270.9±0.9Ma。

(8)对前人所划分的地层重新进行了厘定从而为正确划分测区的构造格架提供了依据。

对前人在测区东南部一带所划分的一套原滩间山(岩)群地层经精细剖面的测制，据其岩性组合、变质变形特点以及测年值经区域对比解体为古元古界金水口(岩)群白沙河(岩)组(Ar_3Pt_1b)中元生界冰沟群丘狼牙山组(J*xl*)。Sm－Nd 等时线年龄样其测年值为 2322±160Ma。

对中元古界冰沟群狼牙山组依据岩性组合、变质变形等特征解体为狼牙山和丘吉东沟两个组。前者碳酸盐岩中发现典型栉壳构造，代表较长时间半干旱气候条件下极浅水的（并经常暴露的）碳酸盐岩台地接受渗流作用形成的一种独特的构造。

另外在晚泥盆世和石炭纪、二叠纪地层中采获了大量的珊瑚、䗴科、腕足类等化石，对合理建立生物地层提供了依据。

（9）找矿方面。

通过本次矿产调查工作，采集化学样87件、定量光谱样品747件，发现磁铁矿点1处，铁、铜矿化点1处，赤铁矿化点1处，铜矿化线索3处，冰洲石矿化线索1处。检查前人矿（化）点17处，检查率约占70%～80%。对物、化探异常反映较好地段都有路线控制。其中巴音郭勒呼都森地区狼牙山组中发现的铜多金属矿化线索成矿地质条件较好，有望后期工作中取得突破。另外吐特喀北新发现的磁铁矿点北侧约30km处有乡间土路通过，交通较为方便。2002年9月工作时发现后进行了地表检查，测制了1∶200矿区地质平面草图系统采集了各类样品。矿体赋存于辉橄岩体内的次级裂隙中，共有3条磁铁矿体，矿体走向为北东-南西向，呈长条状和透镜状产出。Ⅰ号矿体断续出露，长约29m，宽在1～3.5m之间；Ⅱ号矿体位于1号矿体的北端，矿体呈透镜体产出，走向北东-南西向，长轴长约4m，宽在1m；Ⅲ号矿体位于Ⅰ号矿体的北侧3～4m处，矿体长约46m，宽1～3m。

磁铁矿品位含量有所不同，稠密浸染状矿石含TFe最高达60.90%，一般在30%，稀疏浸染状磁铁矿石品位含TFe为20%～30%，是矿区内主要的矿石类型；而星点状磁铁矿含TFe品位在10%～15%。3种矿石类型的平均品位在40.2%。

（10）首次在测区不同成因类型沉积物中采集了40个测年样品。

采用热释光、光释光、电子自旋共振、^{14}C等方法，相应采取了大量孢粉资料。据绝大多数已到的测年成果确定了。

测区沙化的历史最早为913.8ka，其次30.8±1.8ka，再为6.93±0.82ka，近代为大面积沙化。

确定了测区内陆水系河流阶地的时代：①T_1，东沟T_1年龄为3.7±0.2kaBP，阿达滩沟口T_1年龄为4.00±0.22kaBP；②T_2，东沟T_2年龄为4.8±0.3kaBP，阿达滩沟口T_2年龄为6.48±0.44kaBP；③T_3，东沟T_3年龄为5.0±0.4kaBP，阿达滩沟口T_3年龄为12.58±0.87kaBP。

测区山前冲洪积扇的形成时代。双石峡冲洪积扇（底部年龄为34.0±2.7kaBP，上部年龄为13.9±0.6kaBP）为晚更新世晚期；石拐子附近扇体（下部3m处年龄为10.2±0.7kaBP）为晚更新世晚期；西沟沟口扇体（下部约4m处年龄为38.1±2.2kaBP）为晚更新世晚期；玉古萨依扇体（下部约4m处年龄为30.11±3.47kaBP）为晚更新世晚期，阿达滩河北部扇体（上部年龄为34.11±3.47kaBP）；巴音河口扇体（下部年龄为19.30±1.97kaBP）为晚更新世。

测区3期冰期的形成时限。中更新统冰水堆积物年龄为169.56±6.08kaBP、230.45±15.70kaBP；上更新统冰水堆积物年龄为107.6±4.05kaBP、118.58±6.05kaBP、86.75±3.92kaBP、29.0±0.8kaBP、25.0±2.1kaBP；全新统冰碛物年龄为7.97±0.7kaBP。

（11）本次大调查工作首次取得了祁漫塔格山脉中新统快速抬升的裂变径迹证据。

测区现今海拔5000m的高程处发现有古近纪—新近纪地层的展布（豹子沟沟脑、巴音郭勒呼都森沟脑）从巨厚的复成分砾岩的特征以及以角度不整合产出于下部老地质体之上等特征可以证明该套古近纪—新近纪砾岩应为古近纪早期具磨拉石特征的一套产物，说明祁漫塔格山脉的整体大规模抬升起始于新生代早期。本次测定的9个磷灰石裂变径迹年龄数据也证明了这一点。总体来看除一个样记录是渐新世外，其余样品测年结果均集中于中新世早中期。说明祁漫塔格山脉的大规模隆升是在中新世早中期。其总体隆升速率为100m/Ma。

（12）古人类活动遗迹。

工作期间首次在测区发现2处灰烬层，1处牧羊遗址，2处吐蕃文化遗迹，2处石器。这些人类活动遗迹、遗物的发现对于讨论青藏高原远古人类活动及其生态环境变迁有着重要的意义。

阿达滩灰烬层：2001 年 7 月在阿达滩（海拔 3700m）发现一处保存于Ⅲ级河流阶地冲洪积堆积物中的灰烬层，该层长 70cm，宽 25cm，^{14}C 测年为 1700 多年，该层稍进行发掘，发现 9cm^2 的大块木炭。说明 1000 多年前周围山体有较大的树木生长。

红土岭、宗昆尔玛地区吐蕃文化遗迹：2001 年、2002 年分别在新疆东南部若羌县红土岭、宗昆尔玛一带发现了藏传佛教藏文石刻——嘛呢堆。该发现对研究该地区的民族变迁史及环境演化都有十分重要的意义。梵文经文石刻堆发现区地理上位于阿尔金山以东，东昆仑西段布喀达坂峰以北、柴达木盆地西南的祁漫塔格山区及库木库里盆地一带，该区现在为青新交界，新疆一侧为维吾尔族游牧区，青海一侧为蒙古族游牧区，而藏传佛教经文石刻的发现表明该区早年曾有藏族或其先民在本地区活动。已有研究成果表明，吐蕃占领青海后，其北界已达甘肃敦煌，但西北界现尚无从考证，本次藏文经文石刻的发现，印证了吐蕃占领青海后，其势力一度已扩展到新疆东南部阿尔金山东部一带。

东沟沟口青海齐家文化遗址：2001 年在东昆仑西段祁漫塔格山东沟沟口发现两件石器。该石器产出于祁漫塔格山北缘山前一呈残留孤丘状的全新统Ⅱ级冲洪积扇阶地上部垮塌层中。此两件石器经青海省社会科学院民族宗教学教授谢佐查阅相关资料初步鉴定出板状石器为古时保存火种的拦隔板、铲状石器为磨砺器，属青海省齐家文化（距今 2000a 左右）。该类石器在青海考古历史中属首次发现 。它的发现和进一步的研究将对揭示青藏高原腹地人类文明变迁历史与探讨高原千年精确尺度的古气候、古环境变化具有十分重要的意义。

库木俄乌拉孜古人类遗迹：2002 年 8 月在库木俄乌拉孜位于 E90°53′32″，N37°06′36″，海拔 4437m 处发现古人类遗迹一处。经初步挖掘发现灰烬层相对集中地两处。第一处灰烬层面以下 50cm 处发现一枚山羊的牙齿化石。经鉴定时代为中更新统到上更新统，灰烬经 ^{14}C 测年其形成年代为 5240±100a。第二处灰烬经 ^{14}C 测年其形成年代为 5380±120a。在其第一层顶面发现数块经烧烤过的骨头，且在距顶面 30cm 处发现 3 块直径分别为 15cm、16cm、18cm 的石块，估计是烧烤食物所用。该人类活动遗迹认为形成时代可能在 5000～10 000a 之间。

珍珠坑古人类遗迹：2002 年 9 月在阿牙克库木地区 E90°04′34″，N37°12′35″，海拔 4001m 处发现牧羊遗址一处，主要由露头长度为 21m，厚为 55cm 的半固结成岩的含大量羊粪颗粒化石的有机物层所组成。该层内发现有大量骨头，经发掘发现一枚石斧及一排牙齿。石斧经类比鉴定，时代可能属青海省卡约文化时期的畜牧业生产工具，距今在 4000～5000a 之间，主人应是古代羌人。牙齿经鉴定时代属中更新世到晚更新世晚期。光释光测年结果为 85.9ka，综合分析该遗迹时代最晚应在 10 000a 以前。

测区内这些古人类活动遗迹、遗物的首次发现，对于讨论已经高度沙化，海拔 4000m 以上该地区的古人类活动、环境变迁无疑会有重大意义。

二、存在问题及建议

（1）本测区内首次发现了多处古人类活动遗迹，由于受时间和专业水平的限制，未能进行进一步的详细工作。建议有关部门加大进一步的科研工作量。

（2）对测区发现的矿点、矿化点应部署进一步的详细工作。

主要参考文献

柏道远,熊延望,刘耀荣,等.中昆仑山形成时代与隆升幅度——基于夷平面与磷灰石裂变径迹研究[J].资源调查与环境,2007,28(1):6－11.

常远,刘锐,杨嘉,等.磷灰石裂变径迹技术与地学应用综述[J].上海地质,2004,89(1):47－53.

地质部石油地质局综合研究队西北区队.柴达木幅 1∶100 万地质矿产图说明书,1964.

地质矿产部情报研究所.国外地质科技[M].北京:地质出版社,1984.

地质矿产部直属单位管理局.花岗岩区 1∶5 万区域地质填图方法指南[M].武汉:中国地质大学出版社,1991.

地质矿产部直属单位管理局.变质岩区 1∶5 万区域地质填图方法指南[M].武汉:中国地质大学出版社,1991.

丁林,钟大赉,潘裕生,等.东喜马拉雅构造结上新世以来快速抬升的裂变径迹证据[J].科学通报,1995,40(16).

杜乐天.地幔流体与玄武岩及碱性岩岩浆成因[J].地学前缘,1998,(3):145－158.

都城秋穗.变质作用与变质带[M].周天生(译).北京:地质出版社,1979.

董申保,等.中国变质作用及其与地壳演化的关系[M].北京:地质出版社,1986.

房立民,杨振升,徐朝雷,等.变质岩区 1∶5 万区域地质填图方法指南[M].武汉:中国地质大学出版社,1991.

符超峰,方小敏,宋友桂,等.盆山沉积耦合原理在定量恢复造山带隆升剥蚀过程中的应用[J].海洋地质与第四系地质,2005,25(1):105－111.

高全洲,崔之久,刘耕年,等.青藏高原洞穴次生方解石的裂变径迹年代及地貌学意义[J].海洋地质与第四系地质,2000,20(3):61－65.

郭进京,张国伟,陆松年,等.中国新元古代大陆拼合与 Rodinia 超大陆[M].北京:高校地质学报,1999,5(2):148－156.

郭进京,赵凤清,李怀坤.中祁连东段晋宁期碰撞花岗岩及其地质意义[M].北京:地球学报,1999,20(1):10－15.

河北省地质局科技情报室.造岩矿物学概论[R].实验室情报组,1977.

姜春发.中央造山带几个重要地质问题及其研究进展[J].地质通报,2002,(8－9):453－455.

姜耀辉,芮行健,贺兰瑞.西昆仑加里东期花岗岩类构造的类型及其大地构造意义[J].岩石学报,1991,1,105－115.

赖少聪.青海高原北部新生代火山岩的成因机制[J].岩石学报,1991,(1):98－104.

黎敦朋,肖爱芳,李新林,等.青藏高原隆升与环境效应[J].陕西地质,2004,22(1):1－10.

李吉均,方小敏,潘保田,等.新生代晚期青藏高原强烈隆起及其对周边环境的影响[J].第四纪研究,2001,21(5):381－390.

李昌年.火山岩微量元素岩石学[M].武汉:中国地质大学出版社,1992.

李天福,马鸿文.钾质火山岩的成因研究[J].地学前缘,1998,5(3):133－144.

李充明.藏北羌塘地区新生代火山岩岩石特征及其成因探讨[J].地质地球化学,2000,(2):38－44.

李吉均,文世宣,张青松,等.青藏高原隆升的时代、幅度和形式探讨[J].中国科学,1979,(6):608－616.

李光岑,林宝玉.昆仑山东段几个地质问题的探讨[A].见:地质矿产部青藏高原地质文集编委会著,青藏高原地质文集(1)[C].北京:地质出版社,1982.

李吉均,方小敏,潘保田,等.新生代晚期青藏高原强烈隆起及其对周边环境的影响 [J].第四系研究,2001,21(5):381－390.

刘顺生,张峰.西藏南部地区的裂变径迹年龄和上升速度的研究[J].中国科学,1987,B(9):1000－1010.

刘宝珺.沉积岩石学[M].北京:地质出版社,1980.

刘广才,周天祯,周光第,等.青海祁漫塔格晚古生代地层[M].成都:四川科学技术出版社,1987.

潘桂棠,王培生,徐耀荣,等.青藏高原新生代构造演化[M].北京:地质出版社,1990.

区域地质矿产地质司.火山岩地区区域调查方法指南[M].北京:地质出版社,1987.

青海省区调综合地质大队.土窑洞幅、茫崖幅 1∶20 万地质、矿产报告及地质图和矿产图,1986.

青海省区调综合地质大队.伯喀里克幅、那陵郭勒幅、乌图美仁幅 1∶20 万地质、矿产报告及地质图和矿产图,1985.

青海省地质矿产局.青海省区域地质志[M].北京:地质出版社,1991.

青海省地质矿产局.青海省岩石地层[M].武汉:中国地质大学出版社,1997.

钱壮志,胡正国,李厚民.东昆仑中带印支期浅成—超浅成岩浆及构造环境[J].矿物岩石,2000,2:14-18.

王云山,陈基娘.青海省及毗邻地区变质地带与变质作用[M].见:中华人命共和国地质矿产部,地质专报三,岩石矿物地球化学第 6 号[C].北京:地质出版社,1987.

王云山,程基娘.青海省及毗邻地区变质地带与变质作用[M].北京:地质出版社,1987.

王仁民,贺高品,陈珍珍,等.变质岩原岩图解判别法[M].北京:地质出版社,1987.

王国灿.沉积物源区剥露历史分析的一种新途径——碎屑锆石和磷灰石裂变径迹热年代学[J].地质科技情报,2004,21(4):35-40.

温贤弼,薛连明.东昆仑的槽型石炭纪[J].中国区域地质,1984,(9):49-61.

肖庆辉.研究中国 Rodinia 大陆的几点意见[J].国土资源科学进展,2000,92-94.

徐强,潘桂棠,许志琴,等.东昆仑地区晚古生代到三叠纪沉积环境和沉积盆地演化[J].特提斯地质,1998,22:76-89.

李晓峰,华仁民,冯佐海,等.广西海洋山花岗岩体侵位构造特征[J].岩石学报,2000,3:371-379.

许保良,阎国翰,张臣,等.A 型花岗岩的亚类型及其物质来源[J].地学前缘,1998 ,3:113-124.

于海峰,陆松年,梅华林,等.中国西部新元古代榴辉岩-花岗岩和深层次韧性剪切带特征及其大陆再造意义[J].Rodinia超大陆研究进展,2000:114-120.

杨大雄,王培生.横断山北段囊谦盆地新生界钙碱性次粗面岩的$^{40}Ar-^{38}Ar$法平年龄测定结果[C].青藏高原地质文集,1988.

中国科学院地球化学研究所同位素地球化学研究室编著.同位素年代学讲义[R].贵州地质局,1982.

中国地质科学院地质矿产所.透明矿物镜鉴定表[M].北京:地质出版社,1977.

中国地质调查局.青藏高原区域地质调查野外工作手册[M].武汉:中国地质大学出版社,2001.

赵嘉明,周光第.青海祁漫塔格山一带的 Kepingophyllum 珊瑚动物群[J].古生物学报,1995,34(5):575-589.

赵嘉明,周光第.东昆仑山西段上石炭统的四射珊瑚[J].古生物学报,2000,39(2):177-188.

张旗.蛇绿岩与地球动力学研究[M].北京:地质出版社,1996.

张青松,周耀飞,陆祥顺,等.现代青藏高原上升速度问题[J].科学通报,1991,529-531.

张海祥,张伯友.赣北星子群变质岩的原岩恢复及其形成构造环境判别[J].中国地质,2003.

朱允铸,等.柴达木盆地新构造运动及盐湖发展演化[M].北京:地质出版社,1994.

A.尼可拉斯,J.P.泊利埃.变质岩的晶质塑性和固态流变[M].北京:科学出版社,1985.

B.巴巴林.花岗岩类岩石类型、成因及其地球动力环境之间关系的评述[J].国外地质科技,1999,(2):42-55.

F.J.台尔纳.变质岩矿物和构造演变[M].邵克忠(译).北京:中国工业出版社,1963.

图版及图版说明

图版 1

1～4. 昆仑弓石燕　*Cyrtiopsis kunlunensis* Wang

背、腹、侧、前，×1。野外编号：ⅠP_1H4－2。时代：D_3^2。

5～8. 似石燕弓石燕　*Cyrtiopsis spirftroides* Grabau

背、腹、侧、前，×1.5。野外编号：ⅠP_1H4－1。时代：D_3^2。

9～12. 赵氏弓石燕　*Cyrtospirifer chaoi* Grabau

背、腹、侧、前，×1。野外编号：ⅠP_1H5－1。时代：D_3^2。

13～16. 宁乡弓石燕　*Cyrtospirifer ninghsiangensis*（Tien）

背、腹、侧、前，×1。野外编号：ⅠP_1H11－1。时代：D_3^2。

17～20. 戴维逊弓石燕　*Cyrtiopsis dovidsoni* Grabau

背、腹、侧、前，×1。野外编号：ⅠP_1H5－1。时代：D_3^2。

21～22. ？似高腾帐幕石燕　？*Tenticospirifer gortoavnioides*（Grabau）

背、腹、侧、前，×1.5。野外编号：ⅠP_1H9－1。时代：D_3^2。

图版 2

1～4. 小型弓石燕　*Cyrtospirifer minor* Tan

背、腹、侧、前，×1。野外编号：ⅠP_1H13－1。时代：D_3^2。

5,23. ？库兹巴斯疹石燕(比较种)　？*Punctospirifer* cf. *kusbassieus*（Besnossova）

腹、背，×2。野外编号：ⅠP_1H15－1。时代：D_3^2。

6～9. 平石燕(未定种)　*Platyspirifer* sp.

背、侧、腹、后，×1.5。野外编号：ⅠP_1H13－1。时代：D_3^2。

10～13. 中庸账幕石燕广西变种　*Tenficospirifer vilis* var. Kwaniensis Tien

侧、背、腹、后，×1.5。野外编号：ⅠP_1H13－1。时代：D_3^2。

14,15. 弯嘴弓石燕　*Cyrtospirifer streftorhynchus* Tan

腹、背，×3。野外编号：ⅠP_1H14－1。时代：D_3^2。

16～19. 似阿卡斯弓石燕　*Cyrtospirifer archiaciformis*（Grabau）

腹、背、侧、后，×1.5。野外编号：ⅠP_1H4－2。时代：D_3^2。

20. ？麻扎塔格纺锤贝　？*Fusella mayar tagensis* Wang

腹，×1.5。野外编号：ⅠP_2H7－1。时代：C_1^t。

22. 半面贝(未定种)　*Semiplanus* sp.

腹，×1。野外编号：ⅠP_{18}H6－1。时代：C_1^v。

23. ？先驱森托斯贝(比较种)　？*Sentosia* cf. *praecursor*（Stainbrook）

腹，×1。野外编号：ⅠP_1H7－1。时代：D_3^2。

24. 扩展无窗贝　*Arhyris expanse*（Phillips）

背，×1。野外编号：ⅠP_2H9－1。时代：C_1^n。

25～28. 美丽穹石燕(比较种)　*Cyrtiopsis* cf. *graciosa* Grabau

背、腹、侧、后，×1.5。野外编号：ⅠP_1H4－1。时代：D_3^2。

图版 3

1.德坞交织长身贝 *Vitiliproductus dewnensid* Yang

后,×0.8。野外编号:ⅠP_{18}H6-1。时代:C_1^n。

2.珂克德萨巴拉霍克贝 *Balakhonia Kokdscharensis*(Groberi)

腹,×1。野外编号:ⅠP_{18}H12-1。时代:C_1^v。

3,4.格所长身贝 *Productus gesuoensis* Yan

后、侧,×1。野外编号:ⅠP_3H2-1。时代:C_1^v。

5~8.湖南边脊贝 *Marginatia hunaensis*(Tan)

5,7,8.后、侧、腹,×1。野外编号:ⅠP_2H5-1。6.背外膜,×1。野外编号:ⅠP_2H5-1。

时代:C_1^v。

9.巨型大长身贝 *Gigantoproductus giganteus* Souwerby

腹,×0.8。野外编号:ⅠP_{18}H5-1。时代:C_1^v。

图版 4

1~3.圆凸线纹卡身贝 *Linoproductus cora* (d'Orbigny)

腹、侧、后,×1.5。野外编号:ⅠP_3H7-1。时代:C_2-P_1。

4~6.方形杜尔特贝(比较种) *Duartea* cf. *quatrata*(Zhang)

腹、侧、后,×1。野外编号:ⅠP_5H4-2。时代:C_2。

7,8.斯瓦洛夫裂线贝(比较种) *Schigophoria* cf. *swallovi*(Hall)

腹、背,×1。野外编号:ⅠP_2H5-1。时代:C_1^t。

9.颠倒裂线贝 *Schigophoria resupianta*(Martin)

腹内模,×1。野外编号:ⅠP_2H6-1。时代:C_1^v。

10~12.克劳福兹维尔网格长身贝 *Dictyoclostus crawfordsvillensis* Weller

后、侧、腹,×1。野外编号:ⅠP_2H6-1。时代:C_1^v。

13~16.费格连边脊贝 *Marginatia fernglenensis* Weller

腹,×1。野外编号:ⅠP_{18}H12-1。时代:C_1^v。

后、侧、腹,×1。野外编号:ⅠP_{18}H2-1。时代:C_1^v。

17~19.细线线纹长身贝 *Linoproductus Lineata* (Waagen)

后、侧、腹,×1。野外编号:Ⅰ73H1049。时代:C_2-P_1。

图版 5

1.? 背槽阿克萨贝 ? *Acosavrina dorsisulcala* Cooper Grant

背,×3。野外编号:ⅠP_5H3-2。时代:P_2。

2~5.核形背孔贝皱纹变种 *Notothyris nucleolum* var. *rugosa* Grateall

腹、背、侧、前,×3。野外编号:ⅠP_5H4-2 。时代:C_2-P_1。

6.? 太原疹石燕 ? *Punctospirifer taiyuanensis* Fan

腹(不完整),×2。野外编号:ⅠP_5H3-2。时代:P_1。

7~9.刺围脊贝(未定种) *Spinomarginifera* sp.

后、侧、腹,×1.5。野外编号:ⅠP_5H3-2。时代:P_{1-2}。

10.? 隐藏网围脊贝 ? *Retimarginifera celeteria* Grant

腹,×2。野外编号:ⅠP_5H9-1。时代:P_1。

11.中围刺腔贝(比较种) *Spinosteges* cf. *sinensis* Liang(注:原定为 *Neophlatifern huangi*(Usthski))

腹,×3。野外编号:ⅠP_5H3-2。时代:P_2。

12~14.美丽网饰贝 *Trasennatia gratiosa* (Waagen)

侧、后、腹,×2。野外编号:ⅠP_5H8-1。时代:P_1^2。

15.? 簇状新石燕(比较种) ? *Neospirifer* cf. *fasciger*(Kayserling)

背,×1。野外编号:Ⅰ87H3024-1。时代:C_2-P_1。

16. 刺瘤轮刺贝 *Echinoconchus punctatus*(Martin)
腹,×2。野外编号:ⅠP_5H8-2。时代:C_2-P_1。
17. 簇状轮刺贝(比较种) *Echinoconchus* cf. *fasciatus* (Kutorga)
腹视,×2。野外编号:ⅠP_3H7-1。时代:C_2-P_1。
18. ? 细线细线贝 ? *Striatifera striata* (Fischen)
腹内模,×1。野外编号:ⅠP_{18}H12-1。时代:C_1^n。

图版 6

1. 近斜方原小纺锤 *Profusulinella rhomboicles* Lee et Chen
轴切面,×20。野外编号:ⅠP_5H1-1。时代:达拉阶 C_2^3。
2. 前标准原小纺锤 *Profusulinella praetypica* Safonova
近乎轴切面,×20。野外编号:ⅠP_5H2-1。时代:达拉阶 C_2^3。
3. 阿尔卑皱壁 *Rugosofusulina alpine* Schellwien
轴切面,×10。野外编号:ⅠP_5H8-2。时代: P_1?。
4. 松原麦 *protriticites rarus* Sheng
破碎轴切面,×20。野外编号:ⅠP_5H3-2。时代:达拉阶 C_2^3。
5. 琵琶(未定种) *Biwaella* sp.
近乎轴切面,×30。野外编号:ⅠP_5H5-1。时代:达拉阶 C_2^3。
6. 小纺锤(新种?) *Fusulinella* sp. Nov?
轴切面,×20。野外编号:ⅠP_5H3-2。时代:达拉阶 C_2^3。
7. 昂欠皱壁(比较种) *Rugosofusulina nangguenensis* Zhang cf. Bao
轴切面(未成年期),×10。野外编号:ⅠP_5H5-1。时代: P_1^1。
8. 普德尔(未定种) *Putrella* sp.
不完整的轴切面,×10。野外编号:ⅠP_5H2-1。时代:达拉阶 C_2^3。
9. 畔沟纺锤(比较种) *Fusulina* cf. *Panlcouensis* Lee
不完整的轴切面,×10。野外编号:ⅠP_5H3-1。时代:达拉阶 C_2^3。
10. 茹马特皱壁 *Rugosofusuline jurmatensis* Suleimanov
轴切面,×10。野外编号:ⅠP_5H17-1。时代 C_2。
11. 假纺锤(未定种) *Pseudofusalina* sp.
轴切面,×10。野外编号:ⅠP_5H6-1。时代:P_1^1。
12. 皱壁(比较种)阿尔卑皱壁? *Rugosofusuline* sp. cf. *Ralpina* Schellwien
不完整的轴切面,×10。野外编号:ⅠP_5H8-2。时代:P_1^1。
13. 前皱壁(比较种) *Rugosofusulina* cf. *praevia* Shlyuova
轴切面,×20。野外编号:ⅠP_5H7-1。时代:P_1^1。
14. 马克莱氏球希瓦格? *Sphaeroschuagerina maclayi* Bensh
不完整的轴切面,×10。野外编号:ⅠP_5H5-1。时代:P_1^1。
15. 膨胀拟希瓦格 *Paraschwagerina inflate* Chang
轴切面,×10。野外编号:ⅠP_5H6-1。时代:P_1^1。

图版 7

1～2. 壮皱壁 *Rugosofusulina robusta* Chen
轴切面,×20。野外编号:ⅠP_5H8-1。时代:P_1^1。
3. 克腊夫特氏假纺锤?大型亚种 *Pseudofuslina kraffti magna* Toriyama
不完整的轴切面,×10。野外编号:ⅠP_5H11-1。时代:P_1^1。
4. 坚固皱壁 *Rugosofusuline frima* Suleimanov
轴切面,×10。野外编号:ⅠP_5H10-1。时代:P_1^1。
5. 凯祜氏似纺锤 *Quasifusulina cayeuxi* Deprat

斜轴切面，×20。野外编号：ⅠP_5H13－1。时代：P_1^1。

6. 似纺锤(未定种) *Quasifusulina* sp.

幼虫的轴切面，×10。野外编号：ⅠP_5H10－1。时代：P_1^1。

7. 希瓦格(未定种) *Schwagerina* sp.

轴切面，×10。野外编号：ⅠP_5H10－1。时代：P_1^1。

8. 车尔(比较种)柯兰妮氏车尔䗴 *Zellia* sp. cf. *Z. colaniae* (Kahler ef. Kahler)

破碎的轴切面，×10。野外编号：ⅠP_5H13－1。时代：P_1^1。

9. 皱壁(比较种)妥坝皱壁 *Rugosofusulina* sp. cf. *R tobensis* Zhang

不完整的轴切面，×10。野外编号：ⅠP_5H11－1。时代：P_1^1。

10. 妥坝皱壁 *Rugosofusulina tobensis* Zhang

不完整的轴切面，×10。野外编号：Ⅰ87H7003－1。时代：P_1^1。

11. 昂欠皱壁 *Rugosofusulina nangquenensis* Zhang cf. Bao

轴切面，×10。野外编号：ⅠP_5H12－1。时代：P_1^1。

12. 亚圆形球希瓦格 *Sphaeroschwagerina subrotunda* Ciry

不完整的轴切面，×10。野外编号：Ⅰ87H7003－1。时代：P_1^1。

图版 8

1～2. 少幅射丛管珊瑚 *Sphonodendron pauciradiale*

1. 横切面，×4。2. 纵切面，×4。野外编号：IP_{18}H11－1。时代：下石炭统。

3～4. 库兹巴斯珊瑚(未定种) *Kushassophyllum* sp.

3. 横切面，×2。4. 纵切面，×2。野外编号：IP_{18}H6－1。时代：下石炭统。

5～6. 基集尔珊瑚平板种(比较种)*Kizilia* cf. *planotabutata*

5. 横切面，×2。6. 纵切面，×2。野外编号：IP_2H5－1。时代：下石炭统。

7～8. 似栅珊瑚(未定种) *Archonolanma* sp.

7. 横切面，×2。8. 纵切面，×2。野外编号：IP_3H2－1。时代：下石炭统。

9. 刺毛类极细种(比较种) *Chaetetes* cf. *tenuissina*

9. 横切面，×4。野外编号：IP_{18}H8－1。时代：下石炭统。

图版 9

1. 平背全脐螺 *Euomphalus planidorsatus* (Meek et Worthen)

顶视，×1.6。野外编号：IP_2H6－1。

2～3. 普氏全脐螺(比较种) *Euomphalus* cf. *plummeri* (Knight)

2. 顶视，×1.5。野外编号：IP_2H7－1。

3. 顶视，×1.5。野外编号：I87H3023－1。

4～5. 全脐螺(未定种) *Euomphalus* sp.

顶视、底视，×2。野外编号：ⅡP_2H6－2。

6～7. 圆口螺(未定种) *Straparollus* sp.

口视、背视，×1.5。野外编号：IP_2H7－1。

图版 10

1. 多纳尔旋螺？(未定种) *Donaldospira* ? sp.

背视，×1.5。野外编号：IP_2H14－3。

2～5. 雅致土蜗(比较种) *Galba* cf. *elegans* (Ping)

口视、背视，×1.5。野外编号：HP_{43}H4－1。

6. 微褶螺(未定种) *Microptychis* sp.

背视，×1.5。野外编号：IP_2H6－1。

7. 多纳尔螺？(未定种) *Donaldina* ? sp.

背视,×2。野外编号:I87H3033－1。
8.神螺(未定种) *Bellerophon* sp.
口视,×2。野外编号:IP_2H6－1。
9.全茎螺(未定种) *Holopea* sp.
背视,×2。野外编号:IP_2H5－1。
10.假菊石型南方圆螺黄河亚种 *Australorbis pseudoammonius huanghoensis* Yu
顶视,×2。野外编号:I73H56。
11.神螺(未定种) *Bellerophon* sp.
侧视,×2。野外编号:IP_2H5－1。
12.普氏全脐螺(比较种) *Euomphalus* cf. *plummeri* (Knight)
顶视,×1.5。野外编号:I87H3023－1。

图版 11

1.网格麦?(比较种) *Triticites* ? cf. *dictyopharus* Rosovsuaya
轴切面,×10。野外编号:I98H134－2。时代:晚石炭纪晚期。
2.麦?(未定种) *Triticites* ? sp.
轴切面,×10。野外编号:I98H134－2。时代:晚石炭纪晚期。
3.柯兰妮氏车尔蜓? *Zellia colanae* ? (Kahler et Kahler)
轴切面,×10。野外编号:I99H91－1。时代:早二叠世。
4.板苔藓虫(未定名) *Tabulipora* sp. ind
横切面,×10。野外编号:IP_{23}H10－3。时代:晚石炭世。
5.板苔藓虫(未定名) *Tabulipora* sp. ind
纵切面,×10。野外编号:IP_{23}H10－3。时代:晚石炭世。
6.板苔藓虫(未定名) *Tabulipora* sp. ind
弦切面,×10。野外编号:IP_{23}H10－3。时代:晚石炭世。
7,8.康宁珊瑚(未定种) *Koninckophyllum* sp.
7.横切面,×4。8.纵切面,x4。野外编号:IP_{23}H2－2。时代:石炭纪。
9.新月珊瑚(未定种) *Meniscophyllum* sp.
横切面,×4。野外编号:IP_{23}H4－2。时代:中、晚石炭世。

图版 12

1.五道沟一带枕状玄武岩特征(7020点)
2.宽沟西侵入于早二叠世红土岭单元中的侏罗纪—白垩纪辉绿岩墙(7023点)
3.早石炭世恰得尔单元斑状二长花岗岩中糜棱面理特征(99点)
4.小盆地西滩间山群板岩中膝折构造(10点)
5.阿达滩南大干沟组灰岩的产出形态(121点北)
6.双石峡大干沟组灰岩中的背斜构造(4001点)
7.阿达滩南缘断裂中的断层泉特征(6047点)
8.小盆地晚奥陶世花岗闪长岩中的节理系统(2009点)

图版 13

1.晚泥盆世中间沟单元闪长岩呈包体状产出在早二叠世玉古萨依单元中(5012点)
2.晚泥盆世土房子沟单元石英闪长岩被早二叠世玉古萨依单元二长花岗岩超动侵入(5009点)
3.早石炭世恰得尔单元斑状二长花岗岩中的钾长石斑晶特征(25剖面第一层)
4.早石炭世恰得尔单元斑状二长花岗岩中包体形态及糜棱面理特征(25剖面第一层)
5.早二叠世豹子沟单元中的闪长质包体特征(5073点)
6.早二叠世西沟浆混相单元中的浆混特征(9剖面)

7. 早二叠世豹子沟单元斑状二长花岗岩中的辉绿岩墙特征(5016 点)
8. 早三叠世景忍单元斑状二长花岗岩中的细晶二长花岗岩包体特征(138 点)

图版 14

1. 晚三叠世景忍单元斑状二长花岗岩中的钾长石似斑晶(114 点)
2. 冰沟地区鄂拉山组火山岩中的震积砾岩特征(6118 点)
3. 冰沟地区英安岩中的柱状节理(6118 点)
4. 晚三叠世—早侏罗世钾长花岗岩侵入于鄂拉山组火山岩中(7133 点)
5. 卡那达安勒达坂层状火山机构(据卫片)
6. 上三叠统鄂拉山组火山岩中的集块岩(26 剖面)
7. 上三叠统鄂拉山组火山岩中的火山角砾构造(131 点)
8. 上三叠统鄂拉山组火山岩中的流纹质角砾岩(36 剖面)

图版 15

1. 白沙河(岩)组大理岩中的褶皱形态(42 点)
2. 小庙(岩)组中的 M 型褶皱形态(112 点)
3. 小庙(岩)组中的脉体褶皱(112 点)
4. 小庙(岩)组石英片岩中的塑性流褶形态(33 剖面第 2 层)
5. 滩间山(岩)群板岩中的一膝折(1008 点)
6. 滩间山(岩)群板岩中的褶皱形态(1008 点)
7. 滩间山(岩)群糜棱岩中的糜棱结构(3718 点)
8. 冰沟地区石炭纪花岗岩中的旋转碎斑(25 剖面)

图版 16

1. 阿达滩沟口灰烬层(16 剖面)
2. 宗昆尔玛藏文石经(2202 点)
3. 东沟沟口石器(6027 点)
4. 库木鄂乌拉孜灰烬层(6175 点)
5. 库木鄂乌拉孜灰烬层中的石器(6175 点)
6. 库木鄂乌拉孜灰烬层中的牙齿化石(6175 点)
7. 珍珠坑附近羊粪层中发现的牙齿化石(148 点)
8. 珍珠坑附近羊粪层中发现的石斧(148 点)

图版 1

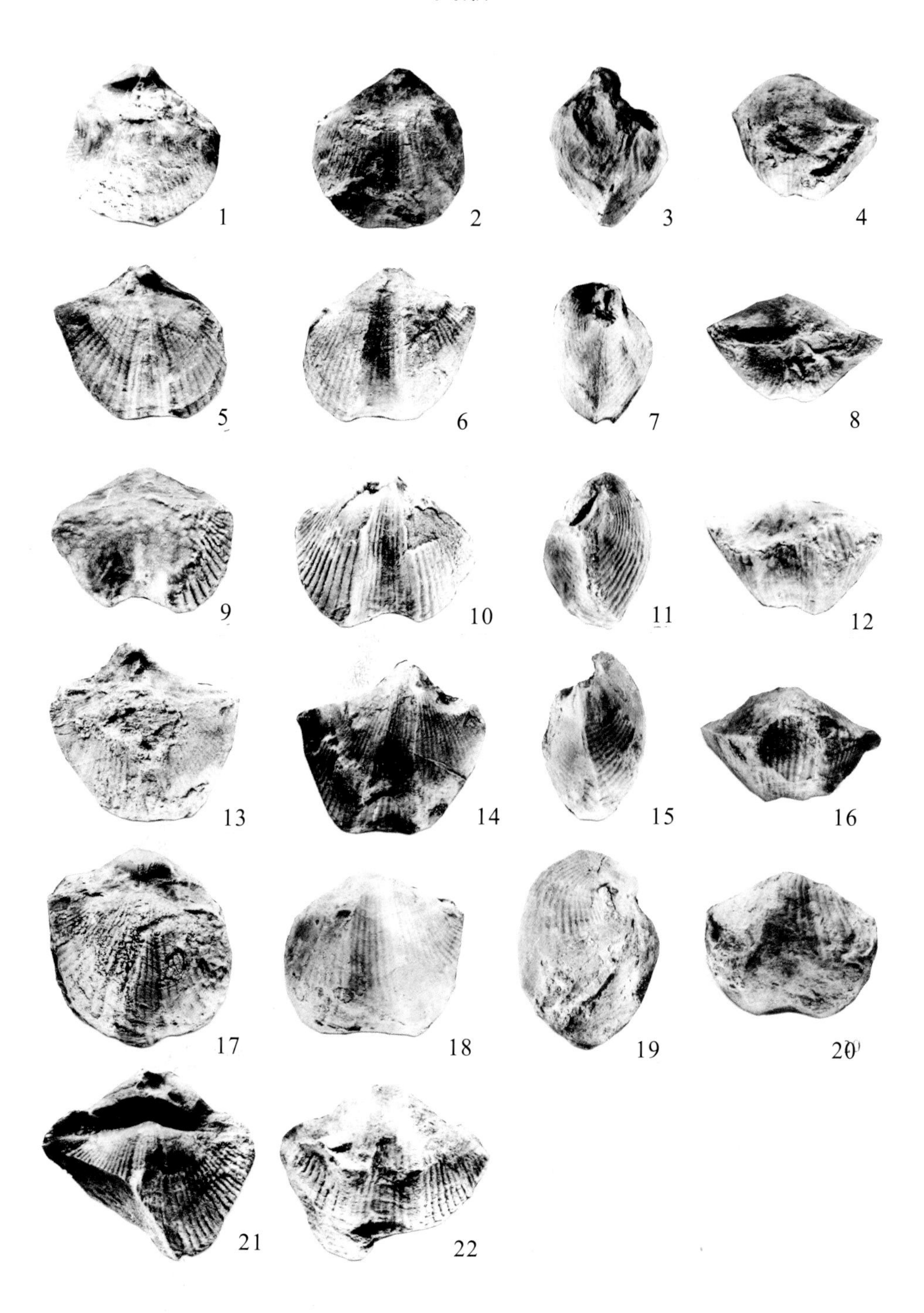

图版 2

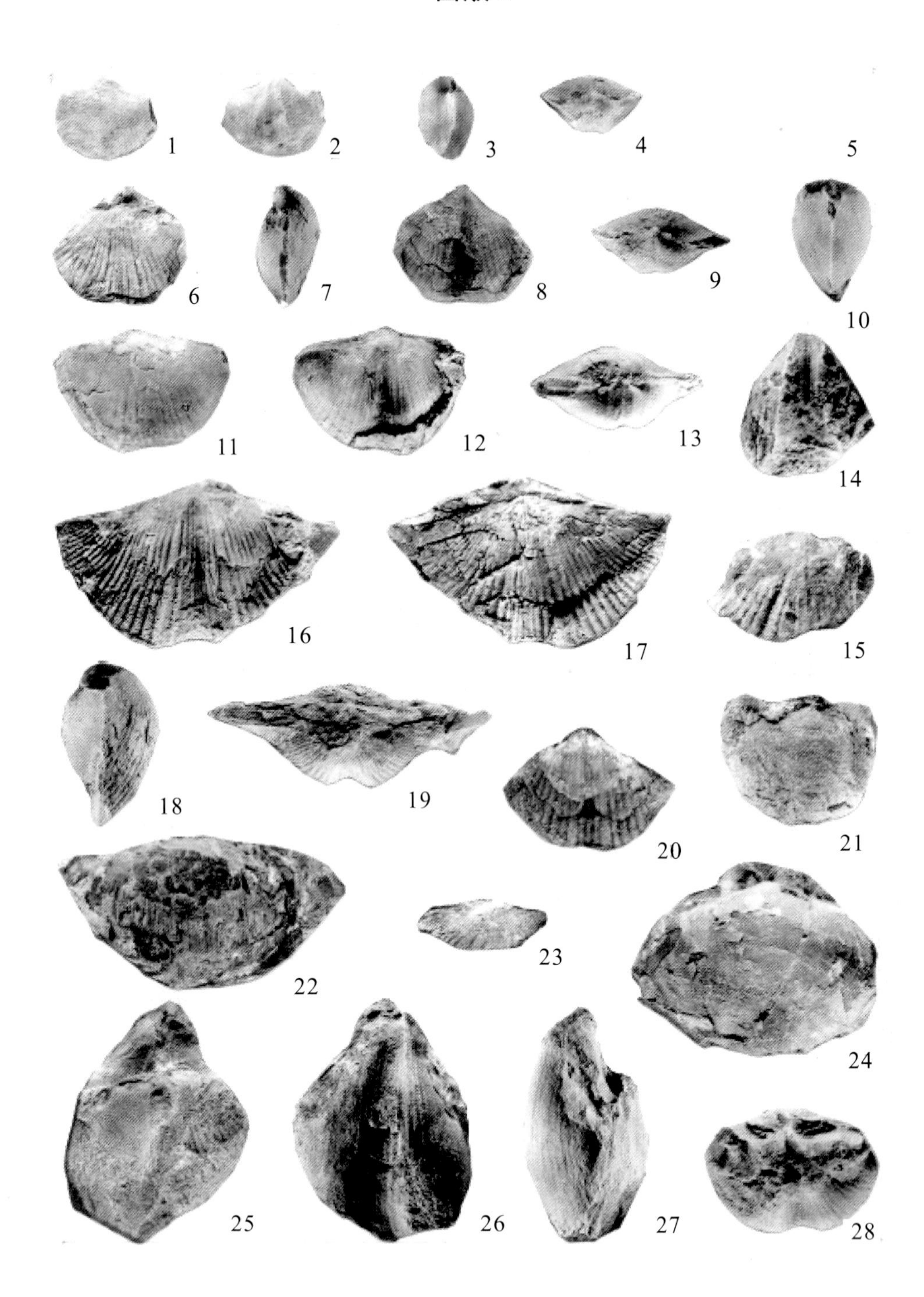

图版 3

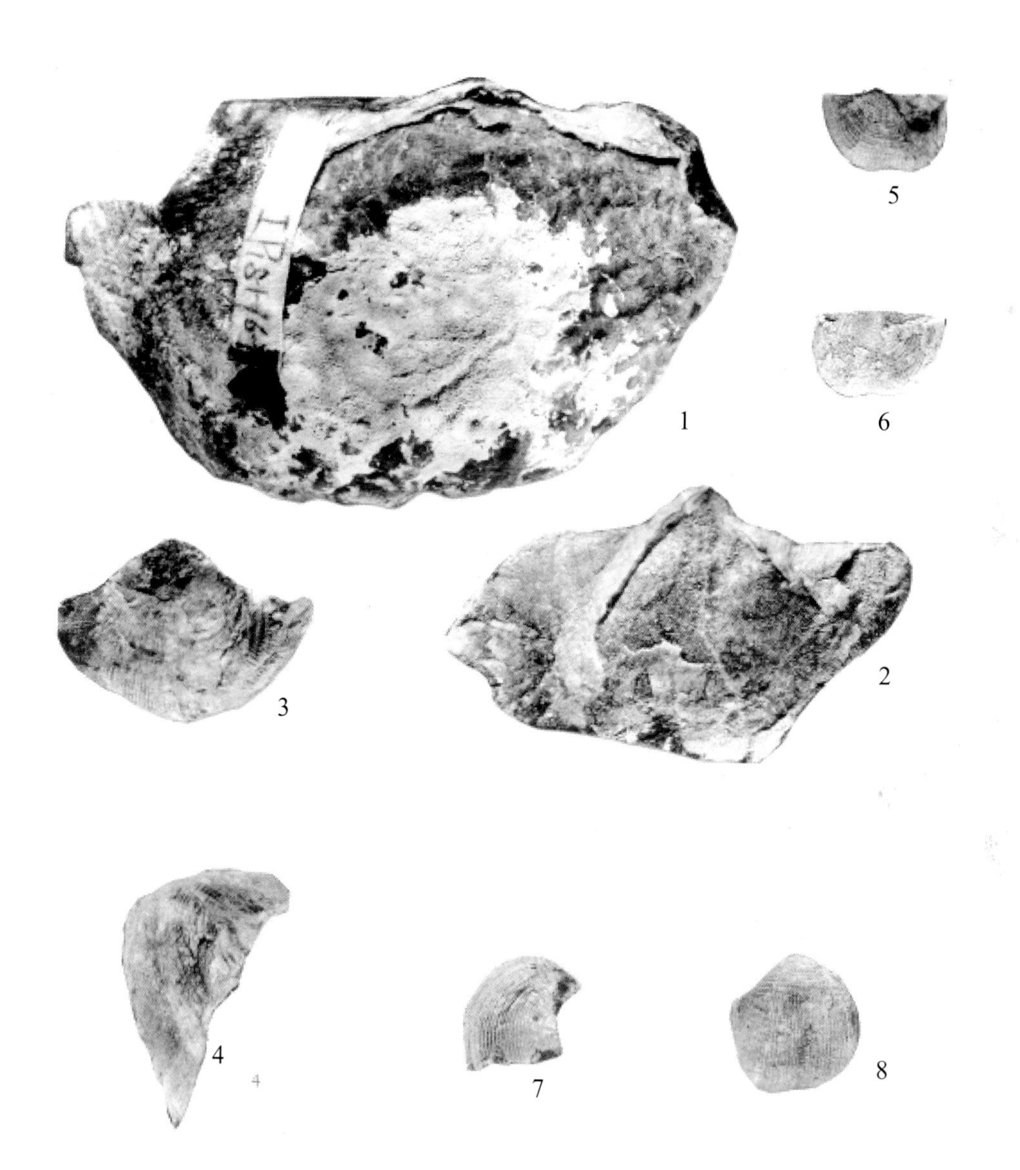

图版 4

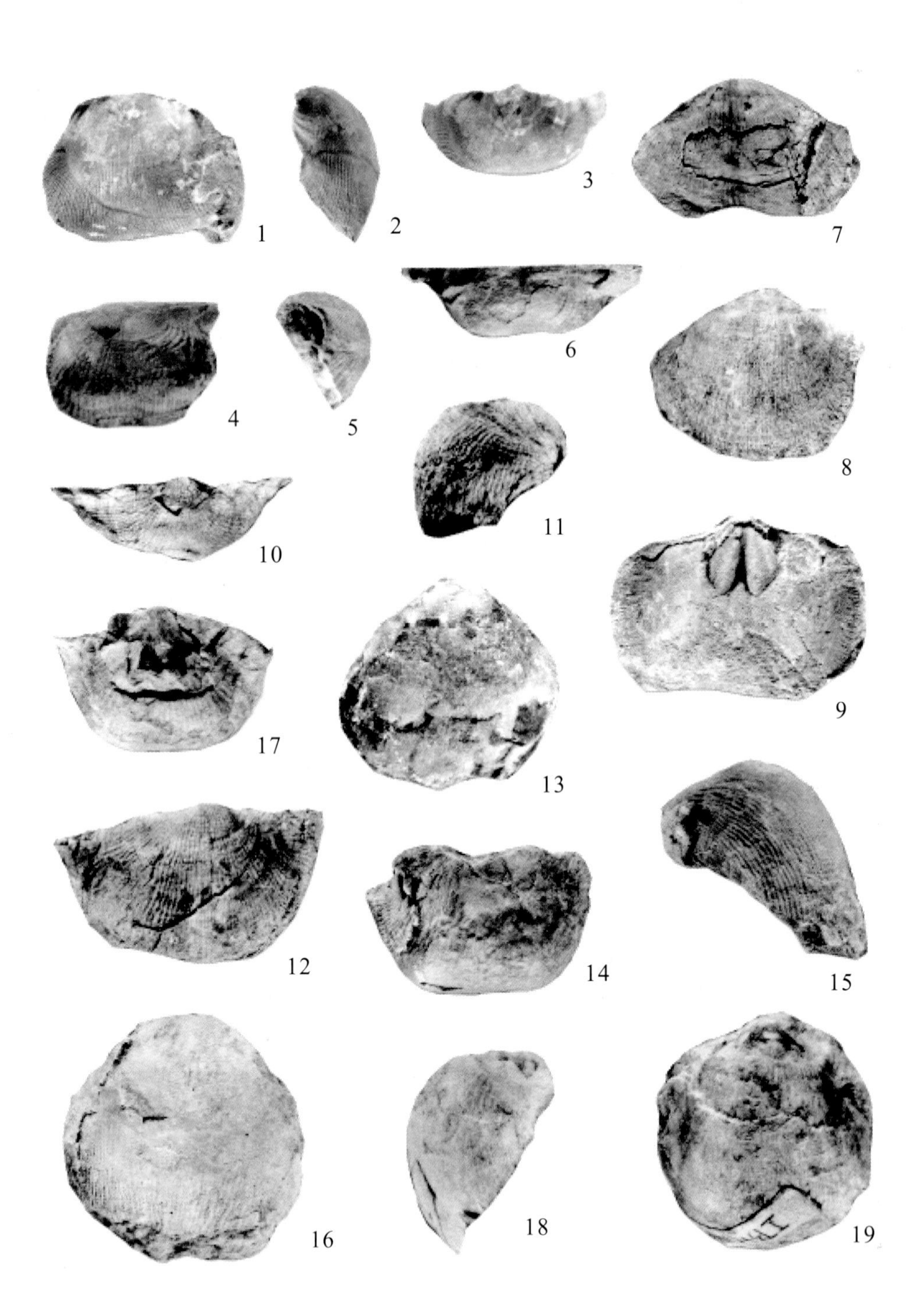

图版 5

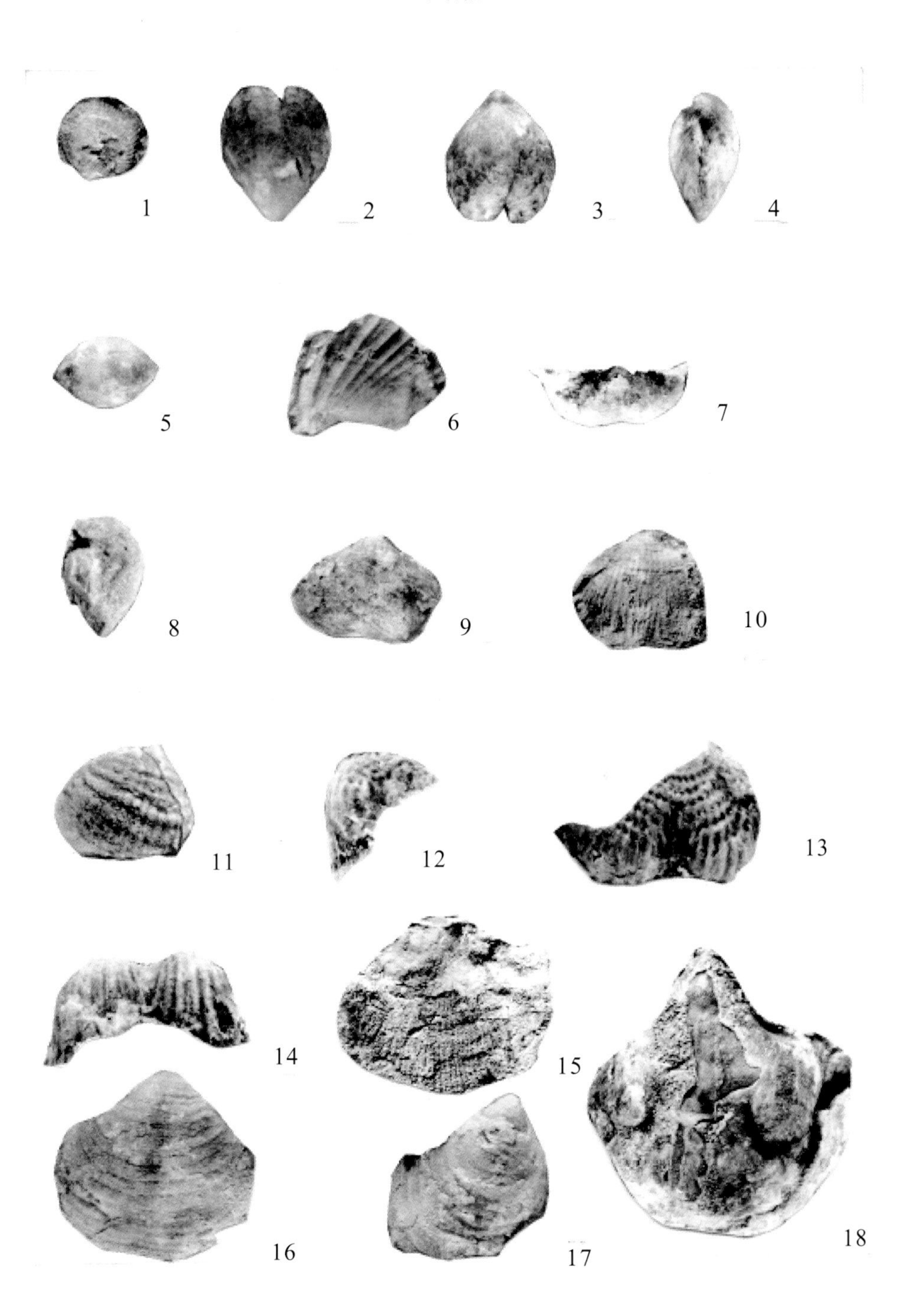

图版 6

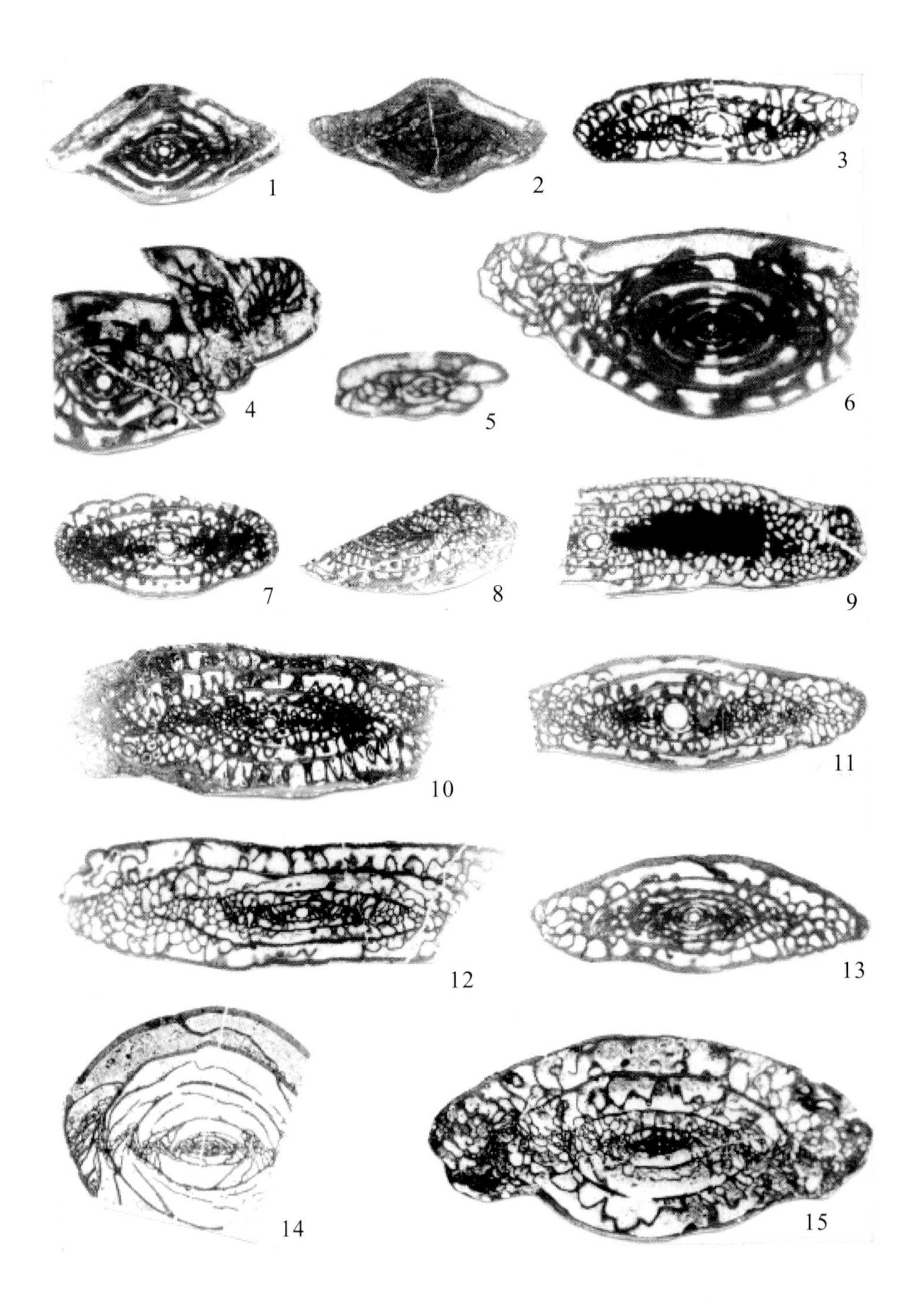

图版 7

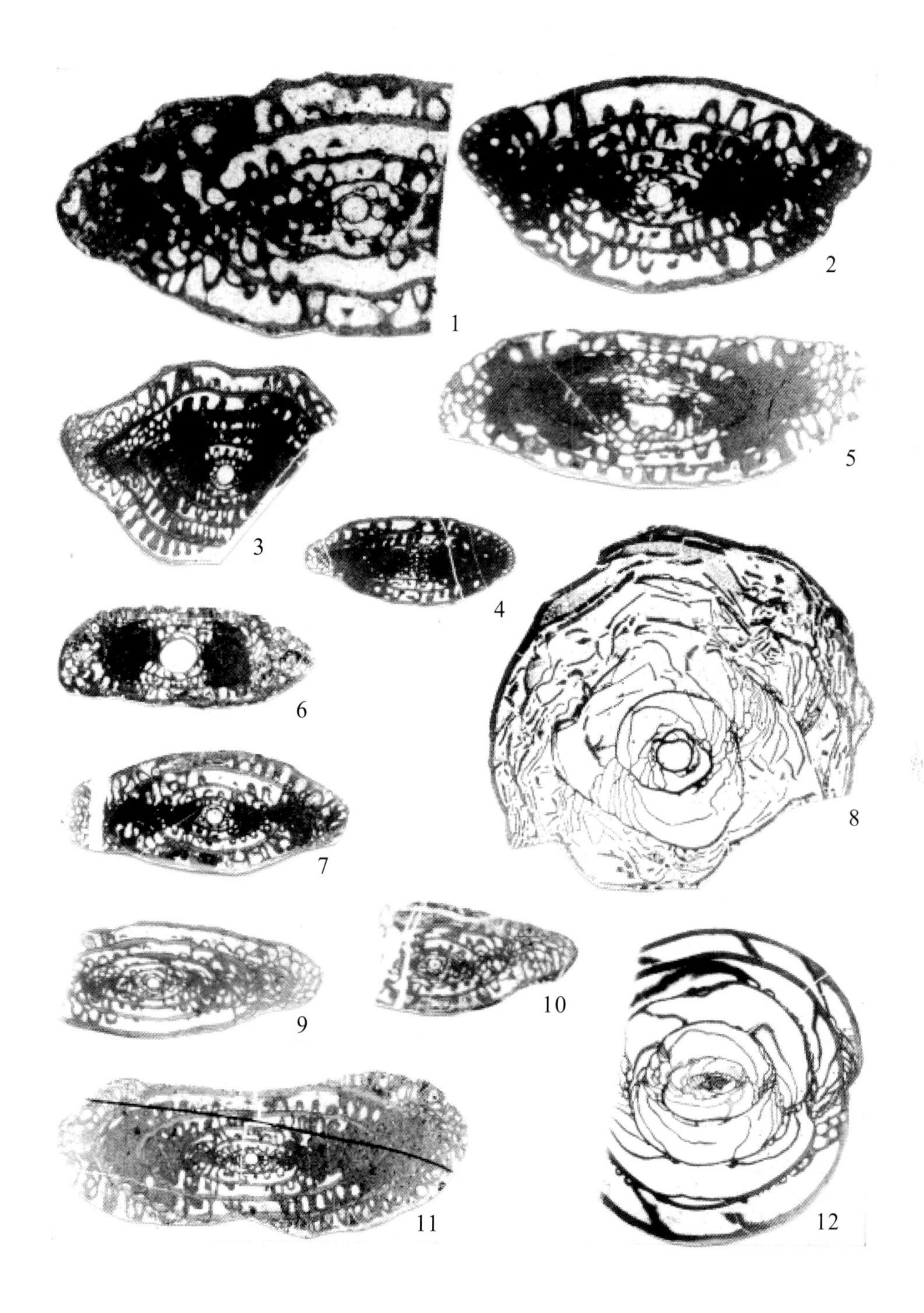

图版 8

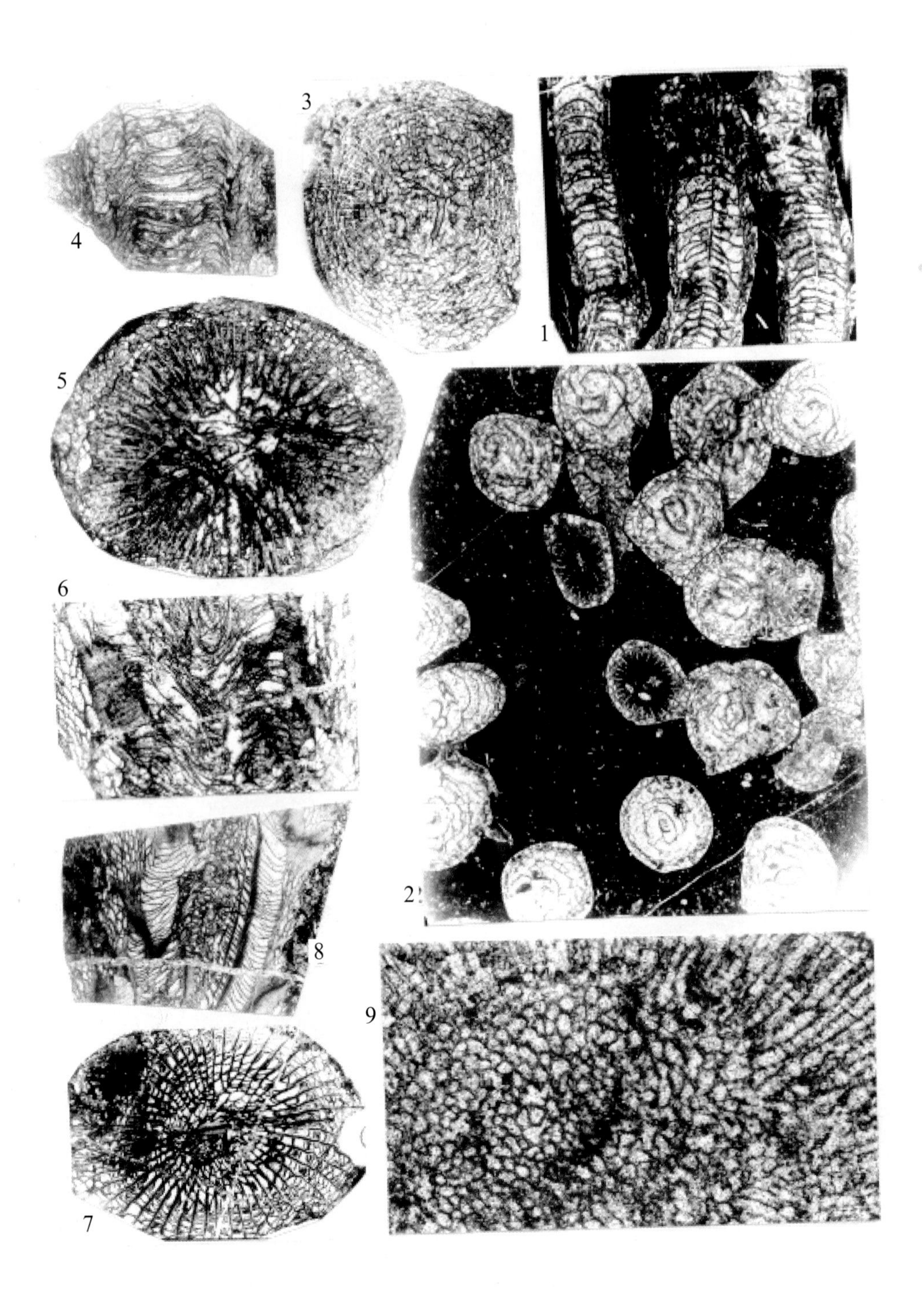

图版 9

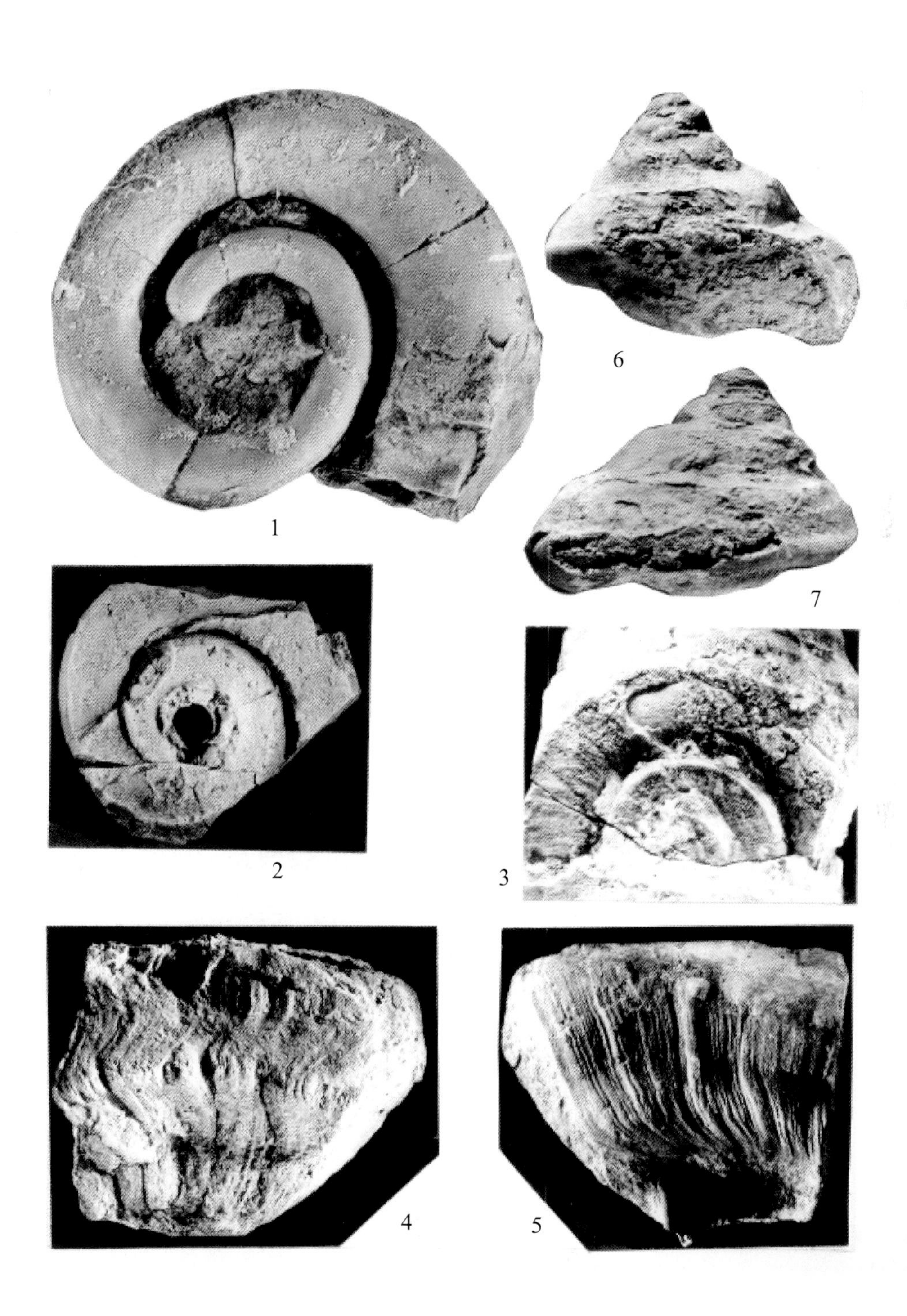

图版 10

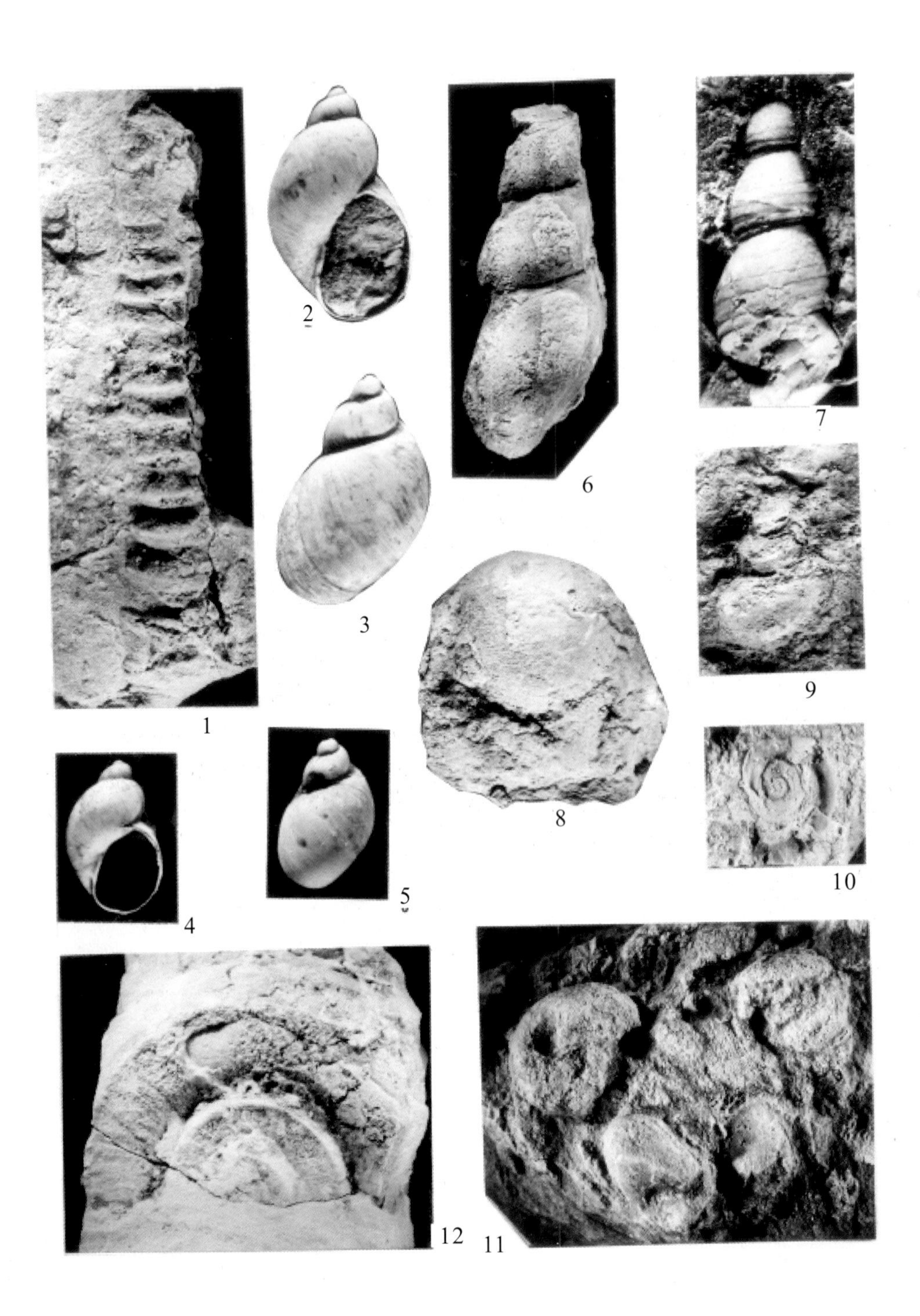

图版 11

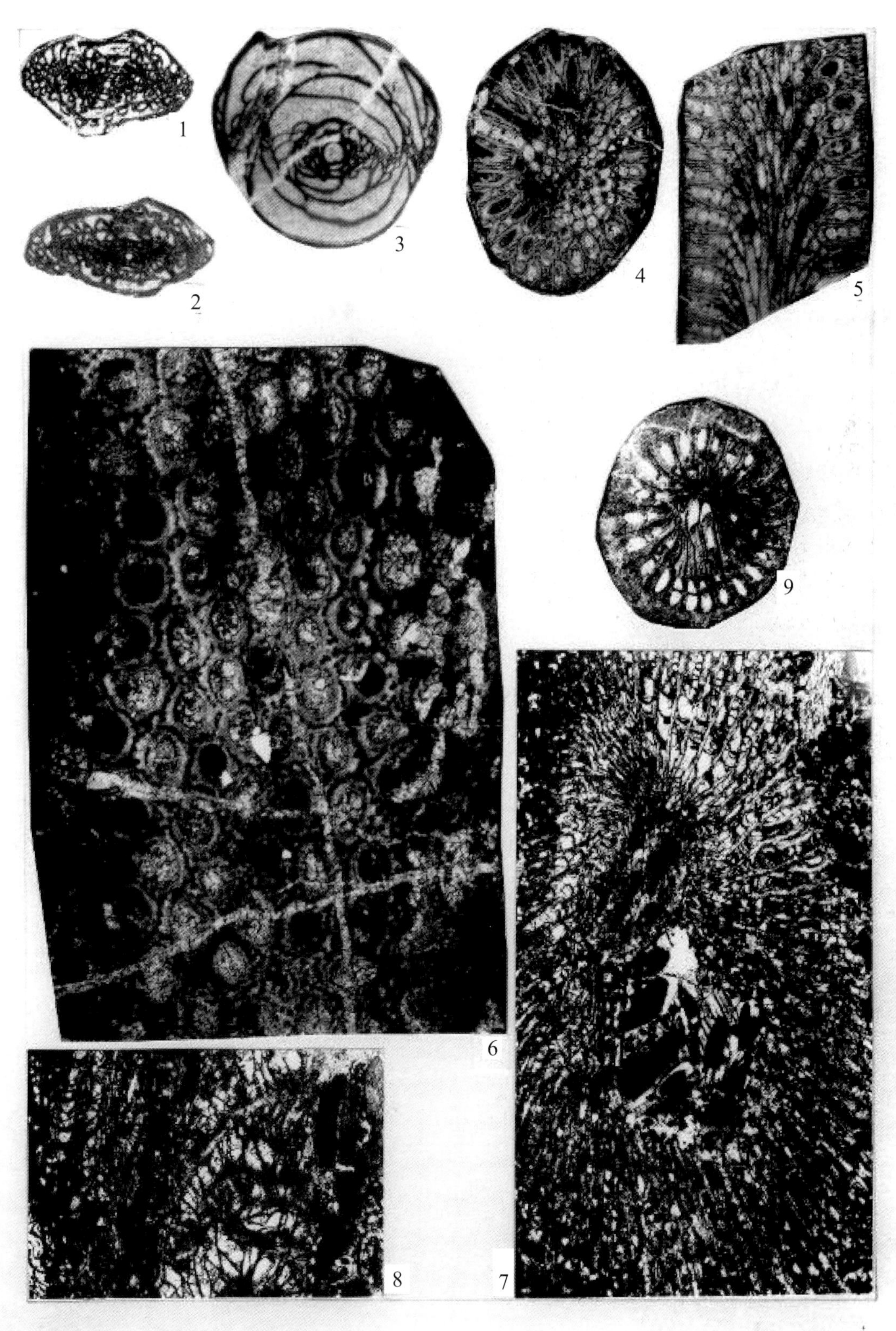

图版 12

图版 13

图版 14

图版 15

1 2
3 4
5 6
7 8

图版 16

1　2

3　4

5　6

7　8

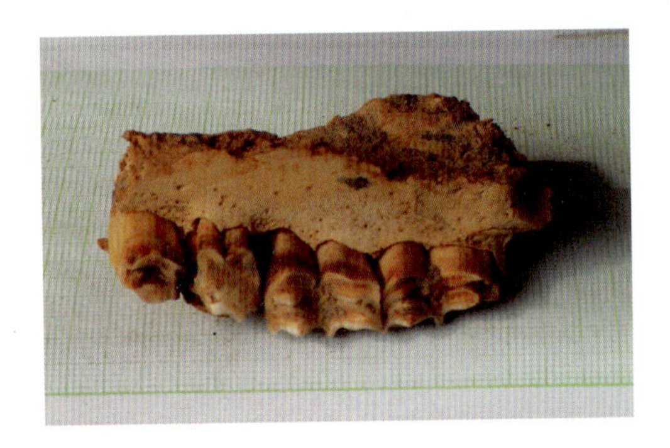